Collection MÉTHODES & ANNALES

Mathématiques

1re année

PCSI-PTSI

Licences scientifiques

ISBN : 978-2-7430-1078-2

Collection MÉTHODES & ANNALES

Mathématiques 1re année

PCSI-PTSI

Licences scientifiques

Méthodes & Annales

Pierre GUERINI
Professeur agrégé et docteur en mathématiques – Sup PCSI

Hervé GUILLAUMIE
*Professeur de chaire supérieure – Spé PSI**

Jean-Claude MARTIN
*Professeur de chaire supérieure – Spé PC**

Camille BIECHE
Professeure agrégée à l'université. Docteur en mathématiques

Rémi CHMURA
Professeur de chaire supérieure – Spé PSI

Gilles SCIUTO
Professeur agrégé Spé PC

Cécile SCHREIBER
Professeure agrégée Sup BCPST

Michel WIGNERON
*Professeur de chaire supérieure – Spé MP**

Fenêtre sur les concours actuels

André BOREL
*Professeur de chaire supérieure – Spé PT**

Max HOCHART
Professeur agrégé Sup MPSI

Gilles SCIUTO
Professeur agrégé Spé PC

Editions TEC & DOC

11, rue Lavoisier
75008 Paris

LONDRES - PARIS - NEW YORK

Pour vous accompagner en prépa ou en université :

La collection Méthodes & Annales

Un ouvrage par matière et par année comprenant :

Une partie Méthodes
- Le cours en questions
- Les savoir-faire clefs

Une partie Annales
- Pour maîtriser les bases
- Pour approfondir

Mathématiques :

- *M&A Mathématiques 1re année PCSI-PTSI* par C. Bièche, A. Borel, R. Chmura, P. Guerini, H. Guillaumie, M. Hochart, C. Schreiber, G. Sciuto, M. Wigneron, J.-C. Martin.
- *M&A Mathématiques 1re année MPSI* par R. Adad, C. Bièche, A. Borel, R. Chmura, P. Guerini, H. Guillaumie, M. Hochart, C. Schreiber, G. Sciuto, M. Wigneron, J.-C. Martin.

- *M&A Mathématiques 2e année PC-PT* par S. Damour, H. Guillaumie, F. Pelanchon, S. Added, C. Bièche, A. Borel, P. Clarisse, P. Gachet, P. Guerini, D Lepelletier, G. Sciuto, J.-C. Martin.
- *M&A Mathématiques 2e année MP* par S. Damour, H. Guillaumie, F. Pelanchon, A. Borel, G. Bourgeois, P. Gall, M. Lepez, L. Verschueren, M. Wigneron, J.-C. Martin.
- *M&A Mathématiques 2e année PSI* par S. Damour, H. Guillaumie, F. Pelanchon, S. Added, R. Chmura, C. Devouge, L. Blanc-Centi, M. Lepez, O. Rivière, J.-C. Martin.

Physique :

- *M&A Physique 1re année PCSI* par P. Grécias, J.-P. Migeon.
- *M&A Physique 1re année MPSI-PTSI* par P. Grécias, J.-P. Migeon.
- *M&A Physique 1re année BCPST-VETO* par P. Grécias, J.-P. Migeon.

- *M&A Physique 2e année PC*, PC* par S. Olivier.
- *M&A Physique 2e année MP*, MP-PT*, PT* par D. Augier, C. More.
- *M&A Physique 2e année PSI*, PSI* par D. Augier, C. More.
- *M&A Physique 2e année BCPST-VETO* par P. Grécias, J.-P. Migeon.

Chimie :

- *M&A Chimie 1re année PCSI* par P. Grécias, V. Téjédor.
- *M&A Chimie 1re année MPSI-PTSI* par P. Grécias, V. Téjédor.
- *M&A Chimie 1re année BCPST-VETO* par P. Grécias, V. Téjédor.

- *M&A Chimie 2e année PC*, PC* par P. Grécias, V. Téjédor.
- *M&A Chimie 2e année MP*, MP-PT*, PT* par P. Grécias, V. Téjédor.
- *M&A Chimie 2e année PSI*, PSI* par P. Grécias, V. Téjédor.
- *M&A Chimie 2e année BCPST-VETO* par P. Grécias, V. Téjédor.

Mens sana in corpore sano

Avant-propos

La collection Méthodes & Annales se donne comme objectif de répondre à vos besoins en mathématiques, physique ou chimie, pour toute CPGE, *par une approche novatrice.*

Réduire le fossé ressenti entre :
« suivre un cours » et « passer une épreuve de concours »

• ***Vous avez du mal à apprendre le cours ? Vous ne voyez pas l'essentiel ?***

La rubrique Méthodes « le cours en questions » vous précise les outils d'aide à l'apprentissage et à la compréhension en profondeur du cours. Elle n'a néanmoins pas vocation à se substituer à un ouvrage de cours traditionnel.

Sous forme de questions ponctuelles, cette partie vous permet *de mémoriser des points fondamentaux.*

• ***Vous avez du mal à passer du cours aux exercices ? Vous avez besoin que l'on vous guide ?***

La rubrique Méthodes « les savoir-faire clefs » structure les connaissances essentielles autour de quelques démarches fondamentales.

Sous forme d'exercices soigneusement sélectionnés, cette partie vous permet *d'acquérir des réflexes méthodologiques essentiels.*

• ***Vous souhaitez faire des « annales » pour préparer efficacement une colle, un DS, un concours ?***

La rubrique Annales « pour maîtriser les bases » vous permet de vous entraîner sur des exercices et problèmes de concours très classiques, en utilisant les repères acquis précédemment.

Sous forme d'extraits récents (des écrits ou des oraux), cette partie propose des solutions totalement rédigées qui viennent *asseoir définitivement vos connaissances*.

• ***Vous souhaitez optimiser vos chances aux concours et consolider votre formation ?***

La rubrique Annales « pour approfondir » vous propose d'accéder à un plus haut niveau, ou de vous confronter simplement à des situations nouvelles.

Sous forme de textes de concours (des écrits ou des oraux) plus pointus ou plus abrupts, cette partie nécessite souvent plus de réflexion, et développe *vos facultés d'adaptation ultérieures*.

Cet ouvrage est un guide de travail complet qui doit vous accompagner *tout au long de votre année de prépa.*

De l'apprentissage à l'autonomie

• ***Cet ouvrage n'est pas conçu comme un simple ouvrage d'exercices et problèmes corrigés.***

Son but n'est pas seulement d'apprendre telle résolution mais *d'apprendre à apprendre*. D'où l'idée de montrer par chapitre que quelques savoir-faire clefs permettent de résoudre tous les problèmes. Tous les corrigés sont agrémentés de nombreuses aides ponctuelles du type Conseils méthodologiques, Erreurs à éviter, Remarques ou éléments à mémoriser...

Fournir des annales abordables à tout moment de l'année

• ***Cet ouvrage n'est pas conçu comme un ouvrage brut d'annales.***

Son but n'est pas d'aligner simplement tous les problèmes d'une filière. En général, ces sujets portent sur l'ensemble du programme de 1re et 2e années et ne sont faisables qu'une fois le cours achevé. Là, les sujets sont découpés, ce qui permet *l'apprentissage selon l'avancement de votre cours*.

En fin d'ouvrage, un dernier chapitre donne des annales des concours dans leur intégralité : *Fenêtre sur les concours actuels*. C'est désormais l'occasion de mettre en œuvre *de façon autonome* tous vos acquis sur des sujets actuels de votre filière.

En conclusion, nous souhaitons remercier *les éditions Lavoisier Tec & Doc* pour le travail de présentation remarquable fait sur cet ouvrage, ainsi qu'Isabelle Clément, Claire Devouge, Michèle Jaume et Pierre Grécias pour leurs conseils ou leur relecture.

Il reste sans doute de nombreuses imperfections et nous vous serions reconnaissants de nous faire part de vos critiques et suggestions.

Les auteurs
C. Bièche, A. Borel, R. Chmura,
P. Guérini, H. Guillaumie, M. Hochart,
C. Schreiber, G. Sciuto, M. Wigneron,
J.-C. Martin

Table des matières

CHAPITRE 1

Logique et ensembles

Le cours en questions

1 ■ Logique

1.1 Que signifie $P \Rightarrow Q$? Quelle est sa négation ?

- $P \Rightarrow Q$ signifie « Q est vraie ou P est fausse ». On dit : Q *ou non* P.
- **En pratique**, on se sert de ce symbole pour dire que « si P est vraie alors Q est vraie » mais cette définition dit aussi « si Q est fausse alors P est fausse ». *Exemple :* « $x = -1 \Rightarrow x^2 = 1$ » signifie « $x^2 = 1$ est vraie ou $x = -1$ est fausse ». En pratique, on s'en sert pour dire « si $x = -1$ alors $x^2 = 1$ ».
- **La négation** de $(P \Rightarrow Q)$ est *non (Q* **ou** *non P)* c'est-à-dire *(non Q* **et** *P)*.

Il faut se ramener à ces définitions pour bien comprendre la contraposition et le raisonnement par l'absurde.

Exemple : $(1 = 0) \Rightarrow (2 = 3)$ est une implication vraie ! Elle signifie : $(2 = 3)$ est vraie ou $(1 = 0)$ est fausse.

1.2 Quelle est la contraposée de $P \Rightarrow Q$?

La contraposée de $(P \Rightarrow Q)$ **est** $(non\ Q \Rightarrow non\ P)$.

Signification : $(non\ Q \Rightarrow non\ P)$ signifie (*non P ou non non Q*), c'est-à-dire *Q ou non P*.

Donc $(P \Rightarrow Q)$ et sa contraposée $(non\ Q \Rightarrow non\ P)$ ont même signification.

$x = 1 \Rightarrow y = 0$ a même signification que $y \neq 0 \Rightarrow x \neq 1$.

1.3 Quelle est la différence entre condition suffisante et condition nécessaire ?

- Une condition $\boxed{CS}$ est suffisante si, quand elle est satisfaite, le résultat $\boxed{R}$ considéré est vrai. La condition suffisante implique le résultat : $\boxed{CS \Rightarrow R}$

On peut l'exprimer, dans un raisonnement, par :
Pour que $\boxed{R}$ il suffit que $\boxed{CS}$, si $\boxed{CS}$ alors $\boxed{R}$, $\boxed{CS}$ donc $\boxed{R}$, $\boxed{CS}$ par conséquent $\boxed{R}$, $\boxed{CS}$ par suite $\boxed{R}$, $\boxed{CS}$ d'où $\boxed{R}$.

On peut l'exprimer dans un raisonnement par : « pour que R il faut que CN », ou « pour que R il est nécessaire que CN », ou « on a R seulement si CN ».

- Dire qu'une condition CN est nécessaire signifie que le résultat R considéré est vrai seulement si la condition CN est réalisée. C'est-à-dire que le résultat implique la condition nécessaire : $R \Rightarrow CN$.

Par exemple : $IA = IB$ est une condition nécessaire pour que I soit le milieu du segment $[AB]$.

1.4 Comment prouver que $(P \Rightarrow Q)$?

- **Raisonnement direct**

On suppose P vraie et on démontre que Q est vraie. C'est le raisonnement le plus courant.

- **Raisonnement par contraposition**

Pour établir que $x \neq y \Rightarrow e^x \neq e^y$, on peut démontrer que $e^x = e^y \Rightarrow x = y$.

$(P \Rightarrow Q)$ et sa contraposée $(\text{non } Q \Rightarrow \text{non } P)$ ont même signification.

On peut donc prouver $(P \Rightarrow Q)$ en supposant que Q est fausse et en démontrant que P est fausse.

- **Raisonnement par l'absurde**

Pour démontrer un résultat R par l'absurde, on suppose que R est faux et on montre qu'on obtient alors une contradiction.

Donc, pour démontrer $(P \Rightarrow Q)$, on peut supposer que $(P \Rightarrow Q)$ est fausse puis montrer qu'on obtient une contradiction. Or la négation de $(P \Rightarrow Q)$ est (*non Q et P*).

Ne pas confondre raisonnement par l'absurde et raisonnement par contraposition.

Donc, pour démontrer $(P \Rightarrow Q)$ par l'absurde, on suppose que Q est fausse et que P est vraie puis on cherche à aboutir à une contradiction.

1.5 Comment prouver $P \Leftrightarrow Q$?

- **Raisonnement par équivalence**

On conserve les équivalences entre les propositions successives : $P \Leftrightarrow Q_1 \Leftrightarrow Q$

- **Implication et implication réciproque**

On démontre $P \Rightarrow Q$ puis $Q \Rightarrow P$.

- **Implication et contraposition**

On démontre $P \Rightarrow Q$, puis $\text{non } P \Rightarrow \text{non } Q$.

1.6 Comment rédiger un raisonnement par récurrence ?

Soit $\mathcal{P}$, une propriété définie sur $\mathbb{N}$, et $\mathcal{P}(n)$ la proposition :

« La propriété $\mathcal{P}$ est vraie au rang n ».

On rédigera une récurrence sous la forme suivante :

Montrons par récurrence que pour tout entier $n \geq n_0$, $\mathcal{P}(n)$.

1) *Initialisation :* $\mathcal{P}(n_0)$ en effet...

2) *Hérédité :* soit $n \geq n_0$. Supposons $\mathcal{P}(n)$ alors... donc $\mathcal{P}(n+1)$.

D'après le principe de récurrence, pour tout entier $n \geq n_0$, $\mathcal{P}(n)$.

Si les deux hypothèses $\mathcal{P}(n)$ et $\mathcal{P}(n+1)$ sont nécessaires pour démontrer $\mathcal{P}(n+2)$, on utilise alors la rédaction suivante :
1) (*Initialisation*) $\mathcal{P}(n_0)$ et $\mathcal{P}(n_0+1)$.
2) (*hérédité*) Soit $n \geq n_0$. Supposons : $\mathcal{P}(n)$ et $\mathcal{P}(n+1)$...
donc $\mathcal{P}(n+2)$.
Alors pour tout entier $n \geq n_0$: $\mathcal{P}(n)$.

Dans certains cas, on peut avoir besoin de $\mathcal{P}(n_0)$, ..., $\mathcal{P}(n-1)$, $\mathcal{P}(n)$ pour démontrer $\mathcal{P}(n+1)$. On utilise alors une autre forme du raisonnement par récurrence, appelée récurrence forte :

S'il existe un entier n_0 tel que :
1) *Initialisation :* $\mathcal{P}(n_0)$.
2) *Hérédité :* Pour tout entier $n \geq n_0$ on a :
$\left[\mathcal{P}(n_0), \mathcal{P}(n_0+1), \cdots, \mathcal{P}(n)\right] \Rightarrow \mathcal{P}(n+1)$ (*hérédité « forte »* à partir de n_0).
Alors, pour tout entier $n \geq n_0$: $\mathcal{P}(n)$.

2 ▬ Sommes, produits et développements.

Soit p et q deux entiers naturels tels que $p \leq q$ et $a_p, a_{p+1}, \cdots, a_{q-1}, a_q$, des nombres complexes.

2.1 Que désigne $\sum_{k=p}^{q} a_k$?

Par définition : $\displaystyle\sum_{k=p}^{q} a_k = a_p + a_{p+1} + \cdots + a_{q-1} + a_q$.

On dit que $a_p + a_{p+1} + \cdots + a_{q-1} + a_q$ est l'écriture en extension de la somme $\displaystyle\sum_{k=p}^{q} a_k$.

L'indice k est une variable muette. On peut la remplacer par n'importe quelle autre lettre qui n'est pas déjà utilisée (en général on utilise *i, j, k, l, m, n, p, q, r, s*). Ici on ne peut choisir ni p, ni q ni a mais on peut prendre i s'il s'agit de nombres réels ou k s'il s'agit de nombres complexes.

Par exemple : $\displaystyle\sum_{k=1}^{n} k = 1 + 2 + \cdots + (n-1) + n = \frac{n(n+1)}{2}$;

$$\sum_{k=1}^{n} c = \underbrace{c + c + c + \cdots + c}_{n \text{ fois}} = nc.$$

Cette expression se lit « sigma des a_k de $k = p$ à q » ou « somme des a_k pour k variant de p à q ».

$\displaystyle\sum_{k=2}^{5} a_k = \sum_{i=2}^{5} a_i = \sum_{r=2}^{5} a_r = a_2 + a_3 + a_4 + a_5$;

$\displaystyle\sum_{p=1}^{4} b_{2p} = b_2 + b_4 + b_6 + b_8$.

2.2 Que désigne $\prod_{k=p}^{q} a_k$?

Par définition : $\displaystyle\prod_{k=p}^{q} a_k = a_p a_{p+1} \cdots a_{q-1} a_q$.

L'indice k est une variable muette. On peut la remplacer par n'importe quelle autre lettre qui n'est pas déjà utilisée (ici on ne peut pas choisir p, q ou a mais on peut prendre j s'il s'agit de nombres réels ou s s'il s'agit de nombres complexes).

Par exemple : $\displaystyle\prod_{k=3}^{7} b_k = \prod_{s=3}^{7} b_s = b_3 b_4 b_5 b_6 b_7$ car s et k sont des variables muettes.

Cette expression se lit « Pi des a_k de $k = p$ à q » ou « Produit des a_k pour k variant de P à q ».

$\displaystyle\prod_{k=1}^{10} x_{2k} = x_2 x_4 \ldots x_{18} x_{20}$,

$\displaystyle\prod_{k=2}^{5} a_k = a_2 a_3 a_4 a_5$,

$\displaystyle\prod_{k=2}^{5} a_{7-k} = a_5 a_4 a_3 a_2$.

2.3 Rappeler la formule du binôme de Newton.

Dans le cas de deux nombres réels a et b, la formule du binôme de Newton s'écrit :

$$(a+b)^n=\sum_{p=0}^{n}\binom{n}{p}a^{n-p}b^p=\sum_{k=0}^{n}\binom{n}{k}a^k b^{n-k}\ .$$

Le nombre de combinaisons de p parmi n se note $\binom{n}{p}$ ou C_n^p, et vaut :

$$\binom{n}{p}=\frac{n!}{p!(n-p)!}\ .$$

$$\binom{n}{p}=\frac{\overbrace{n(n-1)\cdots(n-p+1)}^{p\text{ facteurs à partir de }n}}{\underbrace{p(p-1)\cdots 1}_{p\text{ facteurs à partir de }p}}\ .$$

2.4 Rappeler la factorisation de x^n-y^n.

Cas $n=3$: $a^3-b^3=(a-b)(a^2+ab+b^2)$.
$a^3+b^3=(a+b)(a^2-ab+b^2)$.

Pour a^3+b^3 changer b en $-b$ dans l'égalité précédente.

Formule : dans la formule suivante, de gauche à droite $\boxed{\rightarrow}$, on remarque que, dans la grande parenthèse, les puissances de a diminuent d'une unité tandis que celles de b augmentent d'une unité. Dans chaque terme, la somme de ces exposants vaut $n-1$.

$$a^n-b^n=(a-b)\underbrace{\left(a^{n-1}+a^{n-2}b+\ldots+a^{n-1-k}b^k+\ldots+ab^{n-2}+b^{n-1}\right)}_{a^{n-1}b^0\ \boxed{\rightarrow}\ a^{n-2}b^1\ \boxed{\rightarrow}\ldots\boxed{\rightarrow}\ a^{n-1-k}b^k\ \boxed{\rightarrow}\ldots\boxed{\rightarrow}\ a^1b^{n-2}\ \boxed{\rightarrow}\ a^0b^{n-1}}.$$

On peut aussi écrire :

$$a^n-b^n=(a-b)\sum_{k=0}^{n-1}a^{n-1-k}b^k=(a-b)\sum_{k=0}^{n-1}a^k b^{n-1-k}\ .$$

On retrouve de cette façon la somme des termes d'une suite géométrique de raison $q\neq 1$:

$$1+q+q^2+\ldots+q^n=\frac{1-q^{n+1}}{1-q}\ .$$

3 Ensembles

Dans ce paragraphe, E et F désignent deux ensembles, et f est une application de E dans F. On notera A une partie de E, et B une partie de F.

Dans une proposition mathématique, on peut utiliser les symboles suivants appelés quantificateurs :
$\forall$ signifie « pour tout » ou « quel que soit ».
$\forall x\in\mathbb{R}$ se lit « Quel que soit x appartenant à $\mathbb{R}$ ».
$\exists$ signifie « Il existe (au moins) un ».
$\exists n\in\mathbb{N}$ se lit « Il existe (au moins) un n appartenant à $\mathbb{N}$ tel que… ».
$\exists!$ signifie « Il existe un et un seul ».
$\exists! x\in\mathbb{R}_+$ se lit « Il existe un unique réel x positif ou nul tel que… ».
NB : un quantificateur n'est pas une abréviation. Il ne s'utilise *que* dans des propositions mathématiques.

3.1 Rappeler la définition de $f(A)$ et de $f^{-1}(B)$.

L'image directe de A par f est notée $f\langle A\rangle$. Elle est définie par :

$$f\langle A\rangle=\{y\in F\ /\ \exists a\in A,\ y=f(a)\}\ .$$ (*cf.* Fig. 1)

On dit pour simplifier que : $f\langle A\rangle=\{f(a)\ /\ a\in A\}$.

L'image réciproque de B par f est notée $f^{-1}\langle B\rangle$. Elle est définie par :

$$f^{-1}\langle B\rangle=\{a\in E\ /\ f(a)\in B\}\ .$$ (*cf.* Fig. 2)

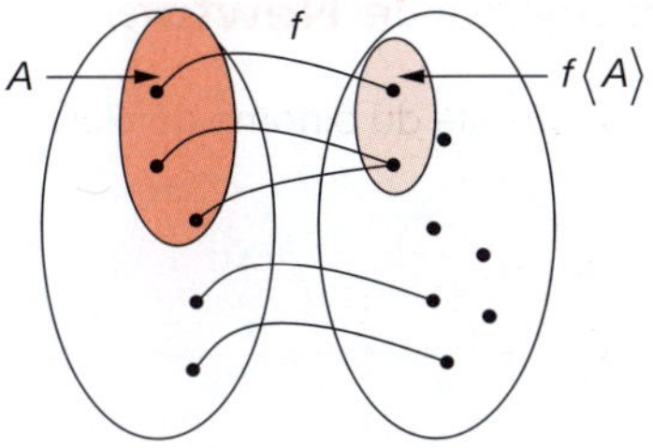

Image directe

Figure 1

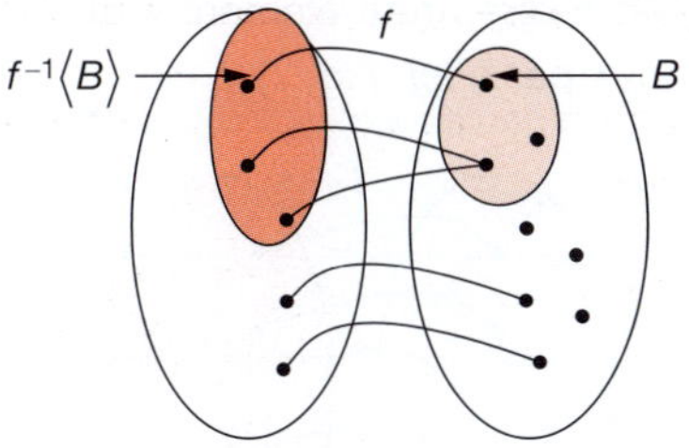

Image réciproque

Figure 2

3.2 Qu'est-ce qu'une application injective ? surjective ? bijective ?

• Dire que f est une application injective, (ou que f est une injection, *cf.* Fig. 3), signifie que :

$$\forall(x, y)\in E^2, f(x)=f(y)\Rightarrow x=y \quad .$$

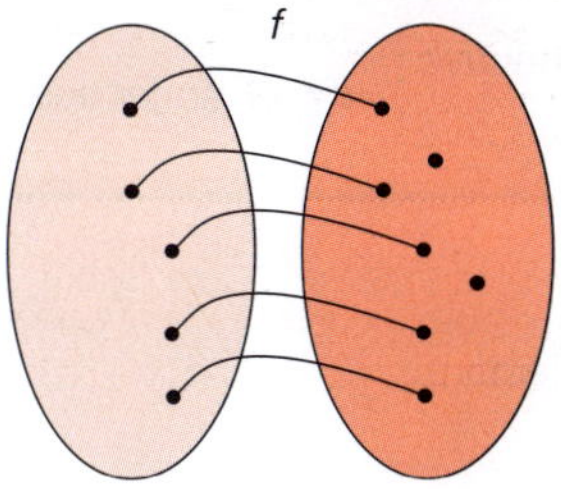

Application injective

Figure 3

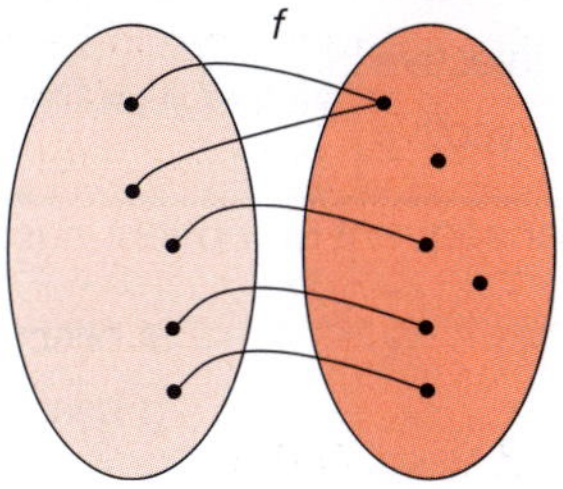

Application non injective

Figure 4

En utilisant la contraposée de la définition, on a aussi :
f est une application injective si et seulement si :
$\forall(x, y)\in E^2, \quad x\neq y\Rightarrow f(x)\neq f(y)$,
c'est-à-dire : deux éléments distincts ont des images distinctes par f,
ou encore tout élément y de l'espace d'arrivée F a *au plus* un antécédent x par f.

• Dire que f est une application surjective, (ou que f est une surjection), signifie que :

$$\forall y\in F, \quad \exists x\in E, \quad y=f(x),$$

c'est-à-dire : tout élément y de l'espace d'arrivée a au moins un antécédent x par f (*cf.* Fig. 5).

Méthode : pour démontrer qu'une application n'est pas surjective, il suffit de donner un élément de F qui n'a pas d'antécédent par f.

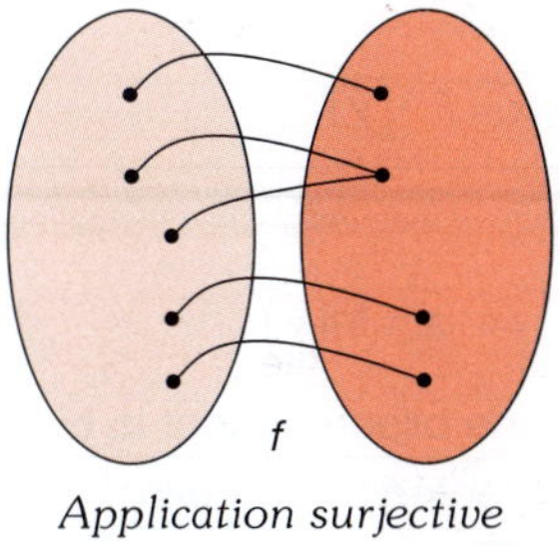

Application surjective

Figure 5

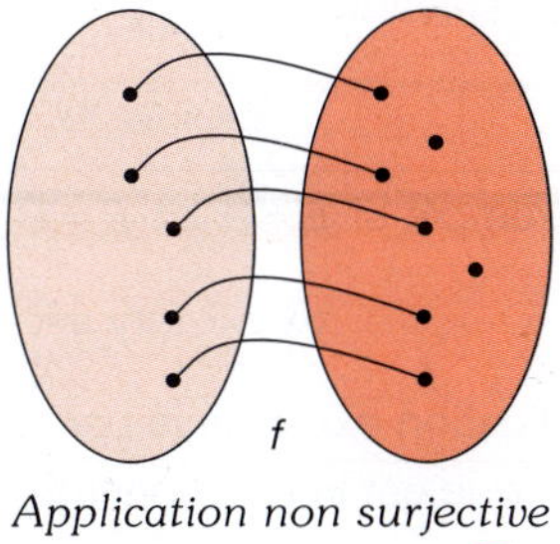

Application non surjective

Figure 6

• Dire que f est une application bijective, (ou que f est une bijection), signifie que :

$$\forall y\in F, \quad \exists! x\in E, \quad y=f(x),$$

Une application est bijective si et seulement si elle est injective et surjective.

c'est-à-dire : tout élément y de l'espace d'arrivée a un et un seul antécédent x par f. (cf. Fig. 7).

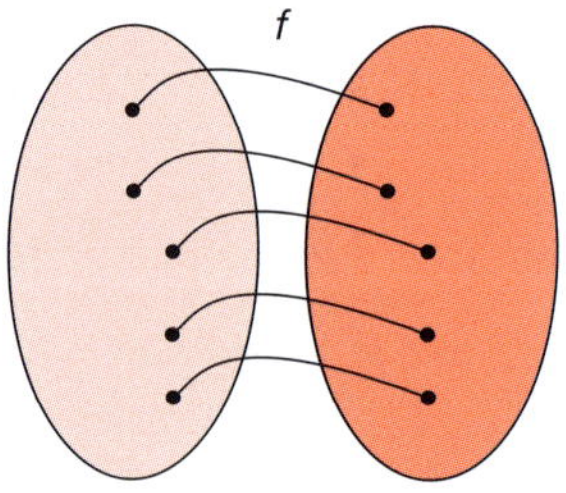

Figure 7

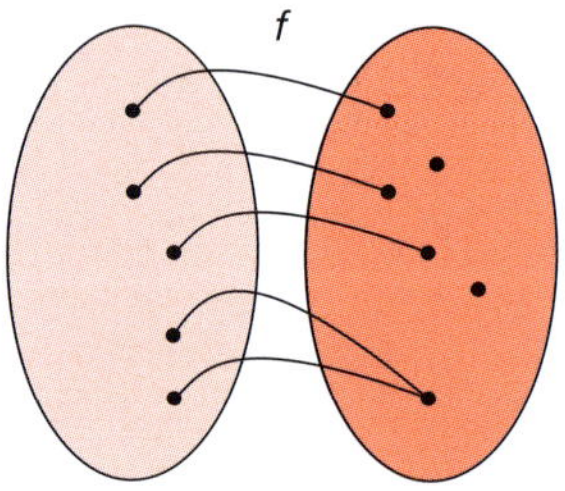

Figure 8

Sur la figure 8, la fonction f n'est ni injective ni surjective.

3.3 Que dire de la composée de deux injections ou de deux surjections ?

Soit E, F et G trois ensembles. Soit f une application de E vers F et g une application de F vers G, *alors :*

$$\left.\begin{array}{r} f \text{ injective} \\ g \text{ injective}\end{array}\right\} \Rightarrow g\circ f \text{ injective} \quad \text{et} \quad \left.\begin{array}{r} f \text{ surjective} \\ g \text{ surjective}\end{array}\right\} \Rightarrow g\circ f \text{ surjective}\quad .$$

Par conséquent on obtient aussi :

$$\left.\begin{array}{r} f \text{ bijective} \\ g \text{ bijective}\end{array}\right\} \Rightarrow g\circ f \text{ bijective}.$$

Dans le paragraphe 3.4 suivant, on suppose que f et g sont bijectives.

3.4 Comment déterminer la bijection réciproque de f et de $g\circ f$?

Si f est une application bijective de E vers F, l'application qui à tout y de F fait correspondre son unique antécédent x est appelée bijection (ou application) réciproque de f et notée f^{-1}.

Pour déterminer f^{-1}, on résout l'équation $y=f(x)$ et on utilise la caractérisation suivante de $f^{-1}(y)$:

$$\forall x\in E,\ \forall y\in F,\ y=f(x)\Leftrightarrow x=f^{-1}(y)\ .$$

Par exemple si $E=\mathbb{R}$ et $F=\mathbb{R}_+^*$ on a :

$$\forall x\in\mathbb{R}\ ,\ \forall y\in\mathbb{R}_+^*\ ,\ y=\exp(x)\ \Leftrightarrow\ x=\ln(y)\ .$$

L'application exp définie par $\exp(x)=e^x$ et une bijection dont la bijection réciproque est la fonction logarithme népérien notée ln : $\ln=\exp^{-1}$.

Si f est une application bijective de E vers F, *alors :*

$$\forall x\in E,\ f^{-1}(f(x))=x\ ;$$
$$\forall y\in F,\ f(f^{-1}(y))=y\ ;$$

c'est-à-dire : $f^{-1}\circ f=Id_E$ et $f\circ f^{-1}=Id_F$.

Caractérisation de f^{-1}.
Soit f une application de E vers F et g une application F vers E.
On suppose que : $f\circ g=Id_F$ et $g\circ f=Id_E$.
Alors f est bijective et $g=f^{-1}$.
En effet : $f\circ g=Id_F$ entraîne que f est surjective car Id_F est surjective ; de même $g\circ f=Id_E$ entraîne que f est injective car Id_E est injective.
Donc f est bijective. En composant par f^{-1} l'égalité $f\circ g=Id_F$ il vient :
$\underbrace{f^{-1}\circ f}_{=Id_E}\circ g=\underbrace{f^{-1}\circ Id_F}_{=f^{-1}}$. D'où : $g=f^{-1}$.

Si f est une bijection de E vers F et g une bijection de F vers G, alors :

$$(g \circ f)^{-1} = f^{-1} \circ g^{-1}.$$

Remarquer que l'ordre est inversé dans le produit des bijections réciproques.

Les savoir-faire clefs

1 ■ Savoir formuler la contraposée d'une implication.

Donner la contraposée des implications suivantes :

$P : x \neq 1 \Rightarrow f(x) \neq 0$.

$Q : x \geq 1 \Rightarrow f(x) < 0$.

$R : a \in A \Rightarrow a \geq 3$.

Conseils méthodologiques

La contraposée de $(A \Rightarrow B)$ est $(\text{non } B \Rightarrow \text{non } A)$.

La contraposée de P est : $f(x) = 0 \Rightarrow x = 1$.

La contraposée de Q est : $f(x) \geq 0 \Rightarrow x < 1$.

La contraposée de R est : $a < 3 \Rightarrow a \notin A$.

2 ■ Savoir formuler la négation.

2.1 Un professeur demande aux élèves de sa classe la négation de la proposition P : « Tous les étudiants ont réussi au concours ».

Un premier élève répond : « Aucun étudiant n'a réussi au concours » ; un second propose « Tous les étudiants ont échoué au concours ». Enfin un troisième affirme qu'il faut dire : « Il existe un étudiant qui a échoué au concours ». Quel est celui des trois qui a raison ?

2.2 Donner la négation des propositions suivantes :

a) $P_1 : \forall x \in \mathbb{R},\ f(x) < 1$.

b) $P_2 : \exists x \in \mathbb{R},\ f(x) = 0$.

c) $P_3 : \exists M \in \mathbb{R},\ \forall x \in \mathbb{R},\ |f(x)| \leq M$.

d) $P_4 : \forall \varepsilon \in \mathbb{R}_+^*,\ \exists \alpha \in \mathbb{R}_+^*,\ \forall x \in \mathbb{R},\ (|x| \leq \alpha \Rightarrow |f(x)| \leq \varepsilon)$.

e) $P_5 : \forall \varepsilon \in \mathbb{R}_+^*,\ \exists N \in \mathbb{N},\ \forall n \in \mathbb{N},\ (n \geq N \Rightarrow |u_n - L| \leq \varepsilon)$.

Conseils méthodologiques

La négation d'une proposition s'obtient

❶ en remplaçant $\forall$ par $\exists$ et $\exists$ par $\forall$,

❷ en niant la proposition finale.

2.1. Traduire la proposition P à l'aide de quantificateurs.

2.2. La négation de $(A \Rightarrow B)$ est $(A \text{ et non } B)$

P_1 signifie : f est majorée strictement par 1.
P_2 signifie : f s'annule au moins une fois dans $\mathbb{R}$.
P_3 signifie : f est bornée sur $\mathbb{R}$.

P_4 signifie : $\lim\limits_{x\to 0} f = 0$.

P_5 signifie : $\lim\limits_{n\to+\infty} u_n = L$.

2.1 La négation de « Tous les étudiants ont réussi au concours » est « Il existe un étudiant qui n'a pas réussi au concours ». Donc c'est le troisième élève qui a bien formulé la négation.

2.2 Obtenue par les règles ❶ et ❷ usuelles, la négation est donnée pour chacune des propositions par :

a) non P_1 : $\exists x \in \mathbb{R},\ f(x) \geq 1$.

b) non P_2 : $\forall x \in \mathbb{R},\ f(x) \neq 0$.

c) non P_3 : $\forall M \in \mathbb{R},\ \exists x \in \mathbb{R},\ |f(x)| > M$.

d) non P_4 : $\exists \varepsilon \in \mathbb{R}_+^*,\ \forall \alpha \in \mathbb{R}_+^*,\ \exists x \in \mathbb{R},\ (|x| \leq \alpha$ et $|f(x)| > \varepsilon)$.

e) non P_5 : $\exists \varepsilon \in \mathbb{R}_+^*,\ \forall N \in \mathbb{N},\ \exists n \in \mathbb{N},\ (n \geq N$ et $|u_n - L| > \varepsilon)$.

Conseils méthodologiques

Dans A, x peut dépendre de f, dans B le réel x doit être indépendant de f.

3 ■ Savoir utiliser l'ordre des quantificateurs.

On considère les deux propositions A et B suivantes :
A signifie : $\forall f \in F,\ \exists x \in \mathbb{R},\ f(x) = 0$.
B signifie : $\exists x \in \mathbb{R},\ \forall f \in F,\ f(x) = 0$.
Quelle est celle des implications qui est toujours vraie : $A \Rightarrow B$ ou $B \Rightarrow A$?

Comparer les deux propositions de l'exercice aux propositions suivantes pour mémoriser la différence. A : « quel que soit un élève de la classe il existe une pointure de chaussure qui lui convient » et B : « il existe une pointure de chaussure qui convient à tous les élèves de la classe ».

La proposition A signifie que pour toute fonction f de F il existe un réel x où f s'annule. Ce réel x dépend de la fonction f, il sera prudent en pratique de noter $x_{(f)}$ ce réel pour mieux mettre en évidence sa dépendance de f.
La proposition B signifie qu'il existe un réel x en lequel toutes les fonctions de F s'annulent. En pratique, on utilisera une notation qui met bien en évidence le fait que x est fixé et ne dépend pas de f : on notera x_0 ce réel.
En prenant $x_{(f)} = x_0$, on montre immédiatement que $B \Rightarrow A$. En revanche, l'implication réciproque n'est pas vraie en général. Si on choisit $F = \{x \mapsto x - a \,/\, a \in \mathbb{R}\}$, il est clair que A est vraie tandis que B est fausse. Donc $A \Rightarrow B$ est une proposition fausse.

Conseils méthodologiques

Écrire H_1 et H_2 sous forme d'implications entre « $x \in A$ » et « x vérifie P ».

4 ■ Savoir distinguer « nécessaire » de « suffisant ».

a) Soit A une partie de $\mathbb{R}$, H_1 l'énoncé : « Pour qu'un réel soit dans l'ensemble A il **faut** qu'il vérifie la propriété P » et H_2 l'énoncé : « Pour qu'un réel soit dans l'ensemble A il **suffit** qu'il vérifie la propriété P ».
Parmi les propositions suivantes quelles sont celles qui sont équivalentes à H_1 ? à H_2 ?
(A) "Tout élément de A vérifie P ".
(B) "Tout réel vérifiant P est dans A ".

(C) "Si un réel est dans A alors il vérifie P".
(D) "Si un réel vérifie P alors il est dans A".
(E) "Pour qu'un réel vérifie P il suffit qu'il soit dans A".
(F) "Si un réel ne vérifie pas P alors il n'est pas dans A".
(G) "Si un réel n'est pas dans A alors il ne vérifie pas P".

4.a) H_1 signifie : « $x \in A$ » implique « x vérifie P » tandis que H_2 signifie : « x vérifie P » implique « $x \in A$ ».

En traduisant chaque propriété on obtient :
(A) « $x \in A$ » implique « x vérifie P ».
(B) « x vérifie P » implique « $x \in A$ ».
(C) « $x \in A$ » implique « x vérifie P ».
(D) « x vérifie P » implique « $x \in A$ ».
(E) « $x \in A$ » implique « x vérifie P ».
(F) « x ne vérifie pas P » implique « $x \notin A$ »".
(G) « $x \notin A$ » implique « x ne vérifie pas P »".

En utilisant la contraposée, on remarque que, pour tout réel, « $x \notin A$ implique x ne vérifie pas P » équivaut à : « x vérifie P implique $x \in A$ » on obtient que (F) équivaut à (C) puis de même (G) équivaut à (D).

Donc H_1 est équivalente à (A), à (C), (E) et (F). Tandis que H_2 est équivalente à (B), (D)et (G).

5 ■ Savoir raisonner par contraposition.

On considère la fonction f définie sur $\mathbb{R}$ par : $f(x) = ax + b$ avec $a \in \mathbb{R}$ et $b \in \mathbb{R}^*$. Montrer que f garde un signe constant si et seulement si $a = 0$.

Conseils méthodologiques

Considérer les propositions P : « f garde un signe constant » et Q : « $a = 0$ ». Montrer $Q \Rightarrow P$ par un raisonnement direct et $P \Rightarrow Q$ par contraposition : *non Q* $\Rightarrow$ *non P*.

On veut démontrer : $P \Leftrightarrow Q$.

$\boxed{\Leftarrow}$ Si $a = 0$ on a $f(x) = b$ donc f garde un signe constant puisque $b \in \mathbb{R}^*$.

$\boxed{\Rightarrow}$ Si $a \neq 0$ on a $f(x) = a\left(x + \frac{b}{a}\right)$ donc f change de signe pour $x = -\frac{b}{a}$.

Pour $x < -\frac{b}{a}$, le signe de $f(x)$ est celui de $-a$.

Pour $x > -\frac{b}{a}$, le signe de $f(x)$ est celui de a. Donc $a \neq 0$ entraîne que f ne garde pas un signe constant.

Conclusion : On a démontré $Q \Rightarrow P$ puis *non Q* $\Rightarrow$ *non P*. On a donc obtenu en conclusion : $P \Leftrightarrow Q$.

D'où $\boxed{f \text{ garde un signe constant si et seulement si } a = 0}$.

Conseils méthodologiques

Utiliser la définition de la notation $\sum$.

6 ■ Savoir transformer une somme.

a) Comparer : $\sum_{k=1}^{3}(a_k+b_k)$ et $\sum_{k=1}^{3}a_k+\sum_{k=1}^{3}b_k$.

b) Comparer : $\sum_{k=1}^{n}a_k+\sum_{k=1}^{n}b_k$ et $\sum_{k=1}^{n}(a_k+b_k)$.

c) Comparer : $\sum_{k=2}^{5}a_k$ et $\sum_{k=0}^{3}a_{5-k}$.

6.a) $\sum_{k=1}^{3}(a_k+b_k)=(a_1+b_1)+(a_2+b_2)+(a_3+b_3)$

et $\sum_{k=1}^{3}a_k+\sum_{k=1}^{3}b_k=(a_1+a_2+a_3)+(b_1+b_2+b_3)$.

Donc : $\boxed{\sum_{k=1}^{3}a_k+\sum_{k=1}^{3}b_k=\sum_{k=1}^{3}(a_k+b_k)}=a_1+b_1+a_2+b_2+a_3+b_3$.

b) $\sum_{k=1}^{n}a_k+\sum_{k=1}^{n}b_k=(a_1+a_2+...+a_{n-1}+a_n)+(b_1+b_2+...+b_{n-1}+b_n)$,

et $\sum_{k=1}^{n}(a_k+b_k)=(a_1+b_1)+...+(a_n+b_n)$.

Donc : $\boxed{\sum_{k=1}^{n}a_k+\sum_{k=1}^{n}b_k=\sum_{k=1}^{n}(a_k+b_k)}$.

c) $\sum_{k=2}^{5}a_k=a_2+a_3+a_4+a_5$ et $\sum_{k=0}^{3}a_{5-k}=a_5+a_4+a_3+a_2$.

Donc : $\boxed{\sum_{k=2}^{5}a_k=\sum_{k=0}^{3}a_{5-k}}$.

Conseils méthodologiques

Étudier la différence de deux indices successifs.
Ne pas oublier que l'indice est une variable muette.
On peut donc utiliser n'importe quelle lettre qui n'est pas déjà employée.

7 ■ Savoir utiliser la notation $\sum$.

Écrire les sommes suivantes à l'aide de $\sum$:

a) $(a_1+b_1)+(a_2+b_2)+(a_3+b_3)$;

b) $5a_1+5a_2+5a_3+5a_4$;

c) $a_{10}+a_{20}+a_{30}+a_{40}$;

d) $a_1+a_3+a_5+a_7$;

e) $a_n+a_{n+1}+\cdots+a_{2n-1}+a_{2n}$;

f) $a_2+a_4+\cdots+a_{2n-2}+a_{2n}$.

7.a) $(a_1+b_1)+(a_2+b_2)+(a_3+b_3)=\sum_{k=1}^{3}(a_k+b_k)$;

b) $5a_1+5a_2+5a_3+5a_4=\sum_{k=1}^{4}5a_k=5\sum_{k=1}^{4}a_k$;

c) $a_{10}+a_{20}+a_{30}+a_{40}=\sum_{j=1}^{4}a_{10j}$;

d) $a_1+a_3+a_5+a_7=\sum_{i=0}^{3}a_{2i+1}=\sum_{i=1}^{4}a_{2i-1}$;

e) $a_n+a_{n+1}+\cdots+a_{2n-1}+a_{2n}=\sum_{i=n}^{2n}a_i$;

f) $a_2+a_4+\cdots+a_{2n-2}+a_{2n}=\sum_{k=1}^{n}a_{2k}$.

8 ■ Savoir regrouper les sommes.

Compléter les formules suivantes :

a) $\sum_{k=1}^{n}a_k+\sum_{k=n+1}^{2n}a_k=\sum_{k=\square}^{\square}a_k$;

b) $\sum_{k=1}^{n}a_{2k}+\sum_{k=0}^{n}a_{2k+1}=\sum_{k=\square}^{\square}a_k$;

c) $\left(\sum_{p=1}^{n}b_p\right)+b_{n+1}=\sum_{p=1}^{\square}b_p$

Conseils méthodologiques

Écrire éventuellement la somme en extension dans les cas difficiles.

8.a) $\sum_{k=1}^{n}a_k+\sum_{k=n+1}^{2n}a_k=\sum_{k=\boxed{1}}^{\boxed{2n}}a_k$.

b) $\sum_{k=1}^{n}a_{2k}+\sum_{k=0}^{n}a_{2k+1}=a_1+a_2+\ldots+a_{2n}+a_{2n+1}=\sum_{k=\boxed{1}}^{\boxed{2n+1}}a_k$.

c) $\left(\sum_{p=1}^{n}b_p\right)+b_{n+1}=\sum_{p=1}^{\boxed{n+1}}b_p$.

9 ■ Savoir changer d'indice.

L'indice d'une somme peut être changé de façon à en modifier l'ensemble des valeurs.

Conseils méthodologiques

a), b), c) Exprimer i en fonction de p puis calculer les valeurs de p aux bornes de la somme.

Les égalités ❶ et ❷ suivantes sont obtenues en ajoutant une constante à l'indice : on dira qu'on effectue une translation d'indice.

$$a_2+a_3+a_4+a_5=\sum_{i=2}^{5} a_i \underset{j=i-1}{\overset{❶}{=}} \sum_{j=1}^{4} a_{j+1} \underset{k=i-2}{\overset{❷}{=}} \sum_{k=0}^{3} a_{k+2}.$$

Effectuer le changement d'indice proposé :

a) $p=i+2$ dans $\sum_{i=0}^{s} a_i$; **b)** $p=i+1$ dans $\sum_{i=0}^{n} x_{i+1}$;

c) $p=i+1$ dans $\sum_{i=0}^{n-1} (i+1)a_i$.

puis compléter les égalités suivantes :

d) $\sum_{p=0}^{9} b_{p+4}=\sum_{q=\square}^{\square} b_q$; **e)** $\sum_{p=0}^{9} b_{9-p}=\sum_{q=\square}^{\square} b_q$;

f) $\sum_{p=0}^{9} (p+1)b_p=\sum_{q=1}^{\square} qb_{\square}$.

9.a) On pose $p=i+2$ donc on a : $i=p-2$

On calcule les nouvelles bornes du $\sum$:

$$i=0 \Rightarrow p=0+2=2$$
$$i=s \Rightarrow p=s+2.$$

Donc : $\sum_{i=0}^{s} a_i=\sum_{p=2}^{s+2} a_{p-2}$.

b) On obtient de même en posant $p=i+1$ dans $\sum_{i=0}^{n} x_{i+1}$: $\sum_{i=0}^{n} x_{i+1}=\sum_{p=1}^{n+1} x_p$.

c) On obtient de même en posant $p=i+1$ dans $\sum_{i=0}^{n-1} (i+1)a_i$:

$$\sum_{i=0}^{n-1} (i+1)a_i=\sum_{p=1}^{n} pa_{p-1}.$$

d) $\sum_{p=0}^{9} b_{p+4}=b_4+b_5+\ldots+b_{12}+b_{13}=\sum_{q=\boxed{4}}^{\boxed{13}} b_q$.

e) $\sum_{p=0}^{9} b_{9-p}=b_9+b_8+\ldots+b_1+b_0=\sum_{q=\boxed{0}}^{\boxed{9}} b_q$.

f) $\sum_{p=0}^{9} (p+1)b_p=b_0+2b_1+\ldots+9b_8+10b_9=\sum_{q=1}^{\boxed{10}} qb_{\boxed{q-1}}$.

10 ▬ Savoir utiliser la notation $\prod$.

a) Calculer : $\prod_{k=1}^{n} c$.

b) Comparer : $\left(\prod_{k=1}^{n} a_k\right)\left(\prod_{k=1}^{n} b_k\right)$ et $\prod_{k=1}^{n}(a_k b_k)$. En déduire $\prod_{k=1}^{n}(ca_k)$ en fonction de $\prod_{k=1}^{n} a_k$.

c) Comment peut-on écrire $\prod_{k=1}^{n} k$?

d) Comparer : $\prod_{k=1}^{n} a_k$ et $\prod_{k=1}^{n} a_{n+1-k}$.

Conseils méthodologiques

Utiliser la définition de la notation $\prod$.

10.a) Si $n \in \mathbb{N}^*$, $\prod_{k=1}^{n} c = \underbrace{c \times c \times ... \times c \times c}_{n \text{ fois}} = c^n$.

b) $\left(\prod_{k=1}^{n} a_k\right)\left(\prod_{k=1}^{n} b_k\right) = (a_1 a_2 \cdots a_{n-1} a_n)(b_1 b_2 \cdots b_{n-1} b_n)$

et $\prod_{k=1}^{n}(a_k b_k) = (a_1 b_1)(a_2 b_2)\cdots(a_n b_n)$.

Donc : $\left(\prod_{k=1}^{n} a_k\right)\left(\prod_{k=1}^{n} b_k\right) = \prod_{k=1}^{n}(a_k b_k)$.

Par suite : $\prod_{k=1}^{n}(ca_k) = \left(\prod_{k=1}^{n} c\right)\left(\prod_{k=1}^{n} a_k\right) = c^n \prod_{k=1}^{n} a_k$.

c) $\prod_{k=1}^{n} k = 1 \times 2 \times 3 \times ... \times (n-1) \times n = n!$.

d) $\prod_{k=1}^{n} a_{n+1-k} = a_n a_{n-1} \cdots a_2 a_1 = a_1 a_2 \cdots a_{n-1} a_n = \prod_{k=1}^{n} a_k$.

11 ▬ Savoir chercher l'image directe et l'image réciproque.

Soit f une application de E vers F, A une partie de E et B une partie de F.

a) Déterminer : $\sin\left\langle\left[-\frac{\pi}{4}, \frac{\pi}{2}\right]\right\rangle$, $\tan\left\langle\left]-\frac{\pi}{4}, \frac{\pi}{2}\right[\right\rangle$, $\cos\left\langle\left[\frac{\pi}{4}, \frac{5\pi}{6}\right[\right\rangle$.

Conseils méthodologiques

L'image directe de A par f est définie par : $f\langle A\rangle = \{f(a) / a \in A\}$.
L'image réciproque de B par f est définie par : $f^{-1}\langle B\rangle = \{a \in E / f(a) \in B\}$.

b) Déterminer : $\cos^{-1}\langle]-1, 1[\rangle$.

c) On prend $f : \mathbb{R} \to \mathbb{R}$ définie par $f(x) = x^2$. Déterminer $f\langle [-1,2] \rangle$ et $f^{-1}\langle [-1,2] \rangle$.

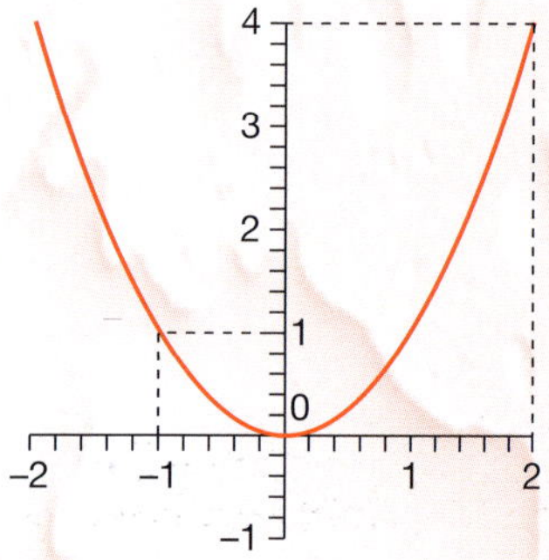

Figure 9

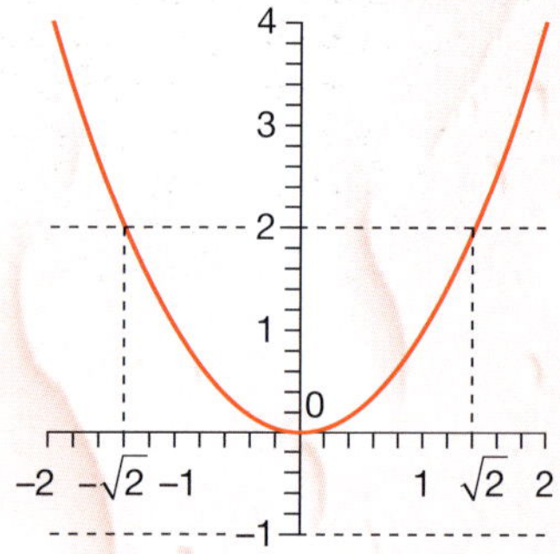

Figure 10

11.a) $\sin\left\langle \left[-\frac{\pi}{4}, \frac{\pi}{2}\right] \right\rangle = \left\{ \sin x \, / \, x \in \left[-\frac{\pi}{4}, \frac{\pi}{2}\right] \right\} = \left[-\frac{\sqrt{2}}{2}, 1\right]$.

$\tan\left\langle \left]-\frac{\pi}{4}, \frac{\pi}{2}\right[\right\rangle = \left\{ \tan x \, / \, x \in \left]-\frac{\pi}{4}, \frac{\pi}{2}\right[\right\} = \left]-1, +\infty\right[$.

$\cos\left\langle \left[\frac{\pi}{4}, \frac{5\pi}{6}\right[\right\rangle = \left\{ \cos x \, / \, x \in \left[\frac{\pi}{4}, \frac{5\pi}{6}\right[\right\} = \left]-\frac{\sqrt{3}}{2}, \frac{\sqrt{2}}{2}\right]$.

b) $\cos^{-1}\langle]-1,1[\rangle = \{ x \in \mathbb{R} / -1 < \cos x < 1 \}$. Donc : $\cos^{-1}\langle]-1,1[\rangle = \mathbb{R} - \pi\mathbb{Z}$.

c) $f\langle [-1,2] \rangle = \{ x^2 / -1 \leq x \leq 2 \} = [0,4]$ (*cf.* Fig. 9).

$f^{-1}\langle [-1,2] \rangle = \{ x / -1 \leq x^2 \leq 2 \} = [-\sqrt{2}, \sqrt{2}]$ (*cf.* Fig. 10).

Conseils méthodologiques

Dire que f est une application injective (ou que f est une injection), signifie que : deux éléments distincts ont des images distinctes par f, ou encore que tout élément y de l'espace d'arrivée F a au plus un antécédent x par f.

12 ■ Savoir démontrer que *f* est injective.

Soit E et F deux ensembles et f une application de E vers F.
Parmi les applications f suivantes de E vers F, quelles sont celles qui sont injectives ?

a) $E = \mathbb{R}$ $F = \mathbb{R}$ $f(x) = x^2$.

b) $E = \mathbb{R}_+$ $F = \mathbb{R}$ $f(x) = x^2$.

c) $E = \mathbb{R}$ $F = \mathbb{R}$ $f(x) = ax + b$ avec $a \in \mathbb{R}$ et $b \in \mathbb{R}$.

12.a) Une application f n'est pas injective *si et seulement si* :

$\exists (x,y) \in E^2, \ x \neq y$ et $f(x) = f(y)$.

Par conséquent, pour démontrer qu'une application f n'est pas injective, il suffit de donner deux éléments distincts de E qui ont même image par f.

Ici : $-1 \neq 1$ et $f(-1) = f(1)$. Donc **f n'est pas injective sur $\mathbb{R}$**.

b) $\forall (x,y) \in \mathbb{R}_+^2 \;\; x^2 = y^2 \Rightarrow |x| = |y| \;\; \Rightarrow x = y$ car x et y sont positifs.

Donc f est injective sur $\mathbb{R}_+$.

c) $\forall (x,y) \in \mathbb{R}^2$, $ax + b = ay + b \;\; \Leftrightarrow a(x-y) = 0$. Donc on distingue deux cas :

Premier cas $a \neq 0$. Alors $f(x) = f(y) \Leftrightarrow x = y$. *Par suite* f est injective sur $\mathbb{R}$.

Deuxième cas $a = 0$. Alors $0 \neq 1$ et $f(0) = f(1)$. Donc f n'est pas injective sur $\mathbb{R}$.

En conclusion : **f est injective sur $\mathbb{R}$ si et seulement si $a \neq 0$**.

13 ▬ Savoir démontrer que *f* est surjective.

Soit E et F deux ensembles et f une application de E vers F.
Les applications f suivantes sont-elles surjectives de E vers F ?

a) $E = \mathbb{R} \quad F = \mathbb{R}_+ \quad f(x) = x^2 + a^2$.

b) $E = \mathbb{R} \quad F = \mathbb{R} \quad f(x) = a \sin x + b \cos x$.

Conseils méthodologiques

Dire que f est une application surjective signifie que : $\forall y \in F, \exists x \in E$, $y = f(x)$, c'est-à-dire que tout élément y de l'espace d'arrivée a au moins un antécédent x par f.

13.a) On *remarque que* $f(x) \geq a^2 \geq 0$, ce qui conduit à distinguer deux cas :
Premier cas $a \neq 0$. Alors $f(x) \geq a^2 > 0$. Donc 0 n'a pas d'antécédent par f.
Par suite f n'est pas surjective de $\mathbb{R}$ dans $\mathbb{R}_+$.
Deuxième cas $a = 0$. Pour tout $y \geq 0$ l'équation $y = x^2$ a au moins une solution, $x = \sqrt{y}$, dans $\mathbb{R}$. Cela peut s'écrire : $\forall y \in \mathbb{R}_+$, $\exists x \in E$, ($x = \sqrt{y}$), $y = f(x)$.

Par suite f est surjective de $\mathbb{R}$ dans $\mathbb{R}_+$.

b) On remarque que $|f(x)| \leq |a| + |b|$. Donc l'équation $f(x) = |a| + |b| + 1$ n'a pas de solution dans $\mathbb{R}$. Donc $|a| + |b| + 1$ n'a pas d'antécédent par f. Par conséquent, la fonction f n'est pas surjective de $\mathbb{R}$ dans $\mathbb{R}$.

Pour démontrer qu'une application n'est pas surjective, il suffit de donner un élément de F qui n'a pas d'antécédent par f.

14 ▬ Savoir déterminer f^{-1} quand *f* est bijective.

Soit f l'application définie par : $\forall x \in \mathbb{R}$, $f(x) = \dfrac{e^x + e^{-x}}{2}$. Montrer que f est une application bijective de $\mathbb{R}_+$ dans $[1, +\infty[$ et déterminer f^{-1}.

Conseils méthodologiques

f est une application bijective si et seulement si tout élément y de l'espace d'arrivée a *un et un seul* antécédent x par f.

Le principe consiste à traiter les deux points à la fois en résolvant l'équation $y = f(x)$.

Cette fonction f est appelée cosinus hyperbolique (notée ch) et sa réciproque est la fonction argument cosinus hyperbolique (notée argch). On a donc :

$$\operatorname{argch}(t) = \ln\left[t + \sqrt{t^2 - 1}\right]$$

Considérons $(x, y) \in \mathbb{R}_+ \times [1, +\infty[$. On a les équivalences suivantes :

$y = \dfrac{e^x + e^{-x}}{2} \Leftrightarrow e^{2x} - 2y\,e^x + 1 = 0$ (en multipliant par 2 e^x et en transposant).

Cette équation est du second degré en e^x. Le calcul du discriminant donne : $\Delta = 4(y^2 - 1) \geq 0$. On obtient donc : $e^x = y + \sqrt{y^2 - 1} \geq y \geq 1$ ou $e^x = y - \sqrt{y^2 - 1} \leq y \leq 1$. La dernière équation ne donne de solution en e^x supérieure à 1 que dans le cas $y = 1$. Cette solution est la même que celle fournie par la première équation dans ce cas, donc $y = \dfrac{e^x + e^{-x}}{2} \Leftrightarrow x = \ln\left[y + \sqrt{y^2 - 1}\right]$. On obtient simultanément que f est bijective de $\mathbb{R}_+$ dans $[1, +\infty[$ et que : $\forall y \in [1, +\infty[,\ f^{-1}(y) = \ln\left[y + \sqrt{y^2 - 1}\right]$.

Conseils méthodologiques

a) Raisonner directement à l'aide de la définition. **b)** Procéder par double inclusion. **c)** Utiliser a).
d) Remarquer que dans ce cas : $f\langle A \cap B\rangle \neq f\langle A\rangle \cap f\langle B\rangle$.

15 ■ Savoir déterminer l'image directe ou réciproque.

Soit f une application de E dans F. Soit A et B deux parties de E.

a) Montrer que : $A \subset B \Rightarrow f\langle A\rangle \subset f\langle B\rangle$.

b) Montrer que : $f\langle A \cup B\rangle = f\langle A\rangle \cup f\langle B\rangle$.

c) Montrer que : $f\langle A \cap B\rangle \subset f\langle A\rangle \cap f\langle B\rangle$.

d) En considérant f l'application nulle de $\mathbb{R}$ dans $\mathbb{R}$ et les parties $A = \mathbb{R}_+^*$ et $B = \mathbb{R}_-^*$, montrer que l'inclusion démontrée en c), n'est pas toujours une égalité.

e) Montrer que : $f^{-1}\langle A \cup B\rangle = f^{-1}\langle A\rangle \cup f^{-1}\langle B\rangle$.

f) Montrer que : $f^{-1}\langle A \cap B\rangle \subset f^{-1}\langle A\rangle \cap f^{-1}\langle B\rangle$.

15.a) Supposons $A \subset B$. Soit $x \in f\langle A\rangle$. Par définition, il existe $a \in A$ tel que $x = f(a)$. Or $A \subset B$, donc $a \in B$. Par suite $x = f(a) \in f\langle B\rangle$.
Par conséquent, tout élément x de $f\langle A\rangle$ appartient à $f\langle B\rangle$. Donc : $f\langle A\rangle \subset f\langle B\rangle$.

En conclusion $\boxed{A \subset B \Rightarrow f\langle A\rangle \subset f\langle B\rangle}$.

b) $\boxed{\subset}$ Montrons que : $f\langle A\rangle \cup f\langle B\rangle \subset f\langle A \cup B\rangle$.

D'après a) : $A \subset A \cup B \Rightarrow f\langle A\rangle \subset f\langle A \cup B\rangle$.

De même : $B \subset A \cup B \Rightarrow f\langle B\rangle \subset f\langle A \cup B\rangle$.

Donc : $f\langle A\rangle \cup f\langle B\rangle \subset f\langle A \cup B\rangle$.

$\boxed{\supset}$ Montrons que $f\langle A \cup B\rangle \subset f\langle A\rangle \cup f\langle B\rangle$.

Soit $x \in f\langle A \cup B \rangle$. Alors il existe $y \in A \cup B$ tel que $x = f(y)$. On a $y \in A$ ou $y \in B$.

Si $y \in A$ alors $x = f(y) \in f\langle A \rangle \subset f\langle A \rangle \cup f\langle B \rangle$.

Si $y \in B$ alors $x = f(y) \in f\langle B \rangle \subset f\langle A \rangle \cup f\langle B \rangle$.

Dans les deux cas : $x \in f\langle A \rangle \cup f\langle B \rangle$. Donc : $f\langle A \cup B \rangle \subset f\langle A \rangle \cup f\langle B \rangle$.

En conclusion : $\boxed{f\langle A \cup B \rangle = f\langle A \rangle \cup f\langle B \rangle}$.

c) D'après a) : $A \cap B \subset A \Rightarrow f\langle A \cap B \rangle \subset f\langle A \rangle$.
De même : $A \cap B \subset B \Rightarrow f\langle A \cap B \rangle \subset f\langle B \rangle$.
Donc $\boxed{f\langle A \cap B \rangle \subset f\langle A \rangle \cap f\langle B \rangle}$.

d) $f(A) = f(\mathbb{R}_+^*) = \{0\}$ et $f(B) = f(\mathbb{R}_-^*) = \{0\}$ donc : $f\langle A \rangle \cap f\langle B \rangle = \{0\}$.
Or : $A \cap B = \varnothing \Rightarrow f\langle A \cap B \rangle = \varnothing$.
Donc, dans ce cas : $f\langle A \cap B \rangle \neq f\langle A \rangle \cap f\langle B \rangle$.

e) Montrons que : $f^{-1}\langle A \cup B \rangle = f^{-1}\langle A \rangle \cup f^{-1}\langle B \rangle$.

$$f^{-1}\langle A \cup B \rangle = \{x \in E \,/\, f(x) \in A \cup B\} = \{x \in E \,/\, f(x) \in A \text{ ou } f(x) \in B\}$$
$$= \{x \in E \,/\, f(x) \in A\} \cup \{x \in E \,/\, f(x) \in B\} = f^{-1}\langle A \rangle \cup f^{-1}\langle B \rangle,$$

d'où le résultat.

f) Montrons de même que : $f^{-1}\langle A \cap B \rangle \subset f^{-1}\langle A \rangle \cap f^{-1}\langle B \rangle$.

$$f^{-1}\langle A \cap B \rangle = \{x \in E \,/\, f(x) \in A \cap B\} = \{x \in E \,/\, f(x) \in A \text{ et } f(x) \in B\}$$
$$= \{x \in E \,/\, f(x) \in A\} \cap \{x \in E \,/\, f(x) \in B\} = f^{-1}\langle A \rangle \cap f^{-1}\langle B \rangle,$$

d'où le résultat.

En résumé, sauf dans le cas de l'image directe d'une intersection, les résultats sont faciles à retenir : pour l'image réciproque, on a toujours une égalité, de même pour l'image directe d'une réunion. Pour l'image directe d'une intersection, on utilisera une application constante pour vérifier que le résultat n'est qu'une inclusion.

16 ■ Savoir comparer l'image directe par f^{-1} et l'image réciproque par *f*.

Soit *f* une bijection de *E* dans *F* et *B* une partie de *F*. L'image directe de *B* par f^{-1} est notée $f^{-1}\langle B \rangle = \{y \in E \,/\, \exists b \in B,\ y = f^{-1}(b)\}$.
Montrer que cette notation est cohérente en prouvant que l'image directe de *B* par f^{-1} coïncide avec l'image réciproque de *B* par *f*, notée elle aussi $f^{-1}\langle B \rangle = \{a \in E \,/\, f(a) \in B\}$.

Conseils méthodologiques

Prouver que
$f^{-1}\langle B \rangle = \{y \in E \,/\, \exists b \in B,\ y = f^{-1}(b)\}$
$= \{a \in E \,/\, f(a) \in B\}$ par double inclusion.

$\boxed{\subset}$ Montrons que $\{y \in E \,/\, \exists b \in B,\ y = f^{-1}(b)\} = \{a \in E \,/\, f(a) \in B\}$.

Soit $y \in E$ tel que : $\exists b \in B,\ y = f^{-1}(b)$,

alors en composant par f : $\exists b \in B$, $f(y) = f(f^{-1}(b)) = b$,

par conséquent $f(y) \in B$, c'est-à-dire $y \in \{a \in E \,/\, f(a) \in B\}$.

Les notations concernant l'image réciproque et l'image directe sont donc cohérentes.

$\boxed{\supset}$ Montrons que $\{a \in E \,/\, f(a) \in B\} \subset \{y \in E \,/\, \exists b \in B,\ y = f^{-1}(b)\}$.

Soit $x \in \{a \in E \,/\, f(a) \in B\}$ alors $f(x) \in B$,

donc $\exists b \in B$, $f(x) = b$, par suite, en composant par f^{-1} :

$\exists b \in B$, $f^{-1}(f(x)) = f^{-1}(b)$. On en déduit que : $\exists b \in B$, $x = f^{-1}(b)$, par suite $x \in \{f^{-1}(b) \,/\, b \in B\}$.

D'où l'égalité $\boxed{\{y \in E \,/\, \exists b \in B,\ y = f^{-1}(b)\} = \{a \in E \,/\, f(a) \in B\}}$.

Pour maîtriser les bases

1. Un changement d'indice — D'après CCP

Soit n un entier naturel non nul.

a) Montrer que, pour tout entier naturel k vérifiant, $n \geq k \geq 1$, on a : $k\binom{n}{k} = n\binom{n-1}{k-1}$.

b) En déduire que : $\sum_{k=0}^{n} k\binom{n}{k} = n\sum_{k=1}^{n}\binom{n-1}{k-1}$.

c) Montrer que : $\sum_{k=1}^{n}\binom{n-1}{k-1} = \sum_{i=0}^{n-1}\binom{n-1}{i} = 2^{n-1}$.

d) Démontrer l'égalité : $\sum_{k=0}^{n} k\binom{n}{k} = n2^{n-1}$.

Conseils méthodologiques : **a)** Utiliser la définition de $\binom{n}{k}$. **b)** Utiliser a). **c)** Poser $i = k-1$ et développer $(1+1)^{n-1}$ par la formule du binôme de Newton. **d)** Conséquence de b) et c).

a) Pour $n \geq k \geq 1$ on peut écrire : $k\binom{n}{k} = k\dfrac{n!}{k!(n-k)!} = \dfrac{n!}{(k-1)!(n-k)!} = n\dfrac{(n-1)!}{(k-1)!(n-k)!} = n\binom{n-1}{k-1}$.

b) Donc : $\sum_{k=0}^{n} k\binom{n}{k} = \sum_{k=1}^{n} n\binom{n-1}{k-1} = n\sum_{k=1}^{n}\binom{n-1}{k-1}$ car n est une constante (indépendante de k) qui se factorise dans le $\sum_{k}$.

c) Enfin : $\sum_{k=1}^{n}\binom{n-1}{k-1} = \sum_{i=0}^{n-1}\binom{n-1}{i}$ en posant $i = k-1$.

Or : $\sum_{i=0}^{n-1}\binom{n-1}{i} \times 1^{n-1-k} \times 1^{k} = (1+1)^{n-1}$ (d'après la formule du binôme de Newton).

D'où : $\sum_{k=1}^{n}\binom{n-1}{k-1} = 2^{n-1}$.

d) En conclusion, d'après b) et c) on a alors : $\boxed{\sum_{k=0}^{n} k\binom{n}{k} = n2^{n-1}}$.

2. Transformer un produit ou une somme ______ Toute école

1. Développer les expressions suivantes :

a) $\left(\sum_{p=1}^{m} a_p\right)\left(\sum_{q=1}^{n} b_q\right)$; b) $\left(\sum_{p=1}^{m} a_p\right)\left(\sum_{p=1}^{m} b_p\right)$; c) $\left(\sum_{p=1}^{m} a_p\right)^2$.

2. Compléter les égalités suivantes :

a) $\left(\sum_{p=1}^{m} a_p\right)^2 = \sum_{p=1}^{m}(a_p{}^2) + \sum_{1\le p<q\le m}(a_pa_q) + \sum_{\boxed{}}(a_pa_q)$;

b) $\left(\sum_{p=1}^{m} a_p\right)^2 = \sum_{p=1}^{m}(a_p{}^2) + 2\sum_{\boxed{}}(a_pa_q)$.

Conseils méthodologiques : utiliser les règles usuelles de l'addition et de la multiplication, en particulier la distributivité de $\times$ sur $+$.

1.a) La distributivité de $\times$ sur $+$ permet d'écrire successivement :

$$\left(\sum_{p=1}^{m} a_p\right)\left(\sum_{q=1}^{n} b_q\right) = \sum_{p=1}^{m}\left[a_p\left(\sum_{q=1}^{n} b_q\right)\right] = \sum_{p=1}^{m}\left(\sum_{q=1}^{n} a_pb_q\right) = \sum_{p=1}^{m}\sum_{q=1}^{n}(a_pb_q).$$

Cette expression est notée $\sum_{p=1}^{m}\sum_{q=1}^{n} a_pb_q$ ou encore $\sum_{\substack{1\le p\le m\\ 1\le q\le n}} a_pb_q$.

Lorsqu'il n'y a pas d'ambiguïté sur les valeurs prises par les indices p et q, on rencontre aussi les notations abusives suivantes : $\boxed{\sum_{p=1}^{m}\sum_{q=1}^{n} a_pb_q = \sum_{p}\sum_{q} a_pb_q = \sum_{p,q} a_pb_q}$.

Ces abus de notation sont pratiques quand tous les indices varient de 1 à m, par exemple, car il n'y a pas de confusion possible.

b) Il faut éviter l'erreur suivante : $\left(\sum_{p=1}^{m} a_p\right)\left(\sum_{p=1}^{m} b_p\right) = \sum_{p=1}^{m}\left(a_p\sum_{p=1}^{m} b_p\right) = \sum_{p=1}^{m}\sum_{p=1}^{m} a_pb_p = \ldots$ En effet les indices utilisés étant les mêmes, on ne multiplie que les termes de même indice : on oublie donc dans le produit tous les autres termes. Il convient donc de choisir des indices distincts dans les sommes. On écrira donc :

$$\left(\sum_{p=1}^{m} a_p\right)\left(\sum_{q=1}^{m} b_q\right) = \sum_{p=1}^{m}\left(a_p\sum_{q=1}^{m} b_q\right) = \sum_{p=1}^{m}\sum_{q=1}^{m}(a_pb_q) = \sum_{p,q} a_pb_q.$$

c) En prenant $b_p = a_p$, et en utilisant la question b) il vient :

$$\left(\sum_{p=1}^{m} a_p\right)^2 = \left(\sum_{p=1}^{m} a_p\right)\left(\sum_{q=1}^{m} a_q\right) = \sum_{p=1}^{m}\left(a_p\sum_{q=1}^{m} a_q\right) = \sum_{p=1}^{m}\sum_{q=1}^{m}(a_pa_q) = \sum_{p,q} a_pa_q.$$

2.a) Pour un couple (p,q) donné, dans la somme précédente, il y a trois possibilités : $p = q$, $p < q$ ou $q < p$. Il en résulte immédiatement que :

$$\left(\sum_{p=1}^{m} a_p\right)^2 = \sum_{p=1}^{m} a_p{}^2 + \sum_{1\le p<q\le m} a_p a_q + \sum_{\boxed{1\le q<p\le m}} a_p a_q .$$

b) En remarquant que les indices de la dernière somme sont des variables muettes et peuvent donc être permutés, on obtient : $\displaystyle\sum_{1\le q<p\le m} a_p a_q = \sum_{1\le p<q\le m} a_q a_p$.

De plus la multiplication est commutative, donc $a_q a_p = a_p a_q$, il s'ensuit que :

$\displaystyle\sum_{1\le q<p\le m} a_p a_q = \sum_{1\le p<q\le m} a_p a_q$. Par suite : $\displaystyle\left(\sum_{p=1}^{m} a_p\right)^2 = \sum_{p=1}^{m}\left(a_p{}^2\right) + 2\sum_{\boxed{1\le p<q\le m}}\left(a_p a_q\right)$.

S'il n'y a pas de confusion à craindre, on rencontrera l'écriture abusive (mais plus simple) :

$$\left(\sum_{p=1}^{m} a_p\right)^2 = \sum_{p} a_p{}^2 + 2\sum_{p<q} a_p a_q .$$

3. Transformation de produits — Toute école

On suppose que n et p sont deux entiers naturels, tels que : $p \le n$. Écrire les produits suivants à l'aide de $\prod$:

a) $2\times 4\times 6\times 8\times\ldots\times(2n-2)\times 2n$.

b) $1\times 3\times 5\times\ldots\times(2n-1)\times(2n+1)$.

c) $\sin(x)\sin(2x)\sin(3x)\ldots\sin(nx)$.

d) $(X-1)(X-2)(X-3)\ldots(X-n)$.

e) $a_p a_{p+1}\ldots a_{n-1}a_n$.

f) $(X-a_1)^{\alpha_1}(X-a_2)^{\alpha_2}(X-a_3)^{\alpha_3}\ldots(X-a_n)^{\alpha_n}$.

Conseils méthodologiques : on rappelle que : $\displaystyle\prod_{k=p}^{n} a_k = a_p a_{p+1}\cdots a_{n-1}a_n$.

Étudier la différence de 2 indices successifs.

a) $\displaystyle 2\times 4\times 6\times 8\times\ldots\times(2n-2)\times 2n = \prod_{1}^{n} 2k$.

b) $\displaystyle 1\times 3\times 5\times\ldots\times(2n-1)\times(2n+1) = \prod_{0}^{n}(2k+1)$.

c) $\displaystyle \sin(x)\sin(2x)\sin(3x)\ldots\sin(nx) = \prod_{1}^{n}\sin(kx)$.

d) $\displaystyle (X-1)(X-2)(X-3)\ldots(X-n) = \prod_{1}^{n}(X-k)$.

e) $\displaystyle a_p a_{p+1}\ldots a_{n-1}a_n = \prod_{k=p}^{n} a_k$.

f) $\displaystyle (X-a_1)^{\alpha_1}(X-a_2)^{\alpha_2}(X-a_3)^{\alpha_3}\ldots(X-a_n)^{\alpha_n} = \prod_{p=1}^{n}(X-a_p)^{\alpha_p}$.

4. Sommes télescopiques — D'après CCP

On appelle somme télescopique toute somme de la forme $\sum_{k=0}^{n}(a_k - a_{k+1})$.

a) Démontrer que : $\sum_{k=0}^{n}(a_k - a_{k+1}) = a_0 - a_{n+1}$.

b) Calculer les sommes télescopiques suivantes :

$$A = \sum_{k=1}^{n}\frac{1}{k(k+1)} = \sum_{k=1}^{n}\left(\frac{1}{k} - \frac{1}{k+1}\right), \qquad B = \sum_{k=0}^{n} q^k(1-q) = \sum_{k=0}^{n}(q^k - q^{k+1}),$$

$$C = \sum_{k=1}^{n}\ln\left(1+\frac{1}{k}\right) = \sum_{k=1}^{n}\left[\ln(k+1) - \ln k\right], \qquad D = \sum_{k=1}^{n}(k.k!) = \sum_{k=1}^{n}\left[(k+1)! - k!\right].$$

Conseils méthodologiques : la somme télescopique est égale au premier terme, a_0, moins le dernier terme, a_{n+1}.
a) Regrouper les termes successifs. **b)** Appliquer a)

a) On peut comprendre le principe en écrivant :

$$\sum_{k=0}^{n}(a_k - a_{k+1}) = (a_0 - a_1) + (a_1 - a_2) + (a_2 - a_3) + \ldots + (a_{n-1} - a_n) + (a_n - a_{n+1}).$$

$$\sum_{k=0}^{n}(a_k - a_{k+1}) = a_0 \underbrace{-a_1 + a_1}_{=0}\underbrace{-a_2 + a_2}_{=0} - \ldots \underbrace{-a_n + a_n}_{=0} - a_{n+1}.$$

On peut aussi donner une démonstration par changement d'indice :

$$\sum_{k=0}^{n}(a_k - a_{k+1}) = \sum_{k=0}^{n} a_k - \sum_{k=1}^{n+1} a_k = a_0 + \sum_{k=1}^{n} a_k - \sum_{k=1}^{n} a_k - a_{n+1} = a_0 - a_{n+1}.$$

En conclusion $\boxed{\sum_{k=0}^{n}(a_k - a_{k+1}) = a_0 - a_{n+1}}$.

b) On obtient alors en appliquant ce résultat :

$A = \sum_{k=1}^{n}\left(\frac{1}{k} - \frac{1}{k+1}\right) = 1 - \frac{1}{n+1}$. Donc $\boxed{A = \sum_{k=1}^{n}\frac{1}{k(k+1)} = \frac{n}{n+1}}$.

$B = \sum_{k=0}^{n} q^k(1-q) = \sum_{k=0}^{n}(q^k - q^{k+1}) = q^{n+1} - q^0$. Donc $\boxed{B = \sum_{k=0}^{n} q^k(1-q) = 1 - q^{n+1}}$.

$C = \sum_{k=1}^{n}\left[\ln(k+1) - \ln k\right] = \ln(n+1) - \ln 1$. Donc $\boxed{C = \sum_{k=1}^{n}\ln\left(1+\frac{1}{k}\right) = \ln(n+1)}$.

$D = \sum_{k=1}^{n}\left[(k+1)! - k!\right] = (n+1)! - 1!$. Donc $\boxed{D = \sum_{k=1}^{n} k.k! = (n+1)! - 1}$.

Remarque :
Pour $q \neq 1$ on retrouve ainsi la somme de $n+1$ termes d'une suite géométrique de raison q :

$$\sum_{k=0}^{n} q^k = \frac{1-q^{n+1}}{1-q}.$$

5. Produits télescopiques — Toute école

On rappelle que : $\prod_p^n a_k = a_p a_{p+1} \cdots a_{n-1} a_n$.

On appelle produit télescopique tout produit de la forme $\prod_0^n \frac{a_k}{a_{k+1}}$.

a) Montrer que : $\prod_0^n \frac{a_k}{a_{k+1}} = \frac{a_0}{a_{n+1}}$ et $\prod_0^n \frac{a_{k+1}}{a_k} = \frac{a_{n+1}}{a_0}$.

b) Calculer : $A = \prod_2^n \left(1 - \frac{1}{k}\right)$ et $B = \prod_2^n \left(1 - \frac{1}{k^2}\right)$.

Conseils méthodologiques : a) Regrouper les termes successifs.

b) Appliquer a) en écrivant $A = \prod_2^n \frac{k-1}{k}$ et $B = \prod_2^n \left(\frac{k-1}{k}\right)\left(\frac{k+1}{k}\right)$.

a) $\prod_0^n \frac{a_k}{a_{k+1}} = \frac{a_0 \boxed{a_1 \ldots a_{n-1} a_n}}{\boxed{a_1 \ldots a_{n-1} a_n} a_{n+1}} = \frac{a_0}{a_{n+1}}$. De même : $\prod_0^n \frac{a_{k+1}}{a_k} = \frac{\boxed{a_1 \ldots a_{n-1} a_n} a_{n+1}}{a_0 \boxed{a_1 \ldots a_{n-1} a_n}} = \frac{a_{n+1}}{a_0}$.

b) $A = \prod_2^n \left(1 - \frac{1}{k}\right) = \prod_2^n \frac{k-1}{k} = \boxed{\frac{1}{n}}$.

De même : $B = \prod_2^n \left(1 - \frac{1}{k^2}\right) = \prod_2^n \left(\frac{k^2-1}{k^2}\right) = \prod_2^n \left(\frac{k-1}{k}\right)\left(\frac{k+1}{k}\right)$.

Donc : $B = \prod_2^n \left(\frac{k-1}{k}\right) \prod_2^n \left(\frac{k+1}{k}\right) = \frac{1}{n} \times \frac{n+1}{2} = \boxed{\frac{n+1}{2n}}$.

6. Un raisonnement par récurrence — Toute école

Montrer que pour tout entier naturel $n \geq 1$: $\exists k \in \mathbb{N}$, $\exists q \in \mathbb{N}$, $n = 2^k(2q+1)$.

Conseils méthodologiques : utiliser une récurrence au sens fort.

Montrons par récurrence la propriété $\mathcal{P}$ définie pour tout entier $n \geq 1$ par :

$\mathcal{P}(n) \Leftrightarrow \exists k \in \mathbb{N}$, $\exists q \in \mathbb{N}$ $n = 2^k(2q+1)$.

La propriété est vraie au rang 1, en effet $1 = 2^0(2 \times 0 + 1)$.

Soit $n \geq 1$. Supposons que pour tout $p \in [\![1, n]\!]$, $\mathcal{P}(p)$, c'est-à-dire que la propriété est vraie jusqu'au rang n.
On sait que si m est entier naturel pair, il existe $p \in \mathbb{N}$ tel que : $m = 2p$;
si m est entier naturel impair, il existe $p \in \mathbb{N}$ tel que : $m = 2p+1$.
1er *cas* : Si $n+1$ est impair, il existe $q \in \mathbb{N}$ tel que :
$n+1 = 2q+1 = 2^0(2q+1)$. D'où $\mathcal{P}(n+1)$.
2e *cas* : Si $n+1$ est entier naturel pair, il existe $p \in \mathbb{N}$ tel que : $n+1 = 2p$;
or $p \in [\![1, n]\!]$ donc d'après l'hypothèse de récurrence :
$\exists k \in \mathbb{N}, \exists q \in \mathbb{N}$ tels que : $p = 2^k(2q+1)$.
Donc $n+1 = 2p = 2^{k+1}(2q+1)$. D'où $\mathcal{P}(n+1)$.
Dans tous les cas, on a $\mathcal{P}(n+1)$.
D'après le principe de récurrence :
Pour tout entier $n \geq 1$: $\exists k \in \mathbb{N}, \exists q \in \mathbb{N}$: $n = 2^k(2q+1)$.

7. Calcul de $\sum_{0 \leq 2k \leq n} \binom{n}{2k}$ et $\sum_{0 \leq 2k+1 \leq n} \binom{n}{2k+1}$ — D'après CCP

Soit n un entier naturel non nul. Calculer $P_n = \sum_{0 \leq 2k \leq n} \binom{n}{2k}$ et $I_n = \sum_{0 \leq 2k+1 \leq n} \binom{n}{2k+1}$.

Conseils méthodologiques : utiliser les développements de $(1+1)^n$ et $(1-1)^n$ obtenus à l'aide de la formule du binôme de Newton. Prendre un cas particulier, $n = 4$ par exemple, pour comprendre la méthode.

La formule du binôme de Newton donne $(1+1)^n = \sum_{0 \leq p \leq n} \binom{n}{p}$. En remarquant qu'un entier pair est de la forme $2k$ et qu'un impair est de la forme $2k+1$, on obtient : $\sum_{0 \leq p \leq n} \binom{n}{p} = \sum_{0 \leq 2k \leq n} \binom{n}{2k} + \sum_{0 \leq 2k+1 \leq n} \binom{n}{2k+1} = P_n + I_n$. Par suite $2^n = P_n + I_n$.

De même $(1-1)^n = \sum_{0 \leq p \leq n} (-1)^p \binom{n}{p}$. En remarquant que $(-1)^{2k} = 1$ et $(-1)^{2k+1} = -1$, on obtient :

$\sum_{0 \leq p \leq n} (-1)^p \binom{n}{p} = \sum_{0 \leq 2k \leq n} \binom{n}{2k} - \sum_{0 \leq 2k+1 \leq n} \binom{n}{2k+1} = P_n - I_n$. Enfin $(1-1)^n = 0$ car $n \in \mathbb{N}^*$, par suite $0 = P_n - I_n$. Il en résulte que $\boxed{P_n = I_n = 2^{n-1}}$.

8. Binôme de Newton — D'après CCP

a) Prouver que, pour tout entier naturel p, on a : $1+(-1)^p = \begin{cases} 2 & \text{si } p \text{ est pair} \\ 0 & \text{si } p \text{ est impair.} \end{cases}$

b) Soit $(a,\, b) \in \mathbb{C}^2$. On pose $A_n = (a-b)^{2n} + (a+b)^{2n}$.

Développer A_n, puis vérifier l'égalité : $A_n = 2\sum_{p=0}^{n} \binom{2n}{2p} a^{2n-2p} b^{2p}$.

c) Application : Prouver que $s_n = \left(1-\sqrt{2}\right)^{2n} + \left(1+\sqrt{2}\right)^{2n}$ est un entier naturel pair.

Conseils méthodologiques : **b)** Utiliser la formule du binôme de Newton. Regrouper en utilisant a). Pour bien comprendre il peut être utile de commencer par un cas particulier simple, $n = 3$ par exemple.
c) Prendre $a = 1$ et $b = \sqrt{2}$.

a) $(-1)^p = \begin{cases} 1 & \text{si } p \text{ est pair} \\ -1 & \text{si } p \text{ est impair} \end{cases}$. D'où $1+(-1)^p = \begin{cases} 2 & \text{si } p \text{ est pair} \\ 0 & \text{si } p \text{ est impair} \end{cases}$

b) La formule du binôme de Newton s'écrit, en utilisant le symbole $\sum$:

$$(a+b)^n = \sum_{p=0}^{n} \binom{n}{p} a^{n-p} b^p = \sum_{k=0}^{n} \binom{n}{k} a^k b^{n-k}.$$

Cas particulier $n = 3$. En écrivant les développements en extension :
La sixième ligne du triangle de Pascal est 1 6 15 20 15 6 1, donc :

$$(a+b)^6 = a^6 + 6a^5b + 15a^4b^2 + 20a^3b^3 + 15a^2b^4 + 6ab^5 + b^6 \ ;$$

$$(a-b)^6 = a^6 - 6a^5b + 15a^4b^2 - 20a^3b^3 + 15a^2b^4 - 6ab^5 + b^6 .$$

Dans la somme les termes où b a un exposant impair se simplifient et les autres se doublent :

$$A_6 = (a-b)^6 + (a+b)^6 = 2\left(a^6 + 15a^4b^2 + 15a^2b^4 + b^6\right).$$

Enfin on a : $\sum_{p=0}^{3} \binom{6}{2p} a^{6-2p} b^{2p} = \binom{6}{0} a^6 + \binom{6}{2} a^{6-2} b^2 + \binom{6}{4} a^{6-4} b^4 + \binom{6}{6} b^6$,

$\sum_{p=0}^{3} \binom{6}{2p} a^{6-2p} b^{2p} = a^6 + 15a^4b^2 + 15a^2b^4 + b^6$. Donc : $A_6 = 2\sum_{p=0}^{3} \binom{6}{2p} a^{6-2p} b^{2p}$.

Cas général. En écrivant les développements à l'aide de $\sum$:

$$A_{2n} = (a-b)^{2n} + (a+b)^{2n} = \sum_{k=0}^{2n} \binom{2n}{k} a^{2n-k} (-b)^k + \sum_{k=0}^{2n} \binom{2n}{k} a^{2n-k} b^k$$

Donc $A_n = \sum_{k=0}^{2n} \binom{2n}{k} (-1)^k a^{2n-k} b^k + \sum_{k=0}^{2n} \binom{2n}{k} a^{2n-k} b^k = \sum_{k=0}^{2n} \binom{2n}{k} \left[(-1)^k + 1\right] a^{2n-k} b^k.$

Dans la somme, les termes où b a un exposant impair se simplifient et les autres se doublent car d'après a) si k est impair $(-1)^k+1=0$. Par conséquent, dans la somme, ne restent que les termes correspondant à k pair ($k=2p$). De plus : $0\le 2p\le 2n \Leftrightarrow 0\le p\le n$.

Donc $A_n=\sum_{p=0}^{n}\binom{2n}{2p}\left[(-1)^{2p}+1\right]a^{2n-2p}b^{2p}==2\sum_{p=0}^{n}\binom{2n}{2p}a^{2n-2p}b^{2p}$

c) En prenant $a=1$ et $b=\sqrt{2}$ on obtient alors : $s_n=\left(1-\sqrt{2}\right)^{2n}+\left(1+\sqrt{2}\right)^{2n}=2\sum_{p=0}^{n}\binom{2n}{2p}2^p$. Or $\binom{2n}{2p}$ et 2^p sont des entiers pour tout $p\in[\![0,n]\!]$. Donc s_n est un entier naturel pair.

Pour $n=3$, on vérifie que : $s_3=2\sum_{p=0}^{3}\binom{6}{2p}2^p=2(1+15\times 2+15\times 4+8)=198$.

9. Développements — Toute école

Simplifier les expressions suivantes :

a) $S_1=\sum_{p=0}^{n}\binom{n}{p}$, **b)** Pour $n\ge 1$, $S_2=\sum_{p=0}^{n}(-1)^p\binom{n}{p}$, **c)** $S_3=\sum_{p=0}^{n}\binom{n}{p}x^p$.

Conseils méthodologiques : choisir des valeurs particulières pour a et b.

a) Pour $a=b=1$ on obtient dans la formule du binôme : $S_1=\sum_{p=0}^{n}\binom{n}{p}=\sum_{p=0}^{n}\binom{n}{p}\times 1^{n-p}\times 1^p=(1+1)^n=2^n$.

b) De même pour $a=1$ et $b=-1$: $S_2=\sum_{p=0}^{n}(-1)^p\binom{n}{p}=\sum_{p=0}^{n}\binom{n}{p}\times 1^{n-p}\times(-1)^p=(1-1)^n=0$ pour $n\ge 1$.

c) De même pour $a=1$ et $b=x$: $S_3=\sum_{p=0}^{n}\binom{n}{p}x^p=\sum_{p=0}^{n}\binom{n}{p}\times 1^{n-p}\times x^p=(1+x)^n$.

Pour approfondir

10. Modification de l'ordre dans une somme — Toute école

Compléter l'égalité suivante : $\sum_{p=0}^{m}\sum_{q=0}^{p}a_{p,q}=\sum_{q=0}^{\square}\sum_{p=\square}^{\square}a_{p,q}$.

Conseils méthodologiques : représenter les termes à additionner sur un dessin.

Pour chaque terme $a_{p,q}$, on peut porter (p,q) dans le plan rapporté à un repère orthonormé avec l'indice p en abscisse et q en ordonnée. On obtient alors une sommation sur les couples d'entiers contenus dans le triangle représenté sur la figure 11.

On en déduit que q varie de 0 à m, et, pour q fixé, que p varie de q à m. Il en résulte l'égalité suivante : $\boxed{\sum_{p=0}^{m}\sum_{q=0}^{p} a_{p,q} = \sum_{q=0}^{m}\sum_{p=q}^{m} a_{p,q}}$.

Remarque : chaque fois que l'index de la seconde somme varie dans un intervalle qui dépend, comme ici, de l'index du premier sigma, il est important de bien visualiser l'ensemble des couples (p,q) qui servent à l'indexation de la somme avant de permuter l'ordre dans la somme.

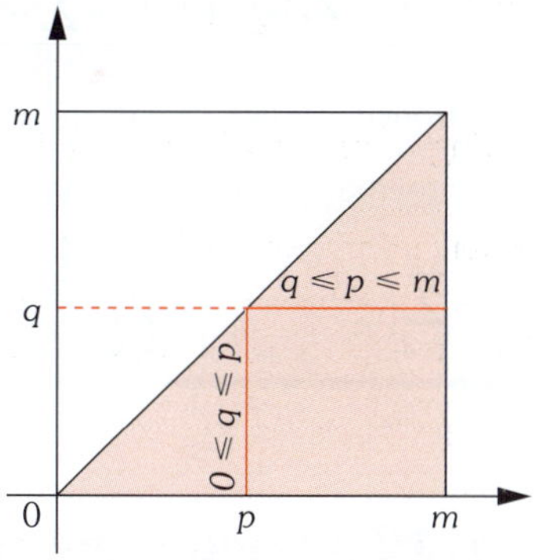

Figure 11

11. Sommes télescopiques — D'après CCP

Soit n un entier naturel non nul. Soit $(a_k)_{k\in[\![1,n]\!]}$ une famille de n nombres complexes non nuls $(n \geq 3)$. Simplifier les sommes suivantes :

a) $T_n = \sum_{k=2}^{n-1}(2a_{k+1} - 3a_k + a_{k-1})$,

b) $U_n = \sum_{k=2}^{n-1}\left(\frac{1}{a_{k-1}} - 2\frac{1}{a_k} + \frac{1}{a_{k+1}}\right)$.

Conseils méthodologiques : écrire $2a_{k+1} - 3a_k + a_{k-1} = 2(a_{k+1} - a_k) - (a_k - a_{k-1})$ et $\frac{1}{a_{k-1}} - 2\frac{1}{a_k} + \frac{1}{a_{k+1}} = \left(\frac{1}{a_{k-1}} - \frac{1}{a_k}\right) + \left(\frac{1}{a_{k+1}} - \frac{1}{a_k}\right)$.

a) On peut transformer l'expression de T_n en écrivant :

$$T_n = \sum_{k=2}^{n-1}(2a_{k+1} - 3a_k + a_{k-1}) = 2\sum_{k=2}^{n-1}(a_{k+1} - a_k) - \sum_{k=2}^{n-1}(a_k - a_{k-1}).$$

On sait qu'une somme télescopique est égale à son premier terme moins le dernier, c'est-à-dire : $\sum_{k=1}^{n-1}(a_k - a_{k+1}) = a_1 - a_n$.

Il en résulte, en adaptant les signes et les indices, que :

$$\sum_{k=2}^{n-1}(a_{k+1} - a_k) = a_n - a_2 \quad \text{et} \quad \sum_{k=2}^{n-1}(a_k - a_{k-1}) = a_{n-1} - a_1.$$

Par conséquent. $\boxed{T_n = 2a_n - a_{n-1} - 2a_2 + a_1}$.

On peut aussi procéder par changement d'indice :

$$T_n = \sum_{k=2}^{n-1}\left(2a_{k+1} - 3a_k + a_{k-1}\right) = 2\sum_{k=3}^{n} a_k - 3\sum_{k=2}^{n-1} a_k + \sum_{k=1}^{n-2} a_k$$
$$= 2\left(a_n - a_{n-1}\right) + 2\sum_{k=3}^{n-2} a_k - 3\left(a_2 + a_{n-1}\right) - 3\sum_{k=3}^{n-2} a_k + \left(a_1 + a_2\right) + \sum_{k=3}^{n-2} a_k$$

on retrouve, après simplification des sommes : $T_n = 2a_n - a_{n-1} - 2a_2 + a_1$.

b) De même, on peut transformer l'expression de U_n en écrivant :

$$U_n = \sum_{k=2}^{n-1}\left(\frac{1}{a_{k-1}} - \frac{1}{a_k}\right) - \sum_{k=2}^{n-1}\left(\frac{1}{a_k} - \frac{1}{a_{k+1}}\right) = \left(\frac{1}{a_1} - \frac{1}{a_{n-1}}\right) - \left(\frac{1}{a_2} - \frac{1}{a_n}\right).$$ Finalement : $\boxed{U_n = \frac{1}{a_1} - \frac{1}{a_2} - \frac{1}{a_{n-1}} + \frac{1}{a_n}}$.

12. Trigonométrie et somme télescopique — D'après CCP

a) Exprimer, pour tout x réel, $\sin(3x)$ en fonction de $\sin x$, et en déduire, pour tout k entier naturel, $\sin\left(\frac{x}{3^k}\right)$ en fonction de $\sin\left(\frac{x}{3^{k+1}}\right)$.

b) Montrer que, pour tout n entier naturel non nul, et pour tout x réel :

$$\sum_{k=0}^{n} 3^k \sin^3\left(\frac{x}{3^{k+1}}\right) = \frac{3^{n+1}}{4}\sin\left(\frac{x}{3^{n+1}}\right) - \frac{1}{4}\sin x.$$

Conseils méthodologiques : a) Utiliser les formules de Moivre et d'Euler. **b)** Faire apparaître une somme télescopique.

a) Les formules de Moivre et d'Euler donnent successivement :

$$e^{3ix} = \left(e^{ix}\right)^3 = \left(\cos x + i\sin x\right)^3 = \cos^3 x + 3i\cos^2 x\sin x - 3\cos x\sin^2 x - i\sin^3 x,$$

puis : $\sin(3x) = \operatorname{Im}\left(e^{3ix}\right) = 3\cos^2 x\sin x - \sin^3 x = 3\left(1 - \sin^2 x\right)\sin x - \sin^3 x$,

c'est-à-dire $\boxed{\sin(3x) = 3\sin x - 4\sin^3 x}$.

On en déduit immédiatement : $\boxed{\sin\left(\frac{x}{3^k}\right) = 3\sin\left(\frac{x}{3^{k+1}}\right) - 4\sin^3\left(\frac{x}{3^{k+1}}\right)}$.

b) Soit n un entier naturel non nul, et x un réel. D'après la question a) on peut écrire :

$3^k\sin^3\left(\frac{x}{3^{k+1}}\right) = \frac{3^{k+1}}{4}\sin\left(\frac{x}{3^{k+1}}\right) - \frac{3^k}{4}\sin\left(\frac{x}{3^k}\right)$; en posant : $a_k = \frac{3^k}{4}\sin\left(\frac{x}{3^k}\right)$, pour $0 \le k \le n$, cela donne ensuite :

$$\sum_{k=0}^{n} 3^k\sin^3\left(\frac{x}{3^{k+1}}\right) = \sum_{k=0}^{n}\left(a_{k+1} - a_k\right) = a_{n+1} - a_0.$$

En conclusion : $\boxed{\sum_{k=0}^{n} 3^k\sin^3\left(\frac{x}{3^{k+1}}\right) = \frac{3^{n+1}}{4}\sin\left(\frac{x}{3^{n+1}}\right) - \frac{1}{4}\sin x}$.

CHAPITRE 2

Nombres complexes et trigonométrie

Le cours en questions

1 ■ Exponentielle complexe

1.1 Quelles sont les propriétés de l'exponentielle complexe ?

Pour tout réel θ, on note : $e^{i\theta} = \cos\theta + i\sin\theta$,

et on définit l'exponentielle d'un nombre complexe $z = x + iy$ par :

$$e^z = e^x e^{iy} = e^x(\cos y + i\sin y).$$

Si z est un nombre complexe non nul de module r et d'argument θ on peut alors écrire :

$$z = re^{i\theta} = r(\cos\theta + i\sin\theta) \text{ et } \bar{z} = re^{-i\theta} = r(\cos\theta - i\sin\theta).$$

L'intérêt de cette notation provient des propriétés suivantes :

$$\forall(a, b) \in \mathbb{R}^2, e^{a+ib} = e^a e^{ib} \text{ et } e^{ia}e^{ib} = e^{i(a+b)}, \forall(z, z') \in \mathbb{C}^2, e^z e^{z'} = e^{z+z'}.$$

En particulier $\forall(a,b) \in \mathbb{R}^2$, $|e^{a+ib}| = e^a$, c'est-à-dire : $|e^z| = e^{\text{Re}(z)}$.

1.2 Quelles sont les propriétés usuelles du module et de l'argument ?

- **Propriétés du module :**

$|z| = \sqrt{x^2 + y^2}$, $z\bar{z} = |z|^2$, $|z| = 0 \Leftrightarrow z = 0$, $|\bar{z}| = |z|$,

$|z| \geq |\text{Re}(z)|$, $|z| \geq |\text{Im}(z)|$, $|z| \leq |\text{Re}(z)| + |\text{Im}(z)|$,

Distance : $AB = |b-a|$.

Le cas d'égalité dans l'inégalité triangulaire est réalisé si et seulement s'il existe $r \geq 0$, $r' \geq 0$, et $\theta \in \mathbb{R}$ tels que $z = r\,e^{i\theta}$ et $z' = r'\,e^{i\theta}$.

Par définition : $\theta_1 \equiv \theta_2 \left[2\pi\right] \Leftrightarrow \exists k \in \mathbb{Z}, \theta_1 = \theta_2 + 2k\pi$.
Si z et z' sont des nombres complexes non nuls :
$\arg(zz') \equiv \arg(z) + \arg(z') \ [2\pi]$,
$\forall n \in \mathbb{Z},\ \arg(z^n) \equiv n\arg(z) \ [2\pi]$,
$\arg\frac{1}{z} \equiv -\arg(z) \ [2\pi]$,
$\arg\frac{z}{z'} \equiv \arg(z) - \arg(z') \ [2\pi]$,
$\arg(\bar{z}) \equiv -\arg(z) \ [2\pi]$.

Pour $z \in \mathbb{C}^*$, on note généralement $\operatorname{Arg}(z)$ la détermination principale de l'argument de z, c'est-à-dire celle qui appartient à $]-\pi, \pi]$. Par exemple : $\operatorname{Arg}(-i) = -\frac{\pi}{2}$.

$i\mathbb{R} = \{iy \mid y \in \mathbb{R}\}$ est l'ensemble des imaginaires purs.

Si M est distinct de A et B, cette condition traduit la condition d'alignement : $\arg\frac{z-a}{b-a} \equiv 0 \ [\pi]$.

La démonstration de la formule du binôme de Newton est basée sur des propriétés de l'addition et de la multiplication qui sont encore vraies pour les nombres complexes (en particulier le fait que $ab = ba$).

On l'établit par récurrence pour $n \in \mathbb{N}$, puis on utilise $(e^{i\theta})^{-1} = e^{-i\theta}$ pour $n \in \mathbb{Z}^*_-$.

$$|zz'| = |z||z'|,\quad \frac{1}{z} = \frac{\bar{z}}{|z|^2},\quad \forall n \in \mathbb{Z},\ |z^n| = |z|^n,\ \left|\frac{z}{z'}\right| = \frac{|z|}{|z'|}.$$

Inégalité triangulaire :

$$|z+z'| \leq |z| + |z'| \quad \text{et} \quad \big|\,|z| - |z'|\,\big| \leq |z-z'|.$$

- Propriétés de l'argument

Angle et argument : Si A, B et C sont des points deux à deux distincts d'affixes respectives a, b et c, on a l'égalité : $\arg\frac{c-a}{b-a} \equiv \theta \ [2\pi]$ où θ désigne une (détermination de la) mesure de l'angle $(\overrightarrow{AB}, \overrightarrow{AC})$.

- Égalité de deux nombres complexes écrits sous forme trigonométrique

$$r_1 e^{i\theta_1} = r_2 e^{i\theta_2} \Leftrightarrow \begin{cases} r_1 = r_2 \\ \theta_1 \equiv \theta_2 \ [2\pi] \end{cases}.$$

1.3 Comment caractériser les réels ? Les imaginaires purs ?

On caractérise les réels et les imaginaires purs à l'aide de leur conjugué :

$$z = \bar{z} \Leftrightarrow z \in \mathbb{R} \qquad z + \bar{z} = 0 \Leftrightarrow z \in i\mathbb{R}.$$

1.4 Citer une CNS d'alignement de 3 points.

Soit A, B deux points distincts d'affixes respectives a, b, et M un point d'affixe z. Les points A, B et M sont alignés si et seulement si :

$$\frac{z-a}{b-a} \in \mathbb{R} \quad \text{c'est-à-dire :} \quad \frac{z-a}{b-a} = \frac{\bar{z}-\bar{a}}{\bar{b}-\bar{a}}.$$

S'il n'est pas certain que A, B soient distincts, on obtient une CNS d'alignement en écrivant :

$$(z-a)(\bar{b}-\bar{a}) = (\bar{z}-\bar{a})(b-a).$$

1.5 La formule du binôme est-elle vraie dans $\mathbb{C}$?

Oui, donc si a et b sont deux nombres complexes, on peut affirmer que :

$$\forall n \in \mathbb{N},\quad (a+b)^n = \sum_{k=0}^{n} \binom{n}{k} a^k b^{n-k} = \sum_{k=0}^{n} \binom{n}{k} a^{n-k} b^k.$$

1.6 Citer les formules de Moivre et d'Euler. Applications ?

La formule de Moivre affirme que pour tout réel θ :

$$\forall n \in \mathbb{Z},\quad (\cos\theta + i\sin\theta)^n = \cos n\theta + i\sin n\theta.$$

Cette formule peut se retenir sous la forme :

$$\forall n \in \mathbb{Z}, \ \left(e^{i\theta}\right)^n = e^{in\theta}.$$

Les formules d'Euler se déduisent de la définition de l'exponentielle complexe :

$$\cos\theta = \frac{e^{i\theta}+e^{-i\theta}}{2} \qquad \sin\theta = \frac{e^{i\theta}-e^{-i\theta}}{2i}.$$

On peut s'en servir pour prouver que :

$$1+e^{i\theta} = 2e^{i\frac{\theta}{2}}\cos\frac{\theta}{2} \ \text{ et } \ 1-e^{i\theta} = -2ie^{i\frac{\theta}{2}}\sin\frac{\theta}{2}.$$

On peut aussi appliquer ces formules pour linéariser certaines expressions trigonométriques. Par exemple :

$$\cos^3\theta = \left(\frac{e^{i\theta}+e^{-i\theta}}{2}\right)^3 = \frac{e^{3i\theta}+3e^{i\theta}+3e^{-i\theta}+e^{-3i\theta}}{8} = \frac{1}{4}\left(\cos 3\theta + 3\cos\theta\right).$$

1.7 Citer une propriété usuelle des angles inscrits dans un cercle.

Dans un cercle $\mathscr{C}$, on appelle angle inscrit tout angle de la forme $\left(\overrightarrow{MA},\overrightarrow{MB}\right)$ où A, B, M désignent trois points distincts de $\mathscr{C}$ (*cf.* Fig. 1). Dans ce cas, si α est une mesure de l'angle $\left(\overrightarrow{MA},\overrightarrow{MB}\right)$ et si A et B ont pour affixes respectives a et b, l'ensemble des points N d'affixe z tels que $\arg\left(\frac{z-b}{z-a}\right) = \alpha \bmod[\pi]$ est le cercle $\mathscr{C}$ privé des points A et B.

En particulier, dans le cercle $\mathscr{C}$, deux angles inscrits $\left(\overrightarrow{MA},\overrightarrow{MB}\right)$ et $\left(\overrightarrow{NA},\overrightarrow{NB}\right)$ qui interceptent le même arc $\overset{\frown}{AB}$ sont égaux modulo 2π (*cf.* Fig. 1).

2 ■ Équations

2.1 Donner la forme canonique du trinôme az^2+bz+c.

Soit a, b et c trois nombres complexes, avec $a \neq 0$. La forme canonique de ce trinôme est :

$$az^2+bz+c = a\left[\left(z+\frac{b}{2a}\right)^2 - \frac{\Delta}{4a^2}\right] \quad \text{avec } \Delta = b^2-4ac \in \mathbb{C}.$$

Si le nombre complexe δ vérifie $\delta^2 = \Delta = b^2-4ac$, les racines de ce trinôme sont :

$$z_1 = \frac{-b+\delta}{2a} \qquad \text{et} \qquad z_2 = \frac{-b-\delta}{2a}.$$

Erreur à éviter :

Attention : l'égalité $\left(e^{i\theta}\right)^n = e^{in\theta}$ n'a pas sens en général si $n \notin \mathbb{Z}$.

$\left(e^{i\pi}\right)^{\frac{1}{2}} = (-1)^{\frac{1}{2}}$ n'a pas de sens sans convention particulière.

En effet, en factorisant $e^{i\frac{\theta}{2}}$ dans ces expressions, on a :

$$1+e^{i\theta} = e^{i\frac{\theta}{2}}\left(e^{i\frac{\theta}{2}}+e^{-i\frac{\theta}{2}}\right) = 2e^{i\frac{\theta}{2}}\cos\frac{\theta}{2}$$

et :

$$1-e^{i\theta} = e^{i\frac{\theta}{2}}\left(e^{-i\frac{\theta}{2}}-e^{i\frac{\theta}{2}}\right) = -2ie^{i\frac{\theta}{2}}\sin\frac{\theta}{2}.$$

On a utilisé la formule du binôme de Newton :

$(a+b)^3 = a^3+3a^2b+3ab^2+b^3$.

En d'autres termes, si M et N sont du même côté par rapport à la droite (AB), l'angle $\left(\overrightarrow{NA},\overrightarrow{NB}\right)$ est égal à α modulo 2π ; si revanche, si M et N ne sont pas du même côté par rapport à la droite (AB), l'angle $\left(\overrightarrow{NA},\overrightarrow{NB}\right)$ est égal à $\alpha+\pi$ modulo 2π.

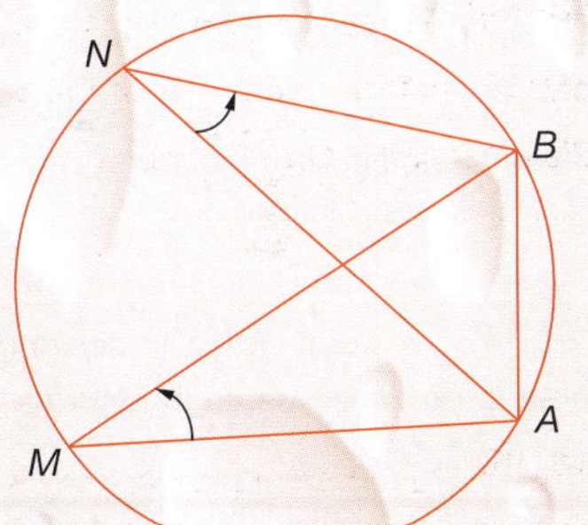

Figure 1

z_1 et z_2 sont les racines de az^2+bz+c si et seulement si $\begin{cases} z_1+z_2 = -\dfrac{b}{a} \\ z_1z_2 = \dfrac{c}{a}. \end{cases}$

On en déduit la factorisation du trinôme :

$$az^2 + bz + c = a(z - z_1)(z - z_2)\ .$$

2.2 Que représente le nombre complexe j ?

Le nombre complexe j désigne $e^{\frac{2i\pi}{3}} = -\frac{1}{2} + i\frac{\sqrt{3}}{2}$. C'est une racine cubique de l'unité : $j^3 = 1$ (*cf.* Fig. 2). C'est la solution de l'équation $z^2 + z + 1 = 0$ dont la partie imaginaire est positive. Il faut retenir que :

$$z^3 = 1 \Leftrightarrow z \in \{1, j, j^2\}, \quad \bar{j} = j^2, \quad 1 + j + j^2 = 0\ .$$

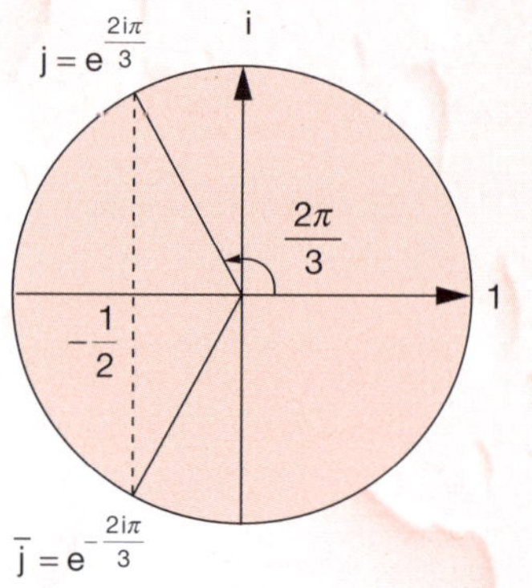

Figure 2

2.3 Quelles sont les solutions de $w^n = 1$?

Si $n \in \mathbb{N}^*$, l'équation $w^n = 1$ admet n solutions $(w_k)_{0 \le k \le n-1}$ données par :

$$w_k = e^{\frac{2ik\pi}{n}} \text{ avec } k \in [\![0, n-1]\!].$$

Il s'agit des n racines n-ièmes de l'unité. Une propriété remarquable est que leur somme est nulle si $n \ge 2$.

Avec les notations précédentes, l'équation $z^n = a^n$ $(a \in \mathbb{C}^*)$ admet n solutions $(z_k)_{0 \le k \le n-1}$ données par : $z_k = a w_k$ avec $k \in [\![0, n-1]\!]$.

Si $n \in \mathbb{N}^*$, $r > 0$ et $\theta \in \mathbb{R}$, l'équation $z^n = r e^{i\theta}$ admet n solutions $(z_k)_{0 \le k \le n-1}$ données par :

$z_k = \sqrt[n]{r}\, e^{i\frac{\theta + 2k\pi}{n}}$.

3 Similitudes directes

Soit $\mathcal{P}$ un plan euclidien rapporté à un repère orthonormal direct $(O, \vec{u}, \vec{v})$.

3.1 Qu'est-ce qu'une similitude directe du plan ?

Une similitude directe du plan euclidien $\mathcal{P}$ est la composée d'une rotation de centre Ω et d'angle θ, et d'une homothétie de centre Ω et de rapport k strictement positif.

Si on désigne respectivement par w, z et z' les affixes des points Ω, M et M', la rotation de centre Ω et d'angle θ est caractérisée par l'équation : $z' - w = e^{i\theta}(z - w)$.

L'homothétie de centre Ω de rapport $k > 0$, quant à elle, est caractérisée par l'équation : $z' - w = k(z - w)$.

Il en résulte que la similitude de centre Ω de rapport k et d'angle θ est caractérisée par l'équation :

$$z' - w = k e^{i\theta}(z - w)\ .$$

Le réel k est le rapport de cette similitude, θ est son angle et Ω est son centre.

Le point $M'(z')$ désigne l'image de $M(z)$ par la transformation considérée.

3.2 Caractériser la transformation associée à $z \mapsto az + b$ $(a \in \mathbb{C}^*)$.

Par définition c'est l'application qui transforme le point $M(z)$ en M' d'affixe $z' = az + b$.

Premier cas : $|a|=1$

Si $a=1$, il s'agit de la translation de vecteur $\vec{V}$ d'affixe b.

Si $a \neq 1$, il s'agit de la rotation de centre Ω d'affixe ω vérifiant $a\omega+b=\omega$ et d'angle $\arg(a)$.

Deuxième cas : $|a| \neq 1$

Il s'agit de la similitude de centre Ω d'affixe ω vérifiant $a\omega+b=\omega$, de rapport $k=|a|$ et d'angle $\theta=\arg(a)$.

La transformation associée à $z \mapsto \bar{z}$ est la symétrie orthogonale par rapport à l'axe Ox.

4 Trigonométrie

4.1 Donner le sinus, cosinus et tangente d'une somme ou d'une différence.

$\cos(a+b)=\cos a\cos b-\sin a\sin b$ $\qquad$ $\cos(a-b)=\cos a\cos b+\sin a\sin b$

$\sin(a+b)=\sin a\cos b+\cos a\sin b$ $\qquad$ $\sin(a-b)=\sin a\cos b-\cos a\sin b$

$\tan(a+b)=\dfrac{\tan a+\tan b}{1-\tan a\tan b}$ $\qquad$ $\tan(a-b)=\dfrac{\tan a-\tan b}{1+\tan a\tan b}$

En particulier :
$\cos 2a=\cos^2 a-\sin^2 a$
$\cos 2a=2\cos^2 a-1$
$\cos 2a=1-2\sin^2 a$
$\sin 2a=2\sin a\cos a.$

4.2 Comment transformer un produit en somme et une somme en produit.

Transformation de produit en somme :

$$\sin a\cos b=\frac{1}{2}\left[\sin(a+b)+\sin(a-b)\right],$$

$$\cos a\cos b=\frac{1}{2}\left[\cos(a+b)+\cos(a-b)\right],$$

$$\sin a\sin b=\frac{1}{2}\left[\cos(a-b)-\cos(a+b)\right].$$

En particulier :

$\cos^2 a=\dfrac{1+\cos 2a}{2},$

$\sin^2 a=\dfrac{1-\cos 2a}{2},$

$1-\cos x=2\sin^2\dfrac{x}{2},$

$1+\cos x=2\cos^2\dfrac{x}{2}.$

Transformation de somme en produit :

$$\sin p+\sin q=2\sin\left(\frac{p+q}{2}\right)\cos\left(\frac{p-q}{2}\right),$$

$$\cos p+\cos q=2\cos\left(\frac{p+q}{2}\right)\cos\left(\frac{p-q}{2}\right).$$

On a aussi pour transformer une différence :

$$\sin p-\sin q=2\sin\left(\frac{p-q}{2}\right)\cos\left(\frac{p+q}{2}\right),$$

$$\cos p-\cos q=-2\sin\left(\frac{p+q}{2}\right)\sin\left(\frac{p-q}{2}\right).$$

Les savoir-faire clefs

Conseils méthodologiques

a) Utiliser la formule de Moivre.

c) $j = e^{\frac{2i\pi}{3}}$. d) Multiplier par la quantité conjuguée du dénominateur.

1 ■ Savoir déterminer la forme algébrique.

Soit $n \in \mathbb{N}$. Donner la forme algébrique des nombres complexes suivants :

a) $z = \left(\cos\frac{\pi}{3} - i\sin\frac{\pi}{3}\right)^{3n}$; **b)** $z = 1 - e^{-i\frac{\pi}{3}}$; **c)** $z = j^5$; **d)** $z = \frac{1-2i}{3-i}$.

$\cos(n\pi + x) = (-1)^n \cos x$, et $\sin(n\pi + x) = (-1)^n \sin x$.

1.a) $z = \left(\cos\frac{\pi}{3} - i\sin\frac{\pi}{3}\right)^{3n} = \left(e^{-i\frac{\pi}{3}}\right)^{3n} = e^{-in\pi} = \cos n\pi - i\sin n\pi = (-1)^n$.

b) $z = 1 - e^{-i\frac{\pi}{3}} = 1 - \cos\frac{\pi}{3} + i\sin\frac{\pi}{3} = \frac{1}{2} + i\frac{\sqrt{3}}{2}$.

c) $z = j^5 = e^{\frac{10i\pi}{3}} = e^{-\frac{2i\pi}{3}} = \bar{j} = -\frac{1}{2} - i\frac{\sqrt{3}}{2}$.

d) $z = \frac{(1-2i)(3+i)}{(3-i)(3+i)} = \frac{1-i}{2}$.

Conseils méthodologiques

La forme trigonométrique est la forme utilisant une exponentielle complexe.

Si $z = x + iy$ alors : $|z| = \sqrt{x^2 + y^2}$, $\cos\theta = \frac{x}{|z|}$, $\sin\theta = \frac{y}{|z|}$.

2 ■ Savoir déterminer la forme trigonométrique.

Donner la forme trigonométrique des nombres complexes suivants :

a) $z = \frac{1}{j^4}$; **b)** $z = (1+j)^4$; **c)** $z = \frac{\left(\sqrt{3} - i\right)^2}{(1-i)^3}$; **d)** $z = \left(1 - i\sqrt{3}\right)^4$.

2.a) $z = \frac{1}{j} = j^2$ car $j^3 = 1$. D'où : $z = e^{\frac{4i\pi}{3}}$ car $j = e^{\frac{2i\pi}{3}}$.

b) $z = (1+j)^4 = (-j^2)^4$ car $1 + j + j^2 = 0$.

D'où : $z = j^8 = j^2$ car $j^3 = 1$. Or : $j = e^{\frac{2i\pi}{3}}$. Donc : $z = e^{\frac{4i\pi}{3}}$.

c) $\sqrt{3} - i = 2e^{-\frac{i\pi}{6}}$ et $1 - i = \sqrt{2}\,e^{-\frac{i\pi}{4}}$.

Donc : $z = \frac{\left(\sqrt{3} - i\right)^2}{(1-i)^3} = \frac{4e^{-\frac{i\pi}{3}}}{2\sqrt{2}e^{-\frac{3i\pi}{4}}} = \sqrt{2}e^{-\frac{i\pi}{3} + \frac{3i\pi}{4}} = \sqrt{2}\,e^{\frac{5i\pi}{12}}$.

d) $1 - i\sqrt{3} = 2e^{-\frac{i\pi}{3}}$. Donc : $z = \left(2e^{-\frac{i\pi}{3}}\right)^4 = 16e^{-\frac{4i\pi}{3}}$.

3 ■ Savoir interpréter géométriquement.

On considère deux points distincts A, B d'affixes respectives a et b. Quelle est, dans chacun des cas suivants, la nature géométrique de l'ensemble Γ des points M d'affixe z vérifiant :

a) $|z-a|=|b-a|$; **b)** $\left|\dfrac{z-a}{z-b}\right|=1$.

Conseils méthodologiques

Utiliser le lien entre distance et module.

3.a) $|z-a|=|b-a| \Leftrightarrow AM=AB$.

Donc l'ensemble Γ est le cercle de centre A de rayon AB, c'est-à-dire **Γ est le cercle de centre A passant par B**.

b) $\left|\dfrac{z-a}{z-b}\right|=1 \Leftrightarrow |z-a|=|z-b|$ et $z\neq b$
$\Leftrightarrow AM=BM$ et $M\neq B$
$\Leftrightarrow AM=BM$ (car B n'est pas solution de $AM=BM$).

Donc l'ensemble **Γ est la médiatrice du segment $[AB]$**.

4 ■ Savoir utiliser la CNS d'alignement.

On considère les points A, M et M' d'affixes respectives 1, z, et iz. Déterminer l'ensemble des points M pour lesquels A, M et M' sont alignés.

Conseils méthodologiques

Retrouver la condition d'alignement du cours en question 1.4.

Si $M=A$, c'est-à-dire si $z=1$, les trois points sont alignés.
Si $M\neq A$, c'est-à-dire si $z\neq 1$, les trois points sont alignés si et seulement si : $\dfrac{iz-1}{z-1}\in\mathbb{R}$. Cela se traduit par $\dfrac{iz-1}{z-1}=\dfrac{-i\bar{z}-1}{\bar{z}-1}$.

Dans tous les cas, la CNS est donc : $(iz-1)(\bar{z}-1)=-(i\bar{z}+1)(z-1)$.

En développant et en écrivant ensuite $z=x+iy$, on obtient successivement :

$2iz\bar{z}+(z-\bar{z})-i(z+\bar{z})=0$ puis $x^2+y^2-x+y=0$, et enfin sous forme réduite : $\left(x-\dfrac{1}{2}\right)^2+\left(y+\dfrac{1}{2}\right)^2=\dfrac{1}{2}$.

L'ensemble des points M est donc :

le cercle de centre Ω d'affixe $\dfrac{1-i}{2}$ et de rayon $\dfrac{1}{\sqrt{2}}$.

$(x-x_0)^2+(y-y_0)^2=R^2$ est l'équation du cercle de centre $\Omega(x_0,y_0)$ et de rayon R.

Conseils méthodologiques

a) Poser $Z=\dfrac{z+i}{z-i}$. b) Poser $Z=z^3$.

5 ■ Savoir résoudre une équation.

Résoudre les équations suivantes :

a) $1-\dfrac{z+i}{z-i}+\left(\dfrac{z+i}{z-i}\right)^2-\left(\dfrac{z+i}{z-i}\right)^3=0$; b) $z^6+7z^3-8=0$.

$Z=1$ est racine de $1-Z+Z^2-Z^3=0$ donc on peut factoriser $(1-Z)$ dans $1-Z+Z^2-Z^3$.

5.a) En posant $Z=\dfrac{z+i}{z-i}$ on se ramène à $1-Z+Z^2-Z^3=0$. Or :

$$1-Z+Z^2-Z^3=(1-Z)(1+Z^2).$$

donc : $1-Z+Z^2-Z^3=0 \Leftrightarrow Z=1$ ou $1+Z^2=0 \Leftrightarrow Z\in\{1, i, -i\}$.

Par conséquent : $1-\dfrac{z+i}{z-i}+\left(\dfrac{z+i}{z-i}\right)^2-\left(\dfrac{z+i}{z-i}\right)^3=0 \Leftrightarrow \dfrac{z+i}{z-i}\in\{1, i, -i\}$.

De plus :

$\dfrac{z+i}{z-i}=1 \Leftrightarrow z+i=z-i$ et $z\neq i \Leftrightarrow 2i=0$, ce qui est absurde donc il n'y a pas de solution dans ce cas. Puis : $\dfrac{z+i}{z-i}=i \Leftrightarrow z+i=i(z-i)$ et $z\neq i \Leftrightarrow z=1$, enfin : $\dfrac{z+i}{z-i}=-i \Leftrightarrow z+i=-i(z-i)$ et $z\neq i \Leftrightarrow z=-1$.

L'ensemble S des solutions de l'équation $1-\dfrac{z+i}{z-i}+\left(\dfrac{z+i}{z-i}\right)^2-\left(\dfrac{z+i}{z-i}\right)^3=0$ est donc : $\boxed{S=\{1, -1\}}$.

Dans le trinôme du second degré ax^2+bx+c la somme et le produit des racines sont donnés par : $x'x''=\dfrac{c}{a}$ et $x'+x''=-\dfrac{b}{a}$.
Si 1 est racine évidente alors l'autre racine est $\dfrac{c}{a}$.

Par définition des racines cubiques de l'unité :
$z^3=1 \Leftrightarrow z\in\{1, j, j^2\}$.

b) Si on pose $Z=z^3$ on a : $z^6+7z^3-8=0 \Leftrightarrow Z^2+7Z-8=0$.

On remarque alors que 1 est racine évidente. L'autre racine est donc -8.
Par conséquent : $Z^2+7Z-8=0 \Leftrightarrow Z=1$ ou $Z=-8$
c'est-à-dire, en remplaçant Z par z^3 :
$z^6+7z^3-8=0 \Leftrightarrow z^3=1$ ou $z^3=-8$.

Enfin : $z^3=-8 \Leftrightarrow \left(\dfrac{z}{-2}\right)^3=1 \Leftrightarrow \dfrac{z}{-2}\in\{1, j, j^2\}$,

c'est-à-dire : $z^3=-8 \Leftrightarrow z\in\{-2, -2j, -2j^2\}$.

En conclusion : $z^6+7z^3-8=0 \Leftrightarrow \boxed{z\in\{1, j, j^2, -2, -2j, -2j^2\}}$.

Conseils méthodologiques

a) Transformer le produit de cosinus en somme.

b) Linéariser $\cos^6 x$ en utilisant les formules d'Euler et du binôme de Newton.

6 ■ Savoir linéariser.

a) Soit p et q deux entiers naturels. Montrer que si $p\neq q$ on a :
$\displaystyle\int_0^{2\pi}\cos(px)\cos(qx)\,dx=0$. Calculer $\displaystyle\int_0^{2\pi}\cos^2(px)dx$.

b) Calculer $I=\displaystyle\int_0^{\frac{\pi}{2}}\cos^6 x\,dx$.

6.a) • $\cos(px)\cos(qx) = \frac{1}{2}\left[\cos(p+q)x + \cos(p-q)x\right]$.

D'où : $\int_0^{2\pi} \cos(px)\cos(qx)\,dx = \frac{1}{2}\left[\int_0^{2\pi} \cos(p+q)x\,dx + \int_0^{2\pi} \cos(p-q)x\,dx\right]$.

En remarquant que : $p+q \neq 0$ et $p-q \neq 0$, on obtient :

$$\int_0^{2\pi} \cos(px)\cos(qx)\,dx = \frac{1}{2}\left[\frac{\sin(p+q)x}{p+q}\right]_0^{2\pi} + \frac{1}{2}\left[\frac{\sin(p-q)x}{p-q}\right]_0^{2\pi}.$$

Donc : $\int_0^{2\pi} \cos(px)\cos(qx)\,dx = 0$.

• $\cos^2(px) = \frac{1+\cos(2px)}{2}$. Donc : $\int_0^{2\pi} \cos^2(px)dx = \int_0^{2\pi} \frac{1+\cos(2px)}{2}dx$.

Si $p=0$: $\int_0^{2\pi} \cos^2(px)dx = \int_0^{2\pi} 1dx = 2\pi$.

Si $p \neq 0$: $\int_0^{2\pi} \cos^2(px)dx = \pi + \left[\frac{\sin(2px)}{4p}\right]_0^{2\pi} = \pi$.

b) On a : $\cos^6 x = \left(\frac{e^{ix}+e^{-ix}}{2}\right)^6$. Le développement de $(a+b)^6$ s'obtient par la formule du binôme de Newton :

$(a+b)^6 = a^6 + 6a^5b + 15a^4b^2 + 20a^3b^3 + 15a^2b^4 + 6ab^5 + b^6$.

Par suite en prenant : $a = e^{ix}$ et $b = e^{-ix}$,

$(e^{ix}+e^{-ix})^6 = e^{6ix} + 6e^{4ix} + 15e^{2ix} + 20 + 15e^{-2ix} + 6e^{-4ix} + e^{-6ix}$.

En regroupant les termes conjugués on obtient :

$(e^{ix}+e^{-ix})^6 = 2\cos 6x + 12\cos 4x + 30\cos 2x + 20$.

Par conséquent : $\cos^6 x = \frac{1}{2^5}\left[\cos 6x + 6\cos 4x + 15\cos 2x + 10\right]$

puis : $\int_0^{\frac{\pi}{2}} \cos^6 x\,dx = \frac{1}{2^5}\left[-\frac{\sin 6x}{6} - \frac{3\sin 4x}{2} - \frac{15\sin 2x}{2} + 10x\right]_0^{\frac{\pi}{2}}$,

donc finalement $\boxed{I = \frac{5\pi}{32}}$.

⚠ Erreur à éviter :

Avant de diviser par un nombre X, il faut toujours vérifier qu'il n'est pas nul ! Ne pas prendre cette précaution est considéré comme une faute importante dans tous les concours.

Le triangle de Pascal donne en effet :

1
1 1
1 2 1
1 3 3 1
1 4 6 4 1
1 5 10 10 5 1
1 6 15 20 15 6 1

7 ■ Savoir utiliser l'exponentielle complexe.

Soit α un réel n'appartenant pas à $2\pi\mathbb{Z}$. On considère la suite $S_n = \sum_{k=0}^{n} e^{ik\alpha}$.

a) Prouver que : $S_n = \frac{1-e^{i(n+1)\alpha}}{1-e^{i\alpha}} = e^{in\frac{\alpha}{2}} \frac{\sin(n+1)\frac{\alpha}{2}}{\sin\frac{\alpha}{2}}$.

b) En déduire : $\sum_{k=0}^{n} \cos k\alpha = \cos n\frac{\alpha}{2} \frac{\sin(n+1)\frac{\alpha}{2}}{\sin\frac{\alpha}{2}}$.

Conseils méthodologiques

a) Utiliser la formule donnant la somme d'une suite géométrique puis $1-e^{i\varphi} = e^{\frac{i\varphi}{2}}\left(-2i\sin\frac{\varphi}{2}\right)$.

b) Prendre la partie réelle dans l'égalité du a).

Cette formule s'obtient en factorisant $e^{\frac{i\varphi}{2}}$ puis en se servant des formules d'Euler (*cf.* Le cours en questions 1.6).

7.a) $S_n=\sum_{k=0}^{n} e^{ik\alpha}=\sum_{k=0}^{n}\left(e^{i\alpha}\right)^k$ avec $e^{i\alpha}\neq 1$ car α est un réel n'appartenant pas à $2\pi\mathbb{Z}$.

Or si $q\neq 1$, la somme des premiers termes d'une suite géométrique donne :

$$1+q+q^2+\ldots+q^n=\frac{1-q^{n+1}}{1-q}\text{, donc : } S_n=\frac{1-e^{i(n+1)\alpha}}{1-e^{i\alpha}}.$$

En utilisant la formule $1-e^{i\varphi}=e^{\frac{i\varphi}{2}}\left(-2i\sin\frac{\varphi}{2}\right)$ au numérateur et au dénominateur il vient :

$$S_n=\frac{e^{i(n+1)\frac{\alpha}{2}}\left(-2i\sin(n+1)\frac{\alpha}{2}\right)}{e^{i\frac{\alpha}{2}}\left(-2i\sin\frac{\alpha}{2}\right)}\text{. En conclusion : } \boxed{S_n=e^{in\frac{\alpha}{2}}\frac{\sin(n+1)\frac{\alpha}{2}}{\sin\frac{\alpha}{2}}}.$$

b) En prenant la partie réelle de $S_n=\sum_{k=0}^{n}e^{ik\alpha}$ on peut écrire :

$\mathrm{Re}(S_n)=\sum_{k=0}^{n}\cos k\alpha$. Puis en remarquant que : $\mathrm{Re}\left(e^{in\frac{\alpha}{2}}\right)=\cos n\frac{\alpha}{2}$ et que $\frac{\sin(n+1)\frac{\alpha}{2}}{\sin\frac{\alpha}{2}}$ est réel, on obtient finalement : $\boxed{\sum_{k=0}^{n}\cos k\alpha=\cos n\frac{\alpha}{2}\frac{\sin(n+1)\frac{\alpha}{2}}{\sin\frac{\alpha}{2}}}$.

Conseils méthodologiques

a) Utiliser la formule : $\cos p+\cos q$.

b) Utiliser a) et raisonner par récurrence.

c) Utiliser la formule de Moivre.

8 ■ Savoir définir les polynômes de Tchebychev.

Soit n un entier naturel et θ un réel.

a) Prouver que $\cos(n+1)\theta+\cos(n-1)\theta=2\cos\theta\cos(n\theta)$.

b) En déduire que, pour tout entier naturel n, il existe un polynôme T_n tel que :

$$\forall\theta\in\mathbb{R},\ T_n(\cos(\theta))=\cos(n\theta).$$

On admet que le polynôme T_n est l'unique polynôme vérifiant cette égalité. T_n est appelé n-ième polynôme de Tchebychev (de première espèce). Exprimer $T_{n+1}(X)$ en fonction de $T_n(X)$ et $T_{n-1}(X)$.

c) En prenant la partie réelle de $e^{in\theta}$ montrer que :

$$T_n(X)=\sum_{0\leq 2k\leq n}\binom{n}{2k}\left(X^2-1\right)^k X^{n-2k}.$$

8.a) On a : $\cos p+\cos q=2\cos\left(\frac{p+q}{2}\right)\cos\left(\frac{p-q}{2}\right)$.

D'où : $\boxed{\cos(n+1)\theta+\cos(n-1)\theta+2\cos\theta\cos(n\theta)}$.

b) Soit $\mathcal{P}$ la propriété définie par :

$\mathcal{P}(n)$ équivaut à : « Il existe un polynôme T_n tel que : $\forall\theta\in\mathbb{R}$, $T_n(\cos(\theta)) = \cos(n\theta)$ ».

Initialisation : On a $\mathcal{P}(0)$ en prenant $T_0(X)=1$. et $\mathcal{P}(1)$ avec $T_1(X)=X$.

Hérédité : Soit $n\geq 1$. Supposons $\mathcal{P}(n)$ et $\mathcal{P}(n-1)$ alors d'après a) :

$$\forall\theta\in\mathbb{R},\ \cos(n+1)\theta = 2\cos\theta\cos(n\theta) - \cos(n-1)\theta.$$

Donc : $\cos(n+1)\theta = 2\cos\theta\ T_n(\cos(\theta)) - T_{n-1}(\cos(\theta))$.

Par conséquent, en posant $\boxed{T_{n+1}(X)=2XT_n(X)-T_{n-1}(X)}$ on a : T_{n+1} est un polynôme qui vérifie : $\forall\theta\in\mathbb{R}$, $\cos(n+1)\theta = T_{n+1}(\cos(\theta))$.

Donc $\mathcal{P}(n+1)$. D'après le principe de récurrence, pour tout entier $n\geq 0$, il existe un polynôme T_n tel que : $\boxed{\forall\theta\in\mathbb{R},\ T_n(\cos(\theta))=\cos(n\theta)}$.

> $\cos(0x)=1=T_0(\cos(x))$ en prenant $T_0(X)=1$, $\cos(1x)=T_1(\cos(x))$ avec $T_1(X)=X$, $\cos(2x)=2\cos^2(x)-1=T_2(\cos(x))$ avec $T_2(X)=2X^2-1$.

c) D'après la formule de Moivre : $e^{in\theta}=(\cos\theta+i\sin\theta)^n$,

d'où, en utilisant la formule du binôme de Newton :

$$e^{in\theta}=\sum_{p=0}^{n}\binom{n}{p}(i\sin\theta)^p\cos^{n-p}\theta.$$

En prenant la partie réelle de chaque membre, en remarquant que seuls les termes $(i\sin\theta)^p$ dont les exposants p sont pairs (c'est-à-dire de la forme $p=2k$), ont une partie réelle non nulle, on obtient :

$$\cos(n\theta)=\sum_{0\leq 2k\leq n}\binom{n}{2k}(i\sin\theta)^{2k}\cos^{n-2k}\theta.$$

Enfin : $(i)^{2k}=(-1)^k$ et $\sin^2\theta=1-\cos^2\theta$, donc :

$$\forall\theta\in\mathbb{R},\ \cos(n\theta)=\sum_{0\leq 2k\leq n}\binom{n}{2k}(\cos^2\theta-1)^k\cos^{n-2k}\theta.$$

Compte tenu de l'unicité du polynôme T_n (admise par l'énoncé) on a :

$$\boxed{T_n(X)=\sum_{0\leq 2k\leq n}\binom{n}{2k}(X^2-1)^k X^{n-2k}}.$$

> On a prouvé dans le chapitre Logique et calcul que le coefficient dominant de T_n vaut $\sum_{0\leq 2k\leq n}\binom{n}{2k}=2^{n-1}$ pour tout entier $n\geq 1$. On le vérifie facilement pour $T_1(X)=X$ et $T_2(X)=2X^2-1$. On le redémontre par récurrence à partir de la formule : $T_{n+1}(X) = 2XT_n(X) - T_{n-1}(X)$.

9 ■ Savoir intégrer une exponentielle complexe.

Soit $\alpha=a+ib$ un nombre complexe non nul écrit sous forme algébrique.

a) Montrer que $x\mapsto\dfrac{e^{\alpha x}}{\alpha}$ est une primitive de $x\mapsto e^{\alpha x}$.

b) En déduire $\int_0^\pi e^t\cos t\,dt$ et $\int_0^\pi e^t\sin t\,dt$.

Conseils méthodologiques

a) Écrire : $e^{(a+ib)x}=e^{ax}e^{ibx}=e^{ax}(\cos bx+i\sin bx)$.

Dériver $e^{(a+ib)x}$ puisque α est une constante.

b) Utiliser : $\int_0^\pi e^{(1+i)t}dt=\int_0^\pi e^t\cos t\,dt+i\int_0^\pi e^t\sin t\,dt$.

On montre en fait que $x \mapsto e^{\alpha x}$ a pour dérivée $x \mapsto \alpha e^{\alpha x}$.

9.a) Posons $F(x) = e^{(a+ib)x} = e^{ax}(\cos bx + i\sin bx)$. Alors en dérivant F comme un produit on obtient :

$$F'(x) = a e^{ax}(\cos bx + i\sin bx) + b e^{ax}(-\sin bx + i\cos bx)$$
$$= ae^{ax}(\cos bx + i\sin bx) + ibe^{ax}(i\sin bx + \cos bx).$$

D'où : $F'(x) = (a+ib)e^{ax}(\cos bx + i\sin bx)$, c'est-à-dire :

$$F'(x) = \frac{d}{dx}\left[e^{\alpha x}\right] = \alpha e^{\alpha x}.$$

Or $\alpha = a + ib$ est une constante, par suite : $\frac{d}{dx}\left[\frac{e^{\alpha x}}{\alpha}\right] = e^{\alpha x}$.

Donc $\boxed{x \mapsto \frac{e^{\alpha x}}{\alpha} \text{ est une primitive de } x \mapsto e^{\alpha x}}$.

b) Remarquons que : $e^{(1+i)t} = e^t e^{it} = e^t \cos t + ie^t \sin t$.

Donc : $\int_0^\pi e^{(1+i)t}dt = \int_0^\pi e^t \cos t \, dt + i\int_0^\pi e^t \sin t \, dt$. ❶

Cette solution est préférable à la double intégration par parties que l'on utilise en terminale.

Or, d'après a) : $\frac{d}{dt}\left[\frac{e^{(1+i)t}}{1+i}\right] = e^{(1+i)t}$. Donc : $\int_0^\pi e^{(1+i)t}dt = \left[\frac{e^{(1+i)t}}{1+i}\right]_0^\pi$.

D'où : $\int_0^\pi e^{(1+i)t}dt = \frac{e^{(1+i)\pi}-1}{1+i} = \frac{e^\pi e^{i\pi}-1}{1+i} = -\frac{e^\pi+1}{1+i}$.

En multipliant par la quantité conjuguée du dénominateur il vient :

$$\int_0^\pi e^{(1+i)t}dt = \frac{e^\pi+1}{2}(i-1).$$

En prenant la partie réelle et la partie imaginaire de $\int_0^\pi e^{(1+i)t}\,dt$ on a alors d'après ❶ :

$$\boxed{\int_0^\pi e^t \cos t\, dt = -\frac{e^\pi+1}{2}} \text{ et } \boxed{\int_0^\pi e^t \sin t\, dt = \frac{e^\pi+1}{2}}.$$

Conseils méthodologiques

a) Remarquer que $(c-a)^2 + (b-a)^2 = 0$ équivaut à $\frac{c-a}{b-a} = \pm i$.

b) Utiliser une rotation de centre A d'angle $\pm\frac{\pi}{3}$.

10 ■ Savoir utiliser les rotations.

On considère 3 points deux à deux distincts A, B et C d'affixes a, b et c.

a) Montrer que le triangle ABC est rectangle isocèle en A si et seulement si :

$$(c-a)^2 + (b-a)^2 = 0.$$

b) Déterminer une condition nécessaire et suffisante pour que le triangle ABC soit équilatéral.

10.a) Le triangle ABC est rectangle isocèle en A si et seulement si C est l'image de B par une rotation de centre A et d'angle $\frac{\pi}{2}$ ou $-\frac{\pi}{2}$.

Compte tenu de la caractérisation des rotations, cela équivaut à dire que :

$$c-a=\pm i(b-a).$$

On peut encore l'exprimer en écrivant : $\frac{c-a}{b-a}=\pm i$ (car $a\neq b$).

Enfin, en remarquant que : $z=\pm i \Leftrightarrow z^2=-1$, on en déduit :

ABC est un triangle rectangle isocèle en A si et seulement si :

$\left(\frac{c-a}{b-a}\right)^2=-1$, c'est-à-dire, puisque $a\neq b$: $\boxed{(c-a)^2+(b-a)^2=0}$.

b) Le triangle ABC est équilatéral si et seulement si C est l'image de B par une rotation de centre A et d'angle $\frac{\pi}{3}$ ou $-\frac{\pi}{3}$.

Compte tenu de la caractérisation des rotations, cela équivaut à dire que :

$$c-a=e^{\frac{i\pi}{3}}(b-a) \text{ ou } c-a=e^{-\frac{i\pi}{3}}(b-a).$$

On peut encore l'exprimer en écrivant :

$$(c-a)-e^{\frac{i\pi}{3}}(b-a)=0 \text{ ou } (c-a)-e^{-\frac{i\pi}{3}}(b-a)=0.$$

Enfin, en remarquant que $xy=0 \Leftrightarrow x=0$ ou $y=0$, on en déduit :

ABC est un triangle équilatéral si et seulement si :

$$\left[(c-a)-e^{\frac{i\pi}{3}}(b-a)\right]\left[(c-a)-e^{-\frac{i\pi}{3}}(b-a)=0\right]=0,$$

c'est-à-dire : $(c-a)^2+(b-a)^2-(c-a)(b-a)=0$, ce qui donne après simplifications :

$$\boxed{a^2+b^2+c^2=ab+bc+ca}.$$

La rotation de centre A et d'angle θ est caractérisée par l'équation : $z'-a=e^{i\theta}(z-a)$.

Pour maîtriser les bases

1. Angle au centre et angle inscrit — D'après Centrale

Montrer que si A, B et C sont trois points deux à deux distincts d'un cercle de centre O, la mesure de l'angle au centre $\left(\overrightarrow{OB}, \overrightarrow{OC}\right)$ est égale au double de celle de l'angle inscrit $\left(\overrightarrow{AB}, \overrightarrow{AC}\right)$. On remarquera qu'on peut se ramener à un cercle de rayon 1.

Conseils méthodologiques : choisir le repère de sorte que le point A ait pour affixe 1 (*cf.* Fig. 3) et utiliser $\left(\overrightarrow{AB}, \overrightarrow{AC}\right) \equiv \arg\left(\dfrac{c-a}{b-a}\right)\left[2\pi\right]$.

Par homothétie on peut se ramener à un cercle de rayon 1. On choisit alors le repère orthonormal $\left(O, \overrightarrow{OA}, \vec{j}\right)$. On obtient ainsi $a = 1$ pour l'affixe de A, et pour B et C des affixes b et c qui s'écrivent : $b = e^{i\theta}$ et $c = e^{i\varphi}$.

Pour montrer que la mesure de l'angle au centre $\alpha = \left(\overrightarrow{OB}, \overrightarrow{OC}\right)$ (*cf.* Fig. 3) est égale au double de celle de l'angle inscrit $\beta = \left(\overrightarrow{AB}, \overrightarrow{AC}\right)$ il suffit de prouver que $\arg\left(\dfrac{c-0}{b-0}\right) \equiv 2\arg\left(\dfrac{c-a}{b-a}\right)\left[2\pi\right]$, c'est-à-dire :

$$\arg\left(\left(\frac{c-a}{b-a}\right)^2 \times \frac{b}{c}\right) \equiv 0\ \left[2\pi\right] \quad \text{ce qui équivaut encore à } \left(\frac{c-a}{b-a}\right)^2 \times \frac{b}{c} > 0.$$

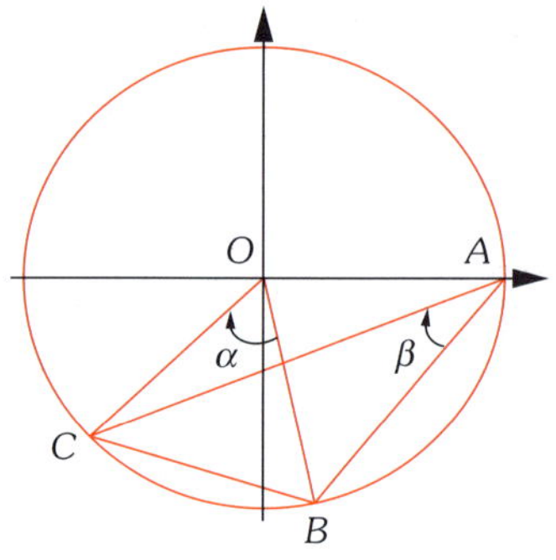

Figure 3

D'autre part : $\left(\dfrac{c-a}{b-a}\right)^2 \times \dfrac{b}{c} = \left(\dfrac{e^{i\varphi}-1}{e^{i\theta}-1}\right)^2 \times \dfrac{e^{i\theta}}{e^{i\varphi}} = \left(\dfrac{2i\, e^{i\frac{\varphi}{2}} \sin\dfrac{\varphi}{2}}{2i\, e^{i\frac{\theta}{2}} \sin\dfrac{\theta}{2}}\right)^2 \times \dfrac{e^{i\theta}}{e^{i\varphi}} = \left(\dfrac{\sin\dfrac{\varphi}{2}}{\sin\dfrac{\theta}{2}}\right)^2 > 0$, <u>d'où le résultat demandé</u>.

2. Trigonométrie et exponentielle complexe — D'après Mines-Ponts

On considère trois réels a, b et c. Montrer que :

$$\begin{cases}\cos a + \cos b + \cos c = 0\\ \sin a + \sin b + \sin c = 0\end{cases} \Rightarrow \begin{cases}\cos 2a + \cos 2b + \cos 2c = 0\\ \sin 2a + \sin 2b + \sin 2c = 0\end{cases}.$$

Conseils méthodologiques : développer $\left(e^{ia}+e^{ib}+e^{ic}\right)^2$ puis factoriser $e^{i(a+b+c)}$ dans les doubles produits.

On rappelle que $(x+y+z)^2 = x^2+y^2+z^2+2xy+2yz+2zx$. Par hypothèses : $e^{ia}+e^{ib}+e^{ic} = (\cos a+\cos b+\cos c)+i(\sin a+\sin b+\sin c)=0$. De même en conjuguant $e^{-ia}+e^{-ib}+e^{-ic}=0$. Donc en développant $\left(e^{ia}+e^{ib}+e^{ic}\right)^2$ on obtient d'abord : $\left(e^{ia}+e^{ib}+e^{ic}\right)^2 = e^{2ia}+e^{2ib}+e^{2ic}+2\left(e^{i(a+b)}+e^{i(b+c)}+e^{i(c+a)}\right)$,

puis en factorisant $e^{i(a+b+c)}$ dans les doubles produits, il vient : $0 = e^{2ia}+e^{2ib}+e^{2ic}+2e^{i(a+b+c)}\left(\underbrace{e^{-ia}+e^{-ib}+e^{-ic}}_{=0}\right)$. Par suite $e^{2ia}+e^{2ib}+e^{2ic}=0$. Enfin, en prenant la partie réelle de chaque membre, on en déduit :

$$\boxed{\begin{cases}\cos 2a+\cos 2b+\cos 2c=0\\ \sin 2a+\sin 2b+\sin 2c=0\end{cases}}.$$

3. Calcul de $\cos\left(\frac{\pi}{12}\right)$ et de $\sin\left(\frac{\pi}{12}\right)$ — D'après CCP

On considère les nombres complexes $a=1+i$ et $b=\sqrt{3}-i$. Déterminer les formes algébrique et trigonométrique de ab. En déduire les valeurs exactes de $\cos\left(\frac{\pi}{12}\right)$ et de $\sin\left(\frac{\pi}{12}\right)$.

Conseils méthodologiques : déterminer la forme trigonométrique de a, b et ab.

Formes trigonométriques : $a=1+i=\sqrt{2}\left(\frac{1}{\sqrt{2}}+i\frac{1}{\sqrt{2}}\right)=\sqrt{2}\left(\cos\left(\frac{\pi}{4}\right)+i\sin\left(\frac{\pi}{4}\right)\right)=\sqrt{2}\,e^{i\frac{\pi}{4}}$ et

$$b=\sqrt{3}-i=2\left(\frac{\sqrt{3}}{2}-i\frac{1}{2}\right)=2\left(\cos\left(-\frac{\pi}{6}\right)+\sin\left(-\frac{\pi}{6}\right)\right)=2e^{-i\frac{\pi}{6}},$$

$$ab=2\sqrt{2}\,e^{i\left(\frac{\pi}{4}-\frac{\pi}{6}\right)}=2\sqrt{2}\,e^{i\frac{\pi}{12}}=2\sqrt{2}\left(\cos\left(\frac{\pi}{12}\right)+i\sin\left(\frac{\pi}{12}\right)\right).$$

Forme algébrique de ab : $ab=(1+i)\left(\sqrt{3}-i\right)=\sqrt{3}+1+i\left(\sqrt{3}-1\right)$.

L'unicité de l'écriture algébrique permet d'identifier partie réelle et partie imaginaire. On obtient alors les expressions sous forme de radicaux de $\cos\left(\frac{\pi}{12}\right)$ et $\sin\left(\frac{\pi}{12}\right)$: $\boxed{\cos\left(\frac{\pi}{12}\right)=\frac{\sqrt{3}+1}{2\sqrt{2}}}$ et $\boxed{\sin\left(\frac{\pi}{12}\right)=\frac{\sqrt{3}-1}{2\sqrt{2}}}$.

4. Image réciproque de l'axe réel — D'après Centrale

On considère une application f du plan complexe $\mathcal{P}$ dans lui-même.
À tout point M d'affixe z, $z \neq 1$, f fait correspondre le point $N = f(M)$ d'affixe Z définie par : $Z = \dfrac{2+\mathrm{i}z}{z-1}$. On note $z = x + \mathrm{i}y$ et $Z = X + \mathrm{i}Y$.

a) Calculer X et Y en fonction de x et y.

b) Déterminer l'ensemble E des points M tels que Z soit réel. Montrer que E est un cercle privé d'un point. Donner son centre et son rayon.

Conseils méthodologiques : **a)** Mettre Z sous forme algébrique. **b)** Écrire que M appartient à E équivaut à $Y = 0$.

a) Exprimons Z à l'aide de x et y : $Z = \dfrac{2+\mathrm{i}z}{z-1} = \dfrac{2+\mathrm{i}(x+\mathrm{i}y)}{(x+\mathrm{i}y)-1} = \dfrac{(2-y)+\mathrm{i}x}{(x-1)+\mathrm{i}y}$.

En multipliant le dénominateur par son conjugué il vient :

$$Z = \frac{\left[(2-y)+\mathrm{i}x\right]\left[(x-1)-\mathrm{i}y\right]}{(x-1)^2+y^2} = \frac{\left[(2-y)(x-1)+xy\right]+\mathrm{i}\left[x(x-1)-y(2-y)\right]}{(x-1)^2+y^2},$$

d'où : $Z = \dfrac{(2x+y-2)+\mathrm{i}(x^2+y^2-x-2y)}{(x-1)^2+y^2}$.

En séparant partie réelle et partie imaginaire il vient alors : $\boxed{X = \dfrac{2x+y-2}{(x-1)^2+y^2}}$ et $\boxed{Y = \dfrac{x^2+y^2-x-2y}{(x-1)^2+y^2}}$.

b) Pour $z \neq 1$: $Z \in \mathbb{R} \Leftrightarrow Y = 0$. E est donc l'ensemble des points M vérifiant : $\dfrac{x^2+y^2-x-2y}{(x-1)^2+y^2} = 0$, c'est-à-dire $x^2+y^2-x-2y = 0$ et $(x, y) \neq (1, 0)$.

De plus : $x^2+y^2-x-2y = 0 \Leftrightarrow (x^2-x)+(y^2-2y) = 0$. En mettant chaque trinôme sous forme canonique on obtient :

$$(x^2-x)+(y^2-2y) = 0 \Leftrightarrow \left[\left(x-\frac{1}{2}\right)^2-\frac{1}{4}\right]+\left[(y-1)^2-1\right] = 0.$$

Finalement : $M \in E \Leftrightarrow \left(x-\dfrac{1}{2}\right)^2+(y-1)^2 = \dfrac{5}{4}$ et $(x, y) \neq (1, 0)$.

$\boxed{\text{E est donc le cercle de centre } \Omega\left(\frac{1}{2}, 1\right) \text{ et de rayon } \frac{\sqrt{5}}{2} \text{ privé du point } A(1, 0)}$.

Remarque :
$(x-x_0)^2+(y-y_0)^2 = R^2$ est l'équation du cercle de centre $\Omega(x_0, y_0)$ et de rayon R.

5. Cas d'égalité dans l'inégalité triangulaire — D'après Centrale

Soit n un entier naturel. Montrer que, pour tout $(z_1, z_2, \ldots, z_n) \in (\mathbb{C}^*)^n$, on a l'équivalence des deux propositions suivantes :

a) $\left|\sum_{k=1}^{n} z_k\right| = \sum_{k=1}^{n} |z_k|$.

b) $\exists \theta \in]-\pi, \pi], \forall k \in [\![1, n]\!], z_k = |z_k| e^{i\theta}$.

Cela s'interprète géométriquement en disant qu'on a égalité dans l'inégalité triangulaire si et seulement si les points d'affixes z_k sont tous sur la même demi droite d'origine O.

Conseils méthodologiques : dans le sens $a) \Rightarrow b)$, poser $\theta = \mathrm{Arg}\left(\sum_{k=1}^{n} z_k\right)$ en remarquant que $\left|\sum_{k=1}^{n} z_k\right| = \sum_{k=1}^{n} |z_k| \neq 0$. Multiplier ensuite par l'égalité a) par $e^{i\theta}$ et prendre la partie réelle pour conclure.

$b) \Rightarrow a)$ Si : $\exists \theta \in]-\pi, \pi], \forall k \in [\![1, n]\!], \ z_k = |z_k| e^{i\theta}$, alors $\sum_{k=1}^{n} z_k = \sum_{k=1}^{n} |z_k| e^{i\theta}$ et en prenant le module de chaque membre $\left|\sum_{k=1}^{n} z_k\right| = \sum_{k=1}^{n} |z_k|$. L'implication $b) \Rightarrow a)$ est donc immédiate.

$a) \Rightarrow b)$ On pose tout d'abord : $\forall k \in [\![1, n]\!], \theta_k = \mathrm{Arg}\, z_k$ et $\theta = \mathrm{Arg}\left(\sum_{k=1}^{n} z_k\right)$. Il s'ensuit que $\forall k \in [\![1, n]\!], z_k = |z_k| e^{i\theta_k}$ et que : $\sum_{k=1}^{n} z_k = e^{i\theta}\left|\sum_{k=1}^{n} z_k\right|$ avec $\theta_k \in]-\pi, \pi]$ et $\theta \in]-\pi, \pi]$.

On en déduit que $\sum_{k=1}^{n} z_k = \sum_{k=1}^{n} |z_k| e^{i\theta_k}$. Avec ces notations :

$\left|\sum_{k=1}^{n} z_k\right| = e^{-i\theta} \sum_{k=1}^{n} z_k = e^{-i\theta} \sum_{k=1}^{n} |z_k| e^{i\theta_k} = \sum_{k=1}^{n} |z_k| e^{i(\theta_k - \theta)}$. L'égalité a) équivaut donc à :

$\sum_{k=1}^{n} |z_k| e^{i(\theta_k - \theta)} = \sum_{k=1}^{n} |z_k|$ c'est-à-dire : $\sum_{k=1}^{n} |z_k| \left[1 - e^{i(\theta_k - \theta)}\right] = 0$. En prenant la partie réelle de chaque membre, il vient : $\sum_{k=1}^{n} \underbrace{|z_k|}_{\geq 0} \underbrace{\left[1 - \cos(\theta_k - \theta)\right]}_{\geq 0} = 0$. Une somme de réels positifs est nulle si et seulement si tous ces réels sont nuls. Compte tenu du fait que $|z_k| > 0$ il en résulte que $\forall k \in [\![1, n]\!], 1 - \cos(\theta_k - \theta) = 0$. Par suite $\forall k \in [\![1, n]\!], \theta_k - \theta \equiv 0\ [2\pi]$.

Puisque $\theta_k \in]-\pi, \pi]$ et $\theta \in]-\pi, \pi]$, le réel $\theta_k - \theta$ est un multiple de 2π qui appartient à $]-2\pi, 2\pi[$. On peut en déduire que : $\forall k \in [\![1, n]\!], \theta_k = \theta$. D'où le résultat.

Remarque :
Ce résultat se généralise au cas où $(z_1, z_2, \ldots, z_n) \in \mathbb{C}^n$. Il suffit d'appliquer la démonstration précédente aux nombres complexes non nuls et ensuite de remarquer que les nombres complexes qui sont nuls peuvent aussi s'écrire : $z_k = 0 = 0\,e^{i\theta} = |z_k| e^{i\theta}$.

Remarque :
Le seul multiple de 2π qui appartient à l'intervalle $]-2\pi, 2\pi[$ est 0.

6. Équation trigonométrique — D'après CCP

Résoudre l'équation d'inconnue x réelle : $\sqrt{3}\cos x - \sin x = \sqrt{3}$.

Conseils méthodologiques : pour transformer $a\cos x + b\sin x = c$, factoriser $\sqrt{a^2+b^2}$.

$$\sqrt{3}\cos x - \sin x = \sqrt{3} \Leftrightarrow 2\left(\frac{\sqrt{3}}{2}\cos x - \frac{1}{2}\sin x\right) = \sqrt{3} \Leftrightarrow \cos\left(\frac{\pi}{6}\right)\cos x - \sin\left(\frac{\pi}{6}\right)\sin x = \frac{\sqrt{3}}{2}$$

$$\Leftrightarrow \cos\left(\frac{\pi}{6}+x\right) = \cos\left(\frac{\pi}{6}\right) \Leftrightarrow \begin{cases} \dfrac{\pi}{6} + x \equiv \dfrac{\pi}{6}\,[2\pi] \\ \text{ou } \dfrac{\pi}{6} + x \equiv -\dfrac{\pi}{6}\,[2\pi] \end{cases} \Leftrightarrow \begin{cases} x \equiv 0\,[2\pi] \\ \text{ou } x \equiv -\dfrac{\pi}{3}\,[2\pi] \end{cases}.$$

L'ensemble des solutions de l'équation est donc : $S = \{2k\pi \,/\, k \in \mathbb{Z}\} \cup \left\{-\frac{\pi}{3} + 2k\pi \,/\, k \in \mathbb{Z}\right\}$ que l'on peut écrire :

$$\boxed{S = 2\pi\mathbb{Z} \cup \left(-\frac{\pi}{3} + 2\pi\mathbb{Z}\right)}.$$

7. Sommes trigonométriques — D'après Mines-Ponts

Calculer les sommes suivantes : **a)** $A_n = \sum_{k=0}^{n}\binom{n}{k}\cos(kx)$, **b)** $B = \sum_{k=0}^{n}\cos^2(kx)$.

Conseils méthodologiques : **a)** Écrire $A_n = \mathrm{Re}\left[\sum_{k=0}^{n}\binom{n}{k}e^{ik\theta}\right]$. **b)** Linéariser $\cos^2(kx)$.

a) $A_n = \mathrm{Re}\left[\sum_{k=0}^{n}\binom{n}{k}\left(\cos(kx) + i\sin(kx)\right)\right] = \mathrm{Re}\left[\sum_{k=0}^{n}\binom{n}{k}e^{ikx}\right] = \mathrm{Re}\left[\sum_{k=0}^{n}\binom{n}{k}\left(e^{ix}\right)^k\right].$

La formule du binôme de Newton permet d'écrire : $A_n = \mathrm{Re}\left[(1+e^{ix})^n\right] = \mathrm{Re}\left[\left(2e^{i\frac{x}{2}}\cos\frac{x}{2}\right)^n\right] = 2^n\left(\cos\frac{x}{2}\right)^n \mathrm{Re}\left(e^{i\frac{nx}{2}}\right)$.

Par conséquent : $\boxed{A_n = 2^n\left(\cos\frac{x}{2}\right)^n\cos\left(n\frac{x}{2}\right)}$.

b) $B_n = \sum_{k=0}^{n}\left[\frac{\cos(2kx)+1}{2}\right] = \frac{1}{2}\sum_{k=0}^{n}\cos(2kx) + \frac{n+1}{2}$. Or $\sum_{k=0}^{n}\cos(2kx) = \mathrm{Re}\left[\sum_{k=0}^{n}e^{i2kx}\right]$.

Premier cas : $x \in \pi\mathbb{Z}$. Alors $e^{2ix} = 1$, et $\boxed{B_n = n+1}$.

Deuxième cas : $x \notin \pi\mathbb{Z}$. Alors $e^{2ix} \neq 1$ par conséquent la somme des termes d'une suite géométrique donne : $\sum_{k=0}^{n} e^{i2kx} = \frac{1-e^{2i(n+1)x}}{1-e^{2ix}} = e^{inx}\frac{\sin(n+1)x}{\sin x}$.

On peut en déduire que : $\sum_{k=0}^{n} \cos(2kx) = \mathrm{Re}\left[\sum_{k=0}^{n} e^{i2kx}\right] = \cos nx \frac{\sin(n+1)x}{\sin x}$.

Donc si $x \notin \pi\mathbb{Z}$: $B_n = \frac{\sin(n+1)x}{2\sin x}\cos nx + \frac{n+1}{2}$.

8. Des racines n-ièmes — D'après Centrale

Soit $\theta \in]0, \pi[$ et $n \in \mathbb{N}^*$. Résoudre l'équation : $\left(\frac{z-i}{z+i}\right)^n + \left(\frac{z+i}{z-i}\right)^n = 2\cos\theta$.

Conseils méthodologiques : se ramener à $X + \frac{1}{X} = 2\cos\theta$.

On va poser $X = \left(\frac{z-i}{z+i}\right)^n$ pour se ramener à l'équation $X + \frac{1}{X} = 2\cos\theta$.

On résout en écrivant : $X + \frac{1}{X} = 2\cos\theta \Leftrightarrow \frac{X^2+1-2X\cos\theta}{X} = 0$ ce qui équivaut à $X^2 - 2X\cos\theta + 1 = 0$ et $X \neq 0$.

Le trinôme précédent a pour discriminant : $\Delta = 4\cos^2\theta - 4 = -4\sin^2\theta = (2i\sin\theta)^2$. Les solutions de cette équation du second degré sont donc : $X_1 = \cos\theta + i\sin\theta$ et $X_2 = \cos\theta - i\sin\theta$, c'est-à-dire : $X_1 = e^{i\theta}$ et $X_2 = e^{-i\theta}$. En remarquant que 0 n'est pas solution, on obtient alors l'équivalence : $X + \frac{1}{X} = 2\cos\theta \Leftrightarrow X = e^{i\theta}$ ou $X = e^{-i\theta}$. Enfin en remplaçant X par sa valeur, l'équation initiale est équivalente à : $\left(\frac{z-i}{z+i}\right)^n = e^{i\theta}$ ou $\left(\frac{z-i}{z+i}\right)^n = e^{-i\theta}$.

Résolvons d'abord $\left(\frac{z-i}{z+i}\right)^n = e^{i\theta}$ qui peut s'écrire $Z^n = e^{i\theta}$ en posant $Z = \frac{z-i}{z+i}$. En se servant de la forme trigonométrique $Z = \rho e^{i\alpha}$, on obtient $Z^n = e^{i\theta} \Leftrightarrow \rho^n = 1$ et $\alpha = \frac{\theta + 2k\pi}{n}$ avec $k \in [\![0, n-1]\!]$. En d'autres termes :

$Z^n = e^{i\theta} \Leftrightarrow \exists k \in [\![0, n-1]\!], Z = e^{i\frac{\theta+2k\pi}{n}}$. Il en résulte les équivalences suivantes :

$$\left(\frac{z-i}{z+i}\right)^n = e^{i\theta} \Leftrightarrow \exists k \in [\![0, n-1]\!], \frac{z-i}{z+i} = e^{\frac{i}{n}(\theta+2k\pi)}$$

$$\Leftrightarrow \exists k \in [\![0, n-1]\!], \left(1 - e^{\frac{i}{n}(\theta+2k\pi)}\right)z = i\left(1 + e^{\frac{i}{n}(\theta+2k\pi)}\right)$$ ce qui donne

les solutions $Z = i\frac{1+e^{\frac{i}{n}(\theta+2k\pi)}}{1-e^{\frac{i}{n}(\theta+2k\pi)}}$ avec $k \in [\![0, n-1]\!]$, car $e^{\frac{i}{n}(\theta+2k\pi)} \neq 1$ vu le choix de $\theta \in]0, \pi[$ donc le dénominateur ne s'annule pas.

Remarque :

Puisque $\theta \in]0,\pi[$ et $k \in [\![0, n-1]\!]$, on a :

$0 < \frac{\theta + 2k\pi}{n} < \frac{2n-1}{n}\pi < 2\pi$

donc $e^{\frac{i}{n}(\theta+2k\pi)} \neq 1$.

Finalement en factorisant $e^{\frac{i}{2n}(\theta+2k\pi)}$ au numérateur et au dénominateur on aboutit à :

$z=-\dfrac{\cos\left(\dfrac{\theta+2k\pi}{2n}\right)}{\sin\left(\dfrac{\theta+2k\pi}{2n}\right)}=-\text{cotan}\left(\dfrac{\theta+2k\pi}{2n}\right)$ avec $k\in[\![0,n-1]\!]$. Le changement de θ en $-\theta$ permet d'obtenir les solutions de $\left(\dfrac{z-i}{z+i}\right)^n=e^{-i\theta}$ et de conclure.

Pour approfondir

9. Polynôme de Tchebychev de seconde espèce — D'après CCP

Soit θ un réel et n un élément de $\mathbb{N}$.

a) Calculer $\sin 4\theta$ sous forme d'un produit de $\sin\theta$ par un polynôme en $\cos\theta$.

b) Montrer dans le cas général que $\sin(n+1)\theta$ s'écrit en fonction de $\sin\theta$, $\cos\theta$ et n sous la forme $\sin(n+1)\theta=\sin\theta\, U_n(\cos\theta)$ où U_n désigne un polynôme.

Conseils méthodologiques : utiliser les formules de Moivre et du binôme de Newton.

a) En développant $\cos(4\theta)+i\sin(4\theta)=(\cos\theta+i\sin\theta)^4$ par la formule du binôme de Newton, il vient :

$$\cos(4\theta)+i\sin(4\theta)=\cos^4\theta+4i\cos^3\theta\sin\theta-6\cos^2\theta\sin^2\theta-4i\cos\theta\sin^3\theta+\sin^4\theta\ .$$

Ce qui donne, en identifiant les parties imaginaires :

$$\sin 4\theta=4\cos^3\theta\sin\theta-4\cos\theta\sin^3\theta=4\cos^3\theta\sin\theta-4\cos\theta\left(1-\cos^2\theta\right)\sin\theta$$

ou encore : $\sin 4\theta=4\sin\theta\cos\theta\left(2\cos^2\theta-1\right)$.

b) On généralise le raisonnement précédent :

$$\cos(n+1)\theta+i\sin(n+1)\theta=(\cos\theta+i\sin\theta)^{n+1}=\sum_{k=0}^{n+1}\binom{n+1}{k}(\cos\theta)^{n+1-k}(i\sin\theta)^k$$

$$=\sum_{0\le 2p\le n+1}\binom{n+1}{2p}(\cos\theta)^{n+1-2p}(i\sin\theta)^{2p}+\sum_{0\le 2p+1\le n+1}\binom{n+1}{2p+1}(\cos\theta)^{n-2p}(i\sin\theta)^{2p+1},$$

or : $i^{2p}=\left(i^2\right)^p=(-1)^p$ et $i^{2p+1}=i^{2p}\,i=(-1)^p\,i$. D'où :

$$(\cos\theta+i\sin\theta)^{n+1}=\sum_{0\le 2p\le n+1}\left[(-1)^p\binom{n+1}{2p}(\cos\theta)^{n+1-2p}(\sin\theta)^{2p}\right]+i\sum_{0\le 2p+1\le n+1}\left[(-1)^p\binom{n+1}{2p+1}(\cos\theta)^{n-2p}(\sin\theta)^{2p+1}\right].$$

En identifiant les parties imaginaires, en factorisant $\sin\theta$ et en utilisant l'identité $\sin^2\theta = 1-\cos^2\theta$, on obtient :

$$\sin(n+1)\theta = \sin\theta \sum_{0\le 2p\le n}\left[\binom{n+1}{2p+1}\cos^{n-2p}\theta\left(\cos^2\theta-1\right)^p\right].$$

On a alors $\sin(n+1)\theta = \sin\theta\, U_n(\cos\theta)$ avec $U_n = \sum_{0\le 2p\le n}\binom{n+1}{2p+1}X^{n-2p}\left(X^2-1\right)^p$. Le polynôme U_n est appelé n-ième polynôme de Tchebychev de seconde espèce.

Conseils méthodologiques : si p est un entier : $0\le 2p+1\le n+1 \Leftrightarrow 0\le p\le E\left(\frac{n}{2}\right)$.

10. Image réciproque de cercles par $z\mapsto \dfrac{z-a}{z-b}$ ——— D'après Centrale

Dans le plan complexe, on considère A et B deux points distincts d'affixes respectives a et b. On note Γ le cercle de centre O et de rayon $k>0$, et f l'application qui fait correspondre au point M d'affixe z le point M' d'affixe $z' = \dfrac{z-a}{z-b}$. L'objet de cette étude est de déterminer l'image réciproque de Γ par f. Pour cela, on va commencer par rappeler quelques notions élémentaires de géométrie plane.

a) Quel est l'ensemble des points M vérifiant : $\overrightarrow{MA}.\overrightarrow{MB}=0$?

b) Quel est l'ensemble des points M vérifiant : $\dfrac{MA}{MB}=k>0$?

c) Quelle est alors l'image réciproque par f du cercle de centre O et de rayon k ?

Conseils méthodologiques : **a)** Utiliser la relation de Chasles avec le milieu du segment $[AB]$. **b)** Élever au carré, factoriser puis se servir de barycentres. **c)** Se servir de a) et b).

a) Soit I le milieu du segment $[AB]$. On a alors en utilisant la relation de Chasles :
$\overrightarrow{MA}.\overrightarrow{MB}=0 \Leftrightarrow \left(\overrightarrow{MI}+\overrightarrow{IA}\right).\left(\overrightarrow{MI}+\overrightarrow{IB}\right)=0 \Leftrightarrow \left(\overrightarrow{MI}+\overrightarrow{IA}\right).\left(\overrightarrow{MI}-\overrightarrow{IA}\right)=0 \Leftrightarrow MI^2=IA^2$. L'ensemble des points M vérifiant : $\overrightarrow{MA}.\overrightarrow{MB}=0$ est donc le cercle de centre I et de rayon IA, c'est-à-dire le cercle de diamètre $[AB]$.

b) Premier cas : $k=1$. L'ensemble des points M vérifiant $\dfrac{MA}{MB}=1$ est la médiatrice de $[AB]$.

Deuxième cas : $k\ne 1$. On a alors : $\dfrac{MA}{MB}=k \Leftrightarrow \overrightarrow{MA}^2 = k^2\overrightarrow{MB}^2$ et $M\ne B \Leftrightarrow \left(\overrightarrow{MA}+k\overrightarrow{MB}\right)\left(\overrightarrow{MA}-k\overrightarrow{MB}\right)=0$ et $M\ne B$.

Or, en désignant par I et J les barycentres respectifs de $\left[(A,1),(B,k)\right]$ et de $\left[(A,1),(B,-k)\right]$ on obtient par définition :

$\overrightarrow{MA}+k\,\overrightarrow{MB}=(1+k)\overrightarrow{MI}$, et $\overrightarrow{MA}-k\,\overrightarrow{MB}=(1-k)\overrightarrow{MJ}$. Par conséquent : $\overrightarrow{MA}^2=k^2\overrightarrow{MB}^2 \Leftrightarrow \overrightarrow{MI}\,.\overrightarrow{MJ}=0$. L'ensemble des points M vérifiant : $\dfrac{MA}{MB}=k\neq 1$ est donc le cercle de diamètre $[IJ]$.

c) On cherche à déterminer l'ensemble des points M d'affixe z tels que $|f(z)|=k$ c'est-à-dire $\dfrac{MA}{MB}=\left|\dfrac{z-a}{z-b}\right|=k$.

Premier cas : $k=1$.

L'ensemble est la médiatrice de $[AB]$.

Deuxième cas : $k\neq 1$.

Avec les notations de la question b), l'ensemble Γ est le cercle de diamètre $[IJ]$.

Remarque :

On peut définir I et J puisque la somme des coefficients choisis est différente de 0 (car $1+k\neq 0$ et $1-k\neq 0$). De plus $\overrightarrow{OI}=\dfrac{\overrightarrow{OA}+k\overrightarrow{OB}}{1+k}$, donc I a pour affixe $z_I=\dfrac{a+k\,b}{1+k}$. De même $\overrightarrow{OJ}=\dfrac{\overrightarrow{OA}-k\overrightarrow{OB}}{1-k}$, donc J a pour affixe $z_J=\dfrac{a-k\,b}{1-k}$.

CHAPITRE 3

Limites, continuité et comparaison des fonctions

Le cours en questions

1 ■ Limites

1.1 Quelle est la définition de $\lim\limits_{x \to x_0} f(x) = L$?

- Si $L \in \mathbb{R}$, dire que f a pour limite L en x_0 signifie :

$$\forall \varepsilon > 0,\ \exists \alpha > 0,\ \forall x \in D,\ |x - x_0| \leq \alpha \ \Rightarrow |f(x) - L| \leq \varepsilon.$$

- Si $L = +\infty$, dire que $\lim\limits_{x \to x_0} f(x) = +\infty$ signifie :

$$\forall A > 0,\ \exists \alpha > 0,\ \forall x \in D,\ |x - x_0| \leq \alpha \Rightarrow f(x) \geq A\ ;$$

- Si $L = -\infty$, dire que $\lim\limits_{x \to x_0} f(x) = -\infty$ signifie :

$$\forall A > 0,\ \exists \alpha > 0,\ \forall x \in D,\ |x - x_0| \leq \alpha \Rightarrow f(x) \leq -A.$$

Dans tout ce paragraphe, on adoptera les notations suivantes : f désignera une fonction définie sur un ensemble D ; I désignera un intervalle inclus dans D et contenant au moins deux points ; x_0 désignera soit un élément de I, soit une borne finie de I ; a désignera soit un élément de I, soit une borne de I qui pourra être un réel x_0, $+\infty$ ou $-\infty$.

On peut aussi noter $f(x) \xrightarrow[x \to x_0]{} L$ ou simplement $\lim\limits_{x_0} f = L$.

On peut comprendre cette définition en disant (cf. figure. 1) : « quel que soit $\varepsilon > 0$ (*le réel ε est donné, aussi petit qu'on veut*) il existe un $\alpha > 0$ (*le réel α dépend de ε : plus ε sera petit, plus α devra généralement être choisi petit*) tel que pour tout x de D si x est assez proche de x_0 (*c'est ce que traduit ici* $|x - x_0| \leq \alpha$) alors $f(x)$ est à une distance de L inférieure à ε (*c'est-à-dire* $|f(x) - L| \leq \varepsilon$).

1.2 Citer le théorème des gendarmes.

Énoncé. Soit f, g et h trois fonctions définies sur l'ensemble D telles que, pour tout x de D,

$$f(x) \leq g(x) \leq h(x) \quad \text{alors} \quad \left.\begin{array}{l} \lim\limits_{a} f = L \\ \lim\limits_{a} h = L \end{array}\right\} \Rightarrow \lim\limits_{a} g = L.$$

Ce théorème démontre que : 1) la limite de g en a *existe* ;
2) cette limite vaut L.

Exemple de rédaction : pour tout $x>0$, $-\dfrac{1}{x}\le\dfrac{\sin x}{x}\le\dfrac{1}{x}$. De plus :

$$\lim_{x\to+\infty}-\frac{1}{x}=\lim_{x\to+\infty}\frac{1}{x}=0.$$

Donc, d'après le théorème des gendarmes : $\displaystyle\lim_{x\to+\infty}\frac{\sin x}{x}=0$.

Extensions. Soit f et g deux fonctions définies sur un ensemble D. Alors :

$$\left.\begin{array}{l}\forall x\in D,\ f(x)\le g(x)\\ \lim\limits_a g=-\infty\end{array}\right\}\Rightarrow\ \lim_a f=-\infty\ ;$$

de même

$$\left.\begin{array}{l}\forall x\in D,\ f(x)\le g(x)\\ \lim\limits_a f=+\infty\end{array}\right\}\Rightarrow\ \lim_a g=+\infty.$$

1.3 Citer le théorème de composition de limites.

Avec les notations adoptées, si g est définie sur $f(D)$:

$$\left.\begin{array}{l}\lim\limits_a f=b\\ \lim\limits_b g=L\end{array}\right\}\Rightarrow\lim_a g\circ f=L$$

(a, b et L peuvent désigner un réel ou $+\infty$ ou $-\infty$).

On obtient de manière analogue avec une suite à valeurs dans D :

$$\left.\begin{array}{l}\lim\limits_{n\to+\infty}u_n=a\\ \lim\limits_{x\to a}f(x)=b\end{array}\right\}\Rightarrow\lim_{n\to+\infty}f(u_n)=b$$

(a et b peuvent être des réels, $+\infty$ ou $-\infty$)

1.4 Que peut-on dire du signe de f si $\lim\limits_{x\to x_0}f(x)=L>0$?

Si la limite de f en x_0 est strictement positive alors f est strictement positive « dans D au voisinage de a », plus précisément :

$$\exists\alpha>0,\ \forall x\in D,\ |x-x_0|\le\alpha\Rightarrow f(x)\ge\frac{L}{2}>0.$$

1.5 Citer le théorème de la limite monotone pour f croissante.

Soit $I=]a,b[$ un intervalle ouvert non vide dont les bornes, a et b, sont finies ou infinies.
Si $f:I\to\mathbb{R}$ est croissante sur I alors f admet une limite finie ou infinie en a et b. Plus précisément :

- si f est majorée sur I alors $\lim\limits_b f=\sup\limits_I f$, sinon $\lim\limits_b f=+\infty$;
- si f est minorée sur I alors $\lim\limits_a f=\inf\limits_I f$, sinon $\lim\limits_a f=-\infty$.

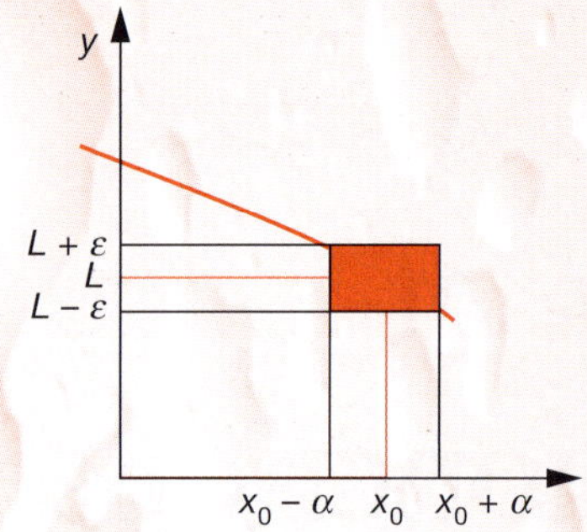

Figure 1

Erreur à éviter :

Il faut éviter écrire :
« $f(x)\le g(x)\le h(x)$
$\Rightarrow\lim\limits_{x\to a}f(x)\le\lim\limits_{x\to a}g(x)\le\lim\limits_{x\to a}h(x)$ ».
En effet, l'écriture $\lim\limits_{x\to a}g(x)$ suppose qu'on a *déjà* démontré l'existence de la limite de g en a, ce qui n'est pas le cas en général quand on utilise ce théorème.

Ces théorèmes affirment l'existence de la limite.

Erreur à éviter :

Toujours écrire $[u(x)]^{v(x)}=e^{v(x)\ln[u(x)]}$ avant de chercher la limite d'une expression de cette forme.

On a par ailleurs :

$$\left.\begin{array}{l}\forall x\in D,\ f(x)\le g(x)\\ \lim\limits_a f=L\ \text{ et }\ \lim\limits_a g=L'\end{array}\right\}\Rightarrow L\le L'.$$

Enfin, il faut signaler que si on a une inégalité stricte dans l'hypothèse, on a seulement une inégalité au sens large dans la conclusion.

1.6 Comment étudier une limite en $x_0 \neq 0$?

- Dans les cas simples de formes indéterminées du type $\frac{0}{0}$ (pour des quotients de polynômes) factoriser $(x - x_0)$ au numérateur et au dénominateur, puis simplifier pour lever l'indétermination.
- Dans tous les autres cas poser $x = x_0 + h$, ainsi $h = x - x_0$ et on est ramené à une limite en 0. Les factorisations par h sont alors immédiates et on peut reconnaître une limite usuelle plus facilement.

Exemple : pour montrer que $\lim_{x \to -1} \frac{x^2+2x+1}{x^2-1} = 0$, on factorise (x + 1) au numérateur et au dénominateur :

$$\frac{x^2+2x+1}{x^2-1} = \frac{(x+1)^2}{(x+1)(x-1)} = \frac{x+1}{x-1}.$$

Donc : $\lim_{x \to -1} \frac{x^2+2x+1}{x^2-1} = 0.$

2 Continuité

2.1 Comment prouver qu'une fonction est continue ?

La fonction f est continue en x_0 signifie que : $\lim_{x \to x_0} f(x) = f(x_0)$. En pratique, pour prouver la continuité d'une fonction, on utilise le plus souvent les théorèmes concernant la somme, le produit, le quotient ou la composée de fonctions.

Dire que f est continue sur un ensemble D signifie que f est continue en tout point x_0 de D.

Si f et g sont continues sur D, et λ est un réel, alors $f + g$, λf, fg sont continues sur D. Si, en outre g ne s'annule en aucun point de D, alors $\frac{f}{g}$ est continue sur D. En particulier, toute fonction polynomiale est continue sur $\mathbb{R}$. De plus :

$$\left.\begin{array}{l} f \text{ est continue sur } D \\ g \text{ est continue sur } D' \\ f(D) \subset D' \end{array}\right\} \Rightarrow g \circ f \text{ est continue sur } D.$$

Cette définition traduit le caractère local de la continuité, la bonne compréhension de cet aspect sera fondamentale en Spéciales.

Pour étudier l'ensemble de continuité de la fonction $h : x \mapsto \sqrt{2 - \sin x}$, on écrit $h = g \circ f$ avec $f : x \mapsto \sin x$ et $g : x \mapsto \sqrt{2 - x}$. La fonction f est continue sur $\mathbb{R}$, et g est continue sur $]-\infty, 2]$, et $f(\mathbb{R}) = [-1, 1] \subset]-\infty, 2]$, par suite h est continue sur $\mathbb{R}$.

2.2 Citer le théorème des valeurs intermédiaires.

Énoncé : soit a et b deux réels tels que $a < b$, et f une fonction continue sur $[a, b]$ (*cf.* Fig. 2).

Si y_0 est un réel compris entre $f(a)$ et $f(b)$, alors il existe (au moins) un réel c dans l'intervalle $[a, b]$ tel que :

$$f(c) = y_0.$$

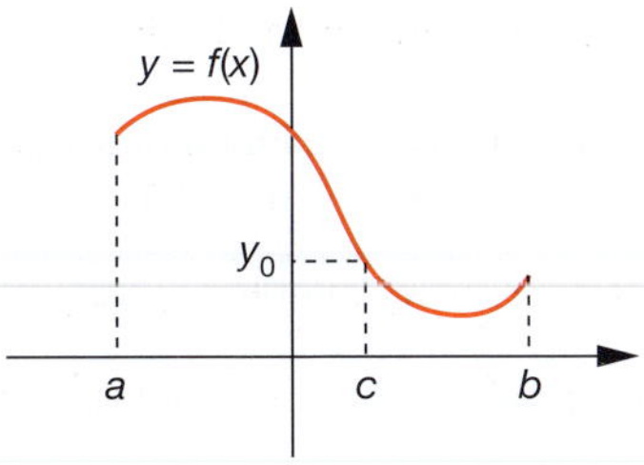

Figure 2

De façon générale, l'image d'un intervalle I par une application continue est un intervalle.

En d'autres termes, l'image d'un intervalle par une fonction continue est un intervalle. Ce résultat est utilisé lors de la résolution d'équations de la forme $f(x) = 0$. En effet, si f est une fonction continue sur $[a, b]$ et si $f(a)f(b) \leq 0$, alors il existe c dans $[a, b]$ tel que $f(c) = 0$.

L'intervalle I peut être de type différent : ouvert, fermé ou semi-ouvert. Par exemple : $]a, b[$, $[a, b]$, $[a, +\infty[$, $]-\infty, a]$, $]-\infty, +\infty[$, $[a, b[$, $]a, b]$.

On dit aussi que toute valeur comprise entre $f(a)$ et $f(b)$ est atteinte par f sur $[a, b]$.

Erreur à éviter :

S'il est demandé de prouver l'existence et l'unicité d'un tel c, le théorème des valeurs intermédiaires ne suffit pas. Il faudra souvent prouver que f est une fonction continue et *strictement monotone* sur $[a, b]$. On construira le tableau des variations de f et on se servira alors du théorème de la bijection.

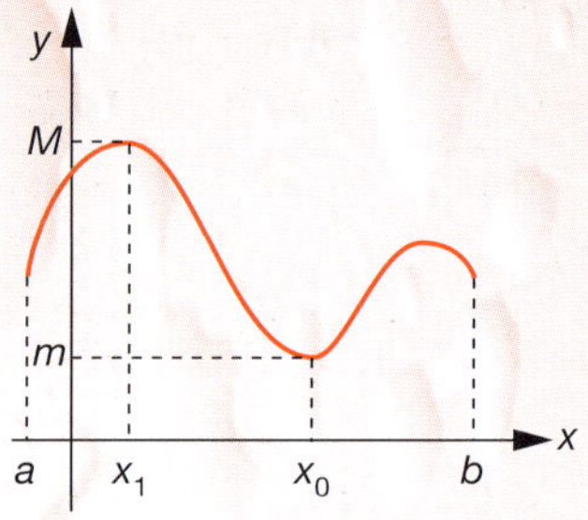

Figure 3

Erreur à éviter :
Le maximum ou le minimum d'une fonction sur un segment peut être atteint en plusieurs points distincts.

On rappelle que, pour tout y de J, l'élément $f^{-1}(y)$ est l'unique antécédent de y par f, autrement dit : $f^{-1}(y)=x \Leftrightarrow y=f(x)$.

Les fonctions sinus et cosinus sont 1-lipschitziennes sur $\mathbb{R}$. On le démontre en remarquant par exemple que

$$|\sin x-\sin y|=\left|\int_y^x \cos t\,dt\right|\leq\left|\int_y^x 1\,dt\right| = |x-y|.$$

Dans tout ce paragraphe, on adoptera les notations suivantes : f et g désigneront des fonctions définies sur un ensemble D ; I désignera un intervalle inclus dans D et contenant au moins deux points ; x_0 désignera soit un élément de I, soit une borne finie de I ; a désignera soit un élément de I, soit une borne de I qui pourra être un réel x_0, $+\infty$ ou $-\infty$. Si la fonction f (resp. g) est définie en x_0 on supposera que $f(x_0)=\lim_{x_0} f$ (resp. $g(x_0)=\lim_{x_0} g$).

2.3 Que dire de l'image d'un segment par une fonction continue ?

L'image d'un segment $[a, b]$ par une fonction f continue est un segment.

Plus précisément : $f([a, b])=[m, M]$, et il existe deux réels x_0 et x_1 (*cf.* Fig. 3) dans $[a, b]$ tels que : $f(x_0)=m=\min_{[a,b]} f$ et $f(x_1)=M=\max_{[a,b]} f$.

Autrement dit, f atteint son minimum et son maximum sur $[a, b]$.

2.4 Qu'appelle-t-on théorème des bijections ?

Ce théorème permet d'établir qu'une fonction f est une bijection d'un intervalle sur un autre.

Énoncé : si f est une application continue et strictement monotone sur l'intervalle I alors f réalise une bijection de I sur l'intervalle $J=f(I)$. La bijection réciproque de f, notée $f^{-1}: J \to I$ est également continue, strictement monotone et de même monotonie que f.

Le graphe de f^{-1} est obtenu à partir du graphe de f par symétrie orthogonale d'axe la droite Δ d'équation $y=x$, encore appelée première bissectrice.

2.5 Qu'est-ce qu'une fonction k-lipschitzienne sur I ?

Soit k un nombre réel positif. On dit qu'une fonction f est k-lipschitzienne sur un intervalle I si :

$$\forall (x,y)\in I^2, |f(x)-f(y)|\leq k|x-y|.$$

Une telle fonction est alors continue sur I. Dans le cas particulier où $0\leq k<1$, on parle de fonction k-contractante sur I.

3 ■ Fonctions équivalentes

3.1 Que signifie : f est équivalente à g au voisinage de a ?

Dire que f est équivalente à g au voisinage de a signifie qu'il existe une fonction u telle que $\lim_a u=1$ et $f=gu$ au voisinage de a. On note alors $f\underset{a}{\sim}g$ ou $f(x)\underset{x\to a}{\sim}g(x)$ ou plus simplement $f(x)\underset{a}{\sim}g(x)$.

En pratique, si g ne s'annule pas sur $D\setminus\{a\}$ alors :

$$f\underset{a}{\sim}g \Leftrightarrow \lim_a \frac{f}{g}=1.$$

De plus $f\underset{a}{\sim}g \Leftrightarrow g\underset{a}{\sim}f$.

S'il n'y a pas de confusion possible on peut trouver la notation « au voisinage de a : $f\sim g$ ».

3.2 Quels sont les équivalents usuels au voisinage de 0 ?

Il faut connaître les équivalents du tableau suivant :

$\sin x \underset{0}{\sim} x$	$\cos(x)-1 \underset{0}{\sim} -\frac{x^2}{2}$	$\ln(1+x) \underset{0}{\sim} x$
$\tan x \underset{0}{\sim} x$	$\sqrt{1+x}-1 \underset{0}{\sim} \frac{x}{2}$	$e^x-1 \underset{0}{\sim} x$

3.3 Quelles sont les opérations possibles sur les équivalents ?

On peut effectuer des produits, des quotients, des substitutions. En revanche, on ne doit pas composer, ajouter ou soustraire des équivalents. En pratique, on retiendra les implications suivantes :

$$\left.\begin{array}{l} f_1 \underset{a}{\sim} g_1 \\ f_2 \underset{a}{\sim} g_2 \end{array}\right\} \Rightarrow f_1 f_2 \underset{a}{\sim} g_1 g_2, \qquad f \underset{a}{\sim} g \Rightarrow \forall n \in \mathbb{N},\ f^n \underset{a}{\sim} g^n \qquad f \underset{a}{\sim} g \Rightarrow |f| \underset{a}{\sim} |g|.$$

Si f_2 et g_2 ne s'annulent pas sur $D \setminus \{a\}$ on a : $\left.\begin{array}{l} f_1 \underset{a}{\sim} g_1 \\ f_2 \underset{a}{\sim} g_2 \end{array}\right\} \Rightarrow \frac{f_1}{f_2} \underset{a}{\sim} \frac{g_1}{g_2}$.

Enfin par substitution on a : $\left.\begin{array}{l} \lim\limits_{t \to t_0} u(t) = a \\ f(x) \underset{x \to a}{\sim} g(x) \end{array}\right\} \Rightarrow f[u(t)] \underset{t \to t_0}{\sim} g[u(t)]$.

3.4 Comment obtient-on un équivalent d'un polynôme en 0 ou à l'infini ?

Un polynôme est équivalent à son terme de plus haut degré au voisinage de l'infini et à son terme de plus bas degré au voisinage de 0.

Plus précisément, si m et n sont des entiers qui vérifient $m < n$ et si $P(x) = a_m x^m + a_{m+1} x^{m+1} + \ldots + a_n x^n$ avec $a_m a_n \neq 0$, on a :

$$P(x) \underset{-\infty}{\sim} a_n x^n, \quad P(x) \underset{0}{\sim} a_m x^m \text{ et } P(x) \underset{+\infty}{\sim} a_n x^n.$$

En multipliant par $\sqrt{1+x}+1$ (quantité conjuguée de $\sqrt{1+x}-1$) :

$\lim\limits_{x \to 0} \frac{\sqrt{1+x}-1}{x} = \frac{1}{2} \Rightarrow \sqrt{1+x}-1 \underset{0}{\sim} \frac{1}{2}x$,

en outre

$$\frac{1-\cos(x)}{x^2} = \frac{1-\cos^2(x)}{x^2} \times \frac{1}{1+\cos(x)} = \left(\frac{\sin x}{x}\right)^2 \times \frac{1}{1+\cos(x)}$$

donc : $\lim\limits_{x \to 0} \frac{1-\cos(x)}{x^2} = \frac{1}{2}$

et $1-\cos x \underset{0}{\sim} \frac{x^2}{2}$.

On peut retrouver ces équivalents en utilisant la limite du taux d'accroissement des fonctions usuelles en 0.

Erreur à éviter :

En revanche, il faut retenir que :

$\left.\begin{array}{l} f_1 \underset{a}{\sim} g_1 \\ f_2 \underset{a}{\sim} g_2 \end{array}\right\}$ *n'entraîne pas* $f_1 + f_2 \underset{a}{\sim} g_1 + g_2$

$f \underset{a}{\sim} g$ *n'entraîne pas* $h \circ f \underset{a}{\sim} h \circ g$.

Par exemple $1+x \underset{0}{\sim} 1 \not\Rightarrow \ln(1+x) \underset{0}{\sim} \ln 1$.

De même :

$1+x \underset{+\infty}{\sim} x \not\Rightarrow \exp(1+x) \underset{+\infty}{\sim} \exp x$.

Par exemple :

$3x^3+4x^4+5x^5 \underset{0}{\sim} 3x^3$,

$3x^3+4x^4+5x^5 \underset{+\infty}{\sim} 5x^5$,

$3x^3+4x^4+5x^5 \underset{-\infty}{\sim} 5x^5$.

$7x^7+8x^8+9x^9 \underset{0}{\sim} 7x^7$,

$7x^7+8x^8+9x^9 \underset{+\infty}{\sim} 9x^9$,

$7x^7+8x^8+9x^9 \underset{-\infty}{\sim} 9x^9$.

4 ■ Relation de prépondérance

4.1 Que signifie : *f* est négligeable devant *g* au voisinage de *a* ?

Dire que f est négligeable devant g au voisinage de a signifie qu'il existe une fonction ε telle que $\lim\limits_{a} \varepsilon = 0$ et $f = g\varepsilon$ au voisinage de a. On note alors

$f \underset{a}{=} o(g)$ ou $f(x) \underset{x \to a}{=} o[g(x)]$ ou plus simplement $f(x) \underset{a}{=} o[g(x)]$.

On conserve les notations précédentes : la lettre a désigne soit un élément, soit une borne d'un intervalle I inclus dans D. La lettre a peut désigner un réel x_0, $+\infty$ ou $-\infty$.

S'il n'y a pas de confusion possible on peut trouver la notation « au voisinage de a : $f = o(g)$ ... ».

Par exemple : $x \underset{0}{=} o(1)$; $\ln(x) \underset{1}{=} o(1)$; $\ln(1+h) \underset{h\to 0}{=} o(1)$; $e^x \underset{-\infty}{=} o(1)$.

On dit aussi que g est prépondérante devant f au voisinage de a. Au lieu de $f \underset{a}{=} o(g)$ on utilise aussi la notation $f \underset{a}{\ll} g$ qui permet de mieux comprendre certains aspects de la prépondérance.

En pratique, si g ne s'annule pas sur $D\setminus\{a\}$ alors : $f \underset{a}{=} o(g) \Leftrightarrow \lim\limits_a \dfrac{f}{g} = 0$.

Cas particulier important : $f \underset{a}{=} o(1) \Leftrightarrow \lim\limits_a f = 0$.

Par conséquent, si la fonction g ne s'annule pas sur $D\setminus\{a\}$:

$$f \underset{a}{=} o(g) \frac{f}{g} = o(1).$$

Notation : on peut écrire $f \underset{a}{=} g + o(h)$ au lieu de $f - g \underset{a}{=} o(h)$.

On remarque que $f \underset{a}{=} o(g) \Leftrightarrow f \underset{a}{=} o(|g|)$ et pour éviter certaines erreurs aux concours, il convient de prendre l'habitude de n'écrire $f \underset{a}{=} o(g)$ que pour des fonctions g ***positives***.

4.2 Comment s'exprime $f \underset{a}{\sim} g$ à l'aide de la prépondérance ?

Dire que f et g sont équivalentes au voisinage de a se traduit par $f - g \underset{a}{=} o(g)$, c'est-à-dire :

$$f \underset{a}{\sim} g \Leftrightarrow f - g \underset{a}{=} o(g).$$

On pourra donc écrire que :

$\sin(x) \underset{0}{=} x + o(x)$, $e^x \underset{0}{=} 1 + x + o(x)$, $\tan x \underset{0}{=} x + o(x)$, $\ln(1+x) \underset{0}{=} x + o(x)$, $\sqrt{1+x} \underset{0}{=} 1 + \dfrac{x}{2} + o(x)$, $\cos(x) \underset{0}{=} 1 - \dfrac{x^2}{2} + o(x^2)$.

4.3 Quels sont les comportements relatifs des fonctions usuelles en 0 et en $+\infty$?

Les fonctions à considérer sont les exponentielles, les puissances et les logarithmes.

- *Au voisinage de* $+\infty$: $\ln x \underset{+\infty}{\ll} x \underset{+\infty}{\ll} e^x$ et plus généralement :

$$\forall \alpha \in \mathbb{R},\ \forall \beta > 0,\ \forall \gamma > 0,\ \ln^\alpha x \underset{+\infty}{\ll} x^\beta \underset{+\infty}{\ll} e^{\gamma x}.$$

$f \underset{a}{\ll} g$ signifie $f \underset{a}{=} o(g)$.

On dira que les exponentielles l'emportent sur les puissances et que les puissances l'emportent sur le logarithme au voisinage de $+\infty$.

De nombreux exercices de concours utilisent la propriété :

$$\forall \alpha \in \mathbb{R}, \forall \beta > \gamma,\quad \frac{\ln^\alpha x}{x^\beta} \underset{+\infty}{\ll} \frac{1}{x^\gamma}.$$

- *Au voisinage de* 0 : $x \ln x \underset{0}{=} o(1)$ et plus généralement :

$$\forall \alpha \in \mathbb{R},\ \forall \beta > 0\ |\ln x|^\alpha \underset{0}{\ll} \frac{1}{x^\beta}.$$

La valeur absolue sur le logarithme est nécessaire car $\alpha \in \mathbb{R}$ et pour $x \in]0, 1[$ on a $\ln x < 0$.

$\ln^2 x \underset{+\infty}{=} o(\sqrt{x})$; $x^3 \underset{+\infty}{=} o\left(e^{\frac{x}{2}}\right)$; $\sqrt{|\ln(x)|} \underset{0}{=} o\left(\dfrac{1}{x}\right)$; $(\ln x)^2 \underset{0}{=} o\left(\dfrac{1}{\sqrt{x}}\right)$.

De nombreux exercices de concours utilisent la propriété :

$$\forall \alpha \in \mathbb{R}, \forall \beta < \gamma,\quad \frac{|\ln x|^\alpha}{x^\beta} \underset{0}{\ll} \frac{1}{x^\gamma}.$$

4.4 Quelles sont les opérations possibles avec la prépondérance ?

On peut effectuer des combinaisons linéaires, des produits, et des substitutions c'est-à-dire : $\forall(\lambda_1, \lambda_2) \in \mathbb{R}^2$, $\left.\begin{array}{l} f_1 \underset{a}{=} o(g) \\ f_2 \underset{a}{=} o(g) \end{array}\right\} \Rightarrow \lambda_1 f_1 + \lambda_2 f_2 \underset{a}{=} o(g)$,

$$\left.\begin{array}{l} f_1 \underset{a}{=} o(g_1) \\ f_2 \underset{a}{=} o(g_2) \end{array}\right\} \Rightarrow f_1 f_2 \underset{a}{=} o(g_1 g_2) \quad \text{et} \quad \left.\begin{array}{l} f \underset{a}{=} o(g) \\ \lim\limits_{t \to t_0} u(t) = a \end{array}\right\} \Rightarrow f[u(t)] \underset{t \to t_0}{=} o(g[u(t)]).$$

Enfin si f et g ne s'annulent pas sur $D \setminus \{a\}$:

$$f \underset{a}{=} o(g) \Rightarrow \frac{1}{g} \underset{a}{=} o\left(\frac{1}{f}\right).$$

En pratique, au voisinage de 0 ou de $+\infty$, on retrouve de manière naturelle ces propriétés en écrivant $o(x^n)$ sous la forme $x^n o(1)$, et en traitant l'opération à effectuer de façon usuelle.

La relation de prépondérance au voisinage de a est transitive c'est-à-dire : $\left.\begin{array}{l} f \underset{a}{\ll} g \\ g \underset{a}{\ll} h \end{array}\right\} \Rightarrow f \underset{a}{\ll} h$.

De plus $\left.\begin{array}{l} f \underset{a}{=} o(g_1) \\ g_1 \underset{a}{\sim} g_2 \end{array}\right\} \Rightarrow f \underset{a}{=} o(g_2)$.

Par exemple : $o(x^n)o(x^m) \underset{0}{=} x^n o(1) x^m o(1) \underset{0}{=} x^{n+m} o(1) \underset{0}{=} o(x^{n+m})$.

5 Relation de domination

5.1 Que signifie : *f* est dominée par *g* au voisinage de *a* ?

Dire que f est dominée par g au voisinage de a signifie qu'il existe une fonction bornée b telle $f = gb$ au voisinage de a. On note alors $f \underset{a}{=} O(g)$ ou $f(x) \underset{x \to a}{=} O[g(x)]$ ou plus simplement $f(x) \underset{a}{=} O[g(x)]$.

En particulier, on retiendra que $f \underset{a}{=} O(1)$ signifie que f est bornée au voisinage de a.

On dit aussi que g domine f au voisinage de a.

Pour éviter certaines erreurs aux concours, il convient de prendre l'habitude de n'écrire $f \underset{a}{=} O(g)$ que pour des fonctions g ***positives***.

On conserve les notations précédentes : la lettre a désigne soit un élément soit une borne d'un intervalle I inclus dans D. La lettre a peut désigner un réel x_0, $+\infty$ ou $-\infty$.

S'il n'y a pas de confusion possible on peut trouver la notation « au voisinage de a : $f = O(g)$... ».

5.2 Quelles sont les opérations possibles avec la domination ?

On peut effectuer des combinaisons linéaires, des produits, et des substitutions. On obtient alors, en remplaçant « o » par « O », des implications analogues à celles données pour la relation de prépondérance au paragraphe précédent.

Par exemple : $O(x^m)O(x^n) \underset{0}{=} O(x^{n+m})$, $O(x^m)O(x^n) \underset{+\infty}{=} O(x^{n+m})$, $x^n O(x^m) \underset{0}{=} O(x^{n+m})$, $x^n O(x^m) \underset{+\infty}{=} O(x^{n+m})$, $O(x^m)o(x^n) \underset{0}{=} o(x^{n+m})$, $O(x^m)o(x^n) \underset{+\infty}{=} o(x^{n+m})$.

En pratique, au voisinage de 0 ou de $+\infty$, on retrouve de manière naturelle les propriétés en écrivant $O(x^n)$ sous la forme $x^n O(1)$, et en traitant l'opération à effectuer de façon usuelle. On a en particulier : $o(1) \times O(1) = o(1)$ et $O(1) \times O(1) = O(1)$.

Les savoir-faire clefs

Conseils méthodologiques

a) et b) Chercher un équivalent du quotient ou du produit par substitution.

c) Poser $h = x - \frac{\pi}{2}$.

d) Utiliser $\ln(1+h) \underset{0}{\sim} h$.

e) et f) Factoriser la fonction prépondérante sur les autres au voisinage du point considéré.

1 ■ Savoir étudier une limite.

1.1 Calculer les limites suivantes :

a) $\lim\limits_{x \to 0} \dfrac{\sin 3x}{e^{2x}-1}$, **b)** $\lim\limits_{x \to 0^+} \left(e^{\sqrt{x}}-1\right)\ln x$, **c)** $\lim\limits_{x \to \frac{\pi}{2}} \dfrac{\sin(\cos x)}{\pi - 2x}$,

d) $\lim\limits_{x \to -\infty} x^3 \ln(e^x+1)$, **e)** $\lim\limits_{x \to +\infty} \dfrac{e^{2x}+x^5e^x+x^7}{5e^{2x}+3e^x+x^2}$, **f)** $\lim\limits_{x \to 0} \dfrac{3x^3 + x\ln^5 x}{3\ln^5(1+x)+\sqrt{x}}$,

g) $\lim\limits_{x \to 0} \dfrac{\sin 2x - x}{\ln(1+x)}$, **h)** $\lim\limits_{x \to 0} \dfrac{e^x - e^{-x}}{2x}$, **i)** $\lim\limits_{x \to 0} \dfrac{e^x - \sqrt{1-x}}{x}$.

Indication : g) h) i) Écrire $f \underset{a}{\sim} g$ sous la forme $f \underset{a}{=} g + o(g)$ pour les combinaisons linéaires et les composées de fonctions.

Il s'agit d'une forme indéterminée du type « $\frac{0}{0}$ ».

1.1.a) Au voisinage de 0 : par substitution $e^{2x}-1 \underset{0}{\sim} 2x$ et $\sin 3x \underset{0}{\sim} 3x$ donc par quotient : $\dfrac{\sin 3x}{e^{2x}-1} \underset{0}{\sim} \dfrac{3x}{2x} = \dfrac{3}{2}$. Par conséquent $\boxed{\lim\limits_{x\to 0} \dfrac{\sin 3x}{e^{2x}-1} = \dfrac{3}{2}}$.

b) Au voisinage de 0 : $e^{\sqrt{x}} - 1 \underset{0}{\sim} \sqrt{x}$ et donc $\left(e^{\sqrt{x}}-1\right)\ln x \underset{0}{\sim} \sqrt{x}\ln x$. En outre $\lim\limits_{x \to 0^+} \left(\sqrt{x}\ln x\right) = 0$. Par conséquent : $\boxed{\lim\limits_{x \to 0^+} \left(e^{\sqrt{x}}-1\right)\ln x = 0}$.

$\cos\left(\dfrac{\pi}{2}+h\right) = -\sin h$.

c) En posant $h = x - \dfrac{\pi}{2}$, l'expression à étudier se transforme :

$$\frac{\sin(\cos x)}{\pi - 2x} = \frac{\sin\left[\cos\left(\frac{\pi}{2}+h\right)\right]}{-2h} = \frac{\sin(\sin h)}{2h}.$$

$\lim\limits_{h\to 0} \sin h = 0$ et $\sin u \underset{u \to 0}{\sim} u$ donc, par substitution : $\sin(\sin h) \underset{0}{\sim} \sin h$. En appliquant à nouveau la même équivalence, on aboutit à :

$\dfrac{\sin(\sin h)}{2h} \underset{0}{\sim} \dfrac{\sin h}{2h} \underset{0}{\sim} \dfrac{h}{2h} = \dfrac{1}{2}$. Par conséquent $\boxed{\lim\limits_{x \to \frac{\pi}{2}} \dfrac{\sin(\cos x)}{\pi - 2x} = \dfrac{1}{2}}$.

d) $\lim\limits_{x \to -\infty} e^x = 0$ et $\ln(1+h) \underset{0}{\sim} h$ donc, par substitution : $\ln(1+e^x) \underset{-\infty}{\sim} e^x$.

Par conséquent $x^3\ln(e^x+1) \underset{-\infty}{\sim} x^3e^x$. Or $\lim\limits_{x \to -\infty} x^3e^x = 0$ et donc $\boxed{\lim\limits_{x \to -\infty} x^3\ln(e^x+1) = 0}$.

e) Dans la somme $e^{2x}+x^5e^x+x^7$, la fonction prépondérante sur les autres au voisinage de $+\infty$ est e^{2x}. On factorise par e^{2x} :

$e^{2x}+x^5e^x+x^7=e^{2x}\left(1+\dfrac{x^5}{e^x}+\dfrac{x^7}{e^{2x}}\right)$ on se sert ensuite de $x^5\underset{+\infty}{=}o(e^x)$ et $x^7\underset{+\infty}{=}o(e^{2x})$ pour écrire : $\lim\limits_{x\to+\infty}\left(1+\dfrac{x^5}{e^x}+\dfrac{x^7}{e^{2x}}\right)=1$.

Par suite : $e^{2x}+x^5e^x+x^7\underset{+\infty}{\sim}e^{2x}$.

De même $5e^{2x}+3e^x+x^2\underset{+\infty}{\sim}5e^{2x}$, et ainsi : $\dfrac{e^{2x}+x^5e^x+x^7}{5e^{2x}+3e^x+x^2}\underset{+\infty}{\sim}\dfrac{e^{2x}}{5e^{2x}}=\dfrac{1}{5}$, en conséquence :

$$\boxed{\lim_{x\to+\infty}\frac{e^{2x}+x^5e^x+x^7}{5e^{2x}+3e^x+x^2}=\frac{1}{5}}.$$

f) On procède comme précédemment en factorisant l'expression par $x\ln^5 x$ qui est prépondérante sur les autres au voisinage 0. On obtient :

$$3x^3+x\ln^5 x=x(\ln^5 x)\left(1+\frac{3x^2}{\ln^5 x}\right).$$

On vérifie que $\lim\limits_{x\to 0}\dfrac{3x^2}{\ln^5 x}=0$, et par suite : $3x^3+x\ln^5 x\underset{0}{\sim}x\ln^5 x$.

De même, comme $\ln(1+h)\underset{0}{\sim}h$ on a : $3\ln^5(1+x)\underset{0}{\sim}3x^5\underset{0}{=}o(\sqrt{x})$. Cela permet d'écrire que $3\ln^5(1+x)+\sqrt{x}\underset{0}{=}\sqrt{x}+o(\sqrt{x})$. Ainsi : $3\ln^5(1+x)+\sqrt{x}\underset{0}{\sim}\sqrt{x}$.

Il en résulte que $\dfrac{3x^3+x\ln^5 x}{3\ln^5(1+x)+\sqrt{x}}\underset{0}{\sim}\dfrac{x\ln^5 x}{\sqrt{x}}\underset{0}{\sim}\sqrt{x}\ln^5 x$, et par suite

$$\boxed{\lim_{x\to 0}\frac{3x^3+x\ln^5 x}{3\ln^5(1+x)+\sqrt{x}}=0}.$$

g) On a : $\sin x\underset{0}{=}x+o(x)$. Donc par substitution : $\sin 2x\underset{0}{=}2x+o(x)$.

Alors : $\sin 2x-x\underset{0}{=}x+o(x)$. Donc $\sin 2x-x\underset{0}{\sim}x$ et $\ln(1+x)\underset{0}{\sim}x$. Par quotient d'équivalents : $\dfrac{\sin 2x-x}{\ln(1+x)}\underset{0}{\sim}1$. Donc : $\boxed{\lim\limits_{x\to 0}\dfrac{\sin 2x-x}{\ln(1+x)}=1}$.

h) On sait que : $e^x\underset{0}{=}1+x+o(x)$, et en substituant $-x$ à x :

$$e^{-x}\underset{0}{=}1-x+o(x).$$

D'où : $e^x-e^{-x}\underset{0}{=}2x+o(x)$. Par suite pour tout $x\neq 0$: $\dfrac{e^x-e^{-x}}{2x}\underset{0}{=}1+o(1)$.

Par conséquent : $\boxed{\lim\limits_{x\to 0}\dfrac{e^x-e^{-x}}{2x}=1}$.

i) $e^x\underset{0}{=}1+x+o(x)$ et $\sqrt{1+x}\underset{0}{=}1+\dfrac{x}{2}+o(x)$. Alors par substitution puis différence : $e^x-\sqrt{1-x}\underset{0}{=}(1+x)-\left(1-\dfrac{x}{2}\right)+o(x)$. D'où : $e^x-\sqrt{1-x}\underset{0}{=}\dfrac{3x}{2}+o(x)$ et $e^x-\sqrt{1-x}\underset{0}{\sim}\dfrac{3x}{2}$. Enfin, par quotient d'équivalents : $\dfrac{e^x-\sqrt{1-x}}{x}\underset{0}{\sim}\dfrac{3}{2}$. Donc :

$$\boxed{\lim_{x\to 0}\frac{e^x-\sqrt{1-x}}{x}=\frac{3}{2}}.$$

Si g ne s'annule pas sur $I\setminus\{a\}$, $f\underset{a}{=}o(g)\Leftrightarrow\lim\limits_{a}\dfrac{f}{g}=0$.

$\lim\limits_{x\to 0}\left(\sqrt{x}\ln^5 x\right)=0$.

On n'écrit pas $o(2x)$ car $f(x)\underset{0}{=}o(x)\Leftrightarrow f(x)\underset{0}{=}o(2x)$.

Erreur à éviter :

Attention : ne pas faire de différence d'équivalents. Mais on peut sommer ou faire des différences d'égalités du type $f\underset{a}{=}g+o(h)$.

Conseils méthodologiques

2.1 L'addition à f d'une fonction g négligeable devant f au voisinage de a ne modifie pas l'équivalent de f en a.

2.2 Utiliser les prépondérances des fonctions usuelles au voisinage de $+\infty$ et la substitution.

2.3 Utiliser des substitutions.

2 ■ Savoir donner un équivalent.

2.1 Donner un équivalent de la fonction f au voisinage de $+\infty$ dans les cas suivants :

a) $f(x)=e^x+5x^5$, **b)** $f(x)=\dfrac{1}{x}+\dfrac{2}{\ln^5 x}$, **c)** $f(x)=3e^{\frac{x}{2}}+x^3+\ln^2 x$.

2.2 Donner un équivalent puis la limite de f en $+\infty$ dans les cas suivants :

a) $f(x)=x^3\ln\dfrac{e^x-1}{e^x+1}$, **b)** $f(x)=e^x-\sqrt{e^{2x}+3x^5}$,

c) $f(x)=x^2\left[\ln(x+1)-\ln x\right]$.

2.3 Soit deux entiers m et n qui vérifient $m<n$ et P le polynôme défini par $P(x)=a_m x^m+a_{m+1}x^{m+1}+\ldots+a_n x^n$ avec $a_m a_n\neq 0$.

a) Donner un équivalent de $P\left[f(x)\right]$ au voisinage de $+\infty$ si $\lim\limits_{x\to+\infty} f(x)=+\infty$.

En déduire un équivalent de $g(x)$ au voisinage de $+\infty$ dans les cas suivants :

b) $g(x)=\left[\ln^2 x+3\ln x+2\right]\left[e^{2x}+5e^x+3\right]$,

c) $g(x)=\dfrac{7\ln^3 x+5\ln x+4}{\left(x^2+3\right)^3}$.

2.1.a) Par prépondérance de l'exponentielle sur les puissances au voisinage de $+\infty$, on a : $5x^5\underset{+\infty}{=}o(e^x)$ donc $f(x)\underset{+\infty}{=}e^x+o(e^x)$ c'est-à-dire $\boxed{f(x)\underset{+\infty}{\sim}e^x}$.

L'addition à f d'une fonction g négligeable devant f au voisinage de a ne modifie pas l'équivalent de f en a.

b) Par prépondérance des puissances sur les logarithmes au voisinage de $+\infty$, on a : $\ln^5 x\underset{+\infty}{=}o(x)$, donc (ces fonctions ne s'annulant pas dans un voisinage de $+\infty$) en passant aux inverses $\dfrac{1}{x}\underset{+\infty}{=}o\left(\dfrac{1}{\ln^5 x}\right)$.

Par suite : $\dfrac{1}{x}+\dfrac{2}{\ln^5 x}=\dfrac{2}{\ln^5 x}+o\left(\dfrac{1}{\ln^5 x}\right)$ c'est-à-dire $\boxed{\dfrac{1}{x}+\dfrac{2}{\ln^5 x}\underset{+\infty}{\sim}\dfrac{2}{\ln^5 x}}$.

Ce qui signifie aussi $\dfrac{1}{x}\underset{+\infty}{=}o\left(\dfrac{2}{\ln^5 x}\right)$ mais on n'utilise jamais de constante multiplicative à l'intérieur d'un « petit o » puisque pour toute constante λ non nulle $f\underset{a}{=}o(g)\Leftrightarrow f\underset{a}{=}o(\lambda g)$.

c) Par prépondérance de l'exponentielle sur les logarithmes et les puissances au voisinage de $+\infty$, on a :

$$\ln^2 x\underset{+\infty}{=}o\left(e^{\frac{x}{2}}\right) \text{ et } x^3\underset{+\infty}{=}o\left(e^{\frac{x}{2}}\right).$$

Donc par somme de fonctions négligeables devant $e^{\frac{x}{2}}$, on a :

$$x^3+\ln^2 x\underset{+\infty}{=}o\left(e^{\frac{x}{2}}\right). \text{ Ainsi } 3e^{\frac{x}{2}}+x^3+\ln^2 x\underset{+\infty}{=}3e^{\frac{x}{2}}+o\left(e^{\frac{x}{2}}\right).$$

Ce qui signifie aussi $x^3+\ln^2 x\underset{+\infty}{=}o\left(3e^{\frac{x}{2}}\right)$.

On en déduit l'équivalence : $\boxed{3e^{\frac{x}{2}}+x^3+\ln^2 x\underset{+\infty}{\sim}3e^{\frac{x}{2}}}$.

2.2.a) Pour $x>0$, on a $e^x-1>0$, donc $f(x)$ existe. De plus :

$$f(x)=x^3\ln\left[\frac{e^x(1-e^{-x})}{e^x(1+e^{-x})}\right]=x^3\ln\frac{1-e^{-x}}{1+e^{-x}}.$$

Il est plus pratique ici d'écrire : $f(x)=x^3\left[\ln(1-e^{-x})-\ln(1+e^{-x})\right]$.

En effet $\lim_{x\to+\infty} e^{-x}=0$ et $\ln(1+h)\underset{0}{=}h+o(h)$, donc par substitution :

$$\ln(1-e^{-x})\underset{+\infty}{=}-e^{-x}+o(e^{-x}) \text{ et } \ln(1+e^{-x})\underset{+\infty}{=}e^{-x}+o(e^{-x}).$$

Ainsi, par combinaison linéaire : $\ln(1-e^{-x})-\ln(1+e^{-x})\underset{+\infty}{=}-2e^{-x}+o(e^{-x})$.

Par produit, on obtient alors $f(x)\underset{+\infty}{=}-2x^3e^{-x}+o(x^2e^{-x})$.

Donc $\boxed{f(x)\underset{+\infty}{\sim}-2x^3e^{-x}}$.

Par prépondérance de l'exponentielle sur les puissances au voisinage de $+\infty$, on a alors $\boxed{\lim_{x\to+\infty} f(x)=0}$.

b) La factorisation par l'expression e^x qui est prépondérante sur les autres au voisinage de $+\infty$ conduit à :

$$f(x)=e^x-\sqrt{e^{2x}(1+3x^5e^{-2x})}=e^x\left[1-\sqrt{1+3x^5e^{-2x}}\right].$$

Par prépondérance de l'exponentielle sur les puissances au voisinage de $+\infty$, on a : $3x^5\underset{+\infty}{=}o(e^{2x})$ donc $\lim_{x\to+\infty}(3x^5e^{-2x})=0$.

Puisque $\lim_{x\to+\infty}(3x^5e^{-2x})=0$ et $\sqrt{1+u}\underset{u\to0}{=}1+\frac{u}{2}+o(u)$, on obtient par substitution : $\sqrt{1+3x^5e^{-2x}}\underset{+\infty}{=}1+\frac{3}{2}x^5e^{-2x}+o(x^5e^{-2x})$.

Par conséquent : $1-\sqrt{1+3x^5e^{-2x}}\underset{+\infty}{=}-\frac{3}{2}x^5e^{-2x}+o(x^5e^{-2x})$ et en multipliant par e^x : $f(x)=e^x\left[1-\sqrt{1+3x^5e^{-2x}}\right]\underset{+\infty}{=}-\frac{3}{2}x^5e^{-x}+o(x^5e^{-x})$.

D'où $\boxed{f(x)\underset{+\infty}{\sim}-\frac{3}{2}x^5e^{-x}}$. Par prépondérance de l'exponentielle sur les puissances au voisinage de $+\infty$, on a alors $\boxed{\lim_{x\to+\infty} f(x)=0}$.

c) Pour $x>0$, on a : $f(x)=x^2\left[\ln\frac{x+1}{x}\right]=x^2\ln\left[1+\frac{1}{x}\right]$. Or $\lim_{x\to+\infty}\frac{1}{x}=0$ et $\ln(1+h)\underset{0}{\sim}h$ donc par substitution $\ln\left(1+\frac{1}{x}\right)\underset{+\infty}{\sim}\frac{1}{x}$, et par produit d'équivalents, on obtient $f(x)\underset{+\infty}{\sim}\frac{x^2}{x}$ c'est-à-dire $\boxed{f(x)\underset{+\infty}{\sim}x}$ et $\boxed{\lim_{x\to+\infty} f(x)=+\infty}$.

2.3.a) On rappelle qu'un polynôme est équivalent à son terme de plus haut degré au voisinage de l'infini (et à son terme de plus bas degré au voisinage de 0). Or $\lim_{x\to+\infty} f(x)=+\infty$ donc par substitution :

$$\boxed{P[f(x)]\underset{+\infty}{\sim}a_n[f(x)]^n}.$$

On peut penser à utiliser $\ln(1+h)\underset{0}{\sim}h$ qui donne par substitution $\ln(1-e^{-x})\underset{+\infty}{\sim}-e^{-x}$ et $\ln(1+e^{-x})\underset{+\infty}{\sim}e^{-x}$. Mais, puisqu'on a une différence dans le crochet, et qu'il n'y a pas de règle pour les équivalents dans ce cas, on doit utiliser la relation de prépondérance : $\ln(1+h)\underset{0}{=}h+o(h)$.

b) $\lim\limits_{x\to+\infty} e^x = +\infty$, par conséquent, par substitution, d'après la question 2.3.a) $e^{2x}+5e^x+3 \underset{+\infty}{\sim} e^{2x}$. De même, $\lim\limits_{x\to+\infty} \ln x = +\infty$, par suite $\ln^2 x + 3\ln x + 2 \underset{+\infty}{\sim} \ln^2 x$. Donc par produit :

$$\boxed{g(x) \underset{+\infty}{\sim} e^{2x}\ln^2 x}.$$

c) En procédant de la même façon, si $g(x) = \dfrac{7\ln^3 x + 5\ln x + 4}{\left(x^2+3\right)^3}$, on a d'après a) : $7\ln^3 x + 5\ln x + 4 \underset{+\infty}{\sim} 7\ln^3 x$ et $\left(x^2+3\right)^3 \underset{+\infty}{\sim} x^6$. Donc par quotient :

$$\boxed{g(x) \underset{+\infty}{\sim} \frac{7\ln^3 x}{x^6}}.$$

Conseils méthodologiques

Transformer l'expression $\left[u(x)\right]^{v(x)}$ en $e^{v(x)\ln\left[u(x)\right]}$ et étudier $v(x)\ln\left[u(x)\right]$.

3 ■ Savoir étudier la limite de $\left[u(x)\right]^{v(x)}$.

Déterminer les limites suivantes :

a) $\lim\limits_{x\to+\infty}\left(1+\dfrac{1}{x}\right)^x$, **b)** $\lim\limits_{x\to0^+}\left|\sin x\right|^x$, **c)** $\lim\limits_{x\to+\infty}\left(1+e^{-x}\right)^{2x^2}$.

Dès qu'il y a un risque de confusion sur les variables, on peut utiliser la notation $\ln(1+h)\underset{h\to0}{\sim} h$ au lieu de $\ln(1+h)\underset{0}{\sim} h$.

3.a) Il s'agit d'une forme indéterminée de la forme 1^∞, on écrit donc pour tout $x>0$: $\ln\left(1+\dfrac{1}{x}\right)^x = x\ln\left(1+\dfrac{1}{x}\right)$. On a alors $\lim\limits_{x\to+\infty}\dfrac{1}{x}=0$ et $\ln(1+h)\underset{h\to0}{\sim} h$ donc par substitution : $\ln\left(1+\dfrac{1}{x}\right)\underset{x\to+\infty}{\sim}\dfrac{1}{x}$. Par suite : $x\ln\left(1+\dfrac{1}{x}\right)\underset{x\to+\infty}{\sim}1$, donc $\lim\limits_{x\to+\infty} x\ln\left(1+\dfrac{1}{x}\right)=1$. De plus : $\left(1+\dfrac{1}{x}\right)^x = e^{x\ln\left(1+\frac{1}{x}\right)}$, donc par continuité en 1 de la fonction exponentielle : $\boxed{\lim\limits_{x\to+\infty}\left(1+\dfrac{1}{x}\right)^x = e}$.

Dans cette écriture, on considère que $o(1)$ désigne une fonction qui tend vers 0 (ici quand x tend vers 0), ce qui est un abus de notation usuel.

b) Il s'agit d'une forme indéterminée de la forme 0^0, on écrit donc :

$$\left|\sin x\right|^x = e^{x\ln\left|\sin x\right|}.$$

Or : $\sin x \underset{0}{=} x+o(x)$. Donc : $\ln\left|\sin x\right| \underset{0}{=} \ln\left|x+o(x)\right| \underset{0}{=} \ln|x| + \ln\left|1+o(1)\right|$.

On remarque alors que $\ln\left|1+o(1)\right| \underset{0}{=} o(1)$.

Par conséquent : $\ln\left|\sin x\right| \underset{0}{=} \ln|x| + o(1)$. Enfin $x\ln\left|\sin x\right| \underset{0}{=} x\ln|x| + o(x)$.

Or : $\lim\limits_{x\to0} x\ln|x| = 0$, donc : $\lim\limits_{x\to0} e^{x\ln\left|\sin x\right|} = 1$ c'est-à-dire $\boxed{\lim\limits_{x\to0}\left|\sin x\right|^x = 1}$.

c) Il s'agit encore d'une forme indéterminée de la forme 1^∞, on écrit donc pour tout $x\neq0$: $\left(1+e^{-x}\right)^{2x^2} = e^{2x^2\ln\left(1+e^{-x}\right)}$. Or $\lim\limits_{x\to+\infty} e^{-x}=0$ et $\ln(1+h)\underset{h\to0}{\sim} h$ donc par substitution : $\ln\left(1+e^{-x}\right)\underset{x\to+\infty}{\sim} e^{-x}$.

Par suite : $2x^2\ln\left(1+e^{-x}\right) \underset{x\to+\infty}{\sim} 2x^2e^{-x}$. Enfin, par prépondérance de l'exponentielle sur les puissances : $\lim\limits_{x\to+\infty} 2x^2e^{-x}=0$.

Par conséquent : $\lim\limits_{x\to+\infty} 2x^2\ln\left(1+e^{-x}\right)=0$. Or $\left(1+e^{-x}\right)^{2x^2}=e^{2x^2\ln\left(1+e^{-x}\right)}$, donc par continuité en 0 de l'exponentielle : $\boxed{\lim\limits_{x\to+\infty}\left[\left(1+e^{-x}\right)^{2x^2}\right]=1}$.

4 ■ Savoir résoudre une équation fonctionnelle.

4.1 Soit $a\in\left]-1,1\right[$. Déterminer toutes les fonctions f définies sur $\mathbb{R}$, continues en 0 et vérifiant (***E***) : $\forall x\in\mathbb{R},\ f(x)=f(ax)$.

4.2 Soit f une fonction définie sur $\mathbb{R}$ qui vérifie le système (*F*) :

$$\forall(x,y)\in\mathbb{R}^2,\ \begin{cases} f(x+y)=f(x)+f(y) \\ f(x^2)\geq 0. \end{cases}$$

a) Montrer que f est croissante sur $\mathbb{R}$.

b) Montrer qu'il existe un réel α tel que : $\forall x\in\mathbb{R},\ f(x)=\alpha x$.

c) En déduire l'ensemble S des fonctions qui vérifient (*E*).

Conseils méthodologiques

Pour tout x réel, établir que : $\forall n\in\mathbb{N},\ f(a^nx)=f(x)$.

b) Montrer que : $\forall n\in\mathbb{Z},\ f(nx)=nf(x)$.

c) Ne pas oublier la réciproque.

4.1 Soit x un réel et f une fonction vérifiant (***E***). Posons, pour tout entier naturel n, $P(n)$: « $\forall x\in\mathbb{R}, f(a^nx)=f(x)$ ». On va démontrer par récurrence que la propriété est vraie pour tout n.

Initialisation. $f(a^0x)=f(x)$ d'où $P(0)$ est vraie.

Hérédité. Soit $n\in\mathbb{N}$, on suppose $P(n)$, montrons $P(n+1)$.

D'après $P(n)$, pour tout $y\in\mathbb{R}$, $f(y)=f(a^ny)$ d'où, en prenant $y=ax$, on obtient $f(ax)=f(a^{n+1}x)$, or $f(ax)=f(x)$ on a donc $P(n+1)$.

Conclusion : $\forall n\in\mathbb{N},\ f(a^nx)=f(x)$. (1).

Or f est continue en 0 donc $\lim\limits_{0} f=f(0)$. En outre $\lim\limits_{n\to+\infty} a^nx=0$ car $(a^n)_{n\in\mathbb{N}}$ tend vers 0 puisque $a\in\left]-1,1\right[$.

Ainsi, par composition, $\lim\limits_{n\to+\infty} f(a^nx)=f(0)$ c'est-à-dire $f(x)=f(0)$ en tenant compte de l'égalité (1) précédente. Donc f est constante sur $\mathbb{R}$.

Réciproquement, les fonctions constantes sur $\mathbb{R}$ sont continues en 0 et vérifient : $\forall x\in\mathbb{R},\ f(x)=f(ax)$. En conclusion, l'ensemble des fonctions continues en 0 et vérifiant (***E***) coïncide avec l'ensemble des fonctions constantes sur $\mathbb{R}$.

Erreur à éviter :

On vient donc de démontrer que si une fonction, continue en 0, vérifie (***E***), alors elle est nécessairement constante car : $\forall x\in\mathbb{R},\ f(x)=f(0)$. Mais, comme c'est le cas dans la plupart des équations fonctionnelles rencontrées aux concours, la démonstration s'est faite par implication, il ne faut donc pas oublier d'étudier la réciproque. On dit qu'on procède par analyse et synthèse.

4.2.a) Pour montrer que la fonction f est croissante sur $\mathbb{R}$, on va prouver que $\forall(x,y)\in\mathbb{R}^2,\ x<y\Rightarrow f(x)\leq f(y)$. On a : $f(y)=f(x)+f(y-x)$ donc il suffit d'établir que si $x<y$ alors $f(y-x)\geq 0$. Or, on remarque que :

$y-x=\left(\sqrt{y-x}\right)^2$ et d'après l'hypothèse $f(y-x)=f\left[\left(\sqrt{y-x}\right)^2\right]\geq 0$. Par suite : f est croissante sur $\mathbb{R}$.

b) On remarque que pour $x=y=0$: $f(0)=f(0)+f(0)$, donc $f(0)=0$. De plus, pour tout réel x : $f(0)=f(x-x)=f(x)+f(-x)$, donc $f(-x)=-f(x)$. Donc f est impaire.

Par une récurrence simple, on établit que : $\forall n\in\mathbb{N},\ f(nx)=nf(x)$. Puis à l'aide de la parité, on obtient : $\forall x\in\mathbb{R},\ \forall n\in\mathbb{N},\ f(-nx)=-f(nx)=-nf(x)$. Donc : $\forall x\in\mathbb{R},\ \forall n\in\mathbb{Z},\ f(nx)=nf(x)$. Enfin, en utilisant :

$\forall p\in\mathbb{Z},\ \forall q\in\mathbb{N}^*,\ qf\left(\frac{p}{q}\right)=f\left(q\frac{p}{q}\right)=f(p)=pf(1)$, on a : $(*)$ $f\left(\frac{p}{q}\right)=\frac{p}{q}f(1)$.

En considérant un réel quelconque x et la suite croissante $\left(\frac{p_n}{10^n}\right)_{n\in\mathbb{N}}$ des valeurs approchées de x à 10^{-n} près par défaut et la suite décroissante $\left(\frac{p_n+1}{10^n}\right)_{n\in\mathbb{N}}$ des valeurs approchées de x à 10^{-n} près par excès, on peut écrire que : $\forall n\in\mathbb{N},\ \frac{p_n}{10^n}\leq x\leq\frac{p_n+1}{10^n}$.

Puisque f est croissante on obtient : $f\left(\frac{p_n}{10^n}\right)\leq f(x)\leq f\left(\frac{p_n+1}{10^n}\right)$; ce qui donne d'après $(*)$: $\frac{p_n}{10^n}f(1)\leq f(x)\leq\frac{p_n+1}{10^n}f(1)$.

Or $\lim\limits_{n\to+\infty}\frac{p_n}{10^n}=\lim\limits_{n\to+\infty}\frac{p_n+1}{10^n}=x$, donc le théorème des gendarmes permet de dire que : $f(x)=xf(1)$. En posant $\alpha=f(1)$ on a alors : $\forall x\in\mathbb{R},\ f(x)=\alpha x$.

c) D'après la question a) toute fonction qui vérifie (*E*) est de la forme $f:x\mapsto\alpha x$. De plus la croissance de f impose $\alpha\geq 0$. Réciproquement, une telle fonction f est croissante et vérifie la première égalité. En conclusion, $S=\{x\mapsto\alpha x\ /\ \alpha\geq 0\}$.

5 ■ Savoir se servir du théorème des valeurs intermédiaires.

Conseils méthodologiques

Introduire la fonction $h:x\mapsto f(x)-x$ et raisonner par l'absurde.

Remarquer que la fonction cosinus hyperbolique ne s'annule pas sur $\mathbb{R}$.

Étudier les limites de P en $+\infty$ et $-\infty$.

5.1 Soit f une application continue sur $\mathbb{R}$ telle qu'il existe un réel a vérifiant $f\circ f(a)=a$. Montrer que f admet au moins un point fixe. On rappelle qu'un point fixe de f est un réel x vérifiant $f(x)=x$.

5.2 On note $\mathrm{Id}_{\mathbb{R}}$ l'identité définie sur $\mathbb{R}$ par $\mathrm{Id}_{\mathbb{R}}:x\mapsto x$.

a) Trouver une fonction f continue sur $\mathbb{R}$, distincte de $\mathrm{Id}_{\mathbb{R}}$ et de $-\mathrm{Id}_{\mathbb{R}}$, vérifiant : $\forall x\in\mathbb{R},\ [f(x)]^2=x^2$.

b) Montrer qu'il n'existe pas de fonction f continue sur $\mathbb{R}$, distincte de ch et de $-$ch, vérifiant : $\forall x\in\mathbb{R},\ [f(x)]^2=\mathrm{ch}^2\,x$.

c) Montrer que tout polynôme P de degré impair à coefficients réels admet au moins une racine réelle.

5.1 Raisonnons par l'absurde en supposant que f n'admet aucun point fixe. Comme différence de deux fonctions continues sur $\mathbb{R}$, la fonction $h : x \mapsto f(x) - x$ est continue sur $\mathbb{R}$. Puisque la fonction h est continue sur $\mathbb{R}$ et ne s'annule pas elle garde un signe constant. Supposons par exemple qu'elle soit strictement positive c'est-à-dire que, pour tout réel x, on ait : $f(x) > x$. Alors $f(f(a)) > f(a) > a$ ce qui est contradictoire. On obtiendrait une contradiction analogue en supposant que h est strictement négative. Par conséquent f admet au moins un point fixe.

Changement de signe : si f est une fonction continue sur un intervalle I et change de signe sur I alors f s'annule sur I.
Signe constant : si f est une fonction continue sur un intervalle I et qui ne s'annule pas sur I, alors d'après le théorème des valeurs intermédiaires, f garde un signe constant sur I.

5.2.a) Il est clair que la fonction valeur absolue est distincte de $Id_{\mathbb{R}}$ et de $-Id_{\mathbb{R}}$. Elle vérifie $\forall x \in \mathbb{R}, |x|^2 = x^2$. D'où le résultat.

b) En revanche dans ce cas, toute fonction continue f qui vérifie l'équation $\forall x \in \mathbb{R}, [f(x)]^2 = \text{ch}^2 x$ garde un signe constant car elle ne s'annule pas (théorème des valeurs intermédiaires). Donc f est soit positive (et $f = \text{ch}$), soit négative (et $f = -\text{ch}$). Il n'existe donc pas de fonction f continue sur $\mathbb{R}$, distincte de ch et de $-$ch, vérifiant : $\forall x \in \mathbb{R}, [f(x)]^2 = \text{ch}^2 x$.

5.3 En divisant le polynôme P par son coefficient dominant (c'est-à-dire par le coefficient de son terme de plus haut degré), on se ramène à un polynôme unitaire Q qui a les mêmes racines que P. Alors, si $d°Q = 2n+1$, $x \mapsto Q(x)$ est continue et :

$\lim_{x\to-\infty} Q(x) = \lim_{x\to-\infty} x^{2n+1} = -\infty$ et $\lim_{x\to+\infty} Q(x) = \lim_{x\to+\infty} x^{2n+1} = +\infty$ car un polynôme est équivalent en l'infini à son terme de plus haut degré.

Par suite, Q change de signe et d'après le théorème des valeurs intermédiaires, Q s'annule au moins une fois. Il en résulte que Q, et par suite P, admet au moins une racine réelle.

6 ▬ Savoir se servir de la continuité.

6.1 On suppose que les fonctions f et g sont continues sur un segment $[a, b]$. On pose, pour tout réel x, $h(x) = \max(f(x), g(x))$. Montrer que la fonction h atteint son maximum et son minimum sur $[a, b]$.

6.2 Soit f une fonction continue sur le segment $[a, b]$. Montrer que si l'ensemble $Z = \{x \in [a, b] / f(x) = 0\}$ est non vide, il admet un plus grand élément.

Conseils méthodologiques

Utiliser $\max(y, z) = \dfrac{|y-z| + y + z}{2}$.

Considérer α la borne supérieure de Z et construire une suite de points de Z qui converge vers α.

6.1 Vérifions l'égalité $\max(y, z) = \dfrac{|y-z| + y + z}{2}$.

Si $y > z$, $|y-z| = y - z$, donc $\dfrac{|y-z| + y + z}{2} = \dfrac{y - z + y + z}{2} = y = \max(y, z)$.

Si $y \le z$, $|y-z| = z - y$, donc $\dfrac{|y-z| + y + z}{2} = \dfrac{z - y + y + z}{2} = z = \max(y, z)$.

$f-g$ et $f+g$ sont continues sur $[a, b]$ comme combinaison linéaire d'applications continues sur $\mathbb{R}$. De plus $|f-g|$ est continue sur $[a, b]$ comme composée de deux applications continues sur $[a, b]$. Par suite h est continue sur $[a, b]$ comme combinaison linéaire d'applications continues sur $[a, b]$.

Si $\alpha = \sup Z$ alors, pour tout $\varepsilon > 0$, il existe z dans Z tel que $\alpha - \varepsilon < z \leq \alpha$. Pour construire une suite de points de Z qui converge vers α, il suffit de prendre $\varepsilon = \frac{1}{2^n}$.

L'ensemble Z, admettant une borne supérieure α, admet α pour maximum (ou plus grand élément) si et seulement si α appartient à Z.

Par conséquent, on peut écrire : $h(x) = \frac{|f(x)-g(x)|+f(x)+g(x)}{2}$.

Or les fonctions f et g sont continues sur $[a, b]$ ainsi que la fonction valeur absolue donc h l'est aussi.

Il en résulte que l'image par h du segment $[a, b]$ est un segment $[m, M]$ ce qui prouve que la fonction h atteint son maximum et son minimum sur le segment $[a, b]$.

6.2 Supposons que l'ensemble $Z = \{x \in [a, b] / f(x) = 0\}$ est non vide, Z est alors une partie non vide de $\mathbb{R}$ majorée par b. La borne supérieure de Z existe dans $\mathbb{R}$. Notons la α. Par définition de la borne supérieure d'un ensemble, pour tout entier n, il existe $z_n \in Z$ tel que $\alpha - \frac{1}{2^n} < z_n \leq \alpha$.

Grâce au théorème des gendarmes, la suite $(z_n)_{n\in\mathbb{N}}$ converge vers α qui appartient à $[a, b]$, de plus : $\forall n \in \mathbb{N}, f(z_n) = 0$ donc par continuité de f : $f(\alpha) = \lim_{n\to+\infty} f(z_n) = 0$. Il en résulte que $\alpha \in Z$. Ainsi Z admet α comme plus grand élément.

Pour maîtriser les bases

1. Applications qui commutent ______ D'après CCP

1. Soit $f:[a, b]\to[a, b]$, une application continue sur $[a, b]$. Montrer que f admet au moins un point fixe.

2. Soit f et g deux fonctions continues sur le segment $[a, b]$ et à valeurs dans $[a, b]$. On suppose que f et g commutent c'est-à-dire que $f\circ g = g\circ f$. Montrer qu'il existe un réel c dans $[a, b]$ tel que $f(c)=g(c)$.

Conseils méthodologiques : **1)** Introduire la fonction $h: x\mapsto f(x)-x$. **2)** Considérer le plus grand point fixe de f.

1. Comme différence de deux fonctions continues sur $[a, b]$, la fonction $h: x\mapsto f(x)-x$ est continue sur $[a, b]$.

En outre, la fonction f est à valeurs dans $[a, b]$ donc en particulier $a\leq f(a)$ et $f(b)\leq b$. On en déduit que $h(a)=f(a)-a\geq 0$ et $h(b)=f(b)-b\leq 0$. D'après le théorème des valeurs intermédiaires, il existe alors un réel c appartenant à $[a, b]$ tel que $h(c)=0$. Par conséquent, il existe $c\in[a, b]$ tel que $f(c)=c$, c'est-à-dire que f admet au moins un point fixe.

Remarque :
On appelle point fixe de f tout réel x vérifiant $f(x)=x$.

2. Raisonnons par l'absurde. S'il n'existe aucun réel c dans $[a, b]$ tel que $f(c)=g(c)$, la fonction $f-g$ est une fonction continue qui ne s'annule pas sur l'intervalle $[a, b]$. Alors $f-g$ garde un signe constant sur $[a, b]$. Compte tenu des rôles symétriques joués par f et g, on peut supposer par exemple que $f-g$ est strictement négative. Considérons alors la fonction $h: x\mapsto f(x)-x$. On a vu à la question 1.1. que h s'annulait au moins une fois sur $[a, b]$. Par suite l'ensemble $Z=\{x\in[a, b]\,/\,h(x)=0\}$ est non vide, il admet donc un plus grand élément α (*cf. Savoir-faire 6.2.*). Ce réel α est, par définition, le plus grand point fixe de f car $Z=\{x\in[a, b]\,/\,f(x)=x\}$.

Or, $f\circ g=g\circ f$ donc $f[g(\alpha)]=g[f(\alpha)]=g(\alpha)$ car $f(\alpha)=\alpha$. On en conclut que $g(\alpha)$ est un point fixe de f. Mais $(f-g)(\alpha)<0$ donc $\alpha=f(\alpha)<g(\alpha)$ ce qui est contradictoire avec le fait que α est le plus grand point fixe de f. L'hypothèse de départ est donc fausse : on en déduit qu'il existe un réel c dans $[a, b]$ tel que $f(c)=g(c)$.

2. Image d'un segment — D'après CCP

Soit f et g deux fonctions continues sur $\mathbb{R}$.

1. On suppose que f est bornée. Montrer que $f \circ g$ et $g \circ f$ sont bornées.

2. On suppose maintenant que : $\forall x \in [a, b], g(x) < f(x)$. Montrer qu'il existe un réel strictement positif α tel que : $\forall x \in [a, b], g(x) + \alpha \leq f(x)$.

Conseils méthodologiques : **1)** Remarquer que l'image d'un segment par g est un segment. **2)** Utiliser le minimum de $f - g$ sur $[a, b]$.

1. Par hypothèses, puisque f est bornée, il existe m et M tels que : $\forall y \in \mathbb{R},\ m \leq f(y) \leq M$.

On a alors immédiatement : $\forall x \in \mathbb{R},\ m \leq f \circ g(x) \leq M$. Par conséquent $f \circ g$ est bornée sur $\mathbb{R}$.

D'autre part, g est continue sur le segment $[m, M]$ donc l'image de ce segment par g est un segment $[m', M']$. Il en résulte que : $\forall y \in \mathbb{R},\ m' \leq g(y) \leq M'$. En prenant $y = f(x)$, on obtient : $\forall x \in \mathbb{R},\ m' \leq g \circ f(x) \leq M'$, et par suite que $g \circ f$ est bornée sur $\mathbb{R}$.

2. La fonction $f - g$ est continue sur le segment $[a, b]$ donc elle atteint son minimum sur ce segment. Cela signifie qu'il existe un réel $x_0 \in [a, b]$ tel que $(f-g)(x_0) = \min\limits_{[a,b]}(f-g)$. Or : $\forall x \in [a, b], g(x) < f(x)$ donc, en posant $\alpha = f(x_0) - g(x_0)$, on a : $\forall x \in [a, b],\ 0 < \alpha \leq f(x) - g(x)$. D'où le résultat demandé.

3. Une équation fonctionnelle — D'après Centrale

Déterminer toutes les fonctions f continues en 0 et vérifiant (E) : $\forall x \in \mathbb{R},\ f(2x) = f(x)\operatorname{ch} x$.

Conseils méthodologiques : procéder par analyse et synthèse. Utiliser la formule $\operatorname{sh} 2t = 2 \operatorname{ch} t \operatorname{sh} t$ et remarquer que : $\forall x \in \mathbb{R}^*,\ \dfrac{f(2x)}{\operatorname{sh} 2x} = \dfrac{f(x)}{2 \operatorname{sh} x}$.

Analyse. La formule $\operatorname{sh} 2t = 2 \operatorname{ch} t \operatorname{sh} t$ se vérifie immédiatement à partir des définitions $\operatorname{ch} t = \dfrac{e^t + e^{-t}}{2}$ et $\operatorname{sh} t = \dfrac{e^t - e^{-t}}{2}$.

Soit f une fonction continue en 0 et vérifiant (E). En multipliant l'égalité $f(2x) = f(x)\operatorname{ch} x$ par $2 \operatorname{sh} x$, on obtient alors : $2f(2x)\operatorname{sh} x = f(x)\operatorname{sh} 2x$. Par suite : $\forall x \in \mathbb{R}^*,\ \dfrac{f(2x)}{\operatorname{sh} 2x} = \dfrac{f(x)}{2 \operatorname{sh} x}$. En posant $g(x) = \dfrac{f(x)}{\operatorname{sh} x}$, cette égalité s'écrit : $\forall x \in \mathbb{R}^*,\ g(2x) = \dfrac{g(x)}{2}$. Montrons par récurrence sur n que : $\forall n \in \mathbb{N},\ \forall x \in \mathbb{R}^*,\ g(x) = \dfrac{g(2^{-n}x)}{2^n}$.

Initialisation. Pour $n = 0$ et $n = 1$ la propriété est vérifiée par hypothèses.

Hérédité. Soit n un entier naturel, on suppose que : $\forall x \in \mathbb{R}^*,\ g(x) = \dfrac{g(2^{-n}x)}{2^n}$. En prenant $t = 2^{-n-1}x$, l'égalité $g(2t) = \dfrac{g(t)}{2}$ donne $g(2^{-n}x) = \dfrac{g(2^{-n-1}x)}{2}$. Par conséquent : $\forall x \in \mathbb{R}^*,\ g(x) = \dfrac{g(2^{-n-1}x)}{2^{n+1}}$.
D'où le résultat d'après le principe de récurrence.

En d'autres termes : $\forall n \in \mathbb{N},\ \forall x \in \mathbb{R}^*,\ f(x) = \dfrac{f(2^{-n}x)}{2^n \operatorname{sh}(2^{-n}x)} \operatorname{sh} x$ (*). On va alors faire tendre n vers l'infini dans cette dernière égalité.

Puisque f est continue en 0 : $\lim\limits_0 f = f(0)$. Or $\lim\limits_{n\to+\infty} 2^{-n}x = 0$ donc, par composition de limites : $\lim\limits_{n\to+\infty} f(2^{-n}x) = f(0)$. De plus, $\lim\limits_{u\to0} \dfrac{\operatorname{sh} u}{u} = 1$. D'où, pour $x \neq 0$: $\lim\limits_{n\to+\infty} \dfrac{\operatorname{sh}(2^{-n}x)}{2^{-n}x} = 1$. Il en résulte que : $\lim\limits_{n\to+\infty} 2^n \operatorname{sh}(2^{-n}x) = x$. On obtient finalement d'après (*) : $\forall x \in \mathbb{R}^*,\ f(x) = \dfrac{f(0)}{x} \operatorname{sh} x$.

Conclusion : Si f est une fonction continue en 0 et vérifiant (E), alors nécessairement :
$\exists \lambda \in \mathbb{R},\ \forall x \in \mathbb{R}^*,\ f(x) = \lambda \dfrac{\operatorname{sh} x}{x}$ et $f(0) = \lambda$.

Synthèse. Réciproquement, considérons une fonction f définie par :

$$f(x) = \begin{cases} \lambda \dfrac{\operatorname{sh} x}{x} & \text{si } x \neq 0 \\ \lambda & \text{si } x = 0. \end{cases}$$

Vérifions que f est solution du problème.
Tout d'abord, f est continue en 0 car $\lim\limits_{x\to0} f(x) = \lim\limits_{x\to0} \lambda \dfrac{\operatorname{sh} x}{x} = \lambda = f(0)$.
Ensuite : $\forall x \in \mathbb{R}^*,\ f(2x) = \lambda \dfrac{\operatorname{sh}(2x)}{2x} = \lambda \dfrac{2 \operatorname{sh} x \operatorname{ch} x}{2x} = \lambda \dfrac{\operatorname{sh} x}{x} \operatorname{ch} x = f(x) \operatorname{ch} x$, et pour $x = 0$: $f(2 \times 0) = f(0) \operatorname{ch} 0 = \lambda$.
L'ensemble des solutions coïncide avec l'ensemble des fonctions f de la forme précédente quand λ décrit $\mathbb{R}$.

Erreur à éviter :
Ne pas oublier d'étudier la réciproque puisque l'analyse est faite à partir d'implications.

4. La comparaison utilisée pour l'intégrabilité — Tous concours

De nombreux exercices de concours utilisent les relations de comparaison pour établir des propriétés d'intégrabilité, de continuité ou de dérivabilité d'intégrales de fonctions de deux variables qui seront étudiées en seconde année. On va présenter ici la partie de ces exercices qui est abordable en première année.
Le but est de placer une fonction f donnée dans une échelle de comparaison constituée des fonctions puissances au voisinage de 0 (resp. de $+\infty$) représentée par la figure 4.

1. Montrer qu'il existe un réel $\alpha < 1$ tel que $f(t) \underset{0}{=} o\left(\dfrac{1}{t^\alpha}\right)$ dans les cas suivants :

a) $f(t) = \ln\left(1 + \dfrac{1}{t^2}\right)$, **b)** $f(t) = \dfrac{\ln^2 t}{\sqrt{t(t^2+1)}}$, **c)** $f(t) = \dfrac{1}{\sqrt{t}\ln^2 t}$.

2. Montrer qu'il existe un réel $\alpha > 1$ tel que $f(t) \underset{+\infty}{=} o\left(\dfrac{1}{t^\alpha}\right)$ dans les cas suivants :

a) $f(t) = \ln\left(1 + \dfrac{\ln t}{t^2}\right)$, **b)** $f(t) = \dfrac{\ln^2 t}{\sqrt{t(t^2+1)}}$, **c)** $f(t) = t^n e^{-t}$ $(n \in \mathbb{N})$.

Conseils méthodologiques : chaque fois que c'est utile pour simplifier l'expression de f, considérer un équivalent.

1.a) $f(t)=\ln\left(1+\dfrac{1}{t^2}\right)=\ln\left(t^2+1\right)-2\ln t \underset{0}{\sim}-2\ln|t|$.

D'après la comparaison des fonctions usuelles au voisinage de 0 : $\ln t \underset{0}{=} o\left(\dfrac{1}{t^\alpha}\right)$ pour tout $\alpha>0$ (*cf.* Fig. 4).

En particulier $\ln t \underset{0}{=} o\left(\dfrac{1}{\sqrt{t}}\right)$ donc on peut choisir $\boxed{\alpha=\dfrac{1}{2}}$ et écrire $\boxed{f(t)\underset{0}{=}o\left(\dfrac{1}{\sqrt{t}}\right)}$.

α	-2	-1	0	1	2
$\dfrac{1}{t^\alpha}$	t^2	t	1	$\dfrac{1}{t}$	$\dfrac{1}{t^2}$
$f(t)\underset{0}{\sim}-2\ln\lvert t\rvert$				Fonctions prépondérantes devant f au voisinage de 0	

Figure 4

b) $f(t)=\dfrac{\ln^2 t}{\sqrt{t\left(t^2+1\right)}}\underset{0}{\sim}\dfrac{\ln^2 t}{\sqrt{t}}$. La puissance de t au dénominateur de la fraction $\dfrac{\ln^2 t}{\sqrt{t}}$ est $\dfrac{1}{2}$, et d'après la comparaison des fonctions usuelles au voisinage de 0 : $\dfrac{\ln^2 t}{\sqrt{t}}\underset{0}{=}o\left(\dfrac{1}{t^\alpha}\right)$ pour tout $\alpha>\dfrac{1}{2}$ (*cf.* Fig. 5). il suffit de choisir $\alpha\in\left]\dfrac{1}{2},1\right[$ pour obtenir le résultat demandé.

α	-2	-1	0	$\dfrac{1}{2}$	1	2
$\dfrac{1}{t^\alpha}$	t^2	t	1		$\dfrac{1}{t}$	$\dfrac{1}{t^2}$
$f(t)\underset{0}{\sim}\dfrac{\ln^2 t}{\sqrt{t}}$					Fonctions prépondérantes devant f au voisinage de 0	

Figure 5

On prendra en pratique la demi-somme des deux bornes : $\boxed{\alpha=\dfrac{3}{4}}$. On a bien $\dfrac{\ln^2 t}{\sqrt{t}}\underset{0}{=}o\left(\dfrac{1}{t^{3/4}}\right)$ et par suite $\boxed{f(t)\underset{0}{=}o\left(\dfrac{1}{t^{3/4}}\right)}$.

c) $\lim\limits_{t\to 0}\dfrac{1}{\ln^2 t}=0$ donc on a directement $\boxed{f(t)\underset{0}{=}o\left(\dfrac{1}{\sqrt{t}}\right)}$ et $\boxed{\alpha=\dfrac{1}{2}}$.

2.a) $\ln(1+h)\underset{h\to 0}{\sim}h$ par conséquent : $\ln\left(1+\dfrac{\ln t}{t^2}\right)\underset{+\infty}{\sim}\dfrac{\ln t}{t^2}$.

D'après la comparaison des fonctions usuelles au voisinage de $+\infty$: $\dfrac{\ln t}{t^2}\underset{+\infty}{=}o\left(\dfrac{1}{t^\alpha}\right)$ pour tout $\alpha<2$.

Ainsi : $\dfrac{\ln t}{t^2}\underset{+\infty}{=}o\left(\dfrac{1}{t^{3/2}}\right)$. Il en résulte que $\boxed{f(t)\underset{+\infty}{=}o\left(\dfrac{1}{t^{3/2}}\right)}$ et on peut choisir $\boxed{\alpha=\dfrac{3}{2}}$.

α	2	1	0	-1	-2
$\dfrac{1}{t^\alpha}$	$\dfrac{1}{t^2}$	$\dfrac{1}{t}$	1	t	t^2
$f(t)\underset{+\infty}{\sim}\dfrac{\ln t}{t^2}$		Fonctions prépondérantes devant f au voisinage de $+\infty$			

Figure 6

b) De même $\dfrac{\ln^2 t}{\sqrt{t\left(t^2+1\right)}}\underset{+\infty}{\sim}\dfrac{\ln^2 t}{t^{3/2}}$. La puissance de t au dénominateur est $\dfrac{3}{2}$, il suffit de choisir $\alpha\in\left]1,\dfrac{3}{2}\right[$ pour obtenir le résultat demandé (*cf.* le cours en questions 4.3). On prendra en pratique la demi-somme des deux bornes : $\boxed{\alpha=\dfrac{5}{4}}$. On a bien $\dfrac{\ln^2 t}{t^{3/2}}\underset{+\infty}{=}o\left(\dfrac{1}{t^{5/4}}\right)$ et par suite $\boxed{f(t)\underset{+\infty}{=}o\left(\dfrac{1}{t^{5/4}}\right)}$.

c) Les relations de prépondérance de l'exponentielle sur les puissances montrent que : $\lim_{t\to+\infty} t^{n+2}e^{-t}=0$. Donc on a directement $\boxed{f(t)\underset{+\infty}{=}o\left(\frac{1}{t^2}\right)}$ et $\boxed{\alpha=2}$.

5. La comparaison utilisée pour la continuité — Tous concours

1. On considère deux réels a et b tels que $0<a<b$. Dans les cas suivants, en majorant $x\mapsto |f(t,x)|$ pour t fixé, montrer qu'il existe une fonction $\varphi\in C(]0,1],\mathbb{R})$ telle que : $\begin{cases}\forall x\in[a,b],\ \forall t\in]0,1],\ |f(t,x)|\le\varphi(t)\\ \exists\alpha<1,\ \varphi(t)\underset{0}{=}O\left(\frac{1}{t^\alpha}\right)\end{cases}$.

a) $f(t,x)=t^{x-1}e^{-t}$, **b)** $f(t,x)=\frac{\sin t}{t^{2-x}}$, **c)** $f(t,x)=\frac{x\ln t}{x^2+t^2}$.

2. Dans les cas suivants, en majorant $x\mapsto |f(t,x)|$ pour t fixé, montrer qu'il existe une fonction $\varphi\in C([1,+\infty[,\mathbb{R})$ telle que : $\begin{cases}\forall x\in[a,b],\ \forall t\in[1,+\infty[,\ |f(t,x)|\le\varphi(t)\\ \exists\alpha>1,\ \varphi(t)\underset{+\infty}{=}O\left(\frac{1}{t^\alpha}\right)\end{cases}$.

a) $f(t,x)=t^{x-1}e^{-t}$, **b)** $f(t,x)=\frac{\sin(xt)}{e^t-1}$, **c)** $f(t,x)=\frac{x\ln^2 t}{\sqrt{t(t^2+x^2)}}$.

Conseils méthodologiques : encadrer d'abord les termes qui dépendent de la variable x.

1.a) Remarquons que $t^{x-1}=e^{(x-1)\ln t}$. Or : $\forall x\in[a,b]$, $\forall t\in]0,1]$, $a-1\le x-1\le b-1$ et $\ln t<0$, donc : $\forall x\in[a,b]$, $\forall t\in]0,1]$, $(a-1)\ln t\ge(x-1)\ln t\ge(b-1)\ln t$. La fonction exponentielle étant croissante, on obtient l'encadrement : $\forall x\in[a,b]$, $\forall t\in]0,1]$, $t^{a-1}\ge t^{x-1}\ge t^{b-1}$. On en déduit que : $\forall x\in[a,b]$, $\forall t\in]0,1]$, $t^{a-1}e^{-t}\ge f(t,x)\ge 0$.

On peut ainsi choisir $\boxed{\varphi(t)=t^{a-1}e^{-t}=\frac{e^{-t}}{t^{1-a}}}$ et $\boxed{\alpha=1-a<1}$.

b) Ici $\frac{1}{t^{2-x}}=e^{(x-2)\ln t}$. L'encadrement précédent donne alors l'inégalité :

$\forall x\in[a,b]$, $\forall t\in]0,1]$, $t^{a-2}\ge t^{x-2}\ge t^{b-2}$. La majoration $|\sin t|\le 1$ n'est donc pas suffisante si on veut pouvoir choisir $\alpha<1$, on va prendre : $\forall t\in]0,1]$, $|\sin t|\le t$ qui permet d'obtenir l'encadrement : $\forall x\in[a,b]$, $\forall t\in]0,1]$, $t^{a-1}\ge t^{x-2}|\sin t|\ge 0$.

On peut ainsi choisir $\boxed{\varphi(t)=t^{a-1}=\frac{1}{t^{1-a}}}$ et $\boxed{\alpha=1-a<1}$.

c) On pourrait étudier la fonction $x\mapsto\frac{x}{x^2+t^2}$, mais un encadrement plus sommaire suffit. En effet, en minorant (ou en majorant) le dénominateur et le numérateur, on obtient : $\forall x\in[a,b]$, $\forall t\in]0,1]$, $0\le\frac{a}{b^2+t^2}\le\frac{x}{x+t^2}\le\frac{b}{a^2+t^2}$. D'où, en multipliant par $|\ln t|$: $\forall x \in [a, b]$, $\forall t \in]0, 1]$, $\dfrac{a|\ln t|}{b^2+t^2} \leq |f(t, x)| \leq \dfrac{b|\ln t|}{a^2+t^2}$. Or $\dfrac{b|\ln t|}{a^2+t^2} \underset{0}{\sim} \dfrac{b|\ln t|}{a^2} \underset{0}{=} O\left(\dfrac{1}{\sqrt{t}}\right)$ (*cf.* le cours en questions 4.3). Il en résulte qu'on peut choisir : $\boxed{\varphi(t) = \dfrac{b|\ln t|}{a^2+t^2}}$ et $\boxed{\alpha = \dfrac{1}{2}}$.

2.a) On peut toujours écrire que $t^{x-1} = e^{(x-1)\ln t}$, ainsi que : $\forall x \in [a, b]$, $a-1 \leq x-1 \leq b-1$, mais ici : $\forall t \in [1, +\infty[$, $\ln t > 0$. Donc : $\forall x \in [a, b]$, $\forall t \in [1, +\infty[$, $(a-1)\ln t \leq (x-1)\ln t \leq (b-1)\ln t$. On obtient alors, par croissance de la fonction exponentielle, l'encadrement : $\forall x \in [a, b]$, $\forall t \in [1, +\infty[$, $t^{a-1} \leq t^{x-1} \leq t^{b-1}$. On en déduit que : $\forall x \in [a, b]$, $\forall t \in [1, +\infty[$, $t^{b-1} e^{-t} \geq f(t, x) \geq 0$.

On peut ainsi choisir $\boxed{\varphi(t) = t^{b-1} e^{-t}}$ et d'après la comparaison des fonctions usuelles, $t^2 t^{b-1} e^{-t} \underset{+\infty}{=} O(1)$, donc on a : $\boxed{\varphi(t) = t^{b-1} e^{-t} \underset{+\infty}{=} O\left(\dfrac{1}{t^2}\right)}$, il s'ensuit qu'on peut choisir $\boxed{\alpha = 2 > 1}$.

b) On note, tout d'abord que $|f(t, x)| \leq \dfrac{1}{e^t - 1}$. En prenant un équivalent au voisinage de $+\infty$, il vient $\dfrac{1}{e^t-1} \underset{+\infty}{\sim} e^{-t}$. Or, $t^2 e^{-t} \underset{+\infty}{=} O(1)$. Donc $e^{-t} \underset{+\infty}{=} O\left(\dfrac{1}{t^2}\right)$. Par suite, en posant $\boxed{\varphi(t) = \dfrac{1}{e^t-1}}$ et $\boxed{\alpha = 2}$, on peut à nouveau assurer que :

$\forall x \in [a,b]$, $\forall t \in [1,+\infty[$, $|f(t,x)| \leq \varphi(t)$ avec $\varphi(t) \underset{+\infty}{=} O\left(\dfrac{1}{t^2}\right)$.

c) On va d'abord encadrer $\dfrac{x\ln^2 t}{\sqrt{t(t^2+x^2)}}$ pour $x \in [a, b]$. On a : $0 \leq a\ln^2 t \leq x\ln^2 t \leq b\ln^2 t$

et $\dfrac{1}{\sqrt{t(t^2+a^2)}} \geq \dfrac{1}{\sqrt{t(t^2+x^2)}} \geq \dfrac{1}{\sqrt{t(t^2+b^2)}} \geq 0$. Donc, par produit d'inégalités dont les membres sont tous positifs, il vient : $0 \leq \dfrac{a\ln^2 t}{\sqrt{t(t^2+b^2)}} \leq f(t, x) \leq \dfrac{b\ln^2 t}{\sqrt{t(t^2+a^2)}}$. Or $\dfrac{b\ln^2 t}{\sqrt{t(t^2+a^2)}} \underset{+\infty}{\sim} \dfrac{b\ln^2 t}{t^{3/2}} \underset{+\infty}{=} O\left(\dfrac{1}{t^{5/4}}\right)$. Donc on peut choisir $\boxed{\varphi(t) = \dfrac{b\ln^2 t}{\sqrt{t(t^2+a^2)}}}$ et $\boxed{\alpha = \dfrac{5}{4} > 1}$.

Pour approfondir

6. Des familles libres ______ D'après CCP

a) Soit $(\alpha_k)_{1\leq k\leq n}$ une famille de réels tels que $\alpha_1 < \alpha_2 < \cdots < \alpha_n$. On définit la famille de fonctions $(f_k)_{1\leq k\leq n}$ par $f_k : \begin{cases} \mathbb{R} \to \mathbb{R} \\ t \mapsto e^{\alpha_k t} \end{cases}$. On suppose que $\sum_{k=1}^{n} \lambda_k f_k = 0$. Montrer que : $\forall k \in [\![1, n]\!]$, $\lambda_k = 0$.

b) Soit $(\beta_k)_{1\leq k\leq n}$ une famille de réels quelconques. On définit la famille de fonctions $(g_k)_{1\leq k\leq n}$ par $g_k : \begin{cases} \mathbb{R}_+^* \to \mathbb{R} \\ t \mapsto t^{\beta_k} e^{\alpha_k t} \end{cases}$. On suppose que $\sum_{k=1}^{n} \lambda_k g_k = 0$ sur $\mathbb{R}_+^*$. Montrer que : $\forall k \in [\![1, n]\!]$, $\lambda_k = 0$.

c) On définit dans $\mathbb{R}^3$ l'ordre lexicographique par :
$(\alpha, \beta, \gamma) \prec (\alpha', \beta', \gamma') \Leftrightarrow \{\alpha < \alpha' \text{ ou } (\alpha = \alpha' \text{ et } \beta < \beta') \text{ ou } (\alpha = \alpha', \ \beta = \beta' \text{ et } \gamma < \gamma')\}$.

On suppose $(\alpha, \beta, \gamma) \prec (\alpha', \beta', \gamma')$ et on note $f : \begin{cases}]1, +\infty[\to \mathbb{R} \\ t \mapsto e^{\alpha t} t^{\beta} (\ln t)^{\gamma} \end{cases}$ et $g : \begin{cases}]1, +\infty[\to \mathbb{R} \\ t \mapsto e^{\alpha' t} t^{\beta'} (\ln t)^{\gamma'} \end{cases}$. Montrer alors que : $f \underset{+\infty}{=} o(g)$.

d) Soit $(\alpha_k, \beta_k, \gamma_k)_{1 \le k \le n}$ une famille de triplets de réels tels que $(\alpha_1, \beta_1, \gamma_1) \prec (\alpha_2, \beta_2, \gamma_2) \prec \cdots \prec (\alpha_n, \beta_n, \gamma_n)$.
On définit la famille de fonctions $(f_k)_{1 \le k \le n}$ par $f_k : \begin{cases}]1, +\infty[\to \mathbb{R} \\ t \mapsto e^{\alpha_k t} t^{\beta_k} (\ln t)^{\gamma_k} \end{cases}$. On suppose que $\sum_{k=1}^{n} \lambda_k f_k = 0$. Montrer que : $\forall k \in [\![1, n]\!], \ \lambda_k = 0$.

Conseils méthodologiques : diviser l'égalité par la fonction qui est prépondérante sur les autres au voisinage de $+\infty$.

a) Par hypothèse : $\sum_{k=1}^{n} \lambda_k f_k = 0$. Donc : $\forall t \in \mathbb{R}, \ \sum_{k=1}^{n} \lambda_k e^{\alpha_k t} = 0$.

En isolant le dernier terme de la somme, on obtient : $\forall t \in \mathbb{R}, \ \sum_{k=1}^{n-1} \lambda_k e^{\alpha_k t} = -\lambda_n e^{\alpha_n t}$.

En divisant par $e^{\alpha_n t}$ qui ne s'annule pas sur $\mathbb{R}$, on a : $\forall t \in \mathbb{R}, \ \sum_{k=1}^{n-1} \lambda_k e^{(\alpha_k - \alpha_n)t} = -\lambda_n$ avec $\alpha_k - \alpha_n < 0$ pour $1 \le k \le n-1$.

Et, en prenant la limite en $+\infty$, il vient : $0 = -\lambda_n$. Par suite $\lambda_n = 0$. On réitère ce procédé $n-1$ fois et on obtient finalement le résultat demandé : $\boxed{\lambda_1 = \lambda_2 = \ldots = \lambda_n = 0}$.

b) Remarquons que toutes les fonctions sont définies sur $\mathbb{R}_+^*$.

Par hypothèse : $\sum_{k=1}^{n} \lambda_k g_k = 0$. Donc : $\forall t \in \mathbb{R}_+^*, \ \sum_{k=1}^{n} \lambda_k t^{\beta_k} e^{\alpha_k t} = 0$. En transposant le dernier terme de la somme, on obtient : $\forall t \in \mathbb{R}_+^*, \ \sum_{k=1}^{n-1} \lambda_k t^{\beta_k} e^{\alpha_k t} = -\lambda_n t^{\beta_n} e^{\alpha_n t}$.

En divisant par $t^{\beta_n} e^{\alpha_n t}$ qui ne s'annule pas, on a : $\forall t \in \mathbb{R}_+^*, \ \sum_{k=1}^{n-1} \lambda_k t^{\beta_k - \beta_n} e^{(\alpha_k - \alpha_n)t} = -\lambda_n$ avec $\alpha_k - \alpha_n < 0$ pour $1 \le k \le n-1$. Donc, par prépondérance des exponentielles sur les puissances, on a :
$\forall k \in [\![1 \ n-1]\!], \ \lim_{t \to +\infty} t^{\beta_k - \beta_n} e^{(\alpha_k - \alpha_n)t} = 0$. Et en prenant la limite en $+\infty$ dans l'égalité obtenue, il vient comme précédemment : $0 = -\lambda_n$. Par suite $\lambda_n = 0$. On réitère ce procédé $n-1$ fois et on obtient finalement le résultat demandé : $\boxed{\lambda_1 = \lambda_2 = \ldots = \lambda_n = 0}$.

c) Remarquons que les fonctions f et g sont définies sur $]1, +\infty[$ car si $t \in]1, +\infty[$ alors $\ln t > 0$ et $(\ln t)^{\gamma}$ existe puisque par définition $a^x = e^{x \ln a}$.

Premier cas : $\alpha < \alpha'$

Si $t \in \left]1, +\infty\right[$ alors $\dfrac{e^{\alpha t}\, t^{\beta} (\ln t)^{\gamma}}{e^{\alpha' t}\, t^{\beta'} (\ln t)^{\gamma'}} = e^{(\alpha-\alpha')t}\, t^{\beta-\beta'} (\ln t)^{\gamma-\gamma'}$.

Or $\alpha' - \alpha > 0$, de plus au voisinage de + ∞, l'exponentielle est prépondérante devant les puissances et les puissances du logarithme népérien, donc $\lim\limits_{t\to+\infty}\left[e^{(\alpha-\alpha')t}\, t^{\beta-\beta'} (\ln t)^{\gamma-\gamma'}\right] = \lim\limits_{t\to+\infty} \dfrac{t^{\beta-\beta'}(\ln t)^{\gamma-\gamma'}}{e^{(\alpha'-\alpha)t}} = 0$.

Ainsi $f \underset{+\infty}{=} o(g)$ dans ce cas.

Deuxième cas : $\alpha = \alpha'$ et $\beta < \beta'$

Si $t \in \left]1, +\infty\right[$ alors $\dfrac{e^{\alpha t}\, t^{\beta} (\ln t)^{\gamma}}{e^{\alpha' t}\, t^{\beta'} (\ln t)^{\gamma'}} = t^{\beta-\beta'} (\ln t)^{\gamma-\gamma'}$. Or $\beta' - \beta > 0$, de plus au voisinage de + ∞, les puissances sont prépondérantes devant le logarithme, donc $\lim\limits_{t\to+\infty}\left[e^{(\alpha-\alpha')t}\, t^{\beta-\beta'} (\ln t)^{\gamma-\gamma'}\right] = \lim\limits_{t\to+\infty} \dfrac{(\ln t)^{\gamma-\gamma'}}{t^{\beta'-\beta}} = 0$. Donc $f \underset{+\infty}{=} o(g)$ dans ce cas aussi.

Troisième cas : $\alpha = \alpha'$, $\beta = \beta'$ et $\gamma < \gamma'$.

Si $t \in \left]1, +\infty\right[$ alors $\dfrac{e^{\alpha t}\, t^{\beta} (\ln t)^{\gamma}}{e^{\alpha' t}\, t^{\beta'} (\ln t)^{\gamma'}} = (\ln t)^{\gamma-\gamma'}$. Or $\gamma - \gamma' < 0$ et $\lim\limits_{t\to+\infty} \ln t = +\infty \Rightarrow \lim\limits_{t\to+\infty} (\ln t)^{\gamma-\gamma'} = 0$. Donc $f \underset{+\infty}{=} o(g)$dans ce cas également.

En conclusion si $(\alpha, \beta, \gamma) \prec (\alpha', \beta', \gamma')$ alors $e^{\alpha t}\, t^{\beta} (\ln t)^{\gamma}$ est négligeable devant $e^{\alpha' t}\, t^{\beta'} (\ln t)^{\gamma'}$ au voisinage de + ∞.

d) D'après la question précédente, on a pour $1 \le k \le n-1$: $f_k \underset{+\infty}{=} o(f_{k+1})$. Par transitivité de la relation de prépondérance, on obtient pour $1 \le k \le n-1$: $f_k \underset{+\infty}{=} o(f_n)$.

Par hypothèse : $\sum\limits_{k=1}^{n} \lambda_k f_k = 0$. En transposant le dernier terme de la somme on obtient : $\sum\limits_{k=1}^{n-1} \lambda_k f_k = -\lambda_n f_n$. Or, pour tout $t \in \left]1, +\infty\right[$, $f_n(t) > 0$. Donc en divisant par f_n qui ne s'annule pas, on a : $\sum\limits_{k=1}^{n-1} \lambda_k \dfrac{f_k}{f_n} = -\lambda_n$ avec $\lim\limits_{+\infty} \dfrac{f_k}{f_n} = 0$ car $f_k \underset{+\infty}{=} o(f_n)$ pour $1 \le k \le n-1$. D'où, en prenant la limite en + ∞ : $0 = -\lambda_n$. Par suite $\lambda_n = 0$. On réitère ce procédé n–1 fois et on obtient finalement le résultat demandé : $\boxed{\lambda_1 = \lambda_2 = \ldots = \lambda_n = 0}$.

Remarque : ces résultats pourront s'interpréter en termes de liberté des familles de fonctions considérées dans l'espace vectoriel des fonctions continues sur $\mathbb{R}$ (resp. $\mathbb{R}_+^*$, resp. $\left]1, +\infty\right[$) et à valeurs réelles.

CHAPITRE 4

Suites de nombres réels

Le cours en questions

On notera A une partie de $\mathbb{R}$ et x un réel.

1 Corps $\mathbb{R}$ des nombres réels

1.1 Qu'est-ce que la borne supérieure de A ?

- Une partie A de $\mathbb{R}$ est majorée si et seulement si elle admet un majorant, c'est-à-dire : $\exists M \in \mathbb{R}, \forall a \in A, a \leq M$.
- On appelle borne supérieure de A, lorsqu'elle existe, le plus petit des majorants de A, c'est-à-dire :

$$\alpha = \sup(A) \Leftrightarrow \begin{cases} \forall a \in A, a \leq \alpha\,; \\ \forall \varepsilon > 0, \exists a \in A, \alpha - \varepsilon < a \leq \alpha \end{cases}.$$

- Théorème : toute partie de $\mathbb{R}$ non vide et majorée admet une borne supérieure.
- De même, une partie A de $\mathbb{R}$ est minorée si et seulement si elle admet un minorant, c'est-à-dire : $\exists m \in \mathbb{R}, \forall a \in A, m \leq a$ et on appelle borne inférieure de A, lorsqu'elle existe, le plus grand des minorants de A :

$$\alpha = \inf(A) \Leftrightarrow \begin{cases} \forall a \in A, a \geq \alpha\,; \\ \forall \varepsilon > 0, \exists a \in A, \alpha \leq a < \alpha + \varepsilon \end{cases}.$$

Dès que la partie A admet un majorant, elle en admet une infinité.

Quel que soit $\varepsilon > 0$, $\alpha - \varepsilon$ n'est pas un majorant de A puisque α est le plus petit majorant de A possible.
Si M est un majorant de A, alors $\sup(A) \leq M$.

Exemples :
$\sup\left\{\frac{1}{n} / n \in \mathbb{N}^*\right\} = 1$,
$\sup\left\{2 - \frac{1}{n^2} / n \in \mathbb{N}^*\right\} = 2$.

Quel que soit $\varepsilon > 0$, $\alpha + \varepsilon$ n'est pas un minorant de A puisque α est le plus grand minorant de A possible.
Si m est un minorant de A, alors $m \leq \inf(A)$.

• Théorème : toute partie de $\mathbb{R}$ non vide et minorée admet une borne inférieure.

Exemple : $\inf\left\{\frac{1}{n} / n \in \mathbb{N}^*\right\} = 0$

$\inf\left\{2 - \frac{1}{n^2} / n \in \mathbb{N}^*\right\} = 1$.

1.2 Comment caractériser la partie entière de *x* ?

• Pour tout réel x, il existe un unique entier relatif n tel que : $n \leq x < n+1$. Cet entier relatif est appelé ***partie entière de x*** et noté $E(x)$:

$$n = E(x) \Leftrightarrow n \in \mathbb{Z} \text{ et } n \leq x < n+1.$$

Attention aux nombres négatifs : $E(1{,}24) = 1$ mais $E(-1{,}24) = -2$ car $-2 \leq -1{,}24 < -1$.

2 ■ Suites de nombres réels

2.1 Qu'est-ce qu'une suite réelle ?

• Une suite réelle u est une application de $\mathbb{N}$ dans $\mathbb{R}$: $u : \begin{cases} \mathbb{N} \to \mathbb{R} \\ n \mapsto u(n) = u_n. \end{cases}$

On note aussi : $u = (u_n)_{n \in \mathbb{N}} = (u_n)$.

On appelle aussi suite réelle les suites du type : $(u_n)_{n \geq 1}$ et plus généralement : $(u_n)_{n \geq n_0}$. On note $\mathbb{R}^{\mathbb{N}}$ l'ensemble des suites réelles.

2.2 Quelles sont les propriétés des suites réelles ?

Soit $u = (u_n)_{n \in \mathbb{N}}$ et $v = (v_n)_{n \in \mathbb{N}}$ des suites réelles.

• On dit que : $u \leq v \Leftrightarrow \forall n \in \mathbb{N}, u_n \leq v_n$.

Posons $u = (n)_{n \in \mathbb{N}}$, $v = (n^2)_{n \in \mathbb{N}}$ et $w = (n+2)_{n \in \mathbb{N}}$. On a : $u \leq v$ et $u \leq w$ mais deux suites ne sont pas toujours comparables par exemple on n'a ni $w \leq v$ ni $v \leq w$ car $v_1 \leq w_1$ et $w_3 \leq v_3$.

• $(u_n)_{n \in \mathbb{N}}$ est majorée (resp. minorée) si et seulement si : $\exists M \in \mathbb{R}, \forall n \in \mathbb{N}, u_n \leq M$ (resp. $\exists m \in \mathbb{R}, \forall n \in \mathbb{N}, m \leq u_n$).

• $(u_n)_{n \in \mathbb{N}}$ est bornée si et seulement si $(u_n)_{n \in \mathbb{N}}$ est majorée et minorée, ce qui équivaut à : $\exists M \in \mathbb{R}, \forall n \in \mathbb{N}, |u_n| \leq M$.

$(n)_{n \in \mathbb{N}}$ est minorée par 0 et non majorée, $\left(\frac{1}{n}\right)_{n \in \mathbb{N}^*}$ est bornée par 0 et 1, $((-1)^n n)_{n \in \mathbb{N}}$ n'est ni majorée ni minorée.

• $(u_n)_{n \in \mathbb{N}}$ est croissante (resp. décroissante) si et seulement si : $\forall n \in \mathbb{N}, u_n \leq u_{n+1}$ (resp. $\forall n \in \mathbb{N}, u_{n+1} \leq u_n$).

$(u_n)_{n \in \mathbb{N}}$ est strictement croissante (resp. décroissante) si et seulement si : $\forall n \in \mathbb{N}, u_n < u_{n+1}$ (resp. $\forall n \in \mathbb{N}, u_{n+1} < u_n$).

• $(u_n)_{n \in \mathbb{N}}$ est monotone si et seulement si elle est croissante ou bien décroissante.

• $(u_n)_{n \in \mathbb{N}}$ est périodique si et seulement si : $\exists N \in \mathbb{N}^*, \forall n \in \mathbb{N}, u_{n+N} = u_n$.

$((-1)^n)_{n \in \mathbb{N}}$ est 2-périodique, $\left(\sin\left(n\frac{\pi}{2}\right)\right)_{n \in \mathbb{N}}$ est 4-périodique.

2.3 Citer les propriétés des suites géométriques et arithmétiques.

• $(u_n)_{n \in \mathbb{N}}$ est arithmétique si et seulement si : $\exists r \in \mathbb{R}, \forall n \in \mathbb{N}, u_{n+1} = u_n + r$.
Expression explicite : $\forall n \in \mathbb{N}, u_n = u_0 + nr$.

Somme des premiers entiers : $\sum_{k=0}^{n} k = \frac{n(n+1)}{2}$.

Plus généralement : $\forall (n_0, n) \in \mathbb{N}^2, u_n = u_{n_0} + (n - n_0)r$ et $\sum_{k=n_0}^{n} u_k = (n - n_0 + 1)\frac{u_{n_0} + u_n}{2}$.

• $(u_n)_{n \in \mathbb{N}}$ est géométrique si et seulement si : $\exists q \in \mathbb{R}, \forall n \in \mathbb{N}, u_{n+1} = q u_n$.
Expression explicite : $\forall n \in \mathbb{N}, u_n = q^n u_0$.

Somme des premiers termes : $\sum_{k=0}^{n} q^k = \begin{cases} n+1 \text{ si } q=1, \\ \dfrac{1-q^{n+1}}{1-q} \text{ si } q \neq 1. \end{cases}$

Attention au cas $q = 1$.

Plus généralement : $\forall (n_0, n) \in \mathbb{N}^2, u_n = q^{n-n_0} u_{n_0}$ et $\sum_{k=0}^{n} u_k = u_0 \dfrac{1-q^{n+1}}{1-q}$.

2.4 Comment déterminer une suite arithmético-géométrique ?

- $(u_n)_{n\in\mathbb{N}}$ est arithmético-géométrique si et seulement si :

$$\exists (r,q) \in \mathbb{R}^* \times \mathbb{R} \setminus \{0,1\}, \forall n \in \mathbb{N}, u_{n+1} = qu_n + r.$$

Méthode pour trouver son expression explicite :

i. Déterminer le point fixe $c \in \mathbb{R}$: $c = qc + r$.

ii. Poser $\forall n \in \mathbb{N}, v_n = u_n - c$ et vérifier que $(v_n)_{n\in\mathbb{N}}$ est géométrique de raison q.

iii. En déduire l'expression de v_n en fonction de n puis celle de u_n.

Cette méthode est à connaître bien que les questions soient parfois détaillées à l'écrit.

2.5 Comment déterminer $(u_n)_{n\in\mathbb{N}}$ vérifiant $u_{n+2} = au_{n+1} + bu_n$?

- $(u_n)_{n\in\mathbb{N}}$ vérifie une relation de récurrence linéaire d'ordre 2 si et seulement si : $\exists (a,b) \in \mathbb{R} \times \mathbb{R}^*, \forall n \in \mathbb{N}, u_{n+2} = au_{n+1} + bu_n$.

Méthode pour trouver son expression explicite :

i. On résout l'équation caractéristique : $q^2 - aq - b = 0$.

ii. On en déduit la forme de la suite selon les solutions précédentes :

a. Si on a deux solutions réelles distinctes, q_1 et q_2, alors : $\exists (\lambda_1, \lambda_2) \in \mathbb{R}^2, \forall n \in \mathbb{N}, u_n = \lambda_1 (q_1)^n + \lambda_2 (q_2)^n$.

b. Si on a une solution réelle double, q_0, alors : $\exists (\lambda, \mu) \in \mathbb{R}^2, \forall n \in \mathbb{N}, u_n = (\lambda n + \mu)(q_0)^n$.

c. Si on a deux solutions complexes conjuguées, $q = r\,e^{i\theta}$ et $\overline{q}$, alors : $\exists (A,B) \in \mathbb{R}^2, \forall n \in \mathbb{N}, u_n = r^n \left(A\cos n\theta + B \sin n\theta \right)$.

iii. On calcule ensuite les constantes avec les premiers termes.

Il y aura toujours deux constantes dans l'expression de u_n qui ne sont déterminables que si on connaît les deux premiers termes de la suite.

3 Limite d'une suite

3.1 Qu'est-ce qu'une suite convergente ? Divergente ?

- $(u_n)_{n\in\mathbb{N}}$ est convergente si et seulement si :

$$\exists l \in \mathbb{R}, \forall \varepsilon > 0, \exists N \in \mathbb{N}, \forall n \in \mathbb{N}, \left(n \geq N \Rightarrow |u_n - l| < \varepsilon \right).$$

On note alors : $l = \lim_{n \to +\infty} u_n$.

Ces définitions servent pour démontrer des résultats théoriques (théorèmes…) mais pas pour le calcul pratique de limites.

Par exemple :

$\lim\limits_{n\to+\infty} \frac{1}{n} = 0$ (suite convergente),

$\lim\limits_{n\to+\infty} -n^2 = -\infty$ (suite divergente qui admet une limite) mais $\left((-1)^n\right)_{n\in\mathbb{N}}$ diverge et n'admet pas de limite.

Par exemple :

$(\sin n)_{n\in\mathbb{N}}$ est bornée, $\lim\limits_{n\to+\infty} \frac{1}{n} = 0$ donc $\lim\limits_{n\to+\infty} \frac{\sin n}{n} = 0$.

Par exemple :

$\lim\limits_{n\to+\infty} \frac{1}{n} = 0$, $\lim\limits_{n\to+\infty} (-n^2) = -\infty$ et $\lim\limits_{n\to+\infty} \frac{1}{n}(-n^2) = -\infty$, alors que $\lim\limits_{n\to+\infty} \frac{1}{n^2} = 0$, $\lim\limits_{n\to+\infty} (-n) = -\infty$ et $\lim\limits_{n\to+\infty} \frac{1}{n^2}(-n) = 0$.

On a : $\lim\limits_{n\to+\infty} \left(1+\frac{1}{n}\right)^n = e$ mais $\lim\limits_{n\to+\infty} \left(1+\frac{1}{\sqrt{n}}\right)^n = +\infty$.

Par exemple :

$(u_{2n})_{n\in\mathbb{N}}$, $(u_{3n+2})_{n\in\mathbb{N}}$, ou $(u_{n^2})_{n\in\mathbb{N}}$ sont des suites extraites de $(u_n)_{n\in\mathbb{N}}$.

Par exemple :

$n\cos n = O(n)$. En particulier on a : $u_n = O(1) \Leftrightarrow (u_n)$ est bornée.

- $(u_n)_{n\in\mathbb{N}}$ est divergente si et seulement si elle n'est pas convergente.

Deux cas particuliers :

i. Suite divergeant vers $+\infty$:

$$\lim_{n\to+\infty} u_n = +\infty \Leftrightarrow \forall M>0, \exists N\in\mathbb{N}, \forall n\in\mathbb{N}, \left(n\geq N \Rightarrow u_n > M\right).$$

ii. Suite divergeant vers $-\infty$:

$$\lim_{n\to+\infty} u_n = -\infty \Leftrightarrow \forall M>0, \exists N\in\mathbb{N}, \forall n\in\mathbb{N}, \left(n\geq N \Rightarrow u_n < -M\right).$$

- Toute suite convergente est bornée.
- Le produit d'une suite bornée et d'une suite convergeant vers 0 donne une suite qui converge vers 0, c'est-à-dire : si $(u_n)_{n\in\mathbb{N}}$ est bornée et $\lim\limits_{n\to+\infty} v_n = 0$ alors $\lim\limits_{n\to+\infty} u_n v_n = 0$.

3.2 Quelles sont les formes indéterminées ?

- On peut sommer, multiplier, inverser des limites sauf dans les cas de forme indéterminée, qui sont les suivants : $(+\infty)+(-\infty)$, $(\infty\times 0)$, $\frac{\infty}{\infty}$, $\frac{0}{0}$, 1^∞, ∞^0.

En particulier on transformera les expressions de la forme $u_n^{v_n}$ en $\exp(v_n \ln u_n)$ avant de déterminer une limite.

3.3 Qu'est-ce qu'une suite extraite ?

- Une suite extraite de $(u_n)_{n\in\mathbb{N}}$ est une suite de la forme $(u_{\varphi(n)})_{n\in\mathbb{N}}$ avec $\varphi : \mathbb{N}\to\mathbb{N}$ strictement croissante.
- Si $(u_n)_{n\in\mathbb{N}}$ tend vers $l\in\overline{\mathbb{R}} = \mathbb{R}\cup\{+\infty, -\infty\}$, alors toute suite extraite de $(u_n)_{n\in\mathbb{N}}$ tend aussi vers l.
- Si $(u_{2n})_{n\in\mathbb{N}}$ et $(u_{2n+1})_{n\in\mathbb{N}}$ tendent vers $l\in\overline{\mathbb{R}} = \mathbb{R}\cup\{+\infty, -\infty\}$, alors $(u_n)_{n\in\mathbb{N}}$ tend vers l.

4 Relations de comparaison

On suppose que la suite réelle (v_n) ne s'annule pas à partir d'un certain rang.

4.1 Quand dit-on que $u_n = O(v_n)$?

- On dit que (u_n) est dominée par (v_n) si et seulement s'il existe une suite bornée (b_n) telle que, à partir d'un certain rang : $u_n = v_n b_n$.

C'est-à-dire : $u_n = O(v_n) \Leftrightarrow \left(\frac{u_n}{v_n}\right)$ est bornée.

4.2 Quand dit-on que $u_n = o(v_n)$?

• On dit que (u_n) est négligeable devant (v_n) si et seulement si il existe une suite (ε_n) de limite nulle telle que, à partir d'un certain rang : $u_n = v_n \varepsilon_n$.

C'est-à-dire : $u_n = o(v_n) \Leftrightarrow \lim\limits_{n\to+\infty} \dfrac{u_n}{v_n} = 0$.

Par exemple : $n = o(n^2)$. En particulier on a : $u_n = o(1) \Leftrightarrow \lim\limits_{n\to+\infty} u_n = 0$.

4.3 Que signifie $u_n \sim v_n$?

• On dit que (u_n) est équivalente à (v_n) si et seulement s'il existe une suite (ε_n) de limite nulle telle que, à partir d'un certain rang : $u_n = v_n(1+\varepsilon_n)$.

C'est-à-dire : $u_n \sim v_n \Leftrightarrow \lim\limits_{n\to+\infty} \dfrac{u_n}{v_n} = 1$.

On remarquera que : $u_n \sim v_n \Leftrightarrow u_n - v_n = o(v_n)$.

Par exemple : $\sin\dfrac{1}{n} \sim \dfrac{1}{n}$.
En particulier pour tout réel $l \neq 0$: $u_n \sim l \Leftrightarrow \lim\limits_{n\to+\infty} u_n = l$. Ce résultat est faux si $l = 0$ ou si l est infini.

4.4 Citer les propriétés des relations de comparaison.

On suppose que les suites réelles (u_n), (v_n) et (w_n) ne s'annulent pas à partir d'un certain rang.

• Transitivité : $\left.\begin{array}{l} u_n = o(v_n) \\ v_n = o(w_n) \end{array}\right\} \Rightarrow u_n = o(w_n)$ et $\left.\begin{array}{l} u_n \sim v_n \\ v_n \sim w_n \end{array}\right\} \Rightarrow u_n \sim w_n$.

• Combinaisons linéaires : $\left.\begin{array}{l} u_n = o(w_n) \\ v_n = o(w_n) \end{array}\right\} \Rightarrow \forall(\lambda,\mu)\in\mathbb{R}^2,\ \lambda u_n + \mu v_n = o(w_n)$.

• Produit : $\left.\begin{array}{l} u_n = o(v_n) \\ x_n = o(y_n) \end{array}\right\} \Rightarrow u_n x_n = o(v_n y_n)$ et $\left.\begin{array}{l} u_n \sim v_n \\ x_n \sim y_n \end{array}\right\} \Rightarrow u_n x_n \sim v_n y_n$.

• Quotient : $u_n = o(v_n) \Rightarrow \dfrac{1}{v_n} = o\left(\dfrac{1}{u_n}\right)$ et $\left.\begin{array}{l} u_n \sim v_n \\ x_n \sim w_n \end{array}\right\} \Rightarrow \dfrac{u_n}{x_n} \sim \dfrac{v_n}{w_n}$.

• Puissance :
On suppose (u_n) et (v_n) strictement positives à partir d'un certain rang.
$u_n = o(v_n) \Rightarrow \forall\alpha > 0,\ u_n^{\alpha} = o(v_n^{\alpha})$ et $u_n \sim v_n \Rightarrow \forall\alpha\in\mathbb{R},\ u_n^{\alpha} \sim v_n^{\alpha}$.

• $\left.\begin{array}{l} u_n = v_n + w_n \\ w_n = o(v_n) \end{array}\right\} \Rightarrow u_n \sim v_n$.

Attention : pas de somme ou de différence avec « $\sim$ ». Contre exemple : si $u_n = n$ et $v_n = n+1$, alors $u_n \sim n$ et $v_n \sim n$. En revanche $u_n - v_n = 1$ qui n'est pas équivalente à $n - n = 0$.

Les propriétés qui sont énoncées ici avec « **o** » sont les mêmes avec « **O** », sauf celle utilisant un quotient.

Attention : pas de quotient avec « **O** » ni avec « o » dans la mesure où ils traduisent des inégalités.

Attention : pas d'autre composition de « o » ou « $\sim$ » en général.

Par exemple : si $u_n = -\dfrac{3}{n} + \dfrac{5}{n^2}$ alors : $u_n \sim -\dfrac{3}{n}$.

4.5 Quelles sont les suites de référence ?

• $\forall\alpha\in\mathbb{R}, \forall\beta > 0, (\ln n)^{\alpha} = o(n^{\beta}), n^{\alpha} = o(e^{\beta n})$ et $e^{\alpha n} = o(n!)$.

On peut aussi utiliser le symbole $\ll$ (négligeable devant) pour résumer ces relations :

$$\forall\alpha\in\mathbb{R}, \forall\beta > 0, \forall\gamma > 0, \quad (\ln n)^{\alpha} \ll n^{\beta} \ll e^{\gamma n} \ll n! \ll n^n.$$

Avec les mêmes notations, on a :
$\forall a > 1, (\ln n)^{\alpha} \ll n^{\beta} \ll a^n \ll n! \ll n^n$.

Exemples :

$\ln\left(1-\frac{1}{2n^3}\right) \sim -\frac{1}{2n^3}$, $e^{\frac{1}{n}}-1 \sim \frac{1}{n}$,

$\sqrt{1-\frac{3}{n}}-1 \sim -\frac{3}{2n}$, $\sin\frac{1}{\sqrt{n}} \sim \frac{1}{\sqrt{n}}$,

$\cos\frac{3}{n^2}-1 \sim -\frac{9}{2n^4}$ et

$\tan\frac{-2}{3n} \sim -\frac{2}{3n}$.

Cas particuliers :

1) si $u_n \le v_n$ et si $\lim_{n\to+\infty} u_n = +\infty$, alors : $\lim_{n\to+\infty} v_n = +\infty$.

2) si $v_n \le w_n$ et si $\lim_{n\to+\infty} w_n = -\infty$, alors : $\lim_{n\to+\infty} v_n = -\infty$,

3) si $|u_n| \le v_n$ et si $\lim_{n\to+\infty} v_n = 0$, alors : $\lim_{n\to+\infty} u_n = 0$.

De même : Si (u_n) est décroissante et minorée alors elle converge vers sa borne inférieure : $\lim_{n\to+\infty} u_n = \inf\{u_n / n\in\mathbb{N}\}$.

Par exemple si $\lim_{n\to+\infty} u_n = \pi$ alors $\lim_{n\to+\infty} \cos u_n = -1$.

- Équivalents usuels : si $\lim_{n\to+\infty} u_n = 0$ alors :

$$\ln(1+u_n) \sim u_n,\quad e^{u_n}-1 \sim u_n,\quad \forall\alpha\in\mathbb{R}^* : (1+u_n)^\alpha - 1 \sim \alpha u_n,$$
$$\sin u_n \sim u_n,\quad \cos u_n - 1 \sim -\frac{u_n^2}{2},\quad \tan u_n \sim u_n.$$

5 Théorèmes d'existence de limite

5.1 Citer le théorème des gendarmes.

- Si on a, à partir d'un certain rang : $u_n \le v_n \le w_n$ et si $\lim_{n\to+\infty} u_n = l = \lim_{n\to+\infty} w_n$, alors (v_n) converge et on a : $\lim_{n\to+\infty} v_n = l$.

Il faut éviter d'écrire $\lim_{n\to+\infty} u_n \le \lim_{n\to+\infty} v_n \le \lim_{n\to+\infty} w_n$ surtout lorsque ce théorème est utilisé pour démontrer l'existence de la limite de (v_n).

5.2 Citer le théorème de la limite monotone.

- Si (u_n) est croissante et majorée alors elle converge vers sa borne supérieure : $\lim_{n\to+\infty} u_n = \sup\{u_n / n\in\mathbb{N}\}$.
- Si (u_n) est croissante et non majorée alors $\lim_{n\to+\infty} u_n = +\infty$.
- De même : Si (u_n) est décroissante et non minorée alors $\lim_{n\to+\infty} u_n = -\infty$.

5.3 Citer le théorème de composition de limites.

- Si f est une fonction continue en $l\in\mathbb{R}$ et si $\lim_{n\to+\infty} u_n = l$, alors : $\lim_{n\to+\infty} f(u_n) = f(l)$.

5.4 Que sont des suites adjacentes ?

- Deux suites (u_n) et (v_n) sont dites adjacentes lorsque l'une est croissante, l'autre décroissante et que $\lim_{n\to+\infty} (u_n - v_n) = 0$.
- Si deux suites sont adjacentes alors elles convergent vers la même limite $l\in\mathbb{R}$.
- Théorème des segments emboîtés : si on a une suite de segments $(I_n) = ([u_n, v_n])$ emboîtés dont la longueur ($v_n - u_n$) tend vers 0 alors leur intersection est un singleton ($\bigcap_{n\in\mathbb{N}} I_n = \{l\}$).
- Exemple : $u_n = \frac{E(10^n x)}{10^n}$ et $v_n = \frac{E(10^n x)}{10^n} + \frac{1}{10^n}$ sont adjacentes, ce sont les valeurs décimales approchées de x à 10^{-n} près respectivement par défaut et par excès.

6 ■ Suite du type $u_{n+1} = f(u_n)$

On suppose dans ce paragraphe que la suite (u_n) est définie par une relation de la forme $\forall n \in \mathbb{N}, u_{n+1} = f(u_n)$ et que u_0 appartient à un intervalle ***I*** stable par ***f***.

I stable par *f* permet en particulier d'assurer que la suite est bien définie car tous ses termes restent dans le domaine de définition de *f*.

6.1 Donner le principe d'étude quand *f* est croissante.

- Montrer par récurrence que : $\forall n \in \mathbb{N}, u_n \in I$.
- Montrer que (u_n) est monotone.
- Grâce au théorème de la limite monotone conclure sur l'existence d'une limite pour (u_n).
- Si on est dans un cas où (u_n) converge vers $L \in I$, calculer la valeur de ***L*** en résolvant sur ***I*** l'équation $L = f(L)$, obtenue en passant à la limite dans la relation de récurrence grâce à la continuité de ***f*** sur ***I***.

En particulier, on obtient ainsi éventuellement un majorant ou un minorant de la suite.

Éventuellement en étudiant le signe sur *I* de $g(x) = f(x) - x$.

La limite sera ou bien finie ou bien infinie.

Rappel : si $\lim\limits_{n\to+\infty} u_n = L$, alors : $\lim\limits_{n\to+\infty} u_{n+1} = L$. Donc si *f* est continue sur *I* et si $L \in I$, alors $\lim\limits_{n\to+\infty} f(u_n) = f(L)$. Ainsi, par unicité de la limite de (u_{n+1}), $f(L) = L$.

6.2 Donner le principe d'étude quand *f* est décroissante.

- Résoudre $f(x) = x$ pour trouver les points fixes de ***f*** sur ***I***. Le plus souvent on trouve que $I = I_1 \cup I_2$, avec $I_1 \cap I_2 = \{\alpha\}$ un point fixe de ***f*** et $f(I_1) \subset I_2$, $f(I_2) \subset I_1$.
- Montrer par récurrence que : $\forall n \in \mathbb{N}, (u_{2n} \in I_1 \text{ et } u_{2n+1} \in I_2)$, si $u_0 \in I_1$.
- Montrer que (u_{2n}) et (u_{2n+1}) sont monotones et de sens de variations opposés.
- Grâce au théorème de la limite monotone conclure sur l'existence d'une limite pour (u_{2n}) et (u_{2n+1}), les calculer.
- Si (u_{2n}) et (u_{2n+1}) convergent vers la même limite α alors (u_n) converge vers α, sinon (u_n) diverge.
- **Cas particulier important** : si ***f*** est ***k***-contractante, c'est-à-dire si :

$$\exists k \in \left]0,1\right[, \forall (x,x') \in I^2, \left|f(x) - f(x')\right| \leq k\left|x - x'\right|,$$

on peut plus rapidement démontrer par récurrence que :

$\forall n \in \mathbb{N}, \left|u_n - \alpha\right| \leq k^n \left|u_0 - \alpha\right|$ et en déduire que $\lim\limits_{n\to+\infty} u_n = \alpha$.

On va étudier séparément mais en parallèle les deux suites extraites d'indices pairs et impairs.

Éventuellement en étudiant le signe sur *I* de $g(x) = f \circ f(x) - x$.

Les limites seront ou bien finies ou bien infinies, égales ou différentes.

On peut établir que *f* est *k*-contractante sur *I* en utilisant l'inégalité des accroissements finis avec $k = \sup\{|f'(t)| / t \in I\}$ lorsqu'il existe.

Les savoir-faire clefs

1 ■ Savoir exprimer u_n en fonction de *n*.

1.1 Déterminer le terme général de la suite définie par :
$u_0 = 1$ et $\forall n \in \mathbb{N}, u_{n+1} = \dfrac{2}{n+1} u_n$, puis sa limite.

Conseils méthodologiques

Écrire les premiers termes pour conjecturer une expression que l'on démontre ensuite par récurrence.

C'est une suite arithmético-géométrique.

1.2 Soit la suite définie par : $u_0 = 0$ et $\forall n \in \mathbb{N}, u_{n+1} = 5u_n + 4$.

a) Déterminer la valeur **c** de la suite réelle constante vérifiant la relation de récurrence.

b) Vérifier que la suite définie par : $\forall n \in \mathbb{N}, v_n = u_n - c$ est géométrique.

c) En déduire l'expression de $\boldsymbol{v_n}$ en fonction de $\boldsymbol{n}$, puis celle de $\boldsymbol{u_n}$.

Ce sont des relations de récurrence linéaires d'ordre 2.

1.3 Déterminer le terme général des suites définies par les relations suivantes :

a) $u_0 = 2, u_1 = -1$ et $\forall n \in \mathbb{N}, u_{n+2} = -u_{n+1} + 6u_n$.

b) $u_0 = 1, u_1 = 0$ et $\forall n \in \mathbb{N}, u_{n+2} = -4(u_{n+1} + u_n)$.

c) $u_0 = 1, u_1 = 2$ et $\forall n \in \mathbb{N}, u_{n+2} = -u_n$.

En général, quand on cherche une expression pour u_n, il vaut mieux ne pas simplifier les calculs.

1.1 On a : $u_0 = 1$ et $\forall n \in \mathbb{N}, u_{n+1} = \dfrac{2}{n+1}u_n$. Donc les premiers termes donnent : $u_1 = \dfrac{2}{1}u_0 = \dfrac{2}{1}$, $u_2 = \dfrac{2}{2}u_1 = \dfrac{2}{2}\dfrac{2}{1}$, $u_3 = \dfrac{2}{3}u_2 = \dfrac{2}{3}\dfrac{2}{2}\dfrac{2}{1}$. Il semblerait que l'on ait : $u_n = \dfrac{2^n}{n!}$.

Démontrons cette expression par récurrence sur $\boldsymbol{n}$:

- Initialisation : la formule est valable pour les quatre premiers termes.
- Hérédité : soit $n \in \mathbb{N}$. Supposons que l'on ait : $u_n = \dfrac{2^n}{n!}$. Alors grâce à la relation de récurrence vérifiée par (u_n) il vient :

$$u_{n+1} = \frac{2}{n+1}u_n = \frac{2}{n+1}\frac{2^n}{n!} = \frac{2^{n+1}}{(n+1)!}.$$

Attention à ne pas confondre la ***relation*** de récurrence vérifiée par la suite et ***l'hypothèse*** de récurrence, et à bien indiquer quand on les utilise.

- Conclusion : $\boxed{\forall n \in \mathbb{N}, u_n = \dfrac{2^n}{n!}}$.

Ce sont deux suites de référence.

Or on sait de plus que : $2^n = o(n!)$, donc : $\lim\limits_{n \to +\infty} \dfrac{2^n}{n!} = 0$, c'est-à-dire : $\boxed{\lim\limits_{n \to +\infty} u_n = 0}$.

Même si on connaît la méthode, il faut suivre les questions posées.

1.2 On considère la suite arithmético-géométrique définie par : $u_0 = 0$ et $\forall n \in \mathbb{N}, u_{n+1} = 5u_n + 4$.

a) Une suite réelle constante égale à **c** vérifie la relation de récurrence si et seulement si : $(\forall n \in \mathbb{N}, c = 5c + 4) \Leftrightarrow c = 5c + 4 \Leftrightarrow c = -1$.

Ne pas calculer $\dfrac{v_{n+1}}{v_n}$ car *a priori* on ne sait pas si la suite s'annule ou pas.

b) On pose : $\forall n \in \mathbb{N}, v_n = u_n + 1$.

On a alors : $v_0 = 1$ et $\forall n \in \mathbb{N}, v_{n+1} = u_{n+1} + 1 = 5u_n + 5 = 5v_n$.

Donc $\boxed{(v_n) \text{ est géométrique de raison } 5}$.

Ne pas oublier que $v_0 = 1$.

c) On a alors : $\boxed{\forall n \in \mathbb{N}, v_n = 5^n}$.

Or $\forall n \in \mathbb{N}, u_n = v_n - 1$, donc $\boxed{\forall n \in \mathbb{N}, u_n = 5^n - 1}$.

1.3 Ce sont des suites définies par des relations de récurrence linéaires d'ordre 2.

a) $u_0 = 2, u_1 = -1$ et $\forall n \in \mathbb{N}, u_{n+2} = -u_{n+1} + 6u_n$.

- Équation caractéristique : $q^2 + q - 6 = 0$, $\Delta = 25$ donc on a deux solutions réelles distinctes : $q_1 = -3$ et $q_2 = 2$.
- Donc : $\exists(\lambda_1, \lambda_2) \in \mathbb{R}^2, \forall n \in \mathbb{N}, u_n = \lambda_1(-3)^n + \lambda_2 2^n$.
- Or on connaît les deux premiers termes : $u_0 = \lambda_1 + \lambda_2 = 2$ et $u_1 = -3\lambda_1 + 2\lambda_2 = -1$. On en déduit : $\lambda_1 = \lambda_2 = 1$.

Donc : $\boxed{\forall n \in \mathbb{N}, u_n = (-3)^n + 2^n}$.

b) $u_0 = 1, u_1 = 0$ et $\forall n \in \mathbb{N}, u_{n+2} = -4(u_{n+1} + u_n)$.

- Équation caractéristique : $q^2 + 4q + 4 = 0$, $\Delta = 0$ donc on a une solution réelle double : $q_0 = -2$.
- Donc : $\exists(\lambda, \mu) \in \mathbb{R}^2, \forall n \in \mathbb{N}, u_n = (\lambda n + \mu)(-2)^n$.
- Or on connaît les deux premiers termes : $u_0 = \mu = 1$ et $u_1 = -2(\lambda + \mu) = 0$.

On en déduit : $\lambda = -1$. Donc : $\boxed{\forall n \in \mathbb{N}, u_n = (1-n)(-2)^n}$.

c) $u_0 = 1, u_1 = 2$ et $\forall n \in \mathbb{N}, u_{n+2} = -u_n$.

- Équation caractéristique : $q^2 + 1 = 0$, donc on a deux solutions complexes conjuguées : $q = i = 1e^{i\frac{\pi}{2}}$ et $-i$.
- Donc : $\exists(A, B) \in \mathbb{R}^2, \forall n \in \mathbb{N}, u_n = A\cos\left(n\frac{\pi}{2}\right) + B\sin\left(n\frac{\pi}{2}\right)$.
- Or on connaît les deux premiers termes : $u_0 = A = 1$ et $u_1 = B = 2$.

Donc : $\boxed{\forall n \in \mathbb{N}, u_n = \cos\left(n\frac{\pi}{2}\right) + 2\sin\left(n\frac{\pi}{2}\right)}$, i.e. $\forall p \in \mathbb{N}, \begin{cases} u_{2p} = (-1)^p \\ u_{2p+1} = 2(-1)^p \end{cases}$.

Il n'y a pas de justification à donner, il suffit d'appliquer la méthode.

2 Savoir étudier une suite définie par $u_{n+1} = f(u_n)$.

2.1 Étudier la suite définie par : $u_0 \in [0, 1]$ et $\forall n \in \mathbb{N}, u_{n+1} = \frac{1}{2}(u_n{}^2 + 1)$.
Que peut-on dire si on choisit maintenant $u_0 \in [-1, 0]$?

2.2 Étudier la suite définie par $u_0 > 0$ et $\forall n \in \mathbb{N}, u_{n+1} = 1 + \frac{1}{u_n}$.

Conseils méthodologiques

On pourra poser $\frac{1+\sqrt{5}}{2} = \alpha$ et commencer par le cas où $u_0 \in]0, \alpha]$.

2.1 On considère la fonction définie sur [0, 1] par : $f(x) = \frac{1}{2}(x^2 + 1)$. La fonction f étant polynomiale, elle est dérivable sur [0,1] avec : $f'(x) = x \geq 0$. On a alors le tableau de variations suivant :

x	0	1
$f'(x)$	+	
$f(x)$	$\frac{1}{2}$ ↗	1

Par conséquent l'intervalle [0,1] est stable par f.
Déterminons les points fixes éventuels de f :
$f(x) = x \Leftrightarrow x^2 - 2x + 1 = 0 \Leftrightarrow (x-1)^2 = 0 \Leftrightarrow x = 1$.
On a donc un unique point fixe par f dans cet intervalle : 1.

Les points fixes donnent en fait les seules limites finies possibles en cas de convergence puisque f est continue. Attention, on peut avoir un point fixe et une suite qui diverge !

Démontrons par récurrence sur **n** que : $\forall n \in \mathbb{N}, u_n \in [0,1]$.

- Initialisation : on sait que $u_0 \in [0,1]$.
- Hérédité : soit $n \in \mathbb{N}$. Supposons que $u_n \in [0,1]$. On a alors, grâce au tableau de variations de **f** : $u_{n+1} = f(u_n) \in \left[\frac{1}{2}, 1\right] \subset [0,1]$.
- Conclusion : $\boxed{\forall n \in \mathbb{N}, u_n \in [0,1]}$.

Étudions les variations de (u_n) :

$$\forall n \in \mathbb{N}, u_{n+1} - u_n = \frac{1}{2}\left(u_n{}^2 - 2u_n + 1\right) = \frac{1}{2}(u_n - 1)^2 \geq 0 .$$

Donc la suite est croissante et comme de plus on a vu qu'elle est majorée par 1, $\boxed{\text{elle converge vers un réel } l \in [0,1]}$.

Calculons la valeur de la limite : comme $\lim\limits_{n\to+\infty} u_n = l$, on a aussi $\lim\limits_{n\to+\infty} u_{n+1} = l$.

f étant continue sur [0,1], on en déduit que : $\lim\limits_{n\to+\infty} f(u_n) = f(l)$.

Enfin, par unicité de la limite de la suite (u_{n+1}), on en déduit que $l = f(l)$, et d'après 2.1 il vient : $l = 1$.

Conclusion : $\boxed{(u_n) \text{ converge vers } 1}$.

Si on choisit maintenant $u_0 \in [-1,0]$, on construit le tableau de variations de f sur $u_0 \in [-1,0]$.

On obtient de même que précédemment :

x	-1		0
$f'(x)$		$-$	
$f(x)$	1	$\searrow$	$\frac{1}{2}$

Par conséquent si $u_0 \in [-1,0]$, on aura $u_1 = f(u_0) \in \left[\frac{1}{2}, 1\right] \subset [0,1]$. D'après l'étude précédente, $(u_n)_{n\geq 1}$ est croissante et converge vers 1.

Conclusion : $\boxed{(u_n) \text{ converge vers } 1}$.

On a donc pour tout $u_0 \in [-1,1]$, $\lim\limits_{n\to+\infty} u_n = 1$.

2.2 On considère la fonction définie sur $\mathbb{R}_+^*$ par : $f(x) = 1 + \frac{1}{x}$. Par somme de fonctions usuelles **f** est dérivable sur $\mathbb{R}_+^*$, et on a : $f'(x) = -\frac{1}{x^2} < 0$.

On a alors le tableau de variations suivant :

x	0	α	$+\infty$
$f'(x)$		$+$	
$f(x)$	$+\infty$	$\searrow$ α	1

Déterminons les points fixes éventuels de **f** :

$$f(x) = x \Leftrightarrow x^2 - x - 1 = 0 \text{ et } x > 0 .$$

$$\Leftrightarrow x = \frac{1+\sqrt{5}}{2} = \alpha.$$

On a donc un unique point fixe par **f** dans cet intervalle : α.

Attention, $]0,\alpha]$ et $[\alpha, +\infty[$ ne sont pas stables par *f*.

Étudions le cas où $u_0 \in]0, \alpha]$. Montrons par récurrence sur **n** que :

$$\forall n \in \mathbb{N}, u_{2n} \in]0, \alpha] \text{ et } u_{2n+1} \in [\alpha, +\infty[.$$

- Initialisation : on sait que $u_0 \in]0, \alpha]$, donc d'après le tableau de variations de **f**, on a : $u_1 = f(u_0) \in f(]0, \alpha]) = [\alpha, +\infty[$.
- Hérédité : soit $n \in \mathbb{N}$. Supposons que $u_{2n} \in]0, \alpha]$ et $u_{2n+1} \in [\alpha, +\infty[$. On a alors, grâce au tableau de variations de **f** :

$$u_{2n+2} = f(u_{2n+1}) \in f([\alpha, +\infty[) =]0, \alpha] \text{, puis :}$$

$$u_{2n+3} = f(u_{2n+2}) \in f\left(\left]0, \alpha\right]\right) = \left[\alpha, +\infty\right[.$$

- Conclusion : $\boxed{\forall n \in \mathbb{N},\ u_{2n} \in \left]0, \alpha\right] \text{ et } u_{2n+1} \in \left[\alpha, +\infty\right[}$.

Étudions les variations de (u_{2n}) et (u_{2n+1}) :

$$u_{2n+2} - u_{2n} = 1 + \frac{1}{u_{2n+1}} - u_{2n} = 1 + \frac{1}{f(u_{2n})} - u_{2n}$$
$$= \frac{-u_{2n}^2 + u_{2n} + 1}{u_{2n} + 1} = \frac{(\alpha - u_{2n})}{u_{2n} + 1}\left(u_{2n} + \frac{\sqrt{5}+1}{2}\right).$$

Par produit et quotient de facteurs positifs, on obtient : $u_{2n+2} - u_{2n} \geq 0$, donc (u_{2n}) est croissante. Comme de plus elle est majorée, $\boxed{\text{elle converge vers } l_1 \in \left[u_0, \alpha\right] \subset \left]0, \alpha\right]}$.

De même, on trouve que (u_{2n+1}) est décroissante. Comme de plus elle est minorée, $\boxed{\text{elle converge vers } l_2 \in \left[\alpha, +\infty\right[}$.

Calculons l_1 et l_2 : $\lim\limits_{n\to+\infty} u_{2n} = l_1$ donne $\lim\limits_{n\to+\infty} u_{2n+2} = l_1$ et par continuité de f sur $\mathbb{R}_+^*$, il vient : $\lim\limits_{n\to+\infty} f \circ f(u_{2n}) = f \circ f(l_1)$. Par unicité de la limite, on obtient : $f \circ f(l_1) = l_1$, ce qui donne : $(\alpha - l_1)\left(l_1 + \frac{\sqrt{5}+1}{2}\right) = 0$ donc $l_1 = \alpha$ puisque $l_1 > 0$.

On montre de même que $l_2 = \alpha$.

On a donc : $\lim\limits_{n\to+\infty} u_{2n} = \alpha = \lim\limits_{n\to+\infty} u_{2n+1}$, donc $\boxed{(u_n) \text{ converge vers } \alpha}$.

Il reste le cas où $u_0 \in \left[\alpha, +\infty\right[$. On montrerait de même que :

1) $\forall n \in \mathbb{N},\ u_{2n+1} \in \left]0, \alpha\right]$ et $u_{2n} \in \left[\alpha, +\infty\right[$,

2) (u_{2n}) est décroissante et (u_{2n+1}) est croissante,

3) elles convergent toutes les deux vers α,

On conclut à nouveau que $\boxed{(u_n) \text{ converge vers } \alpha}$.

On a besoin de savoir que $l_1 > 0$ pour pouvoir utiliser la continuité de f pour le calcul de l_1, on utilise donc la croissance de la suite.

C'est le même calcul que pour les variations de (u_{2n}).

3 ■ Savoir utiliser des suites extraites.

3.1 On considère la suite de terme général : $u_n = n\cos\left(n\frac{\pi}{3}\right)$. Montrer que (u_n) n'a pas de limite.

3.2 On considère une suite (u_n) telle que les suites extraites (u_{2n}), (u_{2n+1}) et (u_{3n}) convergent. Montrer que (u_n) converge.

Conseils méthodologiques

Chercher deux suites extraites ayant des limites différentes.

Attention, l'énoncé ne dit pas que les trois suites extraites ont la même limite…

3.1 Considérons les deux suites extraites suivantes :

$$\forall n \in \mathbb{N},\ u_{6n} = 6n\cos\left(6n\frac{\pi}{3}\right) = 6n\cos(2n\pi) = 6n \text{ et}$$

$$\forall n \in \mathbb{N},\ u_{6n+3} = (6n+3)\cos\left((6n+3)\frac{\pi}{3}\right) = (6n+3)\cos((2n+1)\pi) = -(6n+3).$$

Pour trouver des suites extraites convenables, il suffit de calculer les premiers termes de la suite.

On a alors : $\lim_{n\to+\infty} u_{6n} = +\infty$ et $\lim_{n\to+\infty} u_{6n+3} = -\infty$. Par conséquent on a deux suites extraites de (u_n) qui ont des limites différentes. Or, si (u_n) avait $l \in \overline{\mathbb{R}}$ pour limite, toutes ses suites extraites aussi.

Donc (u_n) **n'a pas de limite (finie ou infinie)**.

On aurait aussi pu choisir (u_{6n+1}) et (u_{6n+2}) par exemple.

3.2 Notons : $l_1 = \lim_{n\to+\infty} u_{2n}$, $l_2 = \lim_{n\to+\infty} u_{2n+1}$ et $l_3 = \lim_{n\to+\infty} u_{3n}$. Nous allons montrer que $l_1 = l_2 = l_3$.

On considère (u_{6n}). Elle est à la fois extraite de (u_{2n}) et de (u_{3n}) puisque les indices multiples de 6 sont à la fois multiples de 2 et de 3. On a donc d'une part : $\lim_{n\to+\infty} u_{6n} = l_1$ et d'autre part : $\lim_{n\to+\infty} u_{6n} = l_3$. Par unicité de la limite d'une suite, on en déduit que : $l_1 = l_3$. De même, (u_{6n+3}) est à la fois extraite de (u_{2n+1}) et de (u_{3n}). Donc : $\lim_{n\to+\infty} u_{6n+3} = l_2$ et $\lim_{n\to+\infty} u_{6n+3} = l_3$. Par unicité de la limite d'une suite, on en déduit que : $l_2 = l_3$.

Les deux suites extraites d'indices pairs et d'indices impairs convergent donc vers la même limite, donc **(u_n) converge vers cette limite commune**.

Attention, il faut avoir deux suites extraites « complémentaires », c'est-à-dire permettant de reconstruire complètement la suite d'origine.

4 ■ Savoir déterminer un équivalent.

Conseils méthodologiques

4.1.a) Déterminer un équivalent de la suite définie par :

$$u_n = \sin\left(\frac{1}{n} + \frac{1}{n^2} + \ln\left(1 + \frac{1}{\sqrt{n}}\right)\right).$$

Toujours aller de l'intérieur vers l'extérieur pour l'étude des comportements.

b) Déterminer la limite l de la suite définie par : $v_n = \left(1 + \frac{1}{n^2}\right)^n$, puis chercher un équivalent de $v_n - l$. Même question avec $w_n = \left(1 + \frac{1}{n^4}\right)^{n^2}$.

Laquelle de ces deux suites converge le plus rapidement ?

Toujours repasser à la notation exponentielle lorsque n est aussi dans l'exposant.

4.2 Soit $k \in \mathbb{N}^*$ et $x \in]0, 1[$ fixés.

a) Montrer que : $\binom{n}{k} \sim \frac{n^k}{k!}$ quand n tend vers $+\infty$.

b) En déduire que : $\lim_{n\to+\infty} \binom{n}{k} x^n = 0$.

Ne pas oublier que k et x sont fixés, seul n tend vers $+\infty$.

4.3.a) Montrer que l'équation $\tan x = x$ admet une unique solution, notée u_n, dans l'intervalle $I_n = \left[n\pi, n\pi + \frac{\pi}{2}\right[$.

Étudier la fonction définie par $f(x) = \tan x - x$ sur I_n.

b) Montrer que : $u_n \sim n\pi$.

Utiliser un encadrement de u_n.

c) On pose alors : $\forall n \in \mathbb{N}, v_n = u_n - n\pi$. Montrer que : $\lim_{n\to+\infty} v_n = \frac{\pi}{2}$.

d) On pose encore : $\forall n \in \mathbb{N}, w_n = v_n - \frac{\pi}{2}$. Montrer que : $w_n \sim -\frac{1}{n\pi}$.

e) En déduire l'écriture : $u_n = n\pi + \frac{\pi}{2} - \frac{1}{n\pi} + o\left(\frac{1}{n}\right)$.

On obtient un développement asymptotique de la suite (u_n).

4.1.a) On sait que $\lim_{n\to+\infty}\frac{1}{\sqrt{n}}=0$, d'où par un équivalent usuel on obtient que : $\ln\left(1+\frac{1}{\sqrt{n}}\right)\sim\frac{1}{\sqrt{n}}$, donc : $\lim_{n\to+\infty}\ln\left(1+\frac{1}{\sqrt{n}}\right)=0$, puis par somme de limites : $\lim_{n\to+\infty}\left[\frac{1}{n}+\frac{1}{n^2}+\ln\left(1+\frac{1}{\sqrt{n}}\right)\right]=0$. Avec les équivalents usuels, on en déduit alors : $\sin\left(\frac{1}{n}+\frac{1}{n^2}+\ln\left(1+\frac{1}{\sqrt{n}}\right)\right)\sim\frac{1}{n}+\frac{1}{n^2}+\ln\left(1+\frac{1}{\sqrt{n}}\right)$.

De plus on sait que : $\frac{1}{n}=o\left(\frac{1}{\sqrt{n}}\right)$ et $\frac{1}{n^2}=o\left(\frac{1}{\sqrt{n}}\right)$,

donc $\frac{1}{n}+\frac{1}{n^2}+\ln\left(1+\frac{1}{\sqrt{n}}\right)\sim\frac{1}{\sqrt{n}}$.

On en déduit par transitivité de ~ : $\boxed{u_n\sim\frac{1}{\sqrt{n}}}$.

On rappelle que : $\lim_{n\to+\infty}\alpha_n=0\Rightarrow\sin\alpha_n\sim\alpha_n$ et $\ln(1+\alpha_n)\sim\alpha_n$.

b) On a : $v_n=\left(1+\frac{1}{n^2}\right)^n=e^{n\ln\left(1+\frac{1}{n^2}\right)}$. Or $\lim_{n\to+\infty}\frac{1}{n^2}=0$, donc $\ln\left(1+\frac{1}{n^2}\right)\sim\frac{1}{n^2}$ puis par produit d'équivalents : $n\ln\left(1+\frac{1}{n^2}\right)\sim\frac{1}{n}$,

donc $\lim_{n\to+\infty}n\ln\left(1+\frac{1}{n^2}\right)=0$. Par composition de limites, on a alors : $\lim_{n\to+\infty}e^{n\ln\left(1+\frac{1}{n^2}\right)}=1$, c'est-à-dire : $\boxed{\lim_{n\to+\infty}v_n=1}$.

On rappelle que : $\lim_{n\to+\infty}\alpha_n=0\Rightarrow e^{\alpha_n}-1\sim\alpha_n$.

On considère ensuite : $v_n-1=e^{n\ln\left(1+\frac{1}{n^2}\right)}-1$. Comme on sait que : $\lim_{n\to+\infty}n\ln\left(1+\frac{1}{n^2}\right)=0$, on en déduit : $e^{n\ln\left(1+\frac{1}{n^2}\right)}-1\sim n\ln\left(1+\frac{1}{n^2}\right)\sim\frac{1}{n}$, donc $v_n-1\sim\frac{1}{n}$.

De même on a : $w_n=\left(1+\frac{1}{n^4}\right)^{n^2}=e^{n^2\ln\left(1+\frac{1}{n^4}\right)}$. Or $\lim_{n\to+\infty}\frac{1}{n^4}=0$, donc $\ln\left(1+\frac{1}{n^4}\right)\sim\frac{1}{n^4}$ puis par produit d'équivalents : $n^2\ln\left(1+\frac{1}{n^4}\right)\sim\frac{1}{n^2}$, donc $\lim_{n\to+\infty}n^2\ln\left(1+\frac{1}{n^4}\right)=0$. Par composition de limites, on a alors : $\lim_{n\to+\infty}e^{n^2\ln\left(1+\frac{1}{n^4}\right)}=1$, c'est-à-dire : $\boxed{\lim_{n\to+\infty}w_n=1}$.

On pourrait écrire un développement asymptotique de ces deux suites : $v_n=1+\frac{1}{n}+o\left(\frac{1}{n}\right)$ et $w_n=1+\frac{1}{n^2}+o\left(\frac{1}{n^2}\right)$

On considère ensuite : $w_n-1=e^{n^2\ln\left(1+\frac{1}{n^4}\right)}-1$. Comme on sait que : $\lim_{n\to+\infty}n^2\ln\left(1+\frac{1}{n^4}\right)=0$, on en déduit : $e^{n^2\ln\left(1+\frac{1}{n^4}\right)}-1\sim n^2\ln\left(1+\frac{1}{n^4}\right)\sim\frac{1}{n^2}$,

donc $\boxed{w_n-1\sim\frac{1}{n^2}}$.

On a $v_n-1\sim\frac{1}{n}$ et $w_n-1\sim\frac{1}{n^2}$, et comme $\frac{1}{n^2}=o\left(\frac{1}{n}\right)$, on en déduit que $\boxed{(w_n)\text{ converge vers 1 plus rapidement que }(v_n)}$.

4.2 On a $k \in \mathbb{N}^*$ et $x \in]0, 1[$ fixés.

a) $\binom{n}{k} = \frac{n!}{k!(n-k)!} = \frac{n \times (n-1) \times ... \times (n-k+1)}{k!}$ avec k facteurs au numérateur quelle que soit la valeur de n. Or, lorsque n tend vers $+\infty$, on a les équivalents suivants : $n \sim n$, $n-1 \sim n$, ..., $n-k+1 \sim n$. Par produit de k équivalents, il vient : $n \times (n-1) \times ... \times (n-k+1) \sim n^k$. D'où :

$$\boxed{\binom{n}{k} \sim \frac{n^k}{k!} \text{ quand } n \text{ tend vers } +\infty}.$$

b) On a alors : $\binom{n}{k} x^n \sim \frac{n^k}{k!} x^n$. On sait que $x \in]0, 1[$ donc $\frac{1}{x} \in]1, +\infty[$, et par conséquent $n^k = o\left(\frac{1}{x^n}\right)$, autrement dit : $\lim_{n \to +\infty} n^k x^n = 0$. De plus k ! est une constante donc : $\boxed{\lim_{n \to +\infty} \binom{n}{k} x^n = 0}$.

Tout cela est correct car k et x sont fixés et ne dépendent pas de n. On ne peut pas faire un produit « infini » d'équivalents (ni même un produit dont le nombre de termes dépend de n) puisque n tend vers $+\infty$.

4.3.a) $\tan x = x \Leftrightarrow \tan x - x = 0$ donc on pose :

$$\forall x \in I_n = \left[n\pi, n\pi + \frac{\pi}{2}\right[, \ f(x) = \tan x - x.$$

f est dérivable sur I_n et on a : $\forall x \in I_n, f'(x) = 1 + (\tan x)^2 - 1 = (\tan x)^2 \geq 0$ et même strictement positive pour $x \neq n\pi$. De plus $f(n\pi) = -n\pi$ et par somme de limites on a : $\lim_{x \to n\pi + \frac{\pi}{2}} f(x) = +\infty$. On en déduit alors que f est bijective de I_n sur $f(I_n) = [-n\pi, +\infty[$.

x	$n\pi$	$n\pi + \frac{\pi}{2}$
$f'(x)$	0	+
$f(x)$	$-n\pi$ ↗	$+\infty$

Comme $0 \in f(I_n) = [-n\pi, +\infty[$, 0 admet un unique antécédent u_n par f dans I_n, d'où le résultat car :

$f(u_n) = 0 \Leftrightarrow \tan u_n - u_n = 0 \Leftrightarrow \tan u_n = u_n$.

Attention au théorème des valeurs intermédiaires : s'il donne l'existence d'une solution, il ne suffit pas à justifier son unicité.

b) D'après le a) on sait que : $u_n \in I_n$ donc $n\pi \leq u_n \leq n\pi + \frac{\pi}{2}$, c'est-à-dire : $1 \leq \frac{u_n}{n\pi} \leq 1 + \frac{1}{2n}$. Or $\lim_{n \to +\infty} \left(1 + \frac{1}{2n}\right) = 1$, donc grâce au théorème des gendarmes, on obtient : $\lim_{n \to +\infty} \frac{u_n}{n\pi} = 1$, c'est-à-dire : $\boxed{u_n \sim n\pi}$.

c) On pose : $\forall n \in \mathbb{N}, v_n = u_n - n\pi \in \left[0, \frac{\pi}{2}\right[$. On a alors, par périodicité de la fonction tangente et par définition de u_n : $\tan v_n = \tan(u_n - n\pi) = \tan u_n = u_n$.

Donc $v_n = \text{Arc}\tan u_n$. Comme on a : $\lim_{n \to +\infty} u_n = +\infty$, par composition de limites il vient : $\boxed{\lim_{n \to +\infty} v_n = \frac{\pi}{2}}$.

Rappel : $\lim_{x \to +\infty} \text{Arc}\tan x = \frac{\pi}{2}$.

d) On pose : $\forall n \in \mathbb{N}, w_n = v_n - \frac{\pi}{2} \in \left[-\frac{\pi}{2}, 0\right[$. On a alors : $v_n = w_n + \frac{\pi}{2}$,

donc d'une part $\tan v_n = \tan\left(w_n + \frac{\pi}{2}\right) = -\frac{1}{\tan w_n}$

et d'autre part : $\tan v_n = u_n$. D'où $\tan w_n = -\frac{1}{u_n}$.

De plus, on sait que : $\lim\limits_{n\to+\infty} w_n = 0$, donc $\tan w_n \sim w_n$. On a alors :

$w_n \sim -\frac{1}{u_n}$ et avec le b) il vient : $\boxed{w_n \sim -\frac{1}{n\pi}}$.

e) On en déduit que : $w_n = -\frac{1}{n\pi} + o\left(\frac{1}{n}\right)$, donc $v_n = \frac{\pi}{2} - \frac{1}{n\pi} + o\left(\frac{1}{n}\right)$ et

enfin : $\boxed{u_n = n\pi + \frac{\pi}{2} - \frac{1}{n\pi} + o\left(\frac{1}{n}\right)}$.

À chaque étape, on essaie d'affiner un peu plus le résultat.

5 ■ Savoir utiliser des suites adjacentes.

Conseils méthodologiques

5.1 On considère un réel *x* fixé. On définit alors deux suites par :

$$\forall n \in \mathbb{N},\ u_n = \frac{E(10^n x)}{10^n} \text{ et } v_n = \frac{E(10^n x)}{10^n} + \frac{1}{10^n}.$$

a) Montrer que (u_n) et (v_n) sont adjacentes.

b) Montrer qu'elles convergent toutes les deux vers *x*.

Revenir à la définition de la partie entière

5.2 Dichotomie. On considère une fonction *f* continue sur $[a, b]$ telle que :

- $f(a)f(b) < 0$
- l'équation $f(x) = 0$ admet une unique solution x_0 dans $[a, b]$.

On construit alors par récurrence les deux suites :

$$a_0 = a, b_0 = b \text{ et pour tout } n \in \mathbb{N}, \text{ si } f\left(\frac{a_n + b_n}{2}\right) f(a_n) > 0 \text{, alors}$$

$$a_{n+1} = \frac{a_n + b_n}{2} \text{ et } b_{n+1} = b_n \text{, sinon } b_{n+1} = \frac{a_n + b_n}{2} \text{ et } a_{n+1} = a_n.$$

a) Montrer que (a_n) et (b_n) sont adjacentes.

b) Montrer qu'elles convergent toutes les deux vers x_0.

On pourra commencer par étudier $(a_n - b_n)$

5.1 $\forall n \in \mathbb{N},\ u_n = \frac{E(10^n x)}{10^n}$ et $v_n = \frac{E(10^n x)}{10^n} + \frac{1}{10^n}$.

a) Étudions les variations de (u_n) :

$$u_{n+1} - u_n = \frac{E(10^{n+1}x)}{10^{n+1}} - \frac{E(10^n x)}{10^n} = \frac{E(10^{n+1}x) - 10E(10^n x)}{10^{n+1}}.$$

Attention à bien faire la différence entre les inégalités strictes et larges.

Dès qu'on a des parties entières, il faut écrire leur définition et travailler sur les inégalités pour obtenir les résultats demandés.

Or on sait que : $E(10^{n+1}x) \leq 10^{n+1}x < E(10^{n+1}x)+1$ et $E(10^n x) \leq 10^n x < E(10^n x)+1 \Rightarrow -10E(10^n x)-10 < -10^{n+1}x \leq -10E(10^n x)$.

Donc par somme, il vient : $0 < E(10^{n+1}x) - 10E(10^n x) + 1$, d'où, puisqu'il s'agit d'entiers : $0 \leq E(10^{n+1}x) - 10E(10^n x)$, donc (u_n) est croissante.

Étudions les variations de (v_n) :

$$v_{n+1} - v_n = \frac{E(10^{n+1}x)}{10^{n+1}} + \frac{1}{10^{n+1}} - \frac{E(10^n x)}{10^n} - \frac{1}{10^n} = \frac{E(10^{n+1}x) - 10E(10^n x) - 9}{10^{n+1}}.$$

Avec les mêmes inégalités que précédemment, il vient : $E(10^{n+1}x) - 10E(10^n x) - 10 < 0$, d'où, puisqu'il s'agit d'entiers : $E(10^{n+1}x) - 10E(10^n x) - 9 \leq 0$, donc (v_n) est décroissante.

De plus on a : $v_n - u_n = \dfrac{1}{10^n}$ donc $\lim\limits_{n\to+\infty}(v_n - u_n) = 0$.

Conclusion : $\boxed{(u_n) \text{ et } (v_n) \text{ sont adjacentes}}$.

Ce sont les valeurs décimales approchées de $\boldsymbol{x}$ à 10^{-n} près respectivement par défaut et par excès.

b) Puisque les deux suites sont adjacentes, elles convergent vers la même limite $\boldsymbol{L}$. De plus on a : $E(10^n x) \leq 10^n x < E(10^n x)+1 \Rightarrow u_n \leq x < v_n$, donc en passant à la limite il vient que : $L \leq x \leq L$, d'où :

$$\boxed{\lim_{n\to+\infty} u_n = x = \lim_{n\to+\infty} v_n}.$$

5.2 Dichotomie.

Cette méthode de résolution approchée de $f(x)=0$ s'appelle la dichotomie parce que l'intervalle $[a_n, b_n]$ est coupé en deux à chaque étape.

a) On remarque tout d'abord que : $\forall n \in \mathbb{N}$, $a_{n+1} - b_{n+1} = \dfrac{1}{2}(a_n - b_n)$, donc la suite $(a_n - b_n)$ est géométrique de raison $\dfrac{1}{2} \in \left]-1, 1\right[$, donc converge vers 0.

De plus, on a : $\forall n \in \mathbb{N}$, $a_n - b_n = \dfrac{1}{2^n}(a-b) < 0$, donc $a_n < b_n$.

Étudions les variations de (a_n) : $\forall n \in \mathbb{N}$, $a_{n+1} - a_n = \begin{cases} 0 \text{ si } a_{n+1} = a_n \\ \dfrac{b_n - a_n}{2} \text{ sinon} \end{cases}$.

On en déduit que $a_{n+1} - a_n \geq 0$, donc (a_n) est croissante.

Étudions les variations de (b_n) : $\forall n \in \mathbb{N}$, $b_{n+1} - b_n = \begin{cases} 0 \text{ si } b_{n+1} = b_n \\ \dfrac{a_n - b_n}{2} \text{ sinon} \end{cases}$.

On en déduit que $b_{n+1} - b_n \leq 0$, donc (b_n) est décroissante.

Conclusion : $\boxed{(a_n) \text{ et } (b_n) \text{ sont adjacentes}}$.

On a de plus la double inégalité : $a_n \leq x_0 \leq b_n$, ce qui assure que $\boldsymbol{a_n}$ donne une valeur approchée de $\boldsymbol{x_0}$ par défaut et $\boldsymbol{b_n}$ par excès. De plus, on connaît la précision car $a_n - b_n = \dfrac{1}{2^n}(a-b)$.

b) Puisque les deux suites sont adjacentes, elles convergent vers la même limite $L \in [a, b]$. De plus on a par construction : $\forall n \in \mathbb{N}$, $f(a_n)f(b_n) < 0$, donc $\boldsymbol{f}$ étant continue sur $[a, b]$, on a : $\lim\limits_{n\to+\infty} f(a_n) = \lim\limits_{n\to+\infty} f(b_n) = f(L)$ d'où : $(f(L))^2 \leq 0$.

Donc $(f(L))^2 = 0$, puis $f(L) = 0$ et puisque il y a unicité de la solution de $f(x) = 0$ sur $[a, b]$, on en déduit que : $L = x_0$.

Conclusion : $\boxed{\lim\limits_{n\to+\infty} a_n = \lim\limits_{n\to+\infty} b_n = x_0}$.

Pour maîtriser les bases

1. Étude d'une suite selon son premier terme ____ D'après ENSAIS

Soit λ un réel fixé. On considère la suite définie par : $u_0 = \lambda$ et $\forall n \in \mathbb{N}, u_{n+1} = \frac{3}{4}u_n^2 - 2u_n + 3$.

1. Montrer que la suite (u_n) est croissante.
2. On suppose que la suite (u_n) est convergente. Montrer que sa limite est 2.
3. On suppose que $\lambda > 2$. Montrer que la suite (u_n) est divergente.
4. Montrer qu'il existe deux valeurs, $\lambda_1 < \lambda_2$, telles que si $\lambda \in \{\lambda_1, \lambda_2\}$ on a $u_1 = 2$.
5. On suppose que $\lambda_1 \leq \lambda \leq \lambda_2$. Montrer que la suite (u_n) converge.
6. On suppose que $\lambda < \lambda_1$. Montrer que la suite (u_n) diverge.

1. $\forall n \in \mathbb{N}, u_{n+1} - u_n = \frac{3}{4}(u_n - 2)^2 \geq 0$ donc $\boxed{(u_n) \text{ est croissante}}$.

2. Si $\lim\limits_{n \to +\infty} u_n = l \in \mathbb{R}$, alors d'une part, par produit et combinaison linéaire de limites, on a : $\lim\limits_{n \to +\infty} \left(\frac{3}{4}u_n^2 - 2u_n + 3\right) = \frac{3}{4}l^2 - 2l + 3$ et d'autre part : $\lim\limits_{n \to +\infty} u_{n+1} = l$. Par unicité de la limite on a : $\frac{3}{4}l^2 - 2l + 3 = l$ d'où $\frac{3}{4}(l-2)^2 = 0$, donc $\boxed{l = 2}$.

3. On suppose que $\lambda > 2$. On sait que (u_n) est croissante. Supposons la majorée. Alors elle converge vers 2 d'après le 1.2. Or on a aussi : $\forall n \in \mathbb{N}, u_n \geq u_0$, donc par passage à la limite : $2 \geq u_0 = \lambda > 2$, ce qui est absurde.

Par conséquent (u_n) n'est pas majorée, il en résulte que $\boxed{(u_n) \text{ diverge vers } +\infty}$.

4. $u_1 = 2 \Leftrightarrow \frac{3}{4}u_0^2 - 2u_0 + 3 = 2 \Leftrightarrow 3\lambda^2 - 8\lambda + 4 = 0 \Leftrightarrow (\lambda - 2)\left(\lambda - \frac{2}{3}\right) = 0$.

Donc il existe deux valeurs, $\boxed{\lambda_1 = \frac{2}{3} \text{ et } \lambda_2 = 2}$, telles que si $\lambda \in \{\lambda_1, \lambda_2\}$, on a $u_1 = 2$.

5. On suppose que $\frac{2}{3} \leq \lambda \leq 2$. Traçons le tableau de variations sur $\mathbb{R}$ du polynôme :

$$P(x) = \frac{3}{4}x^2 - 2x + 3 = \frac{3}{4}\left(x - \frac{4}{3}\right)^2 + \frac{5}{3}.$$

x	$-\infty$	$\frac{2}{3}$	$\frac{4}{3}$	2	$+\infty$
$P(x)$	$+\infty$ ↘	2 ↘	$\frac{5}{3}$	↗ 2	↗ $+\infty$

Par combinaisons linéaires de limites, on a : $\lim\limits_{x \to +\infty} P(x) = +\infty = \lim\limits_{x \to -\infty} P(x)$.

On remarque que l'intervalle $\left[\frac{2}{3}, 2\right]$ est stable par P.

Montrons par récurrence sur n que : $\forall n \in \mathbb{N}, u_n \in \left[\frac{2}{3}, 2\right]$.

- Initialisation : on sait que $u_0 = \lambda \in \left[\frac{2}{3}, 2\right]$.
- Hérédité : Soit $n \in \mathbb{N}$. Supposons que $u_n \in \left[\frac{2}{3}, 2\right]$. On a alors, grâce au tableau de variations de P : $u_{n+1} = P(u_n) \in \left[\frac{5}{3}, 2\right] \subset \left[\frac{2}{3}, 2\right]$.
- Conclusion : $\boxed{\forall n \in \mathbb{N}, u_n \in \left[\frac{2}{3}, 2\right]}$.

Par conséquent, (u_n) est croissante et majorée (par 2) donc $\boxed{\text{la suite converge}}$ (vers 2 d'après 1.2.).

6. On suppose que $\lambda < \frac{2}{3}$. D'après le tableau de variations de P, on a alors $u_1 > 2$ et comme au 1.3., on montre que la suite $\boxed{(u_n) \text{ diverge vers } +\infty}$.

2. Détermination d'une valeur approchée de e — D'après ENSTIM

On considère la fonction f telle que : $f(x) = 0$ si $x = 0$ et $f(x) = \dfrac{x}{\ln x}$ sinon.

1. Déterminer l'ensemble de définition D de f.
2. Dresser le tableau de variations de f. On y fera apparaître les différentes limites et la valeur de $f(\mathrm{e})$.
3. Montrer que $\forall x \geq \mathrm{e}, 0 \leq f'(x) \leq \dfrac{1}{4}$ (on calculera $\dfrac{1}{4} - f'(x)$).

On considère la suite v telle que : $v_0 = 3$ et $\forall n \in \mathbb{N}, v_{n+1} = \dfrac{v_n}{\ln v_n}$.

4. Montrer que : $\forall n \in \mathbb{N}, v_n \geq \mathrm{e}$.
5. Énoncer l'inégalité des accroissements finis.
6. Montrer que : $\forall n \in \mathbb{N}, |v_{n+1} - \mathrm{e}| \leq \dfrac{1}{4}|v_n - \mathrm{e}|$.
7. En déduire que : $\forall n \in \mathbb{N}, |v_n - \mathrm{e}| \leq \dfrac{1}{4^n}$.
8. En déduire que la suite v converge et déterminer sa limite.
9. Sachant que $4^5 > 1\,000$, déterminer un entier n_1 à partir duquel v_n est une valeur approchée de e à 10^{-12} près par excès.

1. Le dénominateur doit être défini et ne pas s'annuler donc : $\boxed{D = [0, 1[\cup]1, +\infty[}$.

2. Par quotient de fonctions dérivables avec un dénominateur non nul, f est dérivable sur $D \setminus \{0\}$ et on a :

$$\forall x \in]0, 1[\cup]1, +\infty[, f'(x) = \frac{\ln x - 1}{(\ln x)^2} > 0 \Leftrightarrow \ln x - 1 > 0 \Leftrightarrow x > \mathrm{e}.$$

Tableau de variations de f :

x	0		1		e		$+\infty$
$f'(x)$		$-$	‖	$-$	0	$+$	
$f(x)$	0 ↘		$-\infty$ ‖ $+\infty$	↘	e	↗	$+\infty$

$\lim\limits_{x \to 0^+} \ln x = -\infty$ donc $\lim\limits_{x \to 0^+} f(x) = 0$,

$\lim\limits_{x \to 1^-} \ln x = 0^-$ donc $\lim\limits_{x \to 1^-} f(x) = -\infty$,

$\lim\limits_{x \to 1^+} \ln x = 0^+$ donc $\lim\limits_{x \to 1^+} f(x) = +\infty$,

$\ln x \underset{+\infty}{=} o(x)$ donc $\lim\limits_{x \to +\infty} f(x) = +\infty$.

3. On a déjà vu que : $\forall x \geq \mathrm{e}, f'(x) = \dfrac{\ln x - 1}{(\ln x)^2} \geq 0$.

De plus : $\frac{1}{4} - f'(x) = \frac{1}{4} - \frac{\ln x - 1}{(\ln x)^2} = \frac{(\ln x)^2 - 4\ln x + 4}{4(\ln x)^2} = \frac{(\ln x - 2)^2}{4(\ln x)^2} \geq 0$.

Donc : $\boxed{\forall x \geq e, 0 \leq f'(x) \leq \frac{1}{4}}$.

On considère la suite v telle que : $v_0 = 3$ et $\forall n \in \mathbb{N}, v_{n+1} = \frac{v_n}{\ln v_n}$.

4. Montrons par récurrence que : $\forall n \in \mathbb{N}, v_n \geq e$.

- Initialisation : $v_0 = 3 \geq e$.
- Hérédité : soit $n \in \mathbb{N}$. Supposons que $v_n \geq e$, montrons que : $v_{n+1} \geq e$.

Grâce au tableau de variations de f on a : $v_{n+1} = f(v_n) \in [e, +\infty[$.

- Conclusion : $\boxed{\forall n \in \mathbb{N}, v_n \geq e}$.

5. Inégalité des accroissements finis : soit $(a, b) \in \mathbb{R}^2, a < b$. Si f est continue sur $[a, b]$ et dérivable sur $]a, b[$ et s'il existe deux réels, m et M, tels que : $\forall x \in]a, b[, m \leq f'(x) \leq M$, alors : $m(b-a) \leq f(b) - f(a) \leq M(b-a)$.

6. Soit $n \in \mathbb{N}$. Appliquons l'inégalité des accroissements finis à f sur $[e, v_n]$. La fonction f est bien continue sur $[e, v_n]$ et dérivable sur $]e, v_n[$. On a vu que : $\forall x \geq e, 0 \leq f'(x) \leq \frac{1}{4}$. On en déduit alors : $0 \leq f(v_n) - f(e) \leq \frac{1}{4}(v_n - e)$, c'est-à-dire : $0 \leq v_{n+1} - e \leq \frac{1}{4}(v_n - e)$.

On a donc : $\boxed{\forall n \in \mathbb{N}, |v_{n+1} - e| \leq \frac{1}{4}|v_n - e|}$.

7. Montrons par récurrence que : $\forall n \in \mathbb{N}, |v_n - e| \leq \frac{1}{4^n}$.

- Initialisation : $|v_0 - e| = |3 - e| \in [0, 1]$.
- Hérédité : soit $n \in \mathbb{N}$. Supposons que $|v_n - e| \leq \frac{1}{4^n}$, montrons que : $|v_{n+1} - e| \leq \frac{1}{4^{n+1}}$.

D'après le 2.6. on a : $|v_{n+1} - e| \leq \frac{1}{4}|v_n - e| \leq \frac{1}{4} \times \frac{1}{4^n} = \frac{1}{4^{n+1}}$ avec l'hypothèse de récurrence.

- Conclusion : $\boxed{\forall n \in \mathbb{N}, |v_n - e| \leq \frac{1}{4^n}}$.

8. $\lim_{n \to +\infty} \frac{1}{4^n} = 0$, donc d'après le théorème des gendarmes $\lim_{n \to +\infty} |v_n - e| = 0$ ou encore : $\boxed{\lim_{n \to +\infty} v_n = e}$.

9. On veut un entier n_1 à partir duquel : $0 \leq v_n - e \leq 10^{-12}$. Il suffit d'avoir n tel que : $\frac{1}{4^n} \leq 10^{-12}$, c'est-à-dire : $4^n \geq 10^{12} = (10^3)^4$. Or on nous donne $4^5 > 1\,000$, donc $4^{20} > 1000^4$. Par suite, tout entier $\boxed{n \geq 20}$ donne pour v_n une valeur approchée de e à 10^{-12} près par excès.

3. Étude de deux suites associées — D'après École de l'air

Soit $a \leq b$ deux réels strictement positifs fixés. On considère les suites (a_n) et (b_n) définies par les relations de récurrence : $\forall n \in \mathbb{N}, a_{n+1} = \sqrt{a_n b_n}$ et $b_{n+1} = \frac{a_n + b_n}{2}$ et les conditions initiales : $a_0 = a$ et $b_0 = b$.

1. Vérifier que : $\forall n \in \mathbb{N}, 0 < a_n \leq b_n$.

2.a) Étudier la monotonie des suites (a_n) et (b_n) et en déduire qu'elles convergent.

b) Montrer que les suites (a_n) et (b_n) ont la même limite strictement positive, qui sera notée $\mu(a, b)$.

On pose alors : $\forall n \in \mathbb{N}, d_n = \sqrt{b_n} - \sqrt{a_n}$.

3.a) Montrer, pour tout $n \in \mathbb{N}$, la double inégalité : $\left(\sqrt{b_{n+1}} - \sqrt{a_{n+1}}\right)^2 \leq b_{n+1} - a_{n+1} \leq \frac{1}{2}\left(\sqrt{b_n} - \sqrt{a_n}\right)^2$.

b) Montrer qu'il existe une constante $r \in]0, 1[$ que l'on précisera, telle que : $\forall n \in \mathbb{N}, d_n \leq r^n d_0$.

4. Montrer qu'il existe une constante C > 0, qu'on ne demande pas de calculer, telle que : $\forall n \in \mathbb{N}, b_n - \mu(a, b) \leq Cr^n$ et $\mu(a, b) - a_n \leq Cr^n$.

1. Démontrons par récurrence que : $\forall n \in \mathbb{N}, 0 < a_n \le b_n$.

- Initialisation : $a_0 = a > 0, b_0 = b > 0$ et $a \le b$.
- Hérédité : Soit $n \in \mathbb{N}$. Supposons que : $0 < a_n \le b_n$. Alors d'une part : $a_{n+1} = \sqrt{a_n b_n} > 0$ et $b_{n+1} = \dfrac{a_n + b_n}{2} > 0$, et d'autre part : $b_{n+1} - a_{n+1} = \dfrac{a_n + b_n}{2} - \sqrt{a_n b_n} = \dfrac{a_n + b_n - 2\sqrt{a_n b_n}}{2} = \dfrac{\left(\sqrt{a_n} - \sqrt{b_n}\right)^2}{2} \ge 0$ donc $0 < a_{n+1} \le b_{n+1}$.
- Conclusion : $\boxed{\forall n \in \mathbb{N}, 0 < a_n \le b_n}$.

2.a) Monotonie de (a_n) et (b_n) : $\forall n \in \mathbb{N}, \dfrac{a_{n+1}}{a_n} = \dfrac{\sqrt{a_n b_n}}{a_n} = \sqrt{\dfrac{b_n}{a_n}} \ge 1$ et $b_{n+1} - b_n = \dfrac{a_n + b_n}{2} - b_n = \dfrac{a_n - b_n}{2} \le 0$.

On en déduit que $\boxed{(a_n) \text{ est croissante et } (b_n) \text{ décroissante}}$.

De plus (b_n) est minorée par 0 donc converge et, comme (b_n) est décroissante on a : $\forall n \in \mathbb{N}, 0 < a_n \le b_n \le b_0 = b$, (a_n) est majorée par b donc converge.

b) Notons $l = \lim\limits_{n \to +\infty} a_n$ et $l' = \lim\limits_{n \to +\infty} b_n$. Du fait des variations de (a_n) et (b_n), on a : $\forall n \in \mathbb{N}, 0 < a \le a_n \le b_n \le b$, donc $\boxed{0 < a \le l \le l' \le b}$.

De plus, comme $\lim\limits_{n \to +\infty} b_{n+1} = l'$ et par combinaison linéaire de limites $\lim\limits_{n \to +\infty} \dfrac{a_n + b_n}{2} = \dfrac{l + l'}{2}$, par unicité de la limite il vient : $l' = \dfrac{l + l'}{2}$ d'où $\boxed{l = l' = \mu(a, b)}$.

3.a) On a déjà vu au 3.1. que $b_{n+1} - a_{n+1} = \dfrac{\left(\sqrt{a_n} - \sqrt{b_n}\right)^2}{2}$.

De plus : $b_{n+1} - a_{n+1} = \sqrt{b_{n+1}}^2 - \sqrt{a_{n+1}}^2 = \left(\sqrt{b_{n+1}} - \sqrt{a_{n+1}}\right)\left(\sqrt{b_{n+1}} + \sqrt{a_{n+1}}\right) \ge \left(\sqrt{b_{n+1}} - \sqrt{a_{n+1}}\right)^2$ car $\left(\sqrt{b_{n+1}} + \sqrt{a_{n+1}}\right) \ge \left(\sqrt{b_{n+1}} - \sqrt{a_{n+1}}\right) \ge 0$.

On a donc, pour tout $n \in \mathbb{N}$: $\boxed{\left(\sqrt{b_{n+1}} - \sqrt{a_{n+1}}\right)^2 \le b_{n+1} - a_{n+1} \le \dfrac{1}{2}\left(\sqrt{b_n} - \sqrt{a_n}\right)^2}$.

b) On déduit du a) que : $\forall n \in \mathbb{N}, d_{n+1} \le \sqrt{\dfrac{1}{2}} d_n = \dfrac{\sqrt{2}}{2} d_n$ et on montre par récurrence que : $\forall n \in \mathbb{N}, d_n \le \left(\dfrac{\sqrt{2}}{2}\right)^n d_0$ où $\dfrac{\sqrt{2}}{2} \in]0, 1[$.

- Initialisation : $\left(\dfrac{\sqrt{2}}{2}\right)^0 d_0 = d_0$.
- Hérédité : Soit $n \in \mathbb{N}$. Supposons que : $d_n \le \left(\dfrac{\sqrt{2}}{2}\right)^n d_0$. Alors : $d_{n+1} \le \dfrac{\sqrt{2}}{2} d_n \le \dfrac{\sqrt{2}}{2}\left(\dfrac{\sqrt{2}}{2}\right)^n d_0 = \left(\dfrac{\sqrt{2}}{2}\right)^{n+1} d_0$.
- Conclusion : $\boxed{\forall n \in \mathbb{N}, d_n \le \left(\dfrac{\sqrt{2}}{2}\right)^n d_0}$.

4. On sait que : $\forall n \in \mathbb{N}, 0 < a_n \le \mu(a, b) \le b_n$, donc $0 \le \mu(a, b) - a_n \le b_n - a_n$ et $0 \le b_n - \mu(a, b) \le b_n - a_n$. Montrons alors que $\left(\dfrac{b_n - a_n}{r^n}\right)$ est bornée (avec $r = \dfrac{\sqrt{2}}{2}$).

On a : $\dfrac{b_n - a_n}{r^n} = \left(\dfrac{\sqrt{b_n} - \sqrt{a_n}}{r^n}\right)\left(\sqrt{b_n} + \sqrt{a_n}\right) = \dfrac{d_n}{r^n}\left(\sqrt{b_n} + \sqrt{a_n}\right)$. Or $\left(\dfrac{d_n}{r^n}\right)$ est positive et majorée par d_0 d'après le 3.3.

De plus $\left(\sqrt{b_n} + \sqrt{a_n}\right)$ est positive et converge vers $2\sqrt{\mu(a, b)} > 0$ donc est majorée par une constante strictement positive. On en conclut, par produit, qu'il existe une constante $C > 0$, telle que : $\dfrac{b_n - a_n}{r^n} \le C$. D'après les inégalités ci-dessus : $\boxed{\forall n \in \mathbb{N}, b_n - \mu(a, b) \le Cr^n \text{ et } \mu(a, b) - a_n \le Cr^n}$.

4. Suite de rationnels convergeant vers un irrationnel. D'après École de l'air

Soit α un nombre irrationnel de $]0,1[$.

On considère la suite définie par : $x_0 = \alpha$ et $\forall n \in \mathbb{N},\ x_{n+1} = \dfrac{1}{x_n - E(x_n)}$.

1. Montrer que, pour tout $n \in \mathbb{N}$, x_n est irrationnel et que, pour tout $n \in \mathbb{N}^*$, $x_n \geq 1$.

2. On définit alors deux suites de nombres entiers par : $p_0 = 1, p_1 = 0$ et $q_0 = 0, q_1 = 1$ puis les relations de récurrence : $p_{n+1} = p_n E(x_n) + p_{n-1}$ et $q_{n+1} = q_n E(x_n) + q_{n-1}$.
Étudier le sens de variation et les limites de ces deux suites (p_n) et (q_n).

3. Calculer par récurrence $p_n q_{n+1} - p_{n+1} q_n$.
En déduire le sens de variation de $\left(\dfrac{p_{2n}}{q_{2n}}\right)$ et de $\left(\dfrac{p_{2n+1}}{q_{2n+1}}\right)$ puis la convergence de $\left(\dfrac{p_n}{q_n}\right)$.

4. Montrer que : $\forall n \geq 1,\ \dfrac{p_n x_n + p_{n-1}}{q_n x_n + q_{n-1}} = \alpha$.

5. Comparer, selon la parité de n, les réels $\dfrac{p_n}{q_n}$, α et $\dfrac{p_{n-1}}{q_{n-1}}$. En déduire la valeur de la limite de $\left(\dfrac{p_n}{q_n}\right)$.

1. On sait que $x_0 = \alpha$ est irrationnel. Montrons par récurrence que pour tout $n \in \mathbb{N}^*$, x_n est irrationnel et $x_n \geq 1$.

- Initialisation : $x_1 = \dfrac{1}{x_0 - E(x_0)} = \dfrac{1}{\alpha - 0} = \dfrac{1}{\alpha} > 1$ car $\alpha \in]0,1[$. Si x_1 était rationnel alors $\dfrac{1}{x_1} = \alpha$ le serait aussi ce qui est absurde. Donc x_1 est irrationnel et $x_1 \geq 1$.
- Hérédité : Soit $n \in \mathbb{N}^*$. Supposons que x_n est irrationnel et $x_n \geq 1$. Montrons que x_{n+1} est irrationnel et $x_{n+1} \geq 1$.
x_n étant irrationnel, $x_n - E(x_n)$ est irrationnel et de plus dans $]0,1[$. Donc $x_{n+1} = \dfrac{1}{x_n - E(x_n)} > 1$ et est irrationnel (de même que pour x_1).
- Conclusion : $\boxed{\forall n \in \mathbb{N}^*, x_n \text{ est irrationnel et } x_n \geq 1}$.

2. $p_0 = 1, p_1 = 0$ et $q_0 = 0, q_1 = 1$ et $p_{n+1} = p_n E(x_n) + p_{n-1}$ et $q_{n+1} = q_n E(x_n) + q_{n-1}$.
Variation des deux suites (p_n) et (q_n) :
$\forall n \in \mathbb{N}^*, p_{n+1} - p_n = p_n\big(E(x_n) - 1\big) + p_{n-1}$ et $q_{n+1} - q_n = q_n\big(E(x_n) - 1\big) + q_{n-1}$.
Comme $\forall n \in \mathbb{N}^*, E(x_n) - 1 \geq 0$, il suffirait que (p_n) et (q_n) soient de signe constant pour pouvoir conclure.
Montrons alors par récurrence à deux pas sur n que $\forall n \in \mathbb{N}^*, p_n \geq 0$ et $q_n > 0$.

- Initialisation : d'une part $p_1 = 0$ et $p_2 = p_1 E(x_1) + p_0 = 1 > 0$ et d'autre part :
$q_1 = 1 > 0$ et $q_2 = q_1 E(x_1) + q_0 = E(x_1) > 0$ d'après 4.1.
- Hérédité : Soit $n \in \mathbb{N}^*$. Supposons que $p_n \geq 0, p_{n+1} \geq 0, q_n > 0$ et $q_{n+1} > 0$. On a alors : $p_{n+2} = \underbrace{p_{n+1}}_{\geq 0}\underbrace{E(x_{n+1})}_{\geq 0} + \underbrace{p_n}_{\geq 0} \geq 0$ et $q_{n+2} = \underbrace{q_{n+1}}_{>0}\underbrace{E(x_{n+1})}_{>0} + \underbrace{q_n}_{>0} > 0$.
- Conclusion : $\boxed{\forall n \in \mathbb{N}^*, p_n \geq 0 \text{ et } q_n > 0}$.

On peut alors en déduire : $\forall n \in \mathbb{N}^*, p_{n+1} - p_n = \underbrace{p_n}_{\geq 0}\underbrace{\big(E(x_n) - 1\big)}_{\geq 0} + \underbrace{p_{n-1}}_{\geq 0} \geq 0$ et $q_{n+1} - q_n = \underbrace{q_n}_{>0}\underbrace{\big(E(x_n) - 1\big)}_{\geq 0} + \underbrace{q_{n-1}}_{>0} > 0$.

Donc $\boxed{(p_n)_{n\geq 1} \text{ et } (q_n)_{n\geq 1} \text{ sont croissantes}}$.

Supposons que (p_n) soit majorée. Alors elle converge vers un réel $l \geq p_2 > 0$. On en déduit que : $E(x_n) = \dfrac{p_{n+1} - p_{n-1}}{p_n}$ converge vers 0, ce qui est absurde car $x_n \geq 1 \Rightarrow E(x_n) \geq 1$. Donc (p_n) n'est pas majorée et $\boxed{(p_n) \text{ diverge vers } +\infty}$.

De même on montre que $\boxed{\lim_{n \to +\infty} q_n = +\infty}$.

3. On calcule : $p_0q_1 - p_1q_0 = 1$, puis $p_1q_2 - p_2q_1 = -1$.

Montrons par récurrence que : $\forall n \in \mathbb{N}, p_nq_{n+1} - p_{n+1}q_n = (-1)^n$.

- Initialisation : $p_0q_1 - p_1q_0 = 1$.
- Hérédité : Soit $n \in \mathbb{N}$. Supposons que $p_nq_{n+1} - p_{n+1}q_n = (-1)^n$. On a alors :

$$\begin{aligned} p_{n+1}q_{n+2} - p_{n+2}q_{n+1} &= p_{n+1}\left(q_{n+1}E(x_{n+1}) + q_n\right) - \left(p_{n+1}E(x_{n+1}) + p_n\right)q_{n+1} \\ &= p_{n+1}q_n - p_nq_{n+1} = -(-1)^n = (-1)^{n+1} \end{aligned}$$

- Conclusion : $\boxed{\forall n \in \mathbb{N}, p_nq_{n+1} - p_{n+1}q_n = (-1)^n}$.

Sens de variation de $\left(\dfrac{p_{2n}}{q_{2n}}\right)$ et de $\left(\dfrac{p_{2n+1}}{q_{2n+1}}\right)$:

$$\begin{aligned} \frac{p_{2n+2}}{q_{2n+2}} - \frac{p_{2n}}{q_{2n}} &= \frac{p_{2n+2}q_{2n} - p_{2n}q_{2n+2}}{q_{2n+2}q_{2n}} = \frac{\left(p_{2n+1}E(x_{2n+1}) + p_{2n}\right)q_{2n} - p_{2n}\left(q_{2n+1}E(x_{2n+1}) + q_{2n}\right)}{q_{2n+2}q_{2n}} \\ &= \frac{p_{2n+1}q_{2n} - p_{2n}q_{2n+1}}{q_{2n+2}q_{2n}}E(x_{2n+1}) = -(-1)^{2n}\frac{E(x_{2n+1})}{q_{2n+2}q_{2n}} = -\frac{E(x_{2n+1})}{q_{2n+2}q_{2n}} \leq 0 \end{aligned}$$

donc $\boxed{\left(\dfrac{p_{2n}}{q_{2n}}\right)_{n\geq 1}}$ est décroissante. De même on aura $\boxed{\left(\dfrac{p_{2n+1}}{q_{2n+1}}\right)_{n\geq 0}}$ croissante.

De plus : $\dfrac{p_{2n+1}}{q_{2n+1}} - \dfrac{p_{2n}}{q_{2n}} = \dfrac{p_{2n+1}q_{2n} - p_{2n}q_{2n+1}}{q_{2n+1}q_{2n}} = \dfrac{-1}{q_{2n+1}q_{2n}}$, et comme $\lim\limits_{n\to+\infty} q_{2n} = \lim\limits_{n\to+\infty} q_{2n+1} = +\infty$, on en déduit : $\lim\limits_{n\to+\infty} \dfrac{p_{2n+1}}{q_{2n+1}} - \dfrac{p_{2n}}{q_{2n}} = 0$.

Les suites $\left(\dfrac{p_{2n}}{q_{2n}}\right)$ et $\left(\dfrac{p_{2n+1}}{q_{2n+1}}\right)$ sont adjacentes donc convergent vers la même limite l. On en déduit enfin que $\boxed{\left(\dfrac{p_n}{q_n}\right) \text{ converge vers } l}$.

4. Montrons par récurrence que : $\forall n \geq 1, \dfrac{p_nx_n + p_{n-1}}{q_nx_n + q_{n-1}} = \alpha$.

- Initialisation : $\dfrac{p_1x_1 + p_0}{q_1x_1 + q_0} = \dfrac{1}{x_1} = \alpha$.
- Hérédité : Soit $n \in \mathbb{N}^*$. Supposons que $\dfrac{p_nx_n + p_{n-1}}{q_nx_n + q_{n-1}} = \alpha$. On a alors :

$$\frac{p_{n+1}x_{n+1} + p_n}{q_{n+1}x_{n+1} + q_n} = \frac{\left(p_nE(x_n) + p_{n-1}\right)\dfrac{1}{x_n - E(x_n)} + p_n}{\left(q_nE(x_n) + q_{n-1}\right)\dfrac{1}{x_n - E(x_n)} + q_n} = \frac{\left(p_nE(x_n) + p_{n-1}\right) + p_n\left(x_n - E(x_n)\right)}{\left(q_nE(x_n) + q_{n-1}\right) + q_n\left(x_n - E(x_n)\right)} = \frac{p_nx_n + p_{n-1}}{q_nx_n + q_{n-1}} = \alpha$$

grâce à l'hypothèse de récurrence.

- Conclusion : $\boxed{\forall n \geq 1, \dfrac{p_nx_n + p_{n-1}}{q_nx_n + q_{n-1}} = \alpha}$

5. $$\alpha - \frac{p_{n-1}}{q_{n-1}} = \frac{p_nx_n + p_{n-1}}{q_nx_n + q_{n-1}} - \frac{p_{n-1}}{q_{n-1}} = \frac{\left(p_nx_n + p_{n-1}\right)q_{n-1} - p_{n-1}\left(q_nx_n + q_{n-1}\right)}{\left(q_nx_n + q_{n-1}\right)q_{n-1}} = \frac{\left(p_nq_{n-1} - p_{n-1}q_n\right)x_n}{\left(q_nx_n + q_{n-1}\right)q_{n-1}}$$

$= \left(-1\right)^n \dfrac{x_n}{\left(q_nx_n + q_{n-1}\right)q_{n-1}}$ du signe de $(-1)^n$. On en déduit que : $\boxed{\forall n \in \mathbb{N}^*, \dfrac{p_{2n+1}}{q_{2n+1}} \leq \alpha \leq \dfrac{p_{2n}}{q_{2n}}}$.

En passant à la limite dans l'inégalité, on obtient $l = \alpha$, autrement dit : $\boxed{\lim\limits_{n\to+\infty} \dfrac{p_n}{q_n} = \alpha}$.

5. Étude de la série harmonique ____ D'après première année de Licence

On pose pour tout entier n non nul : $H_n = \sum_{k=1}^{n} \frac{1}{k}$.

1. Montrer que si k est un entier non nul, on a : $\frac{1}{k+1} \leq \int_k^{k+1} \frac{1}{t} \mathrm{d}t \leq \frac{1}{k}$.

2. En déduire l'encadrement : $\ln n + \frac{1}{n} \leq H_n \leq 1 + \ln n$.

3. Donner un équivalent de H_n. On pose alors, pour tout $n \geq 1$: $c_n = H_n - \ln n$ et $d_n = c_n - \frac{1}{n}$.

4. Montrer que pour $n \geq 1$: $\frac{1}{n+1} \leq \ln(n+1) - \ln n \leq \frac{1}{n}$.

5. Montrer que (c_n) et (d_n) sont adjacentes.

6. En déduire qu'il existe $\gamma \in \mathbb{R}$ tel que : $H_n = \ln n + \gamma + o(1)$.

1. Soit $k \in \mathbb{N}^*$. Sur $[k, k+1]$ la fonction inverse est continue et on a : $\forall t \in [k, k+1], \frac{1}{k+1} \leq \frac{1}{t} \leq \frac{1}{k}$, donc, par croissance de l'intégrale, il vient : $\int_k^{k+1} \frac{1}{k+1} \mathrm{d}t \leq \int_k^{k+1} \frac{1}{t} \mathrm{d}t \leq \int_k^{k+1} \frac{1}{k} \mathrm{d}t$, c'est-à-dire : $\frac{1}{k+1} \leq \int_k^{k+1} \frac{1}{t} \mathrm{d}t \leq \frac{1}{k}$.

2. En sommant les inégalités précédentes pour k entre 1 et $n-1$, pour $n \geq 2$, on obtient : $\sum_{k=1}^{n-1} \frac{1}{k+1} \leq \int_1^n \frac{1}{t} \mathrm{d}t \leq \sum_{k=1}^{n-1} \frac{1}{k}$, ce qui donne : $H_n - 1 \leq \ln n \leq H_n - \frac{1}{n}$. On en déduit : $\ln n + \frac{1}{n} \leq H_n \leq \ln n + 1$.

3. D'après la double inégalité précédente, on a : $1 + \frac{1}{n \ln n} \leq \frac{H_n}{\ln n} \leq 1 + \frac{1}{\ln n}$. Or on sait que : $\lim_{n \to +\infty} \frac{1}{n \ln n} = \lim_{n \to +\infty} \frac{1}{\ln n} = 0$, donc $\lim_{n \to +\infty} 1 + \frac{1}{n \ln n} = \lim_{n \to +\infty} 1 + \frac{1}{\ln n} = 1$ et grâce au théorème des gendarmes, on a alors : $\lim_{n \to +\infty} \frac{H_n}{\ln n} = 1$ et on en déduit : $\boxed{H_n \sim \ln n}$.

4. En écrivant la double inégalité du 5.1) pour $n \geq 1$, il vient : $\boxed{\frac{1}{n+1} \leq \ln(n+1) - \ln n \leq \frac{1}{n}}$.

5. On a immédiatement que : $c_n - d_n = \frac{1}{n}$, donc $\lim_{n \to +\infty} c_n - d_n = 0$.
Étudions les variations de ces deux suites :

$c_{n+1} - c_n = H_{n+1} - \ln(n+1) - (H_n - \ln n) = H_{n+1} - H_n - \ln(n+1) + \ln n = \frac{1}{n+1} - \ln(n+1) + \ln n \leq 0$ d'après le 5.4.

Donc (c_n) est décroissante.

$d_{n+1} - d_n = c_{n+1} - \frac{1}{n+1} - c_n + \frac{1}{n} = c_{n+1} - c_n + \frac{1}{n} - \frac{1}{n+1} = -\ln(n+1) + \ln n + \frac{1}{n} \geq 0$ d'après le 5.4.

Donc (d_n) est croissante. Finalement $\boxed{(c_n) \text{ et } (d_n) \text{ sont adjacentes}}$.

6. (c_n) et (d_n) étant adjacentes, elles convergent vers une limite commune. Notons-la γ. On en déduit que : $c_n = \gamma + o(1)$ puis que : $\boxed{H_n = \ln n + \gamma + o(1)}$. γ est appelée « constante d'Euler ».

6. Valeurs approchées d'un radical ____ D'après EIA

Soit a un réel strictement positif. On considère la suite (x_n) définie par : $x_0 = a$ et la relation de récurrence : $\forall n \in \mathbb{N}, x_{n+1} = \frac{1}{2}\left(x_n + \frac{a}{x_n}\right)$.

1.a) Donner le tableau de variations de la fonction f définie sur $]0, +\infty[$ par : $f(x) = \frac{1}{2}\left(x + \frac{a}{x}\right)$.

b) Démontrer que : $\forall n \in \mathbb{N}^*, x_n \geq \sqrt{a}$.

c) Démontrer que : $\forall n \in \mathbb{N}, x_{n+1} - x_n = \dfrac{1}{2x_n}(a - x_n^2)$.

d) En déduire que (x_n) converge vers $\sqrt{a}$.

2.a) Démontrer que : $\forall n \in \mathbb{N}^*, 0 \leq x_{n+1} - \sqrt{a} \leq \dfrac{1}{2\sqrt{a}}(x_n - \sqrt{a})^2$.

b) En déduire, par récurrence, que : $\forall n \in \mathbb{N}^*, x_n - \sqrt{a} \leq 2\sqrt{a}\left(\dfrac{x_1 - \sqrt{a}}{2\sqrt{a}}\right)^{2^{n-1}}$.

c) Dans cette question $a = 2$. On rappelle que $1{,}4 < \sqrt{2} < 1{,}5$.

Montrer que : $\forall n \in \mathbb{N}^*, x_n - \sqrt{2} \leq 3\left(\dfrac{1}{28}\right)^{2^{n-1}}$.

Jusqu'à quel terme suffit-il de calculer x_n pour que ce soit une approximation de $\sqrt{2}$ à 10^{-16} près par excès ?

1.a) f est dérivable sur $]0, +\infty[$ avec : $f'(x) = \dfrac{1}{2}\left(1 - \dfrac{a}{x^2}\right) = \dfrac{1}{2}\dfrac{(x-\sqrt{a})(x+\sqrt{a})}{x^2}$.

x	0		$\sqrt{a}$		$+\infty$
$f'(x)$		$-$	0	$+$	
$f(x)$	$+\infty$	↘	$\sqrt{a}$	↗	$+\infty$

Par somme de limites on a :

$$\lim_{x\to 0+}\left(x + \frac{a}{x}\right) = +\infty \quad \text{et} \quad \lim_{x\to +\infty}\left(x + \frac{a}{x}\right) = +\infty.$$

De plus : $f\left(\sqrt{a}\right) = \dfrac{1}{2}\left(\sqrt{a} + \dfrac{a}{\sqrt{a}}\right) = \sqrt{a}$.

b) Soit $n \in \mathbb{N}^*$. D'après le tableau de variations de f : $x_n = f(x_{n-1}) \geq \sqrt{a}$. Donc : $\boxed{\forall n \in \mathbb{N}^*, x_n \geq \sqrt{a}}$.

c) Soit $n \in \mathbb{N}$. $x_{n+1} - x_n = f(x_n) - x_n = \dfrac{1}{2}\left(x_n + \dfrac{a}{x_n} - 2x_n\right) = \dfrac{1}{2x_n}\left(-x_n^2 + a\right)$. Donc : $\boxed{x_{n+1} - x_n = \dfrac{1}{2x_n}(a - x_n^2)}$.

d) D'après le b) et le c), on a : $\forall n \in \mathbb{N}, x_{n+1} - x_n = \dfrac{1}{2x_n}\underbrace{(a - x_n^2)}_{\leq 0} \leq 0$ donc (x_n) est décroissante et minorée, par conséquent (x_n) converge vers un réel $l \geq \sqrt{a}$. En passant à la limite dans le c), on a, par combinaison linéaire et quotient de limites : $0 = \dfrac{a - l^2}{2l}$ donc $l = \sqrt{a}$. Conclusion : $\boxed{(x_n) \text{ converge vers } \sqrt{a}}$.

2.a) Soit $n \in \mathbb{N}^*$.

$x_{n+1} - \sqrt{a} = f(x_n) - \sqrt{a} = \dfrac{1}{2}\left(x_n + \dfrac{a}{x_n} - 2\sqrt{a}\right) = \dfrac{1}{2x_n}\left(x_n{}^2 + a - 2x_n\sqrt{a}\right) = \dfrac{\left(x_n - \sqrt{a}\right)^2}{2x_n}$. On en déduit : $0 \leq x_{n+1} - \sqrt{a}$ par quotient de réels positifs, et de plus, comme $x_n \geq \sqrt{a} \Rightarrow \dfrac{1}{x_n} \leq \dfrac{1}{\sqrt{a}}$ on a : $x_{n+1} - \sqrt{a} \leq \dfrac{1}{2\sqrt{a}}(x_n - \sqrt{a})^2$.

On a donc bien : $\boxed{\forall n \in \mathbb{N}^*, 0 \leq x_{n+1} - \sqrt{a} \leq \dfrac{1}{2\sqrt{a}}(x_n - \sqrt{a})^2}$.

b) Montrons par récurrence que : $\forall n \in \mathbb{N}^*, x_n - \sqrt{a} \leq 2\sqrt{a}\left(\dfrac{x_1 - \sqrt{a}}{2\sqrt{a}}\right)^{2^{n-1}}$.

- Initialisation : $2\sqrt{a}\left(\dfrac{x_1 - \sqrt{a}}{2\sqrt{a}}\right)^{2^{1-1}} = 2\sqrt{a}\left(\dfrac{x_1 - \sqrt{a}}{2\sqrt{a}}\right) = x_1 - \sqrt{a}$.

- Hérédité : Soit $n \in \mathbb{N}^*$. Supposons que : $x_n - \sqrt{a} \leq 2\sqrt{a}\left(\dfrac{x_1 - \sqrt{a}}{2\sqrt{a}}\right)^{2^{n-1}}$.

Alors avec le a) il vient : $x_{n+1} - \sqrt{a} \leq \dfrac{1}{2\sqrt{a}}(x_n - \sqrt{a})^2 \leq \dfrac{1}{2\sqrt{a}}\left(2\sqrt{a}\left(\dfrac{x_1 - \sqrt{a}}{2\sqrt{a}}\right)^{2^{n-1}}\right)^2 = 2\sqrt{a}\left(\dfrac{x_1 - \sqrt{a}}{2\sqrt{a}}\right)^{2^n}$.

- Conclusion : $\forall n \in \mathbb{N}^*, x_n - \sqrt{a} \leq 2\sqrt{a}\left(\dfrac{x_1 - \sqrt{a}}{2\sqrt{a}}\right)^{2^{n-1}}$.

c) $a = 2$ et $1{,}4 < \sqrt{2} < 1{,}5$ donc d'une part $2\sqrt{a} = 2\sqrt{2} \leq 3$ et d'autre part :

$\dfrac{x_1 - \sqrt{a}}{2\sqrt{a}} = \dfrac{f(2) - \sqrt{2}}{2\sqrt{2}} = \dfrac{\frac{3}{2} - \sqrt{2}}{2\sqrt{2}} \leq \dfrac{0{,}1}{2{,}8} = \dfrac{1}{28}$. Par conséquent le b) donne : $\boxed{\forall n \in \mathbb{N}^*, x_n - \sqrt{2} \leq 3\left(\dfrac{1}{28}\right)^{2^{n-1}}}$.

Pour que x_n soit une approximation de $\sqrt{2}$ à 10^{-16} près par excès il suffit d'avoir :

$$3\left(\frac{1}{28}\right)^{2^{n-1}} \leq 10^{-16} \Leftrightarrow \ln 3 - 2^{n-1}\ln 28 \leq -16\ln 10 \Leftrightarrow \frac{\ln 3 + 16\ln 10}{\ln 28} \leq 2^{n-1} \Leftrightarrow \ln\left(\frac{\ln 3 + 16\ln 10}{\ln 28}\right) \leq (n-1)\ln 2 .$$

C'est-à-dire : $1 + \dfrac{1}{\ln 2}\ln\left(\dfrac{\ln 3 + 16\ln 10}{\ln 28}\right) \leq n$.

Après calcul, on trouve : $\boxed{n \geq 5}$, la convergence est rapide.

Pour approfondir

7. Les moyennes de Cesaro — D'après Banque PT

1. On considère une suite réelle $(u_n)_{n\geq 1}$ ainsi que la suite définie par : $\forall n \in \mathbb{N}, a_n = \dfrac{u_1 + u_2 + \ldots + u_n}{n}$.

On se propose de montrer que si $(u_n)_{n\geq 1}$ converge vers un réel l alors $(a_n)_{n\geq 1}$ converge vers l. Soit $\varepsilon > 0$.

a) Montrer qu'il existe $n_0 \in \mathbb{N}$ tel que pour tout entier n : $n > n_0 \Rightarrow |u_n - l| < \dfrac{\varepsilon}{2}$.

b) Montrer que pour tout entier $n > n_0$ on a :

$$|a_n - l| \leq \frac{|u_1 - l| + |u_2 - l| + \ldots + |u_{n_0} - l|}{n} + \frac{|u_{n_0+1} - l| + |u_{n_0+2} - l| + \ldots + |u_n - l|}{n}.$$

c) Montrer qu'il existe un entier $n_1 > n_0$ tel que, pour tout entier n : $n > n_1 \Rightarrow \dfrac{|u_1 - l| + |u_2 - l| + \ldots + |u_{n_0} - l|}{n} < \dfrac{\varepsilon}{2}$.

d) Conclure.

2. On considère la suite définie par : $u_1 \in \left]0, \pi\right[$ et $\forall n \in \mathbb{N}^*, u_{n+1} = \sin u_n$.

a) Montrer par récurrence que, pour tout $n \in \mathbb{N}^*$, on a : $0 < u_n < \pi$, puis que la suite $(u_n)_{n\geq 1}$ est décroissante.

b) En déduire que la suite converge et préciser sa limite.

c) Montrer que, lorsque n tend vers $+\infty$, on a : $u_n{}^2 - u_{n+1}{}^2 \sim \dfrac{u_n{}^2 u_{n+1}{}^2}{3}$.

On pourra utiliser que si $\lim\limits_{n\to+\infty} u_n = 0$ alors $u_n - \sin u_n \sim \dfrac{u_n{}^3}{6}$.

d) On pose, pour tout $n \in \mathbb{N}^*$, $v_n = \dfrac{1}{u_{n+1}{}^2} - \dfrac{1}{u_n{}^2}$. Montrer que la suite $(v_n)_{n\geq 1}$ converge vers $\dfrac{1}{3}$.

e) Démontrer alors que $\lim\limits_{n\to+\infty} n u_{n+1}{}^2 = 3$. (on pourra penser à appliquer les moyennes de Cesaro à $(v_n)_{n\geq 1}$)

f) En déduire alors un équivalent simple de u_n en $+\infty$.

1.a) $\lim\limits_{n\to+\infty} u_n = l$ donc la définition théorique de limite nous donne, puisque $\dfrac{\varepsilon}{2} > 0$:

$$\boxed{\exists n_0 \in \mathbb{N}, \forall n \in \mathbb{N}, \left(n > n_0 \Rightarrow |u_n - l| < \frac{\varepsilon}{2}\right)}.$$

b) Soit $n > n_0$. On a : $a_n - l = \dfrac{u_1 + u_2 + \ldots + u_n}{n} - l = \dfrac{u_1 + u_2 + \ldots + u_n - nl}{n} = \dfrac{(u_1 - l) + (u_2 - l) + \ldots + (u_n - l)}{n}$,
donc, la valeur absolue d'une somme restant inférieure à la somme des valeurs absolues :

$$\boxed{|a_n - l| \le \frac{|u_1 - l| + |u_2 - l| + \ldots + |u_{n_0} - l|}{n} + \frac{|u_{n_0+1} - l| + |u_{n_0+2} - l| + \ldots + |u_n - l|}{n}}.$$

c) n_0 étant fixé, $|u_1 - l| + |u_2 - l| + \ldots + |u_{n_0} - l|$ est un réel fixé donc, lorsque n tend vers $+\infty$, on a :

$\lim\limits_{n\to+\infty} \dfrac{|u_1 - l| + |u_2 - l| + \ldots + |u_{n_0} - l|}{n} = 0$. La définition théorique de limite nous donne alors, puisque $\dfrac{\varepsilon}{2} > 0$:

$$\boxed{\exists n_1 \in \mathbb{N}, \forall n \in \mathbb{N}, \left(n > n_1 \Rightarrow \frac{|u_1 - l| + |u_2 - l| + \ldots + |u_{n_0} - l|}{n} < \frac{\varepsilon}{2}\right)}.$$

De plus, comme n_1 est un entier à partir duquel on a une propriété, on peut lui imposer la condition supplémentaire $n_1 > n_0$.

d) Avec le b) et le c), on a (par somme) pour tout entier $n > n_1$: $|a_n - l| < \dfrac{\varepsilon}{2} + \dfrac{\varepsilon}{2} = \varepsilon$. On a donc démontré que :

$\forall \varepsilon > 0, \exists n_1 \in \mathbb{N}, \forall n \in \mathbb{N}, \left(n > n_1 \Rightarrow |a_n - l| < \varepsilon\right)$, c'est-à-dire : $\boxed{\lim\limits_{n\to+\infty} a_n = l}$.

2.a) Montrons par récurrence que : $\forall n \in \mathbb{N}^*, 0 < u_n < \pi$.

- Initialisation : $u_1 \in \left]0, \pi\right[$.
- Hérédité : soit $n \in \mathbb{N}^*$. Supposons que : $0 < u_n < \pi$. Alors : $u_{n+1} = \sin u_n \in \left]0, 1\right[\subset \left]0, \pi\right[$.
- Conclusion : $\boxed{\forall n \in \mathbb{N}^*, 0 < u_n < \pi}$.

Variations de la suite : $\forall n \in \mathbb{N}^*, u_{n+1} - u_n = \sin u_n - u_n$.
Étudions rapidement la fonction définie par $f(x) = \sin x - x$ sur $[0, \pi]$: f est dérivable sur $[0, \pi]$, avec :
$f'(x) = \cos x - 1 < 0$ sur $\left]0, \pi\right[$, donc f est strictement décroissante sur $[0, \pi]$ et comme $f(0) = 0$, on a :
$\forall x \in \left]0, \pi\right[, f(x) < 0$, c'est-à-dire : $\sin x < x$.
Par conséquent : $\sin u_n - u_n < 0$ et $u_{n+1} - u_n < 0$.

Donc la suite $\boxed{(u_n)_{n\ge1} \text{ est (strictement) décroissante}}$.

b) La suite est décroissante et minorée donc converge vers un réel $l \in [0, \pi]$. De plus, par continuité de la fonction sin sur $[0, \pi]$, on a : $\lim\limits_{n\to+\infty} \sin u_n = \sin l$. Comme $\lim\limits_{n\to+\infty} u_{n+1} = l$, par unicité de la limite, on obtient : $\sin l = l$, c'est-à-dire : $\sin l - l = 0$ et d'après l'étude précédente de f, on a : $l = 0$. Donc $\boxed{\lim\limits_{n\to+\infty} u_n = 0}$.

c) On a : $u_n - \sin u_n \sim \dfrac{u_n^{\,3}}{6}$. Par conséquent :

$u_n^{\,2} - u_{n+1}^{\,2} = (u_n - u_{n+1})(u_n + u_{n+1}) = (u_n - \sin u_n)(u_n + \sin u_n) = (u_n - \sin u_n)u_n\left(1 + \dfrac{\sin u_n}{u_n}\right)$ or on sait que $\sin u_n \sim u_n$,

donc $\lim\limits_{n\to+\infty}\left(1 + \dfrac{\sin u_n}{u_n}\right) = 2$, et on a : $u_n - \sin u_n \sim \dfrac{u_n^{\,3}}{6}$.

Par produit d'équivalents, on obtient : $u_n^{\,2} - u_{n+1}^{\,2} \sim \dfrac{u_n^{\,3}}{6} u_n 2 = \dfrac{u_n^{\,4}}{3}$. Or $u_{n+1} \sim u_n$, donc $u_n^{\,2} u_{n+1}^{\,2} \sim u_n^{\,4}$, d'où :

$$\boxed{u_n^{\,2} - u_{n+1}^{\,2} \sim \frac{u_n^{\,2} u_{n+1}^{\,2}}{3}}.$$

d) Pour tout $n \in \mathbb{N}^*$, $v_n = \dfrac{1}{{u_{n+1}}^2} - \dfrac{1}{{u_n}^2} = \dfrac{{u_n}^2 - {u_{n+1}}^2}{{u_{n+1}}^2 {u_n}^2} \sim \dfrac{1}{3}$ d'après le c). Donc $\boxed{\lim\limits_{n\to+\infty} v_n = \dfrac{1}{3}}$.

e) Appliquons les moyennes de Cesaro à $(v_n)_{n\geq 1}$: $\lim\limits_{n\to+\infty} \dfrac{1}{n}\sum\limits_{k=1}^{n} v_k = \dfrac{1}{3}$.

Or on remarque que : $\sum\limits_{k=1}^{n} v_k = \sum\limits_{k=1}^{n}\left(\dfrac{1}{{u_{k+1}}^2} - \dfrac{1}{{u_k}^2}\right) = \sum\limits_{k=1}^{n}\dfrac{1}{{u_{k+1}}^2} - \sum\limits_{k=1}^{n}\dfrac{1}{{u_k}^2} = \dfrac{1}{{u_{n+1}}^2} - \dfrac{1}{{u_1}^2}$.

Donc : $\lim\limits_{n\to+\infty} \dfrac{1}{n}\left(\dfrac{1}{{u_{n+1}}^2} - \dfrac{1}{{u_1}^2}\right) = \dfrac{1}{3}$. Comme de plus $\lim\limits_{n\to+\infty} \dfrac{1}{n}\dfrac{1}{{u_1}^2} = 0$, on en déduit que : $\lim\limits_{n\to+\infty} \dfrac{1}{n}\dfrac{1}{{u_{n+1}}^2} = \dfrac{1}{3}$. D'où : $\boxed{\lim\limits_{n\to+\infty} n{u_{n+1}}^2 = 3}$.

f) On a donc : $n{u_{n+1}}^2 \sim 3 \Rightarrow {u_{n+1}}^2 \sim \dfrac{3}{n} \Rightarrow u_{n+1} \sim \sqrt{\dfrac{3}{n}}$ et comme $u_{n+1} \sim u_n$, on conclut que $\boxed{u_n \sim \sqrt{\dfrac{3}{n}}}$.

8. Étude d'une série associée à une suite — D'après CCP

On considère a une suite réelle et la suite a^* définie par : $\forall n \in \mathbb{N}, a_n^* = \dfrac{1}{2^n}\sum\limits_{k=0}^{n}\binom{n}{k} a_k$.

1. On suppose que : $\exists \alpha \in \mathbb{R}, \forall n \in \mathbb{N}, a_n = \alpha$. Expliciter a_n^* pour $n \in \mathbb{N}$.

2. On suppose maintenant que : $\exists q \in \mathbb{R}, \forall n \in \mathbb{N}, a_n = q^r$. Expliciter a_n^* pour $n \in \mathbb{N}$.

On retourne au cas général d'une suite réelle a quelconque.

3. Soit $n \in \mathbb{N}^*$. On considère un entier k fixé, $k \in [\![0, n]\!]$.

a) Préciser un équivalent de $\binom{n}{k}$ lorsque n tend vers $+\infty$.

b) En déduire la limite de $\dfrac{1}{2^n}\binom{n}{k}$ lorsque n tend vers $+\infty$.

c) Soit q un entier naturel fixé. On considère pour $n > q$ la somme $S_q(n, a) = \sum\limits_{k=0}^{q}\binom{n}{k}\dfrac{a_k}{2^n}$. Quelle est la limite de $S_q(n, a)$ quand l'entier n tend vers $+\infty$?

4. On suppose que $\lim\limits_{n\to+\infty} a_n = 0$. Montrer que a^* converge aussi vers 0.

On pourra écrire $a_n^* = \dfrac{1}{2^n}\sum\limits_{k=0}^{q}\binom{n}{k} a_k + \dfrac{1}{2^n}\sum\limits_{k=q+1}^{n}\binom{n}{k} a_k$ pour q bien choisi et utiliser le 8.3.

5. On suppose que $\lim\limits_{n\to+\infty} a_n = l \in \mathbb{R}$. Quelle est la limite de a^* ?

6. La convergence de a est-elle équivalente à la convergence de a^* ?

On pourra considérer la suite a^* associée à $((-1)^n)_{n\in\mathbb{N}}$.

1. La suite a est constante. On a alors : $\forall n \in \mathbb{N}, a_n^* = \dfrac{1}{2^n}\sum\limits_{k=0}^{n}\binom{n}{k}\alpha = \alpha\dfrac{1}{2^n}\sum\limits_{k=0}^{n}\binom{n}{k} = \alpha\dfrac{1}{2^n}2^n = \alpha$, donc : $\boxed{\forall n \in \mathbb{N}, a_n^* = \alpha}$.

2. La suite a est géométrique. On a alors, avec la formule du binôme de Newton :

$$\forall n \in \mathbb{N}, a_n^* = \frac{1}{2^n}\sum_{k=0}^{n}\binom{n}{k} q^k = \frac{1}{2^n}(1+q)^n, \text{ donc } \forall n \in \mathbb{N}, a_n^* = \left(\frac{1+q}{2}\right)^n.$$

3. Soit $n \in \mathbb{N}^*$. On considère un entier k fixé, $k \in [\![0, n]\!]$.

a) $\binom{n}{k} = \dfrac{n!}{k!(n-k)!} = \dfrac{n \times (n-1) \times \ldots \times (n-k+1)}{k!}$ avec k facteurs au numérateur quelle que soit la valeur de n. Or, lorsque n tend vers $+\infty$, on a les équivalents suivants : $n \sim n$, $n-1 \sim n$, ..., $n-k+1 \sim n$. Par produit de k équivalents, il vient : $n \times (n-1) \times \ldots \times (n-k+1) \sim n^k$. D'où : $\boxed{\binom{n}{k} \sim \dfrac{n^k}{k!} \text{ quand } n \text{ tend vers } +\infty}$.

b) On a donc : $\dfrac{1}{2^n}\binom{n}{k} \sim \dfrac{1}{k!}\dfrac{n^k}{2^n}$ et comme k est fixé : $\lim\limits_{n \to +\infty} \dfrac{n^k}{2^n} = 0$ (ce sont des suites de référence). On en déduit que $\lim\limits_{n \to +\infty} \dfrac{1}{k!}\dfrac{n^k}{2^n} = 0$ d'où : $\boxed{\lim\limits_{n \to +\infty} \dfrac{1}{2^n}\binom{n}{k} = 0}$.

c) D'après le b) on a que : $\forall k \in [\![0, q]\!]$, $\lim\limits_{n \to +\infty} \binom{n}{k}\dfrac{a_k}{2^n} = 0$. En sommant q suites convergeant vers 0, on obtient une suite convergeant vers 0 donc : $\lim\limits_{n \to +\infty} \sum\limits_{k=0}^{q} \binom{n}{k}\dfrac{a_k}{2^n} = 0$, ou encore : $\boxed{\lim\limits_{n \to +\infty} S_q(n,a) = 0}$.

4. Supposons $\lim\limits_{n \to +\infty} a_n = 0$. Revenons à la définition théorique de la convergence.

Soit $\varepsilon > 0$. Alors : $\exists q \in \mathbb{N}, \forall n \in \mathbb{N}, n > q \Rightarrow |a_n| < \dfrac{\varepsilon}{2}$. On a donc : $\forall n \in \mathbb{N}$, $n > q$, $a_n^* = \dfrac{1}{2^n}\sum\limits_{k=0}^{q}\binom{n}{k}a_k + \dfrac{1}{2^n}\sum\limits_{k=q+1}^{n}\binom{n}{k}a_k$, d'où, en utilisant l'inégalité triangulaire :

$$|a_n^*| \le \left|\frac{1}{2^n}\sum_{k=0}^{q}\binom{n}{k}a_k\right| + \frac{1}{2^n}\sum_{k=q+1}^{n}\binom{n}{k}|a_k| \le |S_q(n,a)| + \frac{1}{2^n}\sum_{k=q+1}^{n}\binom{n}{k}\frac{\varepsilon}{2} \le |S_q(n,a)| + \frac{\varepsilon}{2} \quad \text{car} \quad \frac{1}{2^n}\sum_{k=q+1}^{n}\binom{n}{k} \le \frac{1}{2^n}\sum_{k=0}^{n}\binom{n}{k} = 1 .$$

D'après le 8.3, $\lim\limits_{n \to +\infty} S_q(n,a) = 0$ donc $\exists N > q$, $\forall n \in \mathbb{N}$, $n > N \Rightarrow |S_q(n,a)| < \dfrac{\varepsilon}{2}$.

On en déduit que : $\forall n \in \mathbb{N}$, $n > N \Rightarrow |a_n^*| < \dfrac{\varepsilon}{2} + \dfrac{\varepsilon}{2} = \varepsilon$.

Donc $|a_n^*|$ devient aussi petit qu'on veut pourvu qu'on choisisse n suffisamment grand, c'est-à-dire : $\boxed{\lim\limits_{n \to +\infty} a_n^* = 0}$.

5. Supposons que : $\lim\limits_{n \to +\infty} a_n = l \in \mathbb{R}$. Posons $\forall n \in \mathbb{N}, b_n = a_n - l$. On remarque alors que :

$$\forall n \in \mathbb{N}, b_n^* = \frac{1}{2^n}\sum_{k=0}^{n}\binom{n}{k}(a_k - l) = \frac{1}{2^n}\left(\sum_{k=0}^{n}\binom{n}{k}a_k - \sum_{k=0}^{n}\binom{n}{k}l\right) = \frac{1}{2^n}\left(\sum_{k=0}^{n}\binom{n}{k}a_k - 2^n l\right) = a_n^* - l$$

Or $\lim\limits_{n \to +\infty} b_n = 0$ donc d'après le 8.4, on a $\lim\limits_{n \to +\infty} b_n^* = 0$, d'où : $\boxed{\lim\limits_{n \to +\infty} a_n^* = l}$.

6. On vient de démontrer que : a converge vers l implique a^* converge vers l.
Il reste à considérer la réciproque.
Soit $\forall n \in \mathbb{N}, a_n = (-1)^n$. Cette suite est divergente. On a alors : $\forall n \in \mathbb{N}, a_n^* = \dfrac{1}{2^n}\sum\limits_{k=0}^{n}\binom{n}{k}(-1)^k = \dfrac{1}{2^n}(-1+1)^n = 0$ si $n \ge 1$.
Donc a^* est stationnaire et converge (vers 0).

Conclusion : **la convergence de a^* n'implique pas celle de a**.

CHAPITRE 5

Fonctions de classe C^n

Le cours en questions

1 ■ Fonctions dérivables

1.1 Que signifie : f est dérivable en x_0 ?

Si f est une fonction définie sur un intervalle $I \subset \mathbb{R}$ et à valeurs dans $\mathbb{R}$ (ou $\mathbb{C}$), et si x_0 est un élément de I, on dit que f est dérivable en x_0 si et seulement s'il existe L dans $\mathbb{R}$ (ou $\mathbb{C}$) tel que :

$$\lim_{h\to 0} \frac{f(x_0+h)-f(x_0)}{h} = L.$$

La tangente (*cf.* Fig. 1) au point $M\big(x_0, f(x_0)\big)$ est la droite d'équation : $y - f(x_0) = f'(x_0)(x - x_0)$.

Exemples : les fonctions sinus et cosinus sont dérivables en 0 et : $\cos'(0) = \lim_{h\to 0} \frac{\cos h - 1}{h} = 0$ et $\sin'(0) = \lim_{h\to 0} \frac{\sin h}{h} = 1$.

1.2 Quelle est la dérivée de la composée de deux fonctions ?

Si f est dérivable sur D, g dérivable sur D' et $f(D) \subset D'$ alors $g \circ f$ est dérivable sur D et de plus :

$$(g \circ f)' = (g' \circ f) \times f'.$$

On retient souvent cette formule sous la forme abrégée : $\big[f(u)\big]' = f'(u) \times u'$.

f est dérivable en x_0 si et seulement si :

$\exists L \in \mathbb{R},\ \lim_{x\to x_0} \frac{f(x)-f(x_0)}{x-x_0} = L.$

On peut aussi définir de façon analogue la dérivabilité à droite en x_0 en se servant de la limite à droite du taux d'accroissement : f est dérivable à droite en x_0 si et seulement s'il existe L dans $\mathbb{R}$ (ou $\mathbb{C}$) tel que : $\lim_{h\to 0^+} \frac{f(x_0+h)-f(x_0)}{h} = L$. De même pour la dérivée à gauche.

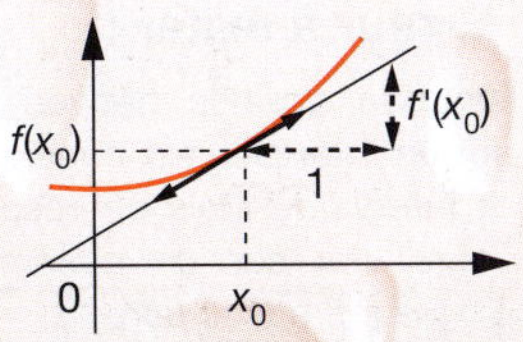

$f'(x_0)$ représente le cœfficient directeur de la tangente

Figure 1

Opérations sur les fonctions dérivables sur un ensemble : si u et v sont dérivables sur D et si λ et μ sont deux réels : $(\lambda u + \mu v)' = \lambda u' + \mu v'$, $(uv)' = u'v + uv'$. Si de plus v ne s'annule pas sur D : $\left(\frac{u}{v}\right)' = \frac{u'v - uv'}{v^2}$.

Sur la figure 2, les points A, B, C, D, E, F correspondent à des extremums. Les points C et F correspondent à des extremums absolus sur $[a, b]$, les autres à des extremums relatifs.
Chaque fois qu'on a un extremum sur $]a, b[$, on a une tangente horizontale mais ici, sur la figure 2, ce n'est le cas ni en A ni en B.

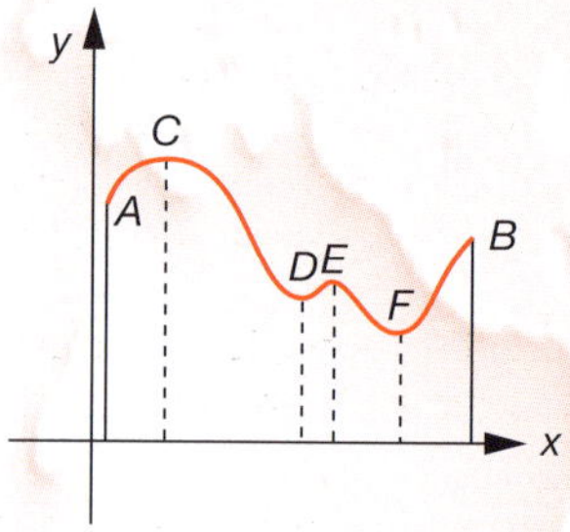

Figure 2

Erreur à éviter :
Attention, la réciproque est fausse, ce n'est pas parce que la dérivée s'annule que la fonction admet un extremum. Contre-exemple : la fonction $x \mapsto x^3$ en 0.

Ce théorème n'est pas vrai si la fonction f est à valeurs dans $\mathbb{C}$. Contre exemple : $f(t) = e^{it}$ avec $f(0) = f(2\pi) = 1$ et : $\forall t \in \mathbb{R}, f'(t) = ie^{it} \neq 0$.

Erreur à éviter :
Une fonction dont la dérivée est nulle sur un intervalle est constante sur cet intervalle. Mais ce résultat n'est plus vrai sur un ensemble quelconque (*cf.* savoir faire 1).

Les théorèmes du programme comportant la conclusion « $\exists c \in]a, b[, \ldots$ » ne sont généralement pas valables si f est à valeur dans $\mathbb{C}$.

1.3 Quel est le lien entre extremums et dérivée ?

On dit qu'une fonction f admet un extremum en x_0 si f admet un minimum ou un maximum (absolu ou relatif) en x_0.
Si f est dérivable sur $]a, b[$ et admet un extremum en $x_0 \in]a, b[$, alors $f'(x_0) = 0$.
Pour qu'une fonction f dérivable sur un intervalle ouvert I, admette un extremum en $x_0 \in I$, il est donc nécessaire que la dérivée de f s'annule en x_0. Ce résultat est seulement une condition nécessaire. Il est faux si I n'est pas un intervalle ouvert comme le montre le contre-exemple $f : x \mapsto x$ sur $I = [0, 1]$: la fonction f admet un extremum en 0 et en 1 sans que sa dérivée s'annule sur I.

1.4 Citer le théorème de Rolle.

Soit f une fonction à *valeurs réelles,* continue sur $[a, b]$ et dérivable sur $]a, b[$. Si $f(a) = f(b)$ alors : $\exists c \in]a, b[, f'(c) = 0$.
Ce théorème est souvent utilisé aux concours pour prouver l'existence de zéros d'une fonction numérique. On retiendra en particulier que si une fonction numérique dérivable sur $\mathbb{R}$ s'annule en deux points alors sa dérivée s'annule entre ces deux points.

1.5 Citer l'égalité des accroissements finis.

Si f une fonction numérique d'une variable réelle, continue sur $[a, b]$ et de classe C^1 sur $]a, b[$, alors :

$\exists c \in]a, b[, f(b) - f(a) = (b - a)f'(c)$.

On utilise souvent ce théorème lorsqu'il faut déduire une propriété de la fonction à partir d'une propriété de sa dérivée.
Géométriquement cela correspond à l'existence d'une tangente parallèle à la corde $[AB]$ (*cf.* Fig. 3).

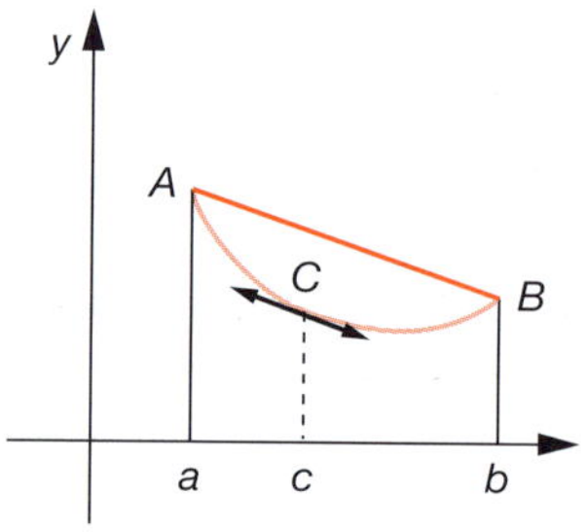

Figure 3

Avec les hypothèses précédentes, on peut en tirer l'inégalité des accroissements finis (utile pour certaines majorations ou études de suites) :
si : $\forall t \in]a, b[, |f'(t)| \leq M$ alors $|f(b) - f(a)| \leq M|b - a|$.
Pour étendre cette formule au cas $a > b$, il suffit de permuter les bornes des intervalles, c'est-à-dire de remplacer $[a, b]$ par $[b, a]$ par exemple.

1.6 Citer la formule de Leibniz.

Si f et g sont deux fonctions de classe C^n sur un intervalle I, alors $fg \in C^n(I)$ et :

$$(fg)^{(n)} = \sum_{k=0}^{n} \binom{n}{k} f^{(n-k)} g^{(k)} .$$

Cette formule prend une forme simple dans certains cas particuliers.

Par exemple si $g(x) = x$ on obtient : $\frac{d}{dx^n}\left[xf(x)\right] = xf^{(n)}(x) + nf^{(n-1)}(x)$, et si $g(x) = x^2$ on a : $\frac{d}{dx^n}\left[x^2 f(x)\right] = x^2 f^{(n)}(x) + 2nxf^{(n-1)}(x) + n(n-1)f^{(n-2)}(x)$.

2 ■ Fonction de classe C^n ($n \in \mathbb{N}$)

2.1 Qu'est-ce qu'une fonction de classe C^1 par morceaux sur $[a, b]$?

On dit que f est de classe C^1 par morceaux sur $[a, b]$ s'il existe une subdivision de $[a, b]$, $a = x_0 < x_1 < \ldots < x_{m-1} < x_m = b$, telle que la restriction de f à chacun des intervalles $\left]x_i, x_{i+1}\right[$ soit prolongeable en une fonction de classe C^1 sur $\left[x_i, x_{i+1}\right]$.

Une fonction f est dite de classe C^1 par morceaux sur un intervalle quelconque I si sa restriction à tout segment $\left[a, b\right] \subset I$ est de classe C^1 par morceaux.

2.2 Citer le théorème de prolongement des applications de classe C^1.

Énoncé : théorème de prolongement C^1

Soit f continue sur $[a, b]$ et de classe C^1 sur $\left]a, b\right]$ (avec $a < b$) telle que :

$$\exists L \in \mathbb{R},\ \lim_{x \to a^+} f'(x) = L.$$

Alors f est de classe C^1 sur $[a, b]$ avec : $f'(a) = L$.

Extension :

Si $a \in I$ et f est continue sur l'intervalle I, de classe C^n sur $I \setminus \{a\}$ et si, pour tout $k \in [\![1, n]\!]$, $f^{(k)}$ admet une limite finie L_k en a, alors f est de classe C^n sur I. De plus, dans ce cas : $\forall k \in [\![1, n]\!]$, $f^{(k)}(a) = L_k$.

2.3 Comment obtient-on la dérivée de f^{-1} ?

Si f est dérivable sur un intervalle I et si : $\forall x \in I,\ f'(x) \neq 0$, alors f^{-1} est dérivable sur l'intervalle $J = f(I)$ et on a :

$$(f^{-1})' = \frac{1}{f' \circ f^{-1}}.$$

Dans un repère orthonormé, la représentation graphique de la fonction réciproque f^{-1} s'obtient à partir de celle de f par une symétrie orthogonale par rapport à la première bissectrice.

2.4 Qu'est-ce qu'un difféomorphisme de classe C^n ? Le caractériser.

Un difféomorphisme f de classe C^n ($n \geq 1$) de I sur J est une application bijective de I sur J telle que f (resp. f^{-1}) soit de classe C^n sur I (resp. J).

La formule de Leibniz, combinée avec une équation différentielle linéaire, permet souvent d'obtenir une relation de récurrence entre les dérivées successives.

On dit que f est une fonction de classe C^n sur I si elle est n fois continûment dérivable, c'est-à-dire si $f^{(n)}$ existe et est continue sur I.

Cela équivaut à dire que f et f' ont une limite finie à droite (resp. à gauche) pour les m premiers (resp. derniers) points x_i de la subdivision.

Par exemple, la fonction partie entière est de classe C^1 par morceaux sur $\mathbb{R}$.

De même si f est continue sur $\left[a, b\right]$, de classe C^n sur $]a, b]$ et si, pour tout $k \in [\![1, n]\!]$, $f^{(k)}$ admet une limite finie L_k en a, alors f est de classe C^n sur $\left[a, b\right]$ et : $\forall k \in [\![1, n]\!]$, $f^{(k)}(a) = L_k$.

Erreur à éviter :

On ne prolonge pas la dérivée en a. Le théorème prouve l'existence de la dérivée en a, on a de plus (ensuite) la continuité de f' en a.

Si f est une fonction continue et strictement monotone sur un intervalle I de $\mathbb{R}$ alors $J = f(I)$ est un intervalle et f est bijective de I dans J. De plus, sa bijection réciproque f^{-1} est continue sur J et de même sens de variation que f.

Soit $x_0 \in I$ et $y_0 = f(x_0)$. Si f est dérivable en x_0 avec $f'(x_0) \neq 0$, alors f^{-1} est dérivable en y_0 et :

$$(f^{-1})'(y_0) = \frac{1}{f'(x_0)} = \frac{1}{\left(f' \circ f^{-1}\right)(y_0)}.$$

On peut retenir géométriquement qu'une tangente de pente $f'(x_0) \neq 0$ donne, par une symétrie orthogonale par rapport à la première bissectrice, une tangente de pente $\frac{1}{f'(x_0)}$ (ce qui explique que la fonction réciproque ne soit pas dérivable en cas de tangente horizontale pour f).

Dans ce cas, la formule $\left(f^{-1}\right)' = \dfrac{1}{f' \circ f^{-1}}$ permet de retenir que $(f^{-1})'$ est de classe C^{n-1} si f est de classe C^n sur I.

On peut mémoriser cette formule en écrivant : $f(\lambda a + \mu b) \leq \lambda f(a) + \mu f(b)$ avec $\lambda, \mu \in [0, 1]$ et $\lambda + \mu = 1$.

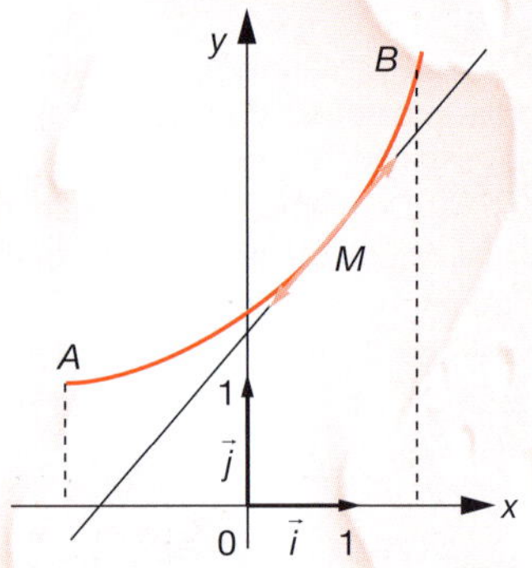

Figure 4

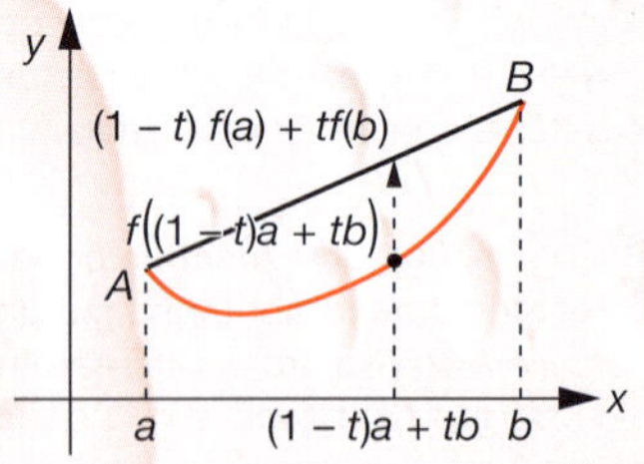

Figure 5

L'inégalité de Jensen se démontre par récurrence. La seconde inégalité est immédiate si l'un des x_k est nul. S'ils sont tous strictement positifs, elle s'obtient en utilisant la convexité de l'exponentielle en posant $y_k = \ln x_k$.

L'ordre croissant des pentes correspond à la numérotation 1, 2, 3.

La fonction f est un difféomorphisme de classe C^n de l'intervalle I sur $J = f(I)$ si et seulement si f est de classe C^n sur I et si f' ne s'annule pas sur I.

3 ■ Fonctions convexes

3.1 Comment caractériser une fonction convexe de classe C^n $\left(n \in \{0, 1, 2\}\right)$?

Une fonction f continue (ou de classe C^0) sur un intervalle I est convexe sur I si et seulement si :

$$\forall (a, b) \in I^2,\ \forall t \in [0, 1],\ f\big(ta + (1-t)b\big) \leq tf(a) + (1-t)f(b).$$

Géométriquement cela se traduit par : la corde est toujours au-dessus de l'arc (*cf.* Fig. 5).

Une fonction f de classe C^1 est convexe sur un intervalle I si et seulement si f' est croissante sur I.

Une fonction f de classe C^2 est convexe sur un intervalle I si et seulement si :

$$\forall x \in I,\ f''(x) \geq 0\ .$$

Géométriquement cela se traduit par : la courbe est au-dessus de sa tangente en tout point (*cf.* Fig. 4).

On dit qu'une fonction f est concave sur un intervalle I si son opposée $-f$ est convexe. Toutes les inégalités rencontrées précédemment sont alors de sens contraire.

3.2 Citer des inégalités de convexité usuelles.

Les inégalités de convexité les plus utilisées aux concours sont des conséquences de l'inégalité de Jensen : soit f une fonction convexe sur I, pour tout entier $n \geq 1$, si $x_1, x_2, \ldots, x_n$ sont n points de I, alors :

$$f\left(\frac{1}{n}\sum_{k=1}^{n} x_k\right) \leq \frac{1}{n}\sum_{k=1}^{n} f(x_k)\ .$$

En particulier, si $x_1, x_2, \ldots, x_n$ sont des réels positifs, leur moyenne arithmétique est supérieure à leur moyenne géométrique (*cf.* savoir faire 7) :

$$\sqrt[n]{\prod_{k=1}^{n} x_k} \leq \frac{1}{n}\sum_{k=1}^{n} x_k\ .$$

Par ailleurs, si f est une fonction convexe sur I, on a aussi des inégalités sur les pentes des cordes (*cf.* Fig. 6) :

$$\forall (x, y, z) \in I^3,\ x < y < z$$
$$\Rightarrow \frac{f(y) - f(x)}{y - x} \leq \frac{f(z) - f(x)}{z - x} \leq \frac{f(z) - f(y)}{z - y}.$$

Cela se traduit par la croissance de la fonction $\tau_{x_0} : x \mapsto \dfrac{f(x) - f(x_0)}{x - x_0}$ sur $I \setminus \{x_0\}$ (*cf.* maîtriser les bases 10) pour tout $x_0 \in I$.

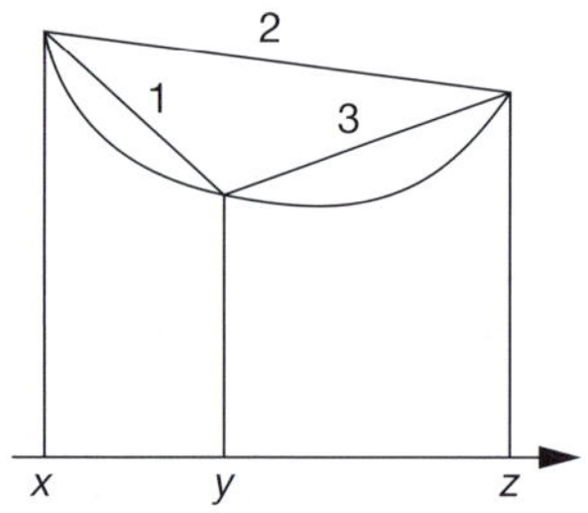

Figure 6

4 ■ Fonctions usuelles

4.1 Donner les dérivées des fonctions trigonométriques et de leur réciproque.

$f(x)$	$f'(x)$	Ensemble de dérivabilité
$\sin(x)$	$\cos(x)$	$\mathbb{R}$
$\cos(x)$	$-\sin(x)$	$\mathbb{R}$
$\tan(x)$	$1+\tan^2(x)=\dfrac{1}{\cos^2(x)}$	$\mathbb{R}\setminus\left\{\dfrac{\pi}{2}+k\pi \,/\, k\in\mathbb{Z}\right\}$
$\arcsin(x)$	$\dfrac{1}{\sqrt{1-x^2}}$	$]-1, 1[$
$\arccos(x)$	$\dfrac{-1}{\sqrt{1-x^2}}$	$]-1, 1[$
$\arctan(x)$	$\dfrac{1}{1+x^2}$	$\mathbb{R}$

La fonction arctan est définie sur $\mathbb{R}$ (*cf.* Fig. 9). Les fonctions arcsin et arcos sont définies sur $[-1, 1]$ (*cf.* Fig. 7 et 8).

On peut retenir ces formules en se servant du sens de variation des fonctions (pour les signes –) et par l'ensemble de définition pour $\sqrt{1-x^2}$.

Il faut aussi connaître :

$$\frac{d^n \cos}{dx^n}(x)=\cos\left(x+n\frac{\pi}{2}\right) ;$$

$$\frac{d^n \sin}{dx^n}(x)=\sin\left(x+n\frac{\pi}{2}\right).$$

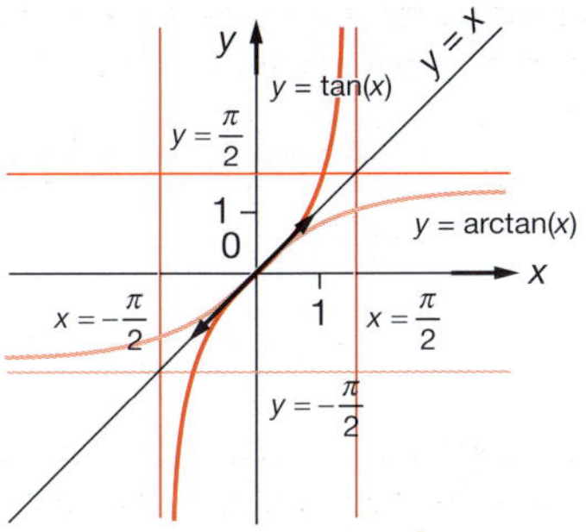

Figure 9

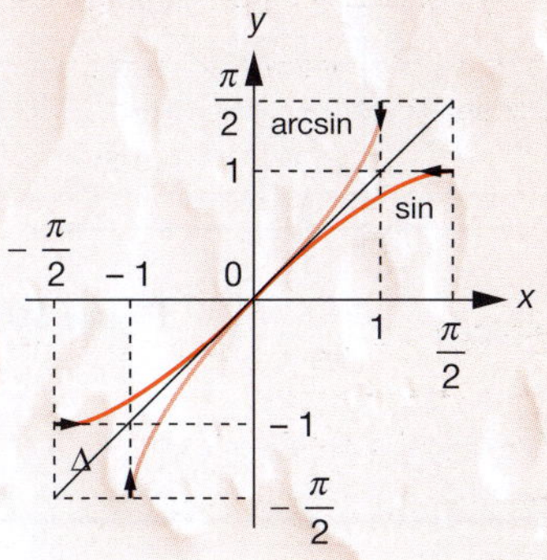

Figure 7

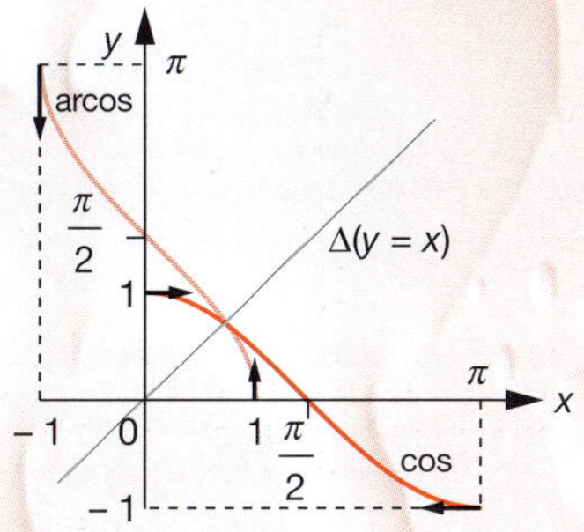

Figure 8

4.2 Donner les dérivées des fonctions hyperboliques et de leur réciproque.

$f(x)$	$f'(x)$	Ensemble de dérivabilité
$\text{sh}(x)$	$\text{ch}(x)$	$\mathbb{R}$
$\text{ch}(x)$	$\text{sh}(x)$	$\mathbb{R}$
$\text{th}(x)$	$1-\text{th}^2(x)=\dfrac{1}{\text{ch}^2(x)}$	$\mathbb{R}$
$\text{argsh}(x)=\ln\left(x+\sqrt{x^2+1}\right)$	$\dfrac{1}{\sqrt{x^2+1}}$	$\mathbb{R}$
$\text{argch}(x)=\ln\left(x+\sqrt{x^2-1}\right)$	$\dfrac{1}{\sqrt{x^2-1}}$	$]1, +\infty[$
$\text{argth}(x)=\dfrac{1}{2}\ln\dfrac{1+x}{1-x}$	$\dfrac{1}{1-x^2}$	$]-1, 1[$

On peut retenir ces formules en se servant de l'ensemble de définition des fonctions dans lesquelles interviennent $\sqrt{x^2+1}$, $\sqrt{x^2-1}$, et $\ln\dfrac{1+x}{1-x}$.

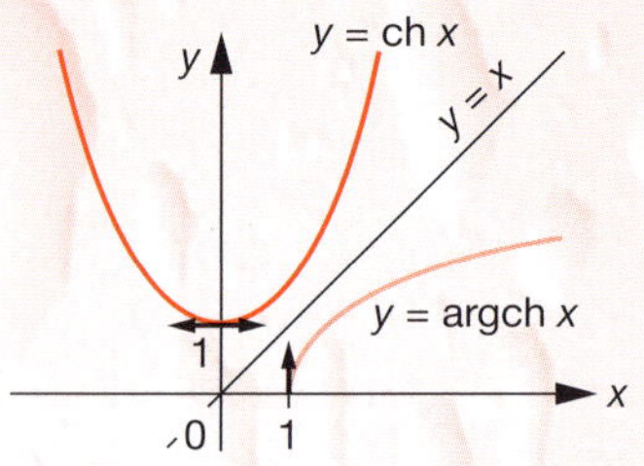

Figure 10

4.3 Représenter les fonctions hyperboliques et de leur réciproque.

La fonction argch est définie sur $[1, +\infty[$ (*cf.* Fig. 10). Les fonctions argsh et argth sont définies sur $\mathbb{R}$ (*cf.* Fig. 11 et 12).

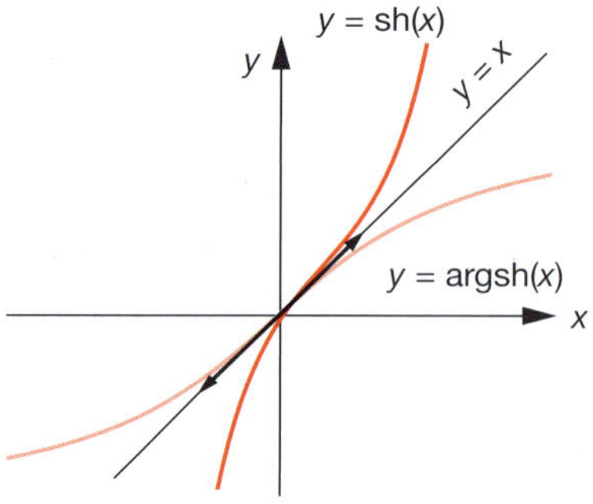

Figure 11

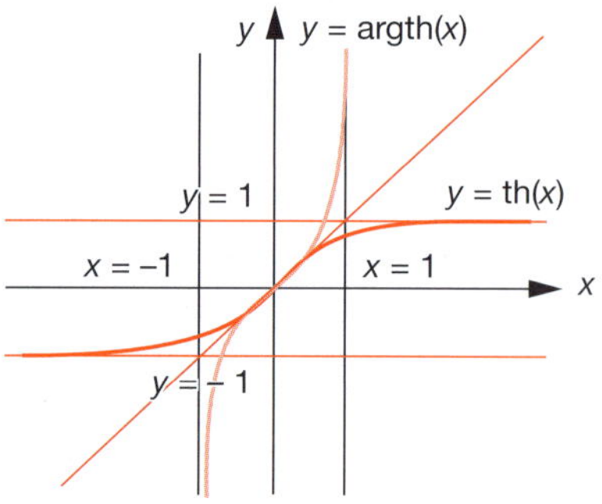

Figure 12

Les savoir-faire clefs

Conseils méthodologiques

1.d) Prolonger la fonction $f : x \mapsto x^2 \sin\left(\frac{1}{x}\right)$.

1.e) Chercher une fonction qui tend vers 0 à l'infini mais qui oscille très rapidement autour de l'axe Ox. Se servir de la fonction $x \mapsto \sin(x^2)$ par exemple.

1.f) La réponse est non. Construire une fonction qui oscille rapidement autour de la première bissectrice.

1 ■ Savoir donner des exemples ou des contre-exemples.

a) Citer des fonctions f continues mais non dérivables en 0.

b) Donner un exemple de fonction f de $\mathbb{R}^*$ dans $\mathbb{R}$, dont la dérivée est nulle sur $\mathbb{R}^*$ et qui n'est pas constante.

c) Soit $f \in C^\infty(\mathbb{R})$. On suppose que f est bornée sur $\mathbb{R}$. En est-il de même de sa dérivée ?

d) Donner un exemple de fonction f dérivable sur $\mathbb{R}$ et qui ne soit pas de classe C^1.

e) Donner un exemple de fonction f dérivable sur $[1, +\infty[$, ayant pour limite 0 en $+\infty$ et ne vérifiant pas $\lim\limits_{x \to +\infty} f'(x) = 0$.

f) On suppose que f est une fonction dérivable sur $\mathbb{R}$ et vérifie $f'(0) = 1$. Peut-on en déduire qu'il existe un intervalle de la forme $]-a, a[$ sur lequel f est croissante ?

1.a) La fonction valeur absolue (*cf.* Fig. 13) est continue mais non dérivable en 0. Elle est cependant dérivable à droite et à gauche en 0 mais le nombre dérivé à gauche vaut – 1 alors que le nombre dérivé à droite vaut 1.

Un autre contre-exemple est fourni par la fonction racine carrée (*cf.* Fig. 14) qui est continue sur $\mathbb{R}^+$ mais dont le taux d'accroissement entre 0 et x vaut $\dfrac{\sqrt{x}-0}{x-0}=\dfrac{1}{\sqrt{x}}$ et tend vers $+\infty$ en 0.

b) Il suffit de considérer la fonction $x \mapsto \begin{cases} 1 & \text{si } x>0 \\ -1 & \text{si } x<0. \end{cases}$

On retiendra que si f a une dérivée nulle, elle est constante sur chaque intervalle où elle est définie.

c) Non, par exemple la fonction $f : x \mapsto \sin(x^2)$ est de classe C^∞ sur $\mathbb{R}$ comme composée de fonctions de classe C^∞ sur $\mathbb{R}$ et f est bornée par 1. En revanche, $f'(x)=2x\cos(x^2)$ n'est pas bornée car $f'(\sqrt{2\pi n})=2\sqrt{2\pi n} \underset{n\to+\infty}{\to} +\infty$.

d) Il s'agit de trouver une fonction dérivable sur $\mathbb{R}$ dont la dérivée est discontinue en au moins un point. On peut choisir par exemple la fonction définie par $f(x)=\begin{cases} x^2\sin\dfrac{1}{x} & \text{si } x\neq 0 \\ 0 & \text{si } x=0. \end{cases}$

On montre que f est dérivable sur $\mathbb{R}^*$ comme produit et composée de fonctions dérivables (en posant $f_1(x)=\dfrac{1}{x}$, $f_2=\sin$, $f_3(x)=x^2$ et en remarquant que $f=f_3\times f_2\circ f_1$).

En 0, l'étude doit se faire directement à partir de la définition :

Pour $x\neq 0$, on a : $\dfrac{f(x)-f(0)}{x-0}=x\sin\left(\dfrac{1}{x}\right)$ et $0\leq\left|x\sin\left(\dfrac{1}{x}\right)\right|\leq|x|$, donc d'après le théorème des gendarmes : $\lim\limits_{x\to 0} x\sin\left(\dfrac{1}{x}\right)=0$, c'est-à-dire $\lim\limits_{x\to 0}\dfrac{f(x)-f(0)}{x-0}=0$. Par suite f est dérivable en 0 et $f'(0)=0$. Ainsi f est dérivable sur $\mathbb{R}$. De plus, pour $x\neq 0$ on a :

$$f'(x)=2x\sin\left(\frac{1}{x}\right)+x^2\left[-\frac{1}{x^2}\cos\left(\frac{1}{x}\right)\right]=2x\sin\left(\frac{1}{x}\right)-\cos\left(\frac{1}{x}\right).$$

Et la fonction $x\mapsto\cos\left(\dfrac{1}{x}\right)$ n'a pas de limite en 0. Donc $f'(x)$ n'a pas de limite en 0. Et par suite f' est discontinue en 0.

e) On peut penser à $f : x\mapsto\dfrac{\sin(x^2)}{x}$. Il est facile de vérifier que f est dérivable sur $[1,+\infty[$, que f a pour limite 0 en $+\infty$ et, comme à la question **d),** que $f'(x)=2\cos(x^2)-\dfrac{\sin(x^2)}{x^2}$ n'a pas de limite en $+\infty$. Donc elle ne vérifie pas $\lim\limits_{x\to+\infty} f'(x)=0$.

f) Si la fonction f est de classe C^1 sur $\mathbb{R}$ et vérifie $f'(0)=1$, par continuité, la dérivée reste positive dans un voisinage de 0, donc la réponse est oui dans ce cas. En revanche, on peut construire une fonction dérivable sur $\mathbb{R}$ qui vérifie $f'(0)=1$ et qui n'est croissante sur aucun intervalle ouvert centré sur l'origine (ce qui peut surprendre *a priori*). L'idée consiste à construire une fonction qui oscille rapidement autour de la première bissectrice

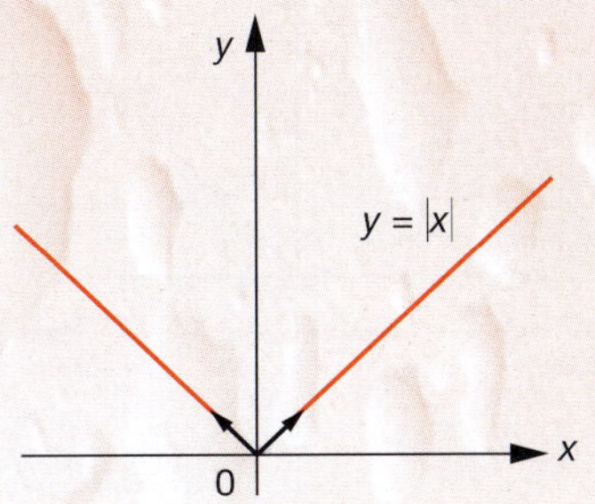

Figure 13

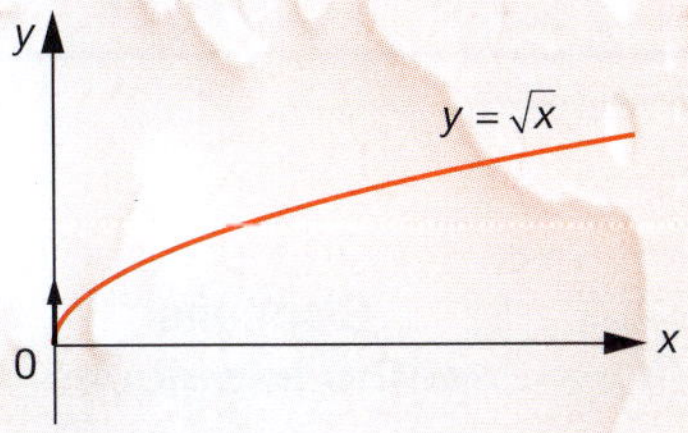

Figure 14

⚠ Erreur à éviter :

Une fonction dérivable en x_0 est continue en x_0 mais la réciproque est fausse comme le montrent ces deux contre-exemples.

« f est dérivable en 0 » signifie qu'il existe un réel L tel que : $\lim\limits_{x\to 0}\dfrac{f(x)-f(0)}{x-0}=L$.

Si la fonction $x\mapsto\cos\left(\dfrac{1}{x}\right)$ admettait, en 0, une limite L, en considérant la suite $u_n=\dfrac{1}{n\pi}$, on aurait $\lim\limits_{n\to+\infty}\cos\dfrac{1}{u_n}=L$. Ce serait contradictoire car $\cos\dfrac{1}{u_n}=\cos n\pi=(-1)^n$ n'a pas de limite.

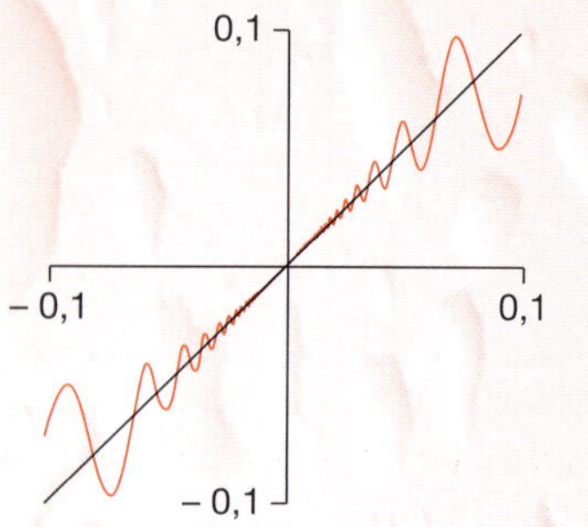

Figure 15

(*cf.* Fig. 15). Par exemple, pour $k \in \mathbb{R}$ (on fixera après la valeur de k), prenons $f : x \mapsto x + k\,x^2 \sin\left(\dfrac{1}{x}\right)$ sur $\mathbb{R}^*$ prolongée par continuité par $f(0) = 0$.

D'après la question **d)**, on peut prouver que la fonction f est dérivable sur $\mathbb{R}$ et $f'(0) = 1$ (à l'aide du taux d'accroissement). De plus, pour $x \neq 0$, on a $f'(x) = 1 - k\cos\left(\dfrac{1}{x}\right) + 2k\,x\sin\left(\dfrac{1}{x}\right)$. Ainsi, pour tout entier non nul n, on a : $f'\left(\dfrac{1}{2n\pi}\right) = 1 - k$. En choisissant $k = 5$ (*cf.* Fig. 15), on obtient alors $f'\left(\dfrac{1}{2n\pi}\right) = -4$ ce qui prouve que f n'est croissante sur aucun intervalle centré su l'origine. En définitive la réponse à la question est négative.

Conseils méthodologiques

2.a) Utiliser le théorème de Rolle dans chaque intervalle $[a_k, a_{k+1}]$ pour $k \in [\![1, n]\!]$.

2.b) Appliquer le résultat de la question précédente successivement à $f, f', f'', \ldots, f^{(n-1)}$.

2 ■ Savoir utiliser le théorème de Rolle.

a) On considère une fonction g à valeurs réelles et dérivable sur $\mathbb{R}$. On suppose que g s'annule en $n+1$ points $a_1 < a_2 < \ldots < a_{n+1}$, avec $n \in \mathbb{N}^*$. Montrer que g' s'annule en n points $b_1, b_2, \ldots b_n$ vérifiant : $a_1 < b_1 < a_2 < b_2 < \ldots < b_n < a_{n+1}$.

b) On considère une fonction f à valeurs réelles, n fois dérivable sur $\mathbb{R}$ qui s'annule en $n+1$ points $a_1 < a_2 < \ldots < a_{n+1}$ avec $n \in \mathbb{N}^*$. Montrer que $f^{(n)}$ s'annule au moins une fois dans l'intervalle $]a_1, a_{n+1}[$.

2.a) La fonction g est à valeurs réelles et dérivable sur chaque intervalle $[a_k, a_{k+1}]$ pour $k \in [\![1, n]\!]$. On peut donc appliquer le théorème de Rolle et obtenir que g' s'annule dans chaque intervalle $]a_k, a_{k+1}[$. Les n points $b_1, b_2, \ldots b_n$ vérifient alors : $a_1 < b_1 < a_2 < b_2 < \ldots < b_n < a_{n+1}$.

b) En appliquant le résultat de la question précédente successivement à $f, f', f'', \ldots, f^{(n-1)}$, on obtient n zéros pour f' dans $]a_1, a_{n+1}[$, puis $n-1$ zéros pour f'' dans $]b_1, b_n[\subset]a_1, a_{n+1}[$, etc. Finalement, $f^{(n)}$ s'annule une fois dans ce même intervalle $]a_1, a_{n+1}[$ car les intervalles successifs sont emboîtés. D'où le résultat.

Conseils méthodologiques

3.1. Raisonner par récurrence

3.2. Linéariser.

3 ■ Savoir dériver *n* fois.

3.1 Soit $a \in \mathbb{C}$. Calculer la dérivée d'ordre n de la fonction $f_a : x \mapsto \dfrac{1}{x-a}$.

3.2 Calculer la dérivée d'ordre n de la fonction $f : x \mapsto \cos^2(2x)$.

3.1 Remarquons tout d'abord que f_a est de classe C^∞ sur $D = \mathbb{R}$ si $a \in \mathbb{C}\backslash\mathbb{R}$ et sur $D = \mathbb{R}\backslash\{a\}$ si $a \in \mathbb{R}$. Considérons $x \in D$. Pour $n = 1$, on a $f_a'(x) = -\dfrac{1}{(x-a)^2}$. Pour $n = 2$, on a $f_a'(x) = \dfrac{2}{(x-a)^3}$. On va démontrer par récurrence que la dérivée n-ième de f_a est de la forme $f_a^{(n)}(x) = \dfrac{(-1)^n n!}{(x-a)^{(n+1)}}$. Soit $\mathcal{P}(n)$ cette propriété.

$\mathcal{P}(1)$ est vraie. Soit $n \geq 1$, supposons la propriété vraie au rang n. Alors $f_{n+1}^{(n+1)}(x) = -(n+1)\dfrac{(-1)^n n!}{(x-a)^{(n+2)}} = \dfrac{(-1)^{n+1}(n+1)!}{(x-a)^{(n+2)}}$. La propriété est donc vraie au rang $n+1$. Donc, d'après le principe de récurrence on peut conclure que : $\forall n \in \mathbb{N}$, $\forall x \in D$, $\boxed{f_a^{(n)}(x) = \dfrac{(-1)^n n!}{(x-a)^{(n+1)}}}$.

La propriété est encore vraie pour $n=0$ avec les conventions usuelles.

3.2 En linéarisant, on écrit tout d'abord : $\cos^2(2x) = \dfrac{1+\cos 4x}{2}$ puis en se servant de $\dfrac{d^n \cos}{dx^n}(x) = \cos\left(x + n\dfrac{\pi}{2}\right)$ et de la formule de dérivation des fonctions composées, on obtient pour $n \geq 1$: $f^{(n)}(x) = \dfrac{4^n}{2}\cos\left(4x + n\dfrac{\pi}{2}\right)$. Si $n = 2p$: $f^{(2p)}(x) = 2^{4p-1}\cos(4x + p\pi)$. Donc en conclusion :

$\boxed{f^{(2p)}(x) = 2^{4p-1}(-1)^p\cos(4x)}$ et $\boxed{f^{(2p+1)}(x) = 2^{4p+1}(-1)^{p+1}\sin(4x)}$.

D'après la formule de dérivation des fonctions composées, chaque dérivation s'accompagne d'une multiplication par un facteur 4 qui explique la présence du 4^n.

4 ■ Savoir prolonger une fonction.

Montrer que la fonction définie sur $]0, +\infty[$ par : $f : x \mapsto e^{-\frac{1}{x}}$ est prolongeable par une fonction de classe C^∞ sur $\mathbb{R}^+$.

Conseils méthodologiques

Montrer que :

$\forall k \in \mathbb{N}$, $\lim\limits_{x\to 0} f^{(k)}(x) = 0$.(*cf.* le cours en question 2.2)

On remarque que : $\lim\limits_{x\to 0} f(x) = 0$ donc la fonction $\tilde{f}$ définie sur $\mathbb{R}^+$ par : $\tilde{f}(x) = \begin{cases} e^{-\frac{1}{x}} & \text{si } x > 0 \\ 0 & \text{si } x = 0 \end{cases}$ est continue sur $\mathbb{R}^+$. On va démontrer par récurrence que la dérivée n-ième de f admet une limite nulle en 0. Soit $x \neq 0$. On peut calculer : $f'(x) = \dfrac{1}{x^2}e^{-\frac{1}{x}}$ puis $f''(x) = \left(\dfrac{1-2x}{x^4}\right)e^{-\frac{1}{x}}$. Soit alors $\mathcal{P}(n)$ la propriété : il existe un polynôme P_n tel que pour tout x strictement positif $f^{(n)}(x) = \dfrac{P_n(x)}{x^{2n}}e^{-\frac{1}{x}}$.

Initialisation. $\mathcal{P}(1)$ est vraie.

$\lim_{t\to+\infty} t^{2n} e^{-t} = 0 \Rightarrow \lim_{x\to 0^+} \frac{1}{x^{2n}} e^{-\frac{1}{x}} = 0.$

Hérédité. Soit $n \geq 1$, supposons la propriété vraie au rang n. Alors $f^{(n+1)}(x) = \frac{x^2 P_n'(x) + (1-2nx)P_n(x)}{x^{2n+2}} e^{-\frac{1}{x}}$ d'où le résultat en posant $P_{n+1}(x) = xP_n'(x) + (1-2nx)P_n(x)$. La propriété est donc vraie au rang $n+1$. D'où le résultat d'après le principe de récurrence.

Il en résulte, par comparaison des puissances et des exponentielles, que $\lim_{x\to 0^+} \frac{1}{x^{2n}} e^{-\frac{1}{x}} = 0$ et par suite que : $\forall k \in [\![1, n]\!]$, $\lim_{x\to 0} f^{(k)}(x) = 0$. Or $\tilde{f}$ est continue sur $\mathbb{R}^+$ et de classe C^n sur $]0, +\infty[$, donc en appliquant le théorème de prolongement des applications de classe C^n, pour tout $n \in \mathbb{N}^*$, on a : $\tilde{f}$ est de classe C^n sur $\mathbb{R}^+$. En conclusion : $\tilde{f}$ est de classe C^∞ sur $\mathbb{R}^+$.

Conseils méthodologiques

Montrer que f est de classe C^1 sur $\mathbb{R}$ en intégrant sur $[0, 1]$, dériver par rapport à x et prendre $x = 0$.

5 ■ Savoir résoudre une équation fonctionnelle.

Déterminer les fonctions continues qui vérifient :
$\forall (x, y) \in \mathbb{R}^2, f(x+y) = f(x) + f(y)$.

Intégrons l'égalité précédente par rapport à y, entre 0 et 1, pour montrer que $f(x)$ s'exprime comme somme de fonctions de classe C^1. On obtient : $\forall x \in \mathbb{R}, \int_0^1 f(x+y)dy = f(x) + \int_0^1 f(y)dy$, ou encore par changement de variable : $\forall x \in \mathbb{R}, \underbrace{\int_x^{x+1} f(t)dt}_{t=x+y} = f(x) + \underbrace{\int_0^1 f(y)dy}_{\text{constante}}$. L'application $F : x \mapsto \int_0^x f(t)dt$ est une primitive de f, elle est donc de classe C^1 sur $\mathbb{R}$. Or, d'après le calcul précédent : $\forall x \in \mathbb{R}, f(x) = F(x+1) - F(x) - F(1)$ ce qui prouve que si f est une solution continue alors elle est de classe C^1. On procède alors par analyse et synthèse.

L'analyse consiste à déterminer des conditions nécessaires pour que f soit solution (par dérivation, choix de valeurs particulières, etc.). La synthèse (ou réciproque si on a parfaitement déterminé f) consiste à déterminer, parmi les fonctions trouvées, celles qui sont effectivement des solutions.

Analyse. On peut donc dériver l'égalité de départ par rapport à x (avec y quelconque fixé). On obtient l'égalité : $\forall (x, y) \in \mathbb{R}^2, f'(x+y) = f'(x)$. Et, en choisissant $x = 0$, il vient : $\forall y \in \mathbb{R}, f'(y) = f'(0)$.

Par conséquent f est de la forme $f : x \mapsto ax + b$. De plus, pour $x = y = 0$ on obtient : $f(0) = 2f(0)$. Donc $f(0) = 0$. Finalement, on en déduit que si f est une solution alors $f \in \{x \mapsto ax \,/\, a \in \mathbb{R}\}$.

Réciproquement, ces fonctions sont clairement des solutions du problème.

Ainsi l'ensemble des solutions est $S = \{f : x \mapsto ax \,/\, a \in \mathbb{R}\}$.

6 ■ Savoir démontrer une égalité.

Prouver les deux égalités suivantes :

a) $\forall x \in [-1, 1],\ \arcsin x + \arccos x = \dfrac{\pi}{2}$.

b) $\forall x \in \mathbb{R}^*,\ \arctan x + \arctan \dfrac{1}{x} = \text{signe}(x)\dfrac{\pi}{2}$.

Conseils méthodologiques

Dériver le membre de gauche de l'égalité.

6.a) On pose : $\forall x \in [-1, 1],\ f(x) = \arcsin x + \arccos x$. Alors f est dérivable sur $]-1, 1[$ et : $\forall x \in]-1, 1[,\ f'(x) = \dfrac{1}{\sqrt{1-x^2}} + \dfrac{-1}{\sqrt{1-x^2}} = 0$. Ainsi f est constante
sur l'intervalle $]-1, 1[$ et vaut $f(0) = 0 + \dfrac{\pi}{2} = \dfrac{\pi}{2}$. Par continuité de f sur $[-1, 1]$ on en déduit que f est constante et par suite :

$$\boxed{\forall x \in [-1, 1],\ \arcsin x + \arccos x = \frac{\pi}{2}}.$$

b) On pose : $\forall x \in \mathbb{R}^*,\ f(x) = \arctan x + \arctan \dfrac{1}{x}$. Alors f est dérivable sur $\mathbb{R}^*$ et : $\forall x \in \mathbb{R}^*,\ f'(x) = \dfrac{1}{1+x^2} + \left(-\dfrac{1}{x^2}\right)\left(1+\dfrac{1}{x^2}\right)^{-1} = 0$. Ainsi f est constante sur chacun des intervalles $]-\infty, 0[$ et $]0, +\infty[$. De plus, $f(1) = \dfrac{\pi}{4} + \dfrac{\pi}{4} = \dfrac{\pi}{2}$ d'où $\forall x \in \mathbb{R}_+^*,\ \arctan x + \arctan \dfrac{1}{x} = \dfrac{\pi}{2}$. La fonction f étant impaire on en déduit :

$$\boxed{\forall x \in \mathbb{R}^*,\ \arctan x + \arctan \frac{1}{x} = \text{signe}(x)\frac{\pi}{2}}.$$

Erreur à éviter :

Attention, $\mathbb{R}^*$ n'est pas un intervalle, la nullité de la dérivée n'entraîne pas que f est constante sur $\mathbb{R}^*$.

$$\arctan x + \arctan \frac{1}{x} = \begin{cases} +\dfrac{\pi}{2} & \text{si } x > 0 \\ -\dfrac{\pi}{2} & \text{si } x < 0. \end{cases}$$

7 ■ Savoir utiliser la convexité.

7.1 Démontrer les inégalités suivantes :

a) $\forall x \in \left[0, \dfrac{\pi}{2}\right],\ \dfrac{2}{\pi} x \le \sin x \le x$; **b)** $\forall x > -1,\ \ln(1+x) \le x$.

7.2 Prouver que si $x_1, x_2, \dots, x_n$ sont des réels positifs, leur moyenne arithmétique est supérieure à leur moyenne géométrique : $\sqrt[n]{\prod_{k=1}^{n} x_k} \le \dfrac{1}{n}\sum_{k=1}^{n} x_k$.

Conseils méthodologiques

7.1 Utiliser l'interprétation géométrique de la convexité à l'aide de cordes ou de tangentes bien choisies.

7.2 Se servir de la convexité de la fonction exponentielle.

7.a) La représentation graphique (cf. fig 16) et la concavité de la fonction sinus (i.e. la convexité de $f : x \mapsto -\sin x$) sur $\left[0, \dfrac{\pi}{2}\right]$ permettent de comprendre cet l'encadrement.

L'équation d'une corde $[AB]$ est en général $\frac{y-y_A}{y_B-y_A}=\frac{x-x_A}{x_B-x_A}$ ce qui donne ici : $\frac{y-0}{1-0}=\frac{x-0}{\frac{\pi}{2}-0}$ c'est-à-dire $y=\frac{2}{\pi}x$.

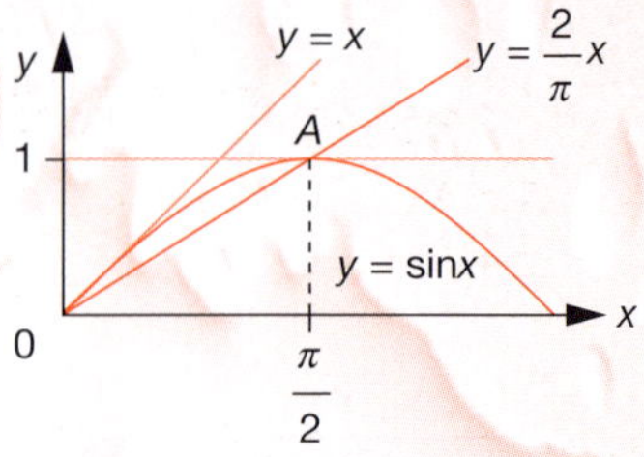

Figure 16

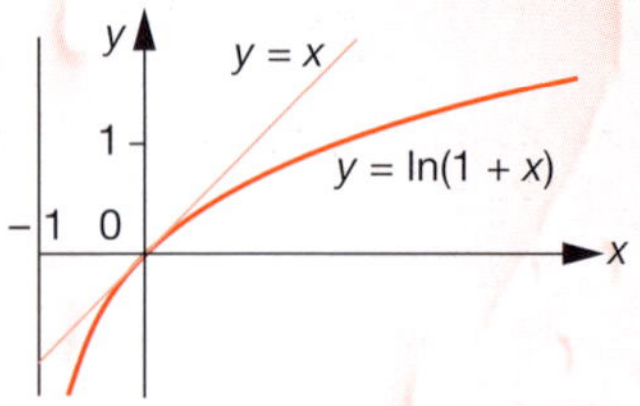

Figure 17

En effet, la fonction sinus est concave sur $\left[0, \frac{\pi}{2}\right]$ car sa dérivée seconde est négative sur cet intervalle. Donc l'arc est au-dessous de sa tangente à l'origine et au-dessus de la corde $[OA]$ (*cf.* Fig. 16). L'équation de cette tangente est $y = x$ et celle de la corde est $y=\frac{2}{\pi}x$. D'où le résultat :

$$\boxed{\forall x \in \left[0, \frac{\pi}{2}\right], \frac{2}{\pi}x \leq \sin x \leq x}.$$

b) Comme précédemment, la fonction $f : x \mapsto \ln(1+x)$ admet une dérivée seconde $f'' : x \mapsto -\frac{1}{(1+x)^2}$ négative sur $]-1, +\infty[$. Par suite la courbe est au-dessous de ses tangentes, en particulier de sa tangente en 0 (*cf.* Fig. 17). L'équation de cette tangente est $y = x$, d'où le résultat :

$$\boxed{\forall x > -1, \ln(1+x) \leq x}.$$

7.3 La fonction exponentielle est convexe sur $\mathbb{R}$ car sa dérivée seconde est positive. Par suite, pour tout entier $n \geq 1$, si $y_1, y_2, \ldots, y_n$ sont n réels :

$$\exp\left(\frac{1}{n}\sum_{k=1}^{n} y_k\right) \leq \frac{1}{n}\sum_{k=1}^{n} e^{y_k}.$$

Si $x_1, x_2, \ldots, x_n$ sont n réels strictement positifs, en prenant $y_k = \ln x_k$, pour tout $k \in [\![1, n]\!]$, on obtient : $\exp\left(\frac{1}{n}\sum_{k=1}^{n} \ln x_k\right) \leq \frac{1}{n}\sum_{k=1}^{n} x_k$. Or $\frac{1}{n}\sum_{k=1}^{n} \ln x_k = \ln \sqrt[n]{\prod_{k=1}^{n} x_k}$,

donc $\boxed{\sqrt[n]{\prod_{k=1}^{n} x_k} \leq \frac{1}{n}\sum_{k=1}^{n} x_k}$.

Enfin, l'inégalité est immédiate si l'un des x_k est nul, d'où le résultat.

Pour maîtriser les bases

1. Parité et dérivée — D'après ENSTIM

Montrer que la dérivée d'une fonction impaire dérivable sur $\mathbb{R}$ est paire et que la dérivée d'une fonction paire dérivable sur $\mathbb{R}$ est impaire.

Conseils méthodologiques : dériver $f(x) \pm f(-x)$.

Supposons que f soit paire. Alors, pour tout $x \in \mathbb{R}$, $f(x) - f(-x) = 0$. En dérivant il vient, pour tout $x \in \mathbb{R}$, $f'(x) + f'(-x) = 0$, d'où $f'(x) = -f'(-x)$. Si f est impaire, on obtient le résultat en dérivant $f(x) + f(-x)$.

2. Majoration à partir d'une inéquation différentielle — D'après CCP

Soit une fonction f de classe C^1 sur $\mathbb{R}^+$ à valeurs réelles telle que pour tout $x \geq 0$, $f'(x) + f(x) \leq 1$. Montrer que f est majorée sur $\mathbb{R}^+$.

Conseils méthodologiques : multiplier l'inégalité par e^x et intégrer.

On a, pour tout $x \geq 0$, $e^x f'(x) + e^x f(x) \leq e^x$, c'est-à-dire $(e^x f(x))' \leq e^x$. Par intégration sur $[0, x]$, on en déduit que $e^x f(x) - f(0) \leq e^x - 1$. D'où, pour tout $x \geq 0$, $f(x) \leq 1 + e^{-x}(f(0) - 1)$. On en déduit :
$\forall x \geq 0,\ f(x) \leq 1 - e^{-x} + e^{-x} f(0) \leq 1 + e^{-x}\left|f(0)\right| \leq 1 + \left|f(0)\right|$. D'où le résultat.

3. Limite de $\sum_{k=1}^{n} f\left(\frac{k}{n^2}\right)$ — D'après Centrale

Soit une fonction $f : [0, 1] \to \mathbb{R}$ dérivable en 0 et telle que $f(0) = 0$. Déterminer la limite de $\sum_{k=1}^{n} f\left(\frac{k}{n^2}\right)$.

Conseils méthodologiques : traiter d'abord le cas où $f'(0) = 0$ puis s'y ramener en considérant $g(x) = f(x) - xf'(0)$.

Premier cas : on suppose que $f'(0)=0$. On a alors $\lim\limits_{x\to 0}\dfrac{f(x)}{x}=0$. Montrons que $\sum\limits_{k=1}^{n} f\left(\dfrac{k}{n^2}\right)\to 0$. Soit $\varepsilon>0$. Il existe $\alpha>0$ tel que pour tout $x\in\,]0,\,\alpha[$, $\left|\dfrac{f(x)}{x}\right|<\varepsilon$. Soit alors $n_0=E\left(\dfrac{1}{\alpha}\right)+1$.

Remarque :

n_0 est le plus petit entier tel que $0<\dfrac{1}{n_0}<\alpha$.

Pour tout $n\geq n_0$ et tout $k\in[\![1,\,n]\!]$, $0<\dfrac{k}{n^2}<\dfrac{1}{n}<\alpha$. Donc $\left|f\left(\dfrac{k}{n^2}\right)\right|<\dfrac{k}{n^2}\varepsilon$. En sommant, il vient $\left|\sum\limits_{k=1}^{n} f\left(\dfrac{k}{n^2}\right)\right|\leq\sum\limits_{k=1}^{n}\left|f\left(\dfrac{k}{n^2}\right)\right|\leq\dfrac{\varepsilon}{n^2}\sum\limits_{k=1}^{n}k=\dfrac{\varepsilon(n+1)}{2n}\leq\varepsilon$. Finalement, on a montré que $\lim\limits_{n\to+\infty}\sum\limits_{k=1}^{n} f\left(\dfrac{k}{n^2}\right)=0$.

Cas général. On pose $g(x)=f(x)-xg'(0)$; on a alors $g'(0)=0$. Donc en appliquant le premier cas, $\lim\limits_{n\to+\infty}\sum\limits_{k=1}^{n} g\left(\dfrac{k}{n^2}\right)=0$.

Or pour tout $n>0$, $\sum\limits_{k=1}^{n} g\left(\dfrac{k}{n^2}\right)=\sum\limits_{k=1}^{n} f\left(\dfrac{k}{n^2}\right)-f'(0)\sum\limits_{k=1}^{n}\dfrac{k}{n^2}=\sum\limits_{k=1}^{n} f\left(\dfrac{k}{n^2}\right)-\dfrac{f'(0)}{2}\dfrac{n+1}{n}$.

Ainsi, $\sum\limits_{k=1}^{n} f\left(\dfrac{k}{n^2}\right)-\dfrac{f'(0)}{2}=\sum\limits_{k=1}^{n} g\left(\dfrac{k}{n^2}\right)+\dfrac{f'(0)}{2n}\to 0$ et $\boxed{\lim\limits_{n\to+\infty}\sum\limits_{k=1}^{n} f\left(\dfrac{k}{n^2}\right)=\dfrac{f'(0)}{2}}$.

4. Une caractérisation de l'identité sur $[0,\,1]$ — D'après CCP

Soit une fonction dérivable $f:[0,\,1]\to[0,\,1]$. On suppose que $f\circ f=f$ et que f n'est pas constante. Montrer que $f=id$.

Conseils méthodologiques : montrer que : $\forall y\in f([0,\,1]),\ f(y)=y$.

L'image par f de $[0,\,1]$ est un segment $[a,\,b]\subset[0,\,1]$. Puisque pour tout $x\in[0,\,1]$, $f(f(x))=f(x)$, pour tout $t\in[a,\,b]$, $f(t)=t$. Comme f n'est pas constante, $a<b$. En particulier, pour tout $t\in[a,\,b]$, $f'(t)=1$. De plus $f(a)=a$ et $f(b)=b$.

Supposons maintenant que $a>0$. Pour tout $x\leq a$, $f(x)\geq a$ puisque $f(x)\in[a,\,b]$. Donc a est un minimum local (*cf.* Fig. 18).

On aurait alors $f'(a)=0$, ce qui est une contradiction. De même, on montre qu'on n'a pas $b<1$. Ainsi, $[a,\,b]=[0,\,1]$ et $\boxed{f \text{ est l'identité}}$.

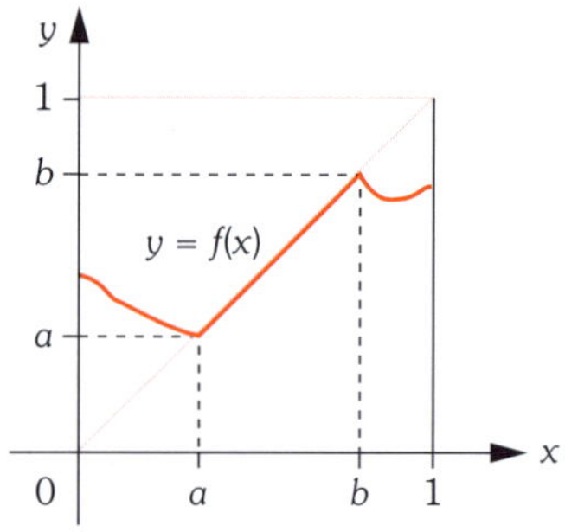

Figure 18

5. Rolle à l'infini — D'après TPE

Soit $a\in\mathbb{R}$ et une fonction $f:[a,\,+\infty[\to\mathbb{R}$. On suppose que f est continue sur $[a,\,+\infty[$, dérivable sur $]a,\,+\infty[$ et que f admet $f(a)$ pour limite en $+\infty$. Montrer qu'il existe $c>a$ tel que $f'(c)=0$.

Conseils méthodologiques : utiliser la fonction $t\mapsto f\left(\dfrac{1}{t}+a-1\right)$.

Soit la fonction g définie sur $\left]0,\ 1\right]$ par $g(t) = f\left(\frac{1}{t} + a - 1\right)$. Cette fonction g est dérivable sur $\left]0,\ 1\right]$ et se prolonge en une fonction continue sur $\left[0,\ 1\right]$ en posant $g(0) = f(a) = \lim\limits_{x \to +\infty} f(x)$. On a alors $g(0) = g(1)$ puisque cette limite est égale à $f(a)$. Par le théorème de Rolle, on en déduit qu'il existe $\xi \in \left]0,\ 1\right[$ tel que $g'(\xi) = 0$, c'est-à-dire $-\frac{1}{\xi^2} f'\left(\frac{1}{\xi} + a - 1\right) = 0$. D'où le résultat en posant $c = \frac{1}{\xi} + a - 1 \in \left]a,\ +\infty\right[$.

6. Dérivée et branche infinie — D'après Mines-Ponts

Soit une fonction $f : \mathbb{R} \to \mathbb{R}$ dérivable. On suppose que f' admet en $+\infty$ une limite l. Montrer que $\frac{f(x)}{x} \xrightarrow[x \to +\infty]{} l$. Chercher un contre-exemple pour la réciproque.

Conseils méthodologiques : traiter d'abord le cas où $l = 0$ puis s'y ramener en posant $g(x) = f(x) - lx$.

Cas particulier : $l = 0$. Soit $\varepsilon > 0$. Il existe $A > 0$ tel que pour tout $x > A$, $|f'(x)| < \frac{\varepsilon}{2}$. Soit donc $x > A$. L'inégalité des accroissements finis appliquée à f entre A et x donne $|f(x) - f(A)| \leq \frac{\varepsilon}{2}(x - A)$. On a alors $\left|\frac{f(x)}{x}\right| \leq \left|\frac{f(x) - f(A)}{x}\right| + \left|\frac{f(A)}{x}\right| \leq \frac{\varepsilon}{2}\frac{x - A}{x} + \left|\frac{f(A)}{x}\right|$. Or $\frac{|f(A)|}{x} \xrightarrow[x \to +\infty]{} 0$; il existe donc $B \geq A$ tel que pour tout $x > B$, $\left|\frac{f(A)}{x}\right| < \frac{\varepsilon}{2}$. Finalement on a montré que pour tout $\varepsilon > 0$, il existe $B > 0$ tel que pour tout $x > B$, $\left|\frac{f(x)}{x}\right| < \varepsilon$, ce qui est le résultat demandé lorsque $l = 0$.

Cas général. Considérons la fonction g définie sur $\mathbb{R}$ par $g(x) = f(x) - lx$. On a alors $\lim\limits_{x \to +\infty} g'(x) = 0$. Par le premier cas, $\lim\limits_{x \to +\infty} \frac{g(x)}{x} = 0$, c'est-à-dire $\boxed{\lim\limits_{x \to +\infty} \frac{f(x)}{x} = l}$.

Pour un contre-exemple à la réciproque, on peut considérer la fonction cosinus.

Remarque : Une limite finie de la dérivée en $+\infty$ donne la direction asymptotique de la courbe.

7. Application à l'étude des suites récurrentes — D'après INA

Soit la suite $(u_n)_{n \in \mathbb{N}}$ définie par $u_0 \in \left]\sqrt{2},\ +\infty\right[$ et : $\forall n \geq 0,\ u_{n+1} = \frac{1}{2}\left(u_n + \frac{2}{u_n}\right)$. Montrer que (u_n) est bien définie et étudier sa convergence.

Soit $f : \begin{cases} \left[\sqrt{2},\ +\infty\right[& \to & \mathbb{R} \\ x & \mapsto & \frac{1}{2}\left(x + \frac{2}{x}\right). \end{cases}$

Conseils méthodologiques : montrer que l'intervalle $\left[\sqrt{2},\ +\infty\right[$ est stable par f puis chercher les points fixes de f appartenant à $\left[\sqrt{2},\ +\infty\right[$.

La fonction f est dérivable sur $\left[\sqrt{2}, +\infty\right[$ et pour tout $x \geq \sqrt{2}$, $f'(x) = \dfrac{1}{2}\left(1 - \dfrac{2}{x^2}\right)$. Comme $x \geq \sqrt{2}$, $\dfrac{2}{x^2} \leq 1$ et $f'(x) \geq 0$.
De plus, $1 - \dfrac{2}{x^2} < 1$ et $f'(x) < \dfrac{1}{2}$. Ainsi, pour tout $x \geq \sqrt{2}$, $f'(x) \in \left[0, \dfrac{1}{2}\right[$. En particulier, f est croissante sur $\left[\sqrt{2}, +\infty\right[$ et pour tout $x \geq \sqrt{2}$, $f(x) \geq f(\sqrt{2}) = \sqrt{2}$. Donc l'intervalle $\left[\sqrt{2}, +\infty\right[$ est stable par f et $(u_n)_{n\in\mathbb{N}}$ est bien définie.
Un calcul immédiat donne $l = \sqrt{2}$ comme unique point fixe de f.
Par l'inégalité des accroissements finis, pour tout couple $(x, y) \in \left]\sqrt{2}, +\infty\right[^2$, $|f(y) - f(x)| \leq \dfrac{1}{2}|y - x|$. En appliquant, pour tout n, cette inégalité à $y = u_n$ et $x = \sqrt{2}$, il vient $\left|f(u_n) - \sqrt{2}\right| \leq \dfrac{1}{2}\left|u_n - \sqrt{2}\right|$, c'est-à-dire $\left|u_{n+1} - \sqrt{2}\right| \leq \dfrac{1}{2}\left|u_n - \sqrt{2}\right|$. Une récurrence immédiate donne alors : $\forall n \geq 0, \left|u_n - \sqrt{2}\right| \leq \dfrac{1}{2^n}\left|u_0 - \sqrt{2}\right|$. Ainsi, (u_n) converge vers $l = \sqrt{2}$.

8. Rolle et déterminant — D'après CCP

On considère un intervalle $[a, b]$ non réduit à un point. Soit trois fonctions f, g et h continues sur $[a, b]$ et dérivables sur $]a, b[$. Montrer qu'il existe $c \in]a, b[$ tel que $\begin{vmatrix} f(a) & f(b) & f'(c) \\ g(a) & g(b) & g'(c) \\ h(a) & h(b) & h'(c) \end{vmatrix} = 0$.

Conseils méthodologiques : appliquer le théorème de Rolle à la fonction $x \mapsto \begin{vmatrix} f(a) & f(b) & f(x) \\ g(a) & g(b) & g(x) \\ h(a) & h(b) & h(x) \end{vmatrix}$.

Considérons la fonction $\delta : x \mapsto \begin{vmatrix} f(a) & f(b) & f(x) \\ g(a) & g(b) & g(x) \\ h(a) & h(b) & h(x) \end{vmatrix}$. Le développement du déterminant par rapport à la troisième colonne montre que δ est continue sur $[a, b]$, dérivable sur $]a, b[$ et que, pour tout $x \in]a, b[$, $\delta'(x) = \begin{vmatrix} f(a) & f(b) & f'(x) \\ g(a) & g(b) & g'(x) \\ h(a) & h(b) & h'(x) \end{vmatrix}$. D'autre part, $f(a) = \begin{vmatrix} f(a) & f(b) & f(a) \\ g(a) & g(b) & g(a) \\ h(a) & h(b) & h(a) \end{vmatrix} = 0$; de même $f(b) = 0$. D'où le résultat, par application du théorème de Rolle.

9. Tangente = corde — D'après CCP

Soit une fonction f définie sur un intervalle $[a, b]$. On suppose que f est continue sur $[a, b]$ et dérivable sur $[a, b[$; on suppose de plus que $f(a) = f(b)$ et $f'(a) = 0$. Montrer qu'il existe un point $c \in]a, b[$ où la tangente à la courbe représentative de f est la corde joignant les points $(a, f(a))$ et $(c, f(c))$.

Conseils méthodologiques : la figure suggère que le point cherché correspond à un extremum de la pente de la corde issue de $(a, f(a))$.

Considérons la fonction $g : [a, b] \to \mathbb{R}$, $\begin{cases} x \mapsto \dfrac{f(x) - f(a)}{x - a} \text{ si } x > a \\ a \mapsto f'(a) = 0. \end{cases}$

Il est immédiat que g est dérivable sur $]a, b[$ et continue sur $[a, b]$. De plus $g(a) = g(b) = 0$. Par le théorème de Rolle, il existe donc $c \in]a, b[$ tel que $g'(c) = 0$. Or $g'(c) = \dfrac{(c-a)f'(c) - (f(c) - f(a))}{(c-a)^2}$. Donc $(c-a)f'(c) - (f(c) - f(a)) = 0$, ou encore $\boxed{f'(c) = \dfrac{f(c) - f(a)}{c - a}}$. Ainsi, la pente de la tangente à la courbe représentative de f au point de coordonnées $(c, f(c))$ est la même que celle de la corde joignant les points $(a, f(a))$ et $(c, f(c))$; comme ces deux droites ont en commun le point $(c, f(c))$, elles sont en fait confondues.

10. Continuité des fonctions convexes — D'après Mines-Ponts

Soit une fonction convexe définie sur un intervalle I.

a) Montrer que f est dérivable à droite et à gauche en tout point intérieur à I.

b) En déduire que f est continue en tout point intérieur à I.

Conseils méthodologiques : voir cours en questions 3.2.

a) Soit x_0, un point intérieur à I. Il existe alors x_1 intérieur à I tel que $x_1 > x_0$. Par croissance de la fonction taux d'accroissement, pour tout $x \in I$ tel que $x < x_0$, $\dfrac{f(x_0) - f(x)}{x_0 - x} \leq \dfrac{f(x_1) - f(x_0)}{x_1 - x_0}$.

Ainsi, la fonction définie sur $I \cap]-\infty, x_0[$ par $\tau(x) = \dfrac{f(x_0) - f(x)}{x_0 - x}$ est majorée. De plus, à nouveau par croissance du taux d'accroissement, τ est croissante. Par le théorème de la limite monotone, elle admet donc une limite finie à gauche en x_0. Ainsi, f est dérivable à gauche en x_0. On montre de même que f est dérivable à droite en x_0.

b) On montre, comme dans le cours, qu'une fonction dérivable à droite (resp. à gauche) en un point est continue à droite (resp. à gauche) en ce point. D'où le résultat.

11. Fonctions convexes et asymptotes — D'après Centrale

Soit une fonction convexe $f : \mathbb{R} \to \mathbb{R}$. On suppose que f admet en $+\infty$ une asymptote d'équation $y = ax + b$. On veut montrer que f est en tout point au-dessus de l'asymptote.

1. Montrer qu'on peut se ramener à une asymptote d'équation $y = 0$.

2. Soit $x \in \mathbb{R}$, fixé. On pose $\tau(y) = \dfrac{f(y) - f(x)}{y - x}$. Montrer que $\lim\limits_{y \to +\infty} \tau(y) = 0$ et conclure.

Conseils méthodologiques : une fonction est convexe sur $\mathbb{R}$ si et seulement si la fonction taux d'accroissement en tout point est croissante.

1. Soit la fonction g définie sur $\mathbb{R}$ par $g(x) = f(x) - ax - b$. On a $\lim\limits_{+\infty} g = 0$. Donc la droite d'équation $y = 0$ est asymptote à la courbe représentative de g en $+\infty$. De plus, pour tous x et $y \in \mathbb{R}$ et tout $\lambda \in [0, 1]$,

$$g(\lambda x+(1-\lambda)y)=f(\lambda x+(1-\lambda)y)+\lambda(ax+b)+(1-\lambda)(ay+b)\leq \lambda f(x)+(1-\lambda)f(y)+\lambda(ax+b)+(1-\lambda)(ay+b)$$
$$=\lambda g(x)+(1-\lambda)g(y).$$

Donc la fonction g est convexe. On peut donc supposer dans l'énoncé que $a=b=0$.

2. Soit $x\in\mathbb{R}$. La fonction $\tau : t\mapsto \dfrac{f(t)-f(x)}{t-x}$, définie sur $\mathbb{R}\setminus\{x\}$ (taux d'accroissement en x) est croissante. De plus $\lim\limits_{t\to+\infty}\tau(t)=0$. Donc pour tout $t>x$, $\tau(t)\leq 0$, c'est-à-dire $f(t)\leq f(x)$. On fait alors tendre t vers $+\infty$. Il vient $f(t)\to 0$ et donc $f(x)\geq 0$. Ceci étant vrai pour tout x, on a le résultat.

Remarque :
Une fonction croissante qui tend vers 0 en $+\infty$ est négative.

12. Théorème de Darboux — D'après Centrale

Soit $(a,\ b)\in\mathbb{R}^2$ avec $a<b$ et une fonction $f:[a,\ b]\to\mathbb{R}$, dérivable sur $[a,\ b]$ telle que $f'(a)f'(b)<0$. Montrer qu'il existe $c\in\,]a,\ b[$ tel que $f'(c)=0$.

Conseils méthodologiques : quitte à changer f en $-f$, on suppose que $f'(a)<0$ et $f'(b)>0$. On montrera que f admet un extremum en un point $c\in\,]a,\ b[$.

Comme f est dérivable sur $[a,\ b]$, f y est continue. L'image par f du segment $[a,\ b]$ est donc un segment $[m,\ M]$. Soit $c\in[a,\ b]$ tel que $f(c)=m$. Montrons que la valeur $c\in\,]a,\ b[$.

On a $f'(a)=\lim\limits_{x\to a^+}\dfrac{f(x)-f(a)}{x-a}<0$. Donc il existe $\alpha\in\,]0,\ b-a[$ tel que pour tout $x\in\,]a,\ a+\alpha[$, $\dfrac{f(x)-f(a)}{x-a}<0$, c'est-à-dire $f(x)<f(a)$. Ainsi, $c>a$. De même, $f'(b)=\lim\limits_{x\to b^-}\dfrac{f(x)-f(b)}{x-b}>0$. Donc il existe $\beta\in\,]0,\ b-a[$ tel que pour tout $x\in\,]b-\beta,\ b[$, $\dfrac{f(x)-f(b)}{x-b}>0$, c'est-à-dire $f(x)<f(b)$. Ainsi, $c<b$. La fonction f présente donc un minimum en un point c intérieur à $[a,\ b]$. On en déduit que $f'(c)=0$. Ainsi, une fonction dérivée vérifie la propriété des valeurs intermédiaires, *même si elle n'est pas continue*.

Remarque :
Ne pas oublier que $x-b<0$!
En prolongeant la fonction $f:x\mapsto x^2\sin\dfrac{1}{x}$ en 0 (en posant $f(0)=0$) on obtient une fonction dérivable mais dont la dérivée en 0 n'est pas continue. Le théorème de Darboux montre que les oscillations de f' au voisinage de 0 sont nécessaires afin que la propriété des valeurs intermédiaires soit satisfaite malgré cette discontinuité.

13. Version continue de l'inégalité de Jensen — D'après CCP

Soit une fonction f continue sur $[0,\ 1]$ à valeurs réelles et φ, une fonction continue et convexe sur $\mathbb{R}$. Montrer que :

$$\varphi\left(\int_0^1 f(t)dt\right)\leq\int_0^1(\varphi\circ f)(t)dt\ .$$

Conseils méthodologiques : utiliser les sommes de Riemann.

Comme f est continue sur $[0,\ 1]$, $\displaystyle\int_0^1 f(t)dt=\lim_{n\to+\infty}\frac{1}{n}\sum_{k=1}^{n}f\left(\frac{k}{n}\right)$. La convexité de φ donne, d'après l'inégalité de Jensen : $\forall n\in\mathbb{N}$, $\displaystyle\varphi\left(\frac{1}{n}\sum_{k=1}^{n}f\left(\frac{k}{n}\right)\right)\leq\frac{1}{n}\sum_{k=1}^{n}\varphi\left(f\left(\frac{k}{n}\right)\right)$. Par passage à la limite, il vient alors, puisque φ est continue, $\boxed{\displaystyle\varphi\left(\int_0^1 f(t)dt\right)\leq\int_0^1(\varphi\circ f)(t)dt}$.

Pour approfondir

14. Une fonction implicite — D'après Mines-Ponts

1. Montrer que, pour tout $x \in \mathbb{R}$, il existe un unique réel $a(x)$ tel que $\int_x^{a(x)} e^{t^2} dt = 1$.
2. Montrer que la fonction a est indéfiniment dérivable sur $\mathbb{R}$.
3. Montrer que la courbe représentative de a dans un repère orthonormé est symétrique par rapport à la deuxième bissectrice.

1. Fixons $x \in \mathbb{R}$ et considérons la fonction $F_x : y \mapsto \int_x^y e^{t^2} dt$. Pour tout $y \geq x$, $F_x(y) \geq e^{x^2}(y-x) \xrightarrow[y\to+\infty]{} +\infty$. De plus, $F_x(x) = 0$. Comme F_x est continue sur $\mathbb{R}$, par le théorème des valeurs intermédiaires, il existe donc $a(x) > x$ tel que $F_x(a(x)) = 1$, i.e. $\int_x^{a(x)} e^{t^2} dt = 1$.
De plus, la fonction F_x est dérivable sur $\mathbb{R}$ et pour tout $y \in \mathbb{R}$, $F_x'(y) = e^{y^2} > 0$. Donc F_x est strictement croissante sur $\mathbb{R}$ et $a(x)$ est unique.

2. La fonction F_0 est de classe C^∞ sur $\mathbb{R}$ et pour tout $y \in \mathbb{R}$, $F_0'(y) = e^{y^2} > 0$. On a vu en 1) que $\lim_{y\to+\infty} F_0(y) = +\infty$. De même, pour tout $y \leq 0$, $F_0(y) = -\int_y^0 e^{t^2} dt \leq y \xrightarrow[y\to-\infty]{} -\infty$. On en déduit le tableau de variations de F_0 :

y	$-\infty$		0		$+\infty$
F_0'			$+$		
F_0	$-\infty$	$\nearrow$	0	$\nearrow$	$+\infty$

Ainsi, la fonction F_0 établit une bijection de $\mathbb{R}$ sur $\mathbb{R}$, dont la bijection réciproque est encore indéfiniment dérivable. Comme pour tout $x \in \mathbb{R}$, $F_0(a(x)) - F_0(x) = 1$, $a(x) = F_0^{-1}(F_0(x)+1)$ et ainsi a est indéfiniment dérivable sur $\mathbb{R}$.

3. La symétrie par rapport à la deuxième bissectrice est l'application $(x, y) \mapsto (-y, -x)$. Il s'agit donc de montrer que pour tout $x \in \mathbb{R}$, le point de coordonnées $(-a(x), -x)$ est sur le graphe de a, ou encore que $a(-a(x)) = -x$, c'est-à-dire $\int_{-a(x)}^{-x} e^{t^2} dt = 1$. Or, en posant $z = -t$ dans l'intégrale $\int_x^{a(x)} e^{t^2} dt$, il vient $\int_{-a(x)}^{-x} e^{z^2} dz = \int_x^{a(x)} e^{t^2} dt = 1$. D'où le résultat.

15. Une équation fonctionnelle — D'après Centrale

Le but de cet exercice est de déterminer les fonctions f dérivables sur $\mathbb{R}$ telles que pour tout $x \in \mathbb{R}$, $f(2x) = 2f(x)$.
1. Soit f, une solution du problème. Calculer $f(0)$.
2. Soit $a = f'(0)$ et $g : x \mapsto f(x) - ax$. Montrer que, pour tout réel x et tout entier $n \geq 0$, $g(x) = 2^n g\left(\frac{x}{2^n}\right)$. En déduire f.
3. Conclure.

Conseils méthodologiques : ne pas oublier la réciproque.

1. On a $f(0) = f(0+0) = 2f(0)$. D'où $f(0) = 0$.
2. La formule demandée se montre par une récurrence immédiate en remarquant que g possède la même propriété que f.
Lorsqu'on fixe x, on a alors pour tout n, $g(x) = 2^n g\left(\frac{x}{2^n}\right) = \frac{g(2^{-n}x) - g(0)}{2^{-n} - 0} \xrightarrow[n\to+\infty]{} g'(0) = 0$. Donc pour tout réel x, $g(x) = 0$ et $f(x) = ax$.

3. D'après 2), f est nécessairement une homothétie. Comme les homothéties sont effectivement solutions du problème, on en déduit que f est solution si et seulement si c'est une homothétie.

16. Une inéquation différentielle ______ D'après Polytechnique

Soit une fonction f dérivable sur $\mathbb{R}$ telle que pour tout $x \in \mathbb{R}$, $f(x)^2 + (1 + f'(x))^2 \leq 1$.

1. Montrer que f est décroissante et à valeurs dans $[-1, 1]$. Que dire des limites de f en $+\infty$ et $-\infty$?

2. Supposer qu'il existe $x_0 \in \mathbb{R}$ tel que $f(x_0) > 0$. Majorer f' sur $]-\infty, x_0[$ et en déduire une contradiction.

3. Traiter le cas où il existe $x_0 \in \mathbb{R}$ tel que $f(x_0) < 0$ en posant $g(x) = -f(-x)$.

4. Conclure.

1. L'inégalité satisfaite par f entraîne : $\forall x \in \mathbb{R}$, $(1 + f'(x))^2 \leq 1$. D'où $-1 \leq 1 + f'(x) \leq 1$ et par suite : $\forall x \in \mathbb{R}$, $f'(x) \leq 0$. De plus : $\forall x \in \mathbb{R}$, $f(x)^2 \leq 1$. Donc f est à valeurs dans $[-1, 1]$. La fonction f est donc décroissante et bornée sur $\mathbb{R}$; elle admet donc des limites finies l_1 et l_2 respectivement en $-\infty$ et $+\infty$. De plus, $-1 \leq l_2 \leq l_1 \leq 1$.

2. Puisque f est décroissante sur $]-\infty, x_0]$, on a : $\forall x \in]-\infty, x_0]$, $(1 + f'(x))^2 \leq 1 - f(x)^2 \leq 1 - f(x_0)^2$. D'où $1 + f'(x) \leq |1 + f'(x)| \leq \sqrt{1 - f(x_0)^2}$ et par suite : $\forall x < x_0$, $f'(x) \leq \sqrt{1 - f(x_0)^2} - 1 = k < 0$. Par l'inégalité des accroissements finis, on en déduit que : $\forall x < x_0$, $f(x) \geq f(x_0) - k(x - x_0) \xrightarrow[x \to -\infty]{} +\infty$, ce qui est contradictoire avec le fait que f est majorée. En conclusion : $\forall x_0 \in \mathbb{R}$, $f(x_0) \leq 0$.

3. Supposons qu'il existe $x_0 \in \mathbb{R}$ tel que $f(x_0) < 0$. La fonction g définie sur $\mathbb{R}$ par $g(x) = -f(-x)$ vérifie encore $g^2(1 + g')^2 \leq 1$. De plus, $g(-x_0) > 0$. Or on a vu en 2) que ceci était impossible.

4. Par 2) et 3), f est nécessairement la fonction nulle (laquelle, bien sûr, est solution du problème).

CHAPITRE 6

Formules de Taylor, développements limités

Le cours en questions

1 ■ Formules de Taylor

1.1 Qu'est-ce qu'une formule de Taylor ?

Pour une fonction f de classe au moins C^n sur un intervalle I de $\mathbb{R}$ et $a \in I$, c'est une égalité de la forme : $\forall x \in I,\ f(x) = \sum_{k=0}^{n} \frac{(x-a)^k}{k!} f^{(k)}(a) + R_n(x)$.

Dans une telle formule, R_n s'appelle reste d'ordre n.

Pour une fonction polynomiale P de degré inférieur à n, on a $R_n = 0$ et $P(x) = \sum_{k=0}^{n} \frac{(x-a)^k}{k!} P^{(k)}(a)$.

1.2 Citer la formule de Taylor avec reste intégral ?

Si f est une fonction de classe C^{n+1} sur un intervalle I de $\mathbb{R}$ et $a \in I$, on a :

$$\forall b \in I,\ f(b) = \sum_{k=0}^{n} \frac{(b-a)^k}{k!} f^{(k)}(a) + \int_a^b \frac{(b-t)^n}{n!} f^{(n+1)}(t)\,dt\ .$$

Le changement de variable $t = a + (b-a)u$ permet d'écrire le reste sous la forme :

$$h^{n+1} \int_0^1 \frac{(1-u)^n}{n!} f^{(n+1)}[a+hu]\,du,$$

en posant $h = b - a$.

1.3 Citer l'inégalité de Taylor-Lagrange ?

Si f est une fonction de classe C^{n+1} sur un intervalle I de $\mathbb{R}$, pour (a, b) dans I^2, et si M est un majorant de $\left|f^{(n+1)}\right|$ sur $[a, b]$, on a :

$$\left| f(b) - \sum_{k=0}^{n} \frac{(b-a)^k}{k!} f^{(k)}(a) \right| \leq M \frac{|b-a|^{n+1}}{(n+1)!}\ .$$

En pratique, on écrit souvent cette inégalité entre x et $x+h$:

$$\left| f(x+h) - \sum_{k=0}^{n} f^{(k)}(x) \frac{h^k}{k!} \right| \leq M \frac{|h|^{n+1}}{(n+1)!}.$$

Ou encore entre x et 0 :

$$\left| f(x) - \sum_{k=0}^{n} f^{(k)}(0) \frac{x^k}{k!} \right| \leq M \frac{|x|^{n+1}}{(n+1)!}.$$

$f^{(n+1)}$ étant continue, l'existence de M est assurée et d'ailleurs $M=\sup\limits_{[a,b]}\left|f^{(n+1)}\right|$ convient.

Toujours par la continuité de $f^{(n+1)}$, ces bornes supérieures et inférieures sont respectivement des maxima et minima !

Contrairement aux résultats précédents, celui-ci donne une information simplement locale : au voisinage de a,

$f(x)-\sum\limits_{k=0}^{n}\frac{f^{(k)}(a)}{k!}(x-a)^k$ est négligeable devant $(x-a)^n$.

Erreur à éviter :
Dans un développement limité au voisinage de a, on ne développe *jamais* les termes $a_k(x-a)^k$.

Un développement de la forme
$f(x)\underset{a}{=}a_0+a_1(x-a)+a_n(x-a)^n+o\left((x-a)^n\right)$ avec $n>1$ et $a_n\neq 0$ donne $f(x)-\left[a_0+a_1(x-a)\right]\underset{a}{\sim}a_n(x-a)^n$, ce qui permet de placer *localement* la courbe par rapport à sa tangente en a.

On peut aussi, *pour les fonctions à valeurs réelles,* écrire une double inégalité :

Si f est une fonction de classe C^{n+1} sur un intervalle I de $\mathbb{R}$ et pour (a, b) dans I^2 avec $a<b$:

$$\frac{(b-a)^{n+1}}{(n+1)!}\inf_{[a,b]} f^{(n+1)}\leq f(b)-\sum_{k=0}^{n}\frac{(b-a)^k}{k!}f^{(k)}(a)\leq\frac{(b-a)^{n+1}}{(n+1)!}\sup_{[a,b]} f^{(n+1)}.$$

1.4 Qu'est-ce que la formule de Taylor-Young.

Si f est une fonction de classe C^n sur un intervalle I de $\mathbb{R}$ et pour a dans I, on a :

$$\forall x\in I,\quad f(x)\underset{a}{=}\sum_{k=0}^{n}\frac{f^{(k)}(a)}{k!}(x-a)^k+o\left((x-a)^n\right).$$

2 Développements limités

2.1 Qu'est-ce qu'un développement limité ?

Soit f une fonction définie au voisinage d'un réel a (sauf peut-être en a) et n un entier naturel. On dit que f admet un développement limité à l'ordre n au voisinage de a s'il existe des constantes $a_0, a_1, \ldots, a_n$ telles que :

$$f(x)\underset{a}{=}\sum_{k=0}^{n}a_k(x-a)^k+o\left((x-a)^n\right).$$

Lorsqu'elles existent, ces constantes a_k sont uniques. Le terme polynomial $\sum\limits_{k=0}^{n}a_k(x-a)^k$ s'appelle la partie régulière du développement limité.

Si f admet un DL n en $a\in\mathbb{R}$ de la forme $f(x)\underset{a}{=}\sum\limits_{k=m}^{n}a_k(x-a)^k+o\left((x-a)^n\right)$ avec $a_m\neq 0$, alors $f(x)\underset{a}{\sim}a_m(x-a)^m$.

Exemples :

$\forall x\in\mathbb{R}\setminus\{1\},\ \frac{1}{1-x}=1+x+\ldots+x^n+\frac{x^{n+1}}{1-x}$. Donc, au voisinage de 0 :

$$\frac{1}{1-x}\underset{0}{=}1+x+\ldots+x^n+o(x^n).$$

On en déduit un second exemple :

$$\forall x\in\mathbb{R}^*,\ \frac{1}{x}=\frac{1}{1+(x-1)}\underset{1}{=}1-(x-1)+(x-1)^2+o\left((x-1)^2\right).$$

2.2 Qu'est-ce que la troncature d'un développement limité ?

Si p est un entier naturel strictement inférieur à n, $\sum_{k=p+1}^{n} a_k(x-a)^k + o\left((x-a)^n\right) \underset{a}{=} o\left((x-a)^p\right)$. Ainsi, si f admet un développement limité à l'ordre n au voisinage de a, elle admet un développement limité à l'ordre p au voisinage de a obtenu par troncature :

$$f(x) \underset{a}{=} \sum_{k=0}^{p} a_k(x-a)^k + o\left((x-a)^p\right).$$

De même, si $f(x) \underset{a}{=} \sum_{k=0}^{n-1} a_k(x-a)^k + a_n(x-a)^n + o\left((x-a)^n\right)$ alors on a aussi $f(x) \underset{a}{=} \sum_{k=0}^{n-1} a_k(x-a)^k + O\left((x-a)^n\right)$. *Maple* produit toujours des développements en « Grand O », par la commande *taylor (f(x), x=a, n)*.

2.3 Comment se ramener au voisinage de zéro ?

Tout problème impliquant un développement limité au voisinage de a peut se ramener à une étude en zéro. En effet, f admet un développement limité à l'ordre n au voisinage de a si et seulement si la fonction $g : h \mapsto f(a+h)$ admet un développement limité à l'ordre n au voisinage de 0 avec :

$$f(x) \underset{a}{=} \sum_{k=0}^{n} a_k(x-a)^k + o\left((x-a)^n\right) \text{ et } g(h) \underset{0}{=} \sum_{k=0}^{n} a_k h^k + o(h^n).$$

En pratique, le plus souvent, lorsqu'on travaille au voisinage de a, on pose $x = a+h$ pour se ramener en 0.

Dans la suite du cours, pour faciliter la mémorisation des résultats, on remplacera « développement limité à l'ordre n au voisinage de a » par « DL n en a ».

À l'écrit des concours, toute abréviation est déconseillée. À l'oral, on pourra écrire DL au tableau en prononçant « développement limité ».

2.4 Comment faire une somme de DL n en 0 ?

Il faut retenir les règles suivantes :

- $o(x^n) + o(x^n) \underset{0}{=} o(x^n)$, si $m > n$, $x^m \underset{0}{=} o(x^n)$ et $o(x^m) \underset{0}{=} o(x^n)$.
- Ainsi, pour $f(x) \underset{0}{=} \sum_{k=0}^{n} a_k x^k + o(x^n)$ et $g(x) \underset{0}{=} \sum_{k=0}^{n} b_k x^k + o(x^n)$ on obtient :

$$f(x) + g(x) \underset{0}{=} \sum_{k=0}^{n} (a_k + b_k)x^k + o(x^n).$$

De la même façon, on peut réaliser le développement limité de la combinaison linéaire $\lambda f + \mu g$: $\lambda f(x) + \mu g(x) \underset{0}{=} \sum_{k=0}^{n} (\lambda a_k + \mu b_k)x^k + o(x^n)$.

Si le développement limité de f est écrit à l'ordre n et celui de g à l'ordre m avec $m \geq n$, on écrira celui de $f+g$ à l'ordre n. C'est toujours la « moins bonne précision » qui donne la précision finale.

2.5 Comment faire un produit de DL n en 0 ?

Il faut ajouter les règles suivantes :

- $o(x^p)o(x^n) \underset{0}{=} o(x^{n+p})$, et $x^p o(x^n) \underset{0}{=} o(x^{n+p})$.
- Ainsi, avec les mêmes notations qu'au paragraphe précédent :

$$f(x)g(x) \underset{0}{=} \sum_{k=0}^{n} c_k x^k + o(x^n) \quad \text{où } c_k = \sum_{p=0}^{k} a_p b_{k-p}.$$

Le principe est le même que pour un produit de polynômes : $c_0 = a_0 b_0$, $c_1 = a_0 b_1 + a_1 b_0$, … , mais on tronque à l'ordre n.

En pratique, lorsque la précision des deux développements limités n'est pas la même, on calcule la précision maximale possible en multipliant les termes extrêmes :

Par exemple :
$f(x) \underset{0}{=} x + 2x^3 + o(x^3)$
et $g(x) \underset{0}{=} 1 + 3x + o(x)$ donnent un développement à l'ordre $2 = \min(1+1, 0+3)$ du produit fg :
$f(x)g(x) \underset{0}{=} x + 3x^2 + o(x^2)$.

Erreur à éviter :

Il n'y a pas de réciproque : on ne peut conclure qu'une fonction est paire ou impaire au vu de son seul développement limité.

Ainsi, écrira-t-on suivant les besoins : $\sin x \underset{0}{=} x - \frac{x^3}{6} + o(x^3)$ ou $\sin x \underset{0}{=} x - \frac{x^3}{6} + o(x^4)$ ou encore $\sin x \underset{0}{=} x - \frac{x^3}{6} + O(x^5)$.

Éventuellement, g peut n'être définie que sur $J \setminus \{0\}$, mais doit alors admettre un développement limité dont le terme constant est nul : $b_0 = 0$.

Là encore, le résultat peut parfois s'améliorer. Par exemple si
$f(u) \underset{0}{=} u^2 + 7u^3 + o(u^3)$
et $g(x) \underset{0}{=} x + 4x^2 + o(x^2)$, on écrira :
$f(g(x)) \underset{0}{=} (x + 4x^2 + o(x^2))^2$
$+7(x + 4x^2 + o(x^2))^3$
$+o\left((x + 4x^2 + o(x^2))^3\right)$
$\underset{0}{=} x^2 + 15x^3 + o(x^3)$.

Dans cet autre exemple, l'amélioration n'a pas la même cause :
$f(u) \underset{0}{=} 1 + u + O(u^2)$
$g(x) \underset{0}{=} x^2 + 3x^3 + o(x^3)$.
u est d'ordre x^2, donc $O(u^2)$ est d'ordre $O(x^4)$ donc est un $o(x^3)$ et on obtient :
$f \circ g(x) \underset{0}{=} 1 + x^2 + 3x^3 + o(x^3)$.

Erreur à éviter :

Ne pas procéder de « l'extérieur vers l'intérieur » : $\ln(1+\cos(2x))$
$\underset{0}{=} 1 + \cos(2x) + o(x^2) \leftarrow$ *erreur*
$\underset{0}{=} 1 + (1 - 2x^2) + o(x^2)$
$\underset{0}{=} 2 - 2x^2 + o(x^2)$.

$$\left[a_p x^p + \ldots + o(x^m)\right]\left[b_p x^q + \ldots + o(x^n)\right]_0 = a_p b_q x^{p+q} + \ldots + o(x^r)$$

on obtient ainsi en développant grâce aux règles citées $r = \min(p+n, q+m)$.

2.6 Quelle est l'incidence de la parité ?

Soit une fonction f définie sur un intervalle centré en 0 et admettant un DL n en 0. Alors :

- Si f est une fonction paire, la partie régulière du développement limité de f ne comporte que des monômes pairs :
Si $n = 2p$, $f(x) \underset{0}{=} a_0 + a_2 x^2 + \ldots\ldots + a_{2p} x^{2p} + o(x^{2p})$
ou si $n = 2p+1$, $f(x) \underset{0}{=} a_0 + a_2 x^2 + \ldots\ldots + a_{2p} x^{2p} + o(x^{2p+1})$.
- Si f est une fonction impaire, la partie régulière du développement limité de f ne comporte que des monômes impairs :
Si $n = 2p+1$, $f(x) \underset{0}{=} a_1 x + a_3 x^3 + \ldots\ldots + a_{2p+1} x^{2p+1} + o(x^{2p+1})$
ou si $n = 2p$, $f(x) \underset{0}{=} a_1 x + a_3 x^3 + \ldots\ldots + a_{2p-1} x^{2p-1} + o(x^{2p})$.

2.7 Peut-on composer des DL n en 0 ?

Soit une fonction g définie sur un intervalle J contenant 0, admettant un DL n en 0 et vérifiant $g(0) = 0$: $g(x) \underset{0}{=} \sum_{k=1}^{n} b_k x^k + o(x^n)$.

Soit une fonction f définie sur un intervalle I contenant $g(J)$ admettant un DL n en 0 : $f(u) \underset{0}{=} \sum_{k=0}^{n} a_k u^k + o(u^n)$.

Alors $f \circ g$ admet un DL n en 0 dont la partie régulière est obtenue en remplaçant u par $\sum_{j=1}^{n} b_j x^j$ et ne gardant que les termes de degré inférieur à n.

En pratique, on procède comme dans l'exemple qui suit :
$f \circ g(x) \underset{0}{=} a_0 + a_1(b_1 x + b_2 x^2) + a_2(b_1 x + b_2 x^2)^2 + o(x^2)$ qui se réduit après développement des seuls termes de degré inférieur à $n = 2$ à : $a_0 + a_1(b_1 x + b_2 x^2) + a_2(b_1^2 x^2) + o(x^2)$.

Il est essentiel de vérifier que $g(0) = 0$ dans la méthode précédente. En pratique, on effectuera les développements limités de « l'intérieur vers l'extérieur » pour toujours se ramener à $g(0) = 0$.

Par exemple, pour donner un DL 2 en 0 de $\ln(1+\cos(2x))$, en utilisant $\ln(1+u) \underset{0}{=} u + o(u)$ et $\cos(2x) \underset{0}{=} 1 - 2x^2 + o(x^2)$, on écrit :

$$\ln\Big(\underbrace{1+\cos(2x)}_{\text{intérieur}}\Big) \underset{0}{=} \ln\left[1 + \left(1 - 2x^2 + o(x^2)\right)\right] \underset{0}{=} \ln\left[2\left(1 - x^2 + o(x^2)\right)\right]$$

$$\underset{0}{=} \ln 2 + \ln\Big[1 \underbrace{- x^2 + o(x^2)}_{u}\Big] \underset{0}{=} \ln 2 - x^2 + o(x^2).$$

2.8 Comment faire un quotient de DL *n* en 0 ?

Si f admet un DL n en 0, $f(x) \underset{0}{=} \sum_{k=0}^{n} a_k x^k + o(x^n)$ avec $a_0 \neq 0$, alors $\frac{1}{f}$ admet un DL n en 0 que l'on obtient en écrivant : $\frac{1}{f(x)} = \frac{1}{a_0} \frac{1}{1-u(x)}$ où $u(x) = \frac{a_0 - f(x)}{a_0}$. On a alors $u(0)=0$ ou $\lim_{x\to 0} u(x) = 0$ et on peut composer le développement limité de f avec celui de $\frac{1}{1-u} \underset{0}{=} 1+u+u^2+\ldots+u^n+o(u^n)$.

Exemple : $\cos x \underset{0}{=} 1 - \frac{x^2}{2} + o(x^2)$ et $\frac{1}{1+\cos(2x)} \underset{0}{=} \frac{1}{2\left[1-x^2+o(x^2)\right]}$, donc, ici, on prendra $u(x) = x^2 + o(x^2)$ et on aura : $\frac{1}{1+\cos(2x)} \underset{0}{=} \frac{1}{2} + \frac{x^2}{2} + o(x^2)$.

Bien entendu, lorsqu'on doit développer $\frac{g}{f}$, on fait le produit $g\frac{1}{f}$. On pourra aussi être amené à utiliser $\frac{o(x^n)}{x^p} \underset{0}{=} o(x^{n-p})$.

Erreur à éviter :

Ne pas procéder de « l'extérieur vers l'intérieur » :

$\frac{1}{1+\cos(2x)}$

$\underset{0}{=} 1-\cos(2x)+o(x^2) \leftarrow$ erreur

$\underset{0}{=} 1-(1-2x^2)+o(x^2)$

$\underset{0}{=} 2x^2+o(x^2)$.

3 Développements limités et régularité d'une fonction

3.1 Quelles sont les conséquences de la formule de Taylor-Young ?

Toute fonction f de classe au moins C^n sur un intervalle I de $\mathbb{R}$ contenant a admet un DL n en a donné par la formule de Taylor-Young :

$$f(x) \underset{a}{=} \sum_{k=0}^{n} a_k (x-a)^k + o\left((x-a)^n\right) \quad \text{et} \quad \forall k \in [\![0,n]\!],\ a_k = \frac{f^{(k)}(a)}{k!}.$$

3.2 Que sait-on d'une fonction admettant un DL *n* en *a* ?

- Si f admet un DL 0 en a, $f(x) \underset{a}{=} a_0 + o(1)$, alors f admet en a la limite a_0.

Ainsi, si f était définie en a, alors f est continue en a et bien sûr $a_0 = f(0)$.

- Si f définie sur un intervalle I de $\mathbb{R}$ contenant a admet un DL 1 en a, $f(x) \underset{a}{=} a_0 + a_1(x-a) + o((x-a))$, alors f est dérivable en a et $a_1 = f'(0)$.
- Si f est définie sur un intervalle I de $\mathbb{R}$ contenant a et admet un DL $n \geq 2$ en a, on ne peut sans autre renseignement améliorer le résultat ci-dessus : par exemple, il se peut très bien que f ne soit pas deux fois dérivable en a.

3.3 Comment obtenir un DL d'une primitive ?

Soit f définie et continue sur un intervalle I de $\mathbb{R}$ contenant 0, admettant un DL n en 0, soit F une primitive de f sur I, alors F admet un DL $n + 1$ en 0 obtenu par intégration terme à terme de la partie régulière du développement limité de f et dont le terme d'ordre 0 est $F(0)$.

Un développement limité peut apporter une information locale (retenir « au voisinage de ») telle une limite, un équivalent. Il peut fournir la dérivabilité de f en a, également la valeur au point a des dérivées successives de f car $a_k = \frac{f^{(k)}(a)}{k!}$ dans la formule de Taylor-Young.

Un développement limité n'apportera *jamais* une information globale telle la dérivabilité de f sur I, ne permettra *jamais* de démontrer une inégalité (utiliser alors une formule de Taylor avec reste intégral ou une inégalité de Taylor-Lagrange).

$y = a_0 + a_1(x-a)$ est alors l'équation de la tangente en a à la courbe représentative de f.

Par exemple, la fonction f définie sur $\mathbb{R}$ par $f(x) = x^3 \sin\left(\frac{1}{x}\right)$ pour $x \neq 0$ et $f(0)=0$ admet un DL 2 en 0, mais n'est pas deux fois dérivable en 0. On a : $f(x) \underset{0}{=} o(x^2)$; on peut en conclure que f est continue en 0 et encore que $f'(0)=0$. Mais on peut constater que $\frac{f'(x)-f'(0)}{x-0} = 3x\sin\left(\frac{1}{x}\right) - \cos\left(\frac{1}{x}\right)$ n'a pas de limite en 0, à cause du terme $\cos\left(\frac{1}{x}\right)$.

Erreur à éviter :
On prendra garde à ne pas oublier la constante $F(0)$.

Si $f(x) \underset{0}{=} \sum_{k=0}^{n} a_k x^k + o(x^n)$, alors :

$$F(x) \underset{0}{=} F(0) + \sum_{k=0}^{n} a_k \frac{x^{k+1}}{k+1} + o(x^{n+1}).$$

3.4 Peut-on dériver un développement limité ?

Toujours bien vérifier et justifier que f' admet un DL $n-1$ en a.
Lorsque f est de classe C^n sur un I, alors f' y est de classe C^{n-1} et la formule de Taylor-Young donne alors l'existence de son développement limité.

Soit f définie et dérivable sur un intervalle I de $\mathbb{R}$ contenant 0, admettant un DL $n \geq 1$ en 0. Si on sait que f' admet un DL $n-1$ en 0, alors la partie régulière de celui-ci est obtenue en dérivant la partie régulière de celui de f.

Si $f(x) \underset{0}{=} \sum_{k=0}^{n} a_k x^k + o(x^n)$ et si le DL $n-1$ en 0 de f' existe, alors :

$$f'(x) \underset{0}{=} \sum_{k=1}^{n} k a_k x^{k-1} + o(x^{n-1}).$$

4 ■ Développements limités usuels

4.1 Quels sont les DL à connaître par cœur ?

Il s'agit bien entendu de développements limités en 0 qui concernent des fonctions indéfiniment dérivables dans un voisinage de 0 ; leur existence est donc acquise.

Il s'obtient par la formule de Taylor-Young.
Il est valable dans $\mathbb{C}$.

- $e^x \underset{0}{=} 1 + \frac{x}{1!} + \frac{x^2}{2!} + \ldots + \frac{x^n}{n!} + o(x^n)$.

Obtenu par la formule de Taylor-Young ou par la combinaison linéaire $\sin x = \frac{e^{ix} - e^{-ix}}{2i}$.

- $\sin x \underset{0}{=} x - \frac{x^3}{6} + \frac{x^5}{5!} - \ldots + (-1)^p \frac{x^{2p+1}}{(2p+1)!} + o(x^{2p+1})$.

On n'oubliera pas qu'on peut écrire par exemple :

$$\sin x \underset{0}{=} x - \frac{x^3}{6} + o(x^3) \underset{0}{=} x - \frac{x^3}{6} \underset{0}{+} o(x^4) = x - \frac{x^3}{6} + O(x^5).$$

Obtenu par la formule de Taylor-Young ou par la combinaison linéaire $\cos x = \frac{e^{ix} + e^{-ix}}{2}$ ou par la dérivation de **sin**.

- $\cos x \underset{0}{=} 1 - \frac{x^2}{2!} + \frac{x^4}{4!} - \ldots + (-1)^p \frac{x^{2p}}{(2p)!} + o(x^{2p})$.

Ainsi, par exemple :

$$\cos x \underset{0}{=} 1 - \frac{x^2}{2} + o(x^2) \underset{0}{=} 1 - \frac{x^2}{2} + o(x^3) \underset{0}{=} 1 - \frac{x^2}{2} + O(x^4).$$

- $\frac{1}{1+x} \underset{0}{=} 1 - x + \ldots + (-1)^n x^n + o(x^n)$.

Obtenus par primitivation de $\frac{1}{1+x} \underset{0}{=} 1 - x + \ldots + (-1)^n x^n + o(x^n)$ et $\frac{-1}{1-x} \underset{0}{=} -1 - x - \ldots - x^n + o(x^n)$.

- $\ln(1+x) \underset{0}{=} x - \frac{x^2}{2} + \frac{x^3}{3} - \frac{x^4}{4} + \ldots + (-1)^{n+1} \frac{x^n}{n} + o(x^n)$.

et $\ln(1-x) \underset{0}{=} -x - \frac{x^2}{2} - \frac{x^3}{3} - \frac{x^4}{4} - \ldots - \frac{x^n}{n} + o(x^n)$.

Il s'obtient par la formule de Taylor-Young ou à partir de l'équation différentielle $\begin{cases} (1+x)y' = \alpha y \\ y(0) = 1 \end{cases}$ (voir savoir-faire clefs 2.3).
Noter que si $\alpha \in \mathbb{N}$, on l'obtient tout simplement par la formule du binôme de Newton.

- $(1+x)^\alpha \underset{0}{=} 1 + \alpha x + \frac{\alpha(\alpha-1)}{2} x^2 + \ldots + \frac{\alpha(\alpha-1)\ldots(\alpha-n+1)}{n!} x^n + o(x^n)$ où $\alpha \in \mathbb{R}$.

Par exemple :

$$\sqrt{1+x} \underset{0}{=} 1+\frac{1}{2}x-\frac{1}{8}x^2+o(x^2) \text{ et (attention au signe)}$$

$$\frac{1}{\sqrt{1-x}} \underset{0}{=} 1+\frac{1}{2}x+\frac{3}{8}x^2+o(x^2).$$

- $\operatorname{sh} x \underset{0}{=} x+\frac{x^3}{6}+\frac{x^5}{5!}+\ldots+\frac{x^{2p+1}}{(2p+1)!}+o(x^{2p+1})$.
- $\operatorname{ch} x \underset{0}{=} 1+\frac{x^2}{2!}+\frac{x^4}{4!}+\ldots+\frac{x^{2p}}{(2p)!}+o(x^{2p})$.
- $\operatorname{Arctan}(x) \underset{0}{=} x-\frac{x^3}{3}+\ldots+(-1)^p\frac{x^{2p+1}}{2p+1}+o(x^{2p+1})$.
- $\tan x \underset{0}{=} x+\frac{x^3}{3}+o(x^3)$.(*Cf.* savoir-faire clefs).

5 ■ Développements asymptotiques

5.1 Qu'est-ce qu'un développement limité en l'infini ?

Soit f une fonction définie au moins sur un intervalle de la forme $[c,+\infty[$, $c>0$. On peut alors définir, sur $\left]0,\frac{1}{c}\right]$, la fonction $\varphi : h \mapsto f\left(\frac{1}{h}\right)$. On dit que f admet un DL n en $+\infty$ si φ admet un DL n en 0.

Si $\varphi(h) \underset{0}{=} \sum_{k=0}^{n} a_k h^k + o(h^n)$, on écrira $f(x) \underset{+\infty}{=} \sum_{k=0}^{n} \frac{a_k}{x^k} + o\left(\frac{1}{x^n}\right)$.

5.2 Donner des exemples de développements asymptotiques ?

Cette notion sort du cadre du programme ; néanmoins, on peut être confronté à des développements asymptotiques : ils font intervenir une partie régulière qui n'est pas polynomiale. Les fonctions qui y apparaissent sont classées par ordre de prépondérance. On se contentera d'examiner les exemples suivants :

- $\frac{\sin x}{x^2} \underset{0}{=} \frac{1}{x}-\frac{x}{6}+o(x)$.
- $\frac{x^3}{x-1} = \frac{x^2}{1-\frac{1}{x}} \underset{+\infty}{=} x^2\left(1+\frac{1}{x}+\frac{1}{x^2}+\frac{1}{x^3}+o\left(\frac{1}{x^3}\right)\right) \underset{+\infty}{=} x^2+x+1+\frac{1}{x}+o\left(\frac{1}{x}\right)$.
- $\ln(x+1) \underset{+\infty}{=} \ln x + \ln\left(1+\frac{1}{x}\right) \underset{+\infty}{=} \ln x + \frac{1}{x} - \frac{1}{2x^2} + o\left(\frac{1}{x^2}\right)$.
- $\sqrt{x+x^2} \underset{0^+}{=} \sqrt{x}\sqrt{1+x} \underset{0^+}{=} \sqrt{x}+\frac{1}{2}x^{\frac{3}{2}}-\frac{1}{8}x^{\frac{5}{2}}+o\left(x^{\frac{5}{2}}\right)$.

Erreur à éviter :

Attention, α est un paramètre fixé et *ne doit pas* dépendre de x. Par exemple, pour travailler sur $(1+x)^{\frac{1}{x}}$, on l'écrira : $e^{\frac{1}{x}\ln(1+x)}$.

On retrouve le DL n en 0 des fonctions ch et sh grâce aux combinaisons linéaires :
$\operatorname{sh} x = \frac{e^x - e^{-x}}{2}$ et $\operatorname{ch} x = \frac{e^x + e^{-x}}{2}$.

On retrouve le DL n en 0 de la fonction arctangente par primitivation de
$\frac{1}{1+x^2} \underset{0}{=} 1-x^2+\ldots+(-1)^n x^{2n}+o(x^{2n})$.

Il est inutile de savoir par cœur :
$\tan x \underset{0}{=} x+\frac{x^3}{3}+\frac{2}{15}x^5+\frac{17}{315}x^7+O(x^9)$,
mais il faut savoir le retrouver.

Exemple :
$\frac{x}{x+1} = \left(1+\frac{1}{x}\right)^{-1} \underset{+\infty}{=} 1-\frac{1}{x}+\frac{1}{x^2}+o\left(\frac{1}{x^2}\right)$.
On a une définition analogue au voisinage de $-\infty$.
Si f admet un DL n en $+\infty$ de la forme $f(x) \underset{+\infty}{=} \sum_{k=m}^{n} \frac{a_k}{x^k}+o\left(\frac{1}{x^n}\right)$ avec $a_m \neq 0$, alors $f(x) \underset{+\infty}{\sim} \frac{a_m}{x^m}$. Un développement de la forme
$f(x) \underset{+\infty}{=} a_1 x + a_0 + \frac{a_{-n}}{x^n}+o\left(\frac{1}{x^n}\right)$ avec $n>1$ et $a_{-n} \neq 0$ donne
$f(x)-[a_1x+a_0] \underset{+\infty}{\sim} \frac{a_{-n}}{x^n}$, ce qui permet de placer *localement* la courbe par rapport à son asymptote d'équation $y=a_1x+a_0$ en $+\infty$.

Dans *Maple*, on obtiendra ces développements par la commande *series*(*f*(*x*), *x* = infinity, *n*).

Les savoir-faire clefs

Conseils méthodologiques

1 a) La dérivée k-ième de la fonction $x \mapsto \ln(1+x)$ est pour $k \geq 1$:
$x \mapsto \dfrac{(-1)^{k-1}(k-1)!}{(1+x)^k}$.

1 b) Écrire la formule de Taylor avec reste intégral pour la fonction f entre a et x et exprimer g en fonction de f et d'une fonction polynomiale.

1 c) Pour $x < 0$, écrire la formule de Taylor avec reste intégral pour la fonction exponentielle entre 0 et x à l'ordre $2n$ et étudier le signe du reste intégral.

1 ■ Savoir utiliser la formule de Taylor.

a) Montrer les inégalités : pour $x \in \left]0, \dfrac{\pi}{2}\right]$, $x - \dfrac{x^3}{6} < \sin x < x$ et pour $x > 0$, $x - \dfrac{x^2}{2} + \dfrac{x^3}{3} - \dfrac{x^4}{4} < \ln(1+x) < x - \dfrac{x^2}{2} + \dfrac{x^3}{3}$. On prendra soin de bien justifier le caractère strict des inégalités.

b) Soit f une fonction de classe C^{n+1} sur un intervalle I de $\mathbb{R}$. On fixe a dans I et on définit sur I la fonction g par : $\forall x \in I, g(x) = \displaystyle\int_a^x \frac{(x-t)^n}{n!} f^{(n+1)}(t)dt$.
Montrer que g est de classe C^{n+1} sur I et que l'on a : $g^{(n+1)} = f^{(n+1)}$.

c) Soit n un entier naturel.
Montrer que le polynôme $P = 1 + X + \dfrac{X^2}{2} + \dfrac{X^3}{6} + \ldots + \dfrac{X^{2n}}{(2n)!}$ n'admet aucune racine réelle.

Preuve par récurrence de (✯) :
Initialisation.
$\forall x \in]-1, +\infty[$, $h'(x) = \dfrac{1}{1+x}$.
Hérédité.
Soit un entier k supérieur à 1.
Supposons que : $\forall x \in]-1, +\infty[$,
$h^{(k)}(x) = \dfrac{(-1)^{k-1}(k-1)!}{(1+x)^k}$, alors :
$\forall x \in]-1, +\infty[$,
$h^{(k+1)}(x) = \dfrac{d}{dx}\left(\dfrac{(-1)^{k-1}(k-1)!}{(1+x)^k}\right)$
$= (-1)^{k-1}(k-1)!\dfrac{-k}{(1+x)^{k+1}} = \dfrac{(-1)^k k!}{(1+x)^{k+1}}$.
Le principe de récurrence assure alors que : $\forall k \geq 1, \forall x \in]-1, +\infty[$,
$h^{(k)}(x) = \dfrac{(-1)^{k-1}(k-1)!}{(1+x)^k}$.

1.a) La fonction sinus est de classe C^∞ avec $\sin^{(2)} = -\sin < 0$ sur $\left]0, \dfrac{\pi}{2}\right]$, donc elle est, sur cet intervalle, strictement concave. Sa tangente en 0 a pour équation $y = x$, on en déduit bien : $\forall x \in \left]0, \dfrac{\pi}{2}\right]$, $\boxed{\sin x < x}$.

Pour l'autre inégalité, écrivons la formule de Taylor avec reste intégral entre 0 et x à l'ordre 3 : $\sin x = x - \dfrac{x^3}{6} + \displaystyle\int_0^x \frac{(x-t)^3}{3!}\sin^{(4)}(t)dt$.

Le réel x étant strictement positif et inférieur à $\dfrac{\pi}{2}$, la fonction $t \mapsto \dfrac{(x-t)^3}{3!}\sin^{(4)}(t) = \dfrac{(x-t)^3}{3!}\sin(t)$ est positive, *continue et non identiquement nulle* sur $[0, x]$, donc l'intégrale $\displaystyle\int_0^x \frac{(x-t)^3}{3!}\sin^{(4)}(t)dt$ est *strictement positive*, d'où l'inégalité $\boxed{\sin x > x - \dfrac{x^3}{6}}$.

Considérons maintenant la fonction $h : x \mapsto \ln(1+x)$, de classe C^∞ sur $]-1, +\infty[$. Une récurrence simple montre que : (✯) $\forall k \geq 1$, $\forall x \in]-1, +\infty[$, $h^{(k)}(x) = \dfrac{(-1)^{k-1}(k-1)!}{(1+x)^k}$.

On a : $h(0)=0$, $h'(0)=1$, $h''(0)=-1$, $h'''(0)=2$, $h^{(4)}(0)=-6$, $h^{(4)}(x)=\dfrac{-6}{(1+x)^4}$ et $h^{(5)}(x)=\dfrac{24}{(1+x)^5}$. Écrivons, à partir de là, les formules de Taylor aux ordres 3 et 4 :

$$\forall x>0,\ \ln(1+x)=x-\frac{x^2}{2}+\frac{x^3}{3}+\int_0^x\frac{(x-t)^3}{3!}\frac{-6}{(1+t)^4}dt.$$

$$\text{Et : } \forall x>0\ \ln(1+x)=x-\frac{x^2}{2}+\frac{x^3}{3}-\frac{x^4}{4}+\int_0^x\frac{(x-t)^4}{4!}\frac{24}{(1+t)^5}dt.$$

x étant strictement positif, la fonction $t\mapsto\dfrac{(x-t)^3}{3!}\dfrac{-6}{(1+t)^4}$ est *négative, continue et non identiquement nulle* sur $[0,x]$, donc l'intégrale $\displaystyle\int_0^x\frac{(x-t)^3}{3!}\frac{-6}{(1+t)^4}dt$ est *strictement négative*, d'où l'inégalité :

$$\forall x>0,\ \boxed{\ln(1+x)<x-\frac{x^2}{2}+\frac{x^3}{3}}.$$

De même, pour x strictement positif, la fonction $t\mapsto\dfrac{(x-t)^4}{4!}\dfrac{24}{(1+t)^5}$ est *positive, continue et non identiquement nulle* sur $[0,x]$, donc l'intégrale $\displaystyle\int_0^x\frac{(x-t)^4}{4!}\frac{24}{(1+t)^5}dt$ est *strictement positive,* d'où l'inégalité :

$$\forall x>0,\ \boxed{x-\frac{x^2}{2}+\frac{x^3}{3}-\frac{x^4}{4}<\ln(1+x)}.$$

b) f est de classe C^{n+1} sur I, on peut donc écrire pour tout x de I :

$$f(x)=\sum_{k=0}^{n}\frac{f^{(k)}(a)}{k!}(x-a)^k+\int_a^x\frac{(x-t)^n}{n!}f^{(n+1)}(t)dt,$$

soit $g(x)=f(x)-\displaystyle\sum_{k=0}^{n}\frac{f^{(k)}(a)}{k!}(x-a)^k$. La fonction $x\mapsto\displaystyle\sum_{k=0}^{n}\frac{f^{(k)}(a)}{k!}(x-a)^k$ est polynomiale de degré inférieur ou égal à n, donc est de classe C^∞ et sa dérivée $(n+1)$-ième est nulle. On obtient alors effectivement que g est de classe C^{n+1} sur I vérifiant $\boxed{g^{(n+1)}=f^{(n+1)}}$.

c) Pour $x\geq 0$, on a $P(x)\geq 1$. Donc, P n'a pas de racine dans $\mathbb{R}_+$. Pour $x<0$, écrivons la formule de Taylor avec reste intégral pour la fonction exponentielle entre 0 et x à l'ordre $2n$:

$$\exp(x)=\sum_{k=0}^{2n}\frac{1}{k!}x^k+\int_0^x\frac{(x-t)^{2n}}{(2n)!}\exp(t)dt=P(x)+\int_0^x\frac{(x-t)^{2n}}{(2n)!}\exp(t)dt.$$ On a

alors $P(x)=\exp(x)-\displaystyle\int_0^x\frac{(x-t)^{2n}}{(2n)!}\exp(t)dt$. $\forall t\in[x,0]$, $\dfrac{(x-t)^{2n}}{(2n)!}\exp(t)\geq 0$

donc (comme $x<0$) on a : $\displaystyle\int_0^x\frac{(x-t)^{2n}}{(2n)!}\exp(t)dt\leq 0$

et ainsi $P(x)\geq\exp(x)>0$. P n'a pas non plus de racine dans $\mathbb{R}_-^*$.

Conseils méthodologiques

2 a) Utiliser l'inégalité de Taylor-Lagrange.

2 b) On écrit des inégalités de Taylor-Lagrange entre x et $x+3h$, puis entre x et $x+2h$.

2 c) Pour la dernière question, on observera que $f(x)+tf'(x)+t^2\frac{M_2}{2}$ est un trinôme du second degré en t.

2 d) Écrire pour les entiers k de $[\![1, n]\!]$, des inégalités de Taylor entre 0 et $\frac{k}{n^2}$, les sommer entre elles.

2 e) Si ℓ_2 est strictement positive, alors, pour x assez grand, $f^{(2)}(x)>\frac{\ell_2}{2}$; utiliser l'inégalité des accroissements finis. Sachant ensuite que ℓ_2 est nulle, écrire l'inégalité de Taylor-Lagrange à l'ordre 1 entre x et $x+1$ et passer à la limite.

2 ■ Savoir utiliser l'inégalité de Taylor-Lagrange.

a) Montrer que : $\forall x\in\mathbb{R}$, $e^x=\lim\limits_{n\to+\infty}\left(1+x+\frac{x^2}{2}+\ldots+\frac{x^n}{n!}\right)$. Donner un majorant de $e-\sum\limits_{k=1}^{n}\frac{1}{k!}$.

b) Soit f une fonction de classe C^3 sur $\mathbb{R}$, on suppose en outre que $f^{(3)}$ est bornée ; on note $M_3=\sup\limits_{\mathbb{R}}\left|f^{(3)}\right|$. Calculer pour tout x réel : $\lim\limits_{h\to0}\frac{2f(x+3h)-3f(x+2h)+f(x)}{3h^2}$. On note $\ell(x)$ cette limite, donner un majorant de $\left|\frac{2f(x+3h)-3f(x+2h)+f(x)}{3h^2}-\ell(x)\right|$.

c) Soit f dans l'ensemble $C^2(\mathbb{R},\mathbb{R}^+)$, non affine. On suppose que $f^{(2)}$ est bornée et on pose : $M_2=\sup\limits_{\mathbb{R}}\left|f^{(2)}\right|$.
Montrer que : $\forall x\in\mathbb{R}$, $\forall t\in\mathbb{R}$, $f(x)+tf'(x)+t^2\frac{M_2}{2}\geq0$. En déduire la majoration : $|f'(x)|\leq\sqrt{2f(x)M_2}$.

d) Soit f une fonction de classe C^2 sur le segment $[0, 1]$ vérifiant $f(0)=0$ et, pour tout $n\in\mathbb{N}^*$, $u_n=f\left(\frac{1}{n^2}\right)+f\left(\frac{2}{n^2}\right)+\ldots+f\left(\frac{n}{n^2}\right)$. Montrer que la suite $(u_n)_{n\geq1}$ est convergente et trouver sa limite.

e) Soit f une fonction de classe C^2 sur l'intervalle $]0, +\infty[$. On suppose que f et $f^{(2)}$ admettent des limites finies ℓ_0 et ℓ_2 en $+\infty$. Si ℓ_2 est strictement positive, montrer que f', puis f tendent vers l'infini en $+\infty$. Conclure que ℓ_2 est nulle et en déduire : $\lim\limits_{x\to+\infty}\left(\sup\limits_{[x,x+1]}\left|f^{(2)}\right|\right)=0$. Montrer alors que f' admet pour limite 0 en $+\infty$.

On écrit l'inégalité de Taylor-Lagrange à l'ordre n pour la fonction exp entre 0 et x. On exprime ensuite le majorant pour x = 1. Attention, il est demandé un majorant de $e-\sum\limits_{k=1}^{n}\frac{1}{k!}$ et non de $\left|e-\sum\limits_{k=1}^{n}\frac{1}{k!}\right|$. On précisera bien le signe de $e-\sum\limits_{k=1}^{n}\frac{1}{k!}$.

2.a) La fonction exponentielle est de classe C^∞ sur $\mathbb{R}$ et égale à toutes ses dérivées successives. On cherche un majorant sur $[0, x]$ de sa dérivée (n + 1)-ième, autrement dit d'elle-même.
Elle est croissante sur $\mathbb{R}$, donc sa borne supérieure sur $[x, 0]$ est $e^0(=1)$ si x est négatif et e^x sur $[0, x]$ si x est positif.
Notons : $M_x=\max(1, e^x)$. On peut alors écrire

$$\left|e^x-\left(1+x+\frac{x^2}{2}+\ldots+\frac{x^n}{n!}\right)\right|\leq M_x\frac{|x|^{n+1}}{(n+1)!}$$

On sait (comparaison des suites usuelles) que : $|x|^{n+1}=o((n+1)!)$. D'où : $\lim\limits_{n\to\infty}M_x\frac{|x|^{n+1}}{(n+1)!}=0$.

On a donc bien : $\lim_{n\to\infty}\left|e^x-\left(1+x+\frac{x^2}{2}+\ldots+\frac{x^n}{n!}\right)\right|=0$, soit encore :

$$e^x=\lim_{n\to\infty}\left(1+x+\frac{x^2}{2}+\ldots+\frac{x^n}{n!}\right).$$

Pour $x=1$, $M_1=e$. La suite $\left(1+x+\frac{x^2}{2}+\ldots+\frac{x^n}{n!}\right)_{n\in\mathbb{N}}$ est évidemment croissante pour x positif, donc $e-\sum_{k=1}^{n}\frac{1}{k!}$ est positif. On a donc : $0\le e-\sum_{k=1}^{n}\frac{1}{k!}\le\frac{e}{(n+1)!}$.

b) On écrit des inégalités de Taylor-Lagrange entre x et $x+3h$, puis entre x et $x+2h$ à l'ordre 2.

On fixe le réel x et on rappelle que M_3 est la borne supérieure de $\left|f^{(3)}\right|$ sur $\mathbb{R}$.

On a alors : $\forall h\in\mathbb{R}$, $\left|f(x+3h)-\left(f(x)+3hf'(x)+\frac{9h^2}{2!}f^{(2)}(x)\right)\right|\le M_3\frac{27h^3}{3!}$ et

$\left|f(x+2h)-\left(f(x)+2hf'(x)+\frac{4h^2}{2!}f^{(2)}(x)\right)\right|\le M_3\frac{8h^3}{3!}$.

On écrit alors :

$$-M_3\frac{27h^3}{3!}\le f(x+3h)-\left(f(x)+3hf'(x)+\frac{9h^2}{2!}f^{(2)}(x)\right)\le M_3\frac{27h^3}{3!}\quad(1)\quad\text{et}$$

$$-M_3\frac{8h^3}{3!}\le\left(f(x)+2hf'(x)+\frac{4h^2}{2!}f^{(2)}(x)\right)-f(x+2h)\le M_3\frac{8h^3}{3!}\quad(2).$$

Puis en réalisant la combinaison $2(1)+3(2)$, on obtient :

$-13M_3h^3\le 2f(x+3h)-3f(x+2h)+f(x)-3f^{(2)}(x)h^2\le 13M_3h^3$,

d'où, après quotient par h^2 :

$$\left|\frac{2f(x+3h)-3f(x+2h)+f(x)}{3h^2}-3f^{(2)}(x)\right|\le 13M_3h$$

et par théorème d'encadrement :

$$\lim_{h\to 0}\frac{2f(x+3h)-3f(x+2h)+f(x)}{3h^2}=3f^{(2)}(x).$$

c) La forme de l'inégalité à prouver incite à écrire l'inégalité de Taylor-Lagrange à l'ordre 1 entre x et $x+t$:

$\left|f(x+t)-f(x)-tf'(x)\right|\le M_2\frac{t^2}{2!}$,

qui donne en particulier : $-M_2\frac{t^2}{2}\le f(x)+tf'(x)-f(x+t)$,

et donc : $f(x+t)\le f(x)+tf'(x)+M_2\frac{t^2}{2}$.

Comme f est à valeurs positives : $0\le f(x)+tf'(x)+M_2\frac{t^2}{2}$. L'hypothèse f non affine assure que M_2 est non nul et la quantité $f(x)+tf'(x)+M_2\frac{t^2}{2}$ est ainsi (à x fixé) un trinôme du second degré en t, gardant un signe fixe lorsque t décrit $\mathbb{R}$; son discriminant est alors négatif : $\left(f'(x)\right)^2-4\frac{M_2}{2}f(x)\le 0$,

soit : $|f'(x)|\le\sqrt{2f(x)M_2}$.

C'est l'hypothèse « f de classe C^3 » et le h^2 du dénominateur qui renseignent sur l'ordre n de la formule à employer. L'ordre 2 semble bien approprié au quotient par h^2.

L'exigence d'obtenir l'encadrement nous a conduit à rejeter l'idée d'utiliser les développements limités (on aurait écrit des formules de Taylor-Young), car ceux-ci auraient permis seulement d'obtenir l'existence et la valeur de la limite.

Là encore, l'observation des hypothèses fournit l'ordre n de la formule à employer. On a aussi : $\forall t\in\mathbb{R}$, $f(x+t)\ge 0$.

d) f est de classe C^2 sur le segment $[0, 1]$, donc f'' y est continue et par conséquent bornée. On pose alors : $M_2 = \sup_{[0,1]} |f''|$. Puis, on écrit l'inégalité de Taylor-Lagrange à l'ordre 1 entre 0 et $\frac{k}{n^2}$, sachant que $f(0)$ est nul : $\left|f\left(\frac{k}{n^2}\right) - \frac{k}{n^2}f'(0)\right| \leq M_2 \frac{k^2}{2n^4}$. D'où, grâce à l'inégalité triangulaire : $\left|\sum_{k=1}^{n}\left(f\left(\frac{k}{n^2}\right) - \frac{k}{n^2}f'(0)\right)\right| \leq \sum_{k=1}^{n}\left|f\left(\frac{k}{n^2}\right) - \frac{k}{n^2}f'(0)\right| \leq \sum_{k=1}^{n} M_2 \frac{k^2}{2n^4}$, c'est-à-dire encore : $\left|u_n - \frac{1}{n^2}f'(0)\sum_{k=1}^{n} k\right| \leq M_2 \frac{1}{2n^4}\sum_{k=1}^{n} k^2$. On remarque d'abord que $\frac{1}{n^2}f'(0)\sum_{k=1}^{n} k = \frac{1}{n^2}f'(0)\frac{n(n+1)}{2} \underset{n\to+\infty}{\to} \frac{f'(0)}{2}$.

On rappelle l'égalité $\sum_{k=1}^{n} k^2 = \frac{n(n+1)(2n+1)}{6}$. On obtient ainsi que : $M_2 \frac{1}{2n^4}\sum_{k=1}^{n} k^2 = O\left(\frac{1}{n}\right)$ et on peut conclure que : $\boxed{\lim_{n\to\infty} u_n = \frac{f'(0)}{2}}$.

Si on ne sait pas que $\sum_{k=1}^{n} k^2 = \frac{n(n+1)(2n+1)}{6}$, on peut écrire ici que $0 \leq \sum_{k=1}^{n} k^2 \leq \sum_{k=1}^{n} n^2 = n^3$.

e) Si ℓ_2 est strictement positive, on peut écrire :

$\exists X > 0,\ \forall x \in]0, +\infty[,\ x \geq X \Rightarrow f^{(2)}(x) \geq \frac{\ell_2}{2}$. On a alors grâce à l'inégalité des accroissements finis appliquée à f' entre X et x :

$\forall x \geq X,\ f'(x) - f'(X) \geq \frac{\ell_2}{2}(x - X)$, ce que l'on peut écrire :

$\forall x \geq X,\ f'(x) \geq \frac{\ell_2}{2}(x - X) + f'(X)$, pour en déduire en faisant tendre x vers l'infini que : $\lim_{+\infty} f' = +\infty$. On a alors en suivant un raisonnement semblable :

$\exists X_1 > 0,\ \forall x \in]0, +\infty[,\ x \geq X_1 \Rightarrow f'(x) \geq 1$, puis :

$\forall x \geq X_1,\ f(x) - f(X_1) \geq (x - X_1)$, dont on déduit que : $\lim_{+\infty} f = +\infty$. Ceci est en contradiction avec l'hypothèse faite sur f. Donc ℓ_2 ne peut être strictement positive. ℓ_2 ne peut pas être non plus strictement négative car l'application du raisonnement précédent à $-f$ conduirait à la même contradiction. On a donc bien : $\ell_2 = 0$. On écrit la définition de la limite :

$\forall \varepsilon > 0,\ \exists A > 0,\ \forall t \in]0, +\infty[,\ t \geq A \Rightarrow \left|f^{(2)}(t)\right| \leq \varepsilon$, d'où :

$\forall x \geq A,\ \forall t \in [x, x+1],\ \left|f^{(2)}(t)\right| \leq \varepsilon$, soit encore : $\forall x \geq A,\ \sup_{[x,x+1]}\left|f^{(2)}\right| \leq \varepsilon$.

Donc : $\boxed{\lim_{x\to+\infty}\left(\sup_{[x,x+1]}\left|f^{(2)}\right|\right) = 0}$.

Écrivons maintenant l'inégalité de Taylor-Lagrange à l'ordre 1 entre x et $x+1$: $\left|f(x+1) - f(x) - f'(x)\right| \leq \frac{1}{2}\sup_{[x,x+1]}\left|f^{(2)}\right|$. Par conséquence de l'inégalité triangulaire, il vient : $\left|f'(x)\right| - \left|f(x+1) - f(x)\right| \leq \frac{1}{2}\sup_{[x,x+1]}\left|f^{(2)}\right|$,

soit $\left|f'(x)\right| \leq \frac{1}{2}\sup_{[x,x+1]}\left|f^{(2)}\right| + \left|f(x+1) - f(x)\right|$.

Remarquons enfin que $\lim_{x\to+\infty}\left|f(x+1) - f(x)\right| = \left|\ell_0 - \ell_0\right| = 0$. On peut alors conclure, par théorème d'encadrement, que : $\boxed{\lim_{x\to+\infty}\left|f'(x)\right| = 0}$.

3 ■ Savoir obtenir un développement limité.

3.1 À partir des développements usuels.

a) Obtenir le DL 4 en 0 des fonctions $f : x \mapsto \ln(2+x)$, $g : x \mapsto \sqrt{1+x^2\sin(x)}$ et $h : x \mapsto \left(1+\sqrt{1+x^2}\right)^{\frac{1}{2}}$.

b) Obtenir le DL 20 en 0 de la fonction $x \mapsto \sin^{18}(x)$.

3.2 Par intégration.

Obtenir le DL 4 en 0 de la fonction $f : x \mapsto \mathrm{Arctan}(e^x)$.

3.3 À partir d'une équation différentielle.

Montrer que $f : x \mapsto e^{\mathrm{Arctan}\, x}$ est solution d'une équation différentielle très simple et en déduire son DL 6 en 0.

3.4 Développement limité d'une fonction réciproque.

a) Grâce à la fonction Arctan, donner le DL 5 en 0 de la fonction tan.

b) Montrer que l'application $f : x \mapsto \mathrm{Arctan}(x) + e^x - 1$ réalise une bijection de $\mathbb{R}$ dans $\left]-\frac{\pi}{2}-1, +\infty\right[$. Montrer que f^{-1} admet un développement limité à tout ordre en 0 et calculer celui à l'ordre 3.

3.5 Développement limité ailleurs qu'en 0.

a) Obtenir le DL 3 en $\frac{\pi}{3}$ de la fonction $f : x \mapsto \sin^2(\frac{x}{2})$.

b) Obtenir le DL 3 en 1 de la fonction $g : x \mapsto \mathrm{Arctan}(x)$.

Conseils méthodologiques

3.1 a) Pour f, en factorisant, se ramener à $\ln(1+u)$ avec $u \underset{x\to 0}{\to} 0$. Pour g, développer d'abord $\sin x$, puis $\sqrt{1+u}$ avec $u \underset{x\to 0}{\to} 0$.

3.1 b) Développer d'abord $\sin x$, puis factoriser x.

3.2) Chercher d'abord le développement limité approprié de la dérivée.

3.3) Justifier l'existence du développement de f et de celui de sa dérivée, déterminer un problème différentiel dont f est l'unique solution.

3.4 a) Écrire : $\tan(\mathrm{Arctan}\, x) = x$.

3.4 b) Montrer alors que l'on peut écrire $f^{-1}(y) \underset{0}{=} a_1 y + a_2 y^2 + a_3 y^3 + o(y^3)$, utiliser $f^{-1} \circ f(x) = x$ et un DL en 0 de f.

3.5 a) Linéariser $\sin^2$, puis poser $x = \frac{\pi}{3} + h$.

3.5 b) Dériver et poser ensuite $x = 1 + h$.

3.6.a) • La fonction f est définie sur $]-2, +\infty[$.

$$\ln(2+x) = \ln 2 + \ln\left(1+\frac{x}{2}\right) \underset{0}{=} \ln 2 + \frac{x}{2} - \frac{1}{2}\left(\frac{x}{2}\right)^2 + \frac{1}{3}\left(\frac{x}{2}\right)^3 - \frac{1}{4}\left(\frac{x}{2}\right)^4 + o(x^4)$$

donc $\boxed{\ln(2+x) \underset{0}{=} \ln 2 + \frac{x}{2} - \frac{x^2}{8} + \frac{x^3}{24} - \frac{x^4}{64} + o(x^4)}$.

• La fonction g est définie au moins sur $]-1, 1[$.

$\sin x \underset{0}{=} x + o(x^2)$, d'où : $x^2 \sin x \underset{0}{=} x^3 + o(x^4)$. On pose $u \underset{0}{=} x^3 + o(x^4)$, ainsi $u \underset{0}{\sim} x^3$ et donc $O(u^2) \underset{0}{=} o(x^4)$.

On a : $\sqrt{1+u} \underset{0}{=} 1 + \frac{u}{2} + O(u^2)$. Par conséquent :

$\boxed{\sqrt{1+x^2\sin(x)} \underset{0}{=} 1 + \frac{x^3}{2} + o(x^4)}$.

• La fonction h est définie sur $\mathbb{R}$.

$O(u^2) \underset{0}{=} o(x^4)$. En effet, $v \underset{0}{=} O(u^2)$ signifie que le quotient $\frac{v}{u^2}$ est borné dans un voisinage de 0, d'où $\lim_{x\to 0} \frac{v}{x^4} = \lim_{x\to 0} \frac{v}{u^2}\frac{u^2}{x^4} = 0$.

Toujours développer de « l'intérieur vers l'extérieur ».

$\frac{v}{2} \underset{0}{=} \frac{1}{2}\left(\frac{x^2}{4} - \frac{x^4}{16}\right) + o(x^4)$

$\underset{0}{=} \frac{x^2}{8} - \frac{x^4}{32} + o(x^4)$

et $v^2 = \left(\frac{x^2}{4} - \frac{x^4}{16} + o(x^4)\right)^2$,

$\underset{0}{=} \frac{x^4}{16} + o(x^4)$

donc $\frac{v^2}{8} = \frac{x^4}{128} + o(x^4)$.

Il s'agit simplement de calculer un développement limité en 0 à l'ordre 2 de $\left(1 - \frac{x^2}{6} + o(x^2)\right)^{18}$.

Erreur à éviter :

Attention à la constante d'intégration !

En effet, $\frac{O(x^4)}{x^4}$ est borné dans un voisinage de 0, donc $\lim\limits_{x\to 0} \frac{O(x^4)}{x^3} = 0$.

On pose $u = x^2$, ainsi : $o(u^2) \underset{0}{=} o(x^4)$. Comme $\sqrt{1+u} \underset{0}{=} 1 + \frac{u}{2} - \frac{u^2}{8} + o(u^2)$, il vient : $\sqrt{1+x^2} \underset{0}{=} 1 + \frac{x^2}{2} - \frac{x^4}{8} + o(x^4)$. D'où :

$$\left(1+\sqrt{1+x^2}\right)^{\frac{1}{2}} \underset{0}{=} \left(1+1+\frac{x^2}{2} - \frac{x^4}{8} + o(x^4)\right)^{\frac{1}{2}} \underset{0}{=} \left(2 + \frac{x^2}{2} - \frac{x^4}{8} + o(x^4)\right)^{\frac{1}{2}}$$

$$\underset{0}{=} \sqrt{2}\left(1 + \frac{x^2}{4} - \frac{x^4}{16} + o(x^4)\right)^{\frac{1}{2}}.$$

On pose cette fois $v \underset{0}{=} \frac{x^2}{4} - \frac{x^4}{16} + o(x^4)$, on a : $v \underset{0}{\sim} \frac{x^2}{4}$, ainsi $o(v^2) \underset{0}{=} o(x^4)$

et on peut écrire : $\left(1+\sqrt{1+x^2}\right)^{\frac{1}{2}} \underset{0}{=} \sqrt{2}(1+v)^{\frac{1}{2}} \underset{0}{=} \sqrt{2}\left(1 + \frac{v}{2} - \frac{v^2}{8} + o(v^2)\right)$

$$\underset{0}{=} \sqrt{2}\left(1 + \frac{x^2}{8} - \frac{x^4}{32} - \frac{x^4}{128} + o(x^4)\right)$$

c'est-à-dire : $\boxed{\left(1+\sqrt{1+x^2}\right)^{\frac{1}{2}} \underset{0}{=} \sqrt{2}\left(1 + \frac{x^2}{8} - \frac{5x^4}{128}\right) + o(x^4)}$.

b) $\sin x \underset{0}{=} x - \frac{x^3}{6} + o(x^3) \underset{0}{=} x\left(1 - \frac{x^2}{6} + o(x^2)\right)$.

D'où : $\sin^{18} x \underset{0}{=} x^{18}\left(1 - \frac{x^2}{6} + o(x^2)\right)^{18}$.

Or : $(1+u)^{18} \underset{u\to 0}{=} 1 + 18u + o(u)$. On pose $u \underset{0}{=} -\frac{x^2}{6} + o(x^2)$, ainsi : $o(u) \underset{0}{=} o(x^2)$.

Et tout simplement : $\left(1 - \frac{x^2}{6} + o(x^2)\right)^{18} \underset{0}{=} 1 - 18\frac{x^2}{6} + o(x^2) \underset{0}{=} 1 - 3x^2 + o(x^2)$.

Soit : $\boxed{\sin^{18} x \underset{0}{=} x^{18} - 3x^{20} + o(x^{20})}$.

3.2 La fonction $f : x \mapsto \mathrm{Arctan}(e^x)$ est de classe C^∞ sur $\mathbb{R}$, donc f et sa dérivée admettent des développements limités en 0 à tout ordre.
En particulier, la partie régulière du DL 4 en 0 de f s'obtient en primitivant la partie régulière du DL 3 en 0 de f' et en y ajoutant $f(0) = \mathrm{Arctan}\,1 = \frac{\pi}{4}$.

Pour tout réel x, $f'(x) = \frac{e^x}{1+e^{2x}} = \frac{1}{2\operatorname{ch} x}$. Donc : $f'(x) \underset{0}{=} \frac{1}{2}\left(1 + \frac{x^2}{2} + o(x^3)\right)^{-1}$.

On utilise $\frac{1}{1+u} \underset{0}{=} 1 - u + O(u^2)$ avec $u \underset{0}{=} \frac{x^2}{2} + o(x^3)$. Ainsi : $O(u^2) \underset{0}{=} O(x^4)$ qui est aussi $o(x^3)$.

On obtient donc : $f'(x) \underset{0}{=} \frac{1}{2}\left(1 - \frac{x^2}{2} + o(x^3)\right) \underset{0}{=} \frac{1}{2} - \frac{x^2}{4} + o(x^3)$.

Et, par conséquent : $\boxed{f(x) \underset{0}{=} \frac{\pi}{4} + \frac{x}{2} - \frac{x^3}{12} + o(x^4)}$.

3.3 La fonction $f : x \mapsto e^{\mathrm{Arctan}\, x}$ est de classe C^∞ sur $\mathbb{R}$ et admet donc un développement limité en 0 à tout ordre (théorème de Taylor-Young). Il en va de même de sa dérivée. On peut donc écrire : $\exists!(a_0, \ldots, a_6) \in \mathbb{R}^7$,
$f(x) \underset{0}{=} a_0 + a_1 x + a_2 x^2 + a_3 x^3 + a_4 x^4 + a_5 x^5 + a_6 x^6 + o(x^6)$
et $f'(x) \underset{0}{=} a_1 + 2a_2 x + 3a_3 x^2 + 4a_4 x^3 + 5a_5 x^4 + 6a_6 x^5 + o(x^5)$.

On a : $\forall x \in \mathbb{R},\ f'(x) = \dfrac{1}{1+x^2} f(x)$ et $f(0)=1$, donc $a_0 = 1$. f est bien l'unique solution sur $\mathbb{R}$ de l'équation différentielle $(1+x^2)y' = y$ vérifiant $y(0)=1$. Les deux membres de cette équation admettent donc chacun un développement limité en 0 à l'ordre 5, que l'on peut identifier.

$$(1+x^2)f'(x) = (1+x^2)\left[a_1 + 2a_2x + 3a_3x^2 + 4a_4x^3 + 5a_5x^4 + 6a_6x^5 + o(x^5)\right]$$
$$\underset{0}{=} a_0 + a_1x + a_2x^2 + a_3x^3 + a_4x^4 + a_5x^5 + o(x^5).$$

Cela conduit après développement à :

$$\boxed{a_1 = a_0 = 1,\ a_2 = \frac{1}{2},\ a_3 = \frac{-1}{6},\ a_4 = \frac{-7}{24},\ a_5 = \frac{1}{24},\ a_6 = \frac{29}{144}}.$$

3.4.a) La fonction tan est de classe C^5 sur $\left]\dfrac{-\pi}{2}, \dfrac{\pi}{2}\right[$ et impaire, elle admet un développement limité l'ordre 5 en 0 de la forme :

$\tan y \underset{0}{=} a_1y + a_3y^3 + a_5y^5 + o(y^5)$. On peut même ajouter : $a_1 = 1$, sachant que : $\tan'(0) = 1 + \tan^2(0) = 1$. On sait que :

$$\operatorname{Arctan}(x) \underset{0}{=} x - \frac{x^3}{3} + \frac{x^5}{5} + o(x^5).$$

On écrit :

$$x = \tan(\operatorname{Arctan} x) \underset{0}{=} (\operatorname{Arctan} x) + a_3(\operatorname{Arctan} x)^3 + a_5(\operatorname{Arctan} x)^5 + o(x^5)$$

Donc : $x \underset{0}{=} x - \dfrac{x^3}{3} + \dfrac{x^5}{5} + a_3(x^3 - x^5) + a_5x^5 + o(x^5)$. On développe et on utilise l'unicité des coefficients du développement limité :

$0 \underset{0}{=} \left(-\dfrac{1}{3} + a_3\right)x^3 + \left(\dfrac{1}{5} - a_3 + a_5\right)x^5 + o(x^5)$ donne : $a_3 = \dfrac{1}{3}$, $a_5 = \dfrac{2}{15}$. Et on obtient : $\boxed{\tan y \underset{0}{=} y + \dfrac{y^3}{3} + \dfrac{2}{15}y^5 + o(y^5)}$.

b) La fonction $f : x \mapsto \operatorname{Arctan}(x) + e^x - 1$ est de classe C^∞ sur $\mathbb{R}$ et on a : $\forall x \in \mathbb{R},\ f'(x) = \dfrac{1}{1+x^2} + e^x > 0$. Ainsi, f, de classe C^∞, est strictement croissante sur $\mathbb{R}$, donc réalise une bijection de $\mathbb{R}$ sur $\left]\lim\limits_{-\infty} f, \lim\limits_{+\infty} f\right[= \left]\dfrac{-\pi}{2} - 1, +\infty\right[$.

De plus, f' ne s'annulant pas, la fonction f^{-1} est de classe C^∞ sur $\left]\lim\limits_{-\infty} f, \lim\limits_{+\infty} f\right[= \left]\dfrac{-\pi}{2} - 1, +\infty\right[$, donc possède un développement limité à tout ordre en 0 (théorème de Taylor-Young). Remarquant en outre que : $f(0) = 0$, donc $f^{-1}(0) = 0$, on peut écrire :

$$f^{-1}(y) \underset{0}{=} a_1y + a_2y^2 + \ldots + a_ny^n + o(y^n).$$

Cherchons le développement limité en 0 à l'ordre 3 de f : on a vu dans l'exercice précédent que : $\operatorname{Arctan} x \underset{0}{=} x - \dfrac{x^3}{3} + o(x^3)$. D'où :

$f(x) \underset{0}{=} \left(x - \dfrac{x^3}{3}\right) + \left(x + \dfrac{x^2}{2!} + \dfrac{x^3}{3!}\right) + o(x^3)$, soit : $f(x) \underset{0}{=} 2x + \dfrac{x^2}{2} - \dfrac{x^3}{6} + o(x^3)$.

Écrivons alors : $x = f^{-1}(f(x)) \underset{0}{=} a_1f(x) + a_2(f(x))^2 + a_3(f(x))^3 + o(x^3)$.

On vérifie avec *Maple* :

```
> taylor(exp(arctan(x)),x=0,7);
```

$1 + x + \dfrac{1}{2}x^2 - \dfrac{1}{6}x^3 - \dfrac{7}{24}x^4 + \dfrac{1}{24}x^5 + \dfrac{29}{144}x^6 + O(x^7).$

On peut retrouver le développement limité de Arctan :

$\dfrac{1}{1+x^2} \underset{0}{=} 1 - x^2 + x^4 + o(x^4)$ donne par intégration (avec $\operatorname{Arctan}(0) = 0$) :

$\operatorname{Arctan}(x) \underset{0}{=} x - \dfrac{x^3}{3} + \dfrac{x^5}{5} + o(x^5).$

On remarque que : $\operatorname{Arctan}(x) \underset{0}{\sim} x$; ainsi une expression négligeable en 0 devant $\left[\operatorname{Arctan}(x)\right]^5$ le sera aussi devant x^5 ; autrement dit :

$o\left(\left[\operatorname{Arctan}(x)\right]^5\right) \underset{0}{=} o(x^5)$. De plus :

$\left[\operatorname{Arctan}(x)\right]^3 \underset{0}{=} x^3 - x^5 + o(x^5)$.

$\left[\operatorname{Arctan}(x)\right]^5 \underset{0}{=} x^5 + o(x^5)$.

Remarquons que :

$f(x) \underset{0}{\sim} 2x$, ainsi une expression négligeable en 0 devant $\left[f(x)\right]^3$ le sera aussi devant x^3 ; autrement dit :

$o\left(\left[f(x)\right]^3\right) \underset{0}{=} o(x^3)$.

D'autre part :

$\left[f(x)\right]^2 \underset{0}{=} 4x^2 + 2x^3 + o(x^3)$.

$\left[f(x)\right]^3 \underset{0}{=} 8x^3 + o(x^3)$.

On obtient alors l'égalité :

$x \underset{0}{=} a_1\left(2x+\frac{x^2}{2}-\frac{x^3}{6}\right)+a_2\left(4x^2+2x^3\right)+a_3\left(8x^3\right)+o\left(x^3\right)$. On développe :

$x \underset{0}{=} 2a_1x+\left(\frac{a_1}{2}+4a_2\right)x^2+\left(-\frac{a_1}{6}+2a_2+8a_3\right)x^3+o\left(x^3\right)$. On utilise l'unicité du développement limité et on obtient :

$$2a_1=1,\ \frac{a_1}{2}+4a_2=0 \text{ et } -\frac{a_1}{6}+2a_2+8a_3=0.$$

La résolution se fait de proche en proche : $a_1=\frac{1}{2}$, $a_2=\frac{-1}{16}$, $a_3=\frac{5}{192}$, et finalement : $\boxed{f^{-1}(y) \underset{0}{=} \frac{1}{2}y+\frac{-1}{16}y^2+\frac{5}{192}y^3+o\left(y^3\right)}$.

3.5.a) La fonction f est définie sur $\mathbb{R}$ et $f(x)=\sin^2\left(\frac{x}{2}\right)=\frac{1-\cos x}{2}$. On pose : $x=\frac{\pi}{3}+h$. D'où $\frac{1-\cos x}{2}=\frac{1}{2}\left[1-\cos\left(\frac{\pi}{3}+h\right)\right]=\frac{1}{2}\left[1-\frac{1}{2}\cos h+\frac{\sqrt{3}}{2}\sin h\right]$

et $f(x)=\frac{1}{2}-\frac{1}{4}\cos h+\frac{\sqrt{3}}{4}\sin h \underset{0}{=} \frac{1}{2}-\frac{1}{4}\left(1-\frac{h^2}{2}+o\left(h^3\right)\right)+\frac{\sqrt{3}}{4}\left(h-\frac{h^3}{6}+o\left(h^3\right)\right)$

$$\underset{0}{=} \frac{1}{4}+\frac{\sqrt{3}}{4}h+\frac{h^2}{8}-\frac{\sqrt{3}h^3}{24}+o\left(h^3\right).$$

Finalement :

$$\boxed{f(x) \underset{\frac{\pi}{3}}{=} \frac{1}{4}+\frac{\sqrt{3}}{4}\left(x-\frac{\pi}{3}\right)+\frac{1}{8}\left(x-\frac{\pi}{3}\right)^2-\frac{\sqrt{3}}{24}\left(x-\frac{\pi}{3}\right)^3+o\left(\left(x-\frac{\pi}{3}\right)^3\right)}.$$

b) La fonction Arctan est de classe C^∞ sur $\mathbb{R}$. On pose $x=1+h$ et $\varphi(h)=\text{Arctan}(1+h)$. Pour tout h réel :

$$\varphi'(h)=\frac{1}{1+(1+h)^2}=\frac{1}{2+2h+h^2}=\frac{1}{2}\left(1+h+\frac{h^2}{2}\right)^{-1}.$$

En utilisant $\frac{1}{1+u} \underset{0}{=} 1-u+u^2+o\left(u^2\right)$ avec $u=h+\frac{h^2}{2}$, on obtient :

$$\varphi'(h) \underset{0}{=} \frac{1}{2}\left(1-\left(h+\frac{h^2}{2}\right)+\left(h+\frac{h^2}{2}\right)^2+o\left(h^2\right)\right)$$

$$\underset{0}{=} \frac{1}{2}\left(1-h+\frac{h^2}{2}+o\left(h^2\right)\right).$$

On peut primitiver en n'oubliant pas la constante $\text{Arctan}\,1=\frac{\pi}{4}$. Il vient :

$\varphi(h) \underset{0}{=} \frac{\pi}{4}+\frac{1}{2}\left(h-\frac{h^2}{2}+\frac{h^3}{6}+o\left(h^3\right)\right)$, ou encore :

$$\boxed{\text{Arctan}\,x \underset{1}{=} \frac{\pi}{4}+\frac{(x-1)}{2}-\frac{(x-1)^2}{4}+\frac{(x-1)^3}{12}+o\left((x-1)^3\right)}.$$

Une autre méthode consiste à calculer les dérivées successives de la fonction, puis de les évaluer en 1 afin d'écrire directement la formule de Taylor-Young.
Pour tout x réel, on obtient :

$\text{Arctan}'x=\frac{1}{1+x^2}$,

$\text{Arctan}^{(2)}x=\frac{-2x}{\left(1+x^2\right)^2}$ et enfin

$\text{Arctan}^{(3)}x=\frac{-2}{\left(1+x^2\right)^2}+\frac{8x^2}{\left(1+x^2\right)^3}$.

Ensuite, on réalise les évaluations :

$\text{Arctan}\,1=\frac{\pi}{4}$, $\text{Arctan}'1=\frac{1}{2}$,

$\text{Arctan}^{(2)}1=\frac{-1}{2}$ et $\text{Arctan}^{(3)}1=\frac{1}{2}$.

On retrouve bien alors :

$$\text{Arctan}\,x \underset{1}{=} \frac{\pi}{4}+\frac{(x-1)}{2}-\frac{(x-1)^2}{4}+\frac{(x-1)^3}{12}+o\left((x-1)^3\right).$$

4 ■ Savoir trouver une limite, un équivalent.

4.1 Déterminer les limites suivantes :

a) $\lim\limits_{x\to 0} \dfrac{\sin(x-\sin x)}{\sqrt{x^3+1}-1}$ **b)** $\lim\limits_{x\to 0} (\cos x)^{1/x}$ et $\lim\limits_{x\to 0} (1+x)^{1/x}$.

4.2 Déterminer un équivalent simple au point indiqué pour les fonctions suivantes :

$f : x \mapsto (1+x)^{\frac{1}{x}} - \mathrm{e}$ en 0,

$g : x \mapsto (\mathrm{e}+x)^{\mathrm{e}} - \mathrm{e}^{\mathrm{e}+x}$ en 0,

$h : x \mapsto 2(1-\cos x)\sin x - x^3(1-x^2)^{\frac{1}{4}}$ en 0,

$i : x \mapsto x\left(\dfrac{\pi}{2} - \operatorname{Arctan} x\right) - \dfrac{3x^2}{1+3x^2}$ en $+\infty$.

4.3 Trouver a, b, c réels tels que $\dfrac{ax+bx^3}{1+cx^2} - \operatorname{Arcsin} x$ soit, au voisinage de 0, équivalent à λx^p où λ est un réel et p un entier le plus grand possible.

Conseils méthodologiques

4.1 a) On obtient facilement un équivalent du dénominateur. On prendra l'ordre de cet équivalent pour fixer l'ordre du développement limité du numérateur.

4.1 b) Écrire $\mathrm{e}^{\frac{1}{x}\ln(\cos x)}$ et $\mathrm{e}^{\frac{1}{x}\ln(1+x)}$.

4.2) Pour i, penser à la formule liant $\operatorname{Arctan} x$ et $\operatorname{Arctan}\dfrac{1}{x}$. Si on ne la connaît pas, on dérivera la somme $\operatorname{Arctan} x + \operatorname{Arctan}\dfrac{1}{x}$.

4.3) On a trois paramètres qui, bien choisis, permettront d'annuler les premiers coefficients rencontrés. L'expression est impaire. Envisager l'ordre 7 est un minimum.

4.1.a) L'expression considérée est définie sur $]-1, +\infty[\setminus\{0\}$ et $\sqrt{x^3+1}-1 \underset{0}{\sim} \dfrac{x^3}{2}$. On va donc chercher un développement limité en 0 du numérateur à l'ordre 3 : $\sin(x-\sin x) \underset{0}{=} \sin\left(\dfrac{x^3}{6}+o(x^3)\right) \underset{0}{=} \dfrac{x^3}{6}+o(x^3) \underset{0}{\sim} \dfrac{x^3}{6}$.

On peut faire le quotient des équivalents et donc : $\boxed{\lim\limits_{x\to 0} \dfrac{\sin(x-\sin x)}{\sqrt{x^3+1}-1} = \dfrac{1}{3}}$.

b) Les fonctions cosinus et $x \mapsto 1+x$ sont strictement positives dans un voisinage V de 0 ; donc, pour x non nul dans V, $(\cos x)^{1/x}$ et $(1+x)^{1/x}$ sont bien définies et on peut écrire :

$$(\cos x)^{1/x} = \mathrm{e}^{\frac{1}{x}\ln(\cos x)} \underset{0}{=} \mathrm{e}^{\frac{1}{x}\ln(1+o(x))} \underset{0}{=} \mathrm{e}^{\frac{1}{x}o(x)} \underset{0}{=} \mathrm{e}^{o(1)} \underset{0}{=} 1+o(1).$$

Donc : $\boxed{\lim\limits_{x\to 0} (\cos x)^{1/x} = 1}$.

$(1+x)^{1/x} = \mathrm{e}^{\frac{1}{x}\ln(1+x)} \underset{0}{=} \mathrm{e}^{\frac{1}{x}[x+o(x)]} \underset{0}{=} \mathrm{e}^{1+o(1)} \underset{0}{=} \mathrm{e}^1\mathrm{e}^{o(1)}$. Donc : $\boxed{\lim\limits_{x\to 0} (1+x)^{1/x} = \mathrm{e}}$.

La difficulté est ici d'estimer l'ordre auquel il va falloir écrire les développements.

4.2

• La fonction $f : x \mapsto (1+x)^{\frac{1}{x}} - \mathrm{e} = \mathrm{e}^{\frac{1}{x}\ln(1+x)} - \mathrm{e}$ est de classe C^∞ sur $]-1, +\infty[\setminus\{0\}$, donc est bien définie dans un voisinage de 0, privé de 0 et on a : $\dfrac{1}{x}\ln(1+x) \underset{0}{=} \dfrac{1}{x}\left(x - \dfrac{x^2}{2} + o(x^2)\right) \underset{0}{=} 1 - \dfrac{x}{2} + o(x)$, d'où :

$\mathrm{e}^{\frac{1}{x}\ln(1+x)} - \mathrm{e} \underset{0}{=} \mathrm{e}^{1-\frac{x}{2}+o(x)} - \mathrm{e} \underset{0}{=} \mathrm{e}\left(\mathrm{e}^{-\frac{x}{2}+o(x)} - 1\right) \underset{0}{=} \mathrm{e}\left(-\dfrac{x}{2}+o(x)\right)$. Par suite $\boxed{f(x) \underset{0}{\sim} \dfrac{-\mathrm{e}\,x}{2}}$.

On voit que les termes du premier ordre vont se télescoper et on va donc écrire les développements initiaux au second ordre.

Grâce aux équivalents, on voit que la différence va faire disparaître les termes principaux qui sont en x^3. En effet : $2(1-\cos x)\sin x \underset{0}{\sim} 2\frac{x^2}{2}x = x^3$ et $x^3(1-x^2)^{\frac{1}{4}} \underset{0}{\sim} x^3$. La fonction h est impaire, il n'y aura pas de terme en x^4. On peut craindre que l'exposant $\frac{1}{4}$ ait été choisi pour annuler les termes en x^5 ; on utilisera des développements à l'ordre 7.

En effet la fonction $j : x \mapsto \operatorname{Arctan} x + \operatorname{Arctan}\frac{1}{x}$ est de classe C^1 sur les intervalles $]-\infty, 0[$ et $]0, +\infty[$. On a : $\forall x \in \mathbb{R}^*$,

$$\frac{d}{dx}\left[\operatorname{Arctan} x + \operatorname{Arctan}\frac{1}{x}\right] = \frac{1}{1+x^2} + \left(\frac{-1}{x^2}\right)\frac{1}{1+\left(\frac{1}{x}\right)^2} = 0.$$

Donc, la fonction j est constante sur chacun des intervalles $]-\infty, 0[$ et $]0, +\infty[$. En prenant au choix, la valeur en 1, la limite en 0^+ ou en $+\infty$, on obtient : $\forall x > 0$, $\operatorname{Arctan} x + \operatorname{Arctan}\frac{1}{x} = \frac{\pi}{2}$.

La différence semble être faite pour éliminer, outre les constantes, le terme en x^2 ; la fonction i étant paire, on ira chercher un développement à l'ordre 4.

- La fonction $g : x \mapsto (e+x)^e - e^{e+x}$ est de classe C^∞ sur $]-e, +\infty[\setminus \{0\}$, donc est bien définie dans un voisinage de 0, privé de 0 et on a :

$$(e+x)^e - e^{e+x} = e^e\left[\left(1+\frac{x}{e}\right)^e - e^x\right].$$

$$\left(1+\frac{x}{e}\right)^e - e^x \underset{0}{=} 1 + e\frac{x}{e} + \frac{e(e-1)}{2}\left(\frac{x}{e}\right)^2 + o(x^2) - \left(1 + x + \frac{x^2}{2}\right)$$

$$\underset{0}{=} \left(\frac{(e-1)}{2e} - \frac{1}{2}\right)x^2 + o(x^2) \underset{0}{\sim} \frac{-1}{2e}x^2, \text{ d'où : } \boxed{g(x) \underset{0}{\sim} \frac{-e^{e-1}}{2}x^2}.$$

- La fonction $h : x \mapsto 2(1-\cos x)\sin x - x^3(1-x^2)^{\frac{1}{4}}$ est de classe C^∞ sur $]-1, 1[$.

On choisit de faire apparaître une précision en $o(x^7)$:

$$2(1-\cos(x))\sin(x) \underset{0}{=} 2\left(\frac{x^2}{2} - \frac{x^4}{24} + \frac{x^6}{720} + o(x^6)\right)\left(x - \frac{x^3}{6} + \frac{x^5}{120} + o(x^5)\right).$$

On développe :

$$2(1-\cos x)\sin x \underset{0}{=} \left(x^3 - \frac{x^5}{6} + \frac{x^7}{120}\right) + \left(-\frac{x^5}{12} + \frac{x^7}{72}\right) + \frac{x^7}{360} + o(x^7)$$

$$\underset{0}{=} x^3 - \frac{x^5}{4} + \frac{x^7}{40} + o(x^7).$$

Et :

$$x^3(1-x^2)^{\frac{1}{4}} \underset{0}{=} x^3\left(1 - \frac{1}{4}x^2 + \frac{1}{4}\left(\frac{1}{4}-1\right)\frac{x^4}{2} + o(x^4)\right) \underset{0}{=} x^3 - \frac{x^5}{4} - \frac{3x^7}{32} + o(x^7).$$

D'où $\boxed{h(x) \underset{0}{=} \left(\frac{1}{40} + \frac{3}{32}\right)x^7 + o(x^7) \underset{0}{\sim} \frac{19}{160}x^7}$.

- On a : $\forall x > 0$, $\operatorname{Arctan} x + \operatorname{Arctan}\frac{1}{x} = \frac{\pi}{2}$ et par imparité : $\forall x < 0$, $\operatorname{Arctan} x + \operatorname{Arctan}\frac{1}{x} = \frac{-\pi}{2}$.

La fonction $i : x \mapsto x\left(\frac{\pi}{2} - \operatorname{Arctan} x\right) - \frac{3x^2}{1+3x^2}$ est de classe C^∞ sur $\mathbb{R}$ et on écrira plutôt pour x strictement positif :

$i(x) = x\left(\operatorname{Arctan}\frac{1}{x}\right) - \frac{3x^2}{1+3x^2} = x\left(\operatorname{Arctan}\frac{1}{x}\right) - \left(1+\frac{1}{3x^2}\right)^{-1}$. On se souvient que $\operatorname{Arctan}(u) \underset{0}{=} u - \frac{u^3}{3} + \frac{u^5}{5} + o(u^5)$.

Notons encore que : $\frac{1}{1+v} \underset{0}{=} 1 - v + v^2 + o(v^2)$.

On posera : $v = \frac{1}{3x^2}$ et $u = \frac{1}{x}$. Ainsi : $i(x) = x\left(\operatorname{Arctan}\frac{1}{x}\right) - \frac{1}{1+\frac{1}{3x^2}}$.

$$\text{D'où } i(x) \underset{0}{=} x\left(\frac{1}{x} - \frac{1}{3x^3} + \frac{1}{5x^5} + o\left(\frac{1}{x^5}\right)\right) - \left(1 - \frac{1}{3x^2} + \frac{1}{9x^4} + o\left(\frac{1}{x^4}\right)\right)$$

$$\underset{0}{=} \left(1 - \frac{1}{3x^2} + \frac{1}{5x^4} + o\left(\frac{1}{x^4}\right)\right) - \left(1 - \frac{1}{3x^2} + \frac{1}{9x^4} + o\left(\frac{1}{x^4}\right)\right)$$

$$\underset{0}{=} \frac{4}{45x^4} + o\left(\frac{1}{x^4}\right) \underset{0}{\sim} \frac{4}{45x^4}.$$

4.3 On retrouve le développement de Arcsin par intégration :

$\forall x \in]-1, 1[$, $\text{Arcsin}'(x) = \dfrac{1}{\sqrt{1-x^2}}$. On utilise le développement de $(1+u)^\alpha$ avec $u = -x^2$ et $\alpha = \dfrac{-1}{2}$: $\dfrac{1}{\sqrt{1-x^2}} \underset{0}{=} 1 + \dfrac{1}{2}x^2 + \dfrac{3}{8}x^4 + \dfrac{5}{16}x^6 + o(x^6)$.

D'où : $\text{Arcsin}(x) \underset{0}{=} x + \dfrac{1}{6}x^3 + \dfrac{3}{40}x^5 + \dfrac{5}{112}x^7 + o(x^7)$.

D'autre part :

$$\frac{ax+bx^3}{1+cx^2} \underset{0}{=} (ax+bx^3)\left(1 - cx^2 + c^2x^4 - c^3x^6 + o(x^6)\right)$$
$$\underset{0}{=} ax + (b-ca)x^3 + (c^2a - bc)x^5 + (bc^2 - ac^3)x^7 + o(x^7).$$

On identifie les termes en x, x^3, x^5, puisque l'on cherche à avoir l'entier p le plus grand possible c'est-à-dire :

$a = 1$, $b - ca = \dfrac{1}{6}$, et $c^2a - bc = -(b-ca)c = \dfrac{3}{40}$

ce qui équivaut à : $a = 1$, $b = \dfrac{-17}{60}$ et $c = \dfrac{-9}{20}$

On a donc, avec ce choix de a, b, c : $\boxed{\dfrac{ax+bx^3}{1+cx^2} - \text{Arcsin}\, x \underset{0}{\sim} \dfrac{-61}{5600}x^7}$.

$$\begin{cases} a = 1 \\ -\dfrac{1}{6}c = \dfrac{3}{40} \\ b - ca = \dfrac{1}{6} \end{cases} \Leftrightarrow \begin{cases} a = 1 \\ c = \dfrac{-9}{20} \\ b = \dfrac{1}{6} + ca = \dfrac{1}{6} + \dfrac{-9}{20} = \dfrac{-17}{60}. \end{cases}$$

Et ces valeurs n'annulent pas le terme en x^7 :

$(bc^2 - ac^3) = c^2(b - ac) = \left(\dfrac{-9}{20}\right)^2 \dfrac{1}{6}$ et $\left(\dfrac{-9}{20}\right)^2 \dfrac{1}{6} - \dfrac{5}{112} = \dfrac{-61}{5600}$.

Pour maîtriser les bases

1. Une inégalité classique — D'après Centrale

Soit f une application de classe C^2 de $I = [0, +\infty[$ à valeurs dans $\mathbb{R}$ telle que f et f'' soient bornées sur I. On pose : $M_0 = \sup_I |f|$ et $M_2 = \sup_I |f''|$. On suppose en outre que f n'est pas une fonction affine, ce qui assure que $M_2 \neq 0$.

a) Montrer à l'aide d'une inégalité de Taylor sur l'intervalle $[x, x+h]$ que :
$\forall x \in I, \forall h \in \mathbb{R}_+^*, \ |f'(x)| \leq \dfrac{2M_0}{h} + \dfrac{hM_2}{2}.$

b) En considérant l'application $\varphi : h \mapsto \dfrac{2}{h}M_0 + \dfrac{h}{2}M_2$, vérifier que : $\forall x \in I, \ |f'(x)| \leq 2\sqrt{M_0M_2}$.
En déduire que f' est bornée sur I et que : $M_1 = \sup_I |f'| \leq 2\sqrt{M_0M_2}$.

On considère maintenant, pour $a > 2$, la fonction f_a, définie sur I par :
$f_a(x) = (1-x)^a - \dfrac{1}{2}$ si $x \in [0, 1]$ et $f_a(x) = -\dfrac{1}{2}$ si $x > 1$

c) Prouver que f_a est de classe C^2 sur I, puis que f_a, f_a' et f_a'' sont bornées sur I.

d) Calculer alors pour f_a le quotient $\dfrac{(M_1)^2}{M_0M_2}$. Conclure alors que le coefficient 2 de l'inégalité du b) ne peut être amélioré, autrement dit : il n'existe pas de coefficient positif k strictement inférieur à 2 tel que, pour toute fonction vérifiant les hypothèses du problème : $M_1 \leq k\sqrt{M_0M_2}$.

Conseils méthodologiques : a) Penser à $|B| - |A| \leq |A - B|$. **b)** D'après **a)**, $\forall h \in \mathbb{R}_+^*$, $|f'(x)| \leq \varphi(h)$. Il s'agit de chercher le minimum de $\varphi(h)$. **d)** La rédaction la plus simple est le raisonnement par l'absurde.

a) Par l'inégalité de Taylor-Lagrange : $|f(x+h) - f(x) - hf'(x)| \leq \dfrac{M_2}{2}h^2$. D'où : $|hf'(x)| - |f(x+h) - f(x)| \leq \dfrac{M_2}{2}h^2$, puis : $|hf'(x)| \leq \dfrac{M_2}{2}h^2 + |f(x+h) - f(x)| \leq \dfrac{M_2}{2}h^2 + |f(x+h)| + |f(x)| \leq \dfrac{M_2}{2}h^2 + 2M_0$. Reste simplement à diviser par $h > 0$.

b) φ est de classe C^1 sur $]0, +\infty[$ et : $\forall h > 0$, $\varphi'(h) = \dfrac{-2M_0}{h^2} + \dfrac{M_2}{2}$. Ainsi φ atteint son minimum en $2\sqrt{\dfrac{M_0}{M_2}}$ et ce minimum vaut $2\sqrt{M_0M_2}$. Comme : $\forall h \in \mathbb{R}_+^*$, $|f'(x)| \leq \varphi(h)$, on a en particulier : $\forall x \in I$, $|f'(x)| \leq 2\sqrt{M_0M_2}$. On en déduit : f' est bornée sur I et : $\boxed{M_1 = \sup_I |f'| \leq 2\sqrt{M_0M_2}}$.

c) f_a est évidemment de classe C^2 sur $[0, 1[$ et $]1, +\infty[$. Sur $]1, +\infty[$, f_a' et f_a'' sont nulles et :
$\forall x \in [0, 1[, f_a'(x) = -a(1-x)^{a-1}$ et $f_a''(x) = a(a-1)(1-x)^{a-2}$. On remarque successivement que f_a est continue en 1, que

f_a' admet la limite 0 en 1, le théorème de prolongement C^1 assure alors que f_a est de classe C^1 sur I, enfin que f_a'' admet la limite 0 en 1, le théorème de prolongement C^1 (appliqué à f_a') assure alors que f_a est de classe C^2 sur I.

f_a, f_a' et f_a'' sont clairement bornées sur I, car continues sur le segment $[0, 1]$, puis constantes ensuite.

En dressant rapidement les tableaux de variation des fonctions f_a, f_a' et f_a'', il vient :

$$M_0 = \frac{1}{2},\ M_1 = a, M_2 = a(a-1) \text{ et donc } \frac{(M_1)^2}{M_0 M_2} = \frac{2a}{(a-1)} \underset{a \to 2}{\to} 4.$$

S'il existe une constante $k < 2$ telle que pour toute application f de classe C^2 de $I = [0, +\infty[$ à valeurs dans $\mathbb{R}$ telle que f et f'' soient bornées sur I, on ait : $M_1 \leq k\sqrt{M_0 M_2}$, alors, f_a vérifiant ces hypothèses, on peut écrire : $\frac{2a}{(a-1)} \leq k^2$ pour tout $a > 2$.

En passant à la limite $a \underset{>}{\to} 2$, on obtient la contradiction : $4 \leq k^2$. Ainsi, la constante $k = 2$ de la question b) ne peut être améliorée.

2. Étude de la fonction $g : x \mapsto \dfrac{\sin x}{x(2 - \cos x)}$ — D'après ENSTIM

a) Déterminer le domaine de définition de g.

b) Montrer que g admet une limite finie l en 0.

On prolonge g par continuité en posant : $g(0) = l$.

c) Déterminer le développement limité en 0 d'ordre 3 de la fonction g ainsi prolongée.

d) Montrer que g est dérivable en 0 et déterminer $g'(0)$.

Conseils méthodologiques : a) La question suivante indique qu'il ne faut pas prendre l'initiative de prolonger en 0.

a) Le numérateur de $g(x)$ est défini pour tout x réel, le dénominateur ne s'annule qu'en 0. Donc, la fonction g est définie sur $\mathbb{R}^*$.

b) On a : $\lim_{x \to 0} \frac{\sin x}{x} = 1$ et $\lim_{x \to 0} 2 - \cos x = 1$. D'où, $\boxed{\lim_{x \to 0} g(x) = 1}$.

c) On sait que : $\frac{\sin x}{x} \underset{0}{=} \frac{1}{x}\left[x - \frac{x^3}{6} + o(x^4)\right] \underset{0}{=} 1 - \frac{x^2}{6} + o(x^3)$.

D'autre part : $\frac{1}{2 - \cos x} \underset{0}{=} \left[1 + \frac{x^2}{2} + o(x^3)\right]^{-1}$. On pose : $u \underset{0}{=} \frac{x^2}{2} + o(x^3)$. Alors : $u^2 \underset{0}{=} o(x^3)$, donc :

$\frac{1}{1+u} \underset{0}{=} 1 - u + o(x^3) \underset{0}{=} 1 - \frac{x^2}{2} + o(x^3)$. On finit en faisant le produit :

$$g(x) \underset{0}{=} \left(1 - \frac{x^2}{6} + o(x^3)\right)\left(1 - \frac{x^2}{2} + o(x^3)\right) \underset{0}{=} 1 - \left(\frac{1}{6} + \frac{1}{2}\right)x^2 + o(x^3) \underset{0}{=} \boxed{1 - \frac{2x^2}{3} + o(x^3)}.$$

d) g admet un développement limité à l'ordre 1 au voisinage de 0, donc est dérivable en 0 avec $\boxed{g'(0) = 0}$ (coefficient de x dans le développement).

3. Étude de la fonction $f : t \in \mathbb{R} \mapsto \dfrac{e^t}{1+t^2}$ et de sa primitive — D'après ENSTIM

Il est clair que f est de classe C^∞ sur $\mathbb{R}$. Nous noterons C_f sa courbe représentative.

a) Quelle est la limite de f en $-\infty$? Qu'en déduisez-vous au sujet de C_f ?

b) Quelle est la limite de f en $+\infty$? Et celle de $t \mapsto \dfrac{f(t)}{t}$? Qu'en déduisez-vous au sujet de C_f ?

c) Expliciter $f'(t)$. Préciser les variations de f.

d) Expliciter le développement limité à l'ordre 3 de f au voisinage de 0. Que pouvez-vous en déduire concernant C_f ?

e) Expliciter le développement limité à l'ordre 3 de f au voisinage de 1. Préciser alors les valeurs de $f'(1)$, $f''(1)$, $f'''(1)$. Que pouvez-vous en déduire concernant C_f ?

f) Tracer la courbe représentative de f en faisant bien apparaître les résultats précédents.

g) Soit F la primitive de f qui s'annule en 0. Expliciter le développement limité à l'ordre 4 de F au voisinage de 0.

Conseils méthodologiques : **d)** Exhiber la tangente à C_f en 0 et le placement local de cette tangente par rapport à la courbe. **g)** Intégrer le développement du **d)**.

a) f tend vers 0 en $-\infty$, C_f possède donc une asymptote horizontale d'équation $y = 0$. Comme f est positive, on peut préciser que C_f reste au-dessus de son asymptote.

b) f tend vers l'infini en $+\infty$, par croissance comparée de $t \mapsto e^t$ et $t \mapsto t^2$. De même, $\lim\limits_{t \to +\infty} \dfrac{f(t)}{t} = +\infty$. C_f présente donc une branche parabolique d'axe $0y$ en l'infini.

c) $\forall t \in \mathbb{R}$, $f'(t) = (1-t)^2 (1+t^2)^{-2} e^t$. Ainsi, f est croissante sur $\mathbb{R}$.

d) $\dfrac{e^t}{1+t^2} \underset{0}{=} \left(1 + t + \dfrac{t^2}{2} + \dfrac{t^3}{6} + o(t^3)\right)\left(1 - t^2 + o(t^3)\right) \underset{0}{=} 1 + t - \dfrac{t^2}{2} - \dfrac{5t^3}{6} + o(t^3)$. La tangente à C_f en 0 est la droite d'équation $y = 1 + x$ et C_f se situe localement sous cette tangente car : $f(t) - (1+t) \underset{0}{\sim} \dfrac{-t^2}{2}$, donc $f(t) - (1+t)$ est négatif au voisinage de 0.

e) On pose $t = 1 + h$, $\dfrac{e^t}{1+t^2} = \dfrac{e^{1+h}}{1+(1+h)^2} = \dfrac{e}{2}\left(1 + h + \dfrac{h^2}{2}\right)^{-1} e^h$

$$\underset{h \to 0}{=} \frac{e}{2}\left(1 - \left(h + \frac{h^2}{2}\right) + \left(h + \frac{h^2}{2}\right)^2 - \left(h + \frac{h^2}{2}\right)^3 + o(h^3)\right)\left(1 + h + \frac{h^2}{2} + \frac{h^3}{6} + o(h^3)\right)$$

$$\underset{h \to 0}{=} \frac{e}{2}\left(1 + h + \frac{h^2}{2} + \frac{h^3}{6} + o(h^3)\right)\left(1 - \left(h + \frac{h^2}{2}\right) + (h^2 + h^3) - (h^3) + o(h^3)\right)$$

$$\underset{h \to 0}{=} \frac{e}{2}\left(1 + \frac{h^3}{6} + o(h^3)\right)$$

D'où : $f(t) \underset{1}{=} \dfrac{e}{2} + \dfrac{e}{12}(t-1)^3 + o\left((t-1)^3\right)$. On a donc :

$f(1) = \dfrac{e}{2}$, $f'(1) = 0$, $f''(1) = 0$, $f'''(1) = (3!)\dfrac{e}{12} = \dfrac{e}{2} \neq 0$. On en déduit que C_f présente au point d'abscisse 1 un point d'inflexion et une tangente horizontale.

f) On obtient la représentation graphique (*cf.* Fig. 2) à l'aide de *Maple* : **plot([f(x),x+1,f(1)],x=-2..5);**

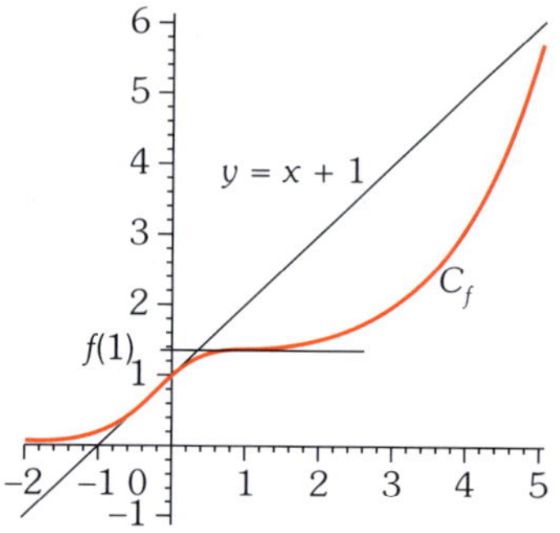

Figure 2

g) $f(t) \underset{0}{=} 1 + t - \dfrac{t^2}{2} - \dfrac{5t^3}{6} + o(t^3)$ et $F(0) = 0$; donc, par primitivation terme à terme : $\boxed{F(t) \underset{0}{=} t + \dfrac{t^2}{2} - \dfrac{t^3}{6} - \dfrac{5t^4}{24} + o(t^4)}$.

4. Développement limité d'une intégrale — D'après Mines d'Alès

Montrer que $\varphi : t \mapsto \dfrac{1}{\sqrt{t^4+t-1}}$ est définie et continue sur $\left[\dfrac{3}{4}, +\infty\right[$. En déduire que $F : x \mapsto \displaystyle\int_x^{x^2} \dfrac{dt}{\sqrt{t^4+t-1}}$ est dérivable sur $\left[\dfrac{\sqrt{3}}{2}, +\infty\right[$ puis obtenir le DL 3 en 1 de F.

Conseils méthodologiques : écrire F à l'aide une primitive Φ de $\varphi : t \mapsto \dfrac{1}{\sqrt{t^4+t-1}}$.

On constate aisément que la fonction $t \mapsto t^4+t-1$ est croissante sur $\left[\dfrac{3}{4}, +\infty\right[$, vaut en $t=\dfrac{3}{4}$ la quantité strictement positive $\dfrac{81}{256}+\dfrac{3}{4}-1=\dfrac{17}{256}$, donc elle est strictement positive sur $\left[\dfrac{3}{4}, +\infty\right[$. Par conséquent, $\varphi : t \mapsto \dfrac{1}{\sqrt{t^4+t-1}}$ est définie et continue sur $\left[\dfrac{3}{4}, +\infty\right[$; φ admet donc sur cet intervalle une primitive Φ.

D'autre part, si $x \geq \dfrac{\sqrt{3}}{2}$, alors on a simultanément $x \geq \dfrac{3}{4}$ et $x^2 \geq \dfrac{3}{4}$, donc $\left[x, x^2\right] \subset \left[\dfrac{3}{4}, +\infty\right[$. On a par conséquent : $F(x)=\Phi(x^2)-\Phi(x)$. F est donc dérivable sur $\left[\dfrac{\sqrt{3}}{2}, +\infty\right[$ et pour tout x dans $\left[\dfrac{\sqrt{3}}{2}, +\infty\right[$, on a : $F'(x)=2x\varphi(x^2)-\varphi(x)$.

On va maintenant chercher un développement limité de F' à l'ordre 2 en posant $x=1+h$:

$$F'(x)=2x\varphi(x^2)-\varphi(x)=\frac{2(1+h)}{\sqrt{(1+h)^8+(1+h)^2-1}}-\frac{1}{\sqrt{(1+h)^4+(1+h)-1}}$$

$$\underset{h\to 0}{=}\frac{2(1+h)}{\sqrt{\left(1+8h+28h^2+o(h^2)\right)+\left(1+2h+h^2\right)-1}}-\frac{1}{\sqrt{\left(1+4h+6h^2+o(h^2)\right)+(1+h)-1}}$$

$$\underset{h\to 0}{=}\frac{2(1+h)}{\sqrt{1+10h+29h^2+o(h^2)}}-\frac{1}{\sqrt{1+5h+6h^2+o(h^2)}}$$

$$\underset{h\to 0}{=}2(1+h)\left(1-\frac{1}{2}\left[10h+29h^2\right]+\frac{3}{8}\left[10h\right]^2+o(h^2)\right)-\left(1-\frac{1}{2}\left[5h+6h^2\right]+\frac{3}{8}\left[5h\right]^2+o(h^2)\right)$$

$$\underset{h\to 0}{=}2\left(1-\frac{1}{2}\left[10h+29h^2\right]+\frac{3}{8}\left[10h\right]^2+o(h^2)+h-\frac{1}{2}\left[10h^2\right]\right)-\left(1-\frac{5h}{2}+\frac{51}{8}h^2+o(h^2)\right)$$

$$\underset{h\to 0}{=}2\left(1-4h+18h^2+o(h^2)\right)-\left(1-\frac{5h}{2}+\frac{51}{8}h^2+o(h^2)\right).$$

Soit : $F'(x)\underset{1}{=}1-\dfrac{11}{2}(x-1)+\dfrac{237}{8}(x-1)^2+o\left((x-1)^2\right)$ et remarquant que $F(1)=0$, il vient :

$$\boxed{F(x)\underset{1}{=}(x-1)-\frac{11}{4}(x-1)^2+\frac{237}{24}(x-1)^3+o\left((x-1)^3\right)}.$$

5. Application des DL à l'étude des fonctions ________ Tous concours

1. Prolongement, dérivée, tangente.

a) Pour les fonctions suivantes au voisinage du point a indiqué, étudier la possibilité de prolonger par continuité, puis, dans l'affirmative, la dérivabilité et l'existence d'une tangente à la courbe ; enfin préciser le placement local de la courbe par rapport à sa tangente :

$f : x \mapsto \dfrac{2x \ln x}{x-1}\,(a=1)$; $g : x \mapsto \ln(\tan x)\left(a = \dfrac{\pi}{4}\right)$; $h : x \mapsto \dfrac{1}{x(e^x-1)} - \dfrac{1}{x^2} + \dfrac{1}{2x}\,(a=0)$.

b) Soit f une fonction de classe C^2 sur $[0, 1]$, $a \in]0, 1[$ et la fonction g définie par : $g(x) = \dfrac{f(x)-f(a)}{x-a}$ si $x \neq a$ et $g(a) = f'(a)$. Montrer que g est de classe C^1 sur $[0, 1]$.

2. Asymptote.

Réaliser l'étude complète des fonctions suivantes et les tracer. Étudier avec soin les branches infinies et leur placement local par rapport aux éventuelles asymptotes.

a) $f : x \mapsto \sqrt{\dfrac{x^3}{x-1}}$ **b)** $f : x \mapsto x^2 \operatorname{Arctan}\left(\dfrac{1}{1+x}\right)$

Conseils méthodologiques : **5.1.b)** Utiliser des développements limités de f et de f'. **5.2.a)** Se rappeler que $\sqrt{x^2} = |x|$ **5.2.b)** Pour l'étude de f', on posera $f'(x) = xk(x)$ et on dérivera k pour en étudier le signe.

1.a)

- f est bien définie au voisinage de 1, sauf *a priori* en 1. On pose : $x = 1+h$.

$\ln(1+h) \underset{0}{=} h - \dfrac{h^2}{2} + \dfrac{h^3}{3} + o(h^3)$. D'où :

$$f(1+h) \underset{0}{=} \frac{2(1+h)}{h}\left[h - \frac{h^2}{2} + \frac{h^3}{3} + o(h^3)\right] \underset{0}{=} 2(1+h)\left[1 - \frac{h}{2} + \frac{h^2}{3} + o(h^2)\right] \underset{0}{=} 2 + h - \frac{h^2}{3} + o(h^2).$$

Ainsi, f admettant un développement limité en 1 à l'ordre au moins 1, on peut conclure que f est prolongeable par continuité en 1 en posant $f(1) = 2$, et que la fonction ainsi prolongée est dérivable en 1 avec $f'(1) = 1$. Attention, aucun élément ne permet de dire ici si oui ou non f est deux fois dérivable en 1. f admet en 1 une tangente d'équation $y = 2 + (x-1)$.

Et : $f(x) - [2 + (x-1)] \underset{1}{\sim} \dfrac{-(x-1)^2}{3} < 0$, ce qui permet d'affirmer que localement (c'est-à-dire dans un voisinage non déterminé de 1) la courbe représentative de f est au-dessous de sa tangente.

- La fonction tangente est strictement positive sur $\left]0, \dfrac{\pi}{2}\right[$, donc g est bien définie sur cet intervalle. Elle y est d'ailleurs de classe C^∞ par composition de fonctions de classe C^∞. Pour mieux visualiser les calculs, il est utile de poser ici $x = \dfrac{\pi}{4} + h$.

Ainsi, $\tan x = \tan\left(\dfrac{\pi}{4} + h\right) = \dfrac{1+\tan(h)}{1-\tan(h)}$ et $\ln\left[\tan\left(\dfrac{\pi}{4}+h\right)\right] = \ln[1+\tan(h)] - \ln[1-\tan(h)]$. On utilisera :

$\ln(1+u) - \ln(1-u) \underset{0}{=} 2u + 2\dfrac{u^3}{3} + o(u^3)$ avec $u = \tan h \underset{0}{=} h + \dfrac{h^3}{3} + o(h^3)$ et $o(u^3) \underset{0}{=} o(h^3)$.

Ainsi : $\ln\left[\tan\left(\dfrac{\pi}{4}+h\right)\right] \underset{0}{=} 2\left(h + \dfrac{h^3}{3}\right) + \dfrac{2}{3}\left(h + \dfrac{h^3}{3}\right)^3 + o(h^3) \underset{0}{=} 2h + \dfrac{4h^3}{3} + o(h^3)$. Soit, en revenant à x :

$$\boxed{g(x) \underset{\frac{\pi}{4}}{=} 2\left(x - \frac{\pi}{4}\right) + \frac{4}{3}\left(x - \frac{\pi}{4}\right)^3 + o\left(\left(x - \frac{\pi}{4}\right)^3\right)}$$

. Ainsi : $g(0) = 0$, $g'(0) = 2$, et la tangente en 0 a pour équation :

$y=2\left(x-\frac{\pi}{4}\right)$ et $g(x)-2\left(x-\frac{\pi}{4}\right)\underset{\frac{\pi}{4}}{\sim}\frac{4}{3}\left(x-\frac{\pi}{4}\right)^3$. Par conséquent, la courbe est localement au-dessus de sa tangente au voisinage de $\left(\frac{\pi}{4}\right)^+$ et localement en dessous au voisinage de $\left(\frac{\pi}{4}\right)^-$. On est en présence d'un point d'inflexion géométrique.

- h est bien définie $\mathbb{R}^*$. $e^x-1\underset{0}{=}x+\frac{x^2}{2}+\frac{x^3}{6}+\frac{x^4}{24}+\frac{x^5}{120}+o(x^5)$, donc :

$h(x)\underset{0}{=}\frac{1}{x}\left[x+\frac{x^2}{2}+\frac{x^3}{6}+\frac{x^4}{24}+\frac{x^5}{120}+o(x^5)\right]^{-1}-\frac{1}{x^2}+\frac{1}{2x}$. Il s'agit plus pour l'instant d'un développement asymptotique que d'un développement limité…

Remarque : Voici une première manipulation qui fait retomber l'ordre à 4…

$h(x)\underset{0}{=}\frac{1}{x^2}\left[1+\frac{x}{2}+\frac{x^2}{6}+\frac{x^3}{24}+\frac{x^4}{120}+o(x^4)\right]^{-1}-\frac{1}{x^2}+\frac{1}{2x}$.

On utilise $\frac{1}{1+u}\underset{0}{=}1-u+u^2-u^3+u^4+o(u^4)$ avec $u\underset{0}{=}\frac{x}{2}+\frac{x^2}{6}+\frac{x^3}{24}+\frac{x^4}{120}+o(x^4)$, donc : $o(u^4)\underset{0}{=}o(x^4)$. Il vient :

$h(x)\underset{0}{=}\frac{1}{x^2}\left[1-\left(\frac{x}{2}+\frac{x^2}{6}+\frac{x^3}{24}+\frac{x^4}{120}\right)+\left(\frac{x^2}{4}+\frac{x^3}{6}+\frac{5x^4}{72}\right)-\left(\frac{x^3}{8}+\frac{x^4}{8}\right)+\frac{x^4}{16}+o(x^4)\right]-\frac{1}{x^2}+\frac{1}{2x}$

$h(x)\underset{0}{=}\frac{1}{x^2}\left[1-\frac{x}{2}+\frac{x^2}{12}-\frac{x^4}{720}+o(x^4)\right]-\frac{1}{x^2}+\frac{1}{2x}$, et la dernière opération fait encore tomber l'ordre de 2 unités :

$h(x)\underset{0}{=}\frac{1}{x^2}-\frac{1}{2x}+\frac{1}{12}-\frac{x^2}{720}-\frac{1}{x^2}+\frac{1}{2x}+o(x^2)$, soit enfin : $\boxed{h(x)\underset{0}{=}\frac{1}{12}-\frac{x^2}{720}+o(x^2)}$. Donc h se prolonge par continuité en 0 en posant $h(0)=\frac{1}{12}$, puis, ainsi prolongée, est dérivable en 0 avec $h'(0)=0$. La tangente en 0 à la courbe représentative de h est la droite horizontale d'équation $y=\frac{1}{12}$. On a : $h(x)-\frac{1}{12}\underset{0}{\sim}\frac{-x^2}{720}$. Donc, la courbe représentative de h se situe localement sous sa tangente en 0.

b) Par quotient de fonctions de classe C^1 dont le dénominateur ne s'annule pas, g est elle-même de classe C^1 sur $[0,1]\setminus\{a\}$. En a, on écrit un développement limité de f à l'ordre 2 :

$f(x)\underset{a}{=}f(a)+(x-a)f'(a)+\frac{(x-a)^2}{2}f^{(2)}(a)+o\left((x-a)^2\right)$.

Comme f' est de classe C^1, elle admet un développement limité en a à l'ordre 1 obtenu par dérivation de celui de f :

$f'(x)\underset{a}{=}f'(a)+(x-a)f^{(2)}(a)+o(x-a)$.

D'où, pour $x\neq a$, $g(x)=\frac{f(x)-f(a)}{x-a}\underset{a}{=}f'(a)+\frac{(x-a)}{2}f^{(2)}(a)+o(x-a)\underset{a}{=}g(a)+\frac{(x-a)}{2}f^{(2)}(a)+o(x-a)$. L'existence d'un développement limité en a à l'ordre 1 permet d'affirmer que g est continue et dérivable en a avec $g'(a)=\frac{f^{(2)}(a)}{2}$.

D'autre part, en dérivant g, puis en utilisant les développements limités en a de f et f', on a, pour tout x différent de a :

$g'(x)=\frac{f'(x)}{x-a}-\frac{f(x)-f(a)}{(x-a)^2}\underset{a}{=}\frac{f'(a)}{(x-a)}+f^{(2)}(a)+o(1)-\left[\frac{f'(a)}{(x-a)}+\frac{1}{2}f^{(2)}(a)+o(1)\right]\underset{a}{=}\frac{1}{2}f^{(2)}(a)+o(1)$.

Donc, $\lim_{x\to a}g'(x)=\frac{1}{2}f^{(2)}(a)=g'(a)$. Donc, g' est continue en a. On en déduit que g est de classe C^1 sur $[0,1]$.

2.a) $f:x\mapsto\sqrt{\frac{x^3}{x-1}}$ est continue sur $]-\infty,0]\cup]1,+\infty[$, de classe C^1 sur $]-\infty,0[\cup]1,+\infty[$ où :

$f'(x)=\frac{x^2(2x-3)}{2(x-1)^2}\sqrt{\frac{x-1}{x^3}}$. On note que $\lim_{x\to 0}f'(x)=0$, ainsi, par le théorème de prolongement C^1, on obtient que f est en fait de classe C^1 sur $]-\infty,0]\cup]1,+\infty[$ et que sa courbe représentative Γ admet une tangente horizontale en 0.

D'autre part, Γ présente une asymptote verticale d'équation $x=1$, car : $\lim\limits_{x\to 1^+} f(x)=+\infty$.

Les deux branches infinies restant à étudier apparaissent lorsque x tend vers $+\infty$ et $-\infty$. Pour cela, écrivons pour $x\neq 0$:

$f(x)=\sqrt{\dfrac{x^3}{x-1}}=|x|\sqrt{\dfrac{x}{x-1}}=|x|\left(1-\dfrac{1}{x}\right)^{-1/2}$. Ainsi : $f(x)\underset{\pm\infty}{=}|x|\left[1+\dfrac{1}{2x}+\dfrac{3}{8x^2}+o\left(\dfrac{1}{x^2}\right)\right]$ en utilisant :

$\dfrac{1}{\sqrt{1-u}}\underset{0}{=}1+\dfrac{u}{2}+\dfrac{3}{8}u^2+o(u^2)$.

D'où : $f(x)\underset{+\infty}{=}x+\dfrac{1}{2}+\dfrac{3}{8x}+o\left(\dfrac{1}{x}\right)$, Γ admet une asymptote d'équation $y=x+\dfrac{1}{2}$ en $+\infty$ et $f(x)-\left(x+\dfrac{1}{2}\right)\underset{+\infty}{\sim}+\dfrac{3}{8x}$ assure que Γ est localement au-dessus de son asymptote.

De plus : $f(x)\underset{-\infty}{=}-x-\dfrac{1}{2}-\dfrac{3}{8x}+o\left(\dfrac{1}{x}\right)$, Γ admet une asymptote d'équation $y=-x-\dfrac{1}{2}$ en $-\infty$ et $f(x)-\left(-x-\dfrac{1}{2}\right)\underset{-\infty}{\sim}\dfrac{-3}{8x}$ assure que Γ est localement, là encore, au-dessus de son asymptote.

x	$-\infty$		0		1		$\frac{3}{2}$		$+\infty$
$f'(x)$		$-$	0	//////		$-$	0	$+$	
$f(x)$	$+\infty$	↘	0	//////	$+\infty$	↘	$\frac{3\sqrt{3}}{2}$	↗	$+\infty$

D'où la représentation graphique (*cf.* Fig. 3).

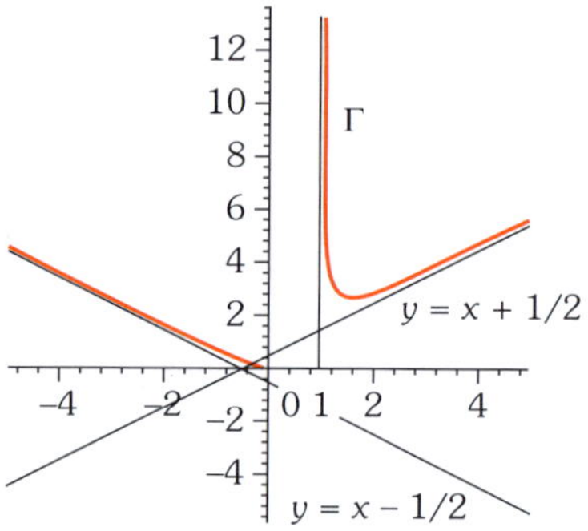

Figure 3

b) $f:x\mapsto x^2\operatorname{Arctan}\left(\dfrac{1}{1+x}\right)$ est de classe C^1 sur $\mathbb{R}\setminus\{-1\}$ par produit et composition de fonctions de classe C^1. $\lim\limits_{x\to -1^+} f(x)=\dfrac{\pi}{2}$ et $\lim\limits_{x\to -1^-} f(x)=\dfrac{-\pi}{2}$.

$\forall x\in\mathbb{R}\setminus\{-1\}$, $f'(x)=2x\operatorname{Arctan}\left(\dfrac{1}{1+x}\right)-\dfrac{x^2}{(1+x)^2}\left(1+\dfrac{1}{(1+x)^2}\right)^{-1}=2x\operatorname{Arctan}\left(\dfrac{1}{1+x}\right)-\dfrac{x^2}{2+2x+x^2}$, soit $f'(x)=xk(x)$

où $k(x)=2\operatorname{Arctan}\left(\dfrac{1}{1+x}\right)-\dfrac{x}{2+2x+x^2}$. On a après calculs (réalisés éventuellement à l'aide de *Maple*)...

$k'(x)=-\dfrac{x^2+4x+6}{(2+2x+x^2)^2}$, quantité toujours négative, car le trinôme du numérateur a un discriminant strictement négatif.

D'autre part, on note que $\lim\limits_{x\to -1^+} f'(x)=-1-\pi$ et $\lim\limits_{x\to -1^-} f'(x)=-1+\pi$. Ainsi, par le théorème de prolongement C^1, on obtient que la courbe représentative Γ de f admet des demi-tangentes en -1 de pentes $-1-\pi$ et $-1+\pi$.

Étude des branches infinies :

$$f(x)=x^2\operatorname{Arctan}\left(\frac{1}{1+x}\right)\underset{\pm\infty}{=}x^2\operatorname{Arctan}\left(\frac{1}{x}\left(1+\frac{1}{x}\right)^{-1}\right)\underset{\pm\infty}{=}x^2\operatorname{Arctan}\left(\frac{1}{x}\left[1-\frac{1}{x}+\frac{1}{x^2}+o\left(\frac{1}{x^2}\right)\right]\right)$$

$$\underset{\pm\infty}{=}x^2\operatorname{Arctan}\left(\frac{1}{x}-\frac{1}{x^2}+\frac{1}{x^3}+o\left(\frac{1}{x^3}\right)\right).$$

On utilise : $\operatorname{Arctan}(u)\underset{0}{=}u-\dfrac{u^3}{3}+o(u^3)$ avec $u\underset{x\to\pm\infty}{=}\dfrac{1}{x}-\dfrac{1}{x^2}+\dfrac{1}{x^3}+o\left(\dfrac{1}{x^3}\right)$ et $u^3\underset{x\to\pm\infty}{=}\dfrac{1}{x^3}+o\left(\dfrac{1}{x^3}\right)$. Il vient :

$f(x)\underset{\pm\infty}{=}x^2\left(\dfrac{1}{x}-\dfrac{1}{x^2}+\dfrac{2}{3x^3}+o\left(\dfrac{1}{x^3}\right)\right)\underset{\pm\infty}{=}x-1+\dfrac{2}{3x}+o\left(\dfrac{1}{x}\right)$. Ainsi, Γ admet la même asymptote d'équation $y=x-1$ en $+\infty$ et $-\infty$. $f(x)-(x-1)\underset{\pm\infty}{\sim}\dfrac{2}{3x}$, donc Γ est au-dessus de son asymptote au voisinage de $+\infty$ et en dessous au voisinage de $-\infty$.

x	$-\infty$		-1		0		$+\infty$
$k(x)$		$-$	‖	$+$		$+$	
$f'(x)$		$+$	$-1+\pi$ ‖ $-1-\pi$	$-$	0	$+$	
$f(x)$	$-\infty$	↗	$-\dfrac{\pi}{2}$ ‖ $\dfrac{\pi}{2}$	↘	0	↗	$+\infty$

D'où la représentation graphique (*cf.* Fig. 4).

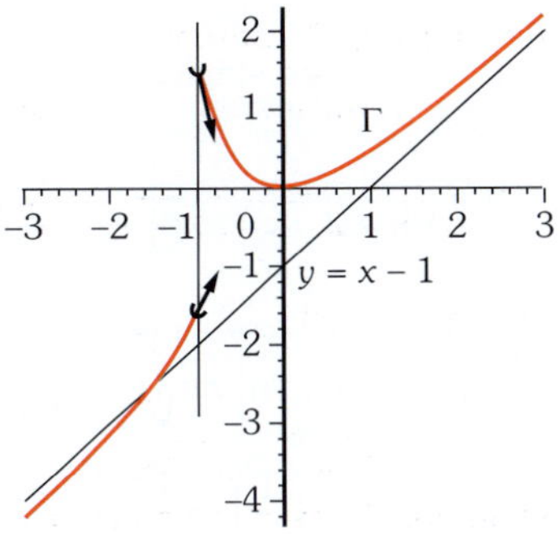

Figure 4

6. Développement asymptotique d'une suite ______ Tous concours

1. Suites données par $u_n = f(n)$.

Trouver la limite des suites définies par : $u_n = \left(3\sqrt[n]{2} - 2\sqrt[n]{3}\right)^n$ et $v_n = \left(1 + \dfrac{(-1)^n}{n}\right)^{\frac{1}{\sin\left(\pi\sqrt{1+n^2}\right)}}$.

2. Suites définies implicitement.

Montrer que, pour tout entier naturel non nul n, il existe un unique réel u_n strictement positif tel que : $u_n^5 + nu_n = 1$. Montrer que u_n est inférieur à $\dfrac{1}{n}$. On définit ainsi une suite $(u_n)_{n\in\mathbb{N}^*}$ dont on veut obtenir un développement asymptotique à la précision $O\left(\dfrac{1}{n^{11}}\right)$. Pour cela, justifier que : $u_n = O\left(\dfrac{1}{n}\right)$, puis montrer que l'égalité $u_n = \dfrac{1-u_n^5}{n}$ permet d'obtenir $u_n = \dfrac{1}{n} + O\left(\dfrac{1}{n^6}\right)$. Réitérer cette méthode pour arriver au développement souhaité.

Conseils méthodologiques : 6.2 Étudier la fonction $f_n : x \mapsto x^5 + nx - 1$. Pour les développements, travailler en $O\left(\dfrac{1}{n^r}\right)$.

1.

- $\forall a > 0,\ \sqrt[n]{a} = e^{\frac{1}{n}\ln(a)} \underset{n\to\infty}{\longrightarrow} 1$, donc : $\left(3\sqrt[n]{2} - 2\sqrt[n]{3}\right) \underset{n\to\infty}{\longrightarrow} 1$. Donc, pour obtenir la limite de $u_n = \left(3\sqrt[n]{2} - 2\sqrt[n]{3}\right)^n$, il faut faire un développement limité, car on est face à une forme indéterminée « 1^∞ ». On a : $\sqrt[n]{a} = e^{\frac{1}{n}\ln(a)} = 1 + \dfrac{1}{n}\ln(a) + o\left(\dfrac{1}{n}\right)$.

D'où : $3\sqrt[n]{2} - 2\sqrt[n]{3} = 3\left(1 + \dfrac{1}{n}\ln(2) + o\left(\dfrac{1}{n}\right)\right) - 2\left(1 + \dfrac{1}{n}\ln(3) + o\left(\dfrac{1}{n}\right)\right) = 1 + \dfrac{3\ln(2) - 2\ln(3)}{n} + o\left(\dfrac{1}{n}\right) = 1 + \dfrac{\ln\left(\frac{8}{9}\right)}{n} + o\left(\dfrac{1}{n}\right)$.

Par conséquent : $\ln\left(3\sqrt[n]{2} - 2\sqrt[n]{3}\right) = \ln\left(1 + \dfrac{1}{n}\ln\left(\dfrac{8}{9}\right) + o\left(\dfrac{1}{n}\right)\right) = \dfrac{1}{n}\ln\left(\dfrac{8}{9}\right) + o\left(\dfrac{1}{n}\right)$.

Et ainsi : $u_n = \left(3\sqrt[n]{2} - 2\sqrt[n]{3}\right)^n = \exp\left(n\ln\left(3\sqrt[n]{2} - 2\sqrt[n]{3}\right)\right) = \exp\left(\ln\left(\dfrac{8}{9}\right) + o(1)\right) = \dfrac{8}{9}\exp\left(o(1)\right) \underset{n\to\infty}{\longrightarrow} \dfrac{8}{9}$.

- $\left(1+\dfrac{(-1)^n}{n}\right)$ est strictement positif pour $n \geq 2$. Cela assure l'existence de la suite (v_n) et permet d'écrire :

$$\forall n \geq 2,\ v_n = \exp\left(\frac{1}{\sin\left(\pi\sqrt{1+n^2}\right)}\ln\left(1+\frac{(-1)^n}{n}\right)\right).$$

D'une part :

$$\sin\left(\pi\sqrt{1+n^2}\right) = \sin\left(\pi n\sqrt{1+\frac{1}{n^2}}\right) = \sin\left(\pi n\left[1+\frac{1}{2n^2}+o\left(\frac{1}{n^2}\right)\right]\right) = \sin\left(\pi n+\frac{\pi}{2n}+o\left(\frac{1}{n}\right)\right) = (-1)^n \sin\left(\frac{\pi}{2n}+o\left(\frac{1}{n}\right)\right)$$

$= (-1)^n\left(\dfrac{\pi}{2n}+o\left(\dfrac{1}{n}\right)\right) = \dfrac{(-1)^n\pi}{2n}(1+o(1))$. D'où : $\dfrac{1}{\sin\left(\pi\sqrt{1+n^2}\right)} = \dfrac{2n}{(-1)^n\pi}\left(\dfrac{1}{1+o(1)}\right) = \dfrac{2n}{(-1)^n\pi}(1+o(1))$.

D'autre part : $\ln\left(1+\dfrac{(-1)^n}{n}\right) = \dfrac{(-1)^n}{n}+o\left(\dfrac{1}{n}\right)$, donc, on a :

$$v_n = \exp\left(\frac{1}{\sin\left(\pi\sqrt{1+n^2}\right)}\ln\left(1+\frac{(-1)^n}{n}\right)\right) = \exp\left\{\left[\frac{2n}{(-1)^n\pi}(1+o(1))\right]\left[\frac{(-1)^n}{n}+o\left(\frac{1}{n}\right)\right]\right\} = \exp\left(\frac{2}{\pi}+o(1)\right) \underset{n\to+\infty}{\longrightarrow} \exp\left(\frac{2}{\pi}\right).$$

2. Pour tout entier naturel non nul n, on étudie $f_n : x \mapsto x^5+nx-1$, de classe C^1 sur $\mathbb{R}_+^*$. $\forall x>0,\ f_n'(x) = 5x^4+n>0$. f_n est donc strictement croissante (et continue) donc réalise une bijection de $\mathbb{R}_+^*$ sur son image : $]-1, +\infty[$. 0 admet donc un unique antécédent u_n strictement positif. Ce qui se quantifie : $\exists! u_n>0,\ u_n^5+nu_n=1$.

$f_n\left(\dfrac{1}{n}\right) = \dfrac{1}{n^5} > 0 = f_n(u_n)$. f_n étant strictement croissante, on en déduit : $0<u_n<\dfrac{1}{n}$. On obtient par théorème d'encadrement que : $\lim\limits_{n\to+\infty} u_n = 0$ et plus précisément que : $u_n = O\left(\dfrac{1}{n}\right)$. Alors :

$u_n = \dfrac{1-u_n^5}{n} = \dfrac{1}{n}\left[1-O\left(\dfrac{1}{n^5}\right)\right] = \dfrac{1}{n}-O\left(\dfrac{1}{n^6}\right) = \dfrac{1}{n}+O\left(\dfrac{1}{n^6}\right)$. On recommence :

$nu_n = 1-u_n^5 = 1-\left[\dfrac{1}{n}+O\left(\dfrac{1}{n^6}\right)\right]^5 = 1-\dfrac{1}{n^5}\left[1+O\left(\dfrac{1}{n^5}\right)\right]^5 = 1-\dfrac{1}{n^5}\left[1+O\left(\dfrac{1}{n^5}\right)\right]$, c'est-à-dire $u_n = \dfrac{1}{n}-\dfrac{1}{n^6}\left[1+O\left(\dfrac{1}{n^5}\right)\right]$.

En conclusion : $\boxed{u_n = \dfrac{1}{n}-\dfrac{1}{n^6}+O\left(\dfrac{1}{n^{11}}\right)}$.

7. Développements asymptotiques ______ Tous concours

a) Obtenir le développement limité en 0^+ à l'ordre le plus élevé possible de $\sqrt{1-\sqrt{1-x^2}}+x^5\ln x$.

b) Déterminer : $\lim\limits_{x\to 0^+} \dfrac{(\operatorname{sh} x)^{\operatorname{sh} x}-(\sin x)^{\sin x}}{x^p \ln x}$.

c) Soit le polynôme $P(X) = X^5-X^3$. Montrer que : $\forall n \in \mathbb{N}^*, \exists! x_n \geq 1 / P(x_n) = n$. On définit ainsi une suite $(x_n)_{n\geq 1}$. Donner un développement asymptotique de x_n à la précision $n^{\frac{-1}{5}}$.

Conseils méthodologiques : 7.c) Montrer que $x_n^5 \sim n$, puis utiliser ensuite $x_n = n^{\frac{1}{5}}\left(1-\dfrac{1}{x_n^2}\right)^{-\frac{1}{5}}$.

a) L'expression proposée est bien définie sur $]0, 1[$. On a : $\lim_{x\to 0^+} \frac{x^5 \ln x}{x^4} = 0$ par les croissances comparées et $\lim_{x\to 0^+} \frac{x^5 \ln x}{x^5} = -\infty$, ainsi $x^5 \ln x$ est négligeable au voisinage de 0^+ devant x^4, mais pas devant x^5. On fera donc un développement limité en 0^+ à l'ordre 4 de $\sqrt{1-\sqrt{1-x^2}}$.

On commence, en utilisant la parité de la fonction, par écrire : $\sqrt{1-x^2} \underset{0}{=} 1 - \frac{1}{2}x^2 - \frac{1}{8}x^4 + o(x^5)$. Alors $\sqrt{1-\sqrt{1-x^2}} \underset{0^+}{=} \sqrt{1-\left(1-\frac{1}{2}x^2-\frac{1}{8}x^4+o(x^5)\right)} \underset{0^+}{=} \sqrt{\frac{1}{2}x^2+\frac{1}{8}x^4+o(x^5)} \underset{0^+}{=} \frac{x}{\sqrt{2}}\sqrt{1+\frac{1}{4}x^2+o(x^3)} \underset{0^+}{=} \frac{x}{\sqrt{2}}\left(1+\frac{1}{8}x^2+o(x^3)\right)$
$\underset{0^+}{=} \frac{x}{\sqrt{2}} + \frac{x^3}{8\sqrt{2}} + o(x^4)$. Par conséquent, en vertu de la remarque initiale : $\sqrt{1-\sqrt{1-x^2}} + x^5 \ln x \underset{0^+}{=} \frac{x}{\sqrt{2}} + \frac{x^3}{8\sqrt{2}} + o(x^4)$.

b) L'expression proposée est bien définie sur $]0, 1[$. On a :

$$\operatorname{sh}(x)\ln(\operatorname{sh} x) \underset{0^+}{=} \left(x+\frac{x^3}{6}+o(x^3)\right)\ln\left(x+\frac{x^3}{6}+o(x^3)\right) \underset{0^+}{=} \left(x+\frac{x^3}{6}+o(x^3)\right)\left[\ln x + \ln\left(1+\frac{x^2}{6}+o(x^2)\right)\right]$$
$$\underset{0^+}{=} \left(x+\frac{x^3}{6}+o(x^3)\right)\left[\ln x+\frac{x^2}{6}+o(x^2)\right] \underset{0^+}{=} x\ln x + \frac{x^3}{6}\ln x + \frac{x^3}{6} + o(x^3).$$

On pose : $u \underset{0^+}{=} x\ln x + \frac{x^3}{6}\ln x + \frac{x^3}{6} + o(x^3)$, on a bien $\lim_{x\to 0^+} u = 0$. Plus précisément : $u \underset{0^+}{\sim} x\ln x$ et par conséquent : $u^4 \underset{0^+}{\sim} x^4 \ln^4 x = x^3(x\ln^4 x) \underset{0^+}{=} o(x^3)$ car $\lim_{x\to 0^+} x\ln^4 x = 0$. On peut donc utiliser : $e^u \underset{x\to 0^+}{=} 1+u+\frac{u^2}{2}+\frac{u^3}{6}+O(u^4)$, soit : $(\operatorname{sh} x)^{\operatorname{sh}(x)} \underset{0^+}{=} 1 + x\ln x + \frac{x^3}{6}\ln x + \frac{x^3}{6} + \frac{1}{2}(x^2\ln^2 x) + \frac{1}{6}(x^3\ln^3 x) + o(x^3)$. On réordonne les termes par prépondérance : $(\operatorname{sh} x)^{\operatorname{sh}(x)} \underset{0^+}{=} 1 + x\ln x + \frac{1}{2}x^2\ln^2 x + \frac{1}{6}x^3\ln^3 x + \frac{x^3}{6}\ln x + \frac{x^3}{6} + o(x^3)$.

Et un calcul semblable donne : $\sin(x)\ln(\sin x) \underset{0^+}{=} \left(x-\frac{x^3}{6}+o(x^3)\right)\ln\left(x-\frac{x^3}{6}+o(x^3)\right) \underset{0^+}{=} x\ln x - \frac{x^3}{6}\ln x - \frac{x^3}{6} + o(x^3)$, puis : $(\sin x)^{\sin(x)} \underset{0^+}{=} 1 + x\ln x + \frac{1}{2}x^2\ln^2 x + \frac{1}{6}x^3\ln^3 x - \frac{x^3}{6}\ln x - \frac{x^3}{6} + o(x^3)$. D'où, par différence : $(\operatorname{sh} x)^{\operatorname{sh} x} - (\sin x)^{\sin x} \underset{0^+}{=} \frac{x^3}{3}\ln x + \frac{x^3}{3} + o(x^3) \underset{0^+}{\sim} \frac{x^3}{3}\ln x$. On obtient donc finalement : $\frac{(\operatorname{sh} x)^{\operatorname{sh} x} - (\sin x)^{\sin x}}{x^3 \ln x} \underset{0^+}{\sim} \frac{1}{3}$ et par conséquent : $\boxed{\lim_{x\to 0^+} \frac{(\operatorname{sh} x)^{\operatorname{sh} x} - (\sin x)^{\sin x}}{x^3 \ln x} = \frac{1}{3}}$.

c) On étudie rapidement la fonction $x \mapsto P(x)$ sur $[1, +\infty[$. P est dérivable et pour tout $x \in [1, +\infty[$, on a : $P'(x) = 5x^4 - 3x^2 = (5x^2-3)x^2$. P est donc continue, strictement croissante sur $[1, +\infty[$ et établit ainsi une bijection de $[1, +\infty[$ sur $\left[P(1), \lim_{+\infty} P\right[= [0, +\infty[$. Ceci assure l'existence et l'unicité d'un antécédent par P à tout entier naturel non nul n, soit exactement : $\forall n \in \mathbb{N}^*, \exists! x_n \geq 1, P(x_n) = n$ (*cf.* Fig. 5).

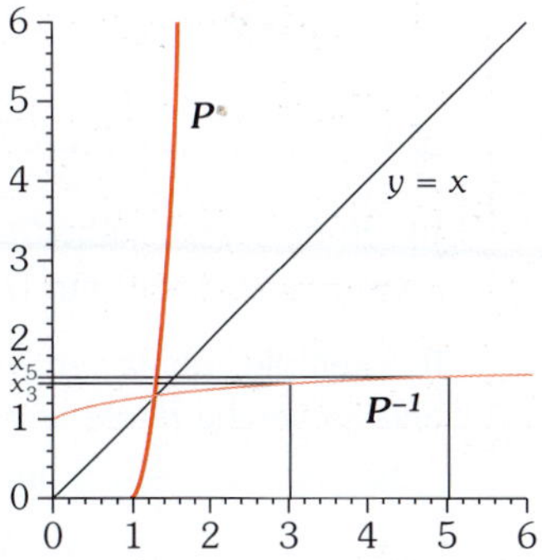

Figure 5

De l'étude de P et P^{-1}, on déduit encore que $\lim_{n\to+\infty} x_n = \lim_{n\to+\infty} P^{-1}(n) = +\infty$. On a alors : $x_n^5(1-x_n^{-2}) = n$, d'où : $\frac{x_n^5}{n} = \frac{1}{(1-x_n^{-2})} \underset{n\to\infty}{\to} 1$, donc, on a bien : $x_n^5 \sim n$. On peut l'écrire aussi : $x_n^5 = n + o(n)$ et en déduire :

$x_n = (n + o(n))^{\frac{1}{5}} = n^{\frac{1}{5}}(1+o(1)) = n^{\frac{1}{5}} + o\left(n^{\frac{1}{5}}\right)$, ce qui fournit le premier terme du développement asymptotique de x_n.

Repartant de $x_n^5\left(1-x_n^{-2}\right)=n$, on écrit :

$$x_n=n^{\frac{1}{5}}\left(1-x_n^{-2}\right)^{-\frac{1}{5}}=n^{\frac{1}{5}}\left(1-\left[n^{\frac{1}{5}}+o\left(n^{\frac{1}{5}}\right)\right]^{-2}\right)^{-\frac{1}{5}}=n^{\frac{1}{5}}\left(1-n^{\frac{-2}{5}}\left[1+o(1)\right]^{-2}\right)^{-\frac{1}{5}}=n^{\frac{1}{5}}\left(1-n^{\frac{-2}{5}}\left[1+o(1)\right]\right)^{-\frac{1}{5}}$$

$$=n^{\frac{1}{5}}\left(1-n^{\frac{-2}{5}}+o\left(n^{\frac{-2}{5}}\right)\right)^{-\frac{1}{5}}=n^{\frac{1}{5}}\left(1+\frac{1}{5}n^{\frac{-2}{5}}+o\left(n^{\frac{-2}{5}}\right)\right).$$

Et on obtient le développement asymptotique recherché : $\boxed{x_n=n^{\frac{1}{5}}+\frac{1}{5}n^{\frac{-1}{5}}+o\left(n^{\frac{-1}{5}}\right)}$.

Pour approfondir

8. Méthode de Newton.

Soit f de classe C^2 sur $[a,\ b]$. On suppose $f(a)<0$, $f(b)>0$ et encore $f'>0$, $f''\geq 0$.

On définit une fonction g sur $[a,\ b]$ par $g(x)=x-\dfrac{f(x)}{f'(x)}$.

a) Montrer qu'il existe un unique point $c\in\,]a,\ b[$ tel que $f(c)=0$.

b) Montrer que g est de classe C^1 sur $[a,\ b]$ et que c est l'unique point fixe de g sur $[a,\ b]$. *(On rappelle que c est dit point fixe de g si : $g(c)=c$.)*

c) Étudier les variations de g. Montrer que $[c,\ b]$ est stable par g.

d) On définit alors une suite (u_n) par $u_0\in[c,\ b]$ et : $\forall n\in\mathbb{N},\ u_{n+1}=g(u_n)$. Montrer que cette suite est décroissante et converge vers c.

e) *Principe de la méthode* : montrer que u_{n+1} est l'abscisse du point d'intersection de l'axe des x et de la tangente en u_n à la courbe représentative de f. Faire un dessin !!!

f) On cherche à majorer l'erreur commise lorsqu'on remplace c par u_n. On suppose maintenant que f est de classe C^3 sur $[a,\ b]$. *Montrer que g est de classe C^2 sur $[a,\ b]$.*

Montrer alors en utilisant l'inégalité de Taylor-Lagrange que :

$\forall x\in[a,\ b],\ |g(x)-c|\leq\dfrac{M_2}{2}|x-c|^2=\dfrac{2}{M_2}\left(\dfrac{M_2}{2}|x-c|\right)^2$, où M_2 est un majorant de $|g''|$ sur $[a,\ b]$.

g) En déduire qu'il existe $h>0$ tel que : $u_0\in[c,\ c+h]\Rightarrow\forall n\in\mathbb{N},\ 0\leq u_n-c\leq\dfrac{2}{M_2}\left(\dfrac{1}{2}\right)^{2^n}$.

h) Quelle valeur suffit-il de donner à l'entier n pour que $\left(\dfrac{1}{2}\right)^{2^n}\leq 10^{-9}$? Que pensez-vous de la vitesse de convergence de la suite (u_n) vers c ?

i) Exemple : appliquer la méthode (avec programmation de la suite (u_n) sur votre calculatrice, ou avec *Maple*) à une recherche d'une valeur approchée du nombre π. On choisit pour cela la fonction $f:x\mapsto\tan x-1$. On « cherche » $c=\dfrac{\pi}{4}$. Comme c est voisin de $0{,}785$, on prendra $a=0{,}75$ et $b=0{,}8$.

Conseils méthodologiques : d) Évaluer le signe de $g(u_n)-u_n$. **g)** Choisir h tel que $\dfrac{M_2}{2}h\leq\dfrac{1}{2}$, puis faire une récurrence. **i)** Attention à ce que la fonction choisie vérifie bien les hypothèses.

a) Comme souvent dans ce genre de question, le théorème des valeurs intermédiaires donne l'existence de $c \in]a,\, b[$ tel que $f(c) = 0$ car f est continue et $f(a) < 0,\ f(b) > 0$. Mais, c'est le théorème de la bijection ou simplement la stricte monotonie de f qui donne l'unicité.

b) g est de classe C^1 car l'identité, f et f' le sont et f' ne s'annule pas.
D'autre part, on a évidemment : $g(x) = x \Leftrightarrow f(x) = 0$. D'où le résultat, d'après les hypothèses sur f.

c) On trouve : $\forall x \in [a,\, b],\ g'(x) = \dfrac{f(x)f''(x)}{f'(x)^2}$. D'où le tableau :

x	a		c		b
$g'(x)$		$-$	0	$+$	
$g(x)$	↘		c	↗	

. De plus, $g(b) = b - \dfrac{f(b)}{f'(b)} < b$. Donc, $[c,\, b]$ est stable par g.

d) De la stabilité de $[c,\, b]$ par g, on déduit par une récurrence immédiate que $\forall n \in \mathbb{N},\ u_n \in [c,\, b]$. Or, sur $[c,\, b]$, f est positive et donc :
$\forall n \in \mathbb{N},\ u_{n+1} = g(u_n) = u_n - \dfrac{f(u_n)}{f'(u_n)} \le u_n$. Donc (u_n) décroît, est minorée par c, donc converge. Sa limite est un point fixe de g (car g est continue), donc c'est le point c.

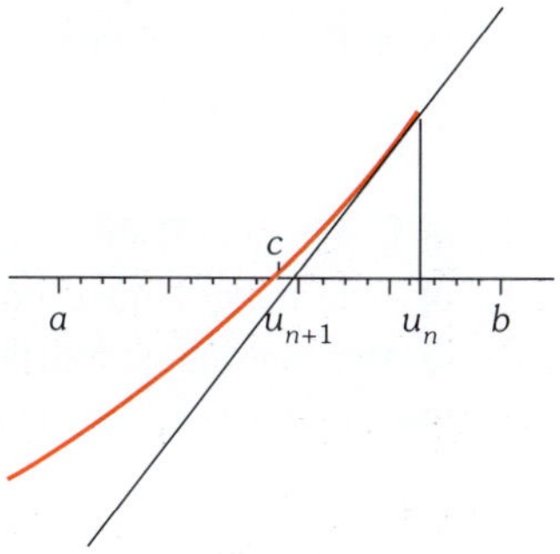

Figure 6

e) La tangente en u_n à la courbe représentative de f a pour équation : $y = f(u_n) + f'(u_n)(x - u_n)$. Elle coupe l'axe des abscisses (*cf.* Fig. 6) lorsque $0 = f(u_n) + f'(u_n)(x - u_n)$, soit lorsque $x = u_{n+1}$.

f) Il est clair que, comme en b), si f est de classe C^3 sur $[a,\, b]$, alors g est de classe C^2 sur $[a,\, b]$. De plus, g'', continue, est bien bornée sur le segment $[a,\, b]$, d'où l'existence de M_2. On a alors, d'après l'inégalité de Taylor-Lagrange :

$$\forall x \in [a,\, b],\ \boxed{|g(x) - c| = |g(x) - g(c) - (x - c)g'(c)| \le \frac{M_2}{2}|x - c|^2}.$$

g) On choisit h strictement positif tel que $\dfrac{M_2}{2}h \le \dfrac{1}{2}$ et $c + h \le b$. Alors, $0 \le \dfrac{M_2}{2}(u_0 - c) \le \dfrac{M_2}{2}h \le \dfrac{1}{2}$ et (u_n) étant décroissante de limite c, on a pour tout entier naturel n : $0 \le \dfrac{M_2}{2}(u_n - c) \le \dfrac{1}{2}$. Montrons alors par récurrence la propriété H_n : $0 \le u_n - c \le \dfrac{2}{M_2}\left(\dfrac{1}{2}\right)^{2^n}$. H_0 est vraie. Soit $n \ge 0$ tel que H_n vraie, montrons H_{n+1}. On a d'abord : $u_{n+1} - c = g(u_n) - c \ge 0$ d'après le tableau des variations de g, puis, en utilisant la propriété H_n :

$$0 \le u_{n+1} - c = g(u_n) - c \le \frac{M_2}{2}(u_n - c)^2 \le \frac{M_2}{2}\left(\frac{2}{M_2}\left(\frac{1}{2}\right)^{2^n}\right)^2 = \frac{2}{M_2}\left(\frac{1}{2}\right)^{2^{n+1}}.$$

C'est H_{n+1}. La propriété H_n est donc vraie pour tout entier naturel n.

h) $\left(\dfrac{1}{2}\right)^{2^n} \le 10^{-9} \Leftrightarrow 2^n \ge \dfrac{9 \ln 10}{\ln 2} \Leftrightarrow n \ge \dfrac{1}{\ln 2}\ln\left(\dfrac{9 \ln 10}{\ln 2}\right) \Leftrightarrow n \ge 5$. La convergence est donc *a priori* très rapide !

i) Considérons $f : x \mapsto \tan x - 1$ qui est bien de classe C^3, strictement croissante et convexe sur $\left[0, \dfrac{\pi}{2}\right[$ (car $f^{(2)} \ge 0$).

On « cherche » $c = \dfrac{\pi}{4}$. Comme c est voisin de 0,785, on prend $a = 0{,}75$ et $b = 0{,}8$. On trouve après calculs $g''(x) = \dfrac{2\left(2\tan(x) + \tan^2(x) - 1\right)}{1 + \tan^2(x)}$. Comme la fonction tangente est croissante sur $[a,\, b]$, on peut écrire :

$$\forall x \in [a,\, b],\ \frac{2\left(2\tan(a) + \tan^2(a) - 1\right)}{1 + \tan^2(b)} \le g''(x) \le \frac{2\left(2\tan(b) + \tan^2(b) - 1\right)}{1 + \tan^2(a)}.$$

À défaut d'avoir précisément $M_2 = \sup\limits_{[a,b]} |g''|$, on possède un majorant de $\sup\limits_{[a,b]} |g''|$ et on prendra : $M_2 = 2,27$. La condition $\frac{M_2}{2} h \le \frac{1}{2}$ est largement vérifiée si on prend $u_0 = b$. On est alors assuré que : $\forall n \in \mathbb{N},\ 0 \le u_n - \frac{\pi}{4} \le \frac{2}{2,27}\left(\frac{1}{2}\right)^{2^n}$.

Ainsi, par exemple : $0 \le 4u_5 - \pi \le \frac{8}{2,27} 10^{-9} \le 10^{-8}$. Avec Maple :

> g : =x- > x-(tan(x)-1)/(1+tan(x)^2) : u : =0.8 ; for k from 1 to 5 do u : =g(u) end do ; 4*u ; renvoie 3,141592654.

9. Développement limité en 0 de $f(x + x^2)$ — D'après e3a

Soit $n \ge 2$ un entier naturel. On note $\mathbb{R}[x]$ le $\mathbb{R}$-espace vectoriel des fonctions polynomiales à coefficients réels et $\mathbb{R}_n[x]$ son sous-espace vectoriel constitué des fonctions polynomiales de degré au plus n.

Pour toute fonction polynomiale $P : x \mapsto \sum\limits_{k \ge 0} p_k x^k$, on définit la fonction polynomiale tronquée au degré n : $T_n(P) : x \mapsto \sum\limits_{k=0}^{n} p_k x^k$ et la fonction polynomiale $\varphi(P) : x \mapsto \sum\limits_{k \ge 0} p_k (x + x^2)^k$.

a) Établir que $T_n : P \mapsto T_n(P)$ définit un projecteur de $\mathbb{R}[x]$.

b) Déterminer l'image de T_n.

c) Montrer qu'une fonction polynomiale P appartient au noyau de T_n si et seulement si $P(x) \underset{0}{=} o(x^n)$.

On définit sur $\mathbb{R}_n[x]$ l'application φ_n par : $\varphi_n(P) = T_n(\varphi(P))$.

d) Montrer que φ_n est un endomorphisme de $\mathbb{R}_n[x]$.

On note alors $M_n = [m_{i,j}]_{0 \le i, j \le n}$ la matrice de φ_n dans la base canonique $B = (X^j : x \mapsto x^j)_{0 \le j \le n}$ de $\mathbb{R}_n[x]$.

On remarquera que l'indice i de ligne et l'indice j de colonne varient de 0 à n.

e) Calculer les $\varphi_4(X^j)$ pour $0 \le j \le 4$ et en déduire M_4 (il s'agit d'une matrice 5×5).

f) Montrer que, pour tout entier naturel $n \ge 2$, la matrice M_n est triangulaire inférieure et expliciter son terme général $m_{i,j}$ lorsque $0 \le j \le i \le n$.

g) Soit I un intervalle ouvert contenant 0 et $f : I \to \mathbb{R}$ une application admettant un développement limité d'ordre $n \ge 2$ en 0, de partie régulière $P \in \mathbb{R}_n[x]$, c'est-à-dire : $f(x) \underset{0}{=} P(x) + o(x^n)$

Montrer que l'application $x \mapsto f(x + x^2)$ admet en 0 un développement limité d'ordre n de partie régulière $\varphi_n(P)$, c'est-à-dire : $f(x + x^2) \underset{0}{=} T_n(P(x + x^2)) + o(x^n)$.

h) Si $P(x) = p_0 + p_1 x + \ldots + p_n x^n$, déterminer un calcul matriciel fournissant directement le développement limité d'ordre n de $x \mapsto f(x + x^2)$ en 0 à partir du vecteur colonne formé de $p_0, p_1, \ldots, p_n$; expliciter alors ce développement limité.

i) Appliquer ce qui précède à l'obtention du développement limité d'ordre 4 en 0 de l'application : $g : x \mapsto \frac{1}{1 + x + x^2}$.

j) Vérifier ce résultat par un calcul direct de développement limité que l'on détaillera.

Conseils méthodologiques : la résolution de ce problème nécessite de connaître les applications linéaires et leurs matrices. **b)** L'image d'un projecteur est constituée de ses invariants.

a) $\forall P \in \mathbb{R}[x],\ T_n(P) \in \mathbb{R}_n[x] \subset \mathbb{R}[x]$. T_n est clairement un endomorphisme de $\mathbb{R}[x]$ et vérifie $T_n \circ T_n = T_n$, car : $\forall Q \in \mathbb{R}_n[x],\ T_n(Q) = Q$.

b) Par définition de T_n, $\operatorname{Im} T_n \subset \mathbb{R}_n[x]$. Réciproquement : $\forall P \in \mathbb{R}_n[x]$, $P = T_n(P)$. D'où $\operatorname{Im} T_n = \mathbb{R}_n[x]$.

c) Si $P : x \mapsto \sum_{k\geq 0} p_k x^k$, on a $T_n(P) : x \mapsto \sum_{k=0}^{n} p_k x^k$. D'où : $P \in \operatorname{Ker} T_n \Leftrightarrow P : x \mapsto \sum_{k\geq n+1} p_k x^k \Leftrightarrow P(x) \underset{0}{=} o(x^n)$.

d) φ_n va bien de $\mathbb{R}_n[x]$ dans $\mathbb{R}_n[x]$, sa linéarité résulte de celles de φ et T_n.

e) $\varphi_4(1) = 1$, $\varphi_4(X) = X + X^2$,
$\varphi_4(X^2) = X^2 + 2X^3 + X^4$,
$\varphi_4(X^3) = X^3 + 3X^4$, $\varphi_4(X^4) = X^4$. D'où, en rangeant en colonne les coordonnées de $\varphi_4(1)$, $\varphi_4(X)$, $\varphi_4(X^2)$, $\varphi_4(X^3)$, $\varphi_4(X^4)$ dans la base B : $M_4 = \begin{pmatrix} 1 & 0 & 0 & 0 & 0 \\ 0 & 1 & 0 & 0 & 0 \\ 0 & 1 & 1 & 0 & 0 \\ 0 & 0 & 2 & 1 & 0 \\ 0 & 0 & 1 & 3 & 1 \end{pmatrix}$.

f) Pour tout $j \in [\![0, n]\!]$, $T_n\left((X+X^2)^j\right) = T_n\left(\sum_{k=0}^{j} \binom{j}{k} X^{2k} X^{j-k}\right) = T_n\left(\sum_{k=0}^{j} \binom{j}{k} X^{j+k}\right)$. On fait le changement d'indice $k' = k + j$.

$$T_n\left((X+X^2)^j\right) = T_n\left(\sum_{k'=j}^{2j} \binom{j}{k'-j} X^{k'}\right) = \sum_{k'=j}^{\min(2j,n)} \binom{j}{k'-j} X^{k'} = \sum_{k=j}^{\min(2j,n)} \binom{j}{k-j} X^{k}.$$

M_n est bien triangulaire inférieure avec $m_{k,j} = \binom{j}{k-j}$ avec la convention usuelle $\binom{j}{k-j} = 0$ si $k - j > j$.

g) $u(x) = x + x^2$ tend vers 0 quand x tend vers 0, de plus $u(x) \underset{0}{\sim} x$ donc : $o\left((u(x))^n\right) \underset{0}{=} o(x^n)$. Alors $f(x+x^2) \underset{0}{=} P(x+x^2) + o(x^n) \underset{0}{=} T_n\left(P(x+x^2)\right) + o(x^n)$.

h) La partie régulière du développement limité à l'ordre n en 0 de $f(x+x^2)$ est donc $\varphi_n(P(x))$. Ses coordonnées dans la base canonique de $\mathbb{R}_n[x]$ s'obtiennent en effectuant le produit matriciel de M_n par le vecteur-colonne de composantes $p_0, p_1, \ldots, p_n$, car M_n est la matrice de φ_n dans la base canonique de $\mathbb{R}_n[x]$. D'où :

$$f(x+x^2) \underset{0}{=} \sum_{i=0}^{n}\left(\sum_{j=0}^{n} m_{i,j} p_j\right) x^i + o(x^n) \underset{0}{=} \sum_{i=0}^{n}\left(\sum_{j=0}^{i} \binom{j}{i-j} p_j\right) x^i + o(x^n).$$

i) $f(x) = \dfrac{1}{1+x} \underset{0}{=} 1 - x + x^2 - x^3 + x^4 + o(x^4)$ et en se servant de la matrice M_4 on obtient :
$\varphi_4(1 - X + X^2 - X^3 + X^4) = 1 - X + X^3 - X^4$. D'où $\boxed{g(x) \underset{0}{=} 1 - x + x^3 - x^4 + o(x^4)}$.

j) Par ailleurs : $g(x) = \dfrac{1}{1+x+x^2} \underset{0}{=} 1 - (x+x^2) + (x+x^2)^2 - (x+x^2)^3 + (x+x^2)^4 + o\left((x+x^2)^4\right)$. Soit :
$g(x) \underset{0}{=} 1 - (x+x^2) + (x^2 + 2x^3 + x^4) - (x^3 + 3x^4) + (x^4) + o(x^4)$.

On vérifie bien que : $\boxed{g(x) \underset{0}{=} 1 - x + x^3 - x^4 + o(x^4)}$.

10. Développement limité d'une fonction réciproque ______ D'après INA

n est un entier strictement supérieur à 1, *f* est une application bijective de *I* sur *J*, où *I* et *J* sont deux intervalles contenant chacun un intervalle ouvert centré en 0. On suppose en outre que *f*(0) = 0 et que *f* admet un développement limité à l'ordre *n* en 0 de la forme :

$f(x) \underset{0}{=} a_1 x + a_2 x^2 + \ldots + a_n x^n + o(x^n)$ où a_1 est un réel non nul.

On pose $P(x) = a_1 x + a_2 x^2 + \ldots + a_n x^n$ et $Q(x) = b_1 x + b_2 x^2 + \ldots + b_n x^n$ où les $b_1, b_2, \ldots, b_n$ sont des réels quelconques.

a) Calculer les coefficients des termes de degré 1 et 2 de $Q \circ P(x)$. On pose $c_1 = b_1 a_1$.

b) Pour $i \in [\![2, n]\!]$, on note c_i le coefficient du terme de degré i de $Q \circ P(x)$. Vérifier qu'il est de la forme : $c_i = \sum_{j=1}^{i-1} \alpha_{i,j} b_j + b_i a_1^i$ où les $\alpha_{i,j}$ sont des réels dépendant des coefficients de P et qu'on ne cherchera pas à déterminer.

c) Montrer que l'on a pour tout i vérifiant $1 \leq i \leq n$: $\left[f(x)\right]^i \underset{0}{=} \left(a_1 x + a_2 x^2 + \ldots + a_n x^n\right)^i + o\left(x^n\right)$.

d) En déduire : $Q\left(f(x)\right) \underset{0}{=} Q\left(P(x)\right) + o\left(x^n\right)$, puis : $Q\left(f(x)\right) \underset{0}{=} \sum_{i=1}^{n} c_i x^i + o\left(x^n\right)$.

Pour x élément de I, on pose : $y = f(x)$.

e) Montrer que y^n est équivalent à $a_1^n x^n$ au voisinage de 0 et en déduire que $f^{-1}(y) - Q(y)$ est négligeable devant x^n au voisinage de 0 si les $b_1, b_2, \ldots, b_n$ sont solutions d'un système linéaire triangulaire dont les termes de la diagonale sont non nuls.

f) Conclure que f^{-1} admet un développement limité à l'ordre n en 0 et donner une méthode de calcul de sa partie régulière.

Application : on note f l'application définie sur $\mathbb{R}$ par $f(0) = 0$ et pour $x \neq 0$, $f(x) = \dfrac{\exp\left(x^2\right) - 1}{x}$.

g) Montrer que f est impaire et dérivable sur $\mathbb{R}$.

h) Montrer que f' garde un signe constant sur $\mathbb{R}$.

i) En déduire l'existence de l'application réciproque de f et justifier que f^{-1} est impaire.

j) Justifier l'existence d'un développement limité de f en 0 à tout ordre n.

k) Écrire un développement limité de f en 0 à l'ordre 5.

l) Donner un développement limité de f^{-1} en 0 à l'ordre 5.

Conseils méthodologiques : a) et **b)** Remarquer que : $\left(a_1 x + a_2 x^2 + \ldots + a_n x^n\right)^i = a_1^i x^i +$ des termes de degré strictement supérieur à i. **h)** On pourra pour cela étudier la fonction u, qui, à tout réel t positif, associe : $u(t) = (2t - 1)\exp(t) + 1$.

a) On a : $Q\left(P(x)\right) = b_1\left(a_1 x + a_2 x^2 + \ldots + a_n x^n\right) + b_2\left(a_1 x + a_2 x^2 + \ldots + a_n x^n\right)^2 + \ldots + b_n\left(a_1 x + a_2 x^2 + \ldots + a_n x^n\right)^n$, d'où : $\boxed{c_1 = b_1 a_1}$ et $\boxed{c_2 = b_1 a_2 + b_2 a_1^2}$.

b) Pour i supérieur ou égal à 2, le terme de degré i est l'addition du terme $b_i a_1^i x^i$ issu de $b_i\left(a_1 x + a_2 x^2 + \ldots + a_n x^n\right)^i$ et des termes de degré i issus de $b_1\left(a_1 x + a_2 x^2 + \ldots + a_n x^n\right) + b_2\left(a_1 x + a_2 x^2 + \ldots + a_n x^n\right)^2 + \ldots + b_{i-1}\left(a_1 x + a_2 x^2 + \ldots + a_n x^n\right)^{i-1}$, donc le coefficient c_i est bien de la forme annoncée.

c) $\left[f(x)\right]^i \underset{0}{=} \left(a_1 x + a_2 x^2 + \ldots + a_n x^n + o\left(x^n\right)\right)^i \underset{0}{=} \left(\left(a_1 x + a_2 x^2 + \ldots + a_n x^n\right) + o\left(x^n\right)\right)^i$

$$\underset{0}{=} \left(a_1 x + a_2 x^2 + \ldots + a_n x^n\right)^i + \sum_{k=0}^{i-1} \binom{i}{k} \left(a_1 x + a_2 x^2 + \ldots + a_n x^n\right)^k \left(o\left(x^n\right)\right)^{i-k} \underset{0}{=} \left(a_1 x + a_2 x^2 + \ldots + a_n x^n\right)^i + o\left(x^n\right),$$

car : $\left(o\left(x^n\right)\right)^{i-k} \underset{0}{=} o\left(x^{n(i-k)}\right)$ qui est négligeable devant x^n puisque $i - k \geq 1$ pour $k \in [\![0, i-1]\!]$.

d) $Q\left(f(x)\right) = b_1\left(f(x)\right) + b_2\left(f(x)\right)^2 + \ldots + b_n\left(f(x)\right)^n$, d'où, par la question précédente :

$Q\left(f(x)\right) \underset{0}{=} b_1\left(a_1 x + a_2 x^2 + \ldots + a_n x^n\right) + \ldots + b_n\left(a_1 x + a_2 x^2 + \ldots + a_n x^n\right)^n + o\left(x^n\right)$, soit :

$$Q\left(f(x)\right) \underset{0}{=} Q\left(P(x)\right) + o\left(x^n\right) \underset{0}{=} T_n\left(Q\left(P(x)\right)\right) + o\left(x^n\right) \underset{0}{=} \sum_{i=1}^{n} c_i x^i + o\left(x^n\right).$$

e) $y^n = \left[f(x)\right]^n \underset{0}{=} \left(a_1x + a_2x^2 + \ldots + a_nx^n\right)^n + o\left(x^n\right) \underset{0}{\sim} a_1^n x^n$, car $a_1 \neq 0$. Puis :

$f^{-1}(y) - Q(y) = x - Q\left(f(x)\right) \underset{0}{=} x - \sum_{i=1}^{n} c_i x^i + o\left(x^n\right)$ et en utilisant b) :

$f^{-1}(y) - Q(y) \underset{0}{=} x - b_1a_1x - \sum_{i=2}^{n}\left(\sum_{j=1}^{i-1} \alpha_{i,j}b_j + b_ia_1^i\right)x^i + o\left(x^n\right)$. Donc $f^{-1}(y) - Q(y)$ est négligeable devant x^n au voisinage de 0 si et seulement si la partie régulière du développement limité est nulle, soit : $x - b_1a_1x - \sum_{i=2}^{n}\left(\sum_{j=1}^{i-1} \alpha_{i,j}b_j + b_ia_1^i\right)x^i = \dot{0}$, c'est-à-dire $b_1a_1 = 1$ et $\forall i \in [\![2, n]\!]$, $\sum_{j=1}^{i-1} \alpha_{i,j}b_j + b_ia_1^i = 0$. Il s'agit bien d'un système linéaire triangulaire en les inconnues $b_1, b_2, \ldots, b_n$ dont les coefficients diagonaux sont les a_1^i non nuls.

f) Un tel système admet une et une seule solution (obtenue par cascade de substitutions) $b_1, b_2, \ldots, b_n$ qui vérifie $f^{-1}(y) - \sum_{i=1}^{n} b_iy^i \underset{0}{=} o\left(x^n\right)$ et $y^n \underset{0}{\sim} a_1^n x^n$ permet d'écrire : $\boxed{f^{-1}(y) = \sum_{i=1}^{n} b_iy^i + o\left(y^n\right)}$.

g) On a : $\forall x \in \mathbb{R}$, $f(-x) = -f(x)$, donc f est impaire et d'autre part : $f(x) = \dfrac{\exp\left(x^2\right) - 1}{x} \underset{0}{=} \dfrac{1 + x^2 + o\left(x^2\right) - 1}{x} = x + o(x)$, donc f est dérivable en 0 avec $f'(0) = 1$, elle est clairement dérivable sur $\mathbb{R}^*$, donc elle l'est sur $\mathbb{R}$.

h) Pour $x \neq 0$, $f'(x) = \dfrac{\left(2x^2 - 1\right)e^{x^2} + 1}{x^2} = \dfrac{u\left(x^2\right)}{x^2}$. On étudie donc u sur $\mathbb{R}_+$. $\forall t \in \mathbb{R}_+$, $u'(t) = (2t + 1)e^t$, donc u est strictement croissante. On a : $u(0) = 0$; par conséquent, u est positive sur $\mathbb{R}_+$, donc f' l'est sur $\mathbb{R}$ (y compris en 0 car : $f'(0) = 1$).

i) En fait, on a obtenu que f' est strictement positive sur $\mathbb{R}$, donc f est une fonction dérivable et strictement monotone sur $\mathbb{R}$, donc elle réalise une bijection de $\mathbb{R}$ sur $f(\mathbb{R})$. En remarquant : $\lim_{x \to +\infty} f(x) = +\infty$ et $\lim_{x \to -\infty} f(x) = -\infty$, il vient $f(\mathbb{R}) = \mathbb{R}$. D'où, l'existence d'une fonction réciproque $f^{-1} : \mathbb{R} \to \mathbb{R}$.
Tout réel y admet un unique antécédent x par f et on a : $f^{-1}(-y) = f^{-1}\left(-f(x)\right) = f^{-1}\left(f(-x)\right) = -x = -f^{-1}(y)$, donc f^{-1} est impaire.

j) $f(x) \underset{0}{=} \dfrac{\sum_{k=0}^{m} \dfrac{x^{2k}}{k!} + o\left(x^{2m}\right) - 1}{x} \underset{0}{=} \sum_{k=1}^{m} \dfrac{x^{2k-1}}{k!} + o\left(x^{2m-1}\right)$ donne l'existence d'un développement limité de f en 0 à tout ordre n (il suffit de choisir m tel que $2m - 1 \geq n$). Noter qu'on a prouvé que f vérifie toutes les hypothèses requises par cet énoncé (y compris $f'(0) = a_1 \neq 0$). Donc f^{-1} admet un développement limité en 0 à tout ordre n.

k) $\boxed{f(x) \underset{0}{=} x + \dfrac{x^3}{2} + \dfrac{x^5}{6} + o\left(x^5\right)}$.

l) f^{-1} est impaire, donc la partie régulière de son développement limité aussi : $f^{-1}(y) \underset{0}{=} b_1y + b_3y^3 + b_5y^5 + o\left(y^5\right)$. Et :

$x \underset{0}{=} b_1\left(x + \dfrac{x^3}{2} + \dfrac{x^5}{6}\right) + b_3\left(x + \dfrac{x^3}{2} + \dfrac{x^5}{6}\right)^3 + b_5\left(x + \dfrac{x^3}{2} + \dfrac{x^5}{6}\right)^5 + o\left(x^5\right)$ d'après le travail précédent. On développe :

$x \underset{0}{=} b_1\left(x + \dfrac{x^3}{2} + \dfrac{x^5}{6}\right) + b_3\left(x^3 + \dfrac{3x^5}{2}\right) + b_5x^5 + o\left(x^5\right)$ et on obtient le système : $b_1 = 1$, $\dfrac{b_1}{2} + b_3 = 0$, $\dfrac{b_1}{6} + \dfrac{3b_3}{2} + b_5 = 0$.

Soit $b_1 = 1$, $b_3 = \dfrac{-1}{2}$, $b_5 = \dfrac{7}{12}$.

Ainsi : $\boxed{f^{-1}(y) \underset{0}{=} y - \dfrac{1}{2}y^3 + \dfrac{7}{12}y^5 + o\left(y^5\right)}$.

CHAPITRE 7

Intégration sur un segment

Le cours en questions

1 ■ Fonctions en escalier

1.1 Qu'est-ce qu'une subdivision du segment [a, b] ?

Une subdivision du segment $[a, b]$ est une famille $(a_0, a_1, \cdots, a_N)$ de réels vérifiant $a = a_0 < a_1 < \cdots < a_N = b$, où $N \in \mathbb{N}^*$. Le pas de cette subdivision est le maximum de l'ensemble des réels $\{a_{k+1} - a_k \,/\, k \in [\![0, N-1]\!]\}$.

Dans la pratique, les subdivisions les plus utilisées sont les subdivisions dites régulières. Ce sont celles pour lesquelles, pour tout $k \in [\![0, N-1]\!]$, la longueur $a_{k+1} - a_k$ est constante égale à $\dfrac{b-a}{N}$. On a alors : $a_k = a + k\dfrac{b-a}{N}$.

Le pas d'une telle subdivision vaut donc $\dfrac{b-a}{N}$.

Une subdivision régulière du segment $[0, 1]$ est donc de la forme $\left(0, \frac{1}{n}, \frac{2}{n}, \cdots, \frac{n-1}{n}, 1\right)$ où $n \in \mathbb{N}^*$.

1.2 Qu'est-ce qu'une fonction en escalier ?

Une fonction réelle f est dite en escalier sur le segment $[a, b]$ s'il existe une subdivision $(a_0, a_1, \cdots, a_N)$ du segment $[a, b]$ et des réels $\lambda_0, \lambda_1, \cdots, \lambda_{N-1}$ tels que, pour tout $k \in [\![0, N-1]\!]$, pour tout $x \in]a_k, a_{k+1}[$, $f(x) = \lambda_k$ (*cf.* Fig. 1).

Une fonction constante est donc en escalier.
Si $[c, d] \subset [a, b]$, la fonction caractéristique du segment $[c, d]$, définie par :

$$f(x) = \begin{cases} 1 \text{ si } x \in [c, d] \\ 0 \text{ sinon} \end{cases}$$

est une fonction en escalier sur le segment $[a, b]$.

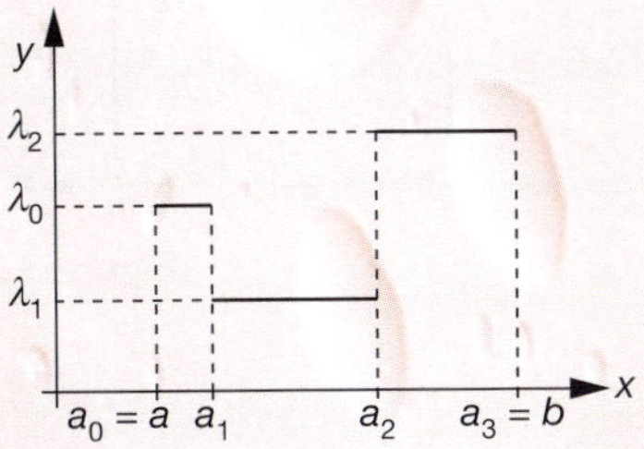

Figure 1

En particulier, si f est constante, égale à C sur $]a, b[$, $\int_a^b f = C(b-a)$.

$\int_a^b f$ ne dépend pas des valeurs prises par f aux différents points de la subdivision.

Lorsque f est positive, $\int_a^b f$ représente la somme des aires des rectangles s'appuyant sur l'axe (Ox), situés sous le graphe de f (*cf.* Fig. 2).

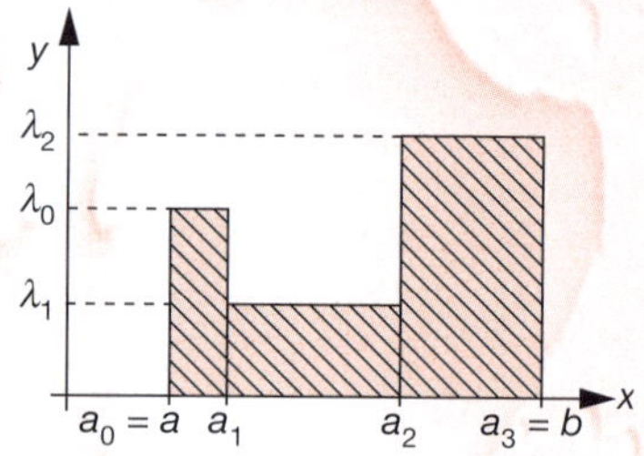

Figure 2

On notera $C_m^0([a, b], \mathbb{R})$ l'ensemble des fonctions continues par morceaux sur $[a, b]$ et à valeurs dans $\mathbb{R}$.

Cette définition est utile en théorie pour obtenir les propriétés de l'intégrale mais sert peu dans la pratique !

Si f une fonction continue par morceaux sur un intervalle I et a, b deux éléments quelconques de I, si $a > b$, on pose $\int_a^b f = -\int_b^a f$ et si $a = b$, $\int_a^a f = 0$.

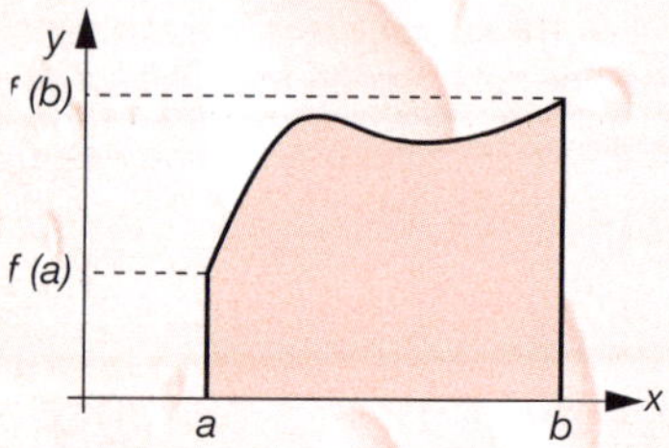

Figure 3

1.3 Comment définit-on l'intégrale d'une fonction en escalier ?

Soit $(a_0, a_1, \cdots, a_N)$ une subdivision du segment $[a, b]$, où $a = a_0 < a_1 < \cdots < a_N = b$ et f la fonction en escalier sur le segment $[a, b]$ telle que, pour tout $k \in [\![0, N-1]\!]$, pour tout $x \in]a_k, a_{k+1}[$, $f(a_k) = \lambda_k$, alors :

$$\int_a^b f = \sum_{k=0}^{N-1} (a_{k+1} - a_k)\lambda_k.$$

Ce réel est indépendant de la subdivision adaptée utilisée.

2 ■ Intégrale d'une fonction continue par morceaux

2.1 Comment définit-on l'intégrale d'une fonction continue par morceaux ?

Soit f une fonction continue par morceaux sur le segment $[a, b]$, on note E_+ l'ensemble des fonctions φ en escalier sur le segment $[a, b]$ qui sont supérieures ou égales à f : $f \leq \varphi$. De même, E_- désigne l'ensemble des fonctions ψ en escalier sur le segment $[a, b]$ qui sont inférieures ou égales à f. On montre alors que : $\inf_{\varphi \in E_+} \int_a^b \varphi = \sup_{\psi \in E_-} \int_a^b \psi$.

Par définition, cette valeur commune est appelée intégrale de la fonction f sur le segment $[a, b]$, elle est notée : $\int_a^b f$ ou $\int_a^b f(t)dt$ ou encore $\int_{[a, b]} f$.

2.2 Comment peut-on interpréter l'intégrale d'une fonction positive ?

L'intégrale d'une fonction continue, positive, sur le segment $[a, b]$, représente l'aire de la portion du plan situé entre l'axe (Ox) et le graphe de la fonction f (*cf.* Fig. 3).

Dans le cas où la fonction f change de signe, on compte positivement les aires situées au-dessus de l'axe (Ox) et négativement celles situées en dessous de cet axe (*cf.* Fig. 4).

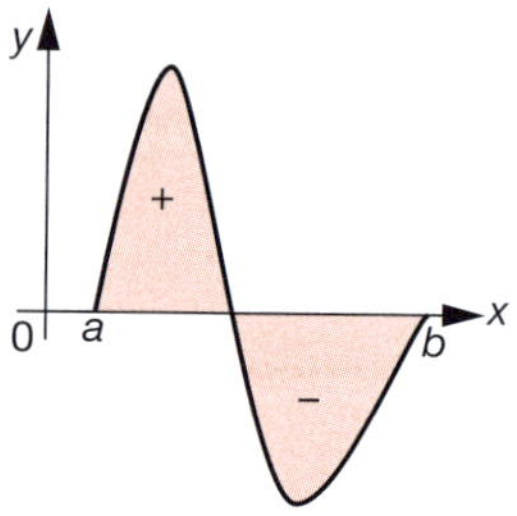

Figure 4

2.3 L'intégrale de *f* dépend-elle des valeurs prises par *f* en *a* et *b* ?

Non, plus précisément, si f et g sont deux fonctions continues par morceaux, égales sauf en un nombre fini de points de $[a, b]$, alors $\int_a^b f = \int_a^b g$. On ne change donc pas l'intégrale de a à b de f en la modifiant en un nombre fini de points, en particulier les valeurs prises par f aux bornes n'interviennent pas dans le calcul de $\int_a^b f$.

C'est une conséquence de la définition de l'intégrale et du fait que cela est vérifié dans le cas d'une fonction en escalier.

3 Quelles sont les propriétés fondamentales de l'intégrale ?

- **La linéarité :** si f et g sont deux fonctions continues par morceaux sur le segment $[a, b]$ alors, pour tout couple de réels (λ, μ),

$$\int_a^b (\lambda f + \mu g) = \lambda \int_a^b f + \mu \int_a^b g .$$

Plus généralement, si $f_1, \cdots, f_N \in C_m^0([a, b], \mathbb{R})$ et $\lambda_1, \cdots, \lambda_N \in \mathbb{R}$, alors :

$$\int_a^b \left(\sum_{k=1}^{N} \lambda_k f_k \right) = \sum_{k=1}^{N} \lambda_k \int_a^b f_k.$$

L'application qui à $f \in C_m^0([a, b], \mathbb{R})$ associe $\int_a^b f$ est donc une forme linéaire.

- **La positivité :** si f est une fonction positive, continue par morceaux sur le segment $[a, b]$, alors $\int_a^b f \geq 0$.

C'est une conséquence de la linéarité et de la positivité de l'intégrale des fonctions en escalier.

- **La croissance :** si f et g sont deux fonctions continues par morceaux sur le segment $[a, b]$ telles que $f \leq g$, alors $\int_a^b f \leq \int_a^b g$.
- **L'inégalité triangulaire :** si f est une fonction continue par morceaux sur le segment $[a, b]$, alors :

$$\left| \int_a^b f \right| \leq \int_a^b |f| .$$

Erreur à éviter :
Si $a \geq b$, il faut garder une valeur absolue dans le terme de droite : $\left| \int_a^b f \right| \leq \left| \int_a^b |f| \right|$.

- **La relation de Chasles :** si f est une fonction continue par morceaux sur le segment $[a, b]$ et $c \in]a, b[$, alors : $\int_a^b f = \int_a^c f + \int_c^b f$.

Plus généralement, si $(a_0, a_1, \ldots, a_N)$ est une subdivision du segment $[a, b]$, $\int_a^b f = \sum_{k=0}^{N-1} \int_{a_k}^{a_{k+1}} f_k$.
La formule de Chasles reste valable pour a, b, c trois réels rangés dans un ordre quelconque.

4 Inégalités

4.1 Qu'appelle t-on inégalité de la moyenne ?

Soit f et g deux fonctions continues par morceaux sur le segment $[a, b]$.

Si $m \leq f \leq M$ et $g \geq 0$ sur $[a, b]$, on a : $m\int_a^b g \leq \int_a^b fg \leq M\int_a^b g$.

Le réel $\frac{1}{b-a}\int_a^b f$ est appelé valeur moyenne de f sur $[a, b]$.

En particulier, $m(b-a) \le \int_a^b f \le M(b-a)$.

On a donc aussi : $\left|\int_a^b fg\right| \le \sup_{t\in[a,\,b]} |f(t)| \int_a^b g$, notamment :

$$\left|\int_a^b f\right| \le (b-a) \sup_{t\in[a,\,b]} |f(t)|.$$

4.2 Qu'est-ce que l'inégalité de Cauchy-Schwarz pour les intégrales ?

Il y a égalité dans cette inégalité si et seulement si, ou bien f est la fonction nulle, ou bien, il existe un réel λ tel que $g = \lambda f$.
L'inégalité de Cauchy-Schwarz reste valable pour des fonctions continues par morceaux.

L'application qui à tout couple (f, g) d'éléments de $C^0([a, b], \mathbb{R})$ associe $\langle f|g\rangle = \int_a^b fg$ définit un produit scalaire sur $C^0([a, b], \mathbb{R})$.

Ainsi, si f et g sont deux fonctions continues sur le segment $[a, b]$, on a :

$$\left|\int_a^b fg\right| \le \sqrt{\int_a^b |f|^2}\,\sqrt{\int_a^b |g|^2}.$$

5 ▬ Que dire d'une fonction continue, positive, dont l'intégrale est nulle ?

Erreur à éviter :
Ne surtout pas oublier l'hypothèse de continuité !

Si f est une fonction **continue** et **positive** sur le segment $[a, b]$, alors :

$$\int_a^b f = 0 \Leftrightarrow \forall t \in [a, b],\ f(t) = 0.$$

Erreur à éviter :
Ne pas oublier l'hypothèse « *f est à valeurs réelles* ». On a en effet $\int_0^{2\pi} e^{it}\,dt = 0$ et $\forall t \in [0, 2\pi],\ e^{it} \ne 0$.

Conséquences :

1) Si f est continue, positive et n'est pas la fonction nulle, alors $\int_a^b f > 0$.

2) Si f est *à valeurs réelles,* continue sur $[a, b]$, et si $\int_a^b f = 0$, alors il existe $c \in]a, b[$ tel que $f(c) = 0$.

3) Si l'application $f \in C_m^0([a, b], \mathbb{R})$ est positive sur $[a, b]$ et si $\int_a^b f = 0$, alors f est nulle en tout point où elle est continue. Cela signifie que f est nulle sur $[a, b]$ sauf peut-être en un nombre fini de points de discontinuité.

6 ▬ Sommes de Riemann

6.1 Qu'est-ce qu'une somme de Riemann ?

On peut aussi considérer la suite $\tilde{R}_n(f) = \frac{b-a}{n}\sum_{k=1}^{n} f(a_k)$.

• Si f est une fonction continue par morceaux sur le segment $[a, b]$, la suite des sommes de Riemann associée à f est donnée par :

$$R_n(f) = \frac{b-a}{n}\sum_{k=0}^{n-1} f(a_k)$$, où $a_k = a + k\frac{b-a}{n}$, $k \in [\![0, n-1]\!]$ et $n \in \mathbb{N}^*$.

- Si f est positive, $\frac{b-a}{n}f(a_k)$ représente l'aire du rectangle de hauteur $f(a_k)$ et dont la base a pour longueur $\frac{b-a}{n}$ (*cf.* Fig. 5).
- $R_n(f)=\frac{b-a}{n}\sum_{k=0}^{n-1}f(a_k)$ correspond à l'intégrale de la fonction en escalier qui prend la valeur $f(a_k)$ sur chaque intervalle $[a_k, a_{k+1}[$ (où $k\in[\![0, n-1]\!]$) (*cf.* Fig. 6).
- On peut toujours se ramener au cas où $a=0$ et $b=1$, dans ce cas, on a :

$$R_n(f)=\frac{1}{n}\sum_{k=0}^{n-1}f\left(\frac{k}{n}\right) \quad \left(\text{ou } \tilde{R}_n(f)=\frac{1}{n}\sum_{k=1}^{n}f\left(\frac{k}{n}\right)\right).$$

- Si f est **continue** sur $[a, b]$, alors $\lim_{n\to+\infty}\frac{b-a}{n}\sum_{k=0}^{n-1}f\left(a+k\frac{b-a}{n}\right)=\int_a^b f.$

6.2 Comment reconnaître une somme de Riemann ?

Pour faire apparaître une somme de Riemann dans une suite (u_n), on essaie d'écrire u_n sous la forme $u_n=\frac{1}{n}\sum_{k=0}^{n-1}f\left(\frac{k}{n}\right)$ (ou $u_n=\frac{1}{n}\sum_{k=1}^{n}f\left(\frac{k}{n}\right)$) où f est une fonction **continue** sur $[0, 1]$. En invoquant le résultat précédent, on en déduit donc que :

$$\lim_{n\to+\infty}\frac{1}{n}\sum_{k=1}^{n}f\left(\frac{k}{n}\right)=\int_0^1 f(t)dt.$$

7 Comment définit-on l'intégrale d'une fonction à valeurs complexes ?

Si f est une fonction continue par morceaux sur le segment $[a, b]$ à valeurs complexes, alors : $\int_a^b f=\int_a^b \mathrm{Re}(f)+i\int_a^b \mathrm{Im}(f)$.

En pratique, on se sert de cette définition pour calculer certaines intégrales de fonctions réelles qui sont la partie réelle ou la partie imaginaire de fonctions complexes simples.

Par exemple, si $f\in C_m^0([a, b], \mathbb{R})$ et $\omega\in\mathbb{R}$, alors :

$$\int_a^b f(t)\sin\omega t\,dt=\mathrm{Im}\left(\int_a^b f(t)e^{i\omega t}dt\right) \text{ et } \int_a^b f(t)\cos\omega t\,dt=\mathrm{Re}\left(\int_a^b f(t)e^{i\omega t}dt\right).$$

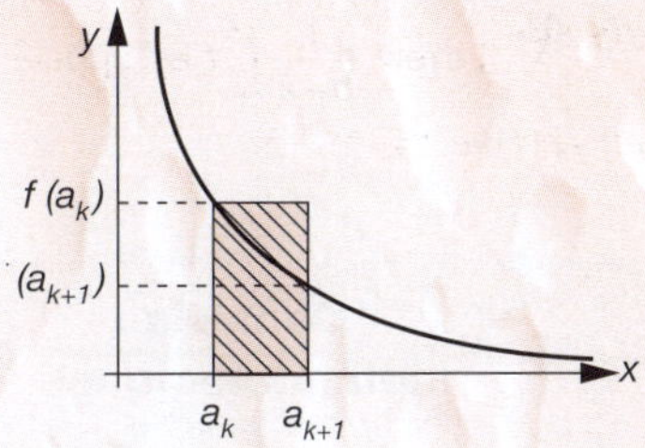

Figure 5

Erreur à éviter :

Ne pas oublier l'hypothèse de continuité !

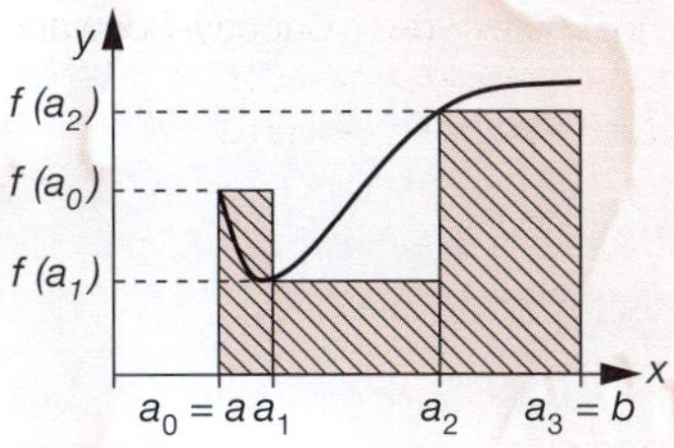

Figure 6

Ce résultat permet donc d'obtenir une approximation de $\int_a^b f$ par la méthode dite « des rectangles ».

On en déduit que, chaque fois qu'on peut définir $\int_a^b f$, on a :

$\int_a^b \mathrm{Re}(f)=\mathrm{Re}\left(\int_a^b f\right)$,

$\int_a^b \mathrm{Im}(f)=\mathrm{Im}\left(\int_a^b f\right)$ et $\int_a^b \bar{f}=\overline{\int_a^b f}$.

Les propriétés de l'intégrale d'une fonction réelle s'étendent au cas des fonctions à valeurs dans $\mathbb{C}$ (en dehors de celles liées à l'ordre sur $\mathbb{R}$).

Les savoir-faire clefs

Conseils méthodologiques

1.1 Écrire $\int_0^1 x dx = \lim_{n\to+\infty} \frac{1}{n}\sum_{k=1}^{n} \frac{k}{n}$.

Procéder de même pour $\int_0^1 x^2 dx$ en utilisant la relation :

$\sum_{k=1}^{n} k^2 = \frac{n(n+1)(2n+1)}{6}$.

1.2 Pour I_n, appliquer le théorème sur les sommes de Riemann à $x \in [0, 1] \mapsto e^x \sin(\pi x)$. Pour J_n, effectuer la différence $I_n - J_n$ puis utiliser l'inégalité $|\sin x - \sin y| \le |x - y|$.

1.3 Passer au logarithme puis faire apparaître une expression du type $\frac{1}{n}\sum_{k=0}^{n-1} f\left(\frac{k}{n}\right)$ où $f \in C^0([0, 1], \mathbb{R})$.

1 ■ Savoir utiliser les sommes de Riemann

1.1 Calculer $\int_0^1 x dx$ et $\int_0^1 x^2 dx$ à l'aide d'une somme de Riemann.

1.2 Déterminer les limites des suites :

$$I_n = \sum_{k=0}^{n-1} \frac{1}{n}\exp\left(\frac{k}{n}\right)\sin\left(\frac{k}{n}\pi\right) \text{ et } J_n = \sum_{k=0}^{n-1} \frac{1}{n}\exp\left(\frac{k}{n}\right)\sin\left(\frac{k+1}{n}\pi\right).$$

1.3 Déterminer $\lim_{n\to+\infty} \frac{1}{n}\prod_{k=1}^{n}(n+k)^{1/n}$.

1.4 Montrer que, pour $\alpha > 0$, $\lim_{n\to+\infty} \frac{1}{n^{\alpha+1}}\sum_{k=1}^{n} k^{\alpha} = \frac{1}{\alpha+1}$.

Indication : Écrire $\frac{1}{n^{\alpha+1}}\sum_{k=1}^{n} k^{\alpha} = \frac{1}{n}\sum_{k=1}^{n}\left(\frac{k}{n}\right)^{\alpha}$ et reconnaître une somme de Riemann.

1.1 On remarque que $x \in [0, 1] \mapsto x$ est une fonction continue sur le segment $[0, 1]$, donc, $\int_0^1 x dx = \lim_{n\to+\infty} \frac{1}{n}\sum_{k=1}^{n}\frac{k}{n}$. Or, on sait que $\sum_{k=1}^{n} k = \frac{n(n+1)}{2}$, donc $\int_0^1 x dx = \lim_{n\to+\infty} \frac{1}{n^2}\frac{n(n+1)}{2} = \frac{1}{2}$. De même, $\int_0^1 x^2 dx = \lim_{n\to+\infty} \frac{1}{n}\sum_{k=1}^{n}\frac{k^2}{n^2}$; or, $\sum_{k=1}^{n} k^2 = \frac{n(n+1)(2n+1)}{6}$, donc $\int_0^1 x^2 dx = \lim_{n\to+\infty} \frac{1}{n^3}\frac{n(n+1)(2n+1)}{6} = \frac{1}{3}$.

1.2 Soit $f : x \in [0,1] \mapsto e^x \sin(\pi x)$, f est une fonction continue sur $[0, 1]$ et $I_n = \sum_{k=0}^{n-1}\frac{1}{n}\exp\left(\frac{k}{n}\right)\sin\left(\frac{k}{n}\pi\right) = \frac{1}{n}\sum_{k=0}^{n-1} f\left(\frac{k}{n}\right)$. Donc, $\lim_{n\to+\infty} I_n = \int_0^1 f(x)dx = I$.

Pour calculer I, on remarque que $e^x \sin \pi x = \mathrm{Im}(e^x e^{i\pi x}) = \mathrm{Im}\left(e^{(1+i\pi)x}\right)$, ainsi :

$$\int_0^1 e^x \sin \pi x dx = \mathrm{Im}\left(\int_0^1 e^{(1+i\pi)x} dx\right).$$

De plus, $\int_0^1 e^{(1+i\pi)x} dx = \left[\frac{e^{(1+i\pi)x}}{1+i\pi}\right]_0^1 = \frac{\left(e^{(1+i\pi)} - 1\right)}{1+i\pi} = -\frac{e+1}{1+i\pi}$.

Donc, $\int_0^1 e^{(1+i\pi)x} dx = -\frac{e+1}{\sqrt{1+\pi^2}}(1 - i\pi)$ et $I = \pi\frac{e+1}{\sqrt{1+\pi^2}}$.

Finalement, $\boxed{\lim_{n\to+\infty} I_n = \pi\frac{e+1}{\sqrt{1+\pi^2}}}$.

La suite (J_n) est définie par : $J_n = \sum_{k=0}^{n-1} \frac{1}{n} \exp\left(\frac{k}{n}\right) \sin\left(\frac{k+1}{n}\pi\right)$.

On a : $J_n - I_n = \sum_{k=0}^{n-1} \frac{1}{n} \exp\left(\frac{k}{n}\right)\left[\sin\left(\frac{k+1}{n}\pi\right) - \sin\frac{k}{n}\pi\right]$ et l'on sait que, pour tout $(x, y) \in \mathbb{R}^2$, $|\sin x - \sin y| \leq |x-y|$ (c'est l'inégalité des accroissements finis appliquée à la fonction sinus en sachant que, pour tout $t \in \mathbb{R}$, $|\sin'(t)| = |\cos t| \leq 1$), ainsi : $|J_n - I_n| \leq \frac{1}{n} \sum_{k=0}^{n-1} \exp\left(\frac{k}{n}\right) \left|\sin\left(\frac{k+1}{n}\pi\right) - \sin\left(\frac{k}{n}\pi\right)\right|$

Donc $|J_n - I_n| \leq \frac{1}{n} \sum_{k=0}^{n-1} \exp\left(\frac{k}{n}\right) \left|\frac{k+1}{n}\pi - \frac{k}{n}\pi\right|$

On a donc prouvé que $|J_n - I_n| \leq \frac{\pi}{n^2} \sum_{k=0}^{n-1} \exp\left(\frac{k}{n}\right)$. On peut introduire la suite (K_n) définie par : $K_n = \frac{1}{n} \sum_{k=0}^{n-1} \exp\left(\frac{k}{n}\right)$, ce qui donne $|J_n - I_n| \leq \frac{\pi}{n} K_n$. Or, K_n est

une somme de Riemann associée à la fonction $g : x \in [0, 1] \mapsto e^x$ qui est bien sûr continue sur $[0, 1]$, donc, d'après le théorème sur les sommes de Riemann, la suite (K_n) converge (vers $\int_0^1 e^x dx$). Elle est donc bornée, ce qui prouve que $\lim_{n \to +\infty} \frac{\pi}{n} K_n = 0$, ainsi, par domination, $\lim_{n \to +\infty} (J_n - I_n) = 0$.

Finalement, $\boxed{\lim_{n \to +\infty} J_n = \lim_{n \to +\infty} I_n = \pi \frac{e+1}{\sqrt{1+\pi^2}}}$.

J_n n'est pas exactement une somme de Riemann mais ressemble fort à I_n. On va démontrer ici que la suite différence $(J_n - I_n)$ converge vers 0, comme la suite (I_n) converge, on pourra en déduire que $\lim_{n \to +\infty} J_n = \lim_{n \to +\infty} I_n$.

1.3 Si $u_n = \frac{1}{n} \prod_{k=1}^{n} (n+k)^{1/n}$, alors :

$$\ln(u_n) = -\ln(n) + \frac{1}{n} \sum_{k=1}^{n} \ln(n+k) = \frac{1}{n} \sum_{k=1}^{n} \ln\left(1 + \frac{k}{n}\right).$$

On reconnaît donc une somme de Riemann !

On introduit alors la fonction f définie sur $[0, 1]$ par : $f(t) = \ln(1+t)$.

f étant continue sur $[0, 1]$, le théorème sur les sommes de Riemann s'applique et la suite $(\ln(u_n))_{n \geq 1}$ converge vers $\int_0^1 f$.

Ainsi, $\lim_{n \to +\infty} \ln(u_n) = \int_0^1 f = [(1+t)\ln(1+t) - t]_0^1 = 2\ln 2 - 1$.

Finalement, par continuité de la fonction l'exponentielle, $\boxed{\lim_{n \to +\infty} u_n = \frac{4}{e}}$.

1.4 On voit que $\frac{1}{n^{\alpha+1}} \sum_{k=1}^{n} k^\alpha = \frac{1}{n} \sum_{k=1}^{n} \left(\frac{k}{n}\right)^\alpha$, on reconnaît encore une somme de Riemann associée à $f : x \in [0, 1] \mapsto x^\alpha$ qui est bien continue sur $[0, 1]$.

Ainsi, $\frac{1}{n} \sum_{k=1}^{n} \left(\frac{k}{n}\right)^\alpha \underset{n \to +\infty}{\to} \int_0^1 x^\alpha dx = \frac{1}{\alpha+1}$, donc $\boxed{\lim_{n \to +\infty} \frac{1}{n^{\alpha+1}} \sum_{k=1}^{n} k^\alpha = \frac{1}{\alpha+1}}$.

Pour $\alpha > 0$, la fonction $f : x \mapsto x^\alpha$ admet pour primitive $x \mapsto \frac{x^{\alpha+1}}{\alpha+1}$ sur $\mathbb{R}^+$.

Autrement dit, $\sum_{k=1}^{n} k^\alpha \underset{n \to +\infty}{\sim} \frac{n^\alpha}{\alpha+1}$.

Conseils méthodologiques

2.1 a) Calculer $I_{n+1}-I_n$ et utiliser que, pour tout $t\in\left[0,\frac{\pi}{4}\right]$, $0\leq \tan t\leq 1$.

2.1 b) Reconnaître que $1+\tan^2 t=\tan'(t)$ pour calculer $I_{n+2}+I_n=\int_0^{\frac{\pi}{4}}\tan^n t\left(1+\tan^2 t\right)dt$.

2.1 c) Si $I=\lim\limits_{n\to+\infty} I_n$ alors $\lim\limits_{n\to+\infty}\left(I_{n+2}+I_n\right)=2I$.

2.2 b) Faire une intégration par parties en écrivant $\frac{x^n}{1+x^n}=\frac{1}{n}x\left(\frac{nx^{n-1}}{1+x^n}\right)$.

2.2 c) Utiliser que, pour tout réel $t>-1$, $\ln(1+t)\leq t$.

2.2 d) Utiliser b) et c) en remarquant que $\frac{1}{n}\int_0^1\ln\left(1+x^n\right)dx\underset{n\to+\infty}{=}o\left(\frac{1}{n}\right)$.

2 ■ Savoir étudier une suite d'intégrales.

2.1 Étude de la suite $I_n=\int_0^{\frac{\pi}{4}}\tan^n t dt$.

a) Montrer que la suite $\left(I_n\right)$ est décroissante. En déduire qu'elle est convergente.

b) Vérifier que, pour tout $n\in\mathbb{N}$, $I_{n+2}+I_n=\frac{1}{n+1}$.

c) En déduire la limite de la suite $\left(I_n\right)$.

2.2 Étude de la suite $I_n=\int_0^1\frac{x^n}{1+x^n}dx$.

a) Montrer que, pour tout $n\in\mathbb{N}$, $0\leq I_n\leq\frac{1}{n+1}$. En déduire la limite de la suite $\left(I_n\right)$. Indication : Écrire que, pour tout $x\in[0,1]$, $\frac{x^n}{1+x^n}\leq x^n$.

b) Vérifier que $I_n=\frac{\ln 2}{n}-\frac{1}{n}\int_0^1\ln\left(1+x^n\right)dx$.

c) Montrer que $0\leq\int_0^1\ln\left(1+x^n\right)dx\leq\int_0^1 x^n dx=\frac{1}{n+1}$.

d) En déduire que $I_n\underset{n\to+\infty}{\sim}\frac{\ln 2}{n}$.

2.1.a) $t\mapsto\tan^n t$ est continue et positive sur $\left[0,\frac{\pi}{4}\right]$, donc, par positivité de l'intégrale, $I_n\geq 0$. D'autre part : $I_n-I_{n+1}=\int_0^{\pi/4}\tan^n t(1-\tan t)dt$, or, pour $t\in\left[0,\frac{\pi}{4}\right]$, $0\leq\tan t\leq 1$, ainsi $I_n-I_{n+1}\geq 0$. Autrement dit, la suite $\left(I_n\right)$ est décroissante. Comme elle est minorée par 0, elle est donc convergente. On note $I=\lim\limits_{n\to+\infty}I_n$.

b) Soit $n\geq 0$: $I_n+I_{n+2}=\int_0^{\pi/4}\tan^n t\left(1+\tan^2 t\right)dt=\left[\frac{\tan^{n+1}(t)}{n+1}\right]_0^{\pi/4}=\frac{1}{n+1}$.

c) On en déduit que $\lim\limits_{n\to+\infty}\left(I_n+I_{n+2}\right)=\lim\limits_{n\to+\infty}\frac{1}{n+1}=0$. Or, $\lim\limits_{n\to+\infty}\left(I_n+I_{n+2}\right)=2I$, donc, par unicité de la limite, $I=0$.

Cette relation de récurrence permet d'obtenir un équivalent de la suite $\left(I_n\right)$. Par décroissance de cette suite, $\frac{1}{n+1}=I_n+I_{n+2}\leq 2I_n$ et $\frac{1}{n+1}=I_n+I_{n+2}\geq 2I_{n+2}$. Donc, pour tout $n\geq 2$, $\frac{1}{2}\frac{1}{n+1}\leq I_n\leq\frac{1}{2}\frac{1}{n-1}$. On en déduit, par encadrement, que : $I_n\underset{n\to+\infty}{\sim}\frac{1}{2n}$.

2.2.a) Pour tout $x\in[0,1]$, $0\leq\frac{x^n}{1+x^n}\leq x^n$, donc, par croissance de l'intégrale, $0\leq I_n=\int_0^1\frac{x^n}{1+x^n}dx\leq\int_0^1 x^n dx=\left[\frac{x^{n+1}}{n+1}\right]_0^1=\frac{1}{n+1}$. Par le théorème d'encadrement, on en déduit que $\boxed{\lim\limits_{n\to+\infty}I_n=0}$.

b) On effectue une intégration par parties en remarquant que :
$\frac{x^n}{1+x^n}=\frac{1}{n}x\left(\frac{nx^{n-1}}{1+x^n}\right)$. Or $\int\frac{nx^{n-1}}{1+x^n}dx=\ln(1+x^n)+C$, ainsi,
$\int_0^1\frac{x^n}{1+x^n}dx=\left[\frac{x}{n}\ln(1+x^n)\right]_0^1-\frac{1}{n}\int_0^1\ln(1+x^n)dx$. D'où :

$$\boxed{I_n=\frac{\ln 2}{n}-\frac{1}{n}\int_0^1\ln(1+x^n)dx}.$$

c) Soit $f:t\in]-1,+\infty[\mapsto\ln(1+t)$. Cette fonction est de classe C^2 sur $]-1,+\infty[$ et, pour tout $t\in]-1,+\infty[$, $f'(t)=\frac{1}{1+t}$, $f''(t)=\frac{-1}{(1+t)^2}$. f'' étant négative sur $]-1,+\infty[$, f y est concave, la courbe représentative de f est donc située sous ses tangentes. Or, pour $t=0$, la tangente est la droite d'équation $y=t$ (car $f'(0)=1$). Ainsi, pour tout $t\in]-1,+\infty[$, $\ln(1+t)\le t$. On en déduit donc que, pour tout $x\in[0,1]$, $0\le\ln(1+x^n)\le x^n$, puis, par intégration, $\boxed{0\le\int_0^1\ln(1+x^n)dx\le\int_0^1x^ndx=\frac{1}{n+1}}$.

d) D'après la question précédente, $\int_0^1\ln(1+x^n)dx\underset{n\to+\infty}{=}O\left(\frac{1}{n}\right)$. Or, d'après la question b) $I_n=\frac{\ln 2}{n}-\frac{1}{n}\int_0^1\ln(1+x^n)dx$, donc $I_n\underset{n\to+\infty}{=}\frac{\ln 2}{n}+O\left(\frac{1}{n^2}\right)$. Ainsi, $\boxed{I_n\underset{n\to+\infty}{\sim}\frac{\ln 2}{n}}$.

3 ■ Savoir utiliser l'inégalité de Cauchy-Schwarz.

3.1 Montrer que, pour tout $f\in C^0([0,1],\mathbb{R})$, $\left|\int_0^1xf(x)dx\right|\le\sqrt{\frac{1}{3}\int_0^1f^2(x)dx}$. Étudier le cas d'égalité.

3.2 Majoration de $\int_0^\pi|f(x)|^2dx$ où $f\in C^1([-\pi,\pi])$ impaire.

a) Vérifier que, pour tout réel $x\in[0,\pi]$, $f^2(x)\le x\int_0^x f'^2(t)dt$.

b) Montrer alors que $\int_0^\pi f^2(x)dx\le\frac{\pi^2}{2}\int_0^\pi f'^2(t)dt$.

c) Montrer qu'il y a égalité dans cette inégalité si et seulement si f est la fonction nulle. Indications : Introduire la fonction $g:x\mapsto x\int_0^\pi f'^2(t)dt-f^2(x)$, vérifier que $\int_0^\pi g(x)dx=0$ et g positive.

d) Qu'obtient-on pour $f:x\mapsto\sin x$?

Conseils méthodologiques

3.1. Utiliser l'inégalité de Cauchy-Schwarz avec f et la fonction $x\in[0,1]\mapsto x$.

3.2.a) Penser à écrire, $f(x)=\int_0^x f'(t)dt$ puis appliquer Cauchy-Schwarz avec 1 et f'.

3.2.b) Majorer $\int_0^x f'^2(t)dt$ par $\int_0^\pi f'^2(t)dt$ puis intégrer entre 0 et π.

3.2.c) Montrer que, si f est non nulle, $\int_0^\pi f'^2(t)dt>0$, en déduire une contradiction et conclure.

3.2.d) Après calculs, constater que l'inégalité est stricte dans cet exemple

Inégalité de Cauchy-Schwarz :
si f et g sont deux fonctions *continues* sur le segment $[a, b]$, on a :

$$\left|\int_a^b fg\right| \leq \sqrt{\int_a^b |f|^2}\sqrt{\int_a^b |g|^2}.$$

Si g n'est pas la fonction nulle, il y a égalité dans cette inégalité si et seulement s'il existe un réel λ tel que $f = \lambda g$.

Dans le calcul du **3.2.b**, $\int_0^\pi x dx = \frac{\pi^2}{2}$ et l'intégrale $\int_0^\pi f'^2(t)dt$ est une constante par rapport à la variable x d'intégration.

3.3 Soit $f \in C^0([0, 1], \mathbb{R})$, d'après l'inégalité de Cauchy-Schwarz appliquée à f et la fonction $x \in [0,1] \mapsto x$, on a :

$$\left|\int_0^1 xf(x)dx\right| \leq \sqrt{\int_0^1 x^2 dx}\sqrt{\int_0^1 f^2(x)dx}.$$

Or $\int_0^1 x^2 dx = \frac{1}{3}$. Donc, $\boxed{\left|\int_0^1 xf(x)dx\right| \leq \sqrt{\frac{1}{3}\int_0^1 f^2(x)dx}}$. De plus, il y aura égalité dans cette inégalité si et seulement s'il existe une constante C telle que, pour tout $x \in [0, 1]$, $\boxed{f(x) = Cx}$.

3.4.a) Si $f \in C^1([-\pi, \pi])$, impaire, alors, pour tout $x \in \mathbb{R}$, $f(x) = \int_0^x f'(t)dt$ (car $f(0) = 0$). Par application de l'inégalité de Cauchy Schwarz avec la fonction constante égale à 1 et la fonction f', il vient : pour tout réel $x \in [0, \pi]$, $\left|\int_0^x f'(t)dt\right|^2 \leq \int_0^x 1^2 dt \int_0^x f'^2(t)dt$. Donc, $\boxed{f^2(x) \leq x\int_0^x f'^2(t)dt}$.

b) f'^2 étant positive, pour tout $x \in [0, \pi]$, $\int_0^x f'^2(t)dt \leq \int_0^\pi f'^2(t)dt$, autrement dit : $f^2(x) \leq x\int_0^\pi f'^2(t)dt$.

D'où, par intégration entre 0 et π, $\int_0^\pi f^2(x)dx \leq \frac{\pi^2}{2}\int_0^\pi f'^2(t)dt$.

c) On suppose que f vérifie le cas d'égalité dans cette inégalité, on a donc : $\int_0^\pi f^2(x)dx = \frac{\pi^2}{2}\int_0^\pi f'^2(t)dt$.

Considérons la fonction $g : x \mapsto x\int_0^\pi f'^2(t)dt - f^2(x)$, alors :

$$\int_0^\pi g(x)dx = \int_0^\pi \left[x\int_0^\pi f'^2(t)dt - f^2(x)\right]dx = \frac{\pi^2}{2}\int_0^\pi f'^2(t)dt - \int_0^\pi f^2(x)dx = 0.$$

Donc $\int_0^\pi g(x)dx = 0$. Or, d'après la question 3.2 a), pour tout $x \in [0, \pi]$, $f^2(x) \leq x\int_0^x f'^2(t)dt$ et $x\int_0^x f'^2(t)dt \leq x\int_0^\pi f'^2(t)dt$, donc $f^2(x) \leq x\int_0^\pi f'^2(t)dt$.

Ainsi, g est positive. Comme elle est aussi continue, par théorème (*cf.* Le cours en questions 5) g est la fonction nulle. Mais alors, si f n'était pas la fonction nulle, f' ne pourrait être nulle car, sinon, f serait constante, et comme $f(0) = 0$, f serait nulle, ce qui n'est pas. Ainsi f'^2 est une fonction continue, positive, qui n'est pas la fonction nulle, par théorème (*cf.* Le cours en questions 5) $\int_0^\pi f'^2(t)dt > 0$. Notons $a = \int_0^\pi f'^2(t)dt$, on a donc, pour tout $x \in [0, \pi]$, $f^2(x) = ax$ (car $g = 0$), ainsi, pour tout $x \in [0, \pi]$, $|f(x)| = \sqrt{ax}$.
Mais f est dérivable en 0 et $f(0) = 0$, donc $x \mapsto \frac{f(x)}{x}$ est bornée sur $]0, \pi]$, alors qu'ici, $\left|\frac{f(x)}{x}\right| = \sqrt{\frac{a}{x}}$ ne l'est pas, ce qui est contradictoire. Ainsi, f est la fonction nulle.

d) Pour $f : x \mapsto \sin x$, alors $\int_0^\pi f^2(x)dx = \int_0^\pi \sin^2 x\, dx$.

Or, $\int_0^\pi \sin^2 x\, dx = \int_0^\pi \frac{1-\cos 2x}{2} dx = \frac{1}{2}\left[x - \frac{\sin 2x}{2}\right]_0^\pi = \frac{\pi}{2}$

et $\frac{\pi^2}{2}\int_0^\pi f'^2(t)dt = \frac{\pi^2}{2}\int_0^\pi \cos^2 t dt$.

De même, $\int_0^\pi \cos^2 t\, dt = \int_0^\pi \frac{1+\cos 2t}{2} dt = \frac{1}{2}\left[t + \frac{\sin 2t}{2}\right]_0^\pi = \frac{\pi}{2}$.

On a donc bien $\boxed{\int_0^\pi f^2(x)dx < \frac{\pi^2}{2}\int_0^\pi f'^2(t)dt}$.

4 ■ Savoir utiliser les propriétés liées à la continuité.

4.1 Une fonction nulle.

Soit $f \in C^0([0, 1], \mathbb{R})$, montrer que $f = 0$ lorsque :

a) a) Pour toute fonction $g \in C^0([0, 1], \mathbb{R})$, $\int_0^1 f(x)g(x)dx = 0$.

b) b) Pour toute fonction $g \in C^2([0, 1], \mathbb{R})$, $\int_0^1 f(x)g(x)dx = 0$.

4.2 Existence de zéros.

Soit $f \in C^0([0, \pi], \mathbb{R})$ telle que $\int_0^\pi f(t)\cos t dt = \int_0^\pi f(t)\sin t dt = 0$, montrer d'abord l'existence d'un zéro $\alpha \in]0, \pi[$ de f en raisonnant par l'absurde et en utilisant $\int_0^\pi f(t)\sin t dt = 0$, puis montrer qu'il existe deux réels $\alpha, \beta \in]0, \pi[$, distincts, tels que $f(\alpha) = f(\beta) = 0$.

Conseils méthodologiques

4.1.a) Prendre $g = f$.

4.1.b) Introduire la fonction $F : x \mapsto \int_0^x f(t)dt$ puis la fonction $g : x \mapsto \int_x^1 F(t)dt$ et appliquer la propriété de définition de f à g en effectuant une intégration par parties.

4.2. En supposant que f ne s'annule qu'en en changeant de signe, considérer la fonction $g : t \mapsto f(t)\sin(t-\alpha)$ et vérifier que $\int_0^\pi g(t)dt = 0$ pour obtenir une contradiction.

4.1.a) En prenant $g = f$, on obtient : $\int_0^1 f(x)g(x)dx = \int_0^1 f^2(x)dx = 0$. f^2 étant une fonction continue et positive sur $[0, 1]$, par théorème, $f^2 = 0$. Ainsi $f = 0$.

b) Le principe est le même, mais on considère $F : x \mapsto \int_0^x f(t)dt$ et on choisit ici $g : x \mapsto \int_x^1 F(t)dt$. Alors, par primitivation, F est bien de classe C^1 sur $[0, 1]$ et g est de classe C^2 sur $[0, 1]$. On peut donc appliquer à g la propriété de définition de f. Ainsi, $\int_0^1 f(x)g(x)dx = 0$. Or, en effectuant une intégration par parties, $\int_0^1 f(x)g(x)dx = [F(x)g(x)]_0^1 - \int_0^1 F(x)g'(x)dx$ (car $F' = f$). Or, $F(0) = 0$, $g(1) = 0$ et $g' = -F$, d'où :

$$\int_0^1 f(x)g(x)dx = \int_0^1 F^2(x)dx.$$

Ainsi, $\int_0^1 F^2(x)dx = 0$. F^2 étant une fonction continue et positive sur $[0, 1]$, par théorème, $F^2 = 0$. Ainsi, $F = 0$ et, par dérivation $f = 0$.

4.2 Supposons que f ne s'annule pas sur $]0, \pi[$, par continuité sur $[0, \pi]$, f garde donc un signe constant sur $[0, \pi]$, quitte à changer f en $-f$, on peut supposer que $f \geq 0$. Soit alors $h : t \mapsto f(t)\sin t$, h est une fonction continue, positive sur $[0, \pi]$, telle que $\int_0^\pi f(t)\sin t dt = 0$, cela impliquerait par théorème (*cf.* Le cours en questions 5) que, pour tout $t \in [0, \pi]$, $f(t)\sin t = 0$, ce qui contredit le fait qu'au contraire, pour tout $t \in]0, \pi[$, $f(t)\sin t \neq 0$. Ainsi, il existe $\alpha \in]0, \pi[$ tel que $f(\alpha) = 0$. Supposons maintenant que f ne s'annule qu'en α sur l'intervalle $]0, \pi[$, si f gardait un signe constant sur le segment $[0, \pi]$, alors le raisonnement précédent aboutit à la même contradiction (on aurait toujours $f(t)\sin t = 0$ pour tout $t \in [0, \pi]$, ce qui n'est pas). Ainsi, f ne s'annulerait qu'en α sur $]0, \pi[$ en changeant de signe. f étant continue sur $[0, \alpha]$ et $[\alpha, \pi]$, elle y garde encore un signe constant (soit positif, puis négatif, soit le contraire). Quitte à changer f en $-f$, on peut supposer que f est négative sur $[0, \alpha]$ puis positive sur $[\alpha, \pi]$. Considérons alors la fonction $g : t \mapsto f(t)\sin(t - \alpha)$, par construction, g est continue, positive sur $[0, \pi]$ et ne s'annule qu'en α.

L'équation $\sin(t-\alpha) = 0$ admet comme solutions : $t = \alpha + k\pi$, $k \in \mathbb{Z}$. La seule solution de cette équation se trouvant dans l'intervalle $[0, \pi]$ est donc $t = \alpha$. De plus, si $t \in [0, \alpha[$, $t - \alpha \in [-\alpha, 0[$ et $\sin(t-\alpha) < 0$. De même, si $t \in]\alpha, \pi]$, $t - \alpha \in]0, \pi - \alpha]$ et $\sin(t-\alpha) > 0$.

Enfin, $\int_0^\pi g(t)dt = \int_0^\pi f(t)\sin(t-\alpha)dt$, donc :

$$\int_0^\pi g(t)dt = \cos\alpha \int_0^\pi f(t)\sin t dt - \sin\alpha \int_0^\pi f(t)\cos t dt = 0.$$

Le même théorème affirme encore que, pour tout $t \in [0, \pi]$, $g(t) = 0$, ce qui n'est pas. Ainsi, il existe un autre réel $\beta \in]0, \pi[$ et différent de α tel que $f(\beta) = 0$.

Pour maîtriser les bases

1. Étude de la suite $I_n = \int_0^1 \frac{t^n}{1+t}\,dt$ — D'après CCP

a) Pour tout entier naturel n, on note $I_n = \int_0^1 \frac{t^n}{1+t}\,dt$, quelle est la limite de la suite (I_n) ?

b) Montrer que $I_n \underset{n\to+\infty}{\sim} \frac{1}{2n}$.

c) Montrer que, pour tout $n \in \mathbb{N}$, $S_n = \sum_{k=0}^{n} \frac{(-1)^k}{k+1} = \int_0^1 \frac{dt}{1+t} + (-1)^n I_{n+1}$.

d) En déduire que la suite $(S_n)_{n\geq 0}$ converge vers $\ln 2$.

e) Déterminer un équivalent de $\ln 2 - S_n$ quand n tend vers $+\infty$.

Conseils méthodologiques : **a)** Encadrer I_n. **b)** Transformer I_n par parties. **c)** Remarquer que $\int_0^1 t^k dt = \frac{1}{k+1}$ et utiliser les propriétés des suites géométriques.

a) On remarque que, pour tout $t \in [0, 1]$, $0 \leq \frac{1}{1+t} \leq 1$, donc $0 \leq I_n \leq \int_0^1 t^n dt = \frac{1}{n+1} \underset{n\to+\infty}{\to} 0$ ainsi, $\lim\limits_{n\to+\infty} I_n = 0$.

b) Par intégration par parties, il vient : $I_n = \int_0^1 \frac{t^n}{1+t}\,dt = \left[\frac{t^{n+1}}{n+1}\frac{1}{1+t}\right]_0^1 + \frac{1}{n+1}\int_0^1 t^{n+1}\frac{1}{(1+t)^2}\,dt$.

Ainsi, $I_n = \frac{1}{2(n+1)} + \frac{1}{n+1}R_n$ où $R_n = \int_0^1 \frac{t^{n+1}}{(1+t)^2}dt$. Or, de la même façon que dans la question a, $0 \leq R_n \leq \int_0^1 t^{n+1}dt = \frac{1}{n+1} \underset{n\to+\infty}{\to} 0$, donc $\lim\limits_{n\to+\infty} R_n = 0$.

Ainsi, $I_n \underset{n\to+\infty}{=} \frac{1}{2(n+1)} + o\left(\frac{1}{n+1}\right)$, ce qui implique que $I_n \underset{n\to+\infty}{\sim} \frac{1}{2n}$.

c) On remarque que, pour tout entier naturel k, $\frac{1}{k+1} = \int_0^1 t^k dt$.

Donc, pour tout $n \in \mathbb{N}$, $S_n = \sum_{k=0}^{n} \frac{(-1)^k}{k+1} = \sum_{k=0}^{n} (-1)^k \int_0^1 t^k dt = \int_0^1 \left(\sum_{k=0}^{n} (-1)^k t^k\right) dt$ (par linéarité de l'intégrale).

Pour tout $t \in [0, 1]$, $-t \neq 1$, donc, pour tout $n \in \mathbb{N}$, $\sum_{k=0}^{n} (-1)^k t^k = \frac{1-(-t)^{n+1}}{1+t}$ (il s'agit de la somme des $n+1$ premiers termes d'une suite géométrique de raison $-t$).

Ainsi, $S_n = \int_0^1 \left(\frac{1-(-t)^{n+1}}{1+t} \right) dt = \int_0^1 \frac{dt}{1+t} + (-1)^n \int_0^1 \frac{t^{n+1}}{1+t} dt$.

d) D'après ce qui précède, $S_n = \int_0^1 \frac{dt}{1+t} + (-1)^n I_{n+1} = \ln 2 + (-1)^n I_{n+1}$. On a vu, dans la question a, que $\lim_{n\to+\infty} I_n = 0$, on en déduit donc que $\lim_{n\to+\infty} S_n = \ln 2$.

e) On vient de voir que : $\ln 2 - S_n = (-1)^{n+1} I_{n+1}$. Or $I_n \underset{n\to+\infty}{\sim} \frac{1}{2n}$, donc $\ln 2 - S_n \underset{n\to+\infty}{\sim} \frac{(-1)^{n+1}}{2n}$.

2. Deuxième formule de la moyenne — D'après CCP

Soit f et g deux fonctions continues sur le segment $[a, b]$, f étant décroissante, positive et de classe C^1 sur $[a, b]$.

Montrer qu'il existe $c \in [a, b]$ tel que : $\int_a^b f(t)g(t)dt = f(a)\int_a^c g(t)dt$.

Conseils méthodologiques : dans le cas où $f(a) \neq 0$, introduire $G : x \mapsto \int_a^x g(t)dt$ et montrer que $\frac{1}{f(a)}\int_a^b f(t)g(t)dt \in [m, M]$, où $m = \min_{[a,b]} G$ et $M = \max_{[a,b]} G$. Conclure par le théorème des valeurs intermédiaires.

1er cas : $f(a) = 0$. Dans ce cas, f étant positive et décroissante sur $[a, b]$, pour tout $t \in [a, b]$, $0 \leq f(t) \leq f(a) = 0$, donc $f = 0$.

Ainsi, pour tout $c \in [a, b]$, $0 = \int_a^b fg = f(a)\int_0^c g$.

2e cas : $f(a) > 0$. On considère la fonction $G : x \in [a, b] \mapsto \int_a^x g(t)dt$.

On est ramené à montrer qu'il existe $c \in [a, b]$ tel que $\delta = \frac{1}{f(a)}\int_a^b fg = G(c)$.

Pour cela, d'après le théorème des valeurs intermédiaires, G étant continue sur $[a, b]$, il suffit de prouver que $m \leq \delta \leq M$ où $m = \min_{[a,b]} G$ et $M = \max_{[a,b]} G$.

f étant de classe C^1 sur le segment $[a, b]$, par intégration par parties, il vient :

$$f(a)\delta = \int_a^b f(t)g(t)dt = \left[f(x)G(x)\right]_a^b - \int_a^b f'(t)G(t)dt \quad = \underbrace{f(b)G(b)}_{A} + \underbrace{\int_a^b (-f'(t))G(t)dt}_{B}.$$

f étant positive et $G(b) \in [m, M]$, on a donc $mf(b) \leq A \leq Mf(b)$.

f étant décroissante, $-f'$ est positive, on a, pour tout $t \in [a, b]$, $-mf'(t) \leq -f'(t)G(t) \leq -Mf'(t)$.

Ainsi, $-m\int_a^b f'(t)dt \leq -\int_a^b f'(t)G(t)dt \leq -M\int_a^b f'(t)dt$.

Autrement dit, $m(f(a) - f(b)) \leq B \leq M(f(a) - f(b))$.

Par sommation, $mf(a) \leq \delta f(a) \leq Mf(a)$. Ce qui donne le résultat voulu.

3. Intégrales de Wallis — D'après TPE

Pour tout entier naturel non nul n, on pose : $W_n = \int_0^{\pi/2} \cos^n t dt$.

a) Donner les valeurs de W_0 et W_1.

b) Justifier que, pour tout $n \in \mathbb{N}$, $W_n > 0$.

c) Montrer que, pour tout $n \in \mathbb{N}$, $(n+2)W_{n+2} = (n+1)W_n$.

d) Montrer que la suite $(W_n)_{n\geq 0}$ est décroissante.

e) En déduire que : $\forall n \geq 0,\ \frac{n+1}{n+2} \leq \frac{W_{n+1}}{W_n} \leq 1$, puis montrer que $\lim_{n\to+\infty} \frac{W_{n+1}}{W_n} = 1$.

f) Donner, pour tout entier naturel n, en distinguant suivant la parité de n, une expression de W_n écrite uniquement à l'aide de factorielles et de puissances.

g) Calculer le produit $W_{2n}W_{2n+1}$.

h) En déduire un équivalent de W_{2n} quand n tend vers l'infini.

i) Montrer alors que : $W_n \underset{n\to+\infty}{\sim} \sqrt{\frac{\pi}{2n}}$ (formule de Wallis).

Conseils méthodologiques : b) Utiliser le théorème portant sur l'intégrale d'une fonction continue et positive.

c) On pourra remarquer que $\forall n \in \mathbb{N}, \forall t \in \mathbb{R} : \cos^{n+2} t = \cos^n t - \sin t(\sin t \cos^n t)$ puis utiliser une intégration par parties.

e) Utiliser la question c) et s'appuyer sur l'inégalité $W_{n+2} \leq W_{n+1}$.

f) Exprimer W_{2n+2} en fonction de W_{2n}, puis en fonction de W_{2n-2} et postuler une formule de récurrence.

h) Remarquer que $W_{2n+1} \underset{n\to+\infty}{\sim} W_{2n}$ et utiliser la question g).

i) Considérer la suite $\alpha_n = W_n\sqrt{\frac{2n}{\pi}}$ et déterminer la limite des suites extraites (α_{2n}) et (α_{2n+1}).

a) On a : $W_0 = \int_0^{\pi/2} dt = \frac{\pi}{2}$ et $W_1 = \int_0^{\pi/2} \cos t dt = [\sin t]_0^{\pi/2} = 1$.

b) Soit $n \in \mathbb{N}$, l'application $t \mapsto \cos^n t$ est continue, positive et n'est pas la fonction nulle sur $\left[0, \frac{\pi}{2}\right]$, ainsi, par théorème, $W_n > 0$.

c) Soit $n \in \mathbb{N}$, on sait que, pour tout réel t, $\cos^2 t = 1 - \sin^2 t$, il s'ensuit que : $\cos^{n+2} t = \cos^n t - \sin t(\sin t \cos^n t)$. Mais alors, $W_{n+2} = \int_0^{\pi/2} \cos^n t dt - \int_0^{\pi/2} \sin t(\sin t \cos^n t) dt$.

Par intégration par parties, $\int_0^{\pi/2} \sin t(\sin t \cos^n t) dt = \left[-\sin t \frac{\cos^{n+1} t}{n+1}\right]_0^{\pi/2} + \frac{1}{n+1}\int_0^{\pi/2} \cos^{n+2} t dt$.

Or, $\left[\sin t \frac{\cos^{n+1} t}{n+1}\right]_0^{\pi/2} = 0$, donc, finalement : $W_{n+2} = W_n - \frac{1}{(n+1)} W_{n+2}$.

Autrement dit, $(n+2)W_{n+2} = (n+1)W_n$.

d) Pour tout $t \in \left[0, \frac{\pi}{2}\right]$, pour tout $n \in \mathbb{N}$, $\cos^{n+1} t \leq \cos^n t$, donc, par, croissance de l'intégrale, $\int_0^{\pi/2} \cos^{n+1} t dt \leq \int_0^{\pi/2} \cos^n t dt$. Ainsi, la suite $(W_n)_{n\geq 0}$ est décroissante.

e) Soit $n \geq 0$, la suite $(W_n)_{n\geq 0}$ étant décroissante et strictement positive, on a : $1 \geq \frac{W_{n+1}}{W_n} \geq \frac{W_{n+2}}{W_n} = \frac{n+1}{n+2}$. Or, on sait que $\lim\limits_{n\to+\infty} \frac{n+1}{n+2} = 1$, donc, d'après le théorème des suites encadrantes, $\boxed{\lim\limits_{n\to+\infty} \frac{W_{n+1}}{W_n} = 1}$.

Remarque :

Cette suite étant, par ailleurs, minorée (par 0), elle est donc convergente. Sa limite n'est pas simple à obtenir directement, on constatera à la question i) que cette limite est nulle.

f) On sait que, pour tout $n \in \mathbb{N}$, $W_{2n+2} = \frac{2n+1}{2n+2} W_{2n}$, de même, si $n \geq 1$, $W_{2n} = \frac{2n-1}{2n} W_{2n-2}$, c'est-à-dire $W_{2n+2} = \frac{2n+1}{2n+2} \cdot \frac{2n-1}{2n} W_{2n-2}$. En itérant ce procédé, on peut postuler que, pour tout $n \in \mathbb{N}$, on obtient : $W_{2n} = \frac{(2n-1)(2n-3)\cdots 1}{2n(2n-2)\cdots 2} W_0$. En multipliant haut et bas par le produit des entiers pairs : $2n(2n-2)\cdots 2$, il vient $W_{2n} = \frac{2n(2n-1)(2n-2)(2n-3)\cdots 2\times 1}{\left(2n(2n-2)\cdots 2\right)^2} W_0$, soit $W_{2n} = \frac{(2n)!}{4^n (n!)^2} W_0$.

On fait donc l'hypothèse de récurrence : (H_n) $W_{2n} = \frac{(2n)!}{4^n (n!)^2} W_0$ où $n \in \mathbb{N}$.

- (H_0) est réalisée car $\frac{(0)!}{4^0 (0!)^2} W_0 = W_0$.
- Soit $n \in \mathbb{N}$ tel que (H_n) soit vraie alors $W_{2n} = \frac{(2n)!}{4^n (n!)^2} W_0$, or on sait que $W_{2n+2} = \frac{2n+1}{2n+2} W_{2n}$, donc $W_{2n+2} = \frac{2n+1}{2n+2} \frac{(2n)!}{4^n (n!)^2} W_0 = \frac{(2n+2)(2n+1)}{(2n+2)^2} \frac{(2n)!}{4^n (n!)^2} W_0$. Ainsi, $W_{2n+2} = \frac{(2n+2)!}{4^{n+1}\left[(n+1)!\right]^2} W_0$ et (H_{n+1}) est réalisée.
- Finalement, d'après le principe de récurrence, (H_n) est vraie pour tout entier $n \in \mathbb{N}$.

Autrement dit, pour tout entier naturel n, $\boxed{W_{2n} = \frac{(2n)!}{4^n (n!)^2} \frac{\pi}{2}}$.

De même, on sait que, pour tout $n \in \mathbb{N}^*$, $W_{2n+1} = \frac{2n}{2n+1} W_{2n-1}$, on obtient alors, par la même méthode, que :

$$W_{2n+1} = \frac{2n(2n-2)\cdots 2}{(2n+1)(2n-1)\cdots 3} W_1 = \frac{4^n (n!)^2}{(2n+1)!}.$$

g) Soit $n \in \mathbb{N}$, d'après le résultat précédent, $W_{2n} W_{2n+1} = \frac{(2n)!}{4^n (n!)^2} \frac{\pi}{2} \frac{4^n (n!)^2}{(2n+1)!} = \frac{\pi}{2} \frac{1}{2n+1}$.

h) D'après la question e), $\lim\limits_{n\to+\infty} \frac{W_{2n+1}}{W_{2n}} = 1$, autrement dit, $W_{2n+1} \underset{n\to+\infty}{\sim} W_{2n}$. Mais alors, $W_{2n} W_{2n+1} \underset{n\to+\infty}{\sim} W_{2n}^2$. Or, $W_{2n} W_{2n+1} = \frac{\pi}{2} \frac{1}{2n+1}$, donc $W_{2n}^2 \underset{n\to+\infty}{\sim} \frac{\pi}{4n}$. W_{2n} étant strictement positif, on a donc $\boxed{W_{2n} \underset{n\to+\infty}{\sim} \sqrt{\frac{\pi}{4n}}}$.

i) On vient de voir que $W_{2n} \underset{n\to+\infty}{\sim} W_{2n+1} \underset{n\to+\infty}{\sim} \sqrt{\frac{\pi}{2(2n)}} \underset{n\to+\infty}{\sim} \sqrt{\frac{\pi}{2(2n+1)}}$.

Soit alors $\alpha_n = W_n\sqrt{\dfrac{2n}{\pi}}$, d'après ce qui précède, on a donc : $\lim\limits_{n\to+\infty} \alpha_{2n} = \lim\limits_{n\to+\infty} \alpha_{2n+1} = 1$.

On peut en déduire, par théorème, que $\lim\limits_{n\to+\infty} \alpha_n = 1$.

Autrement dit : $W_n \underset{n\to+\infty}{\sim} \sqrt{\dfrac{\pi}{2n}}$ (ce qui prouve en particulier que $\lim\limits_{n\to+\infty} W_n = 0$).

Pour approfondir

4. Accélération de la méthode des rectangles ______ d'après ESCP

Soit f une application continue de $[a, b]$ dans $\mathbb{R}$, avec $a < b$. L'objet du problème est l'étude d'approximations de l'intégrale : $J = \int_a^b f(x)dx$ par la méthode des rectangles, c'est-à-dire par la suite $(u_n)_{n\geq 1}$ définie par : $u_n = \dfrac{b-a}{n}\sum\limits_{k=0}^{n-1} f(x_k)$, avec : $x_k = a + k\dfrac{b-a}{n}$, $0 \leq k \leq n$, puis de façon plus performante, par les suites $(v_n)_{n\geq 1}$ et $(w_n)_{n\geq 1}$ définies par : $v_n = 2u_{2n} - u_n$ et $w_n = \dfrac{4v_{2n} - v_n}{3}$.

Partie I. Étude d'un premier exemple.

Dans cette partie, on prend $[a, b] = [0, 1]$ et $f(x) = \dfrac{4}{1+x^2}$.

1. Écrire en MAPLE un algorithme de calcul de u_n lorsque l'entier naturel non nul n est donné.
À l'aide de cet algorithme, remplir le tableau suivant :

u_1	v_1	w_1
u_2	v_2	w_2
u_4	v_4	w_4
u_8	v_8	w_8
u_{16}	v_{16}	w_{16}

(On donnera les résultats numériques de ce tableau avec six décimales).

2. Calculer l'intégrale J. (On pourra poser $x = \tan t$).
Évaluer la précision des résultats numériques obtenus ci-dessus.

Partie II. Étude d'un second exemple.

Dans cette seconde partie, on considère un réel λ strictement positif et différent de 1, $[a, b] = [0, \pi]$ et $f(x) = \ln(\lambda^2 - 2\lambda\cos x + 1)$.

1. Soit n un entier naturel non nul.

a) Déterminer sous forme trigonométrique les racines dans $\mathbb{C}$ de l'équation : $y^{2n} - 1 = 0$.

b) En déduire l'égalité $y^{2n} - 1 = (y^2 - 1)\prod\limits_{k=1}^{n-1}\left(y^2 - 2y\cos\dfrac{k\pi}{n} + 1\right)$.

2. **a)** Déduire de la question précédente une expression simplifiée de u_n et de v_n.
b) En distinguant les cas $\lambda < 1$ et $\lambda > 1$, calculer l'intégrale J en déterminant la limite de la suite (u_n), puis donner des équivalents de $u_n - J$ et de $v_n - J$.

Partie III. Étude du cas général.

On suppose désormais que la fonction f est de classe C^4 sur $[a, b]$. Pour tout nombre entier naturel k tel que $1 \leq k \leq 4$, on pose : $M_k = \sup\limits_{a \leq x \leq b} \left|f^{(k)}(x)\right|$.
(On rappelle que la notation $f^{(k)}$ désigne la dérivée d'ordre k de la fonction f).

1. Soit $[\alpha, \beta]$ un segment inclus dans $[a, b]$. On considère la fonction auxiliaire p définie sur $[\alpha, \beta]$ par la relation : $p(x) = \int_\alpha^x f(t)\,dt - (x-\alpha)f(\alpha)$.
a) Calculer les deux premières dérivées de p.
b) Montrer que, pour tout élément x de $[\alpha, \beta]$, on a : $-M_1 \leq p''(x) \leq M_1$.
En déduire, par intégration, un encadrement de $p(x)$ pour $\alpha \leq x \leq \beta$, puis établir l'inégalité suivante :

$$\left|\int_\alpha^\beta f(t)\,dt - (\beta-\alpha)f(\alpha)\right| \leq \frac{(\beta-\alpha)^2}{2} M_1.$$

c) En appliquant cette inégalité aux segments $[x_k, x_{k+1}]$ pour $0 \leq k \leq n-1$, prouver enfin que :

$$|J - u_n| \leq \frac{(b-a)^2}{2n} M_1.$$

2. Soit $[\alpha, \beta]$ un segment inclus dans $[a, b]$. On considère la fonction auxiliaire q définie sur $[\alpha, \beta]$ par la relation :

$$q(x) = p(x) - \frac{(x-\alpha)[f(x) - f(\alpha)]}{2}.$$

a) Calculer les deux premières dérivées de q.
b) Établir l'inégalité suivante : $\left|\int_\alpha^\beta f(t)\,dt - (\beta-\alpha)f(x) - \frac{(\beta-\alpha)[f(\beta)-f(\alpha)]}{2}\right| \leq \frac{(\beta-\alpha)^3}{12} M_2.$
(On pourra encadrer $q''(x)$ pour $\alpha \leq x \leq \beta$, puis, par intégration, en déduire un encadrement de $q(x)$).
Prouver enfin que : $\left|J - u_n - \frac{(b-a)[f(b)-f(a)]}{2n}\right| \leq \frac{(b-a)^3}{12n^2} M_2.$

3. On considère cette fois la fonction auxiliaire r définie sur $[\alpha, \beta]$ par la relation :

$$r(x) = q(x) + \frac{(x-\alpha)^2[f'(x) - f'(\alpha)]}{12}.$$

En procédant encore de la même manière, établir que :

$$\left|J - u_n - \frac{(b-a)[f(b)-f(a)]}{2n} + \frac{(b-a)^2[f'(b)-f'(a)]}{12n^2}\right| \leq \frac{(b-a)^5}{720n^4} M_4.$$

4. Déterminer à l'aide des résultats précédents le développement limité à l'ordre 3 de u_n, c'est-à-dire des nombres réels A, B, C et D tels que : $u_n = A + \frac{B}{n} + \frac{C}{n^2} + \frac{D}{n^3} + \frac{\varepsilon_n}{n^3}$ avec : $\lim\limits_{n \to +\infty} \varepsilon_n = 0$.
En déduire les développements limités à l'ordre 3 de v_n et de w_n. Conclure.

Partie I

1. Voici un programme Maple retournant le tableau demandé :

```
> restart;
> u:=proc(n) local a,k;
> a:=0;
> for k from 0 to n-1 do
> a:=a+((4*n)/(k^2+n^2)) end do;
> a;
> end:proc
> v:=proc(n)
> 2*u(2*n)-u(n);
> end:proc
> w:=proc(n)
> (4*v(2*n)-v(n))/3;
> end:proc
> for n from 0 to 4 do
> lprint(evalf(u(2^n),7),evalf(v(2^n),7),evalf(w(2^n),7)) end do;
4.       3.200000   3.149804
3.600000   3.162353   3.141616
3.381176   3.146801   3.141593
3.263988   3.142895   3.141593
3.203442   3.141918   3.141593
```

Les procédures u, v et w permettent de calculer les valeurs de u_n, v_n et w_n.
On voit que w_4 donne déjà la valeur de π avec 6 bonnes décimales, alors que v_{16} n'en donne que 3 et u_{16} aucune !

2. $J = \int_0^1 \frac{4}{1+x^2}dx = 4\left[\arctan x\right]_0^1 = \pi$.
Ainsi u_{16} donne π avec une précision de 0,05, v_8 donne π avec une précision de 0,002 et w_4 donne π avec une précision de 0,00000015, d'où l'intérêt de la méthode.

Partie II

1.a) Les racines de $y^{2n}-1=0$ sont les complexes $e^{\frac{ik\pi}{n}}$ où $k \in [\![0, 2n-1]\!]$. Les entiers $k=0$ et $k=n$ correspondent respectivement aux racines réelles 1 et −1.

b) Donc $Y^{2n}-1 = \prod_{k=0}^{2n-1}\left(Y - e^{\frac{ik\pi}{n}}\right) = \left(Y^2-1\right)\prod_{k=1}^{n-1}\left(Y - e^{\frac{ik\pi}{n}}\right)\underbrace{\prod_{k=n+1}^{2n-1}\left(Y - e^{\frac{ik\pi}{n}}\right)}_{\text{on pose } q=2n-k}$.

Ainsi, $Y^{2n}-1 = \left(Y^2-1\right)\prod_{k=1}^{n-1}\left(Y - e^{\frac{ik\pi}{n}}\right)\left(Y - e^{-\frac{ik\pi}{n}}\right) = \left(Y^2-1\right)\prod_{k=1}^{n-1}\left(Y^2 - 2\cos k\frac{\pi}{n}Y + 1\right)$.

2.a) $u_n = \frac{\pi}{n}\sum_{k=0}^{n-1}\ln\left(\lambda^2 - 2\lambda\cos\frac{k\pi}{n}+1\right) = \frac{\pi}{n}\ln\left[\prod_{k=0}^{n-1}\left(\lambda^2 - 2\lambda\cos\frac{k\pi}{n}+1\right)\right] = \frac{\pi}{n}\ln\left[(\lambda-1)^2\frac{\left(\lambda^{2n}-1\right)}{\lambda^2-1}\right]$,

donc $\boxed{u_n = \frac{\pi}{n}\ln\left[\frac{\lambda-1}{\lambda+1}\left(\lambda^{2n}-1\right)\right]}$.

Mais alors, $v_n = 2u_{2n} - u_n = \frac{\pi}{n}\left[\ln\left[\frac{\lambda-1}{\lambda+1}\left(\lambda^{4n}-1\right)\right] - \ln\left[\frac{\lambda-1}{\lambda+1}\left(\lambda^{2n}-1\right)\right]\right] = \boxed{\frac{\pi}{n}\ln\left(\lambda^{2n}+1\right) = v_n}$.

b) On remarque d'abord que, par définition, u_n est une somme de Riemann associée à la fonction f sur le segment $[a, b]$. f étant continue sur ce segment, on sait que $\lim\limits_{n\to+\infty} u_n = \int_a^b f(x)\,dx = J$.

Si $\underline{\lambda < 1}$, alors $u_n = \underbrace{\frac{\pi}{n}\ln\left(\frac{1-\lambda}{1+\lambda}\right)}_{\underset{n\to+\infty}{\to} 0} + \underbrace{\frac{\pi}{n}\ln\left(1-\lambda^{2n}\right)}_{\underset{n\to+\infty}{\sim}\frac{\pi}{n}\left(-\lambda^{2n}\right)\underset{n\to+\infty}{\to} 0}$, donc $\lim\limits_{n\to+\infty} u_n = 0$ et $\boxed{J = 0}$.

Si $\underline{\lambda > 1}$, $u_n = \frac{\pi}{n}\ln\left(\frac{\lambda-1}{1+\lambda}\right) + \frac{\pi}{n}\left[2n\ln\lambda + \ln\left(1-\left(\frac{1}{\lambda}\right)^{2n}\right)\right] \underset{n\to+\infty}{\to} 2\pi\ln\lambda$, ainsi, $\boxed{J = 2\pi\ln\lambda}$.

On en déduit que, si $\underline{\lambda < 1}$, $\boxed{u_n - J \underset{n\to+\infty}{\sim} \frac{\pi}{n}\ln\left(\frac{1-\lambda}{1+\lambda}\right) \text{ et } v_n - J \underset{n\to+\infty}{\sim} \frac{\pi\lambda^{2n}}{n}}$,

et si $\underline{\lambda > 1}$, $\boxed{u_n - J \underset{n\to+\infty}{\sim} \frac{\pi}{n}\ln\left(\frac{\lambda-1}{\lambda+1}\right) \text{ et } v_n - J \underset{n\to+\infty}{\sim} \frac{\pi}{n}\left(\frac{1}{\lambda}\right)^{2n}}$.

On s'aperçoit bien ainsi de la bien plus grande rapidité de la convergence de (v_n) vers J.

Partie III

1.a) $p'(x) = f(x) - f(\alpha)$ et $p''(x) = f'(x)$.

b) Étant donné que $p'' = f'$ et $M_1 = \sup\limits_{a\le x\le b}|f'(x)|$, on a bien $-M_1 \le p''(x) \le M_1$. Ainsi, d'après l'inégalité des accroissements finis appliquée en x et α, on en déduit que : $-M_1(x-\alpha) \le p'(x) - \underbrace{p'(\alpha)}_{0} \le M_1(x-\alpha)$ et cela quel que soit $x \in [\alpha, \beta]$. D'où par intégration de cette inégalité sur $[\alpha, \beta]$, on obtient : $-\frac{M_1}{2}(\beta-\alpha)^2 \le p(\beta) - \underbrace{p(\alpha)}_{0} \le \frac{M_1}{2}(\beta-\alpha)^2$,

soit $\left|\int_\alpha^\beta f(t)\,dt - (\beta-\alpha)f(\alpha)\right| \le \frac{M_1(\beta-\alpha)^2}{2}$.

c) Alors $|J-u_n| = \left|\int_a^b f(t)\,dt - \frac{(b-a)}{n}\sum_{k=0}^{n-1} f(x_k)\right| = \left|\sum_{k=0}^{n-1}\int_{x_k}^{x_{k+1}} f(t)\,dt - (x_{k+1}-x_k)\sum_{k=0}^{n-1} f(x_k)\right|$

d'où $|J-u_n| \le \sum_{k=0}^{n-1}\left|\int_{x_k}^{x_{k+1}} f(t)\,dt - (x_{k+1}-x_k)f(x_k)\right| \le \sum_{k=0}^{n-1}\frac{(x_{k+1}-x_k)^2}{2}M_1 = \sum_{k=0}^{n-1}\frac{(b-a)^2}{2n^2}M_1$ soit $\boxed{|J-u_n| \le \frac{(b-a)^2}{2n}M_1}$.

2.a) $q'(x) = f(x) - f(\alpha) - \frac{(f(x)-f(\alpha))}{2} - \frac{(x-\alpha)}{2}f'(x) = \frac{1}{2}\left[f(x) - f(\alpha) - (x-\alpha)f'(x)\right]$

et donc $q''(x) = -\frac{1}{2}(x-\alpha)f''(x)$.

b) D'après a), pour tout $x \in [\alpha, \beta]$, $|q''(x)| \le \frac{(x-\alpha)}{2}M_2$, donc $\left|\int_\alpha^x q''(t)\,dt\right| \le \left[\int_\alpha^x (t-\alpha)\,dt\right]\frac{M_2}{2}$.

Ainsi, quel que soit $x \in [\alpha, \beta]$, $\left|\int_\alpha^x q''(t)\,dt\right| = |q'(x) - q'(\alpha)| = |q'(x)| \le (x-\alpha)^2\frac{M_2}{4}$.

D'où, en intégrant à nouveau, $\left|\int_\alpha^x q'(t)\,dt\right| \le \frac{M_2}{4}\int_\alpha^x (t-\alpha)^2\,dt \Leftrightarrow \left|q(x) - \underbrace{q(\alpha)}_{0}\right| \le \frac{M_2}{12}(x-\alpha)^3$.

En particulier, pour $x=\beta$, on obtient :

$$\boxed{\left|\int_\alpha^\beta f(t)\,dt-(\beta-\alpha)f(\alpha)-\frac{(\beta-\alpha)\left[f(\beta)-f(\alpha)\right]}{2}\right|\le\frac{M_2}{12}(\beta-\alpha)^3}.$$

c) D'après 1. c) $J-u_n=\displaystyle\sum_{k=0}^{n-1}\int_{x_k}^{x_{k+1}}f(t)\,dt-(x_{k+1}-x_k)f(x_k)$

de plus, $\dfrac{(b-a)}{2n}\big(f(b)-f(a)\big)=\dfrac{b-a}{2n}\displaystyle\sum_{k=0}^{n-1}\big(f(x_{k+1})-f(x_k)\big)=\sum_{k=0}^{n-1}\frac{(x_{k+1}-x_k)\big(f(x_{k+1})-f(x_k)\big)}{2}$.

Donc, $J-u_n-\dfrac{(b-a)\big(f(b)-f(a)\big)}{2n}=\displaystyle\sum_{k=0}^{n-1}\left[\int_{x_k}^{x_{k+1}}f(t)\,dt-(x_{k+1}-x_k)f(x_k)-\frac{(x_{k+1}-x_k)\big(f(x_{k+1})-f(x_k)\big)}{2}\right]$

d'où, $\boxed{\left|J-u_n-(b-a)\dfrac{\big(f(b)-f(a)\big)}{2n}\right|\le\displaystyle\sum_{k=0}^{n-1}\frac{M_2}{12}(x_{k+1}-x_k)^3=\frac{(b-a)^3}{12n^2}M_2}$.

3. On a $r'(x)=\dfrac{1}{2}\left[f(x)-f(\alpha)-(x-\alpha)f'(x)+\dfrac{(x-\alpha)}{3}\big(f'(x)-f'(\alpha)\big)+\dfrac{(x-\alpha)^2}{6}f''(x)\right]$,

puis $r''(x)=\dfrac{1}{2}\left[-(x-\alpha)f''(x)+\dfrac{f'(x)-f'(\alpha)}{3}+\dfrac{2}{3}(x-\alpha)f''(x)+\dfrac{(x-\alpha)^2}{6}f^{(3)}(x)\right]$.

On remarque que si $g(x)=\dfrac{d}{dx}\left[-(x-\alpha)f''(x)+\dfrac{f'(x)-f'(\alpha)}{3}+\dfrac{2}{3}(x-\alpha)f''(x)\right]$, alors on a :

$$g(x)=-(x-\alpha)f^{(3)}(x)-f''(x)+\frac{1}{3}f''(x)+\frac{2}{3}f''(x)+\frac{2}{3}(x-\alpha)f^{(3)}(x)=-\frac{1}{3}(x-\alpha)f^{(3)}(x).$$

Ainsi, $r^{(3)}(x)=\dfrac{1}{2}\left[-\dfrac{1}{3}(x-\alpha)f^{(3)}(x)+\dfrac{1}{3}(x-\alpha)f^{(3)}(x)+\dfrac{(x-\alpha)^2}{6}f^{(4)}(x)\right]$,

d'où, $\underline{r^{(3)}(x)=\dfrac{(x-\alpha)^2}{12}f^{(4)}(x)}$. Donc, pour tout $x\in[\alpha,\beta]$, $\underline{\left|r^{(3)}(x)\right|\le(x-\alpha)^2\dfrac{M_4}{12}}$.

On en déduit que : $\left|\displaystyle\int_\alpha^x r^{(3)}(t)\,dt\right|\le\frac{M_4}{12}\int_\alpha^x(t-\alpha)^2\,dt$, d'où $\Big|r''(x)-\underbrace{r''(\alpha)}_{0}\Big|\le(x-\alpha)^3\dfrac{M_4}{36}$.

Ainsi, $\left|\displaystyle\int_\alpha^x r''(t)\,dt\right|\le\frac{M_4}{36}\int_\alpha^x(t-\alpha)^3\,dt$, autrement dit, $\Big|r'(x)-\underbrace{r'(\alpha)}_{0}\Big|\le(x-\alpha)^4\dfrac{M_4}{144}$.

Enfin, $\left|\displaystyle\int_\alpha^x r'(t)\,dt\right|\le\frac{M_4}{144}\int_\alpha^x(t-\alpha)^4\,dt$, c'est-à-dire : $\Big|r(x)-\underbrace{r(\alpha)}_{0}\Big|\le(x-\alpha)^5\dfrac{M_4}{720}$.

En particulier, pour $x=\beta$, on a :

$$\left|\int_\alpha^\beta f(t)\,dt-(\beta-\alpha)\big(f(\alpha)\big)-\frac{(\beta-\alpha)\big(f(\beta)-f(\alpha)\big)}{2}+\frac{(\beta-\alpha)^2\big(f'(\beta)-f'(\alpha)\big)}{12}\right|\le(\beta-\alpha)^5\frac{M_4}{720}.$$

On remarque alors que : $\dfrac{(b-a)^2}{12n^2}\big(f'(b)-f'(a)\big)=\displaystyle\sum_{k=0}^{n-1}\frac{(b-a)^2}{12n^2}\big(f'(x_{k+1})-f'(x_k)\big)=\sum_{k=0}^{n-1}\frac{(x_{k+1}-x_k)^2\big(f'(x_{k+1})-f'(x_k)\big)}{12}$.

Donc, en utilisant 2., on a, en posant $d_n = J - u_n - \dfrac{(b-a)\big(f(b)-f(a)\big)}{2n} + \dfrac{(b-a)^2\big(f'(b)-f'(a)\big)}{12n^2}$:

$$d_n = \sum_{k=0}^{n-1}\left[\int_{x_k}^{x_{k+1}} f(t)\,dt - (x_{k+1}-x_k)f(x_k) - (x_{k+1}-x_k)f(x_{k+1})\big(f(x_{k+1})-f(x_k)\big) + \frac{(x_{k+1}-x_k)^2\big(f'(x_{k+1})-f'(x_k)\big)}{12}\right].$$

Ainsi, d'après ce qui précède,

$$\left|J - u_n - \frac{(b-a)\big(f(b)-f(a)\big)}{2n} + \frac{(b-a)^2\big(f'(b)-f'(a)\big)}{12n^2}\right| \le \frac{M_4}{720}\sum_{k=0}^{n-1}(x_{k+1}-x_k)^5 = \frac{M_4}{720}\frac{(b-a)^5}{n^4}.$$

4. D'après la question 3., on a :

$$u_n \underset{n\to+\infty}{=} J - \frac{(b-a)\big(f(b)-f(a)\big)}{2n} + \frac{(b-a)^2\big(f'(b)-f'(a)\big)}{12n^2} + o\left(\frac{1}{n^3}\right).$$

C'est-à-dire $u_n \underset{n\to+\infty}{=} A + \dfrac{B}{n} + \dfrac{C}{n^2} + \dfrac{D}{n^3} + o\left(\dfrac{1}{n^3}\right)$ avec $A = J$, $B = -\dfrac{(b-a)\big(f(b)-f(a)\big)}{2}$, $C = \dfrac{(b-a)^2\big(f'(b)-f'(a)\big)}{12}$ et $D = 0$.

Or, $v_n = 2u_{2n} - u_n$, donc $v_n \underset{n\to+\infty}{=} J + \left(\dfrac{2B}{2n} - \dfrac{B}{n}\right) + \dfrac{2C}{4n^2} - \dfrac{C}{n^2} + \dfrac{2D}{8n^3} - \dfrac{D}{n^3} + o\left(\dfrac{1}{n^3}\right)$.

Ainsi, $v_n \underset{n\to+\infty}{=} J - \dfrac{(b-a)^2\big(f'(b)-f'(a)\big)}{24n^2} + o\left(\dfrac{1}{n^3}\right) \underset{n\to+\infty}{=} J + \dfrac{c}{n^2} + o\left(\dfrac{1}{n^3}\right)$ avec $c = -\dfrac{C}{2}$.

De même, $w_{2n} = \dfrac{1}{3}(4v_{2n} - v_n) \underset{n\to+\infty}{=} J + \dfrac{4}{3}\dfrac{c}{4n^2} - \dfrac{1}{3}\dfrac{c}{n^2} + o\left(\dfrac{1}{n^3}\right) \underset{n\to+\infty}{=} J + o\left(\dfrac{1}{n^3}\right)$.

Finalement, $w_n \underset{n\to+\infty}{=} J + o\left(\dfrac{1}{n^3}\right)$.

La convergence de u_n vers J est en $\dfrac{1}{n}$ donc « lente », celle de v_n vers J est en $\dfrac{1}{n^2}$, c'est mieux, et celle de w_n vers J est négligeable devant $\dfrac{1}{n^3}$, c'est beaucoup plus « rapide » !

CHAPITRE 8

Calcul de primitives

Le cours en questions

1 ■ Primitives d'une fonction continue

1.1 Qu'est-ce qu'une primitive d'une fonction ?

Une primitive F d'une fonction f définie sur un intervalle I est une fonction F, dérivable sur I, telle que $F' = f$.

En particulier, une primitive d'une fonction sur un intervalle est continue sur cet intervalle.
Dans les calculs, on note souvent $x \in I \mapsto \int f(x)dx$ une primitive de f sur I.

1.2 Quelles sont les fonctions qui admettent des primitives ?

• Les fonctions continues sur I admettent des primitives sur I. Plus précisément, si f est une fonction continue sur l'intervalle I et si $a \in I$, la fonction

$F : x \in I \mapsto \int_a^x f(t)dt$ est l'unique primitive de f sur I qui s'annule en a.

En particulier, F est de classe C^1 sur I et $F' = f$.

Erreur à éviter :
En général, il est faux d'écrire : $\frac{d}{dx}\left(\int_a^x f(t)dt\right) = f(x) - f(a)$.

• Les fonctions continues par morceaux sur I n'admettent pas, en général, de primitives *au sens précédent*.

Prenons par exemple pour f la fonction constante égale à 1 sur $[0, +\infty[$ et nulle sur $]-\infty, 0[$. Si f admettait une primitive F sur $\mathbb{R}$, celle-ci serait dérivable sur $\mathbb{R}$ et, pour tout $x \geq 0$, $F'(x) = 1$, pour tout $x < 0$, $F'(x) = 0$. Mais alors, il existerait des constantes C et K telles que, pour tout $x < 0$, $F(x) = C$ et, pour tout $x \geq 0$, $F(x) = x + K$. Par continuité de F en 0, $C = K$. On en déduirait, à l'aide de la limite du taux d'accroissement, que $F_d'(0) = 1$ et $F_g'(0) = 0$ ce qui contredirait la dérivabilité de F en 0.

On donnera une nouvelle définition de primitive en classe de spéciales pour que les fonctions continues par morceaux puissent admettre des primitives.

Erreur à éviter :
Attention, pour pouvoir appliquer ce résultat, il faut se placer sur un intervalle. Par exemple, la fonction *f* définie sur $\mathbb{R}^*$ par $f : x \mapsto \begin{cases} 1 & \text{si } x > 0 \\ -1 & \text{si } x < 0 \end{cases}$ admet une dérivée identiquement nulle sur $\mathbb{R}^*$ mais n'est pas constante sur $\mathbb{R}^*$.

Cette formule se note usuellement $\int_a^b f(t)dt = [F(t)]_a^b$. Elle est à la base du calcul intégral. Elle est valable quelle que soient les positions relatives de *a* et *b* dans *I*.

Si *f* est une fonction continue par morceaux sur l'intervalle *I* et $a \in I$, on montre que la fonction $F : x \in I \mapsto \int_a^x f(t)dt$ est continue sur *I* et dérivable à droite et à gauche en tout point x_0 de *I* avec $F_d'(x_0) = f(x_0^+)$ et $F_g'(x_0) = f(x_0^-)$. *F* est donc dérivable en tout point de continuité de *f*.

1.3 Que dire de deux primitives de *f* sur *I* ?

Deux primitives d'une fonction continue sur l'intervalle *I* diffèrent d'une constante. Plus précisément, si *G* est une primitive de *f* sur *I* et $F : x \in I \mapsto \int_a^x f(t)dt$, alors : $G = F + G(a)$.

1.4 Quel lien y a-t-il entre primitive et intégrale ?

Si *f* est une fonction continue sur l'intervalle *I* et *F* une primitive de *f* sur *I*, alors, pour tout $(a, b) \in I^2$, $\int_a^b f(t)dt = F(b) - F(a)$.

1.5 Quelles sont les primitives des fonctions usuelles ?

- **Fonctions puissances et logarithmes :**

Si $\alpha \neq -1$: $\int x^\alpha dx = \frac{x^{\alpha+1}}{\alpha+1} + C$ pour $x \in]0, +\infty[$ lorsque $\alpha \in \mathbb{R} \setminus \mathbb{Z}$ (ou bien, pour $x \in \mathbb{R}$ lorsque $\alpha \in \mathbb{N}$, ou encore, pour $x \in]-\infty, 0[\cup]0, +\infty[$ lorsque $\alpha \in \mathbb{Z} \setminus \mathbb{N}$).

Si $\alpha = -1$: $\int \frac{dx}{x} = \ln|x| + C$ avec $x \in]-\infty, 0[\cup]0, +\infty[$

et $\int \ln x \, dx = x \ln x - x + C$ pour $x \in]0, +\infty[$.

- **Fonctions exponentielles et hyperboliques :**

$\int e^x dx = e^x + C$; $\int \text{sh}\, x \, dx = \text{ch}\, x + C$; $\int \text{ch}\, x \, dx = \text{sh}\, x + C$;

$\int \text{th}\, x \, dx = \ln(\text{ch}\, x) + C$ pour $x \in \mathbb{R}$.

$\int \frac{dx}{\text{sh}\, x} = \ln\left|\text{th}\frac{x}{2}\right| + C$ avec $x \in]-\infty, 0[\cup]0, +\infty[$; $\int \frac{dx}{\text{ch}\, x} = 2\arctan(e^x) + C$

et $\int \frac{dx}{\text{ch}^2 x} = \text{th}\, x + C$ avec $x \in \mathbb{R}$.

- **Fonctions trigonométriques :**

$\int e^{ix} dx = \frac{e^{ix}}{i} + C$; $\int \sin x \, dx = -\cos x + C$; $\int \cos x dx = \sin x + C$ pour $x \in \mathbb{R}$.

$\int \frac{dx}{\sin x} = \ln\left|\tan\frac{x}{2}\right| + C$ sur tout intervalle du type $]k\pi, (k+1)\pi[$, où $k \in \mathbb{Z}$.

$\int \tan x\,dx = -\ln|\cos x| + C$; $\int \frac{dx}{\cos x} = \ln\left|\tan\left(\frac{x}{2}+\frac{\pi}{4}\right)\right| + C$ et

$\int \frac{dx}{\cos^2 x} = \tan x + C$ sur tout intervalle du type $\left]-\frac{\pi}{2}+k\pi, \frac{\pi}{2}+k\pi\right[$, où $k \in \mathbb{Z}$.

- **Fonctions trigonométriques réciproques :**

$\int \frac{dx}{\sqrt{a^2-x^2}} = \arcsin\frac{x}{a} + C$; $\int \frac{dx}{\sqrt{a^2-x^2}} = -\arccos\frac{x}{a} + C$ avec $x \in]-a, a[$ et $a > 0$.

$\int \frac{dx}{a^2+x^2} = \frac{1}{a}\arctan\frac{x}{a} + C$ avec $x \in \mathbb{R}$.

- **Fonctions hyperboliques réciproques :**

Si $a > 0$, sur un intervalle I où ces fonctions existent,

$\int \frac{dx}{\sqrt{a^2+x^2}} = \operatorname{argsh}\frac{x}{a} + C$ et $\int \frac{dx}{\sqrt{x^2-a^2}} = \operatorname{argch}\frac{x}{a} + C$.

Plus généralement, si $h \neq 0$: $\int \frac{dx}{\sqrt{x^2+h}} = \ln\left|x+\sqrt{x^2+h}\right| + C$.

1.6 Comment étudier $\Phi : x \mapsto \int_{u(x)}^{v(x)} f(t)\,dt$?

Soit $f \in C^0(I, \mathbb{R})$ où I est un intervalle de $\mathbb{R}$ et u, v deux fonctions de classe C^1 sur un autre intervalle J de $\mathbb{R}$, on veut étudier : $\Phi : x \mapsto \int_{u(x)}^{v(x)} f(t)\,dt$.

1) On détermine d'abord les intervalles sur lesquels la fonction Φ est définie. Pour cela, il faut trouver les valeurs de x pour lesquelles le segment $[u(x), v(x)]$ (ou $[v(x), u(x)]$) est inclus dans l'intervalle de continuité I de f.

2) Pour retrouver la dérivée de Φ, on peut toujours introduire une primitive F de f sur I et écrire, pour tout x de J : $\Phi(x) = F(v(x)) - F(u(x))$. Cela permet de justifier que Φ est de classe C^1 sur I et d'obtenir que, pour tout $x \in I$, $\Phi'(x) = v'(x)f(v(x)) - u'(x)f(u(x))$.

2 ■ Intégration par parties et changement de variable

2.1 Comment effectuer une intégration par parties ?

Si f est de classe C^1 et g continue sur le segment $[a, b]$ alors :

$\int_a^b fg = [f\,G]_a^b - \int_a^b f'G$ où G est une primitive de g sur $[a, b]$.

$\int \frac{dx}{a^2-x^2} = \operatorname{argth}\frac{x}{a} + C$ avec $x \in]-a, a[$.

Erreur à éviter :

Attention à prendre $x \in]-a, a[$!
Plus généralement,

$\int \frac{dx}{a^2-x^2} = \frac{1}{2a}\ln\left|\frac{a+x}{a-x}\right| + C$

pour $x \in]-\infty, -a[$ ou $x \in]a, +\infty[$, mais aussi pour $x \in]-a, a[$.

Sur un intervalle I où ces fonctions existent,

$\operatorname{argsh}\frac{x}{a} = \ln\left(x+\sqrt{x^2+a^2}\right) - \ln a$

et $\operatorname{argch}\frac{x}{a} = \ln\left(x+\sqrt{x^2-a^2}\right) - \ln a$.

Le terme $[f\,G]_a^b$ est appelé « terme tout intégré » car toutes les fonctions y sont intégrées !
On applique cette méthode notamment lorsqu'un terme en logarithme ou arctan apparaît dans l'intégrale, afin de se ramener à une fraction rationnelle.

On n'oubliera pas de changer les bornes et « l'élément différentiel » $dt = \varphi'(u)du$.

En particulier, dans le calcul de primitives, on utilisera des fonctions de classe C^1 bijectives afin de pouvoir revenir à la variable initiale !

De même, si f est une fonction continue sur $\mathbb{R}$ et périodique de période $T > 0$:

$\int_{a+T}^{b+T} f(t)dt = \int_a^b f(t)dt.$

2.2 Quand effectuer un changement de variable ?

- Lorsque l'on rencontre une intégrale de la forme $\int_\alpha^\beta f(\varphi(u))\varphi'(u)du$, où f est continue sur un intervalle I et φ une application de classe C^1 définie sur un autre intervalle J et à valeurs dans I. On peut alors poser $t = \varphi(u)$ et on obtient, pour tout $(\alpha, \beta) \in J^2$:

$$\int_\alpha^\beta f(\varphi(u))\varphi'(u)du = \int_{\varphi(\alpha)}^{\varphi(\beta)} f(t)dt .$$

- Lorsque l'on est en présence d'une intégrale de la forme $\int_a^b f(t)dt$, où f est continue sur un intervalle I en posant $t = \varphi(u)$ où φ est une application qui réalise une bijection de classe C^1 d'un intervalle J sur I. On obtient alors, pour tout $(a, b) \in I^2$:

$$\int_a^b f(t)dt = \int_{\varphi^{-1}(a)}^{\varphi^{-1}(b)} f(\varphi(u))\varphi'(u)du .$$

2.3 Quelles premières applications en déduit-on ?

1) Soit f une fonction continue sur le segment $[-a, a]$ où $a > 0$.
Si f est paire, $\int_{-a}^a f(t)dt = 2\int_0^a f(t)dt$ et, si f est impaire, $\int_{-a}^a f(t)dt = 0$.

2) Si f est une fonction continue sur $\mathbb{R}$ et périodique de période $T > 0$, l'intégrale de f sur un intervalle de longueur T ne dépend pas de l'intervalle utilisé, pour tout $a \in \mathbb{R}$:

$$\int_a^{a+T} f(t)dt = \int_0^T f(t)dt .$$

3 ▬ Calcul des primitives

Dans ce paragraphe F désigne une fraction rationnelle à coefficients réels.

3.1 Comment calculer une primitive d'une fraction rationnelle ?

Par combinaison linéaire et par linéarité de l'intégrale, on est ramené aux calculs suivants :

1) Pour $a \in \mathbb{R}$, $\int \frac{dx}{x-a} = \ln|x-a| + C$ et pour $n \in \mathbb{N}$, $n \geq 2$,

$$\int \frac{dx}{(x-a)^n} = \frac{-1}{(n-1)(x-a)^{n-1}} + C.$$

2) **Attention,** pour $a \in \mathbb{C} \setminus \mathbb{R}$, c'est différent !!

Il faut regrouper le terme en $\dfrac{1}{x-a}$ et le terme conjugué en $\dfrac{1}{x-\bar{a}}$:

$\displaystyle\int \frac{\lambda dx}{x-a} + \int \frac{\bar{\lambda} dx}{x-\bar{a}} = \int \frac{2\mathrm{Re}(\lambda)x - 2\mathrm{Re}(\bar{\lambda}a)}{x^2 - 2\mathrm{Re}(a)x + |a|^2} dx + C$, ou encore :

$$\int \frac{\lambda dx}{x-a} = \int \frac{\lambda x - \lambda \bar{a}}{x^2 - 2\mathrm{Re}(a)x + |a|^2} dx.$$

On est alors ramené au cas suivant :

3) Cas d'une fraction $\displaystyle\int \frac{\lambda x + \mu}{x^2 + bx + c} dx$ avec $b^2 - 4c < 0$:

a. Pour la première intégrale : $\displaystyle\int \frac{2x+b}{x^2+bx+c} dx = \ln\left(x^2+bx+c\right)$.

b. Pour la deuxième :

$$\int \frac{1}{x^2+bx+c} dx = \int \frac{dx}{\left(x+\dfrac{b}{2}\right)^2 + c - \dfrac{b^2}{4}} = \int \frac{dx}{\left(x+\dfrac{b}{2}\right)^2 + \alpha^2} \quad \text{où } \alpha^2 = c - \frac{b^2}{4} > 0.$$

Il vient : $\displaystyle\int \frac{1}{x^2+bx+c} dx = \frac{1}{\alpha} \arctan\left[\frac{1}{\alpha}\left(x + \frac{b}{2}\right)\right]$.

3.2 Comment calculer $\int F(\sin x, \cos x) dx$?

1er cas : $F(\sin x, \cos x) = \sin x \, G(\cos x)$, on pose $u = \cos x$. On a alors :

$$\int \sin x \, G(\cos x) dx = -\int G(u) du.$$

2^e^ cas : $F(\sin x, \cos x) = \cos x \, G(\sin x)$, on pose $u = \sin x$. On a alors :

$$\int \cos x \, G(\sin x) dx = \int G(u) du.$$

3e cas : $F(\sin x, \cos x) = G(\tan x)$, on pose $u = \tan x$ et on obtient :

$$\int G(\tan x) dx = \int \frac{G(\tan x)}{1+\tan^2 x}\left(1+\tan^2 x\right) dx = \int \frac{G(u)}{1+u^2} du.$$

4e cas : si on ne se trouve dans aucun des cas précédents, on pose $u = \tan\dfrac{x}{2}$.

On a alors : $\displaystyle\int F(\sin x, \cos x) dx = \int F\left(\frac{2u}{1+u^2}, \frac{1-u^2}{1+u^2}\right) \frac{2du}{1+u^2}$.

Cas particulier des polynômes en sinus et cosinus : $\int \sin^p x \cos^q x dx$.

Si p est impair, on peut poser $u = \cos x$, si q est impair, on peut poser $u = \sin x$.

Par exemple :

$\displaystyle\int \sin^3 x \cos^2 x dx = \int \left(1 - \cos^2 x\right) \cos^2 x \sin x dx$, d'où :

$$\int \sin^3 x \cos^2 x dx = -\int \left(1-u^2\right) u^2 du = -\frac{u^3}{3} + \frac{u^5}{5} = -\frac{\cos^3 x}{3} + \frac{\cos^5 x}{5} + C.$$

Si p et q sont pairs, on linéarise $\sin^p x$ et $\cos^q x$ (ou on les transforme à l'aide des formules de Moivre)...

L'idée est de faire apparaître au numérateur la dérivée du dénominateur !

$\displaystyle\int \frac{\lambda x + \mu}{x^2+bx+c} dx = \frac{\lambda}{2} \int \frac{2x+b}{x^2+bx+c} dx + \int \frac{A}{x^2+bx+c} dx$ où $A = \mu - \dfrac{\lambda b}{2}$.

$x^2 + bx + c > 0$, on peut donc se dispenser des valeurs absolues !

On peut retrouver le résultat en mettant sous forme canonique le dénominateur :

$$\int \frac{1}{x^2+bx+c} dx = \frac{1}{\alpha^2} \int \frac{dx}{\left(\dfrac{x}{\alpha} + \dfrac{b}{2\alpha}\right)^2 + 1} = \frac{1}{\alpha} \int \frac{du}{u^2+1}$$

où $u = \dfrac{x}{\alpha} + \dfrac{b}{2\alpha}$.

Dans tout le paragraphe F désigne une fraction rationnelle.
L'idée fondamentale est de se ramener au cas d'une fraction rationnelle traitée en 3.1.

On peut retrouver ces différents cas en appliquant les « règles de Bioche » :
Si l'élément $F(\sin x, \cos x) dx$ est invariant en changeant :
1) x en $-x$, on est dans le premier cas, on pose : $u = \cos x$,
2) x en $\pi - x$, on est dans le second cas, on pose : $u = \sin x$,
3) x en $\pi + x$, on est dans le troisième cas, on pose : $u = \tan x$.

Erreur à éviter :

Ne pas oublier de tenir compte du dx quand on applique les « règles de Bioche ».

Erreur à éviter :

Lorsque l'on pose $u = \tan x$ ou $u = \tan\dfrac{x}{2}$, on prendra garde à se placer sur des intervalles sur lesquels ces fonctions sont bien définies.

3.3 Comment calculer $\int F(e^x)dx$?

F est toujours une fraction rationnelle. On retient que l'on peut toujours poser $u = e^x$, ce qui donne : $\int F(e^x)dx = \int \frac{F(u)}{u}du$.

3.4 Comment calculer $\int F(\text{sh}x, \text{ch}x)dx$?

On procède comme dans le cas des fractions en sinus et cosinus.

F est encore une fraction rationnelle.

1er cas : $F(\text{sh}x, \text{ch}x) = \text{sh}x G(\text{ch}x)$, on pose $u = \text{ch}x$. On a alors :

$$\int \text{sh}x G(\text{ch}x)dx = \int G(u)du.$$

2e cas : $F(\text{sh}x, \text{ch}x) = \text{ch}x G(\text{sh}x)$, on pose $u = \text{sh}x$. On a alors :

$$\int \text{ch}x G(\text{sh}x)dx = \int G(u)du$$

3e cas : $F(\text{sh}x, \text{ch}x) = G(\text{th}x)$, on pose $u = \text{th}x$ et on obtient :

$$\int G(\text{th}x)dx = \int \frac{G(\tan x)}{1-\text{th}^2 x}(1-\text{th}^2 x)dx = \int \frac{G(u)}{1-u^2}du.$$

4e cas : En dehors des cas précédents, on pose $u = e^x$.

On a alors : $\int F(\text{sh}x, \text{ch}x)dx = \int F\left(\frac{u-\frac{1}{u}}{2}, \frac{u+\frac{1}{u}}{2}\right)\frac{du}{u}$.

3.5 Comment calculer $\int F\left(\sqrt[n]{\frac{ax+b}{cx+d}}\right)dx$?

F est bien sûr une fraction rationnelle et $ad - bc \neq 0$.

On posera : $u = \sqrt[n]{\frac{ax+b}{cx+d}}$, on a alors : $u^n = \frac{ax+b}{cx+d}$, $x = \frac{b-du^n}{cu^n-a}$ et $dx = \frac{ad-bc}{(cu^n-a)^2}nu^{n-1}du$.

En général, dans la pratique, on se limite au cas où $n = 2$!

On a alors : $\int F\left(\sqrt[n]{\frac{ax+b}{cx+d}}\right)dx = (ad-bc)\int F(u)\frac{nu^{n-1}du}{(cu^n-a)^2}$.

3.6 Comment calculer $\int F\left(\sqrt{ax^2+bx+c}\right)dx$?

Ici encore, on met ax^2+bx+c sous forme canonique !

F est encore une fraction rationnelle avec $a \neq 0$ et $\Delta = b^2 - 4ac \neq 0$.

Si $P(x) = ax^2 + bx + c$ où $a \neq 0$.

On écrit : $P(x) = a\left(x^2 + \frac{b}{a}x + \frac{c}{a}\right) = a\left[\left(x + \frac{b}{2a}\right)^2 - \frac{\Delta}{4a^2}\right]$.

1er cas : $\Delta > 0$, on a alors : $P(x) = a\frac{\Delta}{4a^2}\left[\left(\frac{2ax+b}{\sqrt{\Delta}}\right)^2 - 1\right]$.

On pose donc $u = \dfrac{2ax+b}{\sqrt{\Delta}}$, alors $du = \dfrac{2a}{\sqrt{\Delta}}dx$ et :

$$\int F\left(\sqrt{ax^2+bx+c}\right)dx = \int F\left[\frac{\sqrt{\Delta}}{2|a|}\sqrt{a\left(u^2-1\right)}\right]\frac{\sqrt{\Delta}}{2a}du.$$

Suivant le signe de a, on est ramené au calcul d'une primitive du type $\int G\left(\sqrt{u^2-1}\right)du$ ou $\int G\left(\sqrt{1-u^2}\right)du$.

Pour $\int G\left(\sqrt{1-u^2}\right)du$, on pose $u = \cos\theta$ (ou $u = \sin\theta$).

Pour $\int G\left(\sqrt{u^2-1}\right)du$, on pose $u = \varepsilon \operatorname{ch} t$ avec $\varepsilon = 1$ si $u \in \left]1, +\infty\right[$ et $\varepsilon = -1$ si $u \in \left]-\infty, -1\right[$.

2^e^ cas : $\Delta < 0$, on a alors : $P(x) = a\left[\left(x+\dfrac{b}{2a}\right)^2 + \dfrac{|\Delta|}{4a^2}\right] = a\dfrac{|\Delta|}{4a^2}\left[\left(\dfrac{2ax+b}{\sqrt{|\Delta|}}\right)^2 + 1\right]$.

On pose cette fois $u = \dfrac{2ax+b}{\sqrt{|\Delta|}}$, alors $du = \dfrac{2a}{\sqrt{|\Delta|}}dx$ et :

$$\int F\left(\sqrt{ax^2+bx+c}\right)dx = \int F\left[\frac{\sqrt{|\Delta|}}{2a}\sqrt{a\left(u^2+1\right)}\right]\frac{\sqrt{|\Delta|}}{2a}du.$$

On est donc ramené au calcul d'une primitive du type $\int G\left(\sqrt{u^2+1}\right)du$ et l'on pose $u = \operatorname{sh} t$.

3.7 Si $P \in \mathbb{C}[X]$, comment calculer $\int e^{mx}P(x)dx$?

Ici P est un polynôme à coefficients complexes et m un nombre complexe non nul. On remarque que : $\dfrac{d}{dx}\left(e^{mx}Q(x)\right) = e^{mx}\left(Q'(x) + mQ(x)\right)$.
La méthode consiste alors à chercher une primitive sous la forme $e^{mx}Q(x)$ où $Q \in \mathbb{C}[X]$, tel que $\deg(P) = \deg(Q)$ et $P = mQ + Q'$.

Pour que $\sqrt{ax^2+bx+c}$ soit défini dans le cas $\Delta < 0$, il faut que $a > 0$.

On peut procéder de même pour $\int \sin(x)P(x)dx = Q_1(x)\sin(x) + Q_2(x)\cos(x)$ avec : $\deg(Q_2) = \deg(P)$, $\deg(Q_1) = \deg(P) - 1$, $Q_1' - Q_2 = P$, $Q_2' + Q_1 = 0$. Si $\deg(P)$ n'est pas trop grand, des intégrations par parties sont possibles.

Les savoir-faire clefs

Conseils méthodologiques

1.1.a) et **c)** Décomposer f et g en éléments simples.
1.1.b) Poser $t = x^{2n}$, pour **d)** poser $t = \operatorname{sh} x$.
1.1.c) Écrire
$$\frac{1}{1+x^4} = \frac{ax+b}{x^2-\sqrt{2}x+1} + \frac{cx+d}{x^2+\sqrt{2}x+1}.$$
1.2.a) Effectuer une intégration par parties, puis poser $x = \tan t$.
1.2.b) Poser $x = \cos t$.
1.2.c) Poser $x = \cos^2 t$.
1.2.d) Mettre $5+4x-x^2$ sous forme canonique puis poser $\frac{x-2}{3} = \sin t$.
1.2.e) Poser $x = \sin t$, puis poser $u = \tan t$.
1.2.f) Poser $t = \frac{\pi}{4} - x$.

1 ■ Savoir calculer une primitive ou une intégrale.

1.1 Calculer une primitive pour chacune des fonctions suivantes :

a) $f : x \mapsto \dfrac{x^2-2x+5}{x^2-3x+2}$; **b)** $g : x \mapsto \dfrac{x^{2n-1}}{1+x^{2n}}$ où $n \in \mathbb{N}^*$;

c) $h : x \mapsto \dfrac{1}{1+x^4}$; **d)** $i : x \mapsto \dfrac{\operatorname{ch} x}{1+\operatorname{ch}^2 x}$.

1.2 Calculer les intégrales suivantes :

a) $\displaystyle\int_0^1 \frac{x\arctan x}{\left(1+x^2\right)^2}dx$; **b)** $\displaystyle\int_0^{\pi/2} \frac{\sin x}{\sin^2 x + 2\cos^2 x}dx$;

c) $\displaystyle\int_0^{\pi/2} \frac{\sin 2x}{\cos^4 x + \sin^2 x}dx$; **d)** $\displaystyle\int_2^{7/2} \frac{dx}{\sqrt{5+4x-x^2}}$;

e) $\displaystyle\int_0^{1/\sqrt{2}} \frac{1}{\left(2x^2+1\right)\sqrt{1-x^2}}dx$; **f)** $\displaystyle\int_0^{\pi/4} \ln\left(1+\tan x\right)dx$;

g) $\displaystyle\int_{-\pi}^{\pi} e^{\alpha t}\sin t\,dt \left(\alpha \in \mathbb{R}\right)$. Indication : Écrire que $\sin t = \operatorname{Im}\left(e^{it}\right)$ et $\displaystyle\int_{-\pi}^{\pi} e^{\alpha t}\sin t\,dt = \operatorname{Im}\left(\int_{-\pi}^{\pi} e^{(\alpha+i)t}dt\right)$.

Si $F = \frac{P}{Q}$, avec $P, Q \in \mathbb{K}[X]$, alors $\deg(F) = \deg(P) - \deg(Q)$.

1.1.a) Soit $f : x \mapsto \dfrac{x^2-2x+5}{x^2-3x+2}$, on remarque que $x^2-3x+2 = (x-1)(x-2)$, ainsi f est continue sur $]-\infty, 1[$, $]1, 2[$ et sur $]2, +\infty[$, elle admet donc des primitives sur chacun de ces intervalles. Pour déterminer l'une de ses primitives, on décompose la fraction rationnelle f en éléments simples. On sait qu'il existe des réels a et b et un polynôme E tels que : pour tout $x \in D$, $f(x) = E(x) + \dfrac{a}{x-1} + \dfrac{b}{x-2}$.
E est appelé la partie entière de la fraction $f(X)$. La fraction f étant de degré 0, la partie entière E est une constante qui est obtenue en effectuant le rapport des coefficients dominants du numérateur et du dénominateur de f.

Ainsi, $E = 1$. Par ailleurs, $a = \lim\limits_{x\to1}\left[(x-1)f(x)\right] = \dfrac{4}{-1} = -4$.

De même, $b = \lim\limits_{x\to2}\left[(x-2)f(x)\right] = \dfrac{5}{1} = 5$.

Finalement, pour tout $x \in D$, $f(x) = 1 - \dfrac{4}{x-1} + \dfrac{5}{x-2}$. On en déduit que : $\displaystyle\int f(x)dx = x - 4\int\frac{dx}{x-1} + 5\int\frac{dx}{x-2} = x - 4\ln|x-1| + 5\ln|x-2|$. Notons F cette fonction. Soit alors Φ une primitive de f sur D, il existe trois constantes A, B et C telles que : Pour tout $x \in]-\infty, 1[$, $\Phi(x) = F(x) + A$, pour tout $x \in]1, 2[$, $\Phi(x) = F(x) + B$ et, pour tout $x \in]2, +\infty[$, $\Phi(x) = F(x) + C$.

b) Soit $n \in \mathbb{N}^*$ et $g : x \mapsto \dfrac{x^{2n-1}}{1+x^{2n}}$, g est continue sur $\mathbb{R}$ et y admet donc des primitives. Pour calculer l'une d'entre elles, on pose $x^{2n}=t$, alors $dt = 2nx^{2n-1}dx$ et $G(x)=\int \dfrac{x^{2n-1}}{1+x^{2n}}dx = \dfrac{1}{2n}\int \dfrac{dt}{1+t} = \dfrac{1}{2n}\ln|1+t| = \dfrac{1}{2n}\ln(1+x^{2n})$.
Les autres primitives de g sur $\mathbb{R}$ sont égales à G à une constante additive près.

c) Soit $h : x \mapsto \dfrac{1}{1+x^4}$, h est continue sur $\mathbb{R}$ et y admet donc des primitives. Pour obtenir l'une de ses primitives, on décompose la fraction rationnelle h en éléments simples dans $\mathbb{R}(X)$. Pour cela, il faut d'abord décomposer le dénominateur en produit de produits de polynômes irréductibles dans $\mathbb{R}[X]$. Il y a deux méthodes pour effectuer cette factorisation.

1re méthode : on passe par les complexes en déterminant les racines dans $\mathbb{C}$ de l'équation $x^4+1=0$, puis on factorise le polynôme x^4+1 dans $\mathbb{C}[X]$ en regroupant les termes deux par deux : un terme en $x-a$ avec son conjugué $x-\bar{a}$. Pour cela, on remarque que les racines complexes cherchées sont les racines 4e de $-1 = e^{i\pi}$. Ces racines sont donc : $e^{i\frac{\pi}{4}+2ik\frac{\pi}{4}}$, $k \in \{0, 1, 2, 3\}$, c'est-à-dire : $e^{i\frac{\pi}{4}}$, $e^{3i\frac{\pi}{4}}$, $e^{5i\frac{\pi}{4}}$, $e^{7i\frac{\pi}{4}}$, ou encore : $e^{i\frac{\pi}{4}}$, $e^{-i\frac{\pi}{4}}$, $-e^{i\frac{\pi}{4}}$, $-e^{-i\frac{\pi}{4}}$.

$$\text{Ainsi, } x^4+1=\left(x-e^{i\frac{\pi}{4}}\right)\left(x-e^{-i\frac{\pi}{4}}\right)\left(x+e^{i\frac{\pi}{4}}\right)\left(x+e^{-i\frac{\pi}{4}}\right)$$
$$=\left(x^2-2\cos\frac{\pi}{4}x+1\right)\left(x^2+2\cos\frac{\pi}{4}x+1\right).$$

Donc, $x^4+1=\left(x^2-\sqrt{2}x+1\right)\left(x^2+\sqrt{2}x+1\right)$.

2e méthode : on utilise une décomposition dite par radicaux.

Pour cela, on écrit : $x^4+1=\left(x^2+1\right)^2-2x^2 = \left(x^2-\sqrt{2}x+1\right)\left(x^2+\sqrt{2}x+1\right)$.

La méthode est plus rapide mais spécifique !

Les polynômes $X^2-\sqrt{2}X+1$ et $X^2+\sqrt{2}X+1$ sont irréductibles de degré 2 dans $\mathbb{R}[X]$, la décomposition en éléments simples de $f(x)$ dans $\mathbb{R}(X)$ s'écrit donc sous la forme :

$$f(x)=\frac{1}{1+x^4}=\frac{1}{\left(x^2-\sqrt{2}x+1\right)\left(x^2+\sqrt{2}x+1\right)}=\frac{ax+b}{x^2-\sqrt{2}x+1}+\frac{cx+d}{x^2+\sqrt{2}x+1}$$

où $a, b, c, d \in \mathbb{R}$.

De plus, cette décomposition est unique ! Or, f est une fonction paire, donc, pour tout $x \in \mathbb{R}$, $f(x)=f(-x)=\dfrac{-ax+b}{x^2+\sqrt{2}x+1}+\dfrac{-cx+d}{x^2-\sqrt{2}x+1}$. Ainsi, par unicité, $-a=c$ et $b=d$.

Pour $x=0$, on obtient : $2b=1$, donc $b=\dfrac{1}{2}$. De plus, pour $x=\sqrt{2}$, on a : $\dfrac{a\sqrt{2}+b}{1}+\dfrac{-a\sqrt{2}+b}{5}=\dfrac{1}{5}$, donc, $4a\sqrt{2}+6b=1$, ainsi, $a=\dfrac{-2}{4\sqrt{2}}=\dfrac{-1}{2\sqrt{2}}$.

Finalement, $f(x)=\dfrac{-1}{2\sqrt{2}}\dfrac{x-\sqrt{2}}{x^2-\sqrt{2}x+1}+\dfrac{1}{2\sqrt{2}}\dfrac{x+\sqrt{2}}{x^2+\sqrt{2}x+1}$.

Notons $G(x)=\int \dfrac{x-\sqrt{2}}{x^2-\sqrt{2}x+1}dx$ et $H(x)=\int \dfrac{x+\sqrt{2}}{x^2+\sqrt{2}x+1}dx$, une primitive de f sur $\mathbb{R}$ est alors $F=\frac{1}{2\sqrt{2}}(-G+H)$. On peut remarquer que le calcul de H peut se déduire de celui de G, en effet, en posant dans $\int \frac{x+\sqrt{2}}{x^2+\sqrt{2}x+1}dx$ $t=-x$, on obtient : $dt=-dx$ et $H(x)=-\int \frac{-t+\sqrt{2}}{t^2-\sqrt{2}t+1}dt=G(t)=G(-x)$.

Pour calculer $G(x)$, on fait apparaître au numérateur la dérivée du dénominateur, soit :

$$G(x)=\int \frac{x-\sqrt{2}}{x^2-\sqrt{2}x+1}dx = \frac{1}{2}\int \frac{2x-\sqrt{2}}{x^2-\sqrt{2}x+1}dx-\frac{1}{2}\int \frac{\sqrt{2}}{x^2-\sqrt{2}x+1}dx$$

$$=\frac{1}{2}\ln\left|x^2-\sqrt{2}x+1\right|-\frac{K(x)}{\sqrt{2}} \quad \text{où } K(x)=\int \frac{dx}{x^2-\sqrt{2}x+1}.$$

Pour calculer $K(x)$, on met $x^2-\sqrt{2}x+1$ sous forme canonique :

$$x^2-\sqrt{2}x+1=\left[\left(x-\frac{\sqrt{2}}{2}\right)^2-\frac{1}{2}\right]+1=\left(x-\frac{1}{\sqrt{2}}\right)^2+\frac{1}{2}=\frac{1}{2}\left[\left(\sqrt{2}x-1\right)^2+1\right].$$

On pose alors $t=\sqrt{2}x-1$, $dt=\sqrt{2}dx$, d'où :

$$K(x)=2\int \frac{dx}{\left(\sqrt{2}x-1\right)^2+1}=\frac{2}{\sqrt{2}}\int \frac{dt}{t^2+1}.$$

Pour tout réel x, $x^2-\sqrt{2}x+1>0$, donc $\ln\left|x^2-\sqrt{2}x+1\right|=\ln\left(x^2-\sqrt{2}x+1\right)$.

Ainsi, $K(x)=\sqrt{2}\arctan\left(\sqrt{2}x-1\right)$ et $G(x)=\frac{1}{2}\ln\left|x^2-\sqrt{2}x+1\right|-\arctan\left(\sqrt{2}x-1\right)$.

On en déduit que : $H(x)=\frac{1}{2}\ln\left(x^2+\sqrt{2}x+1\right)+\arctan\left(\sqrt{2}x+1\right)$.

Ainsi, $$F(x)=\frac{1}{2\sqrt{2}}\left[\frac{1}{2}\ln\left(\frac{x^2+\sqrt{2}x+1}{x^2-\sqrt{2}x+1}\right)+\arctan\left(\sqrt{2}x-1\right)+\arctan\left(\sqrt{2}x+1\right)\right].$$

Les autres primitives de f sur $\mathbb{R}$ sont égales à F à une constante additive près.

d) Soit $i: x\mapsto \frac{\operatorname{ch}x}{1+\operatorname{ch}^2x}$, i est continue sur $\mathbb{R}$, elle y admet donc des primitives. Pour obtenir l'une d'entre elles, on remarque que $i(x)=\frac{\operatorname{ch}x}{2+\operatorname{sh}^2x}$ car $1+\operatorname{sh}^2x=\operatorname{ch}^2x$. Autrement dit, $F(x)=\int i(x)dx=\int \frac{1}{2+\operatorname{sh}^2x}d(\operatorname{sh}x)$. On peut donc avoir l'idée de poser $t=\operatorname{sh}x$ (la fonction sh est bien de classe C^1 sur $\mathbb{R}$). Ainsi, $F(x)=\int \frac{dt}{2+t^2}=\frac{1}{\sqrt{2}}\arctan\left(\frac{t}{\sqrt{2}}\right)$, donc :

$F(x)=\frac{1}{\sqrt{2}}\arctan\left(\frac{\operatorname{sh}x}{\sqrt{2}}\right)$. Les autres primitives de i sur $\mathbb{R}$ sont égales à F à une constante additive près.

1.2.a) Soit $I=\int_0^1 \frac{x\arctan x}{\left(1+x^2\right)^2}dx$, posons $f: x\mapsto \frac{x\arctan x}{\left(1+x^2\right)^2}$, f est continue sur $[0, 1]$, l'intégrale I est donc bien définie. Pour la calculer, on va se ramener à une fraction rationnelle en effectuant une intégration par parties. Pour cela, on dérive la fonction arctan et on intègre $x \mapsto \dfrac{x}{(1+x^2)^2}$:

Si $g(x)=\arctan x$, alors $g'(x)=\dfrac{1}{1+x^2}$ et si $h'(x)=\dfrac{x}{(1+x^2)^2}$, alors on peut choisir $h(x)=-\dfrac{1}{2}\dfrac{1}{1+x^2}$, ainsi :

$$I=\int_0^1 \frac{x\arctan x}{(1+x^2)^2}dx=\frac{-1}{2}\left[\frac{\arctan x}{1+x^2}\right]_0^1+\frac{1}{2}\int_0^1\frac{dx}{(1+x^2)^2}.$$

Donc $I=\dfrac{-1}{2}\dfrac{\pi}{8}+\dfrac{1}{2}J$ où $J=\displaystyle\int_0^1\frac{dx}{(1+x^2)^2}$. Pour calculer J, on remarque que $J=\displaystyle\int_0^1\frac{1}{1+x^2}\frac{dx}{1+x^2}$, on peut donc penser à poser $x=\tan t$ avec $t\in\left[0,\dfrac{\pi}{4}\right]$, car $t\mapsto\tan t$ est de classe C^1 sur $\left[0,\dfrac{\pi}{4}\right]$ et $dx=\dfrac{dt}{1+t^2}$.

Ainsi, $J=\displaystyle\int_0^{\pi/4}\frac{dt}{1+\tan^2 t}=\int_0^{\pi/4}\cos^2 t\,dt$. Enfin, pour calculer $\displaystyle\int_0^{\pi/4}\cos^2 t\,dt$, on linéarise $\cos^2 t=\dfrac{1+\cos 2t}{2}$.

Ainsi, $J=\dfrac{1}{2}\displaystyle\int_0^{\pi/4}(1+\cos 2t)dt=\frac{1}{2}\left(\frac{\pi}{4}+\left[\frac{\sin 2t}{2}\right]_0^{\pi/4}\right)=\frac{1}{2}\left(\frac{\pi}{4}+\frac{1}{2}\right)$.

Finalement, $I=-\dfrac{\pi}{16}+\dfrac{1}{4}\left(\dfrac{\pi}{4}+\dfrac{1}{2}\right)$, donc $\boxed{I=\dfrac{1}{8}}$.

b) Soit $I=\displaystyle\int_0^{\pi/2}\frac{\sin x}{\sin^2 x+2\cos^2 x}dx$ et $f: x\mapsto\dfrac{\sin x}{\sin^2 x+2\cos^2 x}$, f est continue sur $\left[0,\dfrac{\pi}{2}\right]$, ce qui justifie l'existence de l'intégrale I. On remarque que $f(x)=\dfrac{\sin x}{1+\cos^2 x}$, donc $I=-\displaystyle\int_0^{\pi/2}\frac{d(\cos x)}{1+\cos^2 x}$. En posant, $t=\cos x$, alors $dt=-\sin x dx$, il vient donc : $I=-\displaystyle\int_1^0\frac{dt}{1+t^2}=\int_0^1\frac{dt}{1+t^2}$. Ainsi, $\boxed{I=[\arctan t]_0^1=\dfrac{\pi}{4}}$.

On aurait pu aussi appliquer les règles de Bioche en remarquant que l'élément $\dfrac{\sin x}{\sin^2 x+2\cos^2 x}dx$ était invariant en changeant x en $-x$. On retrouve alors que l'on peut poser $t=\cos x$.

c) Soit $I=\displaystyle\int_0^{\pi/2}\frac{\sin 2x}{\cos^4 x+\sin^2 x}dx$ et $f: x\mapsto\dfrac{\sin 2x}{\cos^4 x+\sin^2 x}$, f est continue sur $\left[0,\dfrac{\pi}{2}\right]$, ce qui justifie l'existence de l'intégrale I. On remarque que $f(x)dx=\dfrac{2\sin x\cos x dx}{(\cos^2 x)^2+1-\cos^2 x}$, ou encore : $f(x)dx=\dfrac{-d(\cos^2 x)}{(\cos^2 x)^2+1-\cos^2 x}$.

On peut donc avoir l'idée de poser $t=\cos^2 x$ (l'application $x\mapsto\cos^2 x$ est une application de classe C^1 de $\left[0,\dfrac{\pi}{2}\right]$ sur $[0,1]$). On a alors, $dt=-2\sin x\cos x dx$ et $I=-\displaystyle\int_1^0\frac{dt}{t^2+1-t}=\int_0^1\frac{dt}{t^2-t+1}$.

Pour calculer cette dernière intégrale, on met t^2-t+1 sous forme canonique : $t^2-t+1=\left[\left(t-\frac{1}{2}\right)^2-\frac{1}{4}\right]+1=\left(t-\frac{1}{2}\right)^2+\frac{3}{4}=\frac{3}{4}\left[\left(\frac{2t-1}{\sqrt{3}}\right)^2+1\right]$.

Ainsi, $I=\int_0^1\frac{dt}{t^2-t+1}=\frac{4}{3}\int_0^1\frac{dt}{\left(\frac{2t-1}{\sqrt{3}}\right)^2+1}$. On pose alors $u=\frac{2t-1}{\sqrt{3}}$, $du=\frac{2}{\sqrt{3}}dt$, d'où : $I=\frac{2}{\sqrt{3}}\int_{-1/\sqrt{3}}^{1/\sqrt{3}}\frac{du}{u^2+1}=\frac{2}{\sqrt{3}}\left[\arctan t\right]_{-1/\sqrt{3}}^{1/\sqrt{3}}$

$=\frac{2}{\sqrt{3}}\left(\arctan\frac{1}{\sqrt{3}}-\arctan-\frac{1}{\sqrt{3}}\right)=\frac{4}{\sqrt{3}}\arctan\frac{1}{\sqrt{3}}$. (car la fonction arctan est impaire) et, comme $\arctan\left(\frac{1}{\sqrt{3}}\right)=\frac{\pi}{6}$, on en déduit : $\boxed{I=\frac{2\pi}{3\sqrt{3}}}$.

d) Soit $I=\int_2^{\frac{7}{2}}\frac{dx}{\sqrt{5+4x-x^2}}$, $P(x)=5+4x-x^2$ et $f:x\mapsto\frac{1}{\sqrt{5+4x-x^2}}$.
On remarque que $P(x)=(1+x)(5-x)$ qui est strictement positif sur $\left[2,\frac{7}{2}\right]$, f est donc définie et continue sur $\left[2,\frac{7}{2}\right]$, l'intégrale I existe bien.
Pour transformer I, on met $P(x)$ sous forme canonique :
$P(x)=9-(x-2)^2=9\left[1-\left(\frac{x-2}{3}\right)^2\right]$. Lorsque $x\in\left[2,\frac{7}{2}\right]$, $\frac{x-2}{3}\in\left[0,\frac{1}{2}\right]$, on peut donc poser $\frac{x-2}{3}=u$, avec $u\in\left[0,\frac{1}{2}\right]$. On a alors $dx=3du$ et $I=\int_0^{\frac{1}{2}}\frac{3du}{3\sqrt{1-u^2}}=\int_0^{\frac{1}{2}}\frac{du}{\sqrt{1-u^2}}$. On peut penser à poser $u=\sin t$, avec $t\in\left[0,\frac{\pi}{6}\right]$. Ainsi, $du=\cos t\,dt$ et $\boxed{I=\int_0^{\frac{\pi}{6}}\frac{\cos t\,dt}{\sqrt{1-\sin^2 t}}=\int_0^{\frac{\pi}{6}}dt=\frac{\pi}{6}}$.

e) Soit $I=\int_0^{1/\sqrt{2}}\frac{1}{(2x^2+1)\sqrt{1-x^2}}dx$ et $f:x\mapsto\frac{1}{(2x^2+1)\sqrt{1-x^2}}$.

f est définie et continue sur $]-1,1[$, notamment sur $\left[0,\frac{1}{\sqrt{2}}\right]$, l'intégrale I est donc bien définie.
La présence du terme en $\frac{1}{\sqrt{1-x^2}}$ pousse à poser $x=\sin t$ car $dx=\cos t\,dt$ ou encore $dt=\frac{dx}{\sqrt{1-x^2}}$. Les bornes $0,\frac{\sqrt{2}}{2}$ deviennent respectivement $0,\frac{\pi}{4}$ et on obtient : $I=\int_0^{\frac{\pi}{4}}\frac{dt}{2\sin^2 t+1}$. Comme $\sin^2 t=1-\cos^2 t=1-\frac{1}{1+\tan^2 t}$, on peut cette fois penser à poser $u=\tan t$.
De plus, la fonction tangente est bien définie et de classe C^1 sur l'intervalle

On peut aussi appliquer la règle de Bioche en remarquant que l'élément $\frac{dt}{2\sin^2 t+1}$ est invariant lorsque l'on change t en $\pi+t$.

$\left[0, \frac{\pi}{4}\right]$. Enfin, $dt = \frac{du}{1+u^2}$, ainsi, $I = \int_0^1 \frac{1}{2\left(1 - \frac{1}{1+u^2}\right)+1} \frac{du}{1+u^2}$. D'où, $I = \int_0^1 \frac{du}{1+3u^2}$, on peut encore poser $v = \sqrt{3}u$ et $dv = \sqrt{3}du$ pour se ramener à l'intégrale plus simple : $I = \frac{1}{\sqrt{3}} \int_0^{\sqrt{3}} \frac{dv}{1+v^2}$,

donc $\boxed{I = \frac{1}{\sqrt{3}}\left[\arctan v\right]_0^{\sqrt{3}} = \frac{\arctan\sqrt{3}}{\sqrt{3}} = \frac{\pi}{3\sqrt{3}}}$.

f) Soit $I = \int_0^{\pi/4} \ln(1+\tan x)dx$ et $f : x \mapsto \ln(1+\tan x)$. f est définie et continue sur $\left[0, \frac{\pi}{4}\right]$, l'intégrale I est donc encore bien définie. Ici, on va obtenir la valeur de I sans faire de calcul de primitive, mais en utilisant les propriétés de la fonction tangente et de la fonction logarithme. Pour cela, on pose $t = \frac{\pi}{4} - x$, alors $dt = -dx$, les bornes 0 et $\frac{\pi}{4}$ sont échangées dans l'intégrale ce qui compense le signe – du terme $dt = -dx$, ainsi :

$I = \int_0^{\pi/4} \ln\left(1+\tan\left(\frac{\pi}{4} - t\right)\right)dt$. Or, $\tan\left(\frac{\pi}{4} - t\right) = \frac{\tan\frac{\pi}{4} - \tan t}{1+\tan\frac{\pi}{4}\tan t} = \frac{1-\tan t}{1+\tan t}$.

Donc,

$$I = \int_0^{\pi/4} \ln\left(1+\frac{1-\tan t}{1+\tan t}\right)dt = \int_0^{\pi/4} \ln\left(\frac{2}{1+\tan t}\right)dt = \int_0^{\pi/4} \left[\ln 2 - \ln(1+\tan t)\right]dt$$

$I = \int_0^{\pi/4} \ln 2 dt - \int_0^{\pi/4} \ln(1+\tan t)dt$. Autrement dit, $I = \frac{\pi}{4}\ln 2 - I$, et donc $\boxed{I = \frac{\pi}{8}\ln 2}$.

g) Soit $I = \int_{-\pi}^{\pi} e^{\alpha t}\sin t dt$ et $f : t \mapsto e^{\alpha t}\sin t$. f est définie et continue sur $\mathbb{R}$, en particulier sur $[-\pi, \pi]$, l'intégrale I est donc, là aussi, bien définie. Pour calculer I, on remarque que $e^{\alpha t}\sin t = \mathrm{Im}(e^{\alpha t}e^{it})$. On a donc :

$\int_{-\pi}^{\pi} e^{\alpha t}\sin t dt = \mathrm{Im}\left(\int_{-\pi}^{\pi} e^{\alpha t}e^{it}dt\right)$. Soit $J = \int_{-\pi}^{\pi} e^{\alpha t}e^{it}dt$,

$$J = \int_{-\pi}^{\pi} e^{\alpha t}e^{it}dt = \int_{-\pi}^{\pi} e^{(\alpha+i)t}dt = \left[\frac{e^{(\alpha+i)t}}{\alpha+i}\right]_{-\pi}^{\pi} = \frac{1}{\alpha+i}\left(e^{(\alpha+i)\pi} - e^{-(\alpha+i)\pi}\right)$$

$$= \frac{1}{\alpha+i}\left(e^{\alpha\pi}e^{i\pi} - e^{-\alpha\pi}e^{-i\pi}\right).$$

Or, $e^{i\pi} = e^{-i\pi} = -1$, donc $J = \int_{-\pi}^{\pi} e^{\alpha t}e^{it}dt = \frac{-1}{\alpha+i}\left(e^{\alpha\pi} - e^{-\alpha\pi}\right) = -2\mathrm{sh}\alpha\pi \frac{\alpha - i}{\alpha^2+1}$.

Ainsi, $\boxed{I = \int_{-\pi}^{\pi} e^{\alpha t}\sin t dt = 2\frac{sh(\alpha\pi)}{\alpha^2+1}}$.

Conseils méthodologiques

2.a) Considérer $f : t \mapsto \dfrac{\arctan t}{t}$ et donner le domaine de continuité D de f. Déterminer alors l'ensemble I des valeurs de x telles que le segment $[x, 2x]$ soit inclus dans D. Introduire ensuite une primitive F de f sur D et écrire que, pour tout $x \in I$, $\Phi(x) = F(2x) - F(x)$.

2.b) Effectuer le changement de variable $u = -t$.

2.c) Encadrer $\dfrac{\arctan t}{t}$ pour $t \in [x, 2x]$ par $\dfrac{\arctan x}{t}$ et $\dfrac{\arctan 2x}{t}$ puis intégrer entre x et $2x$.

2.e) Utiliser encore l'encadrement de la question c).

2 ■ Savoir étudier une intégrale dépendant de ses bornes.

Étude de $\Phi : x \to \displaystyle\int_x^{2x} \frac{\arctan t}{t} dt$.

a) Montrer que Φ est définie et de classe C^1 sur $\mathbb{R}^*$ et calculer Φ'.

b) Vérifier que Φ est impaire.

c) Montrer que, pour tout réel x strictement positif, $\ln 2(\arctan x) \leq \Phi(x) \leq \ln 2(\arctan 2x)$.

d) Montrer que Φ peut se prolonger par continuité en 0 et, une fois prolongée, devient de classe C^1 sur $\mathbb{R}$. Indications : utiliser l'encadrement précédent pour obtenir la limite de Φ en 0, prolonger Φ par continuité en 0, déterminer la limite de Φ' en 0 puis appliquer le théorème adapté pour conclure.

e) Déterminer la limite de Φ en $+\infty$.

f) Étudier les variations et tracer le graphe de Φ.

2.a) Soit $f : t \mapsto \dfrac{\arctan t}{t}$, f est définie et continue sur $D =]-\infty, 0[\cup]0, +\infty[$. De plus, pour tout $x > 0$, le segment $[x, 2x]$ est inclus dans $]0, +\infty[$ et, pour tout $x < 0$, le segment $[2x, x]$ est inclus dans $]-\infty, 0[$. Ainsi, Φ est définie sur $I = D =]-\infty, 0[\cup]0, +\infty[$. Soit alors F une primitive de f sur D, pour tout $x \in I$, $\Phi(x) = F(2x) - F(x)$. On sait que F est de classe C^1 sur D, donc, par composition, Φ est de classe C^1 sur I et, pour tout $x \in I$, $\Phi'(x) = 2F'(2x) - F'(x)$. Or, pour tout x non nul, $F'(x) = \dfrac{\arctan x}{x}$, ainsi, pour tout $x \in I$, $\boxed{\Phi'(x) = \dfrac{\arctan 2x - \arctan x}{x}}$.

La fonction arctan est impaire.

b) Soit $x \in]0, +\infty[$, alors $\Phi(-x) = \displaystyle\int_{-x}^{-2x} \frac{\arctan t}{t} dt$, en posant $t = -u$, $dt = -du$ et $\Phi(-x) = \displaystyle\int_x^{2x} \frac{\arctan(-u)}{-u}(-du) = -\int_x^{2x} \frac{\arctan u}{u} du = -\Phi(x)$.
Autrement dit, Φ est impaire et on peut limiter son étude à l'intervalle $]0, +\infty[$.

c) Soit $x \in]0, +\infty[$, pour tout $t \in [x, 2x]$, on a :

$$\frac{\arctan x}{t} \leq \frac{\arctan t}{t} \leq \frac{\arctan 2x}{t} \text{ (par croissance de la fonction arctan).}$$

Donc, par intégration entre x et $2x$, il vient :

$$\arctan x \int_x^{2x} \frac{dt}{t} \leq \int_x^{2x} \frac{\arctan t}{t} dt \leq \arctan 2x \int_x^{2x} \frac{dt}{t}.$$

Or, $\int_x^{2x} \frac{dt}{t} = \left[\ln t\right]_x^{2x} = \ln 2x - \ln x = \ln 2$. Ainsi, pour tout $x \in \left]0, +\infty\right[$,

$$\ln 2.\arctan x \leq \Phi(x) \leq \ln 2.\arctan 2x.$$

d) On a : $\lim_{x \to 0} \ln 2.\arctan x = 0 = \lim_{x \to 0} \ln 2.\arctan 2x$, donc par théorème d'encadrement, $\lim_{\substack{x \to 0 \\ x > 0}} \Phi(x) = 0$. Par imparité, on a aussi $\lim_{\substack{x \to 0 \\ x < 0}} \Phi(x) = 0$, ainsi, $\lim_{x \to 0} \Phi(x) = 0$.

On peut donc prolonger la fonction Φ par continuité en 0 par la valeur $\Phi(0) = 0$.

D'autre part, $\Phi'(x) = \frac{\arctan 2x - \arctan x}{x} \underset{x \to 0}{=} \frac{2x - x + o(x)}{x} \underset{x \to 0}{=} 1 + o(1)$.

Ainsi, $\lim_{x \to 0} \Phi'(x) = 1$.

Φ est donc une fonction continue sur $\mathbb{R}$, de classe C^1 sur $\mathbb{R}^*$, telle que $\lim_{x \to 0} \Phi'(x) = 1$, on sait qu'alors, par théorème, Φ est de classe C^1 sur $\mathbb{R}$ et $\Phi'(0) = 1$.

e) Cette fois, quand x tend vers $+\infty$:

$\lim_{x \to +\infty} \ln 2.\arctan x = \frac{\pi}{2}\ln 2 = \lim_{x \to +\infty} \ln 2.\arctan 2x$, donc, toujours par théorème d'encadrement, $\lim_{x \to +\infty} \Phi(x) = \frac{\pi}{2}\ln 2$.

f) Soit $x \in \left]0, +\infty\right[$, la fonction arctan étant strictement croissante, arctan $2x$ > arctan x, donc $\Phi'(x) = \frac{\arctan 2x - \arctan x}{x} > 0$.

Ainsi, Φ est strictement croissante sur $\left]0, +\infty\right[$. On obtient donc le tableau de variation suivant :

x	0		$+\infty$
Φ'	1	+	
Φ	0	↗	$\frac{\pi}{2}\ln 2$

D'où le graphe de Φ (*cf.* Fig. 1) :

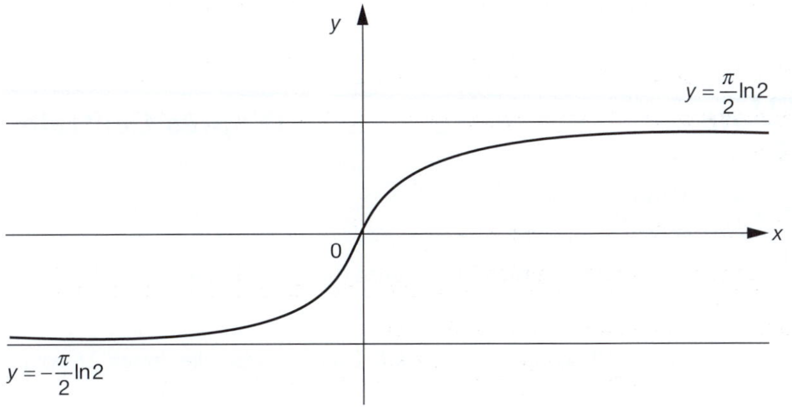

Figure 1

Pour maîtriser les bases

1. Lemme de Riemann-Lebesgue dans le cas C^1 — d'après TPE

Soit f une fonction continue de classe C^1 sur un segment $[a, b]$ à valeurs réelles, où a et b sont deux réels tels que $a < b$, alors : $\lim_{x \to +\infty} \int_a^b f(t)\sin(xt)\,dt = 0$.

Conseils méthodologiques : l'idée est d'effectuer une intégration par parties.

Pour tout réel $x \neq 0$, on a : $\int_a^b f(t)\sin(xt)\,dt = \left[-f(t)\frac{\cos(xt)}{x}\right]_a^b + \frac{1}{x}\int_a^b f'(t)\cos(xt)\,dt$.

Donc, $\int_a^b f(t)\sin(xt)\,dt = \left[\frac{f(a)\cos(xa) - f(b)\cos(xb)}{x}\right] + \frac{1}{x}\int_a^b f'(t)\cos(xt)\,dt$.

Ainsi, $\left|\int_a^b f(t)\sin(xt)\,dt\right| \leq \frac{1}{x}\left[|f(a)||\cos(xa)| + |f(b)||\cos(xb)| + \int_a^b |f'(t)||\cos(xt)|\,dt\right]$

Remarque : Bien détailler les majorations pour éviter les erreurs-types.

f étant de classe C^1 sur le segment $[a, b]$, f et f' y sont bornées, il existe donc M_0 et M_1 des réels positifs tels que pour tout $t \in [a, b]$, $|f(t)| \leq M_0$ et $|f'(t)| \leq M_1$.

Mais alors, pour tout $x > 0$, $\left|\int_a^b f(t)\sin(xt)\,dt\right| \leq \frac{1}{x}\left[2M_0 + M_1(b-a)\right]$.

Ainsi, $\lim_{x \to +\infty} \int_a^b f(t)\sin(xt)\,dt = 0$.

Remarque : On peut démontrer de même que $\lim_{x \to +\infty} \int_a^b f(t)\cos(xt)\,dt = 0$.

2. Calcul de $\lim_{n \to +\infty} \int_0^{n\frac{\pi}{2}} \frac{\sin t}{t}\,dt$ — D'après Centrale

Pour tout entier naturel n, on pose $J_n = \int_0^{\frac{\pi}{2}} \frac{\sin(nx)}{\sin x}\,dx$.

a) Prolonger la fonction $x \mapsto \frac{\sin(nx)}{\sin x}$ par continuité en 0 et justifier l'existence de J_n. Calculer $J_{n+2} - J_n$ et en déduire la valeur de J_{2p+1} pour $p \in \mathbb{N}$.

b) Transformer $J_{n+1} - J_n$ puis utiliser le lemme de Riemann-Lebesgue (*cf.* Pour maîtriser les bases 1) pour montrer que $\lim_{n \to +\infty} (J_{n+1} - J_n) = 0$.

c) Montrer alors que $\lim_{n\to+\infty}\int_0^{\frac{\pi}{2}}\frac{\sin(nx)}{\sin x}dx=\frac{\pi}{2}$. Indication : on rappelle que si les suites (J_{2p}) et (J_{2p+1}) convergent vers une même limite, alors la suite (J_n) converge aussi vers cette limite.

d) Soit $I_n=\int_0^{\frac{\pi}{2}}\frac{\sin nx}{x}dx$, exprimer J_n-I_n à l'aide de $\psi : x\mapsto\frac{1}{\sin x}-\frac{1}{x}$. Montrer que ψ se prolonge de façon C^1 sur le segment $\left[0,\frac{\pi}{2}\right]$. En déduire que $\lim_{n\to+\infty}(J_n-I_n)=0$ et $\lim_{n\to+\infty}\int_0^{n\frac{\pi}{2}}\frac{\sin t}{t}dt=\frac{\pi}{2}$.

Conseils méthodologiques : a) Transformer $\sin(n+2)x-\sin nx$. **d)** Appliquer le lemme de Riemann-Lebesgue. Puis poser $t=nx$.

a) On remarque que $\lim_{x\to0}\frac{\sin(nx)}{\sin x}=n$, on peut donc prolonger la fonction $x\mapsto\frac{\sin(nx)}{\sin x}$ par continuité en 0. Ainsi prolongée, cette fonction est continue sur le segment $\left[0,\frac{\pi}{2}\right]$, ce qui justifie l'existence de J_n. Par ailleurs, $J_{n+2}-J_n=\int_0^{\frac{\pi}{2}}\frac{\sin(n+2)x-\sin nx}{\sin x}dx$; or, $\sin(n+2)x-\sin nx=2\sin x\cos(n+1)x$,

donc $J_{n+2}-J_n=2\int_0^{\frac{\pi}{2}}\cos(n+1)xdx$. Ainsi, $\boxed{J_{n+2}-J_n=\frac{2}{n+1}\left[\sin(n+1)x\right]_0^{\frac{\pi}{2}}=\frac{2}{n+1}\sin(n+1)\frac{\pi}{2}}$.

En particulier, si $p\in\mathbb{N}^*$, $J_{2p+1}-J_{2p-1}=\frac{2}{2p+1}\sin(2p+2)\frac{\pi}{2}=0$. Ainsi, pour tout $p\in\mathbb{N}$, $\boxed{J_{2p+1}=J_1=\frac{\pi}{2}}$.

b) De même que dans la question a), $J_{n+1}-J_n=\int_0^{\frac{\pi}{2}}\frac{\sin(n+1)x-\sin nx}{\sin x}dx$

et $\sin(n+1)x-\sin nx=2\sin\frac{x}{2}\cos\left(n+\frac{1}{2}\right)x$, donc $J_{n+1}-J_n=2\int_0^{\frac{\pi}{2}}\frac{\sin\frac{x}{2}}{\sin x}\cos\left(n+\frac{1}{2}\right)xdx$.

Ainsi, $J_{n+1}-J_n=\int_0^{\frac{\pi}{2}}\frac{1}{\cos\frac{x}{2}}\cos\left(n+\frac{1}{2}\right)xdx$. Soit alors $\varphi : x\mapsto\frac{1}{\cos\frac{x}{2}}$, φ est de classe, C^1 sur $\left[0,\frac{\pi}{2}\right]$, donc, d'après le lemme de Riemann-Lebesgue (*cf.* Pour maîtriser les bases 1), $\lim_{n\to+\infty}\int_0^{\frac{\pi}{2}}\varphi(x)\cos\left(n+\frac{1}{2}\right)xdx=0$. Ainsi, $\lim_{n\to+\infty}(J_{n+1}-J_n)=0$.

c) En particulier, $\lim_{p\to+\infty}(J_{2p+1}-J_{2p})=0$, or, d'après la question a), pour tout entier p, $J_{2p+1}=J_1=\frac{\pi}{2}$, il s'ensuit que $\lim_{p\to+\infty}J_{2p}=\frac{\pi}{2}$. Ainsi, $\lim_{p\to+\infty}J_{2p}=\frac{\pi}{2}=\lim_{p\to+\infty}J_{2p+1}$. Comme les deux suites extraites (J_{2p}) et (J_{2p+1}) convergent vers la même limite, alors, par théorème, la suite (J_n) converge aussi vers cette limite. Autrement dit, $\lim_{n\to+\infty}J_n=\frac{\pi}{2}$.

C'est-à-dire : $\lim_{n\to+\infty}\int_0^{\frac{\pi}{2}}\frac{\sin nx}{\sin x}dx=\frac{\pi}{2}$.

d) Soit $I_n = \int_0^{\frac{\pi}{2}} \frac{\sin nx}{x} dx$, pour les mêmes raisons que pour J_n, I_n est bien définie et $J_n - I_n = \int_0^{\frac{\pi}{2}} \left(\frac{1}{\sin x} - \frac{1}{x} \right) \sin nx dx$.

Considérons $\psi : x \mapsto \frac{1}{\sin x} - \frac{1}{x}$, on a : $\psi(x) = \frac{x - \sin x}{x \sin x} \underset{x \to 0}{=} \frac{x - \left(x - \frac{x^3}{6} + o(x^3) \right)}{x^2 + o(x^2)} \underset{x \to 0}{=} \frac{\frac{x^3}{6} + o(x^3)}{x^2 + o(x^2)} \underset{x \to 0}{\sim} \frac{x}{6}$. On peut donc prolonger par continuité ψ en 0 par $\psi(0) = 0$. On voit même que $\lim\limits_{x \to 0} \frac{\psi(x)}{x} = \frac{1}{6}$, ce qui prouve que ψ est dérivable en 0 et $\psi'(0) = \frac{1}{6}$.

De plus, pour tout $x \in \left]0, \frac{\pi}{2}\right]$, $\psi'(x) = \frac{-\cos x}{\sin^2 x} + \frac{1}{x^2} = \frac{\sin^2 x - x^2 \cos x}{x^2 \sin^2 x}$.

Donc, $\psi'(x) \underset{x \to 0}{=} \frac{\left(x - \frac{x^3}{6} + o(x^3) \right)^2 - x^2 \left(1 - \frac{x^2}{2} + o(x^2) \right)}{x^2 \left(x^2 + o(x^2) \right)} \underset{x \to 0}{=} \frac{x^2 \left[\left(1 - \frac{x^2}{6} + o(x^2) \right)^2 - \left(1 - \frac{x^2}{2} + o(x^2) \right) \right]}{x^2 \left(x^2 + o(x^2) \right)}$.

Ainsi, $\psi'(x) \underset{x \to 0}{=} \frac{\left(1 - \frac{x^2}{3} + o(x^2) \right) - \left(1 - \frac{x^2}{2} + o(x^2) \right)}{x^2 + o(x^2)} \underset{x \to 0}{=} \frac{\frac{x^2}{6} + o(x^2)}{x^2 + o(x^2)} \underset{x \to 0}{\sim} \frac{1}{6}$. Donc, ψ' est continue en 0, ainsi, ψ est de classe C^1 sur le segment $\left[0, \frac{\pi}{2}\right]$.

En appliquant à nouveau le lemme de Riemann-Lebesgue, on en déduit que $\lim\limits_{n \to +\infty} \int_0^{\frac{\pi}{2}} \psi(x) \sin nx dx = 0$. Autrement dit, $\lim\limits_{n \to +\infty} (J_n - I_n) = 0$, ce qui prouve que $\lim\limits_{n \to +\infty} I_n = \frac{\pi}{2}$. En posant $t = nx$, on remarque que $I_n = \int_0^{n\frac{\pi}{2}} \frac{\sin t}{t} dt$, ainsi, $\boxed{\lim\limits_{n \to +\infty} \int_0^{n\frac{\pi}{2}} \frac{\sin t}{t} dt = \frac{\pi}{2}}$.

Pour approfondir

3. Étude d'une fonction définie par une intégrale — d'après Mines-Ponts.

Le but de cet exercice est d'étudier la fonction $f : x \in \mathbb{R} \mapsto \pi - \int_0^x \frac{\sqrt{1-a^2}}{1 + a\cos t} dt$ où $a \in]-1, 1[$.

a) Justifier que f est définie, de classe C^1 et strictement décroissante sur $\mathbb{R}$.

b) Calculer $f(x)$ pour tout $x \in]-\pi, \pi[$.

c) Déterminer $f(0)$, $\lim\limits_{\pi} f$ et $\lim\limits_{-\pi} f$.

d) Soit $g : t \in \mathbb{R} \mapsto -1 + \frac{\sqrt{1-a^2}}{1 + a\cos t}$ et $G(x) = \int_0^x g(t) dt$.

e) Calculer $\int_{-\pi}^{\pi} g(t) dt$, montrer que G est 2π-périodique et impaire.

f) Quelle relation y a-t-il entre $f(x)$ et $G(x)$?
g) En déduire que f est une bijection de $\mathbb{R}$ sur $\mathbb{R}$.
h) Déterminer que, pour tout $x \in [-\pi + 2k\pi, \pi + 2k\pi]$, $f(x) = f(x - 2k\pi) - 2k\pi$ (où $k \in \mathbb{Z}$).
i) Calculer $f(-x)$ en fonction de $f(x)$.
j) Montrer que $f^{-1} = f$.
k) Tracer le graphe de f sur $[-2\pi, 3\pi]$ pour $a = \dfrac{1}{2}$.

Conseils méthodologiques : a) Penser à $a \in]-1, 1[$ et $\cos t \in [-1, 1]$. **b)** Poser $u = \tan\dfrac{x}{2}$. **c)** Utiliser b). **d)** Utiliser $G(x + 2\pi) - G(x) = \int_{-\pi}^{\pi} g(t)dt = 0$. **f)** et **g)** Utiliser la périodicité de G et la relation entre f et G. **h)** Penser à G impaire. **i)** Calculer $f(f(x))$ d'abord pour $x \in [0, \pi]$, puis $x \in [-\pi, \pi]$ et enfin dans le cas général. **j)** Penser aux conséquences sur le graphe de f qu'impliquent les questions g), h) et i).

a) Comme $a \in]-1, 1[$ et, pour tout réel t, $\cos t \in [-1, 1]$, on en déduit que $1 + a\cos t > 0$. Ainsi, $t \mapsto \dfrac{\sqrt{1-a^2}}{1 + a\cos t}$ est bien définie et continue sur $\mathbb{R}$. Par suite, la fonction $x \mapsto \int_0^x \dfrac{\sqrt{1-a^2}}{1+a\cos t}dt$ est de classe C^1 sur $\mathbb{R}$ en tant que primitive d'une fonction continue. Cela prouve que f est de classe C^1 sur $\mathbb{R}$ et, pour tout réel x, $f'(x) = -\dfrac{\sqrt{1-a^2}}{1+a\cos x} < 0$.
Ainsi, f réalise une bijection strictement décroissante de $\mathbb{R}$ sur son image.

b) Soit $x \in]-\pi, \pi[$, alors $[0, x] \subset]-\pi, \pi[$ et $t \mapsto \tan\dfrac{t}{2}$ réalise une bijection de classe C^1 de $]-\pi, \pi[$ sur $\mathbb{R}$. On peut donc poser $u = \tan\dfrac{t}{2}$ on a alors $du = \dfrac{1}{2}\left(1 + \tan^2\dfrac{t}{2}\right)dt$.

Ainsi, $f(x) = \pi - \displaystyle\int_0^{\tan\frac{x}{2}} \frac{\sqrt{1-a^2}}{1 + a\left(\frac{1-u^2}{1+u^2}\right)}\frac{2du}{1+u^2} = \pi - 2\sqrt{1-a^2}\int_0^{\tan\frac{x}{2}} \frac{du}{1+a+(1-a)u^2}$.

Donc, $f(x) = \pi - 2\dfrac{\sqrt{1-a^2}}{1-a}\displaystyle\int_0^{\tan\frac{x}{2}} \frac{du}{\frac{1+a}{1-a}+u^2} = \pi - 2\frac{\sqrt{1-a^2}}{1-a}\frac{1}{\sqrt{\frac{1+a}{1-a}}}\left[\arctan\left(\sqrt{\frac{1-a}{1+a}}u\right)\right]_0^{\tan\frac{x}{2}}$.

Finalement, pour tout $x \in]-\pi, \pi[$, $\boxed{f(x) = \pi - 2\arctan\left(\sqrt{\dfrac{1-a}{1+a}}\tan\dfrac{x}{2}\right)}$.

c) On a bien sûr $f(0) = \pi$. f étant continue en π, $f(\pi) = \lim\limits_{\pi} f = \lim\limits_{\pi^-} f$;

donc $f(\pi) = \pi - 2\underbrace{\lim\limits_{x\to\pi^-} \arctan\left(\sqrt{\dfrac{1-a}{1+a}}\tan\dfrac{x}{2}\right)}_{=\frac{\pi}{2}} = 0$, ainsi $\underline{f(\pi) = 0}$.

De même $\underline{f(-\pi) = 2\pi}$.

d) L'application $t \mapsto \dfrac{\sqrt{1-a^2}}{1+a\cos t}$ étant paire, $I = \displaystyle\int_{-\pi}^{\pi} \frac{\sqrt{1-a^2}}{1+a\cos t}dt = 2\int_0^{\pi} \frac{\sqrt{1-a^2}}{1+a\cos t}dt$. Donc $I = 2\big(\pi - f(\pi)\big) = 2\pi$. En conséquence, $\displaystyle\int_{-\pi}^{\pi} g(t)dt = I - 2\pi = 0$.

Il vient alors quel que soit $x \in \mathbb{R}$, $G(x+2\pi) - G(x) = \displaystyle\int_x^{x+2\pi} g = \int_{-\pi}^{\pi} g = 0$ car g est périodique, de période 2π. G est donc, elle aussi 2π-périodique.

De plus, g est paire, donc, pour tout réel x, $g(-x) = g(x)$. Par primitivation, il existe une constante C telle que, pour tout réel x, $-G(-x) = G(x) + C$. Or G est la primitive de g qui s'annule en 0 donc $C = 0$, ainsi G est impaire.

e) Par construction, pour tout réel x, $\boxed{f(x) = \pi - x - G(x)}$.

f) G étant périodique et continue sur $\mathbb{R}$, G est bornée ; ainsi $\lim\limits_{x \to +\infty} f(x) = -\infty$ et $\lim\limits_{x \to -\infty} f(x) = +\infty$. On en déduit, d'après la question a), que <u>f réalise une bijection de $\mathbb{R}$ sur $\mathbb{R}$</u>.

g) Soit $k \in \mathbb{Z}$ et $x \in [-\pi + 2k\pi, \pi + 2k\pi]$, $f(x) = \pi - x - G(x)$. Or $G(x) = G(x - 2k\pi)$, donc $f(x) = \pi - x - G(x - 2k\pi) = \pi - x - \big(\pi - (x - 2k\pi) - f(x - 2k\pi)\big)$.

Ainsi, $\boxed{f(x) = f(x - 2k\pi) - 2k\pi}$.

Le graphe de f est donc stable par la translation de vecteur $(2\pi, -2\pi)$.

h) Soit $x \in \mathbb{R}$, $f(-x) = \pi - (-x) - G(-x) = \pi + x + G(x) = \pi + \big(\pi - x - f(x)\big) + x$.

Ainsi, $\boxed{f(-x) = 2\pi - f(x)}$.

Cela permet d'affirmer que le graphe de f est <u>symétrique</u> par rapport au point $(0, \pi)$.

i) Soit $x \in]0, \pi[$, alors $f(x) \in]0, \pi[$ car $f(0) = \pi$, $f(\pi) = 0$ et f strictement décroissante sur $\mathbb{R}$. Ainsi,

$$f\big(f(x)\big) = \pi - 2\arctan\left(\sqrt{\frac{1-a}{1+a}}\tan\left(\frac{f(x)}{2}\right)\right).$$

Or $\dfrac{1}{2}f(x) = \dfrac{\pi}{2} - \arctan\left(\sqrt{\dfrac{1-a}{1+a}}\tan\dfrac{x}{2}\right) = \arctan\left(\sqrt{\dfrac{1+a}{1-a}}\dfrac{1}{\tan\dfrac{x}{2}}\right)$ (car $\sqrt{\dfrac{1-a}{1+a}}\tan\dfrac{x}{2} > 0$).

Donc, $\tan\left(\dfrac{f(x)}{2}\right) = \sqrt{\dfrac{1+a}{1-a}}\dfrac{1}{\tan\dfrac{x}{2}}$. D'où, $f\big(f(x)\big) = \pi - 2\arctan\left(\dfrac{1}{\tan\dfrac{x}{2}}\right)$

c'est-à-dire : $f\big(f(x)\big) = \pi - 2\left(\dfrac{\pi}{2} - \arctan\left(\tan\dfrac{x}{2}\right)\right) = x$ car $\arctan\left(\tan\dfrac{x}{2}\right) = \dfrac{x}{2}$ puisque $\dfrac{x}{2} \in \left]-\dfrac{\pi}{2}, \dfrac{\pi}{2}\right[$.

Ainsi, pour tout $x \in]0, \pi[$, $f\big(f(x)\big) = x$.

Pour $x = 0$, $f(0) = \pi$ et $f(\pi) = 0$ donc $f\big(f(0)\big) = 0$, de même $f\big(f(\pi)\big) = \pi$.

Soit $x \in [-\pi, 0]$, alors $f\big(f(x)\big) = f\big(f(-(-x))\big) = f\big(2\pi - f(-x)\big)$.

Or $f\big(2\pi - f(-x)\big) = f\big(-f(-x)\big) - 2\pi = 2\pi - f\big(f(-x)\big) - 2\pi = -f\big(f(-x)\big)$. Comme $-x \in [-\pi, \pi]$, $f\big(f(-x)\big) = -x$; ainsi, $f\big(f(x)\big) = x$.

On a donc : $\boxed{f\big(f(x)\big) = x \text{ pour tout } x \in [-\pi, \pi]}$.

Soit $x \in \mathbb{R}$, il existe $k \in \mathbb{Z}$ tel que $x \in [-\pi + 2k\pi, \pi + 2k\pi]$, donc $f(x) = f(x - 2k\pi) - 2k\pi$. Ainsi, $f(f(x)) = f(f(x - 2k\pi) - 2k\pi)$, d'où : $f(f(x)) = f(f(x - 2k\pi)) + 2k\pi$.
Or, $x - 2k\pi \in [-\pi, \pi]$, donc $f(f(x - 2k\pi)) = x - 2k\pi$, ainsi $f(f(x)) = x$.

On a donc prouvé : Quel que soit $x \in \mathbb{R}$, $f \circ f(x) = x$, autrement dit : $f = f^{-1}$.

Le graphe de f est donc aussi symétrique par rapport à la droite $y = x$.

Voici le tableau de variation de f sur $[-\pi, \pi]$:

x	$-\pi$	0	$+\pi$
f'	$-\sqrt{\dfrac{1+a}{1-a}}$	$-\sqrt{\dfrac{1-a}{1+a}}$	$-\sqrt{\dfrac{1+a}{1-a}}$
f	2π ↘	π ↘	0

j) D'après ce qui précède, pour tout $x \in]-\pi, \pi[$, $f(x) = \pi - 2\arctan\left(\sqrt{\dfrac{1-a}{1+a}}\tan\dfrac{x}{2}\right)$. Pour tout $x \in]\pi, 3\pi[$,

$$f(x) = f(x - 2\pi) - 2\pi = \pi - 2\arctan\left(\sqrt{\frac{1-a}{1+a}}\tan\left(\frac{x-2\pi}{2}\right)\right) - 2\pi.$$

La fonction $x \mapsto \tan\dfrac{x}{2}$ étant $2\pi-$ périodique, on en déduit que :

$$f(x) = -\pi - 2\arctan\left(\sqrt{\frac{1-a}{1+a}}\tan\frac{x}{2}\right).$$

De la même façon, pour tout $x \in]-3\pi, -\pi[$,

$$f(x) = 3\pi - 2\arctan\left(\sqrt{\frac{1-a}{1+a}}\tan\frac{x}{2}\right).$$

De plus, $f(-\pi) = 2\pi$, $f(\pi) = 0$ et $f(\pi) = -2\pi$, d'où le graphe de f sur $[-2\pi, 3\pi]$ (*cf.* Fig. 2) :

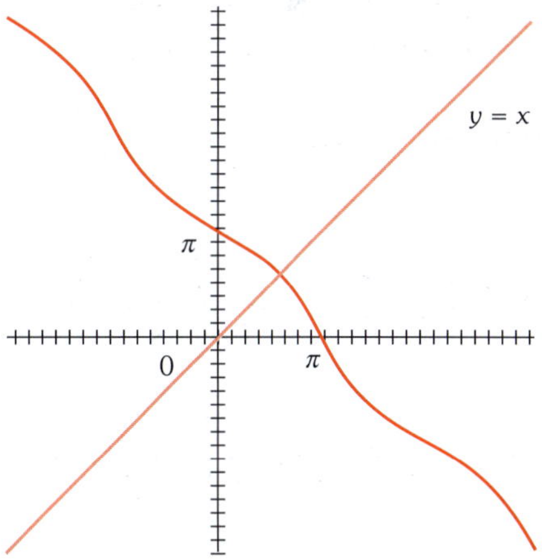

Figure 2

CHAPITRE 9

Équations différentielles

Le cours en questions

1 ■ Équation différentielle linéaire du premier ordre

On considère l'équation différentielle linéaire du premier ordre :

$$(E_1) \quad a_1(x)y' + b_1(x)y = c_1(x),$$

où a_1, b_1 et c_1 sont trois fonctions continues sur un intervalle I_1 et à valeurs dans $\mathbb{K}$ qui peut désigner $\mathbb{R}$ ou $\mathbb{C}$.

Une équation différentielle linéaire du premier ordre résolue est une équation de la forme

$$(E) \quad y' + a(x)y = b(x),$$

où a et b sont deux fonctions continues sur un intervalle I et à valeurs dans $\mathbb{K}$.

En pratique, on travaille sur des intervalles ouverts J où la fonction a_1 ne s'annule pas pour se ramener à une équation résolue, en divisant par $a_1(x)$ les deux membres de l'équation. On essaie ensuite de raccorder les solutions obtenues pour avoir les solutions maximales, c'est-à-dire définies sur des intervalles les plus grands possibles (*cf.* paragraphe sur les raccordements). On dit que l'équation est à coefficients constants si a est une constante. L'équation est *homogène* si la fonction b est nulle (on parle aussi d'équation sans second membre).

1.1 Quelles sont les étapes de résolution de (E_1) ?

Étape 1

On étudie les zéros de la fonction a_1 sur l'intervalle I_1 où elle est définie. On subdivise I_1 en intervalles I où la fonction a_1 ne s'annule pas. Sur chacun de ces intervalles I, en divisant par $a_1(x)$ les deux membres de l'équation (E_1), on se ramène à une équation résolue de la forme (E) : $y' + a(x)y = b(x)$.

Une solution de (E) sur I est une fonction f dérivable sur I, à valeurs dans $\mathbb{K}$, telle que pour tout $x \in I : f'(x) + a(x)f(x) = b(x)$.
Son graphe est appelé courbe intégrale de l'équation.

Une primitive A existe car a est continue.
Si A est une fonction dérivable sur I à valeurs dans $\mathbb{K}$, alors $\exp(A)$ est dérivable sur I et $(\exp(A))' = A'\exp(A)$.

Erreur à éviter :

La constante d'intégration λ est *a priori* différente sur chacun des intervalles I trouvés à l'étape 1.

Si on écrit l'équation différentielle (E_0) sous la forme $y' = a(x)y$, la solution générale de l'équation homogène est $x \mapsto \lambda e^{A(x)}$.

Erreur à éviter :

La fonction $x \mapsto e^{-x\,a(x)}$ n'est pas solution de (E_0) si a n'est pas constante (car $x \mapsto x\,a(x)$ n'est pas une primitive de a.)

Étape 2

On commence par résoudre l'équation homogène associée (E_0) : $y' + a(x)y = 0$ séparément sur chacun des intervalles I trouvés à l'étape 1. Pour cela on notera A une primitive de a sur I.

L'ensemble S_H des solutions de l'équation homogène associée est constitué des fonctions définies sur I par $x \mapsto \lambda e^{-A(x)}$, où λ décrit $\mathbb{K}$ (= $\mathbb{R}$ ou $\mathbb{C}$) c'est-à-dire :

$$S_H = \left\{x \mapsto \lambda e^{-A(x)} / \lambda \in \mathbb{K}\right\} .$$

On parle de solution générale de l'équation homogène. Si a est une fonction constante, elle est alors constituée des fonctions de la forme $x \mapsto \lambda e^{-ax}$.

Étape 3

On cherche une solution particulière f_p de l'équation complète. On donnera les différentes méthodes possibles au paragraphe suivant.

Étape 4

On remarque que, par linéarité de l'équation, une fonction définie sur I est solution de l'équation complète si et seulement si c'est la somme de la solution particulière f_p trouvée à l'étape 3 et de la solution générale de l'étape 2. Ainsi, l'ensemble S des solutions de (E) est $S = \{x \mapsto f_p(x) + \lambda e^{-A(x)} / \lambda \in \mathbb{K}\}$, c'est-à-dire :

$$S = f_p + S_H .$$

1.2 Comment trouver une solution particulière de l'équation complète ?

Pour trouver une solution particulière de $y' + a(x)y = b(x)$, on peut utiliser les trois méthodes suivantes :

- **Variation de la constante**

La méthode classique est celle de la *variation de la constante*. On cherche une solution f_p sous la forme $f_p(x) = \lambda(x)e^{-A(x)}$, où λ est maintenant une fonction dérivable sur I. La fonction f_p est alors solution de $y' + a(x)y = b(x)$ si et seulement si pour tout $x \in I$, $\lambda'(x)e^{-A(x)} = b(x)$, ou encore $\lambda'(x) = b(x)e^{A(x)}$. Si $x_0 \in I$, on peut choisir :

$$f_p(x) = e^{-A(x)} \int_{x_0}^{x} b(t)e^{A(t)}\,dt .$$

Il ne faut pas oublier qu'une solution particulière est... particulière ! Tous les moyens, du moment qu'ils sont corrects et judicieux, sont bienvenus !

On trouve λ par intégration. En particulier la primitive qui s'annule en x_0 est $x \mapsto \int_{x_0}^{x} b(t)e^{A(t)}\,dt$. La constante d'intégration obtenue en intégrant $\lambda'(x) = b(x)e^{A(x)}$ n'a pas d'importance puisqu'on cherche une solution particulière : elle apparaît en fait dans la solution générale de l'équation homogène !

- **Solutions « évidentes »**

Dans certains cas, il faut se demander s'il n'y aurait pas des solutions « évidentes ».

Par exemple, pour l'équation $y' + \alpha y = e^{\beta x}$ on peut rechercher une solution « évidente » de la forme $x \mapsto \lambda e^{\beta x}$. Si $\beta + \alpha \neq 0$ on trouve effectivement comme solution $x \mapsto \dfrac{e^{\beta x}}{\beta + \alpha}$.

Plus généralement, lorsque $a \in \mathbb{C}$ et b est une fonction de la forme $x \mapsto e^{mx}P(x)$, avec $m \in \mathbb{C}$ et P un polynôme, on peut éviter d'utiliser la méthode de la variation de la constante :

on cherche une solution de $y' + ay = e^{mx}P(x)$ sous la forme $f_p(x) = e^{mx}Q(x)$ où Q désigne un polynôme.

Si a et b sont constantes, pour avoir une solution particulière de $y' + ay = b$, il suffit de choisir $f_p : x \mapsto \dfrac{b}{a}$. En effet : $0 + a \times \dfrac{b}{a} = b$.

On a alors $f_p'(x)+af_p(x)=e^{mx}\left[Q'(x)+(m+a)Q(x)\right]$ et on résout $Q'+(m+a)Q=P$ (on prendra $d^\circ Q=d^\circ P$ si $m\neq -a$ et $d^\circ Q=d^\circ P+1$ si $m=-a$).

- **Principe de superposition**

Si b s'exprime comme combinaison linéaire de deux fonctions b_1 et b_2 continues sur I (i.e. $b=\lambda_1 b_1+\lambda_2 b_2$) et si f_1 est une solution de $y'+a(x)y=b_1(x)$ et f_2 est une solution de $y'+a(x)y=b_2(x)$, alors $\lambda_1 f_1+\lambda_2 f_2$ est une solution de (E).

En particulier, il peut être utile de décomposer b en combinaison linéaire de deux fonctions b_1 et b_2, si cela permet de déterminer une solution évidente de chacune des équations $y'+a(x)y=b_1(x)$ et $y'+a(x)y=b_2(x)$. En effet, il suffit alors de combiner ces deux solutions pour trouver une solution de (E).

Cela sert quand a est à valeurs dans $\mathbb{R}$ et b est la partie réelle ou la partie imaginaire d'une fonction usuelle b_1. En effet, en pratique, pour trouver une solution particulière de $y'+a(x)y=\mathrm{Im}\left[b_1(x)\right]$ on prendra la partie imaginaire d'une solution particulière de $y'+a(x)y=b_1(x)$. On fera de même pour la partie réelle.

1.3 Comment déterminer la constante λ ?

On détermine λ en imposant une *condition initiale* de la forme $f(x_0)=y_0$. En effet, en écrivant f sous la forme $f(x)=f_p(x)+\lambda e^{-A(x)}$ avec $f_p(x)=e^{-A(x)}\int_{x_0}^{x} b(t)e^{A(t)}\,dt$ on obtient alors : $y_0=f(x_0)=\underbrace{f_p(x_0)}_{=0}+\lambda e^{-A(x_0)}$ c'est-à-dire $\lambda=y_0e^{A(x_0)}$. Il vient alors $f(x)=f_p(x)+y_0e^{A(x_0)-A(x)}$. En résumé : si $x_0\in I$ et $y_0\in\mathbb{C}$, il existe une unique solution f de (E) définie sur I telle que $f(x_0)=y_0$. Cette solution s'écrit sous la forme :

$$x\mapsto e^{-A(x)}\left[y_0e^{A(x_0)}+\int_{x_0}^{x} b(t)e^{A(t)}\,dt\right].$$

2 Équation différentielle linéaire du second ordre

Les équations différentielles linéaires du second ordre au programme de Sup sont les équations de la forme

$$(E):\ ay''+by'+cy=d(x)$$

où a, b et c sont des constantes complexes et a est non nul.

2.1 Qu'est-ce qu'une solution de (E) sur $\mathbb{R}$?

Une solution d'une telle équation $ay''+by'+cy=d(x)$ est une fonction définie sur $\mathbb{R}$, deux fois dérivable (au moins) et telle que pour tout $x\in\mathbb{R}$, $af''(x)+bf'(x)+cf(x)=d(x)$. Le graphe d'une telle solution est appelé courbe intégrale de l'équation.

La méthode de la variation de la constante permet souvent de deviner des solutions particulières, sans calcul : lorsque le second membre de (E) est de la forme $b(x)=h(x)e^{-A(x)}$ où A une primitive de a, une solution particulière est simplement $f_p:x\mapsto H(x)e^{-A(x)}$, où H est une primitive de h. Par exemple, si (E) est $y'-2xy=\cos(x)\exp(x^2)$, il est « *évident* » qu'on peut choisir $f_p(x)=\sin(x)\exp(x^2)$!

Le principe de superposition des solutions est une conséquence de la linéarité de l'équation différentielle.

Par exemple, $y'+y=\sin x$ peut s'écrire $y'+y=\dfrac{e^{ix}-e^{-ix}}{2i}$. Or $y'+y=e^{ix}$ admet $f_p:x\mapsto\dfrac{e^{ix}}{1+i}=\dfrac{1-i}{2}e^{ix}$ comme solution « évidente ». Puisque les coefficients de y et y' dans l'équation différentielle sont réels, la fonction conjuguée $\overline{f_p}:x\mapsto\dfrac{1+i}{2}e^{-ix}$ est solution de $y'+y=e^{-ix}$. Ainsi, une solution particulière de $y'+y=\sin x$ est $\dfrac{f_p-\overline{f_p}}{2i}=\mathrm{Im}(f_p)$. Dans ce cas, en pratique, on cherche une solution particulière f_p de $y'+y=e^{ix}$ puis on prend la partie imaginaire f_p comme solution particulière de $y'+y=\sin x$. On obtient ici $\mathrm{Im}\left[f_p(x)\right]=\frac{1}{2}(\sin x-\cos x)$.

On appelle *problème de Cauchy* la donnée de l'équation différentielle et de la condition initiale associée. En particulier pour l'équation différentielle $y'+a(x)y=b(x)$, le système $\begin{cases}y'+a(x)y=b(x)\\ y(x_0)=y_0\end{cases}$ est appelé problème de Cauchy au point (x_0,y_0). Ce problème admet une unique solution sur I.

En pratique, d est (à quelques variantes près) une fonction de la forme $x\mapsto P(x)e^{mx}$, où P est une fonction polynomiale et m un nombre complexe.

Comme pour les équations d'ordre 1, la solution générale de l'équation complète s'obtient en faisant la somme de la solution générale de l'équation homogène $(E_0) : ay'' + by' + cy = 0$ et d'une solution particulière de l'équation complète.

2.2 Comment résoudre l'équation homogène (E_0) ?

On considère l'équation caractéristique de (E_0) : $ar^2 + br + c = 0$ et son discriminant Δ.

- Si $\Delta \neq 0$, on a deux solutions distinctes r_1 et $r_2 \in \mathbb{C}$. Les solutions de (E_0) sont alors de la forme :

$$x \mapsto \alpha e^{r_1 x} + \beta e^{r_2 x}.$$

α et β sont deux constantes quelconques dans $\mathbb{C}$.

- Si $\Delta = 0$, on a une solution double $r_1 \in \mathbb{C}$. Les solutions de (E_0) sont alors de la forme :

$$x \mapsto (\alpha x + \beta) e^{r_1 x}.$$

Pour résoudre $y'' - \omega^2 y = 0$, on utilise parfois des fonctions hyperboliques, $\alpha \operatorname{ch} \omega x + \beta \operatorname{sh} \omega x$, mais ce n'est souhaitable que si le second membre de l'équation complète est exprimé à l'aide de fonctions hyperboliques ou dans le cas d'un problème de Cauchy où les conditions initiales portent sur des valeurs en $x_0 = 0$.

- **Cas particulier :** si a, b et c sont réels, quelles sont les solutions à valeurs réelles ?

Lorsque $\Delta = 0$ ou $\Delta > 0$, les solutions s'écrivent sous la même forme que ci-dessus mais alors α et β sont deux constantes réelles quelconques.

C'est en fait seulement si $\Delta < 0$ qu'il est intéressant de changer la forme des solutions. On remarque dans ce cas que, si on pose $r_1 = \overline{r_2} = \gamma + i\delta$, les solutions peuvent s'écrire sous la forme :

$$x \mapsto e^{\gamma t}(A \cos \delta x + B \sin \delta x).$$

A et B sont alors deux constantes quelconques dans $\mathbb{R}$.

Pour résoudre $y'' + \omega^2 y = 0$, on peut aussi donner les solutions sous la forme $x \mapsto A\cos(\omega x + \varphi)$.

2.3 Comment trouver une solution particulière de $ay'' + by' + cy = P(x)e^{mx}$?

Pour se ramener à cette forme, on peut se servir du principe de superposition des solutions et utiliser les formules d'Euler pour remplacer $\sin(ax)$ (resp. $\cos(ax)$) par $\dfrac{e^{iax} - e^{-iax}}{2i}$ (resp. $\dfrac{e^{iax} + e^{-iax}}{2}$).

On cherche une solution particulière sous la forme $f_p(x) = Q(x)e^{mx}$, avec Q, polynôme à déterminer :

- si m n'est pas solution de l'équation caractéristique, on choisit Q de même degré que P ;
- si m est solution simple de l'équation caractéristique, on choisit Q de degré $d°P + 1$;
- si m est solution double de l'équation caractéristique, on choisit Q de degré $d°P + 2$.

Un calcul aisé montre que pour tout $x \in \mathbb{R}$, $af_p(x)'' + bf_p(x)' + cf_p(x) = e^{mx}[aQ''(x) + \chi'(m)Q'(x) + \chi(m)Q(x)]$, où χ est le polynôme $aX^2 + bX + c$ (c'est le polynôme associé à l'équation caractéristique de (E)).

Ainsi, f_p est solution de (E) si et seulement si $P = aQ'' + \chi'(m)Q' + \chi(m)Q$, ce qui permet d'obtenir le résultat sur le degré de P.

Ce résultat s'avère très utile en pratique mais aussi en théorie ; il permet notamment de montrer en un seul calcul, effectué une fois pour toutes, les résultats de cette section puisqu'il est en fait valable quelle que soit la fonction deux fois dérivable Q.

Compte tenu de la forme des solutions de l'équation homogène, si m est solution simple, il est *possible de choisir* Q sans terme constant. De même, si m est solution double, on peut choisir Q sans terme constant ni terme en X. On peut donc retenir qu'il existe une solution particulière de $ay'' + by' + cy = P(x)e^{mx}$ de la forme

$$f_p(x) = x^k R(x) e^{mx} \text{ avec } d°R = d°P$$

où $k = 0$ (resp. 1 ou 2) si m n'est pas racine (resp. est racine d'ordre 1 ou 2) de l'équation caractéristique.

3 ■ Raccordements

3.1 Comment effectuer un raccordement en 0 ?

On se trouve dans cette situation quand on a résolu une équation différentielle sur deux intervalles ayant 0 comme borne commune.

On est amené à chercher si certaines solutions permettent de construire une solution de l'équation définie sur la réunion de ces deux intervalles. Supposons pour fixer les idées qu'on cherche à construire des solutions (dérivables sur $\mathbb{R}$) vérifiant $f(t)=\begin{cases} f_1(t) \text{ si } t<0 \\ f_2(t) \text{ si } t>0. \end{cases}$

avec des fonctions f_1 et f_2 qui dépendent de λ_1 et λ_2. Il faut d'abord trouver les constantes λ_1 et λ_2 qui permettent d'obtenir un prolongement continu en 0, c'est-à-dire telles que $\lim\limits_{t\to 0^-} f_1(t)=\lim\limits_{t\to 0^+} f_2(t)$.

Il faut ensuite trouver les constantes λ_1 et λ_2 qui permettent d'obtenir un prolongement dérivable en 0, c'est-à-dire telles que

$$\lim_{t\to 0^-}\frac{f_1(t)-f_1(0)}{t-0}=\lim_{t\to 0^+}\frac{f_2(t)-f_2(0)}{t-0}.$$

Le système obtenu donne les conditions pour que le raccordement soit dérivable en 0.

On obtient alors une solution de l'équation différentielle sur la réunion des deux intervalles considérés.

Remarque pratique pour un raccordement en 0. Dans la plupart des cas, on peut opérer le raccordement de la façon suivante :

On effectue un développement limité (éventuellement généralisé) des fonctions f_1 et f_2 en 0 à l'ordre 1 puis on identifie les coefficients obtenus pour obtenir un raccordement en 0. Par exemple :

si $f_1(t)\underset{0}{=}\frac{\alpha_1}{t}+\beta_1 t+\gamma_1+o(t)$ pour $t<0$ et $f_2(t)\underset{0}{=}\frac{\alpha_2}{t}+\beta_2 t+\gamma_2+o(t)$ pour $t>0$

on obtient un raccordement dérivable en imposant les conditions

$$\alpha_1=\alpha_2,\ \beta_1=\beta_2,\ \text{et } \gamma_1=\gamma_2 .$$

Pour les équations différentielles du second ordre, on rajoutera l'étude du taux d'accroissement de la dérivée $\lim\limits_{t\to 0^-}\frac{f_1'(t)-f_1'(0)}{t-0}=\lim\limits_{t\to 0^+}\frac{f_2'(t)-f_2'(0)}{t-0}$

pour s'assurer que f est deux fois dérivable en 0.

Pour un raccordement en $t=t_0$, on procède de même mais on effectue un développement au voisinage de t_0.

Si l'équation différentielle est du second ordre, et si le prolongement par continuité des deux fonctions f_1 et f_2 est deux fois continument dérivable sur chacun des deux intervalles, le développement limité à l'ordre 2 est un développement de Taylor. La méthode reste alors la même en prenant un développement limité à l'ordre 2.

La borne commune est la borne supérieure du premier intervalle I_1 et la borne inférieure de l'intervalle I_2.

En général les deux fonctions f_1 et f_2 se prolongent par continuité en 0 : $\lim\limits_{t\to 0^-} f_1(t)=f_1(0)$ et $\lim\limits_{t\to 0^+} f_2(t)=f_2(0)$. Il est donc nécessaire (et suffisant) de prendre $f_1(0)=f_2(0)$ pour que f soit continue en 0.

De même, si le prolongement obtenu pour les deux fonctions f_1 et f_2 est continument dérivable sur chacun des deux intervalles $\mathbb{R}^-$ et $\mathbb{R}^+$ avec $\lim\limits_{t\to 0^-} f_1'(t)=f_1'(0)$ et $\lim\limits_{t\to 0^+} f_2'(t)=f_2'(0)$, il est nécessaire (et suffisant) de prendre $f'_1(0)=f'_2(0)$ pour que f soit dérivable en 0.

Les savoir-faire clefs

Conseils méthodologiques

Il faut connaître le formulaire de primitives !

Utiliser l'équation caractéristique définie dans le cours en questions 2.2.

1 ■ Savoir résoudre une équation homogène.

1.1 Premier ordre. Résoudre les équations suivantes :

a) $y'+2xy=0$; **b)** $y'-\ln(x)y=0$ sur $\mathbb{R}_+^*$;

c) $\tan(x)y'-y=0$ sur $I=\left]0, \frac{\pi}{2}\right[$.

1.2 Second ordre. Déterminer les solutions des équations :

a) $y''-3y'+2y=0$; **b)** $y''-2y'+y=0$; **c)** $y''+y'+y=0$.

On le vérifie par intégration par parties.

La fonction sin était solution évidente. Le résultat était alors immédiat !

Notons que si l'on recherche les fonctions effectivement à valeurs réelles, les constantes d'intégration doivent être réelles.

On rappelle que $j=\exp\left(\frac{2i\pi}{3}\right)$ et $\bar{j}$ sont les deux racines cubiques non réelles de l'unité.

1.1.a) On intègre directement en $f(x)=c\mathrm{e}^{-x^2}$, $c\in\mathbb{R}$.

b) Une primitive de ln est la fonction qui à $x>0$ associe $x\ln(x)-x$.

Les solutions de l'équation sont donc les fonctions définies sur $\mathbb{R}_+^*$ par $f(x)=c\exp(x\ln(x)-x)$, c'est-à-dire $\boxed{f(x)=c\,x^x\exp(-x)}$.

c) Sur I, l'équation s'écrit $y'-\frac{1}{\tan x}y=0$. Or une primitive de $\frac{1}{\tan x}$ sur cet intervalle est ln(sinx). Les solutions sont donc les fonctions définies sur I par $f(x) = c\mathrm{e}^{\ln(\sin x)}$, c'est-à-dire $\boxed{f(x) = c\sin x}$.

1.2.a) L'équation caractéristique est $r^2 - 3r + 2 = 0$; elle admet pour solutions $r_1 = 1$ et $r_2 = 2$. Les solutions de l'équation différentielle sont donc les fonctions de la forme $\boxed{f : x \mapsto \alpha\mathrm{e}^x + \beta\mathrm{e}^{2x}}$, avec α et β, deux constantes complexes (ou réelles).

b) Ici, l'équation caractéristique est $r^2 - 2r + 1 = 0$, qui admet $r = 1$ comme solution double. Il vient alors $\boxed{f(x) = (\alpha x + \beta)\mathrm{e}^x}$.

c) Cette fois-ci, l'équation caractéristique est $r^2 + r + 1 = 0$; elle admet j et $\bar{j}$ comme solutions.

L'ensemble des solutions de l'équation est donc constitué des fonctions de la forme $f : x \mapsto \alpha\,\mathrm{e}^{jx}+\beta\,\mathrm{e}^{\bar{j}x}$, avec α et $\beta\in\mathbb{C}$. Si l'on recherche les solutions à valeurs réelles, on obtient les fonctions de la forme $f : x\mapsto \alpha\,\mathrm{e}^{jx}+\bar{\alpha}\,\mathrm{e}^{\bar{j}x}$ ou encore $\boxed{f : x\mapsto C\mathrm{e}^{-\frac{x}{2}}\cos\left(\frac{\sqrt{3}}{2}x+\varphi\right)}$, avec C et $\varphi\in\mathbb{R}$.

2 ■ Savoir déterminer une solution particulière.

2.1 Second ordre. Trouver une solution particulière des équations différentielles suivantes :

a) $y'' - 4y' + 3y = 3x$; **b)** $y'' - 4y' + 3y = 2e^x$;

c) $y'' - 4y' + 3y = 8e^{-x}$; **d)** $y'' - 4y' + 3y = 3x + 2e^x + 8e^{-x}$.

2.2 Premier ordre. Trouver une solution particulière des équations différentielles suivantes :

a) $y' - 2y = e^t(t^2 - t + 1)$; **b)** $y' - 2xy = 2x\,e^{x^2}$;

c) $y' - \dfrac{1}{\cos^2 t} y = \mathrm{sh}(t)e^{\tan t}$ sur $\left]-\dfrac{\pi}{2}, \dfrac{\pi}{2}\right[$;

d) $y' - \mathrm{th}(x)y = \dfrac{1}{2}$.

Conseils méthodologiques

a) b) c) Le second membre est le produit d'un polynôme par une fonction exponentielle. Utiliser le cours en questions 2.3.

d) Déduire des questions précédentes une solution.

a) Utiliser le cours en questions 1.2.

d) Remarquer que $\dfrac{1}{2\,\mathrm{ch}\,x} = \dfrac{e^x}{1+e^{2x}}$ est de la forme $\dfrac{u'}{1+u^2}$ avec $u = e^x$.

2.1 On remarque que les quatre équations ont même partie homogène, dont l'ensemble des solutions générales est constitué des fonctions de la forme $h : x \mapsto \alpha e^x + \beta e^{3x}$.

a) Le second membre est de la forme $P(x)e^{mx}$, avec $P(x) = 3x$ et $m = 0$, cette valeur n'étant pas solution de l'équation caractéristique. On cherche donc une solution particulière de la forme $Q(x) = ax + b$. Alors $Q''(x) - 4Q'(x) + 3Q(x) = 3ax + 3b - 4a$. Donc Q est solution si et seulement si pour tout x, $3ax + 3b - 4a = 3x$, c'est-à-dire $a = 1$ et $b = \dfrac{4}{3}$. D'où la solution particulière cherchée : $\boxed{Q(x) = x + \dfrac{4}{3}}$.

b) Le second membre est cette fois-ci de la forme $P(x)e^{mx}$, avec $P(x) = 8$ et $m = 1$, cette valeur étant solution simple de l'équation caractéristique. On cherche donc une solution particulière de la forme $f_0(x) = ax\,e^x$. Mais alors $f_0''(x) - 4f_0'(x) + 3f_0(x) = -2ae^x$. Donc f_0 est solution si et seulement si $a = -1$. D'où $\boxed{f_0(x) = -x\,e^x}$.

c) Le second membre est encore de la forme $P(x)e^{mx}$, avec $P(x) = 8$ et $m = -1$, cette valeur n'étant pas solution de l'équation caractéristique. On cherche donc une solution particulière de la forme $f_0(x) = ae^{-x}$. Mais alors $f_0''(x) - 4f_0'(x) + 3f_0(x) = 8ae^{-x}$. Donc f_0 est solution si et seulement si $a = 1$. D'où $\boxed{f_0(x) = e^{-x}}$.

d) Le principe de superposition donne comme solution particulière $\boxed{f_0(x) = x + \dfrac{4}{3} - x\,e^x + e^{-x}}$.

2.2.a) Avec les notations du cours en questions 1.2, $m \neq -a$, donc on cherche une solution sous la forme $f(t) = e^t(\alpha t^2 + \beta t + \gamma)$. Il vient alors

Il s'agit de déterminer une solution particulière d'une équation du premier ordre avec second membre, $y' + ay = e^{mx}P(x)$, lorsque celui-ci est le produit d'un polynôme par une fonction exponentielle.

$f'(t)=e^t\left[\alpha t^2+(2\alpha+\beta)t+\beta+\gamma\right]$ et $f'(t)-2f(t)=e^t\left[-\alpha t^2+(2\alpha-\beta)t+\beta-\gamma\right]$. On résout donc $-\alpha t^2+(2\alpha-\beta)t+\beta-\gamma=t^2-t+1$, ce qui donne immédiatement, par identification des coefficients des polynômes, $\alpha=-1$, $\beta=-1$, $\gamma=-2$.

En conclusion $\boxed{f(t)=-e^t(t^2+t+2)}$.

b) La solution générale de l'équation homogène est $h(x)=c\,e^{x^2}$. On cherche donc une solution particulière sous la forme $f_0(x)=c(x)e^{x^2}$. Mais alors f_0 est solution si et seulement si pour tout x, $f_0{}'(x)-2xf_0(x)=2x\,e^{x^2}$, c'est-à-dire $c'(x)e^{x^2}=2x\,e^{x^2}$, ou encore $c'(x)=2x$. D'où une solution particulière $\boxed{f_0(x)=x^2\,e^{x^2}}$.

c) La solution générale de l'équation homogène associée est $t\mapsto ce^{\tan t}$. Une primitive de $t\mapsto\dfrac{1}{\cos^2(t)}$ est $t\mapsto\tan t$. La méthode de variation de la constante conduit alors à une solution particulière, en fait évidente : $\boxed{f_0(t)=\mathrm{ch}(t)e^{\tan t}}$.

d) Une primitive de la fonction th est ln(ch). La solution générale de l'équation homogène est $h(x)=\lambda\,\mathrm{ch}\,x$. On cherche donc une solution particulière sous la forme $f_0(x)=\lambda(x)\mathrm{ch}(x)$. Mais alors f_0 est solution si et seulement si pour tout x, $\lambda'(x)\mathrm{ch}\,x=\dfrac{1}{2}$, c'est-à-dire $\lambda'(x)=\dfrac{1}{2\,\mathrm{ch}\,x}$.

En remarquant que, pour tout x, $\dfrac{1}{2\,\mathrm{ch}\,x}=\dfrac{e^x}{1+e^{2x}}$, on reconnaît la dérivée de la fonction $x\mapsto\arctan(e^x)$.

D'où une solution particulière donnée par $\boxed{f_0(x)=\mathrm{ch}(x)\arctan(e^x)}$.

La solution était en fait « évidente » car le second membre est le produit de e^{x^2}, solution de l'équation homogène, par une fonction facile à intégrer.
Il s'agit de déterminer une solution particulière d'une équation du premier ordre avec second membre par la méthode de la variation de la constante.

Conseils méthodologiques

Raisonner par récurrence en prouvant que f est k fois dérivable sur I pour tout entier $k\in\mathbb{N}^*$.

3 ■ Savoir montrer qu'une fonction est de classe C^∞.

Soit une équation différentielle $y'+a(x)y=b(x)$, où a et b sont deux fonctions indéfiniment dérivables sur un intervalle ouvert I. Soit f, une solution définie sur I. Montrer que f est indéfiniment dérivable sur I.

Cela se démontre par récurrence. Soit $P(k)$, la proposition : f est k fois dérivable sur I.

Initialisation. Par définition, f est dérivable sur I donc $P(1)$ est vraie.

Hérédité. Montrons que pour tout $k\geq 1$, $P(k)$ implique $P(k+1)$. Soit $k\geq 1$. Supposons que $P(k)$ est vraie et montrons $P(k+1)$.

D'après l'hypothèse de récurrence, la fonction f' est de $k-1$ fois dérivable sur I. Compte tenu de l'expression de f' donnée par l'équation différentielle : $f'(x)=-a(x)f(x)+b(x)$ on peut affirmer que f' est k fois dérivable sur I. Il en résulte que f est $k+1$ fois dérivable sur I c'est-à-dire $P(k+1)$.

La fonction f est donc indéfiniment dérivable sur I, d'après le principe de récurrence.

Si f est indéfiniment dérivable, toutes les dérivées successives de f sont dérivables donc continues sur I. Par suite f est de classe C^k pour tout entier $k\in\mathbb{N}^*$ c'est-à-dire f est de classe C^∞ sur I.

On a bien sûr un résultat similaire pour les équations différentielles d'ordre 2 de la forme $y''+a(x)y'+b(x)y=c(x)$ si a, b, c sont indéfiniment dérivables sur I.

Pour maîtriser les bases

1. Équation fonctionnelle — D'après Mines-Ponts

Déterminer les fonctions dérivables sur $\mathbb{R}$ et à valeurs complexes telles que pour tous t et $u \in \mathbb{R}$, $f(t+u) = f(t)f(u)$ $(\star)$.

Conseils méthodologiques : dériver $(\star)$ par rapport à t. Calculer $f(0)$ en prenant $t = u = 0$. Ne pas oublier d'effectuer une réciproque quand on a trouvé les solutions éventuelles par implication.

Analyse. Supposons que f existe. Dérivons la relation $(\star)$ *par rapport à* t *et en fixant* u. Il vient alors d'après le théorème de dérivation des fonctions composées, pour tout $t \in \mathbb{R}$, $f'(t+u) = f'(t)f(u)$.

Ceci étant vrai pour tout t mais aussi pour tout u (puisqu'on a fixé u à une valeur quelconque) on a alors, en remplaçant t par 0,

$$\forall\ u \in \mathbb{R},\ f'(u) = f'(0)f(u).$$

Remarque : Pour se convaincre du résultat, on pourra dériver dans le cas où $u = 0$, $u = \sqrt{2}$, …

La fonction f est donc solution de l'équation différentielle $y' - f'(0)y = 0$, ce qui donne

$$\forall u \in \mathbb{R},\ f(u) = f(0)\exp(f'(0)u).$$

Or $f(0) = f(0+0) = f(0)f(0)$. Donc soit $f(0) = 0$ (et alors f est identiquement nulle), soit $f(0) = 1$. Dans ce second cas, on a alors

$$\forall u \in \mathbb{R},\ f(u) = \exp(f'(0)u).$$

Les éventuelles solutions sont soit la fonction nulle soit de la forme $f : u \mapsto \exp(au)$.

Synthèse. Réciproquement, il est immédiat que les fonctions $f : u \mapsto \exp(au)$ ($a \in \mathbb{C}$) sont bien solutions ainsi que la fonction nulle.

Conclusion. L'ensemble S des solutions est : $\boxed{S = \{x \mapsto 0\} \cup \{x \mapsto e^{ax} \,/\, a \in \mathbb{C}\}}$.

Remarque : On a alors bien sûr $a = f'(0)$. Mais la réponse ne doit pas être donnée en fonction de $f'(0)$ car cette dérivée en 0 dépend de f qui est l'inconnue du problème.

Remarque : on peut prouver que les fonctions f continues sur $\mathbb{R}$ qui sont solutions de $(\star)$ sont dérivables sur $\mathbb{R}$. En effet, en intégrant $(\star)$ par rapport à u entre 0 et a : $(\star) \Rightarrow \forall a \in \mathbb{R},\ \forall u \in \mathbb{R},\ \int_0^a f(t+u)du = f(t)\int_0^a f(u)\,du$.

D'où : $\forall a \in \mathbb{R},\ \forall t \in \mathbb{R},\ \int_t^{t+a} f(u)du = f(t)\int_0^a f(u)\,du$.

Puis en remarquant que si f n'est pas l'application nulle (qui est dérivable), on peut dire que la primitive de f donnée par $F :\ a \mapsto \int_0^a f(u)\,du$ ne l'est pas non plus. Par conséquent il existe un réel a tel que $F(a) \neq 0$.

Ainsi on peut écrire : $\forall t \in \mathbb{R},\ f(t) = \dfrac{1}{F(a)}\left[F(a+t) - F(t)\right]$. Cela prouve que f est continument dérivable sur $\mathbb{R}$. Ainsi l'ensemble des fonctions continues sur $\mathbb{R}$ vérifiant $(\star)$ est encore l'ensemble S trouvé précédemment.

2. Équation du premier ordre — D'après CCP

Résoudre sur $\mathbb{R}_+^*$ l'équation $y' + \frac{1}{t}y = \frac{\ln t}{t}$.

Conseils méthodologiques : résoudre l'équation homogène puis faire une variation de constante.

La solution générale sur $\mathbb{R}_+^*$ de l'équation homogène $y' + \frac{1}{t}y = 0$ est $f : t \mapsto \frac{\lambda}{t}$ ($\lambda \in \mathbb{R}$ ou $\mathbb{C}$). On effectue ensuite une variation de constante en cherchant une solution particulière de la forme $f_0(t) = \frac{\lambda(t)}{t}$. En reportant dans l'équation, on obtient : $\lambda'(t) = \ln t$. Une primitive de ln sur $\mathbb{R}_+^*$ est $t \mapsto t\ln t - t$. Par conséquent une solution particulière de l'équation complète est $f_0 : t \mapsto \ln t - 1$.

D'où la solution générale $\boxed{t \mapsto \frac{\lambda}{t} + \ln t - 1}$.

Remarque : Une primitive de ln sur $\mathbb{R}_+^*$ est $t \mapsto t\ln t - t$, comme on le vérifie par intégration par parties en posant $u(t) = \ln t$ et $v'(t) = 1$.

3. Équation différentielle et valeur absolue — D'après CCP

Déterminer les solutions définies sur $\mathbb{R}$ de l'équation $(E) : ty' + |t|y = t^2 e^{-|t|}$.

Conseils méthodologiques : résoudre (E) sur $]-\infty, 0[$ puis sur $]0, +\infty[$ pour travailler sur des intervalles où le facteur de y' ne s'annule pas. Ne pas oublier le raccordement en 0.

La fonction $t \mapsto t$ s'annule en 0. On résout donc (E) sur $]-\infty, 0[$ puis sur $]0, +\infty[$.

- **Résolution sur** $\mathbb{R}_-^*$. Sur cet intervalle, (E) équivaut à $(E_1) : y' - y = t\,e^t$.

La solution de l'équation homogène associée est $t \mapsto \lambda_1 e^t$, où λ_1 est une constante complexe.

D'après le cours en questions 1.2, on peut chercher une solution particulière de la forme $t \mapsto (at^2 + bt + c)e^t$. Cela conduit à : $2at + b = t$. L'identification des coefficients des polynômes donne $t \mapsto \frac{t^2}{2}e^t$ comme solution particulière de (E_1).

La solution générale de (E_1) sur $\mathbb{R}_-^*$ est donc $f_1 : t \mapsto \left(\frac{t^2}{2} + \lambda_1\right)e^t$.

- **Résolution sur** $\mathbb{R}_+^*$. Sur cet intervalle, (E) équivaut à $(E_2) : y' + y = t\,e^{-t}$.

La solution de l'équation homogène associée est $t \mapsto \lambda_2 e^{-t}$, où λ_2 est une constante complexe. Un calcul analogue au précédent conduit à la solution particulière de (E_2) $t \mapsto \frac{t^2}{2}e^{-t}$. La solution générale de (E_2) sur $\mathbb{R}_+^*$ est donc $f_2 : t \mapsto \left(\frac{t^2}{2} + \lambda_2\right)e^{-t}$.

• **Raccordement en 0**. On cherche à construire des solutions (dérivables sur $\mathbb{R}$) vérifiant $f(t)=\begin{cases} f_1(t) \text{ si } t<0 \\ f_2(t) \text{ si } t>0 \end{cases}$. Il faut d'abord trouver les constantes λ_1 et λ_2 qui permettent d'obtenir un prolongement continu en 0. Ici, les deux fonctions f_1 et f_2 se prolongent par continuité en 0 et : $\lim_{t\to 0^-} f_1(t) = f_1(0) = \lambda_1$ et $\lim_{t\to 0^+} f_2(t) = f_2(0) = \lambda_2$. Il est donc nécessaire (et suffisant) de prendre $\lambda_1 = \lambda_2$ pour que f soit continue.
De même, le prolongement obtenu est continument dérivable sur chacun des deux intervalles $\mathbb{R}^-$ et $\mathbb{R}^+$ avec $\lim_{t\to 0^-} f_1'(t) = f_1'(0) = \lambda_1$ et $\lim_{t\to 0^+} f_2'(t) = f_2'(0) = -\lambda_2$. Il est donc nécessaire (et suffisant) de prendre $\lambda_1 = -\lambda_2$ pour que f soit dérivable.

Le système $\begin{cases} \lambda_1=\lambda_2 \\ \lambda_1=-\lambda_2 \end{cases}$ équivaut à $\lambda_1 = \lambda_2 = 0$. Ainsi, la seule solution de (E) sur $\mathbb{R}$ est la fonction définie par $f(t)=\frac{t^2}{2}e^{-t}$ si $t \geq 0$ et $f(t)=\frac{t^2}{2}e^{t}$ si $t<0$.

C'est-à-dire, l'unique solution de (E) sur $\mathbb{R}$ est définie par : $\boxed{f(t)=\frac{t^2}{2}e^{|t|}}$.

Remarque :

Les problèmes de Cauchy associés à (E) n'admettent pas forcément une unique solution définie sur $\mathbb{R}$! Par exemple, il n'y a pas de solution de (E) telle que $f(0) = 1$.
Notons que f, la seule solution de (E) sur $\mathbb{R}$, est dérivable et que pour tout $t \in \mathbb{R}$,

$$f'(t)=\begin{cases} \left(-\frac{t^2}{2}+t\right)e^{-t} & \text{si } t \geq 0 \\ \left(\frac{t^2}{2}+t\right)e^{t} & \text{si } t<0 \end{cases}.$$

Ainsi, f' est continue sur $\mathbb{R}$. En revanche, un examen du taux d'accroissement en 0 de f' montre que f' n'est pas dérivable en 0.

4. Solutions maximales d'un problème de Cauchy — D'après CCP

Déterminer les solutions maximales de l'équation $(E): \sin(x)y' - 2\cos(x)y = -\sin^3 x$. Étudier ensuite l'existence et l'unicité d'une solution vérifiant la condition $y(x_0) = y_0$.

Conseils méthodologiques : résoudre sur les intervalles $I_k =]k\pi, (k+1)\pi[$ sur lesquels le facteur de y' ne s'annule pas. Étudier ensuite les raccordements possibles.

La fonction sinus s'annule en $k\pi$ avec $k \in \mathbb{Z}$. On va par conséquent résoudre sur les intervalles $I_k =]k\pi, (k+1)\pi[$, $k \in \mathbb{Z}$.

Fixons l'un de ces intervalles I_k et résolvons l'équation sur cet intervalle. Pour tout $x \in I_k$, $(E) \Leftrightarrow y' - 2\frac{\cos x}{\sin x}y = -\sin^2 x$.

Une primitive de $\frac{\cos x}{\sin x}$ est $\ln|\sin x|$. Ainsi la solution générale de l'équation homogène est donc constituée des fonctions définie sur I_k par $f_k(x) = C_k \exp(2\ln|\sin(x)|) = C_k \sin^2 x$.

La méthode de la variation de la constante avec $f_p(x) = \lambda(x)\sin^2 x$ conduit à $\lambda'(x) = -1$. Donc $f_p : x \mapsto -x\sin^2 x$ est une solution particulière de l'équation complète sur $\mathbb{R}$.
Étudions à présent les raccordements possibles. La fonction f_p étant de classe C^1 sur $\mathbb{R}$, il suffit de faire l'étude pour les fonctions f_k.

Pour tout $k \in \mathbb{Z}$, $\lim_{x\to(k+1)\pi^-} f_k(x) = \lim_{x\to(k+1)\pi^+} f_{k+1}(x) = 0$. On peut donc, pour tout k, raccorder par continuité une fonction f_k et une fonction f_{k+1} en $x = (k+1)\pi$ et ce, quelles que soient les constantes C_k et C_{k+1}. Cherchons les développements limités au voisinage de $(k+1)\pi$ des fonctions f_k et f_{k+1} :

Remarque :

Rappel : $\sin(n\pi + x) = (-1)^n \sin x$.

$f_k[(k+1)\pi + h] = C_k \sin^2(h) \underset{h\to 0}{=} 0 + 0h + o(h)$ et $f_{k+1}[(k+1)\pi + h] = C_{k+1}\sin^2(h) \underset{h\to 0}{=} 0 + 0h + o(h)$. L'identification de ces deux développements n'impose aucune condition sur les constantes C_k et C_{k+1}. Donc le raccordement en $(k+1)\pi$ est dérivable quelles que soient les constantes C_k et C_{k+1}. Il s'ensuit que l'on peut raccorder toute solution de l'équation définie sur un intervalle I_k avec toute solution de l'équation définie sur l'intervalle I_{k+1} et ce pour tout k.

Les solutions de l'équation sont donc les fonctions f définies sur chaque intervalle I_k par $x \mapsto (-x+\lambda_k)\sin^2 x$ (les λ_k sont des réels quelconques).

Étudions à présent la condition $y(x_0)=y_0$.

Une condition initiale en un point x_0 appartenant à un certain intervalle I_{k_0} permet de déterminer la constante C_{k_0} mais aucune des autres constantes C_n, pour $n \neq k$: il y a existence d'une solution définie sur $\mathbb{R}$ du problème de Cauchy mais pas unicité.

Remarque :

Il s'agit du problème de Cauchy au point (x_0, y_0).

Une condition initiale en un point du type $x_0 = k\pi$ ne conduit à aucune solution si la valeur imposée est non nulle ; elle conduit à une infinité de solutions si la valeur est nulle.

5. Solutions périodiques — D'après CCP

Soit ϕ, une fonction continue et T-périodique sur $\mathbb{R}$ ($T \in \mathbb{R}_+^*$) ; soit a, une constante non nulle. Exprimer les solutions de l'équation $y'-ay=\phi$ à l'aide de $\int_0^x \phi(t)e^{-at}\,dt$. Quelles sont les solutions T-périodiques ?

Conseils méthodologiques : appliquer la méthode de la variation de la constante. Si f est une solution T-périodique, poser $g(x)=f(x+T)$ et utiliser l'unicité de la solution du système $\begin{cases} y'-ay=\phi \\ y'(0)=f(0) \end{cases}$.

La solution générale de l'équation homogène est définie sur $\mathbb{R}$ par $f(x) = Ce^{ax}$. La méthode de la variation de la constante conduit à $C'(x) = \phi(x)e^{-ax}$. Une solution particulière de l'équation complète est donc la fonction définie par $f_0(x)=\left(\int_0^x \phi(t)e^{-at}dt\right)e^{ax}$. D'où la solution générale de l'équation complète : $f : x \mapsto \left(C+\int_0^x \phi(t)e^{-at}dt\right)e^{ax}$.

Solutions *T*-périodiques.

Première solution. f est une solution T-périodique si et seulement si $\forall x \in \mathbb{R},\ f(x+T)=f(x)$. Or, pour tout $x \in \mathbb{R}$:

$$\begin{aligned}
f(x+T) &= Ce^{a(x+T)} + e^{a(x+T)}\int_0^{x+T} \phi(t)e^{-at}dt = Ce^{a(x+T)} + e^{a(x+T)}\int_{-T}^{x} \phi(u+T)e^{-a(u+T)}du \text{ en posant } u=t-T,\\
&= Ce^{a(x+T)} + e^{a(x+T)}\int_{-T}^{x} \phi(u)e^{-a(u+T)}du \text{ car } \phi \text{ est } T-\text{périodique},\\
&= Ce^{a(x+T)} + e^{ax}\int_{-T}^{0} \phi(u)e^{-au}du + e^{ax}\int_0^x \phi(u)e^{-au}du = Ce^{a(x+T)} + e^{ax}\int_{-T}^{0} \phi(u)e^{-au}du + f(x) - Ce^{ax}\\
&= f(x) + e^{ax}\left(C(e^{aT}-1) + \int_{-T}^{0} \phi(u)e^{-au}du\right).
\end{aligned}$$

Ainsi, f est T-périodique si et seulement si : $\boxed{C = \dfrac{1}{1-e^{aT}}\displaystyle\int_{-T}^{0} \phi(u)e^{-au}du}$.

Deuxième solution. Si f est une solution T-périodique, alors $f(T)=f(0)$ c'est-à-dire $\left(C+\int_0^T \phi(t)e^{-at}dt\right)e^{aT}=C$. Il en résulte qu'on doit prendre : $C=\dfrac{-1}{1-e^{-aT}}\displaystyle\int_0^T \phi(t)e^{-at}dt$ en effet $a \neq 0 \Rightarrow e^{-aT} \neq 1$.

Réciproquement, si on choisit cette valeur de C, on a $f(T)=f(0)$. Posons alors $g(x)=f(x+T)$. Puisque ϕ est une fonction T-périodique, il est clair que g est aussi solution de l'équation différentielle $y'-ay=\phi$.

De plus $g(0) = f(T) = f(0)$. Donc g est solution du système $\begin{cases} y' - ay = \phi \\ y'(0) = f(0). \end{cases}$

L'unicité de la solution de ce système donne alors $g = f$. Par suite $\forall x \in \mathbb{R},\ f(x+T) = f(x)$.

En conclusion, il y a une unique solution périodique de période T, obtenue pour :

$$C = \frac{-1}{1-e^{-aT}} \int_0^T \phi(t) e^{-at} dt.$$

Remarque :

Les deux valeurs de C obtenues coïncident puisqu'il existe une et une seule solution périodique de l'équation. On peut le vérifier en changeant T en $-T$ dans la première solution.

6. Problème de Cauchy pour une équation du second ordre _ D'après CCP

Déterminer les solutions à valeurs réelles de $(E) : y'' + y = 4x \sin x$. Quelle est la solution f telle que $f(0) = 0$ et $f'(0) = 1$?

Conseils méthodologiques : étudier l'équation homogène à l'aide de l'équation caractéristique, puis chercher une solution particulière de $y'' + y = 4x\,e^{ix}$ dont on prendra la partie imaginaire.

L'équation homogène associée est $y'' + y = 0$. Son équation caractéristique est $r^2 + 1 = 0$ qui admet i et $-i$ comme solutions. Les solutions de l'équation homogène sont donc les fonctions de la forme $x \mapsto C_1 \cos x + C_2 \sin x$, où C_1 et C_2 sont deux constantes réelles.

Déterminons à présent une solution particulière de l'équation complète. On commence par chercher une solution de l'équation $y'' + y = 4x\,e^{ix}$, appelée *équation complexifiée* de (E). Comme i est solution simple de l'équation caractéristique, on cherche cette solution sous la forme $f_0 : x \mapsto x(\alpha x + \beta) e^{ix}$.

Remarque :

Cf. le cours en questions 2.3.

Il vient alors $f_0'(x) = (i\alpha x^2 + (i\beta + 2\alpha)x + \beta) e^{ix}$ et $f_0''(x) = (-\alpha x^2 + (-\beta + 4i\alpha)x + 2(i\beta + \alpha)) e^{ix}$.

Ainsi, $f_0''(x) + f_0(x) = (4i\alpha x + 2(i\beta + \alpha)) e^{ix}$.

Finalement, f_0 est solution si et seulement si pour tout $x \in \mathbb{R}$, $4i\alpha x + 2(i\beta + \alpha) = 4x$.

Il vient alors $\alpha = -i$ et $\beta = 1$, d'où $f_0(x) = (-ix^2 + x) e^{ix}$. La solution particulière cherchée de l'équation initiale s'obtient alors en prenant la partie imaginaire de f_0.

Il vient ainsi $f_p(x) = x \sin x - x^2 \cos x$. En résumé, les solutions de l'équation (E) sont toutes les fonctions de la forme $f : x \mapsto (C_1 - x^2)\cos x + (C_2 + x)\sin x$, avec $(C_1, C_2) \in \mathbb{R}^2$.

Les constantes C_1 et C_2 se déterminent grâce aux conditions initiales. Or $f'(x) = (C_2 - x)\cos x + g(x) \sin x$.

Ainsi, $f(0) = C_1$ et $f'(0) = C_2$, ce qui donne $C_1 = 0$ et $C_2 = 1$. La solution est donc la fonction

$$f : x \mapsto (x+1)\sin x - x^2 \cos x.$$

Remarque :

Il est inutile de calculer le facteur de $\sin x$ puisqu'on évalue en $x = 0$.

7. Équation différentielle avec paramètre ______ D'après Centrale

Donner, en fonction du paramètre réel a, les solutions à valeurs réelles de l'équation $y'' - 2ay' + y = e^x$.

Conseils méthodologiques : distinguer des cas suivant le signe du discriminant de l'équation caractéristique associée.

Équation homogène associée.
L'équation caractéristique est $r^2 - 2ar + 1 = 0$; $\Delta = 4\left(a^2 - 1\right)$.
Trois cas se présentent donc :

- Cas où $|a| > 1$. On a alors $\Delta > 0$. Les solutions de l'équation caractéristique sont alors $r = a \pm \sqrt{a^2 - 1}$. La solution générale de l'équation homogène est alors donnée par $h(x) = \alpha \exp((a - \sqrt{a^2 - 1})x) + \beta \exp((a + \sqrt{a^2 - 1})x)$.
- Cas où $|a| < 1$. On a alors $\Delta < 0$. Les solutions de l'équation caractéristique sont alors $r = a \pm i\sqrt{1 - a^2}$. La solution générale de l'équation homogène est alors donnée par $h(x) = e^{ax}\left[\alpha \cos(x\sqrt{1 - a^2}) + \beta \sin(x\sqrt{1 - a^2})\right]$.
- Cas où $|a| = 1$, c'est-à-dire $a = \pm 1$. On a alors $\Delta = 0$. L'équation caractéristique admet alors pour solution double $r = a$. La solution générale de l'équation homogène est alors donnée par $h(x) = (\alpha x + \beta)e^{ax}$.

Solution particulière de l'équation complète.
Le second membre est de la forme $P(x)e^{mx}$, où $P(x) = 1$ et $m = 1$. Or on vérifie aisément que 1 est racine de l'équation caractéristique si et seulement si : $1^2 - 2a + 1 = 0$ c'est-à-dire $a = 1$. Il s'agit alors d'une racine double. On considère donc deux cas :

Remarque :
Cf. le cours en questions 2.3.

- Cas où $a \neq 1$. Alors 1 n'est pas solution de l'équation caractéristique. On recherche alors une solution particulière sous la forme $f_0(x) = c\,e^x$. Il vient immédiatement $c = \dfrac{1}{2(1-a)}$.
- Cas où $a = 1$. Alors 1 est racine double de l'équation caractéristique. On recherche cette fois une solution particulière sous la forme $f_0(x) = cx^2 e^x$. Puisque $f_0''(x) - 2f_0'(x) + f_0(x) = 2c\,e^x$, la fonction f_0 est solution si et seulement si $c = \dfrac{1}{2}$.

En conclusion : la solution générale de l'équation complète est :

- si $|a| > 1$, $f(x) = \alpha \exp((a - \sqrt{a^2 - 1})x) + \beta \exp((a + \sqrt{a^2 - 1})x) + \dfrac{e^x}{2(1-a)}$;
- si $a = 1$, $f(x) = \left(\dfrac{x^2}{2} + \alpha x + \beta\right)e^x$;
- si $|a| < 1$, $f(x) = e^{ax}\left[\alpha \cos(x\sqrt{1 - a^2}) + \beta \sin(x\sqrt{1 - a^2})\right] + \dfrac{e^x}{2(1-a)}$;
- si $a = -1$, $f(x) = (\alpha x + \beta)e^{-x} + \dfrac{e^x}{4}$.

Pour approfondir

8. Équation fonctionnelle ______ D'après Mines-Ponts

Déterminer les fonctions continues $f:\mathbb{R}\to\mathbb{R}$ telles que pour tout x, $f(x)-2\int_0^x f(t)\cos(x-t)dt=1$.

Conseils méthodologiques : poser $g(x)=2\int_0^x f(t)\cos(x-t)dt+1$ puis développer $\cos(x-t)$ afin d'étudier la régularité des solutions et vérifier qu'elles satisfont une certaine équation différentielle du second ordre.

Préliminaires. Pour faciliter la synthèse, pour une fonction f continue sur $\mathbb{R}$, on va poser $g(x)=2\int_0^x f(t)\cos(x-t)dt+1$. Alors, en développant le cosinus, on a pour tout $x\in\mathbb{R}$, $g(x)=2\cos(x)\int_0^x f(t)\cos(t)dt+2\sin(x)\int_0^x f(t)\sin(t)dt+1$. D'après le théorème fondamental de l'intégration, g est dérivable sur $\mathbb{R}$ et pour tout $x\in\mathbb{R}$:
$g'(x)=2f(x)-2\sin(x)\int_0^x f(t)\cos(t)dt+2\cos(x)\int_0^x f(t)\sin(t)dt$.
Si de plus, f est dérivable sur $\mathbb{R}$, à nouveau par le théorème fondamental de l'intégration, g' est dérivable sur $\mathbb{R}$ et pour tout $x\in\mathbb{R}$: $g''(x)=2f'(x)-2\cos(x)\int_0^x f(t)\cos(t)dt-2\sin(x)\int_0^x f(t)\sin(t)dt=2f'(x)-g(x)+1$,
c'est-à-dire : $g''(x)+g(x)=2f'(x)+1$. (E_1)

Par ailleurs pour une fonction dérivable f donnée, et pas seulement pour une solution du problème, il est clair que : $g(0)=1$ et $g'(0)=2f(0)$ (E_2).

Analyse. Soit f, une solution du problème. Avec la notation précédente, on a alors $f=g$, ce qui donne d'abord que f est dérivable sur $\mathbb{R}$ et ensuite que f' est dérivable sur $\mathbb{R}$. D'après (E_1), f est ainsi solution de l'équation différentielle $y''-2y'+y=1$. Or 1 est racine double de l'équation caractéristique donc les solutions de l'équation homogène associée sont de la forme $x\mapsto(ax+b)e^x$. Par ailleurs $x\mapsto 1$ est une solution évidente de l'équation complète. Il s'ensuit que f est de la forme $x\mapsto(ax+b)e^x+1$. Or, d'après l'équation satisfaite par f, $f(0)$ est égal à 1 donc $b=0$. De plus, dans ce cas, (E_2) montre que $f'(0)=2$ donc $a=2$. On en déduit que, pour tout $x\in\mathbb{R}$, $f(x)=2xe^x+1$.

Synthèse. Réciproquement, il faut encore vérifier que cette fonction f est bien solution. Le calcul direct de l'intégrale $\int_0^x f(t)\cos(x-t)dt$ par intégrations par parties étant un peu complexe, on va utiliser $g(x)=2\int_0^x f(t)\cos(x-t)dt+1$ et poser $h=g-f$. On montrera que $h''+h=0$ avec $h(0)=h'(0)=0$. Il en résultera immédiatement $h=0$ et par suite que $g=f$, c'est-à-dire que f est solution du problème posé.
On a vu dans les préliminaires que $g''(x)+g(x)=2f'(x)+1$ donc $g''(x)+g(x)=f''(x)+f(x)$ car f est solution de l'équation différentielle $y''-2y'+y=1$. On en déduit que $h''+h=0$. La fonction h est donc de la forme $h(x)=\lambda\cos x+\mu\sin x$. Enfin, la relation (E_2) permet d'affirmer que : $g(0)=f(0)=1$ et $g'(0)=2f(0)=2=f'(0)$. Par conséquent $h(0)=h'(0)=0$. Il en résulte que $\lambda=\mu=0$ c'est-à-dire $h=0$. D'où le résultat.

En conclusion, la seule solution de cette équation est la fonction définie par $\boxed{f(x)=2xe^x+1}$.

9. Équation différentielle et limite — D'après Centrale

Soit une fonction $f \in C^1(\mathbb{R}^+, \mathbb{R})$ telle que, $\lim\limits_{+\infty}(f' + 2f) = 0$, montrer que $\lim\limits_{+\infty} f = 0$. On utilisera l'équation différentielle $y' + 2y = f' + 2f$ dont on cherchera la solution générale sous forme d'une intégrale par la méthode de variation de constante.

Conseils méthodologiques : montrer que f s'écrit sous la forme : $f(x) = f(0)e^{-2x} + e^{-2x}\int_0^x (f'(t) + 2f(t))e^{2t}\,dt$. En déduire, la limite de f en $+\infty$.

La solution générale de l'équation homogène $y' + 2y = 0$ s'écrit $x \mapsto \lambda e^{-2x}$. Bien sûr, f est une solution particulière de l'équation complète mais l'énoncé demande de faire une variation de constante pour obtenir la forme des solutions.
On pose alors $f_p(x) = \lambda(x)e^{-2x}$. On obtient, pour écrire f_p sous forme d'intégrale par cette méthode : $\lambda'(t) = [f'(t) + 2f(t)]e^{2t}$, c'est-à-dire $\lambda(x) = \int_0^x [f'(t) + 2f(t)]e^{2t}\,dt$.
Ainsi $f_p(x) = e^{-2x}\int_0^x [f'(t) + 2f(t)]e^{2t}\,dt$ et toute solution g de l'équation $y' + 2y = f' + 2f$ est de la forme $g : x \mapsto Ce^{-2x} + e^{-2x}\int_0^x [f'(t) + 2f(t)]e^{2t}\,dt$ avec $C = g(0)$.
En particulier, la fonction f s'écrit $f(x) = f(0)e^{-2x} + e^{-2x}\int_0^x (f'(t) + 2f(t))e^{2t}\,dt$.

(On peut vérifier ce résultat directement par une intégration par parties).
On va faire un raisonnement classique, avec les ε. Soit $\varepsilon > 0$. Puisque $\lim\limits_{+\infty}(f' + 2f) = 0$, il existe $A > 0$ tel que pour tout $t \geq A$, $|f'(t) + 2f(t)| < \varepsilon$. Il vient alors, pour tout $x \geq A$,

$$\begin{aligned}
f(x)| &\leq |f(0)|e^{-2x} + e^{-2x}\left|\int_0^A [f'(t) + 2f(t)]e^{2t}\,dt\right| + e^{-2x}\varepsilon\int_A^x e^{2t}\,dt \\
&\leq |f(0)|e^{-2x} + e^{-2x}\left|\int_0^A [f'(t) + 2f(t)]e^{2t}\,dt\right| + \frac{\varepsilon}{2}e^{-2x}(e^{2x} - e^{2A}) \\
&\leq Me^{-2x} + \frac{\varepsilon}{2}(1 - e^{2(-x+A)}) \leq Me^{-2x} + \frac{\varepsilon}{2} \quad \text{avec } M = |f(0)| + \left|\int_0^A [f'(t) + 2f(t)]e^{2t}\,dt\right|.
\end{aligned}$$

Enfin $\lim\limits_{x \to +\infty} Me^{-2x} = 0$ donc il existe $B \geq A$ tel que pour tout $x \geq B$, $Me^{-2x} \leq \frac{\varepsilon}{2}$, par conséquent pour tout $x \geq B$, $|f(x)| \leq \varepsilon$. D'où $\boxed{\lim\limits_{+\infty} f = 0}$.

Remarque : ce résultat ce généralise. On peut prouver que $\lim\limits_{+\infty}(f' + af) = 0 \Rightarrow \lim\limits_{+\infty} f = 0$ en remplaçant 2 par $a > 0$ dans la solution précédente.

10. Équation non linéaire — D'après Mines Ponts

On considère l'équation différentielle : $xy' - \tan(y) = 0 \quad (E)$.

a) Soit f, une solution de (E) définie sur un intervalle ouvert I. Montrer que f est à valeurs dans $\mathbb{R} \setminus \{\frac{\pi}{2} + k\pi \,/\, k \in \mathbb{Z}\}$.

b) Soit I un intervalle de $\mathbb{R}$, f une fonction dérivable de I dans $\mathbb{R}$ et un entier $k \in \mathbb{Z}$. Montrer que f est solution de (E) sur I si et seulement si $f_k : x \mapsto f(x) + k\pi$ est solution sur I.

c) En déduire qu'il suffit de rechercher les solutions de (E) à valeurs dans $\left]-\frac{\pi}{2}, \frac{\pi}{2}\right[$.

d) Soit $f : I \to \left]-\frac{\pi}{2}, \frac{\pi}{2}\right[$, une solution. On pose $g : x \mapsto \sin(f(x))$. Calculer $xg'(x)$, pour tout $x \in I$. En déduire une équation différentielle très simple satisfaite par g. Résoudre cette équation différentielle sur $\mathbb{R}_-^*$, sur $\mathbb{R}_+^*$ puis enfin sur $\mathbb{R}$.

e) En déduire la forme nécessaire des solutions de (*E*) à valeurs dans $\left]-\frac{\pi}{2}, \frac{\pi}{2}\right[$.

f) Réciproquement, vérifier que les fonctions trouvées sont effectivement solutions de (*E*).

g) Donner l'ensemble des solutions de (*E*).

Conseils méthodologiques : cet exercice est à aborder de préférence après avoir étudié le cours sur les fonctions usuelles. On rappelle en particulier que la fonction arcsinus est définie sur [– 1, 1], dérivable sur]– 1, 1[et que : $\forall x \in \left]-1, 1\right[,\ \arcsin'(x) = \frac{1}{\sqrt{1-x^2}}$.

a) Une solution de (*E*) définie sur un intervalle ouvert *I* vérifie :
$\forall x \in I,\ xf'(x) - \tan(f(x)) = 0$. Il faut donc que $\tan(f(x))$ existe et ainsi que *f* soit à valeurs dans $\mathbb{R} \setminus \{\frac{\pi}{2} + k\pi \ / \ k \in \mathbb{Z}\}$ (l'ensemble de définition de la fonction tangente).

b) Une fonction *f* est solution de (*E*) si et seulement si *f* est dérivable et : $\forall x \in I,\ xf'(x) = \tan(f(x))$. Or : $\forall x \in I$, $xf_k'(x) = xf'(x)$ et $\tan(f_k(x)) = \tan(f(x) + k\pi) = \tan(f(x))$. D'où le résultat.

c) Une solution *f* de (*E*) est en particulier une fonction continue définie sur un intervalle *I*. D'après le théorème des valeurs intermédiaires, l'image d'une telle fonction est un intervalle *J*. D'après la question a), *J* est contenu dans un intervalle de la forme $\left]-\frac{\pi}{2} + k\pi, \frac{\pi}{2} + k\pi\right[$, où *k* est un entier relatif fixé. D'après b), la fonction qui à *x* associe $f(x) - k\pi$ est encore solution de (*E*) et cette fois à valeurs dans $\left]-\frac{\pi}{2}, \frac{\pi}{2}\right[$. D'où le résultat.

d) On a pour tout $x \in I$, $xg'(x) = xf'(x)\cos(f(x)) = \tan(f(x))\cos(f(x)) = \sin(f(x)) = g(x)$. Donc *g* est solution de $xy' - y = 0$.
Les solutions sont faciles à trouver :

- sur $\mathbb{R}_-^*$, $g(x) = \lambda^{(2)}x$, où $\lambda^{(2)}$ est une constante réelle ;
- sur $\mathbb{R}_+^*$, $g(x) = \lambda^{(1)}x$, où $\lambda^{(1)}$ est une constante réelle ;
- le raccordement est immédiat : sur $\mathbb{R}$, $g(x) = \lambda x$, où λ est une constante réelle (éventuellement nulle).
- Comme f est à valeurs dans $\left]-\frac{\pi}{2}, \frac{\pi}{2}\right[$, si f est solution, soit $f(x) = 0$ pour tout x dans $\mathbb{R}$ (cela correspond à $\lambda = 0$)

soit $f(x) = \arcsin(\lambda x)$, définie pour $|\lambda x| < 1$, c'est-à-dire sur $\left]-\frac{1}{|\lambda|}, \frac{1}{|\lambda|}\right[$.

e) Vérification.

- La fonction nulle est clairement solution.
- Si $\lambda \neq 0$ et $f(x) = \arcsin(\lambda x)$, on a d'une part : $xf'(x) = x\frac{d}{dx}\left[\arcsin(\lambda x)\right] = \frac{\lambda x}{\sqrt{1-\lambda^2 x^2}}$.

Et d'autre part,

$$\tan\left[\arcsin(\lambda x)\right] = \frac{\sin\left[\arcsin(\lambda x)\right]}{\cos\left[\arcsin(\lambda x)\right]} = \frac{\lambda x}{\cos\left[\arcsin(\lambda x)\right]} = \frac{\lambda x}{\sqrt{1-\sin^2(\arcsin(\lambda x))}}$$

car : $\forall\ X \in \mathbb{R},\ \cos^2 X + \sin^2 X = 1$ et : $\forall\ t \in [-1, 1],\ \cos(\arcsin t) \geq 0$.

Donc $\tan[\arcsin(\lambda x)] = \dfrac{\lambda x}{\sqrt{1 - \lambda^2 x^2}}$, d'où le résultat : $xf'(x) = \tan[f(x)]$.

En résumé l'ensemble S_0 des solutions de (E) à valeurs dans $\left]-\dfrac{\pi}{2}, \dfrac{\pi}{2}\right[$ est :

$$\boxed{S_0 = \{\theta : x \mapsto 0\} \cup \{f_\lambda : x \mapsto \arcsin(\lambda x) \ / \ \lambda \in \mathbb{R}^*\}}$$

f) Ainsi en notant : $f_{\lambda,k} : \left]-\dfrac{1}{|\lambda|}, \dfrac{1}{|\lambda|}\right[\to \left]-\dfrac{\pi}{2}, \dfrac{\pi}{2}\right[$, $x \mapsto \arcsin(\lambda x) + k\pi$, pour tous $\lambda \in \mathbb{R}^*$ et $k \in \mathbb{Z}$, et $\theta : x \mapsto 0$, on obtient l'ensemble S des solutions :

$$\boxed{S = \{f_{\lambda,k} \ / \ \lambda \in \mathbb{R}^* \text{ et } k \in \mathbb{Z}\} \cup \{x \mapsto k\pi \ / \ k \in \mathbb{Z}\}}.$$

Remarque : on note qu'il n'y a pas unicité de la solution qui prend la valeur 0 en 0. Cela s'explique en constatant que le coefficient de y' dans l'équation différentielle s'annule pour $x = 0$.

CHAPITRE 10

Fonctions de deux variables réelles

Le cours en questions

1 ■ Limites et continuité d'une fonction de deux variables

1.1 Qu'est-ce qu'une fonction de deux variables réelles ?

On appelle fonction réelle de deux variables réelles, toute application f définie sur $D \subset \mathbb{R}^2$ et à valeurs dans $\mathbb{R}$, c'est-à-dire une application qui associe à tout couple $(x_1, x_2) \in D$ un unique réel noté $f(x_1, x_2)$.

On note alors : $f:\begin{cases} D \to \mathbb{R} \\ (x_1, x_2) \mapsto f(x_1, x_2) \end{cases}$ où x_1, x_2 sont les *variables* de la fonction. Le réel $f(x_1, x_2)$ est *l'image* par f du couple (x_1, x_2).

L'ensemble de définition d'une fonction f de deux variables est l'ensemble de tous les couples de $\mathbb{R}^2$ pour lesquels on peut déterminer une image par f. Par la suite on notera cet ensemble D_f.

On peut définir de même une fonction réelle de n variables réelles : c'est une application f définie sur $D \subset \mathbb{R}^n$ qui à $(x_1, x_2, \ldots, x_n) \in D$ un unique réel noté $f(x_1, x_2, \ldots, x_n)$.

L'ensemble de définition de la fonction $f:(x, y) \mapsto \cos(x+y)$ est $D_f = \mathbb{R}^2$; en effet, cos est définie sur $\mathbb{R}$ donc on peut calculer $f(x, y)$ quelles que soient les valeurs prises par x et y.

1.2 Comment représenter graphiquement $(x, y) \mapsto f(x, y)$?

Considérons l'espace usuel muni du repère orthonormé direct usuel $\left(O, \vec{i}, \vec{j}, \vec{k}\right)$ et une fonction de deux variables $f:\left[a, b\right]\times\left[c, d\right] \to \mathbb{R}$. L'ensemble des points

Il n'y a pas de représentation simple pour les fonctions de trois (ou plus) variables.

$M(x, y, f(x, y))$, pour $(x, y) \in [a, b] \times [c, d]$, est une surface S, appelée *surface représentative de f*. On peut noter : $S : z = f(x, y)$.

Exemple : surface représentative de la fonction $f : \begin{cases} [-1, 1] \times [-1, 1] \to \mathbb{R} \\ (x, y) \mapsto x^2 + y^2 \end{cases}$

(*cf.* Fig. 1).

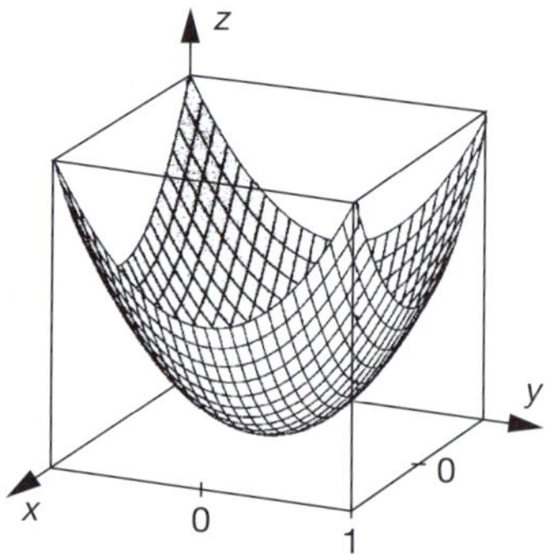

Figure 1

1.3 Comment définit-on $\lim_{(x,y)\to(a,b)} f(x, y)$?

On dit que $M = (x, y) \in \mathbb{R}^2$ tend vers $A = (a, b) \in \mathbb{R}^2$ si et seulement si x et y tendent **simultanément** vers a (pour x) et b (pour y).

Soit $f : D \to \mathbb{R}$ une fonction de deux variables réelles. Soit $A = (a, b) \in \mathbb{R}^2$, on dit que l'application f possède une limite finie L en A si $f(M)$ tend vers L lorsque M tend vers A (et $M \in D$). Si f admet L pour limite en A, on note :

$$\lim_{M \to A} f(M) = L .$$

Remarque

La définition que nous venons de donner est à préciser. Il faudrait donner un sens plus rigoureux à l'expression « tend vers ». De fait, on peut l'exprimer de façon théorique par :

$$\forall \varepsilon > 0,\ \exists \alpha > 0,\ \forall (x, y) \in D,\ \left.\begin{matrix} |x - a| \le \alpha \\ |y - b| \le \alpha \end{matrix}\right\} \Rightarrow |f(x, y) - L| \le \varepsilon .$$

Lorsqu'on dit que $M \in D$ tend vers A, il faut encore que ce soit possible, c'est-à-dire que A doit appartenir à D – c'est le cas de A_1 (*cf.* Fig. 2) –, ou bien être situé sur la frontière de D – c'est le cas de A_2 –. On ne peut pas considérer une limite de f au point A_3 (*cf.* Fig. 2).

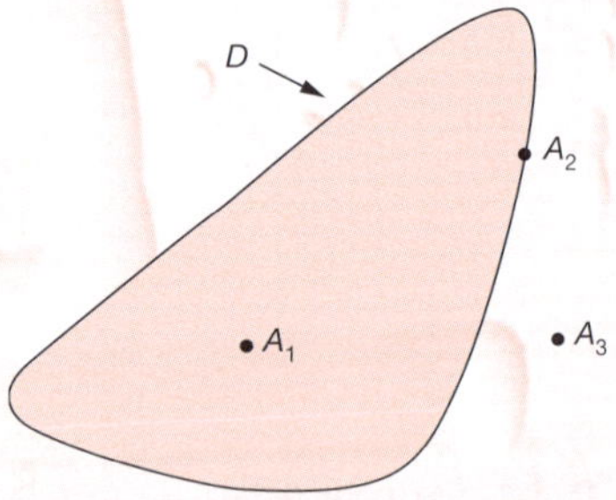

Figure 2

1.4 Quelles sont les propriétés des fonctions continues de deux variables ?

Une fois définie la notion de limite d'une fonction de plusieurs variables réelles, la définition de la continuité d'une telle fonction est une extension naturelle de la définition de la continuité pour les fonctions d'une variable réelle.

- Soit $f : D \to \mathbb{R}$ une fonction de deux variables. Soit $A = (a, b) \in D$. On dit que f est continue en A si $\lim_{M \to A} f(M) = f(A)$. La fonction f est continue sur D si elle est continue en tout point $A \in D$.

Exemple : les fonctions polynomiales (par exemple, la fonction définie par $f(x, y) = 3x^2 + 2x^2y - y^2 + 2x - 4$) sont des fonctions continues sur $\mathbb{R}^2$.

Ces résultats sont à rapprocher des propriétés connues pour les fonctions continues d'une variable réelle.

- Soit $f, g : D \to \mathbb{R}$ deux fonctions de deux variables continues sur D et λ un réel.
  1. Les applications $f + g$ et λf sont continues sur D.
  2. L'application fg est continue sur D.
  3. L'application f^m où m est un entier positif est continue sur D.
  4. L'application $\frac{f}{g}$ est continue en tout point de D où g ne s'annule pas.

Notation : l'ensemble des fonctions continues sur D forme un espace vectoriel réel, on le note $C^0(D, \mathbb{R})$.

- Si de plus I est un intervalle réel et $\varphi \in C^0(I, \mathbb{R})$ telle que la fonction composée $\varphi \circ f$ soit définie sur D, alors $\varphi \circ f$ est continue sur D. De manière synthétique, on peut écrire :

$$\left.\begin{array}{r} f \in C^0(D, \mathbb{R}) \\ \varphi \in C^0(I, \mathbb{R}) \\ \forall M \in D,\ f(M) \in I \end{array}\right\} \Rightarrow \varphi \circ f \in C^0(D, \mathbb{R}) \quad .$$

Par exemple, en prenant $f(x, y) = x^2 + y^2$ et $\varphi(t) = \exp t$, on obtient : $(x, y) \mapsto \exp(x^2 + y^2)$ est continue sur $\mathbb{R}^2$.

1.5 Qu'est-ce qu'une application partielle ?

Soit $f : \begin{cases} D \subset \mathbb{R}^2 \to \mathbb{R} \\ (x, y) \mapsto f(x, y) \end{cases}$ et $M_0 = (x_0, y_0) \in D$. On appelle *applications partielles de f en* M_0 les deux fonctions suivantes : $f_1 : \begin{cases} D_1 \to \mathbb{R} \\ t \mapsto f(t, y_0) \end{cases}$ et $f_2 : \begin{cases} D_2 \to \mathbb{R} \\ t \mapsto f(x_0, t) \end{cases}$. On note aussi $f_1 = f(\bullet, y_0)$ et $f_2 = f(x_0, \bullet)$.

f_i est la fonction d'une variable réelle obtenue en remplaçant la i-ème coordonnée de M_0 par la variable t.

$$D_1 = \left\{x \in \mathbb{R} / (x, y_0) \in D\right\}$$

et $D_2 = \left\{y \in \mathbb{R} / (x_0, y) \in D\right\}$.

Interprétation géométrique : soit S la surface d'équation $z = f(x, y)$ pour $(x, y) \in [a, b] \times [c, d]$ et $M_0 = (x_0, y_0) \in [a, b] \times [c, d]$. La représentation graphique de $z = f(x, y_0)$ est obtenue en prenant l'intersection de S avec le plan vertical $y = y_0$ (*cf.* Fig. 3).

De même, la représentation graphique de $z = f(x_0, y)$ est obtenue en prenant l'intersection de S avec le plan vertical $x = x_0$. Les représentations graphiques des applications partielles correspondent donc à des courbes tracées sur cette surface S (*cf.* Fig. 3).

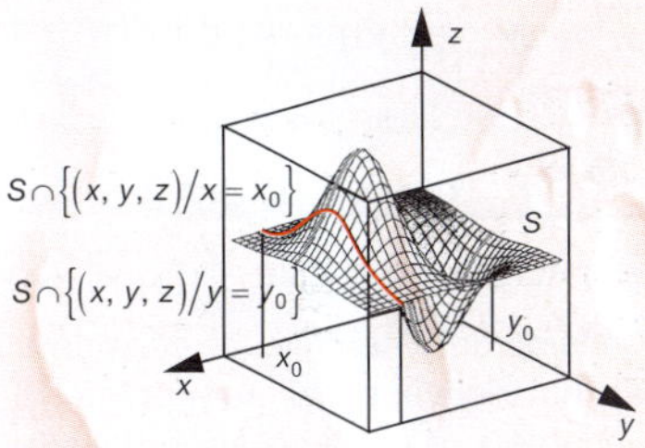

Figure 3

- Si f est une application continue sur son domaine de définition, alors ses applications partielles sont également des fonctions continues sur leur domaine de définition respectif. En effet, $\lim_{M \to A} f(M) = f(A)$ implique : $\lim_{x \to a} f(x, b) = f(a, b)$ et $\lim_{y \to b} f(a, y) = f(a, b)$. Mais attention, la réciproque est fausse en général comme le montre l'exemple suivant.

Si on considère la fonction f définie par : $f(x, y) = \dfrac{xy}{x^2 + y^2}$ si $(x, y) \neq (0, 0)$ et $f(0, 0) = 0$. Alors : $\lim_{x \to 0} f(x, 0) = 0 = f(0, 0)$ et $\lim_{y \to 0} f(0, y) = 0 = f(0, 0)$ mais $f(x, x) = \dfrac{1}{2}$ si $x \neq 0$ donc f n'est pas continue au point $(0, 0)$.

2 ■ Dérivées partielles et fonctions de classe C^1

2.1 Que désigne $D_1 f(x_0, y_0)$?

Avec les notations du paragraphe précédent, si $f_1 = f(\bullet, y_0)$ est dérivable en x_0 alors on dit que f admet une *dérivée partielle* par rapport à la première variable en $M_0 = (x_0, y_0)$ et on note :

$$D_1 f(x_0, y_0) = f_1'(x_0) = \frac{\partial f}{\partial x}(x_0, y_0) \quad .$$

Ici, on suppose qu'il existe un pavé $]a, b[\times]c, d[\subset D_f$ qui vérifie $(x_0, y_0) \in]a, b[\times]c, d[$. L'ensemble Ω utilisé dans la suite sera supposé vérifier cette condition pour chacun de ses points (x_0, y_0). On dit alors que Ω est un ouvert de $\mathbb{R}^2$.

Exemple : soit $f : \mathbb{R}^2 \to \mathbb{R}$ définie par $f(x, y) = 2x^2y + xy$.
La fonction f est continue sur $\mathbb{R}^2$. Les applications partielles de f en (1, 1) sont $f_1(x) = f(x, 1) = 2x^2 + x$ et $f_2(y) = f(1, y) = 3y$, elles sont définies et dérivables sur $\mathbb{R}$.

On a donc : $\frac{\partial f}{\partial x}(1, 1) = f'_1(1) = 5$, $\frac{\partial f}{\partial x}(1, 1) = f'_2(1) = 3$.

De même, si f admet une dérivée partielle par rapport à la seconde variable en tout point $M_0 \in \Omega \subset \mathbb{R}^2$, on définit la fonction dérivée partielle de f par rapport à la seconde variable par

$$D_2 f = \frac{\partial f}{\partial y} : \begin{cases} \Omega \subset \mathbb{R}^2 \to \mathbb{R} \\ (x, y) \mapsto \frac{\partial f}{\partial y}(x, y) \end{cases}.$$

Pour les fonctions usuelles, en pratique, on calcule $\frac{\partial f}{\partial x}(x, y)$ en considérant y comme une constante et en dérivant par rapport à la variable x, d'où la notation utilisée en physique : $\frac{\partial f}{\partial x}|_y$. De même pour le calcul de $\frac{\partial f}{\partial y} = \frac{\partial f}{\partial y}|_x$.

On appelle application polynomiale sur $\mathbb{R}^2$ toute combinaison linéaire d'applications de la forme $(x, y) \mapsto x^m y^n$ avec $(m, n) \in \mathbb{N}^2$. Les fonctions polynomiales sont des fonctions de classe C^1 sur $\mathbb{R}^2$.

De même, si $f_2 = f(x_0, .)$ est dérivable en y_0 alors on dit que f admet une *dérivée partielle* par rapport à la deuxième variable en M_0 et on note :

$$D_2 f(x_0, y_0) = f_2'(y_0) = \frac{\partial f}{\partial y}(x_0, y_0).$$

2.2 Qu'est-ce qu'une fonction dérivée partielle ?

Si f admet une dérivée partielle par rapport à la première variable en tout point $M_0 \in \Omega \subset \mathbb{R}^2$, on définit la fonction dérivée partielle de f par rapport à la première variable par

$$D_1 f = \frac{\partial f}{\partial x} : \begin{cases} \Omega \subset \mathbb{R}^2 \to \mathbb{R} \\ (x, y) \mapsto \frac{\partial f}{\partial x}(x, y) \end{cases}.$$

Exemple : soit $f : \begin{cases} \mathbb{R}^2 \to \mathbb{R} \\ (x, y) \mapsto x^2 + 2x - y^3 + 2 \end{cases}$ Les fonctions dérivées partielles de f en (x_0, y_0) sont définies sur $\mathbb{R}$ par :

- $f_1 : t \mapsto f(t, y_0) = t^2 + 2t - y_0{}^3 + 2$ d'où : $f_1'(t) = 2t + 2$

et $D_1(x_0, y_0) = \frac{\partial f}{\partial x}(x_0, y_0) = f_1'(x_0) = 2x_0 + 2$.

- $f_2 : t \mapsto f(x_0, t) = x_0{}^2 + 2x_0 - t^3 + 2$ d'où : $f_2'(t) = -3t^2$

et $D_2(x_0, y_0) = \frac{\partial f}{\partial y}(x_0, y_0) = f_2'(y_0) = -3y_0^2$.

2.3 Qu'est-ce qu'une fonction de classe C^1 ?

Soit $f : \Omega \to \mathbb{R}$ une fonction de deux variables continue sur Ω. On dit que f est de classe C^1 sur Ω si et seulement si f admet des dérivées partielles par rapport à chaque variable en tout point de Ω et si ces dérivées partielles sont des applications continues sur Ω.

2.4 Quelles sont les propriétés des fonctions de classe C^1 ?

Soit f et g deux fonctions de deux variables de classe C^1 sur $\Omega \subset \mathbb{R}^2$ à valeurs réelles.

- Les fonctions $f + g$ et fg sont de classe C^1 sur Ω.
- Si $\lambda \in R$, λf est de classe C^1 sur Ω.
- Si $m \in N^*$, f^m est de classe C^1 sur Ω.
- Si on suppose de plus que g ne s'annule pas sur Ω, la fonction $\frac{f}{g}$ est de classe C^1 sur Ω.

Notation : l'ensemble des fonctions de classe C^1 sur Ω forme un espace vectoriel réel, on le note $C^1(\Omega, \mathbb{R})$.

2.5 Comment calcule-t-on les dérivées partielles d'une fonction composée ?

Méthode 1 : soit Ω et Δ deux parties de $\mathbb{R}^2$, $f : \Omega \to \mathbb{R}$ une fonction de classe C^1 sur Ω, $u : \Delta \to \mathbb{R}$ et $v : \Delta \to \mathbb{R}$ deux fonctions de classe C^1 sur Δ telles que pour tout $(s, t) \in \Delta$, $(u(s, t), v(s, t)) \in \Omega$. Alors la fonction $F : (s, t) \mapsto f(u(s, t), v(s, t))$ est bien définie sur Δ et elle est de classe C^1 sur Δ. De plus, en notant $M = (u(s, t), v(s, t))$, on a :

$$\begin{aligned}\frac{\partial F}{\partial s}(s, t) &= D_1 f(M)\frac{\partial u}{\partial s}(s, t) + D_2 f(M)\frac{\partial v}{\partial s}(s, t)\\ \frac{\partial F}{\partial t}(s, t) &= D_1 f(M)\frac{\partial u}{\partial t}(s, t) + D_2 f(M)\frac{\partial v}{\partial t}(s, t)\end{aligned}.$$

Autrement dit, si on définit $F : (s, t) \mapsto f(u(s, t), v(s, t))$, on a :

$$\left.\begin{array}{r} f \in C^1(\Omega, \mathbb{R})\\ u, v \in C^1(\Delta, \mathbb{R})\\ \forall (s, t) \in \Delta,\ (u(s, t), v(s, t)) \in \Omega \end{array}\right\} \Rightarrow F \in C^1(\Delta, \mathbb{R}).$$

Cette formule est particulièrement utile lorsqu'on désire effectuer un changement de variables dans un calcul.

En notant $\frac{\partial f}{\partial x}$ et $\frac{\partial f}{\partial y}$ les dérivées partielles de f, puis x et y au lieu des fonctions u et v, on a $F(s, t) = f[x(s, t), y(s, t)]$ et on peut retenir ce résultat en écrivant :

$$\begin{aligned}\frac{\partial F}{\partial s} &= \frac{\partial f}{\partial x}\frac{\partial x}{\partial s} + \frac{\partial f}{\partial y}\frac{\partial y}{\partial s}\\ \frac{\partial F}{\partial t} &= \frac{\partial f}{\partial x}\frac{\partial x}{\partial t} + \frac{\partial f}{\partial y}\frac{\partial y}{\partial t}\end{aligned}.$$

Exemple : soit les fonctions u et v définies sur $\mathbb{R}^2$ par $u(r, \theta) = r\cos\theta$ et $v(r, \theta) = r\sin\theta$. Soit $f : \mathbb{R}^2 \to \mathbb{R}$ une fonction de classe C^1. La fonction $F : (r, \theta) \mapsto f(r\cos\theta, r\sin\theta)$ est bien définie sur $\mathbb{R}^2$, elle est de classe C^1. La dérivée partielle de F par rapport à θ au point (r, θ) est donnée par :

$$\frac{\partial F}{\partial \theta}(r, \theta) = (-r\sin\theta)\frac{\partial f}{\partial x}(r\cos\theta, r\sin\theta) + (r\cos\theta)\frac{\partial f}{\partial y}(r\cos\theta, r\sin\theta).$$

Méthode 2 : soit Ω une partie de $\mathbb{R}^2$, I un intervalle ouvert de $\mathbb{R}$, $f : \Omega \to \mathbb{R}$ une fonction de classe C^1, $\varphi : I \to \mathbb{R}$ et $\psi : I \to \mathbb{R}$ deux fonctions de classe C^1 sur I. Supposons que $M_t = (\varphi(t), \psi(t)) \in D$, pour tout $t \in I$, de façon à ce que la fonction composée $F : t \mapsto f(\varphi(t), \psi(t))$ soit bien définie sur I. Alors la fonction F est de classe C^1 sur I et :

$$F'(t) = \varphi'(t)\frac{\partial f}{\partial x}(M_t) + \psi'(t)\frac{\partial f}{\partial y}(M_t).$$

Attention, la fonction $F : t \mapsto f(\varphi(t), \psi(t))$ est une fonction d'une variable réelle et on a l'implication :

$$\left.\begin{array}{r} f \in C^1(\Omega, \mathbb{R})\\ \varphi, \psi \in C^1(I, \mathbb{R})\\ \forall t \in I,\ (\varphi(t), \psi(t)) \in \Omega \end{array}\right\} \Rightarrow F \in C^1(I, \mathbb{R}).$$

Exemple : soit les fonctions φ et ψ définies sur $\mathbb{R}$ par $\varphi(t) = \cos t$ et $\psi(t) = \sin t$. Soit $f : \mathbb{R}^2 \to \mathbb{R}$ une fonction de classe C^1. La fonction $F : t \mapsto f(\cos t, \sin t)$ est bien définie sur $\mathbb{R}$, elle est de classe C^1. La dérivée de F est donnée par :

$$F'(t) = (-\sin t)\frac{\partial f}{\partial x}(\cos t, \sin t) + (\cos t)\frac{\partial f}{\partial y}(\cos t, \sin t).$$

Méthode 3 : soit Ω une partie de $\mathbb{R}^2$, $f \in C^1(\Omega, \mathbb{R})$, I un intervalle réel ouvert et $h \in C^1(I, \mathbb{R})$ telle que la fonction $F = h \circ f$ soit bien définie. La fonction F est de classe C^1 sur Ω et on a :

$$\begin{aligned}D_1 F(x, y) &= h'[f(x, y)]D_1 f(x, y)\\ D_2 F(x, y) &= h'[f(x, y)]D_2 f(x, y)\end{aligned}.$$

Exemple : en prenant $f(x, y) = x^2 + y^2$ et $h(t) = \exp t$, on obtient : $F : (x, y) \mapsto \exp(x^2 + y^2)$ est de classe C^1 sur $\mathbb{R}^2$.De plus :

$$D_1 F(x, y) = 2x\exp(x^2 + y^2)$$
$$D_2 F(x, y) = 2y\exp(x^2 + y^2).$$

De manière synthétique, on peut écrire :

$$\left.\begin{array}{r} f \in C^1(\Omega, \mathbb{R})\\ h \in C^1(I, \mathbb{R})\\ \forall (x, y) \in \Omega,\ f(x, y) \in I \end{array}\right\} \Rightarrow h \circ f \in C^1(D, \mathbb{R}).$$

2.6 Qu'est-ce que le développement limité à l'ordre 1 de f ?

Soit $f : \Omega \to \mathbb{R}$ une fonction de deux variables de classe C^1. Alors pour $(x_0, y_0) \in \Omega$ et pour tout $(h, k) \in \mathbb{R}^2$ tel que $(x_0 + h, y_0 + k) \in \Omega$ on peut écrire le *développement limité à l'ordre* 1 de f en (x_0, y_0) :

$$f(x_0+h, y_0+k) = f(x_0, y_0) + h\frac{\partial f}{\partial x}(x_0, y_0) + k\frac{\partial f}{\partial y}(x_0, y_0) + \sqrt{h^2+k^2}\ \varepsilon(h, k)$$

où ε est une fonction continue sur un voisinage de l'origine dans $\mathbb{R}^2$ et telle que :

$$\lim_{(h,k)\to(0,0)} \varepsilon(h, k) = 0 \cdot$$

Interprétation graphique : soit la surface S (*cf.* Fig. 4) d'équation $z = f(x, y)$ pour $(x, y) \in \Omega$. Soit le plan P d'équation

$z = f(x_0, y_0) + (x - x_0)\frac{\partial f}{\partial x}(x_0, y_0) + (y - y_0)\frac{\partial f}{\partial y}(x_0, y_0)$. Le plan P est tangent à la surface S au point de coordonnées $(x_0, y_0, f(x_0, y_0))$.

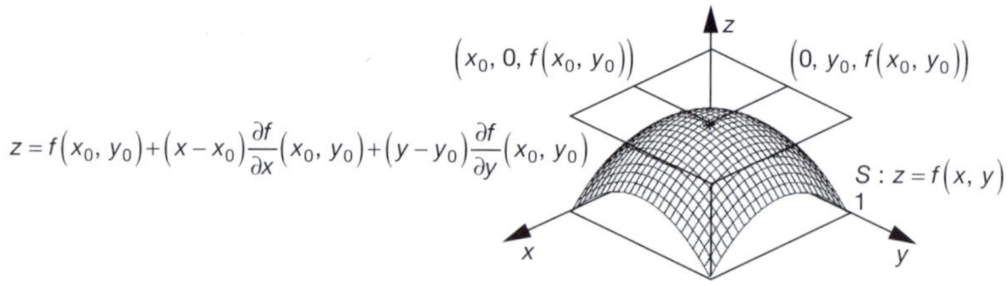

Figure 4

On peut remplacer le terme $\sqrt{h^2+k^2}$ par $\max(|h|, |k|)$ dans le développement limité à l'ordre 1.

Exemple : soit la fonction f définie par : $f : \begin{cases} \mathbb{R}^2 & \to & \mathbb{R} \\ (x, y) & \mapsto & \cos(x - y) \end{cases}$.

Le développement limité de f à l'ordre 1 en $(\frac{\pi}{2}, 0)$ est donné par :

$$\begin{aligned} f(\tfrac{\pi}{2}+h, k) &= f(\tfrac{\pi}{2}, 0) + h\frac{\partial f}{\partial x}(\tfrac{\pi}{2}, 0) \\ &\quad + k\frac{\partial f}{\partial y}(\tfrac{\pi}{2}, 0) \\ &\quad + \sqrt{h^2+k^2}\ \varepsilon(h, k) \\ &= k - h + \sqrt{h^2+k^2}\ \varepsilon(h, k), \end{aligned}$$

avec $\lim_{(h,k)\to(0,0)} \varepsilon(h, k) = 0$.

2.7 Qu'est-ce que la notation différentielle ?

Soit $f : \Omega \to \mathbb{R}$ une fonction de deux variables de classe C^1 sur Ω. Pour $(x_0, y_0) \in \Omega$, l'application linéaire $df_{(x0,\, y0)}$ de $\mathbb{R}^2$ dans $\mathbb{R}$ définie par :

$$df_{(x_0,y_0)} : \begin{cases} \mathbb{R}^2 & \to & \mathbb{R} \\ (h, k) & \mapsto & h\frac{\partial f}{\partial x}(x_0, y_0) + k\frac{\partial f}{\partial y}(x_0, y_0) \end{cases}$$

est appelée *différentielle* de f en (x_0, y_0).

Notations différentielles : en notant $dx : \begin{cases} \mathbb{R}^2 \to \mathbb{R} \\ (h, k) \mapsto h \end{cases}$ et $dy : \begin{cases} \mathbb{R}^2 \to \mathbb{R} \\ (h, k) \mapsto k \end{cases}$

on écrit : $df_{(x_0,y_0)} = \frac{\partial f}{\partial x}(x_0, y_0)dx + \frac{\partial f}{\partial y}(x_0, y_0)dy$.

En physique, on note $h = \delta x$ une « petite variation de x autour de x_0 » et $k = \delta y$ « une petite variation de y autour de y_0 ». La différence $f(x_0+h, y_0+k) - f(x_0, y_0)$ est donc la variation correspondante de f, on la note δf . On a ainsi :

$$\delta f \simeq \frac{\partial f}{\partial x}(x_0, y_0)\delta x + \frac{\partial f}{\partial y}(x_0, y_0)\delta y.$$

2.8 Qu'est-ce que le gradient de f ?

Soit $f : \Omega \to \mathbb{R}$ une fonction de deux variables de classe C^1. On appelle gradient de f en $A \in \Omega$, et on note $\overrightarrow{gradf}(A)$, le vecteur :

$$\overrightarrow{gradf}(A) = \left(\frac{\partial f}{\partial x}(A), \frac{\partial f}{\partial y}(A)\right) .$$

L'application :

$$\begin{array}{rcl} \Omega: & \to & \mathbb{R}^2 \\ A & \mapsto & \overrightarrow{grad}f(A) \end{array}$$

est un champ de vecteurs continu sur Ω appelé **champ de gradient** de f.

On le note aussi $\overrightarrow{grad}_A f$.

On définit de la même manière le gradient d'une fonction de trois variables (ou plus). Le gradient est notamment utilisé en physique.

2.9 Quelles sont les propriétés du gradient ?

Soit f, g deux fonctions de classe C^1 sur $\Omega \subset \mathbb{R}^2$ et $(\lambda, \mu) \in \mathbb{R}^2$. On a :

$$\overrightarrow{grad}(\lambda f + \mu g) = \lambda \overrightarrow{grad} f + \mu \overrightarrow{grad}\, g \,. \qquad \overrightarrow{grad}(fg) = f\, \overrightarrow{grad} g + g\, \overrightarrow{grad} f \,.$$

3 Dérivées partielles d'ordre deux

3.1 Comment définit-on les dérivées partielles d'ordre deux ?

On va noter $\dfrac{\partial f}{\partial x} = f'_x$, $\dfrac{\partial f}{\partial y} = f'_y$ dans ce paragraphe pour simplifier la présentation.

Soit Ω une partie de $\mathbb{R}^2$, $(a, b) \in \Omega$ et $f : \Omega \to \mathbb{R}$ une application de classe C^1 sur Ω.

Si les applications f'_x et f'_y admettent des dérivées partielles en (a, b), on dit que f admet des dérivées partielles d'ordre 2 en (a, b) et on note :

$$\frac{\partial^2 f}{\partial x^2}(a, b) = \frac{\partial f'_x}{\partial x}(a, b), \qquad \frac{\partial^2 f}{\partial y \partial x}(a, b) = \frac{\partial f'_x}{\partial y}(a, b),$$

$$\frac{\partial^2 f}{\partial y^2}(a, b) = \frac{\partial f'_y}{\partial y}(a, b), \qquad \frac{\partial^2 f}{\partial x \partial y}(a, b) = \frac{\partial f'_y}{\partial x}(a, b).$$

En pratique, on calcule les dérivées partielles d'ordre 1 des fonctions f'_x et f'_y.

3.2 Qu'est-ce qu'une fonction de classe C^2 ?

On dit qu'une fonction de deux variables $f : \Omega \to \mathbb{R}$ est de classe C^2 sur Ω si et seulement si elle admet des dérivées partielles d'ordre deux en tout point de Ω et si ces dérivées d'ordre deux sont des fonctions continues sur Ω.

Les fonctions de classe C^2 vérifient des propriétés analogues à celles des fonctions de classe C^1 en ce qui concerne la somme, le produit, la composée, le quotient.

Les applications polynomiales sur $\mathbb{R}^2$ sont des fonctions de classe C^2 sur $\mathbb{R}^2$.

3.3 Citer le théorème de Schwarz.

Pour calculer les dérivées partielles d'ordre deux d'une fonction de classe C^2, on dispose du théorème suivant :

Théorème de Schwarz

Soit Ω une partie de $\mathbb{R}^2$ et $f : \Omega \to \mathbb{R}$ une application de classe C^2 sur Ω. Les applications $\dfrac{\partial^2 f}{\partial y \partial x}$ et $\dfrac{\partial^2 f}{\partial x \partial y}$ existent et sont continues sur Ω, de plus elles sont égales :

$$\frac{\partial^2 f}{\partial y \partial x} = \frac{\partial^2 f}{\partial x \partial y}\,.$$

Si f est une application polynomiale sur $\mathbb{R}^2$ (i.e. une combinaison linéaire d'applications de la forme $(x, y) \mapsto x^m y^n$ avec $(m, n) \in \mathbb{N}^2$), alors pour tout $(x, y) \in \mathbb{R}^2$:

$$\frac{\partial^2 f}{\partial y \partial x}(x, y) = \frac{\partial^2 f}{\partial x \partial y}(x, y).$$

Les savoir-faire clefs

Conseils méthodologiques

Pour **a)** attention au signe des expressions dans les logarithmes, pour **b)** et **c)** remplacer x et y par les valeurs données.

1 ■ Savoir déterminer un domaine de définition.

a) Déterminer l'ensemble de définition des fonctions :
$f:(x, y)\mapsto \ln(x)+\ln(y)$ et : $g:(x, y)\mapsto \ln(xy)$.

b) Soit $f:\begin{cases}\mathbb{R}^2 \to \mathbb{R}\\ (x, y)\mapsto x^2+2x-y^3+2\end{cases}$. Écrire les applications partielles de f en (1, 2) et donner leur domaine de définition.

c) Soit f la fonction définie sur $[0, +\infty[\times[0, 2\pi]$ par $f(r, \theta)=\dfrac{r\cos\theta}{1+r^2}$. Déterminer les applications partielles de f en $\left(1, \dfrac{\pi}{4}\right)$, donner leur domaine de définition et montrer qu'elles sont continues.

1.a) On sait que ln est définie sur $\mathbb{R}_+^*$ donc pour pouvoir calculer $f(x, y)$ il faut et il suffit que : $(x>0 \text{ et } y>0)$. Donc $\boxed{D_f=\mathbb{R}_+^*\times\mathbb{R}_+^*=\left(\mathbb{R}_+^*\right)^2}$.

Pour pouvoir calculer $g(x, y)$ il faut et il suffit que : $xy > 0$ c'est-à-dire x et y doivent être de même signe : $[(x>0 \text{ et } y>0) \text{ ou } (x<0 \text{ et } y<0)]$. Donc $\boxed{D_g=\left(\mathbb{R}_+^*\times\mathbb{R}_+^*\right)\cup\left(\mathbb{R}_-^*\times\mathbb{R}_-^*\right)}$.

Ces deux fonctions f_1 et f_2 sont définies (et continues) sur $\mathbb{R}$ car ce sont des fonctions polynomiales.

b) En (1,2) : $f_1:\begin{cases}\mathbb{R}\to\mathbb{R}\\ t\mapsto f(t, 2)\end{cases}$ donc $f_1(t)=t^2+2t-6$

et $f_2:\begin{cases}\mathbb{R}\to\mathbb{R}\\ t\mapsto f(1, t)\end{cases}$ donc $f_2(t)=-t^3+5$.

c) Les applications partielles de f en $\left(1, \dfrac{\pi}{4}\right)$ sont données par

$f_1(r)=f\left(r, \dfrac{\pi}{4}\right)=\dfrac{r\sqrt{2}}{2(1+r^2)}$ (f_1 est définie sur $[0, +\infty[$) et $f_2(\theta)=f(1, \theta)=\dfrac{\cos\theta}{2}$

(f_2 est définie sur $[0, 2\pi]$). Les fonctions f_1 et f_2 sont bien continues sur leur domaine de définition respectif en tant que quotient de fonctions continues dont le dénominateur ne s'annule pas pour f_1 et grâce à la continuité de cos pour f_2.

2 ■ Savoir calculer les dérivées partielles.

Calculer les dérivées partielles de la fonction f aux points indiqués :

a) $f(x, y) = x^2 + 2x - y^3 + 2 + (x-1)(y-2)\sin(xy)$ en (0, 0) puis en (1, 2).

b) $f : (x, y) \mapsto \ln(x-y)$ définie sur $D = \{(x, y) \in \mathbb{R}^2 \mid x - y > 0\}$ en $(2, 1) \in D$.

Conseils méthodologiques

Commencer par déterminer les applications partielles : ce sont des fonctions d'une variable réelle…

2.a) En (0, 0) : $f_1(t) = f(t, 0) = t^2 + 2t + 2$ donc $f_1'(t) = 2t + 2$, puis $\frac{\partial f}{\partial x}(0, 0) = f_1'(0) = 2$.

De même : $f_2(t) = f(0, t) = -t^3 + 2$ donc $f_2'(t) = -3t^2$ et $\frac{\partial f}{\partial y}(0, 0) = f_2'(0) = 0$.

• En (1, 2) : $f_1(t) = f(t, 2) = t^2 + 2t - 6$ donc $f_1'(t) = 2t + 2$, puis $\frac{\partial f}{\partial x}(1, 2) = f_1'(1) = 4$.

De même : $f_2(t) = f(1, t) = -t^3 + 5$ donc $f_2'(t) = -3t^2$ et $\frac{\partial f}{\partial y}(1, 2) = f_2'(2) = -12$.

b) Les applications partielles de f en (2, 1) sont $f_1(x) = f(x, 1) = \ln(x-1)$ et $f_2(y) = f(2, y) = \ln(2-y)$. La fonction f_1 est définie et dérivable sur l'intervalle $]1, +\infty[$. La fonction f_2 est définie et dérivable sur l'intervalle $]-\infty, 2[$. On a donc :

$$\frac{\partial f}{\partial x}(2, 1) = f'_1(2) = 1, \quad \frac{\partial f}{\partial y}(2, 1) = f'_2(1) = -1.$$

Erreur à éviter :

Attention au domaine de définition des applications partielles.

3 ■ Savoir prouver que $f \in C^1(\Omega, \mathbb{R})$.

Montrer que la fonction f est de classe C^1 sur Ω dans les cas suivants :

a) $\Omega = \mathbb{R} \times]0, +\infty[$ et $f(x, y) = \ln(x^2 + y)$. Calculer les dérivées partielles en tout point (x_0, y_0) de Ω.

b) $\Omega =]0, +\infty[\times]0, +\infty[$ et $f(x,y) = \dfrac{x^3 + 2xy}{x^2 + y^2}$.

Conseils méthodologiques

Pour **a)**, utiliser la composée de deux applications de classe C^1. Puis fixer un point $(x_0, y_0) \in \Omega$ et calculer $\frac{\partial f}{\partial x}(x_0, y_0)$ et $\frac{\partial f}{\partial y}(x_0, y_0)$, pour **b)** décomposer f sous la forme $f = \dfrac{h}{g}$ où h et g sont des fonctions de classe C^1 sur $]0, +\infty[\times]0, +\infty[$ telles que g ne s'annule pas sur $]0, +\infty[\times]0, +\infty[$.

3.a) L'application f est bien définie sur Ω. On peut écrire que $f = (\ln) \circ g$ avec : $g(x, y) = x^2 + y$. La fonction polynomiale g appartient à $C^1(\Omega, \mathbb{R})$ et $g(\Omega) \subset]0, +\infty[$ donc f est de classe C^1 sur Ω en tant que composée d'applications de classe C^1. De plus, les applications partielles au point $(x_0, y_0) \in \Omega$ sont données par :

$$f_1 : \begin{cases} \mathbb{R} & \longrightarrow & \mathbb{R} \\ x & \mapsto & \ln(x^2 + y_0) \end{cases} \quad \text{et} \quad f_2 : \begin{cases}]0, +\infty[& \rightarrow & \mathbb{R} \\ y & \mapsto & \ln(x_0^2 + y) \end{cases}.$$

Ce sont des applications dérivables sur leur domaine de définition respectif. Les dérivées partielles de f sont donc définies pour tout $(x_0, y_0) \in \Omega$, et on a :

$$\frac{\partial f}{\partial x}(x_0, y_0) = f'_1(x_0) = \frac{2x_0}{x_0^2 + y_0}, \quad \frac{\partial f}{\partial y}(x_0, y_0) = f'_2(y_0) = \frac{1}{x_0^2 + y_0}.$$

On fixe $(x_0, y_0) \in \Omega$ pour bien voir quelle variable est considérée momentanément comme constante au moment des calculs de dérivées.

b) Soit g et h les applications définies sur $]0, +\infty[\times]0, +\infty[$ par $g(x, y) = x^2 + y^2$ et $h(x, y) = x^3 + 2xy$.

Les fonctions h et g sont des fonctions polynomiales, elle sont donc de classe C^1 sur $]0, +\infty[\times]0, +\infty[$. De plus, pour tout $(x, y) \in]0, +\infty[\times]0, +\infty[$, $g(x, y) \neq 0$.

Pour tout $(x, y) \in]0, +\infty[\times]0, +\infty[$, on a $f(x, y) = \dfrac{h(x, y)}{g(x, y)}$, la fonction f s'écrit donc comme le quotient de deux applications de classe C^1 sur $]0, +\infty[\times]0, +\infty[$, f est donc bien de classe C^1 sur $]0, +\infty[\times]0, +\infty[$.

On aurait très bien pu calculer les dérivées partielles de f et montrer qu'il s'agit de fonctions continues, mais cela aurait pris bien plus de temps : il vaut mieux utiliser les propriétés des fonctions de classe C^1 plutôt que de se lancer dans des calculs fastidieux.

4 ■ Savoir déterminer l'équation du plan tangent.

Soit la fonction f définie sur $\mathbb{R}^2$ par : $f(x, y) = \cos(x - y)$. Donner l'équation du plan tangent à la surface représentative de f au point de coordonnées $\left(\frac{\pi}{2}, 0, f\left(\frac{\pi}{2}, 0\right)\right)$.

Conseils méthodologiques

Le plan P cherché a pour équation
$$z = f(x_0, y_0) + (x - x_0)\frac{\partial f}{\partial x}(x_0, y_0) + (y - y_0)\frac{\partial f}{\partial y}(x_0, y_0).$$
Pour l'obtenir faire un développement limité à l'ordre 1 de f en $\left(\frac{\pi}{2}, 0\right)$.

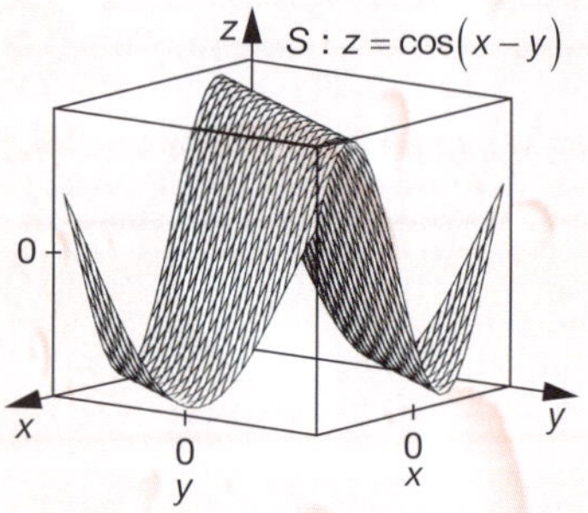

Surface représentative de f
Figure 5

La fonction f est bien définie et continue sur $\mathbb{R}^2$. Elle est également de classe C^1 sur $\mathbb{R}^2$ en tant que composée des applications $(x, y) \in \mathbb{R}^2 \mapsto x - y$ et $t \in \mathbb{R} \mapsto \cos t$ qui sont toutes les deux de classe C^1.

En calculant les dérivées partielles de f, on obtient :

$$\frac{\partial f}{\partial x}(x, y) = -\sin(x - y) \quad \text{et} \quad \frac{\partial f}{\partial y}(x, y) = \sin(x - y)$$

En effectuant un développement limité à l'ordre 1 de f au point $\left(\frac{\pi}{2}, 0\right)$, on a pour tout $(h, k) \in \mathbb{R}^2$:

$$\begin{aligned} f\left(\frac{\pi}{2} + h, k\right) &= f\left(\frac{\pi}{2}, 0\right) + h\,\frac{\partial f}{\partial x}\left(\frac{\pi}{2}, 0\right) + k\,\frac{\partial f}{\partial y}\left(\frac{\pi}{2}, 0\right) + \sqrt{h^2 + k^2}\;\varepsilon(h, k) \\ &= -h + k + \sqrt{h^2 + k^2}\;\varepsilon(h, k), \end{aligned}$$

avec $\lim\limits_{(h,k) \to (0,0)} \varepsilon(h, k) = 0$.

L'équation du plan tangent à la surface représentative de f (*cf.* Fig. 5) au point de coordonnées $\left(\frac{\pi}{2}, 0, 0\right)$ est donc : $z = -x + \frac{\pi}{2} + y$.

Pour trouver l'équation du plan tangent, il suffit de remarquer que $h = x - \frac{\pi}{2}$ et que $k = y$.

5 ■ Savoir résoudre des équations aux dérivées partielles.

Déterminer les fonctions de classe C^1 sur $\mathbb{R}^2$ telles que :

a) $\forall (x, y) \in \mathbb{R}^2, \frac{\partial f}{\partial x}(x, y) = 0$ et $\frac{\partial f}{\partial y}(x, y) = 2y$.

b) $2\frac{\partial f}{\partial x} - \frac{\partial f}{\partial y} = 0$ en posant $u = x + y$ et $v = x + 2y$.

Conseils méthodologiques

Pour **a)**, observer que f ne dépend en fait pas de x, pour **b)** utiliser les formules permettant le calcul des dérivées partielles des fonctions composées.

5.a) Soit f une fonction solution du problème. La fonction f ne dépend pas de x, plus précisément : $\exists g \in C^1(\mathbb{R}, \mathbb{R}), \forall (x, y) \in \mathbb{R}^2, f(x, y) = g(y)$. En effet, si on note f_1 la première application partielle de f (qui est définie sur $\mathbb{R}$ puisque f est de classe C^1 sur $\mathbb{R}^2$), on a pour tout $t \in \mathbb{R}$, $f_1'(t) = \frac{\partial f}{\partial x}(t, y_0) = 0$. Comme $\mathbb{R}$ est un intervalle réel, il en résulte que f_1 est constante, c'est-à-dire : $\exists g(y_0) \in \mathbb{R}, \forall x \in \mathbb{R}, f(x, y_0) = g(y_0)$.

On obtient donc : $\exists g \in F(\mathbb{R}, \mathbb{R}), \forall (x, y) \in \mathbb{R}^2, f(x, y) = g(y)$.

De plus, comme f est de classe C^1 sur $\mathbb{R}^2$, g doit être de classe C^1 sur $\mathbb{R}$. En dérivant par rapport à y on trouve alors :

$\forall (x, y) \in \mathbb{R}^2, \frac{\partial f}{\partial y}(x, y) = 2y = g'(y)$.

On en déduit : $\exists C \in \mathbb{R}, \forall y \in \mathbb{R}, g(y) = y^2 + C$, donc :

$\exists C \in \mathbb{R}, \forall (x, y) \in \mathbb{R}^2, f(x, y) = y^2 + C.$

La réciproque est immédiate : les fonctions de cette forme sont bien de classe C^1 sur $\mathbb{R}^2$ et leurs dérivées partielles vérifient les égalités demandées.

Conclusion : les solutions du problème sont toutes les fonctions définies sur $\mathbb{R}^2$ de la forme : $f : (x, y) \mapsto y^2 + C$, avec $C \in \mathbb{R}$.

Erreur à éviter :

Attention la valeur de f_1 dépend du réel y_0.

On pourrait montrer de même que si $\forall (x, y) \in \mathbb{R}^2$, $\frac{\partial f}{\partial y}(x, y) = 0$, alors $\exists h \in C^1(\mathbb{R}, \mathbb{R})$, $\forall (x, y) \in \mathbb{R}^2, f(x, y) = h(x)$.

b) Soit $f : \mathbb{R}^2 \to \mathbb{R}$ une fonction de classe C^1 solution de l'équation aux dérivées partielles proposée. Posons $u = x + y$ et $v = 2x + y$. Soit F la fonction définie sur $\mathbb{R}^2$ par $F(u, v) = f(2u - v, v - u)$. On a pour tout $(u,v) \in \mathbb{R}^2$:

$$\frac{\partial F}{\partial u}(u, v) = 2\frac{\partial f}{\partial x}(2u - v, v - u) - \frac{\partial f}{\partial y}(2u - v, v - u),$$

$$\frac{\partial F}{\partial v}(u, v) = -\frac{\partial f}{\partial x}(2u - v, v - u) + \frac{\partial f}{\partial y}(2u - v, v - u).$$

Comme f vérifie $2\frac{\partial f}{\partial x}-\frac{\partial f}{\partial y}=0$, on en déduit que : $\frac{\partial F}{\partial u}(u, v)=0$.

De la même manière qu'en a), on a donc $F(u, v) = \varphi(v)$ où φ est une fonction de classe C^1 sur $\mathbb{R}$. Finalement, si f est solution de l'équation $2\frac{\partial f}{\partial x}-\frac{\partial f}{\partial y}=0$, f s'écrit $f(x, y) = \varphi(2x + y)$ pour tout $(x, y) \in \mathbb{R}^2$.

Inversement, soit φ une fonction de classe C^1 sur $\mathbb{R}$ et soit f la fonction définie sur $\mathbb{R}^2$ par $f(x, y) = \varphi(2x + y)$. La fonction f est de classe C^1 sur $\mathbb{R}^2$ et on a :

$$\frac{\partial f}{\partial x}(x, y)=2\varphi'(2x+y),\quad \frac{\partial f}{\partial y}(x, y)=\varphi'(2x+y).$$

Et ainsi : $2\frac{\partial f}{\partial x}-\frac{\partial f}{\partial y}=0$ et f est bien solution de l'équation aux dérivées partielles proposée.

Conclusion : l'ensemble des solutions de l'équation $2\frac{\partial f}{\partial x}-\frac{\partial f}{\partial y}=0$ est l'ensemble des fonctions f de classe C^1 sur $\mathbb{R}^2$ telles que pour tout $(x, y) \in \mathbb{R}^2$, $\boxed{f(x, y)=\varphi(2x+y)}$ où φ est de classe C^1 sur $\mathbb{R}$.

L'utilisation d'un changement de variables est souvent bien utile pour résoudre des équations aux dérivées partielles.

Conseils méthodologiques

Pour **a)**, établir que la fonction f est de classe C^2 sur $\mathbb{R}^2$ et utiliser le théorème de Schwarz pour calculer ses dérivées partielles d'ordre deux. Pour **b)** utiliser les formules de dérivation pour les fonctions composées.

6 ■ Savoir calculer les dérivées partielles d'ordre 2.

a) Soit $f:\begin{cases}\mathbb{R}^2 & \to & \mathbb{R}\\ (x, y) & \mapsto & \arctan(2x+y)\end{cases}$.

Prouver que la fonction f est de classe C^2 sur $\mathbb{R}^2$ et calculer ses dérivées partielles d'ordre deux.

b) Soit $\varphi:\mathbb{R}\to\mathbb{R}$, $f:\mathbb{R}\to\mathbb{R}$ deux fonctions de classe C^2 sur $\mathbb{R}$ et $F:\mathbb{R}^2\to\mathbb{R}$ la fonction définie par $F(x, y)=f\left[x+\varphi(y)\right]$. Vérifier que F est de classe C^2 sur $\mathbb{R}^2$. Montrer que pour tout $(x, y)\in\mathbb{R}^2$:

$$\frac{\partial^2 F}{\partial x^2}\frac{\partial F}{\partial y}-\frac{\partial^2 F}{\partial x\partial y}\frac{\partial F}{\partial x}=0.$$

6.a) La fonction f est de classe C^2 sur $\mathbb{R}^2$ en tant que composée des applications de classe C^2 $(x, y)\in\mathbb{R}^2\mapsto 2x+y$ et arctangente. Le calcul des dérivées partielles de f nous donne :

$$\frac{\partial f}{\partial x}(x, y)=\frac{2}{(2x+y)^2+1},\quad \frac{\partial f}{\partial y}(x, y)=\frac{1}{(2x+y)^2+1}.$$

En utilisant le théorème de Schwarz, on a donc :

$$\frac{\partial^2 f}{\partial x^2}(x, y)=-\frac{16x+8y}{((2x+y)^2+1)^2},\quad \frac{\partial^2 f}{\partial y^2}(x, y)=-\frac{2y+4x}{((2x+y)^2+1)^2},$$

$$\frac{\partial^2 f}{\partial y\partial x}(x, y)=\frac{\partial^2 f}{\partial y\partial x}(x, y)=-\frac{8x+4y}{((2x+y)^2+1)^2}.$$

On remarque à nouveau qu'il est plus simple d'utiliser les propriétés des fonctions de classe C^2 (ici relativement à la composition) que de se livrer à des calculs.

b) Soit la fonction $F : \mathbb{R}^2 \to \mathbb{R}$ définie par $F(x, y) = f\left[x + \varphi(y)\right]$. Comme les fonctions f et φ sont de classe C^2 sur $\mathbb{R}$, la fonction F est de classe C^2 sur $\mathbb{R}^2$ en tant que composée de fonctions de classe C^2 et on a :

$$\frac{\partial F}{\partial x}(x, y) = f'(x + \varphi(y)), \quad \frac{\partial F}{\partial y}(x, y) = \varphi'(y)f'(x + \varphi(y)).$$

Le calcul des dérivées partielles d'ordre deux de F nous donne :

$$\frac{\partial^2 F}{\partial x^2}(x, y) = f''(x + \varphi(y)), \quad \frac{\partial^2 F}{\partial x \partial y}(x, y) = \varphi'(y)f''(x + \varphi(y)).$$

Il en découle que $\boxed{\frac{\partial^2 F}{\partial x^2}\frac{\partial F}{\partial y} - \frac{\partial^2 F}{\partial x \partial y}\frac{\partial F}{\partial x} = 0}$.

Pour maîtriser les bases

1. Passage en coordonnées polaires — D'après Centrale

Résoudre l'équation aux dérivées partielles $x\dfrac{\partial f}{\partial x}+y\dfrac{\partial f}{\partial y}=\sqrt{x^2+y^2}$ sur $]0,+\infty[\times\mathbb{R}$ en utilisant le changement de variables $x=r\cos(\theta)$ et $y=r\sin(\theta)$.

Conseils méthodologiques : utiliser les formules de dérivation pour les fonctions composées.

Soit f une fonction de classe C^1 sur $]0,+\infty[\times\mathbb{R}$ solution de l'équation $(E): x\dfrac{\partial f}{\partial x}+y\dfrac{\partial f}{\partial y}=\sqrt{x^2+y^2}$. Posons $x=r\cos(\theta)$ et $y=r\sin(\theta)$ avec $r>0$ et $\theta\in\left]-\dfrac{\pi}{2},\dfrac{\pi}{2}\right[$. Soit la fonction F définie sur $]0,+\infty[\times\left]-\dfrac{\pi}{2},\dfrac{\pi}{2}\right[$ par $F(r,\theta)=f(r\cos(\theta),r\sin(\theta))$, F est de classe C^1 et on a :

$$\frac{\partial F}{\partial r}(r,\theta)=\cos(\theta)\frac{\partial f}{\partial x}(r\cos(\theta),r\sin(\theta))+\sin(\theta)\frac{\partial f}{\partial y}(r\cos(\theta),r\sin(\theta)),$$

$$\frac{\partial F}{\partial \theta}(r,\theta)=-r\sin(\theta)\frac{\partial f}{\partial x}(r\cos(\theta),r\sin(\theta))+r\cos(\theta)\frac{\partial f}{\partial y}(r\cos(\theta),r\sin(\theta)).$$

Ainsi l'équation (E) est équivalente à : $r\cos(\theta)\dfrac{\partial f}{\partial x}+r\sin(\theta)\dfrac{\partial f}{\partial y}=r$ sur $]0,+\infty[\times\left]-\dfrac{\pi}{2},\dfrac{\pi}{2}\right[$, c'est-à-dire $\dfrac{\partial F}{\partial r}(r,\theta)=1$ ce qui équivaut à $F(r,\theta)=r+\phi(\theta)$ où ϕ est de classe C^1 sur $\left]-\dfrac{\pi}{2},\dfrac{\pi}{2}\right[$. En remarquant que pour $(x,y)\in]0,+\infty[\times\mathbb{R}$ et $(r,\theta)\in]0,+\infty[\times\left]-\dfrac{\pi}{2},\dfrac{\pi}{2}\right[$, on a $\left.\begin{matrix}x=r\cos(\theta)\\ y=r\sin(\theta)\end{matrix}\right\}\Leftrightarrow\begin{cases}r=\sqrt{x^2+y^2}\\ \tan\theta=\dfrac{y}{x}\end{cases}\Leftrightarrow\begin{cases}r=\sqrt{x^2+y^2}\\ \theta=\arctan\dfrac{y}{x}\end{cases}$ car $\theta\in\left]-\dfrac{\pi}{2},\dfrac{\pi}{2}\right[$.

Finalement, f est solution de (E) si et seulement si elle s'écrit $f(x,y)=\sqrt{x^2+y^2}+(\phi\circ\arctan)\left(\dfrac{y}{x}\right)$ où ϕ est de classe C^1 sur $\left]-\dfrac{\pi}{2},\dfrac{\pi}{2}\right[$. On remarque que l'application $\phi\mapsto\phi\circ\arctan$ est une bijection de $C^1\left(\left]-\dfrac{\pi}{2},\dfrac{\pi}{2}\right[,\mathbb{R}\right)$ dans $C^1(\mathbb{R},\mathbb{R})$. Sa bijection réciproque est $\psi\mapsto\psi\circ\tan$.

Donc, en posant $\psi=\phi\circ\arctan$, si ϕ décrit $C^1\left(\left]-\dfrac{\pi}{2},\dfrac{\pi}{2}\right[,\mathbb{R}\right)$ alors ψ décrit $C^1(\mathbb{R},\mathbb{R})$.

Conclusion

Ainsi, f est solution sur $]0,+\infty[\times\mathbb{R}$ de l'équation aux dérivées partielles proposée si et seulement s'il existe une fonction ψ de classe C^1 sur $\mathbb{R}$ telle que pour tout $(x,y)\in]0,+\infty[\times\mathbb{R}$: $\boxed{f(x,y)=\sqrt{x^2+y^2}+\psi(\frac{y}{x})}$.

2. Système d'équations aux dérivées partielles ____ D'après Mines-Ponts

Déterminer les fonctions f de classe C^1 sur $\mathbb{R}^2$ telles que :

$\forall(x, y) \in \mathbb{R}^2, \dfrac{\partial f}{\partial x}(x, y) = 2xf(x, y)$ et $\dfrac{\partial f}{\partial y}(x, y) = y\,e^{x^2-y^2}$.

Conseils méthodologiques : commencer par travailler sur la deuxième équation du système.

Grâce à la deuxième équation du système, on a : $\forall(x, y) \in \mathbb{R}^2$, $\dfrac{\partial f}{\partial y}(x, y) = y\,e^{x^2-y^2} = e^{x^2}\left(y\,e^{-y^2}\right)$. Donc il existe une fonction g de classe C^1 sur $\mathbb{R}$ telle que :

$\forall(x, y) \in \mathbb{R}^2,\ f(x, y) = e^{x^2}\left(-\dfrac{1}{2}e^{-y^2}\right) + g(x) = -\dfrac{1}{2}e^{x^2-y^2} + g(x)$. De plus, d'une part on a :

$\forall(x, y) \in \mathbb{R}^2,\ \dfrac{\partial f}{\partial x}(x, y) = 2xf(x, y)$ et d'autre part : $\forall(x, y) \in \mathbb{R}^2,\ \dfrac{\partial f}{\partial x}(x, y) = -x\,e^{x^2-y^2} + g'(x)$.

On en déduit donc : $\forall(x, y) \in \mathbb{R}^2,\ 2x\left(-\dfrac{1}{2}e^{x^2-y^2} + g(x)\right) = -x\,e^{x^2-y^2} + g'(x)$, ou encore : $\forall x \in \mathbb{R}, g'(x) - 2xg(x) = 0$ (E).

(E) est une équation différentielle linéaire homogène du premier ordre. En notant : $\forall x \in \mathbb{R},\ a(x) = -2x$, on sait que les solutions de (E) sont les fonctions g telles que : $\exists C \in \mathbb{R},\ \forall x \in \mathbb{R},\ g(x) = C\,e^{-A(x)}$ où A désigne une primitive de a sur $\mathbb{R}$.

Ainsi : $\exists C \in \mathbb{R},\ \forall x \in \mathbb{R},\ g(x) = C\,e^{x^2}$ et $\forall(x, y) \in \mathbb{R}^2,\ f(x, y) = -\dfrac{1}{2}e^{x^2-y^2} + C\,e^{x^2}$.

La réciproque est immédiate. Par conséquent, les fonctions f solutions du problème sont les fonctions définies par :

$\boxed{\forall(x, y) \in \mathbb{R}^2,\ f(x, y) = -\dfrac{1}{2}e^{x^2-y^2} + C\,e^{x^2}}$ où C désigne un réel.

Pour approfondir

3. Étude d'un système d'équations différentielles — D'après CCP

On considère le système d'équations différentielles : $(S)\begin{cases} u'(t) = (v(t))^2 \\ v'(t)=\sin(u(t)) \end{cases}$

où u et v sont deux fonctions de la variable réelle t définies sur un intervalle I.

1. Déterminer les solutions constantes de (S).

2. Soit $V:\mathbb{R}^2 \to \mathbb{R}$ une application de classe C^1 sur $\mathbb{R}^2$. Ecrire une condition portant sur les dérivées partielles de V pour que la fonction $t \mapsto V(u(t), v(t))$ soit constante quand le couple (u, v) est solution de (S).

3. Montrer que la fonction V définie sur $\mathbb{R}^2$ par $V_0(x, y) = \cos(x) + \dfrac{y^3}{3}$ vérifie la condition précédente.

4. On admet l'unicité de la solution (α, β) de (S), sur I, vérifiant la condition initiale $\alpha(0) = 0$ et $\beta(0) = -\sqrt[3]{6}$. En utilisant la question **3**, donner une relation entre $\alpha(t)$, $\beta(t)$, $\alpha(0)$ et $\beta(0)$.

5. En déduire l'expression de β en fonction de α.

Conseils méthodologiques : utiliser la formule donnant la dérivée d'une fonction composées de la forme $t \mapsto V(u(t), v(t))$ où V, u et v sont de classe C^1 (*cf.* le cours en questions 2.5).

1. Si u et v sont des fonctions constantes, alors pour tout $t \in \mathbb{R}$, $u'(t) = v'(t) = 0$. Si de plus u et v sont solutions de (S), alors on a $v(t) = 0$ et $\sin(u(t)) = 0$ pour tout $t \in \mathbb{R}$. On en déduit qu'il existe $k \in \mathbb{Z}$ tel que $u(t) = k\pi$ pour tout $t \in \mathbb{R}$. Les solutions constantes de (S) sont donc les couples de la forme $(k\pi, 0)$ avec $k \in \mathbb{Z}$.

2. Soit $\varphi : t \mapsto V(u(t), v(t))$. La fonction φ est de classe C^1 sur son domaine de définition qui est un intervalle réel et on a $\varphi'(t) = u'(t)\dfrac{\partial V}{\partial x}(u(t), v(t)) + v'(t)\dfrac{\partial V}{\partial y}(u(t), v(t))$. La fonction φ est constante si et seulement si sa dérivée est nulle. Si l'on suppose de plus que le couple (u, v) est solution de (S), on obtient la relation : $\boxed{(v(t))^2 \dfrac{\partial V}{\partial x}(u(t), v(t)) + \sin(u(t))\dfrac{\partial V}{\partial y}(u(t), v(t)) = 0}$.

3. Calculons les dérivées partielles de la fonction V_0 (de classe C^1) sur $\mathbb{R}^2$. $\dfrac{\partial V_0}{\partial x}(x, y) = -\sin(x)$, $\dfrac{\partial V_0}{\partial y}(x, y) = y^2$. On en déduit que si (u, v) est solution de (S) :

$$(v(t))^2 \frac{\partial V}{\partial x}(u(t), v(t)) + \sin(u(t))\frac{\partial V}{\partial y}(u(t), v(t)) = -(v(t))^2 \sin(u(t)) + \sin(u(t))(v(t))^2 = 0.$$

La fonction V_0 vérifie bien la condition de la question **2**.

4. D'après la question **3**, la dérivée de la fonction $t \mapsto V_0(\alpha(t), \beta(t))$ est nulle, la fonction $t \mapsto V_0(\alpha(t), \beta(t))$ est donc constante sur l'intervalle I. En particulier $V_0(\alpha(t), \beta(t)) = V_0(\alpha(0), \beta(0))$ pour tout t dans I, ce qui nous donne :

$$\boxed{\cos(\alpha(t)) + \frac{\beta(t)^3}{3} = \cos(\alpha(0)) + \frac{\beta(0)^3}{3} = -1}.$$

5. On déduit de la question précédente que $\boxed{\beta(t) = -\sqrt[3]{3(1 + \cos(\alpha(t))}}$.

CHAPITRE 11

Intégrales doubles

Le cours en questions

1 ■ Intégrales doubles sur un pavé de la forme $[a, b]\times[c, d]$

Soit f est une fonction continue sur $K=[a, b]\times[c, d]$ avec $a<b$ et $c<d$.

1.1 Comment définit-on $\iint_K f(x, y)dxdy$?

L'intégrale de f sur $K=[a, b]\times[c, d]$ notée $\iint_K f(x, y)dxdy$ est définie par :

$$\iint_K f(x, y)dxdy = \int_a^b \left(\int_c^d f(x, y)dy \right) dx.$$

La variable x varie dans $[a, b]$ et la variable y varie dans $[c, d]$.

1.2 Comment calcule-t-on $\iint_K f(x, y)dxdy$?

On dispose du théorème de Fubini :

$$\int_a^b \left(\int_c^d f(x, y)dy \right) dx = \int_c^d \left(\int_a^b f(x, y)dx \right) dy.$$

Exemple : soit $K=[0, \pi]\times[0, 2\pi]$ et $f(x, y)=\cos(x+y)$.

$$\iint_K f(x, y)dxdy = \int_0^{2\pi} \left(\int_0^{\pi} \cos(x+y)dx \right) dy = \int_0^{2\pi} \left[\sin(x+y) \right]_0^{\pi} dy$$
$$= \int_0^{2\pi} \left(\sin(y+\pi) - \sin y \right) dy = 0.$$

1.3 Quelles sont les propriétés de $f \mapsto \iint_K f(x, y)dxdy$?

Comme dans le cas de l'intégrale simple sur un segment, on dit que l'intégrale double sur $K=[a, b]\times[c, d]$ est linéaire.

L'intégrale double est linéaire : soit *f* et *g* deux fonctions continues sur *K* et $\lambda \in \mathbb{R}$. On a :

$$\iint_K (f(x, y)+g(x, y))dxdy = \iint_K f(x, y)dxdy + \iint_K g(x, y)dxdy \text{ et}$$

$$\iint_K \lambda f(x, y)dxdy = \lambda \iint_K f(x, y)dxdy.$$

Erreur à éviter :
La décomposition $f(x, y)=g(x)h(y)$ est indispensable.

Si pour tout $(x, y)\in K$, $f(x, y)=g(x)h(y)$, alors :

$$\iint_K f(x, y)dxdy = \left(\int_a^b g(x)dx\right)\times\left(\int_c^d h(y)dy\right).$$

1.4 Peut-on comparer deux intégrales doubles ?

Soit $K=[a, b]\times[c, d]$, *f*, *g* deux applications continues de *K* dans $\mathbb{R}$, supposons que pour tout $(x, y)\in K$, $f(x, y)\le g(x, y)$. Alors :

$$\iint_K f(x, y)dxdy \le \iint_K g(x, y)dxdy$$

et en particulier :

- $\forall (x, y)\in K,\ f(x, y)\ge 0 \Rightarrow \iint_K f(x, y)dxdy \ge 0$.
- $\left|\iint_K f(x, y)dxdy\right| \le \iint_K |f(x, y)|dxdy$.

Erreur à éviter :
Comme pour les intégrales simples, il faut faire attention à l'ordre des bornes.

2 ■ Exemples de calcul d'intégrales doubles sur des domaines bornés de $\mathbb{R}^2$

2.1 Qu'est-ce qu'un domaine borné élémentaire de $\mathbb{R}^2$?

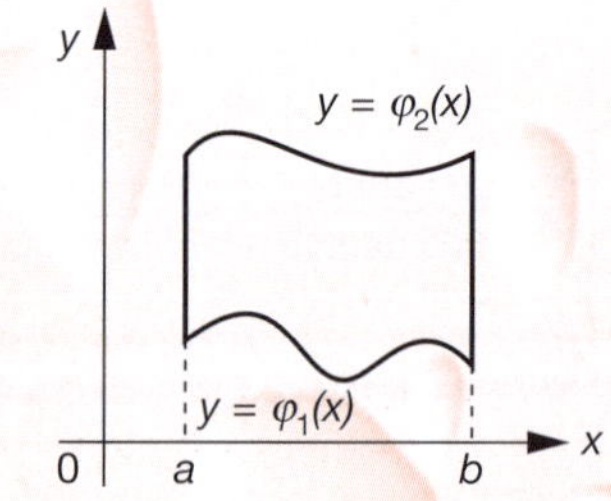

Figure 1

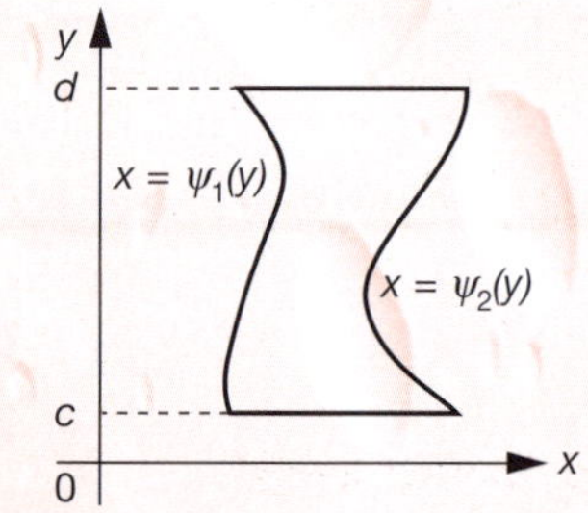

Figure 2

Un *domaine borné élémentaire* de $\mathbb{R}^2$ est un domaine *D* de $\mathbb{R}^2$ qui peut s'écrire sous une des deux formes suivantes :

(1) $D=\{(x, y)\in\mathbb{R}^2 \mid a\le x\le b,\ \varphi_1(x)\le y\le\varphi_2(x)\}$
où $a<b$, φ_1 et φ_2 sont deux fonctions continues sur $[a, b]$ telles que $\varphi_1\le\varphi_2$, (*cf.* Fig. 1).

(2) $D=\{(x, y)\in\mathbb{R}^2 \mid c\le y\le d,\ \psi_1(y)\le x\le\psi_2(y)\}$
où $c<d$, ψ_1 et ψ_2 sont deux fonctions continues sur $[c, d]$ telles que $\psi_1\le\psi_2$, (*cf.* Fig. 2).

Exemple : le pavé $[a, b]\times[c, d]$ est un domaine borné élémentaire de $\mathbb{R}^2$: il suffit d'écrire $[a, b]\times[c, d]=\{(x, y)\in\mathbb{R}^2 \mid a\le x\le b,\ \varphi_1(x)\le y\le\varphi_2(x)\}$ avec $\varphi_1(x)=c$ et $\varphi_2(x)=d$ pour tout $x\in[a, b]$.

Dans les deux paragraphes qui suivent, *D* désigne un domaine borné élémentaire de $\mathbb{R}^2$ et $f: D\to\mathbb{R}$ une fonction continue sur *D*.

2.2 Comment définit-on l'intégrale double de *f* sur *D* ?

• Si D est de la forme : $D=\{(x, y)\in\mathbb{R}^2 \mid a\le x\le b,\ \varphi_1(x)\le y\le\varphi_2(x)\}$ avec $a<b$ et $\varphi_1\le\varphi_2$, on définit l'intégrale double de f sur D notée

$\iint_D f(x, y)dxdy$ par :

$$\iint_D f(x,y)dxdy=\int_a^b\left(\int_{\varphi_1(x)}^{\varphi_2(x)} f(x,y)dy\right)dx\ .$$

• Si D est de la forme : $D=\{(x, y)\in\mathbb{R}^2 \mid c\le y\le d,\ \psi_1(y)\le x\le\psi_2(y)\}$ avec $c<d$ et $\psi_1\le\psi_2$, on définit l'intégrale double de f sur D par :

$$\iint_D f(x, y)dxdy=\int_c^d\left(\int_{\psi_1(y)}^{\psi_2(y)} f(x, y)dx\right)dy\ .$$

On peut généraliser le théorème de Fubini vu au paragraphe précédent.

• **Théorème :** soit $D=\{(x, y)\in\mathbb{R}^2 \mid a\le x\le b,\ \varphi_1(x)\le y\le\varphi_2(x)\}$ où $a<b$, φ_1 et φ_2 sont deux fonctions continues sur $[a, b]$ telles que $\varphi_1\le\varphi_2$ et f une fonction continue sur D. Supposons que l'on puisse également écrire $D=\{(x, y)\in\mathbb{R}^2 \mid c\le y\le d,\ \psi_1(y)\le x\le\psi_2(y)\}$ avec $c<d$, ψ_1 et ψ_2 deux fonctions continues sur $[c, d]$ telles que $\psi_1\le\psi_2$. Alors :

$$\iint_D f(x, y)dxdy=\int_a^b\left(\int_{\varphi_1(x)}^{\varphi_2(x)} f(x, y)dy\right)dx=\int_c^d\left(\int_{\psi_1(x)}^{\psi_2(x)} f(x, y)dx\right)dy\ .$$

Le résultat de l'intégrale ne dépend pas de l'écriture choisie pour le domaine borné élémentaire sur lequel on intègre.

Exemple :
Soit $f(x, y)=xy$ et

$$D=\left\{(x, y)\in\mathbb{R}^2 \middle| x^2+y^2\le 1\right\}=\left\{(x, y)\in\mathbb{R}^2 \middle| x\in[-1, 1],\ -\sqrt{1-x^2}\le y\le\sqrt{1-x^2}\right\}$$

$$\iint_D f(x, y)dxdy=\int_{-1}^1\left(\int_{-\sqrt{1-x^2}}^{\sqrt{1-x^2}} xydy\right)dx=\int_{-1}^1\left[\frac{1}{2}xy^2\right]_{-\sqrt{1-x^2}}^{\sqrt{1-x^2}}dx=0$$

On dit parfois que l'on peut intégrer « dans l'ordre que l'on veut » !

2.3 Quelles sont les propriétés de l'intégrale double sur *D* ?

• L'intégrale double sur un domaine borné élémentaire de $\mathbb{R}^2$ est également linéaire : soit f, g deux applications continues sur le domaine borné élémentaire D de $\mathbb{R}^2$, et λ un réel. Alors :

$$\iint_D \lambda f(x, y)dxdy=\lambda\iint_D f(x, y)dxdy \text{ et}$$

$$\iint_D \big(f(x, y)+g(x, y)\big)dxdy=\iint_D f(x, y)dxdy+\iint_D g(x, y)dxdy.$$

• De plus $\left|\iint_D f(x, y)dxdy\right|\le\iint_D |f(x, y)|\,dxdy$,

et si $\forall(x, y)\in D$, $f(x, y)\ge g(x, y)$, alors :

$$\iint_D f(x, y)dxdy\ge\iint_D g(x, y)dxdy.$$

• Soit D et D' deux domaines bornés élémentaires de $\mathbb{R}^2$ tels que $D\subset D'$ et f une fonction continue sur D' vérifiant $f(x, y)\ge 0$ pour tout $(x, y)\in D'$. Alors :

$$0\le\iint_D f(x, y)dxdy\le\iint_{D'} f(x, y)dxdy.$$

Exemple : soit $D=\{(x, y)\in\mathbb{R}^2 \mid 0\le x\le 1,\ 0\le y\le x\}$. Pour $n\in\mathbb{N}^*$, on a

$$\left|\iint_D \sin(xy)e^{-ny}dxdy\right|\le\iint_D |\sin(xy)e^{-ny}|\,dxdy\le\iint_D e^{-ny}dxdy\le\int_0^1\left[-\frac{1}{n}e^{-ny}\right]_0^x dx\le\frac{2}{n}.$$

Erreur à éviter :
L'hypothèse « f est à valeurs positives sur D' » est indispensable.

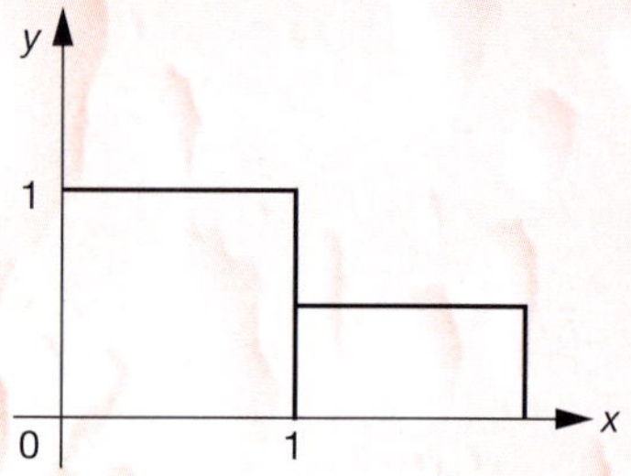

Figure 3a

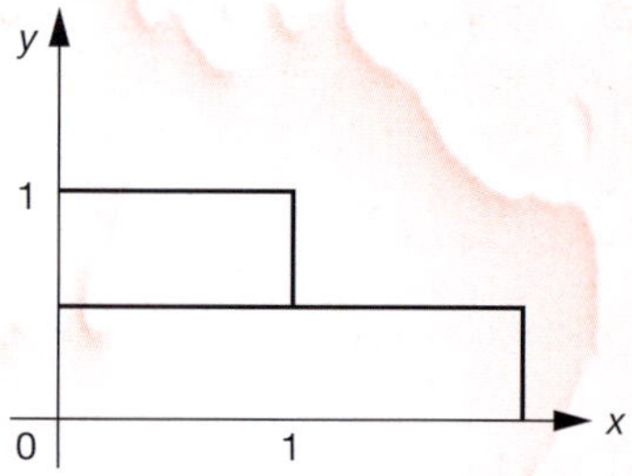

Figure 3b

2.4 Comment définit-on l'intégrale double sur une réunion finie de domaines bornés élémentaires ?

Soit D un domaine borné de $\mathbb{R}^2$. On suppose que D s'écrit comme la réunion finie de domaines bornés élémentaires de $\mathbb{R}^2$ notés $D_1, \dots, D_n$ tels que les D_i n'ont éventuellement en commun que des portions de frontières d'aire nulle. Soit f une application continue sur D. Alors :

$$\iint_D f(x, y)dxdy = \sum_{i=1}^{n} \iint_{D_i} f(x, y)dxdy.$$

Un domaine D peut se décomposer de plusieurs manières en réunion de domaines bornés élémentaires vérifiant les hypothèses de la définition, par exemple $D = [0, 1] \times [0, 1] \cup [1, 2] \times [0, \frac{1}{2}] = [0, 2] \times [0, \frac{1}{2}] \cup [0, 1] \times [\frac{1}{2}, 1]$.
Le choix de la « bonne » décomposition dépend donc de la fonction à intégrer (*cf.* Fig. 3a et 3b).

3 Changement de variables

3.1 Comment utiliser un changement de variable affine ?

Soit $\varphi : \mathbb{R}^2 \to \mathbb{R}^2$ une application de la forme $\varphi(u, v) = (au + bv + \alpha, cu + dv + \beta)$ où $a, b, c, d, \alpha, \beta$ sont des réels tels que $ac - bd \neq 0$. Soit K un domaine borné élémentaire de $\mathbb{R}^2$. On suppose que l'image de K par φ est également un domaine borné élémentaire du plan (en particulier, l'image d'un pavé $[p_1, p_2] \times [q_1, q_2]$ par une telle transformation φ est un parallélogramme). Soit f une fonction continue sur $\varphi(K)$, on a (*cf.* Fig. 4) :

$$\iint_{\varphi(K)} f(x, y)dxdy = \iint_K f(\varphi(u, v))\left|ac - bd\right|dudv.$$

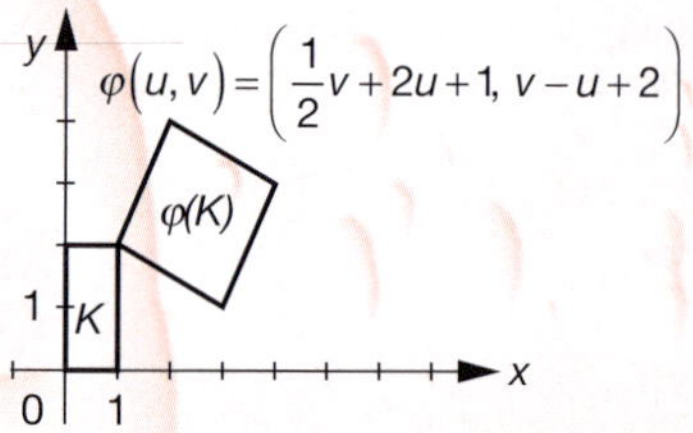

Figure 4

On dit que φ est un changement de variable affine. Ce changement de variable permet ici de ramener le calcul d'une intégrale double sur un parallélogramme au calcul d'une intégrale double sur un pavé.

3.2 Comment passe-t-on en coordonnées polaires ?

Soit D un domaine de $\mathbb{R}^2$ et f une application continue sur D. On pose $x = r\cos\theta$ et $y = r\sin\theta$. Soit $\Delta = \{(r, \theta) \in [0, +\infty[\times [0, 2\pi] \mid (r\cos\theta, r\sin\theta) \in D\}$.

Alors $\iint_D f(x, y)dxdy$ existe si et seulement si $\iint_\Delta f(r\cos(\theta), r\sin(\theta))r\, drd\theta$ existe. Si l'une de ces deux intégrales doubles est définie, on a :

$$\iint_D f(x, y)dxdy = \iint_\Delta f(r\cos\theta, r\sin\theta)r\, drd\theta.$$

Cette formule est particulièrement utile lorsque le domaine d'intégration est une section circulaire (*cf.* Fig. 5).

Exemple : soit $D=\{(x,\ y)\in\mathbb{R}^2 \mid x^2+y^2\leq 1\}$,

$\Delta=\{(r,\ \theta)\in[0,\ +\infty[\times[0,\ 2\pi] \mid (r\cos\theta,\ r\sin\theta)\in D\}=[0,\ 1]\times[0,\ 2\pi]$

et $f(x,\ y)=xy$.

$$\iint_D xydxdy=\iint_\Delta r^3\cos\theta\sin\theta drd\theta=\left(\int_0^1 r^3dr\right)\left(\int_0^{2\pi}\cos\theta\sin\theta d\theta\right)$$

$$=\left[\frac{r^4}{4}\right]_0^1\left[\frac{1}{2}\sin^2\theta\right]_0^{2\pi}=0.$$

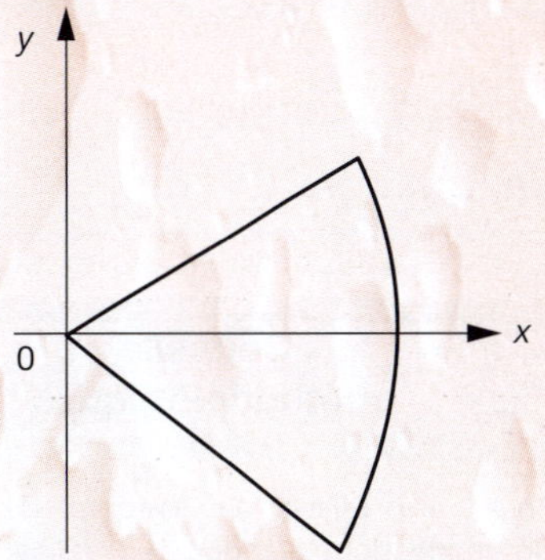

Figure 5

4 ■ Applications de l'intégrale double

4.1 Comment calculer une aire à l'aide d'une intégrale double ?

Soit D un domaine borné élémentaire de $\mathbb{R}^2$ défini par :

$$D=\{(x,\ y)\in\mathbb{R}^2 \mid a\leq x\leq b,\ \varphi_1(x)\leq y\leq\varphi_2(x)\}$$

où $a<b$, φ_1 et φ_2 sont deux fonctions continues sur $[a,\ b]$ telles que $\varphi_1\leq\varphi_2$. L'aire de D est donnée par l'intégrale double :

$$\iint_D dxdy=\int_a^b\left(\int_{\varphi_1(x)}^{\varphi_2(x)}dy\right)dx=\int_a^b(\varphi_2(x)-\varphi_1(x))dx.$$

Exemple : l'aire du disque $D=\left\{(x,\ y)\in\mathbb{R}^2 \mid x^2+y^2\leq R^2\right\}$ de centre O et de rayon R est donnée en passant en coordonnées polaires par :

$$\iint_D dxdy=\iint_\Delta rdrd\theta=\left(\int_0^R rdr\right)\left(\int_0^{2\pi}d\theta\right)=2\pi\left[\frac{r^2}{2}\right]_0^R=\pi R^2.$$

4.2 Comment calculer un volume à l'aide d'une intégrale double ?

Soit $P=[a,\ b]\times[c,\ d]$ et f une application continue et positive sur P. La surface $S=\{(x,\ y,\ z)\in\mathbb{R}^3 \mid z=f(x,\ y)\}$, les plans d'équations $x=a$, $x=b$, $y=c$, $y=d$ et P délimitent un solide de $\mathbb{R}^3$ dont le volume V (*cf.* Fig. 6) est donné par :

$$V=\iint_P f(x,\ y)dxdy.$$

Sur la figure 6 on a pris a = c = 0.

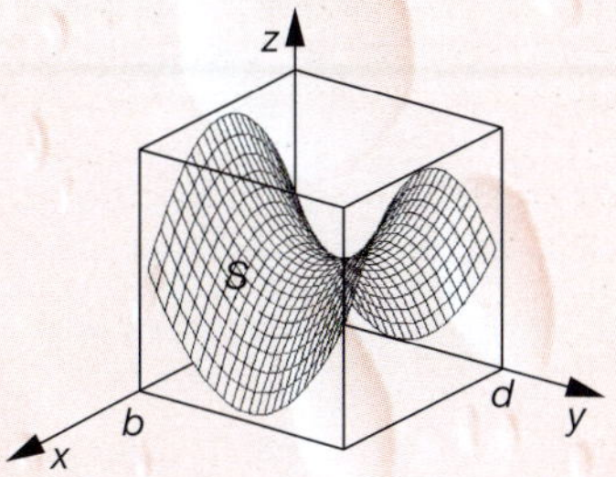

Figure 6

Les savoir-faire clefs

Conseils méthodologiques

Pour **1.1**, utiliser la linéarité de l'intégrale double, pour **1.2**, utiliser une décomposition de la forme $f(x, y) = g(x)h(y)$, pour **1.3**, observer que pour tout $(x, y) \in [2, e+1] \times [2, e+1]$:

$$\frac{1}{x-1} \times \frac{1}{y-1} = \frac{1}{xy - x - y + 1}.$$

1 ■ Savoir intégrer sur un pavé $[a, b] \times [c, d]$.

1.1 Calculer $\iint_{[0,1]\times[0,1]} (2x^2y + xy^2) dxdy$.

1.2 Calculer $\iint_{[0,1]\times[0,2]} xye^{x^2+y} dxdy$.

1.3 Calculer l'intégrale double : $\iint_{[2,e+1]\times[2,e+1]} \frac{dxdy}{xy - x - y + 1}$.

1.1 La fonction $(x, y) \mapsto 2x^2 + xy^2$ est une fonction polynomiale, elle est donc continue sur le pavé $[0, 1] \times [0, 1]$. On a :

$$\begin{aligned}\iint_{[0,1]\times[0,1]} (2x^2y + xy^2) dxdy &= 2\iint_{[0,1]\times[0,1]} x^2ydxdy + \iint_{[0,1]\times[0,1]} xy^2dxdy \\ &= 2\int_0^1 \left(\int_0^1 x^2ydx \right) dy + \int_0^1 \left(\int_0^1 xy^2dx \right) dy \\ &= 2\int_0^1 \left[\frac{1}{3}x^3y \right]_0^1 dy + \int_0^1 \left[\frac{1}{2}x^2y^2 \right]_0^1 dy \\ &= 2\int_0^1 \frac{y}{3} dy + \int_0^1 \frac{y^2}{2} dy = \frac{1}{2}.\end{aligned}$$

1.2 Soit $K = [0, 1] \times [0, 2]$ et l'application f définie sur K par $f(x, y) = xye^{x^2+y}$. On veut calculer l'intégrale de f sur K. La fonction f est continue sur K et pour tout $(x, y) \in K$, on a $f(x, y) = (xe^{x^2})(ye^y)$. Posons $g(x) = xe^{x^2}$ et $h(y) = ye^y$. En utilisant une intégration par parties, on obtient :

$$\iint_K f(x, y)dxdy = \left(\int_0^1 g(x)dx \right) \times \left(\int_0^2 h(y)dy \right),$$

$$\int_0^1 g(x)dx = \left[\frac{1}{2}e^{x^2} \right]_0^1 \text{ et } \int_0^2 h(y)dy = [ye^y]_0^2 - \int_0^2 e^y dy.$$

Donc : $\iint_K f(x, y)dxdy = \left(\frac{1}{2}e - \frac{1}{2} \right)(2e^2 - e^2 + 1) = \frac{1}{2}(e^3 - e^2 + e - 1)$.

1.3 On vérifie que $f(x, y) = \frac{1}{xy - x - y + 1}$ est bien définie sur $[2, e+1] \times [2, e+1]$.

En effet, si $x \geq 2$ et $y \geq 2$, alors $xy - x - y + 1 = (x-1)(y-1) \geq 1 > 0$. L'application f est une fonction rationnelle, elle est donc continue sur $[2, e+1] \times [2, e+1]$.

D'autre part, pour tout $(x, y) \in [2, e+1] \times [2, e+1]$:

$$\frac{1}{x-1} \times \frac{1}{y-1} = \frac{1}{xy - x - y + 1}$$

et donc :

$$\iint_{[2,e+1]\times[2,e+1]} \frac{dxdy}{xy - x - y + 1} = \left(\int_2^{e+1} \frac{dx}{x-1}\right) \times \left(\int_2^{e+1} \frac{dy}{y-1}\right)$$
$$= \left[\ln(|x-1|)\right]_2^{e+1} \times \left[\ln(|y-1|)\right]_2^{e+1} = 1.$$

2 ▬ Savoir reconnaître un domaine borné élémentaire de $\mathbb{R}^2$.

Montrer que les domaines D et D' représentés sur les figures 7 et 8 sont des domaines élémentaires bornés de $\mathbb{R}^2$.

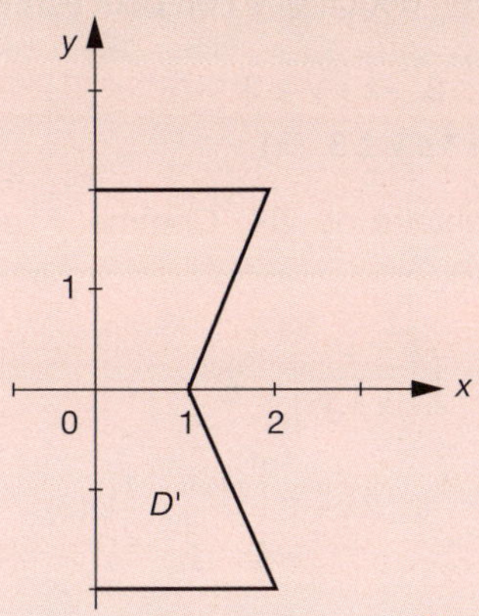

Figure 7

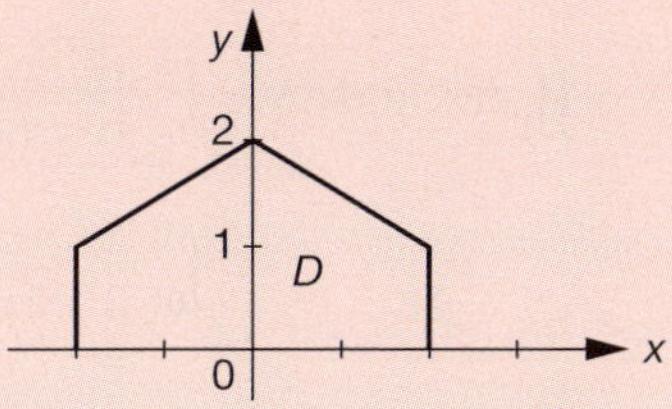

Figure 8

Conseils méthodologiques

Écrire $D = \{(x, y) \in \mathbb{R}^2 \mid a \leq x \leq b, \varphi_1(x) \leq y \leq \varphi_2(x)\}$ où $a < b$ et $\varphi_1 \leq \varphi_2$ sont deux fonctions continues sur $[a, b]$ telles que $\varphi_1 \leq \varphi_2$ et :

$D' = \{(x, y) \in \mathbb{R}^2 \mid c \leq y \leq d, \psi_1(y) \leq x \leq \psi_2(y)\}$ avec $c < d$, et $\psi_1 \leq \psi_2$.

- Le domaine D est l'ensemble des points du plan de coordonnées (x, y) vérifiant $-2 \leq x \leq 2$, $y \geq 0$, $y \leq \frac{1}{2}x + 2$ et $y \leq -\frac{1}{2}x + 2$. Soit $\varphi : [-2, 2] \to \mathbb{R}$ la fonction définie par $\varphi(x) = \frac{1}{2}x + 2$ si $x \in [-2, 0[$ et $\varphi(x) = -\frac{1}{2}x + 2$ si $x \in [0, 2]$. Comme $\lim_{x \to 0^+} \varphi(x) = \lim_{x \to 0^-} \varphi(x) = 2$, φ est continue sur $[-2, 2]$.
On peut écrire : $D = \{(x, y) \in \mathbb{R}^2 \mid -2 \leq x \leq 2, 0 \leq y \leq \varphi(x)\}$ et D est bien un domaine borné élémentaire de $\mathbb{R}^2$.
- Le domaine D' est l'ensemble des points du plan de coordonnées (x, y) vérifiant $-2 \leq y \leq 2$, $x \geq 0$, $x \leq \frac{1}{2}y + 1$ si $y \in [0, 2]$ et $x \leq -\frac{1}{2}y + 1$ si $y \in [-2, 0[$. Soit $\psi : [-2, 2] \to \mathbb{R}$ la fonction définie par $\psi(y) = \frac{1}{2}y + 1$ si $y \in [0, 2]$ et $\psi(y) = -\frac{1}{2}y + 1$ si $y \in [-2, 0[$. On a $\lim_{y \to 0^+} \psi(y) = \lim_{y \to 0^-} \psi(y) = 2$, donc ψ est continue sur $[-2, 2]$. On peut ainsi écrire :
$D' = \{(x, y) \in \mathbb{R}^2 \mid -2 \leq y \leq 2, 0 \leq x \leq \psi(y)\}$ et finalement D' est un domaine borné élémentaire de $\mathbb{R}^2$.

Conseils méthodologiques

Pour 3.1, commencer par vérifier que T est bien un domaine borné élémentaire, pour 3.2 et 3.3, faire attention à l'ordre d'intégration.

3 ■ Savoir intégrer sur un domaine borné élémentaire de $\mathbb{R}^2$.

3.1 Soit T la portion du plan délimitée par les côtés du triangle dont les sommets sont $A(0, 1)$, $B(0, 3)$ et $C(1, 2)$. Calculer l'intégrale double sur T de la fonction f définie par $f(x, y) = -\dfrac{1}{(x+y)^2}$.

3.2 Calculer $\iint_D e^{x^2} dxdy$ où $D = \{(x, y) \in \mathbb{R}^2 \mid x \in [0, 3], 0 \leq y \leq x\}$.

3.3 Soit $D = \{(x, y) \in \mathbb{R}^2 \mid 0 \leq x \leq \pi, 0 \leq y \leq \sin x\}$. Calculer l'intégrale de la fonction f définie par $f(x, y) = 2xy$ sur le domaine D.

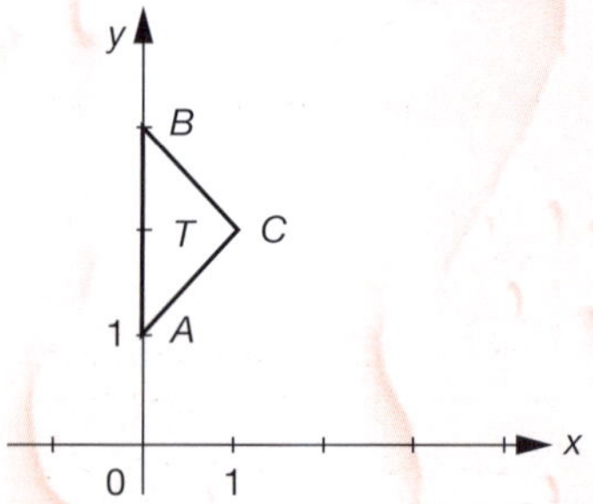

Figure 9

Avant de se lancer dans les calculs, faire un dessin du domaine d'intégration simplifie souvent les choses.

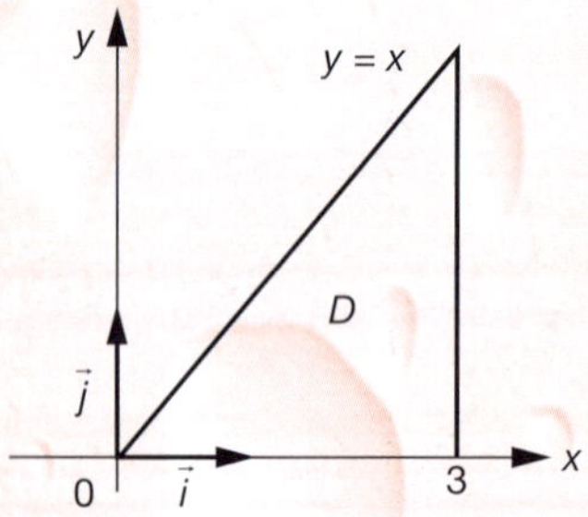

Figure 10

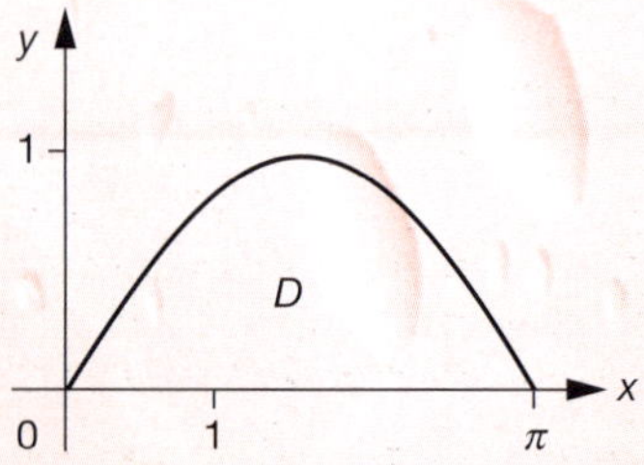

Figure 11

3.1 Les côtés du triangle T ont pour support les droites d'équations $x = 0$, $x + y = 3$ et $-x + y = 1$ (*cf.* Fig. 9). On en déduit que l'on peut écrire :

$$\begin{aligned} T &= \{(x, y) \in \mathbb{R}^2 \mid x \geq 0,\ x+y \leq 3,\ -x+y \geq 1\} \\ &= \{(x, y) \in \mathbb{R}^2 \mid 0 \leq x \leq 1,\ x+1 \leq y \leq 3-x\}. \end{aligned}$$

T est donc bien un domaine borné élémentaire de $\mathbb{R}^2$. Comme f est continue sur T, on a :

$$\begin{aligned} \iint_T f(x, y)dxdy &= \int_0^1 \left(\int_{x+1}^{3-x} \frac{-1}{(x+y)^2} dy \right) dy = \int_0^1 \left[\frac{1}{x+y} \right]_{x+1}^{3-x} dx \\ &= \int_0^1 \left(\frac{1}{3} - \frac{1}{2x+1} \right) dx = \left[\frac{x}{3} - \frac{1}{2} \ln|2x+1| \right]_0^1 = \frac{1}{3} - \frac{1}{2}\ln(3). \end{aligned}$$

3.2 Le domaine $D = \{(x, y) \in \mathbb{R}^2 \mid 0 \leq x \leq 3, 0 \leq y \leq x\}$ est un domaine borné élémentaire de $\mathbb{R}^2$ (*cf.* Fig. 10).

La fonction $(x, y) \mapsto e^{x^2}$ est continue sur $\mathbb{R}^2$, on a donc :

$$\iint_D e^{x^2} dxdy = \int_0^3 \left(\int_0^x e^{x^2} dy \right) dx = \left[\frac{1}{2} e^{x^2} \right]_0^3 = \frac{1}{2}(e^9 - 1)$$

3.3 Le domaine $D = \{(x, y) \in \mathbb{R}^2 \mid 0 \leq x \leq \pi, 0 \leq y \leq \sin(x)\}$ est bien un domaine borné élémentaire de $\mathbb{R}^2$ (*cf.* Fig. 11).

La fonction $f(x, y) = 2xy$ est polynomiale et donc continue sur D, on a ainsi :

$$\iint_D f(x,y)dxdy = \int_0^\pi \left(\int_0^{\sin x} 2xydy \right) dx = \int_0^\pi \left[xy^2 \right]_0^{\sin x} dx = \int_0^\pi x\sin^2 x dx.$$

En linéarisant $\int_0^\pi x\sin^2 xdx = \int_0^\pi \frac{x}{2}(1 - \cos 2x)dx$, puis en faisant une intégration par parties, on obtient :

$$\int_0^\pi \frac{x}{2}\cos 2xdx = \left[\frac{x}{4}\sin 2x \right]_0^\pi - \frac{1}{4}\int_0^\pi \sin 2xdx = 0 + \left[\frac{1}{8}\cos 2x \right]_0^\pi = 0$$

enfin $\displaystyle\int_0^\pi \frac{x}{2}(1 - \cos 2x)dx = \left[\frac{x^2}{4} \right]_0^\pi - 0 = \frac{\pi^2}{4}$.

4 ▬ Savoir intégrer sur une réunion.

4.1 Calculer l'intégrale de la fonction f définie sur $\mathbb{R}^2$ par $f(x, y) = xy$ sur le domaine $D = [-1, 0] \times [0, \frac{1}{2}] \cup [0, 1] \times [0, -\frac{1}{2}]$.

4.2 Soit D le carré dont les sommets sont $A(0, 1)$, $B(1, 0)$, $C(0, -1)$ et $D(-1, 0)$. Calculer l'intégrale sur D de la fonction $f(x, y) = (\sin \pi x)(\cos \pi y)$.

Conseils méthodologiques

Pour **4.1**, il suffit d'utiliser la définition, pour **4.2**, écrire D comme la réunion de deux domaines bornés élémentaires.

4.1 Le domaine D peut s'écrire comme réunion de domaines bornés élémentaires. En effet, en posant $D_1 = [-1, 0] \times \left[0, \frac{1}{2}\right]$ et $D_2 = [0, 1] \times \left[0, -\frac{1}{2}\right]$, on a $D = D_1 \cup D_2$ (*cf.* Fig. 12).

La fonction f est continue sur D en tant que fonction polynomiale. On a ainsi $\iint_D f(x, y)dxdy = \iint_{D_1} f(x, y)dxdy + \iint_{D_2} f(x, y)dxdy$. On peut écrire :

$$\iint_D f(x, y)dxdy = \int_{-1}^{0}\left(\int_0^{\frac{1}{2}} xydy\right)dx + \int_0^1\left(\int_{-\frac{1}{2}}^{0} xydy\right)dx$$

$$= \int_{-1}^{0}\left[\frac{1}{2}xy^2\right]_0^{\frac{1}{2}} dx + \int_0^1\left[\frac{1}{2}xy^2\right]_{-\frac{1}{2}}^{0} dx$$

$$= \int_{-1}^{0}\frac{1}{8}xdx + \int_0^1 -\frac{1}{8}xdx = \left[\frac{1}{16}x^2\right]_{-1}^{0} - \left[\frac{1}{16}x^2\right]_0^1 = -\frac{1}{8}.$$

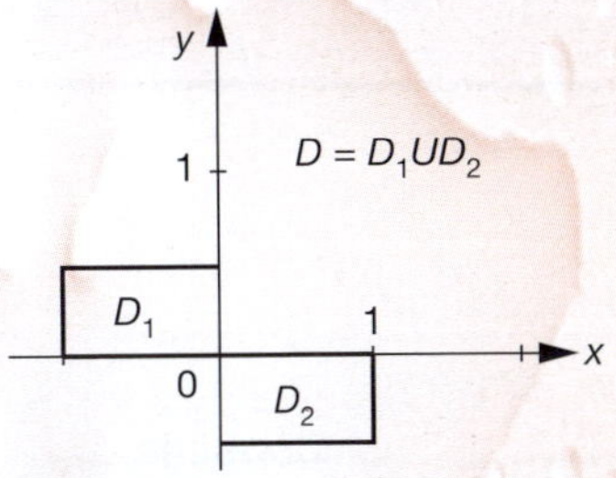

Figure 12

On peut remarquer que le domaine D est symétrique par rapport à O et que $f(-x, -y) = f(x, y)$. Ainsi en effectuant le changement de variables défini par $u = -x$ et $v = -y$ on peut démontrer directement que

$$\iint_{D_1} f(x, y)dxdy = \iint_{D_2} f(x, y)dxdy.$$

4.2 La fonction f est continue sur $\mathbb{R}^2$ et donc en particulier sur le domaine D. Il s'agit donc à présent de donner des équations décrivant D (*cf.* Fig. 13).

Soit les fonctions φ_1 et φ_2 définies par :

$$\varphi_1 : \begin{cases} [-1, 1] \longrightarrow \mathbb{R} \\ x \mapsto \begin{cases} -x-1 \text{ si } x \leq 0 \\ x-1 \text{ si } x > 0 \end{cases} \end{cases} \text{ et } \varphi_2 : \begin{cases} [-1, 1] \longrightarrow \mathbb{R} \\ x \mapsto \begin{cases} x+1 \text{ si } x \leq 0 \\ -x+1 \text{ si } x > 0 \end{cases} \end{cases}$$

On a : $\lim_{x \to 0^-} \varphi_1(x) = \lim_{x \to 0^+} \varphi_1(x) = -1$ et $\lim_{x \to 0^-} \varphi_2(x) = \lim_{x \to 0^+} \varphi_2(x) = 1$.

Les applications φ_1 et φ_2 sont donc continues sur $[-1, 1]$ et on vérifie facilement que pour tout $x \in [-1, 1]$, $\varphi_1(x) \leq \varphi_2(x)$. On peut écrire $D = \{(x, y) \in \mathbb{R}^2 \mid -1 \leq x \leq 1, \varphi_1(x) \leq y \leq \varphi_2(x)\}$. Le domaine D est donc un domaine borné élémentaire du plan et l'intégrale double de la fonction f sur D est bien définie.

Pour calculer cette intégrale double, on décompose D sous la forme $D = D_1 \cup D_2$ car les fonctions φ_1 et φ_2 utilisées pour décrire D sont définies par morceaux. La décomposition $D = D_1 \cup D_2$ permet de contourner cette difficulté lorsqu'on intègre sur la variable x.

Si on pose $D_1 = \{(x, y) \in \mathbb{R}^2 \mid -1 \leq x \leq 0, \varphi_1(x) \leq y \leq \varphi_2(x)\}$ et $D_2 = \{(x, y) \in \mathbb{R}^2 \mid 0 \leq x \leq 1, \varphi_1(x) \leq y \leq \varphi_2(x)\}$, les domaines D_1 et D_2 sont des domaines bornés élémentaires qui n'ont en commun que des portions

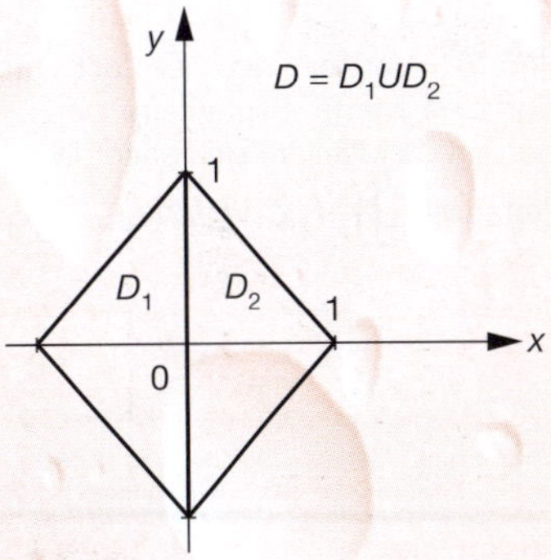

Figure 13

On peut remarquer que le domaine D est symétrique par rapport à Oy et que $f(-x, y) = -f(x, y)$. Ainsi, en effectuant le changement de variables défini par $u = -x$ et $v = y$, on peut démontrer directement que

$$\iint_{D_1} f(x, y)dxdy = -\iint_{D_2} f(x, y)dxdy.$$

d'aire nulle et tels que $D = D_1 \cup D_2$. L'intégrale double de f sur D vaut donc :

$$\iint_D f(x, y)dxdy = \iint_{D_1} f(x, y)dxdy + \iint_{D_2} f(x, y)dxdy$$

$$= \int_{-1}^{0}\left(\int_{\varphi_1(x)}^{\varphi_2(x)} (\sin \pi x)(\cos \pi y)dy\right)dx + \int_0^1\left(\int_{\varphi_1(x)}^{\varphi_2(x)} (\sin \pi x)(\cos \pi y)dy\right)dx$$

$$= \int_{-1}^{0}\left[\frac{1}{\pi}(\sin \pi x)(\sin \pi y)\right]_{-1-x}^{x+1} dx + \int_0^1\left[\frac{1}{\pi}(\sin \pi x)(\sin \pi y)\right]_{x-1}^{1-x} dx$$

$$= \int_{-1}^{0} \frac{2}{\pi}(\sin \pi x)(\sin \pi(1+x))dx + \int_0^1 \frac{2}{\pi}(\sin \pi x)(\sin \pi(1-x))dx$$

$$= \frac{1}{\pi}\int_{-1}^{0}(\cos(-\pi) - \cos \pi(2x+1))dx + \frac{1}{\pi}\int_0^1(\cos \pi(2x-1) - \cos \pi)dx$$

$$= \frac{1}{\pi}\left(-1 - \left[\frac{1}{2\pi}\sin \pi(2x+1)\right]_{-1}^{0} + 1 + \left[\frac{1}{2\pi}\sin \pi(2x-1)\right]_0^1\right) = 0.$$

Conseils méthodologiques

Utiliser le changement de variable affine $\begin{cases} u = y - \dfrac{x}{2} \\ v = y - 3x \end{cases}$ qui transforme le parallélogramme en rectangle.

5 ■ Savoir utiliser un changement de variable affine.

Soit D l'intérieur du parallélogramme $OABC$ avec $O(0, 0)$, $A(2, 1)$, $B(3, 4)$ et $C(1, 3)$. Calculer $\iint_D f(x, y)dxdy$ avec $f(x, y) = e^{2y-x}\sqrt{3x-y}$.

Vérifier que D est un domaine borné élémentaire de $\mathbb{R}^2$ permet de justifier l'existence de l'intégrale $\iint_D f(x, y)dxdy$.

Le domaine D est un domaine borné élémentaire du plan.

En effet, on démontre facilement que les droites délimitant D admettent les équations suivantes : (OA) : $y = \frac{1}{2}x$, (OC) : $y = 3x$, (AB) : $y = 3x - 5$, (BC) : $y = \frac{1}{2}x + \frac{5}{2}$. Soit donc les fonctions suivantes :

$$\varphi_1 : \begin{cases} [0, 3] \longrightarrow \mathbb{R} \\ x \mapsto \begin{cases} \frac{1}{2}x \text{ si } x \le 2 \\ 3x - 5 \text{ si } x > 2 \end{cases} \end{cases} \quad \text{et } \varphi_2 : \begin{cases} [0, 3] \longrightarrow \mathbb{R} \\ x \mapsto \begin{cases} 3x \text{ si } x \le 1 \\ \frac{1}{2}x + \frac{5}{2} \text{ si } x > 1. \end{cases} \end{cases}$$

On a $\lim\limits_{x \to 2^+} \varphi_1(x) = \lim\limits_{x \to 2^-} \varphi_1(x) = 1$ et $\lim\limits_{x \to 1^+} \varphi_2(x) = \lim\limits_{x \to 1^-} \varphi_2(x) = 3$, les fonctions φ_1 et φ_2 sont donc continues sur $[0, 3]$ et on peut écrire $D = \{(x, y) \in \mathbb{R}^2, 0 \le x \le 3, \varphi_1(x) \le y \le \varphi_2(x)\}$. Ainsi D est bien un domaine borné élémentaire de $\mathbb{R}^2$ (*cf.* Fig. 14).

La fonction $f(x, y) = e^{2y-x}\sqrt{3x-y}$ est définie et continue sur D (car $y \le 3x$ quand $(x, y) \in D$), l'intégrale double $\iint_D f(x, y)dxdy$ est donc bien définie.

Posons comme indiqué $\begin{cases} u = y - \dfrac{x}{2} \\ v = y - 3x \end{cases}$. On a l'équivalence :

$$\begin{cases} u = y - \dfrac{x}{2} \\ v = y - 3x \end{cases} \Leftrightarrow \begin{cases} x = \dfrac{2}{5}u - \dfrac{2}{5}v \\ y = \dfrac{6}{5}u - \dfrac{1}{5}v. \end{cases}$$

Soit donc l'application $\varphi(u, v) = \left(\dfrac{2}{5}u - \dfrac{2}{5}v, \dfrac{6}{5}u - \dfrac{1}{5}v\right)$.

On a $(x, y) \in D \Leftrightarrow \begin{cases} \dfrac{x}{2} \leq y \leq \dfrac{x}{2} + \dfrac{5}{2} \\ 3x - 5 \leq y \leq 3x \end{cases} \Leftrightarrow \begin{cases} 0 \leq u \leq \dfrac{5}{2} \\ -5 \leq v \leq 0 \end{cases}$ et, si on note $\Delta = \left[0, \dfrac{5}{2}\right] \times [-5, 0]$, on en déduit que $\varphi(\Delta) = D$. La formule de changement de variable affine nous donne donc :

$$\iint_D f(x, y)dxdy = \iint_\Delta f(\varphi(u, v)) \times \left| \frac{2}{5} \times \left(-\frac{1}{5}\right) - \left(-\frac{2}{5}\right) \times \frac{6}{5} \right| dudv$$

$$= \iint_\Delta \sqrt{-v}\, e^{2u} \frac{2}{5} dudv.$$

Il ne reste plus qu'à effectuer le calcul de cette dernière intégrale :

$$\iint_\Delta \frac{2}{5}\sqrt{-v}\, e^{2u} dudv = \frac{2}{5}\int_0^{\frac{5}{2}} \left(\int_{-5}^0 \sqrt{-v}\, e^{2u} dv \right) du = \frac{2}{5}\left(\int_0^{\frac{5}{2}} e^{2u} du \right)\left(\int_{-5}^0 \sqrt{-v}\, dv \right)$$

$$= \frac{2}{5}\left[\frac{e^{2u}}{2}\right]_0^{\frac{5}{2}} \left[\frac{-2(-v)^{\frac{3}{2}}}{3}\right]_{-5}^0,$$

et finalement $\boxed{\iint_D f(x, y)dxdy = \dfrac{2\sqrt{5}}{3}(e^5 - 1)}$.

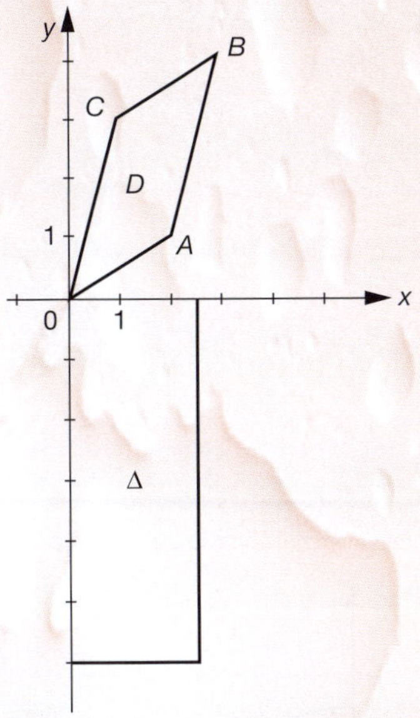

Figure 14

On a ramené le calcul d'une intégrale double sur l'intérieur d'un parallélogramme au calcul d'une intégrale double sur un pavé.

6 ■ Savoir utiliser les coordonnées polaires.

6.1 Soit $D = \{(x, y) \in \mathbb{R}^2 \mid x^2 + y^2 \leq 1\}$ le disque unité de $\mathbb{R}^2$ et soit la fonction f définie sur D par $f(x, y) = x^2 + y^2$. Calculer $\iint_D f(x, y)dxdy$.

6.2 Calculer $\iint_D \dfrac{dxdy}{(1 + x^2 + y^2)^{1/2}}$ où $D = \{(x, y) \in \mathbb{R}^2 \mid x \geq 0,\ y \geq 0,\ x^2 + y^2 \leq 1\}$.

Conseils méthodologiques

Passer en coordonnées polaires.

6.1 L'application f est continue sur D qui est un domaine borné élémentaire de $\mathbb{R}^2$ (en effet, on peut écrire $D=\left\{(x,\ y)\in\mathbb{R}^2 \mid -\sqrt{1-x^2}\leq y\leq\sqrt{1-x^2}\right\}$), donc l'intégrale $\iint_D f(x,\ y)dxdy$ existe. Posons $x=r\cos\theta$ et $y=r\sin\theta$.

Soit $\Delta=\{(r,\ \theta)\in[0,\ +\infty[\times[0,\ 2\pi] \mid (r\cos\theta,\ r\sin\theta)\in D\}$.
Il s'ensuit que $\Delta=[0,\ 1]\times[0,\ 2\pi]$. On a donc :

$$\begin{aligned}\iint_D f(x,\ y)dxdy &= \iint_\Delta f(r\cos\theta,\ r\sin\theta)r\,drd\theta\\ &= \int_0^1\left(\int_0^{2\pi}(r^2\cos^2\theta+r^2\sin^2\theta)rd\theta\right)dr\\ &= \int_0^1 r^3\left(\int_0^{2\pi}d\theta\right)dr=\int_0^1 2\pi r^3dr=\frac{\pi}{2}.\end{aligned}$$

6.2 La fonction $(x,\ y)\mapsto\dfrac{1}{(x^2+y^2+1)^{1/2}}$ est bien définie et continue sur $\mathbb{R}^2$.

Posons $x=r\cos\theta$ et $y=r\sin\theta$, soit $\Delta=\{(r,\ \theta)\mid 0\leq r\leq 1,\ 0\leq\theta\leq\frac{\pi}{2}\}$. On a : $(r\cos\theta,\ r\sin\theta)\in D\Leftrightarrow(r,\ \theta)\in\Delta$ (*cf.* Fig. 15).

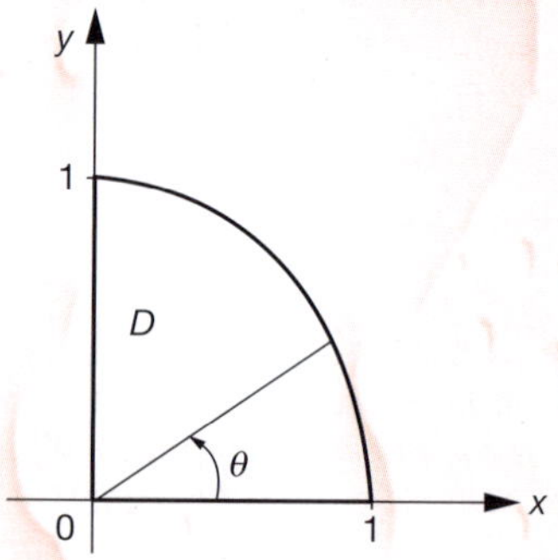

Figure 15

L'intégrale double $\iint_D\dfrac{dxdy}{(1+x^2+y^2)^{1/2}}$ est donc bien définie si et seulement si l'intégrale $\iint_\Delta\dfrac{r}{(1+r^2)^{1/2}}drd\theta$ existe, ce qui est le cas car l'application $(r,\ \theta)\mapsto\dfrac{r}{\sqrt{r^2+1}}$ est continue sur Δ. De plus, on a :

$$\left(\int_0^1\frac{r}{\sqrt{1+r^2}}dr\right)\left(\int_0^{\frac{\pi}{2}}d\theta\right)=\frac{\pi}{2}\int_0^1\frac{r}{\sqrt{1+r^2}}dr=\frac{\pi}{2}\left[\sqrt{r^2+1}\right]_0^1=\frac{\pi}{2}(\sqrt{2}-1).$$

Donc $\boxed{\iint_\Delta\dfrac{r}{\sqrt{1+r^2}}drd\theta=\dfrac{\pi}{2}(\sqrt{2}-1)}$.

Conseils méthodologiques

Utiliser des coordonnées polaires pour calculer $I(a)$, puis remarquer que $D_1\subset R\subset D_{\sqrt{2}}$.

7 ■ Savoir comparer deux intégrales doubles.

Soit $R=\{(x,\ y)\in\mathbb{R}^2 \mid -1\leq x\leq 1,\ -1\leq y\leq 1\}$ et pour $a>0$, soit $D_a=\{(x,\ y)\in\mathbb{R}^2 \mid x^2+y^2\leq a^2\}$.

Calculer l'intégrale double $I(a)=\iint_{D_a}\exp\left(-\dfrac{x^2+y^2}{2}\right)dxdy$. En déduire l'inégalité :

$$2\pi\left[1-e^{-\frac{1}{2}}\right]\leq\iint_R\exp\left(-\frac{x^2+y^2}{2}\right)dxdy\leq 2\pi\left[1-e^{-1}\right].$$

La fonction f définie par $f(x, y) = \exp\left(-\dfrac{x^2+y^2}{2}\right)$ est continue sur le domaine borné élémentaire D_a. L'intégrale $I(a) = \iint_{D_a} \exp\left(-\dfrac{x^2+y^2}{2}\right) dxdy$ est donc bien définie. Posons $x = r\cos\theta$ et $y = r\sin\theta$.

Soit $\Delta_a = \{(r, \theta) \in [0, 2\pi] \times [0, +\infty[\mid (r\cos\theta, r\sin\theta) \in D_a\} = [0, a] \times [0, 2\pi]$.
On a :

$$I(a) = \iint_{D_a} \exp\left(-\frac{x^2+y^2}{2}\right) dxdy = \iint_{\Delta_a} \exp\left(\frac{-r^2}{2}\right) r\, drd\theta .$$

Le calcul de cette dernière intégrale nous donne :

$$\iint_{\Delta_a} \exp\left(\frac{-r^2}{2}\right) r\, drd\theta = \left(\int_0^{2\pi} d\theta\right) \times \left(\int_0^a r\exp\left(\frac{-r^2}{2}\right)\right) dr = 2\pi\left[-\exp\left(\frac{-r^2}{2}\right)\right]_0^a$$
$$= 2\pi\left[1 - \exp\left(\frac{-a^2}{2}\right)\right]$$

Finalement, $I(a) = 2\pi\left[1 - \exp\left(\dfrac{-a^2}{2}\right)\right]$.

Il en découle que $\iint_{D_1} \exp\left(-\dfrac{x^2+y^2}{2}\right) dxdy = 2\pi\left[1 - e^{-\frac{1}{2}}\right]$

et $\iint_{D_{\sqrt{2}}} \exp\left(-\dfrac{x^2+y^2}{2}\right) dxdy = 2\pi\left[1 - e^{-1}\right]$.

Du fait que $D_1 \subset R \subset D_{\sqrt{2}}$ (*cf.* Fig. 16) et $\exp\left(-\dfrac{x^2+y^2}{2}\right) \geq 0$, on en déduit que $\iint_{D_1} f(x, y) dxdy \leq \iint_R f(x, y) dxdy \leq \iint_{D_{\sqrt{2}}} f(x, y) dxdy$, c'est-à-dire :

$$\boxed{2\pi\left[1 - e^{-\frac{1}{2}}\right] \leq \iint_R \exp\left(-\frac{x^2+y^2}{2}\right) dxdy \leq 2\pi\left[1 - e^{-1}\right]} .$$

On peut écrire
$D_a = \left\{(x, y) \in \mathbb{R}^2 \middle| -\sqrt{a^2 - x^2} \leq y \leq \sqrt{a^2 - x^2}\right\}$,
D_a est donc un domaine borné élémentaire du plan.

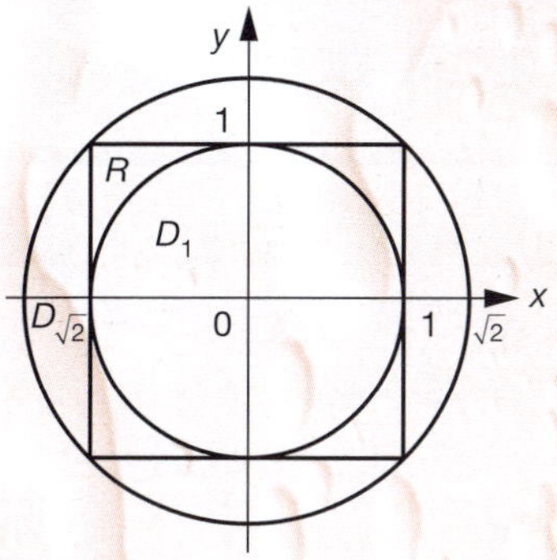

Figure 16

8 ■ Savoir calculer une aire ou un volume.

8.1 Soit E l'ellipse de centre (0, 0) définie par $E = \left\{(x, y) \in \mathbb{R}^2 \mid \dfrac{x^2}{a^2} + \dfrac{x^2}{b^2} = 1\right\}$ où a et b sont des réels positifs non nuls. Calculer l'aire A de l'intérieur de la surface délimitée par E.

8.2 Soit la fonction $f(x, y) = x^2 + y^2$ définie sur $P = [-1, 1] \times [-1, 1]$. Calculer le volume du solide de $\mathbb{R}^3$ délimité par P, les plans d'équations $x = -1$, $x = 1$, $y = -1$, $y = 1$ et la surface $S = \{(x, y, z) \in \mathbb{R}^3 \mid z = f(x, y)\}$.

Conseils méthodologiques

Utiliser des intégrales doubles appropriées.

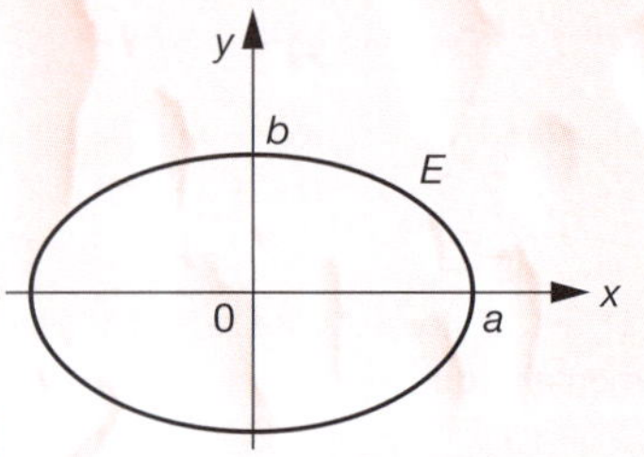

Figure 17

8.1 Soit D le domaine borné élémentaire de $\mathbb{R}^2$ défini par (*cf.* Fig. 17).

$$D=\{(x,\ y)\in\mathbb{R}^2 \mid \frac{x^2}{a^2}+\frac{x^2}{b^2}\leq 1\}$$
$$=\{(x,\ y)\in\mathbb{R}^2 \mid -a\leq x\leq a,\ -\frac{b}{a}\sqrt{a^2-x^2}\leq y\leq\frac{b}{a}\sqrt{a^2-x^2}\}.$$

L'aire A du domaine D est donnée par l'intégrale double :

$$A=\iint_D dxdy=\int_{-a}^{a}\left(\int_{-\frac{b}{a}\sqrt{a^2-x^2}}^{\frac{b}{a}\sqrt{a^2-x^2}} dy\right)dx=\int_{-a}^{a}2\frac{b}{a}\sqrt{x^2-a^2}\,dx.$$

Comme $x\in[-a,\ a]$, on peut poser $x=a\cos\theta$ avec $\theta\in[0,\ \pi]$. On a alors :

$$\int_{-a}^{a}2\frac{b}{a}\sqrt{a^2-x^2}\,dx=\int_{\pi}^{0}2\frac{b}{a}\sqrt{a^2-a^2\cos^2\theta}\times(-a\sin\theta)d\theta$$
$$=\int_0^{\pi}2ab\sin^2\theta d\theta=\int_0^{\pi}ab(\cos 2\theta-1)d\theta$$
$$=\left[ab\left(\frac{1}{2}\sin 2\theta-\theta\right)\right]_0^{\pi}=ab\pi.$$

L'aire de l'intérieur de la surface délimitée par E vaut donc $\boxed{ab\pi}$.

8.2 Soit S le solide de $\mathbb{R}^3$ délimité par P, les plans d'équations $x=-1$, $x=1$, $y=-1$, $y=1$ et la surface $S=\{(x,\ y,\ z)\in\mathbb{R}^3 \mid z=f(x,\ y)\}$ (*cf.* Fig. 18).

Comme f est continue et positive sur P, le volume V de S est donné par :

$$V=\iint_P f(x,\ y)dxdy=\int_{-1}^{1}\left(\int_{-1}^{1}(x^2+y^2)dx\right)dy$$
$$=\int_{-1}^{1}\left[\frac{1}{3}x^3+xy^2\right]_{-1}^{1}dy=\left[\frac{2}{3}y+\frac{2y^3}{3}\right]_{-1}^{1},\qquad \text{c'est-à-dire } \boxed{V=\frac{8}{3}}.$$

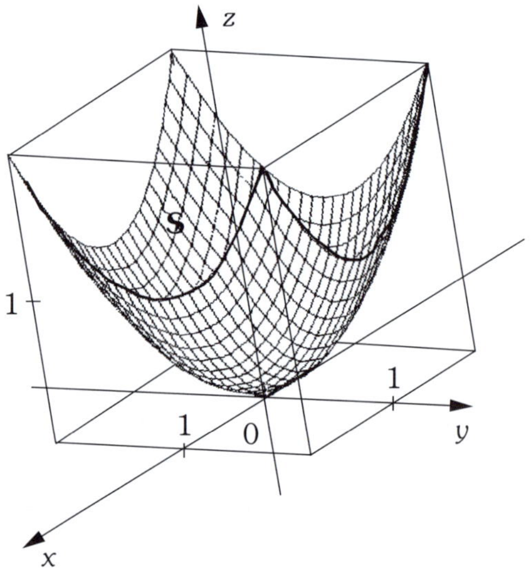

Figure 18

Pour maîtriser les bases

1. Intégrales doubles sur un disque — D'après Mines-Ponts

Calculer $I = \iint_\Delta \sqrt{a^2 - x^2 - y^2}\,dxdy$ où $\Delta = \left\{(x, y) \in \mathbb{R}^2 \,/\, x^2 + y^2 \leq ax\right\}$ et $a > 0$.

Conseils méthodologiques : commencer par faire un dessin du domaine d'intégration, puis passer en coordonnées polaires.

Commençons par déterminer le domaine Δ :

$$(x, y) \in \Delta \Leftrightarrow x^2 + y^2 - ax \leq 0 \Leftrightarrow \left(x - \frac{a}{2}\right)^2 + y^2 \leq \frac{a^2}{4}.$$

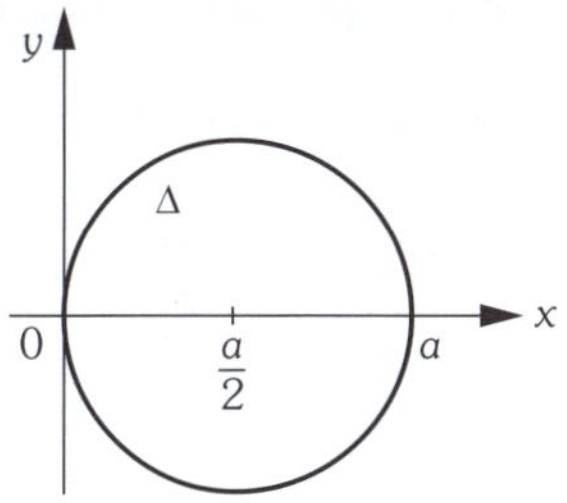

Figure 19

Le domaine Δ est donc le disque de centre $\left(\frac{a}{2}, 0\right)$ et de rayon $\frac{a}{2}$ (*cf.* Fig. 19).

On peut écrire $\Delta = \left\{(x, y) \in \mathbb{R}^2 \,/\, 0 \leq x \leq a \text{ et } -\sqrt{ax - x^2} \leq y \leq \sqrt{ax - x^2}\right\}$, Δ est donc un domaine borné élémentaire du plan. La fonction $(x, y) \mapsto \sqrt{a^2 - x^2 - y^2}$ est continue sur Δ, ainsi l'intégrale double I est bien définie.

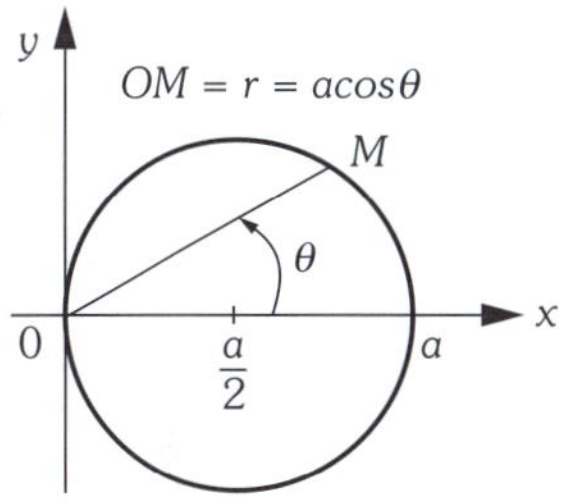

Figure 20

Pour calculer I, on passe en coordonnées polaires : posons $\begin{cases} x = r\cos\theta \\ y = r\sin\theta \end{cases}$. On a alors (*cf.* Fig. 20) :

$$(x, y) \in \Delta \Leftrightarrow \begin{cases} 0 \leq r \leq a\cos\theta \\ \theta \in \left]-\pi, \pi\right] \end{cases} \Leftrightarrow \begin{cases} 0 \leq r \leq a\cos\theta \\ \theta \in \left[-\frac{\pi}{2}, \frac{\pi}{2}\right] \end{cases} \text{ (car } \cos\theta \geq 0\text{)}.$$

D'après la formule de passage en coordonnées polaires, on obtient :

$$\iint_\Delta \sqrt{a^2 - x^2 - y^2}\,dxdy = \int_{-\frac{\pi}{2}}^{\frac{\pi}{2}} \left(\int_0^{a\cos\theta} r\sqrt{a^2 - r^2}\,dr\right) d\theta = \int_{-\frac{\pi}{2}}^{\frac{\pi}{2}} \left[-\frac{1}{3}(a^2 - r^2)^{\frac{3}{2}}\right]_0^{a\cos\theta} d\theta = \int_{-\frac{\pi}{2}}^{\frac{\pi}{2}} \frac{a^3}{3}(1 - |\sin^3\theta|)\,d\theta.$$

Et, en utilisant la parité de $\left(1 - \left|\sin^3\theta\right|\right)$, il vient : $\iint_\Delta \sqrt{a^2 - x^2 - y^2}\,dxdy = 2\int_0^{\frac{\pi}{2}} \frac{a^3}{3}(1 - |\sin^3\theta|)\,d\theta$.

D'autre part, $\sin^3\theta = \frac{1}{4}(3\sin\theta - \sin 3\theta)$ et finalement :

$$I = \frac{2a^3}{3}\int_0^{\frac{\pi}{2}} (1 - \sin^3\theta)\,d\theta = \frac{\pi a^3}{3} - \frac{2a^3}{3}\int_0^{\frac{\pi}{2}} \frac{1}{4}(3\sin\theta - \sin 3\theta)\,d\theta = \frac{\pi a^3}{3} - \frac{2a^3}{3}\left[\frac{1}{4}\left(-3\cos\theta + \frac{1}{3}\cos 3\theta\right)\right]_0^{\frac{\pi}{2}}$$

c'est-à-dire $\boxed{I = \frac{a^3}{9}(3\pi - 4)}$.

2. Deux changements de variables successifs ________ D'après Centrale

Calculer $\iint_D \left(1-\frac{x^2}{a^2}-\frac{y^2}{b^2}\right)dxdy$, où $a>0$, $b>0$ et $D=\left\{(x,\ y)\in\mathbb{R}^2\ /\ \frac{x^2}{a^2}+\frac{y^2}{b^2}\leq 1\right\}$.

Conseils méthodologiques : commencer par effectuer le changement de variable affine : $u=\frac{x}{a}$ et $v=\frac{y}{b}$ puis passer en coordonnées polaires.

Posons $u=\frac{x}{a}$ et $v=\frac{y}{b}$, c'est-à-dire $\varphi(u,\ v)=(au,\ bv)$. On a alors $(x,\ y)\in D \Leftrightarrow u^2+v^2\leq 1$. Notons Δ le disque unité du plan. La formule de changement de variable affine nous donne :

$$\iint_D \left(1-\frac{x^2}{a^2}-\frac{y^2}{b^2}\right)dxdy=\iint_\Delta ab(1-u^2-v^2)dudv.$$

Passons à présent en coordonnées polaires en posant $\begin{cases} u=r\cos\theta \\ v=r\sin\theta. \end{cases}$

On a l'équivalence : $(u,\ v)\in\Delta \Leftrightarrow (r,\ \theta)\in[0,\ 1]\times[0,\ 2\pi]$. Il s'ensuit que :

$$\iint_\Delta ab(1-u^2-v^2)dudv=ab\int_0^{2\pi}\left(\int_0^1(1-r^2)rdr\right)d\theta=ab\left(\int_0^{2\pi}d\theta\right)\left(\int_0^1(1-r^2)rdr\right)=2\pi ab\left[-\frac{1}{4}(1-r^2)^2\right]_0^1,$$

c'est-à-dire $\boxed{\iint_\Delta ab(1-u^2-v^2)dudv=\frac{\pi ab}{2}}$.

Pour approfondir

3. Un domaine d'intégration possédant des symétries intéressantes ________ D'après X

1. Montrer que la fonction définie par :

$$\phi(\theta)=\frac{\sqrt{2}}{2}\arctan\left(\frac{\sqrt{2}}{2}\tan\theta\right)\ \text{si}\ \theta\in\left[0,\ \frac{\pi}{2}\right[\quad\text{et}\ \phi\left(\frac{\pi}{2}\right)=\sqrt{2}\,\frac{\pi}{4}$$

est une primitive de la fonction $h:\theta\mapsto\frac{1}{1+\cos^2\theta}$ sur l'intervalle $\left[0,\ \frac{\pi}{2}\right]$.

2. Calculer $\iint_D f(x,\ y)dxdy$ avec $f(x,\ y)=\frac{1}{(x^2+y^2+1)^2}$ et $D=\left\{(x,\ y)\in\mathbb{R}^2,\ x^2+y^2\leq|\,x\,|\right\}$.

Conseils méthodologiques : commencer par faire un dessin du domaine D. Remarquer que $D = D_1 \cup D_2$ où D_1 et D_2 sont deux domaines bornés élémentaires du plan et que le calcul de $\iint_D f(x, y)dxdy$ se ramène à celui de $\iint_{D_1} f(x, y)dxdy$.

1. Observons que $\lim\limits_{\theta \to \frac{\pi}{2}} \phi(\theta) = \sqrt{2}\dfrac{\pi}{4} = \phi\left(\dfrac{\pi}{2}\right)$. Donc ϕ est continue sur $\left[0, \dfrac{\pi}{2}\right]$.

De plus : $\forall \theta \in \left[0, \dfrac{\pi}{2}\right[$, $\phi'(\theta) = \dfrac{\sqrt{2}}{2}\dfrac{\dfrac{\sqrt{2}}{2} \times \dfrac{1}{\cos^2\theta}}{1+\left(\dfrac{\sqrt{2}}{2}\tan\theta\right)^2} = \dfrac{\dfrac{1}{2\cos^2\theta}}{1+\dfrac{1}{2}\tan^2\theta} = \dfrac{1}{2\cos^2\theta + \sin^2\theta} = \dfrac{1}{1+\cos^2\theta}$. Enfin $\lim\limits_{\theta \to \frac{\pi}{2}} \phi'(\theta) = \dfrac{1}{2}$.

Donc, d'après le théorème de prolongement des fonctions de classe C^1, la fonction ϕ est de classe C^1 sur $\left[0, \dfrac{\pi}{2}\right]$, et sa dérivée est $h : \theta \mapsto \dfrac{1}{1+\cos^2\theta}$. D'où le résultat demandé : ϕ est une primitive de la fonction h sur l'intervalle $\left[0, \dfrac{\pi}{2}\right]$.

2. Pour $(x, y) \in \mathbb{R}^2$, on a :

$$(x, y) \in D \Leftrightarrow \left(\begin{cases} x^2 + y^2 \le x \\ x \ge 0 \end{cases} \text{ ou } \begin{cases} x^2 + y^2 \le -x \\ x \le 0 \end{cases}\right)$$

$$\Leftrightarrow \left(\left(x - \frac{1}{2}\right)^2 + y^2 \le \frac{1}{4} \text{ ou } \left(x + \frac{1}{2}\right)^2 + y^2 \le \frac{1}{4}\right).$$

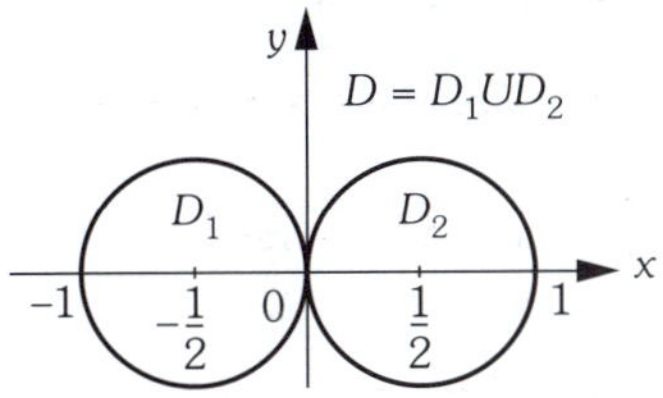

Figure 21

Soit D_1 le disque de centre $\left(\dfrac{1}{2}, 0\right)$ et de rayon $\dfrac{1}{2}$ et D_2 le disque de centre $\left(-\dfrac{1}{2}, 0\right)$ et de rayon $\dfrac{1}{2}$. On peut écrire $D = D_1 \cup D_2$, D_1 et D_2 n'ayant en commun que des portions de frontière d'aire nulle (*cf.* Fig. 21).

D'autre part, $D_1 = \left\{(x, y) \in \mathbb{R}^2 \,/\, 0 \le x \le 1 \text{ et } -\sqrt{x - x^2} \le y \le \sqrt{x - x^2}\right\}$ et

$D_2 = \left\{(x, y) \in \mathbb{R}^2 \,/\, -1 \le x \le 0 \text{ et } -\sqrt{-x - x^2} \le y \le \sqrt{-x - x^2}\right\}$, D_1 et D_2 sont donc des domaines bornés élémentaires du plan. La fonction f étant continue sur $\mathbb{R}^2$, l'intégrale $\iint_D f(x, y)dxdy$ est bien définie et $\iint_D f(x, y)dxdy = \iint_{D_1} f(x, y)dxdy + \iint_{D_2} f(x, y)dxdy$. Effectuons le changement de variable affine $\begin{cases} u = -x \\ v = y \end{cases}$ dans l'intégrale double $\iint_{D_1} f(x, y)dxdy$, il vient : $(x, y) \in D_1 \Leftrightarrow \begin{cases} x^2 + y^2 \le x \\ x \ge 0 \end{cases} \Leftrightarrow \begin{cases} u^2 + v^2 \le -u \\ u \le 0 \end{cases} \Leftrightarrow (u, v) \in D_2$,

et donc $\iint_{D_1} f(x, y)dxdy = \iint_{D_2} f(-u, v)dxdy = \iint_{D_2} f(u, v)dudv$.

On en déduit que $\iint_D f(x, y)dxdy = 2\iint_{D_1} f(x, y)dxdy$. Posons à présent $\begin{cases} x = r\cos\theta \\ y = r\sin\theta \end{cases}$, on a l'équivalence :

$(x, y) \in D_1 \Leftrightarrow \begin{cases} 0 \le r \le \cos\theta \\ \theta \in \left[-\dfrac{\pi}{2}, \dfrac{\pi}{2}\right] \end{cases}$. Il s'ensuit que :

$$\iint_{D_1} f(x, y)dxdy = \int_{-\frac{\pi}{2}}^{\frac{\pi}{2}}\left(\int_0^{\cos\theta} \frac{rdr}{(1+r^2)^2}\right)d\theta = \int_{-\frac{\pi}{2}}^{\frac{\pi}{2}}\left[\frac{-1}{2(1+r^2)}\right]_0^{\cos\theta} d\theta = \frac{1}{2}\int_{-\frac{\pi}{2}}^{\frac{\pi}{2}}\left(1 - \frac{1}{1+\cos^2\theta}\right)d\theta.$$

En utilisant la parité de $\dfrac{1}{1+\cos^2\theta}$ puis la question 3.1., on obtient :

$$\iint_{D_1} f(x,\ y)dxdy = \int_0^{\frac{\pi}{2}}\left(1-\frac{1}{1+\cos^2\theta}\right)d\theta = \left[\theta-\phi(\theta)\right]_0^{\frac{\pi}{2}} = \frac{\pi}{2}-\sqrt{2}\,\frac{\pi}{4} \text{ c'est-à-dire } \iint_{D_1} f(x,\ y)dxdy = \frac{\pi}{2}\left(1-\frac{\sqrt{2}}{2}\right).$$

Finalement, $\boxed{\iint_D f(x,\ y)dxdy = 2\iint_{D_1} f(x,\ y)dxdy = \pi\left(1-\frac{\sqrt{2}}{2}\right)}$.

CHAPITRE 12

Structures algébriques – Arithmétique

Le cours en questions

1 ■ Structure de groupe

1.1 Que signifie « $(G, *)$ est un groupe » ?

• Un ensemble G, non vide, muni d'une loi de composition *interne* $*$ est un groupe si cette loi est associative, admet un élément neutre et si tout élément de G admet un symétrique dans G pour la loi $*$.

• La loi $*$ est associative dans G si pour tout $(x, y, z) \in G^3$:

$$(x * y) * z = x * (y * z).$$

• L'élément e de G est élément neutre dans $(G, *)$ si :

$$\forall x \in G,\ x * e = e * x = x.$$

• L'élément x' de G est symétrique de x pour la loi $*$ si :

$$x * x' = x' * x = e.$$

• Si $(G, *)$ est un groupe et si de plus $*$ est commutative, on dit que le groupe est commutatif (ou abélien).

L'élément neutre d'un groupe est unique.

Au lieu de symétrique, on parle d'inverse, noté x^{-1}, pour une loi multiplicative $\times$ et d'opposé, noté $-x$, pour une loi additive $+$. Dans la suite on le notera x^{-1}.

1.2 Quels sont les groupes usuels ?

• $(\mathbb{Z}, +), (\mathbb{Q}, +), (\mathbb{R}, +), (\mathbb{C}, +), (\mathbb{R}^*, \times), (\mathbb{R}_+^*, \times), (\mathbb{C}^*, \times)$ sont les groupes (commutatifs) les plus utilisés.

L'ensemble des nombres complexes de module 1, noté $\mathfrak{U}$, est un groupe pour la multiplication.

On pourrait obtenir de la même manière une structure de groupe commutatif pour $(\mathbb{C}^n, +)$.

L'addition des fonctions dans $C(A, \mathbb{R})$ est définie par : $\forall x \in A, (f+g)(x) = f(x) + g(x)$.

Une partie H de G est un sous-groupe de $(G, *)$ si et seulement si $(H, *)$ est lui-même un groupe.

Si e et e' sont les éléments neutres respectifs de G et de G', on a alors : $f(e)=e'$.

Si f est un morphisme de groupes : $\forall x \in G,\ f(x^{-1}) = [f(x)]^{-1}$.

On a toujours : $e \in \operatorname{Ker} f$.

- On peut définir sur $\mathbb{R}^n$ l'addition $+$ en posant pour tous n-uplet $(x_1, x_2, ..., x_n)$ et $(y_1, y_2, ..., y_n)$:

$$(x_1, x_2, ..., x_n) + (y_1, y_2, ..., y_n) = (x_1 + y_1, x_2 + y_2, ..., x_n + y_n).$$

Alors $(\mathbb{R}^n, +)$ est un groupe commutatif dont l'élément neutre est $(0, 0, ..., 0)$.

- Si A est une partie de $\mathbb{R}$, l'ensemble $C(A, \mathbb{R})$ des fonctions continues sur A à valeurs réelles, muni de l'addition des fonctions, est aussi un groupe commutatif.

Si I est un intervalle de $\mathbb{R}$ et k un entier naturel non nul, l'ensemble $C^k(I, \mathbb{R})$ des fonctions à valeurs réelles k fois dérivables sur I et dont la dérivée k-ième est continue, muni de l'addition des fonctions, est encore un groupe commutatif.

1.3 Qu'est-ce qu'un sous-groupe ?

- Soit $(G, *)$ un groupe dont l'élément neutre est e. Une partie H de G est un sous-groupe de $(G, *)$ si et seulement si :

$$\begin{cases} H \neq \varnothing \\ \forall (x, y) \in H^2, \quad x * y \in H \text{ et } y^{-1} \in H \end{cases}$$

ou encore : $\begin{cases} e \in H \\ \forall (x, y) \in H^2, \quad x * y^{-1} \in H \end{cases}$.

- Par exemple : $\mathbb{R}_+^*$ est un sous-groupe de $(\mathbb{R}^*, \times)$ et $\mathbb{R}^*$ est lui-même un sous groupe de $(\mathbb{C}^*, \times)$.

1.4 Qu'est ce qu'un morphisme de groupes ? Exemples ?

- Dire qu'une application f de G dans G' est un morphisme du groupe $(G, \perp)$ dans le groupe $(G', *)$ signifie que :

$$\forall (x, y) \in G^2,\ f(x \perp y) = f(x) * f(y).$$

Par exemple la fonction exponentielle est un morphisme du groupe $(\mathbb{R}, +)$ dans le groupe $(\mathbb{R}_+^*, \times)$ car : $\forall (x, y) \in \mathbb{R}^2,\ \exp(x+y) = \exp(x) \times \exp(y)$.
De même, la fonction logarithme est un morphisme du groupe $(\mathbb{R}_+^*, \times)$ dans le groupe $(\mathbb{R}, +)$ car : $\forall x, y \in \mathbb{R}_+^*\ \ln(xy) = \ln(x) + \ln(y)$.

1.5 Que désignent le noyau et l'image d'un morphisme de groupes ?

Soit f un morphisme d'un groupe $(G, \perp)$ dans un groupe $(G', *)$.

- On appelle noyau de f l'ensemble des éléments de G dont l'image est le neutre e' de G' :

$$\operatorname{Ker} f = f^{-1}(\{e'\}) = \{x \in G \,/\, f(x) = e'\}.$$

$\operatorname{Ker} f$ est un sous-groupe de $(G, \perp)$.

• On appelle image de f l'ensemble des images par f des éléments de G :

$$\mathrm{Im}f = \{y \in G' \,/\, \exists x \in G,\ y = f(x)\}.$$

$\mathrm{Im}f$ est un sous-groupe de $(G', *)$.

> $\mathrm{Im}f = \{f(x) \,/\, x \in G\}$

2 ■ ✯ Structure d'anneau et de corps

> Le symbole ✯ désigne une partie qui ne figure au programme en PTSI que pour les étudiants ayant choisi l'option PSI.

2.1 Que signifie « $(A, +, *)$ est un anneau » ? Exemples ?

• $(A, +, *)$ est un anneau si et seulement si :

i. $(A, +)$ est un *groupe commutatif* ;

ii. la loi $*$ est une loi de composition *interne, associative* qui possède un *élément neutre* ;

iii. la loi $*$ est *distributive* par rapport à $+$.

Si, de plus, la loi $*$ est *commutative*, on dit que l'anneau est commutatif.

Par exemple $(\mathbb{Z}, +, \times)$, $(\mathbb{R}, +, \times)$, $(\mathbb{C}, +, \times)$ sont des anneaux commutatifs. Si I est un intervalle de $\mathbb{R}$ et k un entier naturel non nul, l'ensemble $C^k(I, \mathbb{R})$ des fonctions à valeurs réelles dont la dérivée k-ième est continue sur I, muni de l'addition et de la multiplication des fonctions, est aussi un anneau commutatif.

> L'élément neutre pour $+$ est en général noté 0_A ou 0 s'il n'y a pas de confusion possible.

> L'élément neutre pour $*$ est en général noté 1_A ou 1 s'il n'y a pas de confusion possible.

> La multiplication des fonctions est définie par :
> $\forall x \in I,\ (f \times g)(x) = f(x)\, g(x).$

2.2 Qu'est-ce qu'un sous-anneau ?

• Soit H une partie d'un anneau $(A, +, *)$. H est un sous-anneau de $(A, +, *)$, si H est un sous-groupe de $(A, +)$, si $1_A \in H$ et si $*$ est une loi de composition interne dans H. C'est-à-dire H est un sous-anneau de $(A, +, *)$ si et seulement si :

$$1_A \in H \text{ et } \forall (x, y) \in H^2,\ \begin{cases} x - y \in H \\ x * y \in H \end{cases}.$$

> Un sous-anneau doit contenir l'élément unité 1_A de la multiplication.

2.3 Qu'est-ce qu'un corps ?

• $(\mathbb{K}, +, \times)$ est un corps si et seulement si :

i. $(\mathbb{K}, +)$ est un *groupe commutatif* ;

ii. $(\mathbb{K}^*, \times)$ est un *groupe commutatif* ;

iii. la loi $*$ est *distributive* par rapport à $+$.

Par exemple $(\mathbb{R}, +, \times)$ et $(\mathbb{C}, +, \times)$ sont des corps.

> $\mathbb{K}^*$ désigne $\mathbb{K} \setminus \{0_{\mathbb{K}}\}$, c'est-à-dire $\mathbb{K}$ privé de l'élément neutre de l'addition.

2.4 Qu'est ce qu'un morphisme d'anneaux de $(A, +, \times)$ dans $(A, \perp, *)$?

• Soit f une application de A dans A'. On dit que f est un morphisme d'anneaux de $(A, +, \times)$ dans $(A, \perp, *)$, si :

$$\forall (x, y) \in A^2,\ \begin{cases} f(x + y) = f(x) \perp f(y) \\ f(x \times y) = f(x) * f(y) \\ f(1_A) = 1_{A'} \end{cases}.$$

> Un morphisme d'anneaux est aussi un morphisme de groupes additifs.

2.5 A-t-on $f \times g = 0 \Leftrightarrow f = 0$ ou $g = 0$ dans un anneau ?

On dit qu'un anneau commutatif $(A, +, \times)$, distinct de $\{0_A\}$, est intègre si et seulement si : $\forall (x, y) \in A^2$, $x \times y = 0 \Leftrightarrow x = 0$ ou $y = 0$. Dans un corps, l'équivalence précédente est toujours vraie.

• Non, par exemple dans l'anneau $(\mathfrak{F}(\mathbb{R}, \mathbb{R}), +, \times)$ des fonctions de $\mathbb{R}$ vers $\mathbb{R}$, muni de l'addition et de la multiplication des fonctions, il est possible de déterminer deux fonctions f et g, non identiquement nulles, telles que $f \times g = 0$. Par exemple en choisissant $f(x) = \begin{cases} 1 \text{ si } x \leq 0 \\ 0 \text{ sinon} \end{cases}$ et $g(x) = \begin{cases} 0 \text{ si } x \leq 0 \\ 1 \text{ sinon} \end{cases}$.

La fonction f est nulle pour $x > 0$ tandis que la fonction g est nulle pour $x \leq 0$, donc pour tout réel x le produit $f(x)g(x)$ est nul.

3 ■ Factorisation et développements usuels

3.1 Citer la formule du binôme de Newton.

Cette formule est encore vraie pour deux éléments a et b d'un anneau $(A, +, \times)$, si a et b *commutent*, c'est-à-dire si $a \times b = b \times a$.

• Si a et b sont deux nombres complexes, alors :

$$\forall n \in \mathbb{N}, \quad (a+b)^n = \sum_{k=0}^{n} \binom{n}{k} a^k b^{n-k} = \sum_{k=0}^{n} \binom{n}{k} a^{n-k} b^k .$$

3.2 Comment factoriser $x^n - y^n$ si $n \in \mathbb{N}$?

Si x et y sont deux nombres complexes, alors :

$$x^n - y^n = (x-y)\sum_{k=0}^{n-1} x^k y^{n-1-k} = (x-y)\sum_{k=0}^{n-1} x^{n-1-k} y^k .$$

En particulier :

$$x^3 - y^3 = (x-y)(x^2 + xy + y^2) .$$

De même, en remplaçant y par $-y$ on obtient : $x^3 + y^3 = (x+y)(x^2 - xy + y^2)$.

On retrouve, à l'aide de cette formule, la somme des n premiers termes d'une suite géométrique, si $q \neq 1$:

$$1 + q + q^2 + \ldots + q^{n-1} = \frac{1-q^n}{1-q} .$$

4 ■ Arithmétique

4.1 Qu'est-ce qu'un nombre premier dans $\mathbb{Z}$?

Un nombre entier naturel a est premier si $a \geq 2$ et s'il n'est divisible dans $\mathbb{N}$ que par 1 et par lui-même.

• Dans $\mathbb{Z}$, un entier a est premier s'il admet exactement quatre diviseurs deux à deux distincts : 1, –1, a et $-a$. Les entiers 0, 1, et –1 ne sont pas premiers dans $\mathbb{Z}$.

• Tout nombre entier naturel $a \geq 2$ se décompose en produit de nombres premiers positifs.

Pour $a \geq 2$, il existe une décomposition $a = p_1^{\alpha_1} p_2^{\alpha_2} \ldots p_k^{\alpha_k}$, où $k \in \mathbb{N}^*$, p_1, $p_2 \ldots$, p_k sont des nombres premiers dans $\mathbb{N}$, distincts deux à deux et les exposants α_1, $\alpha_2 \ldots$, α_k sont des entiers naturels non nuls.
Cette décomposition est unique à l'ordre des facteurs près.

Si les exposants β_1, $\beta_2 \ldots$, β_k sont des entiers naturels et si $b = p_1^{\beta_1} p_2^{\beta_2} \ldots p_k^{\beta_k}$, l'entier a divise b dans $\mathbb{N}$ si et seulement si :

$$\forall i \in [\![1, k]\!], \alpha_i \leq \beta_i.$$

Par conséquent, l'entier b est un multiple de a dans $\mathbb{N}$ si et seulement si : $\forall i \in [\![1, k]\!], \alpha_i \leq \beta_i$.
On notera $a \mid b$ pour dire « a divise b ».

Les savoir-faire clefs

1 ■ Savoir utiliser les translations dans un groupe.

1.1 Soit $(G, *)$ un groupe, et a un élément de G. Soit $\tau_a : \begin{cases} G \to G \\ x \mapsto a * x. \end{cases}$

a) Montrer que τ_a est une bijection, et trouver la bijection réciproque.

b) Est-ce-que τ_a est un automorphisme de groupe ?

★ Soit $(A, +, \times)$ un anneau. On dit que A est intègre si A est commutatif, non réduit à $\{0\}$, et vérifie de plus : $\forall x, y \in A, xy = 0 \Rightarrow x = 0$ ou $y = 0$. Autrement dit, le produit de deux éléments de A non nuls est toujours non nul.
Montrer que tout anneau A intègre fini est un corps, et donner un exemple d'anneau intègre qui n'est pas un corps.

Conseils méthodologiques

1.1 a) Calculer $\tau_a \circ \tau_b$.

1.1 b) Une application f de G dans G est un automorphisme du groupe $(G, *)$ si et seulement si f est bijective et : $\forall (x, y) \in G^2$, $f(x * y) = f(x) * f(y)$.

1.2 Étudier $\tau_a : x \mapsto ax$. Le seul point à démontrer est que tout élément non nul de A admet un inverse dans A.

1.1.a) En utilisant l'associativité de la loi de groupe :

$$\tau_a \circ \tau_b(x) = a * (b * x) = (a * b) * x.$$

On en déduit aisément que $\tau_a \circ \tau_b = \tau_{a*b}$.
Notons e l'élément neutre de G alors $\tau_e = Id_G$. En prenant $b = a^{-1}$, on a :

$$\tau_a \circ \tau_b = \tau_{a*b} = \tau_e = Id_G \text{ ; et } \tau_b \circ \tau_a = \tau_{b*a} = \tau_e = Id_G.$$

Donc τ_a est bijective, d'application réciproque $\boxed{(\tau_a)^{-1} = \tau_{a^{-1}}}$.

b) Si $a = e$, alors $\tau_e = Id_G$ est évidemment un automorphisme de groupe.
Sinon, $a = \tau_a(e) \neq e$, donc τ_a n'est pas un automorphisme de groupe.

1.2 Soit donc a élément de $A - \{0\}$.

Introduisons $\tau_a : \begin{cases} A \to A \\ x \mapsto ax \end{cases}$. Il est aisé de vérifier que f est un endomorphisme de groupe.

τ_a est appelée translation à gauche ; on définit de manière analogue les translations à droite.

Erreur à éviter :
Ne pas affirmer sans démonstration que :
$\tau_a(x * y) = a * x * y$
$\tau_a(x) * \tau_a(y) = (a * x) * (a * y)$
donc $\tau_a(x * y) \neq \tau_a(x) * \tau_a(y)$.
Il faut le prouver par un contre-exemple.

De plus, Ker $\tau_a = \{x \in A / ax = 0\} = \{0\}$ car A est intègre et a non nul ; τ_a est donc injectif. Or A est fini ; τ_a est donc bijectif. En particulier, l'élément neutre 1_A de A a un antécédent b ; $\tau_a(b) = ab = 1_A = ba$ (car A est commutatif) ; on a donc montré l'existence dans A d'un inverse de a : l'élément b.

Conclusion : A est un corps.

Exemple d'anneau intègre qui n'est pas un corps : $\mathbb{Z}$.

Conseils méthodologiques

2.1 Utiliser les propriétés de sous-groupes et éventuellement un raisonnement par l'absurde.

2.2 $\mathbb{Q} = \left\{\dfrac{p}{q} / p \in \mathbb{Z} \text{ et } q \in \mathbb{N}^*\right\}$.

2 ■ Savoir se servir des lois de composition interne.

2.1 Soit $(G, *)$ un groupe et H un sous-groupe de G. Si x et y sont deux éléments de G, soit $z = x * y$. Discuter l'appartenance de z à H, suivant que x et y sont ou ne sont pas dans H.

2.2 Soit $A = \left\{\dfrac{1}{n!} / n \geq 1\right\}$. Montrer que le seul sous-groupe du groupe $(\mathbb{Q}, +)$ contenant A est $\mathbb{Q}$. On dit alors que A est une partie génératrice de $\mathbb{Q}$.

Illustration : $\mathbb{Z}$ est un sous-groupe de $(\mathbb{Q}, +)$, $1 \in \mathbb{Z}$, $\dfrac{1}{2} \notin \mathbb{Z}$, donc $1 + \dfrac{1}{2} \notin \mathbb{Z}$.

Exemple où $z \in H$: $G = (\mathbb{Q}, +), H = \mathbb{Z}, x = \dfrac{1}{2}, y = -\dfrac{1}{2}, z = 0$.

2.1 Distinguons différents cas :

- 1er cas : $x \in H$ et $y \in H$. Alors $z \in H$ par définition d'un sous-groupe.
- 2e cas : $x \in H$ et $y \notin H$.

Raisonnons par l'absurde : supposons z élément de H. Remarquons que $y = x^{-1} * z$.

x étant dans H qui est un sous-groupe de G, x^{-1} est aussi élément de H.

H étant stable pour $*$, y appartient à H : contradiction.

Conclusion : $z \notin H$.

Le cas $x \notin H$ et $y \in H$ est analogue et conduit à la même conclusion.

- 3e cas : $x \notin H$ et $y \notin H$. Dans ce cas on ne peut pas se prononcer, z peut appartenir ou non à H.

On peut par exemple remarquer qu'en prenant $y = x^{-1} \notin H$, on a $z = e \in H$.

Si $G = (\mathbb{Q}, +)$, $H = \mathbb{Z}$, $x = \dfrac{1}{2}$, $y = \dfrac{1}{4}$, $z = \dfrac{3}{4}$ alors $z \notin H$.

2.2 Soit H un sous-groupe de $\mathbb{Q}$ contenant A. Soit p élément de $\mathbb{Z}$, q élément de $\mathbb{N}^*$, et $r = \dfrac{p}{q}$; on peut écrire $r = m\dfrac{1}{q!}$, où m est l'entier $p(q-1)!$; or $\dfrac{1}{q!}$ est élément de A donc de H qui est stable pour l'addition, donc r est aussi élément de H.

Conclusion : $\boxed{H = \mathbb{Q}}$.

3 ■ Savoir utiliser un critère de sous-groupe.

3.1 Soit $(G, .)$ un groupe. On note C son centre, c'est-à-dire l'ensemble des éléments de G qui commutent avec tous les autres. Montrer que C est un sous-groupe de G.

3.2 Soit H et K deux sous-groupes d'un groupe $(G, *)$. Montrer que $I = H \cap K$ est un sous-groupe de G.

3.3 Notation : pour tout entier $n \geq 1$, U_n désigne l'ensemble des racines n-ièmes de l'unité. Montrer que U_n constitue un groupe multiplicatif.

Conseils méthodologiques

3.1 $C = \{x \in G \,/\, \forall y \in G,\ xy = yx\}$.

3.2 Utiliser le critère de sous-groupe le mieux adapté.

3.3 Utiliser le noyau de $f : z \mapsto z^n$.

3.1 On va prouver que $\begin{cases} C \neq \varnothing \\ \forall (x, y) \in C^2,\ x * y \in C \text{ et } x^{-1} \in C. \end{cases}$

- Soit e l'élément neutre de G : $\forall x \in G,\ e.x = x.e = x$, donc e appartient à C.
- Soit x et y deux éléments de C. Pour tout $z \in G$:

$(x.y).z = x.(y.z)$ (associativité de la loi du groupe)
$= x.(z.y)$ (car y est élément de C)
$= (x.z).y$ (associativité de la loi du groupe)
$= (z.x).y$ (car x est élément de C)
$= z.(x.y)$ (associativité de la loi du groupe)

donc $x.y$ appartient à C.

- Soit x un élément de C, y un élément quelconque de G.

On écrit successivement : $x.y = y.x$
$x^{-1}.(x.y) = x^{-1}.(y.x)$ (en composant par x^{-1} à gauche)
$(x^{-1}.x).y = (x^{-1}.y).x$ (associativité de la loi du groupe)
$e.y = (x^{-1}.y).x$
$y.x^{-1} = ((x^{-1}.y).x).x^{-1}$ (en composant par x^{-1} à droite)
et enfin $y.x^{-1} = x^{-1}.y$ en utilisant encore une fois l'associativité.
Donc $x^{-1} \in C$.
Conclusion : **C est un sous-groupe de G**.

L'ensemble C est une partie stable de $(G, .)$.

Si G est abélien, $C = G$; par contre, il peut arriver que $C = \{e\}$.

3.2 On va prouver que $\begin{cases} I \neq \varnothing \\ \forall (x, y) \in C^2,\ x * y^{-1} \in I. \end{cases}$

- Soit e l'élément neutre de G ; e appartient à H et à K, donc à $I = H \cap K$.
- Soit x, y deux éléments de I ; x et y appartiennent à $H \cap K$, donc à H.

H étant un sous-groupe de G, $x * y^{-1}$ appartient à H. De même, $x * y^{-1}$ appartient à K. Donc $x * y^{-1}$ appartient à $H \cap K$.
Conclusion : **$H \cap K$ est un sous-groupe de G**.

On montrerait de même que l'intersection d'une famille quelconque, finie ou non, de sous-groupes de G est un sous-groupe de G.

3.3 On va montrer que U_n est le noyau d'un morphisme de groupes.

Soit f l'application de $\mathbb{C}^*$ dans $\mathbb{C}^*$ définie par $f(z) = z^n$; f est un morphisme de groupes ; en effet :

$$\forall x, y \in \mathbb{C}^*,\ f(xy) = (xy)^n = x^n y^n = f(x)f(y).$$

Dire qu'une application f de G dans G' est un morphisme du groupe $(G, \perp)$ dans le groupe $(G', *)$ signifie que :
$\forall (x, y) \in G^2,\ f(x \perp y) = f(x) * f(y)$.

Il faut bien connaître ces méthodes pour montrer qu'un ensemble est un sous-groupe.

De plus : $\operatorname{Ker} f = \{ z \in \mathbb{C}^* / f(z) = 1 \} = U_n$.

Conclusion : U_n est un sous-groupe de $\mathbb{C}^*$.

Conseils méthodologiques

4.1 Vérifier que G est stable pour la loi induite par $*$.

4.2 a) Remarquer que : $x * y = (x+1)(y+1) - 1$.

d) Considérer $f : x \mapsto 1 + x$ de $(E, *)$ sur $(\mathbb{R}^*, \times)$.

4 ■ Savoir démontrer directement que G est un groupe.

4.1 Soit un ensemble E muni d'une loi de composition interne $*$ associative, ayant un élément neutre e. Montrer que l'ensemble G des éléments inversibles de E constitue un groupe.

4.2 On définit sur $\mathbb{R}$ une loi de composition interne $*$ par : $x * y = x + y + xy$.

a) Montrer que cette loi est commutative et associative.

b) Montrer l'existence d'un élément neutre.

c) Déterminer l'ensemble E des éléments inversibles.

4.3 Montrer que E est un groupe isomorphe à $(\mathbb{R}^*, \times)$.

On notera également $*$ la loi induite sur G.

4.1 Considérons donc x et y deux éléments de G, d'inverses x^{-1} et y^{-1}. À l'aide de l'associativité, on constate que :

$$(x * y) * (y^{-1} * x^{-1}) = (y^{-1} * x^{-1}) * (x * y) = e.$$

Donc $x * y$ est inversible, d'inverse $y^{-1} * x^{-1}$, ce qui prouve que G est stable pour la loi $*$.

Montrons maintenant que $(G, *)$ est un groupe.

- La loi induite sur G par $*$ est évidemment associative.
- e est inversible, d'inverse lui-même, donc e est élément de G, et clairement, e est élément neutre de G.
- Soit x élément de G. Par définition, x a un inverse x^{-1} dans E. Mais en fait, x^{-1} est élément de G, car il a un inverse : x. Donc x a un inverse dans G.

Conclusion : $(G, *)$ est un groupe.

4.2.a) On obtient immédiatement : $x * y = (x+1)(y+1) - 1 = y * x$,

et $(x * y) * z = (x+1)(y+1)(z+1) - 1 = x * (y * z)$.

Donc la loi $*$ est commutative et associative.

b) 0 est élément neutre car $x * 0 = 0 * x = x$.

c) Soit x élément de E, et y son inverse. Alors : $x + y + xy = 0$, d'où :

$$y(1+x) = -x.$$

On en déduit que si $x \neq -1$, alors $y = \dfrac{-x}{1+x}$.

Réciproquement, si $x \neq -1$, on vérifie que x est élément de E, d'inverse $\dfrac{-x}{1+x}$.

Si $x = -1$, aucun réel y ne vérifie $y(1+x)=-x$. Dans ce cas, x n'est pas inversible.

Conclusion : $\boxed{E = \mathbb{R} \setminus \{-1\}}$.

d) D'après 4.1, l'ensemble des éléments inversibles E constitue un groupe.

On a vu que $1 + x * y = 1 + x + y + xy = (1+x)(1+y)$, ce qui nous amène à introduire l'application f : $x \mapsto 1+x$.

On a alors : $\forall (x, y) \in \mathbb{R}^2, f(x * y) = 1 + x * y = (1+x)(1+y) = f(x)f(y)$.
Par ailleurs, f est bijective de $\mathbb{R} \setminus \{-1\}$ dans $\mathbb{R}^*$. La fonction f est donc un isomorphisme de groupes de $(E, *)$ sur $(\mathbb{R}^*, \times)$.

Conclusion : $\boxed{(E, *) \text{ est isomorphe à } (R^*, \times)}$.

5 ■ Savoir utiliser les nombres premiers.

5.1 Soit n un entier naturel non nul, et p un nombre premier. On note $v_p(n)$ et on appelle valuation p-adique de n, l'exposant de p dans la décomposition de n en produit de facteurs premiers. Le nombre $\alpha = v_p(n)$ est donc caractérisé par : p^α divise n, et $p^{\alpha+1}$ ne divise pas n. On considère deux entiers naturels non nuls n et m. Que dire de :

a) $v_p(nm)$? **b)** $v_p(n+m)$?

5.2 Montrer que pour tout entier naturel n, il existe deux entiers premiers entre eux a_n et b_n tels que $(1+\sqrt{2})^n = a_n + b_n\sqrt{2}$.

5.3.a) Montrer que $\sqrt{2}$ est irrationnel.

b) Soit $n \geq 1$, on suppose que n n'est pas le carré d'un entier. Montrer que $\sqrt{n}$ est irrationnel.

Soit $p = 2^m - 1$ un nombre premier strictement supérieur à 3. Montrer que l'entier m est impair et que 3 divise $p-1$.

Conseils méthodologiques

5.1 Poser $n = p^\alpha n_1$ et $m = p^\beta m_1$, avec n_1 et m_1 non divisibles par p.

5.2 Utiliser la formule du binôme et raisonner par récurrence.

5.3 a) Utiliser v_2.

5.3 b) Choisir un entier p premier tel que $v_p(n)$ soit impair.

5.4 Penser à la relation

$$x^n - y^n = (x-y)\sum_{k=0}^{n-1} x^{n-1-k} y^k$$

5.1 Écrivons $n = p^\alpha n_1$ et $m = p^\beta m_1$, avec n_1 et m_1 non divisibles par p. L'entier p étant premier, n_1 et m_1 sont premiers avec p.

a) $nm = p^{\alpha+\beta} n_1 m_1$. De plus n_1 et m_1 sont premiers avec p donc leur produit aussi.

Conclusion : $\boxed{v_p(nm) = v_p(n) + v_p(m)}$.

b) Notons $\gamma = \min(\alpha, \beta)$. p^γ divise n et m, donc p^γ divise $n+m$; on obtient une première conclusion : $v_p(n+m) \geq \min(v_p(n), v_p(m))$.

Supposons de plus $\alpha \neq \beta$, par exemple $\alpha < \beta$; donc $\gamma = \alpha$. Alors :

$$n+m = p^\alpha n_1 + p^\beta m_1 = p^\alpha(n_1 + m_1 p^{\beta-\alpha}).$$

Or, $m_1 p^{\beta-\alpha}$ est divisible par p, n_1 ne l'est pas, donc $n_1 + m_1 p^{\beta-\alpha}$ n'est pas divisible par p. Dans ce cas : $v_p(n+m) = \min(v_p(n), v_p(m))$.

Dans le cas où $\alpha = \beta$, il peut arriver que $v_p(n+m) > \min(v_p(n), v_p(m))$.

Par exemple : $n = 6$, $m = 10$, $p = 2$. Dans ce cas : $\alpha = 1$, $\beta = 1$, $n+m = 16$, $v_p(n+m) = 4 > \gamma = 1$.

5.2 Notons P_n la propriété à démontrer : « il existe deux entiers premiers entre eux a_n et b_n tels que $(1+\sqrt{2})^n = a_n + b_n\sqrt{2}$ ».

Initialisation : P_0 est vérifiée : en prenant $a_0 = 1$ et $b_0 = 0$; on a bien $a_0 \wedge b_0 = 1$.

Hérédité : soit $n \in \mathbb{N}$; supposons P_n, et montrons P_{n+1}.

$$(1+\sqrt{2})^{n+1} = (1+\sqrt{2})^n.\ (1+\sqrt{2}) = (a_n + b_n\sqrt{2}).\ (1+\sqrt{2})$$
$$= a_n + 2b_n + \sqrt{2}(a_n + b_n).$$

Deux entiers a et b sont premiers entre eux si et seulement s'ils n'ont aucun diviseur premier en commun.

On est donc amené à poser : $a_{n+1} = a_n + 2b_n$, $b_{n+1} = a_n + b_n$, et à vérifier que ces deux entiers sont premiers entre eux. Pour cela démontrons qu'ils n'ont aucun diviseur premier commun.

Raisonnons par l'absurde en supposant que p est un diviseur premier commun à a_{n+1} et b_{n+1}. Alors p divise $a_n + 2b_n$ et $a_n + b_n$, donc p divise $(a_n + 2b_n) - (a_n + b_n) = b_n$ et $2(a_n + b_n) - (a_n + 2b_n) = a_n$.

L'indication de raisonner par récurrence n'est pas toujours donnée. Il faut donc y penser.

C'est contradictoire car a_n et b_n sont premiers entre eux. Par suite a_{n+1} et b_{n+1} sont des entiers premiers entre eux.

On a donc prouvé par récurrence sur n la propriété P_n pour tout entier naturel n.

5.3.a) Raisonnons par l'absurde en supposant l'existence de deux entiers naturels non nuls p et q tels que $\sqrt{2} = \frac{p}{q}$.

Alors $2q^2 = p^2$. Utilisons la valuation v_2 :

$v_2(2q^2) = v_2(p^2)$, soit : $v_2(2) + v_2(q^2) = v_2(p^2)$, d'où :

$1 + 2v_2(q) = 2v_2(p)$: cette égalité entre $1 + 2v_2(q)$ qui est impair, et $2v_2(p)$ qui est pair est absurde.

Donc $\boxed{\sqrt{2} \text{ est irrationnel}}$.

b) Supposons par l'absurde l'existence de deux entiers naturels non nuls u et v tels que $\sqrt{n} = \frac{u}{v}$. Il existe au moins un entier p premier tel que $v_p(n)$ soit impair, car dans le cas contraire n serait visiblement le carré d'un entier. De $\sqrt{n} = \frac{u}{v}$, on tire $nv^2 = u^2$, puis $v_p(n) + 2v_p(v) = 2v_p(u)$. On obtient une contradiction comme dans la question a).

5.4 Supposons m pair, soit $m = 2n$.

Alors $p = 2^m - 1 = 2^{2n} - 1 = 4^n - 1^n = (4-1)\sum_{k=0}^{n-1} 4^k = 3\sum_{k=0}^{n-1} 4^k$.

On constate que 3 divise p, qui est premier et strictement supérieur à 3. Contradiction. Donc m est impair. Notons $m = 2n+1$ et montrons que 3 divise $p-1$:

$p-1 = 2^{2n+1} - 2 = 2(4^n - 1) = 2(3\sum_{k=0}^{n-1} 4^k)$ ce qui prouve effectivement que 3 divise $p-1$.

6 ■ Savoir utiliser les morphismes de groupes.

6.1 Soit H un sous-groupe de $(\mathbb{Z}, +)$ contenant 1. Montrer que $H = \mathbb{Z}$.

6.2 Pour tout élément a de $\mathbb{Z}$, on définit $f_a : \mathbb{Z} \to \mathbb{Z}$ par $f_a(n) = an$. Montrer que f_a est un morphisme de groupes.

6.3 Montrer que tout endomorphisme du groupe $(\mathbb{Z}, +)$ est un f_a pour un certain entier a.

6.4 Chercher tous les morphismes de groupes de $(\mathbb{Q}, +)$ dans $(\mathbb{Z}, +)$.

Conseils méthodologiques

6.1 Montrer par récurrence que : $\forall n \in \mathbb{N}, n \in H$.

6.3 Poser $a = f(1)$.

6.4 Montrer par l'absurde qu'il n'y a que l'application nulle.

6.1 Pour cela, notons P_n la propriété suivante : $n \in H$, et montrons P_n par récurrence sur n.

Initialisation : P_0 est vérifiée car $0 \in H$ (car H est un sous-groupe de $\mathbb{Z}$, donc contient l'élément neutre).

Hérédité : soit n un entier naturel tel que $n \in H$. Comme 1 est un élément de H, et que H est stable pour l'addition, $n+1 \in H$.

On a donc prouvé par récurrence sur n que : $\forall\, n \in \mathbb{N}, n \in H$.

De plus, H étant un sous-groupe, l'opposé de tout élément de H est également dans H.

Conclusion : $\boxed{H = \mathbb{Z}}$.

6.2 On vérifie aisément que :

$$\forall\, n, m \in \mathbb{Z},\ f_a\ (n + m) = a(n + m) = an + am = f_a\ (n) + f_a\ (m).$$

f_a est donc un endomorphisme du groupe $(\mathbb{Z}, +)$.

6.3 Soit f un endomorphisme du groupe $(\mathbb{Z}, +)$. Si f est un des f_a, alors $f(1) = f_a\ (1) = a$. On est donc amené à poser $a = f(1)$, et à vérifier que $f = f_a$.

Soit $H = \text{Ker}\,(f - f_a)$. Par définition de a, 1 est un élément de H. Or, on a vu que le seul sous-groupe de $\mathbb{Z}$ contenant 1 est $\mathbb{Z}$ lui-même. Conclusion :

$$\boxed{H = \mathbb{Z}, \text{ et } f = f_a}.$$

6.4 Supposons donc qu'il existe un morphisme de groupes f non nul de $\mathbb{Q}$ dans $\mathbb{Z}$. Soit $E = \text{Im}\, f$.

E est donc un sous-groupe de $\mathbb{Z}$ non réduit à $\{0\}$. Il contient donc au moins un élément non nul a, et son opposé. Il en découle que $E \cap \mathbb{N}^*$ est non vide.

Or toute partie de $\mathbb{N}$ non vide possède un plus petit élément. Notons $n = \min\,(E \cap \mathbb{N}^*)$, et soit r un rationnel tel que $f(r) = n$.

f étant un morphisme de groupes :

$$n = f(r) = f\left(\frac{r}{2} + \frac{r}{2}\right) = f\left(\frac{r}{2}\right) + f\left(\frac{r}{2}\right) = 2f\left(\frac{r}{2}\right).$$

Donc $\dfrac{n}{2} = f\left(\dfrac{r}{2}\right)$ est aussi élément de $E \cap \mathbb{N}^*$, ce qui contredit $n = \min E \cap \mathbb{N}^*$.

Conclusion : le seul morphisme de groupes de $\mathbb{Q}$ dans $\mathbb{Z}$ est l'application nulle.

Entre deux groupes G et H, il existe toujours au moins un morphisme de groupes : la fonction constante $e_H : g \mapsto e_H$.

Pour maîtriser les bases

1. Groupes de cardinal pair D'après CCP

Soit G un groupe de cardinal pair, et $E = \{x \in G \,/\, x = x^{-1}\}$. Montrer que E est non vide et étudier la parité du cardinal de E.

Conseils méthodologiques : montrer que $G \backslash E$ est de cardinal pair en considérant les parties à deux éléments de la forme $\{x, x^{-1}\}$. La famille $(Ai)_{i\in I}$ est une partition de F si : $F = \bigcup_{i\in I} Ai, \forall i, j \in I$, $i \neq j \Rightarrow Ai \cap Aj = \varnothing$ et $Ai \neq \varnothing$.

E est non vide car il contient l'élément neutre, e. Notons $F = G\backslash E$. F est de cardinal pair ; en effet, on obtient une partition de F en parties à deux éléments de la forme $\{x, x^{-1}\}$ si on associe chaque élément et son inverse. G étant aussi de cardinal pair, E est de cardinal pair. E contient donc au moins un élément a différent de e.

Remarque : un tel élément a, qui vérifie $a \neq e$ et $a^2 = e$ est dit élément d'ordre 2. On a donc montré que tout groupe de cardinal pair contient au moins un élément d'ordre 2.

2. Cardinaux de l'image et du noyau D'après CCP

Soit G un groupe fini, G' un groupe et f un morphisme de groupes de G dans G'.
Montrer que card(G) = card(Ker f).card(Im f).

Conseils méthodologiques : donner une description utilisant Ker f de l'ensemble des antécédents d'un élément de Im f.

Remarquons que Ker f est fini car contenu dans G. De même, $\text{Im } f = f(G)$ est fini car G est fini.
On notera H = Ker f. Rappelons que H est l'ensemble des antécédents par f de l'élément neutre e' de G'. Intéressons nous maintenant à l'ensemble des antécédents d'un élément quelconque b de Im f.
Soit donc a élément de G, $b = f(a)$, et recherchons le cardinal de l'ensemble $f^{-1}(\{b\})$ des antécédents de b. Soit $x \in G$.
On a : $x \in f^{-1}(\{b\}) \Leftrightarrow f(x) = b \Leftrightarrow f(x) = f(a) \Leftrightarrow f(a^{-1}x) = e'$

$$\Leftrightarrow a^{-1}x \in H \Leftrightarrow x \in aH, \text{ avec } aH = \{ah \,/\, h \in H\}.$$

Or $\tau_a : \begin{cases} H \to aH \\ h \mapsto ah \end{cases}$ est une bijection, donc card(aH) = card(H). On constate donc que tous les éléments b de Im f ont le même nombre d'antécédents égal à card($f^{-1}(\{b\})$) = card(H).

Enfin, chaque élément x de G a une image et une seule ; donc x appartient à une seule pré-image. G est donc la réunion disjointe de ces différentes pré-images. Leur nombre est card(Im f), chacune contenant card(H) éléments.

Conclusion : $\boxed{\mathrm{card}(G) = \mathrm{card}(H).\mathrm{card}(\mathrm{Im}\, f)}$.

Remarque :

$f^{-1}(\{b\})$ est la pré-image de b, aussi appelée image réciproque, de l'ensemble $\{b\}$ par f.

3. La suite des nombres premiers est infinie — D'après Mines-Ponts

Démontrer que la suite des nombres premiers positifs est infinie. Raisonner par l'absurde en considérant que l'ensemble des nombres premiers positifs s'écrit $\mathcal{P} = \{p_1, p_2, \ldots, p_n\}$.

Conseils méthodologiques : poser : $Q = p_1.p_2 \ldots p_n + 1 = 1 + \prod_{i=1}^{n} p_i$ et montrer que Q n'a aucun diviseur premier.

Supposons donc qu'il n'existe qu'un nombre fini n de nombres premiers $p_1, p_2, \ldots, p_n$, et introduisons $Q = 1 + \prod_{i=1}^{n} p_i$. On sait que tout entier est produit de nombres premiers, et en particulier il existe un nombre premier positif p qui divise Q. Or p est l'un des nombres $p_1, p_2, \ldots, p_n$, puisque ce sont les seuls nombres premiers positifs. Donc p divise à la fois Q et $\prod_{i=1}^{n} p_i$. Par différence, p divise 1, contradiction. On peut donc conclure que l'ensemble des nombres premiers est infini.

4. ☆ Éléments nilpotents d'un anneau — D'après CCP

On dit qu'un élément x d'un anneau A est nilpotent lorsque : $\exists\, n \in \mathbb{N}^*,\ x^n = 0$.

1. Quels sont les éléments nilpotents de A si A est un corps ?

2. Soit x, y deux éléments de A. On suppose que $x.y$ est nilpotent. Montrer que $y.x$ est nilpotent.

3. On note 1 l'élément neutre de A pour la multiplication. Soit x élément nilpotent de A. Montrer que $(1-x)$ est inversible.

4. Soit x, y éléments de A nilpotents et qui commutent. Montrer que $x+y$ et $x.y$ sont nilpotents.

Conseils méthodologiques : **2)** Regrouper les termes du produit $(yx)^{n+1} = y(xy)\ldots(xy)x$. **3)** Deviner l'inverse en étudiant les cas $n = 2$ et 3 en factorisant $1 - x^n$.

1. Il est connu que dans un corps, le produit de deux éléments non nuls est non nul (tout corps est un anneau intègre). Par conséquent, 0 est le seul élément de A nilpotent.

2. Soit n élément de $\mathbb{N}^*$ tel que $(x.y)^n = 0$. Alors : $(y.x)^{n+1} = y.(x.y)^n.x$ (car la multiplication est associative), donc $(y.x)^{n+1} = 0$.

Conclusion : $\boxed{y.x \text{ est nilpotent}}$.

3. Soit n élément de $\mathbb{N}^*$ tel que $x^n = 0$. Soit $y = \sum_{k=0}^{n-1} x^k$.

$$(1-x).\,y = (1-x)\sum_{k=0}^{n-1} x^k = \sum_{k=0}^{n-1} x^k - \sum_{j=1}^{n} x^j = 1 - x^n = 1 \text{ ; De même, } y.(1-x) = 1.$$

Conclusion : $(1-x)$ est inversible, d'inverse $\sum_{k=0}^{n-1} x^k$.

4. Soit x, y éléments de A nilpotents et qui commutent ; soit p et q éléments de $\mathbb{N}^*$ tels que $x^p = y^q = 0$.
$(x.y)^p = x^p.y^p$ (car x et y commutent), donc $(x.y)^p = 0$, donc $x.y$ est nilpotent.
Étudions ensuite $(x+y)^{p+q-1}$; comme x et y commutent, on peut utiliser la formule du binôme :

$$(x+y)^{p+q-1} = \sum_{k=0}^{p+q-1} \binom{p+q-1}{k} x^k.y^{p+q-1-k}.$$

Si $k \geq p$, alors $x^k = 0$; si $0 \leq k \leq p-1$, alors $p+q-1-k \geq q$, et $y^{p+q-1-k} = 0$.
Donc tous les termes de la somme sont nuls.
Conclusion : $x+y$ est nilpotent.

5. ✫ Un exemple d'anneau — D'après CCP

1. Soit $A = \{\frac{p}{q} \,/\, p \in \mathbb{Z}, q \in \mathbb{N}^*, q \text{ impair}\}$. Montrer que A est un anneau ; est-ce un corps ?

Conseils méthodologiques : il ne faut pas chercher à montrer directement que A est un anneau, mais montrer que c'est un sous-anneau d'un anneau connu.

Montrons donc que A est un sous-anneau de $\mathbb{R}$.

A est non vide, et $A \subset \mathbb{R}$. De plus : $\frac{p}{q} - \frac{p'}{q'} = \frac{pq' - p'q}{qq'}$, et si q et q' sont impairs, qq' est impair. À ce stade, on a prouvé que A est un sous-groupe de $\mathbb{R}$.

La formule $\frac{p}{q} \times \frac{p'}{q'} = \frac{pp'}{qq'}$ montre que A est stable pour la multiplication ; enfin $1 \in A$.

Conclusion : A est un sous-anneau de $\mathbb{R}$.

Montrons que 2 n'a pas d'inverse dans A : supposons $2.\frac{p}{q} = 1$, avec $\frac{p}{q}$ élément irréductible de A. Alors : $\frac{2p}{q} = 1$, donc $q = 2\,p$, ce qui est impossible car q est impair.

Conclusion : A n'est pas un corps.

6. Divisibilité de sommes dans $\mathbb{N}^*$ — D'après Mines-Ponts

Trouver tous les triplets (x, y, z) de $\mathbb{N}^{*\,3}$ tels que x divise $y+z$, y divise $x+z$, z divise $x+y$.

Conseils méthodologiques : ordonner les trois nombres en supposant par exemple : $x \geq y \geq z \geq 1$.

Supposons que $x \geq y \geq z \geq 1$. On a alors $y+z$ qui est multiple de x, et $y+z \leq 2x$. Par conséquent, $y+z = x$ ou $2x$.

Premier cas. $y+z = x$. Dans ce cas, y divise $x+z = (y+z)+z = y+2z$, donc y divise $2z$. Notons q l'entier $\frac{2z}{y}$; $y \geq z$, donc $q = \frac{2z}{y} \leq 2$, donc $q = 1$ ou 2, donc $y = z$ ou $2z$.

Réciproquement, si $y = z$ ou $2z$, et $y+z = x$, (x, y, z) est solution.

Deuxième cas. $y+z = 2x$. Comme de plus $y \leq x$ et $z \leq x$, nécessairement $x = y = z$.

Réciproquement, si $x = y = z$, (x, y, z) est solution.

Conclusion : A une permutation près, les solutions sont de la forme $\lambda(1, 1, 2)$, $\lambda(1, 2, 3)$, ou $\lambda(1, 1, 1)$, où λ est un entier.

7. Carrés parfaits — D'après École Polytechnique

Quels sont les entiers naturels n tels que $n^4+2n^3+3n^2+1$ soit un carré ?

Conseils méthodologiques : tenter de faire apparaître l'expression comme un carré.

Soit n un entier naturel. Effectuons quelques essais :

On a : $(n^2+n)^2 = n^4+2n^3+n^2$. Puis $(n^2+n+1)^2 = n^4+2n^3+3n^2+2n+1$.

Or $n^4+2n^3+n^2 < n^4+2n^3+3n^2+1 \leq n^4+2n^3+3n^2+2n+1$, cette dernière inégalité étant stricte, sauf pour $n = 0$.

Conclusion : $n^4+2n^3+3n^2+1$ ne peut être que le carré de n^2+n+1 et seulement dans le cas où $n = 0$.

8. Nombres premiers — D'après Mines-Ponts

L'entier 1000000001 est-il premier ?

Conseils méthodologiques : penser à la relation $x^n - y^n = (x-y)\sum_{k=0}^{n-1} x^{n-1-k}y^k$.

Remarquons que $1000000001 = 10^9+1 = 10^9-(-1)^9$. On utilise alors la relation précédente avec $n = 9$, $x = 10$, et $y = -1$. On obtient que 1000000001 est divisible par $x-y = 11$.

Conclusion : 1000000001 n'est pas premier.

9. Une formule de Legendre — D'après ENS

Soit p un nombre premier, et n un entier naturel non nul. On note $v_p(n)$ et on appelle valuation p-adique de n, l'exposant de p dans la décomposition de n en produit de facteurs premiers.

1. Montrer que pour tout entier naturel k, le nombre de multiples de p^k parmi $\{1, 2, ..., n\}$ est $E\left(\dfrac{n}{p^k}\right)$. On notera $k_0 = \dfrac{\ln n}{\ln p} + 1$.

2. Montrer que $v_p(n!) = \displaystyle\sum_{k=1}^{k_0} E\left(\dfrac{n}{p^k}\right)$.

1. Soit k un entier naturel ; les multiples de p^k parmi $\{1, 2, ..., n\}$ sont les entiers p^k, $2p^k$, $3p^k$,..., qp^k, où q vérifie $qp^k \leq n < (q+1)p^k$, soit $q \leq \dfrac{n}{p^k} < q+1$. Le nombre q de multiples de p^k parmi $\{1, 2, ..., n\}$ est donc $E\left(\dfrac{n}{p^k}\right)$.

2. On remarque que $E\left(\dfrac{n}{p^k}\right) = 0$ pour tout entier $k \geq k_0$ puisque $1 > \dfrac{n}{p^{k_0}} > 0$. Notons α_k le nombre d'éléments j de $\{1, 2, ..., n\}$ tels que $v_p(j) = k$; ce sont les éléments de $\{1, 2, ..., n\}$ multiples de p^k, mais non multiples de p^{k+1} ; on a alors :

$$v_p(n!) = \sum_{k=1}^{k_0} k\alpha_k = \sum_{k=1}^{k_0} k\left[E\left(\frac{n}{p^k}\right) - E\left(\frac{n}{p^{k+1}}\right)\right] \text{ d'après 1)}$$

$$= \sum_{k=1}^{k_0} k\, E\left(\frac{n}{p^k}\right) - \sum_{k=1}^{k_0} k\, E\left(\frac{n}{p^{k+1}}\right)$$

$$= \sum_{k=1}^{k_0} k\, E\left(\frac{n}{p^k}\right) - \sum_{j=2}^{k_0+1} (j-1)\, E\left(\frac{n}{p^j}\right) \text{ en posant } j = k+1$$

$$= \sum_{k=1}^{k_0} k\, E\left(\frac{n}{p^k}\right) - \sum_{k=2}^{k_0+1} (k-1)\, E\left(\frac{n}{p^k}\right) \text{ en notant } k \text{ à la place de } j.$$

Donc $\boxed{v_p(n!) = \displaystyle\sum_{k=1}^{k_0} E\left(\dfrac{n}{p^k}\right)}$ car $E\left(\dfrac{n}{p^{k_0+1}}\right) = 0$.

10. ⋆ L'anneau $\mathbb{Z}[j]$ — D'après Mines-Ponts

1. On note $j = \exp\left(\dfrac{2i\pi}{3}\right) = -\dfrac{1}{2} + i\dfrac{\sqrt{3}}{2}$. Montrer que $1 + j + j^2 = 0$.

2. Soit $A = \{a + bj \,/\, a, b \in \mathbb{Z}\}$. Montrer que A est un anneau.

3. Montrer que : $\forall\, u \in A$, $|u|^2 \in \mathbb{N}$.

4. Soit u un élément de A. Montrer que u est inversible si et seulement si $|u| = 1$.

5. Déterminer l'ensemble A^* des éléments de A inversibles.

Conseils méthodologiques : 2) Montrer que A est un sous-anneau de $\mathbb{C}$. **5)** Utiliser 3) et 4).

1. $1 + j + j^2 = \dfrac{j^3 - 1}{j - 1} = 0$ car $j^3 = \exp(2i\pi) = 1$.

2. Encore une fois, il ne faut pas chercher à montrer directement que A est un anneau, mais plutôt montrer que c'est un sous-anneau d'un anneau connu. Montrons donc que A est un sous-anneau de $\mathbb{C}$.

- A est non vide, et $A \subset \mathbb{C}$.
- A est stable pour l'addition : cela découle directement de la stabilité de $\mathbb{Z}$.
- L'opposé d'un élément de A est visiblement dans A.

A est donc un sous-groupe de $(\mathbb{C}, +)$.

- Montrons ensuite que A est stable pour la multiplication : soit a, b, c, d éléments de $\mathbb{Z}$.

$(a+bj).(c+dj) = (ac-bd) + (ad+bc-bd)j$ d'après 1), donc $(a+bj).(c+dj) \in A$.

- Enfin $1 \in A$.

Conclusion : $\boxed{A \text{ est un sous-anneau de } \mathbb{C}}$.

3. Soit a, b éléments de $\mathbb{Z}$, et $u = a+bj$. Calculons $|u|^2$:

$$|u|^2 = |a+bj|^2 = \left|\left(a-\frac{b}{2}\right)+i\frac{\sqrt{3}}{2}b\right|^2 = \left(a-\frac{b}{2}\right)^2 + \frac{3}{4}b^2 = a^2-ab+b^2 \in \mathbb{N}.$$

4. Soit a, b éléments de $\mathbb{Z}$, et $u = a+bj$. Supposons u inversible ; soit v son inverse ; $uv = 1$, donc $|u|^2|v|^2 = 1$. On obtient deux entiers naturels dont le produit vaut 1. C'est donc que chacun des deux est égal à 1.

Conclusion : $|u| = 1$.

Réciproquement, soit $u = a+bj$ un élément de A de module 1. Dans ce cas :

$\dfrac{1}{u} = \bar{u} = a+b\bar{j} = a+bj^2 = a+b(-1-j) = (a-b)-bj$ qui est bien un élément de A. Donc u est inversible dans A.

5. D'après 3) et 4), nous devons chercher les couples d'entiers (a, b) tels que $\left(a-\dfrac{b}{2}\right)^2 + \dfrac{3}{4}b^2 = a^2-ab+b^2 = 1$; b ne peut prendre que les valeurs 0, 1, -1, car sinon $\dfrac{3}{4}b^2 > 1$.

Si $b = 0$, $a = \pm 1$; si $b = 1$, $a = 0$ ou 1 ; si $b = -1$, $a = 0$ ou -1.

Conclusion : $A^* = \{1, -1, j, 1+j, -j, -1-j\} = U_6$.

11. ★ Le groupe des inversibles de $\mathbb{Z}[\sqrt{2}]$ — D'après ENS ULM

1. Soit $A = \{\ a+b\sqrt{2}\ /\ a, b \in \mathbb{Z}\}$. Montrer que A est un anneau. On notera A^* l'ensemble des éléments inversibles dans A.

2. Montrer que pour $u = a+b\sqrt{2}$ élément de A, le couple (a, b) est unique.

3. On définit alors une application $f : \begin{cases} A \to A \\ a+b\sqrt{2} \mapsto a-b\sqrt{2} \end{cases}$; montrer que f est un automorphisme d'anneau.

4. Soit a et b deux entiers, et $u = a+b\sqrt{2}$. Montrer que u est élément de A^* si et seulement si $|a^2-2b^2| = 1$.

5. Montrer que $A^* \cap\ ]1, 1+\sqrt{2}\,[= \varnothing$.

6. Montrer que $A^* = \{\pm (1+\sqrt{2})^n\ /\ n \in \mathbb{Z}\}$.

Conseils méthodologiques : **2)** Écrire $a+b\sqrt{2} = c+d\sqrt{2}$. **3)** Toujours penser à utiliser les questions qui précèdent : c'est un réflexe à acquérir ! Étudier $f \circ f$. **4)** Si $uv = 1$, calculer $f(u).f(v)$. **6)** Choisir $u = a+b\sqrt{2}$ élément positif de A^* et n tel que $(1+\sqrt{2})^n \leq u < (1+\sqrt{2})^{n+1}$.

1. On montre aisément que A est un sous-anneau de $\mathbb{R}$: A est une partie de $\mathbb{R}$ stable pour l'addition et la multiplication, contenant 1, et contenant l'opposé de tout élément de A.

2. Soit a, b, c, d quatre entiers tels que $a+b\sqrt{2} = c+d\sqrt{2}$; alors $a-c = (d-b)\sqrt{2}$; $d-b$ est forcément nul, car sinon $\sqrt{2} = \dfrac{a-c}{d-b} \in \mathbb{Q}$; donc $b = d$; on en déduit immédiatement que $a = c$.

3. Remarquons que d'après la question 2), f est bien définie.
Clairement, $f \circ f = Id_A$; donc f est bijective, et $f = f^{-1}$.
On vérifie aisément par le calcul que : $\forall\, x,\, y \in A,\ f(x+y) = f(x)+f(y)$ et $f(x.y) = f(x).f(y)$.
Enfin, $f(1) = 1$.
Conclusion : **f est un automorphisme d'anneau**.

4. Soit a et b deux entiers, et $u = a+b\sqrt{2}$; remarquons d'abord que $a^2-2b^2 = u.f(u)$.

Supposons u élément de A^*. Soit $v = c+d\sqrt{2}$ l'inverse de u.
On a : $uv = 1$, donc $f(u).f(v) = f(uv) = f(1) = 1$.
On en déduit que $(u.f(u)).(v.f(v)) = 1$, soit $(a^2-2b^2).(c^2-2d^2) = 1$.
On obtient deux entiers dont le produit vaut 1, donc chacun des deux vaut ± 1.
Conclusion : $|a^2-2b^2| = 1$.
Réciproquement : supposons que $|a^2-2b^2| = 1$.
Alors : $(a+b\sqrt{2}).(a-b\sqrt{2}) = 1$ ou -1 ; l'inverse de $a+b\sqrt{2}$ est donc $a-b\sqrt{2}$ ou $-a+b\sqrt{2}$, élément de A.
Conclusion : **u est élément de A^* si et seulement si $|a^2-2b^2| = 1$**.

5. Notons $I =]1,\ 1+\sqrt{2}\,[$; supposons l'existence de $u = a+b\sqrt{2}$ élément de $A^* \cap I$; on sait alors que $|a^2-2b^2| = 1$, et que l'inverse v de u est $|a-b\sqrt{2}|$; de plus $0 < v = |a-b\sqrt{2}| < 1$, car $u > 1$.
Examinons plusieurs cas :
1er cas : $a = 0$. Alors $2b^2 = 1$: impossible car b est entier.
2e cas : $b = 0$. Alors $a^2 = 1$, et $u = a \in I$: impossible.
3e cas : $a \geq 1$ et $b \geq 1$. Dans ce cas $a+b\sqrt{2} \geq 1+\sqrt{2}$: impossible.
4e cas : $a \leq -1$ et $b \leq -1$. Alors $a+b\sqrt{2} < 0$: impossible.
5e cas : a et b non nuls et de signes opposés. Dans ce cas $v = |a-b\sqrt{2}| \geq 1+\sqrt{2}$: impossible.
On obtient une contradiction.

Conclusion : $\boxed{A^* \cap\,]1,\ 1+\sqrt{2}\,[= \varnothing}$.

6. Rappelons que A^* est un groupe multiplicatif ; il contient -1 et $1+\sqrt{2}$. Puisque A^* est stable pour la multiplication, il contient $\{\pm (1+\sqrt{2})^n \,/\, n \in \mathbb{Z}\}$.

Réciproquement, soit $u = a+b\sqrt{2}$ élément de A^* ; supposons u positif et cherchons n entier tel que $u = (1+\sqrt{2})^n$; choisissons $n = E\left(\dfrac{\ln u}{\ln(1+\sqrt{2})}\right)$; alors :

$$n \leq \frac{\ln u}{\ln(1+\sqrt{2})} < n+1,$$

donc $(1+\sqrt{2})^n \leq u < (1+\sqrt{2})^{n+1}$, c'est-à-dire $1 \leq (1+\sqrt{2})^{-n} u < 1+\sqrt{2}$.

Soit $w = (1+\sqrt{2})^{-n} u$; puisque A^* est un groupe, w est élément de A^*. De plus, $w \in [1,\ 1+\sqrt{2}\,[$. Donc, d'après la question 5., $w = 1$. Par suite $u = (1+\sqrt{2})^n$.
Dans le cas où u est négatif, on applique ce qui précède à $-u$.

Conclusion : $\boxed{A^* = \{\pm(1+\sqrt{2})^n \,/\, n \in \mathbb{Z}\}}$.

Pour approfondir

12. Nombres premiers — D'après Centrale

Soit $a_n = 2^n + 1$, avec n entier naturel non nul. On suppose a_n premier. Que dire de n ?

Conseils méthodologiques : on n'attend pas du candidat qu'il devine instantanément la réponse ! Effectuer quelques essais. Penser à la relation $x^n - y^n = (x-y)\sum_{k=0}^{n-1} x^{n-1-k}y^k$.

Il faut ici faire preuve d'un peu d'initiative. Calculons donc les premiers termes de cette suite :
$a_1 = 3$, $a_2 = 5$, $a_3 = 9$, $a_4 = 17, \ldots$, $a_8 = 257, \ldots$ On remarque que a_n est premier pour $n = 0, 1, 2, 4, 8\ldots$
On conjecture, et on va essayer de démontrer que si a_n est premier, alors n est une puissance de 2. Supposons donc que a_n est premier et écrivons $n = p2^q$, avec p impair, et q entier naturel.

On a alors, en utilisant $x^n - y^n = (x-y)\sum_{k=0}^{n-1} x^{n-1-k}y^k$ pour $x = 2^{2^q}$ et $y = -1$:

$a_n = 2^n + 1 = 2^{p2^q} + 1 = (2^{2^q})^p + 1$ divisible par $2^{2^q} + 1 > 1$. L'entier a_n étant premier, on a une contradiction si $p \neq 1$.
Par suite $a_n = 2^{2^q} + 1$, et on a bien montré que n est une puissance de 2.

13. Un exemple de rationnel — D'après ENS

Soit $n \in \mathbb{N}$, $n \geq 2$. On note $S_n = \sum_{k=1}^{n} \frac{1}{k}$.

1. Montrer l'existence d'un entier $q \geq 1$ tel que $2^q \leq n < 2^{q+1}$.

2. Montrer que S_n peut s'écrire $S_n = \frac{1}{2^q} + \frac{r}{2^{q-1}s}$, avec r entier naturel, et s entier naturel impair.

3. Montrer que S_n n'est pas entier.

Conseils méthodologiques : **2)** Remarquer que parmi les entiers k vérifiant $1 \leq k \leq n$, un seul est divisible par 2^q.

1. Justifions l'existence de q : $2^q \leq n < 2^{q+1}$ est équivalent à $q \leq \frac{\ln(n)}{\ln(2)} < q + 1$. Donc l'entier $q = E\left(\frac{\ln(n)}{\ln(2)}\right)$ convient.

2. On notera $l = 2^q$. Remarquons que parmi les entiers k vérifiant $1 \leq k \leq n$, seul l est divisible par 2^q ; en effet, le plus petit multiple de 2^q après l est 2^{q+1} qui dépasse n. Notons m le PPCM de l'ensemble $\{ k \in \mathbb{N} / \ 1 \leq k \leq n \text{ et } k \neq l \}$.
On a donc $m = 2^{q-1}s$ avec s impair.

Notons $T_n = \sum_{\substack{1 \leq k \leq n \\ k \neq l}} \frac{1}{k} = S_n - \frac{1}{2^q}$; en réduisant au même dénominateur, on obtient : $T_n = \frac{r}{m}$, où r est un entier. La conclusion en découle.

3. D'après 2), $S_n = \frac{1}{2^q} + \frac{r}{2^{q-1}s} = \frac{2r+s}{2^q s}$; le numérateur étant impair, et le dénominateur pair, S_n n'est pas entier.

14. Points à coordonnées entières — D'après Centrale

On suppose connu le fait que $\sqrt{2}$, $\sqrt{3}$ et $\sqrt{6}$ sont irrationnels (*cf.* savoir faire 5.3.).

1. Soit a, b, c trois rationnels. Montrer que si $a + b\sqrt{2} + c\sqrt{3} = 0$, alors $a = b = c = 0$.

2. Montrer que tout cercle de centre $A = (\sqrt{2}, \sqrt{3})$ passe, au plus, par un point de $\mathbb{Z}^2$.

3. Montrer que, pour tout entier naturel n, il existe un disque fermé $D(A, R)$ de centre A contenant exactement n points de $\mathbb{Z}^2$.

Conseils méthodologiques : **1)** Si l'entier n n'est pas le carré d'un entier et si $(a,b) \in \mathbb{Z}^2$, utiliser l'implication : $a + b\sqrt{n} = 0 \Rightarrow a = b = 0$. **2)** Considérer deux points à coordonnées entières sur le même cercle de centre A. **3)** Ordonner les distances du point A aux points de $\mathbb{Z}^2$.

1. Supposons donc $a + b\sqrt{2} + c\sqrt{3} = 0$; on en déduit : $a + b\sqrt{2} = -c\sqrt{3}$, puis, en élevant au carré :

$$a^2 + 2ab\sqrt{2} + 2b^2 = 3c^2, \text{ donc : } 2ab\sqrt{2} = 3c^2 - a^2 - 2b^2.$$

$\sqrt{2}$ étant irrationnel : $2ab = 3c^2 - a^2 - 2b^2 = 0$; en particulier, $a = 0$, ou $b = 0$.

- Cas où $a = 0$: alors $b\sqrt{2} + c\sqrt{3} = 0$, d'où $2b + c\sqrt{6} = 0$; $\sqrt{6}$ étant irrationnel, $b = c = 0$.
- Cas où $b = 0$: alors $a + c\sqrt{3} = 0$; $\sqrt{3}$ étant irrationnel, $a = c = 0$.

2. Considérons deux points $B = (a, b)$ et $C = (c, d)$ à coordonnées entières sur le même cercle de centre A. Alors :

$$(a - \sqrt{2})^2 + (b - \sqrt{3})^2 = (c - \sqrt{2})^2 + (d - \sqrt{3})^2.$$

On en déduit : $a^2 + b^2 - c^2 - d^2 + 2(a-c)\sqrt{2} + 2(b-d)\sqrt{3} = 0$. La première question permet d'obtenir $a - c = b - d = 0$. Donc $B = C$, c'est-à-dire tout cercle de centre $A = (\sqrt{2}, \sqrt{3})$ passe, au plus, par un point de $\mathbb{Z}^2$.

3. Montrons d'abord que tout disque fermé de centre A ne contient qu'un nombre fini de points de $\mathbb{Z}^2$.

Soit $R > 0$, et $M = (a, b)$ à coordonnées entières appartenant au disque fermé $D(A, R)$ de centre A et de rayon R. Alors :

$(a - \sqrt{2})^2 + (b - \sqrt{3})^2 \leq R^2$. Donc :

$\left|a - \sqrt{2}\right| \leq R$, et $\left|b - \sqrt{3}\right| \leq R$, d'où :

$|a| \leq R + \sqrt{2}$, et $|b| \leq R + \sqrt{3}$. Donc a, b, et M ne peuvent prendre qu'un nombre fini de valeurs.

Fixons maintenant $n \in \mathbb{N}$, et choisissons R suffisamment grand pour que $D(A, R)$ contienne au moins n éléments de $\mathbb{Z}^2$; il suffit pour cela de choisir n éléments quelconques de $\mathbb{Z}^2$, et de noter R la plus grande des distances de A à ces n points. $D(A, R)$ ne contient qu'un nombre fini q de points de $\mathbb{Z}^2$: $M_1, \ldots, M_q$. On peut les ordonner pour que leurs distances à A constituent une suite croissante :

$d_1 = d(A, M_1) \leq d_2 = d(A, M_2) \leq \ldots \leq d_q = d(A, M_q)$; cette suite est en fait strictement croissante d'après la question 2). Choisissons $R' = d_n$. Le disque fermé $D(A, R')$ contient alors exactement n points de $\mathbb{Z}^2$.

CHAPITRE 13

Espaces vectoriels et applications linéaires

Le cours en questions

1 ■ Sous-espaces vectoriels (s.e.v.)

1.1 Qu'est-ce qu'une combinaison linéaire des vecteurs $v_1, v_2, \ldots, v_p$?

Dans le $\mathbb{K}$-espace vectoriel *E*, le vecteur *v* est une combinaison linéaire des vecteurs $v_1, v_2, \ldots, v_p$ s'il existe $(\lambda_1, \lambda_2, \ldots, \lambda_p) \in \mathbb{K}^p$ tel que :

$$v = \lambda_1 v_1 + \lambda_2 v_2 + \ldots + \lambda_p v_p = \sum_{i=1}^{p} \lambda_i v_i .$$

Une famille dans laquelle un des vecteurs est combinaison linéaire des autres est appelée famille liée.

L'ensemble des combinaisons linéaires d'une famille de vecteurs $v_1, v_2, \ldots, v_p$ est un s.e.v. de *E* appelé sous-espace vectoriel engendré par $(v_1, v_2, \ldots, v_p)$ et noté $\mathrm{Vect}(v_1, v_2, \ldots, v_p)$.

1.2 Comment prouver que *F* est un s.e.v. ?

Méthode 1 (*critère de s.e.v.*) :

$F \subset E$ est un sous-espace vectoriel de *E* si et seulement si :

$$F \neq \varnothing \text{ et } \forall (x, y) \in F^2, \forall \lambda \in \mathbb{K}, \begin{cases} x + y \in F \\ \lambda x \in F. \end{cases}$$

Ces conditions sont équivalentes à : $\begin{cases} 0_E \in F \\ \forall (x, y) \in F^2, \forall \lambda \in \mathbb{K}, \lambda x + y \in F. \end{cases}$

s.e.v. = sous-espace vectoriel. Dans une épreuve de concours, il est déconseillé d'utiliser des abréviations. Néanmoins, nous en utiliserons dans le cadre de cet ouvrage soit pour faciliter la mémorisation des énoncés, soit par souci de concision.

Tout sous-espace vectoriel *F* est stable par combinaison linéaire, c'est-à-dire toute combinaison linéaire de vecteurs $v_1, v_2, \ldots, v_p$ de *F* appartient encore à *F*.

Les scalaires $\lambda_1, \lambda_2, \ldots, \lambda_p$ appartiennent à $\mathbb{K}$ qui peut désigner $\mathbb{R}$ ou $\mathbb{C}$.

Erreur à éviter :

Ne jamais utiliser la définition d'un espace vectoriel.

Erreur à éviter :

Ne pas oublier : $F \neq \varnothing$ (*cf.* savoir faire 2).

Pour pouvoir utiliser les critères de s.e.v., il est nécessaire de connaître certains exemples d'espaces vectoriels. Les espaces vectoriels utiles sont les ensembles suivants (munis des additions et multiplications usuelles) : $\mathbb{K}^n$ l'ensemble des n-uplets d'éléments de $\mathbb{K}$, $\mathcal{A}(X, \mathbb{K})$ l'ensemble des fonctions de X (ensemble quelconque) dans $\mathbb{K}$, $C^0(D, \mathbb{K})$ l'ensemble des fonctions continues sur $D \subset \mathbb{R}$, $C^p(I, \mathbb{K})$ l'ensemble des fonctions p fois continûment dérivables sur I $(p \in \mathbb{N})$, $\mathbb{K}^{\mathbb{N}}$ l'ensemble des suites à valeurs dans $\mathbb{K}$.
On verra plus tard $\mathcal{L}(E, F)$ l'ensemble des applications linéaires de E vers F, $M_{n,p}(\mathbb{K})$ l'ensemble des matrices à n lignes et p colonnes à termes dans $\mathbb{K}$, $\mathbb{K}[X]$ l'ensemble des polynômes à coefficients dans $\mathbb{K}$.

Cf. savoir faire 5.c.

Erreur à éviter :
Ne pas confondre somme et réunion de deux sous espaces vectoriels.

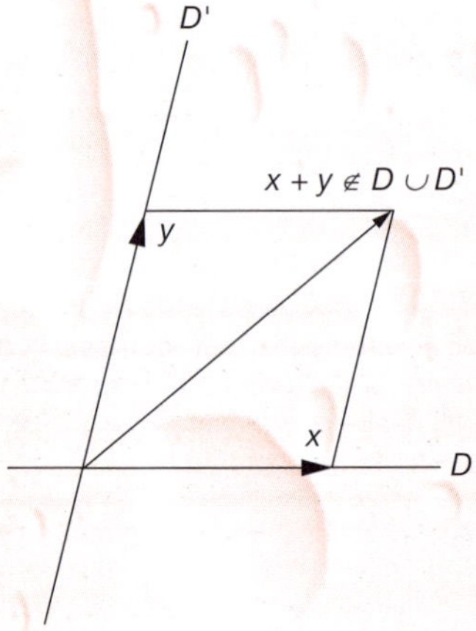

Figure 1

Méthode 2 (<u>*s.e.v. engendré*</u>) : montrer que F est l'ensemble des combinaisons linéaires d'une famille de vecteurs de E.

Méthode 3 (<u>*noyau ou image*</u>) : montrer que F est le noyau ou l'image d'une application linéaire (*cf.* savoir faire 2.2).

Méthode 4 (<u>*somme ou intersection de s.e.v.*</u>) : montrer que F est l'intersection ou la somme de s.e.v. connus.

1.3 Comment prouver que la somme de deux s.e.v. est directe ?

Méthode 1 (*grâce à l'<u>intersection</u>*) : la somme de deux s.e.v. $F+G$ est directe si et seulement si :

$$F \cap G = \{0_E\}.$$

Méthode 2 (*grâce à <u>l'unicité de la décomposition du vecteur nul</u>*) :
La somme $F+G$ est directe si et seulement si :
$\forall (x_F, x_G) \in F \times G, \left[x_F + x_G = 0 \Rightarrow x_F = x_G = 0\right]$.
Méthode 3 (*grâce à <u>la somme des dimensions</u>* en dimension finie) :
La somme $F+G$ est directe si et seulement si :

$$\dim(F+G) = \dim F + \dim G.$$

Rappel : en général, la dimension d'une somme est donnée par la formule de Grassmann :

$$\dim(F+G) = \dim F + \dim G - \dim(F \cap G).$$

Remarque :

$F+G = \{x_F + x_G \,/\, x_F \in F \text{ et } x_G \in G\}$ et $F \cup G = \{x \in E \,/\, x \in F \text{ ou } x \in G\}$.

Donc $F \cup G \subset F+G$. En général l'inclusion est stricte.
Par exemple, dans le plan usuel $\mathbb{R}^2$, la somme des deux droites distinctes D et D' (*cf.* Fig. 1) est le plan tout entier qui est distinct de la réunion $D \cup D'$.

1.4 Comment prouver que $E = F \oplus G$?

$E = F \oplus G$ signifie que les s.e.v. F et G sont supplémentaires. Il y a plusieurs façons d'établir ce résultat.
Méthode 1 (<u>*en dimension quelconque*</u>) :

$$E = F \oplus G \Leftrightarrow \begin{cases} F \cap G = \{0\} \\ E = F + G. \end{cases}$$

Méthode 2 (<u>*existence et unicité de la décomposition*</u>) :

$$E = F \oplus G \Leftrightarrow \forall x \in E, \exists! (x_F, x_G) \in F \times G, x = x_F + x_G.$$

On procède par analyse et synthèse. Pour un vecteur x quelconque, en supposant $x = x_F + x_G$ et $(x_F, x_G) \in F \times G$, on peut d'abord déterminer les vecteurs x_F et x_G grâce à des conditions nécessaires : cela permet de prouver l'unicité du couple. On vérifie ensuite que ce couple $(x_F, x_G) \in F \times G$ convient (*cf.* savoir faire 4).

Méthode 3 (en dimension finie) :

$$E = F \oplus G \Leftrightarrow \begin{cases} F \cap G = \{0\} \\ \dim E = \dim F + \dim G. \end{cases}$$

Pour qu'une droite et un plan soient supplémentaires dans $\mathbb{R}^3$, il suffit qu'un vecteur directeur de la droite n'appartienne pas au plan.

2 ■ Familles libres et familles génératrices

2.1 Qu'est-ce qu'une famille libre ? Liée ?

La famille de vecteurs $(v_1, v_2, \dots, v_p)$ est libre si pour tout $(\lambda_1, \lambda_2, \dots, \lambda_p) \in \mathbb{K}^p$:

$$\lambda_1 v_1 + \lambda_2 v_2 + \dots + \lambda_p v_p = 0_E \Rightarrow \lambda_1 = \lambda_2 = \dots = \lambda_p = 0 .$$

Dans ce cas, on dit que les vecteurs $v_1, v_2, \dots, v_p$ sont linéairement indépendants. Une famille qui n'est pas libre est une famille liée. Dire qu'une famille est liée signifie qu'au moins un des vecteurs de la famille est combinaison linéaire des autres. C'est-à-dire que la famille de vecteurs $(v_1, v_2, \dots, v_p)$ est liée si et seulement s'il existe $i \in [\![1, p]\!]$ et $(\lambda_k)_{\substack{1 \le k \le p \\ k \ne i}} \in \mathbb{K}^{p-1}$ tels que :

$$v_i = \sum_{\substack{k=1 \\ k \ne i}}^{p} \lambda_k v_k .$$

Toute sous-famille d'une famille libre est libre. Toute famille qui comporte une sous-famille liée est liée.

Toute famille de $p+1$ vecteurs $(u_1, u_2, \dots, u_{p+1})$ qui sont obtenus par combinaison linéaire d'une famille de p vecteurs $(v_1, v_2, \dots, v_p)$ est liée.

Si dans une famille il existe deux vecteurs colinéaires alors la famille est liée mais la réciproque est fausse. Par exemple si i et j sont deux vecteurs non colinéaires, la famille $(i, j, i+j)$ est liée alors que les vecteurs de cette famille sont deux à deux non colinéaires.

2.2 Comment prouver qu'une famille est libre ?

Méthode 1 : utiliser *la définition* à partir d'une combinaison linéaire et prouver que : $\sum_{i=1}^{p} \lambda_i v_i = 0 \Rightarrow \forall i \in [\![1, p]\!], \lambda_i = 0$.

Méthode 2 : raisonner *par l'absurde*, en supposant qu'un des vecteurs de la famille est combinaison linéaire des autres puis obtenir une contradiction pour conclure que la famille est libre.

Pour une famille de vecteurs de $\mathbb{R}^n$ ($n \le 4$), on peut se ramener à un système linéaire et le résoudre. Pour une famille de fonctions, on peut raisonner par récurrence, se servir de la valeur en un point, de la dérivation, de la non dérivabilité en un point, de la prépondérance (au voisinage de $+\infty$ par exemple). Pour une famille de polynômes on peut se servir des racines ou des degrés. Cf. savoir faire 6.

Toute famille de polynômes non nuls de degré deux à deux distincts ($i \ne j \Rightarrow d^\circ P_i \ne d^\circ P_j$) est libre.

Quand on a les coordonnées de ces vecteurs dans une base de E, on peut utiliser la méthode du pivot de Gauss pour trouver le rang de la famille de vecteurs puis en déduire qu'elle est libre si son rang est égal au nombre des vecteurs de cette famille.

2.3 Qu'est-ce qu'une famille génératrice ?

Une famille $(v_i)_{i \in [\![1, p]\!]}$ de vecteurs de E est génératrice d'un s.e.v. F de E si $v_i \in F$, pour tout i appartenant à $[\![1, p]\!]$ et si tout vecteur de F est combinaison linéaire des vecteurs de cette famille $(v_i)_{i \in [\![1, p]\!]}$.

Toute famille comportant une sous-famille génératrice de E est elle-même génératrice de E.

Tout s.e.v. d'un espace vectoriel de dimension finie n est un espace vectoriel de dimension finie $p \leq n$.

2.4 Qu'est-ce qu'une base ?

La famille $(e_i)_{i \in [\![1,\, n]\!]}$ est une base de E si et seulement si tout vecteur de E s'écrit de manière unique comme combinaison linéaire des vecteurs de cette famille. C'est-à-dire que, pour tout vecteur x de E, il existe un unique n-uplet de scalaires $(x_i)_{i \in [\![1,\, n]\!]}$ (réels ou complexes), tels que :

$$x = \sum_{i=1}^{n} x_i e_i \ .$$

Dans un espace vectoriel E de dimension n, toute famille génératrice de E a au moins n vecteurs et si une famille génératrice a exactement n vecteurs, c'est une base de E.

La famille $(e_i)_{i \in [\![1,\, n]\!]}$ est une base de E si et seulement si elle est à la fois libre et génératrice de E. Si c'est le cas, toutes les autres bases ont n éléments et E est un espace vectoriel de dimension n. Dans un espace vectoriel E de dimension n, toute famille libre a au plus n vecteurs. Si une famille libre a exactement n vecteurs elle est maximale. Toute famille libre maximale est une base de E.

On appelle base canonique de $\mathbb{K}^n$ la base naturelle $(e_1, , \ldots, e_n)$ définie par : $e_1 = (1, 0, 0, \ldots 0, 0)$,
$e_2 = (0, 1, 0, \ldots 0, 0)$,
$\ldots$
$e_n = (0, 0, \ldots, 0, 1)$.
Le corps de base peut avoir une incidence sur la dimension d'un espace vectoriel. Par exemple, $\mathbb{C}$ est un $\mathbb{C}$-espace vectoriel de dimension 1 de base (1) mais c'est aussi un $\mathbb{R}$-espace vectoriel de dimension 2 de base (1, i).

Rappel : si E est de dimension *finie*, et si F et G sont deux sous-espaces vectoriels de E alors : $F \subset G \Rightarrow \dim F \ \leq \ \dim G$. De plus :

$$\left.\begin{array}{l} \dim F = \dim G \,(< +\infty) \\ F \subset G \end{array}\right\} \Rightarrow F = G \ .$$

2.5 Citer le théorème de la base incomplète.

Ce théorème prouve l'existence d'un supplémentaire pour tout s.e.v. F d'un espace vectoriel E de dimension finie. Si $(e_1, e_2, \ldots, e_p)$ est une base de F, il suffit de prendre $S = \mathrm{Vect}(g_{p+1}, \ldots, g_n)$.

Si on dispose d'une famille libre $(e_1, e_2, \ldots, e_p)$ d'un espace E de dimension finie n et d'une partie G génératrice de E, on peut compléter la famille libre par des vecteurs de G pour obtenir une base $(e_1, e_2, \ldots, e_p, g_{p+1}, \ldots, g_n)$ de E.

En général on utilise $G = E$, ce qui donne le théorème usuel : si on dispose d'une famille libre $(e_i)_{i \in [\![1,\, p]\!]}$ d'un espace E de dimension finie, on peut la compléter pour obtenir une base de E.

3 ■ Sous-espaces affines

3.1 Qu'est-ce qu'un sous-espace affine ?

$\mathcal{V} = a + F$ est l'image de F par la translation $x \mapsto a + x$.

Si E est un espace vectoriel, une partie $\mathcal{V}$ de E est un sous-espace affine de E s'il existe un vecteur a et un s.e.v. F de E tels que :

$$\mathcal{V} = \{a + x \,/\, x \in F\} = a + F \ .$$

F est appelée la direction de $\mathcal{V}$.

3.2 Que signifie $\mathcal{V}$ est parallèle à $\mathcal{V}$?

Dire que $\mathcal{V}$ est parallèle à $\mathcal{V}'$ signifie que la direction de $\mathcal{V}$ contient la direction de $\mathcal{V}$. L'intersection $\mathcal{V} \cap \mathcal{V}'$ est alors soit vide soit égale à $\mathcal{V}$.

Dire que $\mathcal{V}$ et $\mathcal{V}'$ sont parallèles signifie qu'ils ont même direction. Dans ce cas soit $\mathcal{V}=\mathcal{V}'$, soit l'intersection $\mathcal{V}\cap\mathcal{V}'$ est vide.

Erreur à éviter :
Une droite peut être parallèle à un plan mais un plan n'est jamais parallèle à une droite.

4 ■ Applications linéaires

4.1 Qu'est-ce qu'un endomorphisme de *E* ?

Si E est un $\mathbb{K}$-espaces vectoriel, f est un endomorphisme de E si et seulement si :

1) f est une application f de **E dans E**,
2) f est *linéaire*, c'est-à-dire :

$$\forall(x, y)\in E^2, \forall(\lambda, \mu)\in\mathbb{K}^2, f(\lambda x+\mu y)=\lambda f(x)+\mu f(y).$$

Erreur à éviter :
Ne pas oublier de vérifier que $f(x)\in E$ pour tout x de E.

Une application linéaire de E vers F est aussi appelée :

morphisme de E vers F	(dans tous les cas)
endomorphisme de E	si $F=E$
isomorphisme de E vers F	si f est bijective
automorphisme de E	si f est bijective et $F=E$
forme linéaire sur E	si $F=\mathbb{K}$

Une application f de E vers F est *linéaire* si et seulement si :
$\forall(x, y)\in E^2, \forall\lambda\in\mathbb{K},$
$\begin{cases} f(x+y)=f(x)+f(y) \\ f(\lambda x)=\lambda f(x) \end{cases}.$

Si f est une application *linéaire* de E vers F, pour tous vecteurs $u_1, \ldots, u_n$ appartenant à E, et tous scalaires $\lambda_1, \ldots, \lambda_n$: $f\left(\sum_{j=1}^{n}\lambda_j u_j\right)=\sum_{j=1}^{n}\lambda_j f(u_j)$.

L'ensemble des applications linéaires de E dans F se note $\mathcal{L}_{\mathbb{K}}(E, F)$ ou plus simplement $\mathcal{L}(E, F)$ s'il n'y a pas d'ambiguïté sur le corps de base $\mathbb{K}$.
L'ensemble des endomorphismes de E est noté $\mathcal{L}_{\mathbb{K}}(E)$ ou $\mathcal{L}(E)$.
$(\mathcal{L}(E, F)+, .)$ et $(\mathcal{L}(E), +, .)$ ont une structure de $\mathbb{K}$-espace vectoriel et $(\mathcal{L}(E), +, \circ)$ a une structure d'anneau.

4.2 Que désigne $\mathcal{GL}(E)$? Est-ce un s.e.v. de $\mathcal{L}(E)$?

$\mathcal{GL}(E)$ est l'ensemble des automorphismes de E ; muni de la composition des applications il a une structure de groupe (en général non commutatif). En revanche $(\text{si } E\neq\{0\})$ il ne contient pas l'application nulle, donc ce n'est pas un s.e.v. de $\mathcal{L}(E)$.

L'application nulle est le vecteur nul de l'espace vectoriel $\mathcal{L}(E)$.

4.3 Que dire du noyau et de l'image de *f* et de *f* ∘ *g* ?

On rappelle les définitions de $\operatorname{Ker} f$ et $\operatorname{Im} f$:
$\operatorname{Ker} f=\{x\in E / f(x)=0\}$, c'est un s.e.v. de l'espace de départ E.
$\operatorname{Im} f=\{y\in F / \exists x\in E, y=f(x)\}$, c'est un s.e.v. de l'espace d'arrivée F.

Si $f\in\mathcal{L}(E, F)$ et $g\in\mathcal{L}(F, G)$ on a les deux inclusions :

$$\operatorname{Ker} f\subset\operatorname{Ker} g\circ f \quad \text{et} \quad \operatorname{Im} g\circ f\subset\operatorname{Im} g.$$

$\operatorname{Im} f=\operatorname{Vect}(f(e_1), f(e_2), \ldots, f(e_n))$ si $\mathcal{B}=(e_1, e_2, \ldots, e_n)$ est une base de E.

De plus : $g\circ f=0\Leftrightarrow\operatorname{Im} f\subset\operatorname{Ker} g$.

$\text{Ker}(f-\lambda \text{Id}_E)=\{x \in E / f(x)=\lambda x\}$ est donc un s.e.v. de l'espace de E. *cf.* savoir faire 2.2.

Si $p^2=p$ alors, en notant Id_E l'identité de E, on a l'égalité : $\text{Ker}(p-\text{Id}_E)=\text{Im}\,p$.

$\forall (x_F, x_G) \in F \times G$,

$$x=x_F+x_G \Rightarrow \begin{cases} p(x)=x_F \\ s(x)=x_F-x_G. \end{cases}$$

Le tableau des coordonnées des vecteurs $f(e_1), \dots, f(e_n)$ dans une base $(\varepsilon_1, \dots, \varepsilon_p)$ de F suffit à caractériser f. Dans un prochain chapitre, on l'introduira sous le nom de matrice de f dans les bases $(e_1, \dots, e_n)$ et $(\varepsilon_1, \dots, \varepsilon_p)$.

La restriction de $f \in \mathcal{L}(E, F)$ à un s.e.v. H est l'application

$$f_{|H} : \begin{cases} H \to F \\ x \mapsto f(x). \end{cases}$$

Le rang d'une application linéaire f est la dimension de l'image de f.

Erreur à éviter :

En général, la somme $\text{Ker} f+\text{Im} f$ n'est pas directe et $E \neq \text{Ker} f+\text{Im} f$.

Le rang d'une famille de vecteurs $(u_1, u_2, \dots, u_p)$ est la dimension de l'espace vectoriel $\text{Vect}(u_1, u_2, \dots, u_p)$ engendré par cette famille.

Si $f \in \mathcal{L}(E)$, il en résulte que, pour tout entier naturel k :

$\{0_E\} \subset \text{Ker} f \subset \text{Ker} f^2 \subset \dots \subset \text{Ker} f^k \subset \text{Ker} f^{k+1}$,

et $\text{Im} f \supset \text{Im} f^2 \supset \dots \supset \text{Im} f^k \supset \text{Im} f^{k+1}$.

4.4 Que désignent un projecteur et une symétrie ?

Si E est un $\mathbb{K}$-espace vectoriel, et p un endomorphisme de E, on dit que p est un projecteur de E lorsque $p \circ p=p$. Les deux s.e.v. $\text{Ker}\,p$ et $\text{Im}\,p$ sont alors supplémentaires.

p est la projection vectorielle sur $\text{Im}\,p$ suivant $\text{Ker}\,p$.

Si s est un endomorphisme de E, on dit que s est une symétrie de E lorsque $s \circ s=\text{Id}_E$. Les deux s.e.v. $\text{Ker}(s+\text{Id}_E)$ et $\text{Ker}(s-\text{Id}_E)$ sont alors supplémentaires ; s est la symétrie vectorielle par rapport à $\text{Ker}(s-\text{Id}_E)$ de direction $\text{Ker}(s+\text{Id}_E)$.

Remarque :

Si $E=F \oplus G$, soit p la projection sur F suivant G, q la projection sur G suivant F et s la symétrie par rapport à F de direction G alors :

$$q+p=\text{Id}_E \text{ , et } s=p-q$$

c'est-à-dire $q=\text{Id}_E-p$, et $s=2p-\text{Id}_E$.

4.5 Donner trois façons de caractériser $f \in \mathcal{L}(E, F)$.

– On peut donner les images par f des vecteurs d'une base $(e_1, \dots, e_n)$ de E.

– On peut donner les restrictions de f à deux sous espaces supplémentaires H et G de E.Par exemple, une symétrie vectorielle par rapport à H de direction G est caractérisée par :

$$f_{|H} : \begin{cases} H \to F \\ x \mapsto x \end{cases} \text{ et } f_{|G} : \begin{cases} G \to F \\ x \mapsto -x. \end{cases}$$

– On peut donner les images de tous les vecteurs de E par f.Par exemple,

$$f : \begin{cases} \mathbb{R}^2 \to \mathbb{R}^2 \\ (x, y) \mapsto (x+y, x-y). \end{cases}$$

5 ■ Rang d'une application linéaire

5.1 Énoncer le théorème du rang.

Si E est un espace vectoriel de dimension finie et si $f \in \mathcal{L}(E, F)$ alors :

$$\dim E=\text{rg} f+\dim \text{Ker} f \text{ .}$$

Ce résultat s'obtient en montrant que tout supplémentaire S du noyau de f est isomorphe à l'image de f.

Remarque :

Si f est un *isomorphisme*, le rang d'une application linéaire g n'est pas modifié par composition avec f, c'est-à-dire : $\text{rg}(f \circ g)=\text{rg}(g)$ ou $\text{rg}(g \circ f)=\text{rg}(g)$ et l'image par f d'un s.e.v. H de E est un s.e.v. de même dimension : $\dim(f\langle H\rangle)=\dim H$.

5.2 Comment caractériser une application linéaire f injective ? Surjective ? Bijective ?

Si $f \in \mathcal{L}(E, F)$, les deux équivalences suivantes sont fondamentales :

$$f \text{ est injective} \Leftrightarrow \operatorname{Ker} f = \{0_E\}, \quad f \text{ est surjective} \Leftrightarrow \operatorname{Im} f = F.$$

Enfin, un isomorphisme f de E vers F est caractérisé par l'une des propriétés équivalentes suivantes :

i. Il existe une base $\mathcal{B} = (e_1, e_2, \ldots, e_n)$ de E telle que $f(\mathcal{B}) = (f(e_1), f(e_2), \ldots, f(e_n))$ est une base de F.

ii. Pour toute base $\mathcal{B}$ de E, $f(\mathcal{B})$ est une base de F.

iii. $\operatorname{Ker} f = \{0_E\}$ et $\operatorname{Im} f = F$.

iv. $\exists g \in \mathcal{L}(F, E)$, $g \circ f = \mathrm{Id}_E$ et $f \circ g = \mathrm{Id}_F$.

Si de plus E et F sont de même dimension finie n alors :

$$\operatorname{Ker} f = \{0_E\} \Leftrightarrow rg f = n \ (si \dim E = \dim F = n).$$

Par conséquent, dans ce cas, on a les équivalences :

f injective $\Leftrightarrow f$ surjective $\Leftrightarrow f$ bijective (si $f \in \mathcal{L}(E, F)$ et $\dim E = \dim F = n$).

Erreur à éviter :

Il est *très maladroit* de démontrer qu'une application linéaire est injective en utilisant :

$\forall (x, y) \in E^2, f(x) = f(y) \Rightarrow x = y$.

L'utilisation des propriétés *i)* et *ii)* supposent qu'on connaît une base $\mathcal{B}$ de E.

On obtient en particulier, si $f \in \mathcal{L}(E)$ et si $\dim E = n$:

$f \in \mathcal{GL}(E) \Leftrightarrow \operatorname{Ker} f = \{0_E\}$

$\Leftrightarrow \operatorname{Im} f = F$.

Dans ce cas :

$g \circ f = \mathrm{Id}_E \Leftrightarrow g = f^{-1}$

$f \circ g = \mathrm{Id}_E \Leftrightarrow g = f^{-1}$.

Les savoir-faire clefs

1 ■ Savoir reconnaître un s.e.v. de E.

Dans chacun des cas suivants, expliquer pourquoi l'ensemble F n'est pas un sous-espace vectoriel de l'espace E indiqué.

a) $E = C^1(\mathbb{R})$ et $F = C^0(\mathbb{R})$.

b) $E = \mathbb{R}^2$ et $F = \{(x, y) \in \mathbb{R}^2 \,/\, x + y = 1\}$.

c) $E = \mathbb{R}^2$ et $F = \{(x, y) \in \mathbb{R}^2 \,/\, x^2 = y^2\}$.

d) $E = C^0(\mathbb{R})$ et $F = C^0(\mathbb{R}, \mathbb{R}^+) = \{f \in C^0(\mathbb{R}) \,/\, \forall x \in \mathbb{R}, f(x) \geq 0\}$.

Conseils méthodologiques

a) b) c) d) $C^0(\mathbb{R})$ désigne l'ensemble des fonctions à valeurs réelles et continues sur $\mathbb{R}$ et $C^1(\mathbb{R})$ désigne l'ensemble des fonctions à valeurs réelles et continûment dérivables sur $\mathbb{R}$.

On utilisera le critère de s.e.v.

$$\begin{cases} 0_E \in F \\ \forall (x, y) \in F^2, \forall \lambda \in \mathbb{K}, \begin{cases} x + y \in F \\ \lambda x \in F. \end{cases} \end{cases}$$

et on montrera par un contre exemple qu'une des propriétés n'est pas vérifiée.

1.a) L'ensemble $F = C^0(\mathbb{R})$ n'est pas inclus dans E. En effet la fonction $x \mapsto |x|$ est continue sur $\mathbb{R}$ mais n'est pas dérivable en 0. Donc F n'est pas un sous-espace vectoriel de l'espace E.

Rappel. Pour écrire la négation d'une propriété, il suffit de changer « $\exists$ » en « $\forall$ », « $\forall$ » en « $\exists$ » et de nier la propriété finale. Par exemple : la négation de « $\forall (u, v) \in F^2, u+v \in F$ » est « $\exists (u, v) \in F^2, u+v \notin F$ ». De manière analogue la négation de « $\forall f \in F, \forall \lambda \in \mathbb{R}, \lambda f \in F$ » est « $\exists f \in F, \exists \lambda \in \mathbb{R}, \lambda f \notin F$ ».

b) Dans ce cas, l'ensemble F est contenu dans E mais le vecteur nul $(0, 0)$ n'appartient pas à F. Donc F n'est pas un sous-espace vectoriel de l'espace E.

c) Ici, l'ensemble F est contenu dans E et $(0, 0) \in F$ mais F n'est pas stable pour l'addition. En effet : $u = (1, 1) \in F$ et $v = (1, -1) \in F$ alors que leur somme $u + v = (2, 0) \notin F$. Donc F n'est pas un sous-espace vectoriel de l'espace E.

d) Dans ce cas, l'ensemble F est contenu dans E, $(0, 0) \in F$ et F est stable pour l'addition mais il existe un élément f dans F et un réel λ tels que $\lambda f \notin F$. Il suffit de prendre $f = 1$ et $\lambda = -1$. Donc F n'est pas un sous-espace vectoriel de l'espace E.

Conseils méthodologiques

2.1.a) F est un s.e.v. engendré par deux vecteurs. Pour le voir, faire apparaître une somme de deux vecteurs dont l'un ne dépend que de a et l'autre de b.

2.1 b) G est une droite vectorielle de $\mathbb{R}^3$. Faire apparaître ses équations paramétriques.

2.1.c) Résoudre l'équation différentielle $y' = 2y$.

2.2. Utiliser le noyau de l'endomorphisme $u - \lambda \mathrm{Id}_E$.

2 ■ Savoir démontrer que *F* est un espace vectoriel.

2.1 Montrer que les ensembles suivants sont des $\mathbb{R}$-espaces vectoriels et en donner une base.

a) $F = \{u \in \mathbb{R}^3 / \exists\ (a, b) \in \mathbb{R}^2, u = (a, 2a+b, 3a+2b)\}$.

b) $G = \{(x, y, z) \in \mathbb{R}^3 / x+y+z = 0 \text{ et } x+2y+3z = 0\}$.

c) $H = \{f : \mathbb{R} \to \mathbb{R} / \forall\ x \in \mathbb{R}, f'(x) = 2f(x)\}$.

2.2 Si E désigne un $\mathbb{R}$-espace vectoriel, si $\lambda \in \mathbb{R}$ et $u \in \mathcal{L}(E)$, montrer que $E_\lambda(u) = \{x \in E / u(x) = \lambda x\}$ est un $\mathbb{R}$-espaces vectoriel.

Erreur à éviter :

Dans $\mathbb{R}^2$ rapporté à la base (i, j), la famille $(i, j, i+j)$ est formée de vecteurs deux à deux non colinéaires, pourtant cette famille est liée. La propriété d'indépendance linéaire qui vient d'être utilisée ici ne se généralise pas à une famille de n vecteurs si $n \geq 3$.

2.1.a) $F = \{u \in \mathbb{R}^3 / \exists\ (a, b) \in \mathbb{R}^2, u = a(1, 2, 3) + b(0, 1, 2)\}$. Par suite F coïncide avec l'ensemble des combinaisons linéaires des vecteurs $e_1 = (1, 2, 3)$ et $e_2 = (0, 1, 2)$. C'est le sous-espace vectoriel de $(\mathbb{R}^3, +, .)$ engendré par (e_1, e_2).

Ces deux vecteurs ne sont pas colinéaires donc ils sont linéairement indépendants et la famille (e_1, e_2) est libre. Elle est génératrice de $F = \mathrm{Vect}(e_1, e_2)$, ainsi (e_1, e_2) est une base de F.

b) G est une partie non vide de $\mathbb{R}^3$, stable par combinaison linéaire et de ce fait c'est un sous-espace vectoriel de $\mathbb{R}^3$. On reconnaît d'ailleurs le système d'équations d'une droite vectorielle de $\mathbb{R}^3$. Pour en déterminer un vecteur directeur, il suffit d'exprimer deux des coordonnées en fonction de la troisième.

$\begin{cases} x+y+z=0 \\ x+2y+3z=0 \end{cases} \Leftrightarrow \begin{cases} x+y+z=0 \\ y+2z=0 \end{cases} \Leftrightarrow \begin{cases} x=z \\ y=-2z. \end{cases}$

Il s'ensuit que $G=\{(z,-2z,z)/z\in\mathbb{R}\}=\{z(1,-2,1)/z\in\mathbb{R}\}$. En prenant $z=1$, on obtient un vecteur directeur $u=(1,-2,1)$ et (u) est une base de G.

c) Les éléments de H sont les solutions sur $\mathbb{R}$ de l'équation différentielle $y'=2y$, c'est-à-dire $H=\{h:\mathbb{R}\to\mathbb{R}/\exists\lambda\in\mathbb{R},\forall x\in\mathbb{R}, h(x)=\lambda e^{2x}\}$. Il en résulte que H est le sous-espace vectoriel de l'espace $\mathcal{F}(\mathbb{R},\mathbb{R})$ des applications de $\mathbb{R}$ dans $\mathbb{R}$ engendré par $f:x\mapsto\exp(2x)$. En conclusion, (f) est une base de la droite vectorielle H.

Les solutions sur $\mathbb{R}$ de l'équation différentielle $y'+ay=0$ sont les fonctions de la forme $x\mapsto\lambda\exp(-ax)$ avec $\lambda\in\mathbb{R}$.

2.2 On peut remarquer que $u(x)=\lambda x \Leftrightarrow (u-\lambda \mathrm{Id}_E)(x)=0_E$. Or $u\in\mathcal{L}(E)$ et Id_E, l'identité de E, est aussi linéaire donc $u-\lambda\mathrm{Id}_E\in\mathcal{L}(E)$. Il en résulte immédiatement que : $E_\lambda(u)=\mathrm{Ker}(u-\lambda\mathrm{Id}_E)$.

Le noyau d'un endomorphisme de E étant un s.e.v. de E, on peut conclure que : $E_\lambda(u)$ est un $\mathbb{R}$-espace vectoriel.

3 Savoir étudier une application linéaire.

3.1 On considère deux $\mathbb{R}$-espaces vectoriels E et F. On rappelle que $C^\infty(\mathbb{R})$ désigne l'ensemble des fonctions à valeurs réelles et indéfiniment dérivables sur $\mathbb{R}$. Dans chacun des cas suivants, montrer que l'application ϕ est linéaire de E dans F puis déterminer $\mathrm{Ker}\,\Phi$.

a) $E=F=\mathbb{R}^2$ et pour tout $(x,y)\in\mathbb{R}^2$: $\Phi(x,y)=(x+y,x-y)$.

b) $E=F=C^\infty(\mathbb{R})$ et $\Phi(f)=f''+f$.

3.2 Soit $f\in\mathcal{L}(E)$ vérifiant $f^4-2f^3+7f^2+5f-3\mathrm{Id}_E=0_{\mathcal{L}(E)}$. Montrer que f est un automorphisme de E et exprimer f^{-1} en fonction de f.

3.3 Pour toute fonction f continue sur $\mathbb{R}$, on note F la fonction définie pour tout réel x par $F(x)=\int_0^x f(t)dt$. Prouver que l'application définie par ϕ :

$\begin{cases} C^0(\mathbb{R})\to C^1(\mathbb{R}) \\ f\mapsto F \end{cases}$ est linéaire, injective mais pas surjective.

Conseils méthodologiques

3.1.b) Vérifier que Φ est à valeurs dans F. Choisir des notations adaptées pour désigner les vecteurs de E.

3.2. Isoler Id_E dans le membre de droite puis factoriser f dans le membre de gauche.

3.3. Dériver $\Phi(f)$ et calculer $F(0)$.

3.1.a) Pour tout $(x,y,x',y')\in\mathbb{R}^4$ et pour tout $(\lambda,\mu)\in\mathbb{R}^2$:

$$\begin{aligned}\Phi[\lambda(x,y)+\mu(x',y')]&=\Phi[(\lambda x+\mu x',\lambda y+\mu y')]\\&=(\lambda x+\mu x'+\lambda y+\mu y',\lambda x+\mu x'-\lambda y-\mu y')\\&=(\lambda(x+y)+\mu(x'+y'),\lambda(x-y)+\mu(x'-y'))\\&=\lambda\Phi(x,y)+\mu\Phi(x',y').\end{aligned}$$

$\text{Ker}\,\Phi = \{(0, 0)\} = \{0_E\}$.
L'application Φ est donc injective.

L'équation caractéristique associée à l'équation différentielle du second ordre $y'' + y = 0$ est $r^2 + 1 = 0$. Ses racines sont $r = \mathrm{i}$ et $r = -\mathrm{i}$. Les solutions à valeurs complexes sont de la forme $x \mapsto \lambda e^{\mathrm{i}x} + \mu e^{-\mathrm{i}x}$.

$\text{Ker}\,\Phi \neq \{0_E\}$. L'application Φ n'est donc pas injective.

Un endomorphisme f de E est automorphisme de E si et seulement si : *i)* $\text{Ker} f = \{0_E\}$ et $\text{Im} f = F$ ou encore si et seulement si : *ii)* $\exists g \in \mathcal{L}(E),\ g \circ f = f \circ g = \text{Id}_E$. Dans ce cas $g = f^{-1}$.

Donc $\boxed{\Phi \in \mathcal{L}(E, F)}$. De plus $(x, y) \in \text{Ker}\,\Phi \Leftrightarrow \begin{cases} x + y = 0 \\ x - y = 0 \end{cases} \Leftrightarrow (x, y) = (0, 0)$ donc $\boxed{\text{Ker}\,\Phi = \{(0, 0)\}}$.

b) $f \in C^\infty(\mathbb{R}) \Rightarrow f'' \in C^\infty(\mathbb{R})$ donc $\Phi(f) = f'' + f \in C^\infty(\mathbb{R})$. De plus, si f et g sont dans $C^\infty(\mathbb{R})$, $\Phi(\lambda f + \mu g) = (\lambda f + \mu g)'' + (\lambda f + \mu g) = \lambda f'' + \mu g'' + \lambda f + \mu g$
$= \lambda(f'' + f) + \mu(g'' + g) = \lambda\Phi(f) + \mu\Phi(g)$.

Donc $\boxed{\Phi \in \mathcal{L}(E, F)}$. Enfin, $\Phi(f) = 0 \Leftrightarrow f'' + f = 0$. Les solutions de $y'' + y = 0$ sont les fonctions de la forme $x \mapsto A\cos x + B\sin x$.
Par suite $\boxed{\text{Ker}\,\Phi = \{x \mapsto A\cos x + B\sin x \,/\, (A, B) \in \mathbb{R}^2\}}$.

3.2 $f^4 - 2f^3 + 7f^2 + 5f - 3\text{Id}_E = 0_{\mathcal{L}(E)}$ donc $f^4 - 2f^3 + 7f^2 + 5f = 3\text{Id}_E$. Par suite $f \circ \left(\dfrac{f^3 - 2f^2 + 7f + 5\text{Id}_E}{3}\right) = \left(\dfrac{f^3 - 2f^2 + 7f + 5\text{Id}_E}{3}\right) \circ f = \text{Id}_E$. Donc f est un automorphisme de E et $\boxed{f^{-1} = \dfrac{1}{3}\left(f^3 - 2f^2 + 7f + 5\text{Id}_E\right)}$.

3.3 Toute fonction f continue sur $\mathbb{R}$ admet une primitive sur $\mathbb{R}$. La fonction F est la primitive de f qui s'annule en 0. La fonction F est ainsi de classe C^1 et Φ est une application de $C^0(\mathbb{R})$ dans $C^1(\mathbb{R})$.

- Montrons que Φ est linéaire. Soit f et g deux fonctions continues sur $\mathbb{R}$.
$\forall x \in \mathbb{R},\ \Phi(\lambda f + \mu g)(x) = \int_0^x (\lambda f + \mu g)(t)dt = \lambda\int_0^x f(t)dt + \mu\int_0^x g(t)dt$.
Donc $\forall x \in \mathbb{R}$, $\Phi(\lambda f + \mu g)(x) = \lambda\Phi(f)(x) + \mu\Phi(g)(x)$,
c'est-à-dire : $\Phi(\lambda f + \mu g) = \lambda\Phi(f) + \mu\Phi(g)$.
Par conséquent $\boxed{\Phi \text{ est linéaire}}$.
- Montrons que Φ est injective en déterminant $\text{Ker}\,\Phi$. Si $\Phi(f) = 0$, on obtient par dérivation : $F' = f = 0$. Par suite $\text{Ker}\,\Phi = \{0_E\}$ et $\boxed{\Phi \text{ est injective}}$.
- Pour montrer que Φ n'est pas surjective, il suffit de trouver une fonction $g \in C^1(\mathbb{R})$ telle que : $\forall f \in C^0(\mathbb{R}),\ \Phi(f) \neq g$. En remarquant que, pour tout $f \in C^0(\mathbb{R})$, on a $F(0) = 0$, si on choisit la fonction constante $g = 1$ qui est de classe C^1 sur $\mathbb{R}$, on peut affirmer que g n'a aucun antécédent par Φ.
Donc $\boxed{\Phi \text{ n'est pas surjective}}$.

Conseils méthodologiques

4.1.a) Pour prouver que deux ensembles A et B sont égaux, on procède souvent par double inclusion en montrant successivement que $A \subset B$ puis $B \subset A$.

4 ■ Savoir raisonner par analyse et synthèse.

4.1 Soit E un espace vectoriel et f un élément de $\mathcal{L}(E)$. Montrer les équivalences suivantes :

a) $\text{Ker} f = \text{Ker} f^2 \Leftrightarrow \text{Ker} f \cap \text{Im} f = \{0_E\}$;

b) $\operatorname{Im} f = \operatorname{Im} f^2 \Leftrightarrow E = \operatorname{Ker} f + \operatorname{Im} f$.

c) Si E est de dimension finie, montrer que les trois propositions suivantes sont équivalentes :
$P_1 : \operatorname{Ker} f = \operatorname{Ker} f^2$, $P_2 : \operatorname{Im} f = \operatorname{Im} f^2$, $P_3 : E = \operatorname{Ker} f \oplus \operatorname{Im} f$.

4.1.b) Procéder par analyse et synthèse pour démontrer le sens direct et par double inclusion pour le sens réciproque.

4.1.c) Utiliser le théorème du rang.

4.1.a) • Supposons que $\operatorname{Ker} f = \operatorname{Ker} f^2$. Soit $x \in \operatorname{Ker} f \cap \operatorname{Im} f$. Puisque $x \in \operatorname{Im} f$, il existe $z \in E$ tel que $f(z) = x$. Or $f(x) = 0_E$ donc $f^2(z) = f(x) = 0_E$ c'est-à-dire $z \in \operatorname{Ker} f^2 = \operatorname{Ker} f$. Par suite $x = f(z) = 0$. Il en résulte que $\operatorname{Ker} f \cap \operatorname{Im} f = \{0_E\}$.

• Supposons que $\operatorname{Ker} f \cap \operatorname{Im} f = \{0_E\}$.
On sait déjà que $\operatorname{Ker} f \subset \operatorname{Ker} f^2$.
Montrons que $\operatorname{Ker} f^2 \subset \operatorname{Ker} f$. Soit $x \in \operatorname{Ker} f^2$. On peut affirmer d'une part que $f(x) \in \operatorname{Ker} f$ car $f(f(x)) = 0_E$ et d'autre part que $f(x) \in \operatorname{Im} f$. Par conséquent $f(x) \in \operatorname{Ker} f \cap \operatorname{Im} f = \{0_E\}$, c'est-à-dire $f(x) = 0_E$ et $x \in \operatorname{Ker} f$. Par suite $\operatorname{Ker} f^2 \subset \operatorname{Ker} f$. Il en résulte que $\operatorname{Ker} f = \operatorname{Ker} f^2$.

En résumé : $\boxed{\operatorname{Ker} f = \operatorname{Ker} f^2 \Leftrightarrow \operatorname{Ker} f \cap \operatorname{Im} f = \{0_E\}}$.

$\operatorname{Ker} f \subset \operatorname{Ker} f^2$ car :
$x \in \operatorname{Ker} f \Rightarrow f(x) = 0_E$
$\Rightarrow f^2(x) = 0_E$ car $f(0_E) = 0_E$
$\Rightarrow x \in \operatorname{Ker} f^2$.

b) • Supposons que $\operatorname{Im} f = \operatorname{Im} f^2$. Procédons par analyse et synthèse pour prouver que $E = \operatorname{Ker} f + \operatorname{Im} f$.

Analyse. Soit $x \in E$. S'il existe un couple $(x_K, x_I) \in \operatorname{Ker} f \times \operatorname{Im} f$, tel que $x = x_K + x_I$ alors $f(x_K) = 0$, et $\exists z \in E,\ x_I = f(z)$. En composant par f, on obtient : $f(x) = f(x_K) + f(x_I) = f(x_I) = f^2(z)$. Il faudra donc choisir z de sorte que $f(x) = f^2(z)$ ce qui est rendu possible par l'égalité $\operatorname{Im} f = \operatorname{Im} f^2$. Et pour avoir $x = x_K + x_I$, avec $x_I = f(z)$, il restera à poser $x_K = x - f(z)$.

Synthèse. Avec le choix précédent, il est clair que $x_I = f(z) \in \operatorname{Im} f$. De plus, $f(x_K) = f[x - f(z)] = f(x) - f^2(z) = 0_E$. Donc $x_K \in \operatorname{Ker} f$. Par conséquent $E \subset \operatorname{Ker} f + \operatorname{Im} f$. L'inclusion réciproque est immédiate.

En conclusion, $\boxed{\operatorname{Im} f = \operatorname{Im} f^2 \Rightarrow E = \operatorname{Ker} f + \operatorname{Im} f}$.

• Réciproquement, supposons que $E = \operatorname{Ker} f + \operatorname{Im} f$. Il est clair que $\operatorname{Im} f^2 \subset \operatorname{Im} f$; montrons que $\operatorname{Im} f \subset \operatorname{Im} f^2$. Soit $y \in \operatorname{Im} f$, il existe $x \in E$ tel que $y = f(x)$. Or on sait qu'il existe $(x_K, x_I) \in \operatorname{Ker} f \times \operatorname{Im} f$ tel que $x = x_K + x_I$ et $\exists z \in E,\ x_I = f(z)$. Donc $y = f(x) = f(x_K) + f(x_I) = f(x_I) = f^2(z)$. Ainsi $y \in \operatorname{Im} f^2$. On en déduit que $\operatorname{Im} f \subset \operatorname{Im} f^2$.
En conclusion $\boxed{E = \operatorname{Ker} f + \operatorname{Im} f \Rightarrow \operatorname{Im} f = \operatorname{Im} f^2}$. D'où l'équivalence demandée.

On n'a aucun renseignement sur les dimensions de ces espaces, on va donc démontrer que : $\forall x \in E, \exists (x_K, x_I) \in \operatorname{Ker} f \times \operatorname{Im} f$, $x = x_K + x_I$.
Pour trouver la décomposition d'un vecteur x, on peut procéder par analyse et synthèse en essayant de savoir quelles sont les conditions que doivent remplir les vecteurs du couple $(x_K, x_I) \in \operatorname{Ker} f \times \operatorname{Im} f$ pour satisfaire l'égalité $x = x_K + x_I$. Dans l'analyse, on cherche des *conditions nécessaires* sur ce couple. Dans la synthèse, on vérifiera que le couple choisi vérifie bien $(x_K, x_I) \in \operatorname{Ker} f \times \operatorname{Im} f$ et $x = x_K + x_I$.

c) On sait que $E = \operatorname{Ker} f \oplus \operatorname{Im} f \Leftrightarrow \begin{cases} E = \operatorname{Ker} f + \operatorname{Im} f \\ \operatorname{Ker} f \cap \operatorname{Im} f = \{0_E\}. \end{cases}$

Compte tenu des résultats obtenus en **a) et b)**, il suffit donc de montrer que $\operatorname{Im} f = \operatorname{Im} f^2$ équivaut à $\operatorname{Ker} f = \operatorname{Ker} f^2$. Puisque E est de dimension finie, on peut appliquer le théorème du rang à f et à f^2. Il s'ensuit que $\dim \operatorname{Im} f + \dim \operatorname{Ker} f = \dim E$ et $\dim \operatorname{Im} f^2 + \dim \operatorname{Ker} f^2 = \dim E$. En effectuant la différence, il vient : $\dim \operatorname{Im} f - \dim \operatorname{Im} f^2 + \dim \operatorname{Ker} f - \dim \operatorname{Ker} f^2 = 0$. Par conséquent $\dim \operatorname{Im} f = \dim \operatorname{Im} f^2 \Leftrightarrow \dim \operatorname{Ker} f = \dim \operatorname{Ker} f^2$. Supposons que $\operatorname{Im} f = \operatorname{Im} f^2$.

Si E est de dimension *finie*, et si F et G sont deux sous-espaces vectoriels de E alors :
$$\left.\begin{array}{l} \dim F = \dim G\ (< +\infty) \\ F \subset G \end{array}\right\} \Rightarrow F = G.$$

Alors $\dim \mathrm{Im} f = \dim \mathrm{Im} f^2$ et par suite $\dim \mathrm{Ker} f = \dim \mathrm{Ker} f^2$. Or $\mathrm{Ker} f \subset \mathrm{Ker} f^2$ et ces deux sous-espaces sont de dimension finie, donc $\mathrm{Ker} f = \mathrm{Ker} f^2$.

Réciproquement, si $\mathrm{Ker} f = \mathrm{Ker} f^2$, on a de même $\dim \mathrm{Ker} f = \dim \mathrm{Ker} f^2$ et par conséquent $\dim \mathrm{Im} f = \dim \mathrm{Im} f^2$. Or $\mathrm{Im} f^2 \subset \mathrm{Im} f$ donc, pour les mêmes raisons, $\mathrm{Im} f = \mathrm{Im} f^2$. D'où l'équivalence $\boxed{\mathrm{Im} f = \mathrm{Im} f^2 \Leftrightarrow \mathrm{Ker} f = \mathrm{Ker} f^2}$ et le résultat demandé d'après la remarque faite au début de la question.

Conseils méthodologiques

5.1. a) Calculer $(p+q)^2$.

5.1. c) Procéder par double inclusion puis montrer que la somme est directe.

5 ■ Savoir utiliser les projections.

5.1 Soit p et q deux projecteurs d'un espace vectoriel E vérifiant $p \circ q = -q \circ p$.

a) Prouver que $p + q$ est un projecteur.

b) Calculer $p \circ q \circ p$ de deux façons et en déduire que $p \circ q = q \circ p = 0$.

c) Montrer que $\mathrm{Im}(p+q) = \mathrm{Im}\, p \oplus \mathrm{Im}\, q$.

5.1.a) On rappelle qu'un endomorphisme f est un projecteur si et seulement si $f \circ f = f$. Ici : $(p+q)\circ(p+q) = p^2 + p\circ q + q \circ p + q^2$. Par hypothèses $p^2 = p$, $p \circ q + q \circ p = 0$ et $q^2 = q$.

Donc $(p+q)^2 = p+q$ et $\boxed{p+q \text{ est un projecteur}}$.

b) Tout d'abord $p\circ q \circ p = (p \circ q)\circ p = (-q\circ p)\circ p = -q \circ p^2 = -q \circ p$. Mais on a aussi : $p \circ q \circ p = p \circ (q \circ p) = p \circ (-p \circ q) = -p^2 \circ q = -p \circ q = q \circ p$. D'où $q \circ p = -q \circ p$. Par suite $q \circ p = 0$ et, en utilisant encore l'hypothèse $p \circ q = -q \circ p$, il vient : $\boxed{p \circ q = q \circ p = 0}$.

c) Soit $x \in \mathrm{Im}(p+q)$. Alors on peut écrire x sous la forme : $x = (p+q)(y) = p(y) + q(y)$ ce qui prouve que $x \in \mathrm{Im}\, p + \mathrm{Im}\, q$. D'où l'inclusion $\mathrm{Im}(p+q) \subset \mathrm{Im}\, p + \mathrm{Im}\, q$.

Réciproquement, soit $x \in \mathrm{Im}\, p + \mathrm{Im}\, q$. Alors on peut écrire x sous la forme : $x = p(y) + q(z)$.

En composant par p, on obtient : $p(x) = \underbrace{p^2(y)}_{=p(y)} + \underbrace{p \circ q(z)}_{=0_E} = p(y)$. De même :

$q(x) = \underbrace{q \circ p(y)}_{=0_E} + \underbrace{q^2(z)}_{=q(z)} = q(z)$ en composant par q.

D'où $x = p(x) + q(x) = (p+q)(x) \in \mathrm{Im}(p+q)$. Il en résulte que $\mathrm{Im}\, p + \mathrm{Im}\, q \subset \mathrm{Im}(p+q)$.

Il reste à démontrer que $\mathrm{Im}\, p \cap \mathrm{Im}\, q = \{0_E\}$. Pour cela considérons $x \in \mathrm{Im}\, p \cap \mathrm{Im}\, q$. Alors il existe $(y, z) \in E^2$ tel que $x = p(y) = q(z)$. En composant par q, on a : $q(x) = \underbrace{q \circ p(y)}_{=0_E} = \underbrace{q^2(z)}_{=q(z)}$. D'où $x = q(z) = 0_E$ et finalement

$\mathrm{Im}\, p \cap \mathrm{Im}\, q = \{0_E\}$. En conclusion $\boxed{\mathrm{Im}(p+q) = \mathrm{Im}\, p \oplus \mathrm{Im}\, q}$.

6 ■ Savoir démontrer qu'une famille est libre.

6.1 On considère trois réels a_1, a_2, a_3 tels que : $a_1 < a_2 < a_3$.

a) On considère dans $\mathcal{F}(\mathbb{R}, \mathbb{R})$ les fonctions f_1, f_2, f_3 définies par : $f_1(x) = |x - a_1|$, $f_2(x) = |x - a_2|$, $f_3(x) = |x - a_3|$.
Montrer que (f_1, f_2, f_3) est une famille libre dans $\mathcal{F}(\mathbb{R}, \mathbb{R})$.

b) Même question avec les fonctions f_1, f_2, f_3 définies par :
$f_1(x) = e^{a_1 x}$, $f_2(x) = e^{a_2 x}$, $f_3(x) = e^{a_3 x}$.

6.2 On considère un espace vectoriel de dimension 3 et $f \in \mathcal{L}(E)$ tel que $f^3 = 0$ et $f^2 \neq 0$ (en notant ici 0 l'application nulle de E). Montrer que, pour tout vecteur $x \in E \setminus \operatorname{Ker} f^2$, la famille $(x, f(x), f^2(x))$ est une base de E.

Conseils méthodologiques

6.1.a) Remarquer que f_i n'est pas dérivable en a_i et raisonner par l'absurde.

6.1.b) Diviser la combinaison linéaire par f_3 puis étudier la limite en $+\infty$.

6.2 Supposer $\lambda_0 x + \lambda_1 f(x) + \lambda_2 f^2(x) = 0_E$ puis composer par f^2 et f.

6.1.a) Raisonnons par l'absurde en supposant que (f_1, f_2, f_3) est une famille liée. Un de ces trois vecteurs est alors combinaison linéaire des autres. Supposons, par exemple, que f_3 soit une combinaison linéaire de f_1 et f_2. Cela signifie qu'il existe deux réels λ_1 et λ_2 tels que : $f_3 = \lambda_1 f_1 + \lambda_2 f_2$.
Or f_1 et f_2 sont dérivables en a_3 donc $f_3 = \lambda_1 f_1 + \lambda_2 f_2$ l'est aussi, ce qui est contradictoire avec la définition de f_3. Vu les rôles symétriques des trois fonctions, on peut en déduire qu'aucune d'entre elles n'est combinaison linéaire des deux autres. Par conséquent **(f_1, f_2, f_3) est une famille libre**.

b) Supposons que $\lambda_1 f_1 + \lambda_2 f_2 + \lambda_3 f_3 = 0$. On peut en déduire d'abord que, pour tout réel x, on a : $\lambda_1 e^{a_1 x} + \lambda_2 e^{a_2 x} + \lambda_3 e^{a_3 x} = 0$. En divisant par $e^{a_3 x}$ et en isolant λ_3, on obtient :
$\lambda_3 = -\lambda_1 e^{(a_1 - a_3)x} - \lambda_2 e^{(a_2 - a_3)x}$. Or $a_1 - a_3 < 0$ et $a_2 - a_3 < 0$, par suite la limite en $+\infty$ du membre de droite est nulle. Il en résulte que $\lambda_3 = 0$. On est ramené à $\lambda_1 e^{a_1 x} + \lambda_2 e^{a_2 x} = 0$. On peut alors réitérer ce raisonnement avec λ_2 en divisant par $e^{a_2 x}$ et on conclut de la même façon que $\lambda_2 = 0$. Enfin, il est clair que $\lambda_2 = \lambda_3 = 0$ conduit à la nullité de λ_1 puisque l'exponentielle ne s'annule pas. **La famille (f_1, f_2, f_3) est donc libre**.

6.2 Soit $x \in E \setminus \operatorname{Ker} f^2$. Compte tenu de ce choix : $f^2(x) \neq 0_E$.
Considérons une combinaison linéaire nulle : $\lambda_0 x + \lambda_1 f(x) + \lambda_2 f^2(x) = 0_E$.
En composant par f^2, on obtient : $\lambda_0 f^2(x) + \lambda_1 f^3(x) + \lambda_2 f^4(x) = 0_E$.
Puis en remarquant que $f^3 = f^4 = 0$ cette égalité conduit à : $\lambda_0 \underbrace{f^2(x)}_{\neq 0_E} = 0_E$.
Cela permet d'écrire que $\lambda_0 = 0$. On se ramène alors à $\lambda_1 f(x) + \lambda_2 f^2(x) = 0_E$.
On peut réitérer ce raisonnement en composant par f : $\lambda_1 f^2(x) + \lambda_2 \underbrace{f^3(x)}_{= 0_E} = 0_E$.
On a alors $\lambda_1 \underbrace{f^2(x)}_{\neq 0_E} = 0_E$ et ainsi $\lambda_1 = 0$. Il en résulte immédiatement que $\lambda_2 \underbrace{f^2(x)}_{\neq 0_E} = 0_E$ donc $\lambda_2 = 0$. En conclusion $(x, f(x), f^2(x))$ est une famille libre de E qui est de dimension 3, par conséquent :
$(x, f(x), f^2(x))$ est une base de E.

Dans le cas général, si on considère n réels $a_1, a_2, \ldots, a_n$ et les fonctions $f_i : x \mapsto |x - a_i|$, $1 \leq i \leq n$, on écrit $f_i = \sum_{\substack{j=1 \\ j \neq i}}^{n} \lambda_j f_j$ et on obtient une contradiction en remarquant que le membre de droite est dérivable en a_i alors que celui de gauche ne l'est pas.

Dans le cas général, si on considère n réels $a_1, a_2, \ldots, a_n$ et les fonctions $f_i : x \mapsto e^{a_i x}$, $1 \leq i \leq n$, le principe reste le même en procédant par récurrence et en divisant $\sum_{j=1}^{n} \lambda_j f_j$ par f_n pour se ramener à l'hypothèse de récurrence au rang $n-1$.

On peut généraliser ce résultat à la famille $(x, f(x), \ldots, f^{n-1}(x))$ si $f \in \mathcal{L}(E)$ et vérifie $f^n = 0$ et $f^{n-1} \neq 0$, avec $n = \dim E$. On choisit alors $x \in E \setminus \operatorname{Ker} f^{n-1}$. La démonstration peut être obtenue, suivant le même principe, en composant successivement par $f^{n-1}, f^{n-2}, \ldots, f$ et en remarquant que $f^n = f^{n+1} = \ldots = f^{n+p} = 0$ si $p \geq 1$. Une solution plus rapide, utilisant un raisonnement par l'absurde est proposée dans l'exercice 4 de la partie maîtriser les bases.

Conseils méthodologiques

7.1.a) Pour obtenir une base de F_0, utiliser l'équation caractéristique associée à la suite récurrente linéaire $(u_n)_{n\in\mathbb{N}}$ (*cf.* chap.4).

7.1.b) Prouver que $F_a = v + F_0$.

7.2.a) Prouver que F_0 est le s.e.v. engendré par la fonction exponentielle.

7.2.b) Établir que $F = g + F_0$.

7 ■ Savoir étudier un sous-espace affine.

7.1 Pour tout $a \in \mathbb{R}$, on note :
$F_a = \left\{(u_n)_{n\in\mathbb{N}} \in \mathbb{R}^{\mathbb{N}} \,/\, \forall n \in \mathbb{N},\ u_{n+2} = 4u_{n+1} - 4u_n + a\right\}$.

a) Pour quelle valeur de a l'ensemble F_a est-il un s.e.v. de l'espace vectoriel des suites réelles $\mathbb{R}^{\mathbb{N}}$? En donner une base dans ce cas.

b) Pour tout $a \in \mathbb{R}^*$, montrer que F_a contient une suite constante v et en déduire que F_a est un sous-espace affine de $\mathbb{R}^{\mathbb{N}}$ de direction F_0.

7.2 On note : $F = \left\{f \in \mathcal{F}(\mathbb{R}, \mathbb{R}) \,/\, \forall x \in \mathbb{R},\ f'(x) - f(x) = e^x\right\}$.

a) Résoudre l'équation différentielle $y' - y = 0$. On appellera F_0 l'ensemble des solutions obtenues. Montrer que F_0 est une droite vectorielle et en donner une base.

b) Chercher une solution particulière g de l'équation différentielle $y' - y = e^x$ de la forme $g : x \mapsto \lambda x e^x$. Interpréter F comme sous-espace affine de $\mathcal{F}(\mathbb{R}, \mathbb{R})$ de direction F_0.

7.1.a) Notons (*) la relation de récurrence : $u_{n+2} = 4u_{n+1} - 4u_n + a$. Pour que F_a soit un sous-espace vectoriel, il est nécessaire qu'il contienne le vecteur nul de l'espace vectoriel $\mathbb{R}^{\mathbb{N}}$ c'est-à-dire la suite nulle. La relation (*) conduit alors à l'équation : 0 = a. Ainsi seul F_0 peut être un s.e.v. de $\mathbb{R}^{\mathbb{N}}$.

On vérifie dans la première solution le critère de s.e.v. vu dans le cours en questions 1.2.

Première solution :

F_0 est inclus dans $\mathbb{R}^{\mathbb{N}}$ et non vide car la suite nulle vérifie la relation de récurrence (*) pour tout entier n.

Considérons deux suites $u = (u_n)_{n\in\mathbb{N}}$ et $v = (v_n)_{n\in\mathbb{N}}$ de F_0 et un réel λ. Soit $w = \lambda u + v$. Pour tout entier naturel n, on peut écrire :

$$\begin{aligned}4w_{n+1} - 4w_n &= 4(\lambda u_{n+1} + v_{n+1}) - 4(\lambda u_n + v_n)\\ &= \lambda(4u_{n+1} - 4u_n) + (4v_{n+1} - 4v_n)\\ &= \lambda u_{n+2} + v_{n+2} = w_{n+2}.\end{aligned}$$

Donc $w = \lambda u + v \in F_0$. On en déduit que F_0 est un s.e.v. de $\mathbb{R}^{\mathbb{N}}$.

Deuxième solution :

Montrons que F_0 est le s.e.v. engendré par deux éléments de $\mathbb{R}^{\mathbb{N}}$.

L'équation caractéristique associée à une suite vérifiant relation de récurrence (*) est : $r^2 - 4r + 4 = 0$, c'est-à-dire $(r-2)^2 = 0$. Elle admet une racine double égale à 2. Par conséquent, une suite u est dans F_0 si et seulement si : $\exists(\lambda, \mu) \in \mathbb{R}^2,\ \forall n \in \mathbb{N},\ u_n = (\lambda n + \mu)2^n$.

Rappel. On appelle équation caractéristique associée à une suite récurrente linéaire d'ordre 2 vérifiant $\forall n \in \mathbb{N},\ \alpha u_{n+2} + \beta u_{n+1} + \gamma u_n = 0$ l'équation $\alpha x^2 + \beta x + \gamma = 0$. Si elle admet deux racines réelles simples r_1 et r_2 alors la suite u est de la forme $u_n = \lambda(r_1)^n + \mu(r_2)^n$. Dans le cas d'une racine double r, la suite u est de la forme $u_n = (\lambda n + \mu)r^n$, enfin si les racines sont complexes conjuguées de la forme $r_1 = \rho e^{i\theta}$ et $r_2 = \rho e^{-i\theta}$, alors la suite u est de la forme $u_n = \rho^n[\lambda \cos n\theta + \mu \sin n\theta]$.

En notant $s = (s_n)_{n\in\mathbb{N}}$ et $t = (t_n)_{n\in\mathbb{N}}$ les suites définies par : $\forall n \in \mathbb{N}$, $s_n = 2^n$ et $t_n = n2^n$, on peut écrire l'équivalence : $u \in F_0 \Leftrightarrow \exists(\lambda, \mu) \in \mathbb{R}^2,\ u = \lambda s + \mu t$. Ainsi F_0 est le s.e.v. engendré par les suites réelles s et t.

Par conséquent : $F_0 = \text{Vect}(s, t)$. Les deux suites n'étant pas proportionnelles, (s, t) est une famille libre. Donc F_0 admet (s, t) pour base.

b) Soit v la suite constante définie par : $\forall n \in \mathbb{N},\ v_n = \alpha$.
F_a contient v si et seulement si, pour tout n, on a $v_{n+2} = 4v_{n+1} - 4v_n + a$, c'est-à-dire $\alpha = a$. Par suite, en notant v la suite $v : n \mapsto a$, on obtient par différence : $u \in F_a \Leftrightarrow (u_{n+2} - v_{n+2}) = 4(u_{n+1} - v_{n+1}) - 4(u_n - v_n)$ ce qui équivaut à $u - v \in F_0$. On peut le traduire par $F_a = v + F_0$. Il en résulte que :

F_a est la droite (affine) de $\mathbb{R}^{\mathbb{N}}$ de direction F_0 passant par v.

7.2.a) L'équation différentielle $y' - y = 0$ admet comme ensemble de solutions $F_0 = \{f : x \mapsto \lambda e^x \ / \ \lambda \in \mathbb{R}\}$. Donc

F_0 est la droite vectorielle de $\mathscr{F}(\mathbb{R}, \mathbb{R})$ de vecteur directeur $\exp : x \mapsto e^x$.

Revoir la résolution des équations linéaires du premier ordre dans le cours en questions 1.1 du chapitre 9.

b) Cherchons une solution particulière g de l'équation différentielle $y' - y = e^x$ de la forme $g : x \mapsto \lambda x e^x$. Puisque $g'(x) = \lambda(x+1)e^x$, il suffit de choisir $\lambda = 1$. La solution générale de l'équation complète est alors obtenue en ajoutant à g la solution générale de l'équation homogène. L'ensemble F des solutions est donc $F = g + F_0$. Cela signifie que :

F est la droite (affine) de direction F_0 passant par g.

Pour maîtriser les bases

1. Étude d'un endomorphisme — D'après INSA

E désigne un espace vectoriel sur $\mathbb{R}$ de dimension 3. On désigne par id_E l'endomorphisme identité de E.
Soit $B = (\vec{e}_1, \vec{e}_2, \vec{e}_3)$ une base de E et $\vec{v}$ le vecteur de E défini par : $\vec{v} = \vec{e}_1 - \vec{e}_2 + \vec{e}_3$.
On désigne par f l'application de E vers E telle que pour tout vecteur $\vec{x}$ de E :

$$f(\vec{x}) = \vec{x} - 2(x_1 + x_2 + x_3)\vec{v},$$

où (x_1, x_2, x_3) sont les coordonnées de $\vec{x}$ dans la base B.

1. Montrer que f est un endomorphisme de E.
2. Déterminer f^2.
3. En déduire que f est bijective et donner f^{-1}, $\text{Ker}(f)$ et $\text{Im}(f)$.
4. Soit f_1 et f_2 les endomorphismes de E définis par : $f_1 = f - id_E$ et $f_2 = f + id_E$.
a) Déterminer une base de $\text{Ker}(f_1)$ et de $\text{Ker}(f_2)$.
b) En déduire que : $\text{Ker}(f_1) + \text{Ker}(f_2) = E$.
c) Montrer que : $\text{Ker}(f_1) \cap \text{Ker}(f_2) = \{\vec{0}\}$.
d) Déterminer $\text{Im}(f_1)$ et $\text{Im}(f_2)$.

Conseils méthodologiques : 1.2. Calculer $f^2(\vec{x})$, **1.4.a)** utiliser l'expression de f.

1. $\forall \vec{x} \in E,\ f(\vec{x}) = \vec{x} - \underbrace{2(x_1 + x_2 + x_3)}_{\in \mathbb{R}} \underbrace{\vec{v}}_{\in E} \in E$ car E est un $\mathbb{R}$-espace vectoriel. Donc $\boxed{f : E \to E}$.

Il reste à montrer que f est linéaire.
Soit $\vec{x} = (x_1, x_2, x_3)$ et $\vec{y} = (y_1, y_2, y_3)$ dans E, et $(\lambda, \mu) \in \mathbb{R}^2$.
On a alors : $\lambda\vec{x} + \mu\vec{y} = (\lambda x_1 + \mu y_1, \lambda x_2 + \mu y_2, \lambda x_3 + \mu y_3)$, donc :

$$f(\lambda\vec{x} + \mu\vec{y}) = \lambda\vec{x} + \mu\vec{y} - 2(\lambda x_1 + \mu y_1 + \lambda x_2 + \mu y_2 + \lambda x_3 + \mu y_3)\vec{v}$$
$$= \lambda(\vec{x} - 2(x_1 + x_2 + x_3)\vec{v}) + \mu(\vec{y} - 2(y_1 + y_2 + y_3)\vec{v}).$$

C'est-à-dire : $f(\lambda\vec{x} + \mu\vec{y}) = \lambda f(\vec{x}) + \mu f(\vec{y})$. Donc $\boxed{f \text{ est un endomorphisme de } E}$.

2. Soit $\vec{x} \in E$, alors par définition de f :

$$f(\vec{x}) = \vec{x} - 2(x_1 + x_2 + x_3)\vec{v} = (-x_1 - 2x_2 - 2x_3)\vec{e}_1 + (2x_1 + 3x_2 + 2x_3)\vec{e}_2 - (2x_1 + 2x_2 + x_3)\vec{e}_3,$$

d'où : $f^2(\vec{x}) = f(\vec{x} - 2(x_1 + x_2 + x_3)\vec{v}) = (\vec{x} - 2(x_1 + x_2 + x_3)\vec{v}) - 2(-x_1 - x_2 - x_3)\vec{v} = \vec{x}$.

Donc $\boxed{f \circ f = id_E}$.

3. f est par conséquent bijective et on a : $\boxed{f^{-1} = f}$, $\boxed{\text{Ker}(f) = \{\vec{0}\}}$ et $\boxed{\text{Im}(f) = E}$.

4. Soit $f_1 = f - id_E$ et $f_2 = f + id_E$.

a) Base de $\text{Ker}(f_1)$:

$\vec{x} \in \text{Ker}(f_1) \Leftrightarrow f_1(\vec{x}) = \vec{0} \Leftrightarrow -2(x_1 + x_2 + x_3)\vec{v} = \vec{0} \Leftrightarrow x_1 + x_2 + x_3 = 0.$

Donc : $\mathrm{Ker}(f_1) = \{\vec{x} \in E \,/\, x_1 + x_2 + x_3 = 0\} = \{\vec{x} : (x_1, x_2, -x_1 - x_2)_B \,/\, (x_1, x_2) \in \mathbb{R}^2\}$, c'est-à-dire :
$\mathrm{Ker}(f_1) = \mathrm{vect}(\vec{u}_1, \vec{u}_2)$ où : $\boxed{\vec{u}_1 = \vec{e}_1 - \vec{e}_3 \text{ et } \vec{u}_2 = \vec{e}_2 - \vec{e}_3}$ sont non colinéaires donc forment une base de $\mathrm{Ker}(f_1)$.
Base de $\mathrm{Ker}(f_2)$:
$\vec{x} \in \mathrm{Ker}(f_2) \Leftrightarrow f_2(\vec{x}) = \vec{0} \Leftrightarrow 2\vec{x} - 2(x_1 + x_2 + x_3)\vec{v} = \vec{0} \Leftrightarrow \vec{x} = (x_1 + x_2 + x_3)\vec{v}$

$$\Leftrightarrow \begin{cases} x_1 = x_1 + x_2 + x_3 \\ x_2 = -x_1 - x_2 - x_3 \\ x_3 = x_1 + x_2 + x_3 \end{cases} \Leftrightarrow \begin{cases} x_1 = x_3 \\ x_1 + x_2 = 0 \\ 0 = 0 \end{cases} \Leftrightarrow \begin{cases} x_2 = -x_1 \\ x_3 = x_1 \end{cases}.$$

Donc : $\mathrm{Ker}(f_2) = \{\vec{x} \in E \,/\, x_2 = -x_1 \text{ et } x_3 = x_1\} = \{\vec{x} = x_1\vec{v} \,/\, x_1 \in \mathbb{R}\}$,
c'est-à-dire : $\mathrm{Ker}(f_2) = \mathrm{vect}(\overrightarrow{u_3})$ où : $\boxed{\vec{u}_3 = \vec{v}}$ est non nul donc dirige $\mathrm{Ker}(f_2)$.

b) On a alors : $\mathrm{Ker}(f_1) + \mathrm{Ker}(f_2) = \mathrm{vect}(\vec{u}_1, \vec{u}_2, \vec{u}_3)$.

Or : $\mathrm{rg}(\vec{u}_1, \vec{u}_2, \vec{u}_3) = \mathrm{rg}\begin{pmatrix} 1 & 0 & 1 \\ 0 & 1 & -1 \\ -1 & -1 & 1 \end{pmatrix} = \mathrm{rg}\begin{pmatrix} 1 & 0 & 1 \\ 0 & 1 & -1 \\ 0 & 0 & 1 \end{pmatrix} = 3$ (en ajoutant les deux premières lignes à la dernière), donc
$\mathrm{vect}(\vec{u}_1, \vec{u}_2, \vec{u}_3) = E$ et $\boxed{\mathrm{Ker}(f_1) + \mathrm{Ker}(f_2) = E}$.

c) Soit $\vec{x} \in \mathrm{Ker}(f_1) \cap \mathrm{Ker}(f_2)$. On a alors : $[f_1(\vec{x}) = \vec{0} \text{ et } f_2(\vec{x}) = \vec{0}] \Leftrightarrow [f(\vec{x}) = \vec{x} \text{ et } f(\vec{x}) = -\vec{x}]$, d'où $\vec{x} = \vec{0}$ et : $\boxed{\mathrm{Ker}(f_1) \cap \mathrm{Ker}(f_2) = \{\vec{0}\}}$. On en déduit que $E = \mathrm{Ker}(f_1) \oplus \mathrm{Ker}(f_2)$.

d) $\mathrm{Im}(f_1) = \mathrm{vect}(f_1(\vec{e}_1), f_1(\vec{e}_2), f_1(\vec{e}_3))$ et comme : $f_1(\vec{e}_1) = f_1(\vec{e}_2) = f_1(\vec{e}_3) = -2\vec{v}$, il vient : $\boxed{\mathrm{Im}(f_1) = \mathrm{vect}(\vec{v})}$. De même :
$\mathrm{Im}(f_2) = \mathrm{vect}(f_2(\vec{e}_1), f_2(\vec{e}_2), f_2(\vec{e}_3))$ avec : $f_2(\vec{e}_1) = 2\vec{e}_2 - 2\vec{e}_3$, $f_2(\vec{e}_2) = -2\vec{e}_1 + 4\vec{e}_2 - 2\vec{e}_3$, $f_2(\vec{e}_3) = -2\vec{e}_1 + 2\vec{e}_2$.
Or $f_2(\vec{e}_1)$ et $f_2(\vec{e}_2)$ ne sont pas colinéaires, de plus $f_2(\vec{e}_3) = f_2(\vec{e}_2) + f_2(\vec{e}_1)$, donc :
$\boxed{\mathrm{Im}(f_2) = \mathrm{vect}(2\vec{e}_2 - 2\vec{e}_3, -2\vec{e}_1 + 2\vec{e}_2) = \mathrm{vect}(\vec{e}_2 - \vec{e}_3, \vec{e}_1 - \vec{e}_2)}$.

2. Recherche d'endomorphismes particuliers — D'après CCP

1. Soit E un $\mathbb{R}$-espace vectoriel de dimension n et f un endomorphisme de E vérifiant $\mathrm{Ker}(f) = \mathrm{Im}(f)$.

a) Montrer que nécessairement n est un entier pair et déterminer le rang de f en fonction de n.

b) Montrer que : $\forall x \in E, (f \circ f)(x) = 0_E$.

2. Soit f un endomorphisme de E vérifiant $f \circ f = \theta_E$ et $\dim(E) = 2\,\mathrm{rg}(f)$.

a) Montrer que $\mathrm{Im}(f) \subset \mathrm{Ker}(f)$.

b) En déduire que $\mathrm{Ker}(f) = \mathrm{Im}(f)$.

On considère maintenant E un $\mathbb{R}$-espace vectoriel de dimension $n = 2p$ et f un endomorphisme de E vérifiant $\mathrm{Ker}(f) = \mathrm{Im}(f)$.

3. Soit F un supplémentaire de $\mathrm{Ker}(f)$ dans E.

a) Quelle est la dimension de F ?

On note alors $(e_1, e_2, \ldots, e_p)$ une base de F et $(e_1', e_2', \ldots, e_p')$ une base de $\mathrm{Ker}(f)$.

b) Que peut-on dire de la famille $(e_1, e_2, \ldots, e_p, e_1', e_2', \ldots, e_p')$?

c) Montrer que $(f(e_1), f(e_2), \ldots, f(e_p))$ est une base de $\mathrm{Im}(f)$.

On pose, pour tout $i \in [\![1, p]\!]$, $e_{p+i} = f(e_i)$.

d) Montrer que la famille $B = (e_1, e_2, \ldots, e_p, e_{p+1}, e_{p+2}, \ldots, e_{2p})$ est une base de E.

e) Donner l'expression analytique de f dans cette base B.

Conseils méthodologiques : 2.1a) et 2.2.b) utiliser le théorème du rang. **2.3 c)** $\text{Im}(f)$ est engendré par l'image d'une base de E. **2.3.e)** Déterminer l'image par f d'un vecteur quelconque $x = \sum_{i=1}^{2p} x_i e_i$.

1.a) D'après le théorème du rang on a : $\dim(E) = \dim(\text{Ker}(f)) + \dim(\text{Im}(f))$, d'où : $n = 2\dim(\text{Im}(f)) = 2\text{rg}(f)$, donc n est un entier pair et $\text{rg}(f) = \dfrac{n}{2}$.

b) Soit $x \in E$. Alors $f(x) \in \text{Im}(f) = \text{Ker}(f)$ donc $f(f(x)) = 0_E$. donc : $\forall x \in E,\ (f \circ f)(x) = 0_E$.

2.a) Soit $y \in \text{Im}(f)$. Donc : $\exists x \in E,\ y = f(x)$. On en déduit que : $f(y) = f(f(x)) = (f \circ f)(x) = 0_E$, donc $y \in \text{Ker}(f)$. D'où : $\text{Im}(f) \subset \text{Ker}(f)$.

b) Avec le théorème du rang, on a : $2p = \dim(\text{Ker}(f)) + p$, donc $\dim(\text{Ker}(f)) = p$. On a ainsi deux sous-espaces vectoriels de E, de même dimension finie et inclus l'un dans l'autre. Par conséquent ils sont égaux, c'est-à-dire : $\text{Ker}(f) = \text{Im}(f)$.

3.a) F et $\text{Ker}(f)$ étant supplémentaires dans E on a : $\dim(F) = \dim(E) - \dim(\text{Ker}(f))$ donc $\dim(F) = p$.

b) La famille $(e_1, e_2, \ldots, e_p, e_1', e_2', \ldots, e_p')$ est une base de E car c'est la réunion des bases de deux sous-espaces vectoriels supplémentaires dans E.

c) $\text{Im}(f)$ est engendré par l'image d'une base de E, donc :
$\text{Im}(f) = \text{vect}(f(e_1), f(e_2), \ldots, f(e_p), f(e_1'), f(e_2'), \ldots, f(e_p')) = \text{vect}(f(e_1), f(e_2), \ldots, f(e_p))$ car : $\forall i \in [\![1, p]\!], f(e_i') = 0_E$.
Donc on a une famille génératrice de $\text{Im}(f)$ constituée de $p = \dim(\text{Im}(f))$ vecteurs de E, par conséquent $(f(e_1), f(e_2), \ldots, f(e_p))$ est une base de $\text{Im}(f)$.

d) $\forall i \in [\![1, p]\!]$, $e_{p+i} = f(e_i)$. On vient de voir que $(e_{p+1}, e_{p+2}, \ldots, e_{2p})$ est une base de $\text{Im}(f)$. De plus F et $\text{Im}(f) = \text{Ker}(f)$ sont supplémentaires dans E, donc on obtient une base de E en réunissant une base de F et une base de $\text{Im}(f)$. Par conséquent :
$B = (e_1, e_2, \ldots, e_p, e_{p+1}, e_{p+2}, \ldots, e_{2p})$ est une base de E.

e) Soit $x = \sum_{i=1}^{2p} x_i e_i$. On a alors : $f(x) = \sum_{i=1}^{2p} x_i f(e_i) = \sum_{i=1}^{p} x_i e_{p+i} + 0_E$ car $\forall i \in [\![1, p]\!], f(e_{p+i}) = f(f(e_i)) = (f \circ f)(e_i) = 0_E$.
On en déduit que $f(x)$ a pour coordonnées : $(0, 0, \ldots, 0, x_1, x_2, \ldots, x_p)_B$.

3. Étude d'endomorphismes particuliers — D'après Concours marocain

On note $E = \mathbb{R}^3$ muni de sa base canonique $B = (e_1, e_2, e_3)$ et f un endomorphisme non nul de E tel que : $f^3 + f = \theta_E$.

1. On suppose que f est injective. Montrer que $f^2 = -id_E$. En déduire que $(e_1, f(e_1))$ est une famille libre. Puis trouver une contradiction en considérant une base de la forme $(e_1, f(e_1), e)$. Conclure que $\text{Ker}(f) \neq \{0_E\}$.

2. Justifier alors que $\dim(\text{Ker}(f)) \in \{1, 2\}$.

3. Montrer que $E = \text{Ker}(f) \oplus \text{Ker}(f^2 + id_E)$.

4. On pose $F = \text{Ker}(f^2 + id_E)$ et on considère e un vecteur non nul de F.

a) Montrer que $f(e) \in F$ et que $(e, f(e))$ est libre.

b) En déduire que $\dim(\text{Ker}(f^2 + id_E)) = 2$ et $\dim(\text{Ker}(f)) = 1$.

c) On considère e_0 un vecteur non nul de $\text{Ker}(f)$. Montrer que $B' = (e_0, e, f(e))$ est une base de E.

d) Donner l'expression analytique de f dans B'.

Conseils méthodologiques : 3.1. Raisonner par l'absurde en supposant $(e_1, f(e_1))$ liée, poser $f(e) = \alpha e_1 + \beta f(e_1) + \gamma e$ et calculer $f^2(e)$. **3.2.** montrer que $\dim(\mathrm{Ker}(f)) \neq 0$ et $\dim(\mathrm{Ker}(f)) \neq 3$. **3.4.a)** Raisonner par l'absurde comme en 3.1. **3.4.b)** Utiliser 3.3 et 3.4.a).

1. f est un endomorphisme injectif et E est de dimension finie (3), donc f est bijective. Notons f^{-1} son endomorphisme réciproque. On a alors : $f^3 + f = \theta_E \Rightarrow f^{-1} \circ (f^3 + f) = f^{-1} \circ \theta_E$ c'est-à-dire : $f^2 + id_E = \theta_E$ ou encore : $\boxed{f^2 = -id_E}$.
En raisonnant par l'absurde si $(e_1, f(e_1))$ est une famille liée, puisque $e_1 \neq 0$, il existe un réel λ tel que $f(e_1) = \lambda e_1$. Il en résulte que $f^2(e_1) = \lambda^2 e_1 = -e_1$ car $f^2 = -id_E$. Donc $\lambda^2 = -1$. Ce qui est impossible dans $\mathbb{R}$.
On complète alors cette famille libre $(e_1, f(e_1))$ pour obtenir une base $(e_1, f(e_1), e)$. On peut décomposer $f(e)$ dans cette base : $f(e) = \alpha e_1 + \beta f(e_1) + \gamma e$. On en déduit par un calcul simple que la troisième coordonnée de $f^2(e)$ dans cette base est γ^2. Comme précédemment, grâce à $f^2(e) = -e$, on obtient la contradiction $\gamma^2 = -1$. Il est donc impossible que f soit injective. Par suite $\boxed{\mathrm{Ker}(f) \neq \{0_E\}}$.

2. $\mathrm{Ker}(f)$ est un sous-espace vectoriel de E et $\dim(E) = 3$ donc $\dim(\mathrm{Ker}(f)) \in [\![0, 3]\!]$. De plus, $f \neq \theta_E$ donc $\mathrm{Ker}(f) \neq E$ et $\dim(\mathrm{Ker}(f)) \neq 3$. D'autre part, d'après le 3.1. $\mathrm{Ker}(f) \neq \{0_E\}$ et $\dim(\mathrm{Ker}(f)) \neq 0$.
Par conséquent : $\boxed{\dim(\mathrm{Ker}(f)) \in \{1, 2\}}$.

3. Montrons que : $\mathrm{Ker}(f) \cap \mathrm{Ker}(f^2 + id_E) = \{0_E\}$. Soit $x \in \mathrm{Ker}(f) \cap \mathrm{Ker}(f^2 + id_E)$. On a alors : $f(x) = 0_E$ et $f^2(x) + x = 0_E$ d'où : $x = -f^2(x) = -f(f(x)) = -f(0_E) = 0_E$, par linéarité de f. Donc $\boxed{\mathrm{Ker}(f) \cap \mathrm{Ker}(f^2 + id_E) = \{0_E\}}$.
Montrons que : $E = \mathrm{Ker}(f) + \mathrm{Ker}(f^2 + id_E)$. Soit $x \in E$.
Prouvons que l'on peut trouver $x_1 \in \mathrm{Ker}(f)$ et $x_2 \in \mathrm{Ker}(f^2 + id_E)$ tels que $x = x_1 + x_2$.
Analyse : Si de tels vecteurs existent alors on a : $f(x) = f(x_1) + f(x_2) = f(x_2)$ car $x_1 \in \mathrm{Ker}(f)$, et $f^2(x) = f^2(x_2) = -x_2$ car $x_2 \in \mathrm{Ker}(f^2 + id_E)$. Donc $x_2 = -f^2(x)$ et $x_1 = x - x_2 = x + f^2(x)$.
Synthèse : Soit $x_2 = -f^2(x)$ et $x_1 = x + f^2(x)$. On a alors : $x_1 + x_2 = x$, $f(x_1) = f(x + f^2(x)) = f(x) + f^3(x) = 0_E$, donc $x_1 \in \mathrm{Ker}(f)$, et $(f^2 + id_E)(x_2) = (f^2 + id_E)(-f^2(x)) = -f^4(x) - f^2(x) = -f(f^3(x) + x) = -f(0_E) = 0_E$, donc $x_2 \in \mathrm{Ker}(f^2 + id_E)$.
Donc $\boxed{E = \mathrm{Ker}(f) + \mathrm{Ker}(f^2 + id_E)}$. Conclusion : $\boxed{E = \mathrm{Ker}(f) \oplus \mathrm{Ker}(f^2 + id_E)}$.

4.a) Le vecteur e est non nul dans $\mathrm{Ker}(f^2 + id_E)$. Alors $f^2(e) = -e$ et $f^2[f(e)] = f[f^2(e)] = -f(e)$ donc $f(e) \in \mathrm{Ker}(f^2 + id_E)$.
Un raisonnement analogue à celui fait sur e_1 en 3.1 prouve que $(e, f(e))$ est libre.
b) Par suite $\dim(\mathrm{Ker}(f^2 + id_E)) \geq 2$. Comme $\dim(E) = \dim(\mathrm{Ker}(f)) + \dim(\mathrm{Ker}(f^2 + id_E)) = 3$, et $\dim(\mathrm{Ker}(f)) \geq 1$ d'après 3.2, on peut conclure que $\boxed{\dim(\mathrm{Ker}(f^2 + id_E)) = 2}$ et $\boxed{\dim(\mathrm{Ker}(f)) = 1}$.
c) On déduit de ce qui précède que $(e, f(e))$ est une base de F, et que (e_0) constitue une base de $\mathrm{Ker}(f)$. Comme de plus $E = \mathrm{Ker}(f) \oplus F$, on obtient que $\boxed{B' = (e_0, e, f(e)) \text{ est une base de } E}$.
d) Soit $x = \alpha e_0 + \beta e + \gamma f(e)$. On a : $f(x) = \alpha f(e_0) + \beta f(e) + \gamma f(f(e)) = \beta f(e) - \gamma e$. Donc : $\boxed{f(x) = -\gamma e + \beta f(e)}$.

4. Endomorphismes nilpotents — D'après HEC

Soit n un entier supérieur ou égal à 2. Si f est un endomorphisme de $E = \mathbb{R}^n$, on pose pour tout $k \in \mathbb{N}^*$, $f^k = f^{k-1} \circ f$ et $f^0 = id_E$. Enfin, on notera $\theta_E : \vec{x} \mapsto \vec{0}$ l'endomorphisme nul de E.

1. On considère f un endomorphisme de E tel que $f^n = \theta_E$ et $f^{n-1} \neq \theta_E$ (condition (1)).

a) Montrer qu'il existe un vecteur $\vec{x}$ de E tel que $f^{n-1}(\vec{x}) \neq \vec{0}$.

b) Montrer que la famille $(f^{n-1}(\vec{x}), f^{n-2}(\vec{x}), \ldots, f(\vec{x}), \vec{x})$ est une base de E.

2. On veut trouver tous les endomorphismes g de E qui commutent avec f, c'est-à-dire tels que : $g \circ f = f \circ g$.

a) Soit g un endomorphisme de E. Montrer qu'il existe une unique famille de nombres réels $(\alpha_0, \alpha_1, \dots, \alpha_{n-1})$ telle que : $g(\vec{x}) = \alpha_0\vec{x} + \alpha_1 f(\vec{x}) + \dots + \alpha_{n-1}f^{n-1}(\vec{x})$ où $\vec{x}$ désigne un vecteur vérifiant $f^{n-1}(\vec{x}) \neq \vec{0}$ (cf. **4.1.a**).

b) En déduire que si g commute avec f alors : $g = \alpha_0 id_E + \alpha_1 f + \dots + \alpha_{n-1}f^{n-1}$, où $(\alpha_0, \alpha_1, \dots, \alpha_{n-1})$ sont définis dans la question précédente.

c) En déduire l'ensemble de tous les endomorphismes de E qui commutent avec f.

Conseils méthodologiques : 4.1.b) montrer que la famille est libre, **4.2.a)** utiliser la base du 4.1.b). **4.2.b)** Deux endomorphismes sont égaux si et seulement s'ils coïncident sur une base. Attention : $\vec{x}$ désigne un vecteur fixé en 4.1.a).

1.a) $f^{n-1} \neq \theta_E$ donc $\exists \vec{x} \in E$, $f^{n-1}(\vec{x}) \neq \theta_E(\vec{x})$, c'est-à-dire tel que $\boxed{f^{n-1}(\vec{x}) \neq \vec{0}}$.

b) La famille $\left(f^{n-1}(\vec{x}), f^{n-2}(\vec{x}), \dots, f(\vec{x}), \vec{x}\right)$ étant constituée de $n = \dim \mathbb{R}^n$ vecteurs, il suffit de montrer qu'elle est libre. Soit des réels $\lambda_0, \lambda_1, \dots, \lambda_{n-1}$ tels que : $\lambda_0 f^{n-1}(\vec{x}) + \lambda_1 f^{n-2}(\vec{x}) + \dots + \lambda_{n-2}f(\vec{x}) + \lambda_{n-1}\vec{x} = \vec{0}$.

Montrons qu'ils sont tous nuls par un raisonnement par l'absurde : supposons que l'un (au moins) des λ_i est non nul et notons $p = \max\left\{i \in [\![0, n-1]\!] \,/\, \lambda_i \neq 0\right\}$. On a alors : $\lambda_0 f^{n-1}(\vec{x}) + \lambda_1 f^{n-2}(\vec{x}) + \dots + \lambda_p f^{n-1-p}(\vec{x}) = \vec{0}$. En composant par f^p chaque membre de l'égalité, on obtient puisque f est une application linéaire :

$\lambda_0 f^{n-1+p}(\vec{x}) + \lambda_1 f^{n-2+p}(\vec{x}) + \dots + \lambda_{p-1}f^n(\vec{x}) + \lambda_p f^{n-1}(\vec{x}) = f^p(\vec{0}) = \vec{0}$.

Or on sait que $f^n = \theta_E$, donc : $\forall k \in \mathbb{N}$, $f^{n+k} = \theta_E$. L'égalité ci-dessus devient donc : $\lambda_p f^{n-1}(\vec{x}) = \vec{0}$. Par suite $\lambda_p = 0$ car $f^{n-1}(\vec{x}) \neq \vec{0}$. On a alors une contradiction avec la définition de p. Ainsi : $\forall i \in [\![0, n-1]\!]$, $\lambda_i = 0$. On peut donc conclure que la famille $\left(f^{n-1}(\vec{x}), f^{n-2}(\vec{x}), \dots, f(\vec{x}), \vec{x}\right)$ est libre.

Par conséquent, c'est une base de E.

2.a) Soit g un endomorphisme de E. En décomposant $g(\vec{x}) \in E$ sur la base $\left(f^{n-1}(\vec{x}), f^{n-2}(\vec{x}), \dots, f(\vec{x}), \vec{x}\right)$ on obtient :

$$\boxed{\exists!(\alpha_0, \alpha_1, \dots, \alpha_{n-1}) \in \mathbb{R}^n,\ g(\vec{x}) = \alpha_0\vec{x} + \alpha_1 f(\vec{x}) + \dots + \alpha_{n-1}f^{n-1}(\vec{x}) = \sum_{i=0}^{n-1}\alpha_i f^i(\vec{x})}.$$

b) Supposons que g commute avec f. Alors : $\forall k \in [\![0, n-1]\!]$, $g\left(f^k(\vec{x})\right) = g \circ f^k(\vec{x}) = f^k\left[g(\vec{x})\right]$ et comme f est linéaire, on obtient d'une part :

$$g\left(f^k(\vec{x})\right) = f^k\left[\sum_{i=0}^{n-1}\alpha_i f^i(\vec{x})\right] = \sum_{i=0}^{n-1}\alpha_i f^{i+k}(\vec{x}),$$

et d'autre part : $\left(\alpha_0 id_E + \alpha_1 f + \dots + \alpha_{n-1}f^{n-1}\right)\left(f^k(\vec{x})\right) = \sum_{i=0}^{n-1}\alpha_i f^i\left[f^k(\vec{x})\right] = \sum_{i=0}^{n-1}\alpha_i f^{i+k}(\vec{x})$.

On a donc deux applications linéaires qui coïncident sur la base $\left(f^{n-1}(\vec{x}), f^{n-2}(\vec{x}), \dots, f(\vec{x}), \vec{x}\right)$, par conséquent elles sont égales et :

$$\boxed{g = \alpha_0 id_E + \alpha_1 f + \dots + \alpha_{n-1}f^{n-1}}.$$

c) Réciproquement, tous les endomorphismes de la forme $\alpha_0 id_E + \alpha_1 f + \dots + \alpha_{n-1}f^{n-1}$ commutent avec f donc l'ensemble de tous les endomorphismes de E qui commutent avec f est :

$$\boxed{\text{com}(f) = \text{vect}\left(\left\{f^k \,/\, k \in [\![1, n-1]\!]\right\}\right)}.$$

Pour approfondir

5. Application linéaire et équation différentielle ______ D'après E3A

$C^\infty(\mathbb{R})$ désigne le $\mathbb{R}$-espace vectoriel des fonctions de classe C^∞ sur $\mathbb{R}$. On note $B_c = (e_1, e_2, e_3, e_4)$ la base canonique de $\mathbb{R}^4$. Pour $v = (a, b, c, d) \in \mathbb{R}^4$ on définit l'application h_v sur $\mathbb{R}$ par :

$h_v : x \mapsto (ax + b)\cos x + (cx + d)\sin x$.

On note V l'ensemble des applications h_v lorsque v parcourt $\mathbb{R}^4$.

1. Montrer que V est un sous-espace vectoriel de $C^\infty(\mathbb{R})$.

2. Démontrer que l'application qui envoie le vecteur v sur h_v est un isomorphisme de $\mathbb{R}^4$ sur V. En déduire que $B = (h_{e_1}, h_{e_2}, h_{e_3}, h_{e_4})$ est une base de V.

3. Pour $v = (a, b, c, d) \in \mathbb{R}^4$, on note $\psi(h_v)$ l'application définie sur $\mathbb{R}$ par : $\psi(h_v) : x \mapsto h_v''(x) + h_v(x)$.

a) Exprimer cette application en fonction de cos, sin, a, b, c et d.

b) Démontrer que ψ est un endomorphisme de V.

c) Déterminer $\operatorname{Ker}(\psi)$.

d) Quel est le rang de ψ ? Déterminer une base de $\operatorname{Im}(\psi)$.

4. Résoudre sur $\mathbb{R}$ l'équation différentielle : $y'' + y = \cos x$.

Conseils méthodologiques : 5.1. Utiliser un critère de sous-espace vectoriel de $C^\infty(\mathbb{R})$. **5.2.** Montrer que l'application est linéaire, injective et surjective. **5.4.** Utiliser le **5.3.**

1. On utilise le critère de sous-espace vectoriel :

- Pour tout $v = (a, b, c, d) \in \mathbb{R}^4$, il est clair que $h_v \in C^\infty(\mathbb{R})$ donc $V \subset C^\infty(\mathbb{R})$.
- Pour $v = (0, 0, 0, 0)$, on obtient $\theta_{\mathbb{R}} \in V$, donc $V \neq \varnothing$.
- Soit $v = (a, b, c, d) \in \mathbb{R}^4$, $v' = (a', b', c', d') \in \mathbb{R}^4$, $(\lambda, \lambda') \in \mathbb{R}^2$. Montrons que $\lambda h_v + \lambda' h_{v'} \in V$. On a pour tout réel x :

$$\begin{aligned}(\lambda h_v + \lambda' h_{v'})(x) &= \lambda h_v(x) + \lambda' h_{v'}(x)\\ &= \lambda\left[(ax+b)\cos x + (cx+d)\sin x\right] + \lambda'\left[(a'x+b')\cos x + (c'x+d')\sin x\right]\\ &= \left[(\lambda a + \lambda' a')x + (\lambda b + \lambda' b')\right]\cos x + \left[(\lambda c + \lambda' c')x + (\lambda d + \lambda' d')\right]\sin x\\ &= h_{\lambda v + \lambda' v'}(x)\end{aligned}$$

Donc $\lambda h_v + \lambda' h_{v'} \in V$ et V est stable par combinaisons linéaires.

Conclusion : $\boxed{V \text{ est un sous-espace vectoriel de } C^\infty(\mathbb{R})}$.

2. Notons $\varphi : \begin{cases}\mathbb{R}^4 \to V\\ v \mapsto \varphi(v) = h_v\end{cases}$. Montrons que φ est linéaire et bijective.

- Soit $v = (a, b, c, d) \in \mathbb{R}^4$, $v' = (a', b', c', d') \in \mathbb{R}^4$, $(\lambda, \lambda') \in \mathbb{R}^2$. On a : $\varphi(\lambda v + \lambda' v') = h_{\lambda v + \lambda' v'} = \lambda h_v + \lambda' h_{v'} = \lambda\varphi(v) + \lambda'\varphi(v')$.

Donc $\boxed{\varphi \text{ est linéaire}}$.

- Déterminons $\operatorname{Ker}(\varphi)$: $v = (a, b, c, d) \in \operatorname{Ker}(\varphi) \Leftrightarrow h_v = \theta_{\mathbb{R}} \Leftrightarrow \forall x \in \mathbb{R}, (ax+b)\cos x + (cx+d)\sin x = 0$.

En particulier pour $x = 0$ on obtient $b = 0$, puis $x = \pi$ donne $a = 0$, enfin $x = \dfrac{\pi}{2}$ et $x = -\dfrac{\pi}{2}$ donnent :

$\begin{cases} c\dfrac{\pi}{2}+d=0 \\ -c\dfrac{\pi}{2}+d=0 \end{cases} \Leftrightarrow \begin{cases} d=0 \\ c=0 \end{cases}$ donc $v=(0,\ 0,\ 0,\ 0)$ et $\mathrm{Ker}(\varphi)=\{(0,\ 0,\ 0,\ 0)\}$. On en déduit que $\boxed{\varphi \text{ est injective}}$.

- Par construction, on a : $V=\mathrm{Im}(\varphi)$ donc $\boxed{\varphi \text{ est surjective}}$.

Conclusion : $\boxed{\varphi \text{ est un isomorphisme de } \mathbb{R}^4 \text{ sur } V}$.

On en déduit alors que $\dim(V)=\dim(\mathbb{R}^4)=4$. De plus on sait que $\mathrm{Im}(\varphi)$ est engendré par l'image d'une base donc : $V=\mathrm{vect}\big(\varphi(e_1),\ \varphi(e_2),\ \varphi(e_3),\ \varphi(e_4)\big)=\mathrm{vect}(h_{e_1},\ h_{e_2},\ h_{e_3},\ h_{e_4})$. Par conséquent $B=(h_{e_1},\ h_{e_2},\ h_{e_3},\ h_{e_4})$ est une famille génératrice maximale de V c'est-à-dire $\boxed{B=(h_{e_1},\ h_{e_2},\ h_{e_3},\ h_{e_4}) \text{ est une base de } V}$.

3.a) $\boxed{\forall x\in\mathbb{R},\ \psi(h_v)(x)=h_v''(x)+h_v(x)=2c\cos x-2a\sin x}$.

b) D'après ce qui précède, on a, pour $v=(a,\ b,\ c,\ d)\in\mathbb{R}^4$ et $w=(0,\ 2c,\ 0,\ -2a)$, $\psi\big(h_v\big)=h_w\in V$ donc $\boxed{\psi : V\to V}$.
De plus, $\forall v=(a,\ b,\ c,\ d)\in\mathbb{R}^4$, $\forall v'=(a',\ b',\ c',\ d')\in\mathbb{R}^4$, $\forall(\lambda,\ \mu)\in\mathbb{R}^2$ on a : $w=(0,\ 2c,\ 0,\ -2a)$, $w'=(0,\ 2c',\ 0,\ -2a')$ et $\lambda w+\lambda' w'=\big(0,\ 2(\lambda c+\lambda' c'),\ 0,\ -2(\lambda a+\lambda' a')\big)$, d'où : $\psi\big(h_{\lambda v+\lambda' v'}\big)=h_{\lambda w+\lambda' w'}=\lambda h_w+\lambda' h_{w'}=\lambda\psi(h_v)+\lambda'\psi(h_{v'})$ et $\boxed{\psi \text{ est linéaire}}$.

Conclusion : $\boxed{\psi \text{ est un endomorphisme de V}}$.

c) $\mathrm{Ker}(\psi)=\{h_v\in V\ /\ \psi(h_v)=\theta_{\mathbb{R}}\}=\{h_v\in V\ /\ \forall x\in\mathbb{R},\ 2c\cos x-2a\sin x=0\}$. Or on sait que $\big(h_{e_2},\ h_{e_4}\big)=\big(\cos,\ \sin\big)$ est libre dans V donc : $\mathrm{Ker}(\psi)=\{h_v\in V\ /\ c=a=0\}$, ou encore :

$\boxed{\mathrm{Ker}(\psi)=\{x\mapsto b\cos x+d\sin x\ /\ (b,\ d)\in\mathbb{R}^2\}=\mathrm{vect}(h_{e_2},\ h_{e_4})}$.

d) D'après le théorème du rang on a alors : $\dim(V)=\dim\big(\mathrm{Ker}(\psi)\big)+\mathrm{rg}(\psi)$, d'où : $\boxed{\mathrm{rg}(\psi)=4-2=2}$. On a déjà vu que : $\psi(h_v)=2ch_{e_2}-2ah_{e_4}$ donc $\mathrm{Im}(\psi)\subset\mathrm{vect}(h_{e_2},\ h_{e_4})$, comme de plus ces deux sous-espace vectoriels sont de dimension 2, on en déduit que : $\boxed{\mathrm{Im}(\psi)=\mathrm{vect}(h_{e_2},\ h_{e_4})}$.

4. Résoudre (E) revient à résoudre $\psi(h_v)=h_{e_2}$. D'après ce qui précède, cela équivaut à : $c=\dfrac{1}{2}$, $a=0$ et $(b,\ d)\in\mathbb{R}^2$.

Ainsi l'ensemble S des solutions est donné par : $\boxed{S=\left\{x\mapsto b\cos x+\left(\dfrac{1}{2}x+d\right)\sin x\ /\ (b,\ d)\in\mathbb{R}^2\right\}}$.

6. Suites *p*-périodiques — D'après E3A

On note $E=\mathbb{C}^{\mathbb{N}}$ l'espace vectoriel des suites complexes. On considère p un entier naturel supérieur ou égal à deux et on note Ω_p l'ensemble des suites complexes p-périodiques, c'est-à-dire l'ensemble des suites $u=(u_n)_{n\in\mathbb{N}}\in E$ vérifiant : $\forall n\in\mathbb{N},\ u_{n+p}=u_n$.

1. Montrer que Ω_p est un sous-espace vectoriel de E.

2. Soit φ l'application définie par : $\varphi : \begin{cases} \Omega_p\to\mathbb{C}^p \\ u\mapsto\big(u_0\ \ldots u_{p-1}\big) \end{cases}$.

a) Démontrer que φ est un isomorphisme.

b) En déduire la dimension de Ω_p.

3. Pour $j\in[\![0,\ p-1]\!]$, on définit la suite c^j en posant $c_n^j=\begin{cases} 1 & \text{si } p \text{ divise } n-i, \\ 0 & \text{sinon.} \end{cases}$ Montrer que la famille de suites $B=\big(c^0,\ c^1,\ \ldots,\ c^{p-1}\big)$ est une base de Ω_p.

Conseils méthodologiques : 6.2.a) Montrer que φ est linéaire, injective, surjective. **6.3.** Si p divise $n-i$ alors p divise $n+p-i$. Utiliser $\big(\varphi(c^0),\ \varphi(c^1),\ \ldots,\ \varphi(c^{p-1})\big)$.

1. • Par définition $\Omega_p \subset E$ et la suite nulle est bien p-périodique. Donc $\Omega_p \neq \varnothing$.
• Soit $(u, v) \in (\Omega_p)^2$ et $(\lambda, \mu) \in \mathbb{C}^2$. Posons $w = \lambda u + \mu v$ et montrons que $w \in \Omega_p$. Par définition, on a : $\forall n \in \mathbb{N},\ w_n = \lambda u_n + \mu v_n$, donc en particulier, puisque u et v sont p-périodiques :
$\forall n \in \mathbb{N},\ w_{n+p} = \lambda u_{n+p} + \mu v_{n+p} = \lambda u_n + \mu v_n = w_n$. Donc $w \in \Omega_p$ c'est-à-dire : Ω_p est stable par combinaisons linéaires.
• Conclusion : $\boxed{\Omega_p \text{ est un sous-espace vectoriel de } E}$.

2.a) Montrons que φ est linéaire : soit $(u, v) \in (\Omega_p)^2$ et $(\lambda, \mu) \in \mathbb{C}^2$. Posons $w = \lambda u + \mu v$. On a alors : $\varphi(\lambda u + \mu v) = \varphi(w) = (w_0, \ldots, w_{p-1}) = (\lambda u_0 + \mu v_0, \ldots, \lambda u_{p-1} + \mu v_{p-1})$
c'est-à-dire : $\varphi(\lambda u + \mu v) = \lambda(u_0, \ldots, u_{p-1}) + \mu(v_0, \ldots, v_{p-1}) = \lambda\varphi(u) + \mu\varphi(v)$.
Donc $\boxed{\varphi \text{ est une application linéaire}}$.
De plus : $u \in \mathrm{Ker}(\varphi) \Leftrightarrow \varphi(u) = 0_{\mathbb{C}^p} \Leftrightarrow \forall n \in [\![0, p-1]\!],\ u_n = 0$. Comme u est p-périodique, on en déduit par une récurrence immédiate que : $\forall n \in \mathbb{N},\ u_n = 0$. Donc $\mathrm{Ker}(\varphi) = \{0_E\}$ et $\boxed{\varphi \text{ est injective}}$.
Enfin, pour $\alpha = (\alpha_0, \alpha_1, \ldots, \alpha_{p-1}) \in \mathbb{C}^p$, en définissant la suite u par : $\forall n \in \mathbb{N},\ u_n = \alpha_i$ si p divise $n - i$, on a d'une part : u est p-périodique (car si p divise $n - i$ alors p divise $n + p - i$), et d'autre part : $\varphi(u) = \alpha$. Donc $\boxed{\varphi \text{ est surjective}}$.
Conclusion : $\boxed{\varphi \text{ est un isomorphisme de } \Omega_p \text{ sur } \mathbb{C}^p}$.

b) Deux espaces vectoriels isomorphes ont la même dimension, donc $\boxed{\dim(\Omega_p) = \dim(\mathbb{C}^p) = p}$.

3. On remarque que $\forall j \in [\![0, p-1]\!],\ \varphi(c^j) = e_{j+1}$, où $B_c = (e_1, e_2, \ldots, e_p)$ est la base canonique de $\mathbb{C}^p$. Ainsi $B_c = (\varphi(c^0), \varphi(c^1), \ldots, \varphi(c^{p-1}))$ est une base de $\mathbb{C}^p$. L'application φ étant un isomorphisme, on en déduit que la famille de suites $\boxed{B = (c^0, c^1, \ldots, c^{p-1}) \text{ est une base de } \Omega_p}$.

CHAPITRE 14

Matrices et déterminants

Le cours en questions

1 ■ Opérations sur les matrices et structures

Dans ce chapitre, $\mathbb{K}$ désigne $\mathbb{R}$ ou $\mathbb{C}$, n et p sont deux entiers naturels non nuls, $M_{n,p}(\mathbb{K})$ est l'ensemble des matrices à n lignes et p colonnes à coefficients dans $\mathbb{K}$, enfin $M_n(\mathbb{K})$ est l'ensemble des matrices carrées d'ordre n à coefficients dans $\mathbb{K}$.

1.1 Quelle est la structure $\left(M_{n,p}(\mathbb{K}), +, .\right)$?

Soit $A=\left(a_{i,j}\right)_{\substack{1\le i\le n\\1\le j\le p}}$ et $B=\left(b_{i,j}\right)_{\substack{1\le i\le n\\1\le j\le p}}$ dans $M_{n,p}(\mathbb{K})$, et $\lambda\in\mathbb{K}$ avec $\mathbb{K}=\mathbb{R}$ ou $\mathbb{C}$.
On peut définir une addition et une multiplication par un scalaire par :

$$A+B=\left(a_{i,j}+b_{i,j}\right)_{\substack{1\le i\le n\\1\le j\le p}} \quad \text{et} \quad \lambda A=\left(\lambda a_{i,j}\right)_{\substack{1\le i\le n\\1\le j\le p}}.$$

$\left(M_{n,p}(\mathbb{K}), +, .\right)$ a une structure de $\mathbb{K}$-espace vectoriel de dimension np.

La matrice nulle de $M_{n,p}(\mathbb{K})$ sera notée $0_{n,p}$ ou, s'il n'y a pas de confusion possible, simplement 0.

1.2 Qu'est-ce que la base canonique de $M_{n,p}(\mathbb{K})$?

On appelle base canonique de $M_{n,p}(\mathbb{K})$, la famille $\left(E_{i,j}\right)_{\substack{1\le i\le n\\1\le j\le p}}$ où $E_{i,j}$ est la matrice dont tous les termes sont nuls sauf le terme d'indice (i, j) qui vaut 1.
Il s'agit de la base naturelle de $M_{n,p}(\mathbb{K})$.
On retiendra que :

$$\dim M_{n,p}(\mathbb{K})=np.$$

Par exemple, pour $M_{2,3}(\mathbb{K})$, on a :

$E_{1,1}=\begin{bmatrix}1&0&0\\0&0&0\end{bmatrix}$,

$E_{1,2}=\begin{bmatrix}0&1&0\\0&0&0\end{bmatrix}$, $E_{1,3}=\begin{bmatrix}0&0&1\\0&0&0\end{bmatrix}$,

$E_{2,1}=\begin{bmatrix}0&0&0\\1&0&0\end{bmatrix}$, $E_{2,2}=\begin{bmatrix}0&0&0\\0&1&0\end{bmatrix}$,

$E_{2,3}=\begin{bmatrix}0&0&0\\0&0&1\end{bmatrix}$.

La dimension de $M_{2,3}(\mathbb{K})$ est égale à $6=2\times3$.

Si $(E_i)_{1\le i\le n}$ est la base canonique de $\mathbb{K}^n$ on a : $E_{i,j} = E_i\,{}^tE_j$.

Si Φ est une application linéaire sur $M_{n,p}(\mathbb{K})$, pour démontrer que :

$\forall M \in M_{n,p}(\mathbb{K})$, $\Phi(M) = 0$, il suffit de vérifier que cette égalité est vraie sur la base canonique de $M_{n,p}(\mathbb{K})$, c'est-à-dire que : $\forall (i, j) \in [\![1, n]\!]^2$, $\Phi(E_{i,j}) = 0$.

$\delta_{j,k} = \begin{cases} 1 \text{ si } j = k \\ 0 \text{ si } j \neq k \end{cases}$.

On note maintenant $(E_{i,j})_{\substack{1\le i\le n\\ 1\le j\le n}}$ la base canonique de $M_n(\mathbb{K})$. Il faut connaître le résultat :

$$E_{i,j}E_{k,l} = \delta_{j,k}E_{i,l}\ .$$

En particulier $E_{i,j}E_{j,i} = E_{i,i}$ et si $n \ge 2$ avec $i \neq j$, $E_{i,j}^{\ 2} = 0$.

1.3 Comment multiplier des matrices ?

On ne peut multiplier deux matrices que si le nombre de colonnes de la première est égal au nombre de lignes de la seconde. Si $A = (a_{i,j})_{\substack{1\le i\le p\\ 1\le j\le q}}$, $B = (b_{i,j})_{\substack{1\le i\le q\\ 1\le j\le r}}$, on obtient alors (*cf.* figure 1) $AB = C = (c_{i,j})_{\substack{1\le i\le p\\ 1\le j\le r}}$ avec :

$$c_{i,j} = \sum_{k=1}^{q} a_{i,k}b_{k,j}\ .$$

Pour calculer en pratique le coefficient $(AB)_{i,j}$ dans le produit AB, on considère la $i^{\text{ème}}$ ligne de A : $(a_{i1}\ \ a_{i2}\ \ \cdots\ \ a_{iq})$ et la $j^{\text{ème}}$ colonne de B : $\begin{pmatrix} b_{1j} \\ b_{2j} \\ \vdots \\ b_{qj} \end{pmatrix}$ puis on effectue la somme des produits deux à deux des coefficients de cette ligne et de cette colonne.

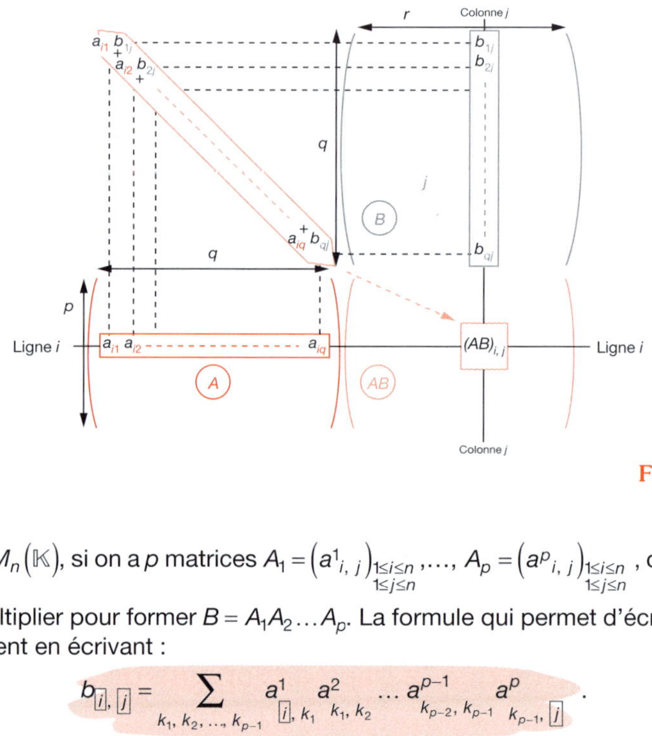

Figure 1

Dans $M_n(\mathbb{K})$, si on a p matrices $A_1 = (a^1{}_{i,j})_{\substack{1\le i\le n\\ 1\le j\le n}}, \dots, A_p = (a^p{}_{i,j})_{\substack{1\le i\le n\\ 1\le j\le n}}$, on peut les multiplier pour former $B = A_1A_2\dots A_p$. La formule qui permet d'écrire $b_{i,j}$ se retient en écrivant :

$$b_{\boxed{i},\boxed{j}} = \sum_{k_1, k_2, \dots, k_{p-1}} a^1_{\boxed{i},k_1}\ a^2_{k_1,k_2} \dots a^{p-1}_{k_{p-2},k_{p-1}}\ a^p_{k_{p-1},\boxed{j}}\ .$$

Remarquer la forme simple de la suite des indices dans cette formule :

$\boxed{i}, \boxed{j} = \boxed{i}, \underbrace{k_1 ; k_1}_{\text{liaison}}, k_2 ; \dots \dots k_{p-2}, \underbrace{k_{p-1} ; k_{p-1}}_{\text{liaison}}, \boxed{j}$.

1.4 ✯ Quelle est la structure $(M_n(\mathbb{K}), +, \times)$?

$(M_n(\mathbb{K}), +, \times)$ a une structure d'anneau. C'est-à-dire : $(M_n(\mathbb{K}), +)$ est un groupe commutatif et la multiplication est une loi de composition interne, associative, possédant I_n pour élément neutre et distributive sur $+$.

Le symbole ✯ désigne une partie qui ne figure au programme en PTSI que pour les étudiants ayant choisi l'option PSI.

Attention, la multiplication n'est pas commutative en général. Par exemple : dans $M_2(\mathbb{R})$:

$$\begin{pmatrix} 0 & 1 \\ 0 & 0 \end{pmatrix}\begin{pmatrix} 0 & 0 \\ 1 & 0 \end{pmatrix} = \begin{pmatrix} 1 & 0 \\ 0 & 0 \end{pmatrix} \neq \begin{pmatrix} 0 & 0 \\ 1 & 0 \end{pmatrix}\begin{pmatrix} 0 & 1 \\ 0 & 0 \end{pmatrix} = \begin{pmatrix} 0 & 0 \\ 0 & 1 \end{pmatrix}.$$

$$I_n = \begin{bmatrix} 1 & 0 & \cdots & 0 \\ 0 & 1 & \ddots & \vdots \\ \vdots & \ddots & \ddots & 0 \\ 0 & \cdots & 0 & 1 \end{bmatrix} \in M_n(\mathbb{K}).$$

1.5 Dans $M_n(\mathbb{K})$, a-t-on : $AB = 0 \Rightarrow (A = 0 \text{ ou } B = 0)$?

Cette implication est fausse dès que $n \geq 2$. On peut même avoir $A^2 = 0$ avec $A \neq 0$. En effet, on a vu au paragraphe précédent que si $i \neq j$, $E_{i,j}{}^2 = 0$ avec $E_{i,j} \neq 0$.

Si B est inversible, l'implication devient vraie. En pratique, on justifiera en multipliant par l'inverse de la matrice B et on écrira :

$AB = 0$, donc $AB \times B^{-1} = 0 \times B^{-1}$ par suite $A = 0$.

On pourra aussi écrire : $AB = 0 \Rightarrow A = 0$ car B est inversible.

Erreur à éviter :

Au concours, écrire que « $AB = 0 \Rightarrow A = 0$ car $B \neq 0$ » est une **erreur-type** quand on l'utilise pour des matrices. Retenir le contre-exemple :

$$\begin{pmatrix} 0 & 1 \\ 0 & 0 \end{pmatrix}\begin{pmatrix} 0 & 1 \\ 0 & 0 \end{pmatrix} = \begin{pmatrix} 0 & 0 \\ 0 & 0 \end{pmatrix}.$$

1.6 Que désigne $GL_n(\mathbb{K})$?

$GL_n(\mathbb{K})$ désigne l'ensemble des matrices carrées d'ordre n inversibles, c'est-à-dire l'ensemble des matrices A de $M_n(\mathbb{K})$ telles que : $\exists B \in M_n(\mathbb{K})$, $AB = BA = I_n$.

$(GL_n(\mathbb{K}), \times)$ a une structure de groupe, non commutatif en général. Le produit de deux matrices inversibles est inversible :

$$(AB)^{-1} = B^{-1}A^{-1}.$$

En pratique, l'existence d'une matrice B qui vérifie $AB = I_n$ (ou $BA = I_n$) suffit pour démontrer que la matrice A carrée d'ordre n est inversible. On a alors $B = A^{-1}$.

Retenir que si deux matrices sont inversibles, l'inverse de leur produit est le produit des inverses **dans l'ordre inverse**.

Erreur à éviter :

Une matrice qui n'est pas carrée ne peut pas être inversible.

2 ■ Matrices carrées particulières

2.1 Qu'est-ce que la transposée d'une matrice ?

Si $A = (a_{i,j})_{\substack{1 \leq i \leq n \\ 1 \leq j \leq p}}$, on appelle transposée de A la matrice $A' = (a'_{i,j})_{\substack{1 \leq i \leq p \\ 1 \leq j \leq n}}$ définie par :

$$\forall i \in [\![1, p]\!], \forall j \in [\![1, n]\!], a'_{i,j} = a_{j,i}.$$

La transposée de A est notée ${}^tA$.

Si $A, B \in M_{n,p}(\mathbb{K})$ et $\lambda, \mu \in \mathbb{K}$: ${}^t(\lambda A + \mu B) = \lambda\,{}^tA + \mu\,{}^tB$.

Si $A \in M_{n,p}(\mathbb{K})$ et $B \in M_{p,q}(\mathbb{K})$: ${}^t(AB) = {}^tB\,{}^tA$.

Si $A \in M_n(\mathbb{K})$ et $k \in \mathbb{N}$: ${}^t(A^k) = ({}^tA)^k$.

Si $A \in GL_n(\mathbb{K})$ et $k \in \mathbb{Z}$: ${}^t(A^k) = ({}^tA)^k$.

En particulier, A est inversible si et seulement si ${}^tA$ l'est et dans ce cas :

$${}^t(A^{-1}) = ({}^tA)^{-1}.$$

Si $A \in M_{n,p}(\mathbb{K})$ alors ${}^tA \in M_{p,n}(\mathbb{K})$ et les p lignes de ${}^tA$ sont (dans le même ordre) les p colonnes de A. Par exemple, pour $A = \begin{bmatrix} 1 & 2 & 3 \\ 4 & 5 & 6 \end{bmatrix}$ on obtient :

$${}^tA = \begin{bmatrix} 1 & 4 \\ 2 & 5 \\ 3 & 6 \end{bmatrix}.$$

Retenir que, si le produit de deux matrices existe, la transposée de leur produit est le produit des transposées **dans l'ordre inverse**.

Si A et B sont des matrices triangulaires supérieures (resp. inférieures, diagonales ou scalaires) alors AB est aussi triangulaire supérieure (resp. inférieure, diagonale ou scalaire). *Cf.* savoir faire 5.

Si $\lambda_1\lambda_2\ldots\lambda_n \neq 0$ et si $D = \begin{pmatrix} \lambda_1 & 0 & \cdots & 0 \\ 0 & \lambda_2 & \ddots & \vdots \\ \vdots & \ddots & \ddots & 0 \\ 0 & \cdots & 0 & \lambda_n \end{pmatrix}$ alors D est inversible et

$$D^{-1} = \begin{pmatrix} \lambda_1^{-1} & 0 & \cdots & 0 \\ 0 & \lambda_2^{-1} & \ddots & \vdots \\ \vdots & \ddots & \ddots & 0 \\ 0 & \cdots & 0 & \lambda_n^{-1} \end{pmatrix}.$$

Erreur à éviter :
Le produit de deux matrices A et B symétriques n'est pas forcément une matrice symétrique car ${}^t(AB) = {}^tB\,{}^tA = BA$ qui est en général distinct de AB. Contre-exemple :
$\begin{pmatrix} 1 & 0 \\ 0 & 0 \end{pmatrix}\begin{pmatrix} 0 & 1 \\ 1 & 0 \end{pmatrix} = \begin{pmatrix} 0 & 1 \\ 0 & 0 \end{pmatrix} \notin S_2(\mathbb{K})$.

Erreur à éviter :
La convention d'écriture n'est plus ici $A^0 = 1$ mais $A^0 = I_n$.

2.2 Qu'est-ce qu'une matrice carrée triangulaire ? Diagonale ? Scalaire ?

La matrice $A = (a_{i,j})_{\substack{1\le i\le n \\ 1\le j\le n}}$, carrée d'ordre n, est :

- triangulaire supérieure si : $\forall (i,j) \in [\![1, n]\!]^2, (j < i \Rightarrow a_{i,j} = 0)$,
- triangulaire inférieure si : $\forall (i,j) \in [\![1, n]\!]^2, (j > i \Rightarrow a_{i,j} = 0)$,
- diagonale si : $\forall (i,j) \in [\![1, n]\!]^2, (j \neq i \Rightarrow a_{i,j} = 0)$,
- scalaire si : $\exists \lambda \in \mathbb{K}, A = \lambda I_n$.

L'ensemble des matrices triangulaires supérieures (resp. inférieures, diagonales ou scalaires) à coefficients dans $\mathbb{K}$ est un sous-espace vectoriel de $M_n(\mathbb{K})$.

La matrice A est triangulaire supérieure si et seulement si ${}^tA$ est triangulaire inférieure.

Une matrice triangulaire est inversible si et seulement si tous ses termes diagonaux sont non nuls.

2.3 Qu'est-ce qu'une matrice symétrique ? Antisymétrique ?

La matrice $A = (a_{i,j})_{\substack{1\le i\le n \\ 1\le j\le n}}$, carrée d'ordre n, est :

- symétrique si : $\forall (i,j) \in [\![1, n]\!]^2, a_{i,j} = a_{j,i}$,
- antisymétrique si : $\forall (i,j) \in [\![1, n]\!]^2, a_{i,j} = -a_{j,i}$ (en particulier $a_{i,i} = 0$).

L'ensemble des matrices carrées symétriques (resp. antisymétriques) à coefficients dans $\mathbb{K}$ est un sous-espace vectoriel de $M_n(\mathbb{K})$ noté $S_n(\mathbb{K})$ (resp. $A_n(\mathbb{K})$).

Si $M \in M_n(\mathbb{K})$, on peut retenir que :

$$M \in S_n(\mathbb{K}) \Leftrightarrow {}^tM = M \quad \text{et} \quad M \in A_n(\mathbb{K}) \Leftrightarrow {}^tM = -M.$$

3 Puissances d'une matrice

3.1 Peut-on utiliser la formule du binôme de Newton dans $M_n(\mathbb{K})$?

Si A et B commutent, la formule du binôme de Newton peut être utilisée. C'est-à-dire :

$$\text{si } AB = BA \text{ alors, pour tout } p \in \mathbb{N},\ (A+B)^p = \sum_{k=0}^{p} \binom{p}{k} A^k B^{p-k}.$$

Par exemple, si B est une matrice scalaire (c'est-à-dire de la forme $B = \lambda I_n$) on peut se servir de cette formule car $I_n A = A I_n = A$ (*cf.* savoir faire 1).

3.2 Comment calculer l'inverse d'une matrice A ?

Soit A une matrice appartenant à $M_n(\mathbb{K})$.

• *Méthode* 1 : dans le cas $n = 2$, $M = \begin{bmatrix} a & c \\ b & d \end{bmatrix}$ est inversible si et seulement si $ad - bc \neq 0$. On peut alors retenir que $M^{-1} = \dfrac{1}{ad-bc}\begin{bmatrix} d & -c \\ -b & a \end{bmatrix}$.

• *Méthode* 2 : quand on connaît un polynôme annulateur de A, on peut <u>factoriser A</u> pour obtenir une égalité de la forme $AB = I_n$ (*cf.* savoir faire 4).

• *Méthode* 3 : on peut interpréter A comme la <u>matrice d'un endomorphisme</u> f dans une base bien choisie et utiliser f^{-1} s'il est facile à déterminer (*cf.* savoir faire 4).

• *Méthode* 4 : on peut résoudre le <u>système linéaire</u> $Y = AX$ qui donnera $X = A^{-1}Y$.

Dans le cas $n = 3$ ou $n = 4$, on peut résoudre en utilisant la méthode du pivot de Gauss.

• *Méthode* 5 : on peut aussi rappeler la méthode qui consiste à opérer simultanément sur A et I_n en effectuant les mêmes <u>opérations sur les lignes</u> de ces deux matrices, pour transformer A en I_n. Lorsqu'on a terminé, A est devenue I_n, et I_n est devenue A^{-1} (*cf.* savoir faire 4).

C'est la méthode du pivot de Gauss-Jordan.

On appelle polynôme annulateur de A un polynôme P qui vérifie $P(A) = 0$. Par exemple, si $A^2 - A + I_n = 0$ on dira que le polynôme $X^2 - X + 1$ est annulateur de A.

Si A est une matrice triangulaire supérieure (resp. inférieure) alors A^{-1} est aussi triangulaire supérieure (resp. inférieure). *Cf.* savoir faire 4.

Erreur à éviter :

La méthode 5 peut être pratiquée en effectuant les mêmes opérations sur <u>les colonnes</u> des deux matrices mais il faut choisir dès le départ, lignes ou colonnes, et ne jamais changer jusqu'à la fin.

3.3 Comment se calculent les puissances d'une matrice *A* ?

• *Méthode* 1 : en utilisant la <u>division euclidienne de</u> X^p par un polynôme P annulateur de A (*cf.* savoir faire 1). En effet, si $P(A) = 0$ et $X^p = PQ + R$ avec $d°R < d°P$, alors $A^p = \underbrace{P(A)}_{0}Q(A) + R(A) = R(A)$. Le reste R, généralement de degré inférieur ou égal à 2 dans les exercices, se détermine en utilisant les racines de P.

• *Méthode* 2 : en utilisant la <u>formule du binôme de Newton</u> si, par exemple, $A = \alpha I_n + B$ (*cf.* savoir faire 1).

• *Méthode* 3 : par récurrence en utilisant une particularité de l'expression de A (*cf.* savoir faire 1).

• *Méthode* 4 : on peut utiliser l'endomorphisme canoniquement associé si les images successives des vecteurs de base se calculent facilement (*cf.* savoir faire 1).

4 ■ Matrices et applications linéaires

On considère E et F deux espaces vectoriels de dimension finie sur le corps $\mathbb{K}(=\mathbb{R}$ ou $\mathbb{C})$, B_E (resp. B_F) une base de E (resp. de F) et une application linéaire u de E dans F. On notera $M_{B_E, B_F}(u)$ la matrice de u dans les bases $B_E = (e_1, e_2, \ldots, e_p)$ et $B_F = (f_1, f_2, \ldots, f_n)$.

4.1 Comment est définie $M_{B_E,\, B_F}(u)$?

La matrice de u dans les bases $(e_1, e_2, \ldots, e_p)$ et $(f_1, f_2, \ldots, f_n)$ est obtenue en écrivant en colonne dans $M_{B_E,\, B_F}(u)$ les coordonnées des images des vecteurs de B_E dans la base B_F.

On peut retenir ce résultat à l'aide de la figure 2 où on a posé :

$$u(e_j) = \sum_{i=1}^{n} a_{i,\, j} f_i.$$

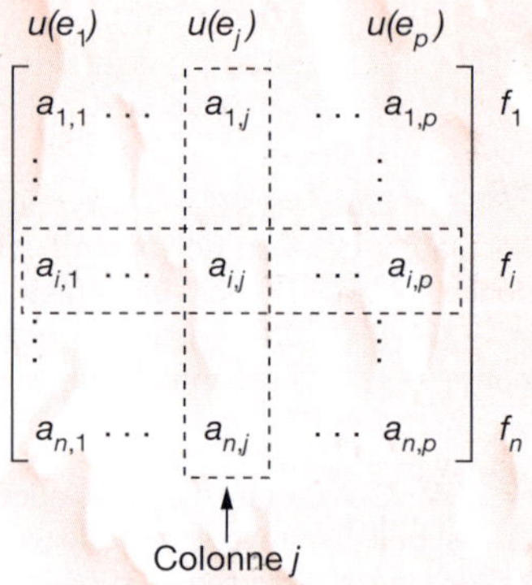

Figure 2

Cf. savoir faire 4.

Soit x un vecteur de E et $f \in \mathscr{L}(E, F)$. Soit $y = f(x)$, X et Y les matrices colonnes des coordonnées de x et de y respectivement dans des bases B_E et B_F.

Si $A = M_{B_E,\, B_F}(f)$, alors $Y = AX$.

Dans le cas d'un endomorphisme u, on convient de choisir la même base pour l'espace de départ et d'arrivée (si $E = F$ on choisit « $B_E = B_F$ »). On parle alors de matrice de u dans la base B_E. Avec les notations précédentes, on a alors $n = p$ et cette matrice, notée $M_{B_E}(u)$, est une matrice carrée d'ordre n.

Pour tous $(u, v) \in \mathscr{L}(E)^2$ et $\lambda \in \mathbb{K}$, on a alors : $M_{B_E}(u+v) = M_{B_E}(u) + M_{B_E}(v)$, $M_{B_E}(\lambda u) = \lambda M_{B_E}(u)$, et $M_{B_E}(u \circ v) = M_{B_E}(u) \times M_{B_E}(v)$.

Si $u \in GL(E)$: $M_{B_E}(u^{-1}) = \left[M_{B_E}(u)\right]^{-1}$.

4.2 Qu'est-ce que l'application linéaire canoniquement associée à $A \in M_{n,\, p}(\mathbb{K})$?

Il s'agit de l'application linéaire a de $\mathbb{K}^p$ dans $\mathbb{K}^n$ définie par : $\forall X \in \mathbb{K}^p$, $a(X) = AX$. Cette application admet pour matrice A dans les bases canoniques de $\mathbb{K}^p$ et $\mathbb{K}^n$, d'où son appellation.

On définit de façon analogue l'endomorphisme a canoniquement associé à

$$A \in M_n(\mathbb{K}) : a : \begin{cases} \mathbb{K}^n \to \mathbb{K}^n \\ X \mapsto AX. \end{cases}$$

Erreur à éviter :

Dans certains énoncés de concours, on identifie l'application linéaire a et la matrice A. Cela permet de parler de l'image et du noyau d'une matrice. On a alors

$\operatorname{Ker} A = \{X \in \mathbb{K}^p \,/\, AX = 0_{\mathbb{K}^n}\}$ et

$\operatorname{Im} A = \{Y \in \mathbb{K}^n \,/\, \exists X \in \mathbb{K}^p,\, Y = AX\}$.

C'est un abus à éviter en première année sauf si l'énoncé l'exige.

4.3 Qu'est-ce que le rang d'une matrice ?

Si $A \in M_{n,\, p}(\mathbb{K})$, le rang de A est le rang de la famille des vecteurs lignes ou des vecteurs colonnes de A. On rappelle à ce propos que le rang d'une famille de vecteurs est égal à la dimension de l'espace vectoriel engendré par ces vecteurs.

Par ailleurs, le rang de A est égal au rang de sa transposée : $rg(A) = rg({}^tA)$.

Si a est l'application linéaire canoniquement associée à $A \in M_{n,\, p}(\mathbb{K})$, on a : $rg(A) = rg(a)$. Le théorème du rang donne alors une autre approche du rang de A :

$$rg(A) = p - \dim \operatorname{Ker} a.$$

Caractérisation importante : la matrice A est de rang r si et seulement s'il existe $P \in GL_n(\mathbb{K})$ et $Q \in GL_p(\mathbb{K})$ telles que $A = PJ_rQ$ avec

$$J_r = \begin{pmatrix} I_r & 0_{r,\, p-r} \\ 0_{n-r,\, r} & 0_{n-r,\, p-r} \end{pmatrix} \in M_{n,\, p}(\mathbb{K}).$$

Dans la notation utilisée pour J_r, la matrice $0_{i,\, j}$ désigne la matrice nulle à i lignes et j colonnes.

4.4 Qu'est-ce que la matrice de passage de B à B' ?

Soit B et B' deux bases d'un $\mathbb{K}$-espace vectoriel de dimension finie E.
La matrice de passage P de B à B', notée $P = P_{BB'}$, est la matrice des coordonnées des vecteurs de B' dans la base B. La matrice de passage de B' à B est l'inverse de P, c'est-à-dire : $P_{B'B} = (P_{B\,B'})^{-1}$.

Soit x un vecteur de E, X et X' les matrices colonnes des coordonnées de x dans des bases B et B'. Soit $f \in \mathscr{L}(E)$, $A = M_B(f)$ et $D = M_{B'}(f)$.

La matrice de passage de B à B' est obtenue en écrivant les coordonnées des nouveaux vecteurs de base en fonction des anciens. C'est aussi la matrice de l'identité dans les bases B' et B (attention ici à l'ordre de ces deux bases).

4.5 Comment se traduit un changement de bases ?

- Les formules de changement de base sont données par :

$$X = PX' \quad \text{et} \quad A = PDP^{-1}.$$

On change de base pour obtenir dans la nouvelle base une matrice de f plus simple. Très souvent, la nouvelle matrice sera diagonale, d'où le choix de la lettre D.

Retenir que, pour déterminer les coordonnées de x dans la nouvelle base, il faut inverser P. En effet : $X' = P^{-1}X$.

Le choix de la lettre D donne un moyen mnémotechnique pour retenir le résultat $A = PDP^{-1}$.

4.6 Quand A et B sont-elles semblables ?

Deux matrices A et B, carrées d'ordre n, sont semblables lorsqu'il existe une matrice inversible P telle que : $A = PBP^{-1}$.
Deux matrices qui représentent le même endomorphisme dans deux bases de l'espace considéré sont semblables. La réciproque est vraie. Deux matrices semblables ont donc même rang.

Erreur à éviter :

Attention : en général

$(PDP^{-1})^k \neq P^k D^k P^{-k}$ car

$$(PDP^{-1})^k = PD\underbrace{P^{-1}P}_{I_n}D\ldots DP^{-1} = PD^kP^{-1}.$$

4.7 Qu'est-ce que la trace d'une matrice carrée ?

- La trace d'une matrice carrée A est égale à la somme des éléments de sa diagonale principale. On la note $\mathrm{tr}(A)$ ou $\mathrm{Tr}(A)$.

Si $A = (a_{i,j})_{\substack{1 \le i \le n \\ 1 \le j \le n}}$, $\mathrm{Tr}(A) = \sum_{k=1}^{n} a_{k,k}$.

La trace est une forme linéaire sur $M_n(\mathbb{K})$. C'est-à-dire :

$\forall A, B \in M_n(\mathbb{K})$, $\forall \lambda \in \mathbb{K}$, $tr(\lambda A) = \lambda tr(A)$ et $\mathrm{tr}(A+B) = \mathrm{tr}(A) + \mathrm{tr}(B)$.

On peut retenir aussi que :

$$\mathrm{tr}(AB) = \mathrm{tr}(BA).$$

On en déduit que deux matrices semblables ont même trace (*cf.* savoir faire 2).

Erreur à éviter :

En général $tr(ABC) \neq tr(BAC)$. On ne peut faire que des *permutations circulaires* sur A, B, C (*cf.* savoir faire 2).

5 Déterminants

On considère dans ce paragraphe une matrice A carrée d'ordre $n \in \{1, 2, 3\}$: $A = (a_{i,j})_{\substack{1 \le i \le n \\ 1 \le j \le n}} \in M_n(\mathbb{K})$. Le couple $(i, j) \in [\![1, n]\!]^2$.

5.1 Citer les propriétés usuelles du déterminant d'une matrice.

• On ne modifie pas le déterminant d'une matrice en ajoutant à une ligne (resp. une colonne) une combinaison linéaire des autres lignes (resp. des autres colonnes).

Le déterminant d'une matrice qui a deux colonnes égales est nul.

Enfin, si on permute deux colonnes dans un déterminant, on change son signe.

$$\forall A, B \in M_n(\mathbb{K}),\ \forall \lambda \in \mathbb{K},\quad \det(AB) = \det A \det B, \quad \det(\lambda A) = \lambda^n \det A$$

$$\text{et : } \forall A \in GL_n(\mathbb{K}),\ \det(A^{-1}) = \frac{1}{\det A}.$$

L'application déterminant est une forme n-linéaire alternée (donc antisymétrique) sur $M_n(\mathbb{K})$.

Erreur à éviter :
Attention, en général, $\det(\lambda A) \neq \lambda \det A$.

5.2 Qu'est-ce que le cofacteur (i, j) dans $\det(A)$?

Si $M_{i,j}$ est le mineur (i, j), c'est-à-dire le déterminant de la matrice obtenue à partir de A en supprimant la ligne i et la colonne j, alors le cofacteur (i, j), noté $C_{i,j}$, est défini par :

$$C_{i,j} = (-1)^{i+j} M_{i,j}.$$

Pour le déterminant d'une matrice carrée d'ordre 3, le signe des cofacteurs est obtenu à partir du tableau suivant : $\begin{pmatrix} + & - & + \\ - & + & - \\ + & - & + \end{pmatrix}$.

5.3 Citer les méthodes de calcul de $\det(A)$.

Pour $n = 2$: $\det\begin{pmatrix} a & c \\ b & d \end{pmatrix} = ad - bc.$

Pour $n = 3$:

Un déterminant est inchangé si on ajoute à une ligne (resp. une colonne) une combinaison linéaire des autres lignes (resp. des autres colonnes). On se sert de cette propriété lorsqu'on développe un déterminant par rapport à une ligne ou une colonne, pour faire apparaître, à l'aide de combinaisons linéaires, un maximum de zéros dans la ligne ou la colonne choisie pour développer.

En pratique, les déterminants à développer seront souvent, en classe de Spéciales, des polynômes en x dont il faudra rechercher les racines. Aussi, il sera nécessaire de les factoriser tout en les développant. Par conséquent, on évitera d'utiliser la règle de Sarrus directement.

• *Méthode* 1 : Développement par rapport à la ligne i.

$$\det A = \sum_{k=1}^{n} a_{i,k} C_{i,k} \quad \text{où } C_{i,k} \text{ est le cofacteur } (i, k).$$

Par exemple, en développant par rapport à la ligne 1 :

$$\begin{vmatrix} a_{11} & a_{12} & a_{13} \\ a_{21} & a_{22} & a_{23} \\ a_{31} & a_{32} & a_{33} \end{vmatrix} = a_{11}\begin{vmatrix} a_{22} & a_{23} \\ a_{32} & a_{33} \end{vmatrix} - a_{12}\begin{vmatrix} a_{21} & a_{23} \\ a_{31} & a_{33} \end{vmatrix} + a_{13}\begin{vmatrix} a_{21} & a_{22} \\ a_{31} & a_{32} \end{vmatrix}.$$

Le déterminant d'une matrice triangulaire (supérieure ou inférieure) est égal au produit des termes diagonaux. Par exemple :

$$\begin{vmatrix} a_{11} & a_{12} & a_{13} \\ 0 & a_{22} & a_{23} \\ 0 & 0 & a_{33} \end{vmatrix} = a_{11}a_{22}a_{33}.$$

• *Méthode* 2 : Développement par rapport à la colonne j.

$$\det A = \sum_{k=1}^{n} a_{k,j} C_{k,j} \quad \text{où } C_{k,j} \text{ est le cofacteur } (k, j).$$

• *Méthode* 3 : on peut aussi utiliser la règle de Sarrus (mais c'est souvent source d'erreurs de calcul en dehors des cas simples).

$$\begin{vmatrix} a_{11} & a_{12} & a_{13} \\ a_{21} & a_{22} & a_{23} \\ a_{31} & a_{32} & a_{33} \end{vmatrix} = P - N \text{ avec } P = a_{11}a_{22}a_{33} + a_{21}a_{32}a_{13} + a_{12}a_{23}a_{31}$$

$$\text{et } N = a_{31}a_{22}a_{13} + a_{32}a_{23}a_{11} + a_{21}a_{12}a_{33}.$$

Cf. figures 3a et 3b.

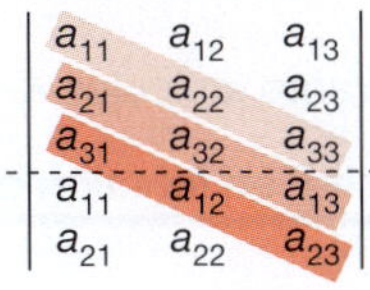

Figure 3a

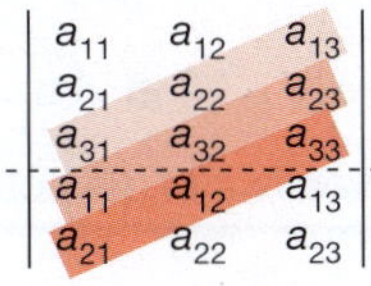

Figure 3b

5.4 Comment résoudre $\begin{cases} ax + by = c \\ a'x + b'y = c' \end{cases}$?

Ce système linéaire est à deux équations et deux inconnues. Il s'écrit $AX = C$ avec $A = \begin{pmatrix} a & b \\ a' & b' \end{pmatrix}$, $X = \begin{pmatrix} x \\ y \end{pmatrix}$ et $C = \begin{pmatrix} c \\ c' \end{pmatrix}$. On suppose $A \neq 0$.

Si A est inversible, l'unique solution est (x, y) donnée par :

$$x = \frac{\begin{vmatrix} c & b \\ c' & b' \end{vmatrix}}{\begin{vmatrix} a & b \\ a' & b' \end{vmatrix}} = \frac{cb' - c'b}{ab' - a'b} \text{ et } y = \frac{\begin{vmatrix} a & c \\ a' & c' \end{vmatrix}}{\begin{vmatrix} a & b \\ a' & b' \end{vmatrix}} = \frac{ac' - a'c}{ab' - a'b}.$$

Si A est inversible, on dit que le système est de Cramer. Il admet une unique solution : $X = A^{-1}C$.

Si A n'est pas inversible :

- soit une des deux équations est proportionnelle à l'autre et le système se réduit à une équation. L'ensemble des solutions est alors une droite ;
- soit les deux équations sont incompatibles et il n'y a aucune solution.

5.5 À quoi servent les déterminants ?

On peut se servir de déterminants pour montrer qu'une famille de vecteurs est une base ou qu'une matrice est inversible. Ou au contraire, on peut s'en servir pour montrer qu'une famille de n vecteurs (avec $n = \dim E$) est liée ou qu'une matrice n'est pas inversible. En effet, si $(u_1, u_2, \ldots, u_n)$ est une famille de vecteurs de E et si B est une base de E :

$$\det_B(u_1, u_2, \ldots, u_n) = 0 \Leftrightarrow (u_1, u_2, \ldots, u_n) \text{ est liée}.$$

De même :

$$\det(A) \neq 0 \Leftrightarrow A \in GL_n(\mathbb{K}).$$

$\det_B(u_1, u_2, \ldots, u_n)$ désigne le déterminant de la matrice dont les colonnes sont les coordonnées des vecteurs $u_1, u_2, \ldots, u_n$ dans la base B.

Les savoir-faire clefs

Conseils méthodologiques

1.1.a) Utiliser la formule du binôme de Newton.

1.1.b) Ne pas croire que $A - I_n = 0$.

1.1.c) Effectuer la division euclidienne de X^p par $X^2 - 3X + 2$.

1.1.d) Procéder par récurrence.

1.1.e) Considérer l'endomorphisme canoniquement associé.

1.2. Poser $X_n = \begin{pmatrix} u_n \\ v_n \end{pmatrix}$ et écrire une relation matricielle de la forme $X_{n+1} = AX_n$ avec $A \in M_2(\mathbb{R})$.

1 ■ Savoir calculer une puissance de A.

1.1 Soit $(n, p) \in \mathbb{N}^* \times \mathbb{N}^*$ et $A \in M_n(\mathbb{K})$. Dans les cas suivants, calculer A^p.

a) $A = I_n + N$ avec $N \in M_n(\mathbb{K})$ et $N^2 = 0$. Exprimer le résultat en fonction de N et I_n.

b) $A \in M_n(\mathbb{K})$ et $(A - I_n)^2 = 0$. Exprimer le résultat en fonction de A et I_n.

c) $A \in M_n(\mathbb{K})$ et $A^2 - 3A + 2I_n = 0$.

d) $A = (a_{i,j})_{\substack{1 \le i \le n \\ 1 \le j \le n}}$ avec $a_{i,j} = 1$ pour tout couple (i, j) de $[\![1, n]\!]^2$.

e) $A = \begin{bmatrix} 0 & 1 & & (0) \\ 0 & \ddots & \ddots & \\ \vdots & \ddots & \ddots & 1 \\ 0 & \cdots & 0 & 0 \end{bmatrix} \in M_n(\mathbb{C})$.

1.2 On définit les suites $(u_n)_{n \in \mathbb{N}}$ et $(v_n)_{n \in \mathbb{N}}$ par récurrence :

pour tout $n \in \mathbb{N}$, $\begin{cases} u_{n+1} = -u_n + 2v_n \\ v_{n+1} = -3u_n + 4v_n \end{cases}$ avec u_0 et v_0 deux réels donnés. En utilisant la question 1.1.c, exprimer u_n et v_n en fonction de n.

1.1.a) I_n et N commutent donc on peut se servir de la formule du binôme de Newton :

$$A^p = (I_n + N)^p = \sum_{k=0}^{p} \binom{p}{k} N^k = \binom{p}{0} I_n + \binom{p}{1} N \text{ car : } N^2 = 0 \Rightarrow \forall k \ge 2,\ N^k = 0.$$

D'où $\boxed{A^p = I_n + pN}$.

b) On peut appliquer le résultat trouvé en a) en prenant $N = A - I_n$. Il en résulte que : $A^p = I_n + pN$. Or $N = A - I_n$ donc : $\boxed{A^p = pA + (1-p)I_n}$.

c) La division euclidienne de X^p par $X^2 - 3X + 2$ permet d'écrire $X^p = (X^2 - 3X + 2)Q + R$ avec $\deg(R) < 2$, c'est-à-dire $R = aX + b$. Par conséquent, il suffit de déterminer a et b. Or $X^2 - 3X + 2 = (X-1)(X-2)$, on en déduit, en substituant 1 à X puis 2 :

$\begin{cases} 1^p = a + b \\ 2^p = 2a + b \end{cases}$ c'est-à-dire $\begin{cases} a = 2^p - 1 \\ b = 2 - 2^p \end{cases}$ et finalement $R = (2^p - 1)X + 2 - 2^p$.

D'où, en substituant A à X : $A^p = (A^2 - 3A + 2I_n)Q(A) + R(A) = R(A)$. En conclusion :

$$\boxed{A^p = (2^p - 1)A + (2 - 2^p)I_n}.$$

d) Par récurrence, on va prouver que, pour $k \in \mathbb{N}^*$, $A^k = n^{k-1}A$. Pour $k \in \mathbb{N}^*$, notons $A^k = \left(a_{i,j}^{(k)}\right)_{\substack{1\le i\le n\\ 1\le j\le n}}$.

Initialisation : $A^1 = n^0 A$, donc la propriété est vraie pour $n = 1$.

Hérédité : soit $k \geq 1$. Supposons la propriété vraie à l'ordre k c'est-à-dire pour tout couple (i, j) de $[\![1, n]\!]^2$, $a_{i,j}^{(k)} = n^{k-1}$.

Alors $a_{i,j}^{(k+1)} = \sum_{m=1}^{n} a_{i,m}^{(k)} a_{m,j}^{(1)} = \sum_{m=1}^{n} n^{k-1} \times 1 = n^k$ pour $1 \le i \le n$ et $1 \le j \le n$. D'où $A^{k+1} = n^k A$.

La propriété est vraie à l'ordre $k + 1$. D'après le principe de récurrence, elle est vraie pour tout $k \in \mathbb{N}^*$. Par suite, pour tout $p \in \mathbb{N}^*$, $\boxed{A^p = n^{p-1}A}$.

e) L'endomorphisme a de $\mathbb{C}^n$, canoniquement associé à la matrice A, est défini dans la base canonique $(e_1, e_2, \ldots, e_n)$ par $a(e_1) = 0$ et $a(e_i) = e_{i-1}$ pour $i = 2, 3, \ldots, n$. D'où, par une récurrence immédiate, pour $k < n$, $a^k(e_i) = e_{i-k}$ pour $i = k+1, \ldots, n$ et $a^k(e_1) = \ldots = a^k(e_k) = 0$. Pour $k \geq n$, $A^k = 0$.

Cela donne pour $k < n$: $A^k = \begin{bmatrix} 0 & (0) & 1 & & (0) \\ & \ddots & \ddots & \ddots & \\ & & \ddots & \ddots & 1 \\ & (0) & & \ddots & (0) \\ & & & & 0 \end{bmatrix}$ (1 en colonne $k+1$; ←ligne $k+1$).

1.2 On pose $A = \begin{pmatrix} -1 & 2 \\ -3 & 4 \end{pmatrix}$ et $X_n = \begin{pmatrix} u_n \\ v_n \end{pmatrix}$. On a alors : $X_0 = \begin{pmatrix} u_0 \\ v_0 \end{pmatrix}$ et :

$\begin{cases} u_{n+1} = -u_n + 2v_n \\ v_{n+1} = -3u_n + 4v_n \end{cases} \Leftrightarrow X_{n+1} = AX_n$. Donc, par une récurrence immédiate, $X_n = A^n X_0$. On est donc ramené au calcul de A^n.

De plus, $A^2 = \begin{pmatrix} -1 & 2 \\ -3 & 4 \end{pmatrix}\begin{pmatrix} -1 & 2 \\ -3 & 4 \end{pmatrix} = \begin{pmatrix} -5 & 6 \\ -9 & 10 \end{pmatrix} = 3A - 2I_2$.

On vérifie ainsi que $A^2 - 3A + 2I_2 = 0$. D'après la question 1.1.c), on a : $A^n = (2^n - 1)A + (2 - 2^n)I_2$. Par suite $X_n = A^n X_0 = (2^n - 1)AX_0 + (2 - 2^n)X_0$.

On en déduit que : $\begin{cases} u_n = (2^n - 1)(-u_0 + 2v_0) + (2 - 2^n)u_0 \\ v_n = (2^n - 1)(-3u_0 + 4v_0) + (2 - 2^n)v_0 \end{cases}$,

c'est-à-dire $\boxed{\begin{cases} u_n = 2^{n+1}(v_0 - u_0) + 3u_0 - 2v_0 \\ v_n = 3 \times 2^n (v_0 - u_0) - 2v_0 + 3u_0. \end{cases}}$

Le calcul (au brouillon) des premières puissances donne : $A^2 = nA$, $A^3 = n^2 A$. On peut donc prévoir que, pour $k \in \mathbb{N}^*$, $A^k = n^{k-1}A$. Une démonstration rigoureuse exige des notations plus précises.

Les résultats obtenus en a) b) et c) sont encore valables pour $p = 0$. Ce n'est plus le cas dans la question d).

L'endomorphisme a de $\mathbb{C}^n$, canoniquement associé à la matrice A, est défini par $a : \begin{cases} \mathbb{C}^n \to \mathbb{C}^n \\ X \mapsto AX. \end{cases}$

Conseils méthodologiques

2.1.a) Effectuer un changement d'indices dans la deuxième somme. Modifier l'ordre des termes dans une somme ne change pas le résultat.

2.1.b) Multiplier par C chaque membre de $AB-BA={}^tC$ pour se ramener à la première implication.

2.1.c) Utiliser a) en écrivant $A=(PB)P^{-1}$.

2.2. Utiliser la base canonique $(E_{1,1},E_{1,2},E_{2,1},E_{2,2})$ de $M_2(\mathbb{R})$ et exprimer les coefficients de A en fonction de $\varphi(E_{1,1})$, $\varphi(E_{1,2})$, $\varphi(E_{2,1})$ et $\varphi(E_{2,2})$.

2 ■ Savoir se servir de la trace.

2.1 Soit A et B deux matrices de $M_n(\mathbb{R})$.

a) Montrer que $\mathrm{tr}(AB)=\sum_{i=1}^{n}\sum_{j=1}^{n}a_{i,j}b_{j,i}$ et $\mathrm{tr}(BA)=\sum_{s=1}^{n}\sum_{r=1}^{n}a_{r,s}b_{s,r}$. En déduire que $\mathrm{tr}(AB)=\mathrm{tr}(BA)$.

b) Soit $\lambda\in\mathbb{R}$ et $C\in M_n(\mathbb{R})$ telle que $AC=CA$. Déduire de la question a) les implications suivantes :

- $\mathrm{tr}(A^tA)=0\Rightarrow A=0$,
- $AB-BA={}^tC\Rightarrow AB=BA$,
- $AB-BA=\lambda I_n\Rightarrow AB=BA$.

c) On suppose que A et B sont semblables, montrer qu'elles ont même trace.

2.2 Établir que, pour toute forme linéaire φ sur $M_2(\mathbb{R})$, il existe une matrice A dans $M_2(\mathbb{R})$ telle que : $\forall M\in M_2(\mathbb{R})$, $\varphi(M)=\mathrm{tr}(AM)$.

2.1.a) Posons $C=AB$, alors $\mathrm{tr}(AB)=\sum_{i=1}^{n}c_{i,i}=\sum_{i=1}^{n}\left(\sum_{j=1}^{n}a_{i,j}b_{j,i}\right)$ c'est-à-dire $\mathrm{tr}(AB)=\sum_{i=1}^{n}\sum_{j=1}^{n}a_{i,j}b_{j,i}$.

En permutant les rôles de A et B, on obtient :

$\mathrm{tr}(BA)=\sum_{i=1}^{n}\sum_{j=1}^{n}b_{i,j}a_{j,i}=\sum_{i=1}^{n}\sum_{j=1}^{n}a_{j,i}b_{i,j}$. Ou encore en changeant d'indices $\mathrm{tr}(BA)=\sum_{s=1}^{n}\sum_{r=1}^{n}a_{r,s}b_{s,r}$. Or, modifier l'ordre des termes dans une somme ne change pas le résultat, donc on peut permuter l'ordre des deux sommations et écrire : $\mathrm{tr}(BA)=\sum_{r=1}^{n}\sum_{s=1}^{n}a_{r,s}b_{s,r}$. En prenant $r=i$ et $s=j$, on en déduit que $\mathrm{tr}(AB)=\mathrm{tr}(BA)$.

b) • Soit ${}^tA=(a'_{i,j})_{\substack{1\le i\le n\\1\le j\le n}}$ avec $a'_{i,j}=a_{j,i}$. D'après a) :

$\mathrm{tr}(A^tA)=\sum_{i=1}^{n}\sum_{j=1}^{n}a_{i,j}a'_{j,i}=\sum_{i=1}^{n}\sum_{j=1}^{n}(a_{i,j})^2$. Par suite :

$\mathrm{tr}(A^tA)=0\Rightarrow\sum_{i=1}^{n}\sum_{j=1}^{n}a_{i,j}^2=0$, or $a_{i,j}^2\ge 0$ pour tout couple (i,j) de $[\![1,n]\!]^2$ donc :

$\sum_{i-1}^{n}\sum_{j-1}^{n}a_{i,j}^2=0\Rightarrow\forall(i,j)\in[\![1,n]\!]^2,\ a_{i,j}=0$, c'est-à-dire : $\boxed{\mathrm{tr}(A^tA)=0\Rightarrow A=0}$.

• En multipliant à gauche par C chaque membre de $AB-BA={}^tC$, on a $CAB-CBA=C^tC$ puis, en se servant de $AC=CA$, on obtient : $A(CB)-(CB)A=C^tC$.

Une somme de réels positifs est nulle si et seulement si tous ces réels sont nuls.

Mais $\text{tr}\left[A(CB)-(CB)A\right]=\text{tr}\left[A(CB)\right]-\text{tr}\left[(CB)A\right]=0$ d'après la question a) d'où $\text{tr}(C^tC)=0$. On en déduit $C=0$, d'après la première implication. En conclusion :

$$\boxed{AB-BA={}^tC \Rightarrow AB=BA}.$$

• De même, en prenant la trace de chaque membre de l'égalité $AB-BA=\lambda I_n$, on a : $\text{tr}(AB-BA)=\lambda\,\text{tr}(I_n)$ ou encore : $\text{tr}(AB)-\text{tr}(BA)=n\lambda$. Donc, d'après la question a), $n\lambda=0$ c'est-à-dire $\lambda=0$ et par suite : $\boxed{AB-BA=\lambda I_n \Rightarrow AB=BA}$.

c) A et B sont semblables, par conséquent il existe une matrice inversible P telle que $A=PBP^{-1}$.

D'où $\text{tr}(A)=\text{tr}(PBP^{-1})=\text{tr}\left[(PB)P^{-1}\right]=\text{tr}\left[P^{-1}(PB)\right]=\text{tr}\left[(P^{-1}P)B\right]=\text{tr}(B)$.

Deux matrices semblables ont donc même trace.

$\text{tr}\left[(PB)P^{-1}\right]=\text{tr}\left[P^{-1}(PB)\right]$ car $\text{tr}(MN)=\text{tr}(NM)$ en posant $M=PB$ et $N=P^{-1}$.

2.2 Soit une matrice $M=\left[m_{i,j}\right]_{\substack{1\le i\le 2\\1\le j\le 2}}=\sum_{i=1}^{2}\sum_{j=1}^{2}m_{i,j}E_{i,j}$ dans $M_2(\mathbb{R})$. Par linéarité de φ, on a $\varphi(M)=\sum_{i=1}^{2}\sum_{j=1}^{2}m_{i,j}\,\varphi(E_{i,j})$. Donc, d'après 2.1.a) :

$$\forall M\in M_2(\mathbb{R}),\ \varphi(M)=tr(AM) \text{ avec } \boxed{A=\begin{pmatrix}\varphi(E_{1,1}) & \varphi(E_{2,1})\\ \varphi(E_{1,2}) & \varphi(E_{2,2})\end{pmatrix}}.$$

3 ■ Savoir déterminer la matrice d'une application linéaire.

On considère E et F deux espaces vectoriels de dimension finie sur le corps $\mathbb{K}(=\mathbb{R}$ ou $\mathbb{C})$, B_E (resp. B_F) une base de E (resp. de F) et une application linéaire u de E dans F. Donner dans chacun des cas suivants la matrice de u dans les bases données.

a) $E=\mathbb{K}^3$, $F=\mathbb{K}^2$, B_E (resp. B_F) est la base canonique de E (resp. de F) et :

$$\forall(x,y,z)\in\mathbb{K}^3,\ u:(x,y,z)\mapsto(2x+z,\ y+3z).$$

b) $E=F=\mathbb{K}^2$, $B_E=B_F$ est la base canonique de $\mathbb{K}^2$ et :

$$\forall(x,y)\in\mathbb{K}^2,\ u:(x,y)\mapsto(2x+y,\ x+5y).$$

c) $E=F=M_2(\mathbb{K})$, $B_E=B_F=(E_{1,1},E_{1,2},E_{2,1},E_{2,2})$ est la base canonique de $M_2(\mathbb{K})$ et : $\forall M\in M_2[\mathbb{K}],\ u:M\mapsto AM$, avec $A=\begin{pmatrix}a & c\\ b & d\end{pmatrix}$.

d) $E=F=\mathbb{K}_2[X]$, $B_E=B_F=(1,X,X^2)$ est la base canonique de $\mathbb{K}_2[X]$ et :

$$\forall P\in\mathbb{K}_2[X],\ u:P\mapsto P(X+1)-P(X).$$

Conseils méthodologiques

3.c) Déterminer $u(E_{i,j})$ en fonction de $E_{1,1}, E_{1,2}, E_{2,1}, E_{2,2}$. Attention : la matrice cherchée est carrée d'ordre 4.

3.d) Déterminer $u(X^k)$ pour $k=0,1,2$.

3.a) Posons $B_E = (e_1, e_2, e_3)$ et $B_F = (f_1, f_2)$ avec $e_1 = (1, 0, 0)$, $e_2 = (0, 1, 0)$, $e_3 = (0, 0, 1)$ et $f_1 = (1, 0)$, $f_2 = (0, 1)$. On obtient alors $u(e_1) = (2, 0) = 2f_1$, $u(e_2) = (0, 1) = f_2$ et $u(e_3) = (1, 3) = f_1 + 3f_2$.

Par conséquent $\boxed{M_{B_E, B_F}(u) = \begin{pmatrix} 2 & 0 & 1 \\ 0 & 1 & 3 \end{pmatrix}}$.

On vérifie que : $\forall (x, y, z) \in \mathbb{K}^3$, $\begin{pmatrix} 2 & 0 & 1 \\ 0 & 1 & 3 \end{pmatrix}\begin{pmatrix} x \\ y \\ z \end{pmatrix} = \begin{pmatrix} 2x+z \\ y+3z \end{pmatrix}$.

b) u est un endomorphisme de $\mathbb{K}^2$, le choix de $B_E = B_F$ est donc naturel. On notera $B_E = (e_1, e_2)$ la base canonique de $\mathbb{K}^2$. Alors $u(e_1) = (2,1) = 2e_1 + e_2$ et $u(e_2) = (1,5) = e_1 + 5e_2$. Ainsi la matrice cherchée est $\boxed{M_{B_E}(u) = \begin{pmatrix} 2 & 1 \\ 1 & 5 \end{pmatrix}}$.

On vérifie que : $\forall (x, y) \in \mathbb{K}^2$, $\begin{pmatrix} 2 & 1 \\ 1 & 5 \end{pmatrix}\begin{pmatrix} x \\ y \end{pmatrix} = \begin{pmatrix} 2x+y \\ x+5y \end{pmatrix}$.

c) Ici l'espace E est de dimension 4, par suite la matrice de l'endomorphisme u dans la base canonique de $M_2(\mathbb{K})$ est carrée d'ordre 4. On obtient successivement :

$$u(E_{1,1}) = \begin{pmatrix} a & c \\ b & d \end{pmatrix}\begin{pmatrix} 1 & 0 \\ 0 & 0 \end{pmatrix} = \begin{pmatrix} a & 0 \\ b & 0 \end{pmatrix} = aE_{1,1} + bE_{2,1},$$

$$u(E_{1,2}) = \begin{pmatrix} a & c \\ b & d \end{pmatrix}\begin{pmatrix} 0 & 1 \\ 0 & 0 \end{pmatrix} = \begin{pmatrix} 0 & a \\ 0 & b \end{pmatrix} = aE_{1,2} + bE_{2,2},$$

$$u(E_{2,1}) = \begin{pmatrix} a & c \\ b & d \end{pmatrix}\begin{pmatrix} 0 & 0 \\ 1 & 0 \end{pmatrix} = \begin{pmatrix} c & 0 \\ d & 0 \end{pmatrix} = cE_{1,1} + dE_{2,1},$$

$$u(E_{2,2}) = \begin{pmatrix} a & c \\ b & d \end{pmatrix}\begin{pmatrix} 0 & 0 \\ 0 & 1 \end{pmatrix} = \begin{pmatrix} 0 & c \\ 0 & d \end{pmatrix} = cE_{1,2} + dE_{2,2}.$$

Donc la matrice de u dans la base canonique de $M_2(\mathbb{K})$ est

$$\boxed{M_{B_E}(u) = \begin{pmatrix} a & 0 & c & 0 \\ 0 & a & 0 & c \\ b & 0 & d & 0 \\ 0 & b & 0 & d \end{pmatrix}}.$$

On vérifie que : $\forall (x, y, z, t) \in \mathbb{K}^4$,
$\begin{pmatrix} a & 0 & c & 0 \\ 0 & a & 0 & c \\ b & 0 & d & 0 \\ 0 & b & 0 & d \end{pmatrix}\begin{pmatrix} x \\ y \\ z \\ t \end{pmatrix} = \begin{pmatrix} ax+cz \\ ay+ct \\ bx+dz \\ by+dt \end{pmatrix}$
qui traduit l'égalité
$\begin{pmatrix} a & c \\ b & d \end{pmatrix}\begin{pmatrix} x & y \\ z & t \end{pmatrix} = \begin{pmatrix} ax+cz & ay+ct \\ bx+dz & by+dt \end{pmatrix}$
dans la base $(E_{1,1}, E_{1,2}, E_{2,1}, E_{2,2})$.

d) Ici l'espace E est de dimension 3, par suite la matrice de l'endomorphisme u dans la base canonique de $\mathbb{K}_2[X]$ est carrée d'ordre 3. Si $P(X) = aX^2 + bX + c$ alors $P(X+1) = a(X+1)^2 + b(X+1) + c$, d'où :

$$P(X+1) = aX^2 + (2a+b)X + a + b + c \quad \text{et} \quad u(P) = 2aX + a + b.$$

On obtient ainsi successivement : $u(1) = 0$, $u(X) = 1$, $u(X^2) = 2X + 1$.

Donc la matrice de l'endomorphisme u dans la base $(1, X, X^2)$ est

$$\boxed{M_{B_E}(u) = \begin{pmatrix} 0 & 1 & 1 \\ 0 & 0 & 2 \\ 0 & 0 & 0 \end{pmatrix}}.$$

4 ■ Savoir calculer l'inverse d'une matrice.

4.1 Déterminer l'inverse de la matrice A, en utilisant des méthodes différentes, dans chacun des cas suivants.

a) $A=\begin{pmatrix}1 & 2\\ 2 & 5\end{pmatrix}$, **b)** $A=\begin{pmatrix}1 & -1 & 1\\ 0 & 1 & -1\\ 0 & 0 & 1\end{pmatrix}$, **c)** $A=\begin{pmatrix}1 & 2 & 3\\ 1 & 3 & 4\\ 2 & 4 & 7\end{pmatrix}$.

d) A est la matrice dans la base canonique $(1, X, X^2)$ de l'endomorphisme u de $\mathbb{K}_2[X]$ défini par : $\forall P \in \mathbb{K}_2[X],\ u : P \mapsto P(X+1)$.

e) A est une matrice de $M_n(\mathbb{K})$ qui vérifie $A^4+2A^3+5A-2I_n=0$. On exprimera le résultat en fonction de A.

4.2 Soit $T=(t_{i,j})_{\substack{1\le i\le n\\ 1\le j\le n}}$ une matrice à coefficients dans $\mathbb{K}$, $(e_i)_{1\le i\le n}$ la base canonique de $\mathbb{K}^n$ et f l'endomorphisme canoniquement associé à T. Pour $1 \le k \le n$, on notera E_k le s.e.v. engendré par $(e_1, e_2, \ldots, e_k)$. Montrer que T est une matrice triangulaire supérieure inversible si et seulement si :

$$\forall k \in [\![1, n]\!],\ f(E_k)=E_k .$$

En déduire que l'inverse d'une matrice triangulaire supérieure est une matrice triangulaire supérieure.

Conseils méthodologiques

b) Résoudre $X' = AX$ avec $X=\begin{pmatrix}x\\ y\\ z\end{pmatrix}$ et $X'=\begin{pmatrix}x'\\ y'\\ z'\end{pmatrix}$.

c) Transformer A et I_3 par combinaison linéaire sur les lignes.

d) Déterminer u^{-1}.

e) Mettre l'égalité sous la forme $AB=I_n$.

4.2. Remarquer que si $f \in GL(\mathbb{K}^n)$ alors : $f(E_k)=E_k \Leftrightarrow f^{-1}(E_k)=E_k$.

4.1.a) La matrice $M=\begin{bmatrix}a & c\\ b & d\end{bmatrix}$ est inversible si et seulement si $\det(M)=ad-bc\neq 0$; dans ce cas $M^{-1}=\dfrac{1}{ad-bc}\begin{bmatrix}d & -c\\ -b & a\end{bmatrix}$.

Ici $\det(A)=1\neq 0$. On peut alors conclure que A est inversible et que

$$\boxed{A^{-1}=\begin{pmatrix}5 & -2\\ -2 & 1\end{pmatrix}}.$$

b) On va résoudre le système linéaire $X' = AX$ qui donnera $X = A^{-1}X'$.

$$X'=AX \Leftrightarrow \begin{pmatrix}x'\\ y'\\ z'\end{pmatrix}=\begin{pmatrix}1 & -1 & 1\\ 0 & 1 & -1\\ 0 & 0 & 1\end{pmatrix}\begin{pmatrix}x\\ y\\ z\end{pmatrix} \Leftrightarrow \begin{cases}x'=x-y+z\\ y'=y-z\\ z'=z\end{cases}$$, c'est-à-dire

$$X=A^{-1}X \Leftrightarrow \begin{cases}x=x'+y'\\ y=y'+z'\\ z=z'\end{cases}, \text{ donc } \boxed{A^{-1}=\begin{pmatrix}1 & 1 & 0\\ 0 & 1 & 1\\ 0 & 0 & 1\end{pmatrix}}.$$

c) On va opérer simultanément sur A et I_3 en effectuant les mêmes opérations sur les lignes de ces deux matrices, pour transformer A en I_3. Lorsqu'on aura terminé, A sera devenue I_3, et I_3 sera devenue A^{-1}.

$$A = \begin{pmatrix} 1 & 2 & 3 \\ 1 & 3 & 4 \\ 2 & 4 & 7 \end{pmatrix} \qquad I_3 = \begin{pmatrix} 1 & 0 & 0 \\ 0 & 1 & 0 \\ 0 & 0 & 1 \end{pmatrix},$$

$$\begin{pmatrix} 1 & 2 & 3 \\ 0 & 1 & 1 \\ 0 & 0 & 1 \end{pmatrix} \qquad \begin{pmatrix} 1 & 0 & 0 \\ -1 & 1 & 0 \\ -2 & 0 & 1 \end{pmatrix} \quad \begin{matrix} L_2 \leftarrow L_2 - L_1 \\ L_3 \leftarrow L_3 - 2L_1 \end{matrix},$$

$$I_3 = \begin{pmatrix} 1 & 0 & 0 \\ 0 & 1 & 0 \\ 0 & 0 & 1 \end{pmatrix} \qquad \begin{pmatrix} 5 & -2 & -1 \\ 1 & 1 & -1 \\ -2 & 0 & 1 \end{pmatrix} \quad \begin{matrix} L_1 \leftarrow L_1 - 2L_2 - L_3 \\ L_2 \leftarrow L_2 - L_3 \end{matrix}$$

On en déduit que $\boxed{A^{-1} = \begin{pmatrix} 5 & -2 & -1 \\ 1 & 1 & -1 \\ -2 & 0 & 1 \end{pmatrix}}$.

Si $P(X) = aX^2 + bX + c$ alors $P(X-1) = a(X-1)^2 + b(X-1) + c$, d'où : $P(X-1) = aX^2 + (b-2a)X + a - b + c$.

d) *L'endomorphisme* u est bijectif et son application réciproque est manifestement $u^{-1} : P \mapsto P(X-1)$. Il reste donc à écrire la matrice de u^{-1} dans la base $(1, X, X^2)$.

On obtient $u(1) = 1$, $u(X) = X - 1$, $u(X^2) = X^2 - 2X + 1$.

D'où $\boxed{A^{-1} = \begin{pmatrix} 1 & -1 & 1 \\ 0 & 1 & -2 \\ 0 & 0 & 1 \end{pmatrix}}$.

e) $A^4 + 2A^3 + 5A - 2I_n = 0 \Rightarrow \dfrac{A^4 + 2A^3 + 5A}{2} = I_n$.

On en déduit que : $A\dfrac{A^3 + 2A^2 + 5I_n}{2} = I_n$.

Par conséquent : $\boxed{A^{-1} = \dfrac{A^3 + 2A^2 + 5I_n}{2}}$.

4.2 Soit $T = (t_{i,j})_{\substack{1 \le i \le n \\ 1 \le j \le n}}$ une matrice triangulaire supérieure inversible. Alors f est un automorphisme de $\mathbb{K}^n$, donc : $\forall k \in [\![1, n]\!]$, $\dim f(E_k) = \dim E_k$. Pour avoir l'égalité $f(E_k) = E_k$ il suffit de démontrer l'inclusion $f(E_k) \subset E_k$.

$f(E_k) \subset E_k \Rightarrow f(E_k) = E_k$ puisque ces deux espaces ont même dimension finie.

Or : $\forall j \in [\![1, k]\!]$, $f(e_j) = \sum_{i=1}^{j} t_{i,j} e_i \in E_j \subset E_k$.

Donc $f(E_k) = \text{Vect}(f(e_1), \ldots, f(e_k)) \subset E_k$. D'où le résultat.

Réciproquement, supposons que : $\forall k \in [\![1, n]\!]$, $f(E_k) = E_k$.

On en déduit tout d'abord que f est un automorphisme puisque $f(\mathbb{K}^n) = \mathbb{K}^n$ car $f(E_n) = E_n$. Par conséquent T est une matrice inversible.

$f(\mathbb{K}^n) = \mathbb{K}^n$ signifie que l'endomorphisme f est surjectif, donc f est bijectif puisque l'espace $\mathbb{K}^n$ est de dimension finie.

En écrivant ensuite : $\forall j \in [\![1, n]\!]$, $f(e_j) \in E_j$ on obtient :

$f(e_j) = \sum_{i=1}^{n} t_{i,j} e_i \in E_j = \text{Vect}(e_1, e_2, \ldots, e_j)$ donc : $\forall i > j$, $t_{i,j} = 0$ puisque $(e_1, e_2, \ldots, e_n)$ est une famille libre. Par suite, la matrice T est triangulaire supérieure inversible.

T est une matrice triangulaire supérieure inversible si et seulement si elle est triangulaire supérieure à termes diagonaux tous non nuls.

D'où l'équivalence demandée.

Pour montrer que T^{-1} est triangulaire supérieure, il suffit de démontrer que : $\forall k \in [\![1, n]\!], f^{-1}(E_k) = E_k$. Or, d'après le début de la question, T est triangulaire supérieure inversible équivaut à : $\forall k \in [\![1, n]\!], f(E_k) = E_k$. Il en résulte que f est un isomorphisme de E_k sur lui-même. Par conséquent : $\forall k \in [\![1, n]\!], f^{-1}(E_k) = E_k$. Il s'ensuit que T^{-1} est triangulaire supérieure.

5 ■ Savoir effectuer un produit de matrices.

5.1 Soit $A = (a_{i,j})_{\substack{1 \le i \le n \\ 1 \le j \le n}}$ et $B = (b_{i,j})_{\substack{1 \le i \le n \\ 1 \le j \le n}}$ deux matrices de $M_n(\mathbb{K})$.

a) Montrer que si A et B sont des matrices triangulaires inférieures AB est une matrice triangulaire inférieure. On pose $C = AB$. Que vaut alors $c_{i,i}$?

b) En déduire une propriété analogue pour les matrices triangulaires supérieures.

5.2 On considère $(E_{i,j})_{\substack{1 \le i \le n \\ 1 \le j \le n}}$ la base canonique de $M_n(\mathbb{K})$ et une matrice $A = (a_{i,j})_{\substack{1 \le i \le n \\ 1 \le j \le n}}$ à coefficients dans $\mathbb{K}$.

a) Comment décrire les matrices $E_{r,s}A$ et $AE_{r,s}$?

b) Soit $\lambda \in \mathbb{K}$. Par quelle matrice suffit-il de multiplier A pour ajouter à la i-ème ligne de A, λ fois sa j-ème ligne (sans modifier les autres) ? Cette transformation est notée $L_i \leftarrow L_i + \lambda L_j$.

c) Si $i \neq j$, par quelle matrice suffit-il de multiplier A pour échanger la ligne i et la ligne j ? Cette transformation est notée $L_i \leftrightarrow L_j$.

Conseils méthodologiques

5.1.b) Penser à la transposition.

5.2.a) Décomposer la matrice A dans la base canonique de $M_n(\mathbb{K})$.

5.2.b) Utiliser 5.2.a).

5.1.a) Montrons que : $\forall (i, j) \in [\![1, n]\!]^2, i < j \Rightarrow c_{i,j} = 0$.

Par définition, pour $i < j$: $c_{i,j} = \sum_{k=1}^{n} a_{i,k} b_{k,j} = \sum_{k=1}^{j-1} a_{i,k} \underbrace{b_{k,j}}_{=0} + \sum_{k=j}^{n} \underbrace{a_{i,k}}_{=0} b_{k,j} = 0$.

Il en résulte que AB est triangulaire inférieure.

Pour $j = i$, on a : $c_{i,i} = \sum_{k=1}^{n} a_{i,k} b_{k,i} = \sum_{k=1}^{j-1} a_{i,k} \underbrace{b_{k,i}}_{=0} + a_{i,i} b_{i,i} + \sum_{k=i+1}^{n} \underbrace{a_{i,k}}_{=0} b_{k,j}$. Par conséquent $\boxed{c_{i,i} = a_{i,i} b_{i,i}}$.

b) Supposons maintenant que A et B soient deux matrices triangulaires supérieures. On sait que A est triangulaire supérieure si et seulement si ${}^tA$ est triangulaire inférieure. De plus, ${}^t(AB) = {}^tB\,{}^tA$. D'après 5.1.a), on peut en déduire que le produit ${}^tB\,{}^tA$ est une matrice triangulaire inférieure. Donc ${}^t(AB)$ est triangulaire inférieure c'est-à-dire que AB est triangulaire supérieure.

En conclusion, le produit de deux matrices triangulaires supérieures est triangulaire supérieure. Et, comme précédemment, les termes diagonaux du produit sont égaux au produit des termes diagonaux correspondants.

$\sum_{k=1}^{j-1} a_{i,k} \underbrace{b_{k,j}}_{=0} = 0$ car $1 \le k < j$ puisque B est triangulaire inférieure.

et $\sum_{k=j}^{n} \underbrace{a_{i,k}}_{=0} b_{k,j} = 0$ car $1 \le i < j \le k$ puisque A est triangulaire inférieure.

De même, on peut vérifier aisément que le produit de deux matrices diagonales est aussi une matrice diagonale et que les termes diagonaux sont égaux au produit des termes diagonaux correspondants.

$$\begin{pmatrix} \lambda_1 & & (0) \\ & \ddots & \\ (0) & & \lambda_n \end{pmatrix} \begin{pmatrix} \mu_1 & & (0) \\ & \ddots & \\ (0) & & \mu_n \end{pmatrix} = \begin{pmatrix} \lambda_1\mu_1 & & (0) \\ & \ddots & \\ (0) & & \lambda_n\mu_n \end{pmatrix}.$$

On peut retenir ce résultat en remarquant que l'indice de ligne dans $E_{\boxed{r},s}$ est celui de **gauche**. La multiplication à **gauche** de A par $E_{r,s}$ affecte la ligne $\boxed{r}$ (indice de gauche) de A en remplaçant cette ligne $\boxed{r}$ par la ligne s.

On peut retenir ce résultat en remarquant que l'indice de colonne dans $E_{r,\boxed{s}}$ est celui de **droite**. La multiplication à **droite** de A par $E_{r,s}$ affecte la colonne $\boxed{s}$ (indice de droite) de A en remplaçant cette colonne $\boxed{s}$ par la colonne r.

De même, la transformation $C_j \leftarrow C_j + \lambda C_i$ est obtenue en multipliant à droite par $I_n + \lambda E_{i,j}$.

De même, la transformation $C_i \leftrightarrow C_j$ est obtenue en multipliant à droite par $I_n - E_{i,i} - E_{j,j} + E_{i,j} + E_{j,i}$.

5.2.a) Décomposons la matrice A dans la base canonique $\left(E_{i,j}\right)_{\substack{1\le i\le n\\1\le j\le n}}$ de $M_n(\mathbb{K})$:

$A = \sum_{i=1}^{n}\sum_{i=1}^{n} a_{i,j}E_{i,j}$. En multipliant à gauche A par $E_{r,s}$ et en utilisant $E_{r,s}E_{i,j} = \delta_{s,i}E_{r,j}$, on obtient :

$E_{r,s}A = \sum_{j=1}^{n}\sum_{i=1}^{n} a_{i,j}E_{r,s}E_{i,j} = \sum_{j=1}^{n}\sum_{i=1}^{n} a_{i,j}\delta_{s,i}E_{r,j} = \sum_{j=1}^{n} a_{s,j}E_{r,j}$. La matrice $E_{r,s}A$ est donc obtenue à partir de A en remplaçant la ligne r par la ligne s et toutes les autres lignes par des lignes de zéros.

Un calcul analogue donne

$AE_{r,s} = \sum_{j=1}^{n}\sum_{i=1}^{n} a_{i,j}E_{i,j}E_{r,s} = \sum_{j=1}^{n}\sum_{i=1}^{n} a_{i,j}\delta_{j,r}E_{i,s} = \sum_{i=1}^{n} a_{i,r}E_{i,s}$. La matrice $AE_{r,s}$ est donc obtenue à partir de A en remplaçant la colonne s par la colonne r et toutes les autres colonnes par des colonnes de zéros.

b) Pour ajouter à la i-ème ligne de A, sa j-ème ligne multipliée par λ, sans modifier les autres, il suffit, d'après 5.2.a), d'ajouter à A la matrice $\lambda E_{i,j}A$. Or $A + \lambda E_{i,j}A = \left(I_n + \lambda E_{i,j}\right)A$. Donc la transformation $L_i \leftarrow L_i + \lambda L_j$ est obtenue en multipliant à gauche par $I_n + \lambda E_{i,j}$.

c) La matrice $E_{i,i}A$ est la matrice dont toutes les lignes sont nulles sauf la i-ème qui est inchangée. De même pour $E_{j,j}A$. Donc, si $i \ne j$, $A - E_{i,i}A - E_{j,j}A$ est une matrice dans laquelle les lignes i et j sont nulles tandis que toutes les autres lignes sont inchangées. Par suite $A - E_{i,i}A - E_{j,j}A + E_{i,j}A + E_{j,i}A$ est obtenue à partir de A en échangeant les lignes i et j. Pour échanger la ligne i et la ligne j, il suffit donc de multiplier à gauche la matrice A par $I_n - E_{i,i} - E_{j,j} + E_{i,j} + E_{j,i}$.

Conseils méthodologiques

6.1. Démontrer l'existence et l'unicité de la décomposition.

6.2. Les éléments caractéristiques d'une symétrie vectorielle s de E sont les sous-espaces $\mathrm{Ker}\left(s - \mathrm{Id}_E\right)$ et $\mathrm{Ker}\left(s + \mathrm{Id}_E\right)$.

6 ■ Savoir se servir des matrices symétriques.

6.1 Montrer que : $M_n(\mathbb{R}) = S_n(\mathbb{R}) \oplus A_n(\mathbb{R})$.

6.2 Montrer que l'application $\mathrm{T} : M_n(\mathbb{R}) \to M_n(\mathbb{R})$ définie pour tout $A \in M_n(\mathbb{R})$ par $\mathrm{T}(A) = {}^tA$ est une symétrie vectorielle et donner ses éléments caractéristiques. On posera $E = M_n(\mathbb{R})$.

6.3 Quelles sont les dimensions de $A_n(\mathbb{R})$ et de $S_n(\mathbb{R})$? Donner une base de chacun de ces sous-espaces vectoriels.

Indication : écrire $A = \left(a_{i,j}\right)_{\substack{1\le i\le n\\1\le j\le n}}$ sous la forme :

$$A = \sum_{\substack{1\le i\le n\\1\le j\le n}} a_{i,j}E_{i,j} = \sum_{i=1}^{n} a_{i,i}E_{i,i} + \sum_{1\le i<j\le n} a_{i,j}E_{i,j} + \sum_{1\le i<j\le n} a_{j,i}E_{j,i}.$$

6.1 Soit $M \in M_n(\mathbb{R})$. Montrons que : $\exists! S \in S_n(\mathbb{R}), \exists! A \in A_n(\mathbb{R}), M = S + A$.

Unicité de la décomposition.

Supposons que : $\exists S \in S_n(\mathbb{R}), \exists A \in A_n(\mathbb{R}), M = S + A$.

Alors : ${}^tM = {}^tS + {}^tA = S - A$. On en déduit alors que $S = \dfrac{M + {}^tM}{2}$ et $A = \dfrac{M - {}^tM}{2}$.

D'où l'unicité de la décomposition si elle existe.

Existence de la décomposition.

Posons $S = \dfrac{M + {}^tM}{2}$ et $A = \dfrac{M - {}^tM}{2}$. On vérifie aisément que ${}^tS = S$ et ${}^tA = -A$. De plus $S + A = M$.

D'où le résultat : $\boxed{M_n(\mathbb{R}) = S_n(\mathbb{R}) \oplus A_n(\mathbb{R})}$.

6.2 L'application T vérifie, pour tout $A \in M_n(\mathbb{R})$, $\mathrm{T} \circ \mathrm{T}(A) = {}^t({}^tA) = A$. Ainsi $\mathrm{T} \circ \mathrm{T} = \mathrm{Id}_E$ ce qui permet de reconnaître une symétrie vectorielle.

On a posé $E = M_n(\mathbb{R})$.

Recherche de $\mathrm{Ker}(\mathrm{T} - \mathrm{Id}_E)$.

Pour tout $A \in M_n(\mathbb{R})$, $\mathrm{T}(A) = A \Leftrightarrow {}^tA = A$. Donc $\boxed{\mathrm{Ker}(\mathrm{T} - \mathrm{Id}_E) = S_n(\mathbb{R})}$.

Recherche de $\mathrm{Ker}(\mathrm{T} + \mathrm{Id}_E)$.

Pour tout $A \in M_n(\mathbb{R})$, $\mathrm{T}(A) = -A \Leftrightarrow {}^tA = -A$. Donc $\boxed{\mathrm{Ker}(\mathrm{T} + \mathrm{Id}_E) = A_n(\mathbb{R})}$.

En conclusion, T est la symétrie par rapport à $S_n(\mathbb{R})$ et de direction $A_n(\mathbb{R})$.

6.3 • $A_n(\mathbb{R})$ est l'ensemble des matrices $A = (a_{i,j})_{\substack{1 \le i \le n \\ 1 \le j \le n}} \in M_n(\mathbb{R})$ telles que : $\forall (i,j) \in [\![1, n]\!]^2$, $a_{i,j} = -a_{j,i}$ (en particulier $a_{i,i} = 0$ pour $1 \le i \le n$). Or $A = \sum_{i=1}^{n} a_{i,i} E_{i,i} + \sum_{1 \le i < j \le n} a_{i,j} E_{i,j} + \sum_{1 \le i < j \le n} a_{j,i} E_{j,i}$. Donc A est antisymétrique si et seulement si elle s'écrit sous la forme : $A = \sum_{1 \le i < j \le n} a_{i,j} (E_{i,j} - E_{j,i})$.

D'où $A_n(\mathbb{R}) = \mathrm{Vect}(\{E_{i,j} - E_{j,i} \,/\, 1 \le i < j \le n\})$. La famille $(E_{i,j} - E_{j,i})_{1 \le i < j \le n}$ est génératrice de $A_n(\mathbb{R})$. Elle est libre car $\sum_{1 \le i < j \le n} \lambda_{i,j} (E_{i,j} - E_{j,i}) = 0$ entraîne d'abord : $\sum_{1 \le i < j \le n} \lambda_{i,j} E_{i,j} - \sum_{1 \le i < j \le n} \lambda_{i,j} E_{j,i} = 0$

puis $\lambda_{i,j} = 0$ pour $1 \le i < j \le n$ car $(E_{i,j})_{\substack{1 \le i \le n \\ 1 \le j \le n}}$ est une famille libre. Par conséquent $(E_{i,j} - E_{j,i})_{1 \le i < j \le n}$ est une base de $A_n(\mathbb{R})$. Il en résulte que

$\dim A_n(\mathbb{R}) = 1 + 2 + \ldots + (n-1) = \dfrac{n(n-1)}{2}$, c'est-à-dire $\boxed{\dim A_n(\mathbb{R}) = \dfrac{n(n-1)}{2}}$.

• D'après la question 6.1, $M_n(\mathbb{R}) = S_n(\mathbb{R}) \oplus A_n(\mathbb{R})$. On en déduit que $\dim M_n(\mathbb{R}) = \dim S_n(\mathbb{R}) + \dim A_n(\mathbb{R})$.

Or $\dim M_n(\mathbb{R}) = n^2$ et $\dim A_n(\mathbb{R}) = \dfrac{n(n-1)}{2}$ donc $\boxed{\dim S_n(\mathbb{R}) = \dfrac{n(n+1)}{2}}$.

$S_n(\mathbb{R})$ est l'ensemble des matrices $A = (a_{i,j})_{\substack{1 \le i \le n \\ 1 \le j \le n}} \in M_n(\mathbb{R})$ telles que : $\forall (i,j) \in [\![1, n]\!]^2$, $a_{i,j} = a_{j,i}$. Par conséquent, A est symétrique si et seulement si elle s'écrit sous la forme : $A = \sum_{i=1}^{n} a_{i,i} E_{i,i} + \sum_{1 \le i < j \le n} a_{i,j} (E_{i,j} + E_{j,i})$.

D'où $S_n(\mathbb{R}) = \text{Vect}\left(\{E_{i,i} / 1 \leq i \leq n\} \cup \{E_{i,j} + E_{j,i} / 1 \leq i < j \leq n\}\right)$. La famille obtenue en juxtaposant $(E_{i,i})_{1 \leq i \leq n}$ et $(E_{i,j} + E_{j,i})_{1 \leq i < j \leq n}$ est une famille génératrice de $\dfrac{n(n+1)}{2} = \dim S_n(\mathbb{R})$ vecteurs, c'est donc une base de $S_n(\mathbb{R})$.

Conseils méthodologiques

7.a) Remarquer que toutes les colonnes sont proportionnelles.

7.c) Utiliser l'associativité de la multiplication des matrices pour écrire que $A^2 = U({}^tVU){}^tV$.

7 ■ Savoir déterminer le rang d'une matrice.

On considère la matrice $A = \begin{pmatrix} -3 & 2 & 5 \\ -6 & 4 & 10 \\ 3 & -2 & -5 \end{pmatrix}$.

a) Déterminer le rang de A.

b) Montrer qu'il existe deux vecteurs-colonnes U et V dans $\mathbb{R}^3$ tels que $A = U{}^tV$.

c) En déduire A^2 puis A^n pour $n \in \mathbb{N}^*$.

$U = \begin{pmatrix} 1 \\ 2 \\ -1 \end{pmatrix}$, $V = \begin{pmatrix} -3 \\ 2 \\ 5 \end{pmatrix}$.

7.a) Notons C_1, C_2, C_3 les colonnes de A. Le rang d'une matrice est égal au rang de ses colonnes. On remarque que $C_1 = -\dfrac{3}{2}C_2$ et $C_3 = \dfrac{5}{2}C_2$ par suite $\text{Vect}(C_1, C_2, C_3) = \text{Vect}(C_2)$ et $rg(A) \leq 1$. De plus, $A \neq 0$, donc le rang de A vaut 1.

b) Soit (e_1, e_2, e_3) la base canonique de $\mathbb{R}^3$. D'après la question a), toutes les colonnes sont proportionnelles au vecteur $U = e_1 + 2e_2 - e_3$. En effet $C_1 = -3U$, $C_2 = 2U$, $C_3 = 5U$. Il en résulte que $A = U{}^tV$ avec ${}^tV = \begin{pmatrix} -3 & 2 & 5 \end{pmatrix}$.

c) $A^2 = (U{}^tV)(U{}^tV) = U({}^tVU){}^tV$. Or ${}^tVU = (-4)$ qui est identifié au réel -4. On en déduit que $\boxed{A^2 = -4A}$. Une récurrence facile montre alors que $\boxed{A^n = (-4)^{n-1}A}$ pour tout $n \geq 1$.

Conseils méthodologiques

8.1. Montrer que E est un sous espace vectoriel de $M_2(\mathbb{R})$.

8.2. Attention : G ne peut pas être un sous-groupe de $GL_2(\mathbb{R})$ car G n'est pas contenu dans $GL_2(\mathbb{R})$.

8 ■ Savoir se servir des structures.

8.1 Montrer que l'ensemble $E = \left\{ \begin{pmatrix} a & b+a \\ a-b & a \end{pmatrix} / (a, b) \in \mathbb{R}^2 \right\}$ est un espace vectoriel de dimension 2. En donner une base.

8.2 Montrer que l'ensemble $G = \left\{ \begin{pmatrix} a & 0 \\ 0 & 0 \end{pmatrix} / a \in \mathbb{R}^* \right\}$ muni de la multiplication des matrices est un groupe commutatif.

8.1 Pour tout $(a, b) \in \mathbb{R}^2$, $\begin{pmatrix} a & b+a \\ a-b & a \end{pmatrix} = a\begin{pmatrix} 1 & 1 \\ 1 & 1 \end{pmatrix} + b\begin{pmatrix} 0 & 1 \\ -1 & 0 \end{pmatrix}$. Donc en notant $J = \begin{pmatrix} 1 & 1 \\ 1 & 1 \end{pmatrix}$ et $K = \begin{pmatrix} 0 & 1 \\ -1 & 0 \end{pmatrix}$ on peut écrire que :

$$E = \{aJ + bK \,/\, (a, b) \in \mathbb{R}^2\} = \text{Vect}(J, K).$$

Par conséquent, E est un sous-espace vectoriel de $M_2(\mathbb{R})$ et (J, K) est une famille génératrice de E. Enfin : $\forall (a, b) \in \mathbb{R}^2, [aJ + bK = 0_E \Rightarrow a = b = 0]$ et en conclusion (J, K) est une base du plan vectoriel E.

8.2 Le résultat à démontrer peut paraître paradoxal car aucune des matrices appartenant à G n'est inversible pour la multiplication dans $M_2(\mathbb{R})$. Pourtant, en notant M_a la matrice $\begin{pmatrix} a & 0 \\ 0 & 0 \end{pmatrix}$, on a : $M_a M_b = M_{ab} = M_b M_a$ pour tout $(a, b) \in \mathbb{R}^2$. Donc la loi $\times$ est une loi de composition interne commutative dans G. Elle est aussi associative car $M_a(M_b M_c) = M_{a(bc)} = M_{(ab)c} = (M_a M_b)M_c$ pour tout $(a, b, c) \in \mathbb{R}^3$. La matrice $M_1 = \begin{pmatrix} 1 & 0 \\ 0 & 0 \end{pmatrix}$ est l'élément neutre de la multiplication dans G. Enfin, L'inverse de M_a est la matrice $M_{1/a}$. D'où la structure de groupe commutatif de $(G, \times)$.

9 ■ Savoir calculer un déterminant.

9.1 Soit la matrice M donnée par : $M = \begin{pmatrix} 5 & 5 & 3 \\ -6 & -7 & -3 \\ -6 & -6 & -4 \end{pmatrix}$. Calculer det M.

9.2 On définit le polynôme P par : $\tilde{P}(x) = \begin{vmatrix} x+2 & 2x+3 & 3x+4 \\ 2x+3 & 3x+4 & 4x+5 \\ 3x+5 & 5x+8 & 10x+17 \end{vmatrix}$. Déterminer les racines de P.

Conseils méthodologiques

9.1. Faire des opérations élémentaires sur les colonnes pour faire apparaître des 0 sur une même colonne.

9.2. Faire des opérations élémentaires sur les lignes et les colonnes pour factoriser ce polynôme.

9.1 L'opération $C_2 \leftarrow C_2 - C_1$ fait apparaître des 0 sur la deuxième colonne :

$$\det M = \begin{vmatrix} 5 & 0 & 3 \\ -6 & -1 & -3 \\ -6 & 0 & -4 \end{vmatrix} = -1\begin{vmatrix} 5 & 3 \\ -6 & -4 \end{vmatrix} = 2.$$

9.2 L'opération $L_3 \leftarrow L_3 - L_2$ fait apparaître $x + 2$ en facteur sur la troisième ligne :

$$P(x) = (x+2)\begin{vmatrix} x+2 & 2x+3 & 3x+4 \\ 2x+3 & 3x+4 & 4x+5 \\ 1 & 2 & 6 \end{vmatrix}.$$

Développer $P(x)$ par la méthode de Sarrus ne permet pas d'obtenir une forme factorisée. Cette méthode est donc à rejeter sauf si on anticipe des racines évidentes pour P (ce qui est le cas ici !).

De même, l'opération $L_2 \leftarrow L_2 - L_1$ fait apparaître $x + 1$ en facteur :

$$P(x) = (x+1)(x+2)\begin{vmatrix} x+2 & 2x+3 & 3x+4 \\ 1 & 1 & 1 \\ 1 & 2 & 6 \end{vmatrix}.$$

Enfin, les opérations $C_2 \leftarrow C_2 - C_1$ et $C_3 \leftarrow C_3 - C_1$ aboutissent à :

$$P(x) = (x+1)(x+2)\begin{vmatrix} x+2 & x+1 & 2x+2 \\ 1 & 0 & 0 \\ 1 & 1 & 5 \end{vmatrix}.$$

En développant selon la deuxième ligne, $P(x) = -3(x+1)^2(x+2)$, d'où les racines de P, à savoir la racine simple -2 et la racine double -1.

Pour maîtriser les bases

1. Centres de $M_n(K)$ et de $GL_n(K)$ — D'après CCP

On appelle centre de $M_n(K)$ le sous-ensemble de $M_n(K)$, noté $Z(M_n(K))$, composé des matrices de $M_n(K)$ qui commutent avec toutes les autres, autrement dit : $Z(M_n(K)) = \{M \in M_n(K) / \forall N \in M_n(K),\ MN = NM\}$.

a) Montrer que $Z(M_n(K))$ est l'ensemble des matrices scalaires (i.e. matrices d'homothéties).

b) Vérifier que pour tout $(i,\ j) \in [\![1,\ n]\!]^2$, $I_n + E_{i,j} \in GL_n(K)$ (les matrices $E_{i,j}$ formant la base canonique de $M_n(K)$).

c) En déduire que $\text{Vect}(GL_n(K)) = M_n(K)$.

d) Quel est le centre de $GL_n(K)$? (c'est-à-dire $\{M \in M_n(K) / \forall N \in GL_n(K),\ MN = NM\}$).

e) Soit $f \in L(K^n)$ ayant la même matrice dans toutes les bases de K^n, montrer que f est une homothétie.

Conseils méthodologiques : a) Utiliser le produit de deux matrices $E_{i,j}E_{k,l}$.
b) Pour $i \neq j$, calculer $(I_n + E_{i,j})(I_n - E_{i,j})$ puis, pour $i = j$, remarquer que $I_n + E_{i,j}$ est diagonale.
c) Si $M \in M_n(K)$, décomposer M sur la base $(E_{i,j})$ et écrire $E_{i,j} = (E_{i,j} + I_n) - I_n$ puis utiliser la question précédente.
d) À l'aide de la question c), vérifier que si M commute avec toute matrice inversible, elle commute avec toutes les matrices de $M_n(K)$ et conclure avec la question a).
e) Vérifier que, si $M = M_B(f)$, alors M est dans le centre de $GL_n(K)$.

a) Bien sûr, toute matrice scalaire appartient au centre de $M_n(K)$.

Réciproquement, soit $A = (a_{i,j})_{(i,j)\in[\![1,n]\!]^2} \in Z(M_n(K))$, comme A commute avec toute matrice, elle commute en particulier avec les matrices $E_{i,j}$ formant la base canonique de $M_n(K)$. On sait que, pour tout, $(i,\ j,\ k,\ l) \in [\![1,\ n]\!]^4$, $E_{i,j}E_{k,l} = \delta_{j,k}E_{i,l}$ où $\delta_{j,k} = \begin{cases} 1 \text{ si } j = k \\ 0 \text{ sinon.} \end{cases}$

Or, $A = \sum_{s=1}^{n}\sum_{t=1}^{n} a_{s,t}E_{s,t}$, donc, pour $(i,\ j) \in [\![1,\ n]\!]^2$, $AE_{i,j} = \sum_{s=1}^{n}\sum_{t=1}^{n} a_{s,t}E_{s,t}E_{i,j} = \sum_{s=1}^{n}\sum_{t=1}^{n} a_{s,t}\delta_{t,i}E_{s,j}$.

Ainsi, $AE_{i,j} = \sum_{s=1}^{n} a_{s,i}E_{s,j}$. Il s'agit de la matrice dont les colonnes sont nulles sauf la $j^{\text{ième}}$ qui est la $i^{\text{ième}}$ colonne de A. De même, $E_{i,j}A = \sum_{s=1}^{n}\sum_{t=1}^{n} a_{s,t}E_{i,j}E_{s,t} = \sum_{s=1}^{n}\sum_{t=1}^{n} a_{s,t}\delta_{j,s}E_{i,t} = \sum_{t=1}^{n} a_{j,t}E_{i,t}$.

On a donc, pour tout triplet $(i,\ s,\ j)$, $\sum_{s=1}^{n} a_{s,i}E_{s,j} = \sum_{t=1}^{n} a_{j,t}E_{i,t}$. La famille $(E_{i,j})_{(i,j)\in[\![1,n]\!]^2}$ étant libre dans $M_n(K)$, pour tout couple $(s,\ i)$ tel que $s \neq i$, on a $a_{s,i} = 0$, et, pour $s = i$, $a_{i,i} = a_{j,j}$.

A est donc une matrice diagonale et tous ses coefficients diagonaux sont égaux, autrement dit, A est une matrice scalaire (ou d'homothétie).

b) Lorsque $i \neq j$, $(I_n + E_{i,j})(I_n - E_{i,j}) = I_n + E_{i,j} - E_{i,j} - E_{i,j}E_{i,j}$. Or, $E_{i,j}E_{i,j} = 0$ (car $i \neq j$).
Ainsi, $(I_n + E_{i,j})(I_n - E_{i,j}) = I_n$. Autrement dit, pour $i \neq j$, la matrice $I_n + E_{i,j}$ est inversible et $(I_n + E_{i,j})^{-1} = I_n - E_{i,j}$.
Si $i = j$, la matrice $I_n + E_{i,j}$ $(= I_n + E_{i,i})$ est une matrice diagonale dont tous les coefficients diagonaux sont différents de 0 (tous ces coefficients sont égaux à 1 sauf le $i^{ième}$ qui vaut 2). Elle est donc inversible et son inverse est $I_n - \frac{1}{2}E_{i,i}$.

c) On a bien sûr $\text{Vect}(GL_n(K)) \subset M_n(K)$. Réciproquement, si $M = (m_{i,j})_{(i,j)\in[\![1,n]\!]^2} \in M_n(K)$, alors $M = \sum_{i=1}^{n}\sum_{j=1}^{n} m_{i,j}E_{i,j}$, donc $M = \sum_{i=1}^{n}\sum_{j=1}^{n} m_{i,j}(I_n + E_{i,j}) - \left(\sum_{i=1}^{n}\sum_{j=1}^{n} m_{i,j}\right)I_n$. Les matrices $I_n + E_{i,j}$ et I_n sont inversibles, M appartient donc à $\text{Vect}(GL_n(K))$, ce qui donne l'autre inclusion puis l'égalité.

d) Soit $M \in Z(GL_n(K))$. Considérons une matrice quelconque T dans $M_n(K)$. Comme $\text{Vect}(GL_n(K)) = M_n(K)$, T est combinaison linéaire de matrices inversibles et donc M commute avec T. Autrement dit, $M \in Z(M_n(K))$, donc il existe $\lambda \in K$ tel que $M = \lambda I_n$. Réciproquement, ces matrices λI_n commutent bien sûr avec toute matrice inversible. Finalement, le centre de $GL_n(\mathrm{K})$ est aussi l'ensemble des matrices d'homothéties.

e) Soit $M \in M_n(K)$ la matrice telle que $M = M_B(f)$ pour toute base B de K^n. Soit P une matrice inversible d'ordre n, on peut interpréter P comme matrice de passage de la base canonique B_0 de K^n vers la base C formée par les vecteurs colonnes de la matrices P. On sait que $M_B(f) = PM_C(f)P^{-1}$, donc $M = PMP^{-1}$, autrement dit, $MP = PM$. Ainsi, M est dans le centre de $GL_n(K)$, il existe donc $\lambda \in K$ tel que $M = \lambda I_n$, ce qui prouve que f est une homothétie.

2. Matrices en damiers — D'après Centrale

Soit $A = (a_{i,j})_{(i,j)\in[\![1,n]\!]^2} \in M_n(\mathbb{R})$, on dit que A est en damier si $a_{i,j} = 0$ pour tout couple (i, j) tel que $i - j$ soit impair. On note D_n l'ensemble des matrices en damier de $M_n(\mathbb{R})$. Montrer que D_n est un sous-espace vectoriel de $M_n(\mathbb{R})$ stable par multiplication. Quelle en est la dimension ?

Conseils méthodologiques : vérifier la stabilité par combinaison linéaire. Pour déterminer la dimension de D_n, discuter suivant la parité de n.

La matrice nulle est bien sûr en damier. Soit $A = (a_{i,j})_{(i,j)\in[\![1,n]\!]^2}$, $B = (b_{i,j})_{(i,j)\in[\![1,n]\!]^2} \in D_n$ et $\lambda, \mu \in \mathbb{R}$, alors $\lambda A + \mu B = (\lambda a_{i,j} + \mu b_{i,j})_{(i,j)\in[\![1,n]\!]^2}$. Pour $i - j$ impair, $a_{i,j} = b_{i,j} = 0$, donc $\lambda a_{i,j} + \mu b_{i,j} = 0$. Ainsi, $\lambda A + \mu B \in D_n$.
D_n est donc un sous-espace vectoriel de $M_n(\mathbb{R})$.

Notons $C = (c_{i,j})_{(i,j)\in[\![1,n]\!]^2}$ la matrice AB, alors, pour tout $(i, j) \in [\![1, n]\!]^2$, $c_{i,j} = \sum_{k=1}^{n} a_{i,k}b_{k,j}$.

Prenons $i-j$ impair, on remarque que, pour tout $k \in [\![1, n]\!]$, $i-j=(i-k)+(k-j)$. Comme $i-j$ est impair, l'un des entiers $i-k$ où $k-j$ doit être impair, si bien que, dans tous les cas, le produit $a_{i,k}b_{k,j}$ est nul. Ainsi, $c_{i,j}=0$ et $C \in D_n$. D_n est donc stable par produit.

Remarque : On vérifie aussi que la matrice identité est à damier, ainsi D_n est une sous-algèbre de $M_n(\mathbb{R})$.

Soit $M=(m_{i,j})_{(i,j)\in[\![1,n]\!]^2} \in M_n(\mathbb{R})$ alors $M=\sum_{i=1}^{n}\sum_{j=1}^{n} m_{i,j}E_{i,j}$, où les matrices $E_{i,j}$ forment la base canonique de $M_n(K)$. Par définition de D_n, on a $M \in D_n$ si et seulement si, pour tout couple $(i, j) \in [\![1, n]\!]^2$ tel que $i-j$ impair, $m_{i,j}=0$. Autrement dit, $M \in D_n$ si et seulement si $M = \sum_{i-j \text{ pair}} m_{i,j}E_{i,j}$. Ainsi, $D_n = \text{Vect}\{E_{i,j} / (i, j) \in [\![1, n]\!]^2 \text{ et } i-j \textit{ pair}\}$ (ce qui permet aussi de justifier que D_n est un sous-espace vectoriel de $M_n(\mathbb{R})$). En tant que sous-famille d'une famille libre, la famille $L=(E_{i,j})_{(i,j)\in[\![1,n]\!]^2;\ i-j \text{ pair}}$ l'est aussi. Elle forme donc une base de D_n. Il n'y a plus qu'à compter le nombre de ses éléments pour obtenir la dimension de D_n. Pour cela, on discute suivant la parité de n.

Lorsque n est **pair**, notons $n=2p$ et considérons $(i, j) \in [\![1, n]\!]^2$ avec $i-j$ pair. Si i est impair, j doit aussi être impair, j peut donc prendre p valeurs ($j=2q+1$ avec $q \in [\![0, p-1]\!]$). De même, i peut prendre p valeurs. Si i est pair, j doit être pair, j peut donc prendre p valeurs ($j=2q$ avec $q \in [\![1, p]\!]$) et i aussi. Ainsi, $\boxed{\text{Card}\, L = \dim D_{2p} = 2p^2}$.

Lorsque n est **impair**, notons $n=2p+1$ et considérons à nouveau $(i, j) \in [\![1, n]\!]^2$ avec $i-j$ pair. Si i est impair, j l'est aussi, i et j peuvent prendre chacun $p+1$ valeurs ($j=2q+1$ avec $q \in [\![0, p]\!]$). Si i est pair, j doit être pair, i et j peuvent prendre p valeurs ($j=2q$ avec $q \in [\![1, p]\!]$) et i aussi. Cette fois, $\boxed{\dim D_{2p+1} = p^2+(p+1)^2}$.

3. Matrices à diagonale strictement dominante — D'après CCP

a) Soit $M=(m_{i,j})_{(i,j)\in[\![1,n]\!]^2} \in M_n(\mathbb{C})$. On suppose que, pour tout $i \in [\![1, n]\!]$, $|m_{i,i}| > \sum_{j\neq i} |m_{i,j}|$, (on dit que la matrice M est à diagonale strictement dominante), montrer que M est inversible.

b) On choisit $M = \begin{pmatrix} -\lambda & 1 & 0 & \cdots & 0 \\ 1 & -\lambda & 1 & \ddots & \vdots \\ 0 & 1 & \ddots & \ddots & 0 \\ \vdots & \ddots & \ddots & \ddots & 1 \\ 0 & \cdots & 0 & 1 & -\lambda \end{pmatrix}$ où $\lambda \in \mathbb{R}$, montrer que pour que M ne soit pas inversible, il faut que $\lambda \in [-2, 2]$.

Conseils méthodologiques : a) Introduire $V=(v_i)_{i\in[\![1,n]\!]} \in M_{n,1}(\mathbb{C})$ tel que $MV=0$ et montrer que $V=0$ en considérant i_0 tel que $|v_{i_0}| = \max_{i\in[\![1,n]\!]} |v_i|$.

b) Appliquer la question a) lorsque $|\lambda| > 2$.

a) Soit $V=(v_i)_{i\in[\![1,n]\!]}\in M_{n,1}(\mathbb{C})$ tel que $MV=0$. On suppose que V n'est pas nul et on veut aboutir à une contradiction.

On sait que $MV=\left(\sum_{j=1}^{n} m_{i,j}v_j\right)_{i\in[\![1,n]\!]}$, donc $MV=0$ équivaut donc à : $\forall i\in[\![1,n]\!],\ \sum_{j=1}^{n} m_{i,j}v_j=0$.

Considérons i_0 tel que $|v_{i_0}|=\max_{i\in[\![1,n]\!]}|v_i|$, sachant que $V\neq 0$, on a donc $|v_{i_0}|>0$. De plus, $-\sum_{\substack{j=1\\ j\neq i_0}}^{n} m_{i_0,j}v_j=m_{i_0,i_0}v_{i_0}$, on en déduit $\left|\sum_{\substack{j=1\\ j\neq i_0}}^{n} m_{i_0,j}v_j\right|=|m_{i_0,i_0}v_{i_0}|$. Ainsi, d'après l'inégalité triangulaire, $|m_{i_0,i_0}||v_{i_0}|\leq\sum_{\substack{j=1\\ j\neq i_0}}^{n}|m_{i_0,j}||v_j|$.

Comme $|v_{i_0}|>0$, il vient $|m_{i_0,i_0}|\leq\sum_{\substack{j=1\\ j\neq i_0}}^{n}|m_{i_0,j}|\frac{|v_j|}{|v_{i_0}|}\leq\sum_{\substack{j=1\\ j\neq i_0}}^{n}|m_{i_0,j}|$ (car $|v_{i_0}|=\max_{i\in[\![1,n]\!]}|v_i|$). On aurait donc : $|m_{i_0,i_0}|\leq\sum_{\substack{j=1\\ j\neq i_0}}^{n}|m_{i_0,j}|$. Or, par hypothèse, $|m_{i_0,i_0}|>\sum_{\substack{j=1\\ j\neq i_0}}^{n}|m_{i_0,j}|$, c'est contradictoire !

Ainsi, $V=0$, ce qui prouve, par caractérisation, que M est inversible.

b) Si $|\lambda|>2$, la matrice M est à diagonale strictement dominante, elle est donc inversible d'après la question a). Autrement dit, pour que M ne soit pas inversible, il faut que $|\lambda|\leq 2$.

4. Matrices magiques d'ordre 3 — D'après TPE

Soit $M=\begin{pmatrix} a & b & c\\ d & e & f\\ g & h & i\end{pmatrix}\in M_3(\mathbb{R})$, on dit que M est **une matrice magique** si :

la somme de ses lignes, de ses colonnes, ainsi que la somme de son anti-diagonale $c+e+g$, est égale à sa trace (la trace de M étant le réel noté $Tr(M)$ égal à $a+e+i$).

Autrement dit : $\begin{cases} a+b+c=Tr(M),\ a+d+g=Tr(M)\\ d+e+f=Tr(M),\ b+e+h=Tr(M)\\ g+h+i=Tr(M),\ c+f+i=Tr(M)\end{cases}$ avec $c+e+g=Tr(M)$.

L'ensemble des matrices magiques d'ordre 3 est noté MG_3. Enfin, on pose $J=\begin{pmatrix}1&1&1\\1&1&1\\1&1&1\end{pmatrix}$.

1. Vérifier que MG_3 est un sous-espace vectoriel de $M_3(\mathbb{R})$.

2. Décomposition de MG_3 en sommes de sous-espaces :

a) Montrer que toute matrice $M\in M_3(\mathbb{R})$ se décompose de façon unique en la somme d'une matrice symétrique et d'une matrice antisymétrique.

b) Soit $M\in MG_3$, montrer qu'il existe un unique scalaire α tel que $Tr(M-\alpha J)=0$.

c) On note : $A_3=\{M\in MG_3\ /\ {}^tM=-M\}$, $S_3=\{M\in MG_3\ /\ {}^tM=M \text{ et } Tr(M)=0\}$ et $D=\text{Vect}(J)$. En utilisant les questions précédentes, montrer que, pour toute matrice $M\in MG_3$, il existe un unique triplet $(A', S', \alpha)\in A_3\times S_3\times\mathbb{R}$ tel que $M=A+S+\alpha J$.

3. Déterminer toutes les matrices magiques antisymétriques d'ordre 3.

4. Soit $M \in M_3(\mathbb{R})$, montrer que M est une matrice magique symétrique de trace nulle si et seulement s'il existe un réel b tel que : $M = \begin{pmatrix} b & -b & 0 \\ -b & 0 & b \\ 0 & b & -b \end{pmatrix}$.

5. Montrer alors que $MG_3 = \left\{ \begin{pmatrix} b+c & -a-b+c & a+c \\ a-b+c & c & -a+b+c \\ -a+c & a+b+c & -b+c \end{pmatrix} / (a,b,c) \in \mathbb{R}^3 \right\}$. Quelle est la dimension de MG_3 ?

Conseils méthodologiques : 2.a) Utiliser la décomposition $M = \dfrac{M + {}^tM}{2} + \dfrac{M - {}^tM}{2}$.
2.b) Penser à écrire $Tr(M - \alpha J) = Tr(M) - \alpha Tr(J) = Tr(M) - 3\alpha$. **2.c)** Raisonner par analyse-synthèse.
3. Écrire la forme générale d'une matrice antisymétrique d'ordre 3.
4. Faire de même pour les matrices symétriques, écrire que la matrice est magique et exprimer toutes les inconnues en fonction d'une d'entre elles.
5. Utiliser les questions 2., 3. et 4. pour trouver une base de MG_3.

1. On vérifie qu'une combinaison linéaire de deux matrices magiques l'est encore, de plus, la matrice nulle est bien magique, ainsi MG_3 est bien un sous-espace vectoriel de $M_3(\mathbb{R})$.

2.a) Soit $M \in M_3(\mathbb{R})$, on sait que $M = \dfrac{M + {}^tM}{2} + \dfrac{M - {}^tM}{2}$. Cela donne la décomposition de M en la somme d'une matrice symétrique et d'une matrice antisymétrique.

L'unicité de cette décomposition provient du fait que la seule matrice à la fois symétrique et antisymétrique est la matrice nulle.

b) Soit $M \in MG_3$, on a : $\big(Tr(M - \alpha J) = 0\big) \Leftrightarrow \left(\alpha = \dfrac{Tr(M)}{3}\right)$ (car $Tr(J) = 3$).

c) Soit $M \in MG_3$, on cherche $(A', S', \alpha) \in A_3 \times S_3 \times \mathbb{R}$ tel que $M = A' + S' + \alpha J$. Pour cela, on raisonne par analyse-synthèse :

- **Analyse :**

Supposons avoir trouvé A', S' et α convenables, alors : par passage à la trace, il vient $3\alpha = Tr(M)$ (car $Tr(S') = Tr(A') = 0$).

Posons alors : $M' = M - \dfrac{Tr(M)}{3} J$, on est ramené à chercher $A' \in A_3$ et $S' \in S_3$ tels que $M' = A' + S'$. Or, d'après la question 2.a), on a nécessairement : $S' = \dfrac{{}^tM' + M'}{2}$, $A' = \dfrac{{}^tM' - M'}{2}$.

Ainsi, s'ils existent, on doit avoir : $\alpha = \dfrac{Tr(M)}{3}$, $S' = \dfrac{M' + {}^tM'}{2}$, $A' = \dfrac{M' - {}^tM'}{2}$.

Ceci prouve que, si elle existe, la décomposition cherchée est unique.

- **Synthèse :**

Posons donc $M' = M - \dfrac{Tr(M)}{3} J$, $S' = \dfrac{M' + {}^tM'}{2}$ et $A' = \dfrac{M' - {}^tM'}{2}$.

Comme M et $J \in MG_3$, on a aussi $M' \in MG_3$, mais alors ${}^tM'$ est aussi magique (car la transposée d'une matrice magique l'est encore). Ainsi, par combinaison linéaire de matrices magiques, S' et A' sont magiques et $M = \dfrac{Tr(M)}{3} J + S' + A'$.

Ainsi, il existe un unique triplet $(A', S', \alpha) \in A_3 \times S_3 \times \mathbb{R}$ tel que $M = A' + S' + \alpha J$.

3. Soit $M \in M_3(\mathbb{R})$, M est antisymétrique si et seulement s'il existe des réels a, b, c tels que $M = \begin{pmatrix} 0 & a & b \\ -a & 0 & c \\ -b & -c & 0 \end{pmatrix}$. Mais alors, comme $Tr(M) = 0$, M est magique si et seulement si $b = -a$ et $a = c$. C'est-à-dire, $M = \begin{pmatrix} 0 & a & -a \\ -a & 0 & a \\ a & -a & 0 \end{pmatrix}$.

4. Soit $M \in M_3(\mathbb{R})$, M est symétrique si et seulement s'il existe des réels a, b, c, d, e et f tels que $M = \begin{pmatrix} a & b & c \\ b & d & e \\ c & e & f \end{pmatrix}$.

Alors, M est une matrice magique symétrique de trace nulle si et seulement si :

$$\begin{cases} a+b+c=0 \\ b+d+e=0 \\ c+e+f=0 \\ a+d+f=0 \\ 2c+d=0 \end{cases} \Leftrightarrow \begin{cases} c=-a-b \\ e=-b-d=-b+2c=-2a-3b \\ f=-c-e=a+b+2a+3b=3a+4b \\ f=-a-d=-a+2c=-3a-2b \\ d=-2c \end{cases} \Leftrightarrow \begin{cases} a=-b \\ c=d=0 \\ e=-b \\ f=b \end{cases}.$$

Finalement, $M \in S_3$ si et seulement s'il existe un réel b tel que : $M = \begin{pmatrix} b & -b & 0 \\ -b & 0 & b \\ 0 & b & -b \end{pmatrix}$.

5. On a vu dans la question 2. que $MG_3 = \{A + S + cJ \,/\, (A,S,c) \in A_3 \times S_3 \times \mathbb{R}\}$. En utilisant la description de A_3 et S_3, il vient :

$$MG_3 = \left\{ \begin{pmatrix} b+c & -a-b+c & a+c \\ a-b+c & c & -a+b+c \\ -a+c & a+b+c & -b+c \end{pmatrix} / (a,b,c) \in \mathbb{R}^3 \right\}.$$

Autrement dit, $MG_3 = \text{Vect}\left(\begin{pmatrix} 0 & 1 & -1 \\ -1 & 0 & 1 \\ 1 & -1 & 0 \end{pmatrix}, \begin{pmatrix} 1 & -1 & 0 \\ -1 & 0 & 1 \\ 0 & 1 & -1 \end{pmatrix}, \begin{pmatrix} 1 & 1 & 1 \\ 1 & 1 & 1 \\ 1 & 1 & 1 \end{pmatrix} \right)$.

Ces trois matrices formant un système libre, il s'agit donc d'une base de MG_3, ainsi, $\dim(MG_3) = 3$.

Remarque :

On peut alors construire une matrice magique dont les coefficients sont exactement tous les entiers de 1 à 9 pris une fois et une fois seulement (appelé un carré magique).

Ainsi, $A = \begin{pmatrix} 6 & 1 & 8 \\ 7 & 5 & 3 \\ 2 & 9 & 4 \end{pmatrix}$ convient.

5. Matrices circulantes — D'après CCP

Soit n un entier supérieur ou égal à 3 et $(a_0, \ldots, a_{n-1}) \in \mathbb{C}^n$, on appelle matrice circulante associée à $(a_0, \ldots, a_{n-1})$ et on note $C(a_0, \ldots, a_{n-1})$ la matrice $\begin{pmatrix} a_0 & a_1 & a_2 & \cdots & a_{n-1} \\ a_{n-1} & a_0 & a_1 & \cdots & a_{n-2} \\ a_{n-2} & a_{n-1} & \cdots & \cdots & \vdots \\ \cdots & \cdots & \cdots & \cdots & a_1 \\ a_1 & \cdots & \cdots & a_{n-1} & a_0 \end{pmatrix}$.

En particulier, on pose $A = C(0, 1, 0, \ldots, 0) = \begin{pmatrix} 0 & 1 & 0 & \cdots & 0 \\ 0 & 0 & 1 & \ddots & \vdots \\ \vdots & 0 & \ddots & \ddots & 0 \\ 0 & \vdots & \ddots & \ddots & 1 \\ 1 & 0 & \cdots & 0 & 0 \end{pmatrix}$ (c'est-à-dire $a_1 = 1$ et $a_i = 0$ sinon). Enfin, on note f l'endomorphisme de $\mathbb{C}^n$ dont la matrice dans la base canonique $B = (e_1, \ldots, e_n)$ de $\mathbb{C}^n$ est égale à A.

1. Calculer $f(e_i)$ pour $i \in [\![1, n]\!]$.

2. Soit $k \in [\![1, n-1]\!]$, montrer que, pour tout $i \in [\![k+1, n]\!]$, $f^k(e_i) = e_{i-k}$ et, pour tout $i \in [\![1, k]\!]$, $f^k(e_i) = e_{n-k+i}$.

3. Pour $i \in [\![1, n]\!]$, calculer $f^n(e_i)$. Que vaut f^n ?

4. Déduire de ce qui précède l'expression des matrices A^k lorsque $k \in [\![1, n]\!]$.

5. Soit $M = C(a_0, a_1, \ldots, a_{n-1})$ une matrice circulante, vérifier que $M = \sum_{k=0}^{n-1} a_k A^k$, en déduire que M et A commutent.

6. Réciproquement, soit $M \in M_n(\mathbb{C})$ telle que $AM = MA$ et g l'endomorphisme de $\mathbb{C}^n$ dont la matrice dans la base canonique de $\mathbb{C}^n$ est M.

a) Vérifier que, pour tout $k \in [\![0, n-1]\!]$, $f^k(e_n) = e_{n-k}$.

b) Justifier l'existence d'un n-uplet $(a_0, a_1, \ldots, a_{n-1}) \in \mathbb{C}^n$ tel que $g(e_n) = \sum_{k=0}^{n-1} a_k f^k(e_n)$.

c) Montrer alors que $g = \sum_{k=0}^{n-1} a_k f^k$.

d) En déduire que M est la matrice circulante $C(a_0, \ldots, a_{n-1})$.

Conseils méthodologiques : 1. Utiliser l'expression de la matrice A et la définition de ce qu'est la matrice d'un endomorphisme dans une base donnée.

2. Raisonner par récurrence sur $k \in [\![1, n-1]\!]$.

3. Utiliser la question 2 pour $k = n - 1$ et écrire $f^n(e_i) = f(f^{n-1}(e_i))$.

6.b) Écrire $g(e_n)$ sous la forme $\sum_{k=0}^{n-1} a_k e_{n-k}$ en se rappelant que B est une base. **c)** Introduire $h = \sum_{k=0}^{n-1} a_k f^k$ et montrer que g et h coïncident sur la base B en utilisant le fait que f et g commutent.

1. D'après l'expression de la matrice A, $\boxed{f(e_1) = e_n,\ f(e_2) = e_1, \ldots, f(e_n) = e_{n-1}}$.

2. Soit $k \in [\![1, n-1]\!]$ et (H_k) l'hypothèse de récurrence : $\forall i \in [\![k, 1+n]\!]$, $f^k(e_i) = e_{i-k}$ et $\forall i \in [\![1, k]\!]$, $f^k(e_i) = e_{n-k+i}$.

- *Initialisation* : (H_1) est réalisée d'après la question 1).
- *Hérédité* : soit $k \in [\![1, n-2]\!]$ tel que (H_k) soit vraie, alors : $\forall i \in [\![k, 2+n]\!]$, $f^{k+1}(e_i) = f(f^k(e_i)) = f(e_{i-k})$ (d'après (H_k)).

Comme $i - k \in [\![2, n]\!]$, $f(e_{i-k}) = e_{i-k-1}$, donc $f^{k+1}(e_i) = e_{i-k-1}$.

De plus, pour tout $i \in [\![1, k]\!]$, $f^{k+1}(e_i) = f(e_{n-k+i})$, or $n-k+i \in [\![2, n]\!]$, donc $f^{k+1}(e_i) = e_{n-k-1+i}$. Enfin, $f^{k+1}(e_{k+1}) = f(e_1) = e_n$.

Ainsi (H_{k+1}) est vraie.

- Finalement, d'après le principe de la récurrence, (H_k) est vraie pour tout $k \in [\![1, n-1]\!]$.

3. D'après la question 2, $f^{n-1}(e_n) = e_1$ et : $\forall i \in [\![1, n-1]\!]$, $f^{n-1}(e_i) = e_{i+1}$. Donc $f^n(e_n) = f(e_1) = e_n$ et, pour tout $i \in [\![1, n-1]\!]$, $f^n(e_i) = f(e_{i+1}) = e_i$. Ainsi, pour tout $i \in [\![1, n]\!]$, $f^n(e_i) = e_i$ et donc $\boxed{f^n = \mathrm{Id}_{\mathbb{C}^n}}$.

4. D'après les questions 2 et 3, pour $k \in [\![1, n-1]\!]$, $\boxed{A^k = \begin{pmatrix} 0 & I_{n-k} \\ I_k & 0 \end{pmatrix}}$ et $\boxed{A^n = I_n}$.

5. Si $M = C(a_0, a_1, \dots, a_{n-1})$, alors $M = \sum_{k=0}^{n-1} a_k \begin{pmatrix} 0 & I_{n-k} \\ I_k & 0 \end{pmatrix}$, autrement dit, $\boxed{M = \sum_{k=0}^{n-1} a_k A^k}$. Comme M est un polynôme en A, M commute avec A.

6. Réciproque :

a) D'après la question 2, pour tout $k \in [\![0, n-1]\!]$, on a bien $\boxed{f^k(e_n) = e_{n-k}}$ (même pour $k = 0$).

b) La famille $B = (e_1, \dots, e_n)$ étant une base de $\mathbb{C}^n$, il existe $(a_0, a_1, \dots, a_{n-1}) \in \mathbb{C}^n$ tel que $g(e_n) = \sum_{k=0}^{n-1} a_k e_{n-k}$, ou encore $\boxed{g(e_n) = \sum_{k=0}^{n-1} a_k f^k(e_n)}$.

c) Considérons l'endomorphisme $h = \sum_{k=0}^{n-1} a_k f^k$ et montrons que g et h coïncident sur la base B. On sait déjà, d'après la question b), que $g(e_n) = h(e_n)$. Soit $k \in [\![0, n-1]\!]$. D'après la question 6 a), $g(e_{n-k}) = g(f^k(e_n)) = g \circ f^k(e_n) = f^k \circ g(e_n)$ (car f et g commutent).

Ainsi, $g(e_{n-k}) = f^k(g(e_n)) = f^k\left(\sum_{q=0}^{n-1} a_q f^q(e_n)\right) = \sum_{q=0}^{n-1} a_q f^{k+q}(e_n) = \sum_{q=0}^{n-1} a_q f^q(f^k(e_n))$.

Donc, $g(e_{n-k}) = \sum_{q=0}^{n-1} a_q f^q(e_{n-k}) = h(e_{n-k})$. Comme g et h coïncident sur la base B, $\boxed{g = h = \sum_{k=0}^{n-1} a_k f^k}$.

d) D'après la question c), $M = \sum_{k=0}^{n-1} a_k A^k$, autrement dit, $\boxed{M = C(a_0, \dots, a_{n-1})}$.

Pour approfondir

6. Sous-espace de dimension 3 stables par × ______ D'après INA

E désigne l'espace $M_2(\mathbb{R})$ des matrices carrées d'ordre 2 à coefficients réels.

On pose $I = \begin{pmatrix} 1 & 0 \\ 0 & 1 \end{pmatrix}$, $M_1 = \begin{pmatrix} 1 & 0 \\ 0 & 0 \end{pmatrix}$, $M_2 = \begin{pmatrix} 0 & 1 \\ 0 & 0 \end{pmatrix}$, $M_3 = \begin{pmatrix} 0 & 0 \\ 1 & 0 \end{pmatrix}$ et $M_4 = \begin{pmatrix} 0 & 0 \\ 0 & 1 \end{pmatrix}$.

On rappelle que (M_1, M_2, M_3, M_4) est une base de E.

Partie 1

Dans cette partie, F est un sous-espace vectoriel de E de dimension 3, stable pour la multiplication.
On veut montrer que $I \in F$ et pour cela, on raisonne par l'absurde en supposant que $I \notin F$.

1. Montrer que F et $\text{Vect}(I)$ sont deux sous-espaces supplémentaires de E.

2. On désigne par p la projection sur $\text{Vect}(I)$ parallèlement à F.

a) Montrer que : $\forall (M, M') \in E^2$, $p(MM') = p(M)p(M')$.

b) En déduire que si M est un élément de E tel que $M^2 \in F$, alors $M \in F$.

3.a) Déduire de ce qui précède que M_2 et M_3 appartiennent à F.

b) Calculer $M_2\, M_3$ et $M_3\, M_2$. Montrer alors que M_1 et M_4 appartiennent à F.

4. Conclure.

Partie 2 :

Dans cette partie, on étudie certains endomorphismes de E.
On note $L(E)$ l'ensemble des endomorphismes de E.

1. À tout élément A de E, on associe l'application $\Phi(A)$ de E dans E définie par : pour tout $M \in E$, $[\Phi(A)](M) = AM - MA$.

a) Vérifier que, pour tout $A \in E$, $\Phi(A) \in L(E)$.

b) Montrer que l'application Φ ainsi définie de E dans $L(E)$ qui, à $A \in E$, associe $\Phi(A)$ est linéaire. Pour tout réel λ, déterminer $\Phi(\lambda I)$.

c) Soit $A = \begin{pmatrix} a & b \\ c & d \end{pmatrix} \in E$ telle que $\Phi(A) = 0$. Montrer que $b = c = 0$ et que $a = d$.

d) Déduire des questions b) et c) que $\text{Ker}(\Phi) = \text{Vect}(I)$.

e) Quelle est la dimension de $\text{Im}(\Phi)$?

2. On pose $D = \{u \in L(E) \,/\, \forall (M, N) \in E^2,\ u(MN) = u(M)N + Mu(N)\}$.

a) Montrer que D est un sous-espace vectoriel de $L(E)$.

b) Montrer que $\text{Im}(\Phi) \subset D$.

3. Soit u un élément de D.

a) Montrer que $u(I) = 0$.

b) Calculer $(M_2)^2$; en déduire qu'il existe deux réels x et y tels que $u(M_2) = \begin{pmatrix} x & y \\ 0 & -x \end{pmatrix}$.

On pourra poser $u(M_2) = \begin{pmatrix} x & y \\ z & t \end{pmatrix}$.

c) De même, montrer qu'il existe deux réels z et t tels $u(M_3) = \begin{pmatrix} -t & 0 \\ z & t \end{pmatrix}$.

d) Montrer que $y + z = 0$ (on pourra utiliser $M_1 + M_4 = I$).

e) Soit alors $A = \begin{pmatrix} a & b \\ c & d \end{pmatrix}$ telle que $\begin{cases} a - d = y = -z \\ c = -x \text{ et } b = -t \end{cases}$, les réels x, y, z, t étant ceux définis aux questions b) et c).

Montrer que $\Phi(A) = u$, et en déduire que $\text{Im}(\Phi) = D$.

Partie 3 :

Dans cette partie, on décrit le centre d'une matrice A de E et on applique ce résultat aux sous-espaces vectoriels de E de dimension 3, stable pour la multiplication.

1. Centre d'une matrice A de E :

Soit A une matrice de E, on appelle centre de A l'ensemble noté $C(A)$ tel que : $C(A) = \{M \in E \,/\, AM = MA\}$ (autrement dit $C(A)$ est le noyau de $\Phi(A)$).

a) Montrer que $C(A)$ est un sous-espace vectoriel de E, stable par multiplication.

Dans la suite de cette question, on pose $A = \begin{pmatrix} a & b \\ c & d \end{pmatrix}$.

b) 1er cas : $(b, c) = (0, 0)$. Déterminer une base et la dimension de $C(A)$.

c) 2e cas : $(b, c) \neq (0, 0)$. Soit $M = \begin{pmatrix} x & y \\ z & t \end{pmatrix} \in E$, en traduisant l'égalité $AM = MA$, caractériser l'appartenance de M à $C(A)$. En déduire que $C(A) = \mathrm{Vect}(I, A)$.

d) Déduire de ce qui précède que pour toute matrice A de E la famille (I, A, A^2) est liée dans E.

Dans toute la suite de cette partie F est un sous-espace vectoriel de E de dimension 3, stable pour la multiplication.

2. Construction d'une base de F :

a) Dire pourquoi il existe une base B de F de la forme (I, U, V).

b) Vérifier qu'il existe λ, μ et ν des réels tels que $UV = \lambda I + \mu U + \nu V$. Montrer alors que $UV \neq VU$.

c) Calculer alors $(U - \nu I)(V - \mu I)$ et montrer que $(U - \nu I)(V - \mu I) = 0$.

d) En déduire qu'il existe une base B_1 de F de la forme (I, U_1, V_1) telle que $U_1 V_1 = 0$.

3. Soit $B_1 = (I, U_1, V_1)$ une base de F telle que $U_1 V_1 = 0$.

a) Montrer que les matrices U_1 et V_1 sont de rang 1.

b) Montrer qu'il existe α et β des réels tels que $(V_1)^2 = \alpha V_1 + \beta I$ puis montrer que $\beta = 0$.

c) On identifie U_1 et V_1 aux endomorphismes qu'ils représentent dans la base canonique de $\mathbb{R}^2$. Montrer que $\mathrm{Im}(V_1) = \mathrm{Ker}(U_1)$ et $\mathrm{Im}(V_1) = \mathrm{Ker}(V_1 - \alpha I)$.

En déduire qu'il existe un vecteur e non nul de $\mathbb{R}^2$ tel que $V_1(e) = \alpha e$ et $U_1(e) = 0$.

Conseils méthodologiques : Partie 1

1. Montrer que l'intersection de $\mathrm{Vect}(I)$ et F est réduite à 0 et conclure grâce aux dimensions.

2.a) Décomposer M et M' sur $\mathrm{Vect}(I) \oplus F$, puis calculer MM'. **b)** Utiliser la question précédente avec $M' = M$.

3.a) Calculer M_2^2 et M_3^2 puis appliquer la question 2)b). **b)** Utiliser la stabilité de F par produit.

Partie 2

1.c) Calculer $(\Phi(A))(M_1)$ et $(\Phi(A))(M_2)$.

2.b) Montrer que, pour tout $A \in E$, $\Phi(A) \in D$.

3.a) Utiliser $M = N = I$ et la définition d'un élément de D. **b)** Utiliser, cette fois, $M = N = M_2$ et traduire à nouveau l'appartenance de u à D. **d)** Utiliser $M_1 + M_4 = I$ et $M_2 M_3 = M_1$, $M_3 M_2 = M_4$. **e)** Montrer que $\Phi(A)$ et u coïncident sur la base (M_1, M_2, M_3, M_4).

Partie 3

1.b) Écrire l'égalité $AM = MA$ et discuter suivant que $a = d$ ou non. **c)** Faire de même qu'en b) et montrer que $M \in \mathrm{Vect}(I, A)$.

2.a) Utiliser le fait que $I \in F$ et appliquer le théorème de la base incomplète. **b)** Raisonner par l'absurde et appliquer la question 1). **c)** Raisonner à nouveau par l'absurde et utiliser la question 2) b). **d)** Considérer $U_1 = (U - \nu I)$ et $V_1 = (V - \mu I)$ puis montrer que (I, U_1, V_1) convient.

3.a) Penser au fait que les matrices considérées sont d'ordre 2 et qu'une telle matrice de rang 2 est inversible.

b) Utiliser la question 1.d) de la partie 3. **c)** Pour montrer $\mathrm{Im}(V_1) = \mathrm{Ker}(U_1)$, utiliser $U_1 V_1 = 0$. Pour obtenir $\mathrm{Im}(V_1) = \mathrm{Ker}(V_1 - \alpha I)$, utiliser l'égalité $(V_1)^2 = \alpha V_1$. Montrer que $\dim\left[\mathrm{Ker}(V_1 - \alpha I)\right] = 1$ et choisir pour e un générateur de $\mathrm{Ker}(V_1 - \alpha I)$.

Partie 1

1. Soit $M \in \text{Vect}(I) \cap F$, il existe $\lambda \in \mathbb{R}$ tel que $M = \lambda I$, si $\lambda \neq 0$, alors $I = \dfrac{1}{\lambda} M$ appartiendrait à F, ce qui n'est pas, donc $\lambda = 0$ et $M = 0_E$. Ainsi, F et $\text{Vect}(I)$ sont en somme directe.

De plus, $\dim(\text{Vect}(I) \oplus F) = \dim(\text{Vect}(I)) + \dim(F) = 1 + 3 = 4 = \dim E$. Donc F et $\text{Vect}(I)$ sont bien deux sous-espaces supplémentaires de E.

2. Soit p la projection sur $\text{Vect}(I)$ parallèlement à F.

a) Soit $(M, M') \in E^2$, il existe $(\lambda, N) \in \mathbb{R} \times F$ et $(\lambda', N') \in \mathbb{R} \times F$ tels que $M = \lambda I + N$ et $M' = \lambda' I + N'$. Mais alors, $p(M) = \lambda I$ et $p(M') = \lambda' I$, donc $p(M)p(M') = \lambda\lambda' I$.

Par ailleurs, $MM' = (\lambda I + N)(\lambda' I + N') = \lambda\lambda' I + \underbrace{(\lambda N' + \lambda' N + NN')}_{\in F}$, d'où $p(MM') = \lambda\lambda' I$. Ainsi, pour tout $(M, M') \in E^2$, $p(MM') = p(M)p(M')$.

b) Soit M un élément de E tel que $M^2 \in F$. Comme ci-dessus, il existe $(\lambda, N) \in \mathbb{R} \times F$ tel que $M = \lambda I + N$, mais alors $p(M) = \lambda I$ et $p(M^2) = \lambda^2 I$ (cf. question 2.a). Cependant, puisque $M^2 \in F$, $p(M^2) = 0$, ainsi, $\lambda^2 = 0$, donc $\lambda = 0$ et $M = N \in F$.

3.a) Comme $M_2^2 = M_3^2 = 0 \in F$, il s'ensuit, d'après la question 2.b), que M_2 et M_3 appartiennent à F.

b) De plus, $M_2 M_3 = M_1$ et $M_3 M_2 = M_4$, F étant stable par multiplication, on en déduit que M_1 et M_4 appartiennent à F.

4. On remarque que $I = M_1 + M_4$, ainsi I appartiendrait à F, ce qui est contraire à l'hypothèse. Celle-ci est donc fausse, et finalement, $\boxed{I \in F}$!

Partie 2

1.a) Soit $A \in E$. Par construction, pour toute matrice $M \in E$, $(\Phi(A))(M) \in E$. De plus, pour tout couple $(M, M') \in E^2$, pour tout couple $(\lambda, \lambda') \in \mathbb{R}^2$, on a :

$$(\Phi(A))(\lambda M + \lambda' M') = A(\lambda M + \lambda' M') - (\lambda M + \lambda' M')A = \lambda(AM - MA) + \lambda'(AM' - M'A) = \lambda(\Phi(A))(M) + \lambda'(\Phi(A))(M').$$

Ainsi, $\boxed{\Phi(A) \in L(E)}$.

b) D'après ce qui précède, pour tout $A \in E$, $\Phi(A) \in L(E)$. De plus, pour tout couple $(A, A') \in E^2$, pour tout couple $(\lambda, \lambda') \in \mathbb{R}^2$ et pour toute matrice $M \in E$, on a :

$$(\Phi(\lambda A + \lambda' A'))(M) = (\lambda A + \lambda' A')M - M(\lambda A + \lambda' A') = (\lambda\Phi(A) + \lambda'\Phi(A'))(M).$$

Ainsi, $\Phi(\lambda A + \lambda' A') = \lambda\Phi(A) + \lambda'\Phi(A')$. Autrement dit, $\Phi \in L(L(E))$.

Soit $\lambda \in \mathbb{R}$, pour tout $M \in E$, $(\Phi(\lambda I))(M) = (\lambda I)M - M(\lambda I) = \lambda M - \lambda M = 0$. Donc $\boxed{\Phi(\lambda I) = 0}$.

c) Soit $A = \begin{pmatrix} a & b \\ c & d \end{pmatrix} \in E$ telle que $\Phi(A) = 0$.

On a $AM_1 = \begin{pmatrix} a & 0 \\ c & 0 \end{pmatrix}$ et $M_1 A = \begin{pmatrix} a & b \\ 0 & 0 \end{pmatrix}$, donc $(\Phi(A))(M_1) = \begin{pmatrix} 0 & -b \\ c & 0 \end{pmatrix}$, d'où $b = c = 0$.

De même, $AM_2 = \begin{pmatrix} 0 & a \\ 0 & c \end{pmatrix}$ et $M_2 A = \begin{pmatrix} c & d \\ 0 & 0 \end{pmatrix}$, d'où $(\Phi(A))(M_2) = \begin{pmatrix} -c & a-d \\ 0 & c \end{pmatrix}$, donc $a = d$.

Ainsi, $A = aI \in \text{Vect}(I)$.

d) Les questions b) et c) impliquent immédiatement que $\boxed{\text{Ker}(\Phi) = \text{Vect}(I)}$.

e) D'après le théorème du rang, $\dim(\text{Im}(\Phi)) = \dim E - \dim(\text{Ker}(\Phi)) = 4 - 1 = 3$.

2.a) L'application nulle appartient clairement à D. De plus, si $(u, u') \in [L(E)]^2$ et $(\lambda, \lambda') \in \mathbb{R}^2$, alors, pour tout $(M, N) \in E^2$, $(\lambda u + \lambda' u')(MN) = \lambda[u(MN)] + \lambda'[u'(MN)] = \lambda[u(M)N + Mu(N)] + \lambda'[u'(M)N + Mu'(N)]$
$= [(\lambda u + \lambda' u')(M)]N + M[(\lambda u + \lambda' u')(N)]$. Donc, $(\lambda u + \lambda' u') \in D$.

Ainsi, D est un sous-espace vectoriel de $L(E)$.

b) Soit $A \in E$, pour tout $(M, N) \in E^2$, $(\Phi(A))(M)N + M(\Phi(A))(N) = AMN - MAN + MAN - MNA = (\Phi(A))(MN)$.
Donc $\Phi(A) \in D$. Autrement dit, $\text{Im}(\Phi) \subset D$.

3.a) En prenant, $M = N = I$, on a : $u(I) = u(I) + u(I) = 2u(I)$. Ainsi, $u(I) = 0$.

b) On a déjà vu que $(M_2)^2 = 0$. En posant, $u(M_2) = \begin{pmatrix} x & y \\ z & t \end{pmatrix}$ et en prenant $M = N = M_2$, il vient :
$u(M_2^2) = u(M_2)M_2 + M_2 u(M_2)$. Ou encore : $\begin{pmatrix} 0 & 0 \\ 0 & 0 \end{pmatrix} = \begin{pmatrix} x & y \\ z & t \end{pmatrix}\begin{pmatrix} 0 & 1 \\ 0 & 0 \end{pmatrix} + \begin{pmatrix} 0 & 1 \\ 0 & 0 \end{pmatrix}\begin{pmatrix} x & y \\ z & t \end{pmatrix} = \begin{pmatrix} 0 & x \\ 0 & z \end{pmatrix} + \begin{pmatrix} z & t \\ 0 & 0 \end{pmatrix}$. Ainsi, $z = 0$ et $x + t = 0$.

En conséquence, il existe deux réels x et y tels que $u(M_2) = \begin{pmatrix} x & y \\ 0 & -x \end{pmatrix}$.

c) En remarquant que $(M_3)^2 = 0$, la même méthode montre qu'il existe deux réels z et t tels $u(M_3) = \begin{pmatrix} -t & 0 \\ z & t \end{pmatrix}$.

d) On a vu que $M_2M_3 = M_1$ et $M_3M_2 = M_4$. Ainsi :
$u(I) = u(M_1 + M_4) = u(M_1) + u(M_4) = u(M_2M_3) + u(M_3M_2) = (M_2u(M_3) + u(M_2)M_3) + (M_3u(M_2) + u(M_3)M_2)$.

Ainsi, comme $u(I) = 0$, on a : $\begin{pmatrix} 0 & 0 \\ 0 & 0 \end{pmatrix} = \left[\begin{pmatrix} 0 & 1 \\ 0 & 0 \end{pmatrix}\begin{pmatrix} -t & 0 \\ z & t \end{pmatrix} + \begin{pmatrix} x & y \\ 0 & -x \end{pmatrix}\begin{pmatrix} 0 & 0 \\ 1 & 0 \end{pmatrix}\right] + \left[\begin{pmatrix} 0 & 0 \\ 1 & 0 \end{pmatrix}\begin{pmatrix} x & y \\ 0 & -x \end{pmatrix} + \begin{pmatrix} -t & 0 \\ z & t \end{pmatrix}\begin{pmatrix} 0 & 1 \\ 0 & 0 \end{pmatrix}\right]$.

Ou encore : $\begin{pmatrix} 0 & 0 \\ 0 & 0 \end{pmatrix} = \left[\begin{pmatrix} z & t \\ 0 & 0 \end{pmatrix} + \begin{pmatrix} y & 0 \\ -x & 0 \end{pmatrix}\right] + \left[\begin{pmatrix} 0 & 0 \\ x & y \end{pmatrix} + \begin{pmatrix} 0 & -t \\ 0 & z \end{pmatrix}\right]$. Ainsi, $y + z = 0$.

e) Soit $A = \begin{pmatrix} a & b \\ c & d \end{pmatrix}$ telle que $\begin{cases} a - d = y = -z \\ c = -x \text{ et } b = -t \end{cases}$, autrement dit, $A = \begin{pmatrix} a & -t \\ -x & a - y \end{pmatrix}$.

On remarque d'abord que $u(M_1) = u(M_2M_3) = [M_2u(M_3) + u(M_2)M_3]$,

donc $u(M_1) = \begin{pmatrix} 0 & 1 \\ 0 & 0 \end{pmatrix}\begin{pmatrix} -t & 0 \\ z & t \end{pmatrix} + \begin{pmatrix} x & y \\ 0 & -x \end{pmatrix}\begin{pmatrix} 0 & 0 \\ 1 & 0 \end{pmatrix} = \begin{pmatrix} z + y & t \\ -x & 0 \end{pmatrix} = \begin{pmatrix} 0 & t \\ -x & 0 \end{pmatrix}$.

De même, $u(M_4) = u(M_3M_2) = [M_3u(M_2) + u(M_3)M_2] = \begin{pmatrix} 0 & -t \\ x & 0 \end{pmatrix}$.

Mais alors, $(\Phi(A))(M_1) = AM_1 - M_1A = \begin{pmatrix} a & -t \\ -x & a - y \end{pmatrix}\begin{pmatrix} 1 & 0 \\ 0 & 0 \end{pmatrix} - \begin{pmatrix} 1 & 0 \\ 0 & 0 \end{pmatrix}\begin{pmatrix} a & -t \\ -x & a - y \end{pmatrix} = \begin{pmatrix} a & 0 \\ -x & 0 \end{pmatrix} - \begin{pmatrix} a & -t \\ 0 & 0 \end{pmatrix} = \begin{pmatrix} 0 & t \\ -x & 0 \end{pmatrix}$.

Donc, $(\Phi(A))(M_1) = u(M_1)$.

De même, $(\Phi(A))(M_4) = AM_4 - M_4A = \begin{pmatrix} a & -t \\ -x & a - y \end{pmatrix}\begin{pmatrix} 0 & 0 \\ 0 & 1 \end{pmatrix} - \begin{pmatrix} 0 & 0 \\ 0 & 1 \end{pmatrix}\begin{pmatrix} a & -t \\ -x & a - y \end{pmatrix} = \begin{pmatrix} 0 & -t \\ 0 & a - y \end{pmatrix} - \begin{pmatrix} 0 & 0 \\ -x & a - y \end{pmatrix} = \begin{pmatrix} 0 & -t \\ x & 0 \end{pmatrix}$.

Donc, $(\Phi(A))(M_4) = u(M_4)$.

De la même façon,

$$\left(\Phi(A)\right)(M_2) = AM_2 - M_2A = \begin{pmatrix} a & -t \\ -x & a-y \end{pmatrix}\begin{pmatrix} 0 & 1 \\ 0 & 0 \end{pmatrix} - \begin{pmatrix} 0 & 1 \\ 0 & 0 \end{pmatrix}\begin{pmatrix} a & -t \\ -x & a-y \end{pmatrix} = \begin{pmatrix} 0 & a \\ 0 & -x \end{pmatrix} - \begin{pmatrix} -x & a-y \\ 0 & 0 \end{pmatrix} = \begin{pmatrix} x & y \\ 0 & -x \end{pmatrix}.$$

On a encore, $\boxed{\left(\Phi(A)\right)(M_2) = u(M_2)}$.

Enfin, $\left(\Phi(A)\right)(M_3) = AM_3 - M_3A = \begin{pmatrix} a & -t \\ -x & a-y \end{pmatrix}\begin{pmatrix} 0 & 0 \\ 1 & 0 \end{pmatrix} - \begin{pmatrix} 0 & 0 \\ 1 & 0 \end{pmatrix}\begin{pmatrix} a & -t \\ -x & a-y \end{pmatrix} = \begin{pmatrix} -t & 0 \\ a-y & 0 \end{pmatrix} - \begin{pmatrix} 0 & 0 \\ a & -t \end{pmatrix} = \begin{pmatrix} -t & 0 \\ -y & t \end{pmatrix} = \begin{pmatrix} -t & 0 \\ z & t \end{pmatrix}$,

car $z = -y$. Et, on a bien, $\left(\Phi(A)\right)(M_3) = u(M_3)$. Ainsi, $\Phi(A)$ et u coïncident sur la base (M_1, M_2, M_3, M_4).

Il s'ensuit que $\Phi(A) = u$. Autrement dit, $D \subset \operatorname{Im}(\Phi)$. Finalement, $\boxed{\operatorname{Im}(\Phi) = D}$.

Partie 3

1. Centre d'une matrice A de E :

a) Comme $C(A)$ est le noyau de $\Phi(A)$, c'est un sous-espace vectoriel de E. De plus, si $M, N \in C(A)$, alors $A(MN) = (AM)N = (MA)N = M(AN) = M(NA) = (MN)A$, donc $MN \in C(A)$ et $C(A)$ est stable par multiplication.

b) 1er cas : $(b, c) = (0, 0)$. Soit $M = \begin{pmatrix} x & y \\ z & t \end{pmatrix} \in E$, $M \in C(A)$ si et seulement si $MA = AM$, c'est-à-dire, ici, $\begin{pmatrix} x & y \\ z & t \end{pmatrix}\begin{pmatrix} a & 0 \\ 0 & d \end{pmatrix} = \begin{pmatrix} a & 0 \\ 0 & d \end{pmatrix}\begin{pmatrix} x & y \\ z & t \end{pmatrix}$, soit : $\begin{pmatrix} ax & dy \\ az & dt \end{pmatrix} = \begin{pmatrix} ax & ay \\ dz & dt \end{pmatrix}$.

Autrement dit : $\begin{cases} (a-d)y = 0 \\ (a-d)z = 0 \end{cases}$.

Si $a = d$, alors $A = aI$ et $C(A) = E$ car toute matrice commute avec aI.

Si $a \neq d$, $M = \begin{pmatrix} x & y \\ z & t \end{pmatrix} \in C(A) \Leftrightarrow (y = z = 0)$.

Dans ce cas, $C(A) = \left\{ \begin{pmatrix} x & 0 \\ 0 & t \end{pmatrix} / (x, t) \in \mathbb{R}^2 \right\} = \operatorname{Vect}(M_1, M_4)$ et $\dim(C(A)) = 2$.

Remarque :
Dans ce cas, $A^2 = a^2I = aA$, donc (I, A, A^2) est liée dans E.

Remarque :
$I, A \in C(A)$ et, ici, (I, A) est libre car $A \notin \operatorname{Vect}(I)$, une base de $C(A)$ est donc aussi (I, A).

c) 2e cas : $(b, c) \neq (0, 0)$. Supposons, par exemple, $b \neq 0$. Soit $M = \begin{pmatrix} x & y \\ z & t \end{pmatrix} \in E$, alors :

$$(AM = MA) \Leftrightarrow \begin{pmatrix} x & y \\ z & t \end{pmatrix}\begin{pmatrix} a & b \\ c & d \end{pmatrix} = \begin{pmatrix} a & b \\ c & d \end{pmatrix}\begin{pmatrix} x & y \\ z & t \end{pmatrix} \Leftrightarrow \begin{pmatrix} ax+cy & bx+dy \\ az+ct & bz+dt \end{pmatrix} = \begin{pmatrix} ax+bz & ay+bt \\ cx+dz & cy+dt \end{pmatrix}.$$

Ce qui équivaut à :

$$(S)\begin{cases} cy - bz = 0 \\ b(x-t) = (a-d)y \\ c(x-t) - (a-d)z = 0 \end{cases}. \text{ Or } (S) \Leftrightarrow \begin{cases} cy - bz = 0 \\ b(x-t) = (a-d)y \\ b\left[c(x-t) - (a-d)z\right] = 0 \end{cases} \Leftrightarrow \begin{cases} cy - bz = 0 \\ x - t = \dfrac{a-d}{b}y \\ 0 = 0 \end{cases} \Leftrightarrow \begin{cases} z = c\dfrac{y}{b} \\ x = \dfrac{ay}{b} - \dfrac{d}{b}y + t. \end{cases}$$

Finalement : $M \in C(A) \Leftrightarrow \exists (y, t) \in \mathbb{R}^2$, $M = \dfrac{1}{b}\begin{pmatrix} ay - dy + bt & by \\ cy & bt \end{pmatrix}$. C'est-à-dire :

$$M = \frac{1}{b}\begin{pmatrix} (bt - dy) + ay & by \\ cy & (bt - dy) + dy \end{pmatrix} = \frac{1}{b}(bt - dy)I + \frac{y}{b}A.$$

Ainsi, $M \in \operatorname{Vect}(I, A)$ et donc $C(A) \subset \operatorname{Vect}(I, A)$.

Réciproquement, I et A commutant toujours avec A, $\operatorname{Vect}(I, A) \subset C(A)$. Finalement, $\boxed{\operatorname{Vect}(I, A) = C(A)}$.

d) Dans les deux derniers cas, on a vu que $C(A)$=Vect(I, A), or $A^2 \in C(A)$, ce qui prouve que la famille (I, A, A^2) est liée dans E. Finalement dans tous les cas, la famille (I, A, A^2) est liée dans E.

2. Construction d'une base de F :

a) On a vu dans la partie I, que si F est un sous-espace vectoriel de E de dimension 3, stable pour la multiplication, alors $I \in F$. Comme la famille (I) est libre, on peut la compléter en une base $B = (I, U, V)$ de F.

b) Comme F est stable pour la multiplication, $UV \in F$. Il existe donc λ, μ et ν des réels tels que $UV = \lambda I + \mu U + \nu V$.

Supposons que $UV = VU$, alors $V \in C(U)$. On sait, par ailleurs, que $I, U \in C(U)$ et que $B = (I, U, V)$ est une base de F. Par combinaison linéaire, tout élément de F est donc dans $C(U)$. Autrement dit, $F \subset C(U)$. Comme, de plus, $\dim F = \dim(C(U))$, on a donc $F = C(U)$. Or, d'après la question 1, ou bien $C(U) = E$, donc de dimension 4, ou bien $C(U)$=Vect(I, U), donc de dimension inférieure ou égale à 2. Mais, par hypothèse, $\dim F = 3$, on aboutit alors à une contradiction. Ainsi, $UV \neq VU$.

c) On a : $(U - \nu I)(V - \mu I) = UV - \mu U - \nu V + \mu\nu I = (\lambda + \mu\nu)I$. Si $(U - \nu I)(V - \mu I)$ est non nul, alors $(\lambda + \mu\nu) \neq 0$ et $(U - \nu I)\dfrac{(V - \mu I)}{(\lambda + \mu\nu)} = I$. Cela implique que la matrice $(U - \nu I)$ est inversible et d'inverse $\dfrac{(V - \mu I)}{(\lambda + \mu\nu)}$. Mais alors, dans ce cas, on a aussi $\dfrac{(V - \mu I)}{(\lambda + \mu\nu)}(U - \nu I) = I$ ou encore $(V - \mu I)(U - \nu I) = (\lambda + \mu\nu)I$. Or, $(V - \mu I)(U - \nu I) = VU - \mu U - \nu V + \mu\nu I$. L'égalité $(V - \mu I)(U - \nu I) = (U - \nu I)(V - \mu I)$ implique donc que $UV = VU$, ce qui n'est pas ! Ainsi, $(U - \nu I)(V - \mu I) = 0$.

d) On pose $U_1 = (U - \nu I)$ et $V_1 = (V - \mu I)$, alors $U_1, V_1 \in F$ et le système (I, U_1, V_1) est libre. En effet, si $\alpha, \beta, \gamma \in \mathbb{R}$ tels que $\alpha I + \beta U_1 + \gamma V_1 = 0$, alors $\alpha I + \beta(U - \nu I) + \gamma(V - \mu I) = 0$. C'est-à-dire : $(\alpha - \beta\nu - \gamma\mu)I + \beta U + \gamma V = 0$. Or la famille $B = (I, U, V)$ est libre, donc $(\alpha - \beta\nu - \gamma\mu) = \beta = \gamma = 0$. D'où $\alpha = \beta = \gamma = 0$. Comme $\dim F = 3$, il s'ensuit que la famille $B_1 = (I, U_1, V_1)$ est une base de F telle que $U_1V_1 = 0$.

3.a) (U_1, V_1) formant une famille libre, ces deux matrices sont non nulles donc de rang 1 ou 2 (ce sont des matrices carrées d'ordre 2). Si $rg(U_1) = 2$, alors U_1 serait inversible et, comme $U_1V_1 = 0$, V_1 serait nulle, ce qui n'est pas. Pour la même raison, $rg(V_1) \neq 2$. Ainsi les matrices U_1 et V_1 sont de rang 1.

b) On a vu, dans la question 1 que la famille $\left(I, V_1, (V_1)^2\right)$ était liée, de plus la famille (I, V_1) est libre. Il existe donc α et β des réels tels que $(V_1)^2 = \alpha V_1 + \beta I$. Si $\beta \neq 0$, on a $\dfrac{1}{\beta}(V_1 - \alpha I)V_1 = I$, ce qui implique V_1 inversible. Ce qui n'est pas d'après la question 3) a). Donc $\beta = 0$.

c) On sait que $U_1V_1 = 0$, donc $\mathrm{Im}(V_1) \subset \mathrm{Ker}(U_1)$. De plus, d'après la question 3) a), $rg(U_1) = rg(V_1) = 1$. Donc, d'après le théorème du rang, $\dim(\mathrm{Ker}(U_1)) = \dim(\mathbb{R}^2) - 1 = 1$. Mais alors, $\dim(\mathrm{Ker}(U_1)) = \dim(\mathrm{Im}(U_1))$, donc $\mathrm{Im}(V_1) = \mathrm{Ker}(U_1)$.

Par ailleurs, d'après la question 3) b), $(V_1)^2 = \alpha V_1$, ou encore $(V_1 - \alpha I)V_1 = 0$. Donc $\mathrm{Im}(V_1) \subset \mathrm{Ker}(V_1 - \alpha I)$. Si $\dim(\mathrm{Ker}(V_1 - \alpha I)) = 2$, alors $\mathrm{Ker}(V_1 - \alpha I) = \mathbb{R}^2$ et $V_1 = \alpha I$, ce qui n'est pas car la famille (I, V_1) est libre. Donc $\dim(\mathrm{Ker}(V_1 - \alpha I)) \leq 1$. Comme $\mathrm{Im}(V_1) \subset \mathrm{Ker}(V_1 - \alpha I)$ et $rg(V_1) = 1$, on a finalement :

$$\dim(\mathrm{Ker}(V_1 - \alpha I)) = 1 = \dim(\mathrm{Im}(V_1)) \text{ et } \mathrm{Im}(V_1) = \mathrm{Ker}(V_1 - \alpha I).$$

Prenons e un vecteur engendrant $\mathrm{Ker}(V_1 - \alpha I)$, alors $V_1(e) = \alpha e$, mais, comme $\mathrm{Ker}(V_1 - \alpha I) = \mathrm{Im}(V_1)$=$\mathrm{Ker}(U_1)$, on a aussi $U_1(e) = 0$.

Il existe donc un vecteur e non nul de $\mathbb{R}^2$ tel que $V_1(e) = \alpha e$ et $U_1(e) = 0$.

CHAPITRE 15

Polynômes

Le cours en questions

1 ■ Polynômes et opérations dans $\mathbb{K}[X]$

Dans tout le chapitre $\mathbb{K}$ désigne $\mathbb{R}$ ou $\mathbb{C}$.

$\mathbb{K}[X]$ désigne l'ensemble des polynômes à coefficients dans $\mathbb{K}$.

1.1 Qu'est-ce qu'une fonction polynomiale ?

Une application $f : \mathbb{K} \to \mathbb{K}$ est appelée fonction polynomiale à coefficients dans $\mathbb{K}$ s'il existe un entier naturel n et $n + 1$ éléments de $\mathbb{K}$, $a_0, a_1, \ldots, a_n$, tels que :

$$\forall x \in \mathbb{K}, f(x) = \sum_{k=0}^{n} a_k x^k .$$

On identifie souvent le polynôme $P = \sum_{k=0}^{n} a_k X^k$ et la fonction polynomiale f dans les énoncés de concours. En théorie P est la suite $(a_k)_{k\in\mathbb{N}}$ dans laquelle tous les termes sont nuls à partir du rang $n+1$ c'est-à-dire $P = (a_0, a_1, \ldots, a_n, 0, 0, \ldots)$. La fonction f est la fonction polynomiale associée. On la note $\widetilde{P}$.

On utilise parfois la notation $P = \sum_{k=0}^{+\infty} a_k X^k$ sachant que, dans cette somme, il n'y a qu'un nombre fini de termes non nuls.

On appelle polynôme constant tout polynôme dont tous les coefficients sont nuls à partir du rang 1 c'est-à-dire de la forme $P = a_0$. Si tous les coefficients de P sont nuls, on dira que P est le polynôme nul. On notera alors $P = 0$.
On appelle monôme tout polynôme qui a un coefficient non nul et un seul. C'est un polynôme de la forme $P = a_k X^k$.

1.2 Qu'est-ce que le degré d'un polynôme ?

On appelle degré d'un polynôme non nul P le plus grand entier k tel que $a_k \neq 0$. Par convention, le degré du polynôme nul est $-\infty$.

L'ensemble des polynômes de degré inférieur ou égal à n et à coefficients dans $\mathbb{K}$ se note $\mathbb{K}_n[X]$.

Si $P=\sum_{k=0}^{n} a_k X^k$ est de degré n, a_n est le coefficient dominant de P et le terme $a_n X^n$ est son monôme de plus haut degré.
On dit que P est un polynôme normalisé (ou unitaire) si $a_n=1$.
Si P et Q sont dans $\mathbb{K}[X]$ et si $\lambda \in \mathbb{K}\setminus\{0\}$, alors :

$\deg(P+Q)\leq \max[\deg(P), \deg(Q)]$ avec égalité si $\deg(P)\neq\deg(Q)$,

$\deg(\lambda P)=\deg(P)$, et $\deg(PQ)=\deg(P)+\deg(Q)$.

1.3 Quelle est la structure de $(\mathbb{K}[X], +, \times)$?

$(\mathbb{K}[X], +, \times)$ a une structure d'anneau commutatif. Le polynôme nul est l'élément neutre de l'addition et le polynôme constant 1 est l'élément neutre de la multiplication.

En pratique, il faut connaître l'expression du produit de deux polynômes $A=\sum_{k=0}^{m} a_k X^k$ et $B=\sum_{k=0}^{n} b_k X^k$ sous la forme :

$$AB=C=\sum_{k=0}^{m+n} c_k X^k \text{ avec } c_k=\sum_{p+q=k} a_p b_q .$$

L'écriture $c_k=\sum_{p+q=k} a_p b_q$ sous-entend que $p\in[\![1, m]\!]$ et $q\in[\![1, n]\!]$.

En particulier, le terme constant de AB est $c_0=a_0b_0$. De plus, si les coefficients dominants de A et B sont a_m et b_n, le coefficient dominant de AB est égal à leur produit : $c_{m+n}=a_m b_n$.

On en déduit que : $AB=0 \Leftrightarrow (A=0 \text{ ou } B=0)$

Par conséquent : $AB=AC \Rightarrow B=C$ si $A\neq 0$.

La commutativité de la multiplication permet d'utiliser pour deux polynômes A et B la formule du binôme de Newton :

$$(A+B)^n=\sum_{k=0}^{n}\binom{n}{k}A^k B^{n-k} .$$

1.4 Que désigne le polynôme composé $A\circ B$?

Si $A=\sum_{k=0}^{m} a_k X^k$ et $B=\sum_{k=0}^{n} b_k X^k$, le polynôme composé $A\circ B$ est défini par :

$A\circ B=\sum_{k=0}^{m} a_k B^k$. Compte tenu de l'expression obtenue, on le note aussi $A(B)$. Avec cette notation, souvent utilisée aux concours, on a :

$$A(X)=\sum_{k=0}^{m} a_k X^k = A.$$

$A(B)$ est obtenu en substituant B à X dans l'écriture $A(X)=\sum_{k=0}^{m} a_k X^k$.

Erreur à éviter :
Si $\deg(P)=\deg(Q)$, ne pas écrire sans justification que $\deg(P+Q)=\deg(P)$. Pour que ce soit exact, il faut de plus que la somme des coefficients dominants de P et Q soit non nulle.
Contre-exemple :
$P=X^2+X+1$ et $Q=1-X^2$. En effet $P+Q=X+2$ et $\deg(P+Q)<\deg(P)=\deg(Q)$.

$(\mathbb{K}_n[X], +, \times)$ n'a pas une structure d'anneau pour $n\geq 1$.

Ici la notation $A=\sum_{p=0}^{+\infty} a_p X^p$ et $B=\sum_{q=0}^{+\infty} b_q X^q$ peut être utile et dispense de connaître les degrés de A et B pour écrire

$AB=\sum_{k=0}^{+\infty} c_k X^k$ avec $c_k=\sum_{p+q=k} a_p b_q$

qui signifie $c_k=\sum_{\substack{p+q=k\\(p,q)\in\mathbb{N}^2}} a_p b_q$.

Erreur à éviter :
Ces implications seraient fausses si A, B, C désignaient, par exemple, des matrices carrées d'ordre $n\geq 2$.

De plus, en identifiant polynôme constant et nombre réel, on obtient ainsi

$$A(x)=\sum_{k=0}^{m} a_k x^k = \widetilde{A}(x).$$

Extension. La notation précédente peut être étendue aux endomorphismes d'un espace vectoriel E : si $u \in \mathcal{L}(E)$, on pose $A(u)=\sum_{k=0}^{n} a_k u^k$. Pour éviter les erreurs, il faut simplement se rappeler que $u^k = \underbrace{u \circ u \circ \ldots \circ u}_{k \text{ fois}}$ si $k \in \mathbb{N}^*$ ainsi que la convention $u^0 = \mathrm{Id}_E$. En effet :

$$\begin{aligned} A(u) &= a_m u^m + \ldots + a_2 u^2 + a_1 u^1 + a_0 u^0 \\ &= a_m u^m + \ldots + a_2 u^2 + a_1 u^1 + a_0 \,\mathrm{Id}_E . \end{aligned}$$

Erreur à éviter :
Attention aux termes constants dans les substitutions. Par exemple, si $A(X)=\sum_{k=0}^{m} a_k X^k$ alors $A(X+1)=\sum_{k=0}^{m} a_k (X+1)^k$, ce qui paraît simple mais qui pose parfois quelques difficultés. Par exemple, pour $A(X)=a_1X+a_0$, on obtient $A(X+1)=a_1(X+1)+a_0$ $=a_1X+a_1+a_0$. En particulier, si $a_1=0$, on a $A(X)=a_0$ par suite $A(X+1)=a_0$.

Par exemple : si $u \in \mathcal{L}(E)$ et $A=X^3+2X^2+3X+1$ on a $A(u)=u^3+2u^2+3u+\mathrm{Id}_E$.

1.5 Quelle est la structure de $(\mathbb{K}_n[X], +, .)$?

$(\mathbb{K}_n[X], +, .)$ est un $\mathbb{K}$-espace vectoriel de dimension $n+1$. La base naturelle de cet espace $(1, X, X^2, \ldots, X^n)$ est appelée base canonique de $\mathbb{K}_n[X]$. Dans cette base, les coordonnées de $A(X)=\sum_{k=0}^{n} a_k X^k$ sont $(a_0, a_1, \ldots, a_{n-1}, a_n)$.

De même, $(\mathbb{K}[X], +, .)$ est un $\mathbb{K}$-espace vectoriel de dimension infinie de base $(1, X, X^2, \ldots, X^n, \ldots)$.

Propriété importante : toute famille de polynômes de $\mathbb{K}[X]$ étagée en degré est libre. De plus, si la famille de polynômes $(P_k)_{k\in[\![0,n]\!]}$ vérifie : $\forall k \in [\![0, n]\!], \deg(P_k)=k$, alors c'est une base de $\mathbb{K}_n[X]$.

Erreur à éviter :
La dimension de $\mathbb{K}_n[X]$ est $n+1$ et pas n.

1.6 Citer la formule de Taylor pour $P \in \mathbb{K}_n[X]$.

Pour tout polynôme P de degré inférieur ou égal à n et pour tout $a \in \mathbb{K}$:

$$P=\sum_{k=0}^{n} \frac{P^{(k)}(a)}{k!}(X-a)^k .$$

En particulier, pour $a=0$, $P=\sum_{k=0}^{n} P^{(k)}(0)\frac{X^k}{k!}$.

Si on ne connaît pas le degré de P, on peut utiliser l'égalité suivante, sachant que la somme qui intervient dans la formule ne comporte qu'un nombre fini de termes non nuls :

$$P=\sum_{k=0}^{+\infty} P^{(k)}(0)\frac{X^k}{k!} .$$

Si $P=\sum_{k=0}^{n} a_k X^k \in \mathbb{K}_n[X]$, $P'=\sum_{k=1}^{n} k a_k X^{k-1}$ et pour tout $k \geq n+1$, $P^{(k)}=0$.

2 Racines d'un polynôme et divisibilité

2.1 Qu'est-ce que la division euclidienne dans $\mathbb{K}[X]$?

Soit A et B deux polynômes dans $\mathbb{K}[X]$. Si $B \neq 0$, effectuer la division euclidienne de A par B consiste à déterminer l'unique couple $(Q, R) \in \mathbb{K}[X]^2$ tel que :

$$A = BQ + R \text{ avec } \deg(R) < \deg(B).$$

Le polynôme Q est le quotient, et R le reste, de la division euclidienne de A par B.

Cas particulier : pour tout $P \in \mathbb{K}[X]$ il existe $Q \in \mathbb{K}[X]$ tel que

$$P = (X-a)Q + P(a).$$

Le reste de la division euclidienne de P par $X-a$ est $P(a)$.

Divisibilité. Si $R = 0$, i.e. $A = BQ$, on dit que « B divise A », et on note $B \mid A$. Cela équivaut à « A est divisible par B » ou encore à « A est un multiple de B ».

Le polynôme P admet $a \in \mathbb{K}$ comme racine si $P(a) = 0$. Cela équivaut à dire que $X-a$ divise P.

2.2 Qu'est-ce que l'ordre de multiplicité d'une racine ?

Le polynôme P admet $a \in \mathbb{K}$ comme racine d'ordre de multiplicité m si l'une des conditions équivalentes suivantes est vérifiée :

i. $(X-a)^m \mid P$ et $(X-a)^{m+1}$ ne divise pas P ;

ii. $\exists Q \in \mathbb{K}[X]$, $P = (X-a)^m Q$ et $Q(a) \neq 0$;

iii. $P(a) = P'(a) = P''(a) = \ldots = P^{(m-1)}(a) = 0$ et $P^{(m)}(a) \neq 0$.

Le polynôme P admet $a \in \mathbb{K}$ comme racine d'ordre de multiplicité **au moins** m si l'une des conditions équivalentes suivantes est vérifiée :
i) $(X-a)^m \mid P$;
ii) $\exists Q \in \mathbb{K}[X]$, $P = (X-a)^m Q$;
iii) $P(a) = P'(a) = P''(a) = \ldots = P^{(m-1)}(a) = 0$.

Il en résulte que, si le polynôme P admet $a \in \mathbb{K}$ comme racine d'ordre de multiplicité m, alors P' admet a comme racine d'ordre de multiplicité $m-1$, ..., $P^{(m-1)}$ admet a comme racine simple. En revanche, *a n'est plus racine de $P^{(m)}$*.

L'ordre de multiplicité d'une racine d'un polynôme non nul est toujours inférieur ou égal à son degré.

Par conséquent, si un polynôme P de $\mathbb{K}_n[X]$ admet au moins $n+1$ racines deux à deux distinctes, alors $P = 0$. De même, un polynôme qui a une infinité de racines est égal au polynôme nul.

Cas particulier : si un polynôme P est *à coefficients réels*, ses racines complexes non réelles sont conjuguées deux à deux. De plus, deux racines conjuguées de P ont le même ordre de multiplicité.

2.3 Qu'est-ce qu'un polynôme scindé sur $\mathbb{K}$?

On dit qu'un polynôme P de $\mathbb{K}[X]$ est scindé sur le corps $\mathbb{K}$ s'il s'écrit sous forme de produit de polynômes de degré 1 à coefficients dans $\mathbb{K}$. On peut aussi dire qu'un polynôme non constant P est scindé sur $\mathbb{K}$ si et seulement si toutes ses racines sont dans $\mathbb{K}$.

Par exemple : X^2+1 est scindé sur $\mathbb{C}$ mais pas sur $\mathbb{R}$ car

$$X^2+1 = (X-i)(X+i).$$

Un polynôme scindé sur le corps $\mathbb{K}$ peut donc s'écrire :

$$P = \lambda \prod_{k=1}^{q} (X - x_k)^{\alpha_k}$$

avec $\lambda \in \mathbb{K}^*$, $\alpha_1, \alpha_2, \ldots, \alpha_q$ dans $\mathbb{N}^*$ et $x_1, x_2, \ldots, x_q$ dans $\mathbb{K}$.

2.4 Citer le théorème de d'Alembert-Gauss.

Ce théorème est aussi connu sous le nom de théorème fondamental de l'algèbre, il affirme que tout polynôme non constant de $\mathbb{C}[X]$ admet au moins une racine dans $\mathbb{C}$.

Cela signifie que tout polynôme non constant de $\mathbb{C}[X]$ est scindé sur $\mathbb{C}$.

On en déduit que la somme des ordres de multiplicité des racines complexes d'un polynôme de $\mathbb{C}[X]$ de degré $n \geq 1$ est égale à n.

Par ailleurs, d'après le théorème des valeurs intermédiaires, tout polynôme de $\mathbb{R}[X]$ de degré impair possède au moins une racine réelle.

Il en résulte que tout polynôme non constant de $\mathbb{R}[X]$ possède au moins une racine complexe.

On dit aussi qu'un polynôme de degré $n \geq 1$ de $\mathbb{C}[X]$ admet n racines complexes comptées avec leur ordre de multiplicité.

2.5 Quelles sont les relations entre coefficients et racines pour un polynôme scindé ?

Si $P = \sum_{k=0}^{n} a_k X^k$ est un polynôme de degré n scindé sur $\mathbb{K}$ et si $x_1, x_2, \ldots, x_n$ sont les racines de P dans $\mathbb{K}$ comptées avec leur ordre de multiplicité, on a : $P = a_n \prod_{k=1}^{n} (X - x_k)$.

En notant $\sigma_1 = \sum_{k=1}^{n} x_k = x_1 + x_2 + \ldots + x_n$, $\sigma_2 = \sum_{1 \leq p < q \leq n} x_p x_q, \ldots$, $\sigma_n = \prod_{k=1}^{n} x_k = x_1 x_2 \ldots x_n$ on obtient alors les relations :

$$\sigma_1 = -\frac{a_{n-1}}{a_n}, \quad \sigma_2 = \frac{a_{n-2}}{a_n}, \quad \ldots, \quad \sigma_n = (-1)^n \frac{a_0}{a_n}.$$

Dans le cas général, $\sigma_p = \sum_{1 \leq k_1 < k_2 < \ldots < k_p \leq n} x_{k_1} x_{k_2} \ldots x_{k_p}$ est la somme des produits des racines prises p à p et $\sigma_p = (-1)^p \frac{a_{n-p}}{a_n}$.

On peut retenir l'égalité : $\prod_{k=1}^{n} (X - x_k) = X^n - \sigma_1 X^{n-1} + \sigma_2 X^{n-2} - \ldots + (-1)^n \sigma_n$.

On retrouve ces relations en développant le produit $a_n \prod_{k=1}^{n} (X - x_k)$ puis en identifiant avec $\sum_{k=0}^{n} a_k X^k$. Dans le développement, on choisit, dans chaque parenthèse, soit le terme X soit l'opposé d'une racine. Quand on prend un produit de p racines, on prend $n - p$ fois le terme X, donc on obtient au total X^{n-p}, et autant de signe moins que de racine prise, c'est-à-dire p. D'où le $(-1)^p$. En tenant compte du a_n qui est en facteur, on aboutit, en identifiant les termes en X^{n-p}, à l'égalité $(-1)^p a_n \sigma_p = a_{n-p}$.

2.6 Quels sont les polynômes irréductibles dans $\mathbb{K}[X]$?

Un polynôme P est irréductible dans $\mathbb{K}[X]$ s'il n'est pas constant et si ses seuls diviseurs sont des polynômes constants et ses associés (c'est-à-dire les polynômes de la forme λP avec $\lambda \in \mathbb{K}^*$).

Un polynôme P est réductible dans $\mathbb{K}[X]$ s'il se décompose en produit de deux polynômes de $\mathbb{K}[X]$ de degré supérieur ou égal à 1, c'est-à-dire $P = QR$ avec $\deg(Q) \geq 1$ et $\deg(R) \geq 1$.

Les définitions de polynôme irréductible et de polynôme réductible peuvent être étendues à $\mathbb{K} = \mathbb{Q}$ (*cf.* Maîtriser les bases 3).

Les polynômes constants ne sont ni réductibles ni irréductibles dans $\mathbb{K}[X]$.

Tout polynôme P non constant se décompose en produit de polynômes irréductibles. Cette décomposition est unique à l'ordre près des facteurs.

Premier cas : $\mathbb{K} = \mathbb{C}$.

Les polynômes irréductibles de $\mathbb{C}[X]$ sont les polynômes de degré 1. Dans $\mathbb{C}[X]$, un polynôme non constant P peut s'écrire :

$$P = \lambda \prod_{k=1}^{q} (X - z_k)^{\alpha_k}$$

avec $\lambda \in \mathbb{C}^*$, $\alpha_1, \alpha_2, \ldots, \alpha_q$ dans $\mathbb{N}^*$ et $z_1, z_2, \ldots, z_q$ dans $\mathbb{C}$.

Deuxième cas : $\mathbb{K} = \mathbb{R}$.

Les polynômes irréductibles de $\mathbb{R}[X]$ sont les polynômes de degré 1 et les polynômes de degré 2 sans racine réelle. Dans $\mathbb{R}[X]$, un polynôme non constant P peut s'écrire :

$$P = \lambda \prod_{k=1}^{r} (X - a_k)^{\alpha_k} \prod_{k=1}^{s} (X^2 + p_k X + q_k)^{\beta_k}$$

avec $\lambda \in \mathbb{R}^*$, $\alpha_1, \alpha_2, \ldots, \alpha_r, \beta_1, \beta_2, \ldots, \beta_s$ dans $\mathbb{N}^*$, $a_1, a_2, \ldots, a_r, p_1, p_2, \ldots, p_s, q_1, q_2, \ldots, q_s$ dans $\mathbb{R}$ et $p_k^2 - 4q_k < 0$ pour tout $k \in [\![1, s]\!]$.

Erreur à éviter :

Attention, un polynôme sans racine réelle n'est pas toujours irréductible sur $\mathbb{R}[X]$.

Contre-exemple : $P = (X^2+1)^2$ est réductible.

$\Delta = p_k^2 - 4q_k < 0$ est le discriminant du trinôme $X^2 + p_k X + q_k$. Ce dernier n'a aucune racine réelle.

Les savoir-faire clefs

Conseils méthodologiques

1.a) Factoriser B puis utiliser les racines.

1.b) Dériver l'égalité $A = BQ + R$ puis utiliser la racine double.

1.c) Se servir de $X^{2^{n+p}} = (X^{2^n})^{2^p} = (B-1)^{2^p}$.

1 ■ Savoir utiliser la division euclidienne.

Déterminer le reste de la division euclidienne de A par B dans les cas suivants :

a) $A = X^n$ et $B = X^2 - 3X + 2$;

b) $A = X^n$ et $B = (X-1)^2$;

c) $A = X^{2^{n+p}} + 1$ et $B = X^{2^n} + 1$, avec $(n, p) \in \mathbb{N}^2$.

1.a) La division euclidienne permet d'écrire $A = BQ + R$ avec $\deg(R) < 2$, c'est-à-dire $R = aX + b$. Par conséquent, il suffit de déterminer a et b. Or $B = (X-1)(X-2)$, on en déduit, en substituant 1 à X puis 2 :

$\begin{cases} 1^n = a + b \\ 2^n = 2a + b \end{cases}$ c'est-à-dire $\begin{cases} a = 2^n - 1 \\ b = 2 - 2^n \end{cases}$ et finalement $\boxed{R = (2^n - 1)X + 2 - 2^n}$.

b) On peut encore écrire $A=(X-1)^2Q+R$ avec $R=aX+b$. La substitution de 1 à X donne l'équation : $1=a+b$. C'est insuffisant pour déterminer a et b. On dérive les polynômes puis on substitue à nouveau 1 à X. On obtient ainsi : $nX^{n-1}=(X-1)\left[2Q+(X-1)Q'\right]+a$. D'où $a=n$ puis $b=1-n$.

En conclusion : $\boxed{R=nX+1-n}$.

c) D'après la formule du binôme de Newton :

$$X^{2n+p}=\left(X^{2^n}\right)^{2p}=(B-1)^{2p}=\sum_{k=0}^{2p}\binom{2p}{k}B^k(-1)^{2p-k}=BQ+(-1)^{2p}$$

avec $Q\in\mathbb{K}[X]$. Donc $A=BQ+1+(-1)^{2p}$. D'après l'unicité du quotient et du reste de la division euclidienne de A par B, on en déduit que si $p\geq 1$, $\boxed{R=2}$ et si $p=0$ alors $\boxed{R=0}$.

La formule de Taylor donnait aussi le résultat car

$$P=\sum_{k=0}^{n}\frac{P^{(k)}(1)}{k!}(X-1)^k \text{ donc}$$

$$P=\underbrace{P(1)+(X-1)P'(1)}_{R}+(X-1)^2Q$$

avec $Q=\sum_{k=2}^{n}\frac{P^{(k)}(1)}{k!}(X-1)^{k-2}$.

Erreur à éviter :

Attention au cas $p=0$. En revanche, le cas $n=0$ n'est pas à distinguer.

2 ■ Savoir utiliser les polynômes de Lagrange.

On considère trois réels a_1, a_2, a_3 tels que : $a_1<a_2<a_3$.
Soit L_1, L_2, L_3 les polynômes de $\mathbb{R}_2[X]$ définis par :

$$L_1=\frac{(X-a_2)(X-a_3)}{(a_1-a_2)(a_1-a_3)},\ L_2=\frac{(X-a_1)(X-a_3)}{(a_2-a_1)(a_2-a_3)},\ L_3=\frac{(X-a_1)(X-a_2)}{(a_3-a_1)(a_3-a_2)}.$$

Montrer que (L_1, L_2, L_3) est une base de $\mathbb{R}_2[X]$.

Conseils méthodologiques

Utiliser $L_i(a_j)=\begin{cases}0 & \text{si } i\neq j\\ 1 & \text{si } i=j.\end{cases}$

Montrons tout d'abord que (L_1, L_2, L_3) est une famille libre. Supposons qu'on dispose d'une combinaison linéaire nulle, et choisissons des valeurs particulières de x pour prouver que les coefficients de cette combinaison sont nuls.

$$\lambda_1L_1+\lambda_2L_2+\lambda_3L_3=0\Rightarrow \forall x\in\mathbb{R},\ \lambda_1L_1(x)+\lambda_2L_2(x)+\lambda_3L_3(x)=0.$$

En remarquant que, pour tout couple $(i, j)\in\{1, 2, 3\}^2$, $L_i(a_j)=\begin{cases}0 & \text{si } i\neq j\\ 1 & \text{si } i=j\end{cases}$

on obtient : $\begin{cases}\lambda_1=0 \text{ pour } x=a_1\\ \lambda_2=0 \text{ pour } x=a_2\\ \lambda_3=0 \text{ pour } x=a_3.\end{cases}$

En conclusion : $\lambda_1L_1+\lambda_2L_2+\lambda_3L_3=0\Rightarrow\lambda_1=\lambda_2=\lambda_3=0$, ce qui signifie que la famille (L_1, L_2, L_3) est libre.

Comme $\mathbb{R}_2[X]$ est de dimension égale à 3 et que cette famille comporte trois vecteurs, il en résulte que la famille libre $\boxed{(L_1, L_2, L_3) \text{ est une base de } \mathbb{R}_2[X]}$.

Ce résultat se généralise à $\mathbb{C}_{n-1}[X]$ en considérant n nombres complexes a_1, a_2, …, a_n deux à deux distincts et les polynômes

$$L_i=\prod_{\substack{j=1\\ j\neq i}}^{n}\frac{(X-a_j)}{(a_i-a_j)},\ \text{pour } 1\leq i\leq n,$$

appelés polynômes de Lagrange. Le principe de démonstration demeure identique.

Conseils méthodologiques

Raisonner par l'absurde et considérer les degrés.

3 ■ Savoir utiliser les familles de polynômes à degrés étagés.

Soit une famille $\mathcal{F} = (P_0, P_1, P_2, \ldots, P_n)$ de polynômes de $\mathbb{K}[X]$ vérifiant, pour tout entier $k \in [\![0, n]\!]$, $\deg P_k = k$. Montrer que $\mathcal{F}$ est une famille libre.

Pour $k \geq r$, on a $\lambda_k = 0$, de sorte que $\sum_{k=0}^{n} \lambda_k P_k = \sum_{k=0}^{r} \lambda_k P_k$.

Toute sous-famille d'une famille libre est libre. Il en résulte que toute famille finie de polynômes non nuls de $\mathbb{K}[X]$, de degrés deux à deux distincts ($i \neq j \Rightarrow d°P_i \neq d°P_j$), est libre.

Raisonnons par l'absurde en supposant que la famille $\mathcal{F}$ est liée. Il existe alors $n+1$ scalaires $\lambda_0, \lambda_1, \ldots, \lambda_n$, non tous nuls, et tels que $\sum_{k=0}^{n} \lambda_k P_k = 0$ $(*)$.

Soit r le plus grand entier de $[\![0, n]\!]$ tel que $\lambda_r \neq 0$. La relation $(*)$ donne alors : $\sum_{k=0}^{r} \lambda_k P_k = 0$, ou encore en isolant P_r, puisque $\lambda_r \neq 0$: $P_r = -\sum_{k=1}^{r-1} \frac{\lambda_k}{\lambda_r} P_k$.

Mais $-\sum_{k=0}^{r-1} \frac{\lambda_k}{\lambda_r} P_k$ est de degré au plus $r-1$ qui est strictement plus petit que $\deg(P_r)$. Ainsi, cette égalité est absurde, et la famille **$\mathcal{F}$ est libre**.

Conseils méthodologiques

4.1. Pour un h fixé, dériver chaque membre de l'égalité.

4.2.a) Effectuer un changment de variable.

4.2.c) Utiliser une formule de Taylor en x.

4 ■ Savoir utiliser la formule de Taylor.

4.1 On considère $E = \mathbb{R}_n[X]$. Montrer que pour tout polynôme P de E, on a : $\forall h \in \mathbb{R}, P(h) = \sum_{k=0}^{n} \frac{P^{(k)}(X)}{k!}(h-X)^k$.

4.2 Pour tout polynôme P de $\mathbb{R}_n[X]$, on définit la fonction $\Phi(P) : \mathbb{R} \to \mathbb{R}$ par $\Phi(P) : x \mapsto e^{-x} \int_{x-1}^{x+1} P(t) e^t \, dt$.

a) Prouver que : $\forall x \in \mathbb{R}, e^{-x} \int_{x-1}^{x+1} P(t) e^t \, dt = \int_{-1}^{1} P(u+x) e^u \, du$.

b) Montrer que, pour $0 \leq k \leq n$, $\Phi(X^k)$ est une fonction polynômiale associée à un polynôme de $\mathbb{R}_n[X]$. En déduire qu'il en est de même pour $\Phi(P)$ pour tout $P = \sum_{k=0}^{n} p_k X^k$ dans $\mathbb{R}_n[X]$. Dans la suite, on identifie $\Phi(P)$ et son polynôme associé.

c) Soit $(u, x) \in \mathbb{R}^2$. Établir l'égalité : $P(u+x) = \sum_{k=0}^{n} \frac{P^{(k)}(x)}{k!} u^k$.

d) Prouver qu'il existe une famille $(\alpha_0, \alpha_1, \ldots, \alpha_n) \in \mathbb{R}^{n+1}$, indépendante de P, telle que : $\Phi(P) = \sum_{k=0}^{n} \alpha_k P^{(k)}$.

4.1 Posons $R(X)=P(h)-\sum_{k=0}^{n}\frac{P^{(k)}(X)}{k!}(h-X)^k$. Le polynôme R vérifie $R(h)=0$.

Or, en dérivant : $R'(X)=0-\sum_{k=0}^{n}\frac{P^{(k+1)}(X)}{k!}(h-X)^k+\sum_{k=1}^{n}\frac{P^{(k)}(X)}{(k-1)!}(h-X)^{k-1}$.

Et, en changeant d'indice dans la deuxième somme :

$\sum_{k=1}^{n}\frac{P^{(k)}(X)}{(k-1)!}(h-X)^{k-1}=\sum_{k=0}^{n-1}\frac{P^{(k+1)}(X)}{k!}(h-X)^k$, ainsi :

$R'(X)=-\frac{P^{(n+1)}(X)}{n!}(h-X)^n=0$ car $\deg(P)\leq n$.

Il s'ensuit que $R=0$. D'où le résultat.

4.2.a) Effectuons le changement de variable $t=u+x$, alors :

$$e^{-x}\int_{x-1}^{x+1}P(t)e^t\,dt=e^{-x}\int_{-1}^{1}P(u+x)e^{u+x}\,du=\boxed{\int_{-1}^{1}P(u+x)e^u\,du}.$$

$\begin{cases} t=x-1\Rightarrow u=-1 \\ t=x+1\Rightarrow u=+1. \end{cases}$

b) Pour $P=X^k$, l'expression précédente conduit à

$$\Phi(X^k)(x)=\int_{-1}^{1}(u+x)^k e^u\,du=\sum_{m=0}^{k}\int_{-1}^{1}\binom{k}{m}u^{k-m}x^m e^u\,du$$
$$=\sum_{m=0}^{k}\left[\int_{-1}^{1}\binom{k}{m}u^{k-m}e^u\,du\right]x^m$$

ce qui prouve que $\Phi(X^k)$ est une fonction polynomiale associée à un polynôme de degré inférieur ou égal à n.

Soit $P(X)=\sum_{k=0}^{n}p_kX^k$. La linéarité de l'intégrale montre que

$\Phi(P)=\sum_{k=0}^{n}p_k\Phi(X^k)$. Or, pour $0\leq k\leq n$, $\Phi(X^k)\in\mathbb{R}_n[X]$

donc $\boxed{\Phi(P)\in\mathbb{R}_n[X]}$. D'où le résultat demandé.

c) À l'aide de la formule de Taylor, pour tout polynôme P dans $\mathbb{R}_n[X]$, on peut écrire : $P(X)=\sum_{k=0}^{n}\frac{P^{(k)}(x)}{k!}(X-x)^k$. En substituant $u+x$ à X, on obtient alors $P(u+x)=\sum_{k=0}^{n}\frac{P^{(k)}(x)}{k!}u^k$.

d) Par suite : $\Phi(P)(x)=\int_{-1}^{1}P(u+x)e^u\,du=\sum_{k=0}^{n}\frac{P^{(k)}(x)}{k!}\int_{-1}^{1}u^k e^u\,du$.

On obtient donc $\Phi(P)=\sum_{k=0}^{n}\alpha_kP^{(k)}$ en posant :

$$\boxed{\alpha_k=\frac{1}{k!}\int_{-1}^{1}t^k e^t\,dt}.$$

Conseils méthodologiques

5.1. Remarquer que $A=(X-j)(X-\bar{j})$ avec $j=e^{\frac{2i\pi}{3}}$.

5.2. Écrire $t\left(\frac{1}{t}-x_k\right)=-x_k\left(t-\frac{1}{x_k}\right)$.

Remarquer qu'aucune des racines de P n'est nulle.

5 ■ Savoir se servir des racines.

5.1 On considère deux polynômes : $A=X^2+X+1$ et $B=X^{2n}+X^n+1$. Déterminer les valeurs de l'entier naturel n pour lesquelles A divise B.

5.2 On suppose que $P=a_n\prod_{k=1}^{n}(X-x_k)=\sum_{k=0}^{n}a_kX^k$ avec $a_na_0\neq 0$. Prouver que $t^nP\left(\frac{1}{t}\right)=a_0\prod_{k=1}^{n}\left(t-\frac{1}{x_k}\right)$ pour $t\neq 0$ puis exprimer les coefficients du polynôme $Q=a_0\prod_{k=1}^{n}\left(X-\frac{1}{x_k}\right)$ en fonction de a_0, a_1, …, a_n.

Le polynôme B est à coefficients réels, donc si j est racine de B alors $\bar{j}$ est racine (avec le même ordre de multiplicité : *cf.* le cours en questions 2.3).

5.1 Le polynôme B est à coefficients réels, par conséquent il est divisible par $A=(X-j)(X-\bar{j})$ si et seulement si $(X-j)$ divise B, c'est-à-dire si et seulement si j est racine de B.

Il en résulte que A divise B si et seulement si $B(j)=0$ c'est-à-dire : $j^{2n}+j^n+1=0$.

Puisque $j^3=1$, distinguons les cas suivants :

Premier cas : $n=3p$. Alors $B(j)=1+1+1=3\neq 0$.

Deuxième cas : $n=3p+1$. Alors $B(j)=j^2+j+1=0$.

Troisième cas : $n=3p+2$. Alors $B(j)=j+j^2+1=0$.

En conclusion, A divise B si et seulement si n est un entier naturel qui n'est pas multiple de 3.

En particulier, si $a_3X^3+a_2X^2+a_1X+a_0$ a pour racines x_1, x_2, x_3 alors $a_3+a_2X+a_1X^2+a_0X^3$ a pour racines $\frac{1}{x_1}$, $\frac{1}{x_2}$, $\frac{1}{x_3}$. On retrouve sous cette forme les égalités obtenues à partir des relations entre coefficients et racines :

$$\begin{cases}\frac{1}{x_1}+\frac{1}{x_2}+\frac{1}{x_3}=-\frac{a_1}{a_0}\\ \frac{1}{x_1x_2}+\frac{1}{x_2x_3}+\frac{1}{x_3x_1}=\frac{a_2}{a_0}\\ \frac{1}{x_1x_2x_3}=-\frac{a_3}{a_0}.\end{cases}$$

5.2 On remarque que 0 n'est pas racine de P car $P(0)=a_0\neq 0$. Pour $t\neq 0$, on peut écrire alors :

$t^nP\left(\frac{1}{t}\right)=a_n\prod_{k=1}^{n}\left[t\left(\frac{1}{t}-x_k\right)\right]=a_n\prod_{k=1}^{n}\left[-x_k\left(t-\frac{1}{x_k}\right)\right]$ puis :

$t^nP\left(\frac{1}{t}\right)=a_n(-x_1)(-x_2)...(-x_n)\prod_{k=1}^{n}\left(t-\frac{1}{x_k}\right)$. Or $x_1x_2\ldots x_n=\sigma_n=(-1)^n\frac{a_0}{a_n}$

donc $(-1)^na_nx_1x_2\ldots x_n=a_0$. Par conséquent $\boxed{t^nP\left(\frac{1}{t}\right)=a_0\prod_{k=1}^{n}\left(t-\frac{1}{x_k}\right)}$. Par ailleurs $t^nP\left(\frac{1}{t}\right)=t^n\sum_{k=0}^{n}a_k\frac{1}{t^k}=\sum_{k=0}^{n}a_kt^{n-k}=a_0t^n+a_1t^{n-1}+\ldots+a_{n-1}t+a_n$.

Ainsi $\boxed{Q=\sum_{p=0}^{n}a_{n-p}X^p}$.

Pour maîtriser les bases

1. Théorème de Rolle ______ D'après Centrale

Soit $a \in \mathbb{R}^*$, $n \in \mathbb{N}^*$ et $P(X) = a + \prod_{k=1}^{n}(X-k)$. Montrer que l'ordre de multiplicité des racines complexes de P est inférieur ou égal à 2.

Conseils méthodologiques : considérer les racines du polynôme dérivé de $Q(X) = \prod_{k=1}^{n}(X-k)$.

On va raisonner par l'absurde en supposant que P admette une racine x_0 d'ordre de multiplicité au moins égale à 3. Alors P' admettrait x_0 comme racine au moins double. On va démontrer que c'est impossible en appliquant le théorème de Rolle à la fonction polynomiale associée à $Q(X) = \prod_{k=1}^{n}(X-k)$ car $P' = Q'$. En effet, cette fonction Q s'annule pour tout $k \in [\![1, n]\!]$, par suite Q' s'annule sur chaque intervalle $]k, k+1[$, ce qui donne $n-1$ racines pour Q'. Or ce polynôme est de degré $n-1$ donc Q' est scindé à racines simples dans $\mathbb{R}$. Il en est de même de P', ce qui est contradictoire avec la multiplicité de x_0. Ainsi P ne peut pas avoir de racine complexe d'ordre de multiplicité strictement supérieur à 2. D'où le résultat demandé.

Remarque :
Le théorème de Rolle s'applique à Q sur $[k, k+1]$ car Q est continue sur $[k, k+1]$, dérivable sur $]k, k+1[$, et $Q(k) = Q(k+1) = 0$.

2. Calcul de $\prod_{k=1}^{n-1} \sin \frac{k\pi}{n}$ ______ D'après CCP

Montrer que $\prod_{k=1}^{n-1}\left(X - e^{\frac{2ik\pi}{n}}\right) = 1 + X + \ldots + X^{n-1}$. En déduire que $\prod_{k=1}^{n-1} \sin \frac{k\pi}{n} = \frac{n}{2^{n-1}}$.

Conseils méthodologiques : factoriser $X^n - 1$. En déduire que $\prod_{k=1}^{n-1}\left(1 - e^{\frac{2ik\pi}{n}}\right) = n$.

En se servant des racines n-ièmes de l'unité, on peut factoriser $X^n - 1$ et écrire que :

$X^n - 1 = \prod_{k=1}^{n}\left(X - e^{\frac{2ik\pi}{n}}\right) = (X-1)\prod_{k=1}^{n-1}\left(X - e^{\frac{2ik\pi}{n}}\right)$. Or $X^n - 1 = (X-1)(1 + X + \ldots + X^{n-1})$ donc :

$\prod_{k=1}^{n-1}\left(X - e^{\frac{2ik\pi}{n}}\right) = 1 + X + \ldots + X^{n-1}$ car $AB = AC \Rightarrow B = C$ si $A \neq 0$ (*cf.* le cours en questions 1.3). En substituant 1 à X, on en déduit que $\prod_{k=1}^{n-1}\left(1-e^{\frac{2ik\pi}{n}}\right)=n$. De plus, à l'aide des formules d'Euler, on obtient :

$1-e^{\frac{2ik\pi}{n}}=e^{\frac{ik\pi}{n}}\left(e^{-\frac{ik\pi}{n}}-e^{\frac{ik\pi}{n}}\right)=-2ie^{\frac{ik\pi}{n}}\sin\frac{k\pi}{n}$. Ainsi : $n=\prod_{k=1}^{n-1}\left(-2ie^{\frac{ik\pi}{n}}\sin\frac{k\pi}{n}\right)=2^{n-1}(-i)^{n-1}\prod_{k=1}^{n-1}\left(e^{\frac{ik\pi}{n}}\right)\prod_{k=1}^{n-1}\left(\sin\frac{k\pi}{n}\right)$.

En remarquant que : $\prod_{k=1}^{n-1}\left(e^{\frac{ik\pi}{n}}\right)=e^{\sum_{k=1}^{n-1}\frac{ik\pi}{n}}=e^{\frac{i\pi}{n}\sum_{k=1}^{n-1}k}=e^{\frac{i\pi}{n}\times\frac{n(n-1)}{2}}=e^{i\frac{\pi}{2}(n-1)}=\left(e^{i\frac{\pi}{2}}\right)^{(n-1)}=i^{(n-1)}$, on obtient finalement :

$n=2^{n-1}\prod_{k=1}^{n-1}\left(\sin\frac{k\pi}{n}\right)$ et par suite : $\boxed{\prod_{k=1}^{n-1}\sin\frac{k\pi}{n}=\frac{n}{2^{n-1}}}$.

3. Polynômes irréductibles ___ D'après Centrale

Soit $P\in\mathbb{Q}[X]$. Si P est un polynôme de degré 3 sans racine dans $\mathbb{Q}$, montrer qu'il est irréductible dans $\mathbb{Q}[X]$.

Conseils méthodologiques : raisonner par l'absurde en supposant que P est réductible.

Si P est réductible, il se décompose en produit de deux polynômes, Q et R, de $\mathbb{Q}[X]$ de degré supérieur ou égal à 1, c'est-à-dire $P = QR$ avec $\deg(Q)\geq 1$ et $\deg(R)\geq 1$. Mais $\deg(Q)+\deg(R)=3$ donc l'un des deux polynômes est de degré 1 et l'autre est de degré 2. Celui qui est de degré 1 s'écrit sous la forme $aX + b$ avec $a\in\mathbb{Q}^*$ et $b\in\mathbb{Q}$. Donc il admet pour racine $-\frac{b}{a}$ qui est dans $\mathbb{Q}$, ce qui est contradictoire. Par conséquent, P n'est pas réductible. Puisque P n'est pas un polynôme constant, $\boxed{P \text{ est irréductible dans } \mathbb{Q}[X]}$.

Remarque :
Par exemple X^3-2 est irréductible dans $\mathbb{Q}[X]$ alors qu'il est réductible dans $\mathbb{R}[X]$ comme tout polynôme de degré 3 de $\mathbb{R}[X]$.

4. Coefficients et racines ___ D'après CCP

On considère le polynôme unitaire P dans $\mathbb{R}_3[X]$ dont les racines complexes sont x_1, x_2 et x_3. On pose $\sigma_1=x_1+x_2+x_3$, $\sigma_2=x_1x_2+x_2x_3+x_3x_1$, $\sigma_3=x_1x_2x_3$ et pour tout $p\in\mathbb{N}^*$, $S_p=x_1{}^p+x_2{}^p+x_3{}^p$.

a) Exprimer S_1 et S_2 en fonction de σ_1 et σ_2.

b) En calculant $P(x_1)+P(x_2)+P(x_3)$, exprimer S_3 en fonction de σ_1, σ_2 et σ_3.

c) Pour $p\in\mathbb{N}^*$, donner une relation de récurrence entre S_{p+3}, S_{p+2}, S_{p+1} et S_p.

d) Résoudre le système d'équations : $\begin{cases}x_1+x_2+x_3=2\\ x_1{}^2+x_2{}^2+x_3{}^2=6\\ x_1{}^3+x_2{}^3+x_3{}^3=8.\end{cases}$

Conseils méthodologiques : **b)** Remarquer que $P(x_1)+P(x_2)+P(x_3)=0$. **c)** Utiliser le polynôme $Q(X)=X^pP(X)$. **d)** Déterminer σ_1, σ_2 et σ_3 puis les racines de P.

a) On a immédiatement $S_1 = \sigma_1$ et $S_2 = \sigma_1^2 - 2\sigma_2$.

b) Puisque P est unitaire, $P = \prod_{k=1}^{3}(X - x_k) = X^3 - \sigma_1 X^2 + \sigma_2 X - \sigma_3$ (*cf.* le cours en question 2.6).

Par suite, en regroupant les termes de même puissance : $P(x_1) + P(x_2) + P(x_3) = S_3 - \sigma_1 S_2 + \sigma_2 S_1 - 3\sigma_3 = 0$. On en déduit $S_3 = \sigma_1 S_2 - \sigma_2 S_1 + 3\sigma_3 = \sigma_1(\sigma_1^2 - 2\sigma_2) - \sigma_2\sigma_1 + 3\sigma_3$ d'où $\boxed{S_3 = \sigma_1^3 - 3\sigma_2\sigma_1 + 3\sigma_3}$.

c) En considérant le polynôme $Q(X) = X^p P(X)$, on a $Q(x_1) + Q(x_2) + Q(x_3) = 0$ donc, en procédant de même et en regroupant à nouveau les termes de même puissance, on obtient :

$$\boxed{S_{p+3} - \sigma_1 S_{p+2} + \sigma_2 S_{p+1} - 3\sigma_3 S_p = 0}.$$

Cette formule permet de calculer les sommes S_n de proche en proche puisque la connaissance de S_p, S_{p+1}, S_{p+2} détermine S_{p+3}.

d) $\begin{cases} x_1 + x_2 + x_3 = 2 \\ x_1^2 + x_2^2 + x_3^2 = 6 \\ x_1^3 + x_2^3 + x_3^3 = 8 \end{cases}$ équivaut à $\begin{cases} S_1 = 2 \\ S_2 = 6 \\ S_3 = 8 \end{cases}$, c'est-à-dire $\begin{cases} \sigma_1 = 2 \\ \sigma_1^2 - 2\sigma_2 = 6 \\ \sigma_1^3 - 3\sigma_2\sigma_1 + 3\sigma_3 = 8 \end{cases}$ ou encore $\begin{cases} \sigma_1 = 2 \\ \sigma_2 = -1 \\ \sigma_3 = -2. \end{cases}$

Le polynôme unitaire P dont les racines sont x_1, x_2 et x_3, est donc $P = X^3 - 2X^2 - X + 2 = (X^2 - 1)(X - 2)$. Par conséquent, l'ensemble S des solutions est :

$$\boxed{S = \{(1,2,-1),(1,-1,2),(2,-1,1),(2,1,-1),(-1,1,2),(-1,2,1)\}}.$$

5. Application linéaire sur les polynômes — Filière TPC

On note $E = \mathbb{R}_5[X]$ muni de sa base canonique $B = (1, X, X^2, X^3, X^4, X^5)$. On pose E_1 l'ensemble des polynômes impairs de E et E_2 l'ensemble des polynômes pairs de E.

1. Montrer que $B_1 = (X, X^3, X^5)$ est une base de E_1 et $B_2 = (1, X^2, X^4)$ une base de E_2.

2. Montrer que E_1 et E_2 sont deux sous-espaces vectoriels supplémentaires de E.

3. On considère l'application φ qui à tout polynôme P de E associe le polynôme $\varphi(P)$ défini par : $\varphi(P) = 2XP - P'$.

a) Montrer que φ est une application linéaire.

b) φ est-elle un endomorphisme de E ?

c) Déterminer le noyau et le rang de φ puis une base de $\mathrm{Im}(\varphi)$.

4. On désigne par f la restriction de φ au sous-espace E_2. Montrer que f définit un isomorphisme de E_2 sur E_1.

Conseils méthodologiques : 5.1. Ne pas confondre polynôme pair et polynôme de degré pair. **5.3.b)** Considérer le degré de $\varphi(P)$. **5.3.c)** $\mathrm{Im}(\varphi)$ est engendré par l'image d'une base de E. **5.4.** Utiliser le théorème du rang.

1. On a immédiatement que $\mathrm{vect}(X, X^3, X^5) \subset E_1$. Montrons que $E_1 \subset \mathrm{vect}(X, X^3, X^5)$. Soit $P \in E_1$. On a alors $\exists (a_0, a_1, a_2, a_3, a_4, a_5) \in \mathbb{R}^6$, $P = \sum_{i=0}^{5} a_i X^i$ et $P(-X) = -P(X)$. Donc :

$$a_0 - a_1 X + a_2 X^2 - a_3 X^3 + a_4 X^4 - a_5 X^5 = -a_0 - a_1 X - a_2 X^2 - a_3 X^3 - a_4 X^4 - a_5 X^5.$$

En identifiant les coefficients des termes de même degré, il vient : $a_0 = a_2 = a_4 = 0$ et $(a_1, a_3, a_5) \in \mathbb{R}^3$. Donc $P \in \mathrm{vect}(X, X^3, X^5)$ et $\boxed{E_1 = \mathrm{vect}(X, X^3, X^5)}$.

De plus $B_1 = (X, X^3, X^5)$ est une famille extraite de la base canonique donc elle est libre.

Par conséquent $B_1 = (X, X^3, X^5)$ est une base de E_1. On montre de même que $E_2 = \text{vect}(1, X^2, X^4)$ puis que : $B_2 = (1, X^2, X^4)$ une base de E_2.

2. $E_1 = \text{vect}(X, X^3, X^5)$ et $E_2 = \text{vect}(1, X^2, X^4)$, donc E_1 et E_2 sont deux sous-espaces vectoriels de E. De plus $E_1 + E_2 = \text{vect}(1, X, X^2, X^3, X^4, X^5) = E$ et si $P \in E_1 \cap E_2$ alors $P(-X) = P(X) = -P(X)$.

Donc $P = 0$ et $E_1 \cap E_2 = \{0\}$. Par conséquent $E = E_1 \oplus E_2$.

3.a) Soit $(P, Q) \in E^2$ et $(\lambda, \mu) \in \mathbb{R}^2$. On a alors :

$$\begin{aligned}\varphi(\lambda P + \mu Q) &= 2X(\lambda P + \mu Q) - (\lambda P + \mu Q)' = 2\lambda XP + 2\mu XQ - \lambda P' - \mu Q' \\ &= \lambda(2XP - P') + \mu(2XQ - Q') = \lambda\varphi(P) + \mu\varphi(Q).\end{aligned}$$

Donc φ est une application linéaire de E dans $\mathbb{R}[X]$.

b) Si $\deg(P) = 5$ alors $\deg(2XP) = 6$ et $\deg(P') = 4$ donc, par différence de polynômes de degrés distincts, on a : $\deg(\varphi(P)) = 6$, ainsi $\varphi(P) \notin E$. Par conséquent φ n'est pas un endomorphisme de E.

c) Noyau de φ : $P \in \text{Ker}(\varphi) \Leftrightarrow \deg(P) \leq 5$ et $\varphi(P) = 0$. On sait que $0 \in \text{Ker}(\varphi)$.

Soit $P \in \text{Ker}(\varphi) \setminus \{0\}$. On a alors $\deg(2XP) = 1 + \deg(P) > \deg(P')$ donc $\deg(\varphi(P)) = 1 + \deg(P) = -\infty$, ce qui est absurde. Donc $\text{Ker}(\varphi) = \{0\}$.

Image de φ : grâce au théorème du rang, il vient : $\dim(E) = \dim(\text{Ker}(\varphi)) + \text{rg}(\varphi)$, d'où : $\text{rg}(\varphi) = 6 - 0 = 6$. On sait que $\text{Im}(\varphi)$ est engendré par l'image d'une base de E.

On calcule alors :

$\varphi(1) = 2X$, $\varphi(X) = 2X^2 - 1$, $\varphi(X^2) = 2X^3 - 2X$, $\varphi(X^3) = 2X^4 - 3X^2$, $\varphi(X^4) = 2X^5 - 4X^3$ et $\varphi(X^5) = 2X^6 - 5X^4$

qui constituent une base de $\text{Im}(\varphi)$ car c'est une famille génératrice constituée de $6 = \text{rg}(\varphi)$ vecteurs.

4. φ est injective donc f aussi. De plus, le théorème du rang donne maintenant : $\dim(E_2) = \dim(\text{Ker}(f)) + \text{rg}(f)$, donc $\text{rg}(f) = 3$.

D'où : $\text{Im}(f) = \text{vect}(f(1), f(X^2), f(X^4)) = \text{vect}(2X, 2X^3 - 2X, 2X^5 - 4X^3) \subset E_1$.

Or $\dim(\text{Im}(f)) = \dim(E_1)$, donc $\text{Im}(f) = E_1$. Par conséquent f définit un isomorphisme de E_2 sur E_1.

6. Les polynômes de Lagrange — D'après e3A

On considère $E = \mathbb{R}_n[X]$ et des nombres réels $(x_i)_{0 \leq i \leq n}$ tels que : $x_0 < x_1 < \ldots < x_i < x_{i+1} < \ldots < x_n$.

a) Montrer que pour tout i, $0 \leq i \leq n$, il existe un unique polynôme $L_i \in E$ tel que :

$L_i(x_i) = 1$ et $L_i(x_j) = 0$, pour $j \neq i$ et $0 \leq j \leq n$.

b) Prouver que : $\forall P \in E,\ P = \sum_{k=0}^{n} P(x_k) L_k$. Établir les égalités : $\sum_{k=0}^{n} L_k = 1$ et $\forall p \in [\![1, n]\!],\ \sum_{k=0}^{n} x_k^p L_k = X^p$.

c) En déduire que la famille $(L_0, L_1, \ldots, L_n)$ est une base de E.

d) On considère la forme linéaire Φ définie sur E par : $\forall P \in E,\ \Phi(P) = \int_0^1 P(x)dx$.

Montrer qu'il existe une unique famille de nombres réels $(\lambda_i)_{0 \leq i \leq n}$ telle que :

$$\forall P \in E,\ \Phi(P) = \sum_{i=0}^{n} \lambda_i P(x_i).$$

Conseils méthodologiques : **b)** Définir le polynôme $Q = P - \sum_{k=0}^{n} P(x_k)L_k$ et calculer $Q(x_k)$. **d)** Utiliser la question b).

a) Pour tout i, le polynôme L_i, s'il existe, est de degré n et s'annule en x_j pour $j \neq i$ et $0 \leq j \leq n$. Par conséquent il est de la forme : $L_i = \lambda_i \prod_{\substack{j \neq i \\ 0 \leq j \leq n}} (X - x_j)$ où λ_i désigne un réel. De plus $L_i(x_i) = 1$ donc $1 = \lambda_i \prod_{\substack{0 \leq j \leq n \\ j \neq i}} (x_i - x_j)$. Il en résulte que

$\boxed{L_i = \prod_{\substack{0 \leq j \leq n \\ j \neq i}} \frac{X - x_j}{x_i - x_j}}$. D'où l'unicité de L_i. Il est clair que ce polynôme vérifie les conditions imposées.

D'où l'existence et l'unicité de la famille $(L_0, L_1, \ldots, L_n)$. Ces polynômes sont appelés polynômes de Lagrange associés à la famille $(x_i)_{0 \leq i \leq n}$.

b) Considérons le polynôme $Q = P - \sum_{i=0}^{n} P(x_i)L_i$. On a : $\forall i \in [\![0, n]\!]$, $Q(x_i) = 0$. Ainsi Q admet $n + 1$ racines et $\deg Q \leq n$.

Par suite $Q = 0$ et $\boxed{P = \sum_{i=0}^{n} P(x_i)L_i}$. En particulier, pour $P = 1$ on a : $\boxed{1 = \sum_{k=0}^{n} L_k}$ et pour $P = X^p$ il vient :

$\boxed{\forall p \in [\![1, n]\!],\ X^p = \sum_{k=0}^{n} x_k^p L_k}$.

c) La famille $(L_0, \ldots, L_n)$ est alors une famille génératrice de E. Elle comporte $n + 1$ vecteurs, et $\dim E = n + 1$, on en déduit que c'est une base de E.

d) La linéarité de l'intégrale permet d'affirmer que Φ est effectivement une application linéaire de E dans $\mathbb{R}$. Φ est donc une forme linéaire sur E.

Existence des $(\lambda_i)_{0 \leq i \leq n}$: pour tout $P \in E$, d'après la question b), on a $P = \sum_{i=0}^{n} P(x_i)L_i$ donc :

$\Phi(P) = \int_0^1 \left[\sum_{i=0}^{n} P(x_i)L_i(t)\right]dt = \sum_{i=0}^{n} \left[\int_0^1 L_i(t)\,dt\right] P(x_i) = \sum_{i=0}^{n} \lambda_i P(x_i)$ avec $\boxed{\lambda_i = \int_0^1 L_i(t)dt, \text{ pour } 0 \leq i \leq n}$.

Unicité des $(\lambda_i)_{0 \leq i \leq n}$: si une telle famille $(\lambda_i)_{0 \leq i \leq n}$ existe, alors pour tout j, $0 \leq j \leq n$, $\Phi(L_j) = \sum_{i=0}^{n} \lambda_i \underbrace{L_j(x_i)}_{=0 \text{ si } i \neq j} = \lambda_j L_j(x_j) = \lambda_j$.

Donc $\lambda_j = \Phi(L_j) = \int_0^1 P_j(t)dt$. D'où l'unicité.

Pour approfondir

7. Isomorphisme et formule de Taylor — D'après Centrale

Soit m et n deux entiers naturels, $a \in \mathbb{R}$ et $E_n = \mathbb{R}_n[X]$. On définit l'application $\Phi : E_n \to \mathbb{R}^{m+1}$ par :

$$\forall P \in \mathbb{R}[X],\ \Phi(P) = \left(P(a), P'(a), \ldots, P^{(m)}(a)\right).$$

a) Prouver que Φ est une application linéaire de E_n dans $\mathbb{R}^{m+1}$.

b) On suppose dans cette question que $m < n$. Déterminer $\operatorname{Ker}\Phi$.

c) On suppose maintenant que $m \geq n$. Montrer que Φ est injective. Donner une condition nécessaire et suffisante pour que Φ soit un isomorphisme de E_n dans $\mathbb{R}^{m+1}$. Dans ce cas préciser Φ^{-1}.

Conseils méthodologiques : b) Utiliser la caractérisation des racines multiples. **c)** Un isomorphisme de E_n dans $\mathbb{R}^{m+1}$ est une application linéaire bijective de E_n dans $\mathbb{R}^{m+1}$.

a) Soit $(P, Q) \in \mathbb{R}[X]^2$, et $(\lambda, \mu) \in \mathbb{R}^2$. Pour montrer que Φ est une application linéaire, on considère : $\Phi(\lambda P + \mu Q)$. Vu la linéarité de la dérivation, on peut écrire :

$(\lambda P + \mu Q)^{(k)}(a) = \lambda P^{(k)}(a) + \mu Q^{(k)}(a)$ d'où : $\Phi(\lambda P + \mu Q) = \lambda \Phi(P) + \mu \Phi(Q)$. Donc $\boxed{\Phi \text{ est linéaire de } E_n \text{ dans } \mathbb{R}^{m+1}}$.

b) Soit $P \in \mathbb{R}_n[X]$. $P \in \operatorname{Ker}\Phi \Leftrightarrow P(a) = P'(a) = \ldots = P^{(m)}(a) = 0$ c'est-à-dire que P est dans $\operatorname{Ker}\Phi$ si et seulement si a est racine d'ordre de multiplicité au moins $m + 1$. Puisque $m + 1 \le n$, le noyau de Φ est l'ensemble des polynômes de la forme $(X-a)^{m+1}Q$ avec $\deg(Q) + m + 1 = \deg(P) \le n$. Par conséquent $\boxed{\operatorname{Ker}\Phi = \left\{(X-a)^{m+1} Q \,/\, Q \in \mathbb{R}_{n-m-1}[X]\right\}}$.

On peut remarquer que $\operatorname{Ker}\Phi \neq \{0\}$ donc Φ n'est pas injective.

c) L'étude précédente prouve que P est dans $\operatorname{Ker}\Phi$ si et seulement si a est racine d'ordre de multiplicité au moins $m + 1$. Or $m + 1 > n \ge \deg(P)$, donc le noyau de Φ ne contient que le polynôme nul. Par conséquent $\boxed{\phi \text{ est injective}}$. Pour que Φ soit un isomorphisme, il est nécessaire que l'espace de départ et d'arrivée aient même dimension, ici $n + 1 = m + 1$ c'est-à-dire : $\boxed{m = n}$. Cette condition est suffisante car une application linéaire d'un espace E dans F qui est injective est aussi surjective si E et F ont même dimension finie.

Pour caractériser Φ^{-1} si $m = n$, on utilise l'équivalence :

$\Phi(P) = (\alpha_0, \alpha_1, \ldots, \alpha_n) \Leftrightarrow \left[P(a) = \alpha_0,\ P'(a) = \alpha_1,\ \ldots,\ P^{(n)}(a) = \alpha_n\right]$.

Par suite $\Phi(P) = (\alpha_0, \alpha_1, \ldots, \alpha_n)$ équivaut, d'après la formule de Taylor, à $P = \sum_{k=0}^{n} \alpha_k \frac{(X-a)^k}{k!}$.

Donc $\boxed{\Phi^{-1}\left[(\alpha_0, \alpha_1, \ldots, \alpha_n)\right] = \sum_{k=0}^{n} \alpha_k \frac{(X-a)^k}{k!}}$.

8. Polynômes de Tchebychev ——— D'après Banque PT et Centrale

On rappelle que $\operatorname{ch}(a+b) = \operatorname{ch}(a)\operatorname{ch}(b) + \operatorname{sh}(a)\operatorname{sh}(b)$. Soit n un entier naturel et θ un réel.

a) Prouver que $\operatorname{ch}((n+1)\theta) + \operatorname{ch}((n-1)\theta) = 2\operatorname{ch}(\theta)\operatorname{ch}(n\theta)$.

b) En déduire que, pour tout entier naturel n, il existe un unique polynôme T_n tel que : $\forall \theta \in \mathbb{R}$, $\operatorname{ch}(n\theta) = T_n(\operatorname{ch}(\theta))$. Exprimer $T_{n+1}(X)$ en fonction de $T_n(X)$ et $T_{n-1}(X)$.

c) En utilisant $e^\theta = \operatorname{ch}(\theta) + \operatorname{sh}(\theta)$ montrer que :

$$T_n(X) = \sum_{0 \le 2p \le n} \binom{n}{2p} X^{n-2p}(X^2-1)^p.$$

Conseils méthodologiques : b) Utiliser a) et raisonner par récurrence.
c) Utiliser la formule du binôme de Newton pour calculer $e^{n\theta} = (\operatorname{ch}(\theta) + \operatorname{sh}(\theta))^n$.

a) On a : $\operatorname{ch}(n\theta + \theta) = \operatorname{ch}(n\theta)\operatorname{ch}(\theta) + \operatorname{sh}(n\theta)\operatorname{sh}(\theta)$ et $\operatorname{ch}(n\theta - \theta) = \operatorname{ch}(n\theta)\operatorname{ch}(\theta) - \operatorname{sh}(n\theta)\operatorname{sh}(\theta)$

donc $\boxed{\operatorname{ch}((n+1)\theta) + \operatorname{ch}((n-1)\theta) = 2\operatorname{ch}(n\theta)\operatorname{ch}(\theta)}$

b) *Existence.* On peut remarquer que : $\operatorname{ch}(0x) = 1 = T_0(\operatorname{ch}(x))$ en prenant $T_0(X) = 1$, $\operatorname{ch}(1x) = T_1(\operatorname{ch}(x))$ avec $T_1(X) = X$, $\operatorname{ch}(2x) = 2\operatorname{ch}^2(x) - 1 = T_2(\operatorname{ch}(x))$ avec $T_2(X) = 2X^2 - 1$.

Soit $\mathcal{P}$ la propriété définie par :

$\mathcal{P}(n)$ équivaut à : « Il existe un polynôme T_n tel que : $\forall \theta \in \mathbb{R},\ T_n(\text{ch}(\theta)) = \text{ch}(n\theta)$ ».

Initialisation : on a $\mathcal{P}(0)$ en prenant $T_0(X) = 1$. et $\mathcal{P}(1)$ avec $T_1(X) = X$.

Hérédité : soit $n \geq 1$. Supposons $\mathcal{P}(n)$ et $\mathcal{P}(n-1)$ alors d'après a) :

$\forall \theta \in \mathbb{R},\ \text{ch}((n+1)\theta) = 2\,\text{ch}(n\theta)\text{ch}(\theta) - \text{ch}((n-1)\theta)$.

Donc : $\text{ch}((n+1)\theta) = 2\,\text{ch}\,\theta\ T_n(\text{ch}(\theta)) - T_{n-1}(\text{ch}(\theta))$.

Par conséquent, en posant $\boxed{T_{n+1}(X) = 2XT_n(X) - T_{n-1}(X)}$ on a :

T_{n+1} est un polynôme qui vérifie : $\forall \theta \in \mathbb{R},\ \text{ch}((n+1)\theta) = T_{n+1}(\text{ch}(\theta))$.

donc $\mathcal{P}(n+1)$.

D'après le principe de récurrence, pour tout entier $n \geq 0$, il existe un polynôme T_n tel que : $\boxed{\forall \theta \in \mathbb{R},\ T_n(\text{ch}(\theta)) = \text{ch}(n\theta)}$.

Unicité. Supposons qu'il existe un autre polynôme U_n vérifiant cette égalité. Alors le polynôme $T_n - U_n$ admet $\text{ch}(\theta)$ comme racine pour tout $\theta \in \mathbb{R}$ c'est-à-dire $\forall x \in [1, +\infty[,\ (T_n - U_n)(x) = 0$. Donc $T_n - U_n$ est le polynôme nul puisqu'il possède une infinité de racines. D'où l'unicité de T_n. Ce polynôme est appelé n-ième polynôme de Tchebychev de première espèce.

c) En utilisant $e^{\theta} = \text{ch}(\theta) + \text{sh}(\theta)$ et à l'aide de la formule du binôme de Newton ; on obtient :

$$e^{n\theta} = (\text{ch}(\theta) + \text{sh}(\theta))^n = \sum_{k=0}^{n} \binom{n}{k} [\text{ch}(\theta)]^{n-k} [\text{sh}(\theta)]^k.$$

En changeant θ en $-\theta$ et en ajoutant l'égalité obtenue à la précédente, on a :

$$e^{n\theta} + e^{-n\theta} = (\text{ch}(\theta) + \text{sh}(\theta))^n + (\text{ch}(\theta) - \text{sh}(\theta))^n = \sum_{k=0}^{n} \binom{n}{k} [\text{ch}(\theta)]^{n-k} [\text{sh}(\theta)]^k \left[1 + (-1)^k\right].$$

D'où $$\text{ch}(n\theta) = \sum_{0 \leq 2p \leq n} \binom{n}{2p} [\text{ch}(\theta)]^{n-2p} [\text{sh}(\theta)]^{2p} = \sum_{0 \leq 2p \leq n} \binom{n}{2p} [\text{ch}(\theta)]^{n-2p} [\text{ch}^2(\theta) - 1]^p.$$

Et, d'après l'unicité de T_n, on peut affirmer que $\boxed{T_n(X) = \sum_{0 \leq 2p \leq n} \binom{n}{2p} X^{n-2p} (X^2 - 1)^p}$.

CHAPITRE 16

Espaces euclidiens

Le cours en questions

1 Norme et produit scalaire

1.1 Qu'est-ce qu'un produit scalaire ?

Un produit scalaire φ sur un espace vectoriel réel E est une application $\varphi : E^2 \to \mathbb{R}$ vérifiant les propriétés suivantes :

i. φ est symétrique : $\forall(x, y)\in E^2$, $\varphi(x, y) = \varphi(y, x)$,

ii. φ est bilinéaire,

iii. φ est définie positive : $\forall x\in E$, $\varphi(x, x) \geq 0$ avec égalité si et seulement si $x = 0$.

La symétrie de φ permet de remplacer la condition ii) par ii)′ φ est linéaire par rapport à la seconde variable.

Le produit scalaire de deux vecteurs x et y est souvent noté $\langle x,y\rangle$ ou $(x \mid y)$. L'application : $x \mapsto \sqrt{\langle x, x\rangle}$ est la norme euclidienne associée au produit scalaire $\langle\, ,\rangle$, on la note $\|\;\|$.

Un espace vectoriel réel muni d'un produit scalaire est appelé espace vectoriel euclidien s'il est de dimension finie. Dans les autres cas, on parle d'espace préhilbertien réel.

Les relations entre un produit scalaire $(\mid)$ et la norme euclidienne associée $\|\;\|$ sont données par :

$$(x \mid y) = \frac{1}{4}\left(\|x+y\|^2 - \|x-y\|^2\right),\ (x \mid y) = \frac{1}{2}\left(\|x+y\|^2 - \|x\|^2 - \|y\|^2\right).$$

Ces formules portent le nom de formules de polarisation.

Exemples usuels : le tableau 1 résume les produits scalaires classiques avec $a<b$.

Espace vectoriel	Produit scalaire	Norme associée
$E=\mathbb{R}^n$	$\langle x, y\rangle=\sum_{k=1}^{n} x_k y_k$	$\Vert x\Vert=\sqrt{\sum_{k=1}^{n}\vert x_k\vert^2}$
$E=M_n(\mathbb{R})$	$\langle A, B\rangle=tr({}^tAB)=\sum_{k,l} a_{k,l}b_{k,l}$	$\Vert A\Vert=\sqrt{\sum_{k,l}\vert x_{k,l}\vert^2}$
$E=C^0([a, b], \mathbb{R})$	$\langle f, g\rangle=\int_a^b fg$	$\Vert f\Vert=\sqrt{\int_a^b \vert f\vert^2}$
$E=\mathbb{R}[X]$	$\langle P, Q\rangle=\int_a^b P(t)Q(t)dt$	$\Vert P\Vert=\sqrt{\int_a^b \vert P(t)\vert^2 dt}$

Tableau 1

1.2 Qu'est-ce que l'inégalité de Cauchy-Schwarz ?

Énoncé : si u et v sont deux vecteurs d'un espace vectoriel préhilbertien $(E, \langle , \rangle)$ on a :

$$\vert\langle u, v\rangle\vert\leq\Vert u\Vert\Vert v\Vert .$$

Il y a égalité dans l'inégalité de Cauchy-Schwarz si et seulement si (u, v) est une famille liée c'est-à-dire : $u=0$ ou $\exists\lambda\in\mathbb{R}, v=\lambda u$.

Une conséquence importante de l'inégalité de Cauchy-Schwarz est l'inégalité triangulaire :

$$\Vert u+v\Vert\leq\Vert u\Vert+\Vert v\Vert .$$

Il y a égalité dans l'inégalité triangulaire si et seulement si (u, v) est une famille positivement liée c'est-à-dire : $u=0$ ou $\exists\lambda\geq 0$, $v=\lambda u$.

1.3 Comment vérifier qu'une application N est une norme ?

On peut vérifier directement que N vérifie la définition d'une norme :

i. $\forall x\in E$, $N(x)\geq 0$ avec égalité si et seulement si $x=0$,
ii. $\forall x\in E$, $\forall\lambda\in\mathbb{R}$, $N(\lambda x)=\vert\lambda\vert\, N(x)$,
iii. $\forall(x,y)\in E^2$, $N(x+y)\leq N(x)+N(y)$ (inégalité triangulaire).

Parfois il est plus facile de trouver un produit scalaire dont N est la norme euclidienne associée.

1.4 Quelles sont les formes linéaires sur un espace euclidien ?

Si E est un espace vectoriel euclidien, toute forme linéaire $\varphi\in E^*=L(E, \mathbb{R})$ peut s'exprimer à l'aide du produit scalaire.

C'est-à-dire, quelle que soit la forme linéaire φ sur E, il existe un unique vecteur a dans E tel que : $\varphi=(a\,\vert\,.)$.

Erreur à éviter :

$(f, g)\mapsto\int_a^b f(t)g(t)dt$ n'est pas un produit scalaire sur l'ensemble $CM([a, b], \mathbb{R})$ des fonctions continues par morceaux car il ne vérifie pas « $\varphi(f, f)=0\Rightarrow f=0$ ». En effet si on choisit la fonction f nulle sur $]a, b]$ telle que $f(a)=1$ alors $f\in CM([a, b], \mathbb{R})$ et $\int_a^b [f(t)]^2 dt=0$.

« (u, v) est une famille liée » n'est équivalent à « $\exists\lambda\in\mathbb{R}$, $v=\lambda u$ » que si $u\neq 0$.

Exemples usuels :

$$\left\vert\sum_{k=1}^{n} x_k y_k\right\vert\leq\sqrt{\sum_{k=1}^{n}\vert x_k\vert^2}\sqrt{\sum_{k=1}^{n}\vert y_k\vert^2} ;$$

$$\left\vert\int_a^b fg\right\vert\leq\sqrt{\int_a^b\vert f\vert^2}\sqrt{\int_a^b\vert g\vert^2} \text{ si } a<b.$$

Une norme euclidienne $\Vert . \Vert$ doit vérifier l'identité du parallélogramme : $\forall(a, b)\in E^2$,

$$\Vert a+b\Vert^2+\Vert a-b\Vert^2=2\left[\Vert a\Vert^2+\Vert b\Vert^2\right].$$

Il existe des normes qui ne sont pas des normes euclidiennes : par exemple : $N_\infty : f\mapsto\underset{x\in[0, 1]}{\mathrm{Sup}}\vert f(x)\vert$ est une norme non euclidienne sur $C([0, 1], \mathbb{R})$ car elle ne vérifie pas l'identité du parallélogramme avec $a : x\mapsto 1$ et $b : x\mapsto x$.

$$\Psi : \begin{cases} E\to E^* \\ a\mapsto(a\,\vert\,.)\end{cases}$$

est un isomorphisme de E dans E^*.

La notation $(a\,\vert\,.)$ désigne l'application $\begin{cases} E\to\mathbb{R} \\ x\mapsto(a\,\vert\,x)\end{cases}$.

Exemple : soit I un segment contenant au moins deux points et $E=\mathbb{R}_n[X]$ muni du produit scalaire $(P\mid Q)=\int_I P(t)Q(t)dt$. En considérant la forme linéaire $\varphi : P \mapsto P(0)$, on peut affirmer qu'il existe un unique polynôme A tel que : $\forall P \in \mathbb{R}_n[X], \int_I A(t)P(t)dt = P(0)$.

2 ■ Orthogonalité

2.1 Existe-t-il toujours un supplémentaire orthogonal ?

• Si F est un s.e.v. de E, alors $F^\perp$ est l'ensemble des vecteurs orthogonaux à tout vecteur de F. En dimension finie, l'orthogonal d'un sous espace F est toujours un supplémentaire de F, c'est-à-dire :

$$\dim E < +\infty \Rightarrow E = F \oplus F^\perp.$$

• En dimension infinie cette implication est encore vraie si F est de dimension finie :

$$\dim F < +\infty \Rightarrow E = F \oplus F^\perp.$$

2.2 Donner des exemples de familles orthogonales.

i. Dans $E=\mathbb{R}^n$, la base canonique est orthonormale pour le produit scalaire usuel (cf. cours en questions 1.1),

ii. Dans $E=M_n(\mathbb{R})$, la base canonique $(E_{i,j})_{(i,j)\in[\![1,n]\!]^2}$ est orthonormale pour le produit scalaire usuel (cf. cours en questions 1.1) car $E_{i,j}E_{k,l}=\delta_{j,k}E_{i,l}$ et tr $E_{i,l}=\delta_{i,l}$.

iii. Dans $E=M_n(\mathbb{R})$, on note $S_n(\mathbb{R})$ – resp. $A_n(\mathbb{R})$ – l'ensemble des matrices carrées symétriques – resp. antisymétriques- à coefficients dans $\mathbb{R}$.

Alors les familles $\mathcal{B}_1=(E_{i,i})_{1\le i\le n}$, $\mathcal{B}_2=(E_{i,j}+E_{j,i})_{1\le i<j\le n}$ et $\mathcal{B}_3=(E_{i,j}-E_{j,i})_{1\le i<j\le n}$ sont des familles orthogonales. En juxtaposant $\mathcal{B}_1$ et $\mathcal{B}_2$, on forme la famille que l'on notera $(\mathcal{B}_1, \mathcal{B}_2)$ qui est une base orthogonale de $S_n(\mathbb{R})$ tandis que $\mathcal{B}_3$ est une base orthogonale de $A_n(\mathbb{R})$ pour le produit scalaire usuel.

Toute famille orthogonale de vecteurs non nuls est libre.

Soit E un espace euclidien, il existe au moins une base orthonormale $(e_1, \ldots, e_n)$ c'est-à-dire une base de E dans laquelle chaque e_i est unitaire (i.e. de norme égale à 1) et telle que pour $i\neq j$, $< e_i, e_j > = 0$.

Pour qu'une famille orthonormale de vecteurs de E soit une base orthonormale de E, il faut et il suffit qu'elle soit de cardinal égal à la dimension de E.

Erreur à éviter :

Attention : ce résultat est faux si E n'est pas de dimension finie. Par exemple, si $E=\mathbb{R}[X]$ pour $\varphi : P \mapsto P(0)$, on peut montrer qu'il n'existe pas de polynôme A tel que $\forall P \in \mathbb{R}[X], \int_0^1 A(t)P(t)dt = P(0)$.

Deux vecteurs x et y de E sont dits orthogonaux si $<x,y>=0$. Si A est une partie de E, on appelle orthogonal de A le sous-espace vectoriel $A^\perp = \{x\in E \,/\, \forall y \in A, <x,y>=0\}$. De plus $\mathrm{Vect}(A)^\perp = A^\perp$.

Il se peut que $F^\perp$ ne soit pas un supplémentaire de F en dimension infinie. Par exemple, pour $a<b$ et $E=\mathbb{R}[X]$ muni du produit scalaire $(P\mid Q)=\int_a^b P(t)Q(t)dt$, si $F = X\mathbb{R}[X]$, on a $F^\perp=\{0\}$. En effet, en raisonnant par l'absurde, en supposant que $P\in F^\perp\setminus\{0\}$, on obtient une contradiction en remarquant que $Q=X^2P\in F$ puisque $(P\mid Q)=\int_a^b t^2P^2(t)dt>0$.

ii) $E_{i,j}$ est la matrice dont tous les termes sont nuls sauf le terme (i, j) qui vaut 1.

Si $(x_1, \ldots, x_p)$ est une famille orthogonale, le théorème de Pythagore assure que $\left\|\sum_{i=1}^n x_i\right\|^2 = \sum_{i=1}^n \|x_i\|^2$, la réciproque étant fausse pour $n \ge 3$.

$$X = \begin{bmatrix} x_1 \\ x_2 \\ \vdots \\ x_n \end{bmatrix}.$$

Erreur à éviter :
Ces formules sont fausses si la base $(e_1, \ldots, e_n)$ n'est pas orthonormale.

2.3 Quel est l'intérêt de travailler en base orthonormale ?

Si $\mathcal{B} = (e_1, e_2, \ldots, e_n)$ est une base orthonormale alors les coordonnées de x de E sont obtenues grâce au produit scalaire par : $x = \sum_{i=1}^{n} \langle e_i, x \rangle e_i$ c'est-à-dire : $x_k = \langle e_k, x \rangle$.

Expression du produit scalaire et de la norme euclidienne dans une base orthonormale :

$$\langle x, y \rangle = \sum_{k=1}^{n} x_k y_k = {}^t XY \quad \text{et} \quad \|x\|^2 = {}^t XX .$$

Dans la suite, E désignera un espace vectoriel euclidien.

On peut ainsi compléter toute famille orthonormale de vecteurs de E en une base orthonormale de E.

2.4 Comment construire des familles orthonormales ?

- **Procédé d'orthonormalisation de Schmidt.**

Si $(u_1, u_2, \ldots, u_n)$ est une famille libre de E, alors il existe une unique famille orthonormale $(e_1, e_2, \ldots, e_n)$ telle que :

$$\forall p \in [\![1, n]\!], \begin{cases} Vect(u_1, u_2, \ldots, u_p) = Vect(e_1, e_2, \ldots, e_p) \\ \langle u_p, e_p \rangle > 0 \end{cases}.$$

- La matrice de passage P de $(u_1, u_2, \ldots, u_n)$ à $(e_1, e_2, \ldots, e_n)$ est triangulaire supérieure ainsi que son inverse P^{-1}.

Le principe de construction de cette famille est une récurrence dans laquelle on choisit $\varepsilon_p = u_p - \sum_{k=1}^{p-1} \lambda_k e_k$ de sorte que $\varepsilon_p \perp \varepsilon_i$ pour $i = 1, 2, \ldots, p-1$. Cela conduit à : $\langle \varepsilon_p, e_i \rangle = \langle u_p, e_i \rangle - \lambda_i = 0$, c'est-à-dire $\lambda_i = \langle u_p, e_i \rangle$. En normant ε_p (i.e. en le divisant par sa norme), on obtient le vecteur e_p cherché. Sans la condition $\langle u_p, e_p \rangle > 0$, on perd l'unicité.

2.5 Comment peut-on caractériser le projeté orthogonal d'un vecteur ?

Soit F un sous-espace vectoriel de l'espace euclidien E. On rappelle que $E = F \oplus F^{\perp}$. Alors pour tout vecteur x de E, il existe un couple unique $(x_F, x_{F^\perp}) \in F \times F^{\perp}$ tel que $x = x_F + x_{F^\perp}$. Le projeté orthogonal de x sur F est par définition le vecteur x_F (*cf.* Fig. 1). Si $(e_1, e_2, \ldots, e_p)$ est une base orthonormale de F, on a :

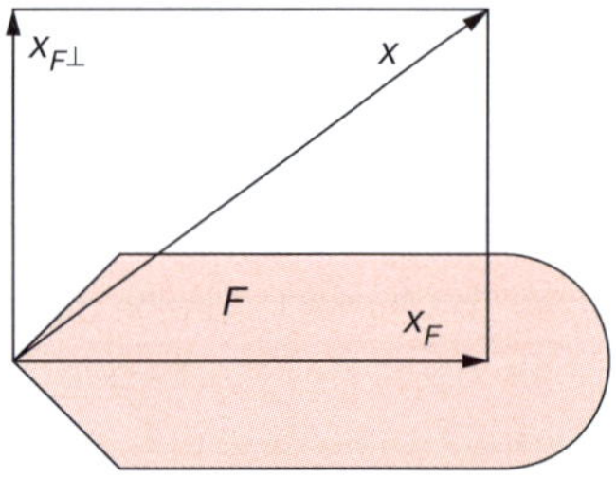

Figure 1

$$x_F = \sum_{i=1}^{p} \langle e_i, x \rangle e_i .$$

On appelle distance du vecteur x de E à F, notée $d(x,F)$, la borne inférieure de l'ensemble $\{\|x - y\| / \ y \in F\}$. Cette borne inférieure est atteinte en un unique point x_F projeté orthogonal de x sur F.

$$d(x, F) = \min_{y \in F} \|x - y\| = \|x - x_F\| = \|x_{F^\perp}\| .$$

On appelle projecteur orthogonal sur F, noté p_F le projecteur de E sur F parallèlement à $F^{\perp}$. Cette définition s'étend à un espace E de dimension infinie si $E = F \oplus F^{\perp}$.
On appelle symétrie orthogonale par rapport à F la symétrie de E par rapport à F parallèlement à $F^{\perp}$. On parle de réflexion si de plus F est un hyperplan de E.

3 ■ Automorphismes orthogonaux d'un espace euclidien E

3.1 Qu'est-ce qu'un automorphisme orthogonal ?

Soit u un endomorphisme de E. On dit que u est un automorphisme orthogonal de E si u conserve le produit scalaire c'est-à-dire si pour tout couple (x, y) de vecteurs de E :

$$\langle u(x), u(y)\rangle = \langle x, y\rangle.$$

On note $O(E)$ l'ensemble des automorphismes orthogonaux de E ; pour la loi de composition $\circ$, c'est un groupe appelé groupe orthogonal de E. L'ensemble $SO(E)$ des automorphismes orthogonaux de E de déterminant égal à 1 est un sous-groupe de $O(E)$ appelé groupe spécial orthogonal de E.

Une matrice M de $M_n(\mathbb{R})$ est dite orthogonale si elle vérifie ${}^tMM = I_n$.

L'endomorphisme de $\mathbb{R}^n$ représenté par M dans la base canonique de $\mathbb{R}^n$ est un automorphisme orthogonal si et seulement si M est une matrice orthogonale.

On note : $O(n) = \{M \in M_n(\mathbb{R}) / {}^tMM = I_n\}$

et $SO(n) = \{M \in M_n(\mathbb{R}) / {}^tMM = I_n \text{ et } \det M = 1\}$.

Si u est un endomorphisme de E, c'est un automorphisme orthogonal (resp spécial orthogonal) de E si et seulement s'il transforme une base orthonormale (resp orthonormée directe) de E en une base orthonormale (resp orthonormée directe) de E.

3.2 Quels sont les automorphismes orthogonaux en dimension 2 ?

- Ce sont tout d'abord les rotations R_θ d'angle θ dont la matrice dans toute base orthonormée directe est $\begin{pmatrix} \cos(\theta) & -\sin(\theta) \\ \sin(\theta) & \cos(\theta) \end{pmatrix}$. Si $\theta \notin 2\pi\mathbb{Z}$, le seul vecteur invariant par R_θ est le vecteur nul.
- Ce sont ensuite les réflexions S_θ dont la matrice dans la base orthonormée directe $(\vec{i}, \vec{j})$ est $\begin{pmatrix} \cos(\theta) & \sin(\theta) \\ \sin(\theta) & -\cos(\theta) \end{pmatrix}$. S_θ est la symétrie orthogonale par rapport à la droite vectorielle $\Delta_{\frac{\theta}{2}}$ dont l'angle avec l'axe Ox est $\frac{\theta}{2}$.

L'ensemble des vecteurs invariants par S_θ est $\Delta_{\frac{\theta}{2}}$.

3.3 Quels sont les automorphismes orthogonaux en dimension 3 ?

Soit f un automorphisme orthogonal de E, espace euclidien orienté de dimension 3, et $F = \{x \in E / f(x) = x\}$, l'ensemble des vecteurs invariants par f.

- Si $F = E$ alors $f = id_E$.
- Si $\dim(F) = 2$ alors f est la réflexion par rapport à F.

Cette condition est équivalente à : $\forall x \in E, \|u(x)\| = \|x\|$.
Toute application de E dans E qui conserve le produit scalaire est linéaire.

Erreur à éviter :
M est une matrice orthogonale si et seulement si les colonnes de M forment une base **orthonormale** de $\mathbb{R}^n$ identifié à $M_{1,n}(\mathbb{R})$ (et pas simplement une base orthogonale).

SO(n) et O(n) sont des groupes pour la multiplication des matrices.

Si E est de dimension 2 ou 3, les endomorphismes transformant une base orthonormée directe en une base orthonormée directe sont les rotations.

Ici E est un plan vectoriel euclidien rapporté à une base orthonormée directe $(\vec{i}, \vec{j})$.

$R_\theta \circ R_{\theta'} = R_{\theta+\theta'}$, donc $SO(E) = \{R_\theta / \theta \in \mathbb{R}\}$ est un groupe commutatif pour la loi $\circ$.
Si f est la rotation d'angle θ alors, pour tout vecteur unitaire a : $\cos(\theta) = \langle a, f(a)\rangle$ et $\sin(\theta) = [a, f(a)] = \det_{(\vec{i}, \vec{j})}(a, f(a))$ (produit mixte de a et $f(a)$).

$O(E) \setminus SO(E) = \{S_\theta / \theta \in \mathbb{R}\}$.
Toute rotation peut s'écrire comme la composée de deux réflexions. $S_\theta \circ S_{\theta'} = R_{\theta-\theta'}$

Pour un vecteur x orthogonal à l'axe de la rotation f dirigé par le vecteur unitaire w, on a : $f(x) = (\cos\theta)\, x + (\sin\theta)\, w \wedge x$.

– Si $\dim(F) = 1$ alors f est une rotation d'axe F.

– Si $\dim(F) = 0$ alors f est la composée d'une rotation d'axe D et d'une réflexion par rapport au plan $D^{\perp}$.

Si f est la rotation d'axe orienté et dirigé par un vecteur w unitaire et d'angle θ, la matrice de f relativement à une base orthonormée directe de premier vecteur w est la matrice :

$\begin{pmatrix} 1 & 0 & 0 \\ 0 & \cos(\theta) & -\sin(\theta) \\ 0 & \sin(\theta) & \cos(\theta) \end{pmatrix}$. Dans la suite, on notera $X = \begin{pmatrix} x_1 \\ x_2 \\ x_3 \end{pmatrix}$.

Pour déterminer l'axe d'une rotation f donnée par sa matrice M dans une base orthonormée directe, on cherche l'ensemble des vecteurs invariants définis par le système de trois équations à trois inconnues : $MX = X$. On choisit ensuite une orientation de la droite obtenue par un vecteur w.

Si on note θ l'angle de la rotation f, on peut écrire $\operatorname{tr}(M) = 1 + 2\cos(\theta)$.

Enfin si on choisit un vecteur x non colinéaire à w, le signe du produit mixte $[x, f(x), w]$ est celui de $\sin(\theta)$, ce qui achève la caractérisation de f.

Pour un vecteur x quelconque :

$$f(x) = (\cos\theta)\, x + (1 - \cos\theta)\langle x | w\rangle w + (\sin\theta)\, w \wedge x \ .$$

4 ■ Isométries affines et similitudes

On rappelle que, si E est la direction de l'espace affine $\mathcal{E}$, pour tout couple de points $(M, N) \in \mathcal{E}^2$, le vecteur $\overrightarrow{MN} \in E$.

Dans ce paragraphe, $\mathcal{E}$ désigne un espace affine euclidien orienté de direction E.

4.1 Qu'appelle-t-on isométrie ?

On appelle isométrie de l'espace affine euclidien $\mathcal{E}$ toute application affine f de $\mathcal{E}$ dans lui-même qui conserve les distances, c'est-à-dire telle que pour tout $(M, N) \in \mathcal{E}^2$:

$$\left\|\overrightarrow{f(M)f(N)}\right\| = \left\|\overrightarrow{MN}\right\| .$$

Cela revient à dire que l'application linéaire φ associée à f est un automorphisme orthogonal de E.

4.2 Que sont les déplacements du plan et de l'espace ?

Un déplacement de l'espace euclidien orienté $\mathcal{E}$ est une isométrie dont l'application linéaire associée est un élément de $SO(E)$.

- Si $\dim \mathcal{E} = 2$, tout déplacement du plan $\mathcal{E}$ est soit une translation, soit une rotation.
- Si $\dim \mathcal{E} = 3$, on appelle vissage de $\mathcal{E}$ la composée (commutative) d'une rotation d'axe noté Δ et d'une translation de vecteur colinéaire à un vecteur directeur de Δ.

Tout déplacement d'un espace euclidien orienté de dimension 3 est soit une translation, soit une rotation, soit un vissage.

Pour caractériser un vissage, on caractérise d'abord l'endomorphisme associé qui est une rotation d'angle θ et d'axe orienté par w. Puis on détermine l'axe Δ du vissage par :

$$M \in \Delta \Leftrightarrow \left(\overrightarrow{Mf(M)}, \vec{w}\right) \text{ liée}.$$

Enfin, en prenant un point A sur Δ, on obtient le vecteur $\vec{u}$ du vissage en écrivant :

$$\vec{u} = \overrightarrow{Af(A)}.$$

4.3 Qu'est-ce qu'une similitude directe du plan ?

Soit $k > 0$. On appelle similitude de rapport k du plan euclidien $\mathcal{E}$ toute application affine f de $\mathcal{E}$ dans $\mathcal{E}$ qui vérifie :

$$\forall (M, N) \in \mathcal{E}^2, \left\|\overrightarrow{f(M)f(N)}\right\| = k\left\|\overrightarrow{MN}\right\|.$$

Une similitude est dite directe si c'est la composée d'une homothétie (de rapport $k > 0$) et d'un déplacement.

Exemples de similitudes directes du plan : les homothéties de rapport non nul, les translations et les rotations.

En identifiant le plan euclidien orienté $\mathcal{E}$ et $\mathbb{C}$, l'écriture complexe d'une similitude directe est $z \mapsto az + b$ avec $(a, b) \in \mathbb{C}^* \times \mathbb{C}$.

Si $a = 1$, c'est une translation ;

Si $|a| = 1$ et $a \neq 1$ c'est une rotation d'angle $\arg(a)$;

Sinon, c'est une similitude directe de rapport $k = |a|$, d'angle $\theta = \arg(a)$ et de centre Ω d'affixe ω (défini par $\omega = a\omega + b$ c'est-à-dire $\omega = \dfrac{b}{1-a}$).

C'est aussi la composée d'une homothétie de rapport k et d'une isométrie.

Une similitude directe de rapport k conserve les angles orientés et multiplie les aires par k^2.

Étant donné deux segments $[AB]$ et $[A'B']$ de longueur non nulle, il existe une similitude directe et une seule transformant A en A' et B en B'.

Les savoir-faire clefs

1 ■ Savoir utiliser l'inégalité de Cauchy-Schwarz.

1.1 Soit (f_1, f_2) une famille libre de $E = C([a, b], \mathbb{R})$.

a) Montrer que pour tout couple (w_1, w_2) de réels, il existe une unique application h dans $F = \text{Vect}(f_1, f_2)$ telle que :

$$\begin{cases} w_1 = \int_a^b h(x) f_1(x)\,dx \\ w_2 = \int_a^b h(x) f_2(x)\,dx \end{cases} \quad (*).$$

b) Quelle est la structure algébrique de l'ensemble des applications h solutions dans E du système (*) ?

Conseils méthodologiques

1.1.a) Écrire le système obtenu à l'aide d'un produit scalaire classique sur E.

1.1.b) Si h et k sont solutions, à quel sous-espace appartient $h - k$?

1.1.a) On munit E du produit scalaire $(f, g) \mapsto \int_a^b f(t)g(t)dt$ que l'on notera $\langle .,. \rangle$.

Soit (w_1, w_2) un couple de réel, on cherche une solution h sous la forme $\alpha f_1 + \beta f_2$ avec $(\alpha, \beta) \in \mathbb{R}^2$. L'application h est solution si et seulement si $\begin{cases} w_1 = \alpha\langle f_1, f_1\rangle + \beta\langle f_2, f_1\rangle \\ w_2 = \alpha\langle f_1, f_2\rangle + \beta\langle f_2, f_2\rangle \end{cases}$.

Ce système S, d'inconnue $(\alpha, \beta) \in \mathbb{R}^2$, est de Cramer car son déterminant vaut $\langle f_1, f_1\rangle\langle f_2, f_2\rangle - \langle f_1, f_2\rangle^2$. Ce déterminant est positif d'après l'inégalité de Cauchy-Schwarz et non nul car (f_1, f_2) est une famille libre de E. Le système S admet donc une unique solution $(\alpha_0, \beta_0) \in \mathbb{R}^2$. On en déduit qu'il existe une unique application h_0 solution du problème dans $\text{Vect}(f_1, f_2)$.

Autre solution : soit φ l'unique forme linéaire sur F définie sur la base (f_1, f_2) de F par $\begin{cases} \varphi(f_1) = w_1 \\ \varphi(f_2) = w_2 \end{cases}$. Il existe un unique h dans F tel que $\varphi = \langle h,. \rangle$, d'où le résultat.

b) L'application k est solution si et seulement si $\begin{cases} \langle k, f_1\rangle = \langle h_0, f_1\rangle \\ \langle k, f_2\rangle = \langle h_0, f_2\rangle \end{cases}$, c'est-à-dire $\langle k - h_0, f_1\rangle = \langle k - h_0, f_2\rangle = 0$. Cela équivaut à $k - h_0 \in \text{Vect}(f_1, f_2)^\perp$ On en déduit que l'ensemble des solutions de (*) dans E est l'espace affine $h_0 + \text{Vect}(f_1, f_2)^\perp$ passant par h_0 de direction $\text{Vect}(f_1, f_2)^\perp$.

Un sous-espace affine d'un espace vectoriel E est un ensemble qui s'écrit sous la forme $u + F = \{u + f \,/\, f \in F\}$ où $u \in E$ et F désigne un sous-espace vectoriel de E.

Conseils méthodologiques

2.1. Pour prouver qu'une application est un produit scalaire, revenir à la définition et prouver soigneusement le caractère défini positif.

2.3.b) Pour prouver qu'un endomorphisme est un automorphisme orthogonal il suffit de prouver que sa matrice relativement à une base orthonormale est une matrice orthogonale.

2 ■ Savoir reconnaître un automorphisme orthogonal.

Soit E le sous-espace vectoriel de $C(\mathbb{R}, \mathbb{R})$ engendré par (e_1, e_2, e_3) où $e_1 : t \mapsto \frac{1}{\sqrt{2}}$, $e_2 : t \mapsto \cos(2\pi t)$ et $e_3 : t \mapsto \sin(2\pi t)$.

2.1 Vérifier que $\phi : (f, g) \mapsto 2\int_0^1 f(t)g(t)dt$ définit un produit scalaire sur E.

2.2 Montrer que $B = (e_1, e_2, e_3)$ est une base orthonormale de E.

2.3 Pour tout x réel, on définit l'application τ_x qui à f élément de E associe g telle que pour tout t réel, $g(t) = f(x - t)$.

a) Montrer que τ_x est un endomorphisme de E, donner sa matrice relativement à la base B.

b) τ_x est-il un automorphisme orthogonal de E ? Montrer que τ_x est la réflexion par rapport au plan $P = \mathbb{R}e_1 \oplus \mathbb{R}(\cos(\pi x)e_2 + \sin(\pi x)e_3)$.

2.1 Déjà, pour tout (f, g) dans E^2, le produit $f \times g$ est dans E et donc $\int_0^1 f(t)g(t)dt$ est bien définie.

Ensuite, la symétrie de ϕ découle de la commutativité du produit dans $\mathbb{R}$. La linéarité de ϕ par rapport à la seconde variable découle de la distributivité du produit dans $\mathbb{R}$ et de la linéarité de l'intégrale. Enfin, pour f dans E, on a $\phi(f,f)=2\int_0^1 f(t)^2dt$ positive avec nullité si et seulement si la restriction de f à [0,1] est nulle car f^2 est positive et continue sur [0,1]. Comme E est contenu dans l'espace des fonctions 1-périodiques, on obtient finalement, $\phi(f,f)=0$ si et seulement si $f=0$.

2.2 On a immédiatement : $\phi(e_1,e_2)=\phi(e_1,e_3)=0$,
$\phi(e_2,e_3)=2\int_0^1 \sin(2\pi t)\cos(2\pi t)dt=\int_0^1 \sin(4\pi t)dt=0$,
$\phi(e_1,e_1)=1, \phi(e_2,e_2)=2\int_0^1 \cos^2(2\pi t)dt=\int_0^1 (1+\cos(4\pi t))dt=1$
et $\phi(e_3,e_3)=2\int_0^1 \sin^2(2\pi t)dt=\int_0^1 (1-\cos(4\pi t))dt=1$. La famille (e_1,e_2,e_3) étant orthonormale, est libre et comme elle est génératrice de E par définition, B est une base orthonormale de E.

2.3.a) Soit x réel. Pour tous f_1, f_2 dans E et λ, t réels :
$(\tau_x(f_1+\lambda f_2))(t)=f_1(x-t)+\lambda f_2(x-t)=(\tau_x(f_1))(t)+\lambda(\tau_x(f_2))(t)$, d'où la linéarité de τ_x.
On a $\tau_x(e_1)=e_1$, $\tau_x(e_2)=\cos(2\pi x)\,e_2+\sin(2\pi x)\,e_3$,
$\tau_x(e_3)=\sin(2\pi x)\,e_2-\cos(2\pi x)\,e_3$, donc $\tau_x(E)$ est dans E et τ_x est un endomorphisme de E de matrice $A=\begin{pmatrix}1&0&0\\0&\cos(2\pi x)&\sin(2\pi x)\\0&\sin(2\pi x)&-\cos(2\pi x)\end{pmatrix}$ relativement à B.

b) Comme B est une base orthonormale de E, pour prouver que τ_x est un automorphisme orthogonal de E, il suffit de prouver que A est une matrice orthogonale. Les colonnes de A forment une famille orthonormale de $M_{3,1}(\mathbb{R})$ donc τ_x est un automorphisme orthogonal de E. On reconnaît d'ailleurs la matrice d'une réflexion. Pour trouver l'espace P des vecteurs invariants, on résout le système : $A\begin{pmatrix}X\\Y\\Z\end{pmatrix}=\begin{pmatrix}X\\Y\\Z\end{pmatrix}$ équivalent à l'équation
$\sin(\pi x)Y-\cos(\pi x)Z=0$. On en déduit que :
$P=\mathbb{R}e_1\oplus\mathbb{R}(\cos(\pi x)e_2+\sin(\pi x)e_3)=\mathbb{R}e_1\oplus\mathbb{R}\varepsilon$, où $\varepsilon : t\mapsto\cos(\pi(x-2t))$.
L'endomorphisme τ_x est donc la réflexion par rapport au plan P.

3 ■ Savoir calculer la distance d'un point à un sous-espace.

3.1 Vérifier que l'application $\phi:(A,B)\mapsto tr({}^tAB)$ est un produit scalaire sur $M_n(\mathbb{R})$.

3.2 Montrer que l'ensemble S_n des matrices symétriques réelles et l'ensemble A_n des matrices antisymétriques réelles sont des sous-espaces supplémentaires orthogonaux dans $M_n(\mathbb{R})$.

3.3 Soit $M=(m_{i,j})\in M_n(\mathbb{R})$. Déterminer $\alpha=\inf_{X\in S_n}\left(\sum_{1\le i,\,j\le n}(m_{i,j}-x_{i,j})^2\right)$.

Conseils méthodologiques

3.1 Utiliser les propriétés classiques de la trace.

3.2 Pour prouver que $S_n=A_n^{\perp}$, il suffit d'une inclusion et de l'égalité des dimensions.

3.3 Interpréter cette borne inférieure en terme de carré de la distance d'une matrice à un sous-espace vectoriel de $M_n(\mathbb{R})$.

3.1 Comme pour A, B, M dans $M_n(\mathbb{R})$, $tr({}^tM) = tr(M)$ et ${}^t({}^tAB) = {}^tBA$, on obtient la symétrie de ϕ. La linéarité de la trace et la distributivité du produit matriciel donnent la linéarité de ϕ à droite. Enfin, si $A = (a_{i,j})$ est dans $M_n(\mathbb{R})$, $\phi(A, A) = tr({}^tAA) = \sum_{i=1}^{n}\sum_{j=1}^{n} a_{i,j}^2$ est positif avec nullité si et seulement si A est nulle.

tr(AB) = tr(BA).

3.2 Soit S dans S_n et A dans A_n, on a :
$\phi(S, A) = tr(SA) = tr(AS) = tr(-{}^tAS) = -tr({}^tAS) = -\phi(A, S) = -\phi(S, A)$. On a alors $\phi(S, A) = 0$ et on en déduit $S_n \subseteq A_n^{\perp}$. Comme, de plus, on a l'égalité des dimensions :

$$\dim(S_n) = \frac{n(n+1)}{2} = n^2 - \frac{n(n-1)}{2} = n^2 - \dim(A_n) = \dim(A_n^{\perp}),$$ on obtient $S_n = A_n^{\perp}$.

On découpe la somme comme suit : $\sum_{1\le i,\, j\le n} a_{i,j} = \sum_{1\le i<j\le n} a_{i,j} + \sum_{1\le i=j\le n} a_{i,j} + \sum_{1\le j<i\le n} a_{i,j}$.
Donc ici on trouve

$$\alpha = \frac{1}{2}\sum_{1\le i<j\le n}(m_{i,j} - m_{j,i})^2$$

car $\sum_{1\le i<j\le n}\left(\frac{m_{i,j} - m_{j,i}}{2}\right)^2 = \sum_{1\le j<i\le n}\left(\frac{m_{i,j} - m_{j,i}}{2}\right)^2$

3.3 Par définition de la distance d'un vecteur à un sous-espace $\alpha = d(M, S_n)^2$.
Cette distance est atteinte pour le projeté orthogonal de M sur S_n. Or la décomposition de M en somme d'une matrice symétrique et d'une matrice antisymétrique est : $M = \frac{M + {}^tM}{2} + \frac{M - {}^tM}{2}$, donc $p_{S_n}(M) = \frac{M + {}^tM}{2}$.

On a alors $\alpha = \|M - p_{S_n}(M)\|^2 = \sum_{1\le i,\, j\le n}\left(\frac{m_{i,j} - m_{j,i}}{2}\right)^2$ (d'après le calcul de $\phi(A, A) = \|A\|^2$ effectué au 3.1).

4 ■ Savoir utiliser l'expression matricielle du produit scalaire en base orthonormale.

Soit E un espace euclidien de dimension n et u un endomorphisme de E.

4.1 Montrer l'équivalence entre les quatre propositions suivantes :

a) $\forall x \in E,\ \langle u(x), x\rangle = 0$.

b) $\forall (x,y) \in E^2,\ \langle u(x), y\rangle = -\langle x, u(y)\rangle$.

c) La matrice de u dans toute base orthonormale de E est antisymétrique.

d) Il existe au moins une base orthonormale de E telle que la matrice de u relativement à cette base soit antisymétrique.

Désormais on suppose que u vérifie les propriétés précédentes.

4.2 Montrer que Ker(u) et Im(u) sont supplémentaires orthogonaux dans E.

4.3 On suppose $n = 3$ et E orienté, montrer l'existence et l'unicité d'un vecteur ω tel que l'on ait $u : x \mapsto \omega \wedge x$.

Conseils méthodologiques

4.1 Utiliser l'expression matricielle du produit scalaire en base orthonormale et prouver une boucle de quatre implications.

4.2 En dimension finie, pour prouver que deux sous espaces vectoriels sont égaux, on peut établir une inclusion et justifier l'égalité des dimensions.

4.3. En dimension finie pour prouver que deux endomorphismes sont égaux, on peut comparer leur matrice dans une base de notre choix.

4.1.a) Prouvons **a.** $\Rightarrow$ **b.** : Supposons **a.**
Pour $(x,y) \in E^2$, $\langle u(x+y), x+y\rangle = 0$. La linéarité de u et la bilinéarité du produit scalaire donnent :

$\langle u(x), x\rangle + \langle u(x), y\rangle + \langle u(y), x\rangle + \langle u(y), y\rangle = 0$.

Comme $\langle u(x), x\rangle = \langle u(y), y\rangle = 0$, on obtient **b**.

b) Prouvons que **b.** $\Rightarrow$ **c.** : Supposons **b**. Soit B une base orthonormale et $(x,y)\in E^2$. On note $X = \mathrm{Mat}_B(x)$, $Y = \mathrm{Mat}_B(y)$ et $A = \mathrm{Mat}_B(u)$, comme B est orthonormale le **b** se traduit matriciellement par : ${}^t(AX)Y = -{}^tX(AY)$ ou encore ${}^tX({}^tA+A)Y = 0$. Donc pour tout $(X,Y)\in M_{n,1}(\mathbb{R})^2$, $\langle X, ({}^tA+A)Y\rangle = 0$. Ainsi : $\forall X \in M_{n,1}(\mathbb{R}), ({}^tA+A)Y \perp X$, d'où $({}^tA+A)Y \in E^\perp = \{0\}$. On en déduit $({}^tA+A)Y = 0$ et ceci pour tout $Y\in M_{n,1}(\mathbb{R})$, d'où ${}^tA = -A$.

Autre solution : pour tout $Y\in M_{n,1}(\mathbb{R})$, la forme linéaire γ sur $M_{n,1}(\mathbb{R})$ définie par γ : $X \mapsto \langle X, ({}^tA+A)Y\rangle$ est nulle. Or il existe un unique vecteur $Z\in M_{n,1}(\mathbb{R})$ tel que $\gamma : X \mapsto \langle X, Z\rangle$, ce qui permet de retrouver, par unicité $({}^tA+A)Y = 0$.

c) L'implication **c.** $\Rightarrow$ **d.** découle de l'existence d'au moins une base orthonormale de E.

d) Prouvons **d.** $\Rightarrow$ **a.** : Soit B une base orthonormale de E telle que $A = \mathrm{Mat}_B(u)$ soit antisymétrique.
Pour tout $x \in E$, on pose $X = \mathrm{Mat}_B(x)$. Comme B est orthonormale, on a $\langle u(x), x\rangle = {}^t(AX)X = {}^tX\,{}^tAX = -{}^tXAX = -\langle x, u(x)\rangle$. On conclut grâce à la symétrie du produit scalaire.

4.2 Soit $x\in \mathrm{Ker}(u)$ et $y\in \mathrm{Im}(u)$. On a l'existence de $z\in E$ tel que $y = u(z)$. Le **b** donne alors $\langle x, y\rangle = \langle x, u(z)\rangle = -\langle u(x), z\rangle = 0$. On en déduit $\mathrm{Ker}(u) \subseteq \mathrm{Im}(u)^\perp$.
On conclut en raisonnant sur les dimensions :

$\dim\left((\mathrm{Im}(u))^\perp\right) = n - \dim(\mathrm{Im}(u)) = \dim(\mathrm{Ker}(u))$ grâce au théorème du rang.

4.3 Pour $B = (i, j, k)$ base orthonormée directe de E, on a $A = \mathrm{Mat}_B(u)$ est antisymétrique donc il existe un unique triplet $(\alpha, \beta, \gamma) \in \mathbb{R}^3$ tel que

$$A = \begin{pmatrix} 0 & \alpha & \beta \\ -\alpha & 0 & \gamma \\ -\beta & -\gamma & 0 \end{pmatrix}.$$

Soit $\omega = a\,i + b\,j + c\,k \in E$ et $v : x \mapsto \omega \wedge x$, on a $\mathrm{Mat}_B(v) = \begin{pmatrix} 0 & -c & b \\ c & 0 & -a \\ -b & a & 0 \end{pmatrix}$.

On a bien l'existence et l'unicité d'un vecteur ω de E tel que $u : x \mapsto \omega \wedge x$ (à savoir $\omega = -\gamma i + \beta j - \alpha k$).

$i \wedge j = k$, $j \wedge k = i$, $k \wedge i = j$.

5 ■ Savoir utiliser le procédé d'orthonormalisation de Schmidt.

Soit $(a, b) \in \mathbb{R}^2$ tel que $a < b$. Soit $w\in C([a, b], \mathbb{R}^+)$ distincte de l'application nulle.

5.1 Montrer que $(P,Q) \to \int_a^b P(t)Q(t)w(t)dt$ est un produit scalaire sur $\mathbb{R}[X]$.

5.2 Montrer qu'il existe une et une seule famille orthogonale $(P_n)_{n\geq 0}$ de polynômes à coefficients réels et de coefficient dominant égal à 1 tels que pour tout n, P_n soit de degré n.

5.3 Montrer que pour tout n, P_n admet n racines réelles simples et qu'elles sont toutes dans $]a, b[$.

Conseils méthodologiques

5.1. Bien justifier le caractère défini positif.

5.2. Utiliser le procédé d'orthonormalisation de Gram-Schmidt.

5.3. Prouver que P_n admet n racines d'ordre impair dans $]a, b[$.

5.4. Poser $E_k = \dfrac{P_k}{\|P_k\|}$ puis décomposer $P_{n+1} - XP_n$ dans la base orthonormale $(E_0, E_1, \ldots, E_n)$ de $\mathbb{R}_n[X]$.

5.4 En utilisant le fait que $\langle P, XQ \rangle = \langle XP, Q \rangle$ pour tout couple (P,Q) de polynômes, montrer l'existence de deux suites réelles $(a_n)_{n \geq 0}$ et $(b_n)_{n \geq 0}$ telles que : $\forall n \in \mathbb{N}^*$, $P_{n+1} = (X + a_n)P_n + b_n P_{n-1}$.

5.5 **Application :** on prend $a = -1$, $b = 1$ et $w(t) = \sqrt{1 - t^2}$.

a) Montrer l'existence et l'unicité d'une suite de polynômes $(Q_n)_{n \geq 0}$ à coefficients réels tels que : $\forall n \in \mathbb{N}$, $\forall x \in \mathbb{R}$, $\sin(n+1)x = (\sin x) Q_n(\cos x)$

b) Trouver le degré et le coefficient dominant de Q_n.

c) On pose, pour tout n, $P_n = \dfrac{Q_n}{2^n}$. Montrer que la suite $(P_n)_{n \geq 0}$ est la suite de la question 5.2.

d) Quelles sont les racines de P_n pour $n \in \mathbb{N}$? Est-ce cohérent avec le 5.3 ?

e) Déterminer les suites $(a_n)_{n \geq 0}$ et $(b_n)_{n \geq 0}$ du 5.4.

5.1 La symétrie de ϕ découle de la commutativité du produit dans $\mathbb{R}$. La linéarité de ϕ par rapport à la seconde variable découle de la distributivité du produit dans $\mathbb{R}$ et de la linéarité de l'intégrale. Pour le caractère défini positif, $\int_a^b P(t)^2 w(t)dt$ est positif car $t \mapsto P(t)^2 w(t)$ l'est et $a < b$. Le cas de nullité correspond à $t \mapsto P(t)^2 w(t)$ nulle sur $[a,b]$ car $t \mapsto P(t)^2 w(t)$ est continue et positive sur $[a,b]$. Comme w est non nulle, il existe c dans $[a,b]$ tel que $w(c) \neq 0$, puis par continuité de w, il existe $(\eta, \alpha, \beta) \in \mathbb{R}_+^* \times \left]a, b\right[^2$ tel que $\alpha < \beta$ et w ne s'annule pas sur $\left]\alpha, \beta\right[= \left]c - \eta, c + \eta\right[\bigcap \left]a, b\right[$. La restriction de P à $]\alpha, \beta[$ est donc nulle ce qui donne la nullité du polynôme P car $]\alpha, \beta[$ contient une infinité de réels.

5.2 D'après le procédé d'orthonormalisation de Gram-Schmidt appliqué à la base canonique de $\mathbb{R}[X]$, il existe une *unique* famille orthonormale $(Q_n)_{n \geq 0}$ de polynômes à coefficients réels tels que, pour tout n, Q_n soit de degré n et $\langle Q_n, X^n \rangle > 0$. La famille cherchée est donc nécessairement donnée par $P_n(X) = \dfrac{Q_n(X)}{a_{n,n}}$ où $a_{n,n}$ est le coefficient dominant de Q_n pour n entier naturel.

5.3 Notons $(\alpha_1, \ldots, \alpha_q)$ les éventuelles racines d'ordre de multiplicité impair de P_n dans $]a,b[$. Supposons $q < n$. Considérons alors $R(X) = \prod_{k=1}^{q} (X - \alpha_k)$. Par convention, on prendra $R = 1$ si $q = 0$. Dans tous les cas R est dans $\mathbb{R}_{n-1}[X]$. Le polynôme $P_n(X)R(X)$ possède des racines complexes non réelles conjuguées deux à deux et, éventuellement, des racines réelles. Celles qui sont dans $]a,b[$sont d'ordre de multiplicité pair vu le choix de R, par suite $P_n(X)R(X)$ reste de signe constant sur $]a, b[$. De plus, la famille $(P_k)_{0 \leq k \leq n-1}$ de $\mathbb{R}_{n-1}[X]$, étant de degré échelonné, est libre et, étant de cardinal égal à la dimension de $\mathbb{R}_{n-1}[X]$, elle en est une base. On en déduit que R est combinaison linéaire des P_k pour $0 \leq k \leq n-1$. Donc R est orthogonal à P_n, c'est-à-dire que $\int_a^b P_n(t)R(t)w(t)dt = 0$. La fonction $t \mapsto P_n(t)R(t)w(t)$ est continue, positive sur $]a,b[$ et non identiquement nulle, par conséquent la nullité de $\int_a^b P_n(t)R(t)w(t)dt$ donne une contradiction.

On a donc prouvé que $q = n$ et ainsi que P_n admet n racines réelles, dans $]a, b[$, d'ordre de multiplicité impair. Le polynôme P_n étant de degré n, ses racines sont toutes dans $]a,b[$ et sont nécessairement simples.

5.4 Pour tout $n \in \mathbb{N}^*$, $(P_{n+1} - XP_n) \in \mathbb{R}_n[X]$ et comme $(E_k)_{0 \le k \le n}$ est une base orthonormale de $\mathbb{R}_n[X]$, on en déduit que :

$$P_{n+1} - XP_n = \sum_{k=0}^{n} \langle E_k, P_{n+1} - XP_n \rangle E_k = \sum_{k=0}^{n} \langle E_k, P_{n+1} \rangle E_k - \sum_{k=0}^{n} \langle E_k, XP_n \rangle E_k.$$

Or $\langle E_k, P_{n+1} \rangle = 0$ pour tout $k \in [\![0, n]\!]$, donc $P_{n+1} - XP_n = -\sum_{k=0}^{n} \langle E_k, XP_n \rangle E_k$.

De plus, pour tout $k \in [\![0, n-2]\!]$, $\langle E_k, XP_n \rangle = \langle XE_k, P_n \rangle = 0$ car $XE_k \in \mathbb{R}_{n-1}[X]$ et $P_n \in \mathbb{R}_{n-1}[X]^{\perp}$. Par conséquent $P_{n+1} - XP_n = -\langle E_n, XP_n \rangle E_n - \langle E_{n-1}, XP_n \rangle E_{n-1}$.

En résumé, on a bien $P_{n+1} = (X + a_n)P_n + b_n P_{n-1}$ avec $\boxed{a_n = -\frac{1}{\|P_n\|^2} \langle P_n, XP_n \rangle}$ et $\boxed{b_n = -\frac{1}{\|P_{n-1}\|^2} \langle P_{n-1}, XP_n \rangle}$.

5.5.a) • Montrons l'unicité sous réserve d'existence.
Soit $n \in \mathbb{N}$, supposons que P et Q soient deux polynômes tels que pour tout x réel, $\sin(n+1)x = (\sin x)P(\cos x) = (\sin x)Q(\cos x)$. On a alors pour tout x dans $]0, \pi[$, $(P - Q)(\cos x) = 0$. Le polynôme $(P - Q)$ admet donc une infinité de racines, on en déduit $P = Q$.

• Montrons l'existence. Soit $n \in \mathbb{N}$ et $x \in \mathbb{R}$,

$$\sin(n+1)x = \mathrm{Im}\left(\left(\cos(x) + i\sin(x)\right)^{n+1}\right) = \mathrm{Im}\left(\sum_{k=0}^{n+1} \binom{n+1}{k} i^k \sin^k(x) \cos^{n+1-k}(x)\right)$$
$$= \sum_{0 \le k \le E\left(\frac{n}{2}\right)} \binom{n+1}{2k+1} (-1)^k \sin^{2k+1}(x) \cos^{n-2k}(x) = \sin(x) Q_n(\cos(x)),$$

$$0 \le 2k+1 \le n+1 \Leftrightarrow -1 \le 2k \le n \Leftrightarrow \frac{-1}{2} \le k \le \frac{n}{2} \Leftrightarrow 0 \le k \le E\left(\frac{n}{2}\right).$$

où $\boxed{Q_n(X) = \sum_{k=0}^{E\left(\frac{n}{2}\right)} \binom{n+1}{2k+1} (X^2 - 1)^k X^{n-2k}}$.

b) Après développement des $(X^2 - 1)^k$, le polynôme Q_n est combinaison linéaire de monômes de degré inférieur ou égal à n. Le coefficient du terme en X^n vaut $\sum_{k=0}^{E\left(\frac{n}{2}\right)} \binom{n+1}{2k+1}$.

Or $2^{n+1} = (1+1)^{n+1} - (1-1)^{n+1} = \sum_{k=0}^{n+1} \left(1 - (-1)^k\right) \binom{n+1}{k} = 2 \sum_{k=0}^{E\left(\frac{n}{2}\right)} \binom{n+1}{2k+1}$. On en déduit que le polynôme Q_n est de degré n et de coefficient dominant égal à 2^n.

c) Déjà, chaque polynôme P_n est de degré n et de coefficient dominant égal à 1. Reste à vérifier l'orthogonalité de la famille des P_n. Pour $n \ne m$,

$\langle P_n, P_m \rangle = \int_{-1}^{1} P_n(t) P_m(t) \sqrt{1 - t^2}\, dt.$

$(\sin a)(\sin b) = \dfrac{\cos(a-b)-\cos(a+b)}{2}$.

Le changement de variables $t = \cos x$ donne

$$\langle P_n, P_m\rangle = \int_0^{\pi} P_n(\cos x)P_m(\cos x)\sin^2 x\,dx$$
$$= \frac{1}{2^{n+m}}\int_0^{\pi}\sin(n+1)x\sin(m+1)x\,dx = 0$$

L'unicité démontrée dans la question 5.2. permet alors d'affirmer que la suite $(P_n)_{n\geq 0}$ est la suite obtenue au 5.2.

d) Pour tout $n\in\mathbb{N}$ et $x\in\,]0,\pi[$, $Q_n(\cos x) = \dfrac{\sin(n+1)x}{\sin x}$. Les $\cos\left(\dfrac{k\pi}{n+1}\right)$ pour $k\in[\![1,n]\!]$ sont donc des racines de Q_n. La fonction cos étant injective sur $]0,\pi[$, on a ainsi obtenu n racines distinctes de Q_n. Comme le polynôme Q_n est de degré n, on a ainsi trouvé toutes les racines de Q_n et on a donc prouvé que Q_n admet n racines réelles simples et qu'elles sont toutes dans $]-1,1[$. On conclut en remarquant que les polynômes P_n et Q_n ont les mêmes racines.

e) On a prouvé au 5.4 que $P_{n+1}=(X+a_n)P_n + b_n P_{n-1}$ avec :

$a_n = -\dfrac{1}{\|P_n\|^2}\langle P_n, XP_n\rangle$ et $b_n = -\dfrac{1}{\|P_{n-1}\|^2}\langle P_{n-1}, XP_n\rangle$. On a donc, en utilisant le changement de variables $t = \cos x$, la définition des polynômes P_n :

$$a_n = -\frac{\int_{-1}^{1} tP_n(t)^2\sqrt{1-t^2}\,dt}{\int_{-1}^{1} P_n(t)^2\sqrt{1-t^2}\,dt} = -\frac{\int_0^{\pi}\cos x\sin^2(n+1)x\,dx}{\int_0^{\pi}\sin^2(n+1)x\,dx}$$

$$\text{et } b_n = -\frac{\int_{-1}^{1} tP_n(t)P_{n-1}(t)\sqrt{1-t^2}\,dt}{\int_{-1}^{1} P_{n-1}(t)^2\sqrt{1-t^2}\,dt} = -\frac{\int_0^{\pi}\cos x\sin(n+1)x\sin(nx)dx}{2\int_0^{\pi}\sin^2(nx)dx}.$$

Enfin en intégrant, les formules de trigonométrie $\sin^2 a = \dfrac{1-\cos 2a}{2}$, $(\sin a)(\sin b) = \dfrac{\cos(a-b)-\cos(a+b)}{2}$,

$(\cos a)(\cos b) = \dfrac{\cos(a+b)+\cos(a-b)}{2}$ permettent d'obtenir : $\boxed{a_n = 0}$ et $\boxed{b_n = -\dfrac{1}{4}}$.

On a donc la relation de récurrence suivante : $\boxed{P_{n+1} = XP_n - \dfrac{1}{4}P_{n-1}}$.

Conseils méthodologiques

6.1. Se souvenir du lien entre hyperplan et noyau de forme linéaire.

6.2. Se souvenir de la caractérisation des matrices de rang r donné.

6 ■ Savoir utiliser la caractérisation des formes linéaires sur un espace euclidien.

6.1 On admet que l'application $(A, B)\mapsto tr({}^tAB)$ est un produit scalaire sur $M_n(\mathbb{R})$.

Pour tout hyperplan H de $M_n(\mathbb{R})$, montrer l'existence d'une matrice non nulle A telle que $H = \{X\in M_n(\mathbb{R})\ /\ tr(AX) = 0\}$.

6.2 Montrer que $H\cap GL_n(\mathbb{R}) \neq \varnothing$. (On pourra commencer par le cas où $A = \sum_{i=1}^{r} E_{i,i}$ où les $E_{i,j}$ sont les matrices de la base canonique de $M_n(\mathbb{R})$).

6.1 Les hyperplans sont les noyaux des formes linéaires non nulles. On a donc l'existence d'une forme linéaire non nulle ϕ sur $M_n(\mathbb{R})$ telle que $H = \mathrm{Ker}(\phi)$. Comme $M_n(\mathbb{R})$ est muni d'une structure d'espace euclidien avec le produit scalaire donné dans l'énoncé, on a l'existence et l'unicité d'une matrice B telle que $\phi : X \mapsto \langle B, X\rangle = tr({}^tBX)$. On pose $A = {}^tB$ et on remarque que $A \neq 0$ car ϕ est non nulle. On a alors $H = \{X \in M_n(\mathbb{R}) \,/\, tr(AX) = 0\}$.

6.2 Notons r le rang de A, on a l'existence de deux matrices P et Q inversibles telles que :

$A = PJ_rQ$ où $J_r = \sum_{i=1}^{r} E_{i,\,i}$. On cherche $X \in GL_n(\mathbb{R})$ telle que $tr(AX) = 0$, or pour tout $Y \in M_n(\mathbb{R})$, $tr(AY) = tr(PJ_rQY) = tr(J_r(QYP))$.

Comme X est inversible si et seulement si QXP l'est, on est ramené au cas où $A = J_r$, ce que l'on supposera désormais.

On prend alors $X = E_{1,\,n} + \sum_{i=2}^{n} E_{i,\,i-1} \in M_n(\mathbb{R})$.

On a $X \in GL_n(\mathbb{R})$ et $tr(J_r\,X) = tr(J_r\,E_{1,\,n}) + \sum_{i=2}^{n} tr(J_r\,E_{i,\,i-1}) = 0$.

Donc $H \cap GL_n(\mathbb{R}) \neq \varnothing$.

$tr(AB) = tr(BA)$.

$(GL_n(\mathbb{R}), \times)$ est un groupe.

$$X = \begin{pmatrix} 0 & \cdots & \cdots & 0 & 1 \\ 1 & \ddots & 0 & \vdots & 0 \\ 0 & \ddots & \ddots & \vdots & \vdots \\ \vdots & \ddots & \ddots & 0 & \vdots \\ 0 & \cdots & 0 & 1 & 0 \end{pmatrix}$$

$E_{i,j}E_{k,l} = \delta_{j,k}\,E_{i,l}$ et $J_r = \sum_{i=1}^{r} E_{i,\,i}$

donc $J_r\,E_{1,\,n} = E_{1,\,n}$ et

$$J_r\,E_{i,\,i-1} = \begin{cases} E_{i,\,i-1} & \text{si } 2 \leq i \leq r \\ 0 & \text{sinon} \end{cases}$$

enfin, $tr(E_{i,\,j}) = 0$ si $i \neq j$

donc $tr(J_r\,X) = 0$.

Pour maîtriser les bases

1. Automorphisme orthogonal ____ D'après Centrale

Soit E un espace euclidien et a un vecteur unitaire de E. Pour α réel et x dans E, on définit $f_\alpha(x) = x + \alpha\langle x, a\rangle a$ et on note $G = \{f_\alpha \,/\, \alpha \in \mathbb{R}\backslash\{-1\}\}$.

1. Montrer que pour tout $\alpha \in \mathbb{R}\backslash\{-1\}$, f_α est un automorphisme de E.

2. Déterminer la structure de $(G, \circ)$.

3. Déterminer $A = \{\alpha \in \mathbb{R} / f_\alpha \in O(E)\}$ et pour chaque $\alpha \in A$ déterminer la nature géométrique de f_α.

Conseils méthodologiques : 1.3. Vérifier la conservation de la norme.

1. Soit $\alpha \in \mathbb{R}\backslash\{-1\}$. Pour $(x, y, \lambda) \in E^2 \times \mathbb{R}$, on a $f_\alpha(x + \lambda y) = x + \lambda y + \alpha\langle x + \lambda y, a\rangle a = f_\alpha(x) + \lambda f_\alpha(y)$ d'après la linéarité du produit scalaire par rapport à la première variable. Comme f_α est à valeurs dans E, c'est bien un endomorphisme de E. Pour prouver que f_α est un automorphisme de E, il suffit de prouver que $\mathrm{Ker}(f_\alpha) = \{0\}$ car E est de dimension finie.
Soit $x \in E$, $x \in \mathrm{Ker}(f_\alpha) \Leftrightarrow x = -\alpha\langle x, a\rangle a$ donc $\mathrm{Ker}(f_\alpha)$ est contenu dans $\mathbb{R}a$, or $f_\alpha(a) = (1 + \alpha)\, a$ est non nul, d'où f_α est un automorphisme de E.

2. Pour $(\alpha, \beta) \in \mathbb{R}^2$, le calcul donne $f_\alpha \circ f_\beta = f_{\alpha+\beta+\alpha\beta} = f_\beta \circ f_\alpha$ et l'équivalence : $\alpha + \beta + \alpha\beta = -1 \Leftrightarrow (\alpha+1)(\beta+1) = 0$. Or $\alpha \neq -1$ et $\beta \neq -1$, donc $\alpha + \beta + \alpha\beta \neq -1$ donc $\circ$ est bien une loi de composition interne (commutative) sur G. On va prouver que $(G, \circ)$ est un sous-groupe de $(GL(E), \circ)$. On a déjà vu au 1.1. que G est contenu dans $GL(E)$. L'élément neutre pour $\circ$ est $id_E = f_0$ qui est un élément de G. Pour $\alpha \neq -1$ et $\beta \neq -1$, on a $f_\alpha \circ f_\beta = f_0$ si et seulement si $(\alpha + 1)(\beta + 1) - 1 = 0$ c'est-à-dire si $\beta = \dfrac{-\alpha}{\alpha + 1} \neq -1$. On en déduit que tout élément $f_\alpha \in G$ admet $f_{\frac{-\alpha}{\alpha+1}} \in G$ comme symétrique. En conclusion, $(G, \circ)$ est un groupe commutatif.

3. Pour $\alpha \in \mathbb{R}$, $f_\alpha \in O(E)$ si et seulement si pour tout $x \in E$, $\|f_\alpha(x)\|^2 = \|x\|^2$, c'est-à-dire $\alpha(\alpha+2)\langle x, a\rangle^2 = 0$. En particulier, pour $x = a$, on obtient $\alpha(\alpha+2) = 0$ ou encore α appartient à $\{0, -2\}$. La réciproque est immédiate. On peut d'ailleurs remarquer que $f_0 = id_E$ appartient à $O(E)$ et $f_{-2} : x \mapsto x - 2\langle x, a\rangle a$ correspond à la réflexion par rapport à $(\mathbb{R}a)^\perp$ qui est bien un automorphisme orthogonal.

2. Caractérisation des projecteurs orthogonaux ____ D'après Mines-Ponts

Soit E un espace euclidien et p un projecteur de E. Montrer que p est une projection orthogonale si et seulement si pour tout x de E, $\|p(x)\| \leq \|x\|$.

Conseils méthodologiques : pour $(x, y) \in F \times G$ et $t \in \mathbb{R}$, calculer $\|p(x + ty)\|^2$ si p est la projection sur F suivant G. (*cf.* Fig. 2)

• Supposons p projection orthogonale sur un sous-espace F. Pour x dans E, on a la décomposition : $x = p(x) + (x - p(x))$. Le théorème de Pythagore donne $\|x\|^2 = \|p(x)\|^2 + \|x - p(x)\|^2 \geq \|p(x)\|^2$.

Erreur à éviter :
À part l'identité de E, aucun projecteur orthogonal n'est un automorphisme orthogonal.

• Première solution pour l'implication réciproque :
Soit p le projecteur sur un sous-espace F parallèlement à un sous-espace G tel que pour tout x de E, $\|p(x)\| \leq \|x\|$. Pour $(x, y) \in F \times G$ et $t \in \mathbb{R}$, on a $\|p(x+ty)\|^2 = \|x\|^2 \leq \|x+ty\|^2 = \|x\|^2 + 2t\langle x, y\rangle + t^2\|y\|^2$.
L'application dérivable $f : t \mapsto \|x\|^2 + 2t\langle x, y\rangle + t^2\|y\|^2$ admet donc un minimum (global) en $t = 0$. On a alors $f'(0)=0$, ce qui nous donne $\langle x, y\rangle = 0$ donc G est orthogonal à F. On a obtenu le caractère orthogonal du projecteur p.

• Deuxième solution pour l'implication réciproque : Par l'absurde.
Si $G^\perp \neq F$ alors $G^\perp$ n'est pas inclus dans F. Soit $x \in G^\perp \setminus F$. On décompose x suivant $E = F \oplus G$: $x = x_F + x_G$. Ainsi $x_F = x - x_G$. D'après le théorème de Pythagore, on a $\|x_F\|^2 = \|x\|^2 + \|x_G\|^2 > \|x\|^2$, ce qui est contradictoire.

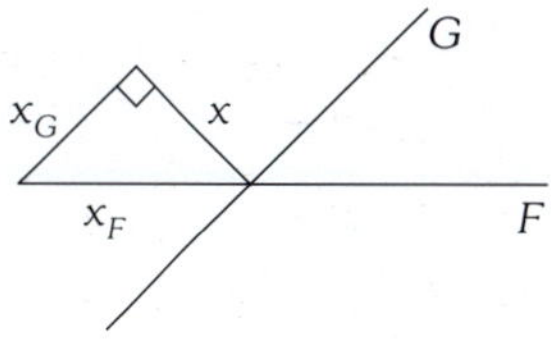

Figure 2

3. Utilisation du produit vectoriel et des bases orthonormées directes — D'après Centrale

Soit E un espace euclidien orienté de dimension 3 et f un endomorphisme non nul de E.
Prouver que f est une rotation si et seulement si f conserve le produit vectoriel c'est-à-dire si : $\forall (x, y) \in E^2$, $f(x \wedge y) = f(x) \wedge f(y)$.

Conseils méthodologiques : utiliser la caractérisation des rotations en dimension 3 à l'aide de l'image d'une base orthonormée directe.
Dans une « bonne base », la matrice d'une rotation a une forme « agréable ».

On raisonne par double implication.

• Supposons que f conserve le produit vectoriel. Soit $B = (i, j, k)$ une base orthonormée directe de E. Pour prouver que f est une rotation, il suffit de prouver que f transforme la base B en une base orthonormée directe de E.

Or $f(i) \wedge f(j) = f(i \wedge j) = f(k)$ et $f(j) \wedge f(k) = f(j \wedge k) = f(i)$ donc $C = (f(i), f(j), f(k))$ est une famille orthogonale. On a alors $\|f(k)\| = \|f(i) \wedge f(j)\| = \|f(i)\| \times \|f(j)\|$
et de même : $\|f(i)\| = \|f(j) \wedge f(k)\| = \|f(j)\| \times \|f(k)\|$ et $\|f(j)\| = \|f(k) \wedge f(i)\| = \|f(k)\| \times \|f(i)\|$.

La non nullité de f et les relations précédentes donnent $\alpha = \|f(i)\| \times \|f(j)\| \times \|f(k)\| \neq 0$. Les deux premières égalités précédentes donnent alors $\|f(k)\| = \|f(j)\|^2 \times \|f(k)\|$, puis $\|f(j)\| = 1$. On obtient de la même façon $\|f(i)\| = \|f(k)\| = 1$. La famille C est donc une famille orthonormale de E, donc une base car E est de dimension 3. Comme $f(i) \wedge f(j) = f(k)$, la base $(f(i), f(j), f(k))$ est orthonormée directe.

• Première solution pour l'implication réciproque :
Supposons que f soit une rotation de E. Soit $B = (i, j, k)$ une base orthonormée directe de E avec i vecteur dirigeant et orientant l'axe de f. On sait que la matrice de f dans B est $Mat_B(f) = \begin{pmatrix} 1 & 0 & 0 \\ 0 & \cos(\theta) & -\sin(\theta) \\ 0 & \sin(\theta) & \cos(\theta) \end{pmatrix}$, où θ est l'angle de f.

Soit $(x, y) \in E^2$, il existe $(a, b, c, \alpha, \beta, \gamma) \in \mathbb{R}^6$ tel que $x = a\,i + b\,j + c\,k$ et $y = \alpha\, i + \beta\, j + \gamma\, k$.

On a $Mat_B(x \wedge y) = \begin{pmatrix} b\gamma - c\beta \\ c\alpha - a\gamma \\ a\beta - b\alpha \end{pmatrix}$ et donc

$$Mat_B\big(f(x \wedge y)\big) = \begin{pmatrix} 1 & 0 & 0 \\ 0 & \cos(\theta) & -\sin(\theta) \\ 0 & \sin(\theta) & \cos(\theta) \end{pmatrix}\begin{pmatrix} b\gamma - c\beta \\ c\alpha - a\gamma \\ a\beta - b\alpha \end{pmatrix} = \begin{pmatrix} b\gamma - c\beta \\ (c\alpha - a\gamma)\cos(\theta) - (a\beta - b\alpha)\sin(\theta) \\ (c\alpha - a\gamma)\sin(\theta) + (a\beta - b\alpha)\cos(\theta) \end{pmatrix}$$

et $Mat_B\big(f(x) \wedge f(y)\big) = \begin{pmatrix} a \\ b\cos(\theta) - c\sin(\theta) \\ b\sin(\theta) + c\cos(\theta) \end{pmatrix} \wedge \begin{pmatrix} \alpha \\ \beta\cos(\theta) - \gamma\sin(\theta) \\ \beta\sin(\theta) + \gamma\cos(\theta) \end{pmatrix}$.

C'est-à-dire $Mat_B\big(f(x) \wedge f(y)\big) = \begin{pmatrix} b\gamma - c\beta \\ (c\alpha - a\gamma)\cos(\theta) - (a\beta - b\alpha)\sin(\theta) \\ (c\alpha - a\gamma)\sin(\theta) + (a\beta - b\alpha)\cos(\theta) \end{pmatrix}$. On a bien $f(x \wedge y) = f(x) \wedge f(y)$.

- Deuxième solution pour l'implication réciproque :

Supposons que f soit une rotation de E. Soit $(x, y) \in E^2$. Montrons que le vecteur $f(x \wedge y) - f(x) \wedge f(y)$ est nul en prouvant qu'il est orthogonal à $\mathrm{Im}(f) = E$. Pour cela calculons $\langle f(x \wedge y) - f(x) \wedge f(y), f(z)\rangle$ pour $z \in E$. On a $\langle f(x \wedge y) - f(x) \wedge f(y), f(z)\rangle = \langle f(x \wedge y), f(z)\rangle - \langle f(x) \wedge f(y), f(z)\rangle$. Or $f \in O(E)$ donc $\langle f(x \wedge y), f(z)\rangle = \langle x \wedge y, z\rangle = [x, y, z]$
et $\langle f(x) \wedge f(y), f(z)\rangle = [f(x), f(y), f(z)] = (\det(f))[x, y, z]$ d'après les propriétés du produit mixte.

Remarque : $(x, y, z) \mapsto [f(x), f(y), f(z)]$ et $(x, y, z) \mapsto [x, y, z]$ sont deux formes trilinéaires alternées, elles sont donc proportionnelles. Le coefficient de proportionnalité s'obtient alors à l'aide de la définition du déterminant en prenant pour (x, y, z) une base orthonormée directe.

Comme $\det(f) = 1$, on en déduit $\langle f(x \wedge y) - f(x) \wedge f(y), f(z)\rangle = 0$. Ceci étant vrai pour tout $z \in E$, on a $f(x \wedge y) - f(x) \wedge f(y) \in \mathrm{Im}(f)^{\perp} = E^{\perp} = \{0\}$. D'où le résultat cherché.

4. Moyenne de Cesaro des itérées d'un automorphisme orthogonal — D'après Mines-Ponts

Soit E un espace euclidien, $u \in O(E)$ et $v = u - id_E$.

1. Montrer que $\mathrm{Ker}(v) = \mathrm{Im}(v)^{\perp}$.

2. Montrer que $\lim_{m \to +\infty} \left(\frac{1}{m}\sum_{k=0}^{m-1} u^k\right) = p_F$ où p_F désigne la projection orthogonale sur $F = \mathrm{Ker}\, v$. C'est-à-dire prouver que pour tout vecteur x de E, $\left\| \frac{1}{m}\sum_{k=0}^{m-1} u^k(x) - p_F(x) \right\| \xrightarrow[m \to +\infty]{} 0$.

Conseils méthodologiques : 4.1. En dimension finie pour prouver que deux sous espaces vectoriels sont égaux, on peut établir une inclusion et justifier l'égalité des dimensions.

4.2. Utiliser la décomposition $E = \mathrm{Ker}(v) \oplus \mathrm{Ker}(v)^{\perp}$.

1. Prouvons l'inclusion $\mathrm{Ker}(v) \subseteq \mathrm{Im}(v)^{\perp}$. Soit $x \in \mathrm{Ker}(v)$ et $y \in \mathrm{Im}(v)$, on a $u(x) = x$ et l'existence de $z \in E$ tel que $y = u(z) - z$. On a $\langle x, y\rangle = \langle x, u(z)-z\rangle = \langle u(x), u(z)\rangle - \langle x, z\rangle = 0$ car $u \in O(E)$. On a prouvé l'inclusion $\mathrm{Ker}(v) \subseteq \mathrm{Im}(v)^{\perp}$. Prouvons $\dim(\mathrm{Im}(v)^{\perp}) = \dim(\mathrm{Ker}(v))$. On a $\dim(\mathrm{Im}(v)^{\perp}) = \dim(E) - \dim(\mathrm{Im}(v)) = \dim(\mathrm{Ker}(v))$ d'après le théorème du rang. On en déduit que $\boxed{\mathrm{Ker}(v) = \mathrm{Im}(v)^{\perp}}$.

2. Soit $x \in E$. On peut l'écrire sous la forme $x = x_F + y$ avec $x_F \in F = \mathrm{Ker}(v)$ et $y \in F^{\perp}$. On a $u(x_F) = x_F$, d'où $\frac{1}{m}\sum_{k=0}^{m-1} u^k(x_F) = x_F$. De plus $y \in \mathrm{Ker}(v)^{\perp} = \mathrm{Im}(v)$, on a l'existence de $z \in E$ tel que $y = u(z) - z$ et donc

$$\frac{1}{m}\sum_{k=0}^{m-1} u^k(y) = \frac{1}{m}\sum_{k=0}^{m-1}\left(u^{k+1}(z) - u^k(z)\right) = \frac{u^m(z)-z}{m}.$$

Donc $\left\|\frac{1}{m}\sum_{k=0}^{m-1} u^k(y)\right\| = \left\|\frac{u^m(z)-z}{m}\right\| \leq \frac{\|u^m(z)\| + \|z\|}{m} = \frac{2\|z\|}{m}$ car la structure de groupe de $O(E)$ donne $u^m \in O(E)$. On en déduit que $\left\|\frac{1}{m}\sum_{k=0}^{m-1} u^k(y)\right\| \xrightarrow[m\to+\infty]{} 0$. Or $\frac{1}{m}\sum_{k=0}^{m-1} u^k(x) - p_F(x) = \frac{1}{m}\sum_{k=0}^{m-1} u^k(y)$ donc $\lim\limits_{m\to+\infty}\left(\frac{1}{m}\sum_{k=0}^{m-1} u^k\right) = p_F$.

5. Utilisation des similitudes directes — D'après Centrale

Pour $(ABCD)$ un quadrilatère convexe de $\mathbb{R}^2$, on construit sur les côtés $[AB]$, $[BC]$, $[CD]$, $[DA]$ à l'extérieur du quadrilatère quatre carrés, dont on note M, N, P, Q les centres respectifs. Montrer que $MP = NQ$ et que $(MP) \perp (NQ)$.

Conseils méthodologiques : utiliser les complexes et les similitudes directes.

Traitons le cas où $(ABCD)$ est indirect (*cf.* Fig. 3) :

On a $AM = \frac{\sqrt{2}}{2} AB$ et $\left(\overrightarrow{AB}, \overrightarrow{AM}\right) \equiv \frac{\pi}{4}[2\pi]$, donc M est l'image de B par la similitude directe de centre A, d'angle $\frac{\pi}{4}$ et de rapport $\frac{\sqrt{2}}{2}$.

En notant z_S l'affixe d'un point S, on en déduit $z_M - z_A = \frac{\sqrt{2}}{2} e^{i\frac{\pi}{4}}(z_B - z_A)$, d'où $z_M = \frac{1+i}{2} z_B + \frac{1-i}{2} z_A$.

De même, $CP = \frac{\sqrt{2}}{2} CD$ et $\left(\overrightarrow{CD}, \overrightarrow{CP}\right) \equiv \frac{\pi}{4}[2\pi]$, d'où $z_P = \frac{1+i}{2} z_D + \frac{1-i}{2} z_C$.

Puis $z_N = \frac{1+i}{2} z_C + \frac{1-i}{2} z_B$ et $z_Q = \frac{1+i}{2} z_A + \frac{1-i}{2} z_D$.

On remarque que $z_P - z_M = i(z_Q - z_N)$, d'où $MP = NQ$ et $(MP) \perp (NQ)$.

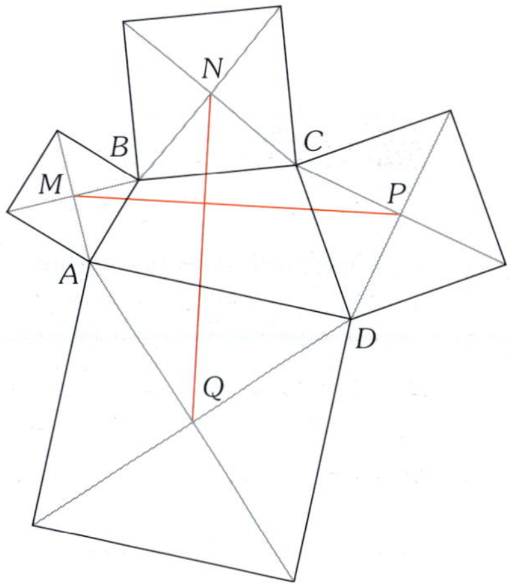

Figure 3

6. Étude d'un déplacement de l'espace — D'après CCP

Soit E un espace euclidien orienté de dimension 3 rapporté à un repère orthonormal direct $R = (O, i, j, k)$. Préciser la nature géométrique de l'application f de E dans lui même qui envoie le point $M(x, y, z)$ sur le point $M'(x', y', z')$

tel que $\begin{cases} x' = z + a \\ y' = -x + b \\ z' = -y + c \end{cases}$, où (a, b, c) est donné dans $\mathbb{R}^3 \setminus \{(0, 0, 0)\}$.

Conseils méthodologiques : utiliser le cours en questions 3.3 et 4.1 pour déterminer les éléments caractéristiques de f.

L'application f est une application affine dont l'application linéaire associée $\tilde{f}$ est représentée par la matrice $A = \begin{pmatrix} 0 & 0 & 1 \\ -1 & 0 & 0 \\ 0 & -1 & 0 \end{pmatrix}$ relativement à la base orthonormale $B = (i, j, k)$.

La matrice A est dans $SO(3)$ donc f est un déplacement.

L'endomorphisme $\tilde{f}$ est une rotation. On résout l'équation $AX = X$ qui donne les vecteurs invariants et on trouve la droite vectorielle dirigé par le vecteur $u = i - j + k$ que l'on choisit pour orienter l'axe de la rotation $\tilde{f}$.

On a alors tr(A) = 1+2 cosθ, où θ représente l'angle de la rotation $\tilde{f}$, d'où $\theta \equiv \pm \frac{2\pi}{3}[2\pi]$.

Le produit mixte $[i, f(i), u] = -1$ est du signe de sinθ, d'où $\theta \equiv -\frac{2\pi}{3}[2\pi]$.

L'application f est donc un vissage, composé d'une rotation d'axe Δ parallèle à la droite $\mathbb{R}u$, orienté par le vecteur $u = i - j + k$, d'angle $-\frac{2\pi}{3}$, et d'une translation de vecteur $\vec{v}$ colinéaire à $\vec{u}$.

Les points $M(x, y, z)$ de Δ vérifient la relation $\overrightarrow{MM'} = \vec{v}$. Ce sont les seuls points M de l'espace pour lesquels $\overrightarrow{MM'}$ est colinéaire à $\vec{u}$, c'est-à-dire caractérisés par l'existence de α réel tel que :

$\begin{cases} x' - x = \alpha \\ y' - y = -\alpha \\ z' - z = \alpha \end{cases}$ ou encore $\begin{cases} 2x + y - z = a + b \\ x - y - 2z = a - c \end{cases}$ (après avoir remplacé x', y', z' par leur expression et éliminé α).

L'axe est donc la droite affine définie par les deux équations : $x = z + \frac{2a + b - c}{3}$ et $y = -z - \frac{4a + 2b - 2c}{3}$

c'est-à-dire $\Delta = \left(\frac{2a + b - c}{3}, -\frac{4a + 2b - 2c}{3}, 0\right) + \mathbb{R}(1, -1, 1)$.

Pour trouver le vecteur $\vec{v}$, il ne reste plus qu'à écrire $\overrightarrow{MM'} = \vec{v}$ pour $M\left(\frac{2a + b - c}{3}, -\frac{4a + 2b - 2c}{3}, 0\right)$ point de Δ.

On obtient alors $\vec{v} = \frac{a - b + c}{3}(1, -1, 1)$.

Pour approfondir

7. Pseudo-solutions, recherche des moindres carrés ______ D'après CCP

Soit E et F deux espaces euclidiens, B (resp C) une base orthonormale de E (resp F).
Soit $f \in L(E, F)$, $v \in F$, $A = Mat_{B, C}(f)$ et $V = Mat_C(v)$.

1. Montrer l'existence de x_0 dans E tel que $\|f(x_0) - v\| = \inf_{x \in E} \|f(x) - v\|$.
Dans la suite x_0 sera appelée une pseudo-solution de l'équation $f(x) = v$ (*).

2. Montrer que si f est injective alors l'équation (*) admet une unique pseudo-solution.

3. Montrer que l'élément x_0 de E est une pseudo-solution de (*) si et seulement si pour tout x dans E, $\langle f(x), f(x_0) - v \rangle = 0$.

4. Soit x_0 dans E et $X_0 = Mat_B(x_0)$. Montrer que x_0 est une pseudo-solution de (*) si et seulement si ${}^tAAX_0 = {}^tAV$.

5. Exemple : dans cette question, on prend $E = F = \mathbb{R}^3$ muni du produit scalaire usuel. Relativement à la base canonique de $\mathbb{R}^3$, les matrices de f et v sont respectivement :

$$A = \begin{pmatrix} 1 & 1 & -1 \\ 1 & 1 & -1 \\ -1 & 2 & 1 \end{pmatrix} \text{ et } V = \begin{pmatrix} 1 \\ 0 \\ 1 \end{pmatrix}.$$ Déterminer les pseudo-solutions de l'équation $f(x) = v$.

6. Application : n désignant un entier supérieur ou égal à deux, on considère trois éléments $a = (a_1, \ldots, a_n)$, $b = (b_1, \ldots, b_n)$, $c = (c_1, \ldots, c_n)$ de $\mathbb{R}^n$ et on souhaite trouver deux réels λ et μ tels que la somme $\sum_{k=1}^{n} (\lambda a_k + \mu b_k - c_k)^2$ soit minimale.

a) Montrer que ce problème équivaut à la recherche des pseudo-solutions d'une équation (*) : $f(x) = v$, où f est un élément de $L(\mathbb{R}^2, \mathbb{R}^n)$. Préciser le vecteur v et donner la transposée de la matrice A de f dans les bases canoniques de $\mathbb{R}^2$ et $\mathbb{R}^n$, puis calculer ${}^tAA$.

b) Comment choisir a et b pour que l'application f soit injective ?

c) Lorsque cette dernière condition est réalisée, donner la solution du problème posé en exprimant λ et μ à l'aide de produits scalaires dans $\mathbb{R}^n$.

Conseils méthodologiques : 7.1. Interpréter la borne inférieure comme la distance d'un vecteur à un sous-espace.
7.4. Utiliser l'écriture matricielle du produit scalaire en base orthonormale.

1. Lorsque x décrit E, $f(x)$ décrit Im(f) donc $\{\|f(x) - v\| \,/\, x \in E\} = \{\|y - v\| \,/\, y \in \text{Im}(f)\}$. On interprète alors la borne inférieure de cet ensemble comme la distance du vecteur v à l'image de f. On sait que cette borne inférieure est atteinte en un unique point qui correspond au projeté orthogonal de v sur Im(f). On a donc l'existence et l'unicité d'un vecteur $y_0 \in \text{Im}(f)$ tel que $\|y_0 - v\| = \inf_{x \in E} \|f(x) - v\|$. Enfin, comme y_0 appartient à Im(f), il existe (au moins) un vecteur $x_0 \in E$ tel que $y_0 = f(x_0)$ et on a bien $\|f(x_0) - v\| = \inf_{x \in E} \|f(x) - v\|$.

2. On vient de voir l'existence et l'unicité d'un vecteur $y_0 \in \mathrm{Im}(f)$ tel que $\|y_0 - v\| = \inf_{x\in E}\|f(x) - v\|$. Si maintenant f est supposée injective, comme y_0 appartient à $\mathrm{Im}(f)$, il existe un unique vecteur $x_0 \in E$ tel que $y_0 = f(x_0)$ et on a bien l'existence et l'unicité d'un vecteur $x_0 \in E$ tel que $\|f(x_0) - v\| = \inf_{x\in E}\|f(x) - v\|$.

3. L'élément x_0 de E est une pseudo-solution de (*) si et seulement si $f(x_0)$ est le projeté orthogonal de v sur $\mathrm{Im}(f)$ ou encore si et seulement si $(f(x_0) - v) \in \mathrm{Im}(f)^{\perp}$ c'est-à-dire si et seulement si pour tout x dans E, $\langle f(x), f(x_0) - v\rangle = 0$.

4. Soit $n = \dim(E)$. Comme C est une base orthonormale de F, la condition nécessaire et suffisante obtenue dans la question précédente s'écrit matriciellement : pour tout X dans $M_{n,1}(\mathbb{R})$, ${}^t(AX)(AX_0 - V) = 0$ c'est-à-dire ${}^tX({}^tAAX_0 - {}^tAV) = 0$. En particulier, pour $X = {}^tAAX_0 - {}^tAV$ on obtient ${}^tAAX_0 = {}^tAV$.

5. La base canonique $(\vec{i}, \vec{j}, \vec{k})$ de $\mathbb{R}^3$ est bien orthonormale pour le produit scalaire canonique sur $\mathbb{R}^3$, on peut donc utiliser la question précédente. On a ${}^tAV = 3\vec{j}$ et ${}^tAAX_0 = 3(a-c)(\vec{i} - \vec{k}) + 6b\vec{j}$ où $X_0 = a\vec{i} + b\vec{j} + c\vec{k}$. L'équation ${}^tAAX_0 = {}^tAV$ est équivalente au système $\begin{cases} a - c = 0 \\ 6b = 3 \\ -a + c = 0 \end{cases}$, c'est-à-dire $\begin{cases} a = c \\ b = \dfrac{1}{2} \end{cases}$. L'ensemble des pseudo-solutions de l'équation $f(x) = v$ est donc la droite affine $B + \mathbb{R}(\vec{i} + \vec{k})$ où B a pour coordonnées $\left(0, \dfrac{1}{2}, 0\right)$.

6.a) Posons $v = c$, on a $\inf_{(\lambda,\mu)\in\mathbb{R}^2}\left(\sum_{k=1}^{n}(\lambda a_k + \mu b_k - c_k)^2\right) = d(v, Vect(a, b))^2$, donc la somme $\sum_{k=1}^{n}(\lambda a_k + \mu b_k - c_k)^2$ est minimale si et seulement si $\lambda a + \mu b = p_F(v)$ où $F = Vect(a, b)$.

On cherche donc un élément f de $L(\mathbb{R}^2, \mathbb{R}^n)$ tel que $\mathrm{Im}(f) = Vect(a, b)$. On peut prendre $f : \begin{cases} \mathbb{R}^2 \to \mathbb{R}^n \\ (\lambda, \mu) \mapsto \lambda a + \mu b \end{cases}$.

La transposée de la matrice de f relativement aux bases canoniques de $\mathbb{R}^2$ et $\mathbb{R}^n$ est : ${}^tA = \begin{pmatrix} a_1 & a_2 & \cdots & a_n \\ b_1 & b_2 & \cdots & b_n \end{pmatrix}$.

On en déduit que ${}^tAA = \begin{pmatrix} \|a\|^2 & \langle a,b\rangle \\ \langle a, b\rangle & \|b\|^2 \end{pmatrix}$.

b) On a $\mathrm{Ker}(f) = \{(\lambda, \mu) \in \mathbb{R}^2 \ / \ \lambda a + \mu b = 0\}$. L'injectivité de f est équivalente à $\mathrm{Ker}(f) = \{0\}$. On en déduit donc que f est injective si et seulement si la famille (a, b) est libre.

c) La question 7.2. nous donne l'existence et l'unicité d'une pseudo-solution de l'équation (*) : $f(x) = v$. Si B (resp C) est la base canonique de $\mathbb{R}^2$ (resp $\mathbb{R}^n$), si $V = Mat_C(v)$, $x_0 \in \mathbb{R}^2$ et $X_0 = Mat_B(x_0)$, d'après la question 7.4., x_0 est une pseudo-solution de (*) si et seulement si ${}^tAAX_0 = {}^tAV$, c'est-à-dire si et seulement si :

$$\begin{pmatrix} \langle a, c\rangle \\ \langle b, c\rangle \end{pmatrix} = \begin{pmatrix} \|a\|^2 & \langle a, b\rangle \\ \langle a, b\rangle & \|b\|^2 \end{pmatrix}\begin{pmatrix} \lambda \\ \mu \end{pmatrix}, \text{ où } x_0 = (\lambda, \mu).$$

La matrice ${}^tAA$ a pour déterminant $\|a\|^2\|b\|^2 - \langle a, b\rangle^2$ qui est strictement positif d'après l'inégalité de Cauchy-Schwarz puisqu'ici la famille (a, b) est libre.

L'inverse de la matrice ${}^tAA$ étant $\dfrac{1}{\|a\|^2\|b\|^2 - \langle a, b\rangle^2}\begin{pmatrix} \|b\|^2 & -\langle a, b\rangle \\ -\langle a, b\rangle & \|a\|^2 \end{pmatrix}$, on obtient :

$$\begin{pmatrix} \lambda \\ \mu \end{pmatrix} = \frac{1}{\|a\|^2\|b\|^2 - \langle a, b\rangle^2}\begin{pmatrix} \langle a, c\rangle\|b\|^2 - \langle a, b\rangle\langle b, c\rangle \\ \langle b, c\rangle\|a\|^2 - \langle a, b\rangle\langle a, c\rangle \end{pmatrix}.$$

8. Projecteurs et produit vectoriel ______________ D'après Mines d'Alès

Soit E un espace vectoriel euclidien réel orienté de dimension 3 de base orthonormée directe $B = (i, j, k)$.

On considère le vecteur unitaire $n = a\,i + b\,j + c\,k$ de E. Soit D la droite vectorielle dirigée et orientée par n et P l'orthogonal de D dans E.

1. Soit p (resp. q) le projecteur orthogonal sur D (resp. sur P).
Déterminer les matrices de p et q relativement à la base B.

2. Soit v l'application de E dans E qui à tout vecteur x associe $n \wedge x$ (produit vectoriel de n par x).

a) Montrer que v est un endomorphisme de E dont on déterminera le noyau et l'image.

b) Déterminer la matrice de v relativement à la base B.

c) Comparer $v \circ q$ et v. Pour x vecteur de E, comparer les normes de $v(x)$ et de $q(x)$ et indiquer l'angle entre $v(x)$ et $q(x)$.

d) Comparer $v \circ v$ et q et en déduire que pour x vecteur de E, $n \wedge (n \wedge x) = \langle n, x \rangle n - x$.

3. Soit $f = p + v$.

a) Déterminer le noyau de f. Que peut-on en déduire pour f ?

b) Donner la matrice de f relativement à la base B. Vérifier que celle-ci est orthogonale.

c) Déterminer l'image du vecteur n par f et caractériser l'endomorphisme induit par f sur P. En déduire la nature de f.

d) Reconnaître les applications $d = f \circ f$ et $s = -d$ et préciser leurs éléments caractéristiques.

1. Comme (n) est une base orthonormale de D, on a, pour tout x de E, $p(x) = \langle n, x \rangle n$.
On a alors $p(i) = a\,n = a^2\,i + ab\,j + ac\,k$, $p(j) = b\,n = ab\,i + b^2\,j + bc\,k$ et $p(k) = c\,n = ac\,i + bc\,j + c^2\,k$. On en déduit

$$Mat_B(p) = \begin{pmatrix} a^2 & ab & ac \\ ab & b^2 & bc \\ ac & bc & c^2 \end{pmatrix},\ \text{et comme } q = id_E - p, \text{ on a } Mat_B(q) = \begin{pmatrix} 1-a^2 & -ab & -ac \\ -ab & 1-b^2 & -bc \\ -ac & -bc & 1-c^2 \end{pmatrix}.$$

2.a) Le produit vectoriel étant linéaire par rapport à sa seconde variable et à valeurs dans E, v est un endomorphisme de E. Pour tout x de E, $v(x) = 0$ si et seulement si (n, x) est liée, et comme $n \neq 0$, on obtient $\mathrm{Ker}(v) = D$. Enfin, $\mathrm{Im}(v) \subseteq D^\perp = P$ et le théorème du rang donne $\dim(\mathrm{Ker}(v)) + rg(v) = 3 = \dim(D) + \dim(P)$.
On en déduit $rg(v) = 2 = \dim(P)$. On a alors $\mathrm{Im}(v) = P$.

b) On exprime $v(i)$, $v(j)$, $v(k)$ suivant B et on obtient $Mat_B(v) = \begin{pmatrix} 0 & -c & b \\ c & 0 & -a \\ -b & a & 0 \end{pmatrix}$.

c) On vérifie par le calcul que $Mat_B(v) \times Mat_B(q) = Mat_B(v)$. On en déduit $v \circ q = v$.

Soit $x \in E$, $q(x) \in (\mathbb{R}_n)^\perp$ donc $\|v(q(x))\| = \|n \wedge q(x)\| = \|n\| \times \|q(x)\| = \|q(x)\|$. Comme $v \circ q = v$, on en déduit que $\|v(x)\| = \|q(x)\|$.

Enfin $v(x) = v(q(x)) = n \wedge q(x)$ donc $v(x) \perp q(x)$.

d) On calcule $Mat_B(v)^2$ que l'on compare à $Mat_B(q)$, on trouve alors $v \circ v = -q$.

Enfin, pour x vecteur de E, $(v \circ v)(x) = n \wedge (n \wedge x)$ et $q(x) = (id - p)(x) = x - \langle n, x \rangle n$, d'où le résultat.

3.a) Soit $x \in \mathrm{Ker}(f)$, $p(x) = -v(x)$, or $p(x) \in D$ et $v(x) \in P$ avec $D \oplus P = E$. On en déduit $p(x) = 0 = v(x)$ c'est-à-dire $x \in \mathrm{Ker}(p) \cap \mathrm{Ker}(v) = P \cap D = \{0\}$.
L'endomorphisme f de E est injectif en dimension finie et donc bijectif.

b) On a $Mat_B(f) = Mat_B(p) + Mat_B(v) = \begin{pmatrix} a^2 & ab-c & ac+b \\ ab+c & b^2 & bc-a \\ ac-b & bc+a & c^2 \end{pmatrix}$. En utilisant la relation $a^2 + b^2 + c^2 = 1$, on vérifie par le calcul que les vecteurs colonnes de $Mat_B(f)$ sont de norme égale à un et sont deux à deux orthogonaux. La matrice de f relativement à B est donc orthogonale.

c) On a $f(n) = p(n) + \upsilon(n) = n + 0 = n$ et pour x dans P, $f(x) = p(x) + \upsilon(x) = 0 + \upsilon(x)$ est dans P. On peut donc définir l'endomorphisme $\tilde{f}$ induit par f sur P et celui-ci coïncide avec υ sur P. Soit $x \in P$, on a $x = q(x)$. La question 8.2.c) donne alors $\|\tilde{f}(x)\| = \|\upsilon(x)\| = \|x\|$ et $\tilde{f}(x) \perp x$.

L'endomorphisme $\tilde{f}$ du plan P est donc une isométrie vectorielle telle que tout vecteur du plan P est orthogonal à son image. On en déduit que f est une rotation d'axe D et d'angle droit.

d) On déduit de la question précédente que d est la rotation d'axe D et d'angle π (on parle de retournement), tandis que s est la réflexion par rapport à P.

CHAPITRE 17

Courbes planes

Le cours en questions

1 Étude d'un arc paramétré

On considère, dans un repère orthonormé direct $(O, \vec{i}, \vec{j})$, l'ensemble Γ des points $M(t)$, définis par $\overrightarrow{OM}(t) = x(t)\vec{i} + y(t)\vec{j} = \overrightarrow{f(t)}$.

1.1 Comment réduire l'ensemble d'étude ?

• On détermine d'abord l'ensemble de définition et de dérivabilité des fonctions x et y.

• Puis on étudie les réductions éventuelles de l'intervalle d'étude I_E en changeant t en t' avec en général $t' \in \{-t, t+2\pi, a-t\}$.

1) Si le passage de t à t' donne un résultat concluant, on se ramène à une étude sur un nouvel intervalle d'étude décrit dans le tableau 1 :

L'intervalle d'étude	Les transformations sur t	Le nouvel intervalle d'étude
$I_E = \mathbb{R}$	t en $-t$	$\mathbb{R}_+$
	t en $t + T$	$[a, a+T]$, $\left[-\frac{T}{2}, \frac{T}{2}\right]$, $[0, T]$
$I_E = \mathbb{R}_+^*$	t en $\frac{1}{t}$	$]0, 1]$
$I_E = [-a, a]$	t en $-t$	$[0, a]$

Tableau 1

On considère dans tout le chapitre un repère orthonormé direct $(O, \vec{i}, \vec{j})$.

Tous les arcs étudiés dans ce chapitre seront supposés de classe C^k avec $k \geq 1$ et suffisant pour pouvoir considérer les dérivées qui seront introduites.

Il faut bien dissocier la transformation effectuée sur le paramètre t (passage de t à t') qui est fonction de I_E, et celle à faire sur le point $M(t)$ pour passer à $M(t')$ qui est une transformation géométrique dépendant des fonctions x et y.

Erreur à éviter :
Il est incohérent de changer t en $-t$ si l'étude en cours a lieu sur un intervalle du type $[0, a]$.

On justifie les réductions en remarquant que $t \mapsto -t$ transforme $\mathbb{R}^+$ en $\mathbb{R}^-$. Les fonctions $t \mapsto a-t$ et $t \mapsto \frac{a}{2}+t$ transforment $\left[0, \frac{a}{2}\right]$ en $\left[\frac{a}{2}, a\right]$. De même, la fonction $t \mapsto 2t_0 - t$ transforme $[t_0 - a, t_0]$ en $[t_0, t_0 + a]$.

Erreur à éviter :
Ne pas oublier dans chaque cas, en réduisant l'ensemble d'étude, de déterminer les transformations à faire subir à l'arc construit pour avoir la totalité de la représentation graphique.

L'intervalle d'étude	Les transformations sur t	Le nouvel intervalle d'étude
$I_E = [0, a]$	t en $a - t$	$\left]0, \frac{a}{2}\right]$
	t en $\frac{a}{2}+t$	$\left]0, \frac{a}{2}\right]$
$I_E = [t_0 - a, t_0 + a]$	t en $2t_0 - t$	$I_E = [t_0, t_0 + a]$

Tableau 1 *(suite)*

2) Les transformations géométriques associées qui permettent de passer du point $M(t)$ au point $M(t')$ sont résumées dans le tableau 2.

Les coordonnées de $M(t')$ en fonction de celles de $M(t)$	$\begin{cases} x(t') = a + x(t) \\ y(t') = b + y(t) \end{cases}$	$\begin{cases} x(t') = x(t) \\ y(t') = y(t) \end{cases}$	$\begin{cases} x(t') = -x(t) \\ y(t') = y(t) \end{cases}$	$\begin{cases} x(t') = x(t) \\ y(t') = -y(t) \end{cases}$
La transformation qui fait passer $M(t)$ à $M(t')$	Translation de vecteur $\vec{u} = a\vec{i} + b\vec{j}$	L'identité	Symétrie orthogonale par rapport à l'axe des ordonnées $(y'Oy)$	Symétrie orthogonale par rapport à l'axe des abscisses $(x'Ox)$
Les coordonnées de $M(t')$ en fonction de celles de $M(t)$	$\begin{cases} x(t') = -x(t) \\ y(t') = -y(t) \end{cases}$	$\begin{cases} x(t') = -y(t) \\ y(t') = x(t) \end{cases}$	$\begin{cases} x(t') = y(t) \\ y(t') = x(t) \end{cases}$	$\begin{cases} x(t') = -y(t) \\ y(t') = -x(t) \end{cases}$
La transformation qui fait passer $M(t)$ à $M(t')$	Symétrie de centre O	Rotation d'angle $\frac{\pi}{2}$ de centre O	Symétrie orthogonale par rapport à l'axe d'équation $y = x$	Symétrie orthogonale par rapport à l'axe d'équation $y + x = 0$

Tableau 2

La rotation vectorielle d'angle θ a pour matrice $\begin{bmatrix} \cos\theta & -\sin\theta \\ \sin\theta & \cos\theta \end{bmatrix}$. La transformation $(x, y) \mapsto (y, -x)$ a pour matrice $\begin{bmatrix} 0 & -1 \\ 1 & 0 \end{bmatrix}$, il s'agit donc de la rotation de centre O d'angle $\frac{\pi}{2}$.
Dans les autres cas, on peut retrouver les transformations à l'aide d'une figure : c'est la façon la plus rapide et la plus sûre de la reconnaître.

$\overrightarrow{f'(t_0)} = \begin{pmatrix} x'(t_0) \\ y'(t_0) \end{pmatrix}$.

$q > p$ et $\overrightarrow{f^{(p)}(t_0)} = \begin{pmatrix} x^{(p)}(t_0) \\ y^{(p)}(t_0) \end{pmatrix}$.

1.2 Qu'est-ce qu'un point régulier ? un point stationnaire ?

- On appelle point *régulier* un point $M(t_0)$ tel que $\vec{f}$ est dérivable en t_0 et vérifie $\overrightarrow{f'(t_0)} \neq \vec{0}$, l'arc paramétré admet alors une tangente en $M(t_0)$ de vecteur directeur $\overrightarrow{f'(t_0)}$.
- On appelle point *stationnaire* un point $M(t_0)$ tel que $\vec{f}$ est dérivable en t_0 et vérifie $\overrightarrow{f'(t_0)} = \vec{0}$.
- On note, s'ils existent (ce qu'on supposera dans la suite),

p le plus petit entier tel que $\overrightarrow{f^{(p)}(t_0)} \neq \vec{0}$,
et q le plus petit entier tel que $\det(\overrightarrow{f^{(p)}(t_0)}, \overrightarrow{f^{(q)}(t_0)}) \neq 0$.

L'arc paramétré admet une tangente en $M(t_0)$ de vecteur directeur $\overrightarrow{f^{(p)}(t_0)}$.

• Si $p>1$, les entiers p et q indiquent à quel type de point stationnaire $M(t_0)$ correspond : à un point à allure normale (ou méplat), point d'inflexion, point de rebroussement de 1re ou de 2e espèce (*cf.* Fig. 1).

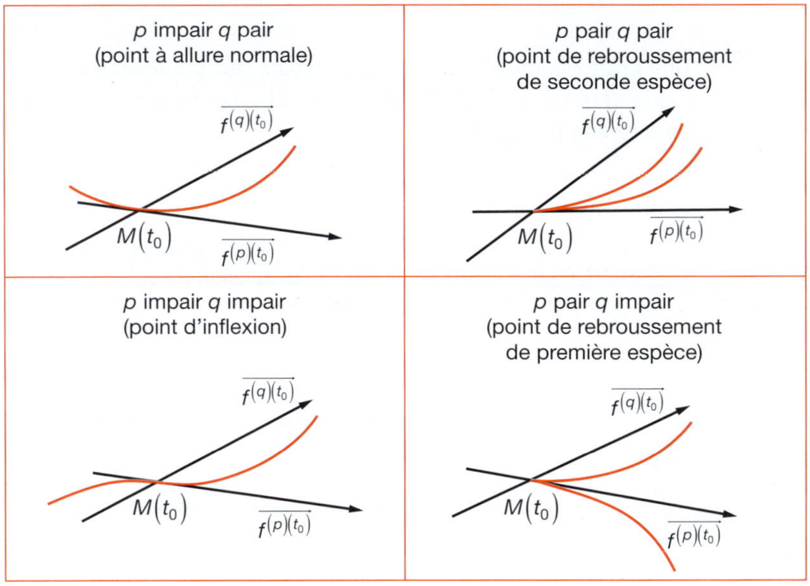

Figure 1

Règle mnémotechnique : dans le repère local $(M(t_0), \overrightarrow{f^{(p)}(t_0)}, \overrightarrow{f^{(q)}(t_0)})$, l'abscisse (resp. l'ordonnée) du point courant de l'arc $M(t)$ est, pour t proche de t_0, du signe de $(t-t_0)^p$ (resp. $(t-t_0)^q$).

Pour déterminer p et q, on peut effectuer des développements limités de x et y en t_0 ou calculer les dérivées successives.
Lorsqu'il s'agit d'un point stationnaire, on parle de méplat dans le cas où p est impair et q pair.

1.3 Comment détermine-t-on les points d'inflexion ?

Les points d'inflexion sont à chercher parmi les points qui vérifient $\det\left(\overrightarrow{f'(t)}, \overrightarrow{f''(t)}\right)=0$. Parmi les points trouvés, on détermine ensuite ceux qui conviennent, c'est-à-dire ceux pour lesquels p et q sont impairs.

Les points vérifiant $\det\left(\overrightarrow{f'(t)}, \overrightarrow{f''(t)}\right)=0$ sont appelés points d'inflexion analytique. Pour déterminer les points d'inflexion on commence donc par chercher tous les points d'inflexion analytique.

1.4 Qu'est-ce que le repère de Frenet ?

On suppose que le plan est orienté et que le repère $(O, \vec{i}, \vec{j})$ est orthonormé direct. Si $M(t)$ est un point régulier de l'arc paramétré, le vecteur tangent unitaire en $M(t)$ est le vecteur :

$$\overrightarrow{T(t)}=\frac{\overrightarrow{f'(t)}}{\left\|\overrightarrow{f'(t)}\right\|}.$$

Pour alléger la notation, on note souvent $\vec{T}$ ce vecteur (de même pour M). Le vecteur normal unitaire est le vecteur unitaire $\vec{N}$ tel que $\left(\vec{T}, \vec{N}\right)$ soit une base orthonormale directe. Le repère $\left(M, \vec{T}, \vec{N}\right)$ est appelé le repère de Frenet au point M.

$\overrightarrow{OM}(t)=x(t)\vec{i}+y(t)\vec{j}=\overrightarrow{f(t)}$.

$$\vec{T}=\frac{1}{\sqrt{x'^2+y'^2}}\begin{pmatrix}x'\\y'\end{pmatrix},\quad \vec{N}=\frac{1}{\sqrt{x'^2+y'^2}}\begin{pmatrix}-y'\\x'\end{pmatrix}.$$

On note $\alpha(t)$ une mesure de l'angle $(\vec{i}, \overrightarrow{T(t)})$. On peut ainsi écrire :

$$\vec{T}=\begin{pmatrix}\cos\alpha\\\sin\alpha\end{pmatrix} \text{ et } \vec{N}=\begin{pmatrix}-\sin\alpha\\\cos\alpha\end{pmatrix}.$$

Exemples de branches paraboliques (B.P.).
$f(x) = \ln x$: B.P.de direction Ox ;
$f(x) = \sqrt{x}$: B.P.de direction Ox ;
$f(x) = ax + \sqrt{x}$: B.P.de direction $y = ax$;
$f(x) = x^2$: B.P.de direction Oy.

1.5 Quelles sont les différentes branches infinies pour $\begin{cases} x = x(t) \\ y = y(t) \end{cases}$?

On obtient une branche infinie lorsqu'une au moins des coordonnées tend vers l'infini quand t tend vers $\alpha \in \mathbb{R} \cup \{+\infty, -\infty\}$. Le tableau 3 suivant résume les différentes possibilités :

α désigne un réel ou l'infini

$\lim\limits_{t\to\alpha} x(t) = \pm\infty$	$\lim\limits_{t\to\alpha} y(t) = y_0 \in \mathbb{R}$			L'arc admet pour asymptote la droite d'équation $y = y_0$
$\lim\limits_{t\to\alpha} x(t) = x_0 \in \mathbb{R}$	$\lim\limits_{t\to\alpha} y(t) = \pm\infty$			L'arc admet pour asymptote la droite d'équation $x = x_0$
$\lim\limits_{t\to\alpha} x(t) = \pm\infty$	$\lim\limits_{t\to\alpha} y(t) = \pm\infty$	$\lim\limits_{t\to\alpha} \frac{y(t)}{x(t)} = \pm\infty$		Branche parabolique de direction Oy
		$\lim\limits_{t\to\alpha} \frac{y(t)}{x(t)} = 0$		Branche parabolique de direction Ox
		$\lim\limits_{t\to\alpha} \frac{y(t)}{x(t)} = a \in \mathbb{R}$	$\lim\limits_{t\to\alpha} y(t) - ax(t) = \pm\infty$	Branche parabolique de direction $y = ax$
			$\lim\limits_{t\to\alpha} y(t) - ax(t) = b \in \mathbb{R}$	Asymptote oblique d'équation $y = ax + b$

Tableau 3

Dans le dernier cas, quand on a une asymptote oblique d'équation $y = ax + b$, le signe de $y(t) - ax(t) - b$ indique la position de l'arc par rapport à son asymptote. Pour l'obtenir, on effectue un développement limité généralisé au voisinage de α.

2 ▬ Courbes en coordonnées polaires

On reprend ici les notations utilisées en physique pour faciliter la mémorisation des résultats $\vec{u}_r = \begin{pmatrix} \cos\theta \\ \sin\theta \end{pmatrix}$, $\vec{u}_\theta = \begin{pmatrix} -\sin\theta \\ \cos\theta \end{pmatrix}$.

On étudie, dans le repère orthonormé $(O, \vec{i}, \vec{j})$, l'ensemble des points $M(\theta)$, avec $\overrightarrow{OM}(\theta) = r(\theta)\vec{u}_r$.

2.1 Comment définir l'ensemble d'étude ?

- On détermine l'ensemble de définition et de dérivabilité de r que l'on note I_E.
- La réduction de l'ensemble d'étude se fait comme précédemment (voir tableau 1) en remplaçant t par θ. L'interprétation des transformations est en revanche très différente : elle est résumée dans le tableau 4.

$r(\theta')$ en fonction de $r(\theta)$	$r(\theta+T)=r(\theta)$ $T=2k\pi,\ k\in\mathbb{Z}$	$r(\theta+T)=r(\theta)$ $T=2\frac{p}{q}\pi$, $p,q\in\mathbb{N}^*$ et $q\geq 2$	$r(\theta+\pi)=-r(\theta)$	$r(2\theta_0-\theta)=r(\theta)$
Transformation(s) à faire pour obtenir la totalité de la représentation	Aucune	$q-1$ rotations d'angle T	Aucune	Symétrie orthogonale par rapport à droite d'angle polaire θ_0
$r(\theta')$ en fonction de $r(\theta)$	$r(\theta+\pi)=r(\theta)$	$r(-\theta)=r(\theta)$	$r(-\theta)=-r(\theta)$	$r(2\theta_0-\theta)=-r(\theta)$
Transformation(s) à faire pour obtenir la totalité de la représentation	Symétrie de centre O	Symétrie orthogonale d'axe Ox	Symétrie orthogonale d'axe Oy	Symétrie orthogonale par rapport à droite d'angle polaire $\theta_0+\frac{\pi}{2}$

Tableau 4

2.2 Comment définir la tangente en $M(\theta_0)$?

Supposons r dérivable en θ_0.

Si, en $M(\theta_0)$, le vecteur $\frac{d\overrightarrow{OM}}{d\theta}(\theta_0)=r'(\theta_0)\overrightarrow{u_{r_0}}+r(\theta_0)\overrightarrow{u_{\theta_0}}$ est non nul, la courbe admet en ce point une tangente de vecteur directeur $\frac{d\overrightarrow{OM}}{d\theta}(\theta_0)$.

On note V (*cf.* Fig. 3) l'angle $\left(\overrightarrow{u_r},\overrightarrow{T}\right)$ entre $\overrightarrow{u_r}$ et le vecteur unitaire tangent $\overrightarrow{T}$ en $M(\theta)$. On a : $\tan V=\frac{r}{r'}$.

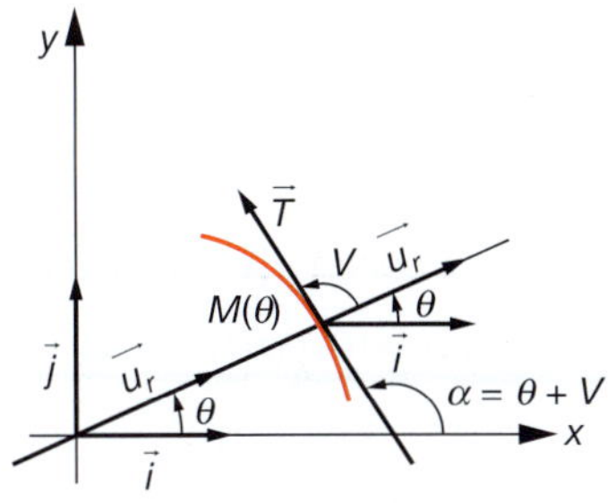

Figure 3

2.3 Comment étudie-t-on les branches infinies ?

- Si $\lim\limits_{\theta\to\pm\infty} r(\theta)=a$: la courbe admet le cercle d'équation polaire $r=a$ comme cercle asymptote.
- Si $\lim\limits_{\theta\to\pm\infty} r(\theta)=\pm\infty$: la courbe admet une branche spirale.

Les demi-droites d'angle polaire α et β sont symétriques par rapport à la droite d'angle polaire $\frac{\alpha+\beta}{2}$ (*cf.* Fig. 2). On retrouve ainsi que les demi-droites d'angle polaire $2\theta_0-\theta$ et θ sont symétriques par rapport à la droite d'angle polaire θ_0. Donc la transformation associée à $r(2\theta_0-\theta)=r(\theta)$ est la symétrie orthogonale par rapport à la droite d'angle polaire θ_0. Enfin si on remarque que $(r,\theta)\mapsto(-r,\theta)$ est la symétrie de centre O, on obtient que la transformation associée à $r(2\theta_0-\theta)=-r(\theta)$ est la composée de la symétrie de centre O et de la symétrie orthogonale par rapport à la droite d'angle polaire θ_0. Cette composée est la symétrie orthogonale par rapport à la droite d'angle polaire $\theta_0+\frac{\pi}{2}$. On peut retrouver ces transformations à l'aide d'une figure : c'est la façon la plus rapide et la plus sûre de les reconnaître.

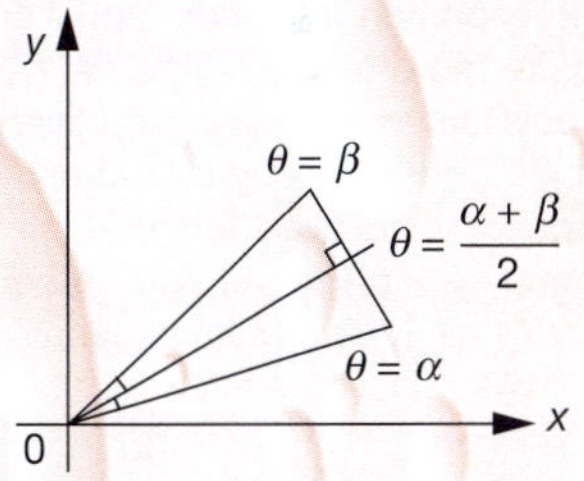

Figure 2

Dans le repère local $(M(\theta),\overrightarrow{u_r},\overrightarrow{u_\theta})$, la tangente est dirigée par le vecteur de coordonnées $\begin{pmatrix}r'(\theta)\\ r(\theta)\end{pmatrix}$. Le vecteur unitaire tangent en M est donné par $\overrightarrow{T}=\frac{1}{\left\|\frac{d\overrightarrow{OM}}{d\theta}\right\|}\frac{d\overrightarrow{OM}}{d\theta}$.

Le seul point stationnaire possible est le pôle O. Dans tous les cas, si le pôle O est obtenu pour la valeur θ_0 du paramètre, alors la tangente à la courbe est la droite d'angle polaire θ_0.

• Si $\lim_{\theta \to \theta_0} r(\theta) = \pm\infty$: on étudie $Y = r(\theta)\sin(\theta - \theta_0)$.

$\lim_{\theta \to \theta_0} r(\theta)\sin(\theta - \theta_0) = \pm\infty$ se traduit par une branche parabolique dans la direction de la droite d'angle polaire θ_0.

$\lim_{\theta \to \theta_0} r(\theta)\sin(\theta - \theta_0) = Y_0$ dans ce cas la courbe admet une asymptote d'équation $Y = Y_0$ (*cf.* Fig. 4), dans *le repère mobile* (O, OX, OY) (OX est la droite d'angle polaire θ_0).

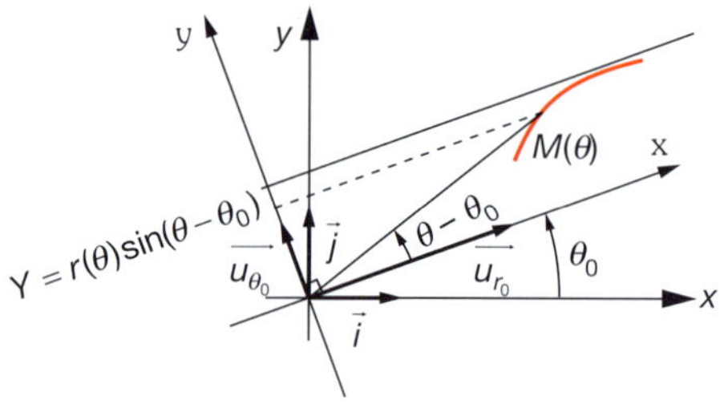

Figure 4

Le signe de $r(\theta)\sin(\theta - \theta_0) - Y_0$ indique la position de la courbe par rapport à son asymptote. On l'étudie à l'aide d'un développement limité en posant $h = \theta - \theta_0$.

2.4 Comment trouver les points doubles ?

Si la courbe est donnée en coordonnées polaires, on obtient les points multiples (en général ce sont des points doubles) en résolvant les équations $r(\theta) = r(\theta + 2k\pi)$ avec $k \in \mathbb{Z}^*$ puis $r\left[\theta + (2k+1)\pi\right] = -r(\theta)$ avec $k \in \mathbb{Z}$.

Si la courbe est donnée en coordonnées paramétriques, on obtient les points multiples (en général ce sont des points doubles) en résolvant

les équations $\begin{cases} x(t_1) = x(t_2) \\ y(t_1) = y(t_2) \end{cases}$ avec $t_1, t_2 \in I$ et $t_1 \neq t_2$.

Si $t \mapsto x(t)$ et $t \mapsto y(t)$ sont des fractions rationnelles on peut exprimer les deux équations sous forme d'un polynôme en t_1 et t_2 puis factoriser $t_1 - t_2$, simplifier et enfin, pour résoudre, exprimer chaque membre en fonction de la somme $s = t_1 + t_2$ et du produit $p = t_1 t_2$ (*cf.* maîtriser les bases 2).

3 Longueur d'un arc et rayon de courbure

3.1 Comment calcule-t-on la longueur d'un arc ?

• Pour une courbe paramétrée par $\overrightarrow{OM}(t) = \vec{f}(t)$ où $\vec{f}$ est de classe C¹ sur $[a, b] \subset I$, la longueur L de l'arc $\overset{\frown}{M(a)M(b)}$ avec $a \leq b$ est :

$$L = \int_a^b \left\| \frac{d\overrightarrow{OM}}{dt} \right\| = \int_a^b \sqrt{x'^2 + y'^2}.$$

• Pour une courbe, paramétrée en coordonnées polaires par $\overrightarrow{OM}(\theta) = r(\theta)\overrightarrow{u_r}$, la longueur L de l'arc $\overset{\frown}{M(\theta_1)M(\theta_2)}$ avec $\theta_1 \leq \theta_2$ est :

$$L = \int_{\theta_1}^{\theta_2} \left\| \frac{d\overrightarrow{OM}}{d\theta} \right\| = \int_{\theta_1}^{\theta_2} \sqrt{r^2 + r'^2}.$$

Attention pour le calcul de la longueur d'une courbe ou d'un arc : ne pas calculer plusieurs fois la longueur (à cause d'une éventuelle périodicité, symétrie, etc.).

On reprend ici les notations utilisées en physique pour faciliter la mémorisation des résultats $\overrightarrow{u_r} = \begin{pmatrix} \cos\theta \\ \sin\theta \end{pmatrix}, \overrightarrow{u_\theta} = \begin{pmatrix} -\sin\theta \\ \cos\theta \end{pmatrix}$.

3.2 Qu'est-ce que l'abscisse curviligne ?

- Avec les notations précédentes et $t_0 \in I$, l'abscisse curviligne d'origine $M(t_0)$, sur l'arc orienté suivant les t croissants, est la fonction s définie par :

$$s(t) = \int_{t_0}^{t} \left\| \vec{f'} \right\| = \int_{t_0}^{t} \sqrt{x'^2 + y'^2}.$$

- Pour une courbe en coordonnées polaires, l'abscisse curviligne d'origine $M(\theta_0)$ sur l'arc orienté suivant les θ croissants, est la fonction s définie par :

$$s(\theta) = \int_{\theta_0}^{\theta} \sqrt{r^2 + r'^2}.$$

- Si $\vec{f}$ est de classe C^1 sur un intervalle I et si $\vec{f'}$ ne s'annule pas sur I, tout point M de l'arc est un point régulier. Le vecteur tangent unitaire en M est le vecteur :

$$\vec{T} = \frac{\vec{f'}}{\left\| \vec{f'} \right\|} = \frac{d\overrightarrow{OM}}{ds}.$$

Si l'arc est orienté suivant les t décroissants (resp. les θ décroissants), s devient $-s$.

On note ici $\overrightarrow{OM}(t) = x(t)\vec{i} + y(t)\vec{j} = \overrightarrow{f(t)}$ ou $\overrightarrow{OM}(\theta) = r(\theta)\vec{u_r} = \overrightarrow{f(\theta)}$.

$\vec{T} : \begin{pmatrix} \frac{x'}{s'} \\ \frac{y'}{s'} \end{pmatrix} = \begin{pmatrix} \frac{dx}{ds} \\ \frac{dy}{ds} \end{pmatrix}$. Le vecteur normal unitaire est le vecteur $\vec{N} \begin{pmatrix} -\frac{y'}{s'} \\ \frac{x'}{s'} \end{pmatrix}$.

3.3 Qu'est-ce que la courbure en un point ?

La courbure $\gamma(t)$ en un point régulier $M(t)$ dans le plan est définie par :

$$\frac{d\vec{T}}{ds} = \gamma \vec{N}.$$

Si $\vec{f}$ est de classe C^2 sur un intervalle I, tel que : $\forall t \in I, \det(\overrightarrow{f'(t)}, \overrightarrow{f''(t)}) \neq 0$ ($p = 1$; $q = 2$), on appelle rayon de courbure $R(t)$ en $M(t)$ le réel défini par :

$$R = \frac{1}{\gamma}.$$

Le rayon de courbure est aussi donné par $R = \dfrac{ds}{d\alpha}$.

En pratique, on retrouve la valeur de R en dérivant l'égalité $\tan\alpha = \dfrac{y'}{x'}$ (en coordonnées paramétriques) ou $\tan V = \dfrac{r}{r'}$ (en coordonnées polaires).

- Pour un arc paramétré :

$$R = \frac{\left\| \vec{f'} \right\|^3}{\det(\vec{f'}, \vec{f''})}.$$

- Pour un arc en coordonnées polaires, $R = \dfrac{(r^2 + r'^2)^{3/2}}{r^2 + 2r'^2 - rr''}$.

Le **centre de courbure** en M est le point C défini par :

$$\overrightarrow{MC} = R\vec{N}.$$

$\overrightarrow{T(t)}$ est unitaire : sa dérivée par rapport à t lui est orthogonale. La courbure est notée aussi c.

Si $p = 1$ et $q = 2$, c'est-à-dire $\det(\overrightarrow{f'(t)}, \overrightarrow{f''(t)}) \neq 0$, on dit que $M(t)$ est un point birégulier. En un tel point $\gamma \neq 0$ donc on peut définir R.

On note α une détermination de classe C^1 de la mesure de l'angle $(\vec{i}, \vec{T})$ et s une abscisse curviligne sur l'arc orienté suivant les t croissants. Alors $R(t) = \dfrac{s'(t)}{\alpha'(t)}$.

Formules de Frenet : $\dfrac{d\vec{T}}{ds} = \dfrac{\vec{N}}{R}, \dfrac{d\vec{N}}{ds} = -\dfrac{\vec{T}}{R}$.

$R = \dfrac{(x'^2 + y'^2)^{3/2}}{x'y'' - x''y'}$. Le rayon de courbure R est « homogène » à une longueur.

Les savoir-faire clefs

Conseils méthodologiques

Utiliser les tableaux 1, 2 et 4 pour réduire et interpréter les changements. Attention à l'interprétation de la périodicité en coordonnées polaires. Si la fonction r est périodique de période $T=\dfrac{2p\pi}{q}$, on étudie la courbe sur un intervalle d'amplitude T puis on complète par $q-1$ rotations d'angle T pour obtenir la totalité de la courbe.

1 ■ Savoir réduire l'ensemble d'étude.

Réduire l'ensemble d'étude des courbes paramétrées suivantes en expliquant les transformations à effectuer pour obtenir la totalité de la courbe :

a) $\begin{cases} x(t)=t^2+\dfrac{1}{t^2} \\ y(t)=5t+\dfrac{1}{t} \end{cases}$, **b)** $\begin{cases} x(t)=\dfrac{t}{1+t^4} \\ y(t)=\dfrac{t^3}{1+t^4} \end{cases}$,

c) $\begin{cases} x(t)=\sin 2t \\ y(t)=\cos 3t \end{cases}$, **d)** $r=\sin 2\theta$,

e) $r=\cos 3\theta$, **f)** $r=\cos\theta$.

Il est rare que le changement de t en $\dfrac{1}{t}$ soit un changement utile. On l'essaiera uniquement dans le cas des fractions rationnelles en t. Attention : le point $M(0)$ de paramètre $t=0$ ne doit pas être symétrisé. Ici c'est sans importance puisqu'il correspond au point O qui est invariant par la symétrie orthogonale par rapport à la première bissectrice associée au changement de t en $\dfrac{1}{t}$.

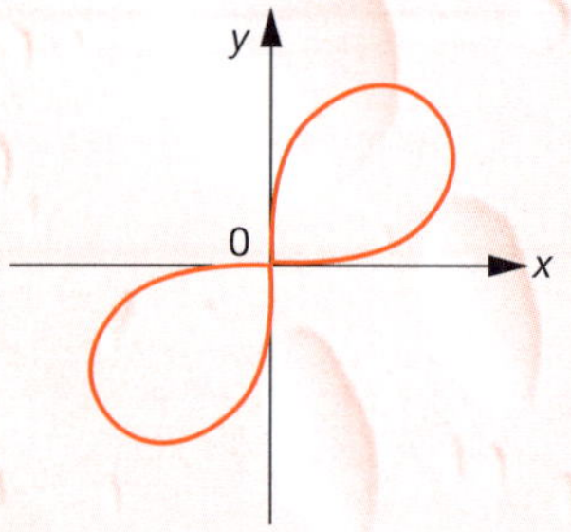

Lemniscate de Bernoulli
Figure 5

On va donner les réponses sous forme de tableaux en donnant l'ensemble d'étude initial I_E puis le changement de paramètre et l'interprétation géométrique de la transformation et enfin le nouvel ensemble d'étude I'_E. On cherche les réductions en remarquant que $t\mapsto -t$ transforme $\mathbb{R}^+$ en $\mathbb{R}^-$, que $t\mapsto a-t$ et $t\mapsto \dfrac{a}{2}+t$ transforment $\left[0,\dfrac{a}{2}\right]$ en $\left[\dfrac{a}{2},a\right]$.

1.a)

I_E	Changement	Interprétation	I'_E
$\mathbb{R}^*$	$\begin{cases} x(-t)=x(t) \\ y(-t)=-y(t) \end{cases}$	Symétrie orthogonale d'axe Ox.	$\mathbb{R}_+^*$

b) La figure 5 représente la courbe qui est une lemniscate de Bernoulli.

I_E	Changement	Interprétation	I'_E
$\mathbb{R}$	$\begin{cases} x(-t)=-x(t) \\ y(-t)=-y(t) \end{cases}$	Symétrie par rapport à O.	$\mathbb{R}^+$
$\mathbb{R}^+$	$\begin{cases} x\left(\dfrac{1}{t}\right)=y(t) \\ y\left(\dfrac{1}{t}\right)=x(t) \end{cases}$	Symétrie orthogonale par rapport à la première bissectrice d'équation $y=x$.	$I_E=[0,1]$

c)

I_E	Changement	Interprétation	I'_E
$\mathbb{R}$	$\begin{cases} x(t+2\pi)=x(t) \\ y(t+2\pi)=y(t) \end{cases}$	Identité.	$[-\pi, \pi]$
$[-\pi, \pi]$	$\begin{cases} x(-t)=-x(t) \\ y(-t)=y(t) \end{cases}$	Symétrie orthogonale d'axe *Oy*.	$[0, \pi]$
$[0, \pi]$	$\begin{cases} x(\pi-t)=-x(t) \\ y(\pi-t)=-y(t) \end{cases}$	Symétrie de centre *O*.	$\left[0, \frac{\pi}{2}\right]$

d)

I_E	Changement	Interprétation	I'_E
$\mathbb{R}$	$r(\theta+\pi)=r(\theta)$	Symétrie de centre *O*.	$\left[-\frac{\pi}{2}, \frac{\pi}{2}\right]$
$\left[-\frac{\pi}{2}, \frac{\pi}{2}\right]$	$r(-\theta)=-r(\theta)$	Symétrie orthogonale d'axe *Oy*.	$\left[0, \frac{\pi}{2}\right]$
$\left[0, \frac{\pi}{2}\right]$	$r\left(\frac{\pi}{2}-\theta\right)=r(\theta)$	Symétrie orthogonale par rapport à droite d'angle polaire $\theta=\frac{\pi}{4}$.	$\left[0, \frac{\pi}{4}\right]$

e) La courbe représentative est donnée par la figure 6 qui permet de suivre la réduction proposée.

On remarquera que le changement de θ en $\theta+\frac{\pi}{3}$ redonne une rotation d'angle $\frac{4\pi}{3}=2\times\frac{2\pi}{3}$ déjà obtenue.

I_E	Changement	Interprétation	I'_E
$\mathbb{R}$	$r\left(\theta+\frac{2\pi}{3}\right)=r(\theta)$	2 rotations de centre *O* d'angle $\frac{2\pi}{3}$.	$\left[a, a+\frac{2\pi}{3}\right]$
$\left[a, a+\frac{2\pi}{3}\right]$	$r\left(\theta+\frac{\pi}{3}\right)=-r(\theta)$	Rotation de centre *O* d'angle $\frac{\pi}{3}+\pi=\frac{4\pi}{3}$.	$\left[a, a+\frac{\pi}{3}\right]$
$\left[-\frac{\pi}{6}, \frac{\pi}{6}\right]$	$r(-\theta)=r(\theta)$	Symétrie orthogonale d'axe *Ox*.	$\left[0, \frac{\pi}{6}\right]$

On a choisi $a=-\frac{\pi}{6}$ pour obtenir l'intervalle $\left[-\frac{\pi}{6}, \frac{\pi}{6}\right]$ et pour pouvoir profiter ensuite de la parité.

On obtient ici la totalité de la courbe représentative en faisant une étude sur une longueur de période. On choisit l'intervalle $[-\pi, \pi]$ pour pouvoir profiter ensuite de la parité des fonctions *x* et *y*. Lorsqu'on est ramené à une étude sur un intervalle du type $[0, a]$, on doit essayer le changement de *t* en $a-t$ et, seulement dans le cas où il ne donne rien, on essaie ensuite le changement de *t* en $\frac{a}{2}+t$.

La fonction $\theta \mapsto \sin 2\theta$ est périodique de période π. On **n'obtient pas** en coordonnées polaires la totalité de la courbe représentative en faisant une étude sur une longueur de période. Il faut toujours interpréter la transformation associée. Ici il s'agit d'une rotation de centre *O* et d'angle π, c'est-à-dire une symétrie de centre *O*.

On choisit l'intervalle $\left[-\frac{\pi}{2}, \frac{\pi}{2}\right]$ pour pouvoir profiter ensuite de la parité.

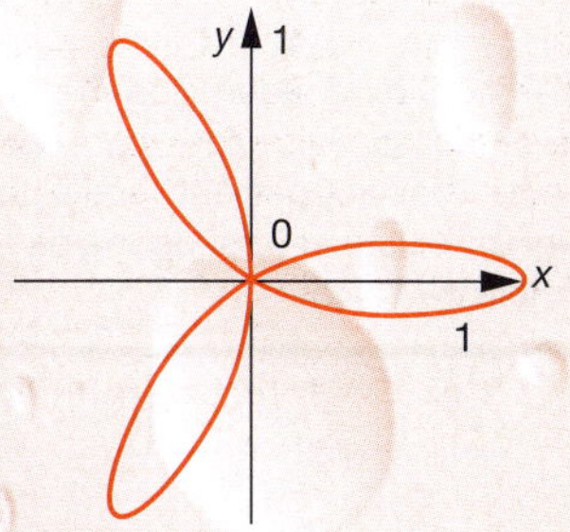

Trifolium
Figure 6

$r=\cos\theta$ est l'équation d'un cercle de centre $\Omega\left(\frac{1}{2},0\right)$ et de rayon $\frac{1}{2}$.
De façon générale, une équation de la forme $r=2R\cos(\theta-\theta_0)$ caractérise le cercle de centre $\Omega(R\cos\theta_0, R\sin\theta_0)$ et de rayon R.

f)

I_E	Changement	Interprétation	I'_E
$\mathbb{R}$	$r(\theta+2\pi)=r(\theta)$	Identité.	$[a, a+2\pi]$
$[a, a+2\pi]$	$r(\theta+\pi)=-r(\theta)$	Identité.	$[a, a+\pi]$
$\left[-\frac{\pi}{2}, \frac{\pi}{2}\right]$	$r(-\theta)=r(\theta)$	Symétrie orthogonale d'axe Ox.	$\left[0, \frac{\pi}{2}\right]$

Les points $M(\theta, r)$ et $M(\theta+\pi, -r)$ coïncident. On a choisi $a=-\frac{\pi}{2}$ pour obtenir l'intervalle $\left[-\frac{\pi}{2}, \frac{\pi}{2}\right]$ et pour pouvoir profiter ensuite de la parité.

Conseils méthodologiques

Effectuer un développement limité en 0 puis en déduire les vecteurs dérivés successifs en utilisant la formule de Taylor.

En coordonnées polaires, utiliser le signe de r et la tangente au point O qui est toujours la droite d'angle polaire $\theta=\theta_0$.

2 ■ Savoir étudier un point stationnaire.

Étudier, suivant la valeur des paramètres, la nature du point singulier M de l'arc Γ indiqué.

a) $\Gamma:\begin{cases} x(t)=t^2\left[a+t^2\ln(1+t)\right] \\ y(t)=t^3(b+t^2)+t^2\sin^2 t \end{cases}$ et $M=M(t_0)$ avec $t_0=0$ et $(a, b)\in\mathbb{R}^2$.

b) $\Gamma: r=\cos^3\theta$ et $M=M(\theta_0)$ avec $\theta_0=\frac{\pi}{2}$.

c) $\Gamma: r=1-\cos 2\theta$ et $M=M(\theta_0)$ avec $\theta_0=0$.

2.a) On effectue un développement limité en 0 à l'ordre 5 des fonctions x et y :

$\begin{cases} x(t)\underset{0}{=}at^2+t^5+o(t^5) \\ y(t)\underset{0}{=}bt^3+t^4+t^5+o(t^5) \end{cases}$. En posant $f(t)=\begin{pmatrix} x(t) \\ y(t) \end{pmatrix}$, on obtient :

$$f(t)=\frac{t^2}{2!}\begin{pmatrix} 2a \\ 0 \end{pmatrix}+\frac{t^3}{3!}\begin{pmatrix} 0 \\ 6b \end{pmatrix}+\frac{t^4}{4!}\begin{pmatrix} 0 \\ 24 \end{pmatrix}+\frac{t^5}{5!}\begin{pmatrix} 120 \\ 120 \end{pmatrix}+o(t^5).$$

En remarquant que les fonctions sont de classe C^5 et avec les notations usuelles, on peut donc résumer les cas possibles dans le tableau suivant :

Valeurs des paramètres	Valeurs de p et q	Nature du point singulier
$a\neq 0$ et $b\neq 0$	$p=2$ et $q=3$	Point de rebroussement de première espèce
$a\neq 0$ et $b=0$	$p=2$ et $q=4$	Point de rebroussement de seconde espèce
$a=0$ et $b\neq 0$	$p=3$ et $q=5$	Point d'inflexion
$a=0$ et $b=0$	$p=4$ et $q=5$	Point de rebroussement de première espèce

Quand la fonction f est de classe C^n au voisinage d'un point t_0, le développement limité au point t_0 existe et il est donné par la formule de Taylor :

$$f(t)=\sum_{k=0}^{n}\frac{(t-t_0)^k}{k!}f^{(k)}(t_0)+o\left[(t-t_0)^n\right].$$

b) Dans le cas de courbes définies en coordonnées polaires par une équation de la forme $r = r(\theta)$, on a $f'(\theta_0) = r'(\theta_0)u_r(\theta_0) + r(\theta_0)u_\theta(\theta_0)$ donc $f'(\theta_0) = 0 \Rightarrow r'(\theta_0) = r(\theta_0) = 0$. Par suite seul le pôle O peut être un point stationnaire.

La tangente en $O = M(\theta_0)$ est toujours la droite d'angle polaire $\theta = \theta_0$. Il suffit donc de connaître le signe de r pour connaître l'allure de la courbe et par suite la nature du point singulier (méplat ou point de rebroussement de première espèce). En pratique, il n'est pas nécessaire de faire une étude spéciale des points singuliers pour des courbes en polaires de cette forme. En considérant le secteur angulaire dans lequel est tracée la courbe, si r change de signe on a un point méplat (*cf.* Fig. 7) et si r ne change pas de signe on a un point de rebroussement de première espèce (*cf.* Fig. 8).

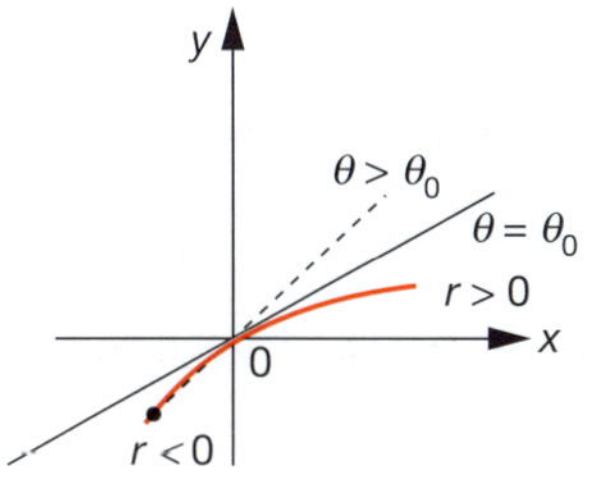

Figure 7

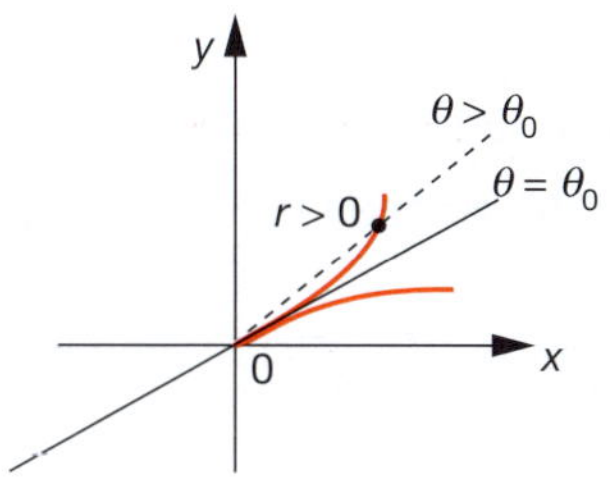

Figure 8

Pour $r = \cos^3\theta$ au voisinage de $\theta_0 = \dfrac{\pi}{2}$, le cosinus change de signe donc la tangente est verticale avec un point méplat.

c) Pour $r = 1 - \cos 2\theta$ au voisinage de $\theta_0 = 0$, le cosinus ne change pas de signe donc la tangente est horizontale avec un point de rebroussement de première espèce.

Si $f'(\theta_0) = 0$, la formule de Leibniz appliquée à $f(\theta) = r(\theta)u_r(\theta)$ donne $p = \min\left\{k \in \mathbb{N} \,/\, r^{(k)}(\theta_0) \neq 0\right\}$.
En effet si $k < p$,

$$f^{(k)}(\theta_0) = \sum_{i=0}^{k} \binom{k}{i} r^{(i)}(\theta_0) u_r^{(k-i)}(\theta_0) = 0$$

et $f^{(p)}(\theta_0) = r^{(p)}(\theta_0)u_r(\theta_0) \neq 0$.
De plus $q = p + 1$ car

$$f^{(p+1)}(\theta_0) = r^{(p+1)}(\theta_0)u_r(\theta_0) + (p+1)\underbrace{r^{(p)}(\theta_0)}_{\neq 0}u_\theta(\theta_0)$$

donc $f^{(p+1)}(\theta_0)$ n'est pas colinéaire à $f^{(p)}(\theta_0)$. Enfin, la formule de Taylor permet d'écrire :

$$r(\theta) = \frac{(\theta - \theta_0)^p}{p!} r^{(p)}(\theta_0) + o\left((\theta - \theta_0)^p\right).$$

Cela explique que le changement de signe de r au voisinage d'un point stationnaire donne une indication sur la parité de l'entier p.

3 ■ Savoir étudier une branche infinie.

Étudier, dans chacun des cas suivants, la nature de la branche infinie de l'arc Γ indiqué.

a) $\begin{cases} x(t) = t^2 + \dfrac{1}{t^2} \\ y(t) = 5t + \dfrac{1}{t} \end{cases}$ quand $t \to 0^+$,

b) $\begin{cases} x(t) = \dfrac{1}{t-1} + \dfrac{1}{t} \\ y(t) = \dfrac{1}{t^2 - 1} - t \end{cases}$ quand $t \to 1^+$,

c) $\begin{cases} x(t) = e^t + e^{-t} + 1 \\ y(t) = 2e^t + e^{-t} + t \end{cases}$ quand $t \to +\infty$,

d) $r = \dfrac{1}{\cos(3\theta)}$, quand $\theta \to \dfrac{\pi}{6}^-$,

e) $r = 1 + \dfrac{1}{\theta}$ quand $\theta \to +\infty$.

Conseils méthodologiques

a) b) c) d) Chercher la limite de $\dfrac{y(t)}{x(t)}$ ou de $r(\theta)\sin(\theta - \theta_0)$ dans chaque cas considéré.

3.a) $x(t) \underset{0^+}{\sim} \dfrac{1}{t^2}$ et $y(t) \underset{0^+}{\sim} \dfrac{1}{t}$ donc $\lim\limits_{t\to 0} \dfrac{y(t)}{x(t)} = 0$. On en déduit qu'il s'agit d'une branche parabolique de direction Ox.

b) $x(t) \underset{1^+}{\sim} \dfrac{1}{t-1}$ et $y(t) \underset{1^+}{\sim} \dfrac{1}{2(t-1)}$ donc $\lim\limits_{t\to 1} \dfrac{y(t)}{x(t)} = \dfrac{1}{2}$.

Puis $y(t) - \dfrac{1}{2}x(t) = -\dfrac{1}{2(t+1)} - t - \dfrac{1}{2t}$ et $\lim\limits_{t\to 1^+}\left[y(t) - \dfrac{1}{2}x(t)\right] = -\dfrac{7}{4}$. Par suite on a une asymptote d'équation $\boxed{y - \dfrac{1}{2}x = -\dfrac{7}{4}}$.

b) De plus, en factorisant :

$$y(t) - \frac{1}{2}x(t) + \frac{7}{4} = -\frac{(t-1)(4t^2+t-2)}{4t(t+1)} \xrightarrow[t\to 1^+]{} 0^-.$$

Il en résulte que la courbe est au-dessous de son asymptote.

c) $x(t) \underset{+\infty}{\sim} e^t$ et $y(t) \underset{+\infty}{\sim} 2e^t$ donc $\lim\limits_{t\to +\infty} \dfrac{y(t)}{x(t)} = 2$. Puis $y(t) - 2x(t) = t - e^{-t} - 2$ et $\lim\limits_{t\to+\infty}\left[y(t) - 2x(t)\right] = +\infty$. Par conséquent il s'agit d'une branche parabolique de direction la droite d'équation $y = 2x$.

d) $\lim\limits_{\theta\to \frac{\pi}{6}^-} \dfrac{1}{\cos(3\theta)} = +\infty$. On pose $h = \theta - \dfrac{\pi}{6}$ et on étudie le produit :

$$r(\theta)\sin\left(\theta - \frac{\pi}{6}\right) = \frac{\sin(h)}{\cos\left(\frac{\pi}{2} + 3h\right)} = -\frac{\sin(h)}{\sin(3h)}.$$

Puis, en effectuant un développement limité, on obtient :

$$\frac{\sin(h)}{\sin(3h)} = \frac{h - \frac{h^3}{6} + o(h^3)}{3\left[h - \frac{3h^3}{2} + o(h^3)\right]} = \frac{1}{3}\left(1 - \frac{h^2}{6} + o(h^2)\right)\left(1 + \frac{3h^2}{2} + o(h^2)\right).$$

D'où :

$$r(\theta)\sin\left(\theta - \frac{\pi}{6}\right) = -\frac{1}{3} - \frac{4}{9}h^2 + o(h^2).$$

Ainsi on a une asymptote d'équation $Y = -\dfrac{1}{3}$ dans le repère mobile pour $\theta = \dfrac{\pi}{6}$ et la courbe est au-dessous de l'asymptote (*cf.* Fig. 9).

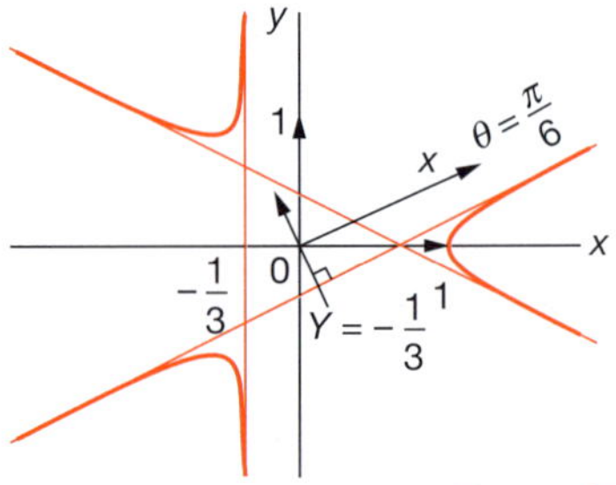

Figure 9

e) Quand θ tend vers $+\infty$: $\lim\limits_{\theta\to+\infty}\left(1 + \dfrac{1}{\theta}\right) = 1^+$. On a alors un cercle asymptote de centre O et de rayon 1. La courbe est à l'extérieur du cercle et tourne dans le sens direct (inverse du sens des aiguilles d'une montre) quand θ croît (*cf.* Fig. 10).

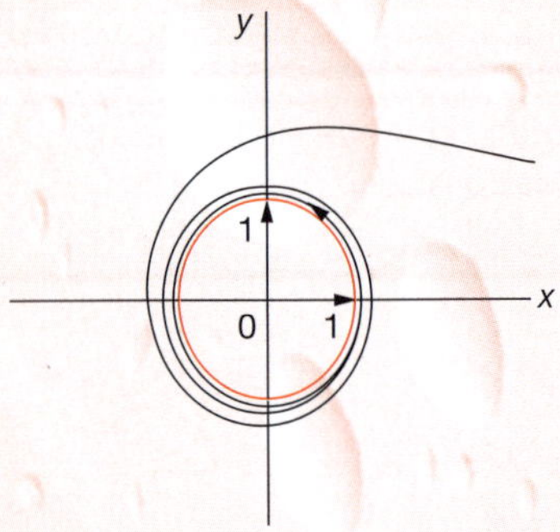

Figure 10

4 ■ Savoir calculer le rayon de courbure, la longueur et des aires.

4.1 En coordonnées paramétriques.

On considère la cycloïde (*cf.* Fig. 11) paramétré par : $\begin{cases} x(t) = t - \sin t \\ y(t) = 1 - \cos t. \end{cases}$

a) Déterminer le rayon de courbure puis le centre de courbure au point de paramètre $t \in \left]0, 2\pi\right[$.

b) Calculer la longueur d'une arche de cycloïde ($t \in [0, 2\pi]$).

c) Calculer l'aire du domaine délimité par l'axe Ox et cette arche de cycloïde.

4.2 En coordonnées polaires.

On considère la cardioïde Γ (*cf.* Fig. 12) paramétrée par : $r(\theta) = 1 - \cos\theta$.

a) Déterminer le rayon de courbure au point de paramètre $\theta \in \left]-\pi, \pi\right[$.

b) Calculer la longueur de Γ.

c) Calculer l'aire du domaine délimité par Γ.

Conseils méthodologiques

4.1 a) Utiliser $\vec{T} : \begin{cases} \dfrac{dx}{ds} = \cos\alpha \\ \dfrac{dy}{ds} = \sin\alpha \end{cases}$. Pour l'aire choisir la mieux adaptée parmi les trois formules usuelles :

$$\int_{\gamma^+} xdy = -\int_{\gamma^+} ydx = \int_{\gamma^+} \frac{xdy - ydx}{2}$$

où γ^+ désigne le contour du domaine parcouru dans le sens direct.

4.2 Utiliser $\vec{T} : \begin{cases} \dfrac{dr}{ds} = \cos V \\ r\dfrac{d\theta}{ds} = \sin V \end{cases}$. Pour l'aire se servir de la symétrie du domaine et de la formule : $\dfrac{1}{2}\displaystyle\int_{\theta_0}^{\theta_1} r^2 d\theta$, le contour devant être parcouru dans le sens direct.

4.1.a) On cherche d'abord : $x'(t) = 1 - \cos t = 2\sin^2\dfrac{t}{2}$ et $y'(t) = \sin t = 2\sin\dfrac{t}{2}\cos\dfrac{t}{2}$ puis, en remarquant que pour $t \in \left]0, 2\pi\right[$ on a $2\sin\dfrac{t}{2} > 0$, on obtient : $\dfrac{ds}{dt} = \sqrt{x'^2(t) + y'^2(t)} = 2\sin\dfrac{t}{2}$ et $\dfrac{dx}{ds} = \sin\dfrac{t}{2} = \cos\alpha$ et $\dfrac{dy}{ds} = \cos\dfrac{t}{2} = \sin\alpha$. Par conséquent on peut choisir $\alpha = \dfrac{\pi}{2} - \dfrac{t}{2}$.

Enfin $\boxed{R = \dfrac{ds}{d\alpha} = -4\sin\dfrac{t}{2}}$.

Le centre de courbure I est défini par $\overrightarrow{MI} = R\vec{N}$. Puisque la base $(\vec{T}, \vec{N})$ est orthonormée directe donc $\vec{N}$ a pour coordonnées $\left(-\cos\dfrac{t}{2}, \sin\dfrac{t}{2}\right)$ donc :

$$\overrightarrow{MI} = R\vec{N} = \left(4\cos\frac{t}{2}\sin\frac{t}{2}\right)\vec{i} - \left(4\sin^2\frac{t}{2}\right)\vec{j}$$
$$= (2\sin t)\vec{i} - 2(1 - \cos t)\vec{j}.$$

Par suite on obtient pour $t \in \left]0, 2\pi\right[$ le point $\boxed{I\begin{pmatrix} t + \sin t \\ \cos t - 1 \end{pmatrix}}$.

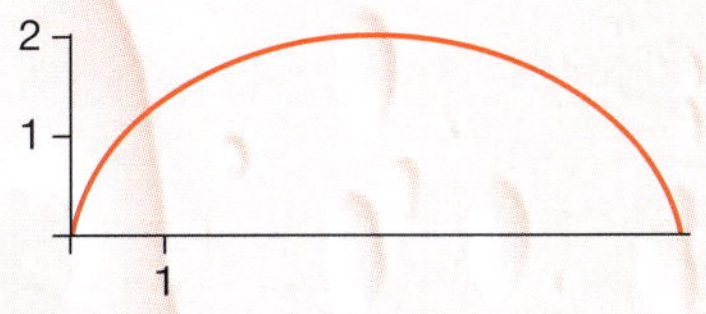

Arche de cycloïde
Figure 11

Au concours, il faut vérifier la cohérence des résultats trouvés chaque fois que c'est possible. Ici, on peut considérer le rectangle R parallèle aux axes circonscrit à l'arche de cycloïde. Sa longueur vaut 2π et sa largeur 2, la figure montre alors que L est supérieure à 2π (longueur de R) et inférieure à $2\pi+2$ (demi-périmètre de R). L'aire, quant à elle, est inférieure à 4π (aire de R) et supérieure à 2π (moitié de l'aire de R). Donc les résultats trouvés sont vraisemblables…

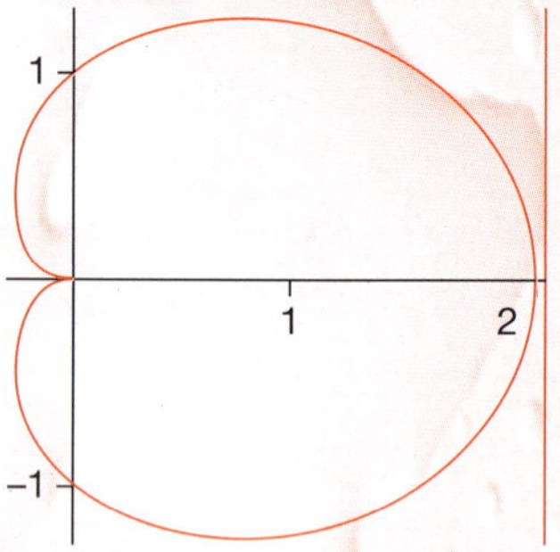

Cardioïde
Figure 12

b) La longueur d'une arche de cycloïde vaut

$$L=\int_0^{2\pi}\sqrt{x'^2(t)+y'^2(t)}dt=2\int_0^{2\pi}\sin\frac{t}{2}dt=-4\left[\cos\frac{t}{2}\right]_0^{2\pi},\text{ c'est-à-dire } \boxed{L=8}.$$

c) Le parcours doit se faire dans le sens direct sur l'arc, donc l'aire $\mathcal{A}$ du domaine délimité par l'axe Ox et cette arche de cycloïde vaut $-\int_{\gamma^+}ydx=-\int_{2\pi}^{0}(1-\cos t)^2\,dt$.

Ainsi $-\int_{\gamma^+}ydx=\int_0^{2\pi}(1-2\cos t+\cos^2 t)dt=2\pi-0+\int_0^{2\pi}\left(\frac{1+\cos 2t}{2}\right)dt=3\pi$.

En conclusion $\boxed{\mathcal{A}=3\pi}$.

4.2.a) On a, avec les notations usuelles : $\overrightarrow{OM}=r(\theta)\overrightarrow{u_\theta}$ et $\frac{d\overrightarrow{M}}{d\theta}=r'(\theta)\overrightarrow{u_\theta}+r(\theta)\overrightarrow{v_\theta}$. Cela permet d'obtenir $\frac{ds}{d\theta}=\sqrt{r'^2+r^2}$ et $\vec{T}=\frac{d\overrightarrow{M}}{d\theta}\times\frac{d\theta}{ds}=\frac{1}{\sqrt{r'^2+r^2}}\left(r'\overrightarrow{u_\theta}+r\overrightarrow{v_\theta}\right)$. Ici on trouve :

$$\frac{d\overrightarrow{M}}{d\theta}=-\sin\theta\,\overrightarrow{u_\theta}+(1+\cos\theta)\overrightarrow{v_\theta}=2\cos\frac{\theta}{2}\left(-\sin\frac{\theta}{2}\overrightarrow{u_\theta}+\cos\frac{\theta}{2}\overrightarrow{v_\theta}\right).$$

Puis $\frac{ds}{d\theta}=2\cos\frac{\theta}{2}>0$ car $\theta\in\left]-\pi,\pi\right[$ et

$\vec{T}=\left(-\sin\frac{\theta}{2}\overrightarrow{u_\theta}+\cos\frac{\theta}{2}\overrightarrow{v_\theta}\right)=\left(\cos V\overrightarrow{u_\theta}+\sin V\overrightarrow{v_\theta}\right)$. On peut alors choisir $V=\frac{\pi}{2}+\frac{\theta}{2}$. On en tire : $\alpha=V+\theta=\frac{\pi}{2}+\frac{3\theta}{2}$. Par suite $\boxed{R=\frac{ds}{d\alpha}=\frac{4}{3}\cos\frac{t}{2}}$.

b) Compte tenu de la symétrie de la courbe par rapport à l'axe Ox, la longueur de cette cardioïde vaut :

$$L=2\int_0^{\pi}\sqrt{r'^2(t)+r^2(t)}dt=2\int_0^{\pi}2\cos\frac{\theta}{2}dt=-8\left[\sin\frac{\theta}{2}\right]_0^{\pi},\text{ c'est-à-dire } \boxed{L=8}.$$

c) La symétrie de la courbe par rapport à l'axe Ox permet d'affirmer que l'aire $\mathcal{A}$ du domaine vaut

$$\frac{1}{2}\int_{-\pi}^{\pi}r^2(\theta)d\theta=\int_0^{\pi}(1+\cos\theta)^2\,d\theta=\int_0^{\pi}\left(\frac{3}{2}+2\cos\theta+\frac{\cos 2\theta}{2}\right)d\theta=\frac{3}{2}\pi.$$

En conclusion $\boxed{\mathcal{A}=\frac{3\pi}{2}}$.

Pour maîtriser les bases

1. L'astroïde et sa développée ____ D'après Centrale

Soit $a > 0$. Dans un plan euclidien rapporté à un repère orthonormé $\left(O, \vec{i}, \vec{j}\right)$ on considère, pour tout $t \in \mathbb{R}$, le point $M(t)\begin{cases} x = a\cos t \\ y = a\sin t. \end{cases}$

a) Quelle est la nature de l'ensemble $\mathscr{C}$ des points $M(t)$ quand t décrit $\mathbb{R}$?

b) On désigne par $P(t)$ et $Q(t)$ respectivement, les projetés orthogonaux de $M(t)$ sur les axes Ox et Oy. Déterminer les coordonnées de $P(t)$ et $Q(t)$.
On note D_t droite passant par $P(t)$ et $Q(t)$, donner une équation de D_t.

c) On appelle $R(t)$ le projeté orthogonal de $M(t)$ sur la droite D_t. Déterminer les coordonnées de $R(t)$.

d) Étudier le lieu de $R(t)$ quand t décrit $\mathbb{R}$.

e) Tracer l'ensemble des centres de courbure C des points de Γ.

f) Écrire une équation cartésienne de D_t sous la forme $a(t)x + b(t)y + c(t)=0$, où les fonctions a, b et c sont de classe C^1 sur $\mathbb{R}$ et vérifient, pour tout $t \in \mathbb{R}$, $\begin{vmatrix} a(t) & a'(t) \\ b(t) & b'(t) \end{vmatrix} \neq 0$. Déterminer l'enveloppe de la famille de droites $(D_t)_{t\in\mathbb{R}}$ sachant qu'on appelle enveloppe des droites $(D_t)_{t\in\mathbb{R}}$ l'arc paramétré par $\vec{f}(t) = (x(t), y(t))$ où $(x(t), y(t))$ est, quand t décrit $\mathbb{R}$, l'unique solution du système : $\begin{cases} a(t)x + b(t)y + c(t) = 0 \\ a'(t)x + b'(t)y + c'(t) = 0. \end{cases}$

Conseils méthodologiques : **a)** Utiliser les équations paramétriques d'un cercle données au paragraphe 2.6. **b)** Faire une figure. **c)** Utiliser la caractérisation du projeté orthogonal sur une droite. **d)** Soigner la réduction de l'ensemble d'étude. **e)** Le centre de courbure C est le point défini par $\overrightarrow{MC} = \overrightarrow{RN}$.

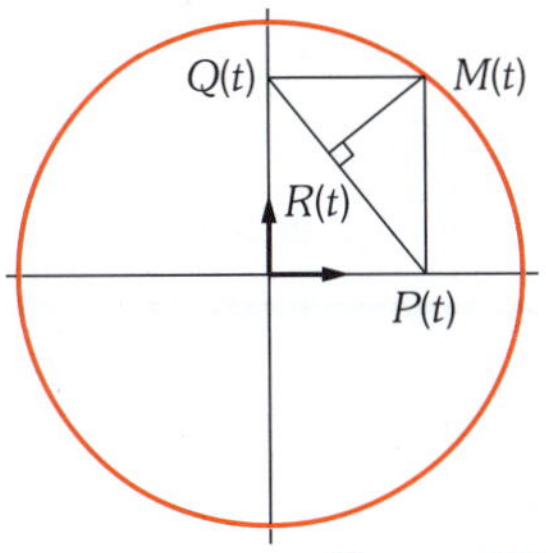

Figure 13

a) $M(t) \in \mathscr{C} \Leftrightarrow \exists t \in \mathbb{R}, \quad \begin{cases} x = a\cos t \\ y = a\sin t. \end{cases}$

On reconnaît les équations paramétriques du cercle de centre O et de rayon a.

b) Les coordonnées de $P(t)$ (*cf.* Fig. 13) sont $(a\cos t,\ 0)$ et celles de $Q(t)$ sont $(0,\ a\sin t)$.

La droite D_t a donc pour équation : $\begin{vmatrix} x - a\cos t & -a\cos t \\ y & a\sin t \end{vmatrix} = 0,$

c'est-à-dire : $x\sin t + y\cos t = a\sin t\cos t$ (car $a \neq 0$).

c) $\vec{V}\ (-\cos t;\ \sin t)$ est un vecteur directeur de D_t.

Le point $R(t)$ de coordonnées $(x,\ y)$ est alors caractérisé par $\begin{cases} R(t) \in D_t \\ \overrightarrow{M(t)R(t)} \cdot \vec{V} = 0 \end{cases}$

c'est-à-dire : $\begin{cases} x\sin t + y\cos t = a\sin t\cos t \\ (x - a\cos t)(-\cos t) + (y - a\sin t)\sin t = 0 \end{cases}$

ou encore : $\begin{cases} x\sin t + y\cos t = a\sin t\cos t & \boxed{1} \\ x\cos t - y\sin t = a\cos^2 t - a\sin^2 t & \boxed{2} \end{cases}.$

La résolution du système d'équations donne :

$$R(t)\begin{cases} x = a\cos^3 t & \boxed{1}\times\sin t+\boxed{2}\times\cos t \\ y = a\sin^3 t & \boxed{1}\times\cos t+\boxed{2}\times(-\sin t). \end{cases}$$

d) Réduction de l'ensemble d'étude :

I_E	Changement	Interprétation	I'_E
$\mathbb{R}$	$\begin{cases} x(t+2\pi)=x(t) \\ y(t+2\pi)=y(t) \end{cases}$	Identité.	$[-\pi,\ \pi]$
$[-\pi,\ \pi]$	$\begin{cases} x(-t)=x(t) \\ y(-t)=-y(t) \end{cases}$	Symétrie orthogonale d'axe Ox.	$[0,\ \pi]$
$[0,\ \pi]$	$\begin{cases} x(\pi-t)=-x(t) \\ y(\pi-t)=y(t) \end{cases}$	Symétrie orthogonale d'axe Oy.	$\left[0,\ \frac{\pi}{2}\right]$
$\left[0,\ \frac{\pi}{2}\right]$	$\begin{cases} x\left(\frac{\pi}{2}-t\right)=y(t) \\ y\left(\frac{\pi}{2}-t\right)=x(t) \end{cases}$	Symétrie orthogonale par rapport à la première bissectrice d'équation $y=x$.	$\left[0,\ \frac{\pi}{4}\right]$

Les fonctions x et y sont dérivables sur $[0,\ \frac{\pi}{2}]$ et on a $\begin{cases} x'(t)=-3a\sin t\cos^2 t \\ y'(t)=3a\cos t\sin^2 t. \end{cases}$

La fonction x est donc décroissante sur $[0,\ \frac{\pi}{4}]$ et la fonction y est croissante. On a $x(0)=a$, $y(0)=0$, $x\left(\frac{\pi}{4}\right)=y\left(\frac{\pi}{4}\right)=a\frac{\sqrt{2}}{4}$. D'où le tableau 5 :

t	0		$\frac{\pi}{4}$
$x'(t)$	0	$-$	$-\frac{3a\sqrt{2}}{4}$
$x(t)$	a	$\searrow$	$a\frac{\sqrt{2}}{4}$
$y(t)$	0	$\nearrow$	$a\frac{\sqrt{2}}{4}$
$y'(t)$	0	$+$	$\frac{3a\sqrt{2}}{4}$

Tableau 5

$M(0)$ est un point stationnaire et on a $\lim\limits_{t\to 0}\frac{y'(t)}{x'(t)}=\lim\limits_{t\to 0}(-\tan t)=0$. La tangente en $M(0)$ est donc horizontale. Compte tenu de la symétrie par rapport à l'axe Ox, il est inutile d'étudier la nature du point singulier, il s'agit que d'un point de rebroussement de première espèce.

La courbe Γ est une astroïde (*cf.* Fig. 14).

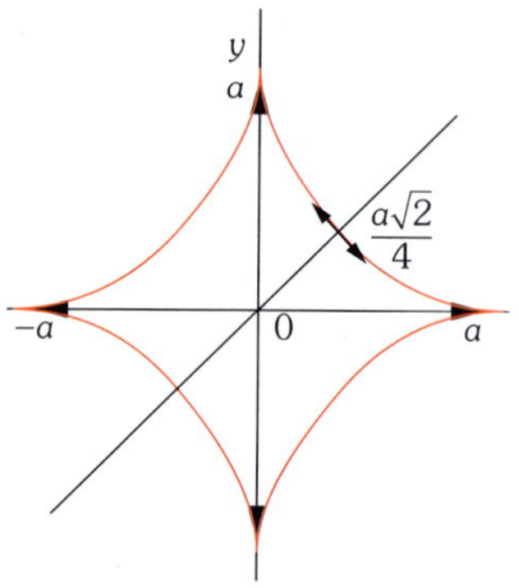

Figure 14

e) Déterminons l'ensemble des centres de courbure de Γ. On peut se limiter à $t\in\left]0,\ \frac{\pi}{2}\right[$ et, compte tenu des symétries, compléter la courbe par une symétrie par rapport à chacun des axes. Soit s une abscisse curviligne sur Γ.

On a $\frac{ds}{dt}=3a\cos t\sin t>0$ pour $t\in\left]0,\ \frac{\pi}{2}\right[$. Le vecteur unitaire $\vec{T}$ tangent à Γ en $M(t)$ a pour coordonnées $(-\cos t,\ \sin t)$ donc $\alpha\equiv\pi-t\ [2\pi]$ et $d\alpha=-dt$. On en déduit l'expression du rayon de courbure : $R=\frac{ds}{d\alpha}=-\frac{ds}{dt}=-3a\cos t\sin t$. Le vecteur normal $\vec{N}$ a pour coordonnées $(-\sin t,\ -\cos t)$.

On en déduit que les coordonnées du centre de courbure $C(t)$ en $M(t)$ sont :

$$\begin{cases} x_c=a\cos^3 t+3a\cos t\sin^2 t \\ y_c=a\sin^3 t+3a\cos^2 t\sin t. \end{cases}$$

En travaillant dans le repère obtenu à partir de $(O, \vec{i}, \vec{j})$ par une rotation d'angle $\frac{\pi}{4}$, les coordonnées de C sont données par :

$$\begin{cases} X_c = \frac{\sqrt{2}}{2}(x_c + y_c) \\ Y_c = \frac{\sqrt{2}}{2}(x_c - y_c) \end{cases} \text{ qui donne } \begin{cases} X_c = 2a\cos^3 u \\ Y_c = 2a\sin^3 u \end{cases} \text{ en posant } u = t - \frac{\pi}{4}.$$

La courbe Σ définie par les équations précédentes est la courbe obtenue à partir de Γ par une similitude de centre O, de rapport 2 et d'angle $\frac{\pi}{4}$.

La courbe Σ est appelée la développée de Γ (*cf.* Fig. 15).

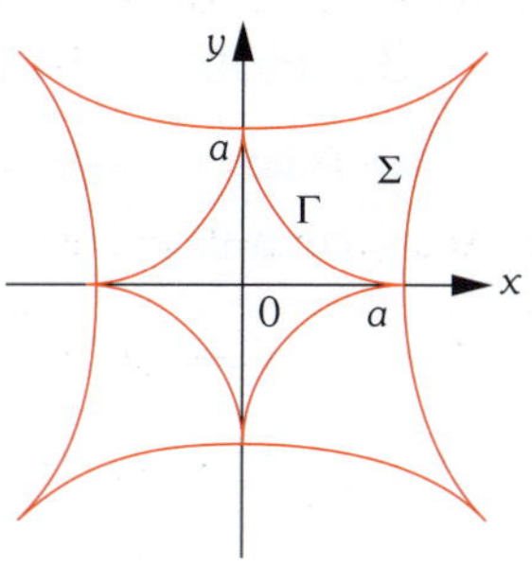

Figure 15

f) La droite D_t a pour équation $x\sin t + y\cos t = a\sin t\cos t$. La dérivation par rapport à t de chaque membre de cette équation donne $x\cos t - y\sin t = a(\cos^2 t - \sin^2 t)$.

On vérifie aisément alors que $\begin{vmatrix} a(t) & a'(t) \\ b(t) & b'(t) \end{vmatrix} = 1 \neq 0$. L'enveloppe de la famille de droites est donc caractérisée par le système :

$$\begin{cases} x\sin t + y\cos t = a\sin t\cos t \\ x\cos t - y\sin t = a(\cos^2 t - \sin^2 t). \end{cases}$$

On retrouve le même système que celui obtenu à la question c). L'enveloppe des droites D_t est encore l'astroïde Γ. Les résultats précédents donnent donc une construction géométrique du point $R(t)$, appelé point caractéristique.

Remarque : en dérivant la première équation : $a(t)x + b(t)y + c(t) = 0$, compte tenu de $a'(t)x + b'(t)y + c'(t) = 0$, il vient : $a(t)x'(t) + b(t)y'(t) = 0$. Cela signifie que $\overrightarrow{f'(t)} = (x'(t), y'(t))$ est un vecteur directeur de D_t. Ainsi, en tout point régulier $R(t)$, la droite D_t est tangente à Γ.

2. Point double et fraction rationnelle ______ D'après Centrale

a) Tracer à l'aide de Maple la courbe Γ définie par $\begin{cases} x(t) = t^2 + t \\ y(t) = 2t - \frac{1}{t}. \end{cases}$

b) Quels sont les paramètres du point double ?

Conseils méthodologiques : a) Choisir avec soin la fenêtre de dessin pour bien visualiser la courbe au voisinage de l'asymptote. **b)** Utiliser la somme et le produit des racines d'un trinôme.

a) On obtient la représentation graphique de Γ (cf. figure 16) à l'aide des instructions :

```
x:=t->t**2+t ; y:=t->2*t-1/t ; plot([x(t), y(t), t=-10..10], view=[-1..7, -6..5]) ;
```

b) On obtient les paramètres des points doubles en résolvant $M(t) = M(u)$ avec $t \neq u$. Cela conduit au système : $(\star)\begin{cases} t^2 + t = u^2 + u \\ 2t - \frac{1}{t} = 2u - \frac{1}{u} \end{cases}$. En transposant puis en divisant par $(t-u)$ qui est non nul, il vient :

$$(\star) \Leftrightarrow \begin{cases} (t-u)(t+u+1) = 0 \\ (t-u)\left(2 + \frac{1}{tu}\right) = 0 \end{cases} \Leftrightarrow \begin{cases} t+u = -1 \\ \frac{1}{tu} = -2 \end{cases} \Leftrightarrow \begin{cases} t+u = -1 \\ tu = -\frac{1}{2} \end{cases}.$$

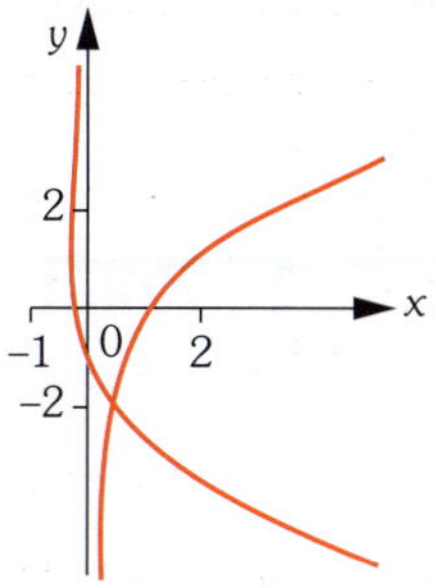

Figure 16

u et t sont donc les racines du trinôme $X^2 + X - \frac{1}{2}$. On a donc un seul point double et ses paramètres sont $\frac{\sqrt{3}-1}{2}$ et $-\frac{\sqrt{3}+1}{2}$. Ce point double a pour coordonnées $\left(\frac{1}{2}, -2\right)$.

3. Points doubles en coordonnées polaires ______ D'après Centrale

a) Tracer la courbe Γ d'équation $r(\theta) = \ln\theta$.

b) Déterminer les paramètres des points doubles de Γ.

Conseils méthodologiques : **a)** Si $\lim_{\theta \to \theta_0} r(\theta) = \pm\infty$, on doit étudier la branche infinie et l'éventuelle asymptote en cherchant $\lim_{\theta \to \theta_0} r(\theta)\sin(\theta - \theta_0)$. **b)** En coordonnées polaires les points doubles sont obtenus pour les valeurs de θ vérifiant $r(\theta + 2k\pi) = r(\theta)$ et $k \in \mathbb{Z}^*$ ou $r[\theta + (2k+1)\pi] = -r(\theta)$ et $k \in \mathbb{Z}$.

a) Le tableau de signe de r se déduit du signe du logarithme népérien sur $\mathbb{R}_+^*$.

θ	0		1		$+\infty$
$r(\theta)$	$-\infty$	$-$	0	$+$	$+\infty$

Puisque $\lim_{\theta \to +\infty} r(\theta) = +\infty$ on a une branche spirale quand θ tend vers $+\infty$. De plus $\lim_{\theta \to 0} r(\theta) = -\infty$, et $\lim_{\theta \to 0^+} r(\theta)\sin(\theta - 0) = 0^-$. Par conséquent l'axe Ox est asymptote et la courbe est au-dessous de l'asymptote (*cf.* Fig. 17).

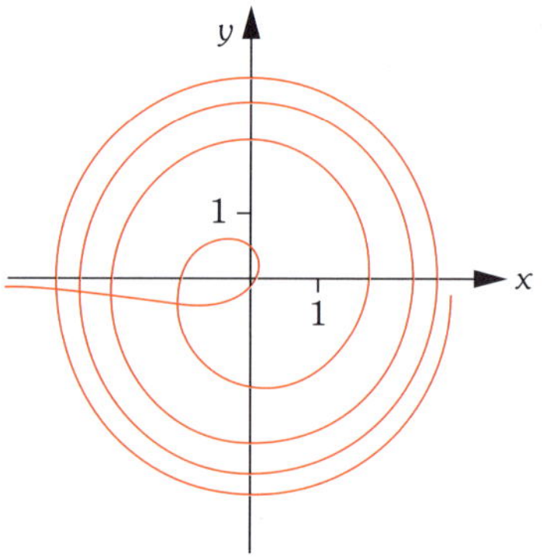

Figure 17

b) La fonction logarithme népérien est strictement croissante sur $\mathbb{R}_+^*$ donc $r(\theta + 2k\pi) = r(\theta)$ et $k \in \mathbb{Z}^*$ n'a pas de solution. En revanche, $r[\theta + (2k+1)\pi] = -r(\theta)$ et $k \in \mathbb{Z}$ conduit à $\ln[\theta + (2k+1)\pi] = -\ln\theta$ qui équivaut à $\ln[\theta^2 + (2k+1)\pi\theta] = 0$ c'est-à-dire $\theta^2 + (2k+1)\pi\theta = 1$. Ce trinôme en θ admet deux racines de signes contraires. Seule celle qui est strictement positive convient. L'ensemble S des valeurs de θ cherché est donc :

$$S = \left\{ \frac{\sqrt{(2k+1)^2\pi^2 + 4} - (2k+1)\pi}{2} \,/\, k \in \mathbb{Z} \right\}.$$

4. Points d'inflexion et alignement ______ D'après Centrale

a) Tracer à l'aide de Maple la courbe Γ définie par $\begin{cases} x(t) = t^2 + t \\ y(t) = 2t + \dfrac{1}{t} \end{cases}$.

b) Donner une condition nécessaire et suffisante pour que les points $M(t_1)$, $M(t_2)$, $M(t_3)$ soient alignés sur la courbe Γ.

c) Quels sont les paramètres des points d'inflexion ?

Conseils méthodologiques : a) Choisir avec soin la fenêtre de dessin pour bien visualiser la courbe au voisinage de l'asymptote.
Utiliser ensuite **plot([f(x), [x(t), y(t), t=t1..t2]], x=x1..x2, y=y1..y2).**

b) Déterminer l'équation aux paramètres des points d'intersection de la courbe Γ et de la droite Δ d'équation $ux + vy + w = 0$. Puis utiliser les relations entre coefficients et racines d'un polynôme.

c) Déterminer d'abord les points d'inflexion analytique c'est-à-dire les points qui vérifient $\det\left(\overrightarrow{f'(t)}, \overrightarrow{f''(t)}\right) = 0$.

a) On obtient la représentation de Γ (*cf.* Fig. 18) à l'aide des instructions :

x:=t->t*t+t; y:=t->2*t+1/t; plot([x(t),y(t),t=-10..10],view =[-1..10,-10..10]);

b) Le cas où deux des points sont confondus est immédiat. On supposera donc que les paramètres de ces trois points sont deux à deux distincts. Les points $M(t_1)$, $M(t_2)$, $M(t_3)$ sont alignés si et seulement s'il existe une droite Δ d'équation $ux + vy + w = 0$ qui passe par ces trois points, c'est-à-dire : $\forall t \in \{t_1, t_2, t_3\}$, $M(t) \in \Delta$. On peut aussi l'écrire :

$\exists(u, v, w) \in \mathbb{R}^3$, $\forall t \in \{t_1, t_2, t_3\}$, $ux(t) + vy(t) + w = 0$ avec $(u,v) \neq (0,0)$ $(\star)$.

Puisque aucun des paramètres n'est nul, cela signifie, en multipliant par t, que le polynôme $P(t) = ut^3 + (u+2v)t^2 + wt + v$ admet les trois racines t_1, t_2 et t_3. Puisque P ne peut pas être le polynôme nul, il doit être de degré 3 et par suite $u \neq 0$. En utilisant les relations entre coefficients et racines on obtient :

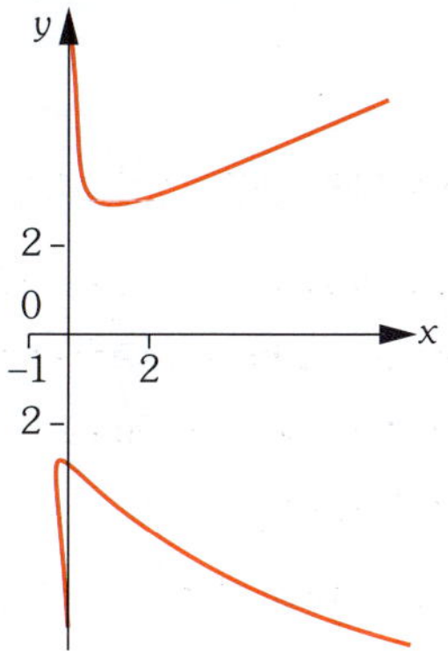

Figure 18

$$(\star) \Leftrightarrow \exists(u, v, w) \in \mathbb{R}^3, \begin{cases} t_1 + t_2 + t_3 = -\dfrac{u+2v}{u} \\ t_1t_2 + t_2t_3 + t_3t_1 = \dfrac{w}{u} \\ t_1t_2t_3 = -\dfrac{v}{u} \end{cases} \Leftrightarrow \exists(u, v, w) \in \mathbb{R}^3, \begin{cases} t_1 + t_2 + t_3 = -1 + 2t_1t_2t_3 \\ w = u(t_1t_2 + t_2t_3 + t_3t_1) \\ v = -ut_1t_2t_3 \end{cases}.$$

Ainsi, l'existence de u, v, w étant assurée (en prenant $u = 1$, $w = t_1t_2 + t_2t_3 + t_3t_1$, et $v = -t_1t_2t_3$), on aboutit finalement à la condition nécessaire et suffisante :

$$\boxed{(\star) \Leftrightarrow t_1 + t_2 + t_3 = -1 + 2t_1t_2t_3}.$$

c) Pour déterminer les points d'inflexion, on commence par chercher tous les points d'inflexion analytique c'est-à-dire les points qui vérifient $\det\left(\overrightarrow{f'(t)}, \overrightarrow{f''(t)}\right) = 0$. Ici on obtient $\begin{cases} x'(t) = 2t+1 \\ y'(t) = 2 - \dfrac{1}{t^2} \end{cases}$ et $\begin{cases} x''(t) = 2 \\ y''(t) = \dfrac{2}{t^3} \end{cases}$

puis $\begin{vmatrix} 2t+1 & 2 \\ 2 - \dfrac{1}{t^2} & \dfrac{2}{t^3} \end{vmatrix} = -4 + \dfrac{6}{t^2} + \dfrac{2}{t^3}$, d'où l'équation :

$2t^3 - 3t - 1 = 0$ ce qui donne $(t+1)(2t^2 - 2t - 1) = 0$ et finalement : $\det\left(\overrightarrow{f'(t)}, \overrightarrow{f''(t)}\right) = 0 \Leftrightarrow t \in \left\{-1, \dfrac{1+\sqrt{3}}{2}, \dfrac{1-\sqrt{3}}{2}\right\}$.

Pour chacun des points $M(t)$ correspondant, on a $\overrightarrow{f'(t)} \neq \vec{0}$ donc avec les notations usuelles $p = 1$. De plus $\det\left(\overrightarrow{f'(t)}, \overrightarrow{f''(t)}\right) = 0$ et $\begin{cases} x'''(t) = 0 \\ y'''(t) = -\dfrac{6}{t^4} \end{cases}$ donc $q = 3$. Il s'agit bien de trois points d'inflexion ce que confirme le tracé de la courbe.

5. Développante — D'après Banque PT

Les développantes d'un arc (birégulier) Γ, paramétré par une abscisse curviligne $s \mapsto M(s)$, sont les arcs C_λ définis par $s \mapsto P(s)$ où :

$$\boxed{P(s) = M(s) + (\lambda - s)\vec{T}(s)}.$$

avec $\vec{T} = \dfrac{d\overrightarrow{M}}{ds}$. On considère un réel a > 0 et l'arc Γ défini par $y = a\,\mathrm{ch}\dfrac{x}{a}$. Déterminer les équations paramétriques des développantes C_λ de Γ (*cf.* Fig. 19). Prouver que C_0 est symétrique par rapport à l'axe Oy puis construire les courbes C_0 et Γ dans le même repère à l'aide de MAPLE dans le cas où $a = 1$.

Conseils méthodologiques : paramétrer l'arc en posant $x = t$, déterminer $\vec{T}(t)$ puis $s(t)$. En déduire $P(t) = M(t) + (\lambda - s(t))\vec{T}(t)$. Utiliser ensuite **plot([f(x), [x(t), y(t), t=t1..t2]], x=x1..x2, y=y1..y2)**.

On peut paramétrer Γ en posant $\begin{cases} x = t \\ y = a\,\mathrm{ch}\dfrac{t}{a} \end{cases}$, on obtient alors $\dfrac{d\overrightarrow{M}}{dt} : \begin{cases} x'(t) = 1 \\ y'(t) = \mathrm{sh}\dfrac{t}{a} \end{cases}$ d'où $\dfrac{ds}{dt} = \sqrt{1 + \mathrm{sh}^2\dfrac{t}{a}} = \mathrm{ch}\dfrac{t}{a}$. Par suite

$T = \dfrac{d\overrightarrow{M}}{ds} = \dfrac{d\overrightarrow{M}}{dt}\dfrac{dt}{ds} : \begin{pmatrix} \dfrac{1}{\mathrm{ch}\dfrac{t}{a}} \\ \mathrm{th}\dfrac{t}{a} \end{pmatrix}$. On peut choisir comme origine des abscisses curviligne le point de paramètre 0 d'où $s(t) = a\,\mathrm{sh}\dfrac{t}{a}$ ce qui donne pour C_λ :

$$P_\lambda(t) \begin{cases} x(t) = t - a\,\mathrm{th}\dfrac{t}{a} - \dfrac{\lambda}{\mathrm{ch}\dfrac{t}{a}} \\ y(t) = \dfrac{a}{\mathrm{ch}\dfrac{t}{a}} + \lambda\,\mathrm{th}\dfrac{t}{a} \end{cases} \text{ et en particulier } P_0(t) \begin{cases} x(t) = t - a\,\mathrm{th}\dfrac{t}{a} \\ y(t) = \dfrac{a}{\mathrm{ch}\dfrac{t}{a}} \end{cases}.$$

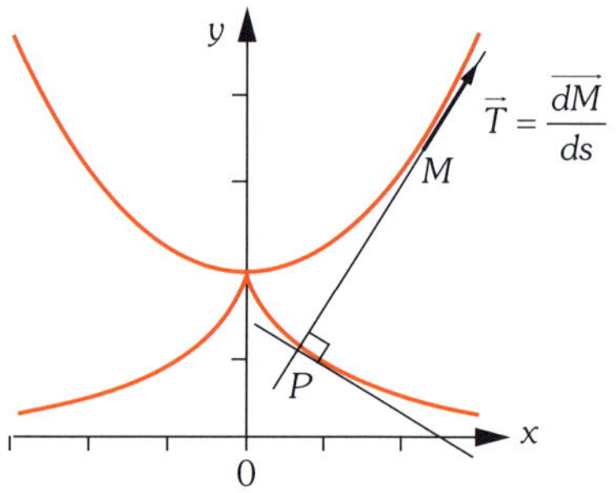

Figure 19

La courbe C_0, appelée tractrice, présente une symétrie par rapport à l'axe Oy car : $\forall t \in \mathbb{R}$, $\begin{cases} x(-t) = -x(t) \\ y(-t) = y(t) \end{cases}$. On représente la courbe à l'aide de Maple en exécutant les instructions suivantes :

plot([cosh(x), [t-tanh(t),1/cosh(t), t=-10..10]],x=-3..3,y=-1..2,xtickmarks=[1],ytickmarks=[0,1]) ;

Pour approfondir

6. Courbe conditionnée — D'après Centrale

Soit $\left(O, \vec{i}, \vec{j}\right)$ un repère orthonormé direct et $\overrightarrow{u_\theta} = (\cos\theta)\,\vec{i} + (\sin\theta)\,\vec{j}$. On considère un arc régulier Γ de classe C^1 paramétré par $\overrightarrow{OM} = r(\theta)\overrightarrow{u_\theta}$. Pour tout point M de Γ, on note P (respectivement Q) le point d'intersection de la tangente (respectivement de la normale) en M et de l'axe Ox. Déterminer les fonctions r telles que, pour tout point M, le milieu du segment $[P, Q]$ soit le point O.

Conseils méthodologiques : on remarquera que O est le milieu de $[P, Q]$ si et seulement si le triangle OPM est isocèle (cf. figure 21).

On considère que Γ est paramétré par $\overrightarrow{OM} = r(\theta)\overrightarrow{u_\theta}$ avec $r(\theta) > 0$. Soit α une (détermination de la) mesure de l'angle $\left(\overrightarrow{PO}, \overrightarrow{PM}\right)$.

Il est clair que si Γ est un arc solution du problème alors l'arc obtenu par symétrie par rapport à l'axe Oy (ou Ox) est encore solution. On peut donc se ramener au cas où le point P a une abscisse négative (par symétrie par rapport à l'axe Oy) et par suite l'abscisse de Q est positive. On peut même supposer que α n'est pas un multiple de $\dfrac{\pi}{2}$ sinon la tangente ou la normale serait parallèle à l'axe Ox. D'où la figure 20.

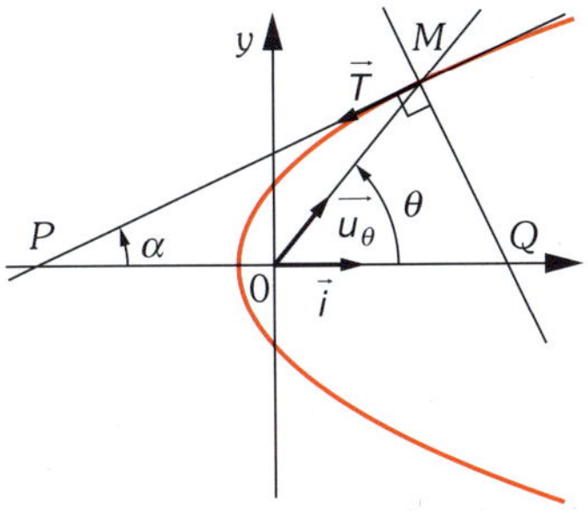

Figure 20

Erreur à éviter :

Attention, ici ce choix n'assure pas au départ que α soit une mesure de l'angle $\left(\vec{i}, \vec{T}\right)$ modulo 2π. Dans le cas où l'on vient de se ramener, on a $\vec{i} = \dfrac{\overrightarrow{PO}}{\left\|\overrightarrow{PO}\right\|}$ et le vecteur unitaire tangent $\vec{T} = \pm\dfrac{\overrightarrow{PM}}{\left\|\overrightarrow{PM}\right\|}$. Ainsi l'angle $\left(\overrightarrow{PO}, \overrightarrow{PM}\right)$ est égal à l'angle $\left(\vec{i}, \vec{T}\right)$ modulo (π), on a donc simplement l'égalité $\alpha = \theta + V \bmod(\pi)$.

Puisque $r(\theta) > 0$, on a $\overrightarrow{u_\theta} = \dfrac{\overrightarrow{OM}}{\left\|\overrightarrow{OM}\right\|}$. De plus, l'abscisse de Q est strictement positive donc $\vec{i} = \dfrac{\overrightarrow{OQ}}{\left\|\overrightarrow{OQ}\right\|}$. Par suite l'angle $\left(\overrightarrow{OQ}, \overrightarrow{OM}\right)$ est égal à l'angle $\left(\vec{i}, \overrightarrow{u_\theta}\right) = \theta \bmod (2\pi)$.

Considérons alors le triangle OPM : la somme des angles de ce triangle est un angle plat donc l'angle $\left(\overrightarrow{MP}, \overrightarrow{MO}\right)$ a pour détermination $\theta - \alpha$ (*cf.* Fig. 21).

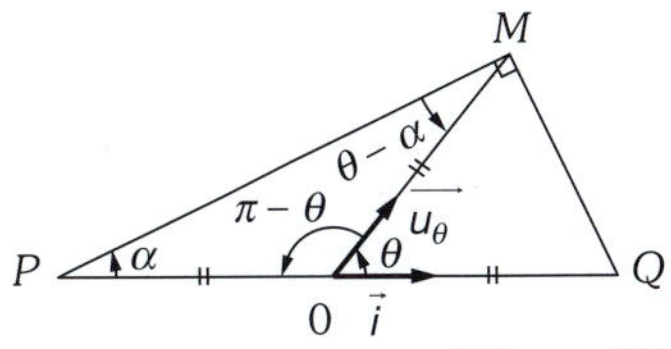

Figure 21

Or PMQ est un triangle rectangle et le milieu de l'hypoténuse d'un triangle rectangle est le centre du cercle circonscrit à ce triangle, c'est-à-dire le point d'intersection de l'hypoténuse et des médiatrices des cotés de l'angle droit. Par suite, O est le milieu de $[P, Q]$ si et seulement si $OP=OM$ ce qui équivaut à dire que le triangle OPM est isocèle (de sommet principal O).

En conclusion, O est le milieu de $[P, Q]$ si et seulement si $\theta - \alpha = \alpha \bmod(2\pi)$. Cela équivaut à $\theta = 2\alpha \bmod(2\pi)$. On peut aussi obtenir cette égalité grâce à une propriété usuelle entre angle au centre et angle inscrit (*cf.* 2.2 chapitre 18). Mais $2\alpha = 2(\theta + V)\bmod(2\pi)$, ainsi la condition nécessaire et suffisante s'écrit $2V = -\theta \bmod(2\pi)$ ou encore $V = -\dfrac{\theta}{2} \bmod(\pi)$.

Sur l'intervalle d'étude, θ n'est pas un multiple de π (sinon α serait un multiple de $\dfrac{\pi}{2}$), donc :

$V = -\dfrac{\theta}{2} \bmod(\pi) \Leftrightarrow \operatorname{cotan} V = -\operatorname{cotan}\dfrac{\theta}{2}$ c'est-à-dire $\dfrac{r'(\theta)}{r(\theta)} = -\dfrac{\cos\frac{\theta}{2}}{\sin\frac{\theta}{2}}$. Sur des intervalles de la forme $]k\pi, (k+1)\pi[$ avec $k \in \mathbb{Z}$, la résolution de cette équation différentielle donne alors $r(\theta) = \dfrac{\lambda}{\sin^2\frac{\theta}{2}} = \dfrac{2\lambda}{1-\cos\theta}$ avec $\lambda > 0$. En tenant compte des symétries, les solutions sont donc les arcs dont le support est porté par les paraboles de foyer O et d'axe Ox privées de leur sommet (*cf.* Fig. 22).

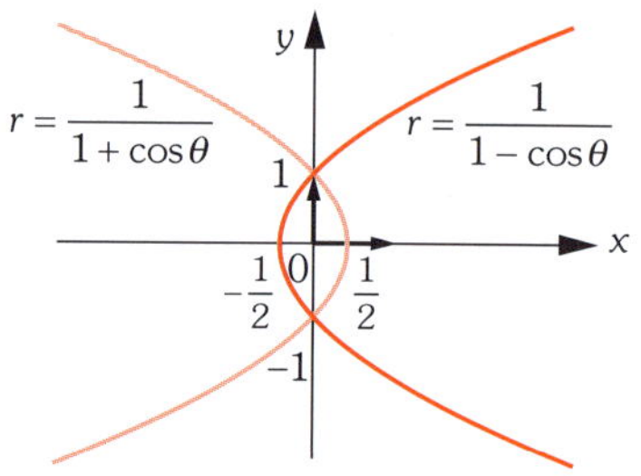

Figure 22

Remarque : il est intéressant de vérifier géométriquement que les paraboles de foyer O et d'axe Ox sont solutions du problème. Il faut rappeler une propriété démontrée dans Bases 3 du chapitre précédent sur les coniques : la tangente au point M d'une parabole de foyer F est la médiatrice de $[HF]$ si H désigne le projeté orthogonal de M sur la directrice.

Ainsi on obtient ici que la droite (OH) est parallèle à la normale (MQ) puisqu'elles sont toutes deux orthogonales à la tangente en M (*cf.* Fig. 23). De même, (HM) est parallèle à (OQ) puisque la directrice est orthogonale à l'axe Ox. Donc $OQMH$ est un parallélogramme. Par suite $MH=OQ$. Or d'après la caractérisation de la parabole $MO=MH$ (i.e. $MF=MH$ car ici $F = O$). Par transitivité $OM=OQ$.

En conclusion, d'après les propriétés du triangle rectangle, O est le centre du cercle circonscrit à PQM, c'est-à-dire $OP=OQ$. Cqfd.

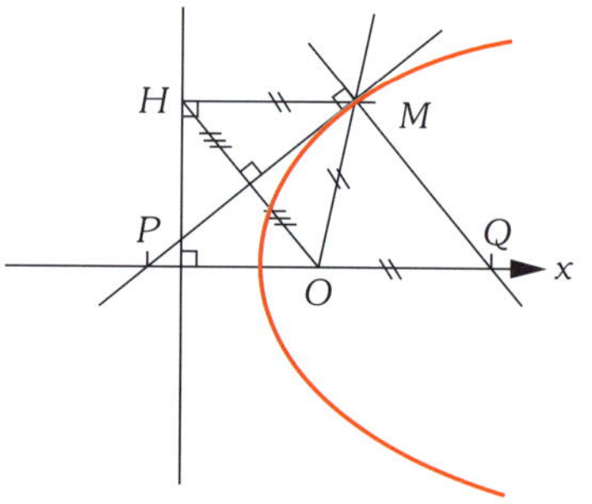

Figure 23

CHAPITRE 18

Géométrie analytique

Le cours en questions

1 ■ Droites et plans

1.1 Comment obtenir l'équation d'une droite dans $\mathcal{P}$?

• Équation de la droite D passant par $A\begin{pmatrix} x_A \\ y_A \end{pmatrix}$ et de vecteur directeur $\vec{V}\begin{pmatrix} \alpha \\ \beta \end{pmatrix}$:

$M \in D$ équivaut à ($\overrightarrow{AM}$ et $\vec{V}$ sont colinéaires), c'est-à-dire :

$$M\begin{pmatrix} x \\ y \end{pmatrix} \in D \Leftrightarrow \begin{vmatrix} x - x_A & \alpha \\ y - y_A & \beta \end{vmatrix} = 0 .$$

• Équation de la droite D passant par $A\begin{pmatrix} x_A \\ y_A \end{pmatrix}$ et $B\begin{pmatrix} x_B \\ y_B \end{pmatrix}$:

$M \in D$ équivaut à ($\overrightarrow{AM}$ et $\overrightarrow{AB}$ sont colinéaires), c'est-à-dire :

$$M\begin{pmatrix} x \\ y \end{pmatrix} \in D \Leftrightarrow \begin{vmatrix} x - x_A & x_B - x_A \\ y - y_A & y_B - y_A \end{vmatrix} = 0 .$$

• Équation de la droite D passant par A et de vecteur normal $\vec{N}$.

$M \in D$ équivaut à ($\overrightarrow{AM}$ et $\vec{N}$ sont orthogonaux), c'est-à-dire :

$$M \in D \Leftrightarrow \overrightarrow{AM} \cdot \vec{N} = 0 .$$

Dans tout ce chapitre, le plan affine euclidien orienté $\mathcal{P}$ est rapporté à un repère orthonormé direct (O, i, j). De même, l'espace affine euclidien orienté $\mathcal{E}$ de dimension 3 est rapporté à un repère orthonormé direct (O, i, j, k).

Deux vecteurs $\vec{u}\begin{pmatrix} x \\ y \end{pmatrix}$ et $\vec{u'}\begin{pmatrix} x' \\ y' \end{pmatrix}$ sont colinéaires si et seulement si : $\begin{vmatrix} x & x' \\ y & y' \end{vmatrix} = 0$ en posant $\begin{vmatrix} x & x' \\ y & y' \end{vmatrix} = xy' - x'y$.

L'équation de la droite passant par $P\begin{pmatrix} p \\ 0 \end{pmatrix}$ et $Q\begin{pmatrix} 0 \\ q \end{pmatrix}$ est $\frac{x}{p} + \frac{y}{q} = 1$ si $pq \neq 0$.

Pour $\vec{u}\begin{pmatrix} x \\ y \end{pmatrix}$ et $\vec{u'}\begin{pmatrix} x' \\ y' \end{pmatrix}$, on rappelle que $\vec{u} \cdot \vec{u'} = xx' + yy'$.

1.2 Comment prouver le parallélisme ou l'orthogonalité de deux droites ?

Considérons deux droites D et D', d'équations respectives $ax + by + c = 0$ et $a'x + b'y + c' = 0$.

La droite D a pour vecteur directeur $\vec{V}\begin{pmatrix} -b \\ a \end{pmatrix}$ et pour vecteur normal $\vec{N}\begin{pmatrix} a \\ b \end{pmatrix}$.

- Les droites D et D' sont parallèles si et seulement si elles ont des vecteurs directeurs (ou des vecteurs normaux) colinéaires :

$$D // D' \Leftrightarrow \begin{vmatrix} a & b \\ a' & b' \end{vmatrix} = 0 .$$

- Les deux droites D et D' sont orthogonales si et seulement si leurs vecteurs directeurs sont orthogonaux, c'est-à-dire :

$$D \perp D' \Leftrightarrow aa' + bb' = 0 .$$

La droite D d'équation $x\cos t + y \sin t = p$ a pour vecteur normal $\vec{N}\begin{pmatrix} \cos t \\ \sin t \end{pmatrix}$.
Cette équation est appelée équation normale de D.

Remarquer que : $\begin{vmatrix} a & b \\ a' & b' \end{vmatrix} = \begin{vmatrix} -b & -b' \\ a & a' \end{vmatrix}$ donc les vecteurs directeurs des deux droites D et D' sont colinéaires si et seulement si les vecteurs normaux le sont.
Si D a pour équation $ax + by + c = 0$, la droite Δ d'équation $ax + by = 0$ est la parallèle à D passant par l'origine O.

Si $\vec{V}$ est un vecteur directeur de D, le projeté orthogonal H d'un point M sur la droite D est caractérisé par : $\begin{cases} H \in D \\ \overrightarrow{MH} \cdot \vec{V} = 0. \end{cases}$

1.3 Comment trouver les équations paramétriques d'un plan ?

Si on considère le plan P d'équation $ax + by + cz = d$, avec $a \neq 0$ par exemple, on trouve les équations paramétriques du plan P en résolvant l'équation en x puis en posant $y = \lambda$ et $z = \mu$. On obtient alors les coordonnées d'un point A du plan P et une base $(\vec{u}, \vec{v})$ de la direction de ce plan en considérant (en colonne) les termes constants puis les facteurs de λ et μ.

$$M\begin{pmatrix} x \\ y \\ z \end{pmatrix} \in P \Leftrightarrow \exists(\lambda, \mu) \in \mathbb{R}^2, \begin{cases} x = -\dfrac{b}{a}\lambda - \dfrac{c}{a}\mu + d \\ y = \lambda \\ z = \mu. \end{cases}$$

$M\begin{pmatrix} x \\ y \\ z \end{pmatrix} \in P \Leftrightarrow \exists(\lambda, \mu) \in \mathbb{R}^2,$

$$\overrightarrow{OM} = \lambda \underbrace{\begin{pmatrix} -\dfrac{b}{a} \\ 1 \\ 0 \end{pmatrix}}_{\vec{u}} + \mu \underbrace{\begin{pmatrix} -\dfrac{c}{a} \\ 0 \\ 1 \end{pmatrix}}_{\vec{v}} + \underbrace{\begin{pmatrix} d \\ 0 \\ 0 \end{pmatrix}}_{A}.$$

Pour obtenir les équations paramétriques d'une droite $D \begin{cases} ax + by + cz = d \\ a'x + b'y + c'z = d' \end{cases}$, on peut procéder de même en résolvant, par exemple, en (x, y) puis en posant $z = \lambda$. On obtient alors les coordonnées d'un point A de D et un vecteur directeur $\vec{u}$ en considérant (en colonne) les termes constants puis les facteurs de λ.

La droite D définie par $\begin{cases} x - 2z = 0 \\ x + y - 3z = 2 \end{cases}$ a pour équations paramétriques $\begin{cases} x = 2\lambda \\ y = \lambda + 2 \\ z = \lambda \end{cases}$. Elle passe par $A\begin{pmatrix} 0 \\ 2 \\ 0 \end{pmatrix}$ et admet pour vecteur directeur $\vec{u}\begin{pmatrix} 2 \\ 1 \\ 1 \end{pmatrix}$.

2 ■ Cercle et angles inscrits

2.1 Comment obtenir l'équation d'un cercle ?

- L'équation du cercle $\mathscr{C}$ de centre $\Omega\begin{pmatrix} x_0 \\ y_0 \end{pmatrix}$ et de rayon R s'obtient en écrivant :

$M \in \mathscr{C} \Leftrightarrow \Omega M^2 = R^2$, c'est-à-dire : $M\begin{pmatrix} x \\ y \end{pmatrix} \in \mathscr{C} \Leftrightarrow (x - x_0)^2 + (y - y_0)^2 = R^2$.

- Équations paramétriques d'un cercle.

Soit un point $M\begin{pmatrix} x \\ y \end{pmatrix}$ et $\mathscr{C}$ le cercle de centre $\Omega\begin{pmatrix} x_0 \\ y_0 \end{pmatrix}$ et de rayon R, alors :

$$M \in \mathscr{C} \Leftrightarrow \exists \theta \in [0, 2\pi], \quad \begin{cases} x = x_0 + R\cos\theta \\ y = y_0 + R\sin\theta \end{cases}.$$

- L'équation du cercle $\mathscr{C}$ de diamètre $[AB]$ s'obtient en écrivant :

$$M \in \mathscr{C} \Leftrightarrow \overrightarrow{MA} \cdot \overrightarrow{MB} = 0.$$

2.2 Quels sont les liens entre angles inscrits et angles au centre ?

Angle inscrit et angle au centre : si A, B et M sont trois points d'un cercle $\mathscr{C}$ de centre Ω (*cf.* Fig. 1) l'angle $(\overrightarrow{MA}, \overrightarrow{MB})$ est appelé angle inscrit. L'angle $(\overrightarrow{\Omega A}, \overrightarrow{\Omega B})$ est l'angle au centre associé à l'arc $\overset{\frown}{AB}$.

La mesure β de l'angle au centre $(\overrightarrow{\Omega A}, \overrightarrow{\Omega B})$ est égale au double de α, mesure de l'angle inscrit $(\overrightarrow{MA}, \overrightarrow{MB})$ (*cf.* Fig. 1).

Deux angles inscrits $(\overrightarrow{MA}, \overrightarrow{MB})$ et $(\overrightarrow{NA}, \overrightarrow{NB})$ qui interceptent le même arc $\overset{\frown}{AB}$ sont égaux (*cf.* Fig. 2).

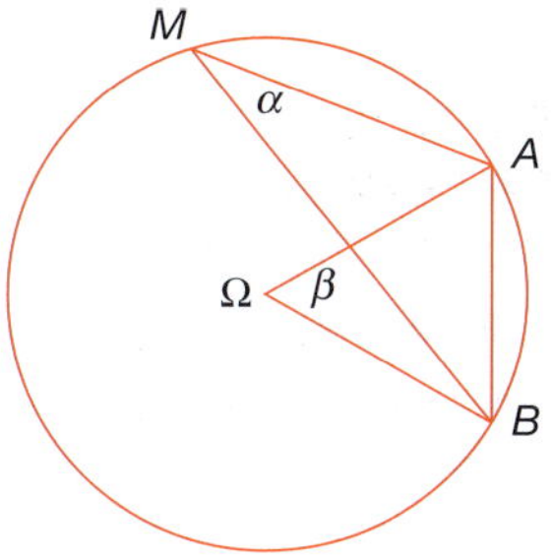

Figure 1

Un cercle qui admet une équation de la forme : $x^2 + y^2 + ax + by + c = 0$ admet pour centre $\Omega\begin{pmatrix} -\frac{a}{2} \\ -\frac{b}{2} \end{pmatrix}$ et pour rayon : $R = \sqrt{\frac{a^2 + b^2}{4} - c}$.
Pour obtenir ce résultat, on peut faire apparaître la somme de deux carrés : $\left(x + \frac{a}{2}\right)^2 + \left(y + \frac{b}{2}\right)^2 = \frac{a^2 + b^2}{4} - c$.

L'intervalle $[0, 2\pi]$ peut être remplacé dans cette caractérisation par $[0, 2\pi[$ ou n'importe quel intervalle de la forme $[\alpha, \alpha + 2\pi]$ ou $[\alpha, \alpha + 2\pi[$.

Il n'est pas nécessaire que M et Ω soient dans un même demi-plan de frontière (AB), en effet tous les points M_1 du cercle $\mathscr{C}$, distincts de A et B, vérifient $(\overrightarrow{M_1A}, \overrightarrow{M_1B}) = \alpha \bmod (\pi)$.

Si M et N interceptent le même arc $\overset{\frown}{AB}$, ils sont dans un même demi-plan de frontière (AB). Si ce n'est pas le cas, les mesures de $(\overrightarrow{MA}, \overrightarrow{MB})$ et $(\overrightarrow{NA}, \overrightarrow{NB})$ sont égales à un multiple de π près.

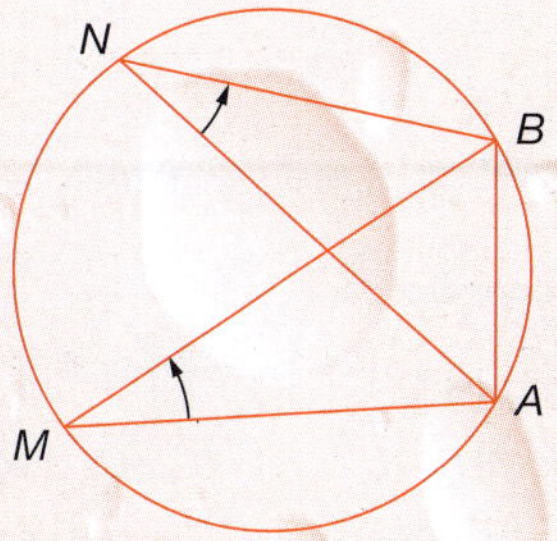

Figure 2

3 Triangle

On considère un triangle ABC dans le plan euclidien $\mathscr{P}$.

3.1 Quelles sont les droites et les points remarquables du triangle *ABC* ?

Il s'agit des médianes qui se coupent au centre de gravité du triangle (*cf.* Fig. 3), des médiatrices qui concourent au centre du cercle circonscrit à ABC (*cf.* Fig. 4), des hauteurs qui sont sécantes en un point appelé l'orthocentre du triangle (*cf.* Fig. 5) et enfin des bissectrices dont le point d'intersection est le centre du cercle inscrit dans le triangle ABC (*cf.* Fig. 7).
On va rappeler les définitions de ces différentes notions.

- **Médianes et centre de gravité**

La médiane issue du sommet A est la droite joignant ce sommet au milieu du côté opposé $[BC]$. On appelle centre de gravité l'isobarycentre de A, B, C.

Si I est le milieu de $[BC]$, on a : $\overrightarrow{AG} = \frac{2}{3}\overrightarrow{AI}$.

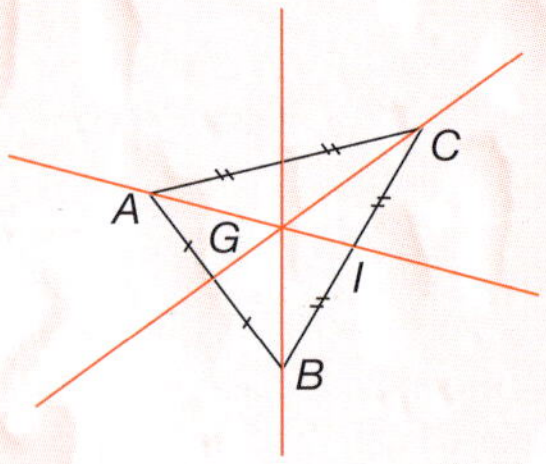

Figure 3

- **Médiatrices et cercle circonscrit**

La médiatrice d'un segment $[AB]$ est la droite orthogonale à $[AB]$ qui passe par le milieu I de ce segment.

Un point M est sur la médiatrice Δ de $[AB]$ si et seulement s'il est équidistant de A et de B.

$$M \in \Delta \Leftrightarrow MA = MB \cdot$$

Le cercle circonscrit au triangle ABC est le cercle passant par les 3 sommets du triangle. Son centre Ω est le point d'intersection des médiatrices (*cf.* Fig. 4).

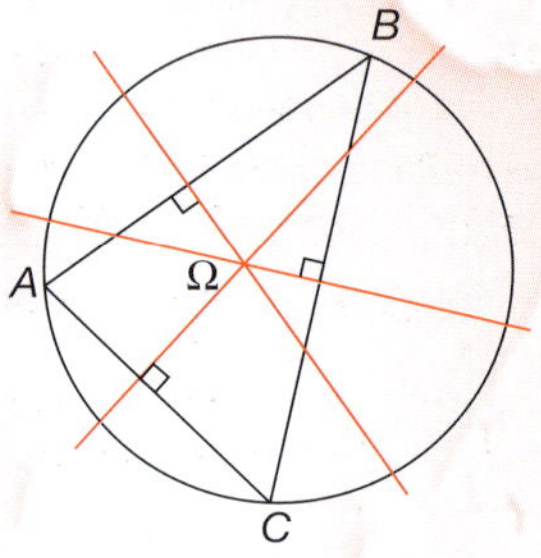

Figure 4

Pour éviter de confondre médiane et médiatrice, on peut rapprocher le **T** de médiaTrice du symbole $\perp$ d'orthogonalité qui rappelle que la médiatrice d'un côté est orthogonale à ce côté.

- **Hauteurs et orthocentre**

La hauteur issue d'un sommet dans un triangle est la droite qui passe par ce sommet et qui est orthogonale au côté opposé (*cf.* Fig. 5).

Si H_B est le point d'intersection de la hauteur issue de B et du coté $[AC]$ on a (*cf.* Fig. 5) : $\overrightarrow{AB} \cdot \overrightarrow{AC} = \overrightarrow{AH_B} \cdot \overrightarrow{AC}$ ·

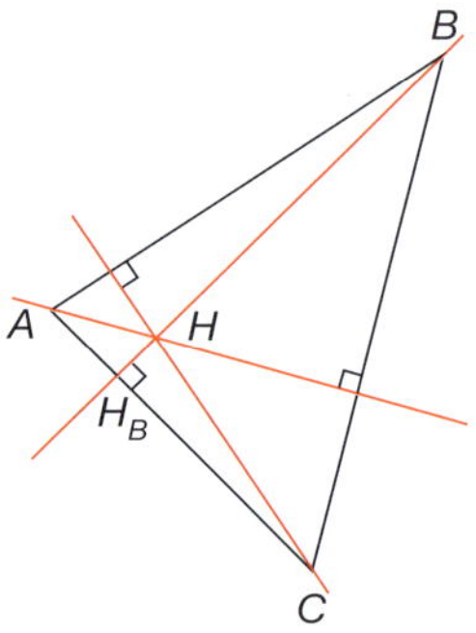

Figure 5

Les hauteurs d'un triangle sont concourantes et leur point d'intersection H est appelé orthocentre du triangle.

- **Bissectrices et cercle inscrit**

Bissectrices :

La bissectrice intérieure de l'angle $\widehat{BAC}$ est la droite passant par A de vecteur directeur

$$\overrightarrow{U_B} + \overrightarrow{U_C} \text{ avec } \overrightarrow{U_B} = \frac{\overrightarrow{AB}}{\left\|\overrightarrow{AB}\right\|} \text{ et } \overrightarrow{U_C} = \frac{\overrightarrow{AC}}{\left\|\overrightarrow{AC}\right\|}.$$

La bissectrice extérieure de l'angle $\widehat{BAC}$ est la droite passant par A et de vecteur directeur $\overrightarrow{U_B} - \overrightarrow{U_C}$.

Caractérisation des bissectrices :

Un point M appartient à la réunion des deux bissectrices (intérieure et extérieure) de $\widehat{BAC}$ (*cf.* Fig. 6) si et seulement s'il est équidistant des droites (AB) et (AC).

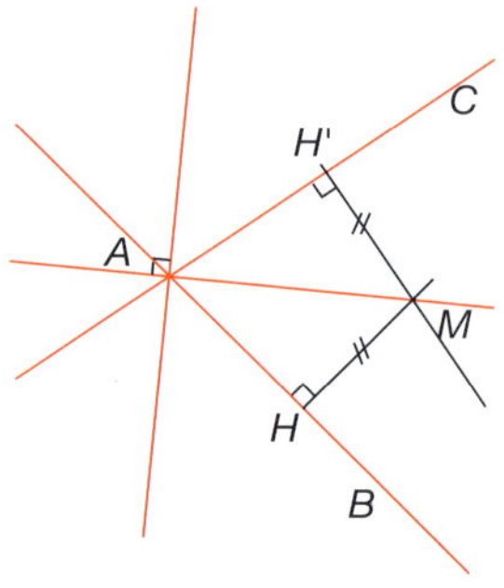

Figure 6

Si $\vec{u}$ et $\vec{v}$ sont deux vecteurs unitaires, $\vec{u} - \vec{v}$ et $\vec{u} + \vec{v}$ sont orthogonaux car :

$$\left(\vec{u} - \vec{v}\right) \cdot \left(\vec{u} + \vec{v}\right) = \left\|\vec{u}\right\|^2 - \left\|\vec{v}\right\|^2 = 0.$$

Donc $\overrightarrow{U_B} - \overrightarrow{U_C}$ et $\overrightarrow{U_B} + \overrightarrow{U_C}$ sont orthogonaux puisque $\overrightarrow{U_B}$ et $\overrightarrow{U_C}$ sont unitaires. Les deux bissectrices sont donc orthogonales.

La bissectrice intérieure de l'angle $\widehat{BAC}$ est aussi appelée bissectrice issue de A dans le triangle ABC.

Cercle inscrit :

Les bissectrices intérieures dans un triangle ABC sont concourantes et leur point d'intersection est le centre d'un cercle tangent intérieurement aux trois côtés du triangle (*cf.* Fig. 7).

Ce cercle est appelé cercle inscrit dans le triangle.

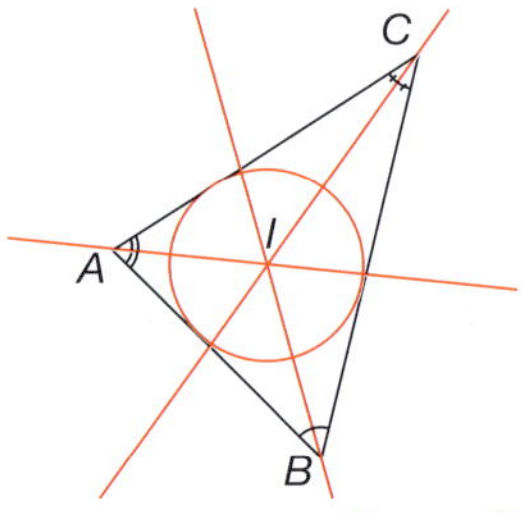

Figure 7

4 ■ Produit mixte et produit vectoriel

4.1 Quelles sont les propriétés du produit vectoriel et du produit mixte ?

On ne peut pas parler de produit vectoriel et de produit mixte dans un espace vectoriel euclidien s'il n'est pas orienté. Il en est de même pour la notion de mesure d'un angle. Aussi E désigne un espace vectoriel euclidien orienté de dimension 3 rapporté à une base orthonormée directe $\mathcal{B} = (i, j, k)$.

- **Produit vectoriel.**

$(u, v) \mapsto u \wedge v$ est une application bilinéaire antisymétrique, en particulier : $v \wedge u = -u \wedge v$. De plus : $u \wedge v \perp u$ et $u \wedge v \perp v$ et :

$$u \wedge v = 0 \Leftrightarrow (u \text{ et } v \text{ sont colinéaires}).$$

La famille (u, v, w) est une base orthonormée directe si et seulement si :

$$\begin{cases} \|u\| = \|v\| = 1 \\ u \cdot v = 0 \end{cases} \text{et } u \wedge v = w.$$

Dans la base orthonormée directe $\mathcal{B} = (i, j, k)$, l'endomorphisme f de matrice $A = \begin{bmatrix} a & a' & a'' \\ b & b' & b'' \\ c & c' & c'' \end{bmatrix}$ est une rotation si et seulement si :

$$^tAA = I_3 \text{ et } \det A > 0.$$

Formules du double produit vectoriel :

$$(u \wedge v) \wedge w = (u \cdot w)\boxed{v} - (v \cdot w)u \quad \text{et} \quad u \wedge (v \wedge w) = (w \cdot u)\boxed{v} - (v \cdot u)w.$$

- **Produit mixte.**

Par définition le produit mixte des vecteurs u, v, w est le déterminant de (u, v, w) dans une base orthonormée directe. On le notera simplement $[u, v, w]$. Le lien avec le produit vectoriel résulte des égalités suivantes :

$$[u, v, w] = (u \wedge v) \cdot w = u \cdot (v \wedge w).$$

De plus : $[u, v, w] = 0 \Leftrightarrow u, v, w$ sont linéairement dépendants.

4.2 Que vaut la distance d'un point *A* à une droite *D* ?

- Dans le plan euclidien $\mathcal{P}$, rapporté à un repère orthonormal, la distance d'un point $M_0 \begin{pmatrix} x_0 \\ y_0 \end{pmatrix}$ à une droite D, d'équation $ax + by + c = 0$ est donnée par :

$$d(M_0, D) = \frac{|ax_0 + by_0 + c|}{\sqrt{a^2 + b^2}}.$$

Pour un triangle ABC : $\text{Aire}(ABC) = \frac{1}{2}\|\overrightarrow{AB} \wedge \overrightarrow{AC}\|$.

L'égalité $^tAA = I_3$ assure que $(f(i), f(j), f(k))$ est une base orthonormée donc $f(i) \wedge f(j) = \pm f(k)$. Si l'une des coordonnées non nulle du troisième vecteur colonne $f(k)$ est de même signe que la coordonnée correspondante du produit vectoriel des deux premiers, f est une rotation.

Par exemple si $\begin{vmatrix} a & a' \\ b & b' \end{vmatrix} c'' > 0$ alors $f(i) \wedge f(j) = f(k)$ donc $(f(i), f(j), f(k))$ est une base orthonormée directe. Par suite f est une rotation.

Remarquer que dans ces deux formules, le vecteur $\boxed{v}$ est en première position dans le membre de droite (encadré dans la formule) et affecté du produit scalaire des deux autres avec un signe +.

On a aussi une caractérisation du produit vectoriel $u \wedge v$ en écrivant que : $w = u \wedge v$ si et seulement si pour tout vecteur x de E : $w \cdot x = [u, v, x]$.
Le produit mixte est une application trilinéaire antisymétrique. On peut effectuer une permutation circulaire sur les vecteurs u, v, w sans changer leur produit mixte.

Pour un parallélépipède $ABCD$: $\text{Volume}(ABCD) = \left|\left[\overrightarrow{AB}, \overrightarrow{AC}, \overrightarrow{AD}\right]\right|$.
Si f est un endomorphisme de E : $[f(u), f(v), f(w)] = \det(f)[u, v, w]$.

Une droite D est tangente à un cercle de centre Ω et de rayon R si et seulement si $d(\Omega, D) = R$.

Dans l'espace euclidien $\mathscr{E}$ de dimension 3, rapporté à un repère orthonormal, soit la droite D passant par A de vecteur directeur $\vec{V}$ et la droite D' passant par A' de vecteur directeur $\vec{V'}$.

- La distance d'un point M_0 à la droite D, est donnée par :

$$d(M_0, D) = \frac{\left\|\overrightarrow{AM_0} \wedge \vec{V}\right\|}{\left\|\vec{V}\right\|}.$$

- La distance d'un point $M_0\begin{pmatrix} x_0 \\ y_0 \\ z_0 \end{pmatrix}$ à un plan P, d'équation $ax + by + cz + d = 0$ est donnée par :

$$d(M_0, P) = \frac{|ax_0 + by_0 + cz_0 + d|}{\sqrt{a^2 + b^2 + c^2}}.$$

- Si D et D' ne sont pas parallèles, la distance des deux droites D et D' est donnée par :

$$d(D, D') = \frac{\left|\left[\overrightarrow{AA'}, \vec{V}, \vec{V'}\right]\right|}{\left\|\vec{V} \wedge \vec{V'}\right\|}.$$

- La perpendiculaire commune Δ à D et D' (*cf.* Fig. 14) est l'intersection des plans P et P' de repère $\left(A, \vec{V}, \vec{V} \wedge \vec{V'}\right)$ et $\left(A', \vec{V'}, \vec{V} \wedge \vec{V'}\right)$.

Dans un espace vectoriel euclidien orienté de dimension 3, rapporté à une base orthonormale directe, la notation $\left[\vec{u}, \vec{v}, \vec{w}\right]$ désigne le produit mixte des vecteurs $\vec{u}, \vec{v}$ et $\vec{w}$, c'est-à-dire $\left[\vec{u}, \vec{v}, \vec{w}\right] = \vec{u} \cdot \left(\vec{v} \wedge \vec{w}\right)$.

5 Coniques

5.1 Quelles sont les équations réduites et les éléments remarquables des coniques ?

- **Ellipse (*cf.* Fig. 8).**

Équation réduite de $(\mathscr{E})$: $\frac{x^2}{a^2} + \frac{y^2}{b^2} = 1$.

Si : $0 < b < a$, l'excentricité vaut : $e = \frac{c}{a}$ avec $c = \sqrt{a^2 - b^2}$.

Pour l'ellipse $e < 1$.

Foyers et directrices : $F\begin{pmatrix} c \\ 0 \end{pmatrix}$ et $D : x = \frac{a^2}{c}$; $F'\begin{pmatrix} -c \\ 0 \end{pmatrix}$ et $D' : x = -\frac{a^2}{c}$.

Définitions monofocale et bifocale de l'ellipse (H est la projection orthogonale de M sur D) :

$M \in (\mathscr{E}) \Leftrightarrow MF = eMH$.

$M \in (\mathscr{E}) \Leftrightarrow MF + MF' = 2a$.

Représentation paramétrique : $\begin{cases} x(t) = a\cos t \\ y(t) = b\sin t \end{cases}$

avec $t \in \left]-\pi, \pi\right]$.

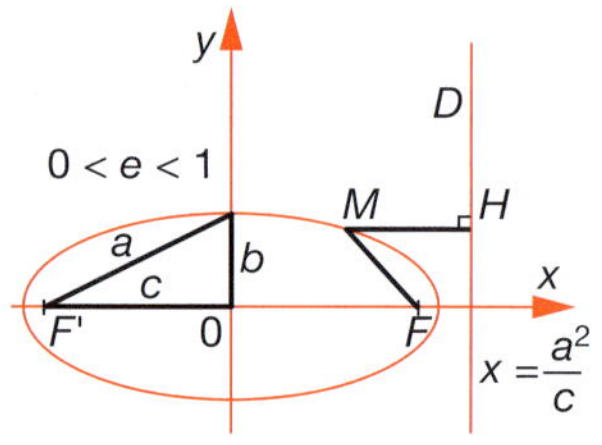

Figure 8

Dans le cas où $0 < a < b$, il faut échanger a et b, x et y puis ordonnées et abscisses pour avoir les formules correspondantes. Ce qui donne pour l'ellipse si $0 < a < b$:

$e = \frac{c}{b}$ avec $c = \sqrt{b^2 - a^2}$; $F\begin{pmatrix} 0 \\ c \end{pmatrix}$ et $D : y = \frac{b^2}{c}$; $F'\begin{pmatrix} 0 \\ -c \end{pmatrix}$ et $D' : y = -\frac{b^2}{c}$

- **Hyperbole (*cf.* Fig. 9).**

Équation réduite de $(\mathscr{H})$: $\dfrac{x^2}{a^2}-\dfrac{y^2}{b^2}=1$.

Dans ce cas l'excentricité vaut : $e=\dfrac{c}{a}$ avec $c=\sqrt{a^2+b^2}$.

Pour l'hyperbole $e>1$.

Représentations paramétriques :

$$\begin{cases} x(t)=\varepsilon a\operatorname{ch}t \\ y(t)=b\operatorname{sh}t \end{cases} \text{ avec } t\in\mathbb{R} \text{ et } \varepsilon\in\{-1,1\} \text{ ou}$$

$$\begin{cases} x(t)=\dfrac{a}{\cos t} \\ y(t)=b\tan t \end{cases} \text{ avec } t\in\left]-\frac{\pi}{2},\frac{\pi}{2}\right[\cup\left]\frac{\pi}{2},\frac{3\pi}{2}\right[$$

ou encore $$\begin{cases} x(u)=\dfrac{a}{2}\left(u+\dfrac{1}{u}\right) \\ y(u)=\dfrac{b}{2}\left(u-\dfrac{1}{u}\right) \end{cases} \text{ avec } u\in\mathbb{R}^*.$$

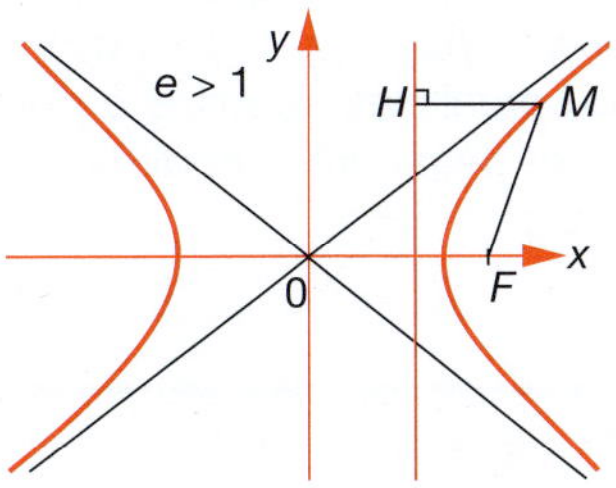

Figure 9

Foyers et directrices : $F\begin{pmatrix}c\\0\end{pmatrix}$ et $D: x=\dfrac{a^2}{c}$; $F'\begin{pmatrix}-c\\0\end{pmatrix}$ et $D': x=-\dfrac{a^2}{c}$.

Définitions monofocale et bifocale (*H* est la projection orthogonale de *M* sur *D)* :

$$M\in(\mathscr{H})\Leftrightarrow MF=eMH. \qquad M\in(\mathscr{H})\Leftrightarrow |MF-MF'|=2a.$$

- **Parabole (*cf.* Fig. 10).**

Équation réduite de la parabole $(\mathscr{P})$: $y^2=2px$.

L'excentricité vaut : e = 1.

Représentation paramétrique :

$$\begin{cases} x(t)=\dfrac{t^2}{2p} \\ y(t)=t \end{cases} \text{ avec } t\in\mathbb{R}.$$

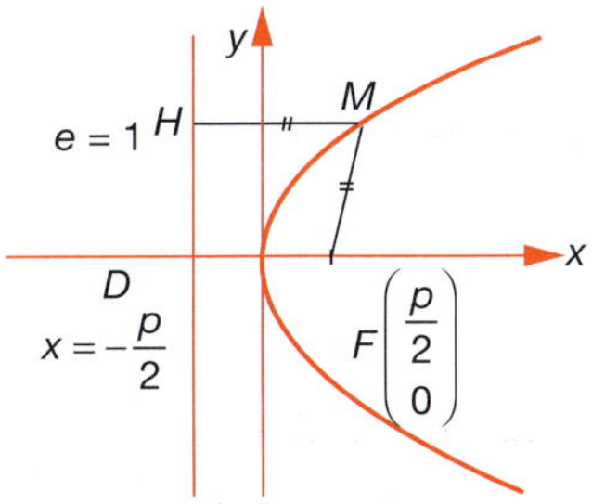

Figure 10

Foyer et directrice : $F\begin{pmatrix}\frac{p}{2}\\0\end{pmatrix}$ et $D: x=-\dfrac{p}{2}$.

Définitions monofocale :

$$M\in(\mathscr{P})\Leftrightarrow MF=MH.$$

- **Équation dans un repère quelconque :**

une conique donnée par une équation de la forme $\alpha x^2+\beta xy+\gamma y^2+px+qy+r=0$ est de type :

$$\begin{aligned} &\text{ellipse si } \beta^2-4\alpha\gamma<0,\\ &\text{parabole si } \beta^2-4\alpha\gamma=0,\\ &\text{hyperbole si } \beta^2-4\alpha\gamma>0. \end{aligned}$$

Pour retrouver la troisième paramétrisation, il suffit de remplacer e^t par u dans $\begin{cases} x(t)=\varepsilon a\operatorname{ch}t \\ y(t)=b\operatorname{sh}t \end{cases}$ en supprimant ε.

Dans le cas où l'équation réduite est : $-\dfrac{x^2}{a^2}+\dfrac{y^2}{b^2}=1$, il faut échanger *a* et *b*, *x* et *y* puis ordonnées et abscisses pour avoir les formules correspondantes. Ce qui donne $e=\dfrac{c}{b}$ avec $c=\sqrt{a^2+b^2}$ (la valeur de *c* est inchangée) ;

$F\begin{pmatrix}0\\c\end{pmatrix}$ et $D: y=\dfrac{b^2}{c}$;

$F'\begin{pmatrix}0\\-c\end{pmatrix}$ et $D': y=-\dfrac{b^2}{c}$.

Dans le cas où l'équation réduite est : $x^2 = 2py$, échanger *x* et *y* puis ordonnées et abscisses pour avoir les formules. Ce qui donne $F\begin{pmatrix}0\\\frac{p}{2}\end{pmatrix}$ et $D: y=-\dfrac{p}{2}$.

Le point *H* est la projection orthogonale de *M* sur la directrice *D*.

En coordonnées polaires, une conique Γ a une équation de la forme $r=\dfrac{p}{1-e\cos(\theta-\theta_0)}$ si l'origine *O* est un foyer de Γ. Le point obtenu pour $\theta=\theta_0$ est alors un sommet de Γ (si $e\neq1$). Il en est de même pour $\theta=\theta_0+\pi$.

On peut retenir la classification des coniques par leurs équations en pensant que la partie du second degré $\alpha x^2+\beta xy+\gamma y^2=0$ donne la direction des branches infinies : le discriminant du trinôme en y est alors positif dans le cas d'une hyperbole (deux branches infinies distinctes), nul dans le cas d'une parabole (une seule branche infinie), et négatif pour une ellipse (pas de branche infinie).

Certaines coniques représentées par une équation de la forme $\alpha x^2+\beta xy+\gamma y^2+px+qy+r=0$ sont la réunion de deux droites sécantes ou parallèles, réduites à point ou même à l'ensemble vide. On dit qu'elles sont dégénérées et de type ellipse, parabole ou hyperbole suivant le signe de $\beta^2-4\alpha\gamma$.

Si f est une fonction de classe C^1 sur $\mathbb{R}^2$, on définit le gradient de f au point $M_0\begin{pmatrix}x_0\\y_0\end{pmatrix}$ par : $\overrightarrow{grad}_{M_0}f=\begin{pmatrix}\dfrac{\partial f}{\partial x}(x_0,y_0)\\ \dfrac{\partial f}{\partial y}(x_0,y_0)\end{pmatrix}$.

La tangente en $M_0\begin{pmatrix}x_0\\y_0\end{pmatrix}$ à un cercle d'équation $x^2+y^2=R^2$ est $xx_0+yy_0=R^2$.

Pour les coniques en général, on peut retenir la règle du dédoublement qui permet de réduire rapidement l'équation de la tangente

$$(x-x_0)\frac{\partial f}{\partial x}(x_0,y_0)+(y-y_0)\frac{\partial f}{\partial y}(x_0,y_0)=0$$

sans avoir à faire les calculs. Il suffit de remplacer dans l'équation de la conique les termes...

en	par
x^2	xx_0
y^2	yy_0
xy	$\dfrac{xy_0+x_0y}{2}$
x	$\dfrac{x+x_0}{2}$
y	$\dfrac{y+y_0}{2}$

6 ■ Gradient pour une courbe d'équation $f(x,y)=0$

6.1 Donner la tangente en M_0 à la courbe d'équation $f(x,y)=0$.

Soit la courbe Γ définie par une équation implicite, $\Gamma=\{M(x,y)\in\mathbb{R}^2\,/\,f(x,y)=0\}$. On dit que $M_0\begin{pmatrix}x_0\\y_0\end{pmatrix}$ est un point régulier de Γ, si le gradient de f en ce point est non nul : $\overrightarrow{grad}_{M_0}f\neq\vec{0}$.

Dans ce cas, la tangente T_{M_0} en $M_0\begin{pmatrix}x_0\\y_0\end{pmatrix}$ à la courbe C admet le vecteur $\overrightarrow{grad}_{M_0}f$ pour vecteur normal. En un tel point M_0 :

$P\begin{pmatrix}x\\y\end{pmatrix}\in T_{M_0}\Leftrightarrow\overrightarrow{AP}\cdot\overrightarrow{grad}_{M_0}f=0$. L'équation de la tangente en $M_0\begin{pmatrix}x_0\\y_0\end{pmatrix}$ est donc :

$$(x-x_0)\frac{\partial f}{\partial x}(x_0,y_0)+(y-y_0)\frac{\partial f}{\partial y}(x_0,y_0)=0\ .$$

Pour l'ellipse d'équation $\dfrac{x^2}{a^2}+\dfrac{y^2}{b^2}=1$, on utilise le gradient de la fonction $f:(x,y)\mapsto\dfrac{x^2}{a^2}+\dfrac{y^2}{b^2}-1$. L'équation de la tangente en $M_0\begin{pmatrix}x_0\\y_0\end{pmatrix}$ à cette ellipse est donc : $(x-x_0)\dfrac{x_0}{a^2}+(y-y_0)\dfrac{y_0}{b^2}=0$ ce qui donne $\dfrac{xx_0}{a^2}+\dfrac{yy_0}{b^2}=1$ en utilisant $\dfrac{x_0^2}{a^2}+\dfrac{y_0^2}{b^2}=1$. Pour une hyperbole d'équation $\dfrac{x^2}{a^2}-\dfrac{y^2}{b^2}=1$, on obtiendrait $\dfrac{xx_0}{a^2}-\dfrac{yy_0}{b^2}=1$.

Les savoir-faire clefs

1 ■ Savoir déterminer l'équation d'une droite.

Le plan euclidien est rapporté à un repère orthonormé $\left(O, \vec{i}, \vec{j}\right)$. On considère les points $A(1, 2)$, $B(0, -2)$, $C(-1, -1)$ et le vecteur $\vec{V}(1, -1)$.

1.1 Dans chacun des cas suivants, déterminer l'équation de la droite D.

a) D est la droite passant par A et de vecteur directeur $\vec{V}$.

b) D est la droite (AB).

c) D est la droite passant par C et parallèle à la droite d'équation $x+2y=3$.

d) D est la médiatrice du segment $[AB]$.

e) D est la hauteur issue de A dans le triangle ABC.

f) D est la médiane issue de A dans le triangle ABC.

1.2 Déterminer le centre Ω du cercle circonscrit au triangle ABC.

Conseils méthodologiques

1.1 a) f) Traduire la colinéarité ou l'orthogonalité à l'aide de déterminant ou du produit scalaire. *Éviter d'utiliser* la recherche de la pente m et de l'ordonnée à l'origine p à partir d'une forme $y = mx + p$.

1.2 Ω est le point d'intersection des médiatrices de $[AB]$ et $[BC]$.

1.1.a) $M \in D$ équivaut à ($\overrightarrow{AM}$ et $\vec{V}$ sont colinéaires), c'est-à-dire :

$M(x;\, y) \in D \Leftrightarrow \begin{vmatrix} x-1 & 1 \\ y-2 & -1 \end{vmatrix} = 0$. D'où l'équation de D : $\boxed{x+y=3}$.

b) $M \in D$ équivaut à ($\overrightarrow{AM}$ et $\overrightarrow{AB}$ sont colinéaires), c'est-à-dire

$M(x;\, y) \in D \Leftrightarrow \begin{vmatrix} x-1 & -1 \\ y-2 & -4 \end{vmatrix} = 0$. D'où l'équation de D : $\boxed{4x-y=2}$.

c) La droite d'équation $x+2y=3$ a pour vecteur directeur $\vec{U}(-2, 1)$.

$M \in D$ équivaut à ($\overrightarrow{CM}$ et $\vec{U}$ sont colinéaires), c'est-à-dire :

$M(x;\, y) \in D \Leftrightarrow \begin{vmatrix} x+1 & -2 \\ y+1 & 1 \end{vmatrix} = 0$. D'où : $M(x;\, y) \in D \Leftrightarrow \boxed{x+2y=-3}$.

d) Le milieu I de $[AB]$ a pour coordonnées $\left(\dfrac{1}{2}, 0\right)$. $M \in D$ équivaut à ($\overrightarrow{IM}$ et $\overrightarrow{AB}$ sont orthogonaux), c'est-à-dire : $\overrightarrow{IM} \cdot \overrightarrow{AB} = 0$.

D'où : $M \in D \Leftrightarrow \boxed{x+4y=\dfrac{1}{2}}$.

Deux vecteurs $\vec{u}\begin{pmatrix} x \\ y \end{pmatrix}$ et $\vec{u'}\begin{pmatrix} x' \\ y' \end{pmatrix}$ sont colinéaires si et seulement si : $\begin{vmatrix} x & x' \\ y & y' \end{vmatrix} = 0$.

La droite D d'équation $ax+by+c=0$ a pour vecteur directeur $\vec{V}\begin{pmatrix} -b \\ a \end{pmatrix}$ et pour vecteur normal $\vec{N}\begin{pmatrix} a \\ b \end{pmatrix}$.

e) $M \in D$ équivaut à ($\overrightarrow{AM}$ et $\overrightarrow{BC}$ sont orthogonaux), c'est-à-dire : $M \in D$ équivaut à $\overrightarrow{AM} \cdot \overrightarrow{BC} = 0$. D'où : $M \in D \Leftrightarrow \boxed{x - y + 1 = 0}$.

f) Le milieu I de $[BC]$ a pour coordonnées $\left(-\frac{1}{2}, -\frac{3}{2}\right)$.

$M \in D$ équivaut à ($\overrightarrow{AM}$ et $\overrightarrow{AI}$ sont colinéaires), c'est-à-dire :

$$M(x, y) \in D \Leftrightarrow \begin{vmatrix} x-1 & -\frac{3}{2} \\ y-2 & -\frac{7}{2} \end{vmatrix} = 0. \text{ D'où : } M \in D \Leftrightarrow \boxed{7x - 3y - 1 = 0}.$$

1.2 Cherchons les équations des médiatrices de $[AB]$ et $[BC]$. D'après la question d), la médiatrice D de $[AB]$ a pour équation : $x + 4y = \frac{1}{2}$.

Cherchons l'équation de la médiatrice D' de $[BC]$. Le milieu J de $[BC]$ a pour coordonnées $\left(-\frac{1}{2}, -\frac{3}{2}\right)$.

$M \in D'$ équivaut à ($\overrightarrow{JM}$ et $\overrightarrow{BC}$ sont orthogonaux). C'est-à-dire : $\overrightarrow{JM} \cdot \overrightarrow{BC} = 0$. D'où l'équation de D' : $x - y - 1 = 0$. Le centre Ω du cercle circonscrit est le point d'intersection des médiatrices. Donc ses coordonnées vérifient le système :

$$\begin{cases} x - y = 1 \\ x + 4y = \frac{1}{2} \end{cases}, \text{ ce qui donne : } \begin{cases} x = \frac{9}{10} \\ y = -\frac{1}{10} \end{cases}. \text{ Donc } \Omega \text{ a pour coordonnées } \boxed{\left(\frac{9}{10}, -\frac{1}{10}\right)}.$$

Le cercle circonscrit au triangle ABC est le cercle passant par les trois sommets du triangle. Les médiatrices des côtés d'un triangle sont concourantes et leur point d'intersection Ω est le centre du cercle circonscrit au triangle.
On aurait pu déterminer Ω en cherchant a, b, c tels que le cercle d'équation $x^2 + y^2 + ax + by + c = 0$ passe par A, B et C. On aurait obtenu trois équations en a, b, c. Une fois le système résolu, il suffisait de prendre $\Omega\begin{pmatrix} -\frac{a}{2} \\ -\frac{b}{2} \end{pmatrix}$.

On rappelle que le plan est rapporté à un repère orthonormal $(O, \vec{i}, \vec{j})$.

2 ■ Savoir utiliser cercles et distances.

2.1 On considère le point $A(3, -2)$ et la droite D d'équation $3x - 4y = 2$. Donner l'équation du cercle $\mathscr{C}$ de centre A tangent à la droite D.

2.2 Quel est l'ensemble Γ des centres M des cercles tangents à une droite donnée D et passant par un point fixe F n'appartenant pas à D ?

2.3 On considère le cercle $\mathscr{C}$ d'équation : $x^2 + y^2 + 4x - 6y - 3 = 0$. Donner une condition nécessaire et suffisante pour que la droite $D : ux + vy + w = 0$ soit tangente à $\mathscr{C}$.

Conseils méthodologiques

2.1 Chercher la distance de A à D.

2.2 Considérer le projeté orthogonal H de M sur D.

2.3 Chercher les coordonnées du centre Ω et le rayon R du cercle $\mathscr{C}$ puis utiliser la distance d'un point à une droite.

2.1 Le rayon R du cercle $\mathscr{C}$ est la distance de A à D. Or :

$$d(A, D) = \frac{|3 \times 3 - 4 \times (-2) - 2|}{\sqrt{3^2 + (-4)^2}} = 3.$$

Donc : $R = 3$. Par suite l'équation de $\mathscr{C}$ est : $(x-3)^2+(y+2)^2=9$, c'est-à-dire :

$$\boxed{x^2+y^2-6x+4y+4=0}.$$

2.2 En considérant le projeté orthogonal H de M sur D, on obtient : $M \in \Gamma \Leftrightarrow MF = MH$ (*cf.* Fig. 11) qui est la caractérisation de la parabole $\mathscr{P}$ de foyer F et de directrice D. Par suite $\Gamma = \mathscr{P}$.

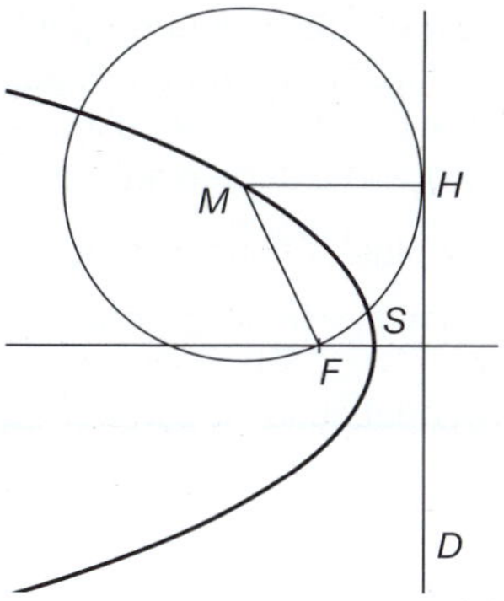

Figure 11

2.3 On va regrouper les termes en x et en y puis utiliser des débuts de carrés.

$$(x^2+4x)+(y^2-6y)-3=0$$

$$\Leftrightarrow \left[(x+2)^2-4\right]+\left[(y-3)^2-9\right]-3=0$$

$$\Leftrightarrow (x+2)^2+(y-3)^2=16.$$

Le cercle $\mathscr{C}$ a pour centre $\Omega(-2, 3)$ et pour rayon $R = 4$. La droite $D: ux+vy+w=0$ est tangente à $\mathscr{C}$ si et seulement si $d(\Omega, D)=R$, c'est-à-dire $\dfrac{|-2u+3v+w|}{\sqrt{u^2+v^2}}=4$ ou encore, en élevant au carré : $(-2u+3v+w)^2=16(u^2+v^2)$.

La distance d'un point $A\begin{pmatrix} x_A \\ y_A \end{pmatrix}$ à une droite D, d'équation $ax+by+c=0$ est donnée par : $d(A, D)=\dfrac{|ax_A+by_A+c|}{\sqrt{a^2+b^2}}$.

3 ■ Savoir construire les coniques.

Soit deux réels strictement positifs a et b. On considère le cercle $\mathscr{C}$ de centre O de rayon a et les points $A\begin{pmatrix} a \\ 0 \end{pmatrix}$ et $B\begin{pmatrix} 0 \\ b \end{pmatrix}$.

a) Dans cette question, on suppose $a > b > 0$ et on note $c=\sqrt{a^2-b^2}$. On considère l'ellipse $\mathscr{E}$ d'équation : $\dfrac{x^2}{a^2}+\dfrac{y^2}{b^2}=1$. Soit F_1, le point d'abscisse x_1 positive, obtenu comme intersection de la droite d'équation $y = b$ et du cercle $\mathscr{C}$. Calculer x_1 puis l'abscisse du point d'intersection de l'axe Ox et de la tangente au cercle $\mathscr{C}$ en F_1. En déduire une construction géométrique des foyers F et F' de $\mathscr{E}$ ainsi que des directrices D et D' associées.

b) On note $c=\sqrt{a^2+b^2}$. On considère l'hyperbole $\mathscr{H}$ d'équation : $\dfrac{x^2}{a^2}-\dfrac{y^2}{b^2}=1$ et le rectangle de centre O dont les côtés sont parallèles aux axes et dont un sommet est $F_1\begin{pmatrix} a \\ b \end{pmatrix}$. Montrer que les asymptotes de $\mathscr{H}$ sont les diagonales de ce rectangle. Calculer la distance OF_1 et les coordonnées du projeté orthogonal du foyer $F\begin{pmatrix} c \\ 0 \end{pmatrix}$ sur l'asymptote d'équation $y=\dfrac{b}{a}x$. En déduire une construction géométrique des foyers F et F' de $\mathscr{H}$ ainsi que des directrices D et D' associées.

Conseils méthodologiques

a) Rechercher l'équation de la tangente au cercle $\mathscr{C}$ en F_1.

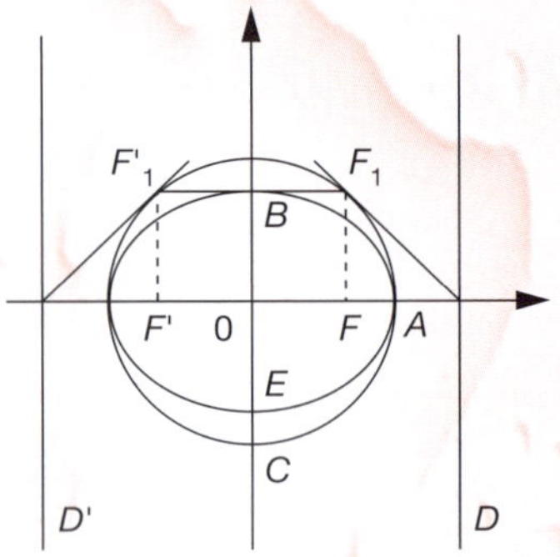

Figure 12

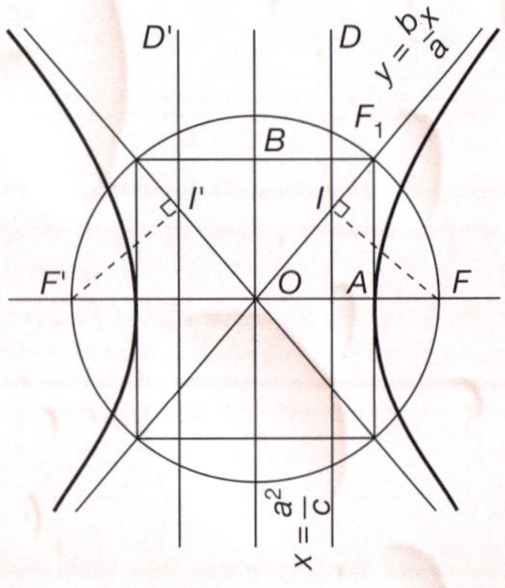

Figure 13

3.a) On a $F_1\begin{pmatrix} x_1 \\ b \end{pmatrix} \in \mathscr{C}$, donc $a^2 = x_1^2 + b^2$ c'est-à-dire $\boxed{x_1 = \sqrt{a^2 - b^2} = c}$, puisque $x_1 \geq 0$. On retrouve l'abscisse du foyer $F\begin{pmatrix} c \\ 0 \end{pmatrix}$. Par conséquent, on peut en déduire une construction géométrique des foyers F et F' de $\mathscr{E}$ (*cf.* Fig. 12) comme projetés orthogonaux sur le grand axe de l'ellipse (ici l'axe Ox) des points d'intersection, F_1 et F_1', du cercle $\mathscr{C}$ et de la parallèle au grand axe passant par le sommet B (i.e. la tangente en B à l'ellipse).

De plus, l'équation de la tangente au cercle $\mathscr{C}$ en F_1 découle de $\overrightarrow{F_1M} \cdot \overrightarrow{OF_1} = 0$ qui permet d'écrire $xc + yb = a^2$.

On peut aussi remarquer que la tangente en $M_0\begin{pmatrix} x_0 \\ y_0 \end{pmatrix}$ à un cercle d'équation $x^2 + y^2 = R^2$ est $xx_0 + yy_0 = R^2$. La tangente au cercle $\mathscr{C}$ en $F_1\begin{pmatrix} c \\ b \end{pmatrix}$ a donc pour équation $xc + yb = a^2$.

Donc l'abscisse du point d'intersection de l'axe Ox et de la tangente au cercle $\mathscr{C}$ en $F_1\begin{pmatrix} c \\ b \end{pmatrix}$ est donnée par l'équation $xc + 0 \times b = a^2$ c'est-à-dire $x = \dfrac{a^2}{c}$. On retrouve l'équation de la directrice associée au foyer $F\begin{pmatrix} c \\ 0 \end{pmatrix}$.

La directrice D (resp. D') associée est alors la parallèle au petit axe (ici l'axe Oy) passant par le point de concours de la tangente en F_1 (resp. F_1') avec le grand axe de l'ellipse (*cf.* Fig. 12).

b) Compte tenu des symétries du rectangle et de l'hyperbole, pour montrer que les asymptotes de $\mathscr{H}$ sont les diagonales du rectangle il suffit de vérifier que l'asymptote d'équation $y = \dfrac{b}{a}x$ passe par l'origine O et le sommet $F_1\begin{pmatrix} a \\ b \end{pmatrix}$ du rectangle. C'est immédiat.

La distance OF_1 vaut $\sqrt{a^2 + b^2} = c$. Par suite $OF_1 = OF$. Les foyers F et F' de $\mathscr{H}$ sont donc les points d'intersection du cercle de circonscrit au rectangle (de centre O de rayon $c = OF_1$) avec l'axe Ox.

Les coordonnées du projeté orthogonal I du foyer F sur l'asymptote Δ d'équation $y = \dfrac{b}{a}x$ s'obtiennent en écrivant (*cf.* Fig. 13) :

$$\begin{cases} \overrightarrow{FI} \cdot \overrightarrow{OF_1} = 0 \\ I \in \Delta \end{cases} \text{ c'est-à-dire } \begin{cases} (x - c)a + yb = 0 \\ y = \dfrac{b}{a}x \end{cases} \text{ ou encore } \begin{cases} x = \dfrac{a^2}{c} \\ y = \dfrac{ab}{c}. \end{cases}$$

La directrice D est donc la perpendiculaire à l'axe focal passant par le projeté orthogonal I du foyer F sur l'asymptote Δ. On en déduit une construction géométrique analogue de F' et de D' par symétrie orthogonale par rapport à l'axe Oy (*cf.* Fig. 13).

4 ■ Savoir reconnaître une conique.

Donner la nature de la conique donnée par les équations suivantes :

a) $r(\theta)=\dfrac{1}{2+\cos\theta}$, **b)** $r(\theta)=\dfrac{1}{\cos^2(\theta/2)}$,

c) $x^2+xy-y^2+2x+4y=0$, **d)** $x^2+4xy+4y^2+x+y=0$,

e) $x^2+2xy+\lambda y^2+4x+2y=0$ avec $\lambda\in\mathbb{R}$.

Conseils méthodologiques

Une conique donnée par une équation de la forme $\alpha x^2+\beta xy+\gamma y^2+\delta dx+\varepsilon y+h=0$ est de type ellipse si $\beta^2-4\alpha\gamma<0$, de type hyperbole si $\beta^2-4\alpha\gamma>0$, de type parabole si $\beta^2-4\alpha\gamma=0$.

4.a) $r(\theta)=\dfrac{1}{2+\cos\theta}\Leftrightarrow r(\theta)=\dfrac{p}{1+e\cos\theta}$, avec $p=\dfrac{1}{2}$ et $e=\dfrac{1}{2}<1$. Donc il s'agit d'une ellipse.

b) $r(\theta)=\dfrac{1}{\cos^2(\theta/2)}\Leftrightarrow r(\theta)=\dfrac{2}{1+\cos\theta}\Leftrightarrow r(\theta)=\dfrac{p}{1+e\cos\theta}$, avec $p=2$ et $e=1$. Il s'agit d'une parabole.

c) $x^2+xy-y^2+2x+4y=0$, donne $\beta^2-4\alpha\gamma=5>0$. Donc il s'agit d'une hyperbole.

d) $x^2+4xy+4y^2+x+y=0$, donne $\beta^2-4\alpha\gamma=0$. Il s'agit d'une parabole.

e) $x^2+2xy+\lambda y^2+4x+2y=0$ donne $\beta^2-4\alpha\gamma=4(1-\lambda)$. On obtient ainsi le tableau suivant :

$\lambda>1$	$\lambda=1$	$\lambda<1$
Ellipse	Parabole	Hyperbole

Pour maîtriser les bases

1. Perpendiculaire commune — D'après Centrale

On considère deux droites D et D' d'équations :

$$D\begin{cases}x=2y+1\\z=y-1\end{cases} \text{ et } D'\begin{cases}2x+y-z=3\\x-y-2z=0\end{cases}.$$

a) Déterminer la distance de D à D'.

b) Donner les équations de la perpendiculaire commune Δ à ces deux droites.

Conseils méthodologiques : a) Déterminer les équations paramétriques de D et D' pour obtenir un point et un vecteur directeur de chacune, puis utiliser : $d(D,\,D')=\dfrac{\left|\left[\overrightarrow{AA'},\,\vec{V},\,\vec{V'}\right]\right|}{\left\|\vec{V}\wedge\vec{V'}\right\|}$ (cf. cours en questions 4.2).

b) La perpendiculaire commune Δ à D et D' est l'intersection des plans P et P' de repère $\left(A,\,\vec{V},\,\vec{V}\wedge\vec{V'}\right)$ et $\left(A',\,\vec{V'},\,\vec{V}\wedge\vec{V'}\right)$ (*cf.* Fig. 14).

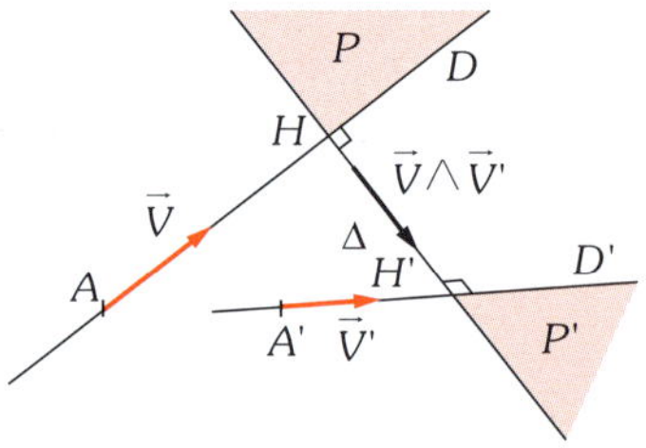

Figure 14

a) Il est facile d'obtenir les équations paramétriques de D (cf. cours en questions 1.3) en écrivant :

$$D\begin{cases}x=2\lambda+1\\y=\lambda\\z=\lambda-1\end{cases}$$ on choisit alors le point $A\begin{pmatrix}1\\0\\-1\end{pmatrix}$ sur D et $\vec{V}\begin{pmatrix}2\\1\\1\end{pmatrix}$ comme vecteur directeur.

Pour D' en résolvant le système en $(x,\,y)$ en fonction de z, on obtient successivement :

$$D'\begin{cases}3x-3z=3 & (L_1\leftarrow L_1+L_2)\\y=x-2z & (L_2)\end{cases}$$ puis $$D'\begin{cases}x=z+1\\y=1-z\end{cases}$$ ce qui donne pour équations paramétriques :

$$D'\begin{cases}x=\lambda+1\\y=-\lambda+1\\z=\lambda\end{cases}$$ on choisit alors $A'\begin{pmatrix}1\\1\\0\end{pmatrix}$ sur D et $\vec{V'}\begin{pmatrix}1\\-1\\1\end{pmatrix}$ comme vecteur directeur.

Par suite on a : $\overrightarrow{AA'}\begin{pmatrix}0\\1\\1\end{pmatrix}$ et $\vec{V}\wedge\vec{V'}\begin{pmatrix}2\\-1\\-3\end{pmatrix}$. Enfin $\left|\left[\overrightarrow{AA'},\,\vec{V},\,\vec{V'}\right]\right|=\left|\overrightarrow{AA'}\cdot\left(\vec{V}\wedge\vec{V'}\right)\right|=4$ et $\left\|\vec{V}\wedge\vec{V'}\right\|=\sqrt{14}$. On en déduit :

$$d(D,D')=\frac{4}{\sqrt{14}}=\frac{2\sqrt{14}}{7}.$$

b) Pour obtenir la perpendiculaire commune Δ à D et D', on doit déterminer les équations des plans P et P' de repère $\left(A,\,\vec{V},\,\vec{V}\wedge\vec{V'}\right)$ et $\left(A',\,\vec{V'},\,\vec{V}\wedge\vec{V'}\right)$.

Le plan P est caractérisé par : $M\in P\Leftrightarrow\left[\overrightarrow{AM},\,\vec{V},\,\vec{V}\wedge\vec{V'}\right]=0$, c'est-à-dire : $x-4y+2z=-1$.

De même, le plan P' est caractérisé par : $M \in P' \Leftrightarrow \left[\overrightarrow{A'M}, \overrightarrow{V'}, \vec{V} \wedge \overrightarrow{V'}\right] = 0$, c'est-à-dire : $4x + 5y + z = 9$. Or la droite Δ est l'intersection des plans P et P' donc Δ a pour équations : $\begin{cases} x - 4y + 2z = -1 \\ 4x + 5y + z = 9 \end{cases}$.

Finalement la perpendiculaire commune est la droite Δ définie par : $\begin{cases} x = \dfrac{19}{7} - 2y \\ z = -\dfrac{13}{7} + 3y \end{cases}$.

Remarque :
La droite Δ passe par le point $A\begin{pmatrix} \frac{19}{7} \\ 0 \\ -\frac{13}{7} \end{pmatrix}$ et admet pour vecteur directeur $\vec{u}\begin{pmatrix} -2 \\ 1 \\ 3 \end{pmatrix}$.

2. Parabole et ellipse — D'après Centrale

Soit A le point de coordonnées $(1, 0)$ dans un plan rapporté à un repère orthonormé. On considère la parabole $\mathcal{P}$ d'équation $y^2 + x = 1$ et l'ellipse $\mathcal{E}$ d'équation $x^2 + 2y^2 = 1$. Pour tout $m \in \mathbb{R}^*$, la droite variable Δ_m d'équation $y = m(1 - x)$ passant par A recoupe la parabole en un point $M \neq A$ et l'ellipse en un point $N \neq A$.

a) Donner les coordonnées de M et de N.

b) Donner une équation de la tangente en M à la parabole $\mathcal{P}$ et une équation de la tangente en N à l'ellipse $\mathcal{E}$.

c) Déterminer le lieu du point d'intersection I de ces deux tangentes quand m décrit $\mathbb{R}^*$.

Conseils méthodologiques : on pourra utiliser ici directement l'équation de la tangente en $M_0\begin{pmatrix} x_0 \\ y_0 \end{pmatrix}$ à une ellipse d'équation $\dfrac{x^2}{a^2} + \dfrac{y^2}{b^2} = 1$ sous la forme $\dfrac{xx_0}{a^2} + \dfrac{yy_0}{b^2} = 1$. (On rappelle que cette équation est obtenue en écrivant que le gradient est normal à la courbe au point M_0). On peut obtenir de même la tangente à la parabole mais on procédera plutôt ici en la paramétrant par $\begin{cases} x = 1 - t^2 \\ y = t \end{cases}$.
Un vecteur tangent V au point $M(t)$ de paramètre t s'obtient alors en dérivant les coordonnées de $M(t)$.

a) On trouve les coordonnées du point d'intersection de deux courbes en résolvant le système formé en réunissant leur équation. Par suite le point M est caractérisé par $(*)\begin{cases} y = m(1 - x) \\ y^2 + x = 1 \end{cases}$. Puisque la droite Δ_m et la parabole passent par A, on résout en factorisant $(x - 1)$ ce qui donne : $(*) \Leftrightarrow \begin{cases} y = m(1 - x) \\ m^2(1 - x)^2 = 1 - x \end{cases} \Leftrightarrow \begin{cases} x = 1 - \dfrac{1}{m^2} \text{ et } y = \dfrac{1}{m} \\ \text{ou } x = 1 \text{ et } y = 0 \end{cases}$. De plus $M \neq A$ donc M a pour coordonnées $M\begin{pmatrix} 1 - \dfrac{1}{m^2} \\ \dfrac{1}{m} \end{pmatrix}$.

De même le point N est caractérisé par $(**)\begin{cases} y = m(1 - x) \\ x^2 + 2y^2 = 1 \end{cases}$. La résolution se fait aussi en factorisant $(x - 1)$:

$$(**) \Leftrightarrow \begin{cases} y = m(1 - x) \\ x^2 - 1 + 2m^2(1 - x)^2 = 0 \end{cases} \Leftrightarrow \begin{cases} x = \dfrac{2m^2 - 1}{2m^2 + 1} \text{ et } y = \dfrac{2m}{2m^2 + 1}. \\ \text{ou } x = 1 \text{ et } y = 0 \end{cases}$$

On a finalement $N\begin{pmatrix} \dfrac{2m^2 - 1}{2m^2 + 1} \\ \dfrac{2m}{2m^2 + 1} \end{pmatrix}$ puisque $N \neq A$.

b) On peut paramétrer la parabole par : $\begin{cases} x = 1 - t^2 \\ y = t \end{cases}$. Un vecteur tangent V au point $M(t)$ de paramètre t s'obtient en dérivant les coordonnées : $V\begin{pmatrix} -2t \\ 1 \end{pmatrix}$. L'équation de la tangente en $M(t)$ est par conséquent : $\begin{vmatrix} x - (1 - t^2) & -2t \\ y - t & 1 \end{vmatrix} = 0$ c'est-à-dire : $x + 2ty = t^2 + 1$.

D'après le résultat trouvé à la question a) pour $t = \dfrac{1}{m}$, on obtient, après multiplication par m^2, l'équation de la tangente en M : $m^2x + 2my = m^2 + 1$.

Pour la tangente à l'ellipse, on se sert de la forme $\dfrac{xx_0}{a^2} + \dfrac{yy_0}{b^2} = 1$ (cf. cours en questions 6.1). On trouve ainsi la tangente en N après multiplication par $2m^2 + 1$:

$$\boxed{(2m^2 - 1)x + 4my = 2m^2 + 1}.$$

c) L'intersection de ces deux tangentes est le point I dont le couple de coordonnées est la solution du système : $\begin{cases} m^2x + 2my = m^2 + 1 & L_1 \\ (2m^2 - 1)x + 4my = 2m^2 + 1 & L_2 \end{cases}$. En effectuant la transformation $L_1 \leftarrow L_2 - 2L_1$, on aboutit au résultat : $\boxed{I\begin{pmatrix} 1 \\ \dfrac{1}{2m} \end{pmatrix}}$.

L'ensemble décrit par I quand m décrit $\mathbb{R}^*$ est donc la droite d'équation $x = 1$ privée du point A.

3. Tangentes à la parabole — D'après Mines-Ponts

On considère une parabole $\mathcal{P}$ de foyer F et de directrice D. Pour tout point M de $\mathcal{P}$, on note H le projeté orthogonal de M sur D. Montrer que la tangente en M à $\mathcal{P}$ est la médiatrice du segment $[FH]$.

Conseils méthodologiques : choisir le repère de sorte que la parabole ait pour équation $y^2 = 2px$. Chercher ensuite une équation de la tangente en M en paramétrant la parabole et comparer avec une équation de la médiatrice du segment .

On choisit le repère de sorte que le point O soit le sommet et que l'axe Ox soit l'axe de la parabole (*cf.* Fig. 15). La parabole a alors une équation de la forme $y^2 = 2px$.

La directrice a pour équation $x = -\dfrac{p}{2}$ et le foyer F a pour coordonnées $\left(\dfrac{p}{2}, 0\right)$. On peut paramétrer $\mathcal{P}$ par $\begin{cases} x = \dfrac{t^2}{2p} \\ y = t \end{cases}$. Le projeté orthogonal H de $M\left(\dfrac{t^2}{2p}, t\right)$ sur D a la même ordonnée t que M et appartient à la directrice D d'équation $x = -\dfrac{p}{2}$, donc H a pour coordonnées $\left(-\dfrac{p}{2}, t\right)$.

Le milieu I de $[FH]$ a pour coordonnées $\left(0, \dfrac{t}{2}\right)$ et la médiatrice Δ de $[FH]$ a une équation donnée par : $N \in \Delta \Leftrightarrow \overrightarrow{IN} \cdot \overrightarrow{FH} = 0$, c'est-à-dire $\Delta : (x - 0)p + \left(y - \dfrac{t}{2}\right)(-t) = 0$ ou encore $\Delta : px - ty + \dfrac{t^2}{2} = 0$.

La tangente $\mathcal{T}_M$ en M est la droite passant par $M\left(\dfrac{t^2}{2p}, t\right)$ et de vecteur directeur $\dfrac{dM}{dt}\begin{pmatrix} \dfrac{t}{p} \\ 1 \end{pmatrix}$, c'est-à-dire : $N \in \mathcal{T}_M \Leftrightarrow \det\left(\overrightarrow{MN}, \dfrac{dM}{dt}\right) = 0$ ou encore $\begin{vmatrix} x - \dfrac{t^2}{2p} & \dfrac{t}{p} \\ y - t & 1 \end{vmatrix} = 0$.

En développant ce déterminant et multipliant par p chaque membre de cette équation, on obtient encore $\mathcal{T}_M : px - ty + \dfrac{t^2}{2} = 0$. D'où le résultat demandé : $\boxed{\Delta = \mathcal{T}_M}$.

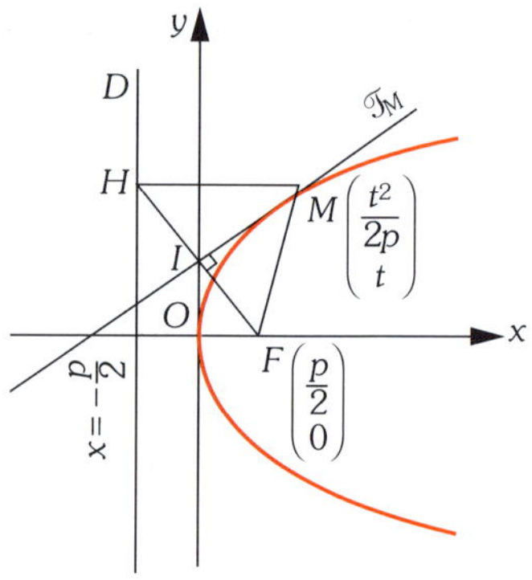

Figure 15

Remarque :

On peut appliquer ce résultat au tracé de points d'une parabole donnée par sa directrice D et son foyer F. On choisit un point H sur la directrice, on trace la perpendiculaire à D passant par H ainsi que la médiatrice de $[FH]$. Leur intersection est un point de la parabole et la médiatrice de $[FH]$ est la tangente en ce point (*cf.* Fig. 15).

4. Distance du centre de l'ellipse aux normales ——— D'après Centrale

On considère $0 < b < a$ et l'ellipse $\mathscr{E}$ paramétrée par $\begin{cases} x = a\cos t \\ y = b\sin t \end{cases}$.

a) Donner une équation de Δ_t, la normale à l'ellipse au point $M(t)$.

b) Calculer le maximum de la distance de l'origine O à ces normales Δ_t quand t décrit $[-\pi, \pi]$.

Conseils méthodologiques : dans un plan euclidien, rapporté à un repère orthonormal, la distance d'un point $M_0\begin{pmatrix} x_0 \\ y_0 \end{pmatrix}$ à une droite D, d'équation $ax + by + c = 0$ est donnée par :

$$d(M_0, D) = \frac{|ax_0 + by_0 + c|}{\sqrt{a^2 + b^2}}.$$

a) La normale est la droite passant par $M(t)$: $\begin{pmatrix} a\cos t \\ b\sin t \end{pmatrix}$ et orthogonale au vecteur $\dfrac{\overrightarrow{dM}}{dt} : \begin{pmatrix} -a\sin t \\ b\cos t \end{pmatrix}$, d'où son équation en écrivant : $P\begin{pmatrix} x \\ y \end{pmatrix} \in \Delta_t \Leftrightarrow \begin{pmatrix} x - a\cos t \\ y - b\sin t \end{pmatrix}\begin{pmatrix} -a\sin t \\ b\cos t \end{pmatrix} = 0$, c'est-à-dire :

$$\boxed{\Delta_t : -ax\sin t + by\cos t + \left(a^2 - b^2\right)\sin t\cos t = 0}.$$

b) La distance de l'origine O à cette normale Δ_t vaut :

$$d(O, \Delta_t) = \frac{\left|\left(a^2 - b^2\right)\sin t\cos t\right|}{\sqrt{a^2\sin^2 t + b^2\cos^2 t}}.$$

Cette quantité est nulle si le point n'est pas un sommet et strictement positive sinon. Par suite rechercher le maximum de $\dfrac{|\sin t\cos t|}{\sqrt{a^2\sin^2 t + b^2\cos^2 t}}$ revient à chercher le maximum de son carré : $\dfrac{(\sin t\cos t)^2}{a^2\sin^2 t + b^2\cos^2 t}$ ou encore à trouver le minimum de son inverse qui peut s'écrire (si le point n'est pas un sommet) :

$$\frac{a^2\sin^2 t + b^2\cos^2 t}{(\sin t\cos t)^2} = \frac{a^2}{\cos^2 t} + \frac{b^2}{1 - \cos^2 t}.$$

Finalement, il suffit d'étudier le minimum de la fonction $f : x \mapsto \dfrac{a^2}{x} + \dfrac{b^2}{1-x}$ sur l'intervalle $]0, 1[$. Or :

$$f'(x) = -\frac{a^2}{x^2} + \frac{b^2}{(1-x)^2} = \frac{[bx - a(1-x)][bx + a(1-x)]}{x^2(1-x)^2} = \frac{[(a+b)x - a][bx + a(1-x)]}{x^2(1-x)^2}.$$

La fonction f admet donc pour $x = \dfrac{a}{a+b} \in]0, 1[$ un minimum qui vaut $f\left(\dfrac{a}{a+b}\right) = (a+b)^2$.

En reportant dans l'expression de la distance, on obtient un maximum qui vaut $d_{\max} = \dfrac{\left|a^2 - b^2\right|}{a+b} = |a - b|$.

En conclusion, puisque $0 < b < a$, on obtient $\boxed{d_{\max} = a - b}$.

Remarque : l'étude précédente est valable pour tout couple (a, b) de réels strictement positifs. On retrouve en particulier que dans le cas d'un cercle ($a = b$), la distance est toujours nulle ce qui est évident puisque toutes les normales passent par le centre O.

Pour approfondir

5. Cercle inscrit — D'après Mines-Ponts

Dans un plan rapporté à un repère orthonormé $(O, \vec{i}, \vec{j})$ on considère les trois points $A(2, 1)$, $B(2, -\sqrt{3})$, $C(-1-\sqrt{3}, 1)$.

a) Déterminer les équations des bissectrices intérieures des angles $\widehat{BAC}$ et $\widehat{ABC}$.

b) En déduire les coordonnées du centre I du cercle inscrit dans le triangle ABC.

c) Déterminer l'équation du cercle inscrit dans le triangle ABC.

Conseils méthodologiques : a) Utiliser la définition à l'aide des vecteurs unitaires. **b)** I est le point d'intersection des bissectrices. **c)** Calculer la distance de I à la droite (AB).

a) Soit $\overrightarrow{U_B} = \dfrac{\overrightarrow{AB}}{\left\|\overrightarrow{AB}\right\|}$ et $\overrightarrow{U_C} = \dfrac{\overrightarrow{AC}}{\left\|\overrightarrow{AC}\right\|}$ les vecteurs *unitaires* qui dirigent les demi-droites $[A, B)$ et $[A, C)$ d'origine A. La bissectrice intérieure Δ_A de l'angle $\widehat{BAC}$ est la droite passant par A de vecteur directeur $\overrightarrow{U_B} + \overrightarrow{U_C}$. On obtient : $\overrightarrow{U_B}(0, -1)$ et $\overrightarrow{U_C}(-1, 0)$. D'où l'équation de Δ_A : $\begin{vmatrix} x-2 & -1 \\ y-1 & -1 \end{vmatrix} = 0$, c'est à dire $\Delta_A : x - y = 1$.

De même la bissectrice intérieure Δ_B de l'angle $\widehat{ABC}$ est la droite passant par B de vecteur directeur $\overrightarrow{V_A} + \overrightarrow{V_C}$ avec $\overrightarrow{V_A} = \dfrac{\overrightarrow{BA}}{\left\|\overrightarrow{BA}\right\|}$ et $\overrightarrow{V_C} = \dfrac{\overrightarrow{BC}}{\left\|\overrightarrow{BC}\right\|}$. On obtient : $\overrightarrow{V_A}(0; 1)$ et $\overrightarrow{V_C}\left(\dfrac{-\sqrt{3}}{2}, \dfrac{1}{2}\right)$ en remarquant que $3 + \sqrt{3} = \sqrt{3}(\sqrt{3}+1)$. Enfin $\left(\overrightarrow{V_A} + \overrightarrow{V_C}\right)$ est colinéaire au vecteur de coordonnées $(-1, \sqrt{3})$. D'où l'équation de Δ_B : $\begin{vmatrix} x-2 & -1 \\ y+\sqrt{3} & \sqrt{3} \end{vmatrix} = 0$, c'est à dire $\Delta_B : \sqrt{3}x + y = \sqrt{3}$.

b) Le centre I du cercle inscrit est le point d'intersection des bissectrices.

Donc ses coordonnées vérifient le système : $\begin{cases} x - y = 1 \\ \sqrt{3}x + y = \sqrt{3} \end{cases}$.

Ce qui donne : $x = 1$ et $y = 0$. Le centre I a donc pour coordonnées $(1, 0)$.

c) La droite (AB) a pour équation $x = 2$. Donc la distance de I à la droite (AB) vaut 1. Le cercle inscrit a donc pour rayon 1 et pour centre I. Son équation est : $(x-1)^2 + y^2 = 1$. C'est-à-dire : $\boxed{x^2 + y^2 - 2x = 0}$.

6. Bissectrice de l'angle $(\overrightarrow{MF}, \overrightarrow{MF'})$ — D'après Centrale

On considère une ellipse $\mathscr{E}$ de foyers F et F'. On rappelle que si a est le demi grand axe de $\mathscr{E}$, pour tout point M du plan, on a : $M \in \mathscr{E} \Leftrightarrow MF + MF' = 2a$.

Montrer que la normale à l'ellipse au point M est la bissectrice de l'angle $(\overrightarrow{MF}, \overrightarrow{MF'})$.

Conseils méthodologiques : se ramener, par exemple, à une ellipse paramétrée par $\begin{cases} x = a\cos t \\ y = b\sin t \end{cases}$. Dériver ensuite chaque membre de l'égalité $MF + MF' = 2a$ en utilisant : $\frac{d}{dt}\left(\overrightarrow{u(t)}^2\right) = 2\overrightarrow{u(t)} \cdot \overrightarrow{u'(t)}$. Enfin remarquer que $\frac{d\overrightarrow{M}}{dt} = \frac{d}{dt}\left(\overrightarrow{OM}\right)$ est un vecteur tangent à l'ellipse tandis que $\frac{\overrightarrow{MF}}{MF} + \frac{\overrightarrow{MF'}}{MF'}$ est, d'après le cours en questions 3.1, un vecteur directeur de la bissectrice de l'angle $\left(\overrightarrow{MF}, \overrightarrow{MF'}\right)$.

On peut choisir le repère orthonormée $\left(O, \vec{i}, \vec{j}\right)$ de sorte que O soit le centre de l'ellipse et que les axes du repère soient ceux de $\mathscr{E}$. On obtient alors un paramétrage de $\mathscr{E}$ par $\begin{cases} x = a\cos t \\ y = b\sin t \end{cases}$.

On va alors dériver par rapport à t chaque membre de l'égalité $MF + MF' = 2a$. Pour cela on écrit d'abord $MF = \sqrt{\left(\overrightarrow{MF}\right)^2}$ puis on remarque que : $\frac{d}{dt}\left[\left(\overrightarrow{MF}\right)^2\right] = 2\overrightarrow{MF} \cdot \frac{d\overrightarrow{MF}}{dt} = -2\overrightarrow{MF} \cdot \frac{d\overrightarrow{OM}}{dt}$ car $\frac{d\overrightarrow{MF}}{dt} = \frac{d\overrightarrow{OF}}{dt} - \frac{d\overrightarrow{OM}}{dt} = -\frac{d\overrightarrow{OM}}{dt}$.

Enfin $\frac{d}{dt}(MF) = \frac{d}{dt}\sqrt{\left(\overrightarrow{MF}\right)^2} = \frac{1}{2MF}\left[-2\overrightarrow{MF} \cdot \frac{d\overrightarrow{OM}}{dt}\right] = -\frac{\overrightarrow{MF}}{MF} \cdot \frac{d\overrightarrow{OM}}{dt}$.

De même $\frac{d}{dt}(MF') = -\frac{\overrightarrow{MF'}}{MF'} \cdot \frac{d\overrightarrow{OM}}{dt}$. Ainsi $\left(\frac{\overrightarrow{MF}}{MF} + \frac{\overrightarrow{MF'}}{MF'}\right) \cdot \frac{d\overrightarrow{OM}}{dt} = 0$.

Or $\frac{\overrightarrow{MF}}{MF} + \frac{\overrightarrow{MF'}}{MF'}$ est un vecteur directeur de la bissectrice de l'angle $\left(\overrightarrow{MF}, \overrightarrow{MF'}\right)$ et $\frac{d\overrightarrow{OM}}{dt}$ dirige la tangente à l'ellipse donc la normale à l'ellipse au point M est la bissectrice de l'angle $\left(\overrightarrow{MF}, \overrightarrow{MF'}\right)$.

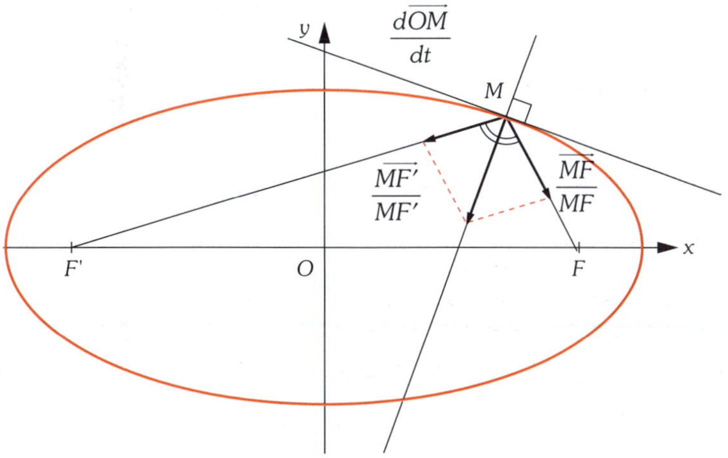

Figure 16

CHAPITRE 19

Calcul formel en Maple

Le cours en questions

1 ■ Instructions et objets Maple

La syntaxe utilisée dans ce chapitre est celle de Maple 9 disponible à l'oral du concours Centrale-Supélec.

1.1 Comment exécuter une instruction ?

Une instruction doit toujours se terminer par un point-virgule ou par deux points. Par exemple : `2*3;` ou `2*3:`. Dans le premier cas, le résultat est affiché à l'écran, dans le second il ne l'est pas.

Lorsqu'une instruction est écrite, on la valide par la touche entrée ↵ ; il n'est pas nécessaire de placer le curseur en fin de ligne pour cela. Les instructions sont enregistrées par Maple dans l'ordre où elles sont validées. Cet ordre n'est pas forcément l'ordre qui apparaît à l'écran si on s'est déplacé dans le programme à l'aide de la souris pour valider.

Ici l'instruction `2*3:` n'affiche aucun résultat et n'a pas vraiment d'utilité mais on verra plus tard l'intérêt de ne pas afficher certains calculs intermédiaires.

En particulier, quand on utilise % pour rappeler le dernier résultat, il se peut que la réponse de Maple ne soit pas celle attendue si les validations n'ont pas suivi l'ordre des instructions affichées à l'écran.

1.2 Comment choisir un nom de variable ?

Un nom de variable doit commencer par une lettre et peut ensuite comporter des lettres ou des chiffres. Les minuscules et les majuscules sont distinguées par Maple.

Par exemple **a, A, b1, B1, aa, Aa, AA** sont des variables distinctes.

Une variable Maple peut être imaginée comme une boîte dans laquelle on stocke des données. L'affectation se fait à l'aide du symbole « `:=` ».

On peut aussi utiliser des variables indexées $x_0, x_1, x_2, \ldots$ en notant `x[0],x[1],x[2],...`

Erreur à éviter :

Ne pas utiliser **Pi, D, I** ou **gamma** qui sont prédéfinis par Maple.

`x := 3;` place la valeur 3 dans la boîte appelée `x`. On « vide » la boîte `x` en validant l'instruction `x := 'x'` (le symbole ' est obtenu avec la touche 4). On réinitialise toutes les variables en exécutant `restart`.

`whattype(1.5);` donne `float`.
`whattype("bonjour");` donne `string`
mais `whattype(false);` donne `symbol` en raison du codage interne de Maple.

1.3 Quels sont les types de variable usuels ?

Les principaux types utilisés sont `integer` (entier) `float` (réel = nombre écrit avec une virgule flottante), `boolean` (booléen = vrai ou faux), `Array` (tableau), `exprseq` (séquence), `list` (liste), `string` (chaîne de caractères), `Matrix` (matrice).

On peut vérifier le type d'une variable à l'aide de la fonction `type` :

`type(false, boolean);` retourne `true` pour dire que « *false* » est bien un booléen.

La fonction `whattype` retourne le type de l'objet Maple considéré. Par exemple :

`whattype(3);` donne `integer`.

La déclaration des variables n'est pas nécessaire avec Maple, il faut cependant le faire, dans les épreuves écrites d'informatique à Polytechnique.

2 ■ Notions de base en analyse

2.1 Comment développer, factoriser, simplifier ?

`factor(x^4-16,complex);` factorise dans $\mathbb{C}$ et donne ici $(x-2)(x+2)(x-2I)(x+2I)$;
`sort(x^2+1+x^3-x);` ordonne le polynôme suivant les puissances décroissantes et donne ici x^3+x^2-x+1 ;
`collect(x^2+1+a*x-b*x+c*x^2,x);` regroupe et factorise les termes de même puissance en `x`. Cela donne ici $1+(c+1)x^2+(a-b)x$. Il reste à réordonner avec `sort`.

On peut développer, respectivement factoriser ou simplifier, une expression algébrique par la commande `expand`, respectivement `factor` ou `simplify`.

Le symbole « `%` » représente le dernier résultat retourné par Maple. L'instruction `simplify(%)` servira donc à simplifier le résultat du calcul obtenu par l'instruction qui vient d'être validée.

Exemples : `expand((a+b)*(a-b));` donne a^2-b^2 ;
`factor(x^4-16);` donne $(x-2)(x+2)(x^2+4)$;
`(x^3-1)/(x-1): simplify(%);` donne x^2+x+1.

2.2 Comment calculer une valeur approchée ?

On peut modifier ce nombre de chiffres et, par exemple, choisir quatre chiffres significatifs en écrivant :
`evalf(sqrt(2),4);` qui donne 1.414.

Erreur à éviter :
Attention à la majuscule dans `Digits`.

Une valeur approchée d'une expression formelle se calcule grâce à la commande `evalf` (pour « *evaluate to float* »). Par défaut la commande `evalf` donne dix chiffres significatifs.

Exemple : `evalf(sqrt(2));` donne 1.414213562.

On peut aussi choisir de prendre, dans la suite de la session Maple, le nombre de chiffres significatifs égal à n (entier fixé) en écrivant : `Digits:= n;`.

Exemple : `Digits:= 2; evalf(sqrt(2));` donne 1.4.

2.3 Comment définir un intervalle ?

Exemples :
`add(x[k],k=-2..2);` donne `x[-2]+x[-1]+x[0]+x[1]+x[2]`.
On peut aussi utiliser `sum` au lieu de `add`.
`product(x[k],k=-2..2);` donne `x[-2]*x[-1]*x[0]*x[1]*x[2]`.
`u:=rand(-20..2): u(); u(); u();u();` donne `-18,-20,-6,-1`.

Un intervalle $[\![a, b]\!]$ de $\mathbb{Z}$ se définit par `a..b`. On peut s'en servir par exemple pour additionner ou multiplier des nombres $(x_k)_{a\leq k\leq b}$, ou encore pour générer une suite u de nombres aléatoires compris entre a et b.

Un intervalle $[a, b]$ de $\mathbb{R}$ se définit de la même façon par `a..b`. On verra comment on peut s'en servir pour calculer $\int_a^b f$ ou pour représenter une fonction f sur $[a, b]$.

2.4 Comment définir une fonction ? Les fonctions usuelles ?

Une fonction d'une seule variable se définit en écrivant `f := x->f(x)`, pour une fonction de deux variables on écrira `f := (x,y)->f(x,y)`, etc.

Exemples : `f := x->x**2` ; pour $f(x)=x^2$.

`f := (x,y,z)->2*x**2+y*z` ; pour $f(x, y, z)=2x^2+yz$.

La fonction partie entière, *E*, se note `floor` ; la valeur absolue est notée `abs`.

Les fonctions logarithme et exponentielle s'écrivent comme d'habitude `ln` et `exp`. Il en est de même pour les fonctions sinus, cosinus et tangente (`sin`, `cos`, `tan`). Pour passer des fonctions trigonométriques aux fonctions hyperboliques, on ajoute « h » *à la fin* : `sinh`, `cosh`, `tanh`. Pour les fonctions réciproques, on ajoute arc *au début* : `arcsin`, `arcsinh`...

Par exemple, pour définir $f:(x, y)\mapsto\sqrt{4\,\mathrm{ch}^2\,x-\mathrm{e}}+2E(y)+\mathrm{argsh}|x|$, on écrira :

```
f := (x,y)->sqrt(4*cosh(x)^2-exp(1))+2*floor(y)+arcsinh
(abs(x));
```

Comme en mathématiques, il faudra éviter de confondre la fonction $x\mapsto f(x)$ et $f(x)$, l'image de *x* par *f*, qui est simplement une expression en *x*.

Erreur à éviter :
L'affectation se fait à l'aide de `:=` et non `=`. Enfin, ne pas oublier le point virgule en fin d'instruction.

Erreur à éviter :
La fonction argsh se note donc arcsinh et pas argsinh.
De plus, la variable e n'est pas prédéfinie.

Erreur à éviter :
La lettre e dans Maple est un nom de variable à ne pas confondre avec $\exp(1)$.

2.5 Comment calculer une somme ? Un produit ?

Pour une somme, on peut utiliser :

- la fonction `add` qui s'applique à des expressions dépendant d'un entier variant dans un intervalle donné : `add`(expression en `k,k=a..b`) ;
par exemple : `n := 5; add(k,k=1..n);` donne 15.
- la fonction `sum` qui permet d'obtenir des sommes dépendant d'un entier variant dans un intervalle dont les bornes sont des entiers fixés ou non :
`sum`(expression en `k,k=a..b`) ; par exemple `factor(sum(k,k=1..n));` donne $\dfrac{n(n+1)}{2}$ ou encore `factor(sum(k,k=m..n));` qui donne $\dfrac{(n+m)(n-m+1)}{2}$.

Pour un produit, on utilise `product` (expression en `k,k=a..b`) qui permet d'obtenir des produits dépendant d'un entier variant dans un intervalle dont les bornes sont des entiers non fixés, par exemple `product(k,k=1..n)` donne $\Gamma(n+1)$ qui vaut $n!$ et `n := 5; product(k,k=1..n)` donne 120.

Avec une majuscule, l'instruction `Sum(k,k=m..n)` renvoie la forme mathématique $\sum_{k=m}^{n} k$. De même, `Product(k,k=m..n)` renvoie la forme mathématique $\prod_{k=m}^{n} k$.

Erreur à éviter :
Si la variable `n` n'est pas fixé (`n := 5`), l'instruction `add(k,k=1..n);` provoque un message d'erreur.

Dans Maple, la fonction Γ est une fonction usuelle qui vérifie $\Gamma(n+1)=n!$ pour tout entier naturel *n*.

L'instruction `binomial(n,p)` retourne $\binom{n}{p}$.

2.6 Comment calculer une limite ?

La syntaxe est analogue pour la limite d'une suite (en$+\infty$) et la limite d'une fonction de *x* en *x*=*a* : `limit`(expression en `n,n=infinity`) ou `limit`(expression en `x, x=a`).

Le symbole ∞, se note `infinity`.

Erreur à éviter :
Démonstration de ce résultat : on a ici une forme indéterminée du type $1^{+\infty}$.
On écrit alors : $\left(1+\frac{1}{n}\right)^n = e^{n\ln\left(1+\frac{1}{n}\right)}$
puis on effectue un développement limité.

Erreur à éviter :
Attention à la majuscule pour Pi.

La représentation graphique de f permet souvent d'obtenir visuellement un premier encadrement du zéro cherché. Par exemple ici, on l'obtiendrait avec :
`plot(cos(x)-x, x=0..Pi);.`

Exemples :
`D(cos);` donne –sin,
`(D@@5)(ln);` donne $z \mapsto \frac{24}{z^5}$,
`diff(exp(2*x), x$3);` donne $8e^{2x}$.

Erreur à éviter :
Maple ne retient pas le nom donné aux variables lors de leur définition, il les ordonne. Il ne faut donc pas noter `D[x](f)` la dérivée partielle de f par rapport à x mais `D[1](f)`. Si les variables de f sont x et y dans cet ordre, `D[1$p,2$q](f)` représente $\frac{\partial^{p+q}f}{\partial x^p \partial y^q}$.

Dans cette équation différentielle, il faut définir les fonctions a, b, c, d avant de valider l'instruction (on pourra choisir pour un premier test des fonctions constantes). Bien remarquer que les conditions initiales portent sur le même point (ici x=0). Sans condition initiale, Maple donnera une solution de l'équation différentielle dépendant de constantes notées $\_C_1$, $\_C_2$, …

Par exemple, pour calculer $\lim_{n\to+\infty}\left(1+\frac{1}{n}\right)^n$ et $\lim_{x\to 0}\left(x^x\right)$, on écrit :
`limit((1+1/n)^n,n=infinity)` qui donne e et `limit(x^x,x=0)` qui donne 1.

2.7 Comment calculer une intégrale ?

L'intégrale de f sur l'intervalle $[a, b]$ s'obtient par la commande `int(f(x),x=a..b)`.
`int(sin(x), x=0..Pi);` donne 2.
Une primitive s'obtient par la commande `int(f(x),x)`. C'est une expression en `x` et pas une fonction.
`int(ln(x), x);` donne $x\ln(x)-x$.

2.8 Comment résoudre $f(x)=0$?

Si la *résolution exacte* est possible, on se sert de `solve(f(x)=0,x)` sinon, on peut chercher une *valeur approchée* d'un zéro (réel) de f, sur l'intervalle $[a, b]$, grâce à `fsolve(f(x)=0, x=a..b)`.
Par exemple : `fsolve(cos(x)-x=0, x=0..Pi)`.

2.9 Comment dériver une fonction ?

On dérive une fonction f d'une variable en écrivant `D(f)` qui est alors une fonction.
La dérivée n-ième (n *fixé* = 2, 3, 4…) s'obtient en utilisant `(D@@n)(f)`.
On peut aussi dériver `f(x)`, qui est une expression en `x`, en utilisant la commande `diff(f(x),x)`, le résultat obtenu n'est pas une fonction mais une expression en `x`.
Pour dériver n fois `f(x)` on utilise `diff(f(x),x$n)` avec n *fixé* = 2 , 3 , 4…
On dérive une fonction f de plusieurs variables $x_1, x_2, \ldots, x_n$ en précisant entre crochets l'**indice** de la variable choisie :
`D[i](f)` représente $\frac{\partial f}{\partial x_i}$,
`D[i,j](f)` représente $\frac{\partial^2 f}{\partial x_i \partial x_j}$,
`D[i$p,j$q](f)` représente $\frac{\partial^{p+q} f}{\partial {x_i}^p \partial {x_j}^q}$, etc.

2.10 Comment résoudre une équation différentielle ?

On écrit les dérivées `D(y)(x)` et `(D@@2)(y)(x)`, puis on précise la fonction inconnue avec sa variable : `y(x)`, et on utilise
`dsolve({EquaDif,Conditions},y(x));` en opérant comme suit :
exemple : lorsque l'on connaît les fonctions a, b, c, d, on résout le problème de Cauchy $a(x)y''+b(x)y'+c(x)y=d(x)$ avec $y(0)=1$ et $y'(0)=0$, en écrivant :

```
EquaDif := a(x)*(D@@2)(y)(x)+b(x)*D(y)(x)+c(x)*y(x)=d(x);
Conditions := y(0)=1 , D(y)(0)=0;
```

`dsolve({EquaDif,Conditions},y(x));`.

Par exemple :
`dsolve({(D@@2)(y)(x)-y(x)=0,y(0)=1,D(y)(0)=0},y(x));` donne $y(x)=\cosh(x)$.

2.11 Comment calculer un développement limité ?

Le développement limité à l'ordre n d'une expression $f(x)$ au point $x = a$ s'obtient par la commande `taylor(f(x),x=a,n+1)`. Le reste en « grand O » de $(x-a)^{n+1}$ désigne $(x-a)^{n+1}B(x)$ où B est une fonction bornée au voisinage de a.

Exemple ($a = 0$) : `taylor(tan(x), x=0, 6);` donne $x+\frac{x^3}{3}+\frac{2}{15}x^5+O(x^6)$ c'est-à-dire $x+\frac{x^3}{3}+\frac{2}{15}x^5+o(x^5)$.

Si l'on cherche à obtenir un développement limité généralisé (ou développement asymptotique), on emploie `series` au lieu de taylor.

Exemple : `series(x^x, x=0, 2);` donne $1+x\ln(x)+O(x^2)$.

Pour retrouver les définitions, on peut remplacer $O(x^n)$ par $x^nB(x)$ où B est une fonction bornée au voisinage de 0 et $o(x^n)$ par $x^n\varepsilon(x)$ où $\lim_{x\to 0}\varepsilon(x)=0$.

Remarquer que ce dernier développement est inexact puisqu'on devrait terminer le développement par un $O(x^2\ln^2 x)$ et non un $O(x^2)$.

3 Séquences, listes, et tableaux

3.1 Quelles sont les différences entre séquence, liste, et tableau ?

- *Une séquence* `S` est une suite d'éléments séparés par une virgule, par exemple : `S := a, 1, M, f;`.

Si la séquence comporte n termes, ils sont indexés de 1 à n, on accède au i-ième terme de la séquence `S` par `S[i]`.

On a aussi la possibilité de définir une séquence à l'aide de `$` ou `seq`. Par exemple : `a$4` signifie `a,a,a,a` et `seq(k^2, k=0..3)` se traduit par `0,1,4,9`.

On peut concaténer deux séquences `S` et `S'` pour former une nouvelle séquence `T` en écrivant : `T := S,S`.

- *Une liste* est une séquence placée entre crochets. Si la liste comporte n termes, ils sont indexés de 1 à n, on accède au i-ième terme de la liste `L` par `L[i]`.
- *Un tableau* à une dimension se définit à l'aide `Array (p..q, [____])` en faisant figurer entre crochets les éléments du tableau (on peut aussi utiliser array). Ces éléments sont indexés de p à q et on accède au terme d'indice k du tableau `a` par `a[k]`.
- Par exemple : `a := Array (1..4,[-1,0,1,2]` et `a[4]` donne `2`.

`op` est une fonction qui transforme une liste `[a,b,c]` en séquence `a,b,c`.
L'entier `nops(L)` désigne le nombre d'éléments de la liste `L`. Pour concaténer deux listes, il faut transformer les listes en séquences grâce à `S:=op(L);S':=op(L');`
puis on écrit `T:=[S,S']`.

3.2 Comment initialiser un tableau bidimensionnel ?

Les **nombres de lignes et de colonnes** du tableau doivent être donnés sous forme d'intervalles lors de l'initialisation du tableau.

Exemple : `A := Array(0..9, 1..5)`. Cette instruction initialise le tableau A avec 10 lignes numérotées de 0 à 9 et avec cinq colonnes numérotées de 1 à 5.

Erreur à éviter :

Attention, seuls les tableaux sont utilisables dans l'épreuve d'informatique de Polytechnique . On ne peut se servir ni des séquences ni des listes.

On donne d'abord les indices de la première et de la dernière ligne, puis les indices de la première et de la dernière colonne.

On peut initialiser un tableau et affecter des valeurs à chacun de ses éléments dans la même instruction.

Exemple : `A := Array(0..1, 1..3, [[1,2,5],[6,9,0]]).`

Cette instruction initialise le tableau A avec deux lignes et trois colonnes. La ligne d'indice 0 contient les valeurs 1, 2 et 5. La ligne d'indice 1 contient les valeurs 6, 9 et 0.

4 ■ Les courbes planes

4.1 Comment tracer la courbe représentative de *f* ?

La courbe représentative d'une fonction *f* sur $[a, b]$ est obtenue grâce à l'instruction `plot(f,a..b);` ou `plot(f(x),x=a..b);` suivant qu'on utilise une fonction ou une expression en *x*.

Exemple : `plot(x^2+3*x+1, x=-1..2);`

De nombreuses options peuvent être rajoutées à la commande `plot` :

`y=c..d` restreint le tracé à $[c, d]$ sur l'intervalle des ordonnées ;

`scaling=constrained` spécifie un repère orthonormé ;

`discont=true` est utilisée pour tracer la courbe représentative d'une fonction discontinue ;

Exemples :

```
plot(tan(x), x=-Pi/2..Pi, y=-5..5, scaling=constrained,
discont=true);
```

`plot([f(x), g(x), h(x)], x=a..b);` donne le tracé des courbes représentatives de *f*, *g* et *h* sur le même graphique.

La liste de ces options et la façon dont elles s'utilisent peuvent être obtenues dans l'aide sur la commande `plot`, en suivant le lien plot[options].

Erreur à éviter :

Généralement, si l'option `discont=true` est omise, le tracé de la fonction discontinue comportera des segments de droites verticaux parasites aux points de discontinuité.

Attention, si on place le paramètre entre les crochets : `plot([f(t), g(t), t=a..b]);` on obtient la courbe paramétrée définie par $\begin{cases} x = f(t) \\ y = g(t) \end{cases}, t \in [a, b]$.

4.2 Comment tracer la courbe donnée par $f(x, y) = 0$?

La courbe définie par l'équation implicite $f(x, y) = 0$ se trace par la commande `implicitplot`. Il faut charger le « package » `plots` qui contient de nouvelles commandes.

Si on choisit l'intervalle $[a, b]$ des *x* et l'intervalle $[c, d]$ des *y* pour définir la fenêtre du graphique, il faudra écrire :

```
with(plots);
implicitplot(f(x,y)=0, x=a..b, y=c..d);
```

Par exemple on peut tracer l'ellipse d'équation $\frac{x^2}{9} + \frac{y^2}{4} = 1$ en écrivant :

```
with(plots);
implicitplot(x^2/9+y^2/4=1, x=-3..3, y=-2..2);
```

Toutes les commandes contenues dans plots s'affichent après l'exécution de `with(plots);`.

4.3 Comment tracer une courbe en coordonnées polaires ?

La courbe en coordonnées polaires définie par $\rho = f(\theta)$, $\theta \in [a, b]$ se trace par la commande `plot` avec l'option `coords=polar` :

`plot(f(t), t=a..b, coords=polar).`

On choisit la variable t de préférence à θ qui est plus long à écrire. Par exemple : `plot(cos(t),t=0..2*Pi,coords=polar)` donne un cercle passant par O centré en $I\left(\frac{1}{2}, 0\right)$.

Si la courbe est définie par : $\begin{cases}\rho = f(t)\\ \theta = g(t)\end{cases}$, $t \in [a, b]$, on écrit :

```
plot([f(t), g(t), t=a..b], coords=polar);
```

4.4 Comment tracer plusieurs courbes dans le même repère ?

Après avoir chargé le « package » `plots`, pour obtenir sur le même repère des représentations graphiques de types différents, on définit tout d'abord chaque courbe. On stocke dans des variables les graphiques obtenus. On superpose l'ensemble de ces graphiques par la commande `display` , par exemple :

```
with(plots);
A := plot(f(x), x=a..d, y=c..d, color=green):
B := implicitplot (F(x,y)=0, x=a..d, y=c..d):
C := plot(r(t), t=t1..t2, coords=polar):
display(A,B,C);
```

Attention, il convient de terminer chacune de ces lignes par « : » et non pas par « ; » ce qui afficherait les coordonnées de tous les points du graphique.

```
with(plots);
A := plot(x^2, x=-2..2,
y=-1..4, color=green):
B := implicitplot
(x^2/4+y^2=1, x=-2..2,
y=-1..1):
C := plot(cos(t), t=0..Pi,
coords=polar):
display(A,B,C);
```

4.5 Comment tracer une ligne brisée ?

Les listes sont utilisées conjointement avec plot pour tracer des lignes brisées : un point M de coordonnées (x, y) s'obtient en posant `M := [x,y]`.
Pour afficher la ligne brisée $M_1, M_2, \ldots, M_p$ on utilise l'instruction :
`plot([M1, M2 ,..., Mp])`.

`plot([[0,0], [1,1], [2,1]]);` donne la figure 1.

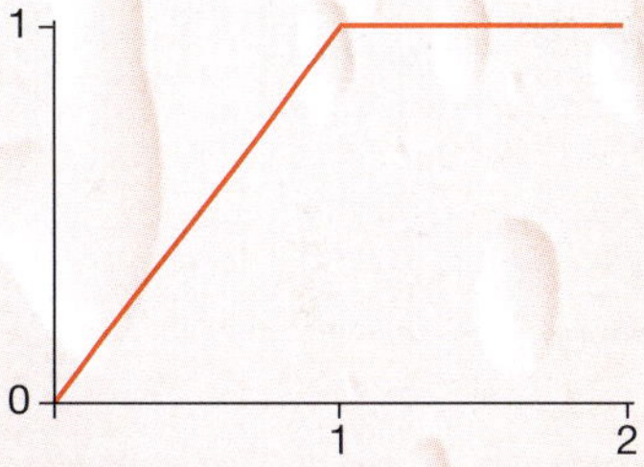

Figure 1

5 Notions de base en algèbre

5.1 Comment réaliser la division euclidienne de *a* par *b* ?

Pour obtenir le quotient et le reste de la division euclidienne de a par b, on utilise `iquo(a,b)` pour le quotient et `irem(a,b)` pour le reste. Par exemple : `iquo(17,4);irem(17,4);` donnent respectivement 4 et 1.

La fonction `isprime` permet de déterminer si un entier est premier ou non : `isprime(5);` retourne true et `isprime(4);` retourne false.

5.2 Quel est le package d'algèbre linéaire ?

Le nouveau package `LinearAlgebra` est plus facile d'emploi et permet de travailler plus rapidement grâce à de nombreux raccourcis mais on peut aussi utiliser le package `linalg`, plus ancien.

Pour faire du calcul matriciel avec Maple, il faut donc commencer par charger le package `LinearAlgebra` qui contient de nombreuses nouvelles commandes. On doit donc écrire :

```
with(LinearAlgebra);
```

Erreur à éviter :

Ne pas accentuer les e dans LinearAlgebra.

Erreur à éviter :
L'utilisation de la commande restart; supprime les packages déjà chargés.

Le symbole « | » (barre verticale) s'obtient en appuyant simultanément sur les touches [`Alt Gr`] et [`6`].

Erreur à éviter :
Quand on remplit la matrice obtenue de cette façon, il est plus rapide d'utiliser la touche de tabulation ⇄ (à gauche du A) que la flèche → pour passer d'un terme à l'autre.

On accède à l'élément (i, j) de la matrice A en écrivant A[i,j].

Par exemple : `with(LinearAlgebra); CrossProduct (<a,b,c>,<x,y,z>);` donne $\begin{pmatrix} bz-cy \\ cx-az \\ ay-bx \end{pmatrix}$.

Noter que les fonctions du nouveau pakage LinearAlgebra commencent par une majuscule. Elles s'affichent lorsqu'on charge le pakage à l'aide de with(LinearAlgebra);. En revanche, `evalm` comme `evalf` n'a pas de majuscule.

Toutes les commandes de calcul matriciel s'affichent alors. *Dans la suite du paragraphe 5, on supposera que ce package a été chargé.*

5.3 Comment définir une matrice ?

On peut illustrer les différentes méthodes sur deux exemples $A = \begin{pmatrix} 1 & 2 & 3 \\ 4 & 5 & 6 \end{pmatrix}$ et $B = \begin{pmatrix} a & b \\ c & d \end{pmatrix}$.

1) On peut définir ces matrices *ligne par ligne* en écrivant :

`A := <<1|2|3>,<4|5|6>>` , et `B := <<a|b>,<c|d>>;`.

Le symbole « , » signifie que l'on passe à la *ligne suivante* et le symbole « | » signifie que l'on passe à la *colonne suivante*.

2) On peut définir ces matrices *colonne par colonne* en écrivant :

`A := <<1,4>|<2,5>|<3,6>>;` et `B := <<a,c>|<b,d>>;`.

Dans la version 9 de Maple (disponible à Centrale), on dispose de raccourcis qui permettent d'obtenir directement le cadre des matrices usuelles. Il suffit de sélectionner `View` → `Palette` → `Matrix` et de choisir la taille voulue.

3) On peut aussi définir une matrice par la commande `Matrix` (liste des lignes) :

`A := Matrix( [[1,2,3], [4,5,6]]);`

et `B := Matrix( [[a,b],[c,d]]);` .

4) On peut aussi créer la matrice A par une fonction génératrice : $(i, j) \mapsto A[i, j]$ en indiquant le nombre de lignes (et de colonnes, si la matrice n'est pas carrée). Ici, on a par exemple :

`A:= Matrix(2, 3, (i,j)->3*(i-1)+j);`

5.4 Comment définir un vecteur ?

On peut définir un vecteur à l'aide de ses coordonnées :

`V := Vector([1,2,3]).` Le vecteur ainsi construit est un vecteur colonne. Si on a besoin d'un vecteur ligne on écrira `W := Vector[row]([1,2,3]):`

Par exemple, si $A \in M_3(\mathbb{R})$, $V.W$, $W.V$, $A.V$ et $W.A$ ont un sens. Mais $V.A$ n'a pas de sens. En revanche, entre vecteurs de même nature, par exemple $V.V$ et $W.W$, le produit a un sens et désigne le produit scalaire.

Le produit vectoriel s'obtient grâce à la fonction `CrossProduct`.

5.5 Comment écrire les opérations algébriques sur les matrices ?

Les principales opérations algébriques de calcul matriciel disponibles en Maple sont : l'addition, notée `+` ; la soustraction, notée `-` ; la multiplication par un scalaire, notée `*`; la multiplication matricielle, notée `.` ; l'exponentiation, notée `^`.

L'inverse de `A` se note `A^(-1)`et la transposée s'obtient à l'aide de `Transpose(A)`.

Exemple : si A et B sont des matrices inversibles, l'expression $2A^{-1} + AB - A^3 - 5B^{-1}$ (si les produits et inverses ont un sens) s'écrit : `2*A^(-1)+A.B-A^3-5*B^(-1)`.

Pour afficher à l'écran un résultat d'opération sur les matrices, on doit souvent utiliser la fonction `evalm` (pour évaluer la matrice). Par exemple : `with(LinearAlgebra); evalm(A.Transpose(A));`

Sans l'emploi de la fonction `evalm` le calcul `A.Transpose(A)` est effectué par Maple mais pas toujours affiché à l'écran.

5.6 Comment effectuer un pivot de Gauss sur $A \in M_{n,p}(\mathbb{K})$?

On utilise la fonction `GaussianElimination` qui donne le résultat de la transformation. Il faut connaître en détails cette méthode qui peut s'appliquer à une matrice qui n'est pas carrée car elle peut faire l'objet de question à l'oral ou à l'écrit de Centrale. On verra plus loin la programmation élémentaire.

Par exemple, pour $A = \begin{pmatrix} 1 & 4 & 7 \\ 2 & 5 & 8 \\ 3 & 6 & 9 \end{pmatrix}$, `GaussianElimination(A)` renvoie $T = \begin{pmatrix} 1 & 4 & 7 \\ 0 & -3 & -6 \\ 0 & 0 & 0 \end{pmatrix}$.

On peut aussi détailler le calcul à l'aide des fonctions ColumnOperation et RowOperation. Avec les notations usuelles, on peut traduire les différentes possibilités par le tableau suivant dans lequel :
$A \in M_{n,p}(\mathbb{K}), (i, k) \in [\![1, n]\!]^2, (j, q) \in [\![1, p]\!]^2, s \in \mathbb{K}$

Instruction :	Transformation notée
`ColumnOperation(A,[j,q],s)`	$C_j \leftarrow C_j + sC_q$
`ColumnOperation(A,[j,q])`	$C_j \leftrightarrow C_q$
`ColumnOperation(A,j,s)`	$C_j \leftarrow sC_j$
`RowOperation(A,[i,k],s)`	$L_i \leftarrow L_i + sL_k$
`RowOperation(A,[i,k])`	$L_i \leftrightarrow L_k$
`RowOperation(A,i,s)`	$L_i \leftarrow sL_i$

La première ligne du tableau signifie, par exemple, que `ColumnOperation(A,[j,q],s)` retourne la matrice qui a les mêmes colonnes que A sauf la colonne j qui est remplacée par la colonne $j + s$ fois la colonne q.

Erreur à éviter :

Attention, la transformation n'affecte pas la matrice A mais construit une nouvelle matrice qu'on peut nommer, par exemple, en écrivant : `B:=ColumnOperation(A,[j,k])`. Si on veut modifier directement A, on peut ajouter l'option `inplace=true` par exemple : `ColumnOperation(A,[1,3], inplace=true);` transforme A et place le résultat dans A.

5.7 Comment calculer le rang et le déterminant d'une matrice ?

`Rank(A)` donne le rang de la matrice A.

Le **déterminant** d'une matrice carrée M s'obtient en écrivant `Determinant(M)`.

On peut aussi accéder à ces commandes à l'aide d'un *clic droit* sur la matrice affichée (en bleu) par Maple. On ouvre ainsi une fenêtre dans laquelle on peut choisir la fonction recherchée. Par exemple : `Standard Operations` → `Determinant` ou `Queries` → `Rank`.

Il faut aussi retenir la syntaxe des commandes courantes, car à l'écrit on ne peut ni cliquer sur sa copie ni se servir de Palette…

6 ■ La programmation

6.1 Comment réaliser un test avec « if » ?

La syntaxe de **l'instruction conditionnelle** « `if` » peut être résumée comme suit :

`if` condition1 `then` suite1 d'instructions `elif` condition2 `then` suite2 d'instructions `else` suite3 d'instructions `end if` .

Si la condition1 est réalisée, **alors** la suite1 d'instructions s'exécute, **sinon si** la condition2 est réalisée, **alors** la suite2 d'instructions s'exécute, **sinon** la suite3 d'instructions s'exécute. L'instruction `end if` marque la *fin de l'instruction conditionnelle* et permet la poursuite du programme.

Mise en page à l'écrit des concours : on présentera une instruction conditionnelle en décalant les instructions vers la droite :

```
if a>1 and b=0 then
  c := 1 ; d := 0
elif a<1 and b=0 then
  c := 0 ; d := 1
else
  c := 0 ; d := 0
end if;
```

en mettant en évidence if, else, elif et end if pour rendre le programme plus lisible.

Les différentes conditions peuvent faire intervenir des opérateurs logiques « `and` », « `or` » et « `not` ».

Par exemple la condition pourra être : $(x <= 1)$ or $(x >= 4)$,

ou not$(x = 0)$ and $(B = false)$ ou encore $(x <> 0)$ and not(B), etc.

> **Erreur à éviter :** Les conditions ne peuvent porter que sur des quantités déjà évaluées par Maple. Par exemple, si *a* contient $\sqrt{2}$ (qui n'est pas évalué), l'instruction `if a>1 ...` conduit à une erreur; il faudra écrire `if evalf(a)>1 ...` pour permettre à Maple de l'exécuter correctement.

> Les parties 2 et 3 , concernant `elif` et `else` sont facultatives. On trouvera donc aussi en pratique des instructions conditionnelles de la forme : `if__then__end if` ou `if___then___else___end if` ou encore `if___then___elif___then___ end if`.

> `B` désigne ici une variable de type booléen.

6.2 Quelle est la différence entre une boucle for et une boucle while ?

Rappelons tout d'abord la syntaxe de chacune de ces instructions d'itération. On écrit :

- pour une boucle for :

`for` compteur `from` début `to` fin `by` pas `do` suite d'instructions
`end do;`

- pour une boucle while :

`while` condition `do` suite d'instructions
`end do;`.

Les boucles for et while servent à itérer une suite d'instructions. L'une nécessite un compteur, l'autre non.

Dans une boucle while, la suite d'instructions doit modifier la condition d'arrêt sous peine de voir le programme boucler indéfiniment ! Dans la boucle for le compteur est incrémenté à chaque itération, il n'est pas nécessaire de le modifier.

> Le pas et le début par défaut sont égaux à 1. On peut omettre **by** (resp. **from**) si l'on accepte ce choix par défaut.

Dans une boucle for, on doit connaître à l'avance les valeurs de début et de fin du compteur. Au contraire, pour une boucle while, l'arrêt est provoqué par une condition, on l'utilise chaque fois qu'on ne peut déterminer à l'avance la valeur de fin du compteur qu'on emploierait dans la boucle for.

6.3 Qu'est-ce qu'une procédure ?

Une procédure est un sous-programme qui a pour but de réaliser une suite d'instructions qui s'appliquent à des paramètres dont les noms sont fixés mais dont les valeurs peuvent varier d'un appel à l'autre.

La syntaxe est la suivante :

nom `:= proc(`suite des paramètres`)`; suite d'instructions

`end proc .`

L'appel de la procédure se fait en écrivant le nom suivi des valeurs des paramètres entre parenthèses. Le mot `return` provoque l'arrêt de la procédure après le renvoi du résultat de la première instruction qui suit ce mot.

La procédure possède ses propres noms de variables, appelées variables locales, qui correspondent à des boîtes temporaires qui seront effacées à la fermeture de la procédure. Elles sont inaccessibles après l'exécution de `end proc`. Les autres variables sont appelées variables globales.

Tout nom de variable déjà utilisé avant l'écriture de la procédure est considéré comme variable globale. Tout nouveau nom de variable utilisé dans une procédure est implicitement déclaré comme variable locale par Maple. Il est préférable de déclarer explicitement ces variables en écrivant :

nom `:= proc(`suite des paramètres`)`

`local` suite des variables locales ;

`global` suite des variables globales ;

suite d'instructions

`end proc .`

Enfin, une procédure peut agir de plusieurs façons.

- *Première façon* : en retournant un résultat, il suffit pour cela de le faire précéder de `return`. Dans ce cas, la procédure prend le nom de fonction. Par défaut le dernier calcul effectué avant `end proc` est le résultat retourné par la procédure mais il est préférable de le signaler tout de même avec `return` pour faciliter la lecture du programme.
- *Deuxième façon :* en affichant un résultat avec les commandes print (valeur, matrice…) ou plot (graphique).
- *Troisième façon* : en modifiant le contenu d'une variable globale. Rappelons que le contenu de ces variables globales n'est pas affecté par la fermeture de la procédure.

6.4 Quand se sert-on d'une procédure récursive ?

Une procédure récursive est une procédure qui s'appelle elle-même. On peut l'utiliser pour accomplir une tache $T(n)$ qui dépend d'un entier n et qui vérifie les deux propriétés suivantes :

- il existe un entier n_0 tel qu'on sache facilement accomplir $T(0)$, $T(1)$, …, $T(n_0)$;
- on sait effectuer $T(n)$ en décomposant $T(n)$ en une ou plusieurs tâches $T(k)$, avec $0 \le k \le n-1$.

Mise en page à l'écrit des concours : on présentera les boucles en décalant les instructions vers la droite entre **for** et **end do** pour rendre plus lisible le programme. Par exemple :

```
s := 0 ; p := 1 ; x := 5;
for i from 1 to 10 do
   s := i+s ;
   p := p*i ;
end do;
while x >= 0 do
   x := x-1 ;
   p : =p+1 ;
end do;
```

Par exemple :

```
produit := proc(a,b);
return a*b ;
print("jamais exécutée");
end proc;
```

Cette procédure peut être appelée par produit (8, 6) ;
et renvoie 48. En revanche, l'instruction print n'est jamais exécutée car return provoque l'arrêt (et la sortie) de la procédure.

Erreur à éviter :

Attention à la place du point virgule quand on déclare des variables locales: il ne doit pas figurer avant local mais *après* l'énumération des variables locales. C'est une source importante d'erreurs en pratique.

Par exemple :

```
compter:=proc(a,b)
local k;
for k from a to b do
   print(k);
end do;
end proc;
```

Dans les épreuves d'informatique de Polytechnique, on attachera un soin particulier à la lecture de l'énoncé pour bien comprendre comment doit agir la procédure. En particulier, il ne faudra pas confondre afficher (print) et retourner (return) un résultat sous peine de perdre les points de la question.

L'étape 2 dans cette programmation est essentielle car c'est elle qui arrête les appels récursifs. Si on omet cette instruction conditionnelle, la procédure s'appellera indéfiniment sans fournir de résultat puisque c'est en se terminant que les procédures récursives retournent leur résultat.

La programmation récursive présente alors des analogies avec une récurrence descendante, on peut la résumer de la façon suivante :

1) on construit une procédure `T(n)` dépendant d'un paramètre `n;`

2) on place au début de la procédure un test pour savoir si $\mathbf{n} \leq \mathbf{n_0}$;

3) si c'est le cas on accomplit la tache et on retourne le résultat demandé en le faisant précéder de `return`.

Sinon on se ramène à `T(k)` avec `k<n` : en effet, si $n > n_0$, on appelle la procédure `T(k)` pour les valeurs utiles du paramètre `k`, avec $0 \leq k \leq n-1$.

4) on réalise le travail à accomplir à l'aide des résultats renvoyés par les procédures `T(k)` appelées.

Le calcul récursif de *n* ! pourrait se faire de la façon suivante :

```
fact := proc(n);
 if n=0 then return 1
 else
  return n*fact(n-1);
 end if;
end proc;
```

C'est le test « `if ...then ...else...` » qui arrête les appels récursifs si `n=0`.
Sinon on se ramène au calcul de `fact(n-1)`.

Bien sûr, on peut faire le calcul directement en utilisant *n* ! qui existe dans Maple...

7 ■ La programmation pour l'épreuve de l'X

7.1 Comment bien rédiger une procédure ?

Il faut aller à la ligne après chaque **instruction** et **indenter** (c'est-à-dire décaler) de quelques espaces vers la droite, par exemple deux espaces, les lignes comprises entre une instruction de début et l'instruction de fin correspondante.

Généralement, la ligne de fin d'une procédure est précédée par une ligne indiquant **l'arrêt de la procédure et la valeur retournée.** Cette ligne comporte l'instruction **return** suivie éventuellement de la valeur à retourner et terminée par un point-virgule. Si la procédure ne retourne aucune valeur, il faut quand même écrire la ligne `return;`.

Lorsque l'on déclare le type du résultat retourné par une procédure, on l'écrit après l'instruction « `proc(...)` » et la ligne se termine alors par un point-virgule, c'est-à-dire :
`f := proc(...)::type;`

Exemple :

```
F:= proc(...)
□□|local...;
□□|global...;
□□|...;
□□|for ... do
□□|□□|...;
□□|□□|if ... then
□□|□□|□□|...;
□□|□□|end if;
□□|end do ;
□□|...;
□□|return...;
end proc;
```

Dans une procédure, après **for**, **while**, **if**, les instructions sont écrites en allant à la ligne et elles sont décalées vers la droite de deux espaces supplémentaires. Les instructions **end do** et **end if** provoquent aussi le retour à la ligne et un décalage inverse vers la gauche.

Dans les épreuves d'informatique à Polytechnique, il est nécessaire de déclarer le type de chaque variable avant son utilisation.

7.2 Comment déclarer le type d'une variable ?

Le type d'une variable doit être annoncé lors de la déclaration de la variable. On fait alors suivre le nom de la variable par le symbole « `::` » puis par le nom du type.

Pour une *variable locale*, le type se déclare après l'instruction « `local` ».

Exemple : `local i::integer, x::float;`

Pour une variable passée comme *argument* à une procédure (ou paramètre de la procédure), le type se déclare à l'intérieur des parenthèses, après l'instruction `proc`.

Exemple : `somme := proc(a::float, b::float);`

Le type du résultat retourné par une procédure doit aussi être déclaré, après les parenthèses qui suivent l'instruction « `proc` ». Dans ce cas, un point-virgule termine la ligne après le type du résultat retourné par la procédure et avant local.

Exemple : `somme := proc(a::float, b::float)::float;`

La déclaration des variables n'est pas nécessaire avec Maple, il faut cependant le faire, dans les épreuves écrites d'informatique à Polytechnique.
Dans les nouvelles versions de Maple, on ne peut plus déclarer le type des variables globales à l'intérieur de la procédure. On le fera avant, pour respecter l'esprit de l'épreuve de l'X.

7.3 Qu'est-ce que le temps d'exécution d'une fonction ?

Le temps d'exécution $T(f)$ d'une fonction f est le nombre d'opérations élémentaires (additions, soustractions, multiplications, divisions, affectations, ...) nécessaires au calcul de f. Lorsque ce temps d'exécution dépend d'un entier n, il est noté $T_n(f)$. On dit que la fonction f s'exécute en temps linéaire (resp. en temps quadratique) s'il existe $K > 0$ tel que pour tout n, $T_n(f) \leq K\,n$ (resp. $T_n(f) \leq K\,n^2$).

De façon plus générale, pour un réel $\alpha > 0$, on dira que la fonction f s'exécute en $O(n^\alpha)$ s'il existe $K > 0$ tel que pour tout n, $T_n(f) \leq K\,n^\alpha$.

Par exemple, la fonction suivante fact (qui calcule la factorielle de n) s'exécute en temps linéaire :

```
fact := proc(n::integer)::integer;
  local k::integer, R::integer;
  R := 1;
  for k from 1 to n do
    R := R*k;
  end do;
return R;
end proc;
```

Ne pas oublier à l'X de déclarer les variables et le type du résultat retourné par la procédure.
Éviter de définir une suite de variables $R[k]$ quand seule la dernière valeur est demandée. Ici une seule boîte R peut servir à calculer les k ! successifs.
Le résultat est retourné quand R contient n !.

Le principe de calcul du temps d'exécution est assez simple à l'épreuve d'informatique de polytechnique, si le programme fait intervenir des boucles (de 1 à n) :

si les boucles ne sont pas imbriquées, le travail est effectué en temps linéaire ($T_n(f) \leq K\,n$) ; si elles sont imbriquées (au plus) par deux, il s'effectue en temps quadratique ($T_n(f) \leq K\,n^2$) ; si elles sont imbriquées (au plus) par trois, la fonction f s'exécute en $O(n^3)$, etc.

La fonction recherche0, qui recherche s'il est vrai que la matrice A possède un terme nul, s'exécute en temps quadratique :

`recherche0:=proc(n::integer,`
`A::Matrix)::boolean;`
`local i::integer,j::integer,`
`R::boolean;`
`R:=false;`
`for i from 1 to n do`
`for j from 1 to n do`
`if A[i,j]=0 then`
`R:=true; return R ;`
`end if;`
`end do;`
`end do;`
`return R;`
`end proc;`
	Au départ on initialise R par false (i.e. faux).
	
	S'il existe un couple pour lequel `A[i, j]=0`, le programme est interrompu et retourne la valeur true (i.e. vrai), sinon il se poursuit sans modifier la valeur initiale de R qui est false. À la fin des deux boucles imbriquées, c'est alors false qui est renvoyé.

Les savoir-faire clefs

Conseils méthodologiques

1.1 Commande `limit`. Attention ch et th n'existent pas dans la syntaxe de Maple.

1.2 Attention à la majuscule dans Pi pour coder π.

1.3 Commande int sans borne.

1.4 Commande `D[i,j](f)` avec $x_1 = x$ et $x_2 = y$.

1 ■ Savoir calculer limites, dérivées et intégrales.

1.1 Calculer $\lim\limits_{x \to 0} \dfrac{\text{ch}(x)-1}{x^2}$, $\lim\limits_{n \to +\infty} e^n \ln(\text{th}\, n)$.

1.2 Calculer la valeur de $\displaystyle\int_0^{\pi} \sin^4 t \, dt$.

1.3 Déterminer une primitive de la fonction $x \mapsto (x^2+1)e^{-x}$.

1.4 Soit la fonction f définie par : $f(x, y) = \arctan\left(\dfrac{x+y}{1-xy}\right)$.

Calculer et simplifier les dérivées partielles suivantes : $\dfrac{\partial f}{\partial x}(x, y)$, $\dfrac{\partial^2 f}{\partial x \partial y}(x, y)$.

1.1 `limit( (cosh(x)-1)/x^2,x=0);` qui donne $\boxed{\lim\limits_{x \to 0} \dfrac{\text{ch}(x)-1}{x^2} = \dfrac{1}{2}}$.

De même, `limit(exp(n)*ln(tanh(n)),n=infinity);`
donne $\lim_{n\to+\infty} e^n \ln(\text{th}\, n)=0$.

1.2 On utilise la commande `int(sin(x)^4,x=0..Pi);` qui donne : $\frac{3\pi}{8}$.

1.3 On définit la fonction *f* puis une primitive que l'on donne sous forme d'expression en *x* factorisée puisqu'il est prévisible que l'exponentielle sera facteur d'un polynôme dans cette primitive :

```
f := x->(x^2+1)*exp(-x); factor(int(f(x),x));
```

et on obtient finalement : `-exp(-x)*(x^2+2*x+3)`.

1.4 On définit d'abord la fonction :

```
f := (x,y)->arctan((x+y)/(1-x*y));
```

puis on dérive partiellement par rapport à la première variable en simplifiant l'expression (et non la fonction !) en *x* et *y* : `simplify(D[1](f)(x,y));`
qui donne $\frac{\partial f}{\partial x}(x, y)=\frac{1}{1+x^2}$, enfin `simplify(D[1,2](f)(x,y));`
donne directement la dérivée seconde par rapport aux variables *x* et *y* qui est nulle, bien sûr, compte tenu du résultat précédent : $\frac{\partial^2 f}{\partial x \partial y}(x, y)=0$.

Remarque : si $xy < 1$, on peut prouver que $\arctan\frac{x+y}{1-xy} = \arctan x + \arctan y$.

Cette relation provient de la formule $\tan(a+b)=\frac{\tan a+\tan b}{1-\tan a \tan b}$.

$\text{th}\, n=\frac{e^n-e^{-n}}{e^n+e^{-n}}=\frac{1-e^{-2n}}{1+e^{-2n}}$

donc
$\ln \text{th}\, n=\ln(1-e^{-2n})-\ln(1+e^{-2n})$.
De plus
$\ln(1-e^{-2n}) \underset{+\infty}{=} -e^{-2n}+o(e^{-2n})$

et $\ln(1+e^{-2n}) \underset{+\infty}{=} e^{-2n}+o(e^{-2n})$

par suite $\ln \text{th}\, n \underset{+\infty}{=} -2e^{-2n}+o(e^{-2n})$.

Il en résulte : $e^n \ln \text{th}\, n \underset{+\infty}{\sim} -2e^{-n}$.

Attention à l'étoile * pour coder le produit xy.

Erreur à éviter :

La commande simplify ne s'applique pas directement aux fonctions mais aux expressions (ici en *x* et *y*). Il ne faut donc pas exécuter les instructions `simplify(D[1](f))` ou `simplify(D[1,2](f))`.

2 ■ Savoir calculer un développement limité.

2.1 Donner le développement limité à l'ordre 1 en 0 des fonctions suivantes :

a) $x \mapsto \ln(1+\cos 2x)$,

b) $x \mapsto \sqrt{1+\sqrt{1+4x}}$,

c) $x \mapsto \exp(\text{ch}\, x)$.

2.2 Donner un équivalent des fonctions suivantes au voisinage de la valeur *a* considérée :

a) $(1-\sin x)^{2/x}$ et $a = 0$,

b) $\ln\left(\sqrt{x^2+1}-x\right)$ et $a = +\infty$,

c) $1-(\sin x)^x$ et $a = 0$.

Conseils méthodologiques

2.1 et **2.2** Utiliser `taylor(f(x),x=a,n+1)` ou `series(f(x),x=a,n+1)` suivant la régularité de la fonction *f* et la valeur de *a*.

2.1.a) `taylor(ln(1+cos(2*x)),x=0,2);` donne $\ln 2+O(x^2)$.

b) `taylor((1+(1+4*x)^(1/2))^(1/2),x=0,2);` donne $\sqrt{2}+\frac{\sqrt{2}}{2}x+O(x^2)$.

Erreur à éviter :
Penser que taylor (f(x),x=0,n) donne une réponse en $O(x^n)$ qui correspond à un $o(x^{n-1})$. Ici il faut donc prendre $n = 2$.

`taylor(1-sin(x)^x,x=0,2);` conduit au message d'erreur suivant : `Error, does not have a taylor expansion, try series().` Cela se produit quand la fonction n'est pas de classe C^k pour une valeur k nécessaire avec Maple pour le développement par la formule de Taylor (ici pour $k = 1$). Il faut alors essayer la commande `series`.

c) `taylor(exp(cosh(x)),x=0,2);` donne $\boxed{e+O(x^2)}$.

2.2.a) On peut essayer d'abord un développement limité à l'ordre 0 mais c'est insuffisant ; on prend alors un ordre 1, c'est-à-dire un $O(x^2)$ pour Maple :
`taylor((1-sin(x))^(2/x),x=0,2);` qui donne $e^{-2} + O(x)$. On obtient alors un équivalent : $\boxed{(1-\sin x)^{2/x} \underset{0}{\sim} e^{-2}}$.

b) En revanche, l'ordre 0, c'est-à-dire un $O(x)$ pour Maple, est suffisant pour l'exemple b). On utilise l'instruction : `taylor(ln((x^2+1)^(1/2)-x),x=infinity,1);` qui permet d'obtenir $-\ln x - \ln 2 + O(1/x^2)$. On en déduit immédiatement que $\boxed{\ln\left(\sqrt{x^2+1}-x\right) \underset{+\infty}{\sim} -\ln x}$.

c) La fonction considérée ici ne possède pas de développement par la commande `taylor`. Il faut utiliser `series`. On doit alors se servir de l'ordre 1 en écrivant :
`series(1-sin(x)^x,x=0,2);` qui retourne le résultat $-x\ln x + O(x^2)$.

Ainsi $\boxed{1-(\sin x)^x \underset{0}{\sim} -x\ln x}$.

Conseils méthodologiques

3.1 Utiliser `solve`. Le nombre complexe i se note I avec Maple.

3.2 a) Employer `plot`.

3.2 b) Se servir de `Digits` pour choisir le nombre de décimales dans les calculs.

3 ■ Savoir résoudre une équation numérique.

3.1 Trouver, à l'aide de Maple, les racines du polynôme $X^3 - 6iX^2 - 11X + 6i$.

3.2 Soit f la fonction $x \mapsto e^{-x} - x$.

a) Représenter graphiquement la fonction f, et en déduire une valeur approchée par défaut, à 0,1 près, de son unique zéro.

b) Déterminer, à l'aide de Maple, une valeur approchée par défaut, à 10^{-12} près du zéro de f.

Pour l'esthétique et pour ne faire figurer que les abscisses et les ordonnées nécessaires à la bonne compréhension du résultat, on a utilisé pour la figure 2 l'instruction :
`plot(f(x),x=-0.2..1.1,xtickmarks=[0.5,0.6,1],ytickmarks=[-.5,1], scaling=constrained);`

3.1 La syntaxe par défaut de `solve` permet de résoudre en écrivant simplement : `solve(x^3-6*I*x^2-11*x+6*I)` qui renvoie la séquence des solutions : $\boxed{\texttt{I, 2*I, 3*I}}$.

3.2.a) On commence par définir la fonction f puis on emploie plot pour la représenter graphiquement. Après un premier essai, on choisit sur l'intervalle $[0, 1]$ qui permet de trouver la valeur approchée souhaitée (*cf.* Fig. 2) :

```
f:=x->exp(-x)-x;
plot(f(x),x=0..1);
```

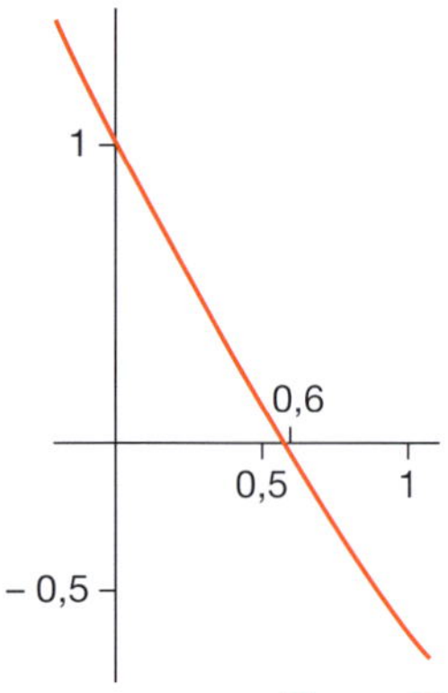

Figure 2

b) Pour pouvoir choisir une valeur approchée par défaut, à 10^{-12} près, on impose `Digits:=13` avant la commande `fsolve(f(x)=0,x=0..1)` qui fournit $x = 0.5671432904097$ avec treize chiffres significatifs.

Ainsi : $0.5671432904096 < x < 0.5671432904098$.

Il suffit alors de tronquer à la douzième décimale pour avoir la valeur approchée par défaut à 10^{-12} près. La réponse est donc $\boxed{0.567143290409}$.

4 ■ Savoir tracer des courbes

4.1 Tracer, à l'aide de Maple, les courbes définies par :

a) $\begin{cases} x = \cos^3 t \\ y = \sin^3 t \end{cases}$, pour $t \in [0, 2\pi]$ (astroïde).

b) $\begin{cases} x = t - \sin t \\ y = 1 - \cos t \end{cases}$, pour $t \in [0, 2\pi]$ (arche de cycloïde).

c) $r = 1 + \cos\theta$, pour $\theta \in [-\pi, \pi]$ (cardioïde).

4.2 On considère la famille d'ellipses $(E_k)_{k \in [\![1, 5]\!]}$ définies par :
$\dfrac{x^2}{4} + y^2 = k^2 \quad (E_k)$.

a) Construire une fonction de trois variables $f : (x, y, k) \mapsto \dfrac{x^2}{4} + y^2 - k^2$.

b) Compléter ensuite les pointillés dans les commandes suivantes pour obtenir le tracé des cinq ellipses sur un même repère orthonormal dans la fenêtre définie par $-10 \leq x \leq 10$ et $-5 \leq y \leq 5$. `with(plots):`
`d := seq(implicitplot(f(x,y,k)=0,......), k=1..5): display(d);`
Expliquer l'utilité des « `:` » au lieu de « `;` ».

Conseils méthodologiques

Utiliser `plot` et `coords=polar` pour **b)**. Attention à la place du paramètre pour **a)** et **c)**.

`scaling=constrained` impose au repère d'être orthonormé. On peut obtenir le même résultat en cliquant sur la courbe et en enfonçant la touche $\boxed{1:1}$ dans la barre des tâches.

4.2. Ne pas oublier de charger le package plots.

`4.1.` **a)** `plot([cos(t)^3,sin(t)^3,t=0..2*Pi]);` (*cf.* Fig. 3)

b) `plot([t-sin(t),1-cos(t),t=0..2*Pi],scaling=constrained);` (*cf.* Fig. 4)

c) `plot(cos(t)+1,t=-Pi..Pi,coords=polar);` (*cf.* Fig. 5)

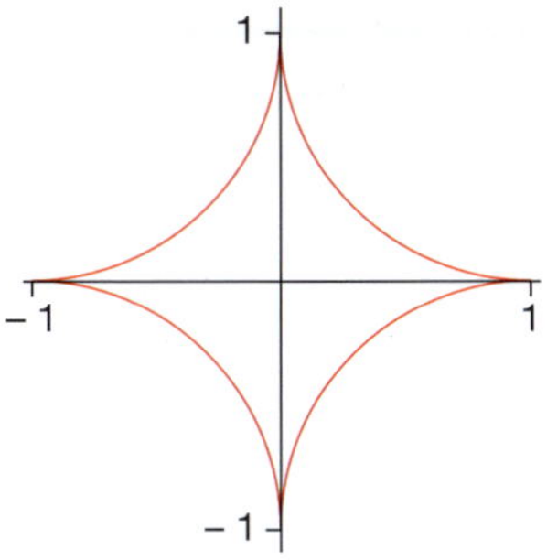

Astroïde
Figure 3

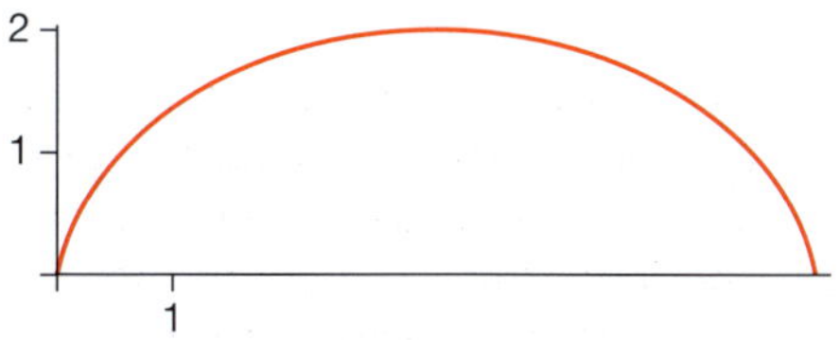

Arche de cycloïde
Figure 4

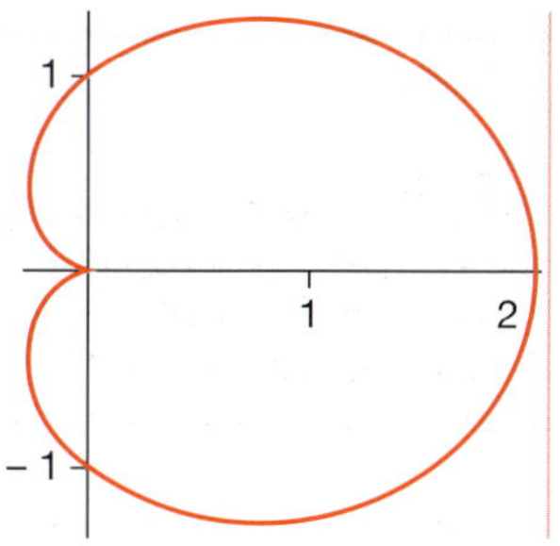

Cardioïde
Figure 5

`numpoints=10000` permet ici d'obtenir un tracé plus précis par un choix d'un nombre plus important de points pour réaliser le dessin.
`scaling=constrained` impose au repère d'être orthonormé. On peut obtenir le même résultat avec un « clic droit » et le choix « *constrained* » pour « projection » dans le menu déroulant.

4.2.a) Pour définir f, il suffit d'écrire : `f := (x,y,k)->(x^2/4)+y^2-k^2;`.

b) `with(plots): d:=seq(implicitplot(f(x,y,k)=0, x=-10..10,y=-5..5,numpoints=10000,scaling=constrained), k=1..5):display(d);`

La présence des « `:` » au lieu de « `;` » après with(plots) évite l'affichage des commandes du package plots, alors que les deux points qui figurent après la séquence (seq) évitent l'affichage des coordonnées des points des cinq représentations graphiques. Finalement, on obtient la figure 6.

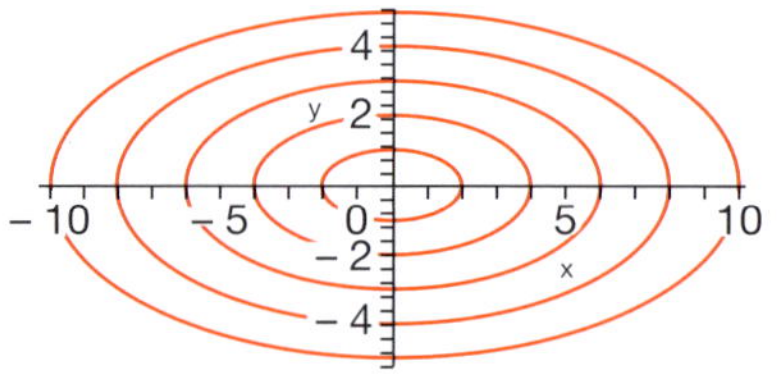

Figure 6

Conseils méthodologiques

5.1 Employer `dsolve`. Ne pas oublier de remplacer y par $y(x)$.

5.2 a) Mettre entre accolades l'équation et la condition initiale.

5.2 b) Utiliser un copier-coller pour récupérer le membre de droite du résultat donné par Maple, puis une fonction de deux variables $f := (x, \_C1) \mapsto \ldots$ pour simplifier le tracé.

5 ■ Savoir résoudre une équation différentielle.

5.1 Résoudre l'équation différentielle linéaire d'ordre 1: $y' - 2xy = 4x$.

5.2 On considère l'équation différentielle linéaire d'ordre 2 : $y'' - 4y' + 4y = e^{2x}$.

a) Déterminer les solutions vérifiant la condition initiale $y(0) = 0$.

b) Tracer sur le même repère la courbe représentative C_k des solutions vérifiant les conditions initiales $y(0) = 0$ et $y'(0) = k$ pour $k \in \{-2, -1, 0, 1, 2\}$ avec $x \in [-1, 1]$ et $y \in [-4, 4]$.

La syntaxe complète pour la résolution est `dsolve(EquaDif, y(x))` ou `dsolve({EquaDif,Cond_Inits}, y(x))` s'il y a une (ou des) condition(s) initiale(s) que l'on place ici dans Cond_Inits.

5.2 a) La solution générale du problème posé ne dépend que d'une constante, bien que l'équation différentielle soit de degré 2, car on a imposé $y(0) = 0$ (placé ici dans CI).

5.1 On place l'équation différentielle dans une variable qu'on appelle, par exemple, Equadif puis on résout en utilisant les paramètres par défaut de Maple pour abréger la syntaxe usuelle :

```
EquaDif := D(y)(x)-2*x*y(x)=4*x;
dsolve(EquaDif);
```

Les solutions retournées par Maple sont de la forme `y(x) = -2+exp(x^2)*_C1` où `_C1` désigne une constante arbitraire.

5.2.a) De la même façon, en prenant en compte la condition initiale, on écrit : `Eq_Dif := (D@@2)(y)(x)-4*D(y)(x)+4*y(x)=exp(2*x);`

```
CI := y(0)=0; dsolve({Eq_Dif, CI },y(x));
```

Le résultat renvoyé par Maple est :

`y(x) = exp(2*x)*x*_C1+1/2*x^2*exp(2*x)`

b) Grâce à un copier-coller à partir du résultat de Maple, on définit f par :

```
f := (x,_C1)->exp(2*x)*x*_C1+1/2*x^2*exp(2*x);
```

puis en remarquant que : $y'(0) = k \Leftrightarrow \_C_1 = k$, on construit une séquence de graphiques :

`d := seq(plot(f(x,k),x=-2..3, y=-8..5),k=-2..2):`
qu'on affiche sur le même repère par :
`with(plots):display(d);` on obtient alors la figure 7.

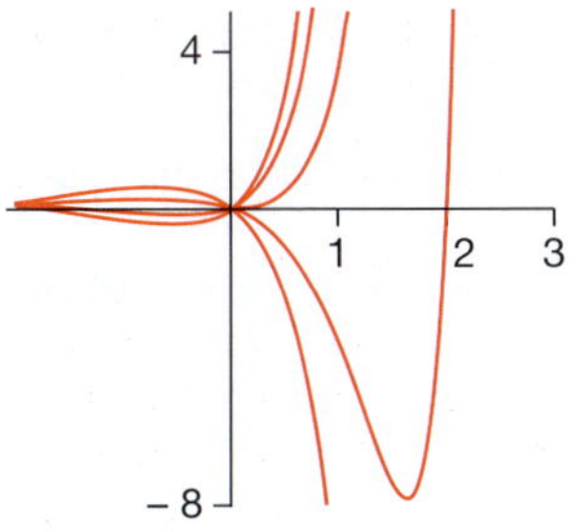

Figure 7

6 ■ Savoir travailler avec des matrices

Construire les matrices suivantes :

a) $A=\left(a_{i,j}\right)_{(i,\,j)\in[\![1,\,n]\!]^2}$ avec $n = 4$ et pour tout $(i,\,j)\in[\![1,\,n]\!]^2$, $a_{i,j}=|i-j|$, puis donner le déterminant de cette matrice ;

b) $B=\begin{pmatrix}1 & 2\\ 3 & 4\end{pmatrix}$, puis donner le rang des matrices carrées d'ordre n obtenues en écrivant sur n lignes les nombres de 1 à n^2 pour n variant de 1 à 10 ;

c) $C=\left(c_{i,\,j}\right)_{(i,\,j)\in[\![1,\,5]\!]^2}$, où C est la matrice de $f:\begin{cases}\mathbb{R}_4[X]\mapsto\mathbb{R}_4[X]\\ P\mapsto P(X+1)\end{cases}$ dans la base canonique $(1,\,X,\,X^2,\,X^3,\,X^4)$ puis calculer C^{-1} ;

d) $D=\begin{pmatrix}1 & 2 & 3 & 4 & 5\\ 1 & 4 & 9 & 16 & 25\end{pmatrix}$.

Conseils méthodologiques

a) Utiliser la fonction $(i,\,j)\mapsto \text{abs}(i-j)$.

b) Penser à charger le package LinearAlgebra. Employer les raccourcis [<] [|] [,] [>].

c) Utiliser binomial(n,p) pour coder $\begin{pmatrix}n\\ p\end{pmatrix}$.

d) On ne peut pas se servir de `D` comme nom de variable, prendre `d`.

6.a) Pour la matrice A carrée d'ordre 4, on utilise la fonction génératrice $(i,\,j)\mapsto|i-j|$, ce qui conduit à : `A := Matrix(4,(i,j)->abs(i-j))`.
Le déterminant de A, qui vaut – 12, peut s'obtenir en exécutant l'instruction `Determinant(A);` ou, à l'aide d'un « clic droit » sur la matrice affichée (en bleu) par Maple, en choisissant dans le menu déroulant « Standard Opérations » puis « Determinant ».

Puisque A est une matrice carrée, il suffit de préciser son nombre de lignes: il est inutile d'écrire A := Matrix(4, **4,** (i,j)->abs(i-j)).

b) Après avoir chargé le package LinearAlgebra : `with(LinearAlgebra);` on peut définir B par ligne : `B := <<1|2>,<3|4>>` ou par colonne `B:=<<1,3>|<2,4>>`.

`with(LinearAlgebra):`	On charge le package d'algèbre linéaire pour utiliser la fonction Rank et débuter la boucle.
`for n from 1 to 10 do`	
`f := (i,j)->n*(i-1)+j;`	On définit la fonction génératrice f.
`B := Matrix(1..n,1..n,f);`	On construit la matrice B.
`print(Rank(B));`	On affiche le rang de B.
`end do:`	On ferme la boucle for.

Dès que $n\geq 2$, le rang de toutes ces matrices B est égal à 2 comme le montre la fonction génératrice. En effet les lignes sont des combinaisons linéaires des deux lignes (1,1,…,1) et (1, 2,…, n).
Le rang de B peut s'obtenir à l'aide d'un « clic droit » sur la matrice affichée (en bleu) par Maple en choisissant dans le menu déroulant « *Queries* » (requêtes) puis « *Rank* ».

On remarquera que l'inverse de C est la matrice de la fonction réciproque de f, c'est-à-dire

$$f^{-1}:\begin{cases}\mathbb{R}_4[X] \mapsto \mathbb{R}_4[X]\\ P \mapsto P(X-1).\end{cases}$$

c) On remarque que pour tout $k \in [\![0, 4]\!]$ $f(X^k) = \sum_{m=0}^{4} \binom{k}{m} X^m$. Les lignes et les colonnes de la matrice étant indexées de 1 à 5 (et pas de 0 à 4), on pose $j = k + 1$ et $i = m + 1$, et on obtient $f(X^{j-1}) = \sum_{i=1}^{5} \binom{j-1}{i-1} X^{i-1}$. Par suite, pour tout $(i, j) \in [\![1, 5]\!]^2$, $c_{i,j} = \binom{j-1}{i-1}$ avec la convention usuelle adoptée par Maple : $\binom{n}{p} = 0$ si $0 \leq n < p$. Or $\binom{n}{p}$ se note `binomial(n,p)` donc

```
C :=  Matrix(4,(i,j)->binomial(j-1,i-1));
```

L'inverse de C est donnée par l'instruction : `C^(-1);`.

d) Enfin la dernière matrice doit être renommée d car D est l'opérateur de dérivation pour Maple. Cette matrice qui a 2 lignes et 5 colonnes est obtenue à l'aide de la fonction génératrice $(i, j) \mapsto j^i$. On pose par conséquent :

```
d:=Matrix(2,5,(i,j)->j^i).
```

Pour maîtriser les bases

1. Fonctions et développements ______ D'après Centrale (oral et écrit)

1. Construire et représenter la fonction f définie par : $f(x)=2$ si $x<-4$, $f(x)=1$ si $x\in[-4,4]$ et $f(x)=-1$ si $x>4$ en utilisant une instruction du type : `f := x ↦ if C1 then V1 elif C2 then V2 else V3 end if;` où C_1, C_2 sont des conditions et V_1, V_2, V_3 les valeurs prises par f. Effectuer le même travail en utilisant la commande piecewise de Maple.

2. Construire et représenter la fonction f qui est 2π-périodique et définie sur $[0, 2\pi[$ par : $f : t\mapsto \dfrac{t^2}{3}-5$.

3. Montrer, à l'aide de Maple, qu'il existe deux réels a et b tels que :

$$\int_1^x \frac{e^t}{1+t^2}\,dt \underset{+\infty}{=} a\frac{e^x}{x^2}+b\frac{e^x}{x^3}+o\left(\frac{e^x}{x^3}\right).$$

Conseils méthodologiques : 1. Si on prend pour condition C_1, $x<-4$, expliquer pourquoi on peut se contenter de prendre pour condition C_2, $x\le 4$.
2. Écrire une procédure qui détermine l'entier k tel que $2k\pi\le x<2(k+1)\pi$, puis utiliser $f(x-2k\pi)=f(x)$.

1. On peut définir f par : `f := x->if x<-4 then 2 elif x<=4 then 1 else -1 end if.`
En effet, pour un x donné, on teste d'abord la condition C_1, $x<-4$, et ce n'est que si elle n'est pas réalisée qu'on cherche à savoir si la condition C_2, $x\le 4$, est vérifiée. Il est alors équivalent de tester $-4\le x\le 4$ et $x\le 4$ puisqu'il est acquis dans ce cas que $x<-4$ est faux.

La syntaxe de piecewise, qu'on obtient en cliquant sur ce mot (après l'avoir écrit) et en appuyant sur la touche F1, indique :

piecewise (`cond_1,f_1,cond_2,f_2,...,cond_n,f_n,f_otherwise`).

Il faut comprendre que, si la condition `cond_1` est vérifiée, f prend la valeur `f_1`, sinon, si la condition `cond_2` est vérifiée, f prend la valeur `f_2`, etc. Enfin, dans tous les autres cas, la valeur de f est `f_`. Donc, on peut aussi définir f par :

```
f := x->piecewise(x<-4,2,x<=4,1,-1);
```

Dans les deux cas, la représentation graphique est obtenue par : `plot(f,-10..10,discont=true)` pour tenir compte des discontinuités de f (*cf.* Fig. 8).

Remarque : Le terme « discont » provient de « discontinue » ; ne pas confondre avec « discount » !

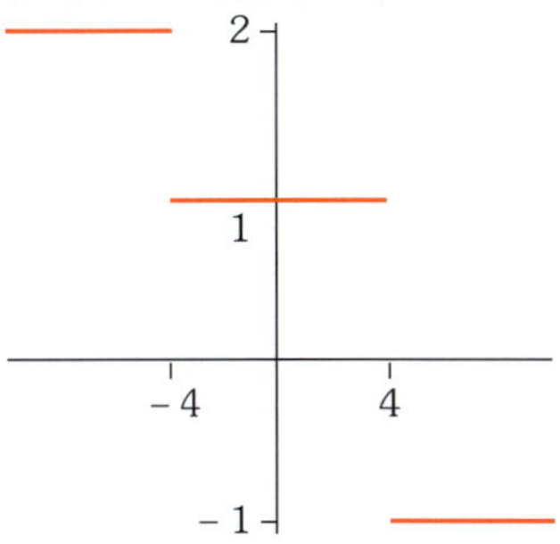

Figure 8

2. Pour déterminer l'image d'un réel x, on cherche d'abord l'entier k tel que :

$kT\le x<(k+1)T$ c'est-à-dire $k=E\left(\dfrac{x}{T}\right)$. Alors $x-kT=y\in[0,T[$.

Puisque par définition on a : $f(x)=f(y)$, on obtiendra le résultat demandé en retournant $f(y)$.

On peut donc répondre en définissant la fonction g par : `g := x->x**2/3-5;` puis en prenant `T := 2*Pi; f := x->g(x-T*floor(x/T));`

Cette méthode peut s'adapter à toute fonction T-périodique qui coïncide sur $[0,T[$ avec une fonction g donnée. On va donc former une procédure `périod(g,T)` qui construit la fonction T-périodique f. On obtient :

```
périod := proc(g,T);
  return x->g(x-T*floor(x/T));
end proc;
f := périod(x->x**2/3-5, 2*Pi);
```

La représentation est obtenue sur la figure 9 à l'aide de l'instruction :
`plot(f(x),x=-4*Pi..4*Pi,-7..9, discont=true, xtickmarks=[1], ytickmarks=[1]);`

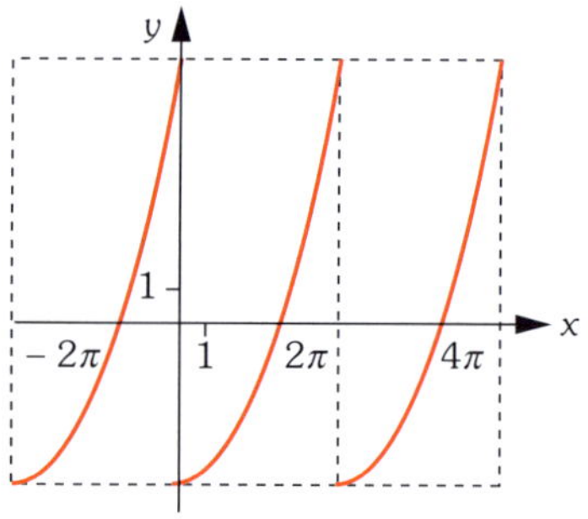

Figure 9

3. Le développement n'étant pas un développement limité généralisé (en $\frac{1}{x^k}$), on peut penser à la commande `series(f(x),x=infinity, n+1)`. On écrit :

`f := x->int(exp(t)/(1+t*t),t=1..x);series(f(x),x=infinity, 4);`

Puis pour simplifier le résultat obtenu par Maple : `expand (simplify (%));`

Il vient : $a = 1$ et $b = 2$ (attention à l'ordre des termes donnés par Maple).

2. Boucles for et while ——— D'après Centrale (oral)

On considère la suite $(u_n)_{n\in\mathbb{N}}$ définie par $u_0 = a$ et : $\forall n \in \mathbb{N}$, $u_{n+1} = f(u_n)$.

1. Écrire une procédure `calcul` de paramètres $(a,\ f,\ N)$ qui retourne une valeur approchée de u_N avec 10 chiffres significatifs. Quel est le résultat obtenu pour $a = 1$, $f(x) = x\exp(-x)$ et $N = 100$?

2. On suppose que la suite $(u_n)_{n\in\mathbb{N}}$ tend vers 0, écrire une procédure `seuil` de paramètres $(a,\ f,\ \varepsilon)$ retournant le premier entier N pour lequel $|u_N| < \varepsilon$ et affichant u_N. Quel est le résultat obtenu pour $a = 1$, $f(x) = x\exp(-x)$ et $\varepsilon = 0.001$?

Conseils méthodologiques : utiliser une boucle for pour la question a) et une boucle while pour la question b).

1.

`calcul := proc(a,f,N)`	
`  local k,u;`	La variable u contiendra le réel u_k .
`  u := a;`	On initialise u avec $u_0 = a$.
`  for k from 1 to N do`	Dans la boucle, pour k variant de 1 à N on calcule $u_k = f(u_{k-1})$.
`    u := evalf(f(u));`	
`  end do;`	
`  return u;`	À la sortie de la boucle, u contient u_N ; on renvoie cette valeur et on termine la procédure.
`end proc;`	

L'application proposée s'obtient par l'appel de la procédure avec les paramètres adaptés :
`calcul(1,x->x*exp(-x),100)` et le résultat retourné est 0.009651676356.

2.

`seuil := proc(a,f,epsilon)`
 `local u,N;`
 `u := evalf(a); N := 0;`
 `while abs(u)>epsilon do`
 `u := evalf(f(u));`
 `N := N+1;`
 `end do;`
 `print(u); return N;`
 `end proc;`
	La variable u contiendra le réel u_k et N sera le compteur.
	
	 On initialise u avec $u_0 = a$ et $N = 0$.
	
	 Dans la boucle, tant que $\lvert u_k\rvert > \varepsilon$, on calcule $u_{k+1} = f(u_k)$ en incrémentant N.
	
	 À la sortie de la boucle, u contient u_N ; on l'affiche puis on renvoie N (dans cet ordre car return provoque l'arret de la procédure).

Pour la valeur donnée $\varepsilon = 0.001$, on utilise l'instruction `seuil(1,x->x*exp(-x),.001)` qui affiche 0.0009992562247 et retourne 996.

3. Algorithme de Horner ——— D'après Centrale (oral)

On considère le polynôme $P(X) = \sum_{k=0}^{n} a_k X^k$. Écrire une fonction Horner dont les paramètres sont (x, a, n) où a est un tableau contenant les coefficients $a_0, a_1, \ldots, a_{n-1}, a_n$ dans cet ordre, qui retourne la valeur $P(x)$ calculée par la méthode de Horner.

Conseils méthodologiques : la méthode de Horner permettant le calcul de la valeur d'un polynôme $P(X) = \sum_{k=0}^{n} a_k X^k$, pour un nombre x donné, consiste à écrire $P(x)$ sous la forme :
$P(x) = \left(\ldots\left(\left(a_n x + a_{n-1}\right)x + a_{n-2}\right)x + \ldots\right)x + a_0$. Cette méthode minimise le temps d'exécution du calcul de $P(x)$ puisqu'elle ne recourt qu'à n additions et n multiplications au lieu de n additions et $\dfrac{n(n+1)}{2}$ multiplications par une méthode directe.

Pour construire la fonction Horner, on se sert de la suite $(p_0, p_1, \ldots, p_{n-1}, p_n)$, définie par $p_0 = a_n$ et $p_k = x\,p_{k-1} + a_{n-k}$, qui traduit le mode de calcul de $p_n = P(x)$ par cette méthode. On peut alors procéder de la façon suivante :

`Horner := proc(x,a,n)`
 `local k,P;`
 `P := 0;`
 `for k from n to 0 by -1 do`
 `P := P*x+a[k];`
 `end do:`
 `return P:`
 `end proc;`
	La variable P contiendra le réel $P(x)$ et k sera le compteur.
	
	 On initialise P avec $P = 0$.
	 Dans la boucle, on commence par multiplier P par x puis on ajoute a_k, le coefficient suivant du polynôme, et on continue jusqu'à $k = 0$.
	
	 À la sortie de la boucle, P contient le réel $P(x)$; qu'on renvoie avant de terminer la fonction.

On vérifie le travail fait par cette fonction en écrivant : `a:=array(0..4);Horner(x,a,4);expand(%);` qui retourne $(((a_4x + a_3)x + a_2)x + a_1)x + a_0$ et que la commande expand développe en $a_4x^4 + a_3x^3 + a_2x^2 + a_1x + a_0$.

4. Dichotomie — D'après Centrale (oral)

a) On considère la fonction f, définie par $f(x) = \exp(2x) - x - 2$, continue et strictement monotone sur l'intervalle $[0, 1]$, telle que $f(0)f(1) < 0$. On appelle α l'unique zéro de f sur $[0, 1]$. Écrire une procédure `dicho` de paramètre n qui retourne une valeur approchée à 10^{-n} près par défaut de α.

Conseils méthodologiques : on pourra se servir d'une boucle while dans la procédure.

La précision de Maple est ajustée à l'aide de la commande Digits qui fixe le nombre de chiffres significatifs utilisés. Dans l'exemple proposé on peut espérer atteindre l'objectif en prenant $n+2$ chiffres significatifs pour tenir compte d'éventuelles erreurs d'arrondis. On écrit donc :

```
dicho := proc(n)
  local A,B,C;
  Digits := n+2;
  A := 0; B := 1;
  while B-A>=10^(-n)do
    C := evalf((A+B)/2);
    if evalf(f(A)*f(C))<=0 then
      B := C;
    else
      A := C;
    end if;
  end do;
  return A;
end proc;
```

A et B seront les bornes de l'intervalle d'encadrement et C son milieu.

On prend $n+2$ chiffres significatifs et on initialise A et B respectivement par 0 et 1.

On calcule C avant de procéder au test pour choisir le nouvel intervalle $[A, B]$ et garder celui sur lequel il y a encore changement de signe pour f. Il est nécessaire de considérer des valeurs approchées pour comparer le produit $f(a)f(b)$ à 0.

Enfin, on retourne A, une valeur approchée par défaut à 10^{-n} près.

L'exemple proposé se traite alors en exécutant les instructions :
`f := x->exp(2*x)-x-2;dicho(5);` qui retourne 0.4475403 et permet d'obtenir la valeur approchée demandée : 0,44754. On aurait pu directement adapter la procédure en écrivant juste avant return :
`A := trunc(A*10^(n))*10^(-n);A := evalf(A,n);` qui tronque la valeur de A à la n-ième décimale puis donne le résultat avec n chiffres après la virgule.

5. La méthode de Newton — D'après Centrale (écrit)

On considère la fonction convexe f définie par $x \mapsto \exp(-2x) - x$ qui s'annule sur $[0, 1]$ en un unique point α. L'objet de cet exercice est de chercher une valeur approchée de α par la méthode de Newton illustrée par la figure 10 où la droite $(B_k A_{k+1})$ est la tangente à la courbe au point B_k tandis que A_{k+1} est le point d'intersection de cette tangente avec l'axe Ox.

1. Retrouver la formule de récurrence qui permet de construire la suite $(x_n)_{n\in\mathbb{N}}$ des abscisses des points d'intersection des tangentes successives et de l'axe Ox.

2. Écrire une procédure NewtonRaphson de paramètres $(f,\ x0,\ n)$ qui affiche x_n et représente graphiquement sur le même repère la courbe d'équation $y = f(x)$ et la ligne brisée $A_0 B_0 A_1 B_1 \dots A_n B_n$.

3. Résoudre à l'aide de Maple l'équation $f(x) = 0$ puis, en initialisant la suite $(x_n)_{n\in\mathbb{N}}$ par la valeur $x_0 = 0{,}2$, étudier le nombre de chiffres exacts dans l'écriture décimale des valeurs fournies par la procédure précédente si l'on prend $n = 1,\ 2,\ 3,\ 4,\ 5$ (*cf.* étude théorique chapitre 6 Pour approfondir 8.).

Conseils méthodologiques : **1)** Chercher l'équation de la tangente au point d'abscisse x_n. **2)** Utiliser le moins de variables possible. Coder la ligne brisée sous forme de la liste $L = [A_0,\ B_0,\ A_1,\ B_1,\ \dots A_n, B_n]$ des coordonnées $[x_k,\ y_k]$ des points A_k et B_k. Dans la procédure garder au départ L sous forme de séquence pour pouvoir ajouter des points par une instruction du type `L:=L, [x,y];` **3)** Comparer le résultat obtenu et la valeur de α donnée par `fsolve(f(x), x=0..1)`.

1. On rappelle que la méthode de Newton peut s'appliquer à des fonctions convexes sur $[a,\ b]$ dont la dérivée ne s'annule pas, en choisissant (*cf.* Fig. 10) une valeur initiale x_0 inférieure au zéro α cherché si f est décroissante (et supérieure à α sinon). On construit par itération une suite $(x_n)_{n\in\mathbb{N}}$ qui converge rapidement vers α puisque, en moyenne, le nombre de décimales exactes double à chaque itération. Un changement de signe permet d'adapter cette méthode aux fonctions concaves sur $[a,\ b]$.

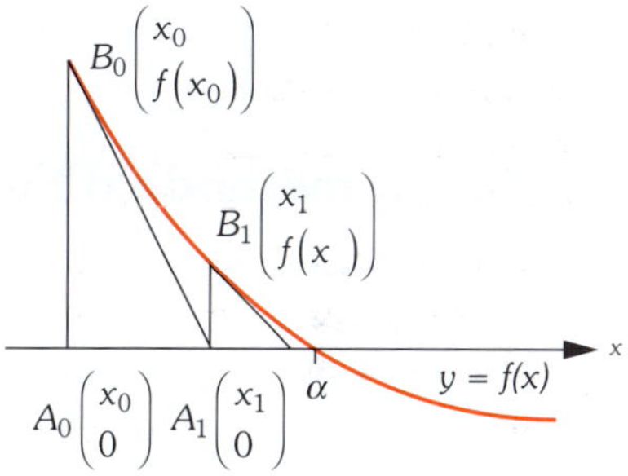

Méthode de Newton

Figure 10

L'équation de la tangente au point d'abscisse x_k est : $y - f(x_k) = f'(x_k)(x - x_k)$.
Le terme x_{k+1} de la suite qui est l'abscisse du point d'intersection avec l'axe Ox est donc déterminé par le système $\begin{cases} y - f(x_k) = f'(x_k)(x - x_k) \\ y = 0. \end{cases}$

Ainsi, puisque f' ne s'annule pas sur $[a,\ b]$: $\boxed{x_{k+1} = x_k - \dfrac{f(x_k)}{f'(x_k)}}$.

2.

```
NewtonRaphson := proc(f,x0,n)
  local u,k,L;
  u := x0;
  L := [u, 0], [u, f (u)];
  for k from 1 to n do
    u := evalf(u-(f(u)/D(f)(u)));
    L := L,[u,0],[u,f(u)];
  end do:
  L := [L];
  print(u);
  return plot([L,f],0..1);
end proc;
```

La lettre k est un compteur, u contiendra x_k et L la ligne brisée.

On initialise u à x_0 et $L = A_0,\ B_0$.

Dans la boucle on calcule $x_k = x_{k-1} - \dfrac{f(x_{k-1})}{f'(x_{k-1})}$ et on ajoute à L les deux nouveaux points A_k et B_k.

Enfin on transforme L en liste, on affiche x_n et on renvoie la figure demandée.

3. La résolution de l'équation grâce à `Digits := 30; fsolve(exp(-2*x)-x=0,x=0..1);` donne la valeur **0,426302751006862745673236207348**.

Les valeurs approchées V_n de α affichées par l'instruction `NewtonRaphson (x->exp(-2*x)-x,0.2,n)` pour n valant successivement 1, 2, 3, 4, 5 sont inscrites dans le tableau suivant ainsi que le nombre N de chiffres exacts dans l'écriture décimale :

n	V_n	N
1	**0,4**00936507765037815768082808779	2
2	**0,426**003580987899771194462956727	4
3	**0,4263027**09810872108957642143859	8
4	**0,426302751006861**964629973896444	15
5	**0,42630275100686274567323620734**7	30

6. La méthode d'Euler — D'après Centrale (oral)

Soit un intervalle $I = [a, b]$ contenant le réel x_0 et une équation différentielle de la forme $y' = f(x, y)$. L'objet de cet exercice est de construire une solution approchée de cette équation vérifiant la condition initiale $y(x_0) = y_0$ utilisant la méthode d'Euler fondée sur la construction d'une suite de points $(M_n)_{0 \leq n \leq N}$ dont le principe est présenté sur la figure 11. En pratique, le segment $[M_n M_{n+1}]$ approche la courbe cherchée sur l'intervalle $[x_n, x_{n+1}]$.

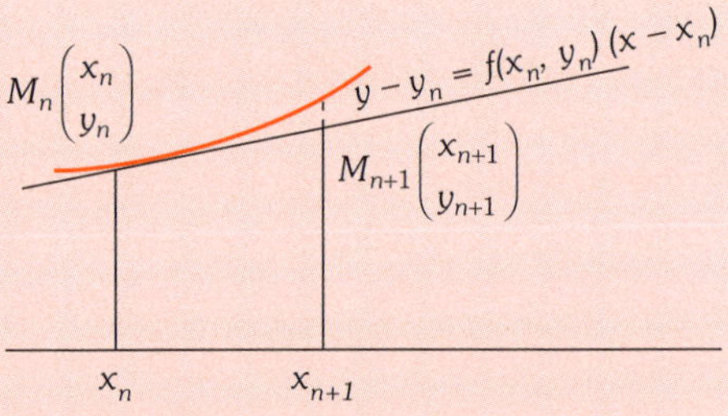

Méthode d'Euler

Figure 11

1. On se donne un entier naturel non nul N. On définit h par $h = \dfrac{b-a}{N}$ et la suite $(x_n)_{n \in [\![0, N]\!]}$ par $x_{n+1} = x_n + h$ et $x_0 = a$.

Puis on considère la suite $(M_n)_{n \in [\![0, N]\!]}$ des points de coordonnées (x_n, y_n), caractérisée par la figure 11 et initialisée par $M_0 \begin{pmatrix} x_0 \\ y_0 \end{pmatrix}$. Exprimer y_{n+1} en fonction de x_n et y_n. Écrire ensuite une procédure `euler1` de paramètres (x_0, y_0, N, f, a, b) qui retourne la liste $L = [[x_0, y_0], \ldots, [x_N, y_N]]$.

2. Application : on considère le problème de Cauchy défini par $\begin{cases} y' = y \\ y(0) = 1 \end{cases}$ avec $a = 0$ et $b = 1$. Représenter dans le même repère la fonction exponentielle et la solution approchée donnée pour $N = 10$ par la méthode d'Euler sur l'intervalle $[0, 1]$.

3. On suppose maintenant que la suite $(x_n)_{n \in [\![0, N]\!]}$ est définie par $x_{n+1} = x_n - h$ et $x_0 = b$. Avec les mêmes notations qu'à la question a), exprimer y_{n+1} en fonction de x_n et y_n. Écrire ensuite une procédure `euler2` de paramètres (x_0, y_0, N, f, a, b) qui retourne la liste $L = [[x_N, y_N], \ldots, [x_0, y_0]]$.

Conseils méthodologiques : 1) Utiliser deux variables x et y qui contiendront les coordonnées de M_n. Attention à l'ordre dans le calcul ces coordonnées. Ne pas confondre la fonction f et la solution de l'équation différentielle. On déterminera tout d'abord les coordonnées des points puis on construira une séquence L qu'on transformera en liste avant de la retourner.

2) La fonction f est ici définie par $(x, y) \mapsto y$.

3) Remarquer qu'il faut remplacer partout la variable h par $-h$ dans la procédure écrite à la question 1.

1. Pour tout entier n, le point M_{n+1} est caractérisé comme intersection de la tangente à la solution (approchée) en M_n et de la droite verticale d'équation $x = x_{n+1}$. On retiendra que la pente de la droite (M_nM_{n+1}) vaut $f(x_n, y_n)$, c'est-à-dire :

$$\boxed{\frac{y_{n+1} - y_n}{x_{n+1} - x_n} = f(x_n, y_n)}.$$

Or $x_{n+1} = x_n + h$, donc on est amené à résoudre le système : $\begin{cases} y - y_n = f(x_n, y_n)(x - x_n) \\ x = x_n + h \end{cases}$ ce qui donne $\begin{cases} y_{n+1} = y_n + h f(x_n, y_n) \\ x_{n+1} = x_n + h. \end{cases}$

On se servira de deux variables x et y pour stocker l'abscisse et l'ordonnée des points M_n. On va utiliser une boucle « for » pour faire ce calcul. Si, à l'entrée de la boucle, x et y contiennent les coordonnées d'un point M_n celles de M_{n+1} s'obtiennent alors en écrivant : $\begin{cases} y = y + h f(x, y) \\ x = x + h. \end{cases}$

Il faut faire attention à l'ordre car, si on commence par calculer la nouvelle abscisse, dans le calcul de l'ordonnée y, le réel h sera multiplié par $f(x_{n+1}, y_n)$ au lieu de $f(x_n, y_n)$.

La procédure euler1 s'écrit par conséquent sous la forme suivante :

```
euler1 := proc(x0,y0,N,f,a,b)
  local h,k,L,x,y;
  h := evalf((b-a)/N);
  x := evalf(x0);
  y := evalf(y0);
  L := [x0,y0];
  for k from 0 to N do
    y := y+h*f(x,y);
    x := x+h;
    L := L,[x,y]
  end do;
  return [L];
end proc;
```

Penser à initialiser h, x, y et L.

Il est suffisant de prendre des valeurs approchées compte tenu de l'erreur de méthode.

Une fois calculées les nouvelles coordonnées, on ajoute le point $[x, y]$ dans L qui est une séquence pour faciliter l'adjonction de nouveaux points.

À la sortie de la boucle, on transforme L en liste avant de la retourner et de fermer la procédure.

2. L'application demandée est obtenue par l'appel de la procédure euler1 avec les paramètres donnés par l'énoncé. On stocke le résultat renvoyé par euler1 dans une variable L puis on trace la ligne brisée L et la fonction exponentielle à l'aide de plot (*cf.* Fig. 12) .

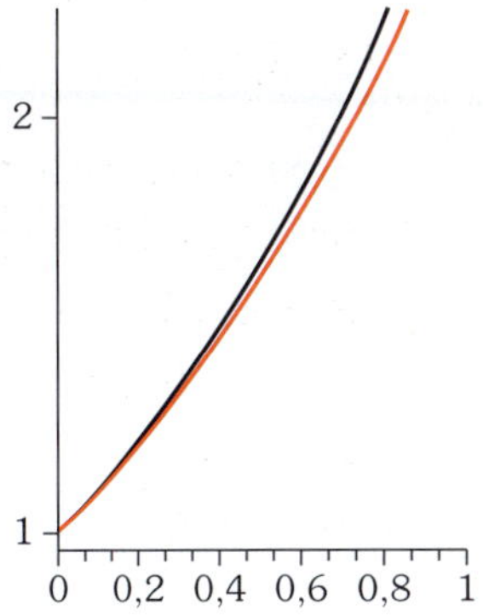

Figure 12

```
L := euler1(0,1,10,(x,y)->y, 0,1):
plot([L,exp(x)],x=0..1,
scaling=constrained);
```

On utilise « : » plutôt que « ; » pour éviter l'affichage de la liste ; enfin on a choisi un repère orthonormé.

3. La procédure recherchée est obtenue en remplaçant partout la variable h par $-h$ dans la procédure écrite à la question 1. Mais la liste doit se construire de façon que les nouveaux points soient à gauche des précédents car la progression se fait dans ce sens. Ces modifications permettent alors d'écrire euler2 :

```
euler2 := proc(x0,y0,N,f,a,b)
  local h,k,L,x,y;
  h := -evalf((b-a)/N);
  x := evalf(x0);
  y := evalf(y0);
  L := [x0,y0];
  for k from 0 to N do
    y := y+h*f(x,y);
    x := x+h;
    L := [x,y],L:
  end do;
  return [L];
end proc;
```

On change le signe de h.

L'initialisation reste la même pour x, y et L.

Une fois modifié le signe de h, les formules sont inchangées.

Les points sont ajoutés à gauche dans L.

Remarque : en combinant ces deux procédures, on pourrait résoudre de manière approchée une équation différentielle dans laquelle la condition initiale serait donnée en un point quelconque de l'intervalle [a, b].

7. Les procédures du pivot de Gauss — D'après Centrale

Soit une matrice carrée $A = \left(a_{i,\,j}\right)_{(i,\,j)\in[\![1,\,n]\!]^2}$. On notera L_i la ligne i de la matrice A.

a) Écrire une procédure `permute(i,j)` qui échange de la ligne i et de la ligne j de A et qui renvoie A.

b) Écrire une procédure `ajoute(i,j,lambda)` qui ajoute λ fois la ligne j à la ligne i.

Conseils méthodologiques : ces opérations sont codées $L_i \leftrightarrow L_j$ et $L_i \leftarrow L_i + \lambda L_j$ (cf. le cours en questions 5.6). Pour échanger deux variables x et y on utilise une troisième variable z et on écrit : `z := x; x := y; y := z;`

a) La procédure peut s'écrire sous la forme suivante :

```
permute := proc(i,j)
  local k,x;
  global A,n;
  for k from 1 to n do
    x := A[i,k];
    A[i,k] := A[j,k];
    A[j,k] := x;
  end do;
  return A;
end proc;
```

On suppose que A et n sont donnés ; on les considérera comme des variables globales.

Pour chaque colonne k, on commence par sauver le contenu de `A[i,k]` dans `x`, avant de placer `A[j,k]` dans `A[i,k]` puis on met `x` (qui contient `A[i,k]`) dans `A[j,k]`.

Une fois la boucle terminée, on renvoie A.

b) De même, on peut proposer la procédure suivante :

```
ajoute := proc(i,j,lambda)
  local k;
  global A,n;
  for k from 1 to n do
    A[i,k] := A[i,k] + lambda*A[j,k];
  end do;
  return A;
end proc;
```

On suppose encore que A et n sont donnés.

Pour chaque colonne k, on ajoute à `A[i,k]` le produit de `A[j,k]` par `lambda`.

Une fois la boucle terminée, on renvoie A.

8. La méthode des trapèzes — D'après Centrale (oral)

On considère une fonction f continue sur un intervalle $[a, b]$ et un entier $n > 0$. On définit la suite $(x_k)_{k \in [0, n]}$ définie par $x_k = a + k\dfrac{b-a}{n}$ et on note A_k et M_k (*cf.* Fig. 13) les points de coordonnées respectives $(x_k, 0)$ et $(x_k, f(x_k))$.

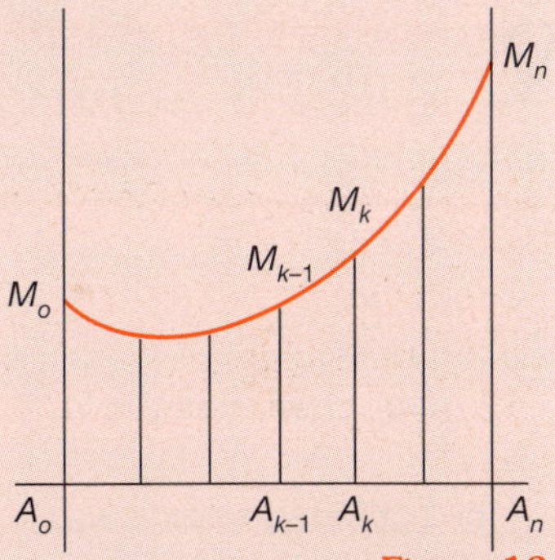

Figure 13

1. Pour tout $k \in [1, n]$, donner l'aire du trapèze $A_{k-1}M_{k-1}M_kA_k$. Quelle est la somme $T_n(f)$ des aires de tous ces trapèzes ?

2. Écrire une fonction `trapèze` dont les arguments sont (a, b, f, n) qui renvoie $T_n(f)$.

Conseils méthodologiques : 1) L'aire d'un trapèze est le produit de sa hauteur par la demi-somme de ses bases. Regrouper les termes successifs pour simplifier le résultat en mettant à part le premier et le dernier terme. **2)** Utiliser une boucle for.

1. L'aire du trapèze $A_{k-1}M_{k-1}M_kA_k$ vaut $h\dfrac{f(x_k)+f(x_{k-1})}{2}$. Par suite la somme des aires de tous ces trapèzes vaut :

$$T_n(f) = h\sum_{k=1}^{n}\frac{f(x_k)+f(x_{k-1})}{2} = \frac{h}{2}\left[\sum_{k=1}^{n} f(x_k) + \sum_{k=0}^{n-1} f(x_k)\right], \text{ c'est-à-dire } \boxed{T_n(f) = h\frac{f(a)+f(b)}{2} + \sum_{k=1}^{n-1}\left[h f(x_k)\right]}.$$

2. On peut alors simplement construire la fonction trapèze en écrivant :

```
trapèze := proc(f,n,a,b)
  local x,k,h;
  h := evalf((b-a)/n);
  T := evalf(h*(f(a)+f(b))/2);
  x := evalf(a);
  for k from 1 to n-1 do
    x := x+h;
    T := T+h*f(x);
  end do;
  return T;
end proc;
```

On utilise la variable x pour placer les termes successifs x_k et T pour la somme $T_n(f)$. On initialise T puis on utilise une boucle pour calculer les x_k et ajouter les $hf(x_k)$ quand k varie de 1 à $n-1$.

À la sortie de la boucle, la variable T contient $T_n(f)$ qu'on retourne avant de fermer la procédure.

9. Exponentiation rapide et récursivité — D'après Centrale (oral)

En utilisant les égalités $a^{2p} = a^p \times a^p$ et $a^{2p+1} = a^p \times a^p \times a$, construire une procédure récursive `ExpoRapide` de paramètres (a, n) qui retourne a^n et affiche le nombre de multiplications effectuées pour faire ce calcul. Comparer le nombre d'opérations effectuées dans ce cas pour calculer a^{10000} avec celui obtenu en effectuant les multiplications successivement : $\underbrace{a \times a \times \ldots \times a}_{10000 \text{ fois}}$.

Conseils méthodologiques : penser à introduire en début de procédure un test d'arrêt dans le cas où $n = 0$ ou 1.

```
ExpoRapide := proc(a,n)
  local x;
  global N ;
  if n=0 then return 1
  elif
    n=1 then return a
  elif type(n,even) then
    x := ExpoRapide(a,n/2);
    N := N+1;
  return x*x;
  else
    x := ExpoRapide(a,n-1)/2);
    N := N+2;
    return x*x*a;
  end if;
end proc;
```

La variable globale N servira à compter les opérations. On l'initialisera par $N = 0$.

Ne pas oublier le test d'arrêt si $n = 0$ ou 1, sinon la procédure s'appellera indéfiniment.

`type(n,even)` est un booléen qui a la valeur `true` si n est pair.

Si $n = 2p$ on utilise $a^{2p} = a^p \times a^p$, on effectue une multiplication qu'on compte dans N et on renvoie le résultat.

Sinon $n = 2p+1$, on utilise alors $a^{2p+1} = a^p \times a^p \times a$, on effectue deux multiplications qu'on compte dans N et on renvoie le résultat.

Le calcul usuel $\underbrace{a \times a \times \ldots \times a}_{10000 \text{ fois}}$ effectue 9999 multiplications pour calculer a^{10000}. Si on exécute les instructions suivantes :

```
N := 0; ExpoRapide(a,10000);
```

on constate que $N = 17$. Donc cette fois, pour calculer a^{10000}, on effectue seulement 17 multiplications au lieu de 9999.

10. Matrices tridiagonales et pivot de Gauss — D'après Centrale (écrit)

Pour $n \in \mathbb{N}$, $n \geq 3$, et $(\alpha_1, \alpha_2, \ldots, \alpha_n) \in \mathbb{R}^n$, on note :

$$M[\alpha_1, \alpha_2, \ldots, \alpha_n] = \begin{bmatrix} \alpha_1 & 1 & 0 & \cdots & \cdots & 0 \\ 1 & \alpha_2 & 1 & \ddots & (0) & \vdots \\ 0 & 1 & \alpha_3 & \ddots & \ddots & \vdots \\ \vdots & \ddots & \ddots & \ddots & \ddots & 0 \\ \vdots & (0) & \ddots & \ddots & \alpha_{n-1} & 1 \\ 0 & \cdots & \cdots & 0 & 1 & \alpha_n \end{bmatrix}, \quad B = \begin{bmatrix} \beta_1 \\ \beta_2 \\ \vdots \\ \beta_n \end{bmatrix} \in \mathcal{M}_{n,1}(\mathbb{R})$$

et $A_n = M[2, 4, 4 \ldots 4, 2]$; $(\alpha_1 = 2, \alpha_2 = \ldots = \alpha_{n-1} = 4, \alpha_n = 2)$.

On se propose de résoudre le système (S_n) $A_n X = B$, d'inconnue $X \in \mathcal{M}_{n,1}(\mathbb{R})$.

1. Écrire une procédure de résolution de (S_n) par la méthode du pivot de Gauss **sans échange de lignes.**

2. Résoudre par cette méthode le système (S_3). On remarquera en particulier que les pivots successifs valent $p_0 = 2$; $p_1 = \dfrac{7}{2}$; $p_2 = \dfrac{12}{7}$.

Conseils méthodologiques : en disant « *sans échange de lignes* », l'énoncé admet implicitement que les pivots successifs sont tous non nuls.
On va d'abord rappeler la méthode du pivot de Gauss **dans le cas général** sans tenir compte de la forme de A_n. On va choisir dans la procédure les paramètres (A, B, n) où le couple de matrices (A, B) représente les matrices A_n et B. On pourrait obtenir n, à l'aide de `ColumnDimension(A)` qui donne le nombre de colonnes de A, mais très souvent les énoncés demandent de faire figurer n comme paramètre de la procédure.
Les éléments de A seront notés $a_{i,j}$, avec $(i, j) \in [\![1, n]\!]^2$ et ceux de B seront notés b_i avec $i \in [\![1, n]\!]$.
On peut bien sûr résoudre à l'aide de l'instruction : `LinearSolve(A,B)` qui renvoie la solution du système $AX = B$ mais ce n'est pas la méthode envisagée ici !

1. Le principe peut être résumé par la figure 14 qui montre les étapes de la transformation de la matrice A en une matrice triangulaire supérieure (sans échange de lignes).

$$\begin{bmatrix} a_{1,1} & \cdots & * & * & * & * \\ 0 & \ddots & \vdots & & \vdots & \vdots \\ \vdots & 0 & \boxed{a_{i,i}} & \cdots & a_{i,k} & \cdots & a_{i,n} \\ \vdots & \vdots & \vdots & & \vdots & & \vdots \\ 0 & 0 & a_{j,i} & \cdots & a_{j,k} & \cdots & a_{j,n} \\ \vdots & \vdots & \vdots & & \vdots & & \vdots \\ 0 & 0 & a_{n,i} & \cdots & a_{n,k} & \cdots & a_{n,n} \end{bmatrix}$$

Pour $i = 1, 2, \ldots, n$,
faire pour
$j = i+1, \ldots, n$:
$L_j \leftarrow L_j + \lambda L_i$
avec $\lambda = -\dfrac{a_{j,i}}{a_{i,i}}$.

Figure 14

Quand les transformations sont achevées, on a une matrice A triangulaire supérieure. Il reste à résoudre le système triangulaire en commençant par la dernière équation.

Les équations sont de la forme $\sum_{k=i}^{n} a_{i,k}x_k = b_i$ pour i variant de 1 à $n+1$ donc la solution est obtenue en calculant :

$$x_i = \frac{1}{a_{i,i}}\left[b_i - \sum_{k=i+1}^{n} a_{i,k}x_k\right].$$

```
with (LinearAlgebra);
pivot1 := proc(A,B,n)
local i,j,k,lambda,y,X;
for i from 1 to n do
  for j from i+1 to n do
    lambda := -A[j,i]/A[i,i];
    RowOperation(A,[j,i], lambda,
    inplace=true);
    RowOperation(B,[j,i],lambda,
    inplace=true);
  end do:
end do:
X := Vector(1..n);
for i from n to 1 by -1 do
  y := add(A[i,k]*X[k],k=i+1..n);
  X[i] := (B[i]-y)/A[i,i];
end do;
return eval(X);
end proc;
```

Pour i variant de 1 à n, pour tout j variant de $i+1$ à n, avec $\lambda = -\frac{a_{j,i}}{a_{i,i}}$ on remplace la ligne j de A par $L_j + \lambda L_i$, et b_j par $b_j + \lambda b_i$.
Cela a pour effet de faire apparaître des zéros sous le pivot $a_{i,i}$ (*cf.* Fig. 14).
Pour i variant de n à 1, on obtient en deux temps

$$x_i = \frac{1}{a_{i,i}}\left[b_i - \sum_{k=i+1}^{n} a_{i,k}x_k\right]:$$

d'abord on calcule $y = \sum_{k=i+1}^{n} a_{i,k}x_k$ avec la fonction **add** (de préférence à **sum**) puis $x_i = \frac{1}{a_{i,i}}\left[b_i - y\right]$.

Enfin on retourne X qui contient maintenant la solution recherchée.

Test de la procédure (sans rapport avec l'exercice). On peut vérifier le fonctionnement de la procédure avec la résolution suivante : `n := 5; A := Matrix(n,(i,j)->i**j):B := Vector(n,i->sum(i**j,j=1..5)):`
Le lecteur aura peut-être reconnu ici dans A une matrice de Vandermonde qui a l'avantage d'être inversible et facile à construire. La solution sera bien sûr (1, 1, 1, 1, 1) puisque, sur chaque ligne i de B, le terme :

$b_i = \sum_{j=1}^{n} a_{i,j}$ est obtenu en effectuant la somme des éléments de la ligne i de A.

Retour au cas particulier proposé dans l'exercice

Ici, une fois la méthode du pivot appliquée, les équations sont de la forme $\alpha_i x_i + x_{i+1} = \beta_i$ pour i variant de 1 à $n-1$ et $\alpha_{n,n}x_n = \beta_n$ pour $i = n$.

Donc la solution est obtenue en calculant : $x_n = \frac{\beta_n}{\alpha_n}$ puis $x_i = \frac{1}{\alpha_i}\left(\beta_i - x_{i+1}\right)$ pour i variant de 1 à $n-1$. Pour tenir compte du caractère particulier de la matrice A, on peut écrire la procédure suivante :

Remarque :

À l'épreuve d'informatique commune à l'école Polytechnique, on ne doit pas utiliser de fonctions spécifiques à Maple. Aussi, pour obtenir une procédure plus élémentaire, ne comportant pas `RowOperation (A,[j,i], lambda, inplace=true)`, on peut remplacer cette instruction par : `for k from i to n do A[j,k]:= A[j,k]+ lambda*A[i,k]; end do:`

```
pivot2 := proc(alpha,beta,n)
  local i,j,k,lambda,X;
  for i from 1 to n-1 do
    lambda := -1/alpha[i];
    alpha[i+1]  := alpha[i+1]+lambda;
    beta[i+1]  := beta[i+1]+lambda*beta[i];
  end do:
  X := array(1..n);
  X[n]  := 1/alpha[n]*beta[n];
  for i from n-1 to 1 by -1 do
    X[i]  := (beta[i]-X[i+1])/alpha[i];
  end do;
  return eval(X);
end proc;
```

Les paramètres sont les tableaux *alpha* $= [\alpha_1, \alpha_2, \ldots, \alpha_n]$, *beta* $= [\beta_1, \beta_2, \ldots, \beta_n]$ et l'entier n. En adaptant les indices du programme précédent (*cf.* Fig. 14) on remarque que seul l'indice $j = i+1$ est à prendre en compte dans la boucle sur j et que seul le terme α_{i+1} est modifié par $L_j \leftarrow L_j + \lambda L_i$.

La résolution du système triangulaire se fait en calculant : $x_n = \dfrac{\beta_n}{\alpha_n}$ puis $x_i = \dfrac{1}{\alpha_i}(\beta_i - x_{i+1})$ pour i variant de $n-1$ à 1. D'où le résultat.

2. La résolution de (S_3) peut s'effectuer à l'aide de pivot1 en écrivant :
`with(LinearAlgebra); n := 3; A := Matrix([[2,1,0],[1,4,1],[0,1,2]]); B := <beta1, beta2 beta3>; pivot1(A,B,n);`
ou à l'aide de pivot2 : `n := 3:a := array(1..3,[2,4,2]);b := array(1..3,[beta1,beta2,beta3]); pivot2(a,b,2);`
La réponse donnée par Maple est : $\left[\dfrac{7\beta_1}{12} - \dfrac{\beta_2}{6} + \dfrac{\beta_3}{12}, \dfrac{\beta_2}{3} - \dfrac{\beta_1}{6} - \dfrac{\beta_3}{6}, \dfrac{7\beta_3}{12} - \dfrac{\beta_2}{6} + \dfrac{\beta_1}{12}\right]$.
On peut résoudre directement le système pour vérifier les résultats que donne la procédure précédente :
`LinearSolve(A,B);`
L'affichage de la matrice transformée par la procédure pivot1 :

$A = \begin{bmatrix} 2 & 1 & 0 \\ 0 & \frac{7}{2} & 1 \\ 0 & 0 & \frac{12}{7} \end{bmatrix}$ permet de vérifier que les pivots sont bien ceux cités par l'énoncé.

Pour approfondir

11. Compression ternaire — D'après Polytechnique

Nombres ternaires

En base 3, les entiers 0, 1, 2, 3, 4, 5, 6, 7, 8 sont représentés par <u>`00`</u>, <u>`01`</u>, <u>`02`</u>, <u>`10`</u>, <u>`11`</u>, <u>`12`</u>, <u>`20`</u>, <u>`21`</u>, <u>`22`</u>. Le chiffre de poids fort de <u>`bc`</u> est `b` ; le chiffre de poids faible est `c`.

1. Écrire la fonction `entier(b,c)` retournant l'entier compris entre 0 et 8 qui s'écrit <u>`bc`</u> en base 3.

2. Soit x un entier vérifiant $0 \le x \le 8$. Écrire une fonction `poidsFort` (x) retournant le chiffre de poids fort de x en base 3. Écrire la fonction `poidsFaible` (x) retournant le chiffre de poids faible de x.

Textes ternaires

Dans ce problème, les textes sont représentés en représentation ternaire. Un savant russe nous a convaincus de la pertinence de ce choix plus compact que la représentation binaire. Un texte est rangé dans un tableau t de N caractères vérifiant $t[i] \in \{0, 1, 2\}$ pour tout i vérifiant $0 \leq i < N-1$; par ailleurs $t[N-1] = X > 2$ (le dernier caractère n'est pas ternaire). On suppose $N \geq 1$.

Quelques définitions sont nécessaires : la chaîne de caractères de longueur l démarrant en i est la suite $\langle t[i], t[i+1], \ldots t[i+l-1] \rangle$. On dira que deux chaînes $\langle t[i], t[i+1], \ldots t[i+l-1] \rangle$ et $\langle t[j], t[j+1], \ldots t[j+l'-1] \rangle$ sont égales si $l = l'$ et $t[i+k] = t[j+k]$ pour $0 \leq k < l$.

3. Écrire une fonction `longueurMotif` (t, i, j, m) qui retourne, en temps linéaire par rapport à N, la plus grande longueur l d'une chaîne démarrant en i égale à une chaîne démarrant en j. En outre, cette longueur doit vérifier $l \leq m$.

4. On suppose $i < j$. Écrire une fonction `longueurMotifMax` (t, i, j, m) qui retourne, en temps quadratique par rapport à N, la plus grande longueur l d'une chaîne démarrant en $i + k$ égale à une chaîne démarrant en j pour $0 \leq k < m$. En outre, on exige $i + k < j$ et $l \leq m$.

On suppose qu'il existe trois variables globales entières A, L, C.

5. Modifier la fonction précédente pour obtenir la fonction `motifMax` (t, i, j, m) qui rend, en temps quadratique, dans L la plus grande longueur l d'une chaîne démarrant en $i + k$ égale à une chaîne démarrant en j pour $0 \leq k < m$; qui rend dans A la valeur de k pour lequel $i + k$ est l'indice de départ de cette chaîne de longueur maximale ; qui rend enfin dans C le caractère suivant cette chaîne à partir de j dans t. À nouveau, cette longueur doit vérifier $l \leq m$. Et on a $i + k <$ j (cf. l'exemple dans la figure suivante).

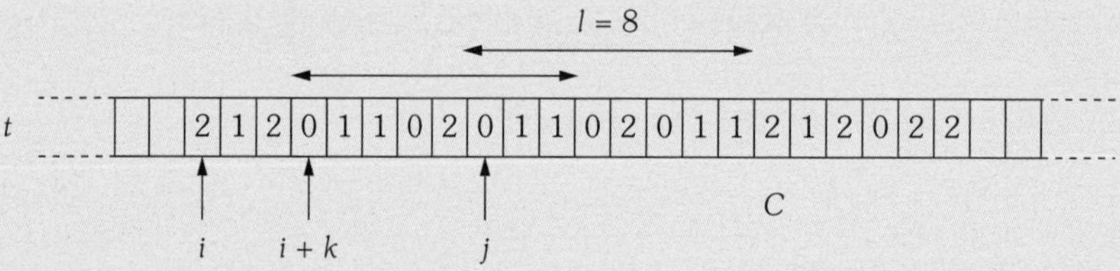

$A = k = 3$; $L = l = 8$; $C = 2$.

Figure 15

Compression

6. La méthode de compression de Ziv et Lempel, adoptée dans les commandes `zip` ou `gzip`, consiste à repérer les motifs maximaux déjà rencontrés dans un texte et à indiquer pour chacun d'eux le triplet (A, L, C) calculé dans la question précédente entre toute paire d'indices i et j. Pour mesurer le facteur de compression, nous utilisons le même codage pour ces triplets que pour les caractères du texte, c'est-à-dire le système ternaire dans ce problème. Écrire une fonction `imprimerTriplet` (A, L, C) qui imprime les arguments A, L, C sous forme de cinq chiffres consécutifs, les deux caractères ternaires de A, puis les deux caractères ternaires de L, puis le chiffre C, en imposant $0 \leq A < 9$, $0 \leq L < 9$ et $0 \leq C \leq 9$.

On suppose à présent que t contient un long texte ternaire commençant par neuf caractères 0 ; en outre, t finit par un caractère x spécial ($x > 2$). On déplace sur ce texte une fenêtre de longueur 18. Au début, cette fenêtre est alignée à gauche sur le début du tableau, et on pose $j = 9$. En régime de croisière, la dixième case de la fenêtre correspond à l'entrée j du tableau t. On recherche, dans la partie gauche de la fenêtre, la chaîne de longueur l maximale vérifiant $l < 9$ et égale à une chaîne de caractères démarrant en j. On imprime, grâce à la fonction `imprimerTriplet`, le triplet (A, L, C) donné par `motifMax`. Puis, on recentre la fenêtre sur le caractère suivant le caractère d'arrêt C. Ce processus continue jusqu'au bout du tableau t comme indiqué par la figure 16.

Ainsi pour le texte suivant, on obtient les décompositions de chacune des lignes, soit au total le facteur de compression 30/37 qui serait nettement meilleur dans une base supérieure à 3 et si la taille de la fenêtre était plus grande que 18 (Il y a en effet trente caractères dans le résultat et trente-sept dans le texte d'entrée).

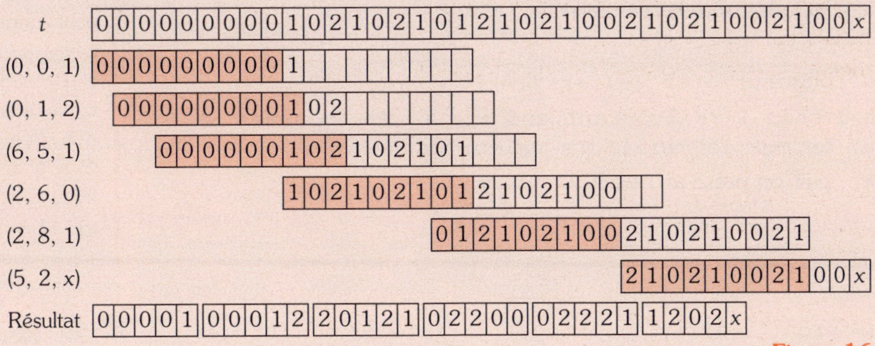

Figure 16

7. Écrire une fonction `compresser` (*t*) qui imprime sur le terminal de sortie le texte compressé par la méthode précédente.

Pour la décompression, on produit d'abord neuf caractères 0. On considère ensuite tous les triplets (A, L, C) représentés par cinq caractères ternaires consécutifs et on recrée la chaîne originale jusqu'au dernier triplet dont la composante C n'est pas comprise entre 0 et 2.

8. Écrire une fonction `décompresser` (*tc*) qui prend un texte ternaire *tc* correspondant à du texte compressé et imprime sur le terminal de sortie le texte décompressé correspondant.

Conseils méthodologiques : il faut respecter les consignes à la lettre lors de l'épreuve commune d'informatique à l'école Polytechnique. Par exemple, ici, il faut écrire `x div 3;` au lieu de `iquo(x,3);` même si cela n'a aucun sens avec Maple.

1.
```
entier := proc(b::integer,c::integer)::integer;
return 3*b+c;
end proc;
```

2.
```
poidsFort := proc(x::integer)::integer;
return iquo(x,3); # Écrire x div 3; lors de l'épreuve.
end proc;
poidsFaible := proc(x::integer)::integer;
return x mod 3;
end proc;
```

3.
```
longueurMotif := proc(t::array,i::integer,j::integer,m::integer)::integer;
local l::integer,k::integer;
l := 0;k := 0; # k sert à changer de caractère.
while l<m and t[i+k]=t[j+k] do # Tant que l < m et que les caractères sont égaux...
  l := l+1; # ...on incrémente l...
  k := k+1; # ...on passe au caractère suivant...
end do; # Remarquer que l = k.
return l; # On retourne l.
end proc;
```

4. `longueurMotifMax := proc(t::array,i::integer,j::integer,m::integer)::integer;` # Penser à déclarer le type du résultat retourné par la procédure.

`local k::integer,l::integer,lcourant::integer;` # lcourant est la valeur instantanée de l.

```
l := 0;k := 0; #On initialise les variables.
while i+k<j and k<m do
  lcourant := longueurMotif (t,i+k,j,m);
  if lcourant>l then l := lcourant end if; #. Si lcourant > l
  déjà obtenu, on met la meilleure valeur dans l.
  k := k+1; #... puis on passe au caractère suivant.
end do;
return l;
end proc;
```

Remarque :

Pour tester la procédure, on peut écrire : `N := 36: x := 3: i := 9:j := 12:m := 8: t := array(0..N,[0,0,0, 0,0,0,0,0,0,1,0,2,1,0, 2,1,0,1,2,1,0,2,1,0,0, 2,1,0,2,1,0,0,2,1,0,0, x]):longueurMotifMax (t,i,j,m);`

5. `motifMax := proc(t::array,i::integer,j::integer,m::integer)`

```
local k::integer,lcourant::integer;
global A,L,C; # Par principe, à l'X on déclare les variables.
```

Ici, on doit donc écrire `A::integer,L::integer,C::integer;` même si Maple ne le permet pas (Le signaler éventuellement dans sa copie).

`A := 0;L := 0;` # On initialise les variables L et A sinon leur initialisation dépendrait du `if`. Pour C c'est inutile puisque `C := t[j+L]` affecte C plus loin.

```
k := 0;
while i+k<j and k<m do
  lcourant := longueurMotif(t,i+k,j,m);
  if lcourant>L then L := lcourant ; A := k; end if;
  k := k+1;
end do;
C := t[j+L];
return ; # Ici, on a modifié des variables globales mais, par principe, on signale que la procédure ne retourne rien.
end proc;
```

Remarque :

Test :
`motifMax(t,i,j,m); A;L;C;`

6.

```
imprimerTriplet := proc(A::integer,L::integer,C::integer);
if A>=0 and A<9 and L>=0 and L<9 and C>=0 and C<9 then
  return
  print(poidsFort(A),poidsFaible(A),poidsFort(L),poidsFaible(L),C);
end if;
end proc;
```

7.

```
compresser := proc(t::array)
local i::integer,j::integer;
global A,L,C,x;
i := 0; j := 9; C := 0; m := 8;# Initialisation. m = 9 - 1 = 8.
while C<>x do motifMax(t,i,j,m);
  imprimerTriplet(A,L,C);
  j := j+L+1;
  i := i+L+1;
end do;
return; # Par principe, on dit ce que retourne la procédure (ici cela évite l'affichage de la dernière évaluation).
end proc;
```

8. Le décodage est le travail inverse de celui qui a été fait à la question 7. On reconstitue ici les fenêtres successives de la figure 16 en affichant les chaines de caractères jumelles décodées à partir des triplets (A, L, C). Ces triplets sont codés sur cinq cases successives du tableau tc. Il faut suivre la lecture du programme sur la figure 16 pour visualiser le travail qui est réalisé sur chacun des blocs de cinq termes du texte codé.

```
décompresser := proc(tc::array)
local k::integer,p::integer,fenetre::array;
global A,L,C;
p := 0; C := 0; fenetre := array(0..17);
for k from 0 to 8 do fenetre[k] := 0; # Initialisation de la partie grise de la fenêtre.
print(0); # Début de l'affichage du texte décodé.
end do;
for k from 9 to 17 do fenetre[k] := -1;
end do; # Initialisation de la partie blanche de la fenêtre (-1 représente ici une case vide).
while not(C = x) do # Test de fin de texte ternaire.
  A := entier(tc[5*p],tc[5*p+1]); # Calcul de A et L à partir de leur poids fort et poids faible.
  L := entier(tc[5*p+2],tc[5*p+3]); # Les blocs à décoder vont de 5 en 5.
  C := tc[5*p+4]; p := p+1; # Calcul de C et passage au bloc de 5 suivant.
  for k from 0 to L-1 do # Décode la chaîne jumelle et prépare la nouvelle partie grise.
    fenetre[k+9] := fenetre[A+k]
  end do;
  fenetre[L+9] := C; # Termine la nouvelle partie grise avec le terme C.
  for k from 0 to L do
    print (fenetre[k+9]); # Affiche la nouvelle chaîne qui vient d'être décompressée.
  end do;
  for k from 0 to 17 do
    fenetre[k] := fenetre[k+L+1] # Décale la fenêtre de L+1 vers la droite.
  end do;
end do;
return ; # Évite l'affichage de la dernière évaluation.
end proc;
```

CHAPITRE 20

Fenêtre sur les concours actuels

1. ENSTIM 2007. Épreuve commune MPSI PCSI ——— Durée 4 heures

Problème 1

Pour tout $t \in \mathbb{R}_+^*$ on définit : $f(t) = \exp\left(-\dfrac{1}{t}\right)$ et $g(t) = \dfrac{f(t)}{t}$.

Partie 1 – Généralités

1. Prouver que f et g sont C^∞ sur $\mathbb{R}_+^*$ et que pour tout $t \in \mathbb{R}_+^*$, $tf'(t) = g(t)$.

2. Montrer que g est prolongeable par continuité en 0 et que le prolongement (encore noté g) est dérivable en 0.

3. Faire un tableau de variations de g sur $\mathbb{R}_+$, en faire un graphe sachant que $e^{-1} \simeq 0{,}36$ à 10^{-2} près.

4. Soit H la primitive sur $\mathbb{R}_+^*$ de $t \mapsto g(1/t)$, s'annulant en 1 :

a) Calculer H.

b) En former un développement limité à l'ordre 3 au voisinage de 1.

5. Soit $n \geq 3$ un entier naturel. On introduit l'équation (E_n) : $f(t) = t/n$, d'inconnue $t \in \mathbb{R}_+^*$.

a) En utilisant la question 3, montrer que (E_n) a une unique solution dans $]0, 1[$, que l'on notera α_n. On montrerait identiquement (*mais ce n'est pas à faire*) que (E_n) admet une unique solution dans $]1, +\infty[$, que l'on notera β_n.

b) Montrer que les suites $(\alpha_n)_{n \geq 3}$ et $(\beta_n)_{n \geq 3}$ sont monotones.

c) Est-il possible que l'une des deux suites converge vers une limite $l > 0$? En déduire leurs limites.

Partie 2 – Étude d'une courbe paramétrée

On étudie ici, dans un repère orthonormal d'origine O, la courbe paramétrée définie sur $\mathbb{R}_+^*$ par le point $M(t)$ de coordonnées

$$\begin{cases} x(t) = f'(t) = \dfrac{\exp(-1/t)}{t^2} \\ y(t) = g(t) = \dfrac{\exp(-1/t)}{t} \end{cases}$$

6. Déterminer les valeurs de t pour lesquelles $M(t)$ se situe sur la première bissectrice du plan d'équation cartésienne $y = x$.

7. Étudier la limite de la pente de la droite $(OM(t))$ lorsque t tend vers 0^+ et $+\infty$.

8. En utilisant la question 3, faire un tableau de variation de x et y sur $\mathbb{R}_+^*$ avec limites aux bornes 0^+ et $+\infty$.

9. En utilisant les deux questions précédentes, tracer la courbe en repérant les tangentes verticales ou horizontales, on pourra utiliser que $4e^{-2} \simeq 0{,}54$ à 10^{-2} près.

Partie 3 – Fonctions définies par des intégrales

On prolonge maintenant f à $\mathbb{R}_+$ en posant $f(0) = 0$.

10. Montrer que l'application f ainsi prolongée est de classe C^1 sur $\mathbb{R}_+$; préciser $f'(0)$ et montrer que l'égalité de la question 1 reste valable pour $t = 0$.

11. Soit $t \in \mathbb{R}_+^*$, on note : $F(x) = \int_0^x f(t)dt$, $G(x) = \int_0^x g(t)dt$.

a) Justifier l'existence de ces intégrales *que l'on ne cherchera surtout pas à calculer* puis montrer que $F(x) = xe^{-\frac{1}{x}} - G(x)$.

b) En séparant l'intégrale $G(x)$ en deux, montrer qu'il existe une constante C réelle telle que pour tout $x \geq 1$,

$$0 \leq G(x) \leq \ln(x).$$

c) En déduire que $G(x)$ est négligeable devant x au voisinage de $+\infty$ ainsi qu'un équivalent de $F(x)$ au voisinage de $+\infty$.

12. Résoudre sur $\mathbb{R}_+^*$ l'équation différentielle (E) : $x^2y' + y = x^2$, l'expression générale de la solution fera apparaître la fonction F.

Partie 4 – Étude qualitative d'une équation différentielle

On considère maintenant une application y solution de (E) : $x^2y' + y = x^2$ cette fois sur $\mathbb{R}_+$, de classe C^∞ sur $\mathbb{R}_+$. Nous allons, *sans aucun calcul explicite de* y, déterminer entièrement la suite des $u_n = y^{(n)}(0)$ à partir de l'équation (E).

13. Que vaut $u_0 = y(0)$?

14. En dérivant (E), calculer $u_1 = y'(0)$ et $u_2 = y''(0)$.

15. Peut-on avoir y de la forme : $x \mapsto \alpha x^2 + \beta x + \gamma$ avec $(\alpha, \beta, \gamma) \in \mathbb{R}^3$?

16. Soit n un entier naturel.

a) On suppose ici $n \geq 3$. Prouver à l'aide de la formule de Leibniz que pour tout $x \in \mathbb{R}_+$:

$$x^2y^{(n+1)}(x) + (1 + 2nx)y^{(n)}(x) + n(n-1)y^{(n-1)}(x) = 0$$

En déduire une relation de récurrence entre u_n et u_{n-1}.

b) Donner une expression de u_n utilisant une factorielle, valable pour tout $n \geq 2$; en déduire les développements limités (dont on justifiera l'existence) de y à tout ordre au voisinage de 0.

PROBLÈME 2

Dans tout ce problème, on se place dans l'espace usuel dont on notera $\mathscr{E}$ l'ensemble des points, E l'ensemble des vecteurs et $\vec{0}$ le vecteur nul. $\mathscr{E}$ est muni d'un repère orthonormal direct $\mathscr{R} = (0, \vec{i}, \vec{j}, \vec{k})$, toutes les équations de l'énoncé seront relatives aux éléments de ce repère. Si $M \in \mathscr{E}$ et $\overrightarrow{OM} = x\vec{i} + y\vec{j} + z\vec{k}$ on pourra noter $M = (x, y, z)$ et $\overrightarrow{OM} = (x, y, z)$.

On considère les ensembles P et Q d'équations cartésiennes : $P : x + z = 0$, $Q : x + y + z - 3 = 0$.

Partie 1 – Étude d'un mouvement dans l'espace

Pour tout $t \in \mathbb{R}$, on introduit le point $N(t)$ de $\mathscr{E}$ caractérisé dans $\mathscr{R}$ par les coordonnées $\begin{cases} a(t) = \dfrac{\cos(t)}{\sqrt{2}} \\ b(t) = \sin(t) \\ c(t) = \dfrac{-\cos(t)}{\sqrt{2}} \end{cases}$

1. Prouver que $N(t)$ appartient au plan P.

2. Donner une équation paramétrique de la droite D intersection de P et Q. Est-il possible que $N(t) \in D$?

3. Calculer $a^2(t) + b^2(t) + c^2(t)$. En déduire que $N(t)$ appartient à un cercle de P dont on précisera le centre et le rayon.

4. Calculer la distance de $N(t)$ à la droite D puis au plan Q, on pourra vérifier que leur rapport est constant.
5. Prouver que pour tout $t \in \mathbb{R}$: $\exp(it) + \exp\left(i(t + 2\pi / 3)\right) + \exp\left(i(t - 2\pi / 3)\right) = 0$.
6. En déduire l'isobarycentre des points $N(t)$, $N(t + 2\pi / 3)$, $N(t - 2\pi / 3)$.

Partie 2 – Construction d'un polynôme

On fixe maintenant $t \in \mathbb{R}$ et on note $\begin{cases} s(t) = a(t) + b(t) + c(t) \\ d(t) = a(t)b(t) + a(t)c(t) + b(t)c(t) \\ p(t) = a(t)b(t)c(t). \end{cases}$

7. Simplifier $s(t)$.
8. Linéariser le produit de fonctions trigonométriques $p(t)$.
9. Calculer $d(t)$ de deux manières différentes – on pourra utiliser un résultat de la question 3.
10. On considère maintenant le polynôme $R(X) = (X - a(t))(X - b(t))(X - c(t))$, dont les racines sont donc $a(t)$, $b(t)$ et $c(t)$:
a) Dans cette question seulement $t = \pi / 2$. Montrer *sans calculer* $R(X)$ *ni* $R'(X)$ que $R'(0) = 0$.
b) Exprimer maintenant $R(X)$ en fonction de $s(t)$, $d(t)$, $p(t)$, puis en fonction des résultats des questions précédentes.

Partie 3 – Endomorphismes à noyau imposé

11. Montrer que P définit un plan vectoriel de E.
12. Est-ce le cas pour Q ? Préciser, sans preuve, la structure algébrique de Q.
13. On introduit les vecteurs : $\vec{i}' = \frac{1}{\sqrt{2}}\left(\vec{i} - \vec{k}\right)$, $\vec{j}' = \vec{j}$, $\vec{k}' = \frac{1}{\sqrt{2}}\left(\vec{i} + \vec{k}\right)$.
Montrer que $\left(\vec{i}', \vec{j}'\right)$ est une base orthonormale de P et que $\vec{k}'$ en est un vecteur normal. En déduire que $B' = \left(\vec{i}', \vec{j}', \vec{k}'\right)$ est une base orthonormale de l'espace.
14. On désigne par $\vec{a} \cdot \vec{b}$ le produit scalaire de deux vecteurs $\vec{a}$ et $\vec{b}$. Soit $\vec{e} \in E$. Prouver, autrement que par « c'est du cours », que ses coordonnées dans la base B' sont données par : $\vec{e} = \left(\vec{e} \cdot \vec{i}'\right)\vec{i}' + \left(\vec{e} \cdot \vec{j}'\right)\vec{j}' + \left(\vec{e} \cdot \vec{k}'\right)\vec{k}'$.
15. On considère ici une application linéaire $u : E \to E$ telle que $P \subset \ker(u)$.
a) Prouver qu'il existe $\vec{z} \in E$ tel que $u\left(\vec{e}\right) = \left(\vec{e} \cdot \vec{k}'\right)\vec{z}$ pour tout $\vec{e} \in E$.
b) Réciproquement, montrer qu'une application u donnée par la formule précédente est un endomorphisme de E tel que $P \subset \ker(u)$.
c) Donner une condition nécessaire et suffisante sur $\vec{z}$ pour que $P = \ker(u)$. Donner dans ce cas le rang et l'image de u.

Partie 4 – Matrices de projecteur

On note ici $p : E \to E$ le projecteur orthogonal sur le plan P, B la base $\left(\vec{i}, \vec{j}, \vec{k}\right)$ et $B' = \left(\vec{i}', \vec{j}', \vec{k}'\right)$ la base introduite à la question 13. On introduit les matrices : $M' = \begin{pmatrix} 1 & 0 & 0 \\ 0 & 1 & 0 \\ 0 & 0 & 0 \end{pmatrix}$, $I = \begin{pmatrix} 1 & 0 & 0 \\ 0 & 1 & 0 \\ 0 & 0 & 1 \end{pmatrix}$.

16. Justifier très rapidement que M' est la matrice de p dans la base B'.
17. Donner la matrice de passage P de la base B à la base B' ainsi que son inverse – on détaillera le raisonnement pour cette dernière.
18. Soit M la matrice de p dans la base B :
a) Justifier sans calcul que $M^2 = M$.
b) En déduire que pour tout $n \in \mathbb{N}$, $(M + I)^n = (2^n - 1)M$.
c) Exprimer M en fonction de P, P^{-1} et M'. Ensuite, calculer explicitement M.

19. On peut traiter cette partie sans avoir trouvé explicitement M. On introduit l'ensemble $\mathcal{M}$ des matrices du type $M_{a,b} = aM + bI$, où a et b sont réels :

a) Montrer que l'ensemble $\mathcal{M}$ muni des lois usuelles sur les matrices a une structure de $\mathbb{R}$-espace vectoriel dont on donnera une base et la dimension.

b) Les réels a et b étant donnés, exprimer $M_{a,b}$ en fonction de P, P^{-1}, I et M'. En déduire une forme factorisée du déterminant de $M_{a,b}$ ainsi qu'une condition nécessaire et suffisante pour qu'elle soit inversible.

c) Déterminer les réels e et f tels que $M_{a,b} \times M_{c,d} = M_{e,f}$.

d) Lorsque $M_{a,b}$ est inversible, exprimer son inverse sous la forme d'un élément de $\mathcal{M}$.

Pré-requis : Problème 1
Parties 1, 3 : fonctions dérivables, limites, continuité, intégration par parties, développements limités.
Partie 2 : courbes paramétrées en coordonnées cartésiennes.
Partie 3 : équivalents, résolution d'équations différentielles linéaires d'ordre un.
Problème 2
Partie 1 : géométrie affine euclidienne élémentaire, complexes.
Partie 2 : Formules trigonométriques, relations coefficients-racines.
Partie 3 : Algèbre linéaire, espaces vectoriels euclidiens.
Partie 4 : Calcul matriciel, formule du binôme de Newton.

PROBLÈME 1

Partie 1 – Généralités

1. L'application $t \to -\dfrac{1}{t}$ est C^∞ sur $\mathbb{R}_+^*$ comme opposée d'une fonction puissance, et la fonction exp est C^∞ sur $\mathbb{R}$. Donc $\boxed{f \text{ est } C^\infty \text{ sur } \mathbb{R}_+^*}$ comme composée de deux fonctions C^∞. À son tour, $\boxed{g \text{ est } C^\infty \text{ sur } \mathbb{R}_+^*}$ comme produit de deux fonctions C^∞ (conséquence de la formule de Leibniz). De plus : $\forall t > 0,\ f'(t) = \dfrac{1}{t^2}\exp\left(-\dfrac{1}{t}\right)$ donc : $\boxed{\forall t > 0,\ tf'(t) = g(t)}$.

2. $\lim\limits_{t\to 0+}\left(-\dfrac{1}{t}\right) = +\infty$ et $\lim\limits_{x\to\infty} x\exp(-x) = 0$ donc par composition des limites $\boxed{\lim\limits_{t\to 0+} g(t) = 0}$, ainsi g se prolonge par continuité en 0 en posant $\boxed{g(0) = 0}$; de plus $\lim\limits_{t\to 0+}\left(-\dfrac{1}{t}\right) = +\infty$ et $\lim\limits_{x\to+\infty} x^2\exp(-x) = 0$ donc par composition des limites $\lim\limits_{t\to 0+}\dfrac{g(t)}{t} = 0$, donc $\boxed{g \text{ est dérivable en } 0}$ et $\boxed{g'(0) = 0}$.

3. $\forall t > 0,\ g'(t) = \dfrac{1-t}{t^3}\exp\left(-\dfrac{1}{t}\right)$, et $\lim\limits_{t\to+\infty}\left(-\dfrac{1}{t}\right) = 0^+$, $\lim\limits_{x\to 0+} x\exp(-x) = 0$ donc par composition des limites $\boxed{\lim\limits_{x\to+\infty} g(x) = 0}$, d'où le tableau de variations, et le tracé demandé (*cf.* Fig. 1).

t	0		1		$+\infty$
$g'(t)$		$+$		$-$	
$g(t)$	0	$\nearrow$	e^{-1}	$\searrow$	0

4.a) En procédant par intégration par parties et en dérivant $t \mapsto t$, il vient :
$\forall x > 0,\ H(x) = \displaystyle\int_1^x t\exp(-t)dt = \left[-t\exp(-t)\right]_1^x + \int_1^x \exp(-t)dt$

$\boxed{H(x) = -(1+x)\exp(-x) + 2\exp(-1)}$

b) On pose $x = 1 + h$, alors

$$H(1+h) = e^{-1}\left(2 - (2+h)\left(1 - h + \frac{h^2}{2} - \frac{h^3}{6} + o(h^3)\right)\right) = e^{-1}\left(h - \frac{1}{6}h^3\right) + o(h^3),$$

ou encore $\boxed{H(x) \underset{1}{=} e^{-1}\left((x-1) - \frac{1}{6}(x-1)^3\right) + o\left((x-1)^3\right)}$.

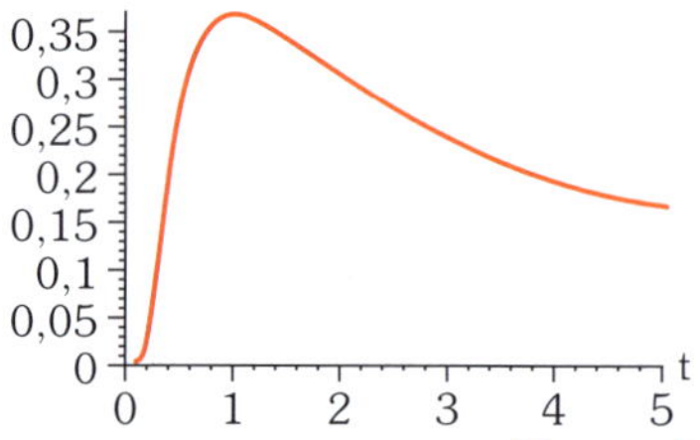

Figure 1

5.a) L'équation (E_n) est équivalente à $g(t) = \frac{1}{n}$. Or sur $[0,\,1]$ g est continue strictement croissante, donc réalise une bijection de $[0,\,1]$ sur $[g(0),\,g(1)] = \left[0,\,\frac{1}{e}\right]$. Comme de plus pour tout $n \geq 3$, $0 < \frac{1}{n} < \frac{1}{e}$,

on en déduit que pour tout n au moins égal à 3 (E_n) a une unique solution $\alpha_n \in \left]0,\,1\right[$.

b) g est strictement croissante sur $[0,\,1]$, or $g(\alpha_n) = \frac{1}{n} > \frac{1}{n+1} = g(\alpha_{n+1})$, donc il vient : $\forall n \geq 3,\ \alpha_n > \alpha_{n+1}$, et $(\alpha_n)_{n\geq 3}$ est strictement décroissante. De même, la stricte décroissance de g sur $[1,\,+\infty[$ entraîne que $(\beta_n)_{n\geq 3}$ est strictement croissante.

c) $(\alpha_n)_{n\geq 3}$ converge car elle est décroissante et minorée par 0. Soit ℓ sa limite. Par continuité de g en ℓ, la suite $(g(\alpha_n))_{n\geq 3}$ converge vers $g(\ell)$; or $g(\alpha_n) = \frac{1}{n} \to 0$, donc $g(\ell) = 0$ (unicité de la limite), et par bijectivité de l'application induite par g de $[0,\,1]$ sur son image, $\ell = 0$.

Si $(\beta_n)_{n\geq 3}$ converge alors sa limite $\ell \in [1,\,+\infty[$; par continuité de g en ℓ la suite $(g(\beta_n))_{n\geq 3}$ converge vers $g(\ell)$; or $g(\beta_n) = \frac{1}{n} \to 0$, donc $g(\ell) = 0$ (unicité de la limite) ; or $g([1,\,+\infty[) \subset \mathbb{R}_+^*$, ce qui donne une contradiction, donc comme $(\beta_n)_{n\geq 3}$ est croissante, elle diverge vers $+\infty$. Ainsi aucune des deux suites ne peut avoir de limite réelle non nulle, la première converge vers 0, la deuxième diverge vers l'infini.

Partie 2 – Étude d'une courbe paramétrée

6. $\forall t > 0,\ M(t) \in (y = x) \Leftrightarrow f'(t) = g(t) \Leftrightarrow \frac{1}{t} = 1 \Leftrightarrow t = 1$, donc le seul point sur la première bissectrice est $M(1)$ de coordonnées $(e^{-1},\,e^{-1})$.

7. La pente de $(OM(t))$ est $\frac{y(t)}{x(t)} = t$, qui a pour limite 0 en 0^+, et pour limite $+\infty$ en $+\infty$.

8. On calcule $f''(t) = \frac{1-2t}{t^4}\exp\left(-\frac{1}{t}\right)$, d'où avec la question 3) le tableau de variations :

t	0		1/2		1		$+\infty$
$x'(t)$		+	0	−		−	
$x(t)$	0	↗	$4/e^2$	↘	$1/e$	↘	0
$y(t)$	0	↗	$2/e^2$	↗	$1/e$	↘	0
$y'(t)$	0	+		+	0	−	

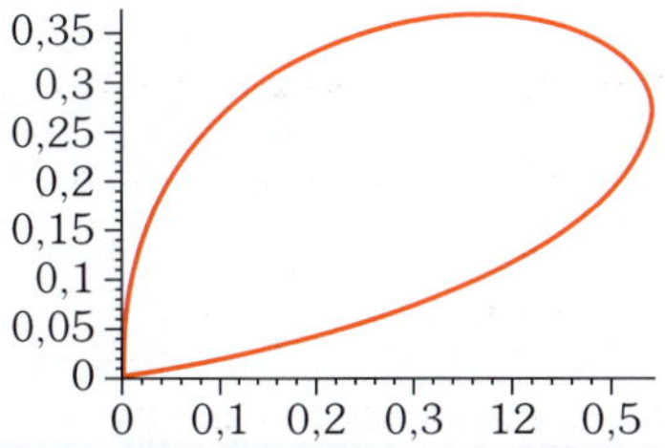

Figure 2

9. Tracé de la courbe (*cf.* Fig. 2).

Partie 3 – Fonctions définies par des intégrales

10. f est continue d'après le comportement asymptotique de la fonction exponentielle. De plus, f est C^1 sur $\mathbb{R}_+^*$, et d'après 1. $\lim_{t\to 0+} f'(t) = \lim_{t\to 0+} \frac{g(t)}{t} = 0$ (d'après l'étude de g), donc d'après le théorème de la limite de la dérivée f est C^1 sur $\mathbb{R}_+$, et $f'(0) = 0$. L'égalité du 1. est alors trivialement vérifiée en 0.

11.a) Pour tout $x > 0$, f et g sont continues sur $[0, x]$ donc $\boxed{F \text{ et } G \text{ sont bien définies sur } \mathbb{R}_+^*}$. Une intégration par parties donne, en dérivant f,

$$\boxed{F(x) = [tf(t)]_0^x - \int_0^x tf'(t)dt = xe^{-\frac{1}{x}} - \int_0^x g(t)dt = xe^{-\frac{1}{x}} - G(x)}.$$

b) Sur $\mathbb{R}_+^*$, g est à valeurs strictement positives, donc $\boxed{\forall x > 0,\ G(x) \geq 0}$. De plus, pour $t \geq 1$, $\dfrac{\exp\left(-\frac{1}{t}\right)}{t} \leq \dfrac{1}{t}$, donc $\forall x \geq 1,\ G(x) = \int_0^1 g(t)dt + \int_1^x g(t)dt \leq \int_0^1 g(t)dt + \int_1^x \frac{1}{t}dt$, d'où en posant $C = \int_0^1 g(t)dt$, $\boxed{\forall x \geq 1,\ 0 \leq G(x) \leq C + \ln(x)}$.

c) D'après ce qui précède : $\forall x \geq 1,\ 0 \leq \dfrac{G(x)}{x} \leq \dfrac{C}{x} + \dfrac{\ln(x)}{x}$, donc par encadrement $\lim\limits_{x \to +\infty} \dfrac{G(x)}{x} = 0$, c'est-à-dire $\boxed{G(x) \underset{+\infty}{=} o(x)}$.

D'après la relation établie au 11.a) il vient alors $F(x) = x(1 + o(1)) - o(x) = x + o(x)$, donc $\boxed{F(x) \underset{+\infty}{\sim} x}$.

12. La solution générale sur $\mathbb{R}_+^*$ de l'équation $x^2y' + y = 0$ est $x \mapsto A\exp\left(\dfrac{1}{x}\right)$, où A est une constante réelle arbitraire.

Pour obtenir une solution particulière de l'équation étudiée, on applique la méthode de variation de la constante : $y(x) = A(x)\exp\left(\dfrac{1}{x}\right)$ définit une solution si et seulement si : $\forall x > 0,\ x^2\exp\left(\dfrac{1}{x}\right)A'(x) = x^2$; ainsi $x \mapsto F(x)\exp\left(\dfrac{1}{x}\right)$ est solution particulière. D'où il vient que l'ensemble des solutions est $\boxed{\left\{x \mapsto (A + F(x))\exp\left(\dfrac{1}{x}\right) / A \in \mathbb{R}\right\}}$.

Partie 4 – Étude qualitative d'une équation différentielle

13. En remplaçant dans l'équation x par 0, on obtient immédiatement $\boxed{u_0 = y(0) = 0}$.

14. En dérivant il vient : $\forall x \geq 0,\ 2xy' + y' + x^2y'' = 2x$, d'où en remplaçant x par 0 $\boxed{u_1 = y'(0) = 0}$. De même : $\forall x \geq 0,\ 2y' + (2x+1)y'' + 2xy'' + x^2y''' = 2$, puis $\boxed{u_2 = y''(0) = 2}$.

15. La condition $u_2 = 2$ impose $\alpha \neq 0$, et alors le degré de $x^2y' + y$ est égal à trois, donc $\boxed{\text{il n'y a aucune solution de la forme cherchée}}$.

16.a) En appliquant la formule de Leibniz, puisque les fonctions considérées sont infiniment dérivables, il vient :

$$\forall n \geq 3,\ \forall x \geq 0,\ y^{(n)}(x) + \sum_{k=0}^{n} \binom{n}{k} \frac{d^k}{dx^k}(x^2)(y')^{(n-k)}(x) = 0 = y^{(n)}(x) + x^2y^{(n+1)}(x) + 2nxy^{(n)}(x) + n(n-1)y^{(n-1)}(x).$$

En évaluant en $x = 0$, on obtient $\boxed{\forall n \geq 3,\ u_n + n(n-1)u_{n-1} = 0}$.

b) Soit pour $n \geq 2$ la proposition $P(n) : u_n = (-1)^n n!(n-1)!$. On la démontre par récurrence.

D'après 14. $P(2)$ est vraie. Prouvons que pour tout n au moins égal à deux, $P(n)$ entraîne $P(n+1)$. Par 16.a), $u_{n+1} = -n(n+1)u_n = -n(n+1)(-1)^n n!(n-1)! = (-1)^{n+1}(n+1)!n!$. Ainsi, on a établi par récurrence que

$$\boxed{\forall n \geq 2,\ u_n = (-1)^n n!(n-1)!}.$$

La fonction y *étant* C^∞ sur $\mathbb{R}_+^*$, la formule de Taylor-Young s'applique à tout ordre :

$$\forall n \geq 0,\ y(x) = \sum_{k=0}^{n} \frac{y^{(k)}(0)}{k!}x^k + o(x^n),\ y(x) \underset{0}{=} o(x) \text{ et } \boxed{\forall n \geq 2,\ y(x) \underset{0}{=} \sum_{k=2}^{n} (-1)^k (k-1)!x^k + o(x^n)}.$$

Problème 2

Partie 1 – Étude d'un mouvement dans l'espace

1. $\forall t \in \mathbb{R},\ a(t)+c(t)=0$, donc le point $\boxed{N(t) \text{ est élément de } P}$.

2. $M(x, y, z) \in D \Leftrightarrow \begin{cases} z+x=0 \\ x+y+z-3=0 \end{cases} \Leftrightarrow \exists t \in \mathbb{R}, \begin{cases} x=t \\ y=3 \\ z=-t \end{cases}$. Puisque la fonction sin est à valeurs dans $[-1, 1]$ le point $\boxed{N(t) \text{ n'est jamais élément de } D}$.

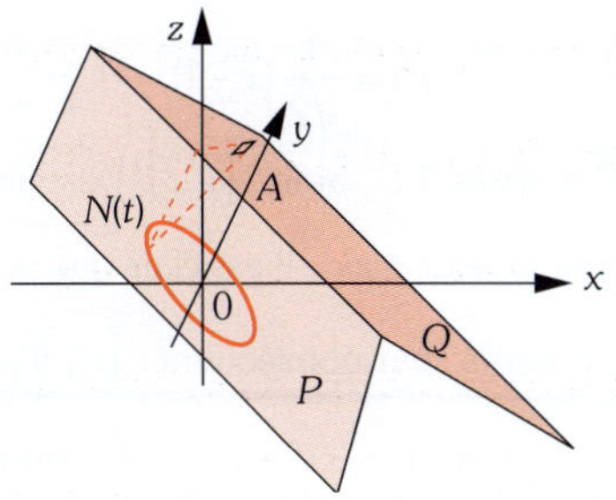

Figure 3

3. $\boxed{\forall t \in \mathbb{R},\ a(t)^2+b(t)^2+c(t)^2=1}$, donc $N(t)$ est élément de l'intersection de la sphère de centre O et de rayon 1 et de P.
Ainsi $\boxed{N(t) \text{ appartient au cercle contenu dans P de centre O et de rayon 1}}$. ($P$ est un plan équatorial de la sphère car il passe par son centre, $N(t)$ est sur le grand cercle de la sphère contenu dans P : *cf.* Fig. 3).

4. $d(N(t), D) = \left\|\overrightarrow{AN(t)} \wedge \vec{u}\right\|$ où $A(0, 3, 0)$ est élément de D et $\vec{u}\left(\frac{1}{\sqrt{2}}, 0, -\frac{1}{\sqrt{2}}\right)$ est un vecteur unitaire directeur de D. Ainsi $\boxed{d(N(t), D) = 3-\sin(t)}$.

Compte tenu de l'équation de Q, $d(N(t), Q) = \dfrac{|a(t)+b(t)+c(t)-3|}{\sqrt{3}} = \dfrac{3-\sin(t)}{\sqrt{3}} = \dfrac{d(N(t), D)}{\sqrt{3}}$.

On voit que le rapport entre les deux distances est constant.

5. $\forall t \in \mathbb{R},\ e^{it} + e^{i\left(t+\frac{2\pi}{3}\right)} + e^{i\left(t-\frac{2\pi}{3}\right)} = e^{it}\left(1+j+\bar{j}\right) = e^{it}\left(1+j+j^2\right) = 0$, avec $j = \exp\left(2i\frac{\pi}{3}\right)$.

6. D'après ce qui précède,

$$\forall t \in \mathbb{R},\ \frac{1}{3}\left(\overrightarrow{ON(t)} + \overrightarrow{ON\left(t+\frac{2\pi}{3}\right)} + \overrightarrow{ON\left(t-\frac{2\pi}{3}\right)}\right)$$
$$= \frac{1}{3\sqrt{2}}\left(\cos(t)+\cos\left(t+\frac{2\pi}{3}\right)+\cos\left(t-\frac{2\pi}{3}\right)\right)\left(\vec{i}-\vec{k}\right) + \frac{1}{3}\left(\sin(t)+\sin\left(t+\frac{2\pi}{3}\right)+\sin\left(t-\frac{2\pi}{3}\right)\right)\vec{j}$$
$$= \vec{0}$$

$\boxed{\text{donc l'isobarycentre des trois points est le point O}}$.

Partie 2 – Construction d'un polynôme

7. Clairement, $\boxed{s(t) = \sin(t)}$.

8. $\boxed{p(t) = -\frac{1}{2}\cos^2(t)\sin(t) = -\frac{1}{4}\cos(t)\sin(2t) = -\frac{1}{8}\left(\sin(3t)+\sin(t)\right)}$.

9. D'une part, $d(t) = \left(a(t)+c(t)\right)b(t) + a(t)c(t) = a(t)c(t) = -\frac{1}{2}\cos^2(t)$;
d'autre part, $d(t) = \frac{1}{2}\left(\left(a(t)+b(t)+c(t)\right)^2 - \left(a(t)^2+b(t)^2+c(t)^2\right)\right) = \frac{1}{2}\left(s(t)^2-1\right) = \boxed{-\frac{1}{2}\cos^2(t)}$.

10.a) Dans le polynôme $R(X)$, $a\left(\frac{\pi}{2}\right) = c\left(\frac{\pi}{2}\right) = 0$ donc 0 est racine au moins double et donc $\boxed{R'(0) = 0}$.

b) En développant $R(X)$, on obtient $R(X) = X^3 - s(t)X^2 + d(t)X - p(t)$. En remplaçant les coefficients par leur valeur calculée dans les questions précédentes, il vient $\boxed{R(X) = X^3 - \sin(t)X^2 - \frac{\cos^2(t)}{2}X + \frac{1}{8}\left(\sin(t)+\sin(3t)\right)}$.

Partie 3 – Endomorphismes à noyau imposé

Remarque : L'énoncé sous-entend qu'on identifie O avec le vecteur nul, et l'espace affine avec sa direction.

11. L'équation de P est celle d'un plan vectoriel, plus précisément $\boxed{P = vect\left(\vec{i} - \vec{k},\ \vec{j}\right)}$.

12. $\boxed{Q \text{ n'est pas un plan vectoriel}}$, car $\vec{0} \notin Q$; en revanche Q est un plan affine.

13. $\left(\vec{i}\,' \cdot \vec{j}\,'\right) = \dfrac{1}{\sqrt{2}}(1-1) = 0$, $\left\|\vec{i}\,'\right\|^2 = \dfrac{1}{2}(1+1) = 1$ car la base $\left(\vec{i},\ \vec{j},\ \vec{k}\right)$ est orthonormale, et la famille $\left(\vec{i}\,',\ \vec{j}\,'\right)$ engendre P d'après 11., ainsi $\boxed{\left(\vec{i}\,',\ \vec{j}\,'\right) \text{ est une base orthonormale de P}}$. Comme l'équation de P peut s'écrire $\left(\vec{u} \cdot \vec{k}\,'\right) = 0$, avec $\vec{u} = x\vec{i} + y\vec{j} + z\vec{k}$, il est clair que $\vec{k}\,'$ est un vecteur normal de P, donc $\left(\vec{i}\,',\ \vec{j}\,',\ \vec{k}\,'\right)$ est une famille orthonormale à trois éléments, par conséquent $\boxed{\left(\vec{i}\,',\ \vec{j}\,',\ \vec{k}\,'\right) \text{ est une base orthonormale de E}}$.

14. Pour $\vec{e} = x\vec{i}\,' + y\vec{j}\,' + z\vec{k}\,'$, on calcule $\left(\vec{e} \cdot \vec{i}\,'\right) = x\left(\vec{i}\,' \cdot \vec{i}\,'\right) + y\left(\vec{j}\,' \cdot \vec{i}\,'\right) + z\left(\vec{k}\,' \cdot \vec{i}\,'\right) = x$. De même $\left(\vec{e} \cdot \vec{j}\,'\right) = x\left(\vec{i}\,' \cdot \vec{j}\,'\right) + y\left(\vec{j}\,' \cdot \vec{j}\,'\right) + z\left(\vec{k}\,' \cdot \vec{j}\,'\right) = y$ et $\left(\vec{e} \cdot \vec{k}\,'\right) = x\left(\vec{i}\,' \cdot \vec{k}\,'\right) + y\left(\vec{j}\,' \cdot \vec{k}\,'\right) + z\left(\vec{k}\,' \cdot \vec{k}\,'\right) = z$,

d'où $\boxed{\vec{e} = \left(\vec{e} \cdot \vec{i}\,'\right)\vec{i}\,' + \left(\vec{e} \cdot \vec{j}\,'\right)\vec{j}\,' + \left(\vec{e} \cdot \vec{k}\,'\right)\vec{k}\,'}$.

15.a) Puisque $P \subset Ker(u)$, on peut écrire $u\left(\vec{i}\,'\right) = u\left(\vec{j}\,'\right) = \vec{0}$,

donc si $\vec{e} \in E$, $u(\vec{e}) = u\left(\left(\vec{e} \cdot \vec{i}\,'\right)\vec{i}\,'\right) + u\left(\left(\vec{e} \cdot \vec{j}\,'\right)\vec{j}\,'\right) + u\left(\left(\vec{e} \cdot \vec{k}\,'\right)\vec{k}\,'\right) = \left(\vec{e} \cdot \vec{k}\,'\right)u\left(\vec{k}\,'\right)$. Ainsi $\boxed{\vec{z} = u\left(\vec{k}\,'\right)}$ convient.

b) u définie comme au a) est une application de E dans E, sa linéarité découle de la bilinéarité du produit scalaire. En effet $u\left(\alpha\vec{e} + \beta\vec{f}\right) = \left(\left(\alpha\vec{e} + \beta\vec{f}\right) \cdot \vec{k}\,'\right)\vec{z} = \left(\alpha\left(\vec{e} \cdot \vec{k}\,'\right) + \beta\left(\vec{f} \cdot \vec{k}\,'\right)\right)\vec{z} = \alpha\left(\vec{e} \cdot \vec{k}\,'\right)\vec{z} + \beta\left(\vec{f} \cdot \vec{k}\,'\right)\vec{z} = \alpha u(\vec{e}) + \beta u\left(\vec{f}\right)$ donc u est bien un endomorphisme de E. De plus comme $\vec{k}\,'$ est normal à P, il est clair que $P \subset Ker(u)$.

c) On sait déjà que $P \subset Ker(u)$, donc on a égalité si et seulement si u n'est pas nul : en effet, $Ker(u)$ est de dimension deux ou trois puisqu'il contient un plan, et c'est ce plan si et seulement si la dimension est deux, c'est-à-dire si et seulement si u n'est pas nul. Or l'application $\vec{e} \to \vec{e} \cdot \vec{k}\,'$ n'est pas nulle car $\left(\vec{k}\,' \cdot \vec{k}\,'\right) = 1$, donc u n'est pas nul si et seulement si $\vec{z} \neq \vec{0}$. Finalement $\boxed{\left(P = Ker(u)\right) \Leftrightarrow \left(\vec{z} \neq \vec{0}\right)}$.

Partie 4 – Matrices de projecteur

16. La restriction de p à P est l'identité, et puisque $\vec{k}\,'$ est normal à P $p\left(\vec{k}\,'\right) = \vec{0}$; ainsi $\boxed{M' \text{ est bien la matrice de } p \text{ dans la base } \left(\vec{i}\,',\ \vec{j}\,',\ \vec{k}\,'\right)}$.

17. Les colonnes de P correspondent aux coordonnées dans $\left(\vec{i},\ \vec{j},\ \vec{k}\right)$ des vecteurs de $\left(\vec{i}\,',\ \vec{j}\,',\ \vec{k}\,'\right)$ donc

$$\boxed{P = \begin{pmatrix} \frac{1}{\sqrt{2}} & 0 & \frac{1}{\sqrt{2}} \\ 0 & 1 & 0 \\ -\frac{1}{\sqrt{2}} & 0 & \frac{1}{\sqrt{2}} \end{pmatrix}} \text{ et } \boxed{P^{-1} = {}^tP = \begin{pmatrix} \frac{1}{\sqrt{2}} & 0 & -\frac{1}{\sqrt{2}} \\ 0 & 1 & 0 \\ \frac{1}{\sqrt{2}} & 0 & \frac{1}{\sqrt{2}} \end{pmatrix}}$$

, puisque P est une matrice orthogonale car P est la matrice de passage d'une base orthonormale à une autre base orthonormale.

18.a) p est un projecteur donc $p^2 = p$ et sa matrice dans n'importe quelle base vérifie la même relation, donc $\boxed{M^2 = M}$.

b) I et M commutent, donc on peut appliquer la formule du binôme de Newton pour calculer $\boxed{(M+I)^n = \sum_{k=0}^{n} \binom{n}{k} M^k I^{n-k} = I + \sum_{k=1}^{n} \binom{n}{k} M = I + \left(2^n - 1\right)M}$. (On a remarqué que puisque $M^2 = M$, alors toute puissance d'exposant au moins égal à un de M est égale à M, par une récurrence très facile).

c) D'après les formules de changement de base, $M = PM'P^{-1} = \begin{pmatrix} \frac{1}{2} & 0 & -\frac{1}{2} \\ 0 & 1 & 0 \\ -\frac{1}{2} & 0 & \frac{1}{2} \end{pmatrix}$.

19.a) $\mathcal{M} = vect(I, M)$ donc c'est un sous-espace vectoriel de $M_3(\mathbb{R})$. Comme p n'est pas une homothétie, la famille (I, M) est libre, donc (I, M) est une base de $\mathcal{M}$, et $\dim \mathcal{M} = 2$.

b) D'après ce qui a été dit précédemment, $M(a, b) = aPM'P^{-1} + bI = P(aM' + bI)P^{-1}$ et

$\det(M(a, b)) = \det(aM' + bI) = (a+b)^2 b$, puisque $aM' + bI = \begin{pmatrix} a+b & 0 & 0 \\ 0 & a+b & 0 \\ 0 & 0 & b \end{pmatrix}$. On en déduit que

$M(a, b)$ est inversible si et seulement si $b \neq 0$ et $a + b \neq 0$.

c) On calcule : $M(a, b)M(c, d) = M(c, d)M(a, b) = (aM + bI)(cM + dI) = (ac + ad + bc)M + bdI$, puisque $M^2 = M$.

d) D'après la question précédente, lorsque $M(a, b)$ est inversible, $M(c, d) = M(a, b)^{-1} \Leftrightarrow \begin{cases} bd = 1 \\ ac + ad + bc = 0 \end{cases}$, puisque la famille (I, M) est libre. D'où $M(a, b)^{-1} = M\left(-\dfrac{a}{b(a+b)}, \dfrac{1}{b}\right)$, dès que $b \neq 0$ et $a + b \neq 0$.

2. ENSTIM 2006. Épreuve commune MPSI PCSI — Durée 4 heures

Problème 1

$\mathbb{R}$ désigne l'ensemble des nombres réels. On notera $M_2(\mathbb{R})$ l'ensemble des matrices carrées d'ordre 2 à coefficients réels. On rappelle que $(M_2(\mathbb{R}), +, .)$ est un espace vectoriel sur $\mathbb{R}$ et $\times$ désigne la multiplication des matrices. $\mathbb{C}$ désigne l'ensemble des complexes. On notera $|z|$ le module d'un complexe z. Les différentes parties de ce problème ont un lien entre elles mais peuvent être traitées séparément.

Partie 1 – Étude d'une fonction

Soit f la fonction qui à un complexe z associe, lorsque c'est possible, $f(z) = \dfrac{z^2}{z - 2i}$.

1. Déterminer le domaine de définition D de f.

2. a) Déterminer les racines carrées complexes de $8 - 6i$.

b) En déduire tous les antécédents de $1 + i$ par f.

3. Soit h un complexe. Discuter suivant les valeurs de h le nombre d'antécédents de h par f.

4. Déterminer l'image $f(D)$ de D par f. La fonction f est-elle une application surjective de D dans $\mathbb{C}$?

5. f est elle une application injective de D dans $\mathbb{C}$?

Soit g l'application définie sur D à valeur dans $\mathbb{C}$ et telle que : $\forall z \in D,\ g(z) = |z - 2i|^2 \dfrac{z^2}{z - 2i} + z^3$.

6. Soit z un complexe appartenant à D de partie réelle x et de partie imaginaire y. Trouver la partie réelle et la partie imaginaire de $g(z)$. Montrer en particulier que la partie réelle de $g(z)$ est : $2x^3 - 2xy^2 - 4xy$.

Soit le plan P rapporté à un repère orthonormé direct $R(O, \vec{e}_1, \vec{e}_2)$. Soit Γ l'ensemble des points M du plan d'affixe z tels que $g(z)$ est un imaginaire pur.

7. Montrer que Γ est inclus dans la réunion d'une droite Δ et d'une conique C. Préciser Γ.

8. Déterminer la nature de C. Préciser le centre et les axes de C. Déterminer l'excentricité de C ainsi que les coordonnées de ses foyers dans le repère R.

Partie 2 – Étude d'un polynôme

Soit a un entier naturel. Soit P_a la fonction polynôme définie sur $\mathbb{R}$ par : $\forall t \in \mathbb{R}$, $P_a(t) = t^3 - t(a^2 + 2a) + 2$.
Le but de cette partie est de trouver a tel que P_a possède trois racines dans $\mathbb{Z}$.
On suppose que a existe. Soient t_1, t_2, t_3 les 3 racines de P_a avec $t_1 \leq t_2 \leq t_3$.

9. Que valent $t_1 + t_2 + t_3$ et $t_1\, t_2\, t_3$?

10. Calculer $P_a(0)$ et en déduire que $t_1 < 0$.

11. Déduire du 9. et du 10. que $t_1 \leq 0 \leq t_2 \leq t_3 \leq -t_1$ puis les valeurs de t_1, t_2, t_3.

12. Montrer que $P_a'(t_2) = 0$. En déduire la valeur de a.

13. Réciproquement, montrer que la valeur de a ainsi trouvée convient bien.

Partie 3 – Étude de deux ensembles de matrices

Soit (x, y) un élément quelconque de $\mathbb{R}^2$. On note $M_{x,\,y}$ la matrice $\begin{pmatrix} x-y & y \\ 2 & x+y \end{pmatrix}$.

Soit Σ le sous-ensemble de $M_2(\mathbb{R})$ tel que $\Sigma = \left\{M_{x,y},\ (x,\ y) \in \mathbb{R}^2\right\}$.

14. Quelle relation doivent vérifier x et y pour que la matrice $M_{x,\,y}$ ne soit pas inversible ? Calculer le produit $M_{x,\,y} \times M_{-x,\,y}$. En déduire l'inverse de $M_{x,\,y}$ lorsqu'il existe.

15. Σ est-il un sous-espace vectoriel de $\left(M_2(\mathbb{R}), +, .\right)$? On justifiera sa réponse. Soit $A = \begin{pmatrix} 0 & 0 \\ -2 & 0 \end{pmatrix} \in M_2(\mathbb{R})$ et $J = \left\{A + M_{x,y},\ (x,\ y) \in \mathbb{R}^2\right\}$.

16. Montrer que J est un sous-espace vectoriel de $\left(M_2(\mathbb{R}), +, .\right)$.

17. Quelle est la dimension de J ? Déterminer une base de J. Montrer que la loi $\times$ est interne dans J.

Partie 4 – Étude d'une application de $M_2(\mathbb{R})$

Soit B une matrice quelconque de $M_2(\mathbb{R})$. Soit φ_B l'application de $M_2(\mathbb{R})$ dans $M_2(\mathbb{R})$ qui à la matrice X associe la matrice $\varphi_B(X) = B \times X$.

18. Montrer que φ_B est un endomorphisme de l'espace vectoriel $\left(M_2(\mathbb{R}), +, .\right)$.

19. On suppose dans cette question que $B = M_{2,1} = \begin{pmatrix} 1 & 1 \\ 2 & 3 \end{pmatrix}$.

a) φ_B est elle surjective ? Bijective ?

b) Déterminer la matrice de φ_B dans la base canonique de $M_2(\mathbb{R})$.
On rappelle que la base canonique de $M_2(\mathbb{R})$ est constituée des matrices $(E_{1,1}, E_{1,2}, E_{2,1}, E_{2,2})$ où $E_{1,1} = \begin{pmatrix} 1 & 0 \\ 0 & 0 \end{pmatrix}$, $E_{1,2} = \begin{pmatrix} 0 & 1 \\ 0 & 0 \end{pmatrix}$, $E_{2,1} = \begin{pmatrix} 0 & 0 \\ 1 & 0 \end{pmatrix}$ et $E_{2,2} = \begin{pmatrix} 0 & 0 \\ 0 & 1 \end{pmatrix}$.

20. On prend dans cette question $B = M_{0,-2} = \begin{pmatrix} 2 & -2 \\ 2 & -2 \end{pmatrix}$. φ_B est elle surjective ? Bijective ?

PROBLÈME 2

Soit n un entier naturel. Si n est non nul, on note f_n la fonction définie sur $\mathbb{R}$ qui associe à un réel x lorsque c'est possible $f_n(x) = \dfrac{\sin x}{2 - \cos x} - \dfrac{x}{n}$. On note f_0 la fonction définie sur $\mathbb{R}$ qui associe à un réel x lorsque c'est possible $f_0(x) = \dfrac{\sin x}{2 - \cos x}$.

Partie 1 – Généralités sur f_n

Soit n un entier naturel fixé.

1. Déterminer le domaine de définition D de f_n.

2. f_n est-elle paire ? f_n est-elle impaire ? On justifiera sa réponse.

3. f_n est-elle 2π-périodique ? Montrer qu'il suffit d'étudier f_n sur $[0, \pi]$ pour tracer sa courbe sur D tout entier. On justifiera sa réponse.

Partie 2 – Étude de la fonction f_0

4. Étudier la dérivabilité de f_0 sur D. Déterminer l'expression de sa dérivée.
5. Étudier le signe de la dérivée de f_0 sur $[0, \pi]$.
6. Déterminer le tableau de variations sur $[0, \pi]$ et tracer l'allure de la courbe de f_0 sur $\mathbb{R}$ dans le plan rapporté à un repère orthonormé.
On rappelle que : $\sqrt{3}$ a pour valeur 1,732 comme valeur approchée par défaut à 10^{-3} près.
7. Déterminer les valeurs maximales et minimales atteintes par $f_0(x)$ quand x parcourt $\mathbb{R}$. En déduire la valeur maximale atteinte par $|f_0(x)|$ lorsque x parcourt $\mathbb{R}$.

Partie 3 – Utilisation d'une primitive de f_0

8. Déterminer une primitive de f_0 sur $\mathbb{R}$. En déduire $\int_0^{\frac{\pi}{3}} \frac{\sin t}{2-\cos t}\,dt$. Soit l'équation différentielle (E) : $y'(x) + \frac{\sin x}{2-\cos x}y(x) = 2\sin x$.
9. Résoudre sur $\mathbb{R}$ l'équation sans second membre (H) associée à (E).
10. Chercher une solution particulière de (E) sous la forme $x \mapsto a\cos(x) + b$ avec $(a, b) \in \mathbb{R}^2$. Résoudre (E) sur $\mathbb{R}$.
11. Trouver la fonction h définie sur $\mathbb{R}$, solution de (E) et qui vérifie : $h(0) = 1$.

Partie 4 – Étude d'une courbe polaire

Le plan est rapporté à un repère orthonormé direct $\mathcal{R}\left(0, \vec{i}, \vec{j}\right)$. Soit Γ la courbe définie par l'équation polaire : $\rho = \frac{\sin\theta}{2-\cos\theta}$. Pour tout réel θ on notera $\vec{u}_\theta$ le vecteur $\vec{u}_\theta = \cos\theta\vec{i} + \sin\theta\vec{j}$ et $M(\theta)$ le point du plan tel que $\overrightarrow{OM(\theta)} = \frac{\sin\theta}{2-\cos\theta}\vec{u}_\theta$.
12. Soit un élément θ de D. Montrer qu'il existe une symétrie s telle que $s\left(M(\theta)\right) = M(-\theta)$.
13. Déterminer une équation cartésienne de la tangente à Γ au point $M\left(\frac{\pi}{2}\right)$.
14. Tracer l'allure de la courbe Γ.

Partie 5 – Étude de la fonction $g : x \mapsto \frac{\sin x}{x(2-\cos x)}$

15. Déterminer le domaine de définition de g.
16. Montrer que g admet une limite finie l en 0.
On prolonge g par continuité en posant : $g(0) = l$.
17. Déterminer le développement limité en 0 d'ordre 3 de g ainsi prolongée.
18. Montrer que g est dérivable en 0 et déterminer $g'(0)$.
On admet que g est dérivable sur $[0, \pi]$ et que pour tout x de $[0, \pi]$, $g'(x)$ est strictement négatif.
19. Montrer que g est une bijection entre $[0, \pi]$ et un ensemble I à définir. On notera h sa réciproque.

Partie 6 – Étude d'une suite qui annule f_n

Soit n un entier naturel non nul.
20. Montrer que si a est un réel strictement positif qui annule f_n, alors a appartient à l'intervalle $\left[0, n\sqrt{3}\right]$.
21. Montrer qu'il existe un unique réel x_n appartenant à $[0, \pi]$ tel que $f_n(x_n) = 0$.
22. Montrer que la suite (x_n) est convergente et déterminer sa limite.

Pré-requis : Problème 1 : Calculs dans le corps des complexes, injectivité, surjectivité, bijectivité, coniques, relations coefficients-racines, calcul matriciel, déterminants, espaces vectoriels et endomorphismes.
Problème 2 : Études de fonctions, calcul de primitives, équations différentielles linéaires d'ordre un, étude de courbes en polaires, développements limités, homéomorphismes.

Problème 1

Partie 1 – Étude d'une fonction

1. Il est clair que $f(z)$ est défini pour $z-2i \neq 0$ donc $D = \mathbb{C} - \{2i\}$.

2.a) le complexe $a + ib$ est racine carrée de $8-6i$ si et seulement si $\begin{cases} a^2-b^2=8 \\ 2ab=-6 \end{cases}$ ce qui équivaut à $\begin{cases} a^2-b^2=8 \\ a^2b^2=9 \end{cases}$, et $ab < 0$. a^2 et $-b^2$ sont donc les racines du polynôme X^2-8X-9, soit, compte tenu de la condition sur les signes, $a = 3$, $b = -1$ ou $a = -3$, $b = 1$. Les racines carrées de $8-6i$ sont donc $\boxed{3-i}$ et $\boxed{-3+i}$.

b) $\forall z \in \mathbb{C},\ f(z) = 1+i \Leftrightarrow z^2-(1+i)z+2i(1+i)=0$; le discriminant de cette équation est $\Delta = (1+i)^2 - 8i(1+i) = 8-6i$, donc d'après la question précédente les antécédents de $1 + i$ sont $\boxed{z_1 = \frac{1}{2}(1+i+3-i)=2}$ et $\boxed{z_2 = \frac{1}{2}(1+i-3+i)=i-1}$.

3. $\forall z \in \mathbb{C},\ f(z) = h \Leftrightarrow z^2-hz+2ih=0$. Le discriminant de cette équation est $\Delta = h^2-8ih$, qui est nul si et seulement si $\boxed{h=0}$ ou $\boxed{h=8i}$. Ces deux complexes ont un antécédent et un seul, tous les autres en ont deux.

4. D'après la question précédente, il est clair que $\boxed{f(D)=\mathbb{C}}$. Ainsi $\boxed{f \text{ est une application surjective de } D \text{ dans } \mathbb{C}}$.

5. On a vu que le complexe $1 + i$ a deux antécédents, donc $\boxed{f \text{ n'est pas injective}}$, ce que confirme l'étude faite à la question 3.

6. On calcule :

$$g(z) = \left((x^2-y^2)+2ixy\right)\times\left((x-iy+2i)+x+iy\right) = \left((x^2-y^2)+2ixy\right)\times(2x+2i) = \left(2x(x^2-y^2)-4xy\right)+i\left(2(x^2-y^2)+4x^2y\right),$$

ce qui donne $\boxed{Re(g(z)) = 2x^3-2xy^2-4xy}$ et $\boxed{Im(g(z)) = 2(x^2-y^2)+4x^2y}$.

7. $\forall (x, y) \in \mathbb{R}^2,\ x^3-xy^2-2xy=0 \Leftrightarrow x=0$ ou $x^2-y^2-2y=0$.

$\boxed{\Gamma \text{ est donc la réunion de l'axe des } y \text{ et de la conique d'équation } x^2-(y+1)^2+1=0}$.

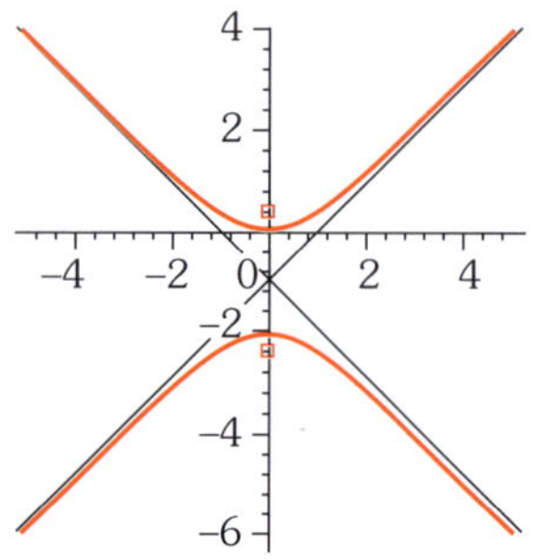

Figure 4

8. D'après ce qui précède, C est une $\boxed{\text{hyperbole équilatère}}$ de centre le point $\Omega(0, -1)$, l'axe transverse de C est (Oy) et l'axe non transverse est la parallèle à (Ox) passant par Ω. D'après l'équation de C, on voit que $c = \sqrt{a^2+b^2} = \sqrt{2}$, puis l'excentricité $\boxed{e = \frac{c}{a} = \sqrt{2}}$. Les coordonnées des deux foyers dans le repère $(\Omega, \vec{j}, -\vec{i})$ sont $(c, 0)$ et $(-c, 0)$ d'où (*cf.* Fig. 4) dans le repère initial

$\boxed{\text{les foyers sont } F(0, -1+\sqrt{2}) \text{ et } F'(0, -1-\sqrt{2})}$.

Partie 2 – Étude d'un polynôme

9. D'après le cours sur les relations coefficients-racines, $\boxed{t_1+t_2+t_3=0}$ et $\boxed{t_1t_2t_3=-2}$. Ainsi les trois racines n'ont pas le même signe par la première relation, et par la deuxième il vient qu'une racine est strictement négative, et les deux autres strictement positives.

10. $P_a(0)=2$, et $\lim_{t\to-\infty} P_a(t) = -\infty$. Puisque P_a est continue, en appliquant le théorème des valeurs intermédiaires, il vient que P_a a une racine strictement négative, donc $\boxed{t_1 < 0}$.

Remarque :
On avait obtenu le même résultat pour t_1 dans la question précédente.

11. On a déjà vu que $t_1 < 0 < t_2 \leq t_3$ dans les questions précédentes ; d'après la question 9, $t_2+t_3=-t_1$, d'où puisque $0 < t_2$ on déduit que $t_3 < -t_1$, ainsi $\boxed{t_1 < 0 < t_2 \leq t_3 \leq -t_1}$. Ensuite, puisque les racines sont entières et de produit -2, il y en a une de valeur absolue égale à 2 et deux de valeurs absolues égales à 1. L'éventualité $t_1 = -1$ donne une impossibilité compte tenu de l'encadrement obtenu, donc $\boxed{t_1=-2,\ t_2=t_3=1}$.

12. D'après ce qui précède, t_2 est racine double de P_a, donc $P'_a(t_2) = 0 = 3 - a^2 - 2a$. Les racines de cette équation sont 1 et -3 ; or a est un entier naturel, donc $a = 1$.

13. Pour la valeur de a trouvée, $P_a(X) = X^3 - 3X + 2 = (X-1)^2(X+2)$.

Partie 3 – Étude de deux ensembles de matrices

14. $M_{x,y}$ n'est pas inversible lorsque son déterminant est nul, c'est-à-dire : $\begin{vmatrix} x-y & y \\ 2 & x+y \end{vmatrix} = x^2 - y^2 - 2y = 0$. On calcule le produit $M_{x,y}M_{-x,y} = \begin{bmatrix} x-y & y \\ 2 & x+y \end{bmatrix}\begin{bmatrix} -x-y & y \\ 2 & -x+y \end{bmatrix} = (2y + y^2 - x^2)I_2$. On en déduit que lorsque $M_{x,y}$ est inversible, son inverse est $\dfrac{1}{2y + y^2 - x^2} M_{-x,y}$.

15. Σ n'est pas un sous-espace vectoriel de $M_2(\mathbb{R})$ car il ne contient pas la matrice nulle.

16. Il est clair que $J = vect\left(I_2, \begin{bmatrix} -1 & 1 \\ 0 & 1 \end{bmatrix}\right)$, c'est donc un sous-espace vectoriel de $M_2(\mathbb{R})$.

17. Ces deux matrices n'étant pas colinéaires elles forment une base de J, qui est donc de dimension 2. I_2 est le neutre pour la multiplication matricielle, et $\begin{bmatrix} -1 & 1 \\ 0 & 1 \end{bmatrix}^2 = \begin{bmatrix} 1 & 0 \\ 0 & 1 \end{bmatrix} = I_2$, donc le produit de deux éléments de J est dans J, plus précisément $\left(aI_2 + b\begin{bmatrix} -1 & 1 \\ 0 & 1 \end{bmatrix}\right)\left(cI_2 + d\begin{bmatrix} -1 & 1 \\ 0 & 1 \end{bmatrix}\right) = (ac + bd)I_2 + (ad + bc)\begin{bmatrix} -1 & 1 \\ 0 & 1 \end{bmatrix}$.

Ainsi la multiplication matricielle est une loi interne dans J.

Partie 4 – Étude d'une application de $M_2(\mathbb{R})$

18. $M_2(\mathbb{R})$ est une algèbre, donc pour tout couple $(X, Y) \in M_2(\mathbb{R})^2$ et tout couple $(\lambda, \mu) \in \mathbb{R}^2$, $\varphi_B(\lambda X + \mu Y) = B(\lambda X + \mu Y) = \lambda(BX) + \mu(BY) = \lambda\varphi_B(X) + \mu\varphi_B(Y)$.

Ainsi φ_B est bien un endomorphisme de $M_2(\mathbb{R})$.

19.a) Ici la matrice B est inversible, donc pour tout couple $(X, Y) \in M_2(\mathbb{R})^2$, $\varphi_B(X) = Y \Leftrightarrow BX = Y \Leftrightarrow X = B^{-1}Y$. L'application φ_B est ainsi bijective, donc surjective, et sa réciproque est $\varphi_{B^{-1}}$.

b) En calculant les différents produits, on obtient la matrice de φ_B, $A = \begin{bmatrix} 1 & 0 & 1 & 0 \\ 0 & 1 & 0 & 1 \\ 2 & 0 & 3 & 0 \\ 0 & 2 & 0 & 3 \end{bmatrix}$.

20. Ici B est de rang 1, or pour tout couple $(X, Y) \in M_2(\mathbb{R})^2$, $\varphi_B(X) = Y$ entraîne $\mathrm{Im}(Y) \subset \mathrm{Im}(B)$. Ainsi $E_{1,1}$ n'a pas d'antécédent ; on peut le vérifier à la main, car $B\begin{bmatrix} a & b \\ d & c \end{bmatrix} = E_{1,1} \Rightarrow 2a - 2b = 1 = 0$, ce qui est impossible. Ainsi φ_B n'est pas surjective, donc pas bijective.

Remarque :
Comme on est en dimension finie, la recherche du noyau donne aussi la réponse, puisque pour un endomorphisme en dimension finie, injectif équivaut à surjectif équivaut à bijectif.

PROBLÈME 2

Partie 1 – Généralités sur f_n

1. L'ensemble de définition de f_n est $\mathbb{R}$, puisque $2 - \cos$ ne s'annule jamais.

2. $\sin$ et $Id_{\mathbb{R}}$ sont impaires, et $\cos$ est paire, donc f_n est impaire.

3. f_0 est 2π-périodique. Pour $n \geq 1$, f_n n'est pas 2π-périodique, car pour tout réel x, $f_n(x+2\pi) = f_n(x) - \dfrac{2\pi}{n}$. En revanche, si on étudie f_n sur $[0, 2\pi]$, on obtiendra toute la courbe avec une symétrie par rapport à O (imparité) et des translations de vecteur $k\left(2\pi\vec{i} - \dfrac{2\pi}{n}\vec{j}\right)$, $k \in \mathbb{Z}$ (par la relation donnée en début de question).

Partie 2 – Étude de la fonction f_0

4. f_0 est dérivable sur $\mathbb{R}$ comme quotient de deux fonctions dérivables à dénominateur ne s'annulant pas, et $\forall x \in \mathbb{R},\ f_0'(x) = \dfrac{2\cos(x) - 1}{(2-\cos(x))^2}$.

5. La dérivée de f_0 a le signe de $2\cos(x) - 1$, d'où sur $[0, \pi]$: $f_0'(x) > 0 \Leftrightarrow x < \dfrac{\pi}{3}$, f_0' s'annule en $\dfrac{\pi}{3}$ et $f_0'(x) < 0 \Leftrightarrow x > \dfrac{\pi}{3}$.

6. Comme $f_0\left(\dfrac{\pi}{3}\right) = \dfrac{1}{\sqrt{3}}$, et f_0 s'annule en 0 et en π, on obtient le tableau de variations suivant , puis le tracé sur la période $[-\pi, \pi]$ (*cf.* Fig. 5) :

x	0		$\pi/3$		π
$f'_0(x)$		$+$		$-$	
$f_0(x)$	0	$\nearrow$	$1/\sqrt{3}$	$\searrow$	0

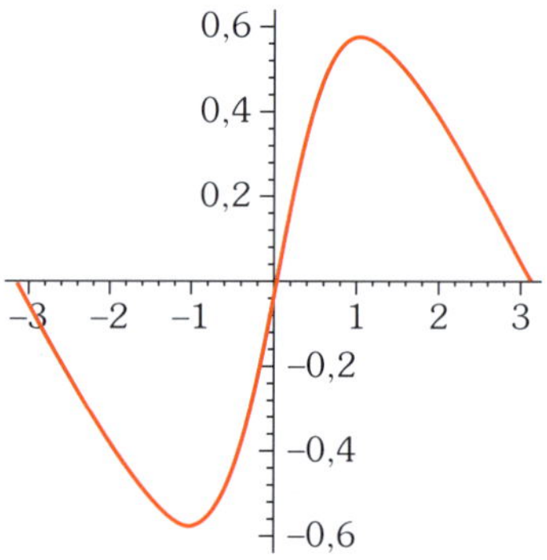

Figure 5

7. Puisque f_0 est continue impaire et périodique, d'après l'étude précédente, son maximum, atteint en $\dfrac{\pi}{3}$, vaut $\dfrac{1}{\sqrt{3}}$ et son minimum, atteint en $\dfrac{-\pi}{3}$, vaut $\dfrac{-1}{\sqrt{3}}$. On en déduit que $\max_{\mathbb{R}} |f_0| = \dfrac{1}{\sqrt{3}}$.

Partie 3 – Utilisation d'une primitive de f_0

8. Une primitive de f_0 sur $\mathbb{R}$ est $F_0 : x \mapsto \ln(2 - \cos(x))$. On en déduit que $\int_0^{\frac{\pi}{3}} f_0(t)dt = \ln\left(\dfrac{3}{2}\right)$.

9. Les solutions de l'équation (H) sur $\mathbb{R}$ sont les applications de la forme $x \mapsto \dfrac{A}{(2-\cos(x))}$, avec A réel quelconque.

10. a et b étant deux réels fixés, l'application $x \mapsto a\cos(x) + b$ est solution de (E) si et seulement si : $\forall x \in \mathbb{R},\ -a\sin(x)(2-\cos(x)) + a\cos(x)\sin(x) + b\sin(x) = 4\sin(x) - 2\cos(x)\sin(x)$, ce qui est obtenu, en identifiant, pour les conditions suffisantes : $\begin{cases} -2a + b = 4 \\ 2a = -2 \end{cases}$; une solution particulière est donc $x \mapsto (-\cos(x) + 2)$.

11. Les solutions de l'équation (E) sont les applications de la forme $x \mapsto \dfrac{A}{(2-\cos(x))} - \cos(x) + 2$, avec A réel quelconque. Une solution h vérifie $h(0) = 1$ si et seulement si $A = 0$, donc $\forall x \in \mathbb{R},\ h(x) = -\cos(x) + 2$.

Partie 4 – Étude d'une courbe polaire

12. $\forall\theta\in\mathbb{R},\ \rho(-\theta)=-\rho(\theta)$, donc $M(-\theta)$ est l'image de $M(\theta)$ par la symétrie d'axe (Oy).

13. $\dfrac{\rho}{\rho'}\left(\dfrac{\pi}{2}\right)=\dfrac{f_0}{f_0}\left(\dfrac{\pi}{2}\right)=-2$, donc dans le repère $\left(M\left(\dfrac{\pi}{2}\right);\ \vec{j},\ -\vec{i}\right)$ la tangente a pour équation $Y=-2X$. Dans le repère initial, $M\left(\dfrac{\pi}{2}\right)$ a pour coordonnées $\left(0,\ \dfrac{1}{2}\right)$, donc dans le repère initial la tangente a pour équation $y=\dfrac{1}{2}x+\dfrac{1}{2}$.

14. D'après les propriétés de f_0, on fait l'étude sur $[0,\ \pi]$ et on complète le tracé par une symétrie par rapport à (Oy) pour obtenir toute la courbe. Sur $[0,\ \pi]$, le signe de ρ est obtenu d'après l'étude de f_0. D'où le tracé (*cf.* Fig. 6).

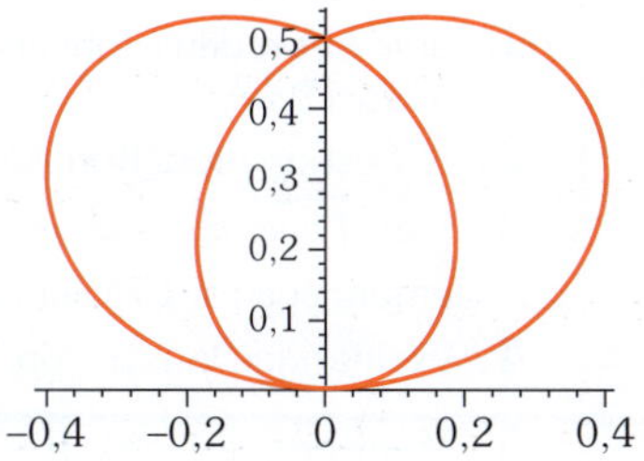

Figure 6

Partie 5 – Étude de la fonction *g*

15. L'ensemble de définition de g est clairement $\mathbb{R}^*$.

16. De $\lim\limits_{x\to0}\dfrac{\sin(x)}{x}=1$, on déduit immédiatement que $\lim\limits_{x\to0}g(x)=1$. Ainsi g se prolonge par continuité en 0 en posant $g(0)=1$.

17. $\dfrac{\sin(x)}{x}=1-\dfrac{x^2}{6}+o(x^3)$ et $\cos(x)=1-\dfrac{x^2}{2}+o(x^3)$, donc le développement limité de g en 0 est :

$$g(x)=\left(1-\frac{x^2}{6}+o(x^3)\right)\left(1-\frac{x^2}{2}+o(x^3)\right)=1-\frac{2}{3}x^2+o(x^3).$$

18. D'après ce qui précède, g est dérivable en 0 et $g'(0)=0$, puisque $g(x)=1+o(x)$.

19. g est une application continue strictement décroissante sur $[0,\ \pi]$, $g(0)=1$ et $g(\pi)=0$, donc d'après le cours (conséquence du théorème des valeurs intermédiaires), g réalise une bijection de $[0,\ \pi]$ sur $I=[0,\ 1]$.

Partie 6 – Étude d'une suite qui annule f_n

20. Si a est un réel strictement positif qui annule f_n, alors $a=nf_0(a)$, donc d'après l'étude de f_0, $|a|\le\dfrac{n}{\sqrt3}$. Compte tenu du signe supposé de a, on en déduit que $a\in\left[0,\ \dfrac{n}{\sqrt3}\right]$. Remarque : l'intervalle donné par l'énoncé contient celui que nous avons trouvé.

21. Comme $f_n(0)=0$, on suppose qu'on cherche une racine de f_n dans $]0,\ \pi]$. Alors $\forall x\in\,]0,\ \pi],\ f_n(x)=0\Leftrightarrow g_n(x)=\dfrac{1}{n}\Leftrightarrow x=h\left(\dfrac{1}{n}\right)$. Ainsi l'équation a une unique racine $x_n=h\left(\dfrac{1}{n}\right)$ dans $]0,\ \pi]$.

22. Puisque h est la réciproque de g, d'après les théorèmes sur les bijections continues, h est continue. Or $\lim\limits_{n\to+\infty}\dfrac{1}{n}=0$ donc, comme $h(0)=\pi$, il vient $\lim\limits_{n\to+\infty}x_n=\pi$.

3. Fonctions absolument monotones — Problème de synthèse

Soit a et b tels que $-\infty \leq a < b \leq +\infty$ et f une fonction de $]a, b[$ dans $\mathbb{R}$, de classe C^∞ sur $]a, b[$. On dit que f est absolument monotone (en abrégé AM) si pour tout $n \in \mathbb{N}$ et tout $x \in]a, b[$, $f^{(n)}(x) \geq 0$. On dit que f est complètement monotone (en abrégé CM) si pour tout $n \in \mathbb{N}$ et tout $x \in]a, b[$, $(-1)^n f^{(n)}(x) \geq 0$.

1. Soit f et g deux fonctions AM définies sur $]a, b[$. Montrer que $f+g$ et fg sont AM. Qu'en est-il pour les fonctions CM ?

2. Si f est une fonction AM sur $]a, b[$, montrer par une récurrence que e^f l'est aussi.

3. Soit $f :]a, b[\to \mathbb{R}$ et $g :]-b, -a[\to \mathbb{R}$ définie par $g(x) = f(-x)$. Montrer que f est AM sur $]a, b[$ si et seulement si g est CM sur $]-b, -a[$.

4. Vérifier que la fonction $-\ln$ est CM sur $]0, 1[$.

5. Montrer que $f :]0, 1[\to \mathbb{R}$ définie par $f(x) = \dfrac{1}{\sqrt{1-x^2}}$ est AM sur $]0, 1[$.

6. Montrer que la fonction arcsin est AM sur $]0, 1[$.

7. Montrer que la fonction tan est AM sur $\left]0, \dfrac{\pi}{2}\right[$.

8. On suppose dans cette question que $a \in \mathbb{R}$ et f est AM sur $]a, b[$.

a) Montrer qu'il existe $\lambda \in \mathbb{R}$ tel que $\lambda = \lim_{a^+} f$. On prolonge f en posant $f(a) = \lambda$.

b) Montrer que f est dérivable à droite en a et que f' est continue à droite en a.

c) Plus généralement, montrer que f est indéfiniment dérivable à droite en a avec des dérivées positives ou nulles. Le même phénomène se produit-il en b lorsque $b \in \mathbb{R}$?

9. On suppose dans cette question $0 \leq a < b < +\infty$. On note $C_{a,b}$ l'espace vectoriel des fonctions continues de $[a, b]$ dans $\mathbb{R}$. On rappelle qu'une fonction f de $C_{a,b}$ est positive si, pour tout $x \in [a, b]$, $f(x) \geq 0$. Une application $\mu : C_{a,b} \to \mathbb{R}$ est appelée forme linéaire positive si elle est linéaire et si pour tout $f \in C_{a,b}$, $(f \geq 0 \Rightarrow \mu(f) \geq 0)$. Soit μ une forme linéaire positive, $x \in]a, b[$ et e_x la fonction définie par $e_x(t) = e^{-xt}$ si $t \in [a, b]$. On pose $\tilde{\mu}(x) = \mu(e_x)$.

a) Soit $f \in C_{a,b}$, montrer que $|\mu(f)| \leq \mu(|f|)$.

b) Montrer que pour $f \in C_{a,b}$, $\mu(f) \leq \mu(1)\|f\|_\infty$ où $\|f\|_\infty = \sup_{x \in [a,b]} |f(x)|$ et 1 désigne la fonction constante égale à 1.

c) Montrer que $\tilde{\mu}$ est positive, décroissante et continue sur $[a, b]$.

d) Pour $n \in \mathbb{N}$ et $x \in [a, b]$, on note $e_{n,x}$ la fonction définie par $e_{n,x}(t) = t^n e^{-xt}$ si $t \in [a, b]$. Montrer que l'application $\varphi_n : [a, b] \to \mathbb{R}$ définie par $\varphi_n(x) = \mu(e_{n,x})$ est dérivable sur $[a, b]$, décroissante et que $\varphi_n'(x) = -\mu(e_{n+1,x})$. On pourra justifier et utiliser le résultat suivant : pour tout $u \in \mathbb{R}$, $0 \leq e^{-u} - 1 + u \leq e^{|u|}\dfrac{u^2}{2}$.

e) Montrer que $\tilde{\mu}$ est indéfiniment dérivable sur $[a, b]$ et que $\tilde{\mu}^{(n)} = (-1)^n \varphi_n$. En déduire que $\tilde{\mu}$ est CM.

f) Proposer deux exemples de formes linéaires non proportionnelles positives μ_1, μ_2 puis calculer $\tilde{\mu}_1$ et $\tilde{\mu}_2$.

Pré-requis : Dérivation, dérivées successives, formule de Leibniz, théorème des accroissements finis, théorème du prolongement C^1, calcul intégral, inégalité de Taylor-Lagrange.

1. Si f et g sont AM, $f+g$ et fg restent AM : elles sont C^∞ et pour $n \in \mathbb{N}$, $(f+g)^{(n)} = f^{(n)} + g^{(n)} \geq 0$ tandis que (formule de Leibniz) $(fg)^{(n)} = \sum_{k=0}^{n} \binom{n}{k} f^{(n-k)} g^{(k)} \geq 0$. Si f et g sont CM, $f+g$ et fg restent CM : elles sont C^∞ et pour $n \in \mathbb{N}$, $(-1)^n (f+g)^{(n)} = (-1)^n f^{(n)} + (-1)^n g^{(n)} \geq 0$ tandis que $(-1)^n (fg)^{(n)} = \sum_{k=0}^{n} \binom{n}{k} (-1)^{n-k} f^{(n-k)} (-1)^k g^{(k)} \geq 0$.

2. Si f est AM, $g = e^f$ est C^∞. Montrons que pour tout $n \in \mathbb{N}$, $g^{(n)} \geq 0$. Pour $n = 0$, cela résulte de la positivité de l'exponentielle réelle. Pour $n = 1$, $g' = f'e^f = f'g$ et comme f' et g sont positives, g' l'est également. On procède par récurrence forte en supposant montré que pour un certain $n \geq 1$ et pour tout $k \in \{0, \ldots, n\}$, $g^{(k)} \geq 0$. On utilise la formule de Leibniz dans la relation $g' = f'g$ pour obtenir $g^{(n+1)} = \sum_{k=0}^{n} \binom{n}{k} f^{(n-k+1)} g^{(k)} \geq 0$. Par récurrence forte et absolue monotonie de f, tous les termes apparaissant dans cette somme sont positifs. Le résultat en découle.

3. Cela résulte de l'égalité $g^{(n)}(x) = (-1)^n f^{(n)}(-x)$ valable pour $n \in \mathbb{N}$ et $x \in]-b, -a[$.

4. La fonction $f = -\ln$ est de classe C^∞ sur $]0, 1[$ et positive. Une récurrence donne, pour $n \in \mathbb{N}^*$ et $x \in]0, 1[$, $(-1)^n f^{(n)}(x) = \dfrac{(n-1)!}{x^n} \geq 0$.

5. La fonction $f : x \mapsto \dfrac{1}{\sqrt{1-x^2}}$ est de classe C^∞ sur $]0, 1[$ et positive. Sa dérivée est $x \mapsto \dfrac{x}{(1-x^2)^{\frac{3}{2}}}$, positive sur $]0, 1[$. Supposons que les dérivées de f jusqu'à un ordre $n \geq 1$ sont positives sur $]0, 1[$ et montrons que $f^{(n+1)}$ l'est encore. Le calcul de f' montre que $(1-x^2)f'(x) = xf(x)$ pour $x \in]0, 1[$. La formule de Leibniz donne $(1-x^2)f^{(n+1)}(x) - 2nxf^{(n)}(x) - n(n-1)f^{(n-1)}(x) = xf^{(n)}(x) + nf^{(n-1)}(x)$,
soit $(1-x^2)f^{(n+1)}(x) = (2n+1)xf^{(n)}(x) + n^2 f^{(n-1)}(x) \geq 0$, ce qui termine la démonstration car $1 - x^2 > 0$.

6. La fonction arcsin est de classe C^∞ sur $]0, 1[$ et positive. Sa dérivée est $f : x \mapsto \dfrac{1}{\sqrt{1-x^2}}$ qui est AM donc arcsin est AM.

7. La fonction tan est de classe C^∞ sur $\left]0, \dfrac{\pi}{2}\right[$ et positive. De plus, $(\tan)' = 1 + \tan^2 \geq 0$ et la formule de Leibniz donne, pour $n \in \mathbb{N}^*$, $\tan^{(n+1)} = \sum_{k=0}^{n} \binom{n}{k} \tan^{(n-k)} \tan^{(k)} \geq 0$. Une récurrence forte permet de conclure.

8.a) Une fonction absolument monotone est positive (prendre $n = 0$ dans la définition) et croissante car à dérivée positive. D'après le théorème de la limite monotone, cela impose l'existence d'une limite finie $\lambda \geq 0$ en a^+.

b) La question précédente s'applique à f' (qui reste AM) : il existe $\lambda_1 \geq 0$ telle que $f'(x) \underset{x \to a^+}{\longrightarrow} \lambda_1$. Un corollaire du théorème des accroissements finis assure le caractère C^1 de f donc sa dérivabilité.

c) La question précédente s'applique à f' puis f'' et par récurrence, toutes les dérivées de f se prolongent en a^+ où elles prennent une valeur positive ou nulle. Le prolongement en a est C^∞. Le phénomène n'a pas lieu en b^- en général, par exemple $f = \arcsin$ est AM sur $]0, 1[$ mais non prolongeable en une fonction de classe C^1 sur $[0, 1]$ (la dérivée n'est pas bornée : problème en 1^-).

9.a) Soit $f, g \in C_{a,b}$ telles que $f - g \geq 0$. Par linéarité et positivité de μ, on a $\mu(f) - \mu(g) = \mu(f-g) \geq 0$, c'est-à-dire que $\mu(f) \geq \mu(g)$. En particulier, comme $|f| \geq f$, on a $\mu(|f|) \geq \mu(f)$. Cet argument valable pour $-f$ donne $\mu(|f|) \geq \mu(-f) = -\mu(f)$. Ces deux inégalités donnent $\mu(|f|) \geq |\mu(f)|$.

b) Soit $f \in C_{ab}$. Par continuité sur un segment, $\|f\|_\infty$ existe. De plus, $\|f\|_\infty \geq |f|$. La question précédente donne $\mu(\|f\|_\infty) \geq \mu(|f|) \geq |\mu(f)|$. Et par linéarité, $\mu(\|f\|_\infty) = \|f\|_\infty \, \mu(1)$. D'où le resultat demandé.

c) La fonction e_x est positive sur $[a, b]$. La positivité de la forme linéaire μ assure la positivité de la fonction $\tilde{\mu}$. Soit $x, y \in [a, b]$ avec $x < y$. Puisque $a \geq 0$, pour $t \in [a, b]$, $e^{-xt} \geq e^{-yt}$. Donc $e_x \geq e_y$. D'après la remarque faite en 9a, on a $\mu(e_x) \geq \mu(e_y)$ c'est-à-dire $\tilde{\mu}(x) \geq \tilde{\mu}(y)$, d'où la décroissance de $\tilde{\mu}$.

On va montrer plus que la continuité de $\tilde{\mu}$: $\tilde{\mu}$ est lipschitzienne. Fixons $x,\ y \in [a,\ b]$, $x < y$ et rappelons que $0 \leq a \leq b < +\infty$. D'après 9b, $|\tilde{\mu}(x) - \tilde{\mu}(y)| = |\mu(e_x - e_y)| \leq \| e_x - e_y \|_\infty \mu(1)$. Majorons $\| e_x - e_y \|_\infty$. Pour $t \in [a,\ b]$ fixé, on applique sur l'intervalle $[x,\ y]$ l'inégalité des accroissements finis à l'application $u \mapsto e^{-tu}$:
$|e_x(t) - e_y(t)| = |e^{-xt} - e^{-yt}| \leq |x - y| \sup_{u \in [x,y]} |-te^{-ut}|$. On majore $|t|$ par b et e^{-ut} par 1. On a ainsi montré que pour $t \in [a,\ b]$, $|e_x(t) - e_y(t)| \leq b|x - y|$ autrement dit $\|e_x - e_y\|_\infty \leq b|x - y|$. Finalement, pour $x,\ y \in [a,\ b]$, $x < y$, $|\tilde{\mu}(x) - \tilde{\mu}(y)| \leq b\mu(1)|x - y|$. Ainsi $\tilde{\mu}$ est lipschitzienne donc continue sur $[a,\ b]$.

d) Commençons par l'indication qui découle de l'inégalité de Taylor-Lagrange dont l'énoncé est : soit $n \in \mathbb{N}$, $a < b$, $f \in C^{n+1}([a,\ b],\ \mathbb{R})$. Alors $\left|f(b) - \sum_{k=0}^{n} \frac{f^{(k)}(a)}{k!}(b-a)^k\right| \leq \|f^{(n+1)}\|_\infty \frac{|b-a|^{n+1}}{(n+1)!}$. On prend $n = 1$ et f l'application définie sur $[0,\ u]$ ou $[u,\ 0]$ par $f(t) = e^{-t}$. Venons-en à la question. Fixons $n \in \mathbb{N}$, $x \in [a,\ b]$. Il s'agit de montrer que

$$\lim_{h \to 0} \left(\frac{\mu(e_{n,x+h}) - \mu(e_{n,x})}{h} \right) = -\mu(e_{n+1,x}) \qquad (*).$$

Prenons $h \in \mathbb{R}$ tel que $x + h \in [a,\ b]$ et formons la quantité $\mu(e_{n,x+h}) - \mu(e_{n,x}) + h\mu(e_{n+1,x})$. D'après 9b, cette quantité est en valeur absolue inférieure à $\mu(1)\|e_{n,x+h} - e_{n,x} + he_{n+1,x}\|_\infty$. Or pour $t \in [a,\ b]$,
$e_{n,x+h}(t) - e_{n,x}(t) + he_{n+1,x}(t) = t^n e^{-xt}(e^{-ht} - 1 + ht)$. Avec l'indication, $|e_{n,x+h}(t) - e_{n,x}(t) + he_{n+1,x}(t)| \leq t^n e^{-xt} \frac{(ht)^2}{2} e^{|h|t}$ expression que l'on majore indépendamment de $t \in [a,\ b]$ par $e^{b|h|}\, b^{n+2}h^2$ puisque $-xt \leq 0$ donc $e^{-xt} \leq 1$. Finalement, $|\mu(e_{n,x+h}) - \mu(e_{n,x}) + h\mu(e_{n+1,x})| \leq \mu(1) b^{n+2} h^2 e^{b|h|}$. En divisant par $|h|$ et en faisant tendre h vers 0, on a $(*)$.

e) La question précédente appliquée à $n = 0$ montre que $\tilde{\mu}$ est dérivable de dérivée $-\varphi_1$. Une récurrence et la question précédente permettent de conclure que $\tilde{\mu}$ est de classe C^∞ sur $[a,\ b]$ et que pour $n \in \mathbb{N}$ et $x \in [a,\ b]$, $(-1)^n \tilde{\mu}^{(n)}(x) = \varphi_n(x) = \mu(e_{n,x}) \geq 0$, la positivité résultant du fait que $e_{n,x}$ est une fonction positive et que μ est une forme linéaire positive. Donc $\tilde{\mu}$ est CM.

f) Prenons comme premier exemple l'application $\mu_1 : \begin{cases} C_{a,b} & \to & \mathbb{R} \\ f & \mapsto & \int_a^b f(t)\,dt \end{cases}$. La linéarité de μ_1 est claire et sa positivité est justement le théorème de positivité de l'intégrale. Pour $x \in [a,\ b]$,

$$\tilde{\mu}_1(x) = \mu_1(e_x) = \int_a^b e^{-xt}\,dt = \frac{e^{-ax} - e^{-bx}}{x} \qquad (**).$$

Le calcul précédent est valable si $x > 0$. Si $x = 0$ (ce qui ne peut avoir lieu que si $[a,\ b]$ est le segment $[0,\ b]$), $\tilde{\mu}_1(0) = b - a$. Mais un calcul facile donne justement $\frac{e^{-ax} - e^{-bx}}{x} \underset{x \to 0}{\longrightarrow} b - a$. Donc la formule $(**)$ reste valable (une fois correctement prolongée). Le cas $a = 0$ est justement le plus intéressant car il montre que pour tout $b > 0$, l'application $x \mapsto \frac{1 - e^{-bx}}{x}$ se prolonge en fonction de classe C^∞ sur $\mathbb{R}_+$.

Le second exemple est fourni par les « masses de Dirac ». Prenons $c \in [a,\ b]$ et introduisons l'application $\mu_2 = \delta_c : \begin{cases} C_{a,b} & \to & \mathbb{R} \\ f & \mapsto & f(c) \end{cases}$. La linéarité et la positivité de δ_c sont évidentes et pour $x \in [a,\ b]$, on a $\delta_c(x) = \mu_2(e_x) = e^{-cx}$.

Le fait que cette fonction est CM est évident.

Pour être complet, il reste à vérifier que μ_1 et μ_2 ne sont pas proportionnelles. Déjà, μ_2 n'est pas la forme linéaire nulle puisque $\mu_2(1) = 1$. Ensuite, s'il existe un réel k tel que $\mu_1 = k\mu_2$, en testant en $f : t \mapsto |t - c|$, on obtient $\mu_1(f) = k\mu_2(f) = 0$, ce qui contredit le théorème de stricte positivité de l'intégrale.

4. Suites récurrentes ______ D'après ENSTIM 2001

Soit $a \in \mathbb{R}^*$, $d \in \mathbb{N}$, $\mathbb{R}_d[X]$ l'espace vectoriel des polynômes réels de degré au plus d et $E_d(a)$ l'ensemble des suites réelles u pour lesquelles existe un polynôme $P \in \mathbb{R}_d[X]$ tel que : $\forall n \in \mathbb{N},\ u_{n+1} = au_n + P(n)$.

1. Soit $u \in E_d(a)$. Montrer l'unicité du polynôme P tel que, pour tout $n \in \mathbb{N}$, $u_{n+1} = au_n + P(n)$. On notera P_u ce polynôme.

2. Vérifier que $E_d(a)$ est un espace vectoriel et que l'application $\Theta : \begin{cases} E_d(a) & \to & \mathbb{R}_d[X] \\ u & \mapsto & P_u \end{cases}$ est linéaire.

3. Préciser le noyau de Θ et sa dimension.

4. On suppose $a \neq 1$.

a) Vérifier que $\left(P_k(X) = (X+1)^k - aX^k\right)_{k\in\{0,\dots,d\}}$ est une base de $\mathbb{R}_d[X]$.

b) Pour $k \in \mathbb{N}$, on introduit la suite $u^k : n \mapsto n^k$. Vérifier que les suites $u^0, \dots, u^d$ appartiennent à $E_d(a)$. En déduire que Θ est surjective.

c) Montrer que les suites $u^0, \dots, u^d$ forment une famille libre.

d) Préciser la dimension de $E_d(a)$. Vérifier que les suites $n \mapsto a^n$ et $u^0, u^1, \dots, u^d$ forment une base de $E_d(a)$.

5. On suppose $a = 1$. Montrer que la famille de polynômes $\left((X+1)^k - X^k\right)_{k\in\{1,\dots,d+1\}}$ est une base de $\mathbb{R}_d[X]$. Donner une base de $E_d(1)$.

6. Donner une expression en fonction de n du terme général de la suite définie par

a) $u_0 = -2$ et pour $n \in \mathbb{N}$, $u_{n+1} = 2u_n - 2n + 7$.

b) $u_0 = -2$ et pour $n \in \mathbb{N}$, $u_{n+1} = u_n - 6n + 1$.

Pré-requis : Suites, polynômes, espace vectoriel, famille libre, famille génératrice, théorème du rang, systèmes linéaires.

1. Si les polynômes P et Q conviennent, pour tout $n \in \mathbb{N}$, $P(n) = u_{n+1} - au_n = Q(n)$. Le polynôme $P - Q$ s'annule sur la partie infinie $\mathbb{N}$, il est nul.

2. Montrons que $E_d(a)$ est un sous-espace vectoriel de $\mathbb{R}^{\mathbb{N}}$. L'inclusion $E_d(a) \subset \mathbb{R}^{\mathbb{N}}$ est évidente et la suite nulle est dans $E_d(a)$ (en prenant $P = 0$). Soit $u, v \in E_d(a)$ et $\lambda, \mu \in \mathbb{R}$. Avec les notations de 1, pour tout $n \in \mathbb{N}$, $(\lambda u + \mu v)_{n+1} = a(\lambda u + \mu v)_n + (\lambda P_u + \mu P_v)(n)$. Cette égalité montre d'une part que $\lambda u + \mu v$ reste dans $E_d(a)$ et d'autre part que $P_{\lambda u + \mu v} = \lambda P_u + \mu P_v$. Donc $E_d(a)$ est un espace vectoriel et Θ est linéaire.

3. La suite réelle u est dans $\mathrm{Ker}(\Theta)$ si et seulement si, pour tout $n \in \mathbb{N}$, $u_{n+1} = au_n$. Donc $\mathrm{Ker}(\Theta)$ est l'ensemble des suites géométriques de raison a. C'est l'espace vectoriel engendré par la suite $n \mapsto a^n$, espace de dimension 1 puisque $a \neq 0$.

4.a) Puisque $a \neq 1$, le polynôme $(X+1)^k - aX^k$ est de degré k et de coefficient dominant $1 - a \neq 0$. Ainsi, la famille $(P_k)_{k\in\{0,\dots,d\}}$ est échelonnée en degré et forme une base de $\mathbb{R}_d[X]$.

b) Pour $k \in \{0, \dots, d\}$ et $n \in \mathbb{N}$, $u_{n+1}^k = au_n^k + P_k(n)$ donc $u^k \in E_a(d)$ et $\Theta(u^k) = P_k$. Ainsi, $\mathrm{Im}(\Theta)$ est un sous-espace vectoriel de $\mathbb{R}_d[X]$ contenant la base $\left(\Theta(u^k) = P_k\right)_{k\in\{0,\dots,d\}}$ donc $\mathrm{Im}(\Theta) = \mathbb{R}_d[X]$.

c) Puisque la famille $(P_k)_{k\in\{0,\dots,d\}}$ est libre, la famille $(u^k)_{k\in\{0,\dots,d\}}$ l'est également, car une application linéaire envoie une famille liée sur une famille liée.

d) La formule du rang donne $\dim(E_d(a)) = \mathrm{rg}(\Theta) + \dim(\mathrm{Ker}(\Theta)) = \dim(\mathbb{R}_d[X]) + 1 = d + 2$ De plus, la famille $(u^0, u^1, \dots, u^d)$ est libre et la restriction de Θ à $\mathrm{Vect}(u^0, \dots, u^d)$ est surjective. Comme $\mathrm{Vect}(u^0, \dots, u^d)$ et $\mathbb{R}_d[X]$ ont même dimension, cette restriction est bijective. En particulier son noyau est réduit à $\{0\}$. Or son noyau est

$\mathrm{Ker}(\Theta)\cap \mathrm{Vect}(u^0, \ldots, u^d) = \mathrm{Vect}(n \mapsto a^n)\cap \mathrm{Vect}(u^0, \ldots, u^d)$. La suite $n \mapsto a^n$ n'est donc pas dans $\mathrm{Vect}(u^0, \ldots, u^d)$ et avec la question 4c, la famille formée des suites $n \mapsto a^n$ et $u^0, \ldots, u^d$ est libre de cardinal $d+2$: c'est une base de $E_d(a)$.

5. Pour $k \in \{1, \ldots, d+1\}$, $(X+1)^k - X^k = \sum_{j=0}^{k-1}\binom{k}{j}X^j$ est de degré $k-1$. La famille échelonnée en degré $\left((X+1)^k - X^k\right)_{k\in\{1,\ldots,d+1\}}$ est une base de $\mathbb{R}_d[X]$. À la différence du cas $a \neq 1$, $\mathrm{Ker}(\Theta) = \mathrm{Vect}(u^0)$. Mais Θ reste surjective puisque la famille $(u^1, \ldots, u^{d+1})$ d'éléments de $E_d(1)$ est envoyée sur la base $\left((X+1)^k - X^k\right)_{k\in\{1,\ldots,d+1\}}$ de $\mathbb{R}_d[X]$. Ensuite, $\dim(E_d(1)) = d+2$ et une base de $E_d(1)$ est $(u^0, \ldots, u^{d+1})$.

6.a) La suite appartient à $E_1(2) = \mathrm{Vect}(u^0, u^1, n \mapsto 2^n)$. Il existe $\lambda_0, \lambda_1, \mu \in \mathbb{R}$ tels que, pour $n \in \mathbb{N}$, $u_n = \lambda_0 + \lambda_1 n + \mu 2^n$. Avec $u_0 = -2$, on calcule $u_1 = 3$ puis $u_2 = 11$. On résout le système $\begin{cases} -2 = \lambda_0 + \mu \\ 3 = \lambda_0 + \lambda_1 + 2\mu \\ 11 = \lambda_0 + 2\lambda_1 + 4\mu \end{cases}$. Un pivot de Gauss donne $\lambda_0 = -5$, $\lambda_1 = 2$, $\mu = 3$ et $u_n = -5 + 2n + 3\times 2^n$.

b) La suite appartient à $E_1(1) = \mathrm{Vect}(u^0, u^1, u^2)$. Il existe $\lambda_0, \lambda_1, \lambda_2 \in \mathbb{R}$ tels que, pour $n \in \mathbb{N}$, $u_n = \lambda_0 + \lambda_1 n + \lambda_2 n^2$. Pour calculer les λ_k, on résout le système $\begin{cases} \lambda_0 = u_0 = -2 \\ \lambda_0 + \lambda_1 + \lambda_2 = u_1 = -1 \\ \lambda_0 + 2\lambda_1 + 4\lambda_2 = u_2 = -6 \end{cases}$. Un pivot de Gauss donne $\lambda_0 = -2$, $\lambda_1 = 4$, $\lambda_2 = -3$ et $u_n = -2 + 4n - 3n^2$.

5. Exponentielle d'une matrice — D'après ENSTIM 2001

Partie 1 – Exemple d'une matrice nilpotente

Soit $p \in \mathbb{N}^*$. On note I_p et 0_p les matrices unité et zéro de l'algèbre $(\mathcal{M}_p(\mathbb{R}), +, \times, .)$. On fixe une matrice $A \in \mathcal{M}_p(\mathbb{R})$ nilpotente d'indice 3, ce qui signifie que $A^2 \neq 0_p$ et $A^3 = 0_p$. Pour tout $t \in \mathbb{R}$, on note $E(t) = I_p + tA + \frac{t^2}{2}A^2$.

1. Vérifier que pour tous $t, s \in \mathbb{R}$, $E(s)E(t) = E(s+t)$.

2. En déduire que, pour $n \in \mathbb{N}$, $t \in \mathbb{R}$, $(E(t))^n = E(nt)$.

3. Montrer que pour $t \in \mathbb{R}$, $E(t) \in GL_p(\mathbb{R})$ et calculer $E(t)^{-1}$.

4. Montrer que la famille (I_p, A, A^2) est libre.

5. En déduire que $E : \begin{cases} (\mathbb{R}, +) & \to & (GL_p(\mathbb{R}), \times) \\ t & \mapsto & E(t) \end{cases}$ est un morphisme de groupes. E est-elle injective ?

6. Dans cette question $p = 3$ et $A = \begin{pmatrix} 0 & 1 & 1 \\ 0 & 0 & 1 \\ 0 & 0 & 0 \end{pmatrix}$. Pour tout $t \in \mathbb{R}$, calculer $E(t)$.

Partie 2 – Exemple en dimension deux

Soit $\mathcal{B}_o = (e_1, e_2)$ la base canonique de $\mathbb{R}^2$ et $f \in \mathcal{L}(\mathbb{R}^2)$ tel que $\mathcal{M}_{\mathcal{B}_o}(f) = A = \begin{pmatrix} 4 & -6 \\ 1 & -1 \end{pmatrix}$.

7. Montrer que $F = \mathrm{Ker}(f - 2id)$ et $G = \mathrm{Ker}(f - id)$ sont deux droites vectorielles supplémentaires dans $\mathbb{R}^2$. Préciser des vecteurs directeurs u de F et v de G.

8. Montrer que $\mathcal{B} = (u, v)$ est une base de $\mathbb{R}^2$ et déterminer $\mathcal{M}_{\mathcal{B}}(f)$.
9. En déduire l'existence d'une matrice inversible P et d'une matrice diagonale D, toutes deux carrées d'ordre 2, telles que $A = PDP^{-1}$. Expliciter D et P.
10. Calculer P^{-1}.
11. Calculer A^n pour tout $n \in \mathbb{N}$.
12. Montrer que, pour tout $x \in \mathbb{R}$, $e^x = \lim_{n \to +\infty} \sum_{k=0}^{n} \frac{x^k}{k!}$.
13. Pour $t \in \mathbb{R}$, $n \in \mathbb{N}$, on note $E_n(t) = \sum_{k=0}^{n} \frac{t^k}{k!} A^k$. En écrivant $E_n(t) = \begin{pmatrix} a_n(t) & b_n(t) \\ c_n(t) & d_n(t) \end{pmatrix}$ expliciter sous forme de sommes les coefficients $a_n(t)$, $b_n(t)$, $c_n(t)$, $d_n(t)$.
14. Soit $t \in \mathbb{R}$. Montrer que la suite réelle $(a_n(t))_{n \geq 0}$ converge vers $a(t) = 3e^{2t} - 2e^t$.
15. Montrer que les suites réelles $(b_n(t))_{n\geq 0}$, $(c_n(t))_{n\geq 0}$, $(d_n(t))_{n\geq 0}$ convergent vers des limites notées respectivement $b(t)$, $c(t)$, $d(t) \in \mathbb{R}$ que l'on explicitera. On note $E(t) = \begin{pmatrix} a(t) & b(t) \\ c(t) & d(t) \end{pmatrix}$.
16. Déterminer deux matrices Q, $R \in \mathcal{M}_2(\mathbb{R})$, telles que, pour tout $t \in \mathbb{R}$, $E(t) = e^{2t}Q + e^t R$.
17. Calculer Q^2, R^2, QR, RQ.
18. Que dire des deux endomorphismes q, r de $\mathbb{R}^2$ tels que $R = \mathcal{M}_{\mathcal{B}_o}(r), Q = \mathcal{M}_{\mathcal{B}_o}(q)$?
19. En déduire que l'application $E : \begin{cases} (\mathbb{R}, +) & \to & (GL_2(\mathbb{R}), \times) \\ t & \mapsto & E(t) \end{cases}$ est un morphisme de groupes. Est-il injectif ? Est-il surjectif ?

Pré-requis : Noyau d'une application linéaire, sous-espaces supplémentaires, calcul matriciel, formule de changement de bases.

1. Pour $s, t \in \mathbb{R}$,
$E(s)E(t) = \left(I + tA + \frac{t^2}{2}A^2\right)\left(I + sA + \frac{s^2}{2}A^2\right) = I + (s+t)A + \left(\frac{s^2}{2} + st + \frac{t^2}{2}\right)A^2 + \left(\frac{st^2}{2} + \frac{st^2}{2}\right)A^3 + \frac{s^2t^2}{4}A^4$. Comme A est nilpotente d'indice 3, $A^3 = A^4 = 0$ donc $E(s)E(t) = I + (s+t)A + \frac{(s+t)^2}{2}A^2 = E(s+t)$.

2. Fixons $t \in \mathbb{R}$ et montrons la relation par récurrence sur $n \in \mathbb{N}$. La relation est vraie pour $n = 0$ puisque par convention, $(E(t))^0 = I_p$ et effectivement, $E(0) = I_p$. Pour $n = 1$, l'égalité est évidente. Pour $n = 2$, elle résulte de la question 1 en prenant $s = t$. Supposons établie $(E(t))^n = E(nt)$ pour un certain $n \geq 2$. Par hypothèse de récurrence, $(E(t))^{n+1} = (E(t))^n E(t) = E(nt)E(t)$ et en utilisant la question précédente pour $s = nt$, $(E(t))^{n+1} = E(nt + t) = E((n+1)t)$.

3. La question 1 avec $s = -t$ donne $E(-t)E(t) = E(0) = I_p$ donc $E(t)$ est une matrice inversible d'inverse $E(-t)$.

4. Si $\lambda, \mu, \nu \in \mathbb{R}$ vérifient $\lambda I_p + \mu A + \nu A^2 = 0$, en multipliant par A^2, on a $\lambda A^2 = 0$. Comme $A^2 \neq 0_p$, $\lambda = 0$. Reste la relation $\mu A + \nu A^2 = 0_p$ qui multipliée par A donne $\mu = 0$ et enfin $\nu = 0$.

5. L'application E est, d'après la question 3, à valeurs dans $GL_p(\mathbb{R})$ et, d'après la question 1, un morphisme de groupes. Si $t \in \mathrm{Ker}(E)$, $E(t) = I_p$ (qui est le neutre du groupe $GL_p(\mathbb{R})$). Donc $tA + \frac{t^2}{2}A^2 = 0$. La famille (A, A^2) est libre (question 4) donc $t = \frac{t^2}{2} = 0$. Ainsi, $\mathrm{Ker}(E) = \{0\}$ et E est injective.

6. On calcule $A^2 = \begin{pmatrix} 0 & 0 & 1 \\ 0 & 0 & 0 \\ 0 & 0 & 0 \end{pmatrix}$ puis $A^3 = 0$ et pour $t \in \mathbb{R}$, $E(t) = \begin{pmatrix} 1 & t & t+\frac{t^2}{2} \\ 0 & 1 & t \\ 0 & 0 & 1 \end{pmatrix}$.

7. Soit $\begin{pmatrix} x \\ y \end{pmatrix} \in \mathbb{R}^2$. Par définition, $f\begin{pmatrix} x \\ y \end{pmatrix} = \begin{pmatrix} 4x-6y \\ x-y \end{pmatrix}$. On a les équivalences suivantes :

$$\begin{pmatrix} x \\ y \end{pmatrix} \in \mathrm{Ker}(f-2id) \iff \begin{pmatrix} 2x-6y \\ x-3y \end{pmatrix} = \begin{pmatrix} 0 \\ 0 \end{pmatrix}$$
$$\iff x = 3y.$$

Ainsi, $\mathrm{Ker}(f-2id)$ est la droite d'équation $x = 3y$ dont un vecteur directeur est $u\begin{pmatrix} 3 \\ 1 \end{pmatrix}$. De même, $\mathrm{Ker}(f-id)$ est la droite d'équation $x = 2y$ dont un vecteur directeur est $v\begin{pmatrix} 2 \\ 1 \end{pmatrix}$. Pour un vecteur $w\begin{pmatrix} x \\ y \end{pmatrix} \in F \cap G$, $f(w) = w$ et $f(w) = 2w$ donc $w = 0$, ainsi, $F \cap G = \{0\}$. Comme de plus $\dim(F) + \dim(G) = 2 = \dim(\mathbb{R}^2)$, on a $F \oplus G = \mathbb{R}^2$.

8. La famille de vecteurs (u, v) est libre (évident) de cardinal 2 donc c'est une base de $\mathbb{R}^2$. Puisque $f(u) = 2u$ et $f(v) = v$, $\mathcal{M}_{\mathcal{B}}(f) = \begin{pmatrix} 2 & 0 \\ 0 & 1 \end{pmatrix}$.

9. Soit D la matrice diagonale $\mathcal{M}_{\mathcal{B}}(f) = \begin{pmatrix} 2 & 0 \\ 0 & 1 \end{pmatrix}$ et P la matrice de passage de la base $\mathcal{B}_0$ à la base $\mathcal{B}$, à savoir $P = \begin{pmatrix} 3 & 2 \\ 1 & 1 \end{pmatrix}$. D'après la formule de changement de base, $D = P^{-1}AP$ ou encore $A = PDP^{-1}$.

10. Facilement, $P^{-1} = \begin{pmatrix} 1 & -2 \\ -1 & 3 \end{pmatrix}$.

11. À partir de la relation $A = PDP^{-1}$, on prouve par récurrence sur $n \in \mathbb{N}$ que $A^n = PD^nP^{-1}$. Comme $D^n = \begin{pmatrix} 2^n & 0 \\ 0 & 1 \end{pmatrix}$, on a ensuite $A^n = \begin{pmatrix} 3\times 2^n - 2 & 6 - 3\times 2^{n+1} \\ 2^n - 1 & 3 - 2^{n+1} \end{pmatrix}$.

12. Cela résulte de l'inégalité de Taylor Lagrange : soit $n \in \mathbb{N}$, I un intervalle, $f \in C^{n+1}(I, \mathbb{R})$. Alors, pour $a, b \in I$, $\left| f(b) - \sum_{k=0}^{n} \frac{f^{(k)}(a)}{k!}(b-a)^k \right| \sup_{t\in[a,b]} \left| f^{(n+1)}(t) \right| \frac{|b-a|^{n+1}}{(n+1)!}$. Appliquée à $f = \exp$, $a = 0$ et $b = x$, on obtient $\left| e^x - \sum_{k=0}^{n} \frac{1}{k!} x^k \right| \le e^{\max(0,x)} \frac{|x|^{n+1}}{(n+1)!}$. Pour x fixé, l'échelle de comparaison montre que ce dernier terme tend vers 0 quand n tend vers $+\infty$, ce qui permet de conclure.

13. Avec le calcul des puissances de A, on a $a_n(t) = \sum_{k=0}^{n} \frac{t^k}{k!}(3\times 2^k - 2) = 3\sum_{k=0}^{n} \frac{(2t)^k}{k!} - 2\sum_{k=0}^{n} \frac{t^k}{k!}$, $b_n(t) = \sum_{k=0}^{n} \frac{t^k}{k!}(6 - 6\times 2^k) = -6\sum_{k=0}^{n} \frac{(2t)^k}{k!} + 6\sum_{k=0}^{n} \frac{t^k}{k!}$, $c_n(t) = \sum_{k=0}^{n} \frac{(2t)^k}{k!} - \sum_{k=0}^{n} \frac{t^k}{k!}$, et $d_n(t) = -2\sum_{k=0}^{n} \frac{(2t)^k}{k!} + 3\sum_{k=0}^{n} \frac{t^k}{k!}$.

14. La question 12 appliquée au réel $2t$ donne $\lim_{n\to+\infty} \left(\sum_{k=0}^{n} \frac{(2t)^k}{k!} \right) = e^{2t}$. Ainsi, $a(t) = 3e^{2t} - 2e^t$.

15. Par le même argument, $b(t) = -6e^{2t} + 6e^t$, $c(t) = e^{2t} - e^t$, $d(t) = -2e^{2t} + 3e^t$.

16. Puisque $E(t) = \begin{pmatrix} 3e^{2t} - 2e^t & -6e^{2t}+6e^t \\ e^{2t}-e^t & -2e^{2t}+3e^t \end{pmatrix}$, $Q = \begin{pmatrix} 3 & -6 \\ 1 & -2 \end{pmatrix}$ et $R = \begin{pmatrix} -2 & 6 \\ -1 & 3 \end{pmatrix}$.

17. Un simple calcul matriciel donne $Q^2 = Q$, $R^2 = R$, $QR = RQ = 0_2$.

18. Les relations $Q^2 = Q$ et $R^2 = R$ montrent que q, r sont des projecteurs. De plus, $\text{Im}(q)$ est engendré par les vecteurs colonnes de Q donc $\text{Im}(q) = \text{Vect}(u) = F$ et de même $\text{Im}(r) = \text{Vect}(v) = G$. Par le théorème du rang, $\text{Ker}(r)$ est de dimension 1 tout comme F. La relation $RQ = 0_2$ montre que $r \circ q = 0$ donc $\text{Im}(q) = F \subset \text{Ker}(r)$ et par égalité des dimensions, $\text{Ker}(r) = F$. On prouve de la même façon que $\text{Ker}(q) = G$. Ainsi, q est la projection sur F parallèlement à G et r est le projecteur sur G parallèlement à F. Notons que cela impose $q + r = id_{R^2}$ et matriciellement, on a bien la relation $Q + R = I_2$.

19. Pour $s, t \in \mathbb{R}$, en utilisant les relations $QR = RQ = 0_2$ et $Q^2 = Q, R^2 = R$, on obtient successivement : $E(s)E(t) = (e^{2s}Q + e^{s}R)(e^{2t}Q + e^{t}R) = e^{2(s+t)}Q^2 + e^{2s+t}QR + e^{s+2t}RQ + e^{s+t}R^2 = e^{2(s+t)}Q + e^{s+t}R = E(s+t)$. En particulier, $E(-t)E(t) = E(0) = I_2$ et E est à valeurs dans $GL_2(\mathbb{R})$. Ces deux points assurent que $E : (\mathbb{R}, +) \to (GL_2(\mathbb{R}), \times)$ est un morphisme de groupes. De plus, si $t \in \text{Ker}(E)$, $E(t) = I_2$ et l'étude du coefficient de la seconde ligne et première colonne donne $e^{2t} - e^{t} = 0$: or $e^{t} \neq 0$ donc $e^{t} = 1$ par suite $t = 0$. Ainsi, E est un morphisme injectif. Notons que E n'est pas surjectif puisque le groupe $(\mathbb{R}, +)$ est abélien contrairement au groupe $(GL_2(\mathbb{R}), \times)$: si E était surjectif, deux éléments quelconques M, N de $GL_2(\mathbb{R})$ s'écriraient $M = E(s)$ et $N = E(t)$ avec $s, t \in \mathbb{R}$ et l'on aurait $MN = E(s)E(t) = E(s+t) = E(t+s) = E(t)E(s) = NM$, relation fausse par exemple pour $M = \begin{pmatrix} 1 & 2 \\ 0 & 2 \end{pmatrix}$ et $N = \begin{pmatrix} 2 & 0 \\ 1 & 3 \end{pmatrix}$.

6. Irrationalité de π^2 — Problème de synthèse

L'irrationalité de π a été démontrée pour la première fois par Lambert en 1761. On établit ici l'irrationalité de π^2 puis celle de π par une méthode due à Niven et datant de 1947. Dans tout le problème, n est un entier naturel, $\delta_{i,j}$ est le symbole de Krönecker valant 1 si $i = j$ et 0 sinon et f_n est la fonction polynomiale définie sur $\mathbb{R}$ par $f_n(x) = \dfrac{x^n(1-x)^n}{n!}$. Si k est un entier naturel, $f_n^{(k)}$ désigne la dérivée k-ième de f_n.

1. Montrer que les dérivées successives de f_n ont une valeur entière en 0.

2. Trouver un lien entre $f_n(x)$ et $f_n(1-x)$. En déduire que les dérivées successives de f_n ont une valeur entière en 1.

3. Trouver les extremums de $x \mapsto x(1-x)$ sur $[0, 1]$ et en déduire que pour $x \in [0, 1]$, $0 \le f_n(x) \le \dfrac{1}{4^n n!}$.

4. On suppose π^2 rationnel et l'on écrit $\pi^2 = \dfrac{a}{b}$ avec $a, b \in \mathbb{N}^*$. Pour $x \in [0, 1]$, on introduit $G_n(x) = b^{n+1}\sum_{k=0}^{n}(-1)^k \pi^{2(n-k)} f_n^{(2k)}(x)$ et $K_n(x) = G'_n(x)\sin(\pi x) - \pi G_n(x)\cos(\pi x)$. Montrer que $G_n(0)$ et $G_n(1)$ sont des entiers relatifs.

5. Établir pour $x \in [0, 1]$ $K'_n(x) = a^{n+1}\sin(\pi x) f_n(x)$.

6. En déduire que $\int_0^1 a^{n+1}\sin(\pi x) f_n(x)\,dx = \pi(G_n(0) + G_n(1)) \in \pi\mathbb{Z}$.

7. Établir également $0 \le \int_0^1 a^{n+1}\sin(\pi x) f_n(x)\,dx \le \dfrac{a^{n+1}}{4^n n!}$. Préciser la limite du terme de droite dans l'encadrement ci-dessus et prouver l'existence d'un entier naturel n tel que $\int_0^1 \sin(\pi x) f_n(x)\,dx = 0$.

8. Préciser les points de $[0, 1]$ où s'annule la fonction $x \mapsto f_n(x)\sin(\pi x)$. En déduire que π^2 est irrationnel. Qu'en déduire pour π ?

Pré-requis : Échelle de comparaison des suites, dérivées successives, polyômes, théorème de positivité de l'intégrale.

1. La formule du binôme donne, pour $x \in \mathbb{R}$, $f_n(x) = \frac{1}{n!}\sum_{k=0}^{n}(-1)^k \binom{n}{k} x^{n+k}$. Par le changement d'indice $k \leftarrow n+k$, $f_n(x) = \sum_{k=n}^{2n} \frac{(-1)^{k-n}\binom{n}{k-n}}{n!} x^k$. Rappelons que si $P(X) = \sum_{k=0}^{n} a_k X^k \in \mathbb{C}[X]$, on a la relation $a_k = \frac{P^{(k)}(0)}{k!}$. Ainsi,

$$f_n^{(k)}(0) = \begin{cases} 0 & \text{si } k \in \{0, \ldots, n-1\}, \\ (-1)^{k-n}\binom{n}{k-n}\frac{k!}{n!} & \text{si } k \in \{n, \ldots, 2n\}, \\ 0 & \text{si } k \geq 2n+1. \end{cases}$$

Dans tous les cas, $f_n^{(k)}(0) \in \mathbb{Z}$ car pour $k \geq n$, la quantité $\frac{k!}{n!}$ est un entier.

2. La relation $f_n(1-x) = f_n(x)$ donne $f_n^{(k)}(1) = (-1)^k f_n^{(k)}(0) \in \mathbb{Z}$.

3. Par un tableau de variation, pour $x \in [0, 1]$, $0 \leq x(1-x) \leq \frac{1}{4}$ d'où l'encadrement demandé.

4. Puisque $\pi^2 = \frac{a}{b}$, $b^{n+1}\pi^{2(n-k)} = a^{n-k}b^{k+1}$ et $G_n(0) = \sum_{k=0}^{n}(-1)^k b^{k+1}a^{n-k} f_n^{(2k)}(0) \in \mathbb{Z}$. De même pour $G_n(1)$.

5. On dérive $K_n(x) = G_n'(x)\sin(\pi x) - \pi G_n(x)\cos(\pi x)$:

$$\begin{aligned} K'_n(x) &= G_n''(x)\sin(\pi x) + \pi G_n'(x)\cos(\pi x) - \pi G_n'(x)\cos(\pi x) + \pi^2 G_n(x)\sin(\pi x) \\ &= \sin(\pi x)\left(G_n''(x) + \pi^2 G_n(x)\right). \end{aligned}$$

On remplace alors $G_n(x)$ par son expression sous forme de somme :

$$K'_n(x) = \sin(\pi x) b^{n+1}\left(\sum_{k=0}^{n}(-1)^k \pi^{2(n-k)} f_n^{(2k+2)}(x) + \sum_{k=0}^{n}(-1)^k \pi^{2+2(n-k)} f_n^{(2k)}(x)\right).$$

Les sommes se télescopent et $K_n'(x) = \sin(\pi x) b^{n+1}\left(\pi^{2n+2} f_n(x) + (-1)^n f_n^{(2n+2)}(x)\right)$. Le dernier terme est nul car f_n est de degré $2n$. Comme $\pi^2 = \frac{a}{b}$, on obtient $K_n'(x) = a^{n+1}\sin(\pi x) f_n(x)$.

6. Ainsi, $\int_0^1 a^{n+1}\sin(\pi x) f_n(x)\,dx = \int_0^1 K_n'(x)\,dx = K_n(1) - K_n(0) = \pi\left(G_n(0) + G_n(1)\right) \in \pi\mathbb{Z}$.

7. Pour $x \in [0, 1]$ $0 \leq f_n(x) \leq \frac{1}{4^n n!}$ et $0 \leq \sin(\pi x) \leq 1$. Comme $a > 0$,

$$0 \leq \int_0^1 a^{n+1}\sin(\pi x) f_n(x)\,dx \leq a^{n+1}\frac{1}{4^n n!}\int_0^1 dx = \frac{a^{n+1}}{4^n n!}.$$

Pour tout complexe q, $\frac{q^n}{n!} \underset{n\to+\infty}{\to} 0$ Avec $q = \frac{a}{4}$, $\frac{a^n}{n!4^n} \underset{n\to+\infty}{\to} 0$ et la multiplication par a ne change pas la limite, d'où le résultat. Notons $x_n = \frac{1}{\pi}\int_0^1 a^{n+1}\sin(\pi x) f_n(x)\,dx$. La question 6 montre que les x_n sont des entiers et l'on vient d'établir la convergence de $(x_n)_{n\in\mathbb{N}^*}$ vers 0. Cela entraîne la nullité de la suite à partir d'un certain rang puisqu'il existe $n_0 \in \mathbb{N}$ tel que, pour $n \geq n_0$, $x_n \in \left]-\frac{1}{2}, \frac{1}{2}\right[\cap \mathbb{Z} = \{0\}$.

8. Pour n assez grand, $\int_0^1 f_n(x)\sin(\pi x)\,dx = 0$ et pourtant la fonction $x \mapsto f_n(x)\sin(\pi x)$ est continue sur $[0, 1]$ positive et non identiquement nulle puisque f_n ne s'annule qu'en 0 et 1 et $x \mapsto \sin(\pi x)$ également. L'hypothèse $\pi^2 = \frac{a}{b}$ contredit le théorème de stricte positivité de l'intégrale. On a ainsi prouvé que π^2 est irrationnel, auquel cas π l'est également (par contraposée : le carré d'un rationnel reste un rationnel).

7. Étude des dérivées successives d'une fonction — D'après ENSTIM 2004

On note I l'intervalle $]-\infty, 1[$ et (E) l'équation différentielle $(1-x)^2 y' = (2-x)y$.

1. Résoudre (E) sur I.

2. Soit f la fonction définie sur I par $f(x) = \frac{1}{1-x} e^{\frac{1}{1-x}}$. Calculer le développement limité de f au voisinage de 0 à l'ordre 3.

3. Prouver que, pour $n \in \mathbb{N}$, il existe un polynôme $P_n(X)$ tel que, pour $x \in I$, $f^{(n)}(x) = P_n\left(\frac{1}{1-x}\right) e^{\frac{1}{1-x}}$. Exprimer $P_{n+1}(X)$ en fonction de $P_n(X)$, $P'_n(X)$ et X.

4. Préciser $P_0(X)$, $P_1(X)$, $P_2(X)$ et $P_3(X)$.

5. En dérivant n fois les deux membres de l'équation (E), prouver que pour $n \in \mathbb{N}$,

$$P_{n+1}(X) = \left((2n+1)X + X^2\right)P_n(X) - n^2 X^2 P_{n-1}(X).$$

6. Pour $n \in \mathbb{N}$, on introduit $a_n = f^{(n)}(0)$. Exprimer a_{n+1} en fonction de n, a_n et a_{n-1}.

7. Préciser a_0, a_1, a_2, a_3. En déduire a_4. Préciser le développement limité de f au voisinage de 0 à l'ordre 4.

8. On désigne par $(u_p)_{p\in\mathbb{N}}$ la suite définie pour tout entier naturel p par $u_p = \sum_{i=0}^{p} \frac{1}{i!}$. Prouver que la suite $(u_p)_{p\in\mathbb{N}}$ converge vers e.

9. On introduit également, pour $p, n \in \mathbb{N}$, $S_p(n) = \sum_{i=0}^{p} \frac{(n+i)!}{(i!)^2}$. Exprimer $S_p(0)$ et $S_p(1)$ à l'aide de u_p et u_{p-1} pour $p \geq 1$.

10. Prouver que les suites $(S_p(0))_{p\in\mathbb{N}}$ et $(S_p(1))_{p\in\mathbb{N}}$ convergent. Exprimer leur limite en fonction de e.

11. Prouver que, pour $p, n \in \mathbb{N}^*$, $S_p(n+1) - (2n+2)S_p(n) + n^2 S_p(n-1) = S_{p-1}(n) - S_p(n)$.

12. En déduire que, pour tout entier naturel n, la suite $(S_p(n))_{p\in\mathbb{N}}$ converge.

13. Prouver que $a_n = \lim_{p\to+\infty} \sum_{i=0}^{p} \frac{(n+i)!}{(i!)^2} = \lim_{p\to+\infty} n! \sum_{i=0}^{p} \binom{n+i}{n} \frac{1}{i!}$.

Pré-requis : Suites, dérivées successives, formule de Leibniz, polynômes, développements limités, équations différentielles, formule de Taylor.

1. Posons $a(x) = \frac{2-x}{(1-x)^2}$. L'application a est continue sur I et ne s'annule pas. En remarquant que $a(x) = \frac{1}{1-x} + \frac{1}{(1-x)^2}$, une primitive de a est $x \mapsto -\ln(1-x) + \frac{1}{1-x}$. Les solutions de (E) sur I sont de la forme $x \mapsto \frac{\lambda}{1-x} e^{\frac{1}{1-x}}$.

2. D'après les formules du cours,

$$\begin{aligned}
\frac{1}{1-x} e^{\frac{1}{1-x}} &\underset{x\to 0}{=} \left(1+x+x^2+x^3+o(x^3)\right) e.e^{x+x^2+x^3+o(x^3)} \\
&\underset{x\to 0}{=} e\left(1+x+x^2+x^3+o(x^3)\right)\left(1+(x+x^2+x^3)+\frac{1}{2}(x+x^2)^2+\frac{1}{6}x^3+o(x^3)\right) \\
&\underset{x\to 0}{=} e\left(1+x+x^2+x^3+o(x^3)\right)\left(1+x+\frac{3}{2}x^2+\frac{13}{6}x^3+o(x^3)\right) \\
&\underset{x\to 0}{=} e\left(1+2x+\frac{7}{2}x^2+\frac{17}{3}x^3+o(x^3)\right)
\end{aligned}$$

ce qui est le développement limité à l'ordre 3 en 0 de f.

3. On procède par récurrence sur n. Pour $x \in I$, $f^{(0)}(x) = P_0\left(\frac{1}{1-x}\right)e^{\frac{1}{1-x}}$ où $P_0(X) = X$, d'où la relation au rang $n = 0$.
Supposons qu'existe un polynôme $P_n(X)$ tel que, pour $x \in I$, $f^{(n)}(x) = P_n\left(\frac{1}{1-x}\right)e^{\frac{1}{1-x}}$. La fonction f étant de classe C^∞, on peut dériver l'expression pour obtenir

$$\forall x \in I,\ f^{(n+1)}(x) = \left(\frac{1}{(1-x)^2}P_n\left(\frac{1}{1-x}\right) + \frac{1}{(1-x)^2}P_n\left(\frac{1}{1-x}\right)\right)e^{\frac{1}{1-x}}.$$

Le polynôme $P_{n+1}(X) = X^2\left(P_n(X) + P_n(X)\right)$ est tel que, pour $x \in I$, $f^{(n+1)}(x) = P_{n+1}\left(\frac{1}{1-x}\right)e^{\frac{1}{1-x}}$, ce qui achève la récurrence.

4. Déjà $P_0(X) = X$. La relation précédente donne successivement $P_1(X) = X^3 + X^2$, $P_2(X) = X^5 + 4X^4 + 2X^3$ et $P_3(X) = X^7 + 9X^6 + 18X^5 + 6X^4$.

5. Puisque f est une solution de (E) sur I, on a, pour $x \in I$, $(1-x)^2 f'(x) = (2-x)f(x)$. Par la formule de Leibniz et puisque f est de classe C^∞ sur I

$$(1-x)^2 f^{(n+1)}(x) - 2n(1-x)f^{(n)}(x) + n(n-1)f^{(n-1)}(x) = (2-x)f^{(n)}(x) - nf^{(n-1)}(x).$$

Multiplions le tout par $\left(\frac{1}{1-x}\right)^2 e^{-\frac{1}{1-x}}$ et utilisons l'expression des dérivées successives de f :

$$P_{n+1}\left(\frac{1}{1-x}\right) - \left((2n+1)\frac{1}{1-x} + \left(\frac{1}{1-x}\right)^2\right)P_n\left(\frac{1}{1-x}\right) + \frac{n^2}{(1-x)^2}P_{n-1}\left(\frac{1}{1-x}\right) = 0.$$

Le polynôme $P_{n+1}(X) - \left((2n+1)X + X^2\right)P_n(X) + n^2X^2P_{n-1}(X)$ s'annule au moins sur $\mathbb{R}_+^*$ (puisque l'application $x \mapsto \frac{1}{1-x}$ réalise une bijection de I sur $\mathbb{R}_+^*$) donc en une infinité de valeurs : il est nul partout. Ainsi $P_{n+1}(X) = \left((2n+1)X + X^2\right)P_n(X) - n^2X^2P_{n-1}(X)$.

6. Par définition de $P_n(X)$, $a_n = f^{(n)}(0) = P_n(1)e$, d'où $a_{n+1} = \left((2n+1)+1\right)a_n - n^2a_{n-1}$, soit $a_{n+1} = (2n+2)a_n - n^2a_{n-1}$.

7. On a déjà calculé $P_0(X)$, $P_1(X)$, $P_2(X)$, $P_3(X)$, donc $a_0 = e$, $a_1 = 2e$, $a_2 = 7e$ puis $a_3 = 34e$, $a_4 = 8a_3 - 9a_2 = 209e$.
Comme f est de classe C^∞, la formule de Taylor Young donne

$$f(x) \underset{x\to 0}{=} a_0 + a_1x + \frac{a_2}{2}x^2 + \frac{a_3}{3!}x^3 + \frac{a_4}{4!}x^4 + o(x^4) \underset{x\to 0}{=} e\left(1 + 2x + \frac{7}{2}x^2 + \frac{17}{3}x^3 + \frac{209}{24}x^4 + o(x^4)\right).$$

8. Soit $p \in \mathbb{N}$. Par la formule de Taylor avec reste intégral à l'ordre p, $e^1 = \sum_{i=0}^{p}\frac{1}{i!} + \int_0^1 \frac{(1-t)^p}{p!}e^t dt$. Par croissance de l'intégrale et grâce à l'encadrement $0 \le \frac{(1-t)^p}{p!}e^t \le \frac{e}{p!}$ valable pour tout réel $t \in [0, 1]$, on en déduit $0 \le e - \sum_{i=0}^{p}\frac{1}{i!} \le \frac{e}{p!}$ et par passage à la limite, $\lim\limits_{p\to+\infty}\sum_{i=0}^{p}\frac{1}{i!} = e$.

9. Notons que $S_p(0) = u_p$ et pour $i \ge 1$, $(i+1)! = (i-1)! \times i(i+1) = i^2(i-1)! + i!$ donc $\frac{(i+1)!}{(i!)^2} = \frac{1}{(i-1)^2} + \frac{1}{i!}$. On somme : $S_p(1) = 1 + \sum_{i=1}^{p}\frac{(i+1)!}{(i!)^2} = \left(1 + \sum_{i=1}^{p}\frac{1}{i!}\right) + \sum_{i=1}^{p}\frac{1}{(i-1)^2}$. Après changement d'indice dans la deuxième somme, $S_p(1) = u_p + u_{p-1}$.

10. D'après la question 8, $\lim\limits_{p\to+\infty} S_p(0) = e$ et $\lim\limits_{p\to+\infty} S_p(1) = 2e$.

11. On a $S_p(n+1) - (2n+2)S_p(n) + n^2S_p(n-1) = \sum_{i=0}^{p}\frac{(n+i+1)! - (2n+2)(n+i)! + n^2(n+i-1)!}{(i!)^2}$. On simplifie le terme général de la somme $\frac{(n+i-1)!\left[(n+i+1)(n+i) - (2n+2)(n+i) + n^2\right]}{(i!)^2} = \frac{(n+i-1)!(i^2 - i - n)}{(i!)^2}$. D'où pour $i \ge 1$,

$\dfrac{(n+i+1)!-(2n+2)(n+i)!+n^2(n+i-1)!}{(i!)^2}=\dfrac{(n+i-1)!}{((i-1)!)^2}-\dfrac{(n+i)!}{(i!)^2}$ et ainsi, $S_p(n+1)-(2n+2)S_p(n)+n^2S_p(n-1)$ $=-n!+\sum_{i=1}^{p}\dfrac{(n+i-1)!}{((i-1)!)^2}-\sum_{i=1}^{p}\dfrac{(n+i)!}{(i!)^2}=\sum_{i=0}^{p-1}\dfrac{(n+i)!}{(i!)^2}-\sum_{i=0}^{p}\dfrac{(n+i)!}{(i!)^2}=S_{p-1}(n)-S_p(n)$. On a démontré la relation $S_p(n+1)-(2n+2)S_p(n)+n^2S_p(n-1)=S_{p-1}(n)-S_p(n)$.

12. Montrons par récurrence à deux pas sur $n\in\mathbb{N}$ que la suite $(S_p(n))_{p\in\mathbb{N}}$ converge. D'après la question 10, cette propriété est vraie pour $n=0$ et $n=1$. Supposons la propriété vraie aux rangs $n-1$ et n, pour un certain $n\geq 1$. La question 11 montre, par théorème opératoire, que $(S_p(n+1))_{p\in\mathbb{N}}$ converge. D'où le résultat.

13. Faisons tendre p vers $+\infty$ dans $S_p(n+1)-(2n+2)S_p(n)+n^2S_p(n-1)=S_{p-1}(n)-S_p(n)$ et appelons b_n la limite de $(S_p(n))_{p\in\mathbb{N}}$ pour chaque entier n : $b_{n+1}-(2n+2)b_n+n^2b_{n-1}=b_n-b_n$ et les suites (a_n) et (b_n) vérifient la même relation de récurrence. Mais de plus, $b_0=e=a_0$ et $b_1=2e=a_1$ donc les suites (a_n) et (b_n) sont égales, c'est-à-dire que pour tout entier $n\in\mathbb{N}$, on a $a_n=\lim\limits_{p\to+\infty}S_p(n)=\lim\limits_{p\to+\infty}\sum_{i=0}^{p}\dfrac{(n+i)!}{(i!)^2}$. En remarquant que $\dbinom{n+i}{n}\times\dfrac{1}{i!}=\dfrac{(n+i)!}{n!(i!)^2}$, on peut aussi écrire $a_n=\lim\limits_{p\to+\infty}\sum_{i=0}^{p}\dfrac{(n+i)!}{(i!)^2}=\lim\limits_{p\to+\infty}n!\sum_{i=0}^{p}\dbinom{n+i}{n}\dfrac{1}{i!}$.

Imprimé en France par EMD S.A.S. – 53110 Lassay-les-Châteaux
N° 19779 – Dépôt légal : juillet 2008